머리말

이 책 초판은 전력전자의 입문과정의 교과서를 목적으로 전력전자의 기초를 다루어 학생들이 실제 전력전자시스템을 설계하는데 필요한 지식과 기법을 충분하게 공부할 수 있도록 구성되어 있다. 많은 대학교의 전력전자 과목에서 교재로 채택되어왔다. 또 하나의 목적은 전력전자를 설계하는 엔지니어와 기초 과정의 수준을 넘는 지식분야를 공부하고자 하는 학생을 위한 참고서적으로 사용되는 것이다. 2판에서는 초판의 기본적인 목적과 철학을 유지하면서 더 많은 새로운 주제들이 추가되어 수준 높은 기술 개발을 원하는 현장 엔지니어와 대학 및 대학원 과정의 학생들에게 매우 유용한 책이 될 것으로 기대한다. 책의 대부분의 장을 대폭 수정하거나 새롭게 하였으며, 특히 입력 필터 설계에 대한 2권의 3장, 컨버터의 시뮬레이션을 다룬 2권의 부록 B와 Middlebrook의 부가 소자이론에 대한 2권의 부록 C는 새롭게 추가되었다. 평균 스위치 모델링, 불연속 전도모드에서 동작하는 컨버터의 동특성, 전류모드 제어, 자기소자 설계, 펄스폭 변조 정류기, 공진과 소프트-스위칭 컨버터를 다루는 각 장에서 설명을 명확하게 하고 좀 더 진보된 결과를 제시하기 위해 2판에서 많은 개정이 이루어졌다.

새로 추가된 2권의 3장에서 입력 필터 설계를 다룬다. 컨버터시스템의 안정도 및 성능저하의 형태로 입력 필터가 컨버터의 동특성에 어떻게 영향을 주는가 하는 문제를

Middlebrook의 부가 소자이론을 이용하여 설명한다. 2권 부록 C에서 설계-지향 기법에 대해 상세히 설명한다. 컨버터의 전달함수가 변하지 않는 필터 제동의 간단한 조건을 유도하고, 최적 필터 제동에 대한 완전한 결과가 제시된다. 설계 예를 통해 다단 필터 설계에 대한 검토로 이 장을 마무리한다.

새로 추가된 2권 부록 B에서 평균 스위치 모델링 기법에 기반을 둔 컴퓨터 시뮬레이션을 다루고, 연속 및 불연속 전도모드에 대한 컨버터의 PSpice 모델과 전류모드 제어에서의 PSpice 모델을 제시한다. SEPIC 컨버터의 직류 변환비와 효율을 찾는 문제, 벅-부스트 컨버터의 과도 응답을 구하는 문제, CCM과 DCM에서 동작하는 SEPIC 컨버터의 제어-출력 전달함수를 비교하는 문제, 페루프 벅 전압 조절기의 루프 이득과 라인-출력 전달함수 그리고 부하 과도 응답을 구하는 문제, DCM 부스트 정류기의 입력 전류파형과 THD를 찾는 문제와 전류-프로그램 제어와 시비율 제어로 동작하는 벅 컨버터의 전달함수와 출력 임피던스를 비교하는 문제 등 많은 시뮬레이션 예제를 다룬다. 2권 부록 B의 주된 목적은 2권의 내용을 보충하고 독자가 설계과정에서 평균 모델과 시뮬레이션 도구를 효과적으로 사용할 수 있게 하는데 있다. 설계 검증으로서 시뮬레이션의 역할이 강조된다. 학부 및 대학원에서 전력전자를 가르쳐본 경험으로 비추어 보면 기본 개념과 설계-지향 분석기법을 공부한 학생들에게는 시뮬레이션 도구를 사용하는 것이 최선의 방법으로 학생들은 시뮬레이션 결과와 모델의 제약 조건 등을 정확하게 이해할 수 있었다. 그래서 입문에 해당하는 장에서는 시뮬레이션을 강조하지 않았다. 하지만 2권 부록 B는 1권의 3장과 2권의 1, 3, 4, 5 및 9장의 이론적인 개념과 함께 시뮬레이션 예제가 소개되도록 구성되어 있다.

2권 부록 C에서 Middlebrook의 부가 소자이론을 네 개의 예제와 함께 설명한다. 이 설계-지향 분석도구를 통해 선형 시스템에 부가된 부가 소자의 영향을 수정된 시스템 전체를 다시 풀지 않고 조사할 수 있다. 이 이론은 직관에 의해 회로를 푸는 문제부터 모델링이 안 된 기생 소자의 영향을 찾는 전자회로 설계에 실제로 적용될 수 있다. 특히 2판에서는 Middlebrook의 부가 소자이론을 2권 3장의 입력필터 설계와 2권 10장의 공진 인버터 설계에 적용한다.

2권 1장에서 회로 평균과 평균 스위치 모델에 관한 절을 개정했다. 독자가 기본 모델을 사용하고 다른 응용을 위한 평균 모델을 만들 수 있도록 회로 평균과 유도된 평균 스위치 모델의 과정을 설명하였다. 평균 스위치 모델링기법을 확장한 예제로 스위치의 도통

Fundamentals of Power Electronics

전력전자공학의 기초 II

정상상태의 컨버터 설계 및 해석

신휘범 · 정세교 역

Fundamentals of Power Electronics

Robert W. Erickson / Dragan Maksimović

도서출판 GS인터비전

손실과 스위칭 손실을 포함하는 모델을 들 수 있다. 2권 1장과 부록 B를 개정하여 평균 스위치 모델링기법에 기반을 둔 컨버터의 시뮬레이션에 관한 많은 자료를 포함시켰다.

2권 2장에서 엔지니어링 설계과정과 설계-지향 분석의 필요성을 설명하는 새롭고 중요한 내용을 소개한다. 주파수 응답을 만들기 위한 설계-지향 방법을 검토하고 확장시킨다. 제동된 입력 필터의 근사적인 분석을 포함한 새로운 예제가 추가되었다.

DCM 컨버터의 동특성에 관한 2권 4장과 전류모드 제어에 관한 2권 5장을 개정하여 많은 내용을 새롭게 하였다. 2권 4장에서 고 주파수 DCM 동특성에 대해 새롭게 검토하였고 DCM 평균 스위치 모델을 간단하게 유도하였다. 2권 5장에서 전류모드 동특성을 더 간명하게 설명하고 모든 기본 컨버터의 전달함수와 모델 파라미터에 대한 결과를 제시하였다.

자기소자 설계에 관한 장을 대폭 개정하여 재구성하였다. 스위칭 컨버터의 자기 소자를 설계하는데 필요한 기본적인 자기 이론을 1권 7장에서 서술한다. 더 직감적인 방법으로 중요하고 복잡한 주제를 설명하기 위해 근접효과에 대한 내용을 많이 개정하였다. 동손이 제약조건인 자기소자 설계방법을 1권 8장에서 설명한다. 다중 권선 인덕터에 대한 단계별 설계 절차가 제시되고 필터 인덕터, 결합 인덕터와 플라이백 변압기 등의 예를 통해 실제로 설계한다. 변압기와 교류 인덕터와 같은 동손과 코어 손실을 모두 고려한 자기소자 설계 방법을 1권 9장에서 서술한다.

책의 논리적 흐름을 개선하기 위해 펄스폭 변조 정류기에 관한 장을 2권 9장에서 단독으로 다루었다. PWM 정류기로서 CCM 부스트와 DCM 플라이백의 동작뿐만 아니라 임계 전도모드에 기반을 둔 전류 제어를 다루는 절을 추가하였다.

2권 10장과 11장에서 공진 컨버터와 소프트-스위칭 컨버터를 각각 서술한다. 고 주파수 전자식 안정기 분야에 매우 중요한 주제인 공진 인버터 설계에 대해 검토하고 더 직관적인 방법으로 설명한다. 새로운 공진 인버터 설계 예를 10장에 추가하였다. 11장에서 스위칭 손실과정, 준-사각파와 다중 공진 컨버터의 특성을 보여주는 새로운 도표, 소프트-스위칭 컨버터에 관한 최근 동향과 영 전압 천이 전-브리지 컨버터, 보조 스위치 방법 등을 소개한다.

2판의 여러 장과 절을 선택하여 대학의 한 학기과정으로 사용할 수 있으며, 대학원 과정이나 현장 엔지니어를 위한 좀 더 고급의 과정을 만들 수 있다. 콜로라도 대학에서는 3학기 전력전자과정의 교재로 2판을 사용하고 있다. 4학년 또는 대학원 1학년 학생을 위한 첫 번째 과정에서 1권 전체와 2권 1장의 1.1, 1.2, 1.5, 1.6절, 2장과 3장을 공부한다. 이 과정과 병행하여 프로젝트-지향 전력전자설계실험을 개설하고 있다. 이 과정은 뒤따르는 두 과정의 선수과목이다. 두 번째 과정에서는 2권 1.4에서 시작하여 2권 부록 B와 C, 4, 5, 6장을 공부하고 7, 8, 9장으로 마무리된다. 세 번째 과정에서는 10장과 11장의 공진 컨버터와 소프트-스위칭 기법에 대해 공부한다.

2판에 대한 웹사이트에는 교수를 위한 강의 자료와 문제 해답을 포함하여 공부하는데 필요한 자료를 많이 포함하고 있다. 평균 스위치 모델의 PSpice 라이브러리와 시뮬레이션 예제 등 컴퓨터 시뮬레이션을 위한 파일을 내려 받을 수 있다.

이 책은 콜로라도 대학에서 17년에 걸쳐 전력전자를 가르치는 과정에서 만들어 졌다. 존경하는 S. Ćuk 교수와 R. D. Moddlebrook 교수의 지도하에 캘리포니아 공과대학의 대학원생으로서 공부하면서 많은 영향을 받았다. 애리조나 대학의 Arthur Witulski 교수의 도움에 감사한다. 초판에 제언을 하고 오류를 지적해준 많은 독자, 학생과 교수에게 감사를 드린다. 가능하면 여러 조언을 반영하고자 노력하고 있습니다.

지은이 Robert W. Erickson
Dragan Maksimović
Boulder, Colorado

옮긴이 **신휘범, 정세교**
경상대학교

차례

❙ 제1부 ❙ 컨버터의 동특성 및 제어

▌제3부▐ 공진컨버터

제 1 부

컨버터의 동특성 및 제어

제1장 교류 등가회로 모델링

1.1 개요

컨버터 시스템에는 되먹임(feedback)이 불가피하게 필요하다. 예를 들면 일반적인 직류-직류 컨버터 응용에서 입력 전압 $vg(t)$ 또는 부하 저항 R에 변동이 생겨도 출력 전압 $v(t)$를 일정하게 유지해야 한다. 컨버터의 제어 입력인 시비율 $d(t)$를 변화시켜주는 회로를 통해 출력 전압 $v(t)$를 원하는 기준 전압 v_{ref}와 같도록 조절할 수 있다. 인버터 시스템에서는 되먹임 루프를 통해 출력 전압이 정현파의 기준 전압을 따라가도록 설계한다. 최근의 저 고조파 정류기시스템에서는 입력 단자가 교류 전원에 대해 저항 부하처럼 보이도록 컨버터 입력 전류를 입력 전압에 비례하도록 제어시스템을 설계한다. 따라서 되먹임이 공통으로 적용되고 있다.

그림 1.1은 벅 컨버터와 되먹임 루프 블록선도를 결합한 전형적인 직류-직류 컨버터를 나타낸다. 출력 전압을 정확하게 조절하고 또한 출력 전압이 입력 전압이나 부하회로에 존재하는 외란에 둔감하도록 되먹임 시스템을 설계해야 한다. 또한 되먹임 시스템은 안정해야 하며, 과도 오버슈트(overshoot), 안정시간과 정상상태 오차 등과 같은 특성이 설

계 사양을 만족해야 한다. 그림 1.1과 같은 컨버터와 제어시스템의 교류 모델링과 설계가 이 책 2부의 주된 주제이다.

그림 1.1의 시스템을 설계하기 위해 스위칭 컨버터의 동적 모델이 필요하다. 전력단의 입력 전압, 입력 전류 또는 시비율의 변동이 출력 전압에 어떠한 영향을 미치는가? 소신호(small-signal) 전달함수란 무엇인가? 이 질문에 대답하기 위해 컨버터의 인덕터와 커패시터의 동특성을 포함하여 1권의 2장과 3장에서 유도한 정상상태 모델을 확장할 것이다. 1권의 2장과 3장에서 이용한 유사한 기법을 통해 연속 전도모드에서 동작하는 컨버터의 동특성을 모델링한다. 결과적인 교류 등가회로는 1권 3장에서 유도한 정상상태 또는 직류 등가회로와 매우 유사하다.

모델링은 물리 현상을 수학 도구로 표현한 것이다. 공학에서는 시스템의 중요하고 지배적인 동작을 모델링하고 다른 중요하지 않은 현상은 무시한다. 기본 소자에 대한 간략화한 단자 방정식을 이용하므로 시스템 응답의 많은 측면이 무시되고 모델링되지 않는다. 간략한 모델을 통해 시스템의 동작을 물리적으로 쉽게 관찰할 수 있어 주어진 사양에 따라 동작하는 시스템을 설계하는데 엔지니어에게 큰 도움을 준다. 따라서 모델링 과정은

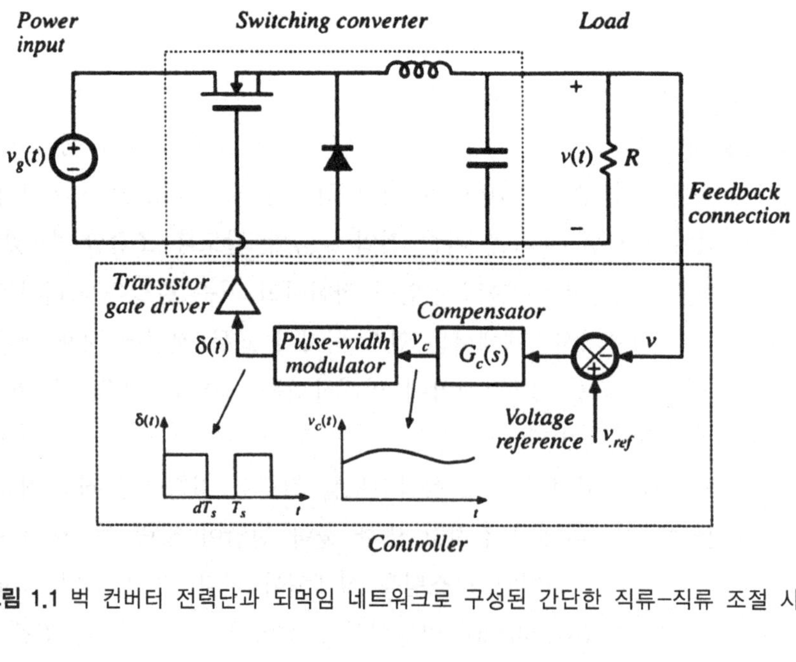

그림 1.1 벅 컨버터 전력단과 되먹임 네트워크로 구성된 간단한 직류-직류 조절 시스템

가장 중요한 현상을 이해하기 위해 작고 복잡한 현상을 무시하는 근사화를 포함한다. 시스템에 대한 기본적인 관찰을 한 후 무시되었던 현상 가운데 일부를 고려하여 모델을 다시 조심스럽게 다시 조정할 수 있다. 실제 물리적인 시스템은 복잡하여 자세한 분석은 해석하기 어렵고 이용 가치가 없는 수학적인 쓰레기가 되기 쉽다. 근사화한 모델은 물리적인 관찰과 이해를 하는데 중요한 도구이다.

1권 2장에서 서술했듯이 연속 전도모드에서 동작하는 잘 설계된 컨버터에서 스위칭 맥동은 매우 작다. 따라서 스위칭 맥동을 무시하고 컨버터 파형의 교류 변동만을 모델링해야 한다. 예를 들면 교류 변동이 다음과 같이 컨버터 시비율에 존재한다고 가정한다.

$$d(t) = D + D_m \cos \omega_m t \tag{1.1}$$

여기서 D와 D_m은 상수로 $|D_m| << D$이고, 변조 주파수 ω_m은 컨버터 스위칭 주파수 $\omega_s = 2\pi f_s$보다 매우 작다. 결과적인 트랜지스터 게이트 구동신호를 그림 1.2(a)에 도시하였고 전형적인 컨버터 출력 전압의 파형 $v(t)$를 그림 1.2(b)에 나타낸다. 그림 1.3은 $v(t)$의 주파수 스펙트럼을 나타낸다. 이 스펙트럼을 보면 스위칭 주파수와 스위칭 고조파, 스위칭 주파수의 측파대(sideband)를 볼 수 있다. 이러한 성분들은 스위칭 맥동이 작으면 크기가 매우 작다. 또한 스펙트럼은 변조 주파수 ω_m에서 저 주파수 성분을 포함한다. 이 성분의 크기와 위상은 시비율 변동과 컨버터의 주파수 응답에 따라 다르다. 스위칭 맥동을 무시하면 저 주파수 성분만 남는다[그림 1.2(b) 참조]. 교류 모델링의 목적은 저 주파수 성분을 예측하기 위함이다.

CCM 컨버터의 소신호 모델을 유도하는 간단한 방법을 1.2절에서 소개한다. 인덕터 전류와 커패시터 전압 파형의 스위칭 맥동을 한 스위칭 주기 동안 평균하여 제거한다. 그러므로 인덕터와 커패시터 파형의 저 주파수 성분들을 다음 식으로 모델링할 수 있다.

$$\begin{aligned} L\frac{d\langle i_L(t)\rangle_{T_s}}{dt} &= \langle v_L(t)\rangle_{T_s} \\ C\frac{d\langle v_C(t)\rangle_{T_s}}{dt} &= \langle i_C(t)\rangle_{T_s} \end{aligned} \tag{1.2}$$

여기서 $\langle x(t)\rangle_{Ts}$는 주기 T_s동안 $x(t)$의 평균을 나타낸다. 즉,

$$\langle x(t)\rangle_{T_s} = \frac{1}{T_s}\int_t^{t+T_s} x(\tau)d\tau \qquad (1.3)$$

이다. 따라서 한 스위칭 주기 동안 파형을 평균하여 고 주파수의 스위칭 맥동을 제거하는 기본적인 근사화를 적용할 것이다. 그러나 평균값이 스위칭 주기마다 다르므로 저 주

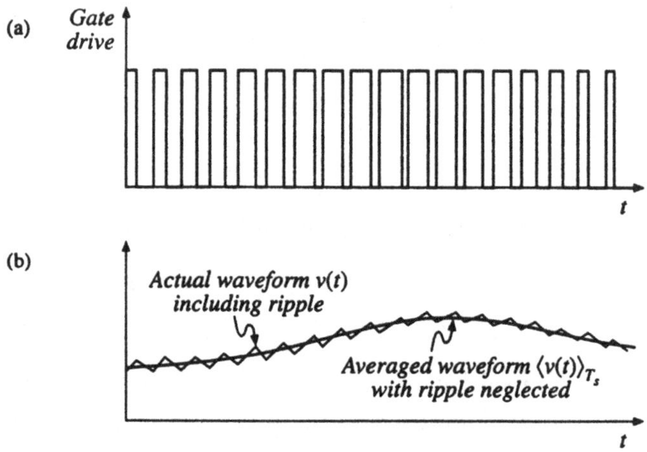

그림 1.2 컨버터 신호의 교류 변동: (a) 시비율이 천천히 변하는 트랜지스터 게이트 구동신호, (b) 결과적인 컨버터 출력전압 파형. 고 주파수 스위칭 맥동을 포함하는 실제 파형과 평균 저 주파수 성분 $<v(t)>_{T_S}$ 파형을 도시한다.

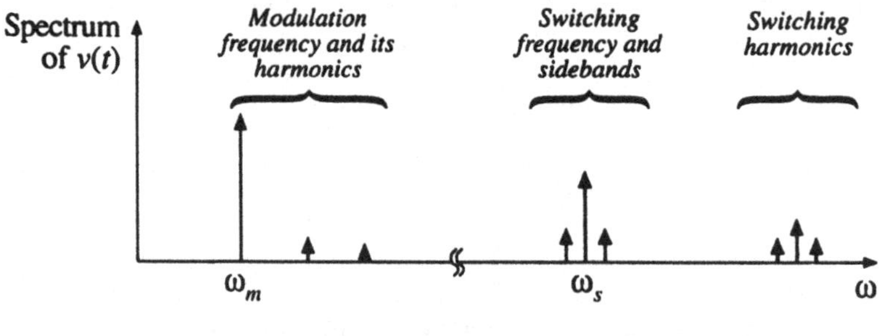

그림 1.3 그림 1.2의 출력전압 파형 $v(t)$의 스펙트럼

파수 변동을 모델링한다. 실제로 식 (1.3)의 이동 평균은 파형의 저 주파수 통과 필터와 같은 효과를 갖는다. 스위칭 컨버터의 평균 모델에 대한 많은 참고문헌 가운데 몇 개를 이 장 뒤에 나열한다[1-20].

컨버터가 평형상태 즉 정상상태에서 동작할 때 인덕터 전압-시간 곱 평형과 커패시터의 전하 평형의 원리로부터 식 (1.2)의 오른쪽 항은 영임을 알 수 있다. 식 (1.2)로부터 한 스위칭 주기 동안 영이 아닌 평균 인덕터 전압과 커패시터 전류가 인가되면 인덕터 전류와 커패시터 전압이 변함을 알 수 있다. 식 (1.2)의 평균 인덕터 전압과 커패시터 전류는 일반적으로 컨버터에 있는 신호들의 비선형 함수이므로 식 (1.2)는 비선형 미분방정식이다. 실제로 그림 1.3의 스펙트럼은 변조 주파수 ω_m의 고조파도 포함한다. 대부분의 컨버터에서 변조 주파수 ω_m이 스위칭 주파수 ω_s에 가까워지거나 변조 크기 D_m이 정적인 시비율 D와 비슷하게 되면 이 고조파들의 크기는 커지게 된다. 전기공학에서 비선형 소자가 매우 많이 존재한다. 실제로 모든 반도체 소자들은 비선형 동작을 나타낸다. 보다 해석하기 쉬운 선형 모델을 구하기 위해 한 정지된 동작점에서 선형화된 소신호 모델을 일반적으로 구성한다. 이 경우 변조 또는 인가 주파수의 고조파는 무시된다. 예를 들면 그림 1.4는 그림 1.4(b)의 잘 알려진 다이오드 $i-v$ 특성의 선형화를 나타낸다. 다이오드 전류 $i(t)$는 고정된 직류 값 I와 교류 신호의 성분 $\hat{i}(t)$로 구성된다. 따라서 다이오드

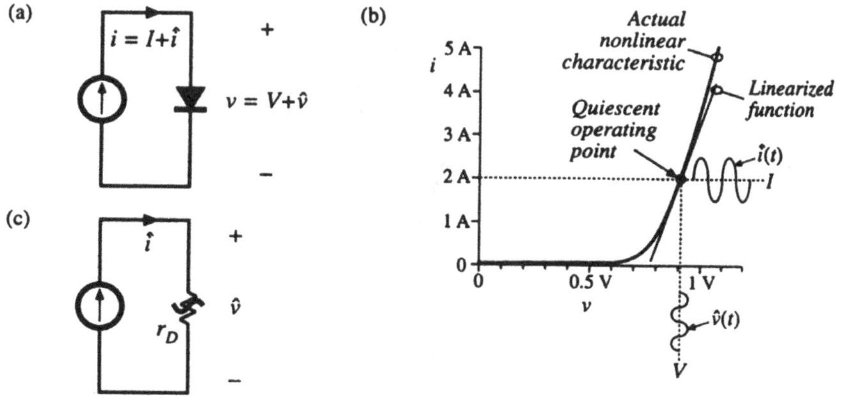

그림 1.4 다이오드의 소신호 등가회로 모델링: (a) 비선형 다이오드 도통 전류, (b) 동작점에서 다이오드 특성의 선형화, (c) 선형화된 소신호 모델.

양단에 걸리는 전압 $v(t)$도 직류 값 V와 교류 신호의 성분 $\hat{v}(t)$로 구성된다. 교류 신호가 직류 값에 비해 작으면 즉,

$$|\hat{v}| \ll |V|,\ |\hat{i}| \ll |I| \tag{1.4}$$

이면 $\hat{v}(t)$과 $\hat{i}(t)$의 관계는 근사적으로 선형이다. 즉, $\hat{v}(t) = r_D \hat{i}(t)$. 컨덕턴스 $1/r_D$은 한 동작점에서 다이오드 특성의 기울기를 나타낸다. 그림 1.4(c)의 소신호 등가회로 모델은 한 동작점에서 작은 변동에 대한 다이오드 특성을 나타낸다.

비선형 컨버터 특성의 예를 들면 그림 1.5에 나타낸 벅-부스트 컨버터의 정상상태 출력 전압 V와 시비율 D의 관계이다. 컨버터가 어떤 직류 출력 전압 즉, 고정된 시비율 $D = 0.5$에 해당하는 $V = -V_g$에서 동작한다고 가정하자. 동작점 주위에서의 시비율 변동 $\hat{d}$은 출력전압에 변동 $\hat{v}$을 야기할 것이다. 시비율 변동의 크기가 충분히 작다면 곡선을 선형화하여 출력전압 변동을 계산할 수 있다. 그림 1.5의 선형화된 특성의 기울기를 동작점에서 실제 비선형 특성의 기울기와 같게 선택한다. 이 기울기는 컨버터의 직류 제어-출력 이득을 나타낸다. 시비율 변동 $\hat{d}$이 충분히 작다면 선형화된 특성과 비선형 특성은

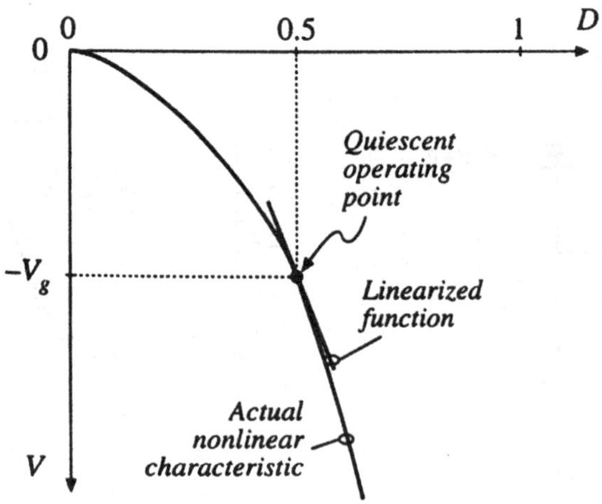

그림 1.5 동작점 $D = 0.5$ 부근에서 벅-부스트 컨버터의 정적 제어-출력 특성의 선형화

값에 있어서 거의 같다.

그림 1.5의 벅-부스트 예제는 소신호 선형화 과정을 보여준다 할지라도 너무 단순화되어 있다. 컨버터의 인덕터와 커패시터는 이득이 주파수에 따라 응답을 다르게 하게 한다. 소신호 전달함수의 극점(pole)과 영점(zero)을 정확하게 예측하기 위해 컨버터의 평균 미분방정식을 선형화해야 한다. 1.2절에서 이를 다룬다. 1권 3장의 방법을 이용하여 소신호 등가회로를 구성한다. 벅-부스트 컨버터의 결과적인 소신호 모델을 그림 1.6에 나타낸다. 소신호 전달함수, 출력 임피던스와 다른 주파수 응답 특성을 구하는데 기존의 회로 해석 기법으로 이 모델을 풀 수 있다. 그림 1.1과 같은 시스템에서 컨버터 대신에 등가회로 모델을 삽입할 수 있다. PWM(pulse-width modulation)과 같은 다른 시스템 요소에 대한 소신호 모델을 대체하면 완전한 선형 시스템 모델을 얻을 수 있다. 시스템의 동작이나 특성을 이해하기 위해 라플라스 변환과 같은 선형회로 해석기법을 이용하여 이 모델을 분석한다.

교류 모델링 방법의 잘 알려진 두 가지 방법인 상태공간 평균(state-space average)과 회로 평균(circuit average)을 1.3절과 1.4절에서 설명한다. 회로 평균을 확장한 평균 스위치 모델링을 1.4절에서 소개한다. 스위치는 스위칭 고조파를 발생하는 유일한 소자이므로 단지 스위칭 파형만을 평균하여 등가회로 모델을 유도할 수 있다. 단순히 스위치 대신 평균 스위치 모델을 넣어 해석과 시뮬레이션에 적합한 컨버터 모델을 얻는다. 평균 스위치 모델링 기법은 불연속 전도모드와 같은 다른 동작 모드뿐만 아니라 전류 프로그램 제어와 공진 컨버터에도 확장할 수 있다. 모든 직류-직류 PWM CCM 컨버터에 대한 소신호 모델을 표준형으로 나타낼 수 있음을 1.5절에서 보인다. 표준 모델이라 불리는 이 등가회로는 임의의 컨버터가 수행해야 하는 기본 물리적인 기능을 표현한다. PWM 회로의 간단한 모델을 1.6절에서 다룬다.

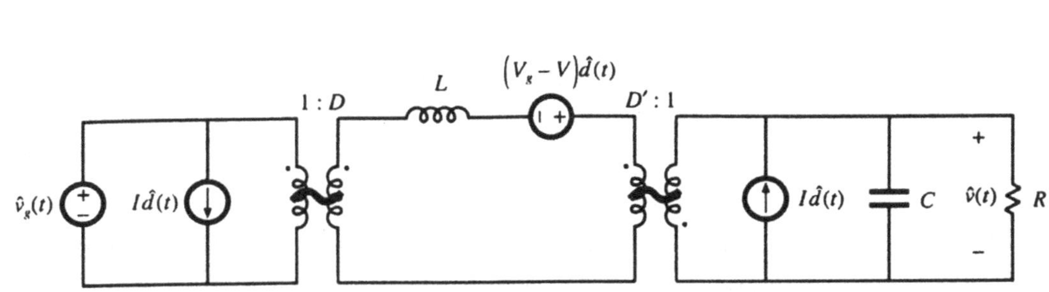

그림 1.6 벅-부스트 컨버터의 소신호 교류 등가회로 모델

이러한 모델들을 어떻게 적용하는가를 모르면 이 모델은 이용 가치가 없다. 2장에서 컨버터의 주파수 응답을 설계-지향으로 자세하게 다룬다. 기본 컨버터의 소신호 전달함수를 표에 정리한다. 간단하고 근사적인 방법으로 컨버터 전달함수와 임피던스에 대한 보드선도를 작성하여 복잡한 컨버터 시스템의 주파수 응답에 대한 공학적인 관찰 방법을 터득한다. 이러한 결과들은 3장에서 컨버터 제어시스템을 설계하는데 이용하고 4장에서 입력 필터를 설계하는데 사용한다. 불연속 전도모드와 전류 프로그램 제어를 해석하기 위해 5장과 6장에서 이 모델링 기법을 확장한다.

1.2 소신호 교류 모델링

그림 1.7에 나타낸 벅-부스트 컨버터의 소신호 교류 모델을 유도하자. 보통 인덕터와 커패시터의 전압과 전류 파형을 결정하여 분석을 시작한다. 스위치가 위치 1에 있을 때 그림 1.8(a)의 회로를 얻는다. 인덕터 전압과 커패시터 전류는

$$v_L(t) = L\frac{di(t)}{dt} = v_g(t) \tag{1.5}$$

$$i_C(t) = C\frac{dv(t)}{dt} = -\frac{v(t)}{R} \tag{1.6}$$

이다. 이제 미소 맥동 근사화를 하자. 1권 2장에서와 같이 $V_g(t)$와 $V(t)$를 직류 성분 V_g와 V로 바꾸지 말고 대신 식 (1.3)에서 정의된 저 주파수 평균값 $<V_g(t)>_{T_S}$와 $<v(t)>_{T_S}$로 바꾸자. 그러면 식 (1.5)와 (1.6)은 다음과 같다.

$$v_L(t) = L\frac{di(t)}{dt} = \langle v_g(t)\rangle_{T_s} \tag{1.7}$$

$$i_C(t) = C\frac{dv(t)}{dt} = -\frac{\langle v(t)\rangle_{T_s}}{R} \tag{1.8}$$

첫 번째 세부구간 동안 인덕터 전류 $i(t)$와 커패시터 전압 $v(t)$는 식 (1.7)과 (1.8)에 주어진 일정한 기울기로 변한다. 스위치가 위치 2일 때 그림 1.8(b)의 회로를 얻는다. 인덕

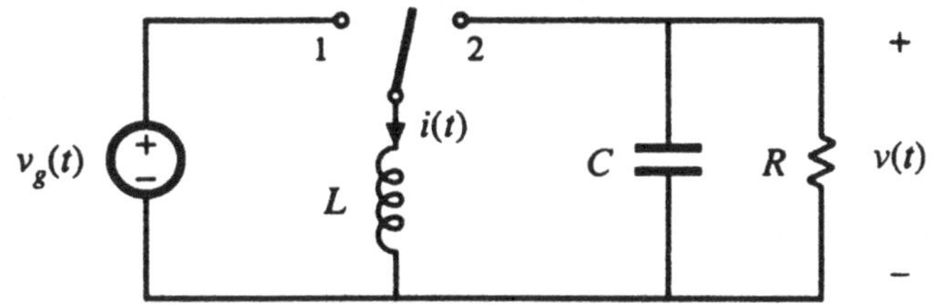

그림 1.7 벅-부스트 컨버터 예

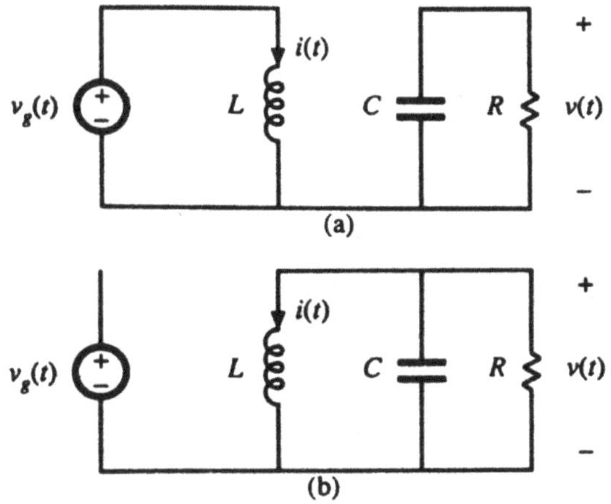

그림 1.8 벅-부스트 컨버터 회로: (a) 스위치가 위치 1일 때, (a) 스위치가 위치 2일 때

터 전압과 커패시터 전류는 다음과 같다.

$$v_L(t) = L\frac{di(t)}{dt} = v(t) \tag{1.9}$$

$$i_C(t) = C\frac{dv(t)}{dt} = -i(t) - \frac{v(t)}{R} \tag{1.10}$$

미소 맥동 근사화를 이용하여 $i(t)$와 $v(t)$를 평균값으로 바꾸면 다음과 같다.

$$v_L(t) = L\frac{di(t)}{dt} = \langle v(t) \rangle_{T_s} \tag{1.11}$$

$$i_C(t) = C\frac{dv(t)}{dt} = -\langle i(t) \rangle_{T_s} - \frac{\langle v(t) \rangle_{T_s}}{R} \tag{1.12}$$

두 번째 세부구간 동안에 인덕터 전류와 커패시터 전압은 식 (1.11)과 (1.12)에 주어진 일정한 기울기로 변한다.

1.2.1 평균 인덕터 파형

그림 1.9는 인덕터 전압과 전류 파형을 나타낸다. 인덕터 전압의 저 주파수 평균은 식 (1.3)을 이용하여 구한다. 식 (1.7)과 (1.11)로 주어지는 첫 번째와 두 번째 세부구간 동안 인덕터 전압의 평균은

$$\langle v_L(t)\rangle_{T_s} = \frac{1}{T_s}\int_t^{t+T_s} v_L(\tau)d\tau \approx d(t)\langle v_g(t)\rangle_{T_s} + d'(t)\langle v(t)\rangle_{T_s} \tag{1.13}$$

이고 여기서 $d'_{(t)} = 1\text{-}d_{(t)}$이다. 식 (1.13)의 오른쪽 항은 스위칭 고조파를 포함하지 않으며 인덕터 전압 파형의 저 주파수 성분만을 모델링한다. 이 식을 식 (1.2)에 대입하면

$$L\frac{d\langle i(t)\rangle_{T_s}}{dt} = d(t)\langle v_g(t)\rangle_{T_s} + d'(t)\langle v(t)\rangle_{T_s} \tag{1.14}$$

이다. 이 식은 인덕터 전류의 저 주파수 성분이 시간에 따라 어떻게 변하는가를 나타낸다.

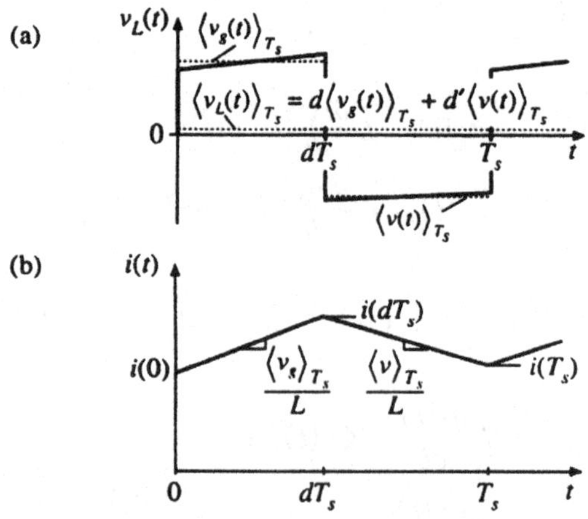

그림 1.9 벅-부스트 컨버터의 파형: (a) 인덕터 전압, (b) 인덕터 전류

1.2.2 평균 근사화 검토

정상상태에서 인덕터의 전류 파형 $i(t)$는 스위칭 주기 T_s를 갖는 다음과 같은 주기 파형이다: $i(t+T_s)=i(t)$. 과도상태에서 한 스위칭 주기 동안 $i(t)$에는 변화가 있다. 평균 인덕터 전압을 이용하여 인덕터 전류의 알짜 변화를 정확하게 예측할 수 있다. 다음의 인덕터 전압 방정식을 이용하여 이것이 사실임을 보일 수 있다.

$$L\frac{di(t)}{dt}=v_L(t) \tag{1.15}$$

양변을 L로 나누고 t에서부터 $t+T_s$까지 적분하면

$$\int_t^{t+T_s} di=\frac{1}{L}\int_t^{t+T_s} v_L(\tau)d\tau \tag{1.16}$$

이다. 식 (1.16)의 왼쪽 항은 $i(t+T_s)-i(t)$이고, 오른쪽 항을 식 (1.3)의 $\langle v_L(t)\rangle_{T_S}$의 항으로 나타내면 다음과 같다.

$$i(t+T_s)-i(t)=\frac{1}{L}T_s\langle v_L(t)\rangle_{T_s} \tag{1.17}$$

식 (1.17)의 오른쪽 항은 한 스위칭 주기에 걸친 인덕터 전류의 알짜 변화량을 나타낸다. 이 식으로부터 변화량은 스위칭 주기 T_s와 평균 기울기 $\langle v_L(t)\rangle_{T_S}/L$의 곱과 같음을 알 수 있다. 식 (1.17)을 다시 쓰면 다음과 같다.

$$L\frac{i(t+T_s)-i(t)}{T_s}=\langle v_L(t)\rangle_{T_s} \tag{1.18}$$

이제 $\langle i(t)\rangle_{T_S}$의 미분을 구해 보자.

$$\frac{d\langle i(t)\rangle_{T_s}}{dt}=\frac{d}{dt}\left(\frac{1}{T_s}\int_t^{t+T_s} i(\tau)d\tau\right)=\frac{i(t+T_s)-i(t)}{T_s} \tag{1.19}$$

식 (1.19)를 식 (1.18)에 대입하면

$$L\frac{d\langle i(t)\rangle_{T_s}}{dt} = \langle v_L(t)\rangle_{T_s} \tag{1.20}$$

이고 이 식은 식 (1.2)와 일치한다.

벅-부스트 컨버터 예에서 한 스위칭 주기 동안 인덕터 전류가 얼마나 변하는가를 계산해보자. 인덕터의 전류 파형을 그림 1.9(b)에 도시한다. 인덕터 전류가 임의의 값 $i(0)$에서 시작한다고 가정한다. 처음 세부구간 동안에 인덕터 전류는 식 (1.7)에 주어진 일정한 기울기로 변한다. 처음 세부구간 끝에서 전류의 값은

$$\underbrace{i(dT_s)}_{\text{마지막 값}} = \underbrace{i(0)}_{\text{초기 값}} + \underbrace{(dT_s)}_{\text{시간 길이}}\underbrace{\left(\frac{\langle v_g(t)\rangle_{T_s}}{L}\right)}_{\text{평균 기울기}} \tag{1.21}$$

이다. 두 번째 세부구간 동안 인덕터 전류는 식 (1.11)에 주어진 일정한 기울기로 변한다. 이 세부구간 끝에서 전류 값은

$$\underbrace{i(T_s)}_{\text{마지막 값}} = \underbrace{i(dT_s)}_{\text{초기 값}} + \underbrace{(d'T_s)}_{\text{시간 길이}}\underbrace{\left(\frac{\langle v(t)\rangle_{T_s}}{L}\right)}_{\text{평균 기울기}} \tag{1.22}$$

이다. 식 (1.21)을 식 (1.22)에 대입하면

$$i(T_s) = i(0) + \frac{T_s}{L}\underbrace{\left(d\langle v_g(t)\rangle_{T_s} + d'\langle v(t)\rangle_{T_s}\right)}_{\langle v_L(t)\rangle_{T_s}} \tag{1.23}$$

식 (1.21)부터 식 (1.23)을 그림 1.10에 도시한다. 식 (1.23)은 마지막 값 $i(T_s)$를 구하기 위해 $i(dT_s)$를 계산하는 중간과정이 없이 직접 $i(0)$의 항으로 계산할 수 있음을 나타낸다. 이 식을 식 (1.21)과 식 (1.22)와 같은 방법으로 해석할 수 있다. 마지막 값 $i(T_s)$는 초기 값 $i(0)$에 스위칭 주기 T_s와 평균 기울기 $\langle v_L(t)\rangle_{T_s}/L$의 곱을 더한 것과 같다. 시간 길이를 스위칭 주기 T_s와 같게 선택하여 스위칭 맥동을 효과적으로 제거하였다. 평균 기울기를 이용하여 마지막 값 $i(T_s)$를 정확하게 예측할 수 있다. 식 (1.23)을 식 (1.19)에 대입하면 이전의 결과 식 (1.14)를 얻을 수 있음을 쉽게 증명할 수 있다.

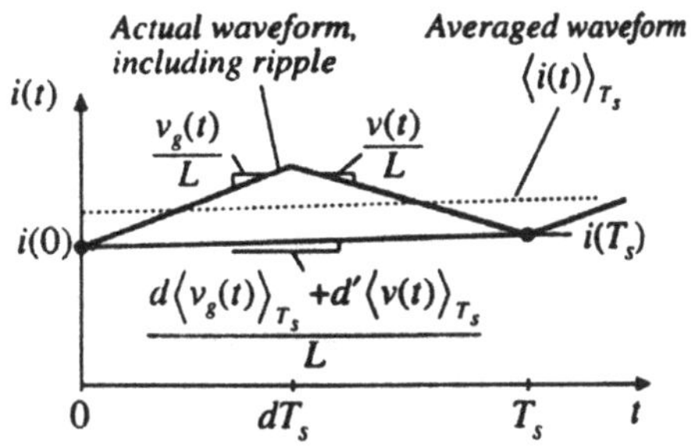

그림 1.10 평균 기울기로 스위칭주기 동안 인덕터 전류 파형의 변화를 예측

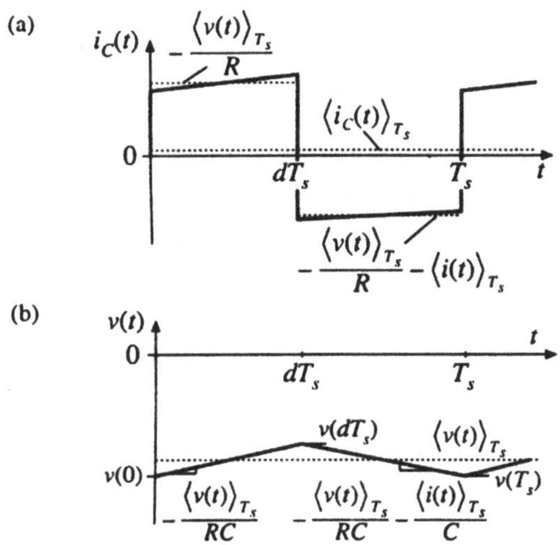

그림 1.11 벅-부스트 컨버터의 파형: (a) 커패시터 전류, (b) 커패시터 전압

1.2.3 평균 커패시터 파형

앞 절과 유사한 방법으로 커패시터 동특성에 관한 식을 얻을 수 있다. 그림 1.11은 커패시터 전압과 전류 파형을 나타낸다. 식 (1.8)과 식 (1.12)를 평균하여 평균 커패시터 전류를 구할 수 있다.

$$\langle i_C(t)\rangle_{T_s} = d(t)\left(-\frac{\langle v(t)\rangle_{T_s}}{R}\right) + d'(t)\left(-\langle i(t)\rangle_{T_s} - \frac{\langle v(t)\rangle_{T_s}}{R}\right) \tag{1.24}$$

이 식을 식 (1.2)에 대입하면 다음과 같다.

$$C\frac{d\langle v(t)\rangle_{T_s}}{dt} = -d'(t)\langle i(t)\rangle_{T_s} - \frac{\langle v(t)\rangle_{T_s}}{R} \tag{1.25}$$

이 식은 커패시터 전압의 직류와 저 주파수 교류 변동을 나타내는 기본적인 평균 방정식이다.

1.2.4 평균 입력 전류

1권 3장에서 컨버터 입력 전류의 직류 성분을 모델링하는 부가적인 방정식을 쓸 필요가 있음을 알았다. 이것으로부터 컨버터의 입력 단자를 직류 등가회로로 모델링할 수 있었다. 비슷한 절차에 의해 컨버터 입력 단자의 저 주파수 변동을 교류 등가회로로 모델링할 수 있다.

벅-부스트 컨버터 예를 보면 입력 전원으로부터 컨버터에 인가된 전류 $i_{g(t)}$는 첫 번째 세부구간 동안에는 인덕터 전류 $i_{(t)}$와 같고 두 번째 세부구간 동안에는 영이다. 인덕터 전류 맥동을 무시하고 $i_{(t)}$를 평균값 $\langle i_{(t)}\rangle_{T_S}$로 바꾸면 입력 전류를 다음과 같이 표현할 수 있다.

$$i_g(t) = \begin{cases} \langle i(t)\rangle_{T_s} & \text{세부구간 1 동안} \\ 0 & \text{세부구간 2 동안} \end{cases} \tag{1.26}$$

그림 1.12는 입력 전류 파형을 나타낸다. 한 스위칭주기 동안 평균하면

$$\langle i_g(t)\rangle_{T_s} = d(t)\langle i(t)\rangle_{T_s} \tag{1.27}$$

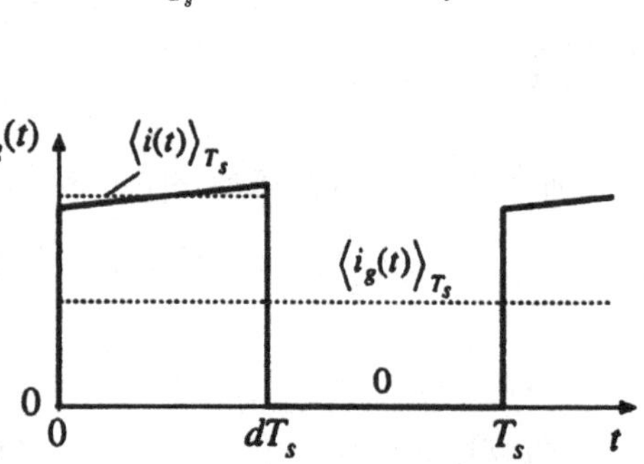

그림 1.12 벅-부스트 컨버터의 파형: 입력 전류

이다. 이 식은 컨버터 입력 전류의 직류 및 저 주파수 교류 변동을 나타내는 기본적인 평균 방정식이다.

1.2.5 변동과 선형화

벅-부스트 컨버터에 대한 평균 방정식 (1.14), (1.25)와 (1.27)을 아래에 다시 쓴다.

$$
\begin{aligned}
&L\frac{d\langle i(t)\rangle_{T_s}}{dt}=d(t)\langle v_g(t)\rangle_{T_s}+d'(t)\langle v(t)\rangle_{T_s}\\
&C\frac{d\langle v(t)\rangle_{T_s}}{dt}=-d'(t)\langle i(t)\rangle_{T_s}-\frac{\langle v(t)\rangle_{T_s}}{R}\\
&\langle i_g(t)\rangle_{T_s}=d(t)\langle i(t)\rangle_{T_s}
\end{aligned}
\tag{1.28}
$$

이 식들은 시간에 따라 변하는 항이 곱해져 있으므로 비선형이다. 예를 들면 커패시터 전류는 제어입력 $d'(t)$와 인덕터 전류의 저 주파수 성분 $<i(t)>_{T_S}$의 곱에 의존한다. 시간에 따라 변하는 신호의 곱은 고조파를 발생하고 비선형이다. 라플라스 변환이나 다른 주파수 영역 해석방법과 같은 대부분의 교류 분석방법은 비선형 시스템에는 유용하지 않다. 따라서 소신호 모델을 만들어 식 (1.28)을 선형화할 필요가 있다.

정상상태 또는 고정된 시비율 $d(t)=D$에서 고정된 입력전압 $v_g(t)=V_g$로 컨버터를 구동한다고 가정하자. 1권의 2장과 3장의 정상상태 해석으로부터 과도상태가 지난 후 인덕터 전류 $<i(t)>_{T_S}$, 커패시터 전압 $<v(t)>_{T_S}$와 입력 전류 $<i_g(t)>_{T_S}$는 다음과 같은 정상상태 또는 직류 값 I, V와 I_g에 각각 도달한다.

$$
\begin{aligned}
&V=-\frac{D}{D'}V_g\\
&I=-\frac{V}{D'R}\\
&I_g=DI
\end{aligned}
\tag{1.29}
$$

식 (1.29)는 보통 인덕터 전압-시간 곱과 커패시터 전하 평형으로부터 구해진다. 또한 정상상태에서 미분을 영으로 하여 식 (1.28)로부터 이 식을 유도할 수도 있다.

고정된 동작점 (I, V)에서 소신호 교류 모델을 유도하기 위해 입력 전압 $<v_g(t)>_{T_S}$와 시비율 $d(t)$가 주어진 동작점 V_g 및 D와 소신호 교류 변동 $\hat{v}_g(t)$ 및 $\hat{d}(t)$의 합으로 각각 가정한다.

$$\langle v_g(t)\rangle_{T_s} = V_g + \hat{v_g}(t) \qquad (1.30)$$
$$d(t) = D + \hat{d}(t)$$

이러한 입력의 응답으로 과도기간이 지난 후 평균 인덕터 전류 $<i(t)>_{T_S}$, 평균 커패시터 전압 $<v(t)>_{T_S}$와 평균 입력 전류 $<i_g(t)>_{T_S}$는 다음과 같이 정상상태 I, V와 I_g에 작은 교류 변동 $\hat{i}(t)$, $\hat{v}(t)$과 $\hat{i_g}(t)$가 더해져 나타난다.

$$\langle i(t)\rangle_{T_s} = I + \hat{i}\,(t) \qquad (1.31)$$
$$\langle v(t)\rangle_{T_s} = V + \hat{v}\,(t)$$
$$\langle i_g(t)\rangle_{T_s} = I_g + \hat{i_g}(t)$$

교류 변동의 크기가 다음과 같이 직류 동작점보다 작다고 가정한다.

$$|\hat{v_g}| \ll |V_g| \qquad (1.32)$$
$$|\hat{d}(t)| \ll |D|$$
$$|\hat{i}| \ll |I|$$
$$|\hat{v}| \ll |v|$$
$$|\hat{i_g}| \ll |I_g|$$

식 (1.30)과 식 (1.31)을 대입하여 식 (1.28)의 비선형 방정식을 선형화한다. 인덕터 방정식은

$$L\frac{d(I + \hat{i}\,(t))}{dt} = (D + \hat{d}(t))(V_g + \hat{v_g}(t)) + (D' - \hat{d}(t))(V + \hat{v}(t)) \qquad (1.33)$$

이고 시비율의 보수 $d'(t)$는 다음과 같다.

$$d'(t) = 1 - d(t) = 1 - (D + \hat{d}(t)) = D' - \hat{d}(t) \qquad (1.34)$$

여기서 $D' = 1 - D$이다.

식 (1.33)을 계산하면 다음과 같다.

$$L\left(\frac{dI}{dt} + \frac{d\hat{i}(t)}{dt}\right) = \underbrace{(DV_g + D'V)}_{\text{직류항}} + \underbrace{(D\hat{v_g}(t) + D'\hat{v}(t) + (V_g - V)\hat{d}(t))}_{\text{1차 교류항(선형)}} + \underbrace{\hat{d}(t)(\hat{v_g}(t) - \hat{v}(t))}_{\text{2차 교류항(비선형)}} \qquad (1.35)$$

I는 정의에 의해 직류인 상수이므로 I의 미분은 영이다. 소신호 교류 모델을 유도하기 위해 직류 항을 아는 상수 값으로 생각할 수 있다. 식 (1.35)의 오른쪽에는 세 개의 항이 있다.

직류 항 : 이 항은 직류만을 포함한다.

1차 교류 항: 이 항은 하나의 교류 항을 포함하며 일반적으로 직류 항과 같은 상수와 곱해져 있다. 이 항은 교류 변동의 일차 함수이다.

2차 교류 항: 이 항은 교류 항끼리의 곱을 포함하며 시변 신호의 곱으로 표현되어 비선형이다.

비선형 교류 항은 무시하는 것이 바람직하다. 소신호에 대한 가정인 식 (1.32)를 만족하면 2차 비선형 항의 크기는 선형 1차 교류 항의 크기보다 매우 작다. 예를 들면 2차 교류 항 $\hat{d}(t)\hat{v_g}(t)$은 $|\hat{d}(t)| << D$이면 1차 교류 항 $D\hat{v_g}(t)$의 크기보다 매우 작으므로 2차 항을 무시할 수 있다. 또한 우변에 있는 직류 항은 왼쪽의 직류 항과 같아 영이다. 양변에 1차 교류 항만을 남기면 다음과 같다.

$$L\frac{d\hat{i}(t)}{dt} = D\hat{v_g}(t) + D'\hat{v}(t) + (V_g - V)\hat{d}(t) \tag{1.36}$$

이 식이 원하는 결과로 인덕터 전류의 변동을 표현하는 소신호 선형 모델이다.

유사한 방법으로 커패시터 방정식을 선형화할 수 있다. 식 (1.30)과 (1.31)을 식 (1.28)의 커패시터 방정식에 대입하면

$$C\frac{d(V+\hat{v}(t))}{dt} = -(D' - \hat{d}(t))(I + \hat{i}(t)) - \frac{(V+\hat{v}(t))}{R} \tag{1.37}$$

이고 이 식을 계산하면 다음과 같다.

$$C\left(\frac{dV}{dt} + \frac{d\hat{v}(t)}{dt}\right) = \underbrace{\left(-D'I - \frac{V}{R}\right)}_{\text{직류항}} + \underbrace{\left(-D'\hat{i}(t) - \frac{\hat{v}(t)}{R} + I\hat{d}(t)\right)}_{\text{1차 교류항(선형)}} + \underbrace{\hat{d}(t)\hat{i}(t)}_{\text{2차 교류항(비선형)}} \tag{1.38}$$

2차 항을 무시하고 양변의 직류 항이 같으므로 식 (1.38)의 1차 교류 항만을 포함하는 선형 1차 방정식을 다음과 같이 쓸 수 있다.

$$C\frac{d\hat{v}(t)}{dt} = -D'\hat{i}(t) - \frac{\hat{v}(t)}{R} + I\hat{d}(t) \tag{1.39}$$

이 식이 원하는 결과로 커패시터 전압의 변동을 표현하는 소신호 선형 모델이다.

마지막으로 평균 입력 전류 방정식을 선형화한다. 식 (1.30)과 (1.31)을 식 (1.28)에 대입하면

$$I_g + \hat{i_g}(t) = (D + \hat{d}(t))(I + \hat{i}(t)) \tag{1.40}$$

이다. 이 식을 정리하면

$$\underbrace{I_g}_{\text{직류 항}} + \underbrace{\hat{i_g}(t)}_{\text{1차 교류 항}} = \underbrace{(DI)}_{\text{직류 항}} + \underbrace{(D\hat{i}(t) + I\hat{d}(t))}_{\text{1차 교류 항(선형)}} + \underbrace{\hat{d}(t)\hat{i}(t)}_{\text{2차 교류 항(비선형)}} \tag{1.41}$$

이고 이 식에서 2차 항을 무시하고 양변의 직류 항을 같게 놓으면 다음과 같이 1차 선형의 교류 항만 남는다.

$$\hat{i_g}(t) = D\hat{i}(t) + I\hat{d}(t) \tag{1.42}$$

이 식이 컨버터 입력 전류의 저 주파수 교류 성분을 나타내는 소신호 선형 방정식이다.

스위칭 컨버터의 비선형 평균 방정식을 고정된 한 동작점에서 선형화할 수 있다. 컨버터의 독립 입력을 상수(직류)의 값과 작은 교류 변동의 합으로 표현한다. 응답에서 컨버터 평균 파형도 비슷한 모양을 갖는다고 가정한다. 식 (1.30)과 (1.31)을 컨버터의 평균 비선형 방정식에 대입하면 직류 항, 선형 교류 항과 비선형 항이 발생한다. 교류 변동의 크기가 충분히 작다면 비선형 항은 선형 항보다 매우 작으므로 이를 무시할 수 있다. 남는 선형 교류 항이 컨버터의 소신호 교류 모델이 된다.

1.2.6 소신호 등가회로 모델의 구성

식 (1.36), (1.39)와 (1.42)는 이상적인 벅-부스트 컨버터의 소신호 교류 모델을 나타낸다. 즉,

$$\begin{aligned}
L\frac{d\hat{i}(t)}{dt} &= D\hat{v_g}(t) + D'\hat{v}(t) + (V_g - V)\hat{d}(t) \\
C\frac{d\hat{v}(t)}{dt} &= -D'\hat{i}(t) - \frac{\hat{v}(t)}{R} + I\hat{d}(t) \\
\hat{i_g}(t) &= D\hat{i}(t) + I\hat{d}(t)
\end{aligned} \tag{1.43}$$

1권 3장에서 컨버터의 평균 직류 방정식을 모아서 컨버터의 직류 특성을 모델링하는 등가회로를 만들었다. 같은 절차에 의해 평균 소신호 교류모델을 만든다.

식 (1.36)의 인덕터 방정식은 인덕터를 포함하는 루프 주위의 전압을 나타낸다. 실제로 루프 해석을 통해 인덕터 전압을 구하고 평균, 변동, 선형화를 거쳐 이 식을 유도하였다. 따라서 이 식은 소신호 모델의 인덕터가 포함된 루프 주위의 전압을 나타낸다. 루프 전류는 소신호 교류 인덕터 전류 $\hat{i}(t)$이다. 그림 1.13에 도시한 바와 같이 $Ld\hat{i}(t)/dt$ 항은 소신호 모델에서 인덕터 L 양단에 걸리는 전압을 나타낸다. 이 전압은 3개의 다른 전압 항과 같다. $D\hat{v}_g(t)$과 $D'\hat{v}(t)$은 그림에서처럼 종속 전원을 나타내며 이상적인 변압기와 결합시킬 예정이다. $(V_g - V)\hat{d}(t)$ 항은 제어 입력 $\hat{d}(t)$에 의해 구동되며 그림에서처럼 독립 전원으로 표현된다.

식 (1.39)의 커패시터 방정식은 커패시터가 붙은 노드로 흘러 들어가는 전류를 나타낸다. 이 식은 노드 해석을 통해 커패시터 전류를 구하고 평균, 변동, 선형화를 하여 유도되었다. 따라서 이 식은 소신호 모델의 커패시터가 연결된 노드로 흘러 들어가는 전류를 나타낸다. 그림 1.14에 도시한 바와 같이 $Cd\hat{v}(t)/dt$ 항은 소신호 모델에서 커패시터 C를 통해 흐르는 전류를 나타낸다. 커패시터 전압은 $\hat{v}(t)$이다. 식 (1.39)의 커패시터 전류는 3개의 다른 항과 같다. $-D'\hat{i}(t)$는 그림에서처럼 종속 전류원을 나타내며 이상적인 변압기와 결합될 예정이다. $-\hat{v}(t)/R$ 항은 소신호 모델에서 부하 저항으로 흐르는 전류로 볼 수 있다. 저항 R 양단에 걸리는 교류 전압이 $\hat{v}(t)$이 예상한 대로 되도록 저항은 커패시터와 병렬로 연결된다. $I\hat{d}(t)$ 항은 제어 입력 $\hat{d}(t)$에 의해 구동되며 그림에서처럼 독립 전류원으로 표현된다.

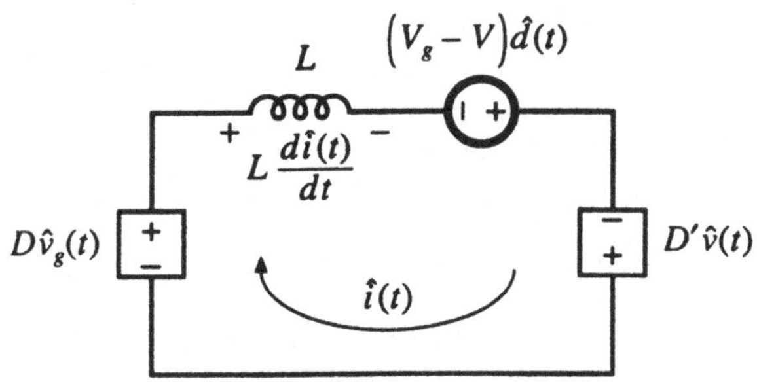

그림 1.13 식 (1.43) 또는 (1.36)의 소신호 교류 인덕터 루프 방정식의 등가회로

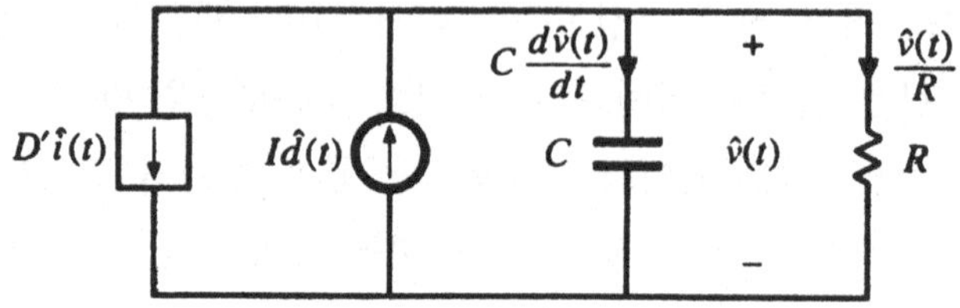

그림 1.14 식 (1.43) 또는 (1.39)의 소신호 교류 커패시터 노드방정식의 등가회로

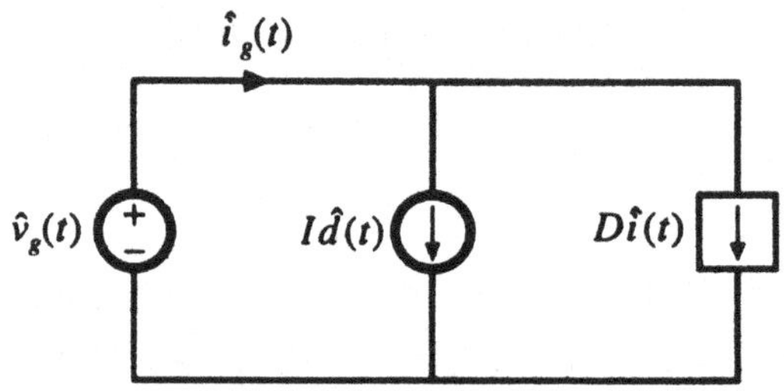

그림 1.15 식 (1.43) 또는 (1.42)의 소신호 교류 입력 전류 방정식의 등가회로

마지막으로 식 (1.42)의 입력 전류는 입력 전압원 $\hat{v_g}(t)$로부터 컨버터로 흘러 들어간 소신호 교류 전류 $\hat{i_g}(t)$를 나타낸다. 이 식은 그림 1.15에서처럼 $\hat{i_g}(t)$가 두 분기(branch)로 흐르는 전류와 같다는 것을 의미한다. $D\hat{i}(t)$ 항에 해당하는 첫 번째 분기는 교류 인덕터 전류 $\hat{i}(t)$에 의존한다. 그러므로 종속 전류원으로 이 항을 나타내며 나중에 이상적인 변압기와 결합된다. $I\hat{d}(t)$항에 해당하는 두 번째 분기는 제어 입력 $\hat{d}(t)$에 의해 구동되며 그림에서처럼 독립 전류원으로 표현된다.

그림 1.13, 1.14와 1.15의 회로를 그림 1.16(a)에 함께 나타낸다. 1권 3장에서 서술한 바와 같이 종속 전원은 그림 1.16(b)와 같이 효과적으로 이상적인 변압기로 결합될 수 있다. 변압기 부호 위에 겹쳐서 그린 정현파 부호는 변압기가 이상적이고 평균 소신호 모델의 일부임을 나타낸다. 그러므로 CCM 직류-직류 컨버터의 직류 변압기 특성은 컨버터 신호의 소신호 변동에 영향을 준다. 컨버터의 전달함수와 출력 임피던스 등을 구하기 위해 기존의 선형회로 해석방법을 이용하여 그림 1.16(b)의 등가회로를 풀 수 있다. 다음 장에서 상세하게 다룬다. 손실과 다른 비선형을 포함하여 1.2.9절의 예제처럼 이 모델을 재구성할 수 있다.

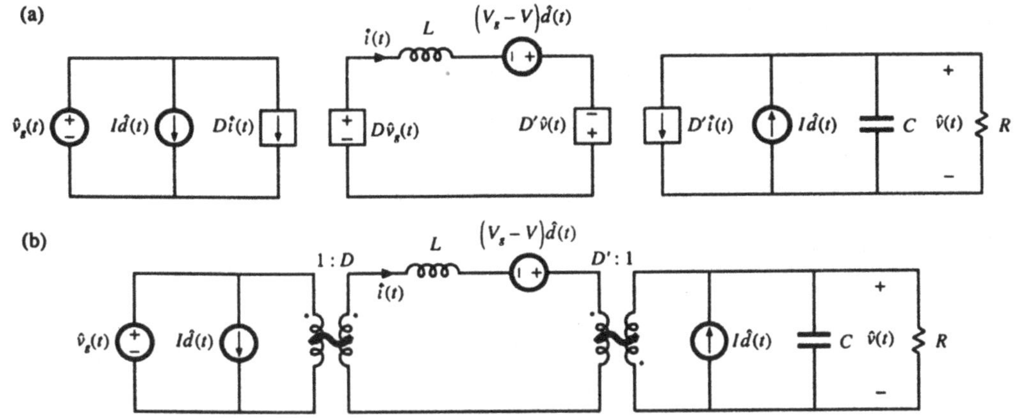

그림 1.16 벅-부스트 컨버터의 소신호 교류 등가회로: (a) 그림 1.13, 1.14, 1.15의 회로, (b) 종속 전원을 이상적인 변압기로 결합하면 최종적인 등가회로 유도

1.2.7 변동과 선형화 단계 검토

변동과 선형화 단계에서 평균 전압이나 전류가 직류 성분과 소신호 교류 변동으로 이루어진다고 가정하였다. 1.2.5절에서 소신호 교류 변동들의 곱에 해당하는 비선형 항을 무시하여 선형화 단계를 마무리하였다. 일반적으로 선형화 단계는 비선형 방정식을 Taylor 전개를 통하여 단지 상수항과 선형 항만을 남겨두는 일에 해당한다. 예를 들면 식 (1.28)의 인덕터 전류에 대한 대신호 평균 방정식은 다음과 같이 쓸 수 있다.

$$L\frac{d\langle i(t)\rangle_{T_s}}{dt} = d(t)\langle v_g(t)\rangle_{T_s} + d'(t)\langle v(t)\rangle_{T_s} = f_1\left(\langle v_g(t)\rangle_{T_s}, \langle v(t)\rangle_{T_s}, d(t)\right) \tag{1.44}$$

이 식을 한 동작점 (V_g, V, D)에서 2차 Taylor 전개로 다음과 같이 쓸 수 있다.

$$L\left(\frac{dI}{dt} + \frac{d\hat{i}(t)}{dt}\right) = f_1(V_g, V, D) + \hat{v}_g(t)\left.\frac{\partial f_1(v_g, V, D)}{\partial v_g}\right|_{v_g = V_g} \tag{1.45}$$
$$+ \hat{v}(t)\left.\frac{\partial f_1(V_g, v, D)}{\partial v}\right|_{v = V} + \hat{d}(t)\left.\frac{\partial f_1(V_g, V, d)}{\partial d}\right|_{d = D} + \text{고차의 비선형 항}$$

표현을 간단히 하기 위해 평균값을 나타내는 괄호 < >를 위 식에서 제거하였다. I는 정의에 의해 직류 상수항이므로 미분 값은 영이다. 식 (1.45)의 직류 항에 대해 식을 만들면

$$0 = f_1(V_g, V, D) \tag{1.46}$$

이고 이 식은 인덕터의 전압-시간 곱 평형을 나타낸다. 식 (1.45)의 오른쪽에서 선형 항들의 계수는 다음과 같이 구할 수 있다.

$$\left.\frac{\partial f_1(v_g, V, D)}{\partial v_g}\right|_{v_g = V_g} = D \tag{1.47}$$

$$\left.\frac{\partial f_1(V_g, v, D)}{\partial v}\right|_{v = V} = D' \tag{1.48}$$

$$\left.\frac{\partial f_1(V_g, V, d)}{\partial d}\right|_{d = D} = V_g - V \tag{1.49}$$

식 (1.47), (1.48)과 (1.49)와 고차의 비선형 항을 무시하고 식 (1.45)의 양변에 있는 선형 교류 항에 대해 방정식을 세우면 다음과 같다.

$$L\frac{d\hat{i}(t)}{dt} = D\hat{v}_g(t) + D'\hat{v}(t) + (V_g - V)\hat{d}(t) \tag{1.50}$$

이 식은 1.2.5절에서 유도한 식 (1.36)과 같다. 따라서 Taylor 전개를 이용하여 선형화 단계를 편리하게 수행할 수 있다.

1.2.8 기본 컨버터에 대한 소신호 교류 모델

CCM에서 동작하는 벅, 부스트, 벅-부스트 컨버터의 소신호 교류 등가회로를 그림 1.17에 정리한다. 벅과 부스트 컨버터 모델은 컨버터 변환비와 같은 권선비를 갖는 이상적인 변압기를 포함한다. 벅-부스트 컨버터 모델은 벅과 부스트 변환비를 갖는 이상적인 변압기들을 포함한다. 이것은 1권의 6.1.2절에서 벅 컨버터와 부스트 컨버터를 직렬로 연결하여 벅-부스트 컨버터를 유도한 것과 일치한다. 컨버터 전달함수, 입/출력 임피던스와 인

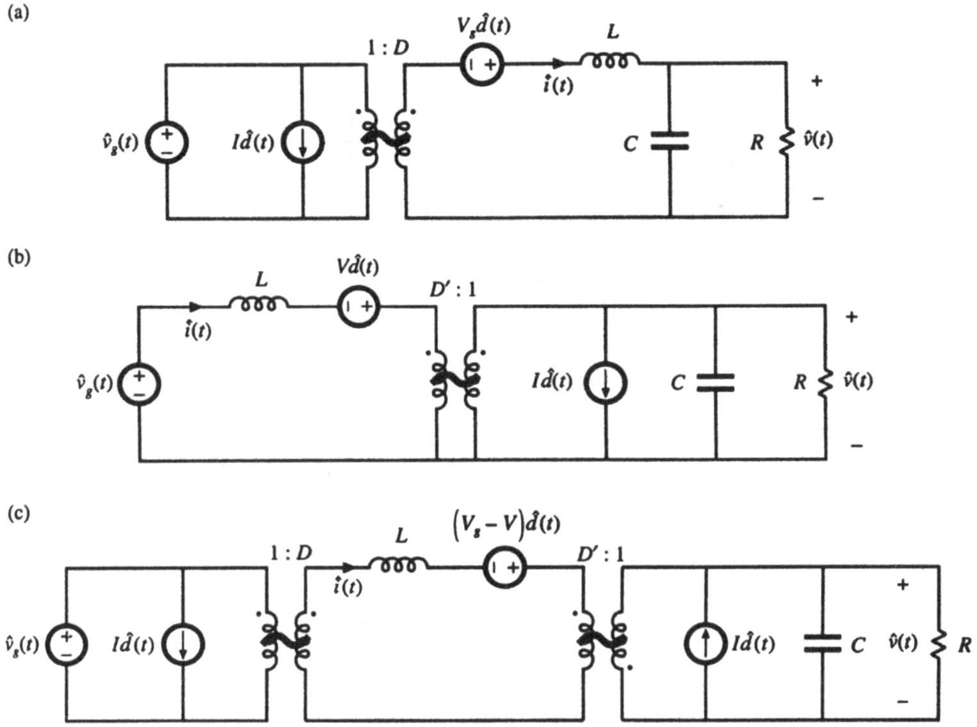

그림 1.17 연속 전도모드에서 동작하는 기본 컨버터의 평균 소신호 교류 모델: (a) 벅, (b) 부스트, (c) 벅-부스트

덕터 전류 변동 등을 구할 때 이 모델을 풀 수 있다. 적당한 권선비를 넣어 그림 1.17의 등가회로를 포워드와 플라이백 컨버터를 포함한 벅, 부스트, 벅-부스트 컨버터의 변압기 분리형을 모델링할 수 있다.

1.2.9 예제: 비이상적인 플라이백 컨버터

앞 절의 방법이 여러 컨버터의 현상을 모델링하는데 유용한가를 보여주기 위해 변압기 분리와 저항 손실이 있는 컨버터의 소신호 교류 등가회로를 유도해 보자. 그림 1.18은 분리된 플라이백 컨버터를 나타낸다. 플라이백 변압기는 일차 측으로 환산하여 자화 인덕턴스 L을 갖고 권선비는 $1:n$이다. MOSFET Q_1의 도통 저항은 R_{on}이다. 변압기의 누

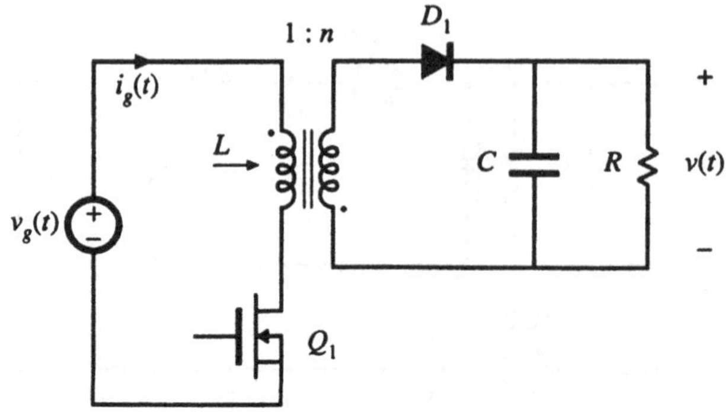

그림 1.18 플라이백 컨버터 예

설 인덕턴스와 스위칭 손실과 같은 다른 손실은 무시한다. 이 컨버터의 교류 모델링을 1권의 6.3.4절의 직류 컨버터 분석과 유사한 방법으로 시작한다. 플라이백 변압기를 그림 1.19(a)에서처럼 이상적인 변압기와 병렬로 연결된 자화 인덕턴스로 구성된 등가회로로 바꾼다.

처음 세부구간에서 MOSFET Q_1이 도통되면 다이오드 D_1은 오프된다. 이 경우 회로는 그림 1.19(b)와 같다. 인덕터 전압 $v_L(t)$, 커패시터 전류 $i_C(t)$와 컨버터 입력전류 $i_g(t)$는 다음과 같다.

$$\begin{aligned} v_L(t) &= v_g(t) - i(t)R_{on} \\ i_C(t) &= -\frac{v(t)}{R} \\ i_g(t) &= i(t) \end{aligned} \tag{1.51}$$

다음으로 전압과 전류를 식 (1.3)에 정의한 평균값으로 바꾸어 미소 맥동 근사화를 하면 다음과 같다.

$$\begin{aligned} v_L(t) &= \langle v_g(t) \rangle_{T_s} - \langle i(t) \rangle_{T_s} R_{on} \\ i_C(t) &= -\frac{\langle v(t) \rangle_{T_s}}{R} \\ i_g(t) &= \langle i(t) \rangle_{T_s} \end{aligned} \tag{1.52}$$

두 번째 세부구간에서 MOSFET Q_1이 오프되면 다이오드 D_1은 온된다. 이 경우의 회로

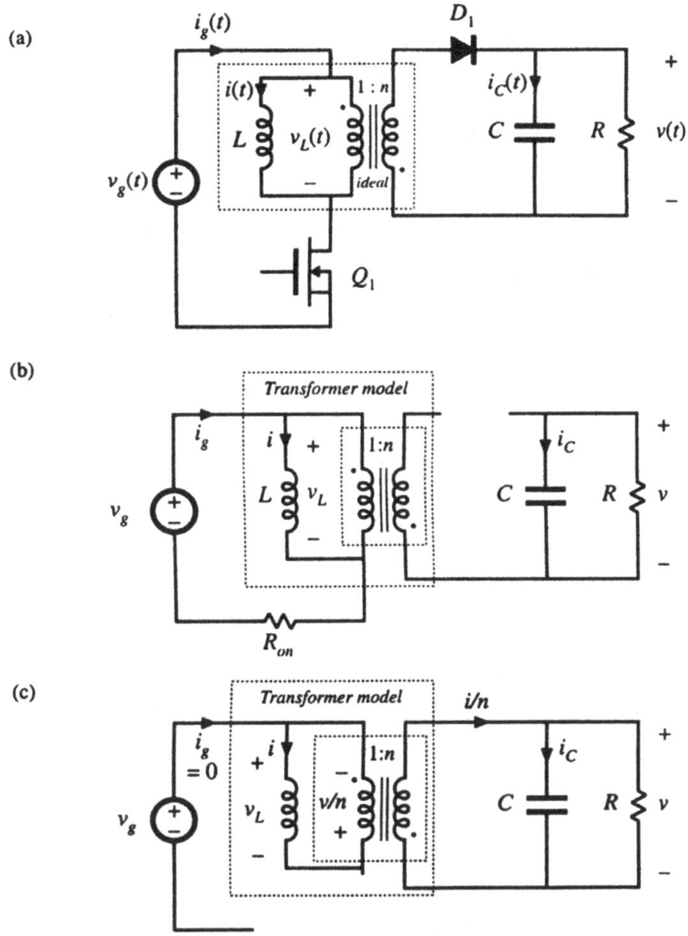

그림 1.19 플라이백 컨버터 예: (a) 변압기를 등가회로 교체, (b) 세부구간 1에서 회로, (b) 세부구간 2에서 회로

는 그림 1.19(c)와 같다. 인덕터 전압, 커패시터 전류와 입력 전류는 다음과 같다.

$$
\begin{aligned}
v_L(t) &= -\frac{v(t)}{n} \\
i_C(t) &= \frac{i(t)}{n} - \frac{v(t)}{R} \\
i_g(t) &= 0
\end{aligned}
\tag{1.53}
$$

미소 맥동 근사화를 하면

$$v_L(t) = -\frac{\langle v(t)\rangle_{T_s}}{n}$$
$$i_C(t) = \frac{\langle i(t)\rangle_{T_s}}{n} - \frac{\langle v(t)\rangle_{T_s}}{R} \tag{1.54}$$
$$i_g(t) = 0$$

이고 그림 1.20에 인덕터 전압과 전류 파형을 그린다. 한 스위칭 주기 동안 그림 1.20(a)의 파형을 평균하여 평균 인덕터 전압을 찾을 수 있다.

$$\langle v_L(t)\rangle_{T_s} = d(t)\left(\langle v_g(t)\rangle_{T_s} - \langle i(t)\rangle_{T_s} R_{on}\right) + d'(t)\left(\frac{-\langle v(t)\rangle_{T_s}}{n}\right) \tag{1.55}$$

이 결과를 식 (1.20)에 대입하면 다음과 같다.

$$L\frac{d\langle i(t)\rangle_{T_s}}{dt} = d(t)\left(\langle v_g(t)\rangle_{T_s} - \langle i(t)\rangle_{T_s} R_{on}\right) - d'(t)\frac{\langle v(t)\rangle_{T_s}}{n} \tag{1.56}$$

커패시터 파형을 그림 1.21에 나타낸다. 평균 커패시터 전류는

$$\langle i_C(t)\rangle_{T_s} = d(t)\left(\frac{-\langle v(t)\rangle_{T_s}}{R}\right) + d'(t)\left(\frac{\langle i(t)\rangle_{T_s}}{n} - \frac{\langle v(t)\rangle_{T_s}}{R}\right) \tag{1.57}$$

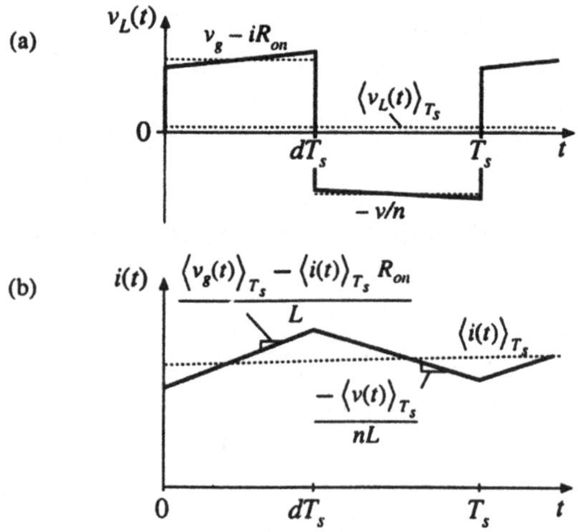

그림 1.20 플라이백 컨버터 예의 인덕터 파형: (a) 인덕터 전압, (b) 인덕터 전류

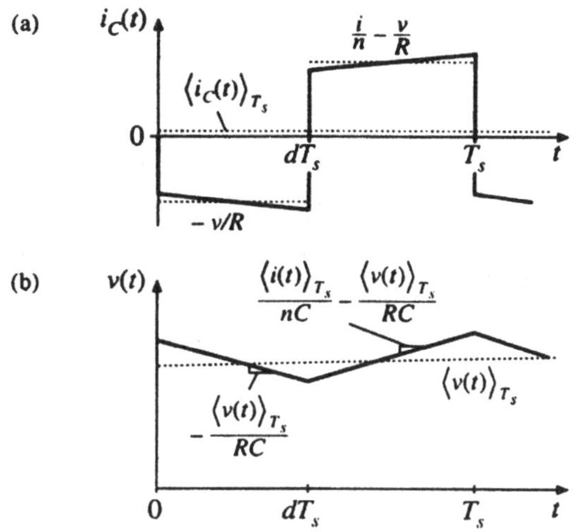

그림 1.21 플라이백 컨버터 예의 커패시터 파형: (a) 커패시터 전류, (b) 커패시터 전압

이다. 따라서 평균 커패시터 방정식은 다음과 같다.

$$C\frac{d\langle v(t)\rangle_{T_s}}{dt}=d'(t)\frac{\langle i(t)\rangle_{T_s}}{n}-\frac{\langle v(t)\rangle_{T_s}}{R} \tag{1.58}$$

컨버터 입력 전류 $I_g(t)$를 그림 1.22에 나타낸다. 평균은 다음과 같다.

$$\langle i_g(t)\rangle_{T_s}=d(t)\langle i(t)\rangle_{T_s} \tag{1.59}$$

평균 컨버터 방정식을 모아서 쓰면 다음과 같다.

$$\begin{aligned}
&L\frac{d\langle i(t)\rangle_{T_s}}{dt}=d(t)\Big(\langle v_g(t)\rangle_{T_s}-\langle i(t)\rangle_{T_s}R_{on}\Big)-d'(t)\frac{\langle v(t)\rangle_{T_s}}{n}\\
&C\frac{d\langle v(t)\rangle_{T_s}}{dt}=d'(t)\frac{\langle i(t)\rangle_{T_s}}{n}-\frac{\langle v(t)\rangle_{T_s}}{R}\\
&\langle i_g(t)\rangle_{T_s}=d(t)\langle i(t)\rangle_{T_s}
\end{aligned} \tag{1.60}$$

이 식들은 비선형 미분방정식이며 다음 단계로 소신호 교류 모델을 구하기 위해 변동을 주어 선형화를 한다. 컨버터 입력 전압 $v_g(t)$와 시비율 $d(t)$를 직류와 작은 교류 변동의

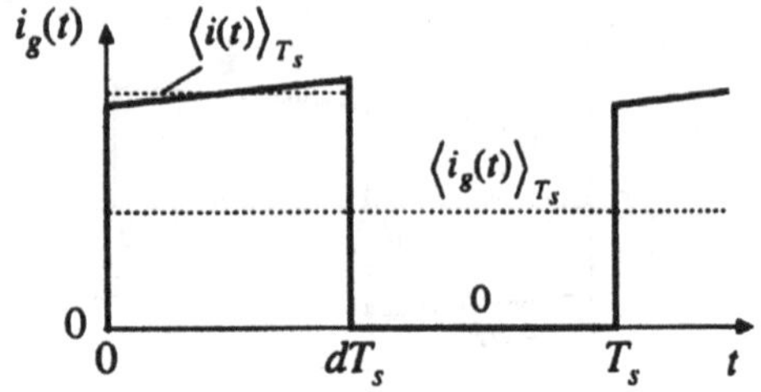

그림 1.22 플라이백 컨버터 예의 입력 전원 전류 파형

합으로 표현할 수 있다고 가정한다. 즉,

$$\begin{aligned}\langle v_g(t)\rangle_{T_s} &= V_g+\hat{v}_g(t)\\ d(t) &= D+\hat{d}(t)\end{aligned} \tag{1.61}$$

이 입력에 대한 응답으로 과도상태를 거친 후 평균 컨버터 파형을 다음과 같이 직류와 작은 교류 변동의 합으로 표현할 수 있다.

$$\begin{aligned}\langle i(t)\rangle_{T_s} &= I+\hat{i}(t)\\ \langle v(t)\rangle_{T_s} &= V+\hat{v}(t)\\ \langle i_g(t)\rangle_{T_s} &= I_g+\hat{i}_g(t)\end{aligned} \tag{1.62}$$

이 식들을 대신호 평균 인덕터방정식에 대입하면

$$L\frac{d(I+\hat{i}(t))}{dt}=(D+\hat{d}(t))(V_g+\hat{v}_g(t))-(D'-\hat{d}(t))\frac{(V+\hat{v}(t))}{n}-(D+\hat{d}(t))(I+\hat{i}(t))R_{on} \tag{1.63}$$

이고 이 식을 정리하면

$$\begin{aligned}L\left(\frac{dI}{dt}+\frac{d\hat{i}(t)}{dt}\right)=&\underbrace{\left(DV_g-D'\frac{V}{n}-DR_{on}I\right)}_{\text{직류항}}\\ &+\underbrace{\left(D\hat{v}_g(t)-D'\frac{\hat{v}(t)}{n}+\left(V_g+\frac{V}{n}-IR_{on}\right)\hat{d}(t)-DR_{on}\hat{i}(t)\right)}_{\text{1차 교류항 (선형)}}\\ &+\underbrace{\left(\hat{d}(t)\hat{v}_g(t)+\hat{d}(t)\frac{\hat{v}(t)}{n}-\hat{d}(t)\hat{i}(t)R_{on}\right)}_{\text{2차 교류항 (비선형)}}\end{aligned} \tag{1.64}$$

이다. 이 식은 3개의 항으로 구성되어 있다. 직류 항은 시간에 따라 변하지 않는 상수이다. 1차 교류 항은 회로의 교류 변동의 선형함수이고 2차 교류 항은 교류 변동들의 곱의 함수이다. 식 (1.32)의 가정을 만족하면 2차 비선형 항은 1차 항의 크기보다 매우 작으므로 무시할 수 있다. 직류 항은 다음을 만족해야 한다.

$$0 = DV_g - D'\frac{V}{n} - DR_{on}I \tag{1.65}$$

이 식은 정상상태의 인덕터 전압 파형에 인덕터 전압-시간 곱 평형 원리를 적용하여 유도할 수도 있다. 1차 교류 항은 다음 식을 만족해야 한다.

$$L\frac{d\hat{i}(t)}{dt} = D\hat{v}_g(t) - D'\frac{\hat{v}(t)}{n} + \left(V_g + \frac{V}{n} - IR_{on}\right)\hat{d}(t) - DR_{on}\hat{i}(t) \tag{1.66}$$

이 식은 인덕터 전류의 교류 변동을 나타내는 선형화된 방정식이다.

식 (1.61)과 (1.62)를 식 (1.60)의 평균 커패시터 방정식에 대입하면 다음과 같다.

$$C\frac{d\left(V + \hat{v}(t)\right)}{dt} = \left(D' - \hat{d}(t)\right)\frac{\left(I + \hat{i}(t)\right)}{n} - \frac{\left(V + \hat{v}(t)\right)}{R} \tag{1.67}$$

이 식을 정리하면

$$C\left(\frac{dV}{dt} + \frac{d\hat{v}(t)}{dt}\right) = \underbrace{\left(\frac{D'I}{n} - \frac{V}{R}\right)}_{\text{직류항}} + \underbrace{\left(\frac{D'\hat{i}(t)}{n} - \frac{\hat{v}(t)}{R} - \frac{I\hat{d}(t)}{n}\right)}_{\text{1차 교류항(선형)}} - \underbrace{\frac{\hat{d}(t)\hat{i}(t)}{n}}_{\text{2차 교류항(비선형)}} \tag{1.68}$$

이고 2차 항을 무시하면 직류 항은 다음을 만족해야 한다.

$$0 = \frac{D'I}{n} - \frac{V}{R} \tag{1.69}$$

이 식은 정상상태의 커패시터 전류 파형에 커패시터 전하 평형원리를 이용하여 구할 수도 있다. 식 (1.68)의 1차 교류 항으로부터 다음의 소신호 교류 커패시터 방정식을 얻는다.

$$C\frac{d\hat{v}(t)}{dt} = \frac{D'\hat{i}(t)}{n} - \frac{\hat{v}(t)}{R} - \frac{I\hat{d}(t)}{n} \tag{1.70}$$

식 (1.61)과 (1.62)를 식 (1.60)의 평균 입력 전류방정식에 대입하면

$$I_g + \hat{i_g}(t) = \left(D + \hat{d}(t)\right)\left(I + \hat{i}(t)\right) \tag{1.71}$$

이고 이 식을 정리하면 다음과 같다.

$$\underbrace{I_g}_{\text{직류항}} + \underbrace{\hat{i_g}(t)}_{\text{1차 교류항}} = \underbrace{(DI)}_{\text{직류항}} + \underbrace{\left(D\hat{i}(t) + I\hat{d}(t)\right)}_{\text{1차 교류항(선형)}} + \underbrace{\hat{d}(t)\hat{i}(t)}_{\text{2차 교류항(비선형)}} \tag{1.72}$$

직류 항은 다음 식을 만족해야 한다.

$$I_g = DI \tag{1.73}$$

2차 항을 무시하면 다음의 선형화된 교류 방정식을 얻을 수 있다.

$$\hat{i_g}(t) = D\hat{i}(t) + I\hat{d}(t) \tag{1.74}$$

이 식은 컨버터 입력 전류의 저 주파수 교류 변동을 나타낸다.

식 (1.65), (1.69)와 (1.73)을 다시 쓰면 다음과 같다.

$$\begin{aligned}
0 &= DV_g - D'\frac{V}{n} - DR_{on}I \\
0 &= \frac{D'I}{n} - \frac{V}{R} \\
I_g &= DI
\end{aligned} \tag{1.75}$$

입력 전압 V_g와 시비율 D로 주어진 동작점에 대해 이 식을 이용하여 동작점의 출력 전압 V, 인덕터 전류 I와 입력 전류의 직류 성분 I_g를 구할 수 있다. 이 결과를 소신호 모델에 대입할 수 있다.

소신호 교류 방정식 (1.66), (1.70)과 (1.74)를 다시 쓰면 다음과 같다.

$$\begin{aligned}
L\frac{d\hat{i}(t)}{dt} &= D\hat{v_g}(t) - D'\frac{\hat{v}(t)}{n} + \left(V_g + \frac{V}{n} - IR_{on}\right)\hat{d}(t) - DR_{on}\hat{i}(t) \\
C\frac{d\hat{v}(t)}{dt} &= \frac{D'\hat{i}(t)}{n} - \frac{\hat{v}(t)}{R} - \frac{I\hat{d}(t)}{n} \\
\hat{i_g}(t) &= D\hat{i}(t) + I\hat{d}(t)
\end{aligned} \tag{1.76}$$

마지막 단계로 이 방정식에 해당하는 등가회로를 만드는 일이 남았다.

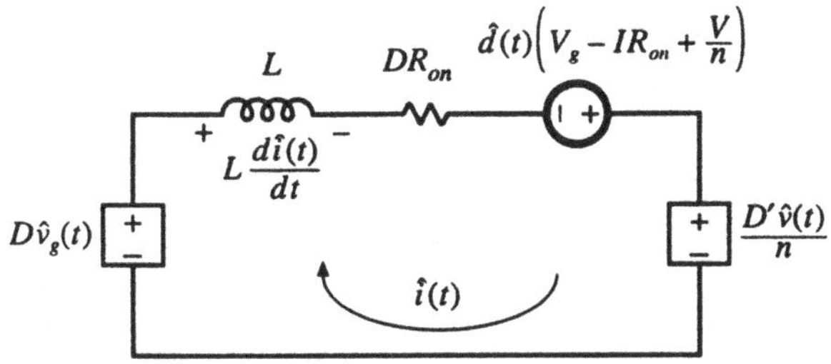

그림 1.23 플라이백 컨버터 예의 소신호 교류 인덕터 루프 방정식에 따른 등가회로

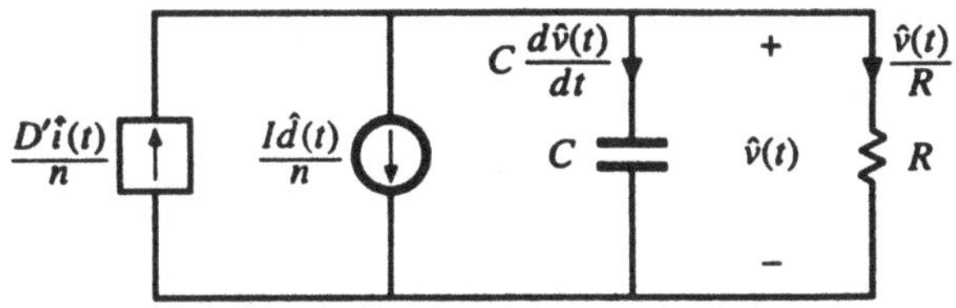

그림 1.24 플라이백 컨버터 예의 소신호 교류 커패시터 노드 방정식의 등가회로

각 세부구간에서 인덕터에 인가된 전압을 구하기 위해 루프 방정식을 세워 인덕터 방정식을 유도하였다. 이 식을 평균, 변동, 선형화하여 식 (1.66)의 선형화 교류 방정식을 얻었다. 따라서 이 식은 인덕터를 포함하는 루프 주위에서의 소신호 교류 전압을 나타낸다. 루프 전류는 교류 인덕터 전류 $\hat{i}(t)$이다. $L\hat{d}(t)/dt$는 인덕터 양단에 걸리는 저 주파수 교류 전압을 나타낸다. 이 식의 오른쪽 네 개의 항은 루프의 다른 네 개의 소자에 걸리는 전압을 의미한다. 항 $D\widehat{v_g}(t)$와 $D'\hat{v}(t)/n$은 컨버터의 어느 지점의 전압에 의존하므로 그림 1.23에서와 같이 종속 전원으로 표현될 수 있다. 세 번째 항은 시비율 변동 $\hat{d}(t)$에 의해 구동되므로 독립 전원으로 볼 수 있다. 네 번째 항 $DR_{on}\hat{i}(t)$는 루프 전류 $\hat{i}(t)$에 비례하는 전압이다. 그러므로 이 항은 그림에서와 같이 실효 저항 DR_{on}을 갖고 옴의 법칙을 따른다. MOSFET의 도통 저항이 컨버터의 소신호 전달함수에 미치는 영향을 실효 저항 DR_{on}으로 모델링하였다.

식 (1.70)의 소신호 커패시터 방정식으로부터 그림 1.24의 등가회로를 그릴 수 있다. 이식은 등가회로 모델에서 노드 방정식에 해당한다. 이 식에서 커패시터 전류 $Cd\hat{v}(t)/dt$는 세 개의 다른 전류와 같음을 알 수 있다. 전류 $D'\hat{i}(t)/n$를 종속 전원으로 표현할 수 있고 항

$-\hat{v}(t)/R$은 부하 전류의 교류 성분으로 커패시터에 병렬로 연결된 부하 저항 R로 모델링할 수 있다. 마지막 항은 시비율 변동 $\hat{d}(t)$에 의해 구동되므로 독립 전원으로 볼 수 있다.

식 (1.74)의 입력단자 방정식도 노드 방정식을 나타낸다. 이는 입력 전압원 $\hat{v_g}(t)$으로부터 컨버터로 흐르는 소신호 교류 전류 $\hat{i_g}(t)$를 나타낸다. 이 식에는 두 개의 다른 항이 있다. 항 $D\hat{i}(t)$는 인덕터 전류 교류 변동 $\hat{i}(t)$에 의존하므로 종속 전류원으로 표현된다. 항 $I\hat{d}(t)$는 시비율 변동에 의해 구동되므로 독립 전류원으로 모델링된다. 입력 단자의 등가회로를 그림 1.25에 나타낸다.

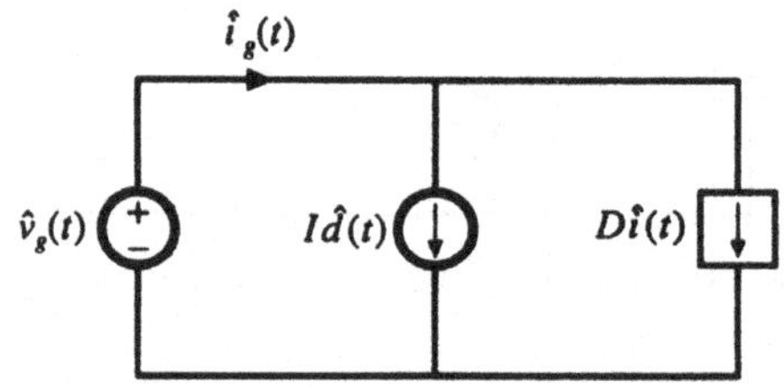

그림 1.25 플라이백 컨버터 예의 소신호 교류 입력 전류 방정식에 따른 등가회로

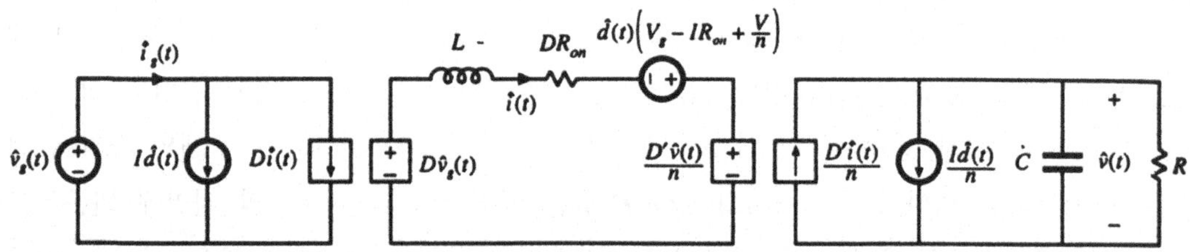

그림 1.26 플라이백 컨버터 예의 소신호 교류 등가회로

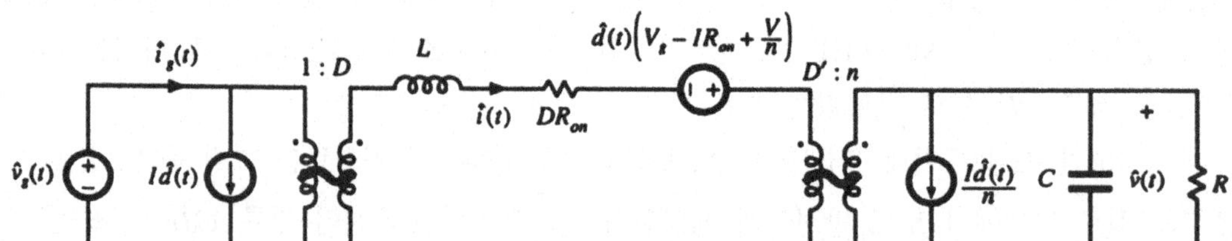

그림 1.27 플라이백 컨버터 예의 소신호 교류 등가회로 모델

그림 1.23, 그림 1.24와 그림 1.25를 결합하면 그림 1.26을 얻을 수 있다. 종속 전원을 이상적인 변압기로 바꾸면 그림 1.27의 등가회로를 얻을 수 있다. 이 등가회로가 컨버터 파형의 저 주파수 소신호 변동을 모델링한 회로이다. 이 회로를 바탕으로 기존의 선형 회로이론을 이용하여 컨버터 전달함수 및 출력 임피던스 등 다른 교류 특성을 구한다.

1.3 상태공간 평균

전류 주입(current-injected) 방법, 회로 평균(circuit averaging)과 상태공간 평균(state-space averaging) 방법 등 컨버터 시스템에 대해 많은 교류 모델링이 개발되어 왔다. 각 방법에 따라 정해진 형태로 결과를 표현한다하더라도 거의 모든 방법의 결과는 같다. PWM 컨버터를 모델링하는 중요한 단계가 평균화와 선형화라는 점에서 모든 엔지니어들은 동의한다.

이 절에서는 상태공간 평균 방법[1, 2]에 대해 다룬다. 동적 시스템에 대한 상태공간 표현은 현대 제어이론의 주춧돌이다. 상태공간 평균 방법에 의해 PWM 스위칭 컨버터의 소신호 평균 방정식을 유도할 수 있다. 상태공간 평균 방법은 방정식을 행렬 형태로 표현하는 점을 제외하면 1.2절에서 사용한 절차와 같다. 상태공간 평균 방법의 장점은 결과를 일반화할 수 있다는 점이다. 다시 말해 원래 컨버터의 상태 방정식이 주어지면 소신호 평균 모델을 언제든지 구할 수 있다.

1.3.1절에서 네트워크의 상태 방정식을 표현하는 방법을 정리한다. 상태공간 평균의 기본 결과를 1.3.2절에서 서술하고, 1.3.3절에서 모델을 간단하게 유도하고, 1.3.4절에서 예제를 통해 벅-부스트 컨버터의 직류와 소신호 교류 방정식을 유도하는데 상태공간 평균 방법을 이용한다.

1.3.1 네트워크의 상태 방정식

상태공간 표현은 시스템을 표현하는 미분 방정식을 세우는 전형적인 형태이다. 선형 네트워크에서 *상태 변수*(state variable)의 미분을 시스템의 독립 입력과 상태 변수 자신의 선형 조합으로 표현할 수 있다. 일반적으로 시스템의 물리적인 상태 변수는 에너지를 저장하는 것과 관련되며 일반적인 컨버터 회로에 대해 물리적인 상태 변수는 독립 인덕터 전류와 커패시터 전압으로 이루어진다. 다른 일반적인 상태 변수로 전동기 축의 위치와 속도를 들 수 있다. 주어진 한 시점에서 상태 변수의 값은 시스템 입력의 현재 값보다 시스템의 과거 이력에 의존한다. 시스템의 미분 방정식을 풀기 위해 상태 변수의 초기값을 알아야 한다. 따라서 주어진 시간 t_0에서 시스템의 상태 즉, 상태 변수의 값을 알고 시스템 입력을 알면 원리적으로 시스템의 상태 방정식을 풀어 임의의 미래에서의 시스템 파형을 찾을 수 있다.

시스템의 상태 방정식을 다음과 같이 간단한 행렬 형태로 표현할 수 있다.

$$\begin{aligned} \mathrm{K}\frac{d\mathbf{x}(t)}{dt} &= \mathbf{A}\mathbf{x}(t)+\mathbf{B}\mathbf{u}(t) \\ \mathbf{y}(t) &= \mathbf{C}\mathbf{x}(t)+\mathbf{E}\mathbf{u}(t) \end{aligned} \tag{1.77}$$

여기서 상태 벡터 $\mathbf{x}(t)$는 인덕터 전류와 커패시터 전압 등 모든 상태 변수를 포함하는 벡터이다. 입력 벡터 $\mathbf{u}(t)$는 입력 전압원 $v_g(t)$와 같은 시스템의 독립 입력을 포함한다. 상태 벡터의 미분은 상태 벡터에 대응하는 원소들의 미분으로 구성된다.

$$\mathbf{x}(t)=\begin{bmatrix} x_1(t) \\ x_2(t) \\ \vdots \end{bmatrix}, \quad \frac{d\mathbf{x}(t)}{dt}=\begin{bmatrix} \frac{dx_1(t)}{dt} \\ \frac{dx_2(t)}{dt} \\ \vdots \end{bmatrix} \tag{1.78}$$

식 (1.77)의 표준형에서 $\boldsymbol{K}$는 커패시턴스와 인덕턴스 또는 상호 인덕턴스의 값을 원소로 갖는 행렬이고, $\boldsymbol{K}d\boldsymbol{x}/dt$는 인덕터 권선 전압과 커패시터 전류로 이루어진 벡터이다. 다른 물리 시스템에서 $\boldsymbol{K}$는 관성 모멘트나 질량과 같은 양을 원소로 가질 수 있다. 식 (1.77)은 시스템의 인덕터 전압과 커패시터 전류를 상태 변수와 독립 입력의 선형 조합으로 표현할 수 있음을 의미한다. 행렬 $\boldsymbol{A}$와 $\boldsymbol{B}$의 원소들은 비례 상수이다.

상태 벡터 $\boldsymbol{x}(t)$나 입력 벡터 $\boldsymbol{u}(t)$의 원소와 일치하지 않는 다른 회로 파형을 계산할 필요가 있을 수 있다. 일반적으로 이러한 다른 신호는 상태 벡터와 입력 벡터 원소들의 선형 조합으로 표현할 수 있는 종속 파형이다. 벡터 $\boldsymbol{y}(t)$를 보통 출력 벡터라 부른다. 어떤 종속 신호가 실제 물리적인 출력 여부와 관계가 없이 이 신호를 자유롭게 출력 벡터에 놓을 수 있다. 컨버터의 입력 전류를 가끔 $\boldsymbol{y}(t)$의 원소로 선택한다. 상태 방정식

(1.77)에서 $\boldsymbol{y}(t)$의 원소를 벡터 $\boldsymbol{x}(t)$와 $\boldsymbol{u}(t)$의 원소의 선형 조합으로 표현하였다. 행렬 $\boldsymbol{C}$와 $\boldsymbol{E}$의 원소들은 비례 상수이다.

한가지 예로 그림 1.28의 회로에 대한 상태 방정식을 만들어 보자. 이 회로에는 두 개의 커패시터와 하나의 인덕터가 있으므로 물리적인 상태 변수는 독립 커패시터 전압 $v_1(t)$와 $v_2(t)$ 그리고 인덕터 전류 $i(t)$이다. 따라서 상태 벡터를 다음과 같이 정의한다.

$$\mathbf{x}(t) = \begin{bmatrix} v_1(t) \\ v_2(t) \\ i(t) \end{bmatrix} \tag{1.79}$$

결합된 인덕터가 없으므로 $\boldsymbol{K}$는 대각 행렬이고 커패시턴스와 인덕턴스의 값을 원소로 갖는다.

$$\mathrm{K} = \begin{bmatrix} C_1 & 0 & 0 \\ 0 & C_2 & 0 \\ 0 & 0 & L \end{bmatrix} \tag{1.80}$$

회로에는 하나의 독립 입력 전류원 $i_{in}(t)$이 있으므로 입력 벡터를 다음과 같이 정의해야 한다.

$$\mathbf{u}(t) = [i_{in}(t)] \tag{1.81}$$

출력 벡터 $\boldsymbol{y}(t)$의 원소로 임의의 종속 신호를 선택할 수 있다. 전압 $v_{out}(t)$와 전류 $i_{RI}(t)$을 계산한다고 가정하면 벡터 $\boldsymbol{y}(t)$를 다음과 같이 정의할 수 있다.

$$\mathbf{y}(t) = \begin{bmatrix} v_{out}(t) \\ i_{R1}(t) \end{bmatrix} \tag{1.82}$$

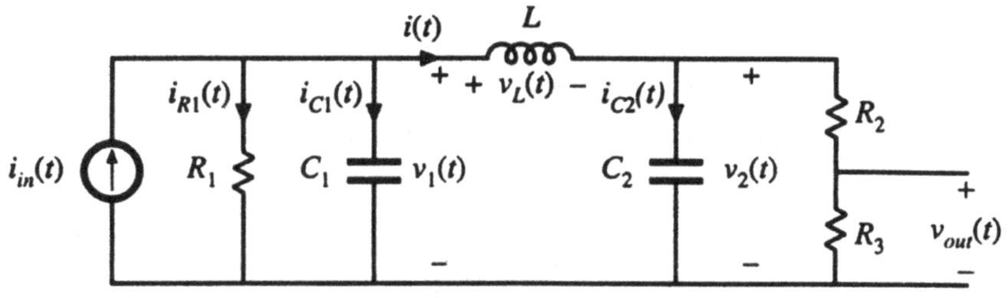

그림 1.28 회로 예

상태 방정식을 식 (1.77)의 표준형으로 표현하기 위해 인덕터 전압과 커패시터 전류를 $\boldsymbol{x}(t)$와 $\boldsymbol{u}(t)$의 원소의 선형 조합 즉, $v_1(t)$, $v_2(t)$, $i(t)$과 $i_{in}(t)$의 선형 조합으로 표현해야 한다.

커패시터 전류 $i_{C1}(t)$는 다음 노드 방정식으로 주어진다.

$$i_{C1}(t) = C_1 \frac{dv_1(t)}{dt} = i_{in}(t) - \frac{v_1(t)}{R_1} - i(t) \tag{1.83}$$

이 식은 행렬 식 (1.77)의 상단이 될 것이다. 커패시터 전류 $i_{C2}(t)$는 다음 노드 방정식으로 주어진다.

$$i_{C2}(t) = C_2 \frac{dv_2(t)}{dt} = i(t) - \frac{v_2(t)}{R_2 + R_3} \tag{1.84}$$

이 전류를 $\boldsymbol{x}(t)$와 $\boldsymbol{u}(t)$의 원소들만의 선형 조합으로 표현함을 주의하기 바란다. 인덕터 전압은 다음 루프 방정식으로 주어진다.

$$v_L(t) = L \frac{di(t)}{dt} = v_1(t) - v_2(t) \tag{1.85}$$

식 (1.83), (1.84)와 (1.85)를 다음의 행렬 형태로 쓸 수 있다.

$$\begin{bmatrix} C_1 & 0 & 0 \\ 0 & C_2 & 0 \\ 0 & 0 & L \end{bmatrix} \begin{bmatrix} \dfrac{dv_1(t)}{dt} \\ \dfrac{dv_2(t)}{dt} \\ \dfrac{di(t)}{dt} \end{bmatrix} = \begin{bmatrix} -\dfrac{1}{R_1} & 0 & -1 \\ 0 & -\dfrac{1}{R_2 + R_3} & 1 \\ 1 & -1 & 0 \end{bmatrix} \begin{bmatrix} v_1(t) \\ v_2(t) \\ i(t) \end{bmatrix} + \begin{bmatrix} 1 \\ 0 \\ 0 \end{bmatrix} [i_{in}(t)] \tag{1.86}$$

$$\mathbf{K} \frac{d\mathbf{x}(t)}{dt} = \mathbf{A}\mathbf{x}(t) + \mathbf{B}\mathbf{u}(t)$$

행렬 $\boldsymbol{A}$와 $\boldsymbol{B}$의 원소들은 아는 값이다.

벡터 $\boldsymbol{y}(t)$의 원소를 $\boldsymbol{x}(t)$와 $\boldsymbol{u}(t)$의 원소의 선형 조합으로 표현해야 한다. 그림 1.28의 회로를 풀면 $v_{out}(t)$은 다음과 같이 $v_2(t)$의 선형 함수로 표현할 수 있다.

$$v_{out}(t) = v_2(t) \frac{R_3}{R_2 + R_3} \tag{1.87}$$

또한 $i_{RI}(t)$은 다음과 같이 $v_1(t)$의 선형 함수로 표현할 수 있다.

$$i_{R1} = \frac{v_2(t)}{R_1} \tag{1.88}$$

식 (1.87)과 (1.88)을 표준형 (1.77)의 형태로 나타내면 다음과 같다.

$$\begin{bmatrix} v_{out}(t) \\ i_{R1}(t) \end{bmatrix} = \begin{bmatrix} 0 & \frac{R_3}{R_2+R_3} & 0 \\ \frac{1}{R_1} & 0 & 0 \end{bmatrix} \begin{bmatrix} v_1(t) \\ v_2(t) \\ i(t) \end{bmatrix} + \begin{bmatrix} 0 \\ 0 \end{bmatrix} [i_{in}(t)] \tag{1.89}$$

$$\mathbf{y}(t) = \mathbf{C}\mathbf{x}(t) + \mathbf{E}\mathbf{u}(t)$$

행렬 $\boldsymbol{C}$와 $\boldsymbol{E}$의 원소들은 아는 값이다.

1권 2장에서도 상태 방정식을 세워 컨버터를 분석하기 시작하였음을 기억하기 바란다. 여기서는 간단하게 상태 방정식을 행렬 형태 즉, 상태공간 방정식으로 표현하였다.

1.3.2 기본 상태공간 평균 모델

연속 전도모드에서 동작하는 PWM 컨버터에 대해 생각하자. 컨버터 회로는 상태 벡터 $\boldsymbol{x}(t)$를 구성하는 독립 상태를 포함하고 입력 벡터 $\boldsymbol{u}(t)$를 구성하는 독립 전원을 포함한다. 스위치가 위치 1에 놓인 처음 세부구간 동안 PWM 컨버터는 다음 상태 방정식으로 쓸 수 있는 선형 회로로 표현된다.

$$\begin{aligned} \mathbf{K}\frac{d\mathbf{x}(t)}{dt} &= \mathbf{A}_1\mathbf{x}(t) + \mathbf{B}_1\mathbf{u}(t) \\ \mathbf{y}(t) &= \mathbf{C}_1\mathbf{x}(t) + \mathbf{E}_1\mathbf{u}(t) \end{aligned} \tag{1.90}$$

스위치가 위치 2에 놓인 두 번째 세부구간 동안 PWM 컨버터는 다음의 상태 방정식으로 쓸 수 있는 다른 선형 회로로 표현된다.

$$\begin{aligned} \mathbf{K}\frac{d\mathbf{x}(t)}{dt} &= \mathbf{A}_2\mathbf{x}(t) + \mathbf{B}_2\mathbf{u}(t) \\ \mathbf{y}(t) &= \mathbf{C}_2\mathbf{x}(t) + \mathbf{E}_2\mathbf{u}(t) \end{aligned} \tag{1.91}$$

두 세부구간 동안 회로 소자는 다르게 연결되므로 각 상태 방정식의 행렬 $\boldsymbol{A}_1$, $\boldsymbol{B}_1$, $\boldsymbol{C}_1$, $\boldsymbol{E}_1$과 $\boldsymbol{A}_2$, $\boldsymbol{B}_2$, $\boldsymbol{C}_2$, $\boldsymbol{E}_2$는 다를 수 있다. 상태 방정식이 주어지면 상태 공간 평균을 통해 직류 모델과 소신호 교류 모델을 얻을 수 있다.

컨버터의 입력 변동의 주파수와 컨버터의 고유 주파수가 스위칭 주파수보다 매우 느리다고 가정하면 평형상태에서의 컨버터를 나타내는 상태공간 평균 모델은 다음과 같다.

$$\begin{aligned} 0 &= \mathbf{AX} + \mathbf{BU} \\ \mathbf{Y} &= \mathbf{CX} + \mathbf{EU} \end{aligned} \tag{1.92}$$

여기서 평균 행렬은 다음과 같다.

$$\begin{aligned} \mathbf{A} &= D\mathbf{A}_1 + D'\mathbf{A}_2 \\ \mathbf{B} &= D\mathbf{B}_1 + D'\mathbf{B}_2 \\ \mathbf{C} &= D\mathbf{C}_1 + D'\mathbf{C}_2 \\ \mathbf{E} &= D\mathbf{E}_1 + D'\mathbf{E}_2 \end{aligned} \tag{1.93}$$

평균 직류 성분은 다음과 같다.

$$\begin{aligned} \mathbf{X} &= \text{평형(직류)상태 벡터} \\ \mathbf{U} &= \text{평형(직류)입력 벡터} \\ \mathbf{Y} &= \text{평형(직류)출력 벡터} \\ D &= \text{평형(직류)시비율} \end{aligned} \tag{1.94}$$

식 (1.94)에서 정의된 양은 평균 벡터의 평형 값을 나타낸다. 평형 상태 및 입력 벡터를 구하기 위해 식 (1.92)를 다음과 같이 풀 수 있다.

$$\begin{aligned} \mathbf{X} &= -\mathbf{A}^{-1}\mathbf{BU} \\ \mathbf{Y} &= (-\mathbf{CA}^{-1}\mathbf{B} + \mathbf{E})\mathbf{U} \end{aligned} \tag{1.95}$$

소신호 교류 모델의 상태 방정식은

$$\begin{aligned} \mathbf{K}\frac{d\hat{\mathbf{x}}(t)}{dt} &= \mathbf{A}\hat{\mathbf{x}}(t) + \mathbf{B}\hat{\mathbf{u}}(t) + \{(\mathbf{A}_1 - \mathbf{A}_2)\mathbf{X} + (\mathbf{B}_1 - \mathbf{B}_2)\mathbf{U}\}\hat{d}(t) \\ \hat{\mathbf{y}}(t) &= \mathbf{C}\hat{\mathbf{x}}(t) + \mathbf{E}\hat{\mathbf{u}}(t) + \{(\mathbf{C}_1 - \mathbf{C}_2)\mathbf{X} + (\mathbf{E}_1 - \mathbf{E}_2)\mathbf{U}\}\hat{d}(t) \end{aligned} \tag{1.96}$$

이다. 식 (1.96)에서 $\hat{\mathbf{x}}(t)$, $\hat{\mathbf{u}}(t)$, $\hat{\mathbf{y}}(t)$와 $\hat{d}(t)$는 식 (1.92)부터 (1.95)에서 정의된 평형점

또는 고정된 동작점 주위에서 작은 교류 변동을 나타낸다. 따라서 컨버터 상태 방정식 (1.90)과 (1.91)이 주어지면 식 (1.92)부터 (1.96)을 이용하여 평균 직류모델과 소신호 교류모델을 구할 수 있다.

1.3.3 상태공간 평균 모델 검토

1.1절과 1.2절에서와 같이 인덕터 전류와 커패시터 전압의 저 주파수 성분을 시 구간 T_s 동안 모델링하여 상태 벡터 $\boldsymbol{x}(t)$를 다음과 같이 정의할 수 있다.

$$\langle \mathbf{x}(t) \rangle_{T_s} = \frac{1}{T_s}\int_t^{t+T_s} \mathbf{x}(\tau)d\tau \tag{1.97}$$

입력 벡터와 출력 벡터의 저 주파수 성분을 같은 방법으로 정의할 수 있다. 인덕터 전압과 커패시터 전류를 평균하여 다음의 저 주파수 상태 방정식을 얻을 수 있다.

$$\mathrm{K}\frac{d\langle \mathbf{x}(t) \rangle_{T_s}}{dt} = (d(t)\mathrm{A}_1 + d'(t)\mathrm{A}_2)\langle \mathbf{x}(t) \rangle_{T_s} + (d(t)\mathrm{B}_1 + d'(t)\mathrm{B}_2)\langle \mathbf{u}(t) \rangle_{T_s} \tag{1.98}$$

이 결과는 식 (1.2)와 등가이다.

예를 들어 상태 벡터 $\boldsymbol{x}(t)$의 원소가 스위칭 주기 동안 어떻게 변하는지 알아보자. 스위치가 위치 1에 있는 처음 세부구간 동안 컨버터의 상태방정식은 식 (1.90)으로 주어진다. 그러므로 $\boldsymbol{x}(t)$의 원소는 기울기 $\boldsymbol{K}^{-1}(\boldsymbol{A}_1\boldsymbol{x}(t) + \boldsymbol{B}_1\boldsymbol{u}(t))$로 변한다. 한 스위칭 주기 동안 $\boldsymbol{x}(t)$와 $\boldsymbol{u}(t)$가 크게 변하지 않는다는 미소 맥동 근사화를 가정하면 이 기울기는 거의 상수이고 다음과 같다.

$$\frac{d\mathbf{x}(t)}{dt} = \mathrm{K}^{-1}\left(\mathrm{A}_1\langle \mathbf{x}(t) \rangle_{T_s} + \mathrm{B}_1\langle \mathbf{u}(t) \rangle_{T_s}\right) \tag{1.99}$$

이 가정은 $\boldsymbol{x}(t)$와 $\boldsymbol{u}(t)$의 원소들이 스위칭 주파수보다 매우 느리게 변하고 또한 포함된 스위칭 맥동이 작아야 하는 요구 조건과 같다. 상태 벡터의 초기 값이 $\boldsymbol{x}(0)$라면

$$\underbrace{\mathbf{x}(dT_s)}_{\text{마지막 값}} = \underbrace{\mathbf{x}(0)}_{\text{초기 값}} + \underbrace{(dT_s)}_{\text{시구간}}\underbrace{\mathrm{K}^{-1}\left(\mathrm{A}_1\langle \mathbf{x}(t) \rangle_{T_s} + \mathrm{B}_1\langle \mathbf{u}(t) \rangle_{T_s}\right)}_{\text{기울기}} \tag{1.100}$$

이다. 두 번째 구간에서도 같은 방법을 적용한다. 스위치가 위치 2에 있고 상태 방정식은 (1.91)로 주어진다. 이 세부구간 동안 맥동이 작다면 상태 벡터는 다음의 기울기로 변한다.

$$\frac{d\mathbf{x}(t)}{dt} = \mathbf{K}^{-1}\left(\mathbf{A}_2\langle \mathbf{x}(t)\rangle_{T_s} + \mathbf{B}_2\langle \mathbf{u}(t)\rangle_{T_s}\right) \tag{1.101}$$

스위칭 주기의 마지막에서 상태 벡터는

$$\underbrace{\mathbf{x}(T_s)}_{\text{마지막 값}} = \underbrace{\mathbf{x}(dT_s)}_{\text{초기 값}} + \underbrace{(d'T_s)}_{\text{시구간}}\underbrace{\mathbf{K}^{-1}\left(\mathbf{A}_2\langle \mathbf{x}(t)\rangle_{T_s} + \mathbf{B}_2\langle \mathbf{u}(t)\rangle_{T_s}\right)}_{\text{기울기}} \tag{1.102}$$

이다. 식 (1.100)을 식 (1.102)에 대입하면 $\boldsymbol{x}(T_s)$를 $\boldsymbol{x}(0)$의 항으로 표현할 수 있다.

$$\begin{aligned}\mathbf{x}(T_s) = {} & \mathbf{x}(0) + (dT_s)\mathbf{K}^{-1}\left(\mathbf{A}_1\langle \mathbf{x}(t)\rangle_{T_s} + \mathbf{B}_1\langle \mathbf{u}(t)\rangle_{T_s}\right) \\ & + (d'T_s)\mathbf{K}^{-1}\left(\mathbf{A}_2\langle \mathbf{x}(t)\rangle_{T_s} + \mathbf{B}_2\langle \mathbf{u}(t)\rangle_{T_s}\right)\end{aligned} \tag{1.103}$$

정리하면

$$\begin{aligned}\mathbf{x}(T_s) = {} & \mathbf{x}(0) + T_s\mathbf{K}^{-1}\left(d(t)\mathbf{A}_1 + d'(t)\mathbf{A}_2\right)\langle \mathbf{x}(t)\rangle_{T_s} \\ & + T_s\mathbf{K}^{-1}\left(d(t)\mathbf{B}_1 + d'(t)\mathbf{B}_2\right)\langle \mathbf{u}(t)\rangle_{T_s}\end{aligned} \tag{1.104}$$

이다. 다음으로 한 스위칭 구간 동안의 알짜 변화를 이용하여 $<\boldsymbol{x}(t)>_{T_S}$의 미분을 다음과 같이 근사화 한다.

$$\frac{d\langle \mathbf{x}(t)\rangle_{T_s}}{dt} \approx \frac{\mathbf{x}(T_s) - \mathbf{x}(0)}{T_s} \tag{1.105}$$

식 (1.104)를 식 (1.105)에 대입하면 다음과 같다.

$$\mathbf{K}\frac{d\langle \mathbf{x}(t)\rangle_{T_s}}{dt} = \left(d(t)\mathbf{A}_1 + d'(t)\mathbf{A}_2\right)\langle \mathbf{x}(t)\rangle_{T_s} + \left(d(t)\mathbf{B}_1 + d'(t)\mathbf{B}_2\right)\langle \mathbf{u}(t)\rangle_{T_s} \tag{1.106}$$

이 식은 식 (1.98)과 같으며 컨버터 동특성을 나타내는 기본 평균 모델이다. 제어 입력 $d(t)$)가 $<\boldsymbol{x}(t)>_{T_S}$와 $<\boldsymbol{u}(t))>_{T_S}$에 곱해져 있으므로 비선형이다. $\boldsymbol{x}(t)$의 원소들의 변동과

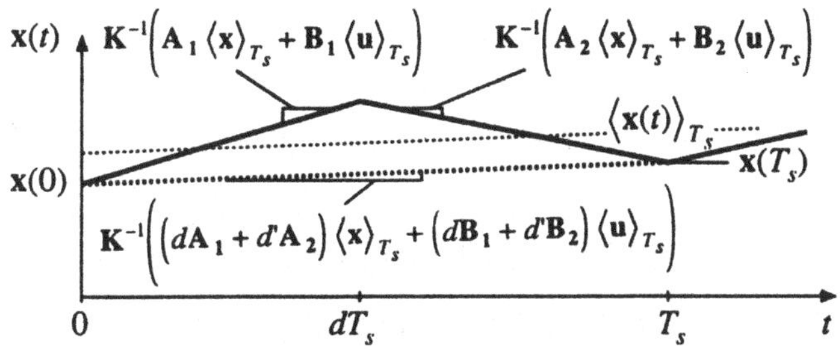

그림 1.29 한 스위칭 주기 동안의 상태 벡터와 평균

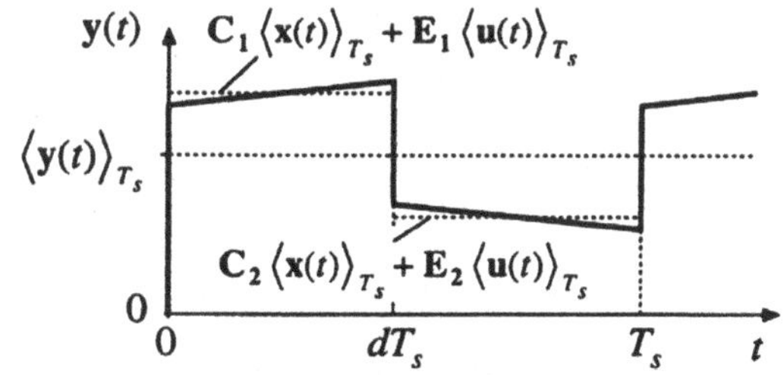

그림 1.30 출력 벡터의 평균

평균을 그림 1.29에 나타낸다.

평균에 의해 출력 벡터 $\boldsymbol{y}(t)$의 저 주파수 성분을 유도하자. 앞의 처음과 두 번째 세부 구간의 벡터 $\boldsymbol{y}(t)$는 식 (1.90)과 식 (1.91)로 각각 주어진다. 그림 1.30에서처럼 벡터 $\boldsymbol{y}(t)$의 원소는 스위칭 순간에 불연속일 수 있다. 한 스위칭 주기 동안 평균하여 다음과 같이 스위칭 고조파를 제거한다.

$$\langle \mathbf{y}(t) \rangle_{T_s} = d(t)\left(\mathbf{C}_1 \langle \mathbf{x}(t) \rangle_{T_s} + \mathbf{E}_1 \langle \mathbf{u}(t) \rangle_{T_s}\right) + d'(t)\left(\mathbf{C}_2 \langle \mathbf{x}(t) \rangle_{T_s} + \mathbf{E}_2 \langle \mathbf{u}(t) \rangle_{T_s}\right) \quad (1.107)$$

정리하면

$$\langle \mathbf{y}(t) \rangle_{T_s} = (d(t)\mathbf{C}_1 + d'(t)\mathbf{C}_2)\langle \mathbf{x}(t) \rangle_{T_s} + (d(t)\mathbf{E}_1 + d'(t)\mathbf{E}_2)\langle \mathbf{u}(t) \rangle_{T_s} \quad (1.108)$$

이고 이 식은 비선형이다. 식 (1.106)과 (1.108)을 다시 쓰면 다음과 같다.

$$\mathbf{K}\frac{d\langle \mathbf{x}(t)\rangle_{T_s}}{dt} = (d(t)\mathbf{A}_1 + d'(t)\mathbf{A}_2)\langle \mathbf{x}(t)\rangle_{T_s} + (d(t)\mathbf{B}_1 + d'(t)\mathbf{B}_2)\langle \mathbf{u}(t)\rangle_{T_s} \tag{1.109}$$
$$\langle \mathbf{y}(t)\rangle_{T_s} = (d(t)\mathbf{C}_1 + d'(t)\mathbf{C}_2)\langle \mathbf{x}(t)\rangle_{T_s} + (d(t)\mathbf{E}_1 + d'(t)\mathbf{E}_2)\langle \mathbf{u}(t)\rangle_{T_s}$$

다음 단계는 소신호 교류 모델을 만들기 위해 한 동작점에서 이 식을 선형화하는 일이다. 직류 입력 $d(t) = D$와 $\boldsymbol{u}(t) = \boldsymbol{U}$라면 $<\boldsymbol{x}(t)>_{T_S}$의 모든 원소의 미분이 영일 때 컨버터는 평형 상태에서 동작한다. 그러므로 식 (1.109)에서 $<\boldsymbol{x}(t)>_{T_S}$의 미분을 영으로 하고 컨버터의 고정된 동작점을 다음 식의 해로 정의할 수 있다.

$$\begin{aligned} 0 &= \mathbf{AX} + \mathbf{BU} \\ \mathbf{Y} &= \mathbf{CX} + \mathbf{EU} \end{aligned} \tag{1.110}$$

여기서 식 (1.93)과 (1.94)의 정의를 사용하였다. 이 동작점 주위에서 컨버터 파형에 변동을 주고 선형화한다.

$$\begin{aligned} \langle \mathbf{x}(t)\rangle_{T_s} &= \mathbf{X} + \hat{\mathbf{x}}(t) \\ \langle \mathbf{u}(t)\rangle_{T_s} &= \mathbf{U} + \hat{\mathbf{u}}(t) \\ \langle \mathbf{y}(t)\rangle_{T_s} &= \mathbf{Y} + \hat{\mathbf{y}}(t) \\ d(t) &= D + \hat{d}(t) \Rightarrow d'(t) = D' - \hat{d}(t) \end{aligned} \tag{1.111}$$

여기서 $\hat{\mathbf{u}}(t)$와 $\hat{d}(t)$는 입력 벡터와 시비율의 작은 교류 변동이다. $\hat{\mathbf{x}}(t)$와 $\hat{\mathbf{y}}(t)$는 상태 벡터와 출력 벡터의 결과적인 작은 교류 변동이다. 이러한 교류 변동의 크기가 동작점의 크기보다 매우 작다고 다음과 같이 가정한다.

$$\begin{aligned} \| \hat{\mathbf{u}}(t) \| &\ll \| \mathbf{U} \| \\ |d(t)| &\ll |D| \\ \| \hat{\mathbf{x}}(t) \| &\ll \| \mathbf{X} \| \\ \| \hat{\mathbf{y}}(t) \| &\ll \| \mathbf{Y} \| \end{aligned} \tag{1.112}$$

여기서 $\|\boldsymbol{x}\|$는 벡터 $\boldsymbol{x}$의 크기를 의미한다.

식 (1.111)을 식 (1.109)에 대입하면 다음과 같다.

$$\mathrm{K}\frac{d(\mathbf{X}+\hat{\mathbf{x}}(t))}{dt} = \big((D+\hat{d}(t))\mathbf{A}_1 + (D'-\hat{d}(t))\mathbf{A}_2\big)(\mathbf{X}+\hat{\mathbf{x}}(t)) + \big((D+\hat{d}(t))\mathbf{B}_1 + (D'-\hat{d}(t))\mathbf{B}_2\big)(\mathbf{U}+\hat{\mathbf{u}}(t))$$
$$(\mathbf{Y}+\hat{\mathbf{y}}(t)) = \big((D+\hat{d}(t))\mathbf{C}_1 + (D'-\hat{d}(t))\mathbf{C}_2\big)(\mathbf{X}+\hat{\mathbf{x}}(t)) + \big((D+\hat{d}(t))\mathbf{E}_1 + (D'-\hat{d}(t))\mathbf{E}_2\big)(\mathbf{U}+\hat{\mathbf{u}}(t)) \tag{1.113}$$

미분 $d\boldsymbol{X}/dt$는 영이다. 정리하면

$$\underbrace{\mathrm{K}\frac{d\hat{\mathbf{x}}(t)}{dt}}_{1\text{차 교류항}} = \underbrace{(\mathbf{AX}+\mathbf{BU})}_{\text{직류항}} + \underbrace{\mathbf{A}\hat{\mathbf{x}}(t)+\mathbf{B}\hat{\mathbf{u}}(t)+\{(\mathbf{A}_1-\mathbf{A}_2)\mathbf{X}+(\mathbf{B}_1-\mathbf{B}_2)\mathbf{U}\}\hat{d}(t)}_{1\text{차 교류항}} + \underbrace{(\mathbf{A}_1-\mathbf{A}_2)\hat{\mathbf{x}}(t)\hat{d}(t)+(\mathbf{B}_1-\mathbf{B}_2)\hat{\mathbf{u}}(t)\hat{d}(t)}_{2\text{차 비선형 항}}$$
$$\underbrace{(\mathbf{Y}+\hat{\mathbf{y}}(t))}_{\text{직류}+1\text{차 항}} = \underbrace{(\mathbf{CX}+\mathbf{EU})}_{\text{직류항}} + \underbrace{\big(\mathbf{C}\hat{\mathbf{x}}(t)+\mathbf{E}\hat{\mathbf{u}}(t)++\{(\mathbf{C}_1-\mathbf{C}_2)\mathbf{X}+(\mathbf{E}_1-\mathbf{E}_2)\mathbf{U}\}\hat{d}(t)\big)}_{1\text{차 교류 항}} + \underbrace{(\mathbf{C}_1-\mathbf{C}_2)\hat{\mathbf{x}}(t)\hat{d}(t)+(\mathbf{E}_1-\mathbf{E}_2)\hat{\mathbf{u}}(t)\hat{d}(t)}_{2\text{차 비선형 항}} \tag{1.114}$$

이다. 직류 항은 식 (1.110)를 만족하므로 식 (1.114)에서 제거할 수 있다. 또한 소신호 가정 (1.112)를 만족하고 식 (1.114)에서 2차 비선형 항을 무시하면 다음의 선형 교류 모델을 얻을 수 있다.

$$\mathrm{K}\frac{d\hat{\mathbf{x}}(t)}{dt} = \mathbf{A}\hat{\mathbf{x}}(t)+\mathbf{B}\hat{\mathbf{u}}(t)+\{(\mathbf{A}_1-\mathbf{A}_2)\mathbf{X}+(\mathbf{B}_1-\mathbf{B}_2)\mathbf{U}\}\hat{d}(t)$$
$$\hat{\mathbf{y}}(t) = \mathbf{C}\hat{\mathbf{x}}(t)+\mathbf{E}\hat{\mathbf{u}}(t)+\{(\mathbf{C}_1-\mathbf{C}_2)\mathbf{X}+(\mathbf{E}_1-\mathbf{E}_2)\mathbf{U}\}\hat{d}(t) \tag{1.115}$$

이 식은 원하는 결과로 식 (1.96)과 일치한다.

1.3.4 예제: 비선형 벅-부스트 컨버터의 상태공간 평균 모델

그림 1.31의 벅-부스트 컨버터를 모델링하기 위해 상태공간 평균 방법을 적용한다. MOSFET Q_1의 도통 손실을 도통 저항 R_{on}으로 모델링하고 다이오드 D_1의 순방향 전압 강하를 V_D의 값을 갖는 독립 전압원으로 모델링한다. 컨버터의 입력 단자와 출력 단자를 모델링하는 완전한 등가회로를 유도하고자 한다.

컨버터의 독립 상태변수는 인덕터 전류 $i(t)$와 커패시터 전압 $v(t)$이므로 상태 벡터

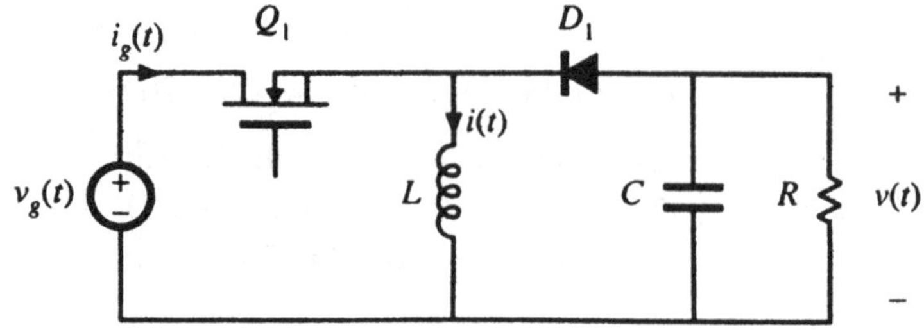

그림 1.31 벅-부스트 컨버터 예

$\mathbf{x}(t)$를 다음과 같이 정의한다.

$$\mathbf{x}(t) = \begin{bmatrix} i(t) \\ v(t) \end{bmatrix} \tag{1.116}$$

입력 전압 $v_g(t)$는 입력 벡터 $\boldsymbol{u}(t)$의 원소로 선택해야 할 독립 전원이다. 또한 다이오드 순방향 전압 강하를 V_D의 값을 갖는 독립 전압원으로 모델링하였으므로 입력 벡터 $\boldsymbol{u}(t)$를 다음과 같이 정의해야 한다.

$$\mathbf{u}(t) = \begin{bmatrix} v_g(t) \\ V_D \end{bmatrix} \tag{1.117}$$

컨버터의 입력 단자를 모델링하기 위해 컨버터 입력 전류 $i_{g(t)}$를 구해야 한다. 이 종속 전류를 계산하기 위해 이것을 출력 벡터 $\boldsymbol{y}(t)$의 원소로 선택해야 한다. 따라서 $\boldsymbol{y}(t)$를 다음과 같이 정의한다.

$$\mathbf{y}(t) = \left[i_g(t) \right] \tag{1.118}$$

출력 전압 $v(t)$가 상태 벡터 $\boldsymbol{x}(t)$의 원소이므로 $v(t)$를 출력 벡터 $\boldsymbol{y}(t)$에 포함시킬 필요가 없음을 주의하기 바란다.

다음으로 각 세부구간에 대한 상태 방정식을 유도한다. 스위치가 위치 1에 있을 때 컨버터 회로는 그림 1.32(a)와 같다. 인덕터 전압, 커패시터 전류와 컨버터 입력 전류는 다음과 같다.

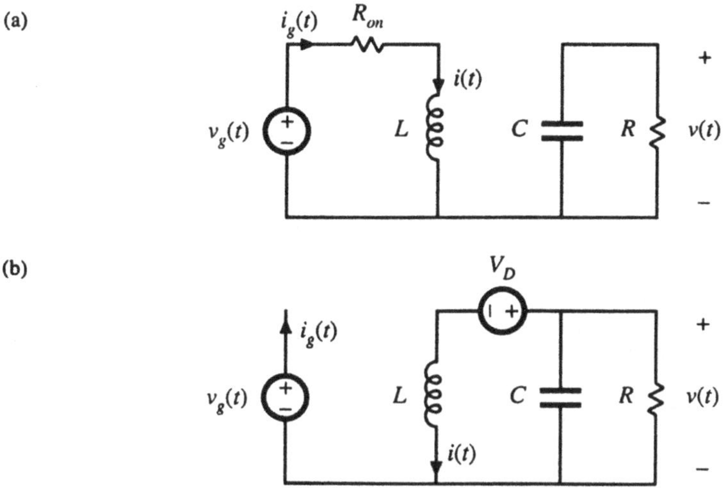

그림 1.32 벅-부스트 컨버터 회로: (a) 세부구간 1, (b) 세부구간 2

$$L\frac{di(t)}{dt} = v_g(t) - i(t)R_{on}$$
$$C\frac{dv(t)}{dt} = -\frac{v(t)}{R}$$
$$i_g(t) = i(t) \tag{1.119}$$

이 식을 다음의 상태 공간 형식으로 쓸 수 있다.

$$\begin{bmatrix} L & 0 \\ 0 & C \end{bmatrix} \frac{d}{dt} \begin{bmatrix} i(t) \\ v(t) \end{bmatrix} = \begin{bmatrix} -R_{on} & 0 \\ 0 & \frac{1}{R} \end{bmatrix} \begin{bmatrix} i(t) \\ v(t) \end{bmatrix} + \begin{bmatrix} 1 & 0 \\ 0 & 0 \end{bmatrix} \begin{bmatrix} v_g(t) \\ V_D \end{bmatrix} \tag{1.120}$$
$$\mathbf{K}\frac{d\mathbf{x}(t)}{dt} = \mathbf{A}_1\mathbf{x}(t) + \mathbf{B}_1\mathbf{u}(t)$$
$$[i_g] = [1\ 0]\begin{bmatrix} i(t) \\ v(t) \end{bmatrix} + [0\ 0]\begin{bmatrix} v_g(t) \\ V_D \end{bmatrix}$$
$$\mathbf{y}(t) = \mathbf{C}_1\mathbf{x}(t) + \mathbf{E}_1\mathbf{u}(t)$$

상태 방정식의 행렬 A_1, B_1, C_1, E_1을 구하였다. 스위치가 위치 2에 있을 때 컨버터 회로는 그림 1.32(b)와 같다. 인덕터 전압, 커패시터 전류와 컨버터 입력 전류는 다음과 같다.

$$
\begin{aligned}
&L\frac{di(t)}{dt} = v(t) - V_D \\
&C\frac{dv(t)}{dt} = -\frac{v(t)}{R} - i(t) \\
&i_g(t) = 0
\end{aligned}
\tag{1.121}
$$

이 식을 다음의 상태 공간 형식으로 쓰면 다음과 같다.

$$
\begin{aligned}
&\begin{bmatrix} L & 0 \\ 0 & C \end{bmatrix} \frac{d}{dt}\begin{bmatrix} i(t) \\ v(t) \end{bmatrix} = \begin{bmatrix} 0 & 1 \\ -1 & -\frac{1}{R} \end{bmatrix}\begin{bmatrix} i(t) \\ v(t) \end{bmatrix} + \begin{bmatrix} 0 & -1 \\ 0 & 0 \end{bmatrix}\begin{bmatrix} v_g(t) \\ V_D \end{bmatrix} \\
&\mathbf{K}\frac{d\mathbf{x}(t)}{dt} = \mathbf{A}_2\mathbf{x}(t) + \mathbf{B}_2\mathbf{u}(t) \\
&[i_g] = [0\,0]\begin{bmatrix} i(t) \\ v(t) \end{bmatrix} + [0\,0]\begin{bmatrix} v_g(t) \\ V_D \end{bmatrix} \\
&\mathbf{y}(t) = \mathbf{C}_2\mathbf{x}(t) + \mathbf{E}_2\mathbf{u}(t)
\end{aligned}
\tag{1.122}
$$

상태 방정식의 행렬 $\mathbf{A}_2$, $\mathbf{B}_2$, $\mathbf{C}_2$, $\mathbf{E}_2$를 구하였다.

다음 단계로 상태 공간의 평균 평형 식 (1.93)을 계산한다.

$$
\mathbf{A} = D\mathbf{A}_1 + D'\mathbf{A}_2 = D\begin{bmatrix} -R_{on} & 0 \\ 0 & \frac{1}{R} \end{bmatrix} + D'\begin{bmatrix} 0 & 1 \\ -1 & -\frac{1}{R} \end{bmatrix} = \begin{bmatrix} -DR_{on} & D' \\ -D' & -\frac{1}{R} \end{bmatrix}
\tag{1.123}
$$

비슷한 방법으로 $\mathbf{B}$, $\mathbf{C}$, $\mathbf{E}$를 구하면 다음과 같다.

$$
\begin{aligned}
&\mathbf{B} = D\mathbf{B}_1 + D'\mathbf{B}_2 = \begin{bmatrix} D & -D' \\ 0 & 0 \end{bmatrix} \\
&\mathbf{C} = D\mathbf{C}_1 + D'\mathbf{C}_2 = [D \quad 0] \\
&\mathbf{E} = D\mathbf{E}_1 + D'\mathbf{E}_2 = [0 \quad 0]
\end{aligned}
\tag{1.124}
$$

식 (1.92)의 직류 방정식을 다음과 같이 쓸 수 있다.

$$
\begin{aligned}
&\begin{bmatrix} 0 \\ 0 \end{bmatrix} = \begin{bmatrix} -DR_{on} & D' \\ -D' & -\frac{1}{R} \end{bmatrix}\begin{bmatrix} I \\ V \end{bmatrix} + \begin{bmatrix} D & -D' \\ 0 & 0 \end{bmatrix}\begin{bmatrix} V_g \\ V_D \end{bmatrix} \\
&[I_g] = [D\,0]\begin{bmatrix} I \\ V \end{bmatrix} + [0\,0]\begin{bmatrix} V_g \\ V_D \end{bmatrix}
\end{aligned}
\tag{1.125}
$$

식 (1.95)나 위 식을 계산하면 다음의 평형 상태 벡터와 출력 벡터를 얻을 수 있다.

$$\begin{bmatrix} I \\ V \end{bmatrix} = \left(\frac{1}{1 + \dfrac{D}{D'^2} \dfrac{R_{on}}{R}} \right) \begin{bmatrix} \dfrac{D}{D'^2 R} & \dfrac{1}{D'R} \\ -\dfrac{D}{D'} & 1 \end{bmatrix} \begin{bmatrix} V_g \\ V_D \end{bmatrix} \tag{1.126}$$

$$[I_g] = \left(\frac{1}{1 + \dfrac{D}{D'^2} \dfrac{R_{on}}{R}} \right) \begin{bmatrix} \dfrac{D^2}{D'^2 R} & \dfrac{D}{D'R} \end{bmatrix} \begin{bmatrix} V_g \\ V_D \end{bmatrix}$$

식 (1.125)로부터 그림 1.33의 정상상태 등가회로를 만들 수 있다. 식 (1.125)의 첫 번째 열을 인덕터 전압 파형에 인덕터 전압-시간 곱 평형 원리를 적용하여 얻을 수 있다. 식 (1.125)의 두 번째 열은 커패시터 전류 파형에 커패시터 전하 평형 원리를 적용하여 구할 수 있다. I_g는 컨버터 입력 전류의 직류 성분을 나타낸다. 위 세 개의 방정식에 등가적인 회로를 구성하면 그림 1.33의 직류 모델을 구할 수 있다.

식 (1.96)을 계산하여 소신호 교류모델을 유도한다. 식 (1.96)에서 $\hat{d}(t)$의 벡터 계수는 다음과 같다.

$$(\mathbf{A}_1 - \mathbf{A}_2)\mathbf{X} + (\mathbf{B}_1 - \mathbf{B}_2)\mathbf{U} = \begin{bmatrix} -V - IR_{on} \\ I \end{bmatrix} + \begin{bmatrix} V_g + V_D \\ 0 \end{bmatrix} = \begin{bmatrix} V_g - V - IR_{on} + V_D \\ I \end{bmatrix} \tag{1.127}$$

$$(\mathbf{C}_1 - \mathbf{C}_2)\mathbf{X} + (\mathbf{E}_1 - \mathbf{E}_2)\mathbf{U} = [I]$$

그러므로 식 (1.96)은 다음과 같다.

$$\begin{bmatrix} L & 0 \\ 0 & C \end{bmatrix} \frac{d}{dt} \begin{bmatrix} \hat{i}(t) \\ \hat{v}(t) \end{bmatrix} = \begin{bmatrix} -DR_{on} & D' \\ -D' & -\dfrac{1}{R} \end{bmatrix} \begin{bmatrix} \hat{i}(t) \\ \hat{v}(t) \end{bmatrix} + \begin{bmatrix} D & -D' \\ 0 & 0 \end{bmatrix} \begin{bmatrix} \hat{v}_g(t) \\ 0 \end{bmatrix} + \begin{bmatrix} V_g - V - IR_{on} + V_D \\ I \end{bmatrix} \hat{d}(t) \tag{1.128}$$

$$[\hat{i}_g] = [D \; 0] \begin{bmatrix} \hat{i}(t) \\ \hat{v}(t) \end{bmatrix} + [I]\hat{d}(t)$$

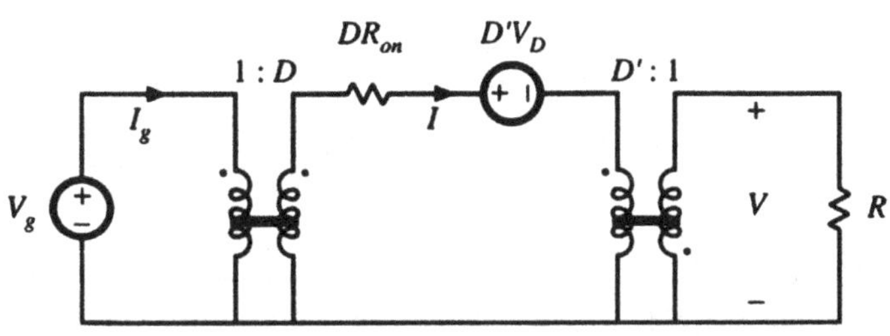

그림 1.33 벅-부스트 컨버터의 직류 회로 모델

다이오드 순방향 전압 강하를 상수 값 V_D로 정의했기 때문에 이 전원의 교류 변동이 영이므로 $\widehat{v_D}(t)$는 영이다. 식 (1.128)에 대응하는 회로 모델을 일반적인 방법으로 만들 수 있다. 식 (1.128)을 풀어 쓰면 다음과 같다.

$$L\frac{d\hat{i}(t)}{dt} = D'\hat{v}(t) - DR_{on}\hat{i}(t) + D\widehat{v_g}(t) + (V_g - V - IR_{on} + V_D)\hat{d}(t) \tag{1.129}$$

$$C\frac{d\hat{v}(t)}{dt} = -D'\hat{i}(t) - \frac{\hat{v}(t)}{R} + I\hat{d}(t)$$

$$\widehat{i_g}(t) = D\hat{i}(t) + I\hat{d}(t)$$

이 식들에 대응하는 회로를 그림 1.34에 나타낸다. 이 회로들을 결합하면 그림 1.35의 소신호 교류 등가회로 모델을 유도할 수 있다.

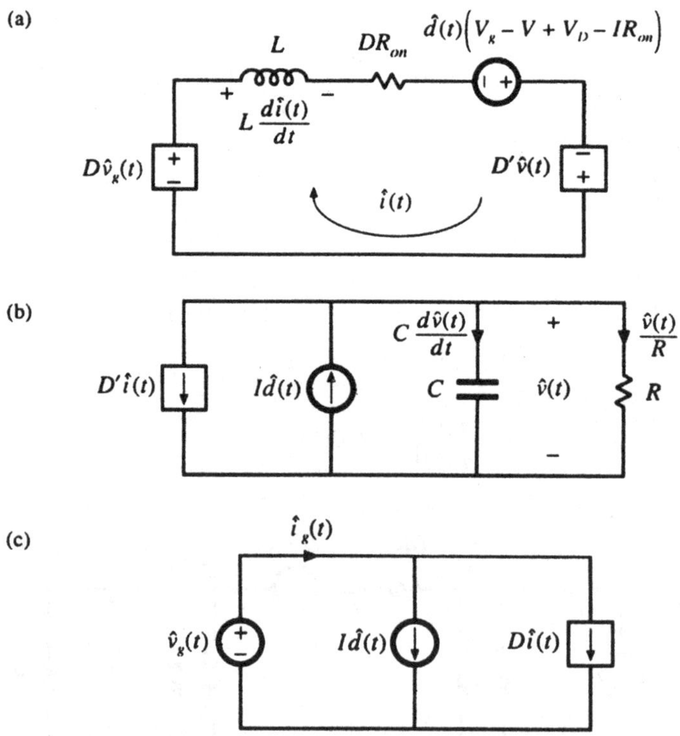

그림 1.34 벅-부스트 컨버터의 소신호 교류 방정식에 대응하는 회로: (a) 인덕터 루프, (b) 커패시터 노드, (c) 입력 포트

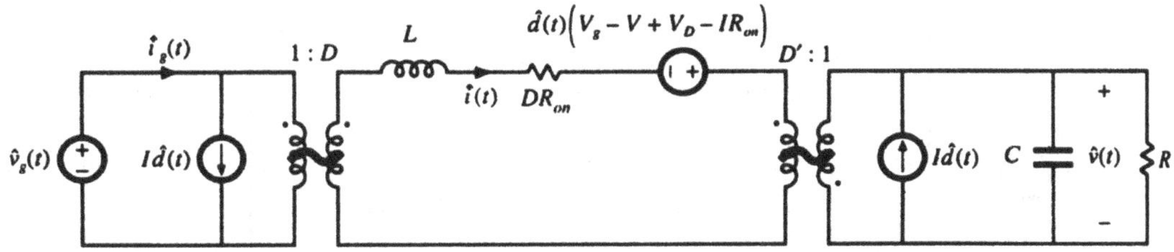

그림 1.35 비이상적인 벅-부스트 컨버터의 소신호 교류회로 모델

1.4 회로 평균 및 평균 스위치 모델링

회로 평균은 컨버터 등가회로를 유도하기 위한 잘 알려진 방법이다. 컨버터 상태방정식을 평균화하지 않고 회로 평균 방법으로 컨버터 파형을 직접 평균화한다. 방정식 대신에 회로 다이어그램 상에서 모든 조작을 하므로 모델에 대해 물리적으로 더 잘 해석할 수 있다. 회로 평균은 평균화와 소신호 선형화가 포함되므로 상태공간 평균과 같다. 그러나 많은 경우 회로 평균이 적용하기 쉽고 거의 직관에 의해 소신호 교류모델을 얻을 수 있다. 회로 평균 기법은 위상제어 정류기, 불연속 전도모드 또는 전류 프로그램 제어로 동작하는 PWM 컨버터와 부분공진 컨버터를 포함하는 많은 여러 형태의 컨버터와 스위치 요소에 적용할 수 있다. 그러나 다른 경우에는 분석과 이해하기 어려운 복잡한 모델이 되기도 한다. 이러한 문제를 극복하기 위해 회로 평균과 상태공간 평균 기법을 조합할 수 있다. 회로 평균이 상태공간 평균보다 먼저 개발되었고 참고문헌[4]에 제시되어 있다. 일반성 때문에 회로 평균이 다시 논의되고 있다[13-20].

회로 평균의 중요한 단계는 시불변 회로 구성을 얻기 위해 컨버터 스위치를 전압원 또는 전류원으로 바꾸는 일이다. 전압원과 전류원의 파형은 원래 컨버터의 스위치 파형과 같도록 정의된다. 시불변 회로가 얻어지면 스위칭 고조파를 제거하기 위해 컨버터 파형을 한 스위칭 주기에 걸쳐 평균화한다. 평균 회로모델에 존재하는 비선형 소자는 변동을 주고 선형화하여 소신호 교류모델을 유도한다.

그림 1.36에서 스위칭 소자들은 컨버터의 나머지 부분과 분리되어 있다. 그러므로 컨버터는 컨버터 스위칭 소자를 포함하는 스위치 네트워크와 무효 소자와 다른 나머지 소자를 포함하는 시불변 네트워크로 구성된다. 그림 1.37은 2개의 SPST 스위치가 있는 간

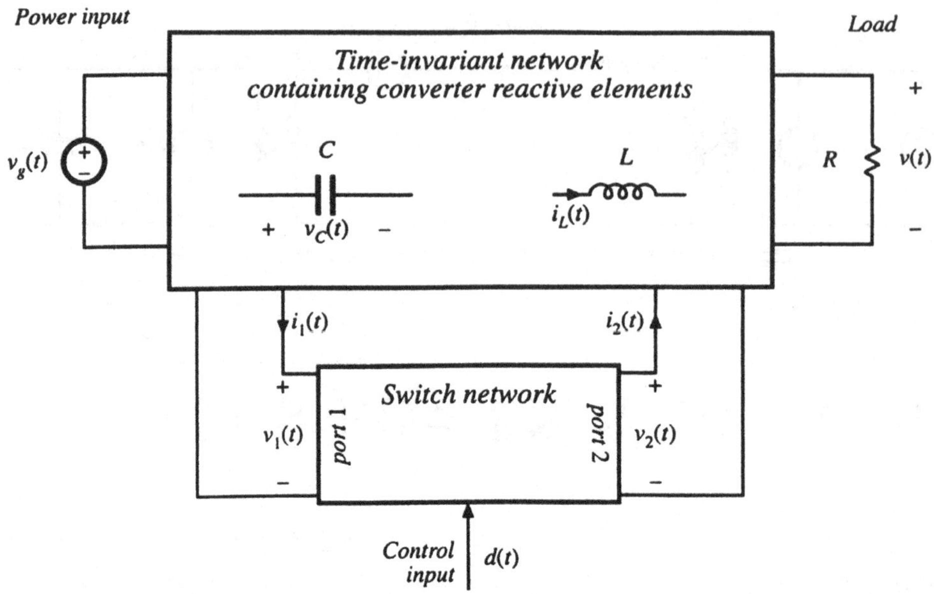

그림 1.36 스위칭 컨버터는 시불변 네트워크에 연결된 스위치 네트워크로 볼 수 있다

단한 예를 보여준다. 스위치는 2-포트 네트워크로 표현할 수 있다. 다상 컨버터에서와 같이 다수의 트랜지스터와 다이오드로 구성된 복잡한 시스템에서 스위치 네트워크는 2-포트 이상을 포함할 수 있다.

평균 스위치 모델링기법의 주된 아이디어는 스위치 네트워크에 대한 평균 회로모델을 찾는 것이다. 컨버터의 평균 회로모델을 완성하기 위해 구해진 평균 회로모델을 컨버터 회로에 삽입할 수 있다. 평균 스위치 모델링기법의 장점은 같은 모델을 다른 많은 컨버터 구성에 적용할 수 있다는 점이다. 각 특정 컨버터에 대해 평균 회로모델을 다시 유도할 필요가 없다. 또한 대부분의 경우 평균 스위치모델을 이용하여 컨버터를 쉽게 분석하고 또한 컨버터의 정상상태 및 동특성을 쉽게 이해할 수 있다.

스위치 네트워크에 대한 평균 스위치모델을 유도하는 첫 번째 단계는 그림 1.36의 형태와 같이 컨버터를 그리는 일이다. 그림 1.36에서 컨버터 스위칭 소자만을 포함하는 스위치 네트워크만 분명하게 정의되어 있다. 그림 1.37에 보인 CCM SEPIC 예를 이용하여 유도 과정을 설명한다. 스위치 네트워크의 2-포트를 정의하는 데는 여러 방법이 있다. SEPIC의 2-포트 스위치 네트워크를 자연스럽게 정의하는 방법을 그림 1.37에 설명한다. CCM 동작에 대해 스위치 네트워크 포트에 정의되는 전기적인 양 $v_1(t)$, $i_1(t)$, $v_2(t)$와

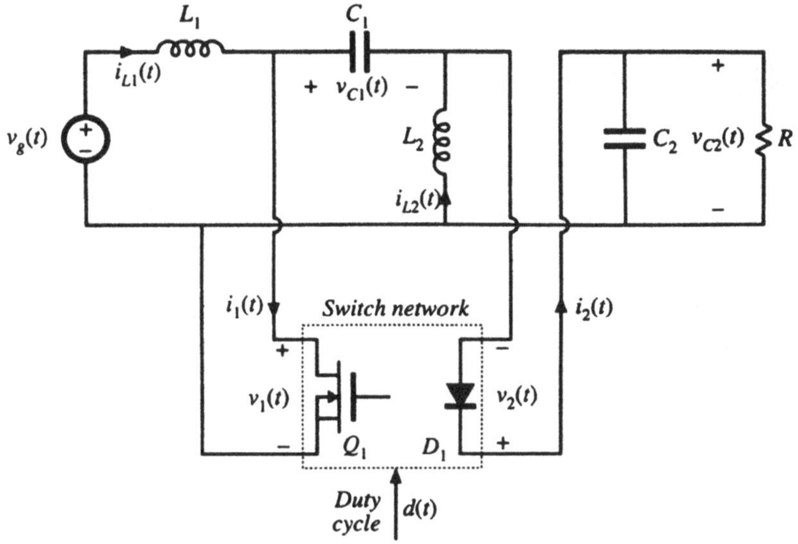

그림 1.37 SEPIC 컨버터를 그림 1.36의 형태로 그림

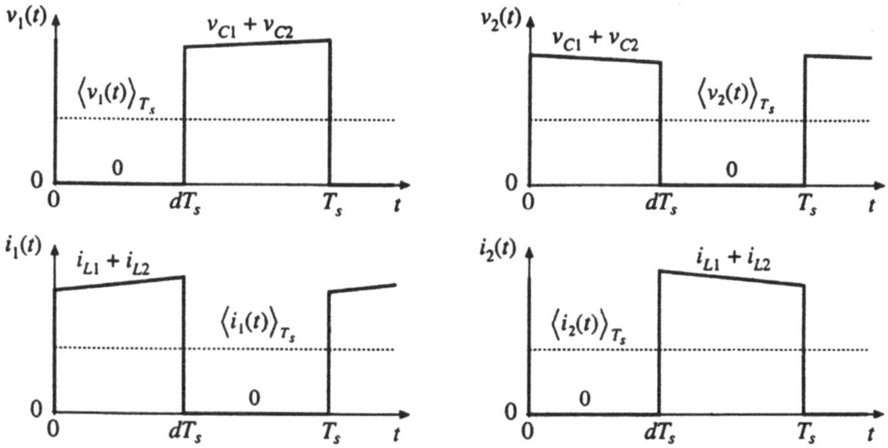

그림 1.38 CCM SEPIC 컨버터의 스위치 네트워크의 단자 파형

$i_2(t)$를 그림 1.38에 도시하였다. 스위치 네트워크의 단자들을 스위치 네트워크 안에서 전기적으로 연결할 필요는 없다. 또한 스위치 네트워크의 단자 전압 또는 전류 파형이 펄스 파형을 가져도 무방하다.

1.4.1 시불변 회로 구하기

회로 평균 방법의 첫 번째 단계는 회로 연결이 시간에 따라 변하지 않게 스위치 네트워크를 전압원 또는 전류원으로 바꾸는 일이다. 그림 1.39는 SEPIC에서 정의된 스위치 네트워크를 보여준다. 2-포트 네트워크이므로 4개의 단자 전압 및 전류 가운데 2개를 스위치 네트워크의 독립된 입력으로 잡을 수 있다. 나머지 2개의 전압 또는 전류는 스위치 네트워크의 종속된 출력으로 볼 수 있다. 일반적으로 주어진 컨버터 회로에서 입력이 독립적이라면 임의로 독립된 입력을 선택할 수 있다. CCM 동작에 대해 하나의 전류 단자와 하나의 전압 단자를 독립된 입력으로 선택할 수 있다. 따라서 $i_1(t)$과 $v_2(t)$를 스위치 네트워크의 독립 입력으로 선택하기로 하자. 시비율 $d(t)$는 독립된 제어 입력이다.

그림 1.39(b)에서 스위치 네트워크의 포트를 종속 전압원와 전류원으로 교체했다. 종속 전원의 파형은 그림 1.38에 주어진 실제 종속적인 출력 $v_1(t)$와 $i_2(t)$와 같게 정의된다. 그림 1.39(b)의 모든 파형이 그림 1.39(a)와 그림 1.38의 파형과 같기 때문에 회로는 전기적으로 같다. 따라서 어떠한 근사화도 사용하지 않았다.

1.4.2 회로 평균

다음 단계는 스위치 네트워크 단자 파형의 평균값을 컨버터의 상태 변수(인덕터 전류와 커패시터 전압)와 컨버터의 독립 입력(입력 전압과 트랜지스터 시비율 등)의 항으로 결정하는 일이다. 컨버터 네트워크의 고유 시정수가 스위칭 주기 T_s보다 매우 길다는 기본적인 가정을 한다. 이 가정은 스위칭 맥동이 작아야 한다는 조건과 일치한다. 시스템 응답을 크게 바꾸지 않고 시스템의 고유 시정수와 비교하여 짧은 시간 동안 파형을 평균화할 수 있다. 그러므로 기본 가정을 만족하면 스위칭 주기 T_s에 걸쳐 컨버터 파형을 평균화하는 일은 좋은 근사화이다. 평균 모델로부터 고 주파수의 스위칭 고조파를 무시하여 시스템의 저 주파수 동작을 예측할 수 있다. SEPIC 예에서 보통의 미소 맥동 근사화를 사용하여 그림 1.38에 있는 스위치 네트워크 단자 파형의 평균을 독립 입력과 상태 변수로 다음과 같이 표현할 수 있다.

$$\langle v_1(t)\rangle_{T_s} = d'(t)\left(\langle v_{C1}(t)\rangle_{T_s} + \langle v_{C2}(t)\rangle_{T_s}\right) \tag{1.130}$$

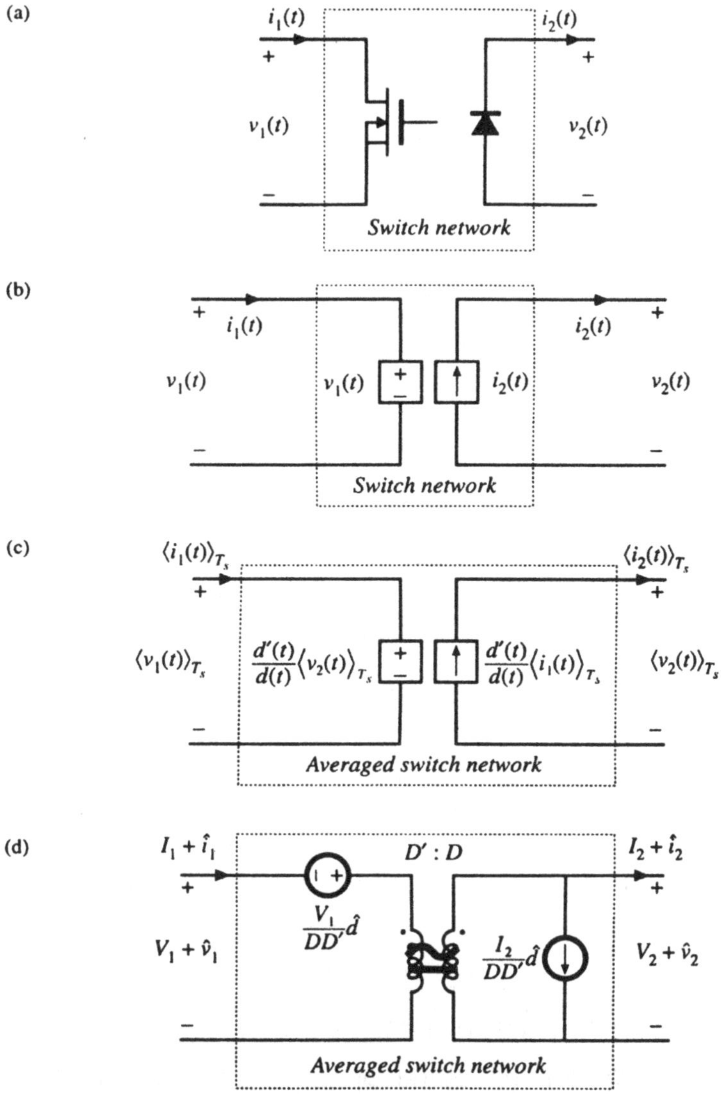

그림 1.39 CCM SEPIC 컨버터의 평균 스위치 모델 유도: (a) 스위치 네트워크, (b) 스위치를 스위치 단자 종속 파형과 일치하는 종속 전원으로 바꾼 스위치 네트워크, (c) 스위치 네트워크의 단자 파형을 평균하여 얻은 대신호 비선형 평균 스위치 모델, (d) 직류와 교류 소신호 평균 스위치 모델

$$\langle i_1(t)\rangle_{T_s} = d(t)\left(\langle i_{L1}(t)\rangle_{T_s} + \langle i_{L2}(t)\rangle_{T_s}\right) \tag{1.131}$$

$$\langle v_2(t)\rangle_{T_s} = d(t)\left(\langle v_{C1}(t)\rangle_{T_s} + \langle v_{C2}(t)\rangle_{T_s}\right) \tag{1.132}$$

$$\langle i_2(t)\rangle_{T_s} = d'(t)\left(\langle i_{L1}(t)\rangle_{T_s} + \langle i_{L2}(t)\rangle_{T_s}\right) \tag{1.133}$$

$<i_1(t)>_{T_S}$와 $<v_2(t)>_{T_S}$를 스위치 네트워크의 독립 입력으로 선택하였다. 평균 스위치 네트워크의 종속 출력은 $<i_2(t)>_{T_S}$와 $<v_1(t)>_{T_S}$이다.

다음 단계는 가능하면 스위치 네트워크의 종속 출력 $<i_2(t)>_{T_S}$와 $<v_1(t)>_{T_S}$를 스위치 네트워크의 독립 입력 $<i_1(t)>_{T_S}$, $<v_2(t)>_{T_S}$와 제어 입력 $d(t)$만의 함수로 표현하는 일이다. 이 단계에서 평균화된 스위치 출력을 다른 컨버터 신호, 예를 들면 $<v_g(t)>_{T_S}$, $<v_{C1}(t)>_{T_S}$, $<v_{C2}(t)>_{T_S}$, $<i_{L1}(t)>_{T_S}$, $<i_{L2}(t)>_{T_S}$ 등의 신호의 함수로 나타내면 안 된다. 식 (1.131)과 (1.132)는 다음과 같이 다시 쓸 수 있다.

$$\langle i_{L1}(t)\rangle_{T_s} + \langle i_{L2}(t)\rangle_{T_s} = \frac{\langle i_1(t)\rangle_{T_s}}{d(t)} \tag{1.134}$$

$$\langle v_{C1}(t)\rangle_{T_s} + \langle v_{C2}(t)\rangle_{T_s} = \frac{\langle v_2(t)\rangle_{T_s}}{d(t)} \tag{1.135}$$

이 식을 식 (1.130)과 (1.133)에 대입하면 다음과 같다.

$$\langle v_1(t)\rangle_{T_s} = \frac{d'(t)}{d(t)}\langle v_2(t)\rangle_{T_s} \tag{1.136}$$

$$\langle i_2(t)\rangle_{T_s} = \frac{d'(t)}{d(t)}\langle i_1(t)\rangle_{T_s} \tag{1.137}$$

식 (1.136)과 (1.137)에 대응하는 스위치 네트워크의 평균 등가회로를 그림 1.39(c)에 나타내었다. 평균화 단계를 마무리하면 모든 컨버터 파형에서 스위칭 고조파가 제거되고 단지 직류와 저 주파수의 교류 성분만 남는다. 이러한 대신호, 비선형, 시변 모델은 스위칭 주파수보다 매우 낮은 주파수 대역에서 타당하다. 그림 1.38에 있는 파형의 평균은 단지 스위치 네트워크만 바꾸지만 컨버터 회로의 나머지는 바꾸지 않는다. 그러므로 단지 스위치 네트워크 대신에 평균 스위치 모델을 사용하여 컨버터의 평균회로 모델을 얻는다. 그림 1.39(a)의 스위치 네트워크는 벅, 부스트, 벅-부스트, SEPIC 또는 Ćuk과 같은 2개의 스위치를 갖는 컨버터에 사용될 수 있다. 컨버터가 CCM에서 동작하면 평균 스위치모델을 유도하는 과정은 같고, 그림 1.39(c)에 보인 결과는 SEPIC 예제와 같다. 이는 CCM에서 동작하는 모든 2-스위치 컨버터에 대해 일반적인 대신호 평균 스위치 모델로서 그림 1.39(c)의 모델을 사용할 수 있음을 의미한다.

1.4.3 변동과 선형화

식 (1.136)과 (1.137)에 주어진 종속 전원이 $d(t)$, $\langle i_1(t)\rangle_{T_S}$와 $\langle v_2(t)\rangle_{T_S}$의 비선형 함수이므로 그림 1.39(c)의 모델은 비선형이다. 소신호 교류모델을 만들기 위해 식 (1.136)과 (1.137)에 변동을 주어 선형화한다. 즉,

$$\begin{aligned} d(t) &= D+\hat{d}(t) \\ \langle v_1(t)\rangle_{T_s} &= V_1+\hat{v}_1(t) \\ \langle i_1(t)\rangle_{T_s} &= I_1+\hat{i}_1(t) \\ \langle v_2(t)\rangle_{T_s} &= V_2+\hat{v}_2(t) \\ \langle i_2(t)\rangle_{T_s} &= I_2+\hat{i}_2(t) \end{aligned} \tag{1.138}$$

이 식을 식 (1.136)에 대입하면

$$(D+\hat{d})\left(V_1+\hat{v}_1\right)=(D'-\hat{d})\left(V_2+\hat{v}_2\right) \tag{1.139}$$

이고 종속 변수 $V_1+\hat{v}_1$에 대해 푸는 것이 바람직하다. 위 식은 다음과 같이 쓸 수 있다.

$$D\left(V_1+\hat{v}_1\right)=D'\left(V_2+\hat{v}_2\right)-\hat{d}(V_1+V_2)-\hat{d}\hat{v}_1-\hat{d}\hat{v}_2 \tag{1.140}$$

항 $\hat{d}\,\hat{v}_1$과 $\hat{d}\,\hat{v}_2$는 비선형이고 교류 변동이 동작점의 값보다 매우 작다면 그 크기를 무시할 수 있다. 비선형 항을 제거하고 스위치 네트워크의 종속 출력 $V_1+\hat{v}_1$에 대해 풀면

$$\begin{aligned} \left(V_1+\hat{v}_1\right) &= \frac{D'}{D}\left(V_2+\hat{v}_2\right)-\hat{d}\left(\frac{V_1+V_2}{D}\right) \\ &= \frac{D'}{D}\left(V_2+\hat{v}_2\right)-\hat{d}\left(\frac{V_1}{DD'}\right) \end{aligned} \tag{1.141}$$

이고, 항 $(V_1/DD')\hat{d}$은 제어 입력 $\hat{d}$에 의해 결정되므로 그림 1.40에서처럼 독립 전압원으로 표현할 수 있다. 항 $(D'/D)(V_2+\hat{v_2})$는 두 번째 포트의 독립 변수 $V_2+\hat{v_2}$에 상수 (D'/D)를 곱한 것이다. 따라서 이 항은 그림 1.40에서와 같이 종속 전압원으로 표현할 수 있으며, 이상적인 변압기의 일차 권선과 같다. 비슷한 방법으로 식 (1.138)을 식 (1.137)에 대입하면

$$(D+\hat{d})(I_2+\hat{i_2})=(D'-\hat{d})(I_1+\hat{i_1}) \tag{1.142}$$

항 $\hat{d}\,\hat{i_1}$과 $\hat{d}\,\hat{i_2}$는 비선형이고 소신호에 대한 가정을 만족하면 무시될 수 있다. 비선형 항을 제거하고 스위치 네트워크의 종속 출력 $I_2+\hat{i_2}$에 대해 풀면

$$\begin{aligned}(I_2+\hat{i_2}) &= \frac{D'}{D}(I_1+\hat{i_1})-\hat{d}\left(\frac{I_1+I_2}{D}\right)\\ &= \frac{D'}{D}(I_1+\hat{i_1})-\hat{d}\left(\frac{I_2}{DD'}\right)\end{aligned} \tag{1.143}$$

이고, 항 $(I_2/DD')\hat{d}$은 제어 입력 $\hat{d}$에 의해 결정되므로 그림 1.41에서처럼 독립 전류원으로 표현할 수 있다. 항 $(D'/D)(I_1+\hat{i_1})$는 첫 번째 포트의 독립 변수 $I_1+\hat{i_1}$에 의존한다. 따라서 이 항은 그림 1.41에서와 같이 종속 전류원으로 표현할 수 있으며, 이상적인 변압기의 이차 권선과 같다.

식 (1.141)과 (1.143)은 그림 1.39(d)의 평균 스위치 네트워크를 표현한다. 이 모델은

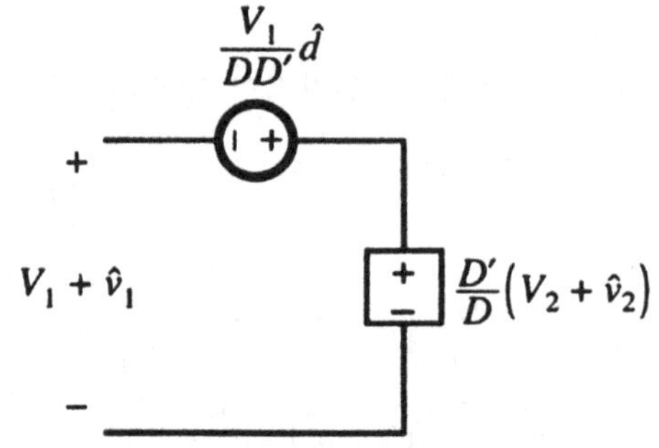

그림 1.40 종속 전압원의 선형화

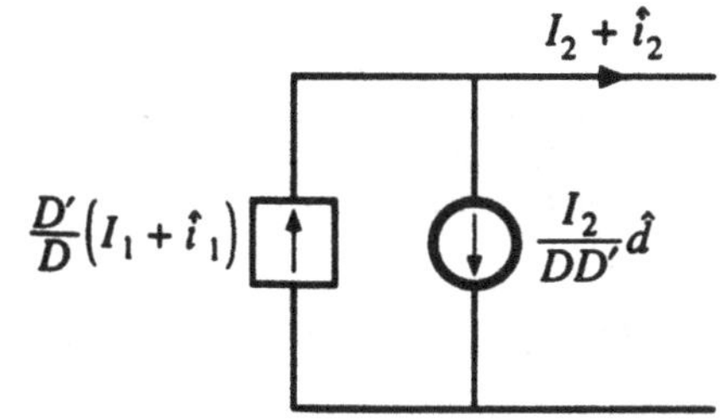

그림 1.41 종속 전류원의 선형화

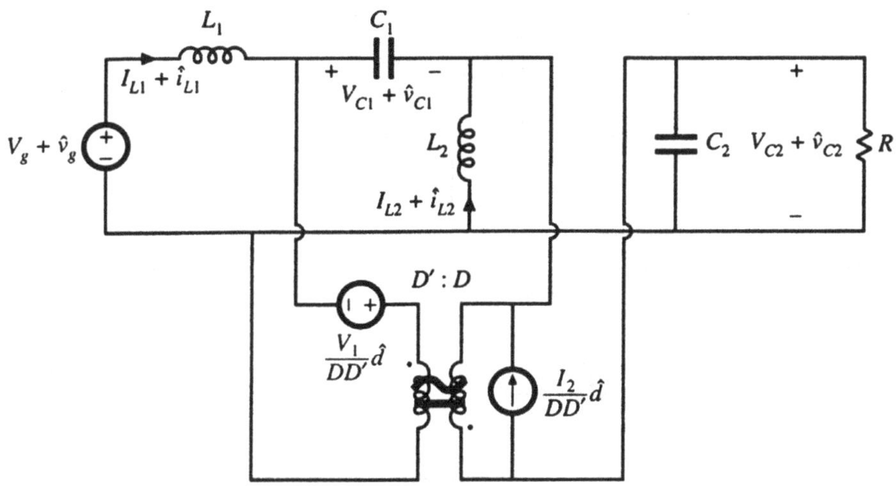

그림 1.42 CCM SEPIC의 직류와 소신호 교류 평균 회로모델

직류 항과 소신호 교류 항을 포함한다. 이 등가회로는 직류와 소신호 교류모델 양쪽 모두에 적용할 수 있다. 변압기 기호는 직류 전압 및 전류를 통과시킬 수 있음을 보이는 직선 기호와 소신호 교류모델이 되어 있음을 보여주는 정현파 기호로 되어 있다. 그림 1.39(d)의 모델은 스위치 네트워크가 다음의 기능을 수행함을 나타낸다. (i) 소신호 교류 전압 및 전류의 크기를 $D' : D$의 변환비로 변환하고, (ii) 제어입력 $\hat{d}(t)$에 의해 구동되는 교류 전압 및 전류 변동이 컨버터 회로에 포함된다. 이 모델을 그림 1.37에 대입하면 그림 1.42의 SEPIC 컨버터의 직류 및 소신호 교류모델을 얻는다. 이 모델을 이용하여 소신호 컨버터 전달함수뿐만 아니라 정상상태의 전압 및 전류를 구할 수 있다.

벅, 부스트, SEPIC, Ćuk 등 2개의 스위치로 구성된 모든 컨버터에 그림 1.39(a)의 스

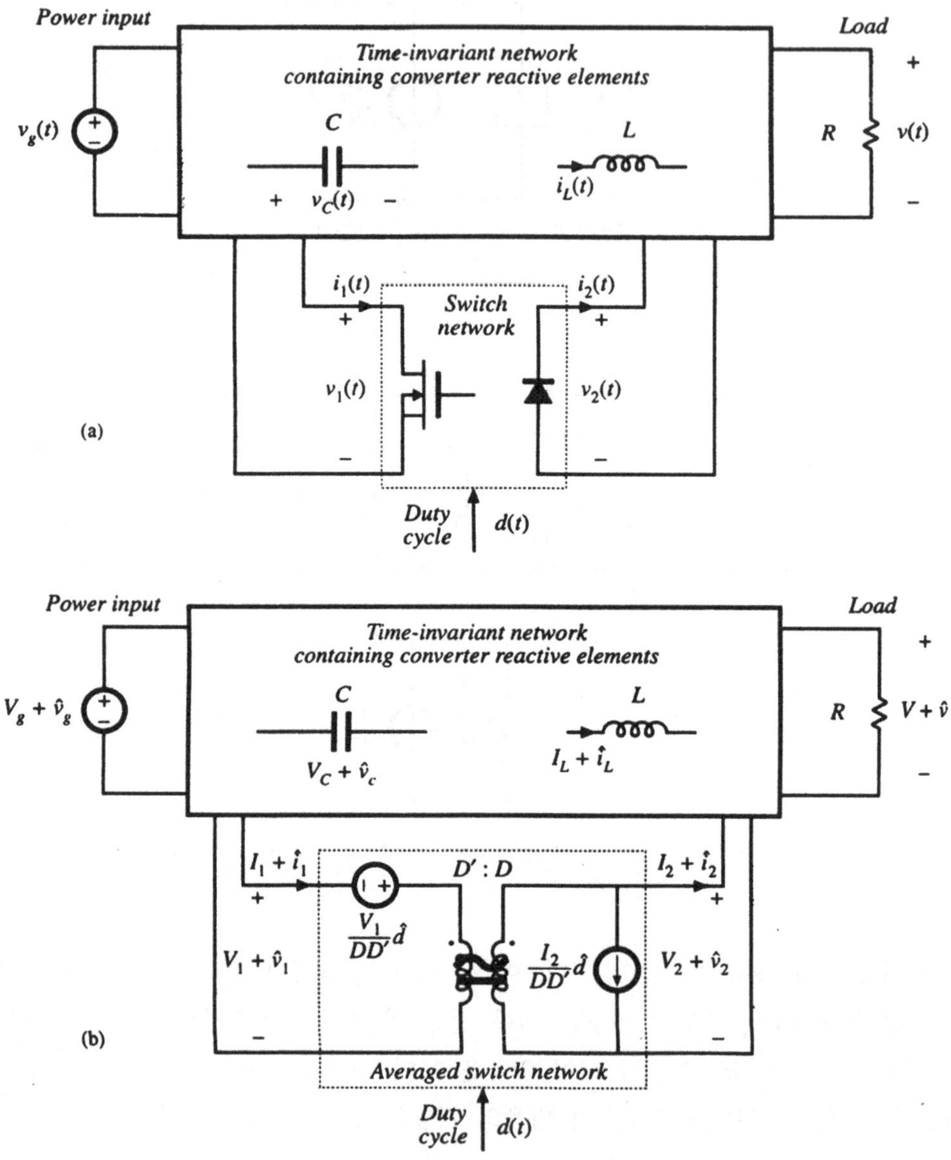

그림 1.43 CCM에서 동작하는 2-스위치 컨버터에 대한 평균 회로모델 구성 (a) 일반 2-스위치 네트워크를 갖는 컨버터 회로, (b) 스위치 네트워크를 평균 모델로 바꾼 직류와 소신호 교류 평균 회로 모델

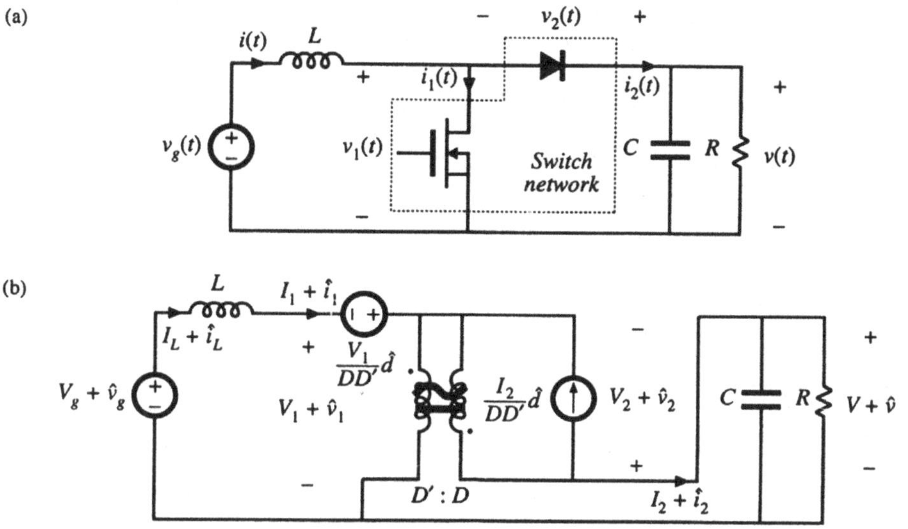

그림 1.44 이상적인 부스트 컨버터에 대한 평균 회로모델 구성 (a) 일반 2-스위치 네트워크를 갖는 컨버터 회로, (b) 스위치 네트워크를 그림 1.39(d)의 평균 모델로 바꾼 직류와 소신호 교류 평균 회로 모델

위치 네트워크를 사용할 수 있다. 그림 1.43에 나타낸 바와 같이 스위치 네트워크를 평균 스위치 모델로 바꾸어 컨버터의 평균 회로모델을 완성할 수 있다. 예를 들면 그림 1.44는 그림 1.39(a)의 스위치 네트워크를 찾아 그림 1.39(d)의 모델로 바꾸어 놓은 부스트 컨버터의 평균 회로모델을 나타낸다.

회로 평균 방법은 시불변 네트워크를 얻기 위해 스위치 네트워크를 등가의 전압원 및 전류원으로 교체하는 일을 포함한다. 컨버터 파형은 스위칭 고조파를 제거하기 위해 스위칭 주기 동안 평균화된다. 직류 및 소신호 교류모델을 얻기 위해 대신호 모델을 한 동작점에서 변동을 주어 선형화한다. 그리고 스위치 네트워크를 평균 스위치 모델로 교체하여 컨버터의 평균 회로모델을 완성한다.

1.4.4 스위치 네트워크

지금까지 스위치 네트워크의 포트가 스위치 포트와 일치하는 일반 2-스위치 네트워크에 대한 평균 스위치 모델을 유도하였다. 스위치 네트워크 자체에서 스위치 간에 연결이 없다고 가정하였다. 따라서 그림 1.43에 설명한 바와 같이 많은 2-스위치 컨버터의 평균 회로 모델을 구하는데 스위치 네트워크와 평균 스위치 모델을 사용할 수 있다. 그러나 스위치 네트워크의 포트를 정의하는데 여러 방법이 있을 수 있다. 스위치 네트워크를 다르게 정의하면 등가의 평균 스위치 모델을 얻을 수 있으나 똑 같지는 않다. 다른 형태의 평균 스위치 모델을 이용하면 회로 모델이 더 간단해질 수 있거나 물리적인 사고를 쉽게 해줄 수 있다. 이 절에서는 부스트와 벅 컨버터를 분석하는데 보다 적합한 두 가지 평균 스위치 모델을 구한다.

그림 1.45(a)의 이상적인 부스트 컨버터를 생각하자. 스위치 네트워크는 그림 1.44(a)에서와 같이 트랜지스터와 다이오드를 포함하지만 스위치 네트워크의 포트를 다르게 정의하였다. 이에 대한 평균 스위치 모델을 유도하기로 한다. 그림 1.45(b)는 스위치 네트워크의 단자 파형을 나타낸다. $i_1(t)$와 $v_2(t)$는 각각 컨버터의 인덕터 전류 및 커패시터 전압과 일치하므로 이들 파형을 스위치 네트워크의 독립 입력으로 선택하는 것이 편리하다. 평균 스위치 모델을 유도하는 과정을 그림 1.46에 나타낸다.

우선 스위치 네트워크를 그림 1.46(b)에서와 같이 종속 전압원과 전류원으로 교체한다. 종속 전압원 $v_1(t)$는 스위치 입력포트의 종속 전압 파형 즉, 트랜지스터 전압을 모델링

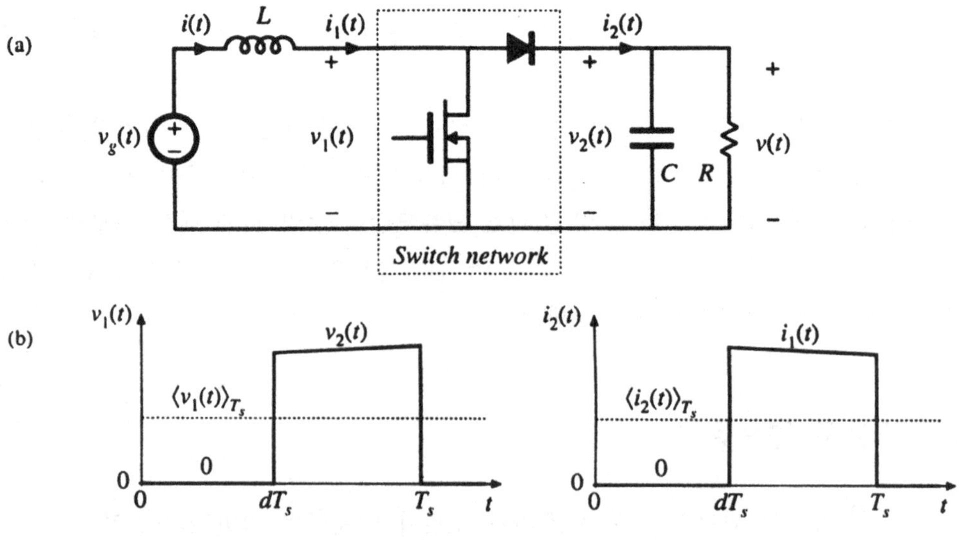

그림 1.45 이상적인 부스트 컨버터 (a) 스위치 네트워크를 다르게 정의한 컨버터 회로, (b) 스위치 네트워크의 단자 파형

한다. 그림 1.45(b)에 보인 바와 같이 $v_1(t)$는 트랜지스터가 도통이면 영이고 다이오드가 도통하면 $v_2(t)$이다.

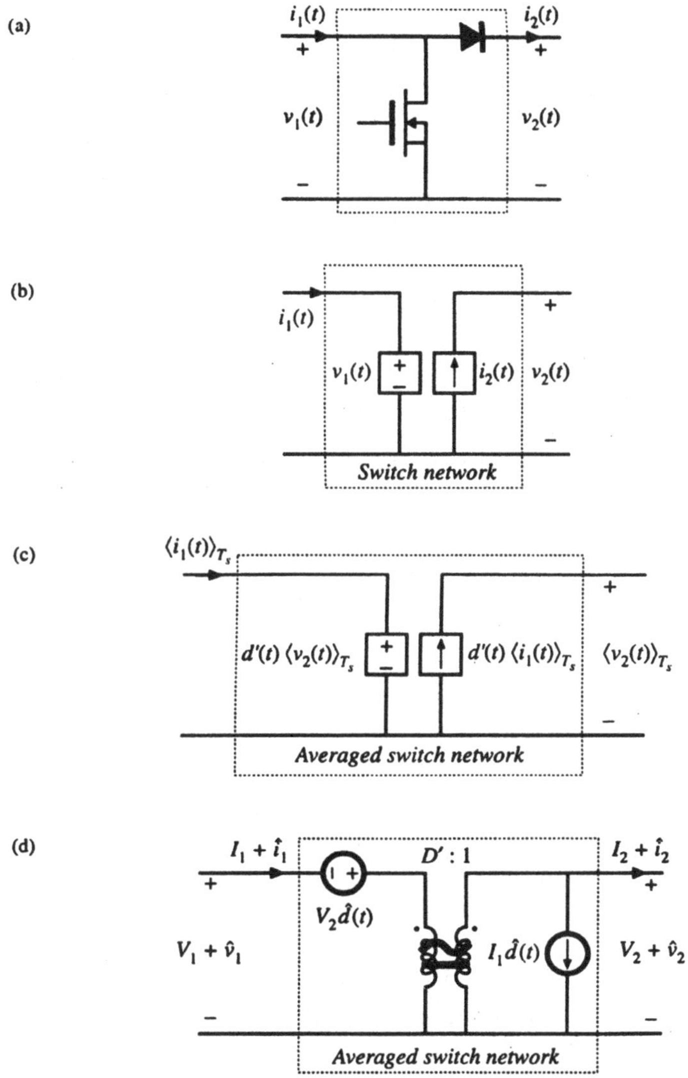

그림 1.46 그림 1.45의 CCM 부스트 컨버터에 대한 평균 스위치 모델 유도 (a) 스위치 네트워크, (b) 스위치를 스위치 단자의 종속 파형과 일치하는 종속 전원으로 바꾼 스위치 네트워크, (c) 스위치 네트워크의 단자 파형을 평균하여 얻은 대신호 비선형 평균 스위치 모델, (d) 직류와 교류 소신호 평균 스위치 모델

$$v_1(t) = \begin{cases} 0 & 0 < t < dT_s \\ v_2(t) & dT_s < t < T_s \end{cases} \tag{1.144}$$

$v_1(t)$를 위 식과 같이 정의하면 인덕터의 전압 파형은 달라지지 않는다. 유사하게 $i_2(t)$는 스위치 네트워크의 포트 2의 종속 전류 파형 즉, 다이오드 전류를 모델링한다. 그림 1.45(b)에 보인 바와 같이 $i_2(t)$는 트랜지스터가 도통이면 영이고 다이오드가 도통하면 $i_1(t)$이다.

$$i_2(t) = \begin{cases} 0 & 0 < t < dT_s \\ i_1(t) & dT_s < t < T_s \end{cases} \tag{1.145}$$

$i_2(t)$를 위 식과 같이 정의하면 커패시터의 전류 파형은 달라지지 않는다. 따라서 그림 1.45(a)의 원래 컨버터 회로와 그림 1.46(a)의 스위치 네트워크를 그림 1.46(b)의 스위치 네트워크로 교체하여 얻은 회로는 전기적으로 같다. 지금까지는 어떠한 가정도 세우지 않았다.

한 스위칭 주기에 걸쳐 모든 신호를 평균하여 스위칭 고조파를 제거한다. 즉,

$$\begin{aligned} \langle v_1(t) \rangle_{T_s} &= d'(t) \langle v_2(t) \rangle_{T_s} \\ \langle i_2(t) \rangle_{T_s} &= d'(t) \langle i_1(t) \rangle_{T_s} \end{aligned} \tag{1.146}$$

이고, 인덕터 전류 및 커패시터 전압의 스위칭 맥동은 매우 작다고 가정하였다. 그림 1.46(c)와 같은 컨버터의 대신호, 비선형 회로모델을 구하기 위한 대신호, 비선형 스위치 모델을 얻을 수 있으며, 원 컨버터 회로의 스위치 네트워크를 대신할 수 있다. 컨버터 파형에서 모든 스위칭 고조파가 제거되어 직류 및 저 주파수의 교류 성분만 남는다.

한 동작점에서 대신호 비선형 스위치 모델에 변동을 주고 선형화한다.

$$\begin{aligned} \langle v_g(t) \rangle_{T_s} &= V_g + \hat{v}_g(t) \\ d(t) &= D + \hat{d}(t) \Rightarrow d'(t) = D' - \hat{d}(t) \\ \langle i(t) \rangle_{T_s} &= \langle \hat{i}_1(t) \rangle_{T_s} = I + \hat{i}(t) \\ \langle v(t) \rangle_{T_s} &= \langle \hat{v}_2(t) \rangle_{T_s} = V + \hat{v}(t) \\ \langle v_1(t) \rangle_{T_s} &= V_1 + \hat{v}_1(t) \\ \langle i_2(t) \rangle_{T_s} &= I_2 + \hat{i}_2(t) \end{aligned} \tag{1.147}$$

평균 스위치 네트워크의 포트 1에서 비선형 종속 전압원은

$$\left(D'-\hat{d}(t)\right)\left(V+\hat{v}(t)\right)=D'\left(V+\hat{v}(t)\right)-V\hat{d}(t)-\hat{d}(t)\hat{v}(t) \tag{1.148}$$

이다. 항 $\hat{v}(t)\hat{d}(t)$는 비선형이고 소신호에 대한 가정을 만족하면 무시될 수 있다. 항 $V\hat{d}(t)$는 독립 변수인 제어 입력 $\hat{d}(t)$에 의해 만들어지므로 독립 전압원으로 표현할 수 있다. 항 $D'(V+\hat{v}(t))$는 출력 전압 $(V+\hat{v}(t))$에 상수 D'을 곱한 것으로 출력 커패시터 전압에 의존하므로 종속 전압원으로 표현될 수 있으며, 이상적인 변압기의 일차 권선에 해당한다. 평균 스위치 네트워크의 포트 2에서 비선형 종속 전류원은

$$\left(D'-\hat{d}(t)\right)\left(I+\hat{i}(t)\right)=D'\left(I+\hat{i}(t)\right)-I\hat{d}(t)-\hat{d}(t)\hat{i}(t) \tag{1.149}$$

이다. 항 $\hat{i}(t)\hat{d}(t)$는 비선형이고 소신호에 대한 가정을 만족하면 무시될 수 있다. 항 $I\hat{d}(t)$는 독립 변수인 제어 입력 $\hat{d}(t)$에 의해 만들어지므로 독립 전류원으로 표현할 수 있다. 항 $D'(I+\hat{i}(t))$는 인덕터 전류 $(I+\hat{i}(t))$에 상수 D'을 곱한 것으로 인덕터 전류에 의존하므로 종속 전류원으로 표현될 수 있으며, 이상적인 변압기의 이차 권선에 해당한다.

비선형 항을 제거하고 종속 전원을 $D':1$의 이상적인 변압기로 바꾸면 그림 1.46(d)의 직류 및 소신호 교류 평균 스위치 모델을 얻을 수 있다. 그림 1.47은 부스트 컨버터의 평균 회로 모델을 나타낸다.

부스트 컨버터의 평균 회로 모델을 나타내는 그림 1.44(b)와 그림 1.47을 보면 흥미롭다. 이 두 모델은 등가이다. 정상상태 해와 전달함수가 같다. 그러나 그림 1.45(a)의 원래

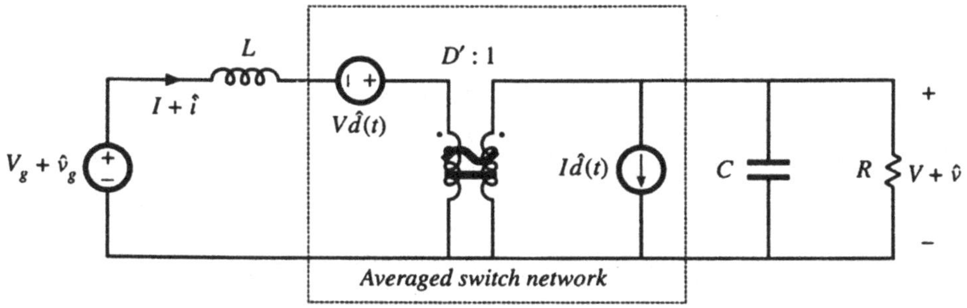

그림 1.47 부스트 컨버터의 직류 및 소신호 교류 평균 회로 모델

컨버터의 스위치 네트워크의 두개의 포트가 같은 기준 전위를 갖기 때문에 그림 1.47의 평균 회로모델이 해를 구하기 쉽고, 정상상태 동작이나 동특성을 물리적으로 조사하기 쉽다. 그림 1.47의 모델은 스위치 네트워크가 다음의 기능을 수행함을 보인다. (i) 직류 및 소신호 교류 전압과 전류의 크기를 $D':1$의 변환비로 변환하고, (ii) 제어입력 $d(t)$에 의해 구동되는 교류 전압 및 전류 변동이 컨버터 회로에 포함된다. 회로 평균기법으로 얻어진 그림 1.47은 1.2절의 기본 교류 모델링기법을 이용하여 얻은 그림 1.17(b)의 모델과 같다.

다음은 CCM에서 동작하는 그림 1.48의 벅 컨버터를 생각하자. 스위치 네트워크의 포트를 공통 접지단자를 공유하도록 정의한다. 평균 스위치 모델은 SEPIC과 부스트 컨버터의 경우와 같은 단계로 유도된다. $v_1(t)$와 $i_2(t)$는 각각 컨버터 입력 전압 $v_g(t)$와 인덕터 전류 $i(t)$와 일치하므로 이들 파형을 스위치 네트워크의 독립 입력으로 선택하는 것이 편리하다. 평균 종속 단자파형 $<i_1(t)>_{T_S}$와 $<v_2(t)>_{T_S}$를 제어 입력 $d(t)$와 독립 전원 $<v_1(t)>_{T_S}$와 $<i_2(t)>_{T_S}$로 표현해야 한다. 그림 1.48(b)의 파형을 평균하면

$$\begin{aligned}\langle i_1(t)\rangle_{T_s} &= d(t)\langle i_2(t)\rangle_{T_s} \\ \langle v_2(t)\rangle_{T_s} &= d(t)\langle v_1(t)\rangle_{T_s}\end{aligned} \tag{1.150}$$

이다. 한 동작점에서 대신호 비선형 스위치 모델에 변동을 주고 선형화하면

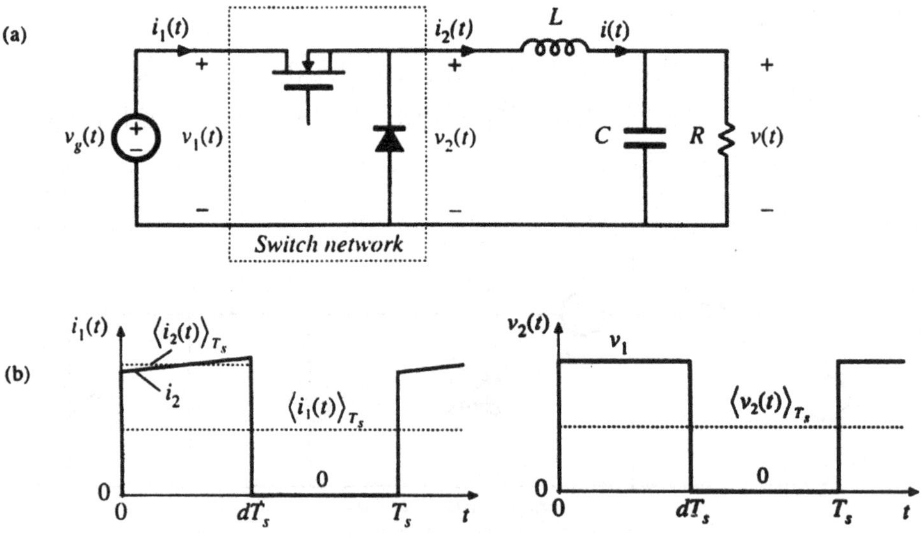

그림 1.48 벅 컨버터 예: (a) 컨버터 회로, (b) 스위치 파형

$$\begin{aligned}\left(I_1+\hat{i}_1(t)\right)&= D\left(I_2+\hat{i}_2(t)\right)-I_2\hat{d}(t)\\ \left(V_2+\hat{v}_2(t)\right)&= D\left(V_1+\hat{v}_1(t)\right)-V_1\hat{d}(t)\end{aligned} \tag{1.151}$$

이다. 식 (1.151)에 대응하는 등가회로는 그림 1.49(a)와 같다. 그림 1.48(a)의 스위치 네트워크 대신 그림 1.49(a)의 평균 스위치 모델로 바꾸면 그림 1.49(b)의 컨버터의 평균 회로모델을 얻으며 스위치 네트워크가 다음의 기능을 수행함을 보인다. (i) 직류 및 소신호 교류 전압과 전류의 크기를 $1{:}D$의 변환비로 변환하고, (ii) 제어 입력 $d(t)$에 의해 구동되는 교류 전압 및 전류 변동이 컨버터 회로에 포함된다. 회로 평균기법으로 얻어진 그림 1.49(b)는 기본 교류 모델링기법을 이용하여 얻은 그림 1.17(a)의 모델과 같다.

3개의 기본 스위치 네트워크 즉, 벅 스위치 네트워크, 부스트 스위치 네트워크, 일반 2-스위치 네트워크와 대응하는 평균 스위치 모델을 그림 1.50에 나타낸다. 평균 스위치 모델에 도통 손실과 스위칭 손실을 포함할 수 있다. 이러한 모델은 실제 컨버터의 전압과 전류 및 효율을 예측하는데 사용한다. 손실을 포함하는 평균 스위치 모델에 대한 예

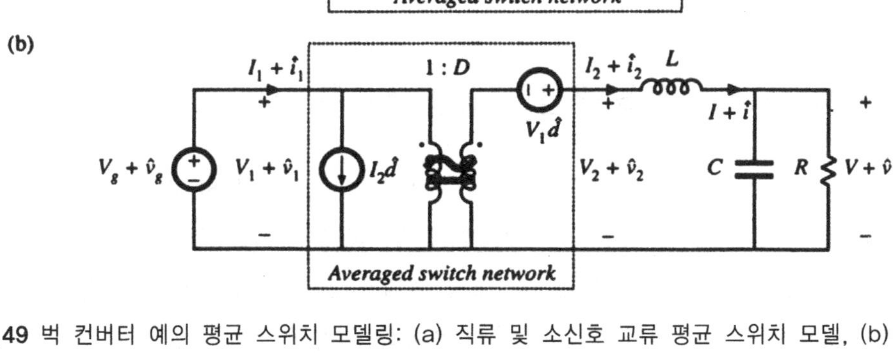

그림 1.49 벅 컨버터 예의 평균 스위치 모델링: (a) 직류 및 소신호 교류 평균 스위치 모델, (b) 스위치 네트워크를 평균 스위치 모델로 바꾼 평균 회로 모델

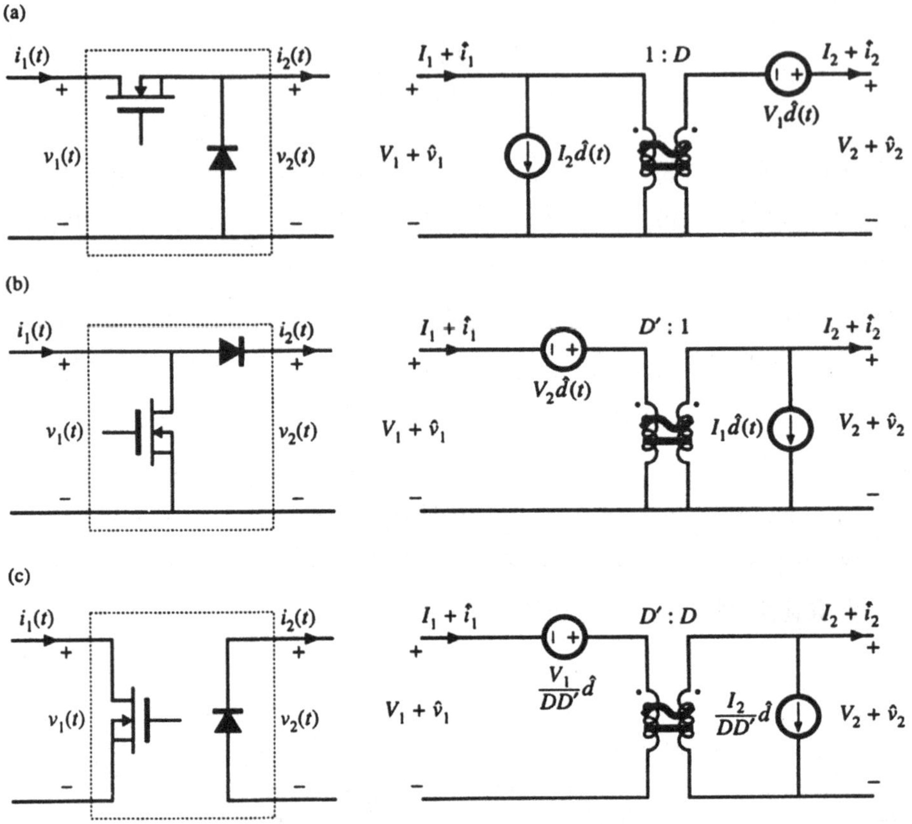

그림 1.50 기본 스위치 네트워크와 CCM 직류 및 소신호 교류 평균 스위치 모델: (a) 벅 스위치 네트워크, (b) 부스트 스위치 네트워크, (c) 벅-부스트 스위치 네트워크

제를 1.4.5절과 1.4.6절에서 다룬다.

1.4.5 예제: 도통 손실을 포함한 평균 스위치 모델

평균 스위치 모델에 도통 손실을 포함할 수 있다. 그림 1.37의 SEPIC 컨버터를 다시 생각하자. 트랜지스터 도통 저항을 R_{on}, 다이오드의 순방향 전압 강하 V_D가 거의 일정하다고 가정한다. 이 예제에서 다른 도통 또는 스위칭 손실을 무시한다. 목적은 R_{on}에 걸리는 전압 강하와 V_D에 의한 도통 손실을 포함하는 평균 스위치 모델을 유도하는 일이다. 스위치 네트워크를 그림 1.39(a)의 일반 2-포트 스위치 네트워크로 정의하자. 스위치

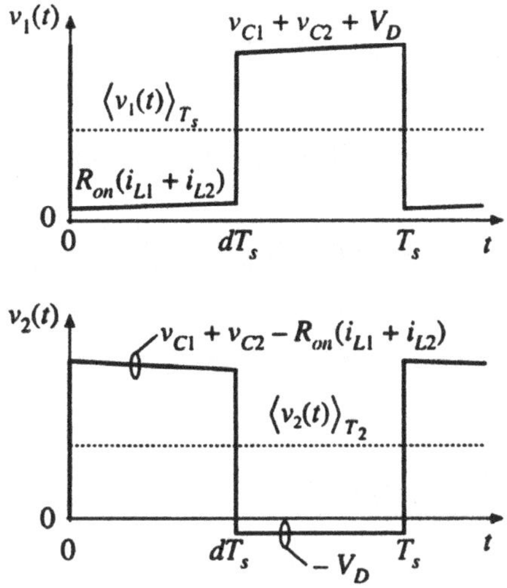

그림 1.51 트랜지스터 도통 저항을 R_{on}, 다이오드 순방향 전압강하 V_D일 때 스위치 네트워크 단자 전압

네트워크의 단자 전류의 파형은 그림 1.38과 같지만 단자 전압 파형은 R_{on}의 전압 강하와 V_D에 의해 그림 1.51과 같이 영향을 받는다.

1.4.1절에서와 같이 $i_1(t)$와 $v_2(t)$를 스위치 네트워크의 독립 변수로 선정한다. $v_1(t)$과 $v_2(t)$의 평균값은 다음과 같이 쓸 수 있다.

$$\begin{aligned}\langle v_1(t)\rangle_{T_s} &= d(t)R_{on}\left(\langle i_{L1}(t)\rangle_{T_s}+\langle i_{L2}(t)\rangle_{T_s}\right)\\ &\quad + d'(t)\left(\langle v_{C1}(t)\rangle_{T_s}+\langle v_{C2}(t)\rangle_{T_s}+V_D\right)\end{aligned} \tag{1.152}$$

$$\begin{aligned}\langle v_2(t)\rangle_{T_s} &= d(t)\left(\langle v_{C1}(t)\rangle_{T_s}+\langle v_{C2}(t)\rangle_{T_s}-R_{on}\left(\langle i_{L1}(t)\rangle_{T_s}+\langle i_{L2}(t)\rangle_{T_s}\right)\right)\\ &\quad + d'(t)(-V_D)\end{aligned} \tag{1.153}$$

위 식을 스위치 네트워크의 평균 독립 단자 전압 및 전류로 표현하기 위해 $<i_{L1}(t)>_{T_S}$, $<i_{L2}(t)>_{T_S}$, $<v_{C1}(t)>_{T_S}$와 $<v_{C2}(t)>_{T_S}$를 제거한다. 식 (1.152)와 (1.153)으로부터 다음 관계식을 얻을 수 있다.

$$\langle v_{C1}(t)\rangle_{T_s}+\langle v_{C2}(t)\rangle_{T_s}=\langle v_1(t)\rangle_{T_s}+\langle v_2(t)\rangle_{T_s} \tag{1.154}$$

전류 파형은 그림 1.38과 같으므로 식 (1.134)를 다시 쓰면

$$\langle i_{L1}(t)\rangle_{T_s} + \langle i_{L2}(t)\rangle_{T_s} = \frac{\langle i_1(t)\rangle_{T_s}}{d(t)} \tag{1.155}$$

이다. 식 (1.154)와 (1.155)를 식 (1.152)에 대입하면

$$\langle v_1(t)\rangle_{T_s} = R_{on}\langle i_1(t)\rangle_{T_s} + d'(t)\left(\langle v_1(t)\rangle_{T_s} + \langle v_2(t)\rangle_{T_s} + V_D\right) \tag{1.156}$$

이다. 이 식을 종속 평균 전압 $<v_1(t)>_{T_S}$에 대해 풀면

$$\langle v_1(t)\rangle_{T_s} = \frac{R_{on}}{d(t)}\langle i_1(t)\rangle_{T_s} + \frac{d'(t)}{d(t)}\left(\langle v_2(t)\rangle_{T_s} + V_D\right) \tag{1.157}$$

이고 종속 평균 전류 $<i_2(t)>_{T_S}$는 1.4.2절에서 구한 식 (1.137)로 주어진다.

$$\langle i_2(t)\rangle_{T_s} = \frac{d'(t)}{d(t)}\langle i_1(t)\rangle_{T_s} \tag{1.158}$$

식 (1.157)과 (1.158)은 스위치 네트워크의 평균 단자의 관계식을 나타낸다. 이러한 관계에 대응하는 등가회로를 그림 1.52에 나타낸다. 트랜지스터의 시비율 $d(t)$에 의존하는 종속 전원을 권선비 $d'(t): d(t)$를 갖는 이상적인 변압기로 표현하였다. 이 부분은 스위치 네트워크를 이상적인 스위치로 유도된 평균 스위치 모델과 같다. $R_{on}/d(t)$와 V_D는 도통 손실을 나타낸다. 이 모델은 대신호이고 비선형이다. 필요하면 이 모델에 변동을 주어 선형화하여 소신호 교류 모델을 구할 수 있다.

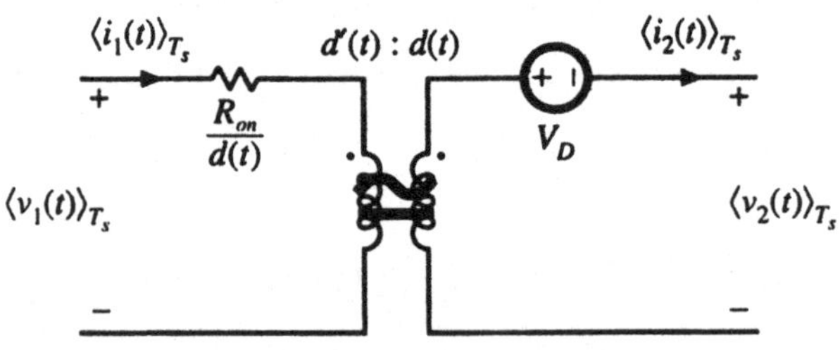

그림 1.52 트랜지스터 도통 저항이 R_{on}, 다이오드 순방향 전압 강하가 V_D일 때 일반 2-스위치 네트워크의 대신호 평균 스위치 모델

그림 1.52의 모델은 컴퓨터 시뮬레이션에 적합하다. 예를 들면 그림 1.53(a)의 벅-부스트 컨버터를 생각하자. 컨버터에서 트랜지스터 도통 저항은 R_{on}= 50 mΩ이고, 다이오드의 순방향 전압 강하는 $V_D = 0.8\ V$이다. 저항 $R_L = 0.1\ \Omega$은 인덕터의 동손을 모델링한다. 다른 손실은 무시한다. 그림 1.53(b)는 스위치 네트워크를 그림 1.52의 평균 스위치 모델로 교체하여 얻은 평균 회로 모델을 나타낸다.

컨버터의 출력 전압이 초기에 영인 상태에서 정상상태의 값으로 어떻게 도달하는가를 살펴보기로 한다. 시동의 과도기간 동안 컨버터의 파형을 만들기 위해 과도 시뮬레이션

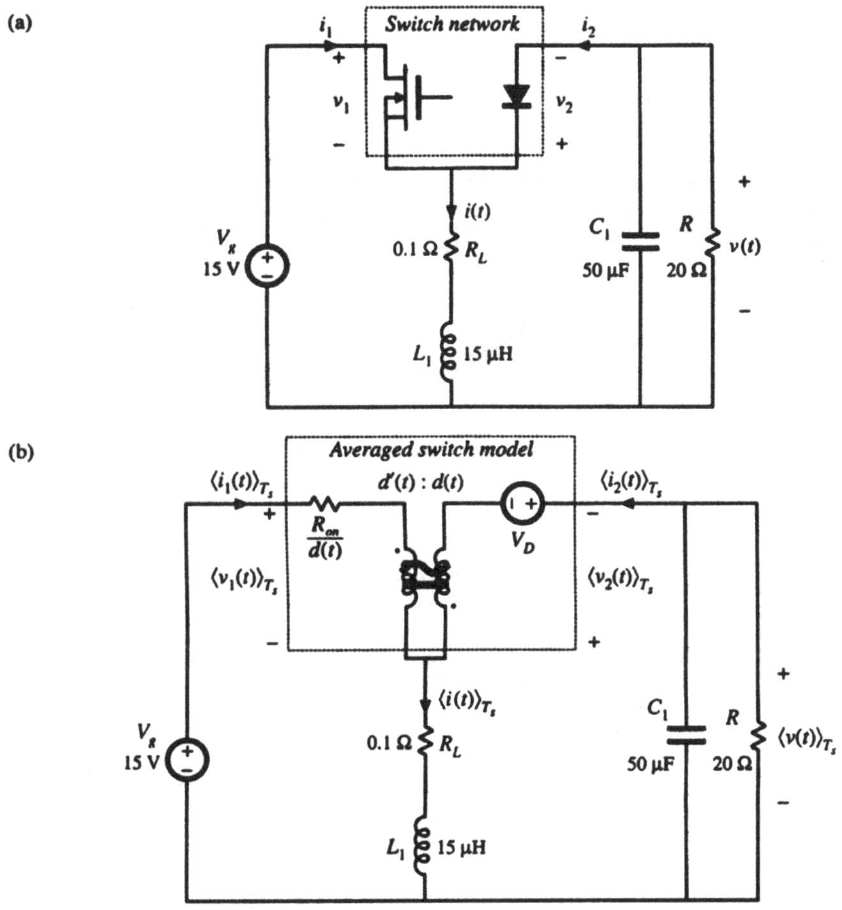

그림 1.53 벅-부스트 컨버터 예: (a) 컨버터 회로, (b) 평균 회로 모델

을 사용할 수 있다. 그림 1.53(a)의 컨버터 스위칭 회로를 시뮬레이션 하여 얻은 응답과 그림 1.53(b)의 평균 회로모델을 시뮬레이션 하여 얻은 응답을 비교한다. 시뮬레이션을 어떻게 하는가는 부록 B.1을 참고하기 바란다. 그림 1.54는 인덕터 전류와 출력 전압의 시동시의 과도 응답 파형을 나타낸다. 평균 회로모델을 이용한 시뮬레이션으로부터 얻은 파형에는 스위칭 맥동이 없으며, 컨버터의 과도 응답의 특징이 스위칭 회로를 시뮬레이션하여 얻어진 파형과 잘 일치한다. 평균 회로모델을 시뮬레이션하여 컨버터 손실 및 효율, 정상상태 및 동특성 응답 등을 얻을 수 있다.

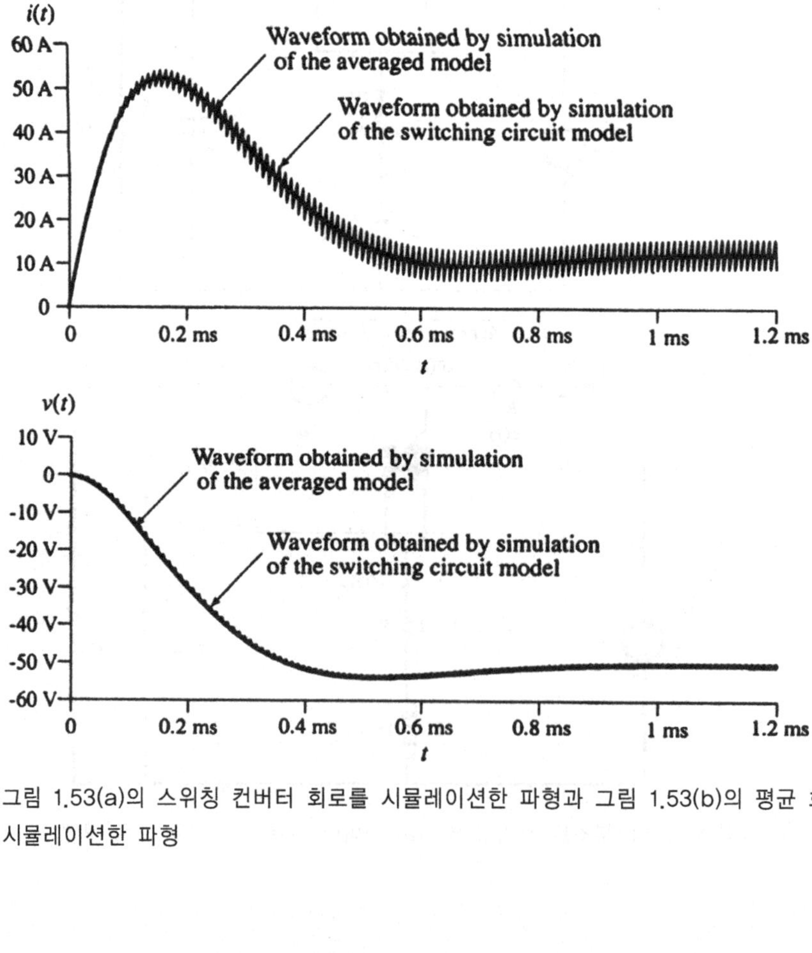

그림 1.54 그림 1.53(a)의 스위칭 컨버터 회로를 시뮬레이션한 파형과 그림 1.53(b)의 평균 회로 모델을 시뮬레이션한 파형

1.4.6 예제: 스위칭 손실을 포함한 평균 스위치 모델

평균 스위치 모델에 스위칭 손실을 모델링할 수 있다. 그림 1.48(a)의 CCM 벅 컨버터를 생각하자. 트랜지스터는 이상적이고 다이오드는 1권의 4.3.2절에서 서술한 역 회복을 보인다고 가정한다. 그림 1.55는 단순화한 스위칭 파형을 나타낸다. 초기에 다이오드로 인덕터 전류가 흐르고 트랜지스터는 오프상태에 있다. 트랜지스터가 턴온되면 음의 전류가 다이오드를 통해 흘러 트랜지스터 전류 i_1은 인덕터 전류보다 커진다. 다이오드에 축적된 전하 Q_r을 제거하는데 걸리는 시간을 역 회복시간 t_r이라 한다. 다이오드가 매우 빠르다고 가정하면 역 회복시간 동안 다이오드의 전압 강하는 작다. 다이오드의 역 회복이 끝나면 다이오드는 꺼지고, 다이오드에 걸리는 전압 v_2는 가파르게 입력 전압 v_g로 상승한다. 도통 손실과 다른 스위칭 손실은 무시한다.

v_1과 i_2를 2-포트 스위치 네트워크의 독립 단자 변수로 선택하고, 평균 종속 변수의 파형 $\langle i_1(t)\rangle_{T_S}$와 $\langle v_2(t)\rangle_{T_S}$에 대한 표현식을 유도한다. i_1의 평균값은 i_1 파형 밑의 면

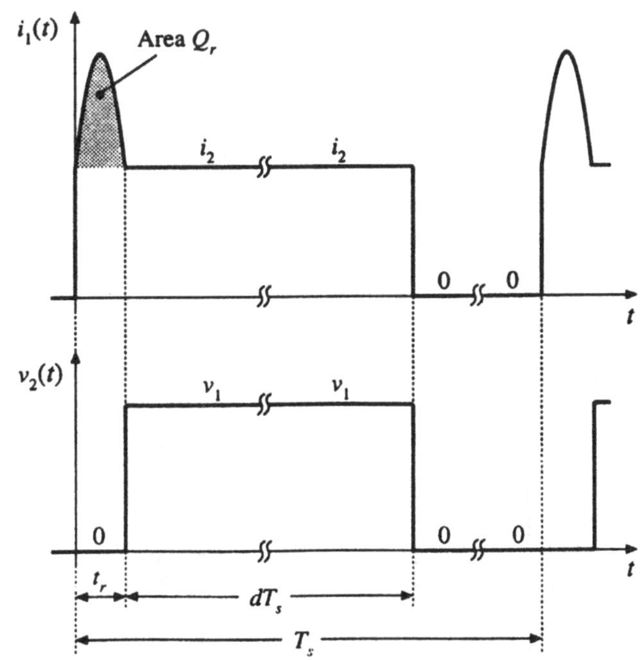

그림 1.55 스위치 파형, 벅 컨버터 스위칭 손실 예

적을 스위칭 주기 T_s로 나눈 값이다.

$$\begin{aligned}\langle i_1(t)\rangle_{T_s} &= \frac{1}{T_s}\int_0^{T_s} i_1(t)dt = \frac{1}{T_s}\Big(Q_r + t_r\langle i_2(t)\rangle_{T_s} + dT_s\langle i_2(t)\rangle_{T_s}\Big) \\ &= \frac{Q_r}{T_s} + \frac{t_r}{T_s}\langle i_2(t)\rangle_{T_s} + d\langle i_2(t)\rangle_{T_s}\end{aligned} \tag{1.159}$$

$d(t)$는 그림 1.55에서 정의한 실효 트랜지스터 시비율을 나타내며 트랜지스터 도통 시간에서 역 회복 시간을 빼고 스위칭 주기로 나눈 값이다. v_2의 평균값은

$$\langle v_2(t)\rangle_{T_s} = d\langle v_1(t)\rangle_{T_s} \tag{1.160}$$

이다. 식 (1.159)와 (1.160)은 스위치 네트워크의 평균 종속 단자의 관계를 나타내며 등가회로를 그림 1.56에 나타낸다. 실효 트랜지스터 시비율 $d(t)$에 의존하는 종속 전원을 이상적인 변압기로 표현하였다. 모델을 완성하기 위해 역 회복 전하 Q_r과 역 회복시간 t_r을 평균 전류 $\langle i_2(t)\rangle_{T_S}$의 함수로 표현할 수 있다[20]. 이 모델은 그림 1.55의 이상적인 파형의 스위칭 손실을 고려한 대신호 평균 스위치 모델이다. 필요하면 소신호 교류 모델을 구하기 위해 변동을 주어 선형화할 수 있다.

그림 1.56의 모델을 다음과 같이 물리적으로 해석할 수 있다. 트랜지스터는 실효 시비율 $d(t)$로 동작한다. $d(t)$는 이상적인 변압기의 권선비이고 스위치의 입력 포트로부터 출력 포트로 손실이 없이 전력을 전달하는 일차 스위치의 특성을 모델링한다. 부가된 전류원은 스위칭 손실을 모델링한다. 두 전류원은 전력을 소모한다. 전체 스위칭 손실은

$$P_{sw} = \langle v_1(t)\rangle_{T_s}\left(\frac{Q_r}{T_s} + \frac{t_r}{T_s}\langle i_2(t)\rangle_{T_s}\right) \tag{1.161}$$

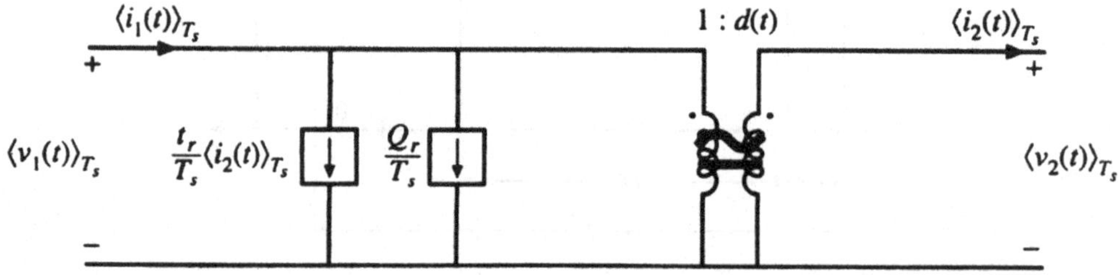

그림 1.56 벅 컨버터 스위칭 손실 예에 대한 대신호 평균 스위치 모델

이다. 이 전류원들은 스위칭 손실이 평균 스위치의 입력 전류를 어떻게 증가시키는지를 정확하게 모델링한다. 그림 1.56의 스위치 모델을 그림 1.48(a)의 원래 컨버터회로에 대입하고 모든 파형의 동작점을 갖게 놓아 그림 1.57의 정상상태 모델을 구할 수 있다. 이 모델로부터 정상상태 출력 전압을 예측할 수 있다.

$$V = DV_g \tag{1.162}$$

효율을 구하기 위해 평균 입력 전력과 출력 전력을 계산해야 한다. 컨버터 입력 전력은

$$P_{in} = V_g I_1 = V_g \left(\frac{Q_r}{T_s} + \frac{t_r}{T_s} I_2 + DI_2 \right) \tag{1.163}$$

이다. 평균 출력 전력은

$$P_{out} = VI_2 = DV_g I_2 \tag{1.164}$$

이므로 컨버터 효율은 다음과 같다.

$$\eta = \frac{P_{out}}{P_{in}} = \frac{1}{1 + \frac{Q_r}{DT_s I} + \frac{t_r}{DT_s}} \tag{1.165}$$

효율이 단순히 V/DV_g와 같지 않음을 주의하기 바란다.

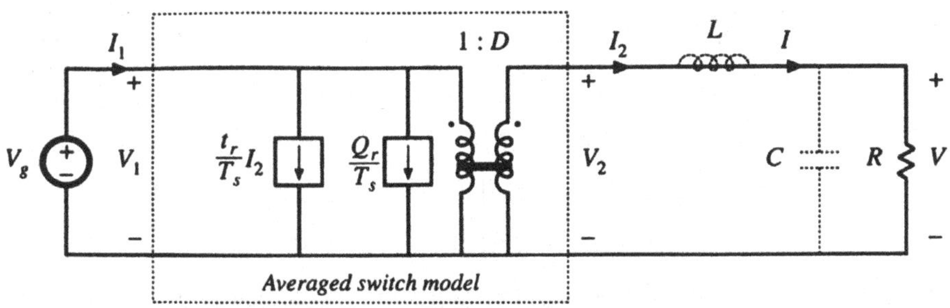

그림 1.57 벅 컨버터 스위칭 손실 예에 대한 직류 등가 회로 모델

1.5 표준 회로 모델

지금까지 스위칭 컨버터의 교류 등가회로 모델을 유도하는 방법에 대하여 서술하였으며 결과를 다시 분석해보기로 하자. 모든 PWM CCM 직류-직류 컨버터는 비슷한 기본 기능을 수행한다. 첫 번째, 이상적으로는 100%의 효율로 전압과 전류의 크기를 변환한다. 두 번째, 파형의 저 주파수-통과 필터를 포함한다. 고 주파수의 스위칭 맥동을 제거하는데 필요한 이 필터는 저 주파수 전압과 전류 변동에도 영향을 미친다. 세 번째, 시비율을 변화시켜 컨버터 파형을 제어할 수 있다.

비슷한 물리적인 성질을 갖는 컨버터는 질적으로 비슷한 등가회로 모델을 갖지 않을까 기대된다. 따라서 이러한 모든 기본 기능을 정확하게 고려한 표준 회로 모델(canonical circuit model)을 정의할 수 있다[1-3]. PWM CCM 직류-직류 컨버터의 등가회로를 표준 회로 모델로 다룰 수 있다. 이를 통해 물리적인 성질을 이해하고 컨버터의 성질을 비교할 수 있다. 표준 모델을 뒤의 장에서 사용할 것이다. 특수한 컨버터에 국한하지 않고 일반적인 방법으로 컨버터의 현상을 분석하는 것이 바람직하다. 따라서 컨버터의 물리적인 교류 특성을 정의하고 검토하는데 표준 회로 모델을 사용한다.

이 절에서는 물리적인 성질을 토대로 표준 회로 모델을 유도한다. 컨버터의 등가회로를 어떻게 표준 모델로 바꾸는가를 예를 들어 설명한다. 마지막으로 이상적인 기본 컨버터에 대한 표준형의 파라미터를 표로 정리한다.

1.5.1 표준 회로 모델의 유도

그림 1.58에 표준 회로 모델의 물리적인 소자를 모아 놓았다. 컨버터는 전압 $v(t)$를 갖는 출력 포트와 부하뿐만 아니라 입력 포트 $v_g(t)$와 제어 입력 포트 $d(t)$로 구성된다. 1권 3장에서 서술한 바와 같이 PWM CCM 직류-직류 컨버터의 기본 기능은 이상적인 100%의 효율로 직류 전압과 전류를 변환하는 일이다. 그림 1.58(a)에서처럼 이 특성을 권선비 1:$M(D)$를 갖는 이상적인 직류 변압기로 모델링한다. 여기서 $M(D)$는 변환비를 나타내며 고정된 시비율 D의 함수이다. 1권 3장에서처럼 필요하면 이 모델을 저항 또는 컨버터 손실을 모델링하는 다른 소자를 부가하여 다시 모델링할 수 있다. 느리게 변하는

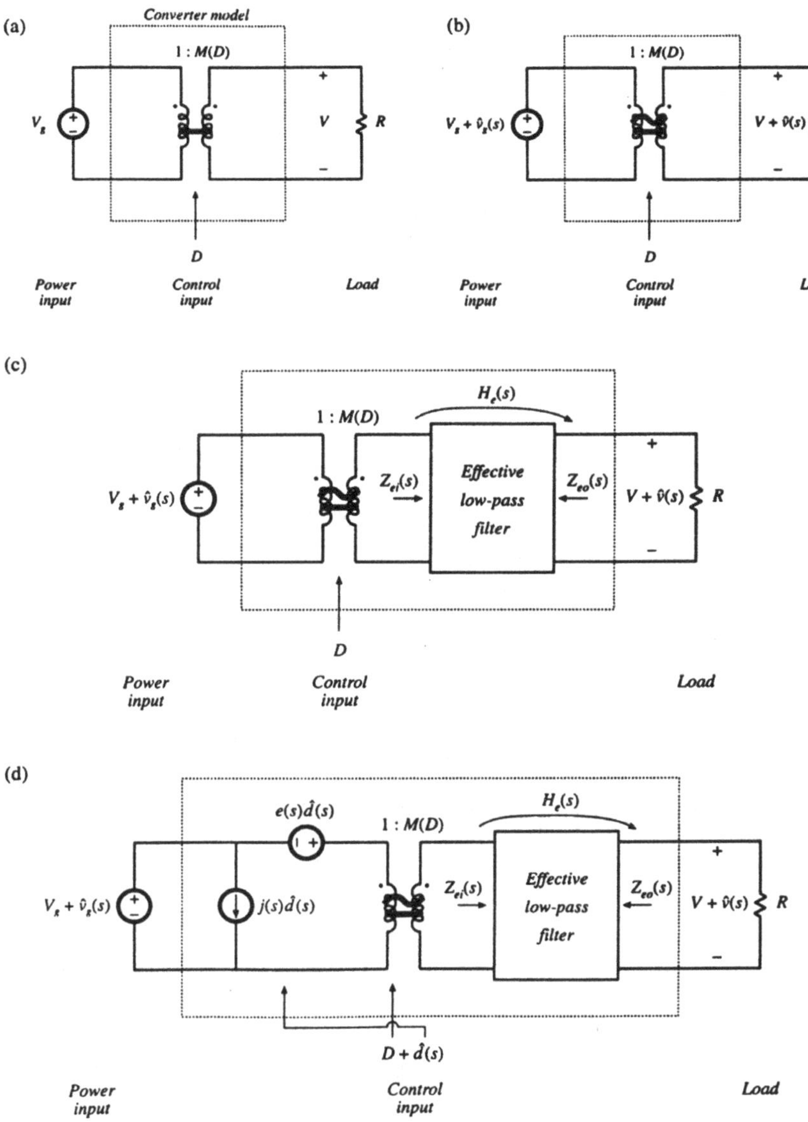

그림 1.58 물리적 특성에 따른 표준 회로 모델의 유도: (a) 직류 변압기 모델, (b) 교류 변동의 포함, (c) 무효 소자로 저 주파수-통과 필터, (d) 교류 시비율 변동 포함

입력 전압의 변동 $\hat{v_g}(t)$는 컨버터 출력 전압에 교류 변동 $\hat{v}(t)$를 발생시킨다. 그림 1.58(b)와 같이 이러한 변동들도 변환비 $M(D)$에 의해 변환될 것으로 예상할 수 있다.

컨버터는 스위칭 고조파를 제거하기 위해 전력 입력 포트와 출력 포트 사이에 에너지를 전달하는 무효 소자를 포함해야 한다. 작은 출력 스위칭 맥동이 바람직하므로 무효 소자는 스위칭 주파수보다 매우 낮은 차단(cutoff) 주파수를 갖는 실효 저 주파수-통과 필터를 형성해야 한다. 저 주파수 특성은 교류 라인의 전압 변동이 출력 전압에 얼마나 영향을 주는가를 결정한다. 그러므로 그림 1.58(c)와 같이 효과적인 저 주파수-통과 필터를 포함하여 모델링해야 한다. 이 그림으로부터 라인-출력 전달함수는

$$G_{vg}(s)=\frac{\hat{v}(s)}{\hat{v_g}(s)}=M(D)H_e(s) \tag{1.166}$$

이고, $H_e(s)$는 부하 저항 R이 연결된 실효 저 주파수-통과 필터의 전달함수를 나타낸다. 부하가 비선형일 경우 부하 저항 R은 동작점에서 계산한 증분 부하 저항을 나타낸다. 필터는 소신호 입력과 출력 임피던스와 같은 컨버터의 다른 특성에 영향을 준다. 실효 저 주파수-통과 필터의 소자 값은 컨버터의 물리적인 소자 값과 일치할 필요는 없다. 일반적으로 실효 저 주파수-통과 필터의 소자 값, 전달함수와 단자 임피던스 등은 동작점에 따라 변한다. 다음 절에서 예를 들어 설명한다.

제어 입력 변동 즉, 시비율 변동 $\hat{d}(t)$도 컨버터의 전압과 전류에 교류 변동을 야기한다. 따라서 시비율 변동 $\hat{d}(t)$에 의한 전압원과 전류원을 모델에 포함시킨다. 이전 절의 예에서 전압원과 전류원을 포함하는 회로 모델을 볼 수 있다. 이 모델에서 $\hat{d}(t)$을 포함하는 모든 전원을 등가회로의 입력 쪽으로 옮길 수 있다. 이 과정에서 다음 절의 예에서와 같이 전원이 주파수의 함수일 수 있다. 일반적으로 이 전원들을 그림 1.58(d)에서와 같이 하나의 전압원 $e(s)\hat{d}(s)$와 하나의 전류원 $j(s)\hat{d}(s)$로 결합할 수 있다. 이 모델에서 $\hat{v_g}(s)$ 변동을 영으로 하고 $\hat{v}(s)$과 $\hat{d}(s)$에 관해 풀면 다음과 같은 소신호 제어-출력 전달함수를 얻을 수 있다.

$$G_{vd}(s)=\frac{\hat{v}(s)}{\hat{d}(s)}=e(s)M(D)H_e(s) \tag{1.167}$$

그림 1.58(d)는 모든 PWM CCM 직류-직류 컨버터를 모델링할 수 있는 표준 모델이다.

1.5.2 예제: 벅-부스트 컨버터 모델의 표준 모델 유도

표준 모델을 유도하는 과정을 설명하기 위해 벅-부스트 컨버터 모델을 표준 모델로 바꾸어 보자. 벅-부스트 컨버터의 소신호 교류 등가회로를 1.2절에서 유도하였으며 그림 1.59에 나타낸다. 이 네트워크를 표준 모델로 바꾸기 위해 인덕터를 오른쪽으로 옮기고 변압기와 결합하여 독립 전원 $\hat{d}(t)$를 왼쪽으로 옮겨야 한다. 전압원 $(V_g - V)\hat{d}(t)$는 인덕터와 직렬로 연결되어 있으므로 두 소자의 위치를 바꿀 수 있다. 그림 1.60(a)에서 이 전압원을 1:D 변압기의 일차 측으로 이동하였으므로 실효 권선비 D로 나누어야 한다. 출력 측에 있는 전류원 $I\hat{d}(t)$는 D':1 변압기의 일차 측으로 이동하였다. 따라서 권선비 $1/D'$을 곱하고, D':1 변압기 권선의 극성과 일치하도록 극성을 바꾸었다.

다음으로 그림 1.60(b)의 방법을 이용하여 전류원 $I\hat{d}(t)/D'$를 인덕터의 왼쪽으로 이동시킨다. 전류원의 접지 연결을 끊고 노드 A에 연결하고, 두 번째 같은 전류원을 노드 A에서 접지로 연결한다. 두 번째 전류원에 의해 노드 A로 흐르는 전류가 변하지 않으며 그림 1.60(a)와 1.60(b)의 전압 방정식은 같다.

인덕터와 전류원의 병렬 연결을 테브난의 등가회로로 변환하여 그림 1.60(c)에서와 같은 인덕터와 전압원의 직렬 회로를 얻을 수 있다. 그림 1.60(d)에서 전류원 $I\hat{d}(t)/D'$에 권선비 D를 곱해 1:D 변압기의 일차 측으로 이동한다. 또한 이 전류원을 이전에 사용한 방법으로 전압원 $(V_g - V)\hat{d}(t)/D$의 왼쪽으로 이동시킨다. 전류원의 접지 연결을 노드 B로 옮기고 같은 전류원을 노드 B에서 접지로 연결하면 회로 노드 방정식은 변하지 않는다.

그림 1.61은 표준 모델의 최종 형태이다. 인덕터에 권선비의 제곱을 곱하여 D':1 변압기의 이차 측으로 이동시킨다. 전압원 $sLI\hat{d}(t)/D'$에 권선비 D를 곱해 1:D 변압기의 일차 측으로 이동시킨다. 전압원과 전류원을 그림과 같이 통합하고 두 개의 변압기를 하나

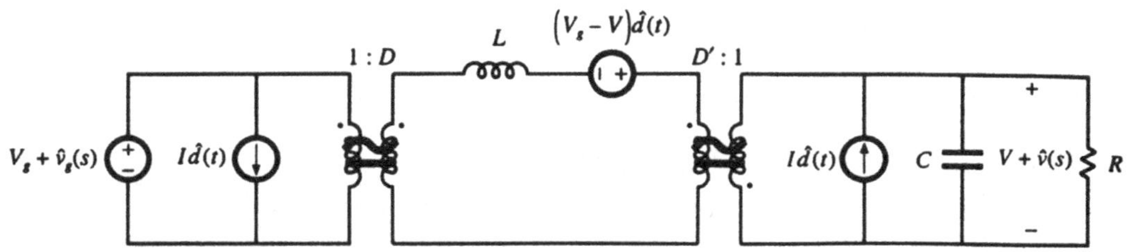

그림 1.59 벅–부스트 컨버터의 소신호 교류 모델

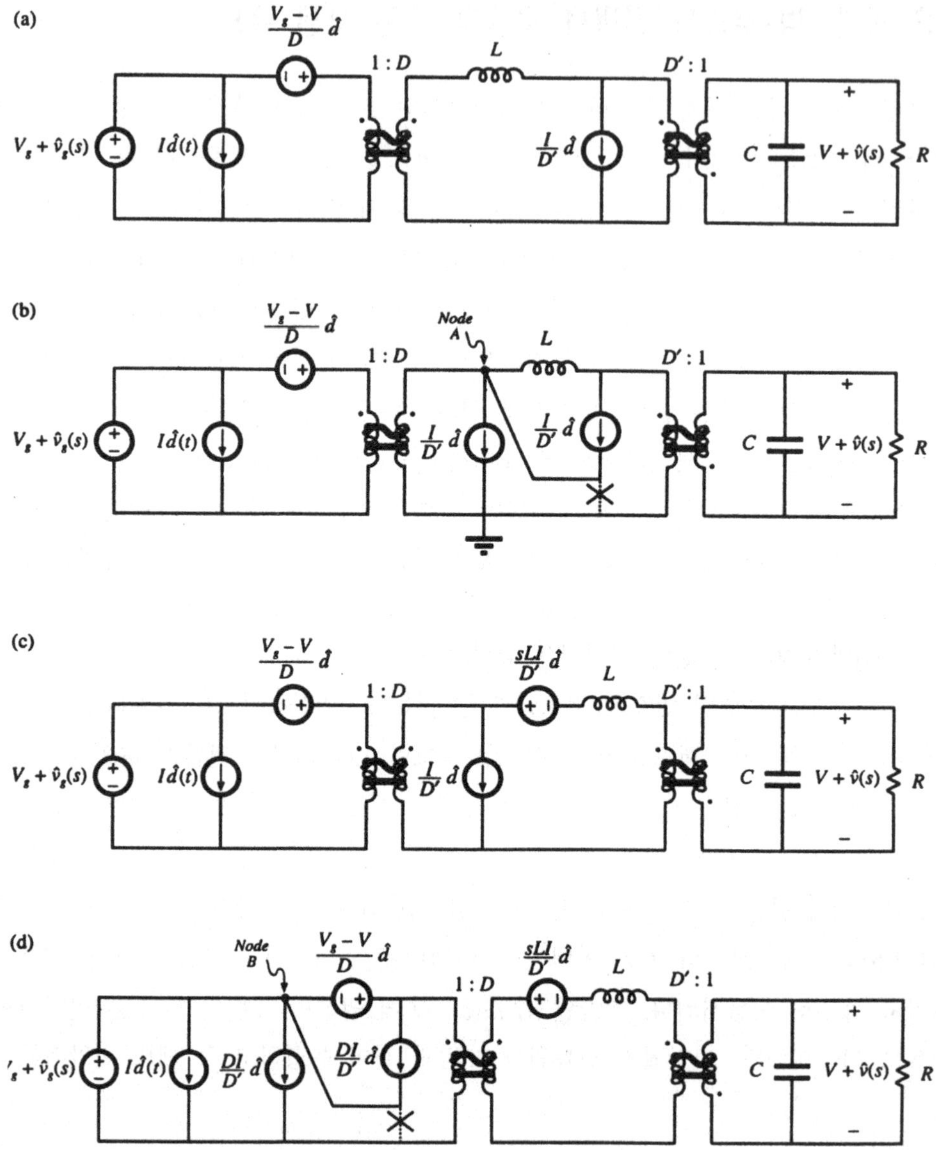

그림 1.60 벅-부스트 컨버터의 교류 모델을 표준 모델로 바꾸는 과정

의 $D':D$ 변압기로 통합시키면 최종 표준형이 된다.

실효 저 주파수-통과 필터의 인덕턴스가 단순히 물리적인 인덕터 값 L과 다르고 오히려 L/D'_2와 같다. 동작점이 달라지면 D'이 달라지므로 실효 인덕턴스의 값이 변하게 된다.

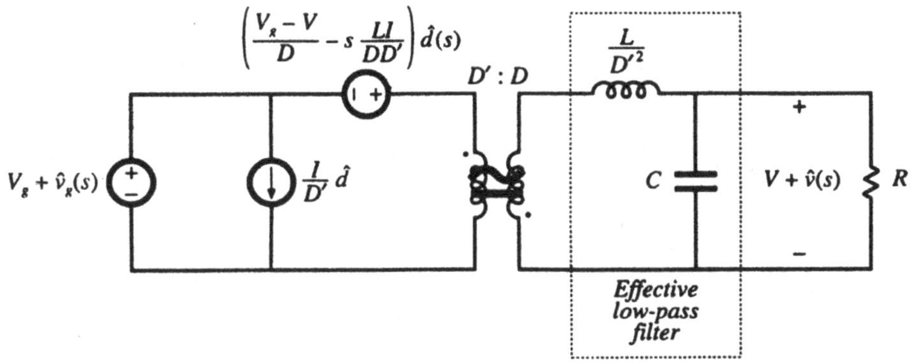

그림 1.61 벅-부스트 컨버터의 표준 모델

따라서 실효 저 주파수-통과 필터의 전달함수, 입력 및 출력 임피던스가 동작점에 따라 달라진다. 이렇게 달라지는 이유는 실효 D':1 변압기에 의해 인덕턴스의 값이 변환되기 때문이다.

그림 1.61로부터 $\hat{d}(t)$의 전압 발생원의 계수는

$$e(s) = \frac{V_g - V}{D} - s\frac{LI}{DD'} \tag{1.168}$$

이다. 직류 관계식 (1.29)를 이용하여 위 식을 다음과 같이 간단하게 쓸 수 있다.

$$e(s) = -\frac{V}{D^2}\left(1 - s\frac{DL}{D'^2 R}\right) \tag{1.168}$$

출력 측의 전류원 $I\hat{d}(t)$를 인덕터를 통해 이동시켜 해당 전압원이 주파수에 의존하게 되어 $e(s)\hat{d}(t)$ 전압원이 주파수에 따라 다르다.

1.5.3 기본 컨버터 표준 모델의 파라미터 값

하나의 인덕터와 커패시터를 갖는 이상적인 PWM CCM 직류-직류 컨버터에 대해 표준 모델의 실효 저 주파수-통과 필터는 하나의 인덕터와 커패시터를 포함해야 한다. 표준 모델을 그림 1.62와 같이 나타낼 수 있다. 여기서 커패시터는 부하에 직접 연결되어 있

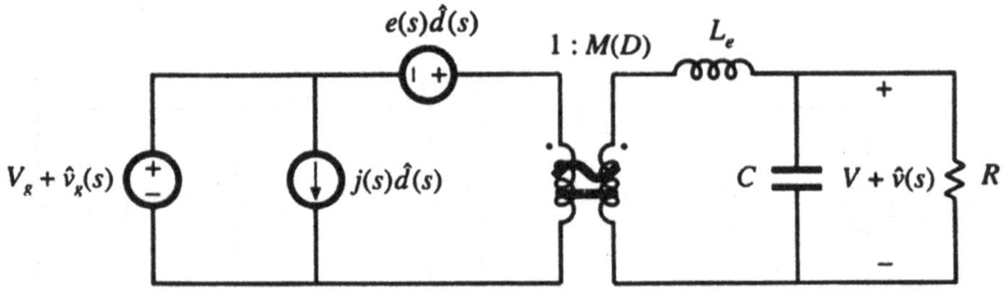

그림 1.62 하나의 인덕터와 커패시터를 갖는 이상적인 PWM CCM 컨버터의 표준 모델

표 1.1 이상적인 CCM 벅, 부스트, 벅-부스트 컨버터의 표준 모델 파라미터

Converter	$M(D)$	L_e	$e(s)$	$j(s)$
Buck	D	L	$\frac{V}{D^2}$	$\frac{V}{R}$
Boost	$\frac{1}{D'}$	$\frac{L}{D'^2}$	$V\left(1-\frac{sL}{D'^2R}\right)$	$\frac{V}{D'^2R}$
Buck–boost	$-\frac{D}{D'}$	$\frac{L}{D'^2}$	$-\frac{V}{D'^2}\left(1-\frac{sDL}{D'^2R}\right)$	$-\frac{V}{D'^2R}$

다고 가정한다. 기본 벅, 부스트, 벅-부스트 컨버터에 대한 파라미터 값을 표 1.1에 나타낸다. 실효 인덕턴스 L_e는 물리적인 인덕터의 값 L뿐만 아니라 동작점의 시비율 D에 의해 결정된다. 또한 일반적으로 실효 인덕터에 흐르는 전류는 물리적인 인덕터 전류 $I+\hat{i}(t)$와 일치하지 않는다.

컨버터의 전달함수, 입력 또는 출력 임피던스를 구하기 위해 기존의 선형 회로 이론을 이용하여 그림 1.62의 모델을 풀 수 있다. 변압기의 권선비를 정확하게 생각하면 전-브리지, 포워드, 플라이백 컨버터와 같은 벅, 부스트, 벅-부스트 컨버터의 변압기 분리형도 그림 1.62의 등가회로와 표 1.1의 파라미터로 모델링할 수 있다.

1.6 PWM 모델링

지금까지 그림 1.1의 스위칭 컨버터에 대한 유용한 등가회로 모델을 유도하였다. 남은 하나는 펄스폭 변조기(PWM: pulse-width modulator)이다. 그림 1.1에 보인 펄스폭 변조기의 블록선도는 컨버터 전력 트랜지스터를 온 또는 오프하는 논리 신호 $\delta(t)$를 만든다. 논리 신호 $\delta(t)$는 주파수 f_s와 시비율 $d(t)$를 갖는 주기 파형이다. 펄스폭 변조기의 입력은 아날로그 제어 신호 $v_c(t)$이다. 펄스폭 변조기는 아날로그 제어 전압 $v_c(t)$에 비례하는 시비율 $d(t)$를 만든다.

그림 1.63은 간단한 펄스폭 변조기의 기능 선도이다. 톱니파 발생기는 그림 1.64와 같은 전압 파형 $v_{saw}(t)$를 만든다. 이 파형의 첨두-첨두 크기는 V_M이다. 컨버터 스위칭 주파수 f_s는 $v_{saw}(t)$의 주파수와 같게 결정된다. 아날로그 비교기는 아날로그 제어 전압 $v_c(t)$와 $v_{saw}(t)$을 비교하여 $v_c(t)$가 $v_{saw}(t)$보다 크면 논리 1의 출력을 발생하고 그렇지 않으면 논리 0의 출력을 발생한다. 그림 1.64는 전형적인 파형을 나타낸다.

톱니 파형 $v_{saw}(t)$가 최소값 영일 때 $v_c(t)$가 영보다 작거나 같으면 시비율은 영이다. $v_c(t)$가 V_M보다 크거나 같으면 시비율은 $D=1$이다. 주어진 스위칭 주기 동안 톱니 파형 $v_{saw}(t)$가 시간 t에 따라 선형으로 변하면 $0 \le v_c(t) \le V_M$에 대해 시비율 d는 $v_c(t)$의

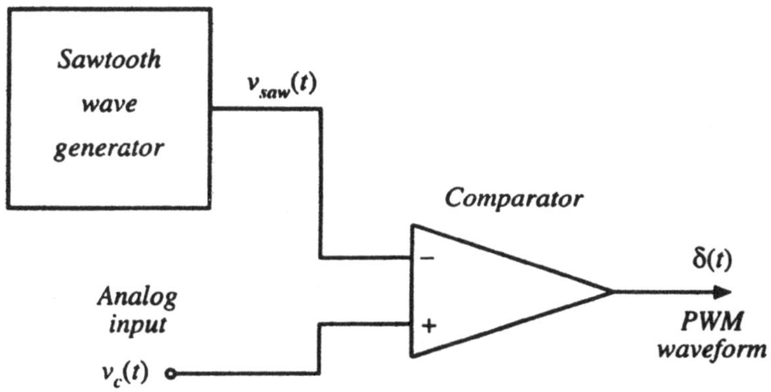

그림 1.63 간단한 펄스폭 변조 회로

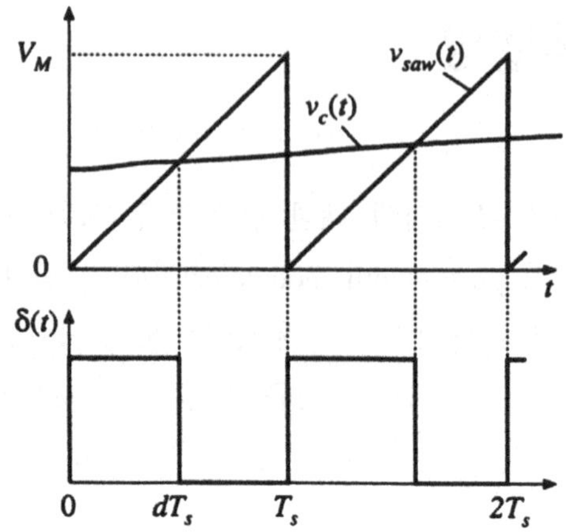

그림 1.64 그림 1.63 회로의 파형

선형 함수이다. 따라서

$$d(t)=\frac{v_c(t)}{V_M} \quad 0\le v_c(t)\le V_M\text{에 대해} \tag{1.170}$$

이다. 이 방정식은 펄스폭 변조기의 입력-출력 특성을 나타낸다[2, 11].

이전 절의 변동과 선형화 과정과 같게 식 (1.170)을 다음과 같이 변동을 줄 수 있다.

$$\begin{aligned} v_c(t) &= V_c+\hat{v}_c(t) \\ d(t) &= D+\hat{d}(t) \end{aligned} \tag{1.171}$$

식 (1.171)을 (1.170)에 대입하면 다음과 같다.

$$D+\hat{d}(t)=\frac{V_c+\hat{v}_c(t)}{V_M} \tag{1.172}$$

그림 1.65는 식 (1.172)를 나타내는 블록선도이다. 펄스폭 변조기는 선형 이득 $1/V_M$을 갖는다. 식 (1.172)를 풀면 다음과 같다.

$$\begin{aligned} D &= \frac{V_c}{V_M} \\ \hat{d}(t) &= \frac{\hat{v}_c(t)}{V_M} \end{aligned} \tag{1.173}$$

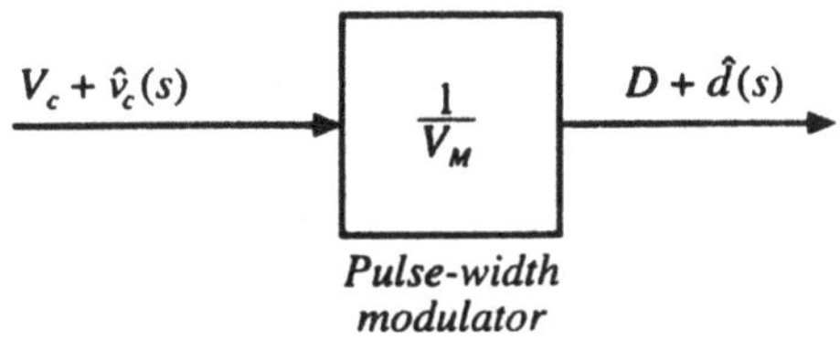

그림 1.65 펄스폭 변조기 블록선도

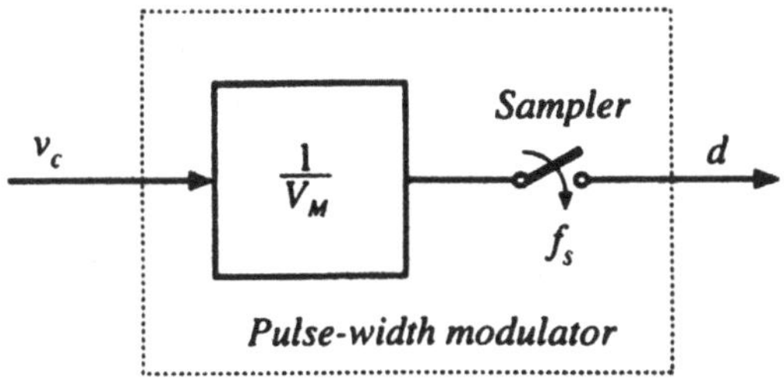

그림 1.66 샘플링을 포함한 펄스폭 변조기 블록선도

따라서 시비율의 동작점은 실제로 V_c에 의해 결정된다.

그림 1.65의 펄스폭 변조기 모델은 거의 모든 응용에서 충분히 정확하다. 그러나 펄스폭 변조기에서도 파형을 샘플링을 한다는 것을 알아야 한다. 아날로그 입력신호 $v_c(t)$가 시간에 연속이더라도 매 스위칭 주기 동안 시비율은 하나의 이산적인 값을 갖는다. 그러므로 펄스폭 변조기는 스위칭 주파수 f_s와 같은 샘플링 비율로 파형을 샘플링을 한다. 더 정확한 펄스폭 변조기 블록선도는 그림 1.66과 같다[10]. 실제로 샘플링 때문에 교류 변동의 유용한 주파수는 스위칭 주파수보다 작은 값으로 제한된다. 설계 엔지니어는 제어시스템의 대역폭이 Nyquist 비율 $f_s/2$보다 충분히 작도록 확보해야 한다.

제어 신호 $v_c(t)$의 큰 고 주파수 변동은 펄스폭 변조기의 동작을 방해할 수 있다. 흔한 예로 되먹임 루프에 의해 $v_c(t)$에 스위칭 맥동이 포함될 수 있다. 여러 논문에서 이 현상을 분석하였다[10, 19]. 인덕터 전류 맥동이 전류-프로그램 컨버터의 전달함수에 미치는 영향을 6장에서 조사한다. 펄스폭 변조기는 잡음 면역성이 나쁘기 때문에 제어 신호 $v_c(t)$에 스위칭 주파수와 같거나 큰 성분이 포함되지 않도록 하는 것이 가장 바람직하다.

1.7 요약

1. 컨버터의 교류 특성을 예측하기 위해 1권 2장과 3장의 CCM 컨버터 분석 방법을 확장할 수 있다. 주요 단계는 스위칭 주기 동안 컨버터의 파형을 평균화하는 것이다. 이를 통해 스위칭 고조파를 제거하고 파형의 직류 및 저 주파수 교류 성분을 얻을 수 있다. 특히 평균 인덕터 전압, 커패시터 전류와 컨버터의 입력 전류에 대한 식을 유도하였다.
2. 스위칭 컨버터는 비선형 시스템이므로 소신호 선형 모델을 구성해야 한다. 이는 정지된 한 동작점 부근에서 평균 모델에 변동을 주고 선형화하여 얻을 수 있다.
3. 직류 등가회로를 유도한 1권 3장의 방법으로 교류 등가회로를 구성할 수 있다. 컨버터 손실과 다른 비선형성의 영향을 고려하기 위해 교류 등가회로를 재구성할 수 있다.
4. 1.3절의 상태공간 평균 방법은 기본적으로 1.2절의 기본적인 방법과 같다. 단지 상태 공간 네트워크 표현방식을 사용하였을 뿐이다. 일반적인 결과를 1.3.2절에 제시하였다.
5. 회로 평균 방법으로 등가회로를 구성할 수 있다. 방정식 보다는 회로 자체를 조작하여 등가회로를 유도한다. 실제 회로의 스위치 파형과 같게 정의된 종속 전압원과 전류원으로 스위칭 소자를 대체한다. 이 회로는 시불변이다. 스위칭 맥동을 제거하기 위해 파형을 평균화하고, 소신호 모델을 유도하기 위해 한 동작점에서 변동을 주고 선형화한다.
6. 스위치가 컨버터에서 유일한 시변 소자이면 회로 평균에 의해 단지 스위치 네트워크만 영향을 받는다. 단순히 스위치 네트워크를 평균 모델로 대체하여 컨버터 모델을 유도할 수 있다. 여러 공통적인 CCM 스위치 네트워크의 직류와 소신호 교류 모델을 1.4.4절에 열거한다. 이 방법으로 도통 손실과 스위칭 손실을 모델링할 수 있다.
7. 표준 회로는 연속 전도모드에서 동작하는 모든 직류-직류 PWM 컨버터들이 공유하는 기본 특성을 나타낸다. 기본 직류-직류 변환 함수를 나타내기 위해 1권 3장에서 소개한 이상적인 1 : $M(D)$ 변압기가 모델의 핵심으로 교류 변동을 포함시키기 위

해 일반화되었다. 컨버터의 무효 소자로 효과적인 저 주파수-통과 필터를 구성한다. 시비율 변동의 영향을 나타내는 독립 발생원으로 모델에 포함된다. 몇몇 기본 컨버터에 대한 표준 모델의 파라미터를 표로 나타내었다.

8. 기존의 펄스폭 변조기 회로는 톱니파의 기울기 또는 등가적으로 첨두-첨두 크기에 의존하는 선형 이득을 갖는다.

참고문헌

[1] R. D. Middlebrook and S. Ćuk, "A General Unified Approach to Modeling Switching-Converter Power Stages," International Journal of Electronics, Vol. 42, No. 6, pp. 521-550, June 1977.

[2] S. Ćuk, "Modeling, Analysis, and Design of Switching Converters," Ph.D. thesis, California Institute of Technology, November 1976.

[3] R. D. Middlebrook and S. Ćuk, "Modeling and Analysis Methods for Dc-to-Dc Switching Converters," Proceedings of the IEEE International Semiconductor Power Converter Conference, 1977 Record, pp. 90-111, March 1978. Reprint in Advances in Switched-Mode Power Conversion, Vol. 1, Irvine: Teslaco, 1983.

[4] G. W. Wester and R. D. Middlebrook, "Low-Frequency Characterization of Switched Dc-to-Dc Converters," IEEE Transactions on Aerospace and Electronic Systems, Vol. AES-9, pp. 376-385, May 1973.

[5] D. Mitchell, Dc-Dc Switching Regulator Analysis, New York: McGraw-Hill, 1988.

[6] S. R. Sanders and G. C. Vergese, "Synthesis of Averaged Circuit Models for Switched Power Converter," IEEE Transactions on Circuits and Systems, Vol. 38, No. 8, pp. 905-915, August 1991.

[7] P. T. Krein, J. Bentsman, R. M. Bass, and B. C. Lesieutre, "On the Use of Averaging for the Analysis of Power Electronic Systems," IEEE Transactions on Power Electronics, Vol. 5, No. 2, pp. 182-190, April 1990.

[8] B. Lehman and R. M. Bass, "Switching Frequency Dependent Averaged Models for PWM DC-DC Converters," IEEE Transactions on Power Electronics, Vol. 11, No. 1, pp. 89-98, January 1996.

[9] R. M. Bass and J. Sun, "Averaging Under Large-Ripple Conditions," IEEE Power Electronics Specialists Conference, 1998 Record, pp. 630-632, May 1998.

[10] A. R. Brown and R. D. Middlebrook, "Sampled-Data Modeling of Switching Regulators," IEEE Power Electronics Specialists Conference, 1981 Record, pp. 349-369, June 1981.

[11] R. D. Middlebrook, "Predicting Modulator Phase Lag in PWM Converter Feedback Loops," Proceedings of the Eighth National Solid-State Power Conversion Conference (Powercon 8), April 1981.

[12] A. Kislovski, R. Redl, and N. Sokal, "Dynamic Analysis of Switching-Mode DC/DC Converters," New York: Van Nostrand Reinhold, 1994.

[13] R. Tymerski and V. Vorperian, "Generation, Classification and Analysis of Switched-Mode DC-to-DC Converters by the Use of Converter Cells," Proceedings of the 1986 International Telecommunications Energy Conference (INTELEC'86), pp. 181-195, October 1986.

[14] V. Vorperian, R. Tymerski, and F. C. Lee, "Equivalent Circuit Models for Resonant and PWM Switches," IEEE Transactions on Power Electronics, Vol. 4, No. 2, pp. 205-214, April 1989.

[15] V. Vorperian, "Simplified Analysis of PWM Converters Using the Model of the PWM Switch: Part I and II," IEEE Transactions on Aerospace and Electronic Systems, Vol. AES-26, pp. 490-505, May 1990.

[16] S. Freeland and R. D. Middlebrook, "A Unified Analysis of Converters with Resonant Switches," IEEE Power Electronics Specialists Conference, 1987 Record, pp. 20-30, 1987.

[17] A. Witulski and R. Erickson, "Extension of State-Space Averaging to Resonant Switches-and Beyond," IEEE Transactions on Power Electronics, Vol. 5, No. 1, pp. 98-109, January 1990.

[18] D. Maksimović and S. Ćuk, "A Unified Analysis of PWM Converters in Discontinuous Modes," IEEE Transactions on Power Electronics, Vol. 6, No. 3, pp. 476-490, July 1991.

[19] D. J. Shortt and F. C. Lee, "Extension of the Discrete-Average Models for Converter Power Stages," IEEE Power Electronics Specialists Conference, 1983 Record, pp. 23-37, June 1983.

[20] O. Al-Naseem and R. W. Erickson, "Prediction of Switching Loss Variations by Averaged Switch Modeling," IEEE Applied Power Electronics Conference, 2000 Record, pp. 242-248, February 2000.

연 · 습 · 문 · 제

1.1 이상적인 부스트 컨버터가 연속 전도모드에서 동작한다.

(a) 컨버터의 비선형 평균 방정식을 유도하시오.

(b) 변수를 다음과 같이 정의하고 소신호 교류 모델을 유도한다.

$$
\begin{aligned}
\langle v_g(t)\rangle_{T_s} &= V_g + \hat{v}_g(t) \\
d(t) &= D + \hat{d}(t) \\
\langle i(t)\rangle_{T_s} &= I + \hat{i}(t) \\
\langle v(t)\rangle_{T_s} &= V + \hat{v}(t)
\end{aligned}
$$

여기서 V_g, D, I 그리고 V는 정상상태 직류 값이다. $\hat{v}_g(t)$와 $\hat{d}(t)$는 전력단과 제어 입력에서 미소 교류 변동을 나타낸다. $\hat{i}(t)$와 $\hat{v}(t)$는 인덕터 전류와 출력 전압의 결과적인 미소 교류 변동이다. 다음과 같은 모델을 유도하시오.

대신호 직류 성분

$$
\begin{aligned}
0 &= -D'V + V_g \\
0 &= D'I - \frac{V}{R}
\end{aligned}
$$

소신호 교류 성분

$$
\begin{aligned}
L\frac{d\hat{i}(t)}{dt} &= -D'\hat{v}(t) + V\hat{d}(t) + \hat{v}_g(t) \\
C\frac{d\hat{v}(t)}{dt} &= D'\hat{i}(t) - I\hat{d}(t) - \frac{\hat{v}(t)}{R}
\end{aligned}
$$

1.2 문제 1.1(b)에서 유도한 부스트 컨버터의 소신호 교류 방정식에 대응하는 등가회로를 구성하시오.

1.3 문제 1.2의 부스트 컨버터의 등가회로를 표준형으로 만드시오. 과정을 설명하고

표준형의 파라미터가 표 1.1과 일치하는가를 보이시오.

1.4 1권의 그림 2.31에 있는 이상적인 전류원 브리지 컨버터는 연속 전도모드에서 동작한다.

(a) 컨버터의 비선형 평균 방정식을 유도하시오.

(b) 소신호 교류 모델을 유도하기 위해 변동을 주고 선형화하시오.

(c) 소신호 교류 모델의 등가회로를 유도하시오.

1.5 그림 1.18에 있는 연속 전도모드에서 동작하는 플라이백 컨버터에 대한 소신호 교류 등가회로 모델을 유도하시오. 변압기는 일차 측으로 환산한 자화 인덕턴스 L을 포함한다. 변압기에서 코어 손실이 발생하며 일차 권선과 병렬로 연결된 저항 R_c로 모델링할 수 있다. 다른 소자는 이상적이다. 모델은 $i_g(t)$의 변동을 정확하게 예측해야 한다.

1.6 Ćuk 컨버터 모델링.

(a) 이상적인 Ćuk 컨버터를 모델링하는 소신호 미분방정식을 유도하시오.

(c) Ćuk 컨버터의 소신호 등가회로 모델을 구성하시오.

1.7 역 SEPIC 컨버터 모델링.

(a) 그림 1.67에 있는 컨버터를 모델링하는 소신호 미분방정식을 유도하시오.

(c) 역 SEPIC 컨버터의 소신호 등가회로 모델을 구성하시오.

1.8 그림 1.68의 비이상적인 벅 컨버터를 생각하자. 입력 전압원 $v_g(t)$에 내부 저항 R_g가 있다. 다른 소자의 비선형은 모두 무시한다.

(a) 상태공간 평균 방법을 이용하여 트랜지스터 시비율 d와 입력 전압 v_g의 변동에 의해 발생하는 i, v와 i_g의 변동을 나타내는 소신호 교류 방정식을 유도하시오.

(b) 문제 (a)의 방정식에 대응하는 교류 등가회로 모델을 구성하시오.

(c) 소신호 제어-출력 전달함수를 구하시오.

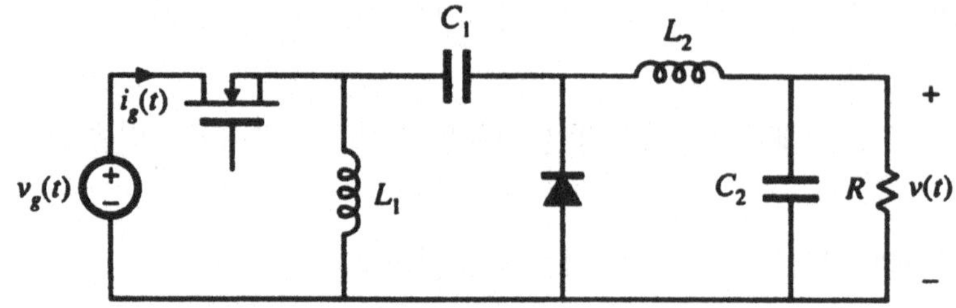

그림 1.67 문제 1.7의 역 SEPIC

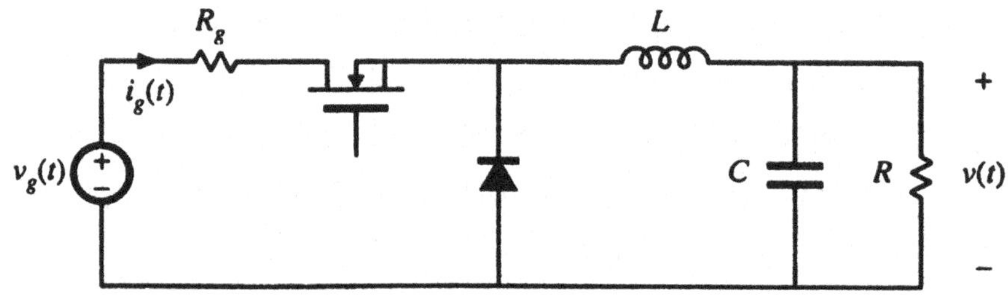

그림 1.68 문제 1.8의 비이상적인 벅 컨버터

1.9 회로 평균을 이용하여 1권의 그림 2.32에 나타낸 입력 필터가 있는 벅 컨버터에 대한 직류 및 소신호 교류 등가회로를 유도하시오. 모든 소자는 이상적이다.

1.10 플라이백 컨버터가 연속 전도모드에서 동작한다. MOSFET 스위치는 도통 저항 R_{on}을 갖고 이차 측 다이오드는 일정한 순방향 전압 강하 V_D를 갖는다. 플라이백 변압기의 일차 측 및 이차 측 권선 저항은 각각 R_p와 R_s이다.

(a) 소신호 교류 방정식을 유도하시오.

(b) 연속 전도모드에서 타당하고, 컨버터 입력과 출력 포트와 마찬가지로 위의 손실을 정확하게 모델링하는 소신호 교류 등가회로 모델을 유도하시오.

1.11 그림 1.69(a)의 브리지 인버터의 회로 평균.

(a) 그림 1.69(a)의 컨버터를 그림 1.69(b)에 보인 전기적으로 등가인 모델로 나타낼 수 있음을 보이시오.

(b) 회로 평균 방법을 이용하여 대신호 평균 모델을 유도하시오.

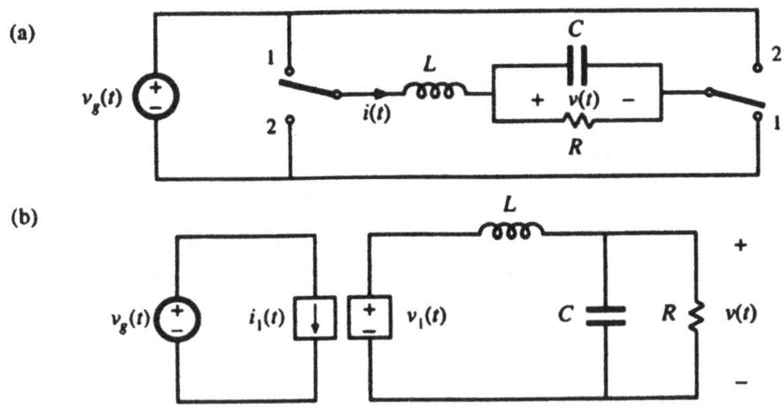

그림 1.69 문제 1.11의 브리지 인버터: (a) 회로, (b) 대신호 평균 모델

(c) 직류 및 소신호 교류 신호를 모델링하는 하나의 등가회로를 얻기 위해 문제 (b)의 회로 모델에 변동을 주고 선형화하시오.

1.12 회로 평균을 이용하여 벅-부스트 컨버터의 직류와 소신호 교류 신호를 모델링하는 등가회로를 유도한다. 컨버터는 연속 전도모드에서 동작하고 모든 소자는 이상적이다.

(a) 스위칭 소자를 등가 전압원과 전류원으로 대체한 전기적인 시불변 등가회로를 유도하시오. 전원의 파형을 그리시오.

(b) 대신호 평균 모델을 유도하시오.

(c) 직류 및 소신호 교류 신호를 모델링하는 하나의 등가회로를 얻기 위해 문제 (b)의 회로 모델에 변동을 주고 선형화하시오.

1.13 그림 1.70(a)에 보이는 2-출력 플라이백 컨버터가 연속 전도모드에서 동작한다. 컨버터는 손실이 없다고 가정한다.

(a) 소신호 교류 등가회로를 유도하시오.

(b) 소신호 교류 등가회로를 그림 1.70(b)의 일반화된 표준형으로 나타낼 수 있음을 보이시오. 발생원 $e(s)$와 $j(s)$에 대한 식을 구하시오.

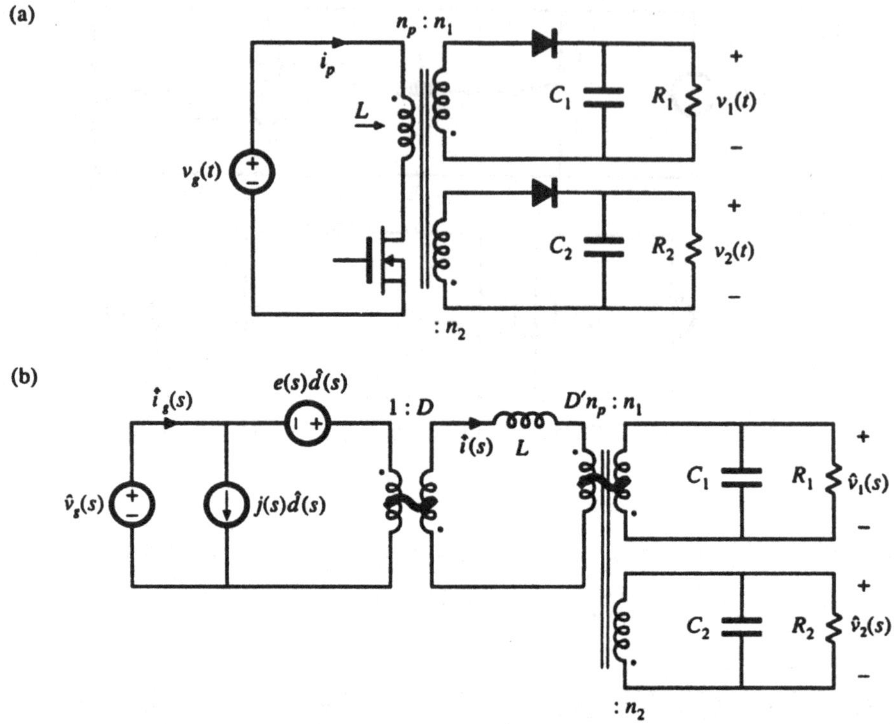

그림 1.70 문제 1.13의 2-출력 플라이백 컨버터: (a) 회로, (b) 소신호 교류 등가회로

1.14 그림 1.71(a)에서처럼 톱니파 발생기를 삼각파 발생기로 바꾸어 PWM 회로를 구성할 수 있다. 삼각파는 그림 1.71(b)에 주어져 있다.

(a) 컨버터 스위칭 주파수를 결정하시오.

(b) 이 회로에 대한 이득 $d(t)/v_c(t)$를 구하시오.

(c) 문제 (b)의 답이 타당한 v_c의 범위는?

1.15 평균 스위치 모델링 방법을 이용하여 그림 1.31의 벅-부스트 컨버터의 교류 등가회로 모델을 유도한다.

(a) 그림 1.31의 스위치를 그림 1.50(c)에 주어진 평균 스위치 모델로 바꾸시오.

(b) 결과를 그림 1.16(b)의 모델과 비교하시오. 두 모델 모두 같은 소신호 라인-출력 전달함수 $G_{vg}(s) = \hat{v}/\hat{v_g}$를 예측함을 보이시오.

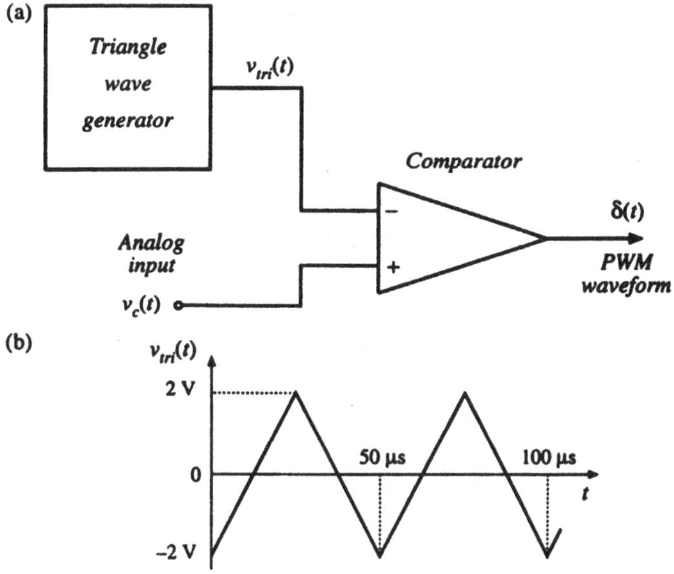

그림 1.71 문제 1.14의 펄스폭 변조기

1.16 MOSFET 스위치의 도통 저항 R_{on}과 다이오드의 순방향 전압강하 V_D를 고려하기 위해 그림 1.50에 주어진 CCM 직류 및 소신호 교류 평균 스위치 모델을 수정하시오.

1.17 평균 스위치 모델링 기법을 이용하여 그림 1.18에 보인 프라이백 컨버터에 대한 직류 및 교류 등가회로를 유도하자. 모든 손실과 변압기 누설 인덕턴스는 무시한다.

(a) 그림 1.39(a)에서처럼 트랜지스터 Q_1과 다이오드 D_1을 포함하는 스위치 네트워크를 정의하시오. 스위치 네트워크에 대한 대신호 평균 스위치 모델을 유도하시오. 모델은 변압기 권선비 n을 포함해야 한다.

(b) 직류 및 교류 소신호 평균 스위치 모델을 얻기 위해 문제 (a)의 회로 모델에 변동을 주고 선형화하시오. $n=1$이면 이 모델은 그림 1.39(d)에 보인 모델과 같아짐을 증명하시오.

(c) 문제 (b)에서 구한 평균 스위치 모델을 이용하여 플라이백 컨버터의 직류 및 소신호 교류 모델을 그리시오. 정상상태의 변환비 $M(D)=V/V_g$를 구하기 위해 모델을 푸시오.

(d) 문제 (a)와 (b)에서 유도한 평균 스위치 모델을 분리 변압기를 갖는 다른 컨버터에 사용할 수 있다. 어떤 컨버터인가?

1.18 그림 1.18의 플라이백 컨버터에서 트랜지스터 도통 저항은 R_{on}이고 다이오드의 순방향 전압강하는 V_D이다. 다른 손실과 변압기 누설 인덕턴스는 무시한다. 트랜지스터 Q_1과 다이오드 D_1을 포함하는 스위치 네트워크에 대한 직류 및 소신호 교류 평균 스위치 모델을 유도하시오. 모델은 도통 저항 R_{on}과 다이오드의 순방향 전압강하 V_D 그리고 변압기 권선비 n을 포함해야 한다.

1.19 그림 1.72(a)의 부스트 컨버터에서 그림 1.72(b)에 보인 $v_1(t)$와 $i_2(t)$의 파형을 보인다. 트랜지스터의 턴온 과도기간 동안 다이오드에 저장된 전하를 제거하는

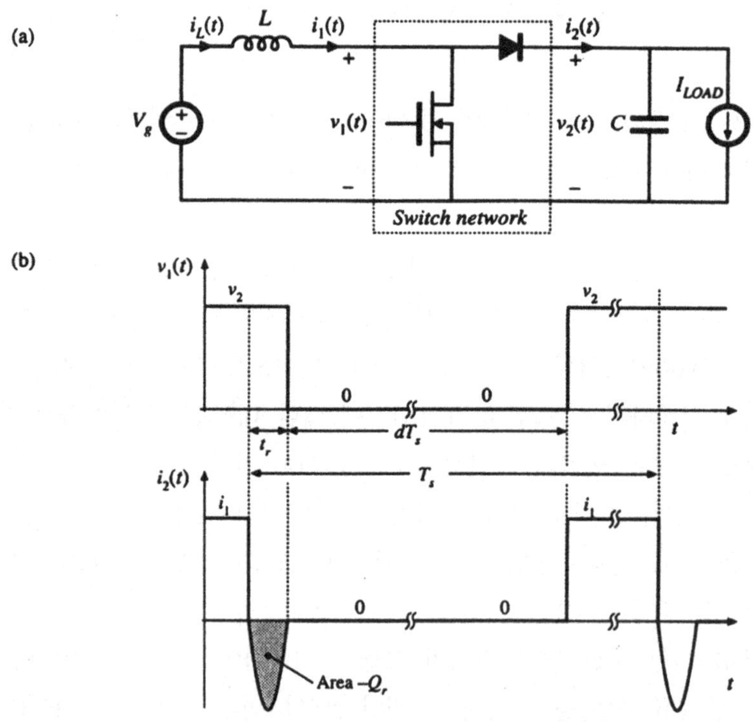

그림 1.72 부스트 컨버터와 다이오드의 역회복을 나타내는 파형. 이 컨버터의 평균 스위치 모델링이 문제 1.19이다

역방향 전류가 다이오드를 통해 흐른다. 그림 1.72(b)에 나타낸 바와 같이 역방향 전류의 스파이크는 면적 $-Q_r$과 기간 t_r을 보인다. 인덕터의 권선 저항은 R_L이다. 다이오드의 저장 전하에 의한 스위칭 손실과 인덕터 권선 저항에 의한 도통 손실을 제외한 다른 모든 손실은 무시할 수 있다.

(a) 그림 1.72(a)의 부스트 스위치 네트워크에 대한 평균 스위치 모델을 유도하시오.

(b) 문제 (a)의 결과를 이용하여 부스트 컨버터의 직류 등가회로 모델을 그리시오.

(c) 다이오드 저장 전하를 다음과 같이 전류 I_1의 함수로 표현할 수 있다.

$$Q_r = k_q \sqrt{I_1}$$

반면 역방향 회복 시간 t_r은 거의 상수이다. $V_g = 100\,V$, $D = 0.5$, $f_s = 100$ kHz, $k_g = 100$ nC/A$^{1/2}$, $t_r = 100$ ns, $R_L = 0.1\Omega$이다. 컨버터 효율을 다음의 범위를 갖는 부하 전류 I_{LOAD}의 함수로 도시하기 위해 dc sweep 시뮬레이션을 사용하시오.

$$1\text{ A} \le I_{LOAD} \le 10\text{ A}$$

제2장

컨버터의 전달함수

엔지니어링의 설계과정은 다음의 주요 몇 과정으로 이루어진다.

1. 사양(specification)과 설계 목표를 정의한다.
2. 회로를 제안한다. 이 과정은 창의성이 필요한 단계로 엔지니어의 경험과 공학적인 감각이 필요하다.
3. 회로를 모델링한다. 컨버터의 전력회로를 1장에서 모델링하였다. 시스템의 소자나 구성품을 필요하면 공급자가 제공하는 모델로 적절하게 모델링한다.
4. 설계 지향 분석을 수행한다. 이 과정에서 사양과 설계 목표를 만족할 수 있는 회로 소자의 값을 선택하기 위한 방정식이 필요하다. 또한 엔지니어가 회로 동작을 물리적으로 좀 더 정밀하게 이해하고 관찰하여 회로에 다른 소자를 부가하거나 회로 연결을 바꾸어 설계를 개선할 수 있다.
5. 모델 검증. 예측한 모델을 정상적인 또는 정격의 동작 조건에서 실험실의 시작품과 비교한다. 시작품을 실험한 결과와 모델이 잘 일치하도록 필요하면 모델을 다시 수정한다.
6. 최악의 경우를 분석하거나 또는 신뢰성과 생산율을 분석한다. 모든 조건에서 사양을 만족하는가를 판단하기 위해 모델의 성능을 양적으로 평가한다. 이 작업에는 컴

퓨터 시뮬레이션이 가장 적합하다.

7. 반복. 최악의 경우 동작이 사양을 만족할 때까지 또는 신뢰성과 생산율이 충분히 높을 때까지 위의 과정을 반복한다.

이 장에서는 단계 4, 5, 6에서 필요한 설계 지향 분석과 실험으로 전달함수를 구하고 컴퓨터 시뮬레이션에 대해 서술한다.

2.1절에서 2.3절까지는 1장의 등가회로 모델을 이용하여 얻을 수 있는 컨버터의 전달함수, 입력 임피던스와 출력 임피던스 등에 대한 보드선도(Bode plot)를 만들고 분석하는 기법에 대해 설명한다. 예를 들면 그림 1.17(c)의 벅-부스트 컨버터에 대한 소신호 등가 모델을 생각하자. 그림 2.1에 중요한 입력들과 단자 임피던스를 명기하여 그림 1.17(c)를 다시 그린다. 시비율 변동 $\hat{d}(s)$를 영으로 놓고 $\hat{v_g}(s)$에서 $\hat{v}(s)$로의 전달함수를 풀면 라인-출력 전달함수 $G_{vg}(s)$를 구할 수 있다.

$$G_{vg}(s) = \left.\frac{\hat{v}(s)}{\hat{v_g}(s)}\right|_{\hat{d}(s)=0} \tag{2.1}$$

이 전달함수는 인가된 입력 전압 $vg(t)$의 변동 또는 외란이 어떻게 출력 전압 $v(t)$에 외란을 야기하는가를 나타낸다. 따라서 이 전달함수는 전압 조절기를 설계할 때 중요하다. 예를 들면 오프라인 전력공급기의 컨버터 입력 전압 $vg(t)$에는 원하지 않는 교류 전력선 전압의 짝수 고조파가 실려 있다. 이들 고조파가 컨버터 출력 전압에 어떠한 영향을 미치는가를 조사하기 위해 라인-출력 전달함수 $G_{vg}(s)$를 이용한다.

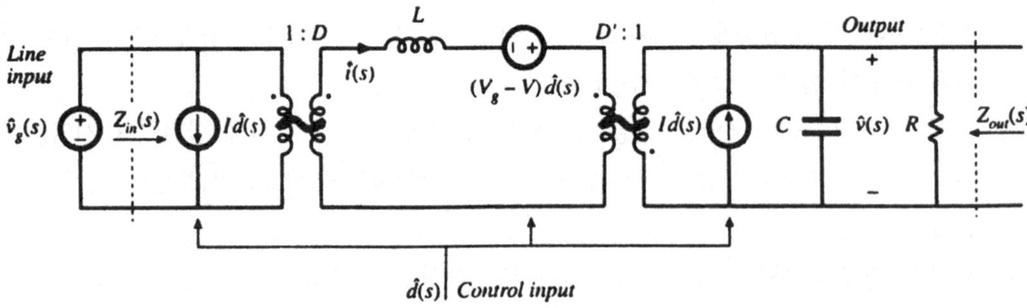

그림 2.1 벅-부스트 컨버터의 소신호 등가회로 모델

입력 전압 변동 $\hat{v_g}(s)$를 영으로 놓고 시비율 변동 $\hat{d}(s)$에서 $\hat{v}(s)$로의 전달함수를 풀면 제어-출력 전달함수 $G_{vd}(s)$를 구할 수 있다.

$$G_{vd}(s) = \left.\frac{\hat{v}(s)}{\hat{d}(s)}\right|_{\hat{v_g}(s)=0} \tag{2.2}$$

이 전달함수는 제어 입력 변동 $\hat{d}(s)$가 출력 전압 $\hat{v}(s)$에 어떤 영향을 미치는가를 나타낸다. 전압 조절기 시스템에서 $G_{vd}(s)$는 루프 이득의 중요한 성분이고 조절기 성능에 중요한 영향을 미친다.

출력 임피던스 $Z_{out}(s)$는 $\hat{v}_g(s)$와 $\hat{d}(s)$를 영으로 놓고 구할 수 있으며, 부하 전류의 변동이 출력 전압에 어떻게 영향을 주는가를 나타내는 전달함수이다. 부하 저항 R을 포함하여 또는 제외하여 출력 임피던스를 정의할 수 있다.

컨버터 입력 임피던스 $Z_{in}(s)$는 전자기 간섭(electromagnetic interference: EMI) 필터를 컨버터 입력 부분에 추가한 경우 중요한 역할을 한다. $Z_{in}(s)$과 EMI 필터의 출력 임피던스의 상대적인 크기에 따라 EMI 필터가 제어-출력 전달함수 $G_{vd}(s)$에 나쁜 영향을 줄 수 있다. 4장에서 입력 EMI 필터를 설계한다.

스위칭 컨버터의 중요한 전달함수와 단자 임피던스에 대한 보드선도를 이 장에서 만든

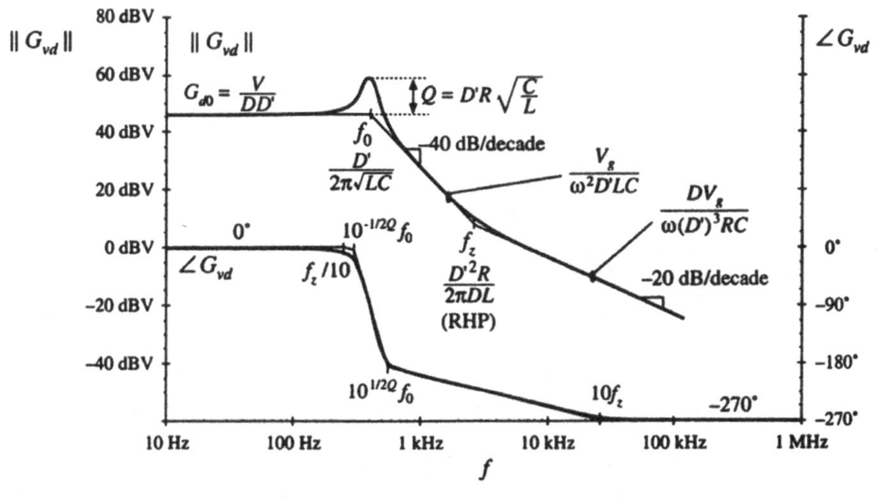

그림 2.2 주요 특성에 대한 분석적인 표현을 포함한 그림 2.1의 모델의 제어-출력 전달함수의 보드선도

다. 예를 들면 그림 2.2는 그림 2.1에 주어진 벅-부스트 컨버터 모델에 대한 $G_{vd}(s)$의 크기와 위상 선도를 나타낸다. 2.1절에서 컨버터 전달함수에서 자주 나타나는 두 개의 특성 즉, 공진과 오른쪽 반평면 영점을 설명하고, 크기와 위상의 점근선을 그리는 방법에 대해 설명한다. 2.2절에서 벅-부스트 컨버터의 소신호 전달함수에 대한 보드선도를 자세히 유도하고, 기본 벅, 부스트, 벅-부스트 컨버터의 전달함수를 표로 정리한다. 오른쪽 반평면 영점이 발생하는 원인도 설명한다.

엔지니어 설계과정 단계 4에서 필요한 회로 분석을 할 때 발생하는 어려움은 회로 모델이 복잡하다는 것이다. 실제 회로는 수백 개의 소자를 포함 할 수 있으므로 분석은 복잡한 유도와 이해하기 힘든 식과 연산식 때문에 실수할 가능성이 상당히 높다. 설계 지향 분석방법[1]은 이러한 문제를 해결할 수 있는 방법과 기법으로 구성된다. 이 장에서는 복잡한 컨버터 시스템을 설계하는 몇 가지 방법을 설명한다. 전달함수를 정규화된 형식으로 직접 쓰면 응답의 주요한 특성을 발견할 수 있다. 점근선과 마찬가지로 주요한 특성에 대한 분석적인 표현으로부터 설계에 유용한 간단한 방정식을 만들 수 있다. 전달함수 다항식의 잘 분리된 근을 단순한 방법으로 근사화할 수 있다. 2.3절에서 직관에 의해 전달함수와 임피던스에 대한 보드선도를 만드는 그래프 연산에 대해 다룬다. 이 방법으로부터 (1) 연산 양과 실수를 줄일 수 있고, (2) 회로 동작에 대해 세밀하게 관찰할 수 있고 이를 회로 설계에 적용할 수 있으며, (3) 방정식을 쉽게 다루도록 적당한 근사화를 할 수 있는 관찰력을 얻을 수 있다.

모델 검증 단계에 필요한 전달함수와 임피던스를 실험으로 측정하는 방법을 2.5절에서 다룬다. 최악의 경우 분석 단계에서 필요한 전달함수를 그리기 위한 컴퓨터 시뮬레이션을 부록 B에서 설명한다.

2.1 보드선도 개요

보드선도는 전달함수나 다른 복소수 양의 크기와 위상에 대한 그림으로 크기는 데시벨(decibel)로 위상은 도(degree)의 단위로 주파수에 대한 세미로그 축을 이용하여 그린 것이다. 크기는 데시벨로 표현되고 주파수 축은 log로 되어 있기 때문에 크기 선도는

log-log 선도가 효과적이다.

단위가 없는 양 G의 크기를 다음과 같이 데시벨로 표현할 수 있다.

$$\| G \|_{\mathrm{dB}} = 20\log_{10}(\| G \|) \tag{2.3}$$

표 2.1에 간단한 크기에 대한 데시벨 값을 나타낸다. 크기에 단위가 있는 경우 주의를 기울여야 한다. 단위를 갖는 양에 log를 취하는 것은 적당하지 않으므로 크기를 정규화해야 한다. 예를 들면 임피던스 Z의 크기를 데시벨로 표현하기 위해 다음과 같이 기준 임피던스 R_{base}로 나누어야 한다.

$$\| Z \|_{\mathrm{dB}} = 20\log_{10}\left(\frac{\| Z \|}{R_{base}}\right) \tag{2.4}$$

기준 임피던스 R_{base}를 임의의 값으로 선정할 수 있으며 다른 사람에게 그 값을 알려 주어야 한다. $\|Z\| = 5\ \Omega$이고 $R_{base} = 10\ \Omega$으로 선택하면 이 10 Ω에 대해 $\|Z\|_{\mathrm{dB}} = 20\log_{10}(5\ \Omega/10\Omega)$ = -6 dB라 말할 수 있다. 일반적으로 $R_{base} = 1\ \Omega$이다. $R_{base} = 1\ \Omega$으로 표현된 데시벨 임피던스를 dB 단위로 표현할 수 있다. 이 경우 5 Ω은 14 dBΩ과 같다. 컨버터의 입력 포트에서 전류 스위칭 고조파는 종종 dBμA 또는 1 μA를 기준 전류로 한 dB로 표현한다. 60 dBμA는 1000 μA 또는 1 mA와 같다.

주파수 f의 지수 함수의 크기 보드선도는 선형이다. 다음과 같이 단위가 없는 양 $G(f)$의 크기를 생각하자.

$$\| G(f) \| = \left(\frac{f}{f_0}\right)^n \tag{2.5}$$

표 2.1 크기의 데시벨 표현

Actual magnitude	Magnitude in dB
1/2	−6 dB
1	0 dB
2	6 dB
5 = 10/2	20 dB − 6 dB = 14 dB
10	20 dB
$1000 = 10^3$	3·20 dB = 60 dB

여기서 f_0와 n은 상수이다. 데시벨 크기는

$$\| G(f) \|_{\mathrm{dB}} = 20\log_{10}\left(\frac{f}{f_0}\right)^n = 20n\log_{10}\left(\frac{f}{f_0}\right) \tag{2.6}$$

이고 몇몇 n에 대해 이 방정식을 그림 2.3에 그린다. 주파수 $f = f_0$에서 크기는 $1 \Rightarrow 0$ dB의 값을 갖고 $\log_{10}(f)$의 선형 함수이다. 기울기는 $\log_{10}(f)$의 단위 변화에 의해 발생하는 $\|G\|_{\mathrm{dB}}$의 변화이다. $\log_{10}(f)$의 단위 증가는 f에서의 10배 또는 decade 증가에 해당한다. 식 (2.6)으로부터 f의 decade 증가는 $\|G\|_{\mathrm{dB}}$에 $20n$ dB 증가를 가져온다. 따라서 기울기는 $20n$ dB/decade이다. 등가적으로 octave는 주파수에 2의 배수 변화이므로 기울기는 $20n\log_{10}(2) = 6n$ dB/octave이다. 실제로 제한된 주파수 범위에서 대부분의 함수 크기는 식 (2.5)의 형태로 근사화될 수 있다. 이러한 주파수 범위에서 크기 보드선도는 기울기 $20n$ dB/decade를 갖는 선형으로 근사화된다.

식 (2.5) 형태의 크기를 갖는 간단한 전달함수는 다음과 같이 원점에 있는 극점이다.

$$G(s) = \frac{1}{\left(\frac{s}{\omega_0}\right)} \tag{2.7}$$

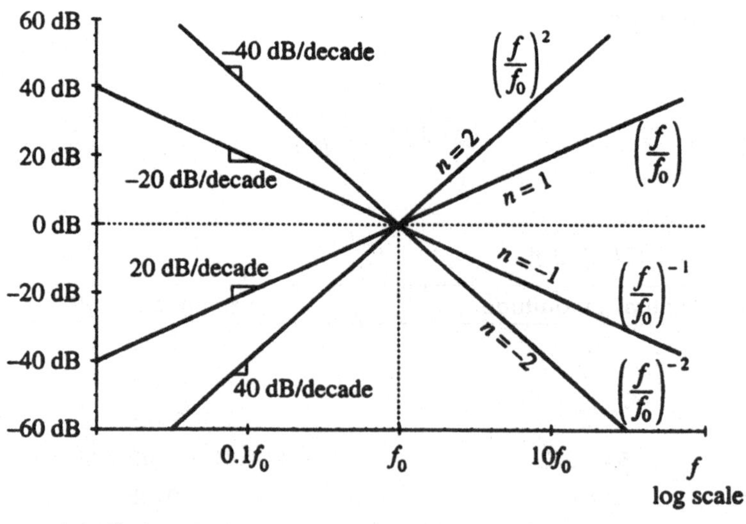

그림 2.3 크기가 f^n에 따라 변하면 보드선도는 기울기가 decade당 $20n$ dB인 선형이다

크기는

$$\|G(j\omega)\| = \frac{1}{\left\| \dfrac{j\omega}{\omega_0} \right\|} = \frac{1}{\left(\dfrac{\omega}{\omega_0} \right)} \tag{2.8}$$

이고, 주파수 $f = \omega/2\pi$, $f_0 = \omega_0/2\pi$로 정의하면 식 (2.8)은 다음과 같다.

$$\|G\| = \left(\frac{f}{f_0} \right)^{-1} \tag{2.9}$$

이 식은 n=-1인 식 (2.5)의 형태이다. 그림 2.3에서와 같이 식 (2.7)의 원점에 있는 극점의 크기 보드선도는 -20 dB/decade의 기울기를 갖고 $f=f_0$에서 0 dB를 지난다.

2.1.1 단일 극점 응답

그림 2.4와 같은 RC 저 주파수-통과 필터를 생각하자. 전달함수는 다음과 같이 전압 분배비로 주어진다.

$$G(s) = \frac{v_2(s)}{v_1(s)} = \frac{\dfrac{1}{sC}}{\dfrac{1}{sC} + R} \tag{2.10}$$

이 전달함수는 전압의 비이므로 단위가 없고 다음과 같이 유리 분수로 표현할 수 있다.

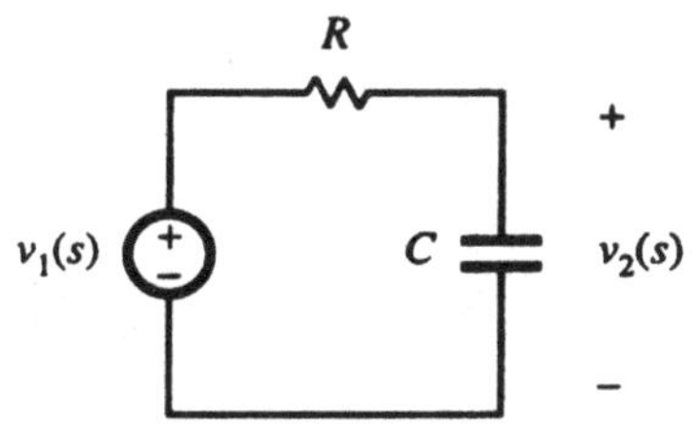

그림 2.4 간단한 RC 저 주파수–통과 필터 예

$$G(s) = \frac{1}{1 + sRC} \tag{2.11}$$

이 전달함수는 다음과 같은 단일 극점에 대한 정규화된 표준 형태와 일치한다.

$$G(s) = \frac{1}{\left(1 + \frac{s}{\omega_0}\right)} \tag{2.12}$$

식 (2.11)과 (2.12)를 비교하면 파라미터 $\omega_0 = 2\pi f_0$는 다음과 같다.

$$\omega_0 = \frac{1}{RC} \tag{2.13}$$

R과 C는 양의 실수 값이므로 ω_0도 양의 실수이다. 식 (2.12)의 분자는 $s = -\omega_0$에서 근을 가지므로 $G(s)$는 복소수 평면의 왼쪽 반평면에서 실수의 극점을 갖는다.

전달함수의 크기와 위상을 구하기 위해 $s = j\omega$라 하자. 여기서 j는 -1의 이중근이다. $s = j\omega$를 식 (2.12)에 대입하면

$$G(j\omega) = \frac{1}{\left(1 + j\frac{\omega}{\omega_0}\right)} = \frac{1 - j\frac{\omega}{\omega_0}}{1 + \left(\frac{\omega}{\omega_0}\right)^2} \tag{2.14}$$

이다. 그림 2.5는 한 ω의 값에 대해 복소수 함수 $G(j\omega)$를 나타낸다. 크기는

$$\| G(j\omega) \| = \sqrt{[Re(G(j\omega))]^2 + [Im(G(j\omega))]^2} = \frac{1}{\sqrt{1 + \left(\frac{\omega}{\omega_0}\right)^2}} \tag{2.15}$$

이고 ω_0는 실수로 가정하였다. 데시벨 크기는 다음과 같다.

$$\| G(j\omega) \|_{dB} = -20\log_{10}\left(\sqrt{1 + \left(\frac{\omega}{\omega_0}\right)^2}\right) \ \text{dB} \tag{2.16}$$

높은 주파수와 낮은 주파수에 대한 점근 동작을 조사하면 $G(j\omega)$의 크기 보드선도를

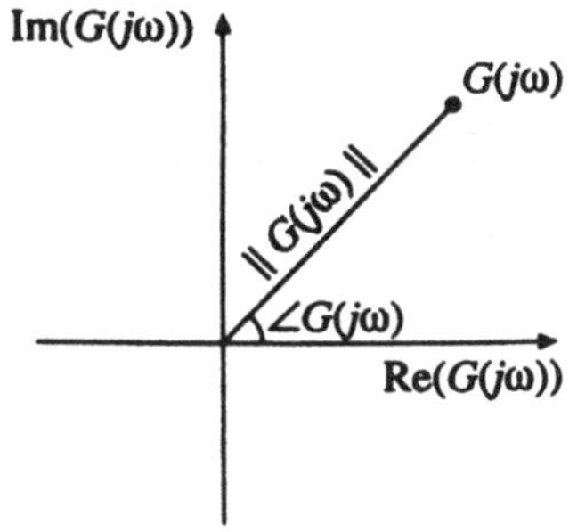

그림 2.5 복소수 함수 $G(j\omega)$의 크기와 위상

쉽게 그릴 수 있다. 저 주파수 $f \ll f_0$ 또는 $\omega \ll \omega_0$에 대해 다음은 사실이다.

$$\left(\frac{\omega}{\omega_0}\right) \ll 1 \tag{2.17}$$

식 (2.15)의 $(\omega/\omega_0)^2$ 항은 1 보다 매우 작으므로

$$\| G(j\omega) \| \approx \frac{1}{\sqrt{1}} = 1 \tag{2.18}$$

이고 근사적으로 데시벨 크기는

$$\| G(j\omega) \|_{\text{dB}} = 0 \quad \text{dB} \tag{2.19}$$

이다. 그림 2.6에서처럼 낮은 주파수에서 $\|G(j\omega)\|_{dB}$는 0 dB에 점근한다.

높은 주파수 $f \gg f_0$ 또는 $\omega \gg \omega_0$에 대해 다음은 사실이다.

$$\left(\frac{\omega}{\omega_0}\right) \gg 1 \tag{2.20}$$

따라서 다음과 같이 근사화할 수 있다.

$$1 + \left(\frac{\omega}{\omega_0}\right)^2 \approx \left(\frac{\omega}{\omega_0}\right)^2 \tag{2.21}$$

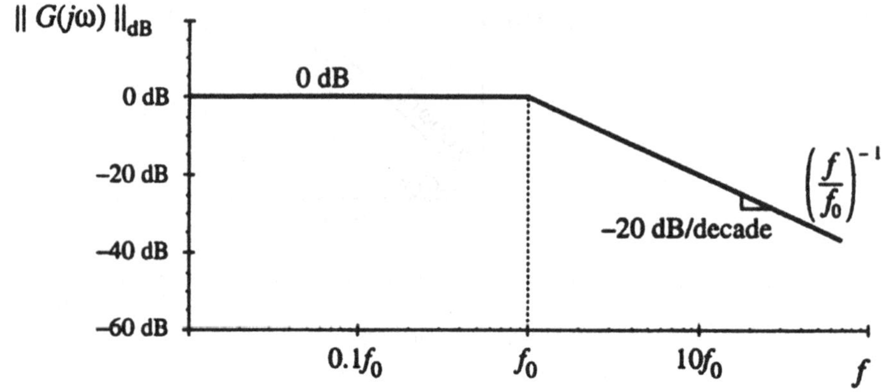

그림 2.6 단일 실수 극점을 갖는 전달함수의 크기 점근선

식 (2.15)는 다음과 같이 쓸 수 있다.

$$\| G(j\omega) \| = \frac{1}{\sqrt{\left(\frac{\omega}{\omega_0}\right)^2}} = \left(\frac{f}{f_0}\right)^{-1} \tag{2.22}$$

이 식은 n=-1인 식 (2.5)와 일치한다. 따라서 그림 2.6에서처럼 높은 주파수에서 $\|G(j)$ $G(j)\|_{dB}$는 -20 dB/decade의 기울기를 갖는다. $\|G(j\omega)\|$의 점근선은 낮은 주파수에서 1, 높은 주파수에서 $(f/f_0)^{-1}$이다. 점근선들은 f_0에서 교차한다. 실제 크기는 매우 낮은 주파수와 매우 높은 주파수에서 이 점근선들을 향해 접근한다. 모퉁이(corner) 주파수 f_0의 근처에서 실제 크기 곡선은 점근선에서 많이 벗어난다.

식 (2.15)를 이용하여 점근선과 정확한 곡선 사이의 차이를 구할 수 있다. 모퉁이 주파수 f_0에서 식 (2.15)는 다음과 같다.

$$\| G(j\omega_0) \| = \frac{1}{\sqrt{\left(\frac{\omega_0}{\omega_0}\right)^2}} = \frac{1}{\sqrt{2}} \tag{2.23}$$

데시벨 크기로는

$$\| G(j\omega_0) \|_{\text{dB}} = -20\log_{10}\left(\sqrt{\left(\frac{\omega_0}{\omega_0}\right)^2}\right) = -3 \text{ dB} \tag{2.24}$$

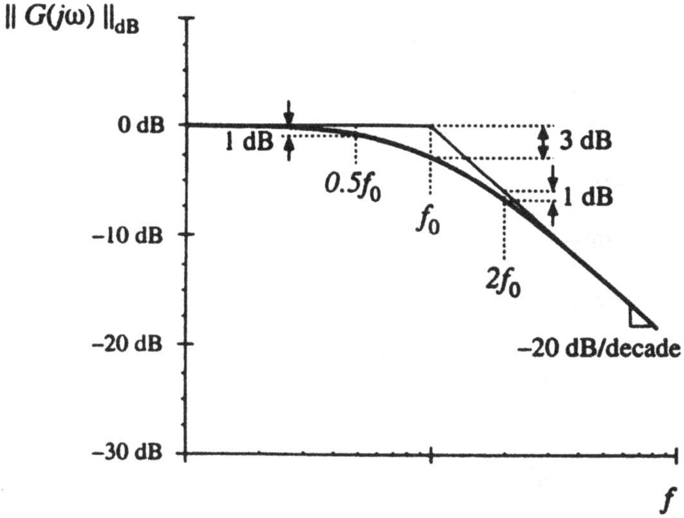

그림 2.7 단일 실수 극점의 크기 점근선과 실제 크기와의 차이

이므로 모퉁이 주파수에서 점근선과 정확한 곡선 사이의 차이는 그림 2.7에서와 같이 -3 dB이다. 또한 $f=f_0/2$와 $f=2f_0$에서 점근선은 실제 곡선과 -1 dB정도 차이가 난다.

전달함수 $G(j\omega)$의 위상은 다음과 같다.

$$\angle G(j\omega)=\tan^{-1}\left(\frac{Im(G(j\omega))}{Re(G(j\omega))}\right) \tag{2.25}$$

식 (2.14)의 실수부와 허수부를 식 (2.25)에 대입하면

$$\angle G(j\omega)=-\tan^{-1}\left(\frac{\omega}{\omega_0}\right) \tag{2.26}$$

이다. 이 함수를 그림 2.8에 나타낸다. 낮은 주파수에서 0°로 접근하고 높은 주파수에서 -90°로 접근한다. 모퉁이 주파수 $f=f_0$에서 위상은 -45°이다.

고 주파수와 저 주파수의 위상 점근선이 교차하지 않으므로 모퉁이 주파수 f_0 근처에서 위상을 근사화할 수 있는 제 3의 점근선이 필요하다. 그림 2.9는 이 점근선을 구하는 과정을 설명한다. 여기서 점근선의 기울기를 모퉁이 주파수 $f=f_0$에서 실제 곡선의 기울기와 같게 선택한다. 이렇게 하면 점근선 간의 교차 주파수 f_a와 f_b는 다음과 같이 주어진다.

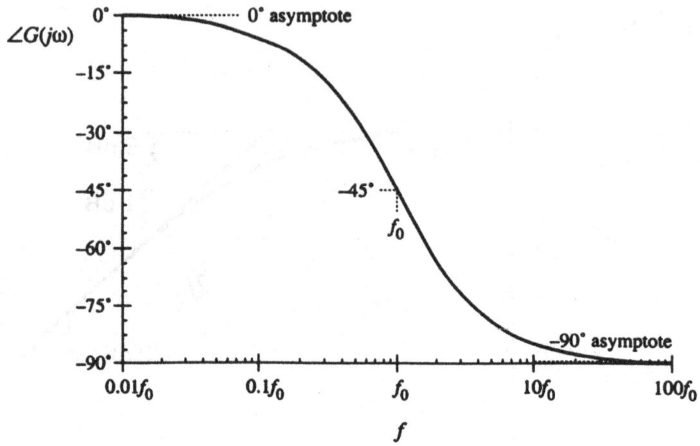

그림 2.8 단일 실수 극점의 크기 점근선과 실제 크기와의 차이

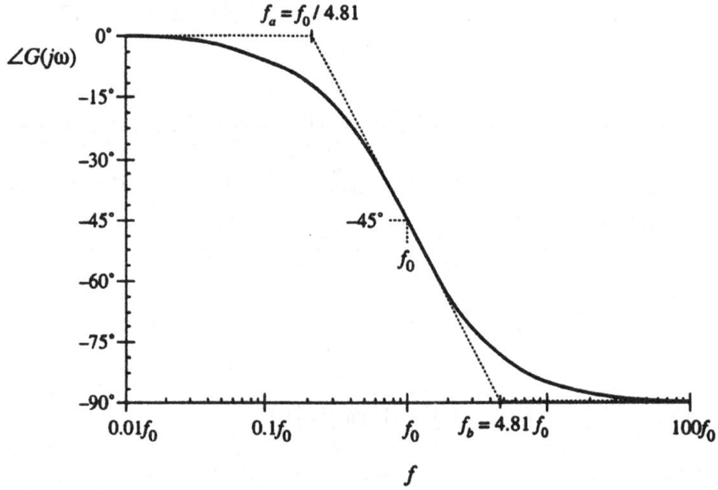

그림 2.9 모통이 주파수 $f = f_0$에서 실제 기울기를 정확하게 예측하는 중간 주파수에서 점근선의 선택

$$
\begin{aligned}
f_a &= f_0 e^{-\pi/2} = \frac{f_0}{4.81} \\
f_b &= f_0 e^{\pi/2} = 4.81 f_0
\end{aligned}
\tag{2.27}
$$

실제 곡선을 좀 더 잘 근사화하는 간단한 선택은 다음이다.

$$
f_a = \frac{f_0}{10} \quad f_b = 10 f_0 \tag{2.28}
$$

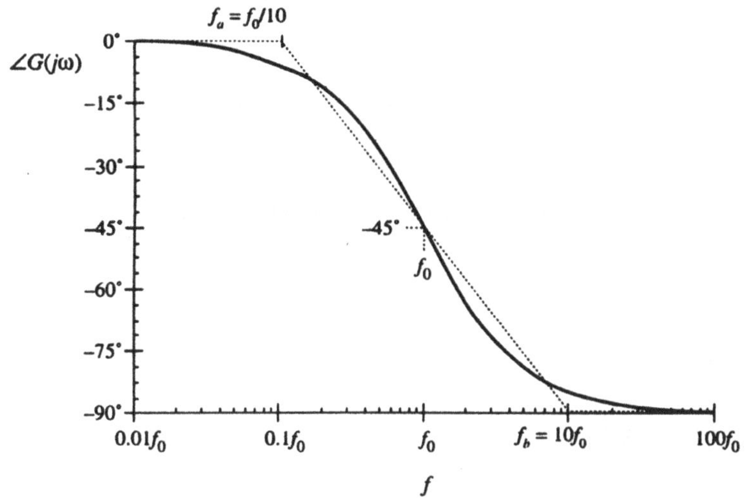

그림 2.10 전 주파수영역에서 실제 위상을 더 잘 근사화하는 보다 간단한 중간 주파수에서의 점근선

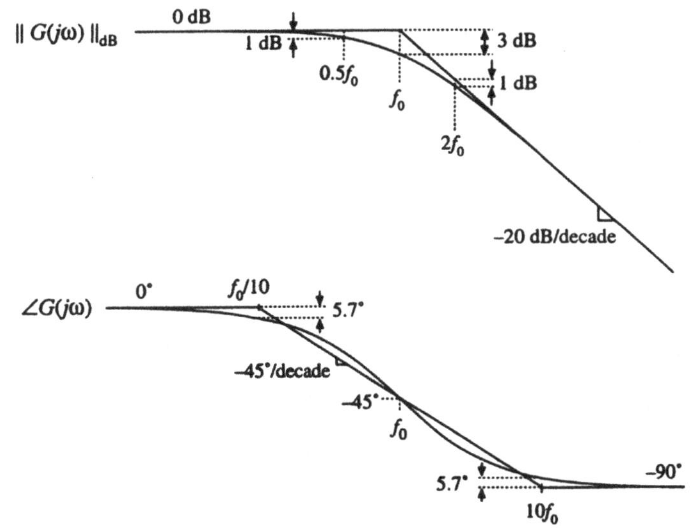

그림 2.11 단일 실수 극점에 대한 크기와 위상 선도 요약

이 점근선을 실제 곡선과 그림 2.10에서 비교한다. 극점 때문에 모퉁이 주파수를 중심으로 약 2 decade의 주파수 간격에 걸쳐 위상이 변한다. 이 주파수 간격에서 점근선의 기울기는 -45°/decade이다. 절점 주파수 f_a와 f_b에서 실제 위상과 점근선의 차이는 $\tan^{-1}(0.1) = 5.7°$이다.

단일 극점 응답에 대한 크기와 위상 점근선을 그림 2.11에 정리한다. 단일 극점 전달함수를 일관성 있게 식 (2.12)와 같이 표현하는 것은 좋은 습관이다. 식 (2.12)의 분모에 있는 두 항은 차원이 없고 s_0의 계수는 1이다. 식 (2.12)는 정규화되어 있어 해석하기 쉽다. (s/ω_0) 항의 크기가 작은 저 주파수에서 전달함수는 거의 1이고, (s/ω_0) 항의 크기가 1보다 매우 큰 고 주파수에서 전달함수는 근사적으로 $(s/\omega_0)^{-1}$이므로 $(f/f_0)^{-1}$의 크기가 된다. 모퉁이 주파수는 $f_0 = \omega_0/2$이다. 따라서 전달함수의 주요 특징인 점근선과 모퉁이 주파수를 쉽게 바로 알 수 있다.

2.1.2 단일 영점 응답

단일 영점 응답은 전달함수의 분자에 근을 가지며 다음과 같이 정규 형식으로 쓸 수 있다.

$$G(s) = \left(1 + \frac{s}{\omega_0}\right) \tag{2.29}$$

이 전달함수의 크기는 다음과 같다.

$$\| G(j\omega) \| = \sqrt{1 + \left(\frac{\omega}{\omega_0}\right)^2} \tag{2.30}$$

저 주파수 $f \ll f_0 = \omega_0/2\pi$에 대해 전달함수의 크기는 $1 \Rightarrow 0$ dB로 접근한다. 고 주파수 $f \gg f_0$에서 전달함수의 크기는 (f/f_0)로 접근한다. 그림 2.12에서와 같이 고 주파수 점근선은 +20 dB/decade의 기울기를 갖는다. 위상은 다음과 같다.

$$\angle G(j\omega) = \tan^{-1}\left(\frac{\omega}{\omega_0}\right) \tag{2.31}$$

부호를 빼면 식 (2.26)과 같다. 그림 2.12에 점근선을 보인다. 저 주파수에서 위상은 0°로 접근하고 고 주파수에서 위상은 90°로 접근한다. 주파수 $f_0/10 < f < 10f_0$ 구간에서 위상 점근선은 +45°/decade의 기울기를 갖는다.

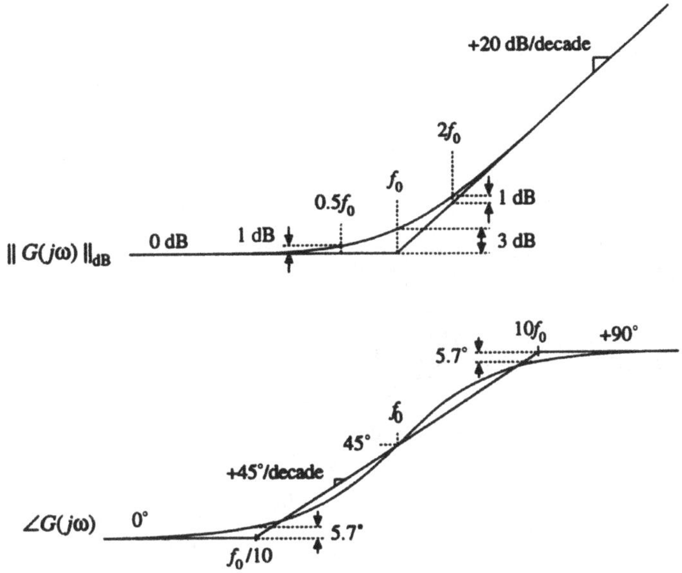

그림 2.12 단일 실수 영점에 대한 크기와 위상 선도 요약

2.1.3 오른쪽 반평면 영점

오른쪽 반평면 영점(right half-plane zero: RHP zero)은 스위칭 컨버터의 소신호 전달함수에서 자주 나타나며 이 영점을 다음과 같은 정규 형태로 쓸 수 있다.

$$G(s) = \left(1 - \frac{s}{\omega_0}\right) \tag{2.32}$$

이 전달함수의 근은 양이므로 복소수 s-평면의 오른쪽 반평면에 위치한다. 오른쪽 반평면 영점을 비 최소 위상 영점(non-minimum phase zero)이라 부르기도 한다. 식 (2.32)는 s의 계수 부호를 제외하면 왼쪽 반평면 영점의 전달함수 (2.29)와 같다. 음의 부호는 고주파수에서 위상을 반전시킨다. 이 전달함수의 크기는 다음과 같다.

$$\| G(j\omega) \| = \sqrt{1 + \left(\frac{\omega}{\omega_0}\right)^2} \tag{2.33}$$

이 식은 식 (2.30)과 같으므로 크기만으로는 왼쪽 반평면 영점과 오른쪽 반평면 영점을

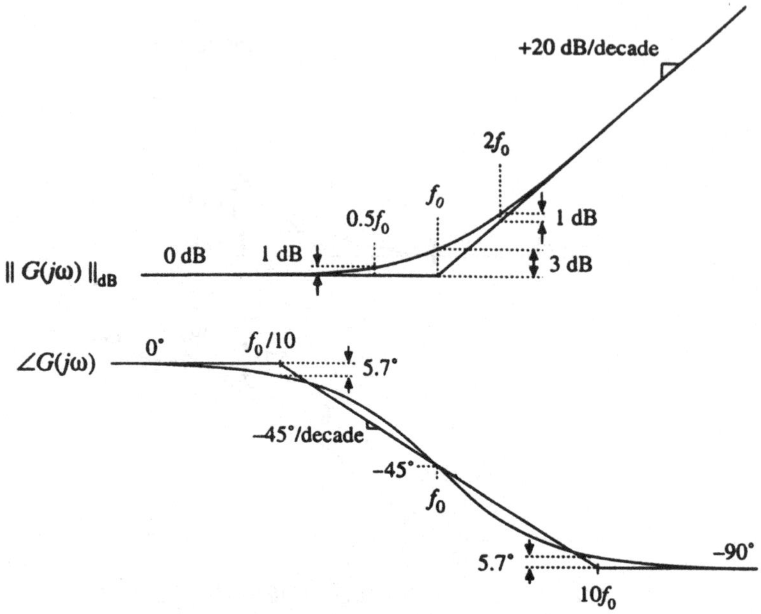

그림 2.13 오른쪽 반평면 영점에 대한 크기와 위상 선도 요약

구별할 수 없다. 위상은 다음과 같다.

$$\angle G(j\omega) = -\tan^{-1}\left(\frac{\omega}{\omega_0}\right) \tag{2.34}$$

이 식은 식 (2.26)의 단일 극점의 위상과 같다. 그러므로 오른쪽 반평면 영점은 왼쪽 반평면 영점의 크기 특성을 갖고 단일 극점의 위상 응답을 나타낸다. 그림 2.13에 크기와 위상 점근선을 나타낸다.

2.1.4 주파수 반전

주파수 축을 반전시켜 다른 두 가지 형태를 얻을 수 있다. 반전된 극점(inverted pole)의 전달함수는 다음과 같다.

$$G(s) = \frac{1}{\left(1 + \frac{\omega_0}{s}\right)} \tag{2.35}$$

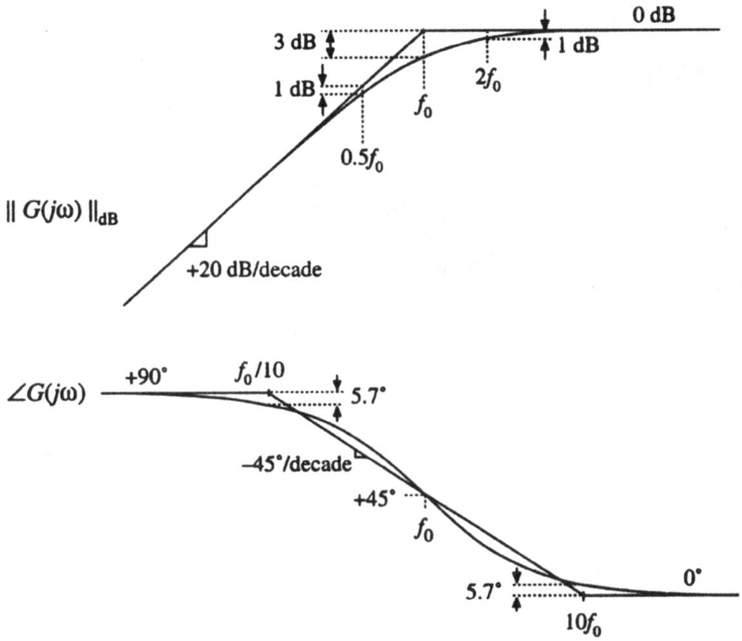

그림 2.14 주파수 축의 반전: 반전된 극점에 대한 크기와 위상 선도 요약

그림 2.14에서 보는 바와 같이 반전된 극점의 점근선은 고 주파수에서 1, 저 주파수에서 +20dB/decade의 기울기를 갖는 직선이다. 이 형태는 고 주파수-통과 필터와 고 주파수에서 이득이 일정하고 저 주파수에서 이득이 감소하는 전달함수를 나타내는데 유용하다. 식 (2.35)는 다음 식과 등가이다.

$$G(s) = \frac{\left(\dfrac{s}{\omega_0}\right)}{\left(1 + \dfrac{s}{\omega_0}\right)} \tag{2.36}$$

식 (2.35)를 이용하면 고 주파수에서 이득이 1임을 쉽게 알 수 있다.

반전된 영점(inverted zero)의 전달함수는 다음과 같다.

$$G(s) = \left(1 + \frac{\omega_0}{s}\right) \tag{2.37}$$

그림 2.15에서 보는 바와 같이 반전된 영점의 점근선은 고 주파수에서 1, 저 주파수에서

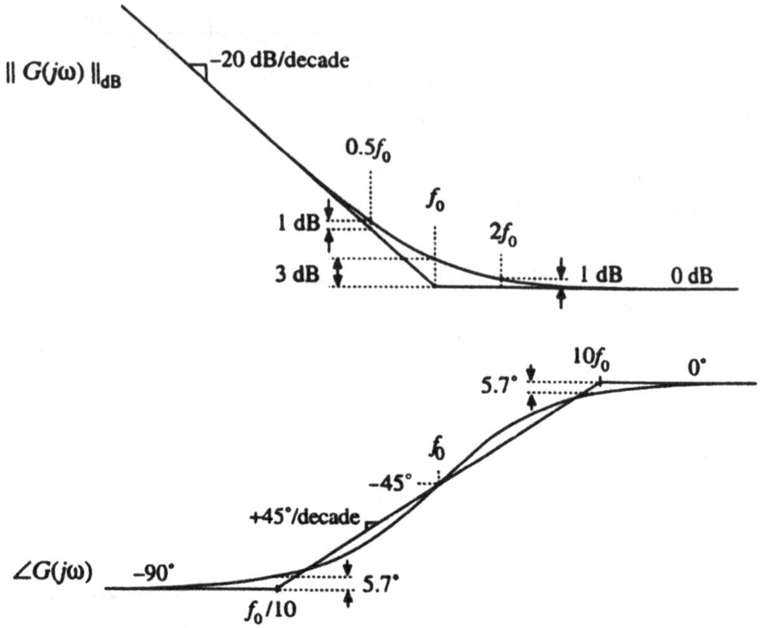

그림 2.15 주파수 축의 반전: 반전된 영점에 대한 크기와 위상 선도 요약

-20dB/decade의 기울기를 갖는 직선이다. 이 형태는 다음 장에서 다룰 되먹임 루프와 관련되는 비례-적분 제어기의 전달함수에 사용된다. 식 (2.37)은 다음 식과 등가이다.

$$G(s) = \frac{\left(1 + \frac{s}{\omega_0}\right)}{\left(\frac{s}{\omega_0}\right)} \tag{2.38}$$

식 (2.37)을 이용하여 고 주파수에서 이득이 1임을 쉽게 알 수 있다. 주파수 반전을 이용하는 방법을 다음 절에서 예를 통해 설명한다.

2.1.5 조합

여러 개의 극점과 영점 그리고 이득 항을 포함하는 전달함수의 보드선도를 단순한 덧셈으로 그릴 수 있다. 임의의 주어진 주파수에서 곱으로 합성되어 있는 전달함수의 데시벨 크기는 각 항의 데시벨 크기의 합이다. 또한 임의의 주파수에서 합성된 전달함수의 위상은 각 항의 위상의 합이다.

예를 들면 두 복소수 함수 $G_1(\omega)$와 $G_2(\omega)$에 대한 보드선도를 이미 그렸다고 가정하자. 이 함수의 크기와 위상은 각각 $R_1(\omega)$와 $R_2(\omega)$, $\Theta_1(\omega)$와 $\Theta_2(\omega)$이다. 곱 $G_3(\omega) = G_1(\omega)G_2(\omega)$의 보드선도를 만들고자 한다. $G_3(\omega)$의 크기와 위상을 $R_3(\omega)$, $\Theta_3(\omega)$라 하자. 크기와 위상을 구하기 위해 $G_1(\omega)$, $G_2(\omega)$와 $G_3(\omega)$를 다음과 같이 극좌표 형식으로 표현할 수 있다.

$$\begin{aligned} G_1(\omega) &= R_1(\omega)e^{j\theta_1(\omega)} \\ G_2(\omega) &= R_2(\omega)e^{j\theta_2(\omega)} \\ G_3(\omega) &= R_3(\omega)e^{j\theta_3(\omega)} \end{aligned} \tag{2.39}$$

곱 $G_3(\omega)$를 다음과 같이 표현할 수 있다.

$$G_3(\omega) = G_1(\omega)G_2(\omega) = R_1(\omega)e^{j\theta_1(\omega)}R_2(\omega)e^{j\theta_2(\omega)} \tag{2.40}$$

간단하게 하면

$$G_3(\omega) = (R_1(\omega)R_2(\omega))e^{j(\theta_1(\omega)+\theta_2(\omega))} \tag{2.41}$$

이므로 곱의 위상은

$$\theta_3(\omega) = \theta_1(\omega) + \theta_2(\omega) \tag{2.42}$$

이고, 곱의 크기는 다음과 같다.

$$R_3(\omega) = R_1(\omega)R_2(\omega) \tag{2.43}$$

크기를 데시벨로 표현하면 식 (2.43)은

$$\| R_3(\omega) \|_{\text{dB}} = \| R_1(\omega) \|_{\text{dB}} + \| R_2(\omega) \|_{\text{dB}} \tag{2.44}$$

이다. 따라서 곱의 위상은 각 위상의 합이고, 데시벨 크기는 각 데시벨 크기의 합이다. 곱의 크기 기울기 dB/decade는 각 기울기 dB/decade의 합이다.

첫 번째 예로 다음의 전달함수에 대한 보드선도를 그려보자.

$$G(s)=\frac{G_0}{\left(1+\frac{s}{\omega_1}\right)\left(1+\frac{s}{\omega_2}\right)} \tag{2.45}$$

여기서 $G_0=40\Rightarrow 32$ dB, $f_1=\omega_1/2\pi=100$ Hz, $f_2=\omega_2/2\pi=2$ kHz이다. 이 전달함수는 세 개 항인 이득 G_0, 주파수 f_1과 f_2에 위치한 극점으로 구성되어 있다. 각 항에 대한 점근선을 그림 2.16에 나타낸다. 이득 G_0는 양의 실수이므로 이득 32 dB와 영의 위상을 갖는다. 100 Hz와 2 kHz에 위치한 극점은 그림 2.11과 같은 점근선이다.

100 Hz보다 작은 주파수에서 G_0 항은 이득 크기 32 dB를 기여하고, 두 극점은 이득 크기 0 dB를 기여한다. 따라서 저 주파수에서 크기 점근선은 32 dB + 0 dB + 0 dB = 32 dB이다. 100 Hz와 2 kHz사이의 주파수에서 G_0 항은 이득 크기 32 dB를 기여하고, 2 kHz의 극점은 0 dB를 기여하지만 100 Hz의 극점의 크기 점근선은 -20 dB/decade 기울기로 감소한다. 따라서 합성 크기 점근선은 그림 2.16에서와 같이 -20 dB/decade 기울기로 감소한다. 2 kHz 이상의 주파수에서 100 Hz와 2 kHz의 두 극점의 크기 점근선은 모두 -20 dB/decade 기울기로 감소한다. 따라서 합성 크기 점근선은 그림과 같이 -20 dB/decade -20 dB/decade = -40 dB/decade로 감소한다.

그림 2.16에서 위상 점근선을 볼 수 있다. 주파수 $f_1/10=10$ Hz이하에서 모든 항은 0°

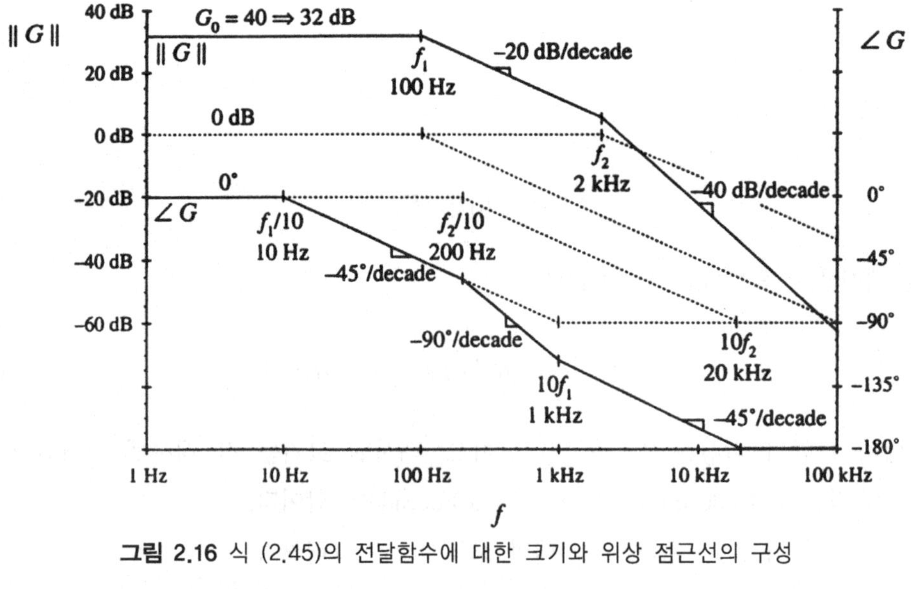

그림 2.16 식 (2.45)의 전달함수에 대한 크기와 위상 점근선의 구성

의 위상 점근선을 합성 점근선에 기여한다. 주파수 $f_1/10=10$ Hz와 $f_2/10=200$ Hz 사이에서 f_1의 극점에 의한 위상 점근선은 -45˚/decade 기울기로 감소한다. 주파수 $f_2/10=$ 200 Hz와 $10f_1=1$ kHz 사이에서 f_1과 f_2의 두 극점에 의한 위상 점근선은 모두 -45˚ /decade 기울기로 감소한다. 따라서 합성 기울기는 -90˚/decade이다. 주파수 $10f_1=1$ kHz와 $10f_2=20$ kHz 사이에서 f_1의 극점에 의한 위상 점근선은 상수 -90˚로 점근하고, f_2의 극점에 의한 위상 점근선은 -45˚/decade 기울기로 감소한다. 주파수 $10f_2=20$ kHz 이상에서 두 극점에 의한 위상은 모두 -90˚로 점근하므로 합성 점근선은 -180˚이다.

두 번째 예로 그림 2.17과 같은 크기와 위상 점근선으로 표현된 전달함수 $A(s)$를 생각하자. 이 점근선에 대응하는 전달함수를 구해보자.

직류 점근선은 A_0이다. 모퉁이 주파수 f_1에서 점근선의 기울기는 0 dB/decade에서 +20 dB/decade로 증가한다. 그러므로 주파수 f_1에 영점이 있어야 한다. 모퉁이 주파수 f_2에서 점근선의 기울기는 +20 dB/decade에서 0 dB/decade로 감소한다. 그러므로 주파수 f_2에 극점이 있어야 한다. 따라서 전달함수를 다음과 같이 쓸 수 있다.

$$A(s)=A_0\frac{\left(1+\dfrac{s}{\omega_1}\right)}{\left(1+\dfrac{s}{\omega_2}\right)} \tag{2.46}$$

여기서 w_1과 w_2는 각각 $2\pi f_1$과 $2\pi f_2$와 같다.

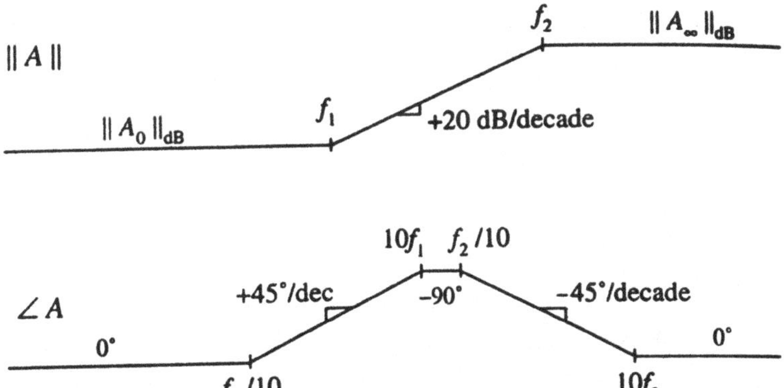

그림 2.17 예제 전달함수 $A(s)$의 크기와 위상 점근선

식 (2.46)을 이용하여 점근선에 대한 식을 분석해 보자. 주파수 $f < f_1$에 대해 $s = j\omega$라 놓으면 (s/ω_1)와 (s/ω_2) 항의 크기는 1보다 작다. 저 주파수에서 이 항들을 무시하고 점근선을 유도하면 다음과 같다.

$$\left\| A_0 \frac{\left(1 + \cancel{\dfrac{s}{\omega_1}}\right)}{\left(1 + \cancel{\dfrac{s}{\omega_2}}\right)} \right\|_{s=j\omega} = A_0 \tag{2.47}$$

주파수 $f_1 < f < f_2$에 대해 (s/ω_1)의 크기는 1보다 크고, (s/ω_2) 항의 크기는 1보다 작다. 작은 항을 무시하면 점근선은 다음과 같다.

$$\left\| A_0 \frac{\left(\cancel{1} + \dfrac{s}{\omega_1}\right)}{\left(1 + \cancel{\dfrac{s}{\omega_2}}\right)} \right\|_{s=j\omega} = A_0 \left\| \frac{s}{\omega_1} \right\|_{s=j\omega} = A_0 \frac{f}{f_1} \tag{2.48}$$

이 식은 $A(s)$의 중간 주파수 크기 점근선에 대한 표현식이다. 주파수 $f > f_2$에 대해 (s/ω_1)와 (s/ω_2) 항의 크기는 1보다 크다. 높은 주파수에서 점근선을 유도하면

$$\left\| A_0 \frac{\left(\cancel{1} + \dfrac{s}{\omega_1}\right)}{\left(\cancel{1} + \dfrac{s}{\omega_2}\right)} \right\|_{s=j\omega} = A_0 \frac{\left\| \dfrac{s}{\omega_1} \right\|_{s=j\omega}}{\left\| \dfrac{s}{\omega_2} \right\|_{s=j\omega}} = A_0 \frac{f_2}{f_1} \tag{2.49}$$

이다. 고 주파수 이득은 다음과 같다.

$$A_\infty = A_0 \frac{f_2}{f_1} \tag{2.50}$$

이상으로 점근선에 대한 식을 구하였다.

반전된 극점과 반전된 영점을 이용하여 보드선도로부터 전달함수를 구할 수 있다. $A(s)$는 직류 이득이 중요하지 않은 고 주파수 증폭기의 전달함수를 나타낸다고 가정하자. 따라

서 $A(s)$를 고 주파수 이득 A_∞의 항으로 직접 나타내고자 한다. 그림 2.17에서 f_2보다 작은 주파수에서 크기가 작아지므로 전달함수는 이 주파수에서 반전된 극점을 포함한다. 또한 f_1에서 반전된 영점을 갖는다. 따라서 전달함수는 다음과 같이 쓸 수 있다.

$$A(s) = A_\infty \frac{\left(1 + \frac{\omega_1}{s}\right)}{\left(1 + \frac{\omega_2}{s}\right)} \tag{2.51}$$

식 (2.51)과 식 (2.46)이 등가임을 보일 수 있다.

2.1.6 2차 극점 응답: 공진

다음으로 그림 2.18의 두 극점을 갖는 저주파수-통과 필터의 전달함수를 생각하자. 벅 컨버터에 이러한 필터가 사용된다. 부스트와 벅-부스트의 표준 모델도 비슷한 필터를 포함한다. 이 네트워크의 전달함수는 다음과 같다.

$$G(s) = \frac{v_1(s)}{v_2(s)} = \frac{1}{1 + s\frac{L}{R} + s^2 LC} \tag{2.52}$$

이 전달함수의 분모는 2차 다항식으로 다음과 같이 쓸 수 있다.

$$G(s) = \frac{1}{1 + a_1 s + a_2 s^2} \tag{2.53}$$

여기서 $a_1 = L/R$, $a_2 = RC$이다.

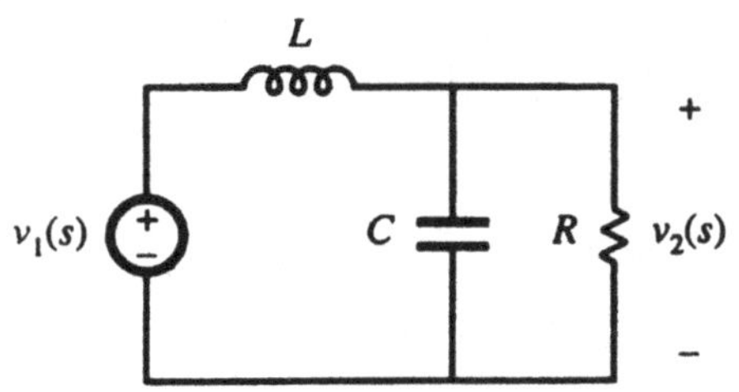

그림 2.18 두 극점을 갖는 저 주파수–통과 필터 예

이 전달함수의 보드선도를 그리기 위해 분모를 다음과 같이 2개의 근으로 인수분해를 할 수 있다.

$$G(s)=\frac{1}{\left(1-\dfrac{s}{s_1}\right)\left(1-\dfrac{s}{s_2}\right)} \tag{2.54}$$

근의 공식을 이용하면 근은 다음과 같다.

$$s_1=-\frac{a_1}{2a_2}\left[1-\sqrt{1-\frac{4a_2}{a_1^2}}\right] \tag{2.55}$$

$$s_2=-\frac{a_1}{2a_2}\left[1+\sqrt{1-\frac{4a_2}{a_1^2}}\right] \tag{2.56}$$

만일 $4a_2 \le a_1{}^2$이면 근은 실수이다. 각 실수의 극점은 2.1.1절에서 유도한 보드선도를 나타내며, 합성된 전달함수의 보드선도를 2.1.5절을 이용하여 만들 수 있다(그러나 좀 더 나은 방법을 2.1.7절에서 다룬다). 만일 $4a_2 > a_1{}^2$이면 근 (2.55)와 (2.66)은 모두 복소수이다. 2.1.1절에서 ω_0는 실수라는 가정을 하였으므로 2.1.1절의 결과를 이 경우에 적용할 수 없다. 따라서 근이 복소수인 경우 크기와 위상을 구하기 위한 다른 방법을 찾아야 한다.

전달함수 (2.52)와 (2.53)을 다음과 같이 정규화된 표준형으로 쓸 수 있다.

$$G(s)=\frac{1}{1+2\zeta\dfrac{s}{\omega_0}+\left(\dfrac{s}{\omega_0}\right)^2} \tag{2.57}$$

계수 a_1과 a_2가 양의 실수이면 파라미터 ζ와 ω_0도 양의 실수이다. 파라미터 ω_0를 모퉁이 각 주파수라 부르며 $f_0=\omega_0/2\pi$이다. 파라미터 ζ는 제동 계수라 부르며, $f=f_0$ 근처에서 전달함수의 모양을 결정한다. 다른 형태의 정규화된 표준형은 다음과 같다.

$$G(s)=\frac{1}{1+\dfrac{s}{Q\omega_0}+\left(\dfrac{s}{\omega_0}\right)^2} \tag{2.58}$$

여기서

$$Q = \frac{1}{2\zeta} \tag{2.59}$$

이다. 파라미터 Q를 회로의 Q-계수(quality factor)라 부르며 시스템에서 열 소모의 척도를 나타낸다. 수동 소자나 네트워크에 정현파를 인가할 때 좀 더 일반적인 Q의 정의는 다음과 같다.

$$Q = 2\pi \frac{(\text{첨두 저장 에너지})}{(\text{사이클 당 소모 에너지})} \tag{2.60}$$

2차 수동 시스템에 대해 식 (2.59)와 식 (2.60)은 등가이다. Q-계수를 이용하여 2차 전달함수의 크기 보드선도를 쉽게 분석할 수 있음을 알게 될 것이다.

원래의 전달함수 (2.52)와 정규 형식 (2.58)의 계수를 비교하면 파라미터 Q와 ω_0에 대한 식을 다음과 같이 구할 수 있다.

$$f_0 = \frac{\omega_0}{2\pi} = \frac{1}{2\pi\sqrt{LC}} \tag{2.61}$$
$$Q = R\sqrt{\frac{C}{L}}$$

식 (2.55)와 (2.56)의 근 s_1과 s_2는 $Q \le 0.5$이면 실근이고, $Q > 0.5$이면 복소수 근이다. G의 크기는 다음과 같다.

$$\| G(j\omega) \| = \frac{1}{\sqrt{\left(1 - \left(\frac{\omega}{\omega_0}\right)^2\right)^2 + \frac{1}{Q^2}\left(\frac{\omega}{\omega_0}\right)^2}} \tag{2.62}$$

그림 2.19는 $\|G\|$의 점근선을 나타낸다. 저 주파수에서 $(\omega/\omega_0) \ll 1$이므로

$$\| G(j\omega) \| \to 1, \ \omega \ll \omega_0 \text{에 대해} \tag{2.63}$$

이다. 높은 주파수에서 $(\omega/\omega_0) \gg 1$이므로 $(\omega/\omega_0)^4$항이 식 (2.62)의 근호 속에서 지배적이다. 그러므로 고 주파수 점근선은 다음과 같다.

$$\| G(j\omega) \| \to \left(\frac{f}{f_0}\right)^{-2}, \ \omega \gg \omega_0 \text{에 대해} \tag{2.64}$$

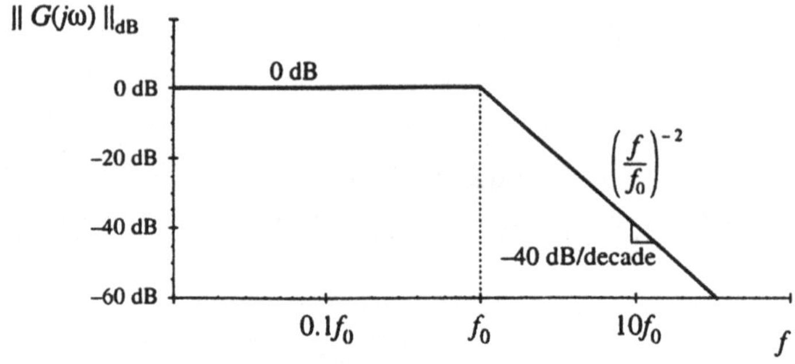

그림 2.19 두 극점을 갖는 전달함수의 크기 점근선

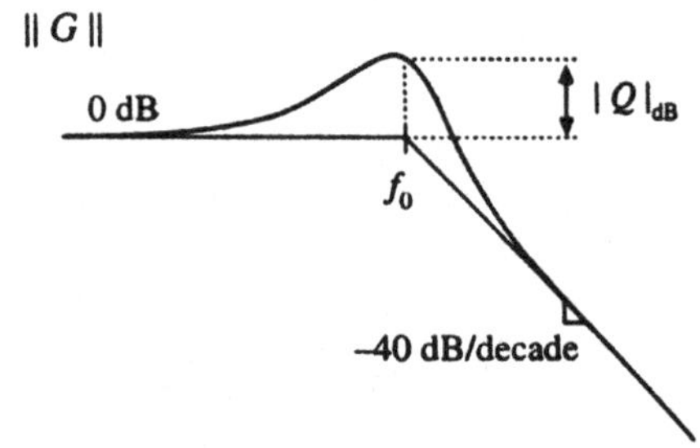

그림 2.20 두 극점을 갖는 전달함수의 크기 보드선도의 주요 특징

이 식은 $n=-2$인 식 (2.5)와 일치한다. 그러므로 고 주파수 점근선은 -40 dB/decade의 기울기를 갖는다. 점근선들은 Q와 관계가 없고 $f=f_0$에서 만난다.

파라미터 Q는 모퉁이 주파수 f_0 부근에서 실제 크기와 점근선 사이의 차이에 영향을 준다. 주파수 $f=f_0$에서 정확한 크기는 식 (2.62)에 $\omega=\omega_0$를 대입하여 찾을 수 있다.

$$\| G(j\omega_0) \| = Q \tag{2.65}$$

즉, 모퉁이 주파수 f_0에서 정확한 크기는 Q이다. 데시벨 크기로는

$$\| G(j\omega_0) \|_{dB} = |Q|_{dB} \tag{2.66}$$

이고, $Q=2 \Rightarrow 6$ dB이면 모퉁이 주파수 $f=f_0$에서 정확한 크기는 점근선과 6 dB만큼 차이가 난다. 2차 전달함수의 크기 보드선도에 대한 주요 특징을 그림 2.20에 정리한다.

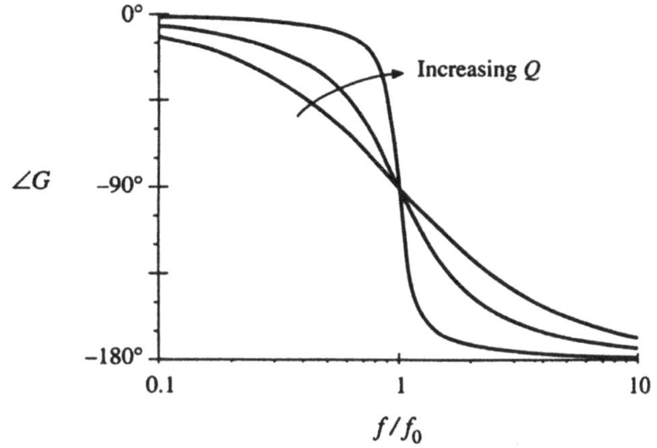

그림 2.21 두 극점을 갖는 전달함수의 위상. Q가 크면 위상이 급격하게 변한다

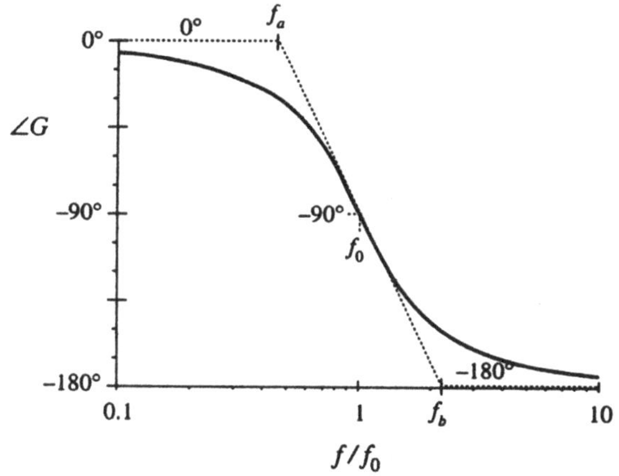

그림 2.22 중간 주파수에서 두 극점을 갖는 전달함수의 위상 점근선

G의 위상은 다음과 같다.

$$\angle G(j\omega) = -\tan^{-1}\left[\frac{\frac{1}{Q}\left(\frac{\omega}{\omega_0}\right)}{1-\left(\frac{\omega}{\omega_0}\right)^2}\right] \tag{2.67}$$

저 주파수에서 위상은 0°로 점근하고 고 주파수에서 -180°로 점근한다. 모퉁이 주파수 $f=f_0$

에서 위상은 -90°이다. 그림 2.21에서 보인 바와 같이 Q의 값이 증가하면 0°와 -180°의 점근선 사이에서 위상 변화가 급해진다. 그림 2.22에서와 같이 모퉁이 주파수 f_0 부근에서 위상의 변동을 근사화 하는 중간 주파수 점근선이 필요하다. 단일 실수 극점의 경우와 같이 모퉁이 주파수 f_0에서 실제 기울기와 같은 기울기를 갖는 점근선을 선택할 수 있다. 이 경우 다음과 같은 점근선 교차 주파수를 가짐을 보일 수 있다.

$$f_a = \left(e^{\pi/2}\right)^{-\frac{1}{2Q}} f_0 \qquad (2.68)$$
$$f_b = \left(e^{\pi/2}\right)^{\frac{1}{2Q}} f_0$$

단일 실수 극점에서 사용한 근사식 (2.28)과 일치하는 좀 더 나은 방법은 다음과 같다.

$$f_a = 10^{-\frac{1}{2Q}} f_0 \qquad (2.69)$$
$$f_b = 10^{\frac{1}{2Q}} f_0$$

중간 주파수 점근선은 -180Q degree/decade의 기울기를 갖는다. 그림 2.23은 위상 점근선을 정리한다. $Q=0.5$이면 모퉁이 주파수 $f=f_0$를 중심으로 거의 2 decade의 주파수 간격에 걸쳐 위상이 0°에서 -180°로 변한다. Q를 증가시키면 이 주파수 간격은 급격하게

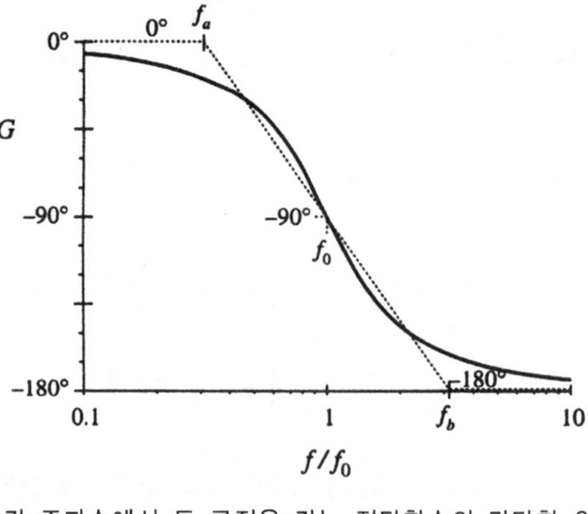

그림 2.23 중간 주파수에서 두 극점을 갖는 전달함수의 간단한 위상 점근선

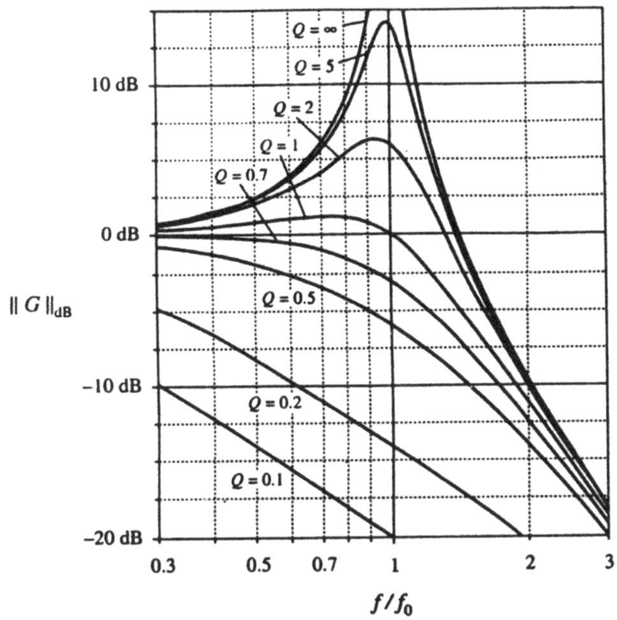

그림 2.24 두 극점을 갖는 전달함수의 정확한 크기 곡선

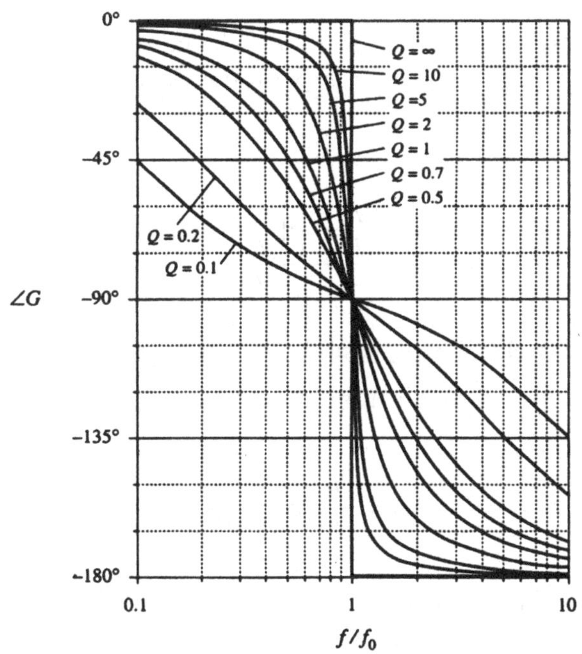

그림 2.25 두 극점을 갖는 전달함수의 정확한 위상 곡선

줄어든다.

2차 전달함수의 크기 및 위상 응답 곡선을 그림 2.24와 2.25에 정리한다.

2.1.7 작은-Q 근사화

2.1.6절에서 언급한 바와 같이 식 (2.53)의 2차 다항식 분모가 실근을 가지면 분모를 인수분해를 하여 실수 극점에 대한 점근선을 이용하여 보드선도를 만들 수 있다. 즉, 다음과 같은 정규 형식을 갖는다.

$$G(s) = \frac{1}{\left(1+\frac{s}{\omega_1}\right)\left(1+\frac{s}{\omega_2}\right)} \tag{2.70}$$

이 경우는 모퉁이 주파수 ω_1과 ω_2가 잘 분리되어 있을 때 사용할 수 있는 방법이다. 이 방법의 어려운 점은 모퉁이 주파수를 찾기 위해 사용하는 근의 공식이 복잡하다는 것이다. 모퉁이 주파수 ω_1과 ω_2를 회로 소자의 값 R, L, C 등으로 표현하면 복잡하고 불분명한 표현이 되고 소자의 수가 많아지면 더욱 복잡해진다. 전달함수가 식 (2.52)로 주어진 그림 2.18의 단순한 회로인 경우에도 근의 공식을 이용하면 다음과 같이 복잡한 모퉁이 주파수를 얻는다.

$$\omega_1, \omega_2 = \frac{\frac{L}{R} \pm \sqrt{\left(\frac{L}{R}\right)^2 - 4LC}}{2LC} \tag{2.71}$$

이 식으로부터 모퉁이 주파수가 어느 소자에 주로 의존하는가를 판단하기 어렵다. 하지만 모퉁이 주파수가 서로 멀리 떨어져 있다면 다음과 같이 표현할 수 있음을 보일 수 있다.

$$\omega_1 \approx \frac{R}{L}, \omega_2 \approx \frac{1}{RC} \tag{2.72}$$

이 경우 ω_1은 C에 거의 무관하고 ω_2는 L에 거의 무관함을 쉽게 알 수 있으나 식 (2.71)을 보면 두 모퉁이 주파수는 모든 소자에 중요하게 의존하는 것처럼 보인다. 따라서 간단한 식 (2.72)가 복잡한 식 (2.71)보다 유용하며 작은 -Q 근사화로 이 식을 쉽게 유도할 수 있다.

다음과 같은 식 (2.58)의 정규화 된 표준형의 전달함수를 생각하자.

$$G(s) = \frac{1}{1 + \frac{s}{Q\omega_0} + \left(\frac{s}{\omega_0}\right)^2} \tag{2.73}$$

근의 공식을 이용하여 식 (2.73)의 모퉁이 주파수를 구하면 다음과 같다.

$$\omega_1 = \frac{\omega_0}{Q}\frac{1-\sqrt{1-4Q^2}}{2} \tag{2.74}$$

$$\omega_2 = \frac{\omega_0}{Q}\frac{1+\sqrt{1-4Q^2}}{2} \tag{2.75}$$

모퉁이 주파수 ω_2를 다음과 같이 쓸 수 있다.

$$\omega_2 = \frac{\omega_0}{Q}F(Q) \tag{2.76}$$

여기서 $F(Q)$를 다음과 같이 정의한다[2].

$$F(Q) = \frac{1}{2}\left(1+\sqrt{1-4Q^2}\right) \tag{2.77}$$

$Q \ll 0.5$이면 $4Q^2 \ll 1$이므로 $F(Q)$는 거의 1이다. 따라서

$$\omega_2 = \frac{\omega_0}{Q},\ Q \ll \frac{1}{2} \text{ 에 대해} \tag{2.78}$$

그림 2.26은 $F(Q)$를 나타낸다. Q가 0.5보다 작아지면 $F(Q)$는 빠르게 1로 접근함을 알 수 있다.

모퉁이 주파수 ω_1에 대한 근사식을 얻기 위해 식 (2.74)와 식 (2.77)을 이용하면 다음과 같다.

$$\omega_1 = \frac{Q\omega_0}{F(Q)} \tag{2.79}$$

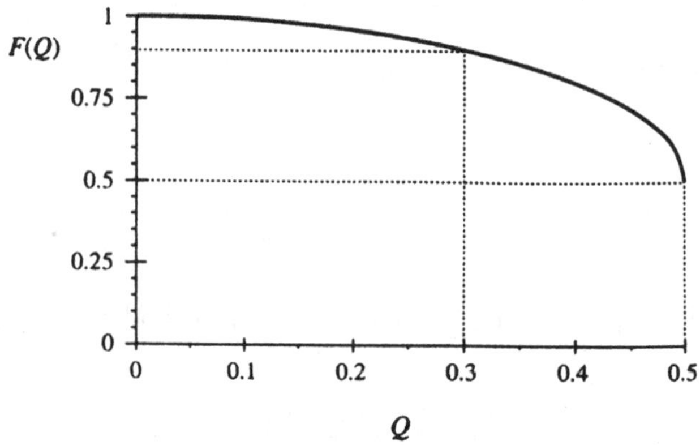

그림 2.26 $F(Q)$

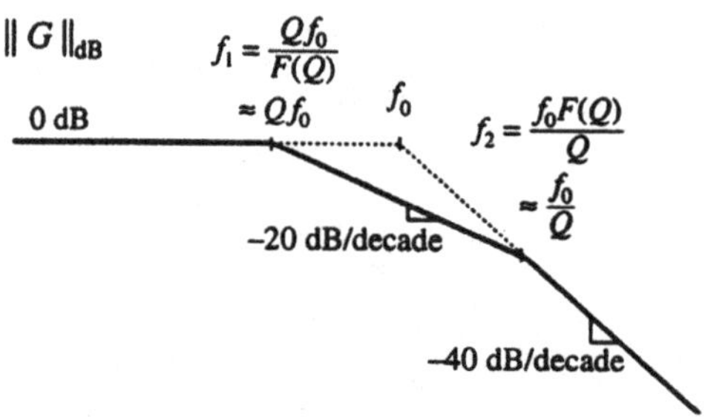

그림 2.27 작은$-Q$ 근사화에 의한 크기 점근선. 실수 극점은 Qf_0와 f_0/Q에 위치

작은 Q에 대해 $F(Q)$는 거의 1이다. 따라서

$$\omega_1 = Q\omega_0, \ \ Q \ll \frac{1}{2} \text{에 대해} \tag{2.80}$$

이다. 작은 Q인 경우의 크기 점근선을 그림 2.27에 정리한다. $Q<0.5$인 경우 ω_0에 위치한 두 극점이 실수 극점으로 분리된다. 하나의 실수 극점은 모퉁이 주파수 $\omega_1 < \omega_0$, 다른 실수 극점은 모퉁이 주파수 $\omega_2 > \omega_0$에서 위치한다. 식 (2.78)과 (2.80)을 이용하여 모퉁이 주파수를 쉽게 근사화 할 수 있다.

그림 2.18의 필터회로에 대해 파라미터 Q와 ω_0는 식 (2.61)에 주어져 있다. $Q \ll 0.5$에 대해 식 (2.78)과 (2.80)을 이용하여 모퉁이 주파수에 대한 식을 유도할 수 있다.

$$\omega_1 = Q\omega_0 = R\sqrt{\frac{C}{L}}\frac{1}{\sqrt{LC}} = \frac{R}{L} \qquad (2.81)$$
$$\omega_2 = \frac{\omega_0}{Q} = \frac{1}{\sqrt{LC}}\frac{1}{R\sqrt{\frac{C}{L}}} = \frac{1}{RC}$$

따라서 작은 -Q 근사화를 이용하여 모퉁이 주파수에 대한 간단한 설계 지향 분석 식을 유도할 수 있다.

2.1.8 임의의 차수를 갖는 다항식 근의 근사화

다음의 n차 다항식의 근에 대한 근사적인 식을 구하기 위해 작은 -Q 근사화를 일반화할 수 있다.

$$P(s) = 1 + a_1 s + a_2 s^2 + \cdots + a_n s^n \qquad (2.82)$$

다항식 $P(s)$를 다음의 형태로 인수분해를 하고자 한다.

$$P(s) = (1+\tau_1 s)(1+\tau_2 s)\cdots(1+\tau_n s) \qquad (2.83)$$

실제 회로에서 계수 $a_1, a_2, \cdots, a_n$은 실수이지만 $\tau_1, \tau_2, \cdots, \tau_n$은 실수 또는 복소수일 수 있다. 어떤 경우에는 일부 또는 모든 시정수(time constant)가 잘 분리되어 있어 간단하게 시정수가 어떤 회로 소자에 관련이 있는지 알 수 있다. 이 경우 시정수들에 대한 간단한 근사식을 유도할 수 있다.

식 (2.83)을 전개하여 시정수 $\tau_1, \tau_2, \cdots, \tau_n$과 원래 계수 $a_1, a_2, \cdots, a_n$의 관계를 다음과 같이 구할 수 있다.

$$\begin{aligned}
a_1 &= \tau_1 + \tau_2 + \cdots + \tau_n \qquad (2.84)\\
a_2 &= \tau_1(\tau_2 + \cdots + \tau_n) + \tau_2(\tau_3 + \cdots + \tau_n) + \cdots\\
a_3 &= \tau_1\tau_2(\tau_3 + \cdots + \tau_n) + \tau_2\tau_3(\tau_4 + \cdots + \tau_n) + \cdots\\
&\vdots\\
a_n &= \tau_1\tau_2\tau_3 \cdots \tau_n
\end{aligned}$$

위 식의 근과 계수와의 관계에서 일반해를 구하는 것은 불가능하지만 근을 근사화하는 방법을 찾을 수 있다.

모든 시정수 τ_1, τ_2, …, τ_n이 실수이고 잘 분리되어 있다고 가정하자. 또한 시정수의 크기가 다음과 같이 내림차순으로 배열되어 있다고 가정하자.

$$|\tau_1| \gg |\tau_2| \gg \cdots \gg |\tau_n| \tag{2.85}$$

부등식 (2.85)를 만족하면 식 (2.84)의 a_1, a_2, …, a_n의 식은 다음과 같이 각각 첫 번째 항이 지배적이다.

$$\begin{aligned} a_1 &\approx \tau_1 \\ a_2 &\approx \tau_1\tau_2 \\ a_3 &\approx \tau_1\tau_2\tau_3 \\ &\vdots \\ a_n &= \tau_1\tau_2\tau_3 \cdots \tau_n \end{aligned} \tag{2.86}$$

위의 식을 시정수에 대해 풀면

$$\begin{aligned} \tau_1 &\approx a_1 \\ \tau_2 &\approx \frac{a_2}{a_1} \\ \tau_3 &\approx \frac{a_3}{a_2} \\ &\vdots \\ \tau_n &\approx \frac{a_n}{a_{n-1}} \end{aligned} \tag{2.87}$$

이다. 그러므로 만일

$$|a_1| \gg \left|\frac{a_2}{a_1}\right| \gg \left|\frac{a_3}{a_2}\right| \gg \cdots \gg \left|\frac{a_n}{a_{n-1}}\right| \tag{2.88}$$

이면 식 (2.82)의 다항식 $P(s)$는 다음과 같이 근사적으로 인수분해가 된다.

$$P(s) = (1 + a_1 s)\left(1 + \frac{a_2}{a_1}s\right)\left(1 + \frac{a_3}{a_2}s\right)\cdots\left(1 + \frac{a_n}{a_{n-1}}s\right) \tag{2.89}$$

식 (2.82)의 원래 계수가 회로 소자의 간단한 함수라면 식 (2.89)로 주어진 근사적인 근도 회로 소자의 간단한 함수일 것이다. 따라서 근에 대한 근사적인 표현을 얻을 수 있고 회로 소자의 값을 식 (2.88)에 대입하여 근사화의 타당성을 검증할 수 있다.

두 개의 근이 잘 분리되어 있지 않은 경우 식 (2.88)의 부등식 가운데 하나가 성립하지 않을 수 있다. 이 항을 2차 다항식으로 표현할 수 있다. 예를 들면 식 (2.88)에서 부등식 k를 만족하지 않는다고 가정하자.

$$|a_1| \gg \left|\frac{a_2}{a_1}\right| \gg \cdots \gg \left|\frac{a_k}{a_{k-1}}\right| \not\gg \left|\frac{a_{k+1}}{a_k}\right| \gg \cdots \gg \left|\frac{a_n}{a_{n-1}}\right| \tag{2.90}$$

그러면 근사화된 인수분해는

$$P(s) = (1 + a_1 s)\left(1 + \frac{a_2}{a_1}s\right)\cdots\left(1 + \frac{a_k}{a_{k-1}}s + \frac{a_{k+1}}{a_k}s^2\right)\cdots\left(1 + \frac{a_n}{a_{n-1}}s\right) \tag{2.91}$$

이고 근사화가 정확할 조건은 다음과 같다.

$$|a_1| \gg \left|\frac{a_2}{a_1}\right| \gg \cdots \gg \left|\frac{a_k}{a_{k-1}}\right| \gg \left|\frac{a_{k-2}a_{k+1}}{a_{k-1}^2}\right| \gg \left|\frac{a_{k+2}}{a_{k+1}}\right| \gg \cdots \gg \left|\frac{a_n}{a_{n-1}}\right| \tag{2.92}$$

복소수 공액근을 이러한 방법으로 근사화할 수 있다.

다음과 같이 식 (2.88)의 첫 번째 부등식이 안 맞는 경우 즉,

$$|a_1| \not\gg \left|\frac{a_2}{a_1}\right| \gg \left|\frac{a_3}{a_2}\right| \gg \cdots \gg \left|\frac{a_n}{a_{n-1}}\right| \tag{2.93}$$

인 경우 첫 번째 두 근을 다음과 같이 2차 다항식으로 표현해야 한다.

$$P(s) = \left(1 + a_1 s + a_2 s^2\right)\left(1 + \frac{a_3}{a_2}s\right)\cdots\left(1 + \frac{a_n}{a_{n-1}}s\right) \tag{2.94}$$

이 근사식은 다음 조건에서 타당하다.

$$\left|\frac{a_2^2}{a_3}\right| \gg |a_1| \gg \left|\frac{a_3}{a_2}\right| \gg \left|\frac{a_4}{a_3}\right| \gg \cdots \gg \left|\frac{a_n}{a_{n-1}}\right| \tag{2.95}$$

만일 위의 근사식의 어느 것도 타당하지 않으면 크기에서 비슷한 3개 이상의 근이 있는 경우이다. 이 경우 3차 이상으로 인수분해를 해야 한다.

예제로 그림 2.28에 주어진 제동된 EMI 필터(damped EMI filter)를 생각하자. 이 필터는 컨버터 입력 전류에 존재하는 스위칭 고조파를 줄이기 위해 일반적으로 컨버터의 입력 전력단에 놓인다. 회로 분석으로 이 필터는 다음의 전달함수로 표현된다.

$$G(s) = \frac{i_g(s)}{i_c(s)} = \frac{1 + s\dfrac{L_1 + L_2}{R}}{1 + s\dfrac{L_1 + L_2}{R} + s^2 L_1 C + s^3 \dfrac{L_1 L_2 C}{R}} \tag{2.96}$$

이 전달함수의 분모는 3차 다항식으로 계수를 다음과 같이 쓸 수 있다.

$$\begin{aligned} a_1 &= \frac{L_1 + L_2}{R} \\ a_2 &= L_1 C \\ a_3 &= \frac{L_1 L_2 C}{R} \end{aligned} \tag{2.97}$$

극점을 분석하기 위한 식을 얻기 위해 분모를 인수분해를 해야 하며, R, L_1, L_2, C의 수치 값에 의존한다. 근이 실수이고 잘 분리되어 있으면 식 (2.89)를 이용하여 분모는 다음과 같이 인수분해가 된다.

$$\left(1 + s\frac{L_1 + L_2}{R}\right)\left(1 + sRC\frac{L_1}{L_1 + L_2}\right)\left(1 + \frac{L_2}{R}\right) \tag{2.98}$$

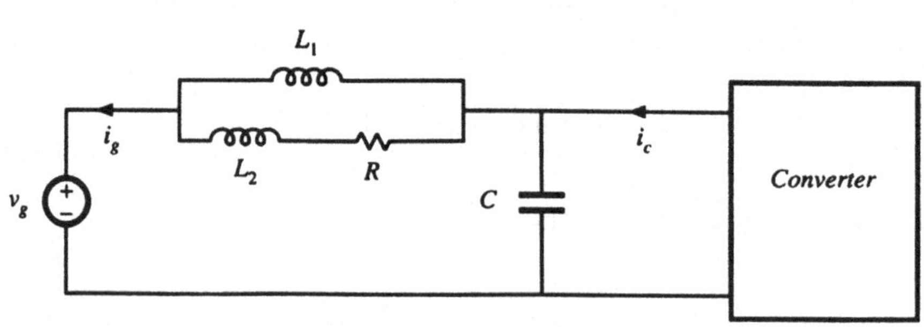

그림 2.28 입력 EMI 필터 예제

이 식은 식 (2.88)에 의해 다음 조건을 만족할 때 타당하다.

$$\frac{L_1+L_2}{R} \gg RC\frac{L_1}{L_1+L_2} \gg \frac{L_2}{R} \tag{2.99}$$

이 부등식은 $L_1 \gg L_2$가 아니면 만족할 수 없으며, $L_1 \gg L_2$이 만족하면 식 (2.99)는 다음 식으로 더욱 간단하게 표현할 수 있다.

$$\frac{L_1}{R} \gg RC \gg \frac{L_2}{R} \tag{2.100}$$

따라서 식 (2.98)은 더욱 간단하게 표현된다.

$$\left(1+s\frac{L_1}{R}\right)(1+sRC)\left(1+\frac{L_2}{R}\right) \tag{2.101}$$

이 경우에 전달함수는 3개의 잘 분리된 극점을 포함한다. 식 (2.98)과 (2.101)은 식 (2.96)의 분자에 대한 근사적으로 인수분해가 된 식을 나타낸다. 이 근사식이 타당함을 보이기 위해 파라미터의 값을 식 (2.99) 또는 (2.100)에 대입해야 하지만 식 (2.98)과 (2.101)을 R, L_1, L_2, C의 함수로 표현할 수 있다. 식 (2.98)과 (2.101)은 주어진 사양의 극점 주파수를 얻도록 소자의 값을 어떻게 선정해야할지를 알려주므로 설계 지향 식이다.

식 (2.99)의 두 번째 부등식을 만족하지 못하면 즉,

$$\frac{L_1+L_2}{R} \gg RC\frac{L_1}{L_1+L_2} \not\gg \frac{L_2}{R} \tag{2.102}$$

이면 두 번째와 세 번째 근은 다음과 같이 2차 근 형태이어야 한다.

$$\left(1+s\frac{L_1+L_2}{R}\right)\left(1+sRC\frac{L_1}{L_1+L_2}+s^2L_1 \parallel L_2C\right) \tag{2.103}$$

식 (2.91)에서 $k=2$를 대입하면 이 식을 얻을 수 있다. 식 (2.92)로부터 다음 조건을 만족할 때 이 근사식은 타당하다.

$$\frac{L_1+L_2}{R} \gg RC\frac{L_1}{L_1+L_2} \gg \frac{L_1 \parallel L_2}{L_1+L_2}RC \tag{2.104}$$

식 (2.104)를 적용할 때 $a_0 = 1$로 하였다. 식 (2.104)를 간단히 하면 다음 부등식을 얻을 수 있다.

$$L_1 \gg L_2, \ \frac{L_1}{R} \gg RC \tag{2.105}$$

부등식 $RC \gg L_2/R$은 더 이상 필요하지 않다. 식 (2.105)로부터 식 (2.103)은 더 간단하게 된다.

$$\left(1+s\frac{L_1}{R}\right)\left(1+sRC+s^2L_2C\right) \tag{2.106}$$

그러므로 이 경우에 대한 전달함수는 고 주파수 2차 극점 쌍과 저 주파수 극점을 포함한다. 식(2.106)은 파라미터로 표현되어 설계 지향 식이다.

식(2.99) 의 첫 번째 부등식을 만족하지 못하는 경우 즉,

$$\frac{L_1+L_2}{R} \gg RC\frac{L_1}{L_1+L_2} \gg \frac{L_2}{R} \tag{2.107}$$

이면 첫 번째와 두 번째 근은 다음과 같이 2차 근 형태이어야 한다.

$$\left(1+s\frac{L_1+L_2}{R}+s^2L_1C\right)\left(1+s\frac{L_2}{R}\right) \tag{2.108}$$

식 (2.94)로부터 이 식을 얻을 수 있다. 식 (2.95)로부터 다음 조건을 만족할 때 이 근사식은 타당하다.

$$\frac{L_1RC}{L_2} \gg \frac{L_1+L_2}{R} \gg \frac{L_2}{R} \tag{2.109}$$

즉,

$$L_1 \gg L_2,\ RC \gg \frac{L_2}{R} \tag{2.110}$$

이다. 이 경우에 대한 전달함수는 저 주파수 2차 극점 쌍으로부터 잘 분리된 고 주파수 극점을 포함한다. 위 근사식들의 어느 것도 타당하지 않으면 모든 3개의 근의 크기가 비슷함을 의미한다. 이 경우 근을 찾기 위해서는 다른 방법을 사용해야 한다. 그림 2.28의 필터를 포함하여 입력 필터의 설계를 4장에서 다룬다.

2.2 컨버터 전달함수의 분석

기본 컨버터의 전달함수에서 극점과 영점 및 점근 이득에 대한 분석적인 식을 유도하자.

2.2.1 예제: 벅-부스트 컨버터의 전달함수

1.2절에서 벅-부스트 컨버터의 소신호 등가모델을 유도하였으며 그림 2.29에 다시 그린다. 이 회로의 제어-출력과 라인-출력 전달함수를 유도하고 그려보자.

컨버터 모델에 제어입력 $\hat{d}(s)$와 라인 입력 $\hat{v_g}(s)$ 두 개의 독립 교류 전원이 있다. 교류 출력전압 변동 $\hat{v}(s)$를 다음과 같이 두 입력의 중첩으로 표현할 수 있다.

$$\hat{v}(s) = G_{vd}\hat{d}(s) + G_{vg}(s)\hat{v_g}(s) \tag{2.111}$$

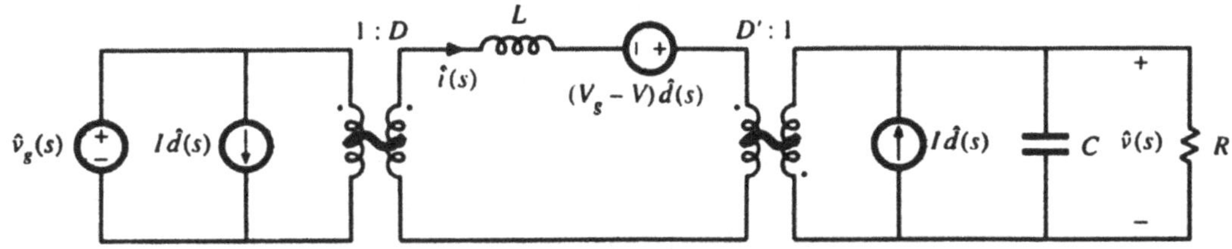

그림 2.29 벅-부스트 컨버터 소신호 등가회로

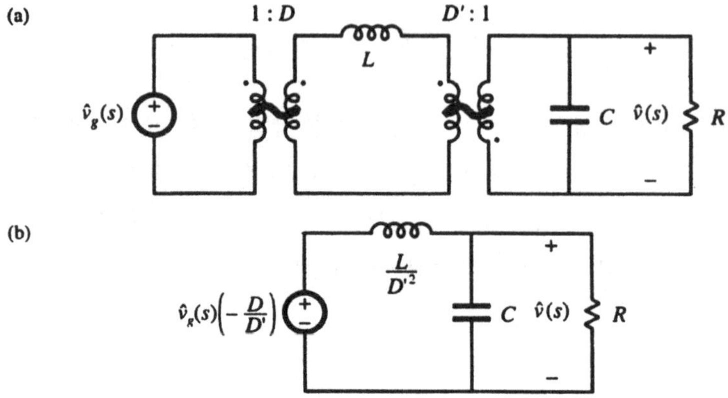

그림 2.30 라인-출력 전달함수를 구하기 위한 회로 변형: (a) $\hat{d}(s)$ 전원을 영으로 (b) 인덕터와 $\hat{v}_g(s)$ 전압원을 변압기를 통해 위치 이동

전달함수 $G_{vd}(s)$와 $G_{vg}(s)$를 다음과 같이 정의할 수 있다.

$$G_{vd}(s) = \left.\frac{\hat{v}(s)}{\hat{d}(s)}\right|_{\hat{v}_g(s)=0}, \quad G_{vg}(s) = \left.\frac{\hat{v}(s)}{\hat{v}_g(s)}\right|_{\hat{d}(s)=0} \tag{2.112}$$

라인-출력 전달함수 $G_{vg}(s)$를 구하기 위해 그림 2.30(a)에서처럼 $\hat{d}(s)$ 전원을 영으로 놓아야 한다. 인덕터와 전원 $\hat{v}_g(s)$를 변압기를 통해 이동시키면 그림 2.30(b)를 얻을 수 있다. 전달함수 $G_{vg}(s)$를 전압 배분공식을 이용하여 다음과 같이 구할 수 있다.

$$G_{vg}(s) = \left.\frac{\hat{v}(s)}{\hat{v}_g(s)}\right|_{\hat{d}(s)=0} = -\frac{D}{D'}\frac{\left(R \parallel \frac{1}{sC}\right)}{\frac{sL}{D'^2} + \left(R \parallel \frac{1}{sC}\right)} \tag{2.113}$$

이 식을 정리하면 다음과 같다.

$$G_{vg}(s) = \left(-\frac{D}{D'}\right)\frac{\left(\frac{R}{1+sRC}\right)}{\frac{sL}{D'^2} + \left(\frac{R}{1+sRC}\right)} \tag{2.114}$$

$$= \left(-\frac{D}{D'}\right)\frac{R}{R + \frac{sL}{D'^2} + \frac{s^2RLC}{D'^2}}$$

이제 이 식을 분모와 분자의 상수항이 1이 되도록 정규 형식으로 바꾸면 다음과 같다.

$$G_{vg}(s) = \left.\frac{\hat{v}(s)}{\hat{v}_g(s)}\right|_{\hat{d}(s)=0} = \left(-\frac{D}{D'}\right)\frac{1}{1 + s\frac{L}{D'^2 R} + s^2\frac{LC}{D'^2}} \tag{2.115}$$

그러므로 라인-출력 전달함수는 다음과 같이 직류이득 G_{g0}와 2차 극점을 포함한다.

$$G_{vg}(s) = G_{g0}\frac{1}{1 + \frac{s}{Q\omega_0} + \left(\frac{s}{\omega_0}\right)^2} \tag{2.116}$$

식 (2.115)와 식 (2.116)을 비교하여 라인-출력 전달함수의 주요한 특성에 대한 분석적인 표현식을 얻을 수 있다. 직류 이득은

$$G_{g0} = -\frac{D}{D'} \tag{2.117}$$

이다. 식 (2.115)와 식 (2.116)의 분모에서 s^2의 계수를 비교하면

$$\frac{1}{\omega_0^2} = \frac{LC}{D'^2} \tag{2.118}$$

이므로 모퉁이 각 주파수는 다음과 같다.

$$\omega_0 = \frac{D'}{\sqrt{LC}} \tag{2.119}$$

식 (2.115)와 식 (2.116)의 분모에서 s의 계수를 비교하면

$$\frac{1}{Q\omega_0} = \frac{L}{D'^2 R} \tag{2.120}$$

이므로 식 (2.119)를 이용하여 ω_0를 제거하면 다음과 같은 Q-계수를 얻는다.

$$Q = D'R\sqrt{\frac{C}{L}} \tag{2.121}$$

식 (2.117), 식 (2.119)와 식 (2.121)이 라인-출력 전달함수의 원하는 분석적인 식이다. 이 식들은 주요 특성 G_{g0}와 ω_0 그리고 Q의 수치 값을 얻는데 분석적인 상황에서 유용할 뿐만 아니라 주어진 주요 특성을 얻기 위한 R, L, C 등 소자의 값을 선택하는 설계 상황에서도 유용하다.

그림 2.29에 보이는 바와 같이 $\hat{d}(s)$에 의존하는 전원이 3개이므로 제어-출력 전달함수 $G_{vd}(s)$는 좀 더 복잡하다. $G_{vd}(s)$를 찾는 한 방법은 회로 모델을 그림 1.60과 같은 표준형으로 바꾸어 찾는 것이다. 여기서 사용할 다른 방법은 중첩의 원리를 이용한 것이다. 첫째 $\widehat{v_g}(s)$을 영으로 놓는다. 그러면 1:D 변압기의 입력이 단락되어 그림 2.31(a)와 같아진다. 다음으로 그림 2.31(b)에서처럼 인덕터와 $\hat{d}(s)$ 전압원을 D:1 변압기의 이차 측으로 놓는다.

그림 2.31(b)에는 $\hat{d}(s)$에 의존하는 전압원과 $\hat{d}(s)$에 의존하는 전류원이 있다. 그러므로 제어-출력 전달함수 $G_{vd}(s)$를 이 두 전원에 의한 중첩의 항으로 표현할 수 있다. 전류원을 영으로 즉, 개방하면 그림 2.32(a)의 회로를 얻을 수 있다. 따라서

$$\frac{\hat{v}(s)}{\hat{d}(s)}=\left(-\frac{V_g-V}{D'^2}\right)\frac{\left(R \parallel \frac{1}{sC}\right)}{\frac{sL}{D'^2}+\left(R \parallel \frac{1}{sC}\right)} \tag{2.122}$$

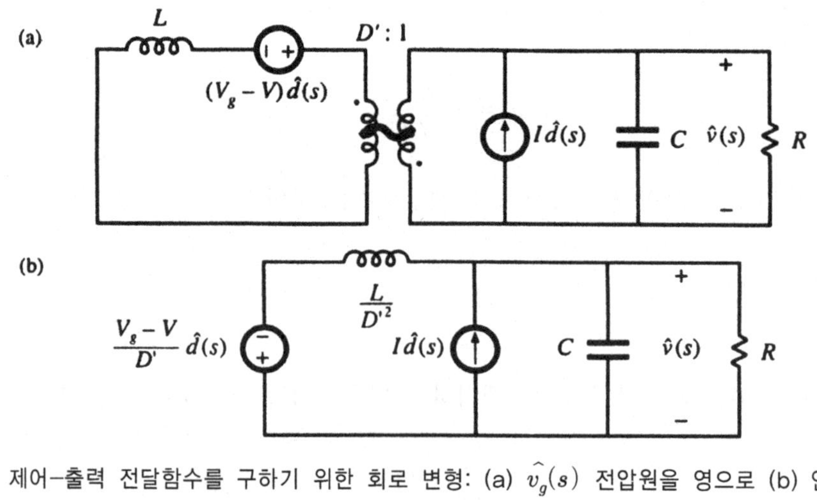

그림 2.31 제어-출력 전달함수를 구하기 위한 회로 변형: (a) $\widehat{v_g}(s)$ 전압원을 영으로 (b) 인덕터와 전압원을 변압기를 통해 위치 이동

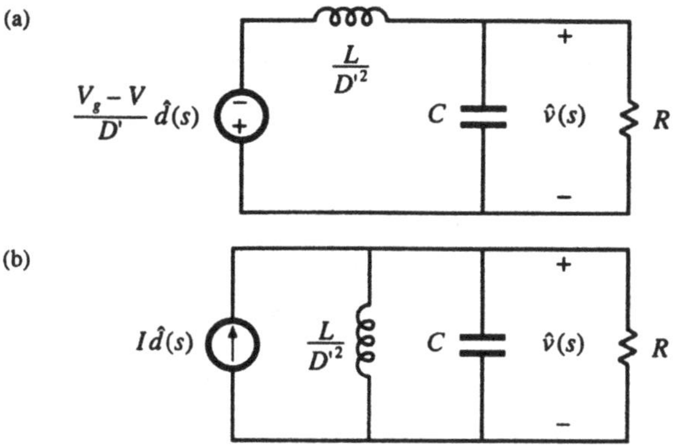

그림 2.32 중첩에 의한 그림 2.31(b) 모델의 해: (a) 전류원을 영 (b) 전압원을 영

이다. 전압원을 영으로 즉, 단락시키면 그림 2.32(b)의 회로를 얻을 수 있다. 따라서

$$\frac{\hat{v}(s)}{\hat{d}(s)} = I\left(\frac{sL}{D'^2} \parallel R \parallel \frac{1}{sC}\right) \tag{2.123}$$

이다. 제어-출력 전달함수 $G_{vd}(s)$는 식 (2.122)와 (2.123)의 합이다.

$$G_{vd}(s) = \left(-\frac{V_g - V}{D'^2}\right)\frac{\left(R \parallel \frac{1}{sC}\right)}{\frac{sL}{D'^2} + \left(R \parallel \frac{1}{sC}\right)} + I\left(\frac{sL}{D'^2} \parallel R \parallel \frac{1}{sC}\right) \tag{2.124}$$

이 식을 정리하면 다음과 같다.

$$G_{vd}(s) = \left.\frac{\hat{v}(s)}{\hat{d}(s)}\right|_{\hat{v}_g(s)=0} = \left(-\frac{V_g - V}{D'^2}\right)\frac{\left(1 - s\frac{LI}{(V_g - V)}\right)}{1 + s\frac{L}{D'^2 R} + s^2\frac{LC}{D'^2}} \tag{2.125}$$

이 식은 다음의 형식이다.

$$G_{vd}(s) = G_{d0}\frac{1 - \frac{s}{\omega_z}}{1 + \frac{s}{Q\omega_0} + \left(\frac{s}{\omega_0}\right)^2} \tag{2.126}$$

식 (2.125)의 분모와 식 (2.115)의 분모는 같으므로 $G_{vd}(s)$와 $G_{vg}(s)$는 식 (2.119)와 (2.121)로 주어진 같은 ω_0와 Q를 갖는다. 직류 이득은

$$G_{d0} = -\frac{V_g - V}{D'^2} = -\frac{V_g}{D'^3} = \frac{V}{DD'^2} \tag{2.127}$$

이고, 영점의 각 주파수는 식 (2.125)와 (2.126)의 분자에서 s의 계수를 비교하여 얻을 수 있다.

$$\omega_z = \frac{(V_g - V)}{LI} = \frac{D'R}{DL} \quad \text{(RHP)} \tag{2.128}$$

이 영점은 오른쪽 반평면에 있다. 식 (2.127)과 (2.128)은 다음의 직류 관계식을 이용하여 간단하게 표현하였다.

$$\begin{aligned} V &= -\frac{D}{D'}V_g \\ I &= -\frac{V}{D'R} \end{aligned} \tag{2.129}$$

식 (2.119), (2.121), (2.127)과 (2.128)은 제어-출력 전달함수의 주요 특성 ω_0와 Q, G_{g0} 그리고 ω_z에 대한 분석적으로 표현한 식이다. 이 식을 이용하여 주요 특성을 만족하는 소자의 값을 선택할 수 있다.

보드선도를 그리기 위해 전달함수의 주요 특성에 대한 분석적인 식에 소자의 값을 대입한다. 다음과 같은 소자의 값을 가정한다.

$$\begin{aligned} D &= 0.6 \\ R &= 10\ \Omega \\ V_g &= 30\,\text{V} \\ L &= 160\ \mu\text{H} \\ C &= 160\ \mu\text{F} \end{aligned} \tag{2.130}$$

전달함수의 주요 특성을 결정하기 위해 식 (2.117), (2.119), (2.121), (2.127)과 (2.128)을 평가할 수 있다.

$$
\begin{aligned}
|G_{g0}| &= \frac{D}{D'} = \frac{0.6}{0.4} = 1.5 \Rightarrow 3.5\,\mathrm{dB} \\
|G_{d0}| &= \frac{|V|}{DD'^2} = 469\,\mathrm{V} \Rightarrow 53.4\,\mathrm{dB} \\
f_0 &= \frac{\omega_0}{2\pi} = \frac{D'}{2\pi\sqrt{LC}} = 400\ \mathrm{Hz} \\
Q &= D'R\sqrt{\frac{C}{L}} = 4 \Rightarrow 12\ \mathrm{dB} \\
f_z &= \frac{\omega_z}{2\pi} = \frac{D'R}{2\pi DL} = 6.6\ \mathrm{kHz}
\end{aligned}
\tag{2.131}
$$

$G_{vd}(s)$의 크기와 위상 보드선도를 그림 2.33에 나타낸다. 전달함수는 53.4 dBV의 직류 이득과 $Q=4 \Rightarrow 12$ dB인 400 Hz에서 2차 공진 극점과 6.6 kHz에서 오른쪽 반평면 영점을 갖는다. 2차 공진 극점은 고 주파수에서 위상 점근선에 -180°를 기여하고, 오른쪽 반평면 영점은 -90°를 기여한다. 또한 그림 2.33에 포함되어 있지 않지만 벅-부스트 컨버터의 출력 전압의 반전 때문에 180° 위상 반전이 발생한다.

라인-출력 전달함수 $G_{vg}(s)$의 크기와 위상 보드선도를 그림 2.34에 나타낸다. 이 전달함수는 같은 주파수인 400 Hz에서 2차 공진 극점을 포함하지만 오른쪽 반평면 영점을 갖지 않는다. 직류 이득 G_{g0}는 컨버터의 변환비 $M(D)$와 같다. 그림 2.34에서 벅-부스트 컨버터의 출력 전압의 반전에 의한 180° 위상 반전은 포함하지 않았다.

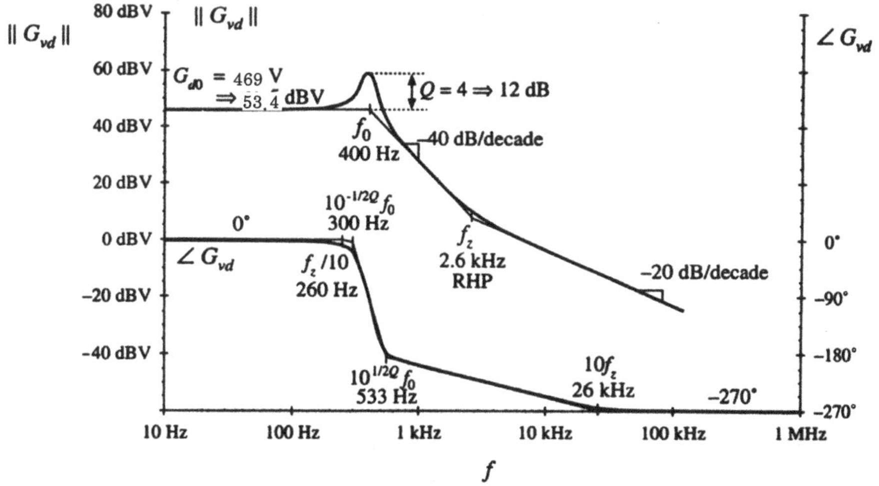

그림 2.33 벅-부스트 컨버터의 제어-출력 전달함수 $G_{vd}(s)$의 보드선도. 출력 전압 반전에 의한 위상 반전은 포함하지 않음

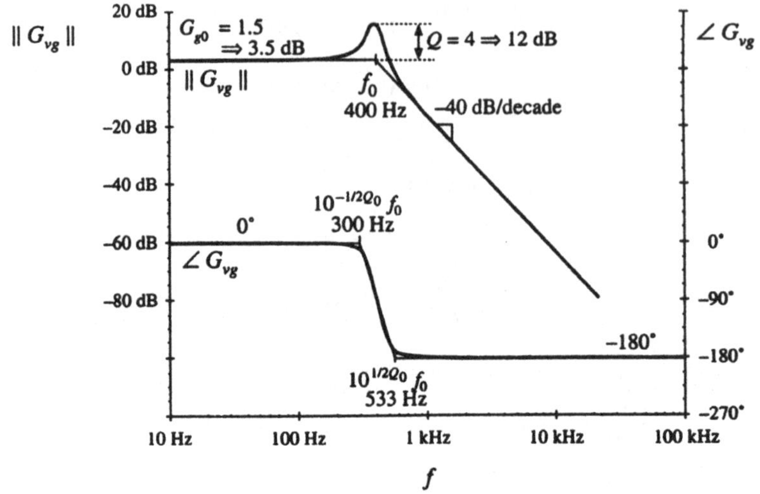

그림 2.34 벅-부스트 컨버터의 라인-출력 전달함수 $G_{vd}(s)$의 보드선도. 출력 전압 반전에 의한 위상 반전은 포함하지 않음

2.2.2 기본 CCM 컨버터의 전달함수

표 2.2에 기본 벅, 부스트, 벅-부스트 컨버터의 라인-출력 전달함수와 제어-출력 전달함수에 대한 주요 지표를 정리한다. 각 경우에서 제어-출력 전달함수는 다음의 형식을 갖는다.

$$G_{vd}(s) = G_{d0} \frac{1 - \dfrac{s}{\omega_z}}{1 + \dfrac{s}{Q\omega_0} + \left(\dfrac{s}{\omega_0}\right)^2} \tag{2.132}$$

라인-출력 전달함수는 다음의 형식을 갖는다.

$$G_{vg}(s) = G_{g0} \frac{1}{1 + \dfrac{s}{Q\omega_0} + \left(\dfrac{s}{\omega_0}\right)^2} \tag{2.133}$$

부스트와 벅-부스트 컨버터의 제어-출력 전달함수는 2개의 극점과 오른쪽 반평면 영점을 갖는다. 벅 컨버터의 제어-출력 전달함수는 2개의 극점을 갖지만 오른쪽 반평면 영점은 나타나지 않는다. 모든 세 컨버터의 라인-출력 전달함수에는 2개의 극점이 있으나 영점

표 2.2 기본 CCM 컨버터의 소신호 전달함수의 주요 지표

Converter	G_{g0}	G_{d0}	ω_0	Q	ω_z
Buck	D	$\frac{V}{D}$	$\frac{1}{\sqrt{LC}}$	$R\sqrt{\frac{C}{L}}$	∞
Boost	$\frac{1}{D'}$	$\frac{V}{D'}$	$\frac{D'}{\sqrt{LC}}$	$D'R\sqrt{\frac{C}{L}}$	$\frac{D'^2R}{L}$
Buck–boost	$-\frac{D}{D'}$	$\frac{V}{DD'}$	$\frac{D'}{\sqrt{LC}}$	$D'R\sqrt{\frac{C}{L}}$	$\frac{D'^2R}{DL}$

은 나타나지 않는다.

위의 결과를 벅, 부스트, 벅-부스트 컨버터의 변압기 분리 컨버터에 쉽게 적용할 수 있다. 변압기는 권선비를 제외하고는 제어-출력 및 라인-출력 전달함수에 영향을 주지 않는다. 예를 들면 브리지 토폴로지의 변압기가 대칭적으로 구동되면 자화 인덕턴스는 컨버터의 소신호 전달함수에 영향을 주지 않는다. 유사하게 포워드 컨버터의 변압기 자화 인덕턴스를 1권의 그림 6.23 또는 그림 6.28과 같이 입력 전압 v_g에 의해 초기화되면 자화 인덕턴스가 동특성에 미치는 영향은 매우 작다. 벅, 부스트, 벅-부스트 컨버터에 기반을 둔 모든 변압기 분리 컨버터에서 라인-출력 전달함수 $G_{vg}(s)$는 변압기 권선비가 곱해져야 된다. 그 외에는 식 (2.132)와 (2.133) 그리고 표 2.2의 파라미터를 직접 적용할 수 있다.

2.2.3 컨버터에서 오른쪽 반평면 영점의 물리적인 원인

오른쪽 반평면 영점의 동작을 설명하는 블록선도를 그림 2.35에 나타낸다. 저 주파수에서 이득 (s/ω_z)의 크기를 무시할 수 있으므로 $u_{out} \approx u_{in}$이다. 이득 (s/ω_z)의 크기가 1보다 큰 고 주파수에서 $u_{out} \approx -(s/\omega_z)u_{in}$이다. 음의 부호 때문에 고 주파수에서 위상이 반전된다. 이는 과도상태에서 출력이 초기에 최종 값의 반대 방향으로 움직임을 의미한다.

그림 2.36의 부스트 컨버터와 벅-부스트 컨버터의 제어-출력 전달함수에 RHP 영점이 있음을 알고 있다. 시비율의 계단 변화에 대한 전형적인 과도응답 파형을 그림 2.37에 나타낸다. 이 예에 대해 컨버터는 초기에 $d = 0.4$와 $d' = 0.6$의 평형상태에서 동작한다. 평형상태의 인덕터 전류 $i_L(t)$, 다이오드 전류 $i_D(t)$, 출력 전압 $v(t)$의 파형을 볼 수 있

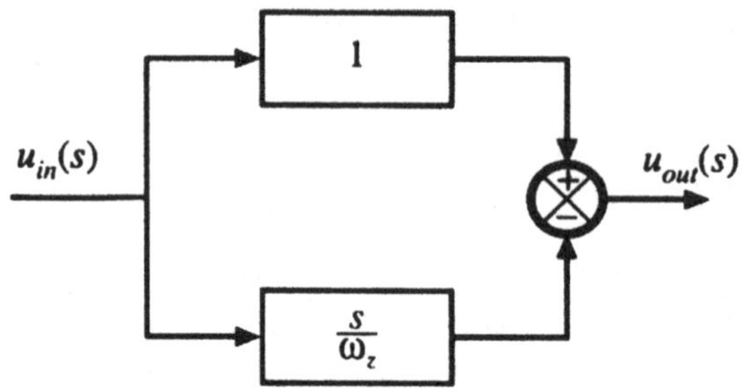

그림 2.35 식 (2.32)의 오른쪽 반평면 영점을 갖는 블록선도

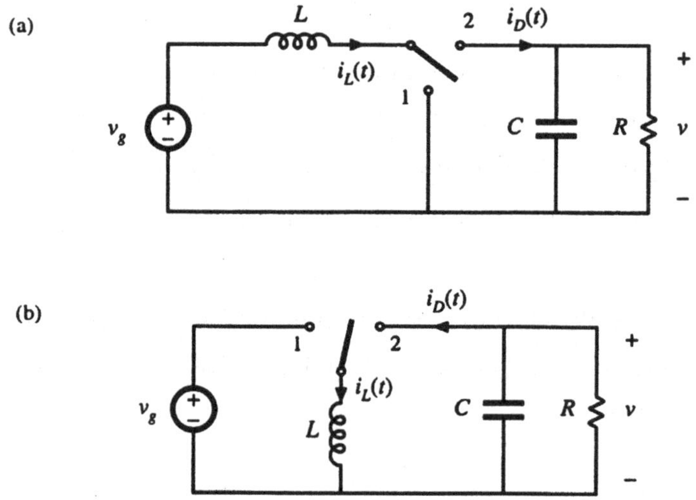

그림 2.36 제어-출력 전달함수에서 RHP 영점이 나타나는 CCM 기본 컨버터: (a) 부스트 컨버터, (b) 벅-부스트 컨버터

다. 다이오드의 평균 전류는

$$\langle i_D(t)\rangle_{T_s} = d'\langle i_L(t)\rangle_{T_s} \tag{2.134}$$

이다. 컨버터가 평형상태에 있을 때 커패시터 전하 평형에 의해 다이오드의 평균 전류는 부하 직류 전류와 같다. 시간 $t = t_1$에서 시비율을 0.6으로 증가시킨다. 따라서 d'는 0.4로 감소한다. 다이오드의 평균 전류는 식 (2.134)에 의해 감소하고, 출력 커패시터는 방전하기 시작한다. 따라서 그림에서처럼 출력 전압의 크기는 초기에 감소한다. 증가한 시

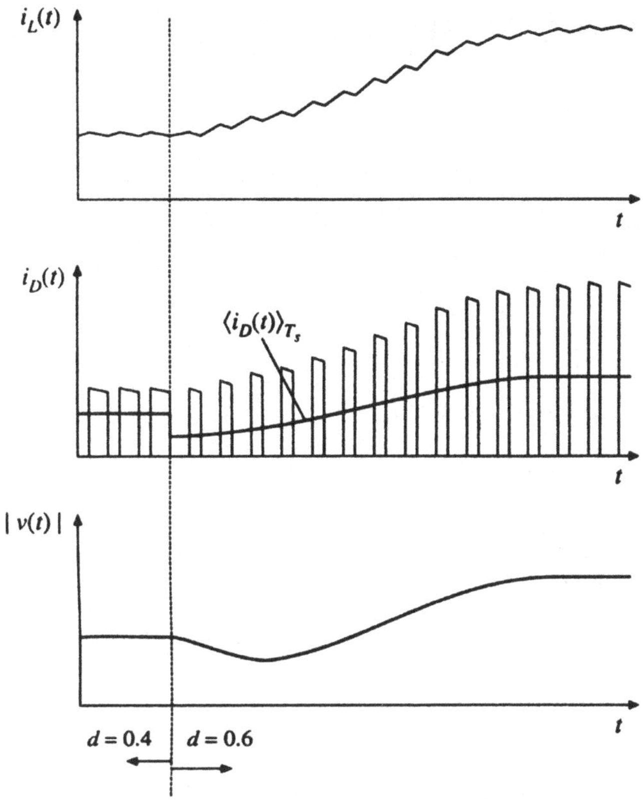

그림 2.37 RHP 영점의 동작: 계단 변화를 갖는 시비율에 따른 컨버터 응답 파형

비율에 의해 인덕터 전류는 서서히 증가하고 다이오드의 평균 전류는 결국 원래 초기에 $d = 0.4$에서의 평형 값을 초과하게 된다. 출력 전압의 크기는 결국 증가하여 $d = 0.6$에 대응하는 새로운 평형 값에 도달한다.

RHP 영점에 의해 과도상태에서 초기 출력이 반대 방향으로 변하기 때문에 RHP 영점은 광-대역폭(wide-bandwidth) 되먹임 루프를 불안정하게 할 수 있다. 다음 장에서 되먹임 루프의 안정도에 대한 위상여유 테스트를 다룬다. RHP 영점이 존재할 때 광-대역폭을 갖는 기존의 단일-루프 되먹임시스템에서 적당한 위상여유를 찾기가 매우 어렵다. RHP 영점이 있어 CCM 부스트 컨버터와 벅-부스트 컨버터를 제어하는 되먹임 루프가 왜 진동하는가를 밝혀낸 것은 평균 컨버터 모델링의 성공적인 결과라 말할 수 있다.

2.3 임피던스와 전달함수의 그래프 연산

많은 양의 연산을 하지 않고 이에 따른 불가피한 연산의 오류가 없이 직관에 의해 근사적인 보드선도를 만들 수 있다. 이 방법을 이용하여 회로 동작에 관한 많은 고찰을 할 수 있다. 어떤 소자가 여러 주파수에서 회로 공진을 지배하는지 분명해지고 알맞는 근사화가 분명해진다. 아주 복잡한 네트워크의 임피던스와 전달함수를 만들 수 있다. 설계 엔지니어가 원하는 주파수 응답을 얻기 위해 회로를 수정할 수 있는 관찰력을 얻을 수 있다. 그래프-위-연산(algebra-on-the-graph)이라 불리는 그래프 연산 방법은 임피던스와 전달함수의 크기 보드선도를 만드는 몇 가지 간단한 규칙을 포함한다.

2.3.1 직렬 임피던스: 점근선의 덧셈

직렬 연결은 임피던스의 덧셈을 나타낸다. 각 임피던스 크기의 보드선도를 안다면 각 임피던스의 점근선가운데 가장 큰 것을 선택하여 직렬 연결의 점근선을 얻을 수 있다. 많은 경우 그 결과는 정확하다. 각 점근선이 같은 기울기를 갖는 경우 결과는 근사적이다. 그럼에도 불구하고 근사화의 정밀도는 매우 좋다.

그림 2.38의 직렬로 연결된 $R-C$ 회로를 생각하자. 다음과 같은 전체 직렬 임피던스 $Z(s)$의 크기 점근선을 만들어 보자.

$$Z(s)=R+\frac{1}{sC} \tag{2.135}$$

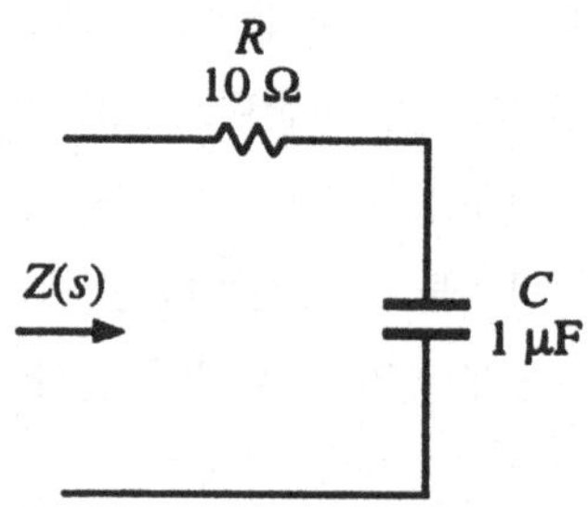

그림 2.38 직렬 $R-C$회로

먼저 각 임피던스의 크기를 그린다. 10 Ω 저항은 20 dB의 임피던스 크기를 갖는다. 이 값은 그림 2.39에서와 같이 주파수에 무관하다. 커패시터는 $1/\omega C$의 임피던스 크기를 갖는다. 이 값은 주파수에 역으로 비례하므로 크기 보드선도는 기울기 -20 dB/decade를 갖는 직선이다. 이 선은 다음의 각 주파수에서 $1 \Rightarrow 0$ dBΩ을 지나간다.

$$\frac{1}{\omega C} = 1\ \Omega \tag{2.136}$$

즉,

$$\omega = \frac{1}{(1\ \Omega)C} = \frac{1}{(1\ \Omega)(10^{-6}\mathrm{F})} = 10^{6}\ \mathrm{rad/sec} \tag{2.137}$$

주파수로는

$$f = \frac{\omega}{2\pi} = \frac{10^{6}}{2\pi} = 159\ \mathrm{kHz} \tag{2.138}$$

이므로 커패시터 임피던스의 크기는 기울기 -20 dB/decade를 갖는 직선이고 그림 2.39와 같이 159 kHz에서 0 dBΩ을 지나간다. 간단하게 보이기 위해 그림 2.39의 점근선에 R과 $1/\omega C$로 표시하였으나 실제로는 dB, 예를 들면 $20\log_{10}(R/1\ \Omega)$과 $20\log_{10}((1/\omega C)/1\ \Omega)$으로 표시해야 한다.

다음으로 식 (2.135)에 주어진 $Z(s)$의 크기 점근선을 만들어 보자. $Z(s)$의 크기를 다

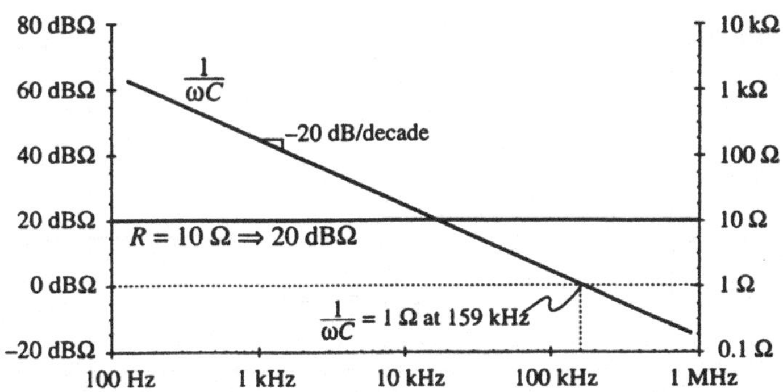

그림 2.39 각 소자의 임피던스 크기

음과 같이 근사화할 수 있다.

$$\| Z(j\omega) \| = \left\| R + \frac{1}{j\omega C} \right\| = \begin{cases} R & , R \gg 1/\omega C\text{에 대해} \\ \frac{1}{\omega C} & , R \ll 1/\omega C\text{에 대해} \end{cases} \tag{2.139}$$

직렬 연결된 임피던스의 크기 점근선은 그림 2.40에 나타낸 바와 같이 단순히 각 저항과 커패시터 점근선 가운데 큰 것을 선택하면 된다. 이 예의 경우 이 점근선은 $\|Z(s)\|$의 정확한 점근선이다. 주파수가 영인 경우 즉, 직류인 경우 커패시터는 개방회로이다. 따라서 직렬 연결은 커패시터에 의해 지배되고 정확한 함수는 점근적으로 커패시터 임피던스 크기로 접근한다. 주파수가 무한대인 경우 커패시터는 단락회로가 되어 직렬 임피던스는 단순히 R이 된다. 따라서 R과 $1/\omega C$는 이 예제에 대한 정확한 점근선이다.

점근선이 만나는 모퉁이 주파수 f_0를 쉽게 유도할 수 있다. 각 주파수 $\omega_0 = 2\pi f_0$에서 두 점근선의 크기는 같다.

$$\frac{1}{\omega_0 C} = R \tag{2.140}$$

주파수 ω_0와 f_0에 대한 해는 다음과 같다.

$$\omega_0 = \frac{1}{RC} = \frac{1}{(10\,\Omega)(10^{-6}\,\mathrm{F})} = 10^5 \text{ rad/sec} \tag{2.141}$$
$$f_0 = \frac{\omega_0}{2\pi} = \frac{10^5}{2\pi} = 16 \text{ kHz}$$

따라서 점근선에 대한 분석적인 표현식을 쓸 수 있다면 점근선이 만나는 모퉁이 주파수

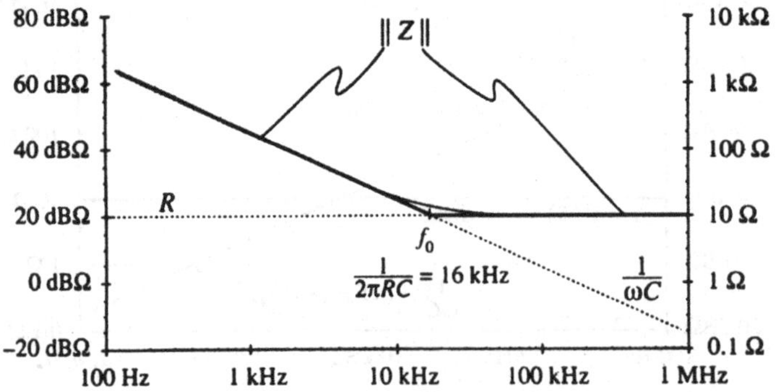

그림 2.40 직렬 임피던스의 점근선 작성: 가장 큰 점근선을 선택한다

에 대한 분석적인 표현식을 만들 수 있다.

일반적인 방법에 따라 점근선으로부터 정확한 보드선도를 만들 수 있다. 모퉁이 주파수 f_0에서 점근선의 기울기는 +20 dB/decade만큼 변한다(즉, -20 dBΩ/decade에서 0 dBΩ/decade로). 따라서 모퉁이 주파수 $f=f_0$에 영점이 있음을 알 수 있다. 정확한 보드선도는 $f=f_0$에서 +3 dBΩ, $f=2f_0$와 $f=f_0/2$에서 +1 dBΩ만큼 차이가 있다.

2.3.2 직렬 공진회로 예

두 번째 예로 그림 2.41의 직렬 연결된 $R-L-C$회로의 크기 점근선을 만들어 보자. 전체 직렬 임피던스 $Z(s)$는

$$Z(s) = R + sL + \frac{1}{sC} \tag{2.142}$$

다음의 값을 갖는 저항, 인덕터와 커패시터의 크기 점근선을 그림 2.42와 같이 그린다.

$$\begin{aligned} R &= 1\ \text{k}\Omega \\ L &= 1\ \text{mH} \\ C &= 0.1\ \mu\text{F} \end{aligned} \tag{2.143}$$

그림 2.42에 나타낸 바와 같이 직렬 임피던스 $Z(s)$는 저 주파수에서 커패시터가 지배적이고, 중간 주파수에서 저항, 고 주파수에서 인덕터가 지배적이다. 임피던스 $Z(s)$는 커

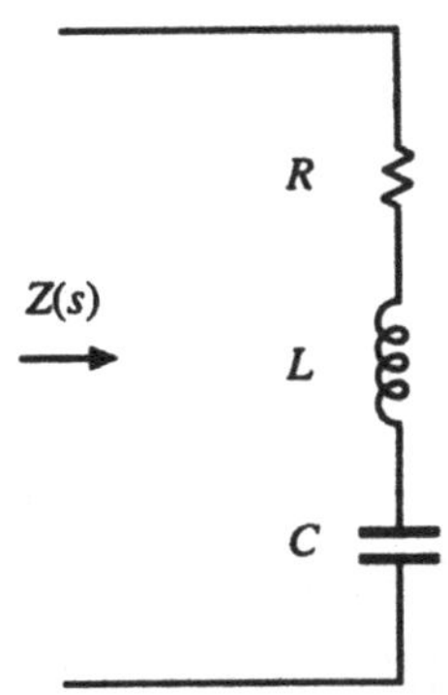

그림 2.41 직렬 $R-L-C$회로

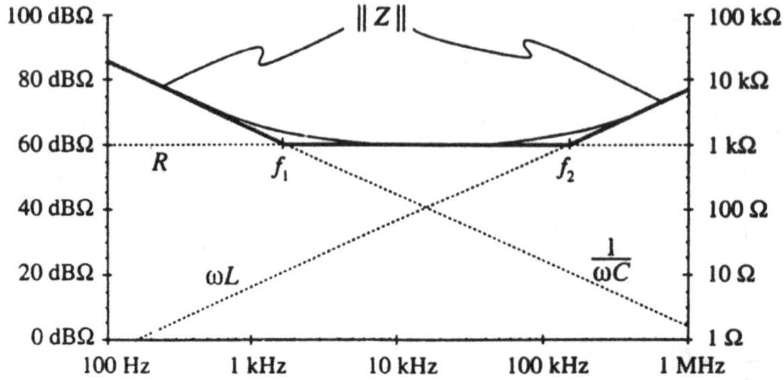

그림 2.42 직렬 *R–L–C* 회로의 크기 점근선

패시터와 저항 점근선이 만나는 각 주파수 ω_1에서 영점을 갖는다. 커패시터와 저항 점근선의 값을 같게 놓고 각 주파수 ω_1을 구할 수 있다.

$$\frac{1}{\omega_1 C} = R \Rightarrow \omega_1 = \frac{1}{RC} \tag{2.144}$$

두 번째 영점은 인덕터와 저항 점근선이 만나는 각 주파수 ω_2에서 발생한다. 인덕터와 저항 점근선의 값을 같게 놓고 각 주파수 ω_2를 구할 수 있다.

$$\omega_2 L = R \Rightarrow \omega_2 = \frac{R}{L} \tag{2.145}$$

따라서 $Z(s)$의 크기 보드선도의 주요한 특성에 대한 표현식을 바로 구할 수 있다. 식 (2.144)와 식 (2.145)는 모퉁이 주파수 ω_1과 ω_2에 대한 정확한 표현식이 아니라 근사적인 표현식이다. 이 식들은 2.1.7절의 작은-Q 근사화에 의한 결과와 같다.

다음으로 저항 R의 값을 10 Ω으로 감소시켜 보자. 저항 R의 값을 감소시키면 근사적인 모퉁이 주파수 ω_1과 ω_2는 점점 가까워져 $R = 100$ Ω에서 두 주파수 모두 100 krad/sec이 된다. 저항 R을 더욱 감소시키면 점근선은 $R = 10$ Ω에 대한 그림 2.43처럼 저항 값에 관계가 없게 된다. 이 경우 $\|Z(s)\|$는 $1/\omega C$에서 ωL로 바로 전환된다. 이 경우 $\omega = \omega_0$에서 두 개의 영점을 갖는다. 모퉁이 주파수 ω_0에서 커패시터와 임피던스 점근선의 크기가 같다. 그러므로

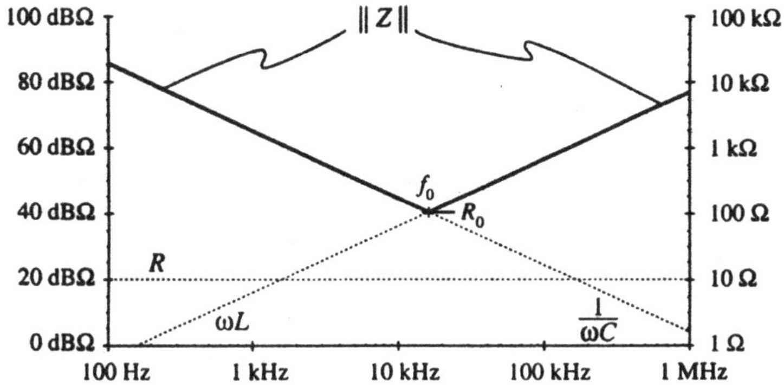

그림 2.43 직렬 R–L–C 회로의 임피던스 점근선, $R=10\ \Omega$

$$\omega_0 L = \frac{1}{\omega_0 C} = R_0 \tag{2.146}$$

이고 주파수 ω_0에 대해 풀면

$$\omega_0 = \frac{1}{\sqrt{LC}} \tag{2.147}$$

이다. 모퉁이 주파수 ω_0에서 커패시터와 임피던스 크기는 모두 R_0이고 이를 특성 임피던스(characteristic impedance)라 부른다.

주파수 $\omega = \omega_0$에서 두 개의 영점이 있으므로 두 근이 공액 복소수일 가능성이 있고, $\omega = \omega_0$ 부근에서 첨두 값이 발생할 수 있다. $\omega = \omega_0$에서 실제 보드선도가 어떻게 되는지 알아보자. 직렬 임피던스 $Z(j\omega_0)$의 실제 값은

$$Z(j\omega_0) = R + j\omega_0 L + \frac{1}{j\omega_0 C} \tag{2.148}$$

이다. 식 (2.146)을 식 (2.148)에 대입하면

$$Z(j\omega_0) = R + jR_0 + \frac{1}{jR_0} = R \tag{2.149}$$

이다. 즉, 주파수 $\omega = \omega_0$에서 인덕터와 커패시터의 임피던스는 크기는 같고 위상은 반대

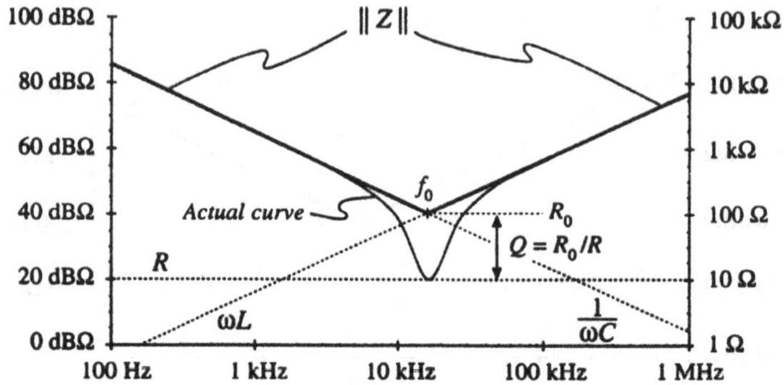

그림 2.44 직렬 R-L-C회로의 실제 임피던스 크기, R = 10Ω

이다. 그러므로 직렬 임피던스에서 이들 임피던스는 제거되어 그림 2.44에서와 같이 $Z(jw_0) = R$만 남는다. 공진 주파수 $\omega = \omega_0$에서 직렬 임피던스는 $1/\omega C$과 ωL에는 관계가 없고 R에 의해 결정되기 때문에 실제 크기 보드선도는 점근선에서 크게 벗어난다. 2.1.6절에서 $\omega = \omega_0$에서 실제 곡선과 점근선의 차이는 Q와 같다. 그림 2.44로부터 다음을 알 수 있다.

$$|Q|_{\mathrm{dB}} = |R_0|_{\mathrm{dB}\Omega} - |R|_{\mathrm{dB}\Omega} \tag{2.150}$$

또는

$$Q = \frac{R_0}{R} \tag{2.151}$$

이다. 식 (2.146)에서부터 식 (2.151)까지는 직렬 공진회로에 대한 정확한 결과이다.

단순하게 더 큰 점근선을 선택하여 점근선을 더하는 방법을 임피던스뿐만 아니라 전달함수에도 적용할 수 있다. 예를 들면 두 전달함수 G_1과 G_2의 크기 점근선을 알고 $G = G_1 + G_2$의 점근선을 찾고자 한다. G_1과 G_2의 크기 점근선 가운데 보다 큰 점근선을 선택하여 G의 점근선을 다음과 같이 근사적으로 구할 수 있다.

$$G = G_1 + G_2 = \begin{cases} G_1, & \| G_1 \| \gg \| G_2 \| \text{ 에 대해} \\ G_2, & \| G_2 \| \gg \| G_1 \| \text{ 에 대해} \end{cases} \tag{2.152}$$

이전의 예제에서와 같이 점근선의 식을 같게 놓아 식을 풀면 모퉁이 주파수를 구할 수 있다. 다음 장에서 이 방법이 되먹임시스템의 폐루프 전달함수를 결정하는 간단하고 강력한 방법임을 보인다.

2.3.3 병렬 임피던스: 점근선의 역 덧셈

병렬 연결은 임피던스의 역 덧셈으로 나타낸다.

$$Z_{par} = \frac{1}{\dfrac{1}{Z_1} + \dfrac{1}{Z_2} + \cdots} \tag{2.153}$$

임피던스 Z_1, Z_2 등의 크기 점근선을 알면 가장 작은 점근선을 선택하여 병렬연결 Z_{par}의 점근선을 얻을 수 있다. 가장 작은 임피던스의 역이 가장 크기 때문에 역의 합에서 지배적일 것이다. 직렬 임피던스의 경우에서처럼 이러한 방법으로 Z_{par}의 정확한 점근선을 얻을 수 있다.

그림 2.45의 다음의 소자 값을 갖는 병렬 연결된 $R-L-C$ 회로의 크기 점근선을 만들어 보자.

$$\begin{aligned} R &= 10\ \Omega \\ L &= 1\ \text{mH} \\ C &= 0.1\ \mu\text{F} \end{aligned} \tag{2.154}$$

각 소자의 임피던스를 그림 2.46에 나타낸다. 이 그림에서와 같이 병렬 임피던스 Z의 점근선은 가장 작은 소자의 임피던스를 선택하여 근사화할 수 있다. 그러므로 병렬 임피던스는 저 주파수에서 인덕터, 중간 주파수에서 저항, 고 주파수에서 커패시터가 지배적이다. 각 소자의 점근선을 같게 놓고 풀면 모퉁이 각 주파수에 대한 식을 다음과 같이 얻을 수 있다.

$$\begin{aligned} &\omega = \omega_1 \text{에서 } R = \omega_1 L \quad \Rightarrow \omega_1 = \frac{R}{L} \\ &\omega = \omega_2 \text{에서 } R = \frac{1}{\omega_2 C} \quad \Rightarrow \omega_2 = \frac{1}{RC} \end{aligned} \tag{2.155}$$

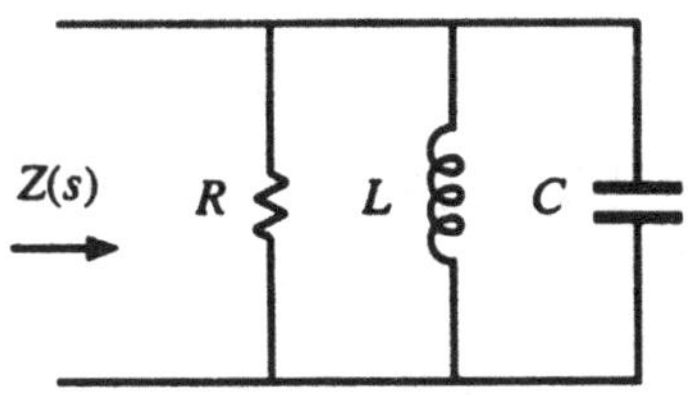

그림 2.45 병렬 $R-L-C$ 회로

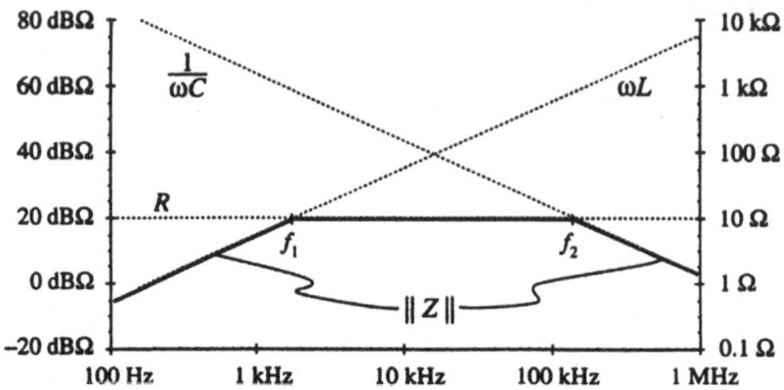

그림 2.46 병렬 *R–L–C* 회로 크기 점근선

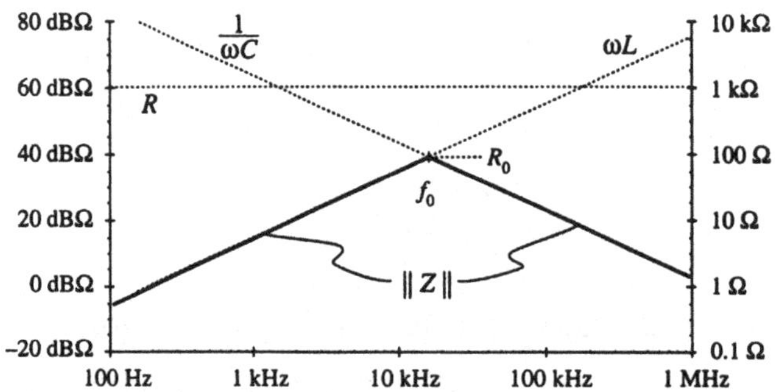

그림 2.47 병렬 *R–L–C* 회로의 임피던스 크기 점근선, $R = 1\ k\Omega$

2.1.7절의 작은-Q 근사화를 이용하여 위의 표현식을 얻을 수 있다.

2.3.4 병렬 공진회로 예

병렬 *R-L-C* 네트워크에서 저항 R의 값을 1 kΩ으로 증가시키면 병렬 임피던스의 점근선이 어떻게 되는가를 그림 2.47에 나타낸다. $\|Z(s)\|$의 점근선은 저항 R에 관계가 없게 되고 모퉁이 주파수 ω_0에서 ωL에서 $1/\omega C$로 바로 전환된다. 모퉁이 주파수 ω_0는 다음과 같이 인덕터와 커패시터의 임피던스가 같아지는 주파수이다.

$$\omega_0 L = \frac{1}{\omega_0 C} = R_0 \tag{2.156}$$

즉,

$$\omega_0 = \frac{1}{\sqrt{LC}} \tag{2.157}$$

이다. 주파수 $\omega = \omega_0$에서 $\|Z(s)\|$의 점근선의 기울기는 +20 dB/decade에서 -20 dB/decade로 변하고 두 개의 극점을 갖는다. $\omega = \omega_0$에서 $\|Z(s)\|$의 정확한 값을 구하여 첨두 값이 발생하는가를 다음과 같이 조사해야 한다.

$$Z(j\omega_0) = R \parallel j\omega_0 L \parallel \frac{1}{j\omega_0 C} = \frac{1}{\frac{1}{R} + \frac{1}{j\omega_0 L} + j\omega_0 C} \tag{2.158}$$

식 (2.156)을 식 (2.158)에 대입하면

$$Z(j\omega_0) = \frac{1}{\frac{1}{R} + \frac{1}{jR_0} + jR_0} = R \tag{2.159}$$

이다. 따라서 주파수 $\omega = \omega_0$에서 인덕터와 커패시터의 임피던스는 서로 상쇄되어 $Z(j\omega_0) = R$만 남는다. L과 C의 값은 점근선의 값을 결정하고, 저항 R의 값은 모퉁이 주파수 ω_0에서 크기 보드선도의 정확한 값을 나타낸다. 실제 보드선도를 그림 2.48에 나타낸다. 모퉁이 주파수에서 점근선과 실제 곡선과의 차이는

$$|Q|_{\mathrm{dB}} = |R|_{\mathrm{dB}\,\Omega} - |R_0|_{\mathrm{dB}\,\Omega} \tag{2.160}$$

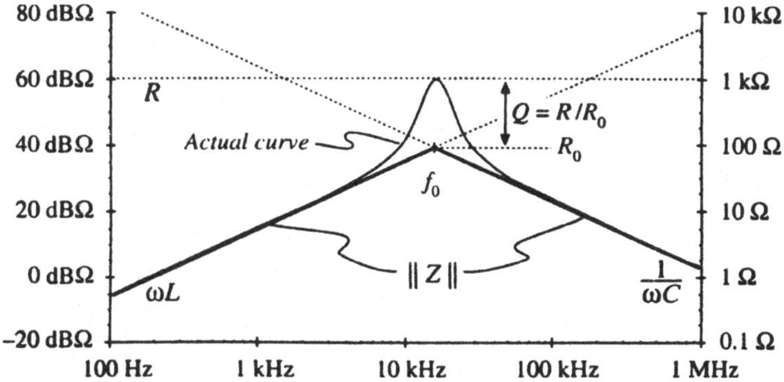

그림 2.48 병렬 R-L-C 회로의 실제 임피던스 크기

또는

$$Q = \frac{R}{R_0} \tag{2.161}$$

이다. 식 (2.156)에서부터 식 (2.161)까지는 병렬 공진회로에 대한 정확한 결과이다.

임피던스 크기를 그래프로 구하는 방법은 잘 알려져 있으며 *리액턴스 그래프*를 사용한다. 그림 2.49에서와 같이 여러 인덕턴스, 커패시턴스, 저항의 임피던스 크기를 세미-로그 축에 그린다. *R-L-C* 회로의 크기 점근선을 이 축 위에 직접 그릴 수 있으며 모퉁이 주파수의 값을 이 그래프에서 직접 구할 수 있다.

2.3.5 전압 분배기의 전달함수: 점근선의 나눗셈

일반적으로 전달함수를 임피던스의 항 즉, 두 임피던스의 비로 표현할 수 있다. 이전의 절에서처럼 임피던스를 구할 수 있다면 전달함수를 얻기 위해 나눌 수 있다. 이 절에서는 두 극점을 갖는 *R-L-C* 저 주파수-통과 필터(그림 2.50)에 대한 전달함수 $H(s)$를 구해

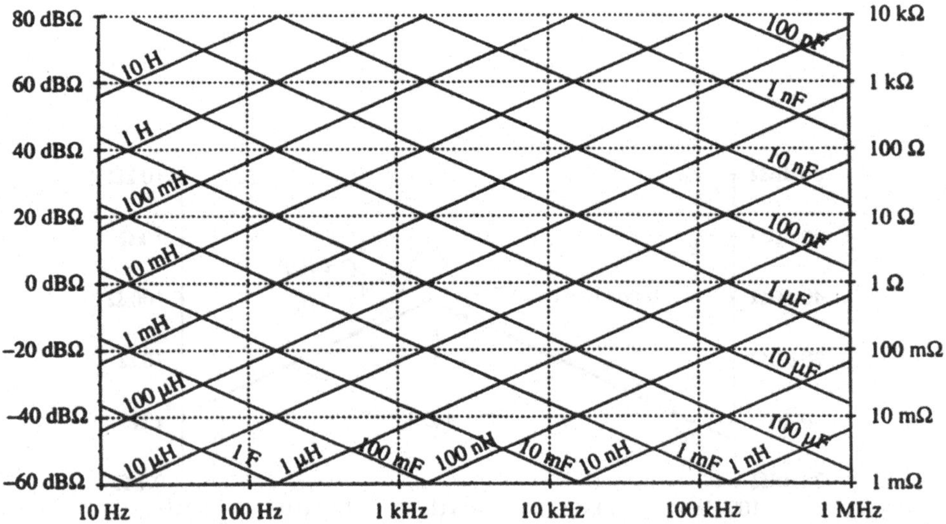

그림 2.49 리액턴스 그래프

보자. 이러한 형태의 필터는 두-극점 컨버터의 표준형에서 나타나고 이 절의 결과를 다음 절의 컨버터 예에 적용할 수 있다.

잘 알려진 전압 분배공식으로부터 이 회로의 전달함수를 임피던스의 비 Z_2/Z_{in}로 표현할 수 있으며, $Z_{in} = Z_1 + Z_2$는 네트워크의 입력 임피던스이다.

$$\frac{\hat{v}_2(s)}{\hat{v}_1(s)} = \frac{Z_2}{Z_1 + Z_2} = \frac{Z_2}{Z_{in}} \tag{2.162}$$

이 예제에 $Z_1(s) = sL$이고 $Z_2(s)$는 R과 $1/sC$의 병렬 연결이다. 따라서 $Z_2(s)$의 점근선과 직렬연결의 $Z_{in}(s)$의 점근선을 그리고, 다음으로 나누면 전달함수 점근선을 구할 수 있다. 이 예에 더 쉽게 적용할 수 있는 다른 방법으로 식 (2.162)의 분모 분자에 다음과 같이 Z_1을 곱한다.

$$\frac{\hat{v}_2(s)}{\hat{v}_1(s)} = \frac{Z_2 Z_1}{Z_1 + Z_2}\frac{1}{Z_1} = \frac{Z_{out}}{Z_1} \tag{2.163}$$

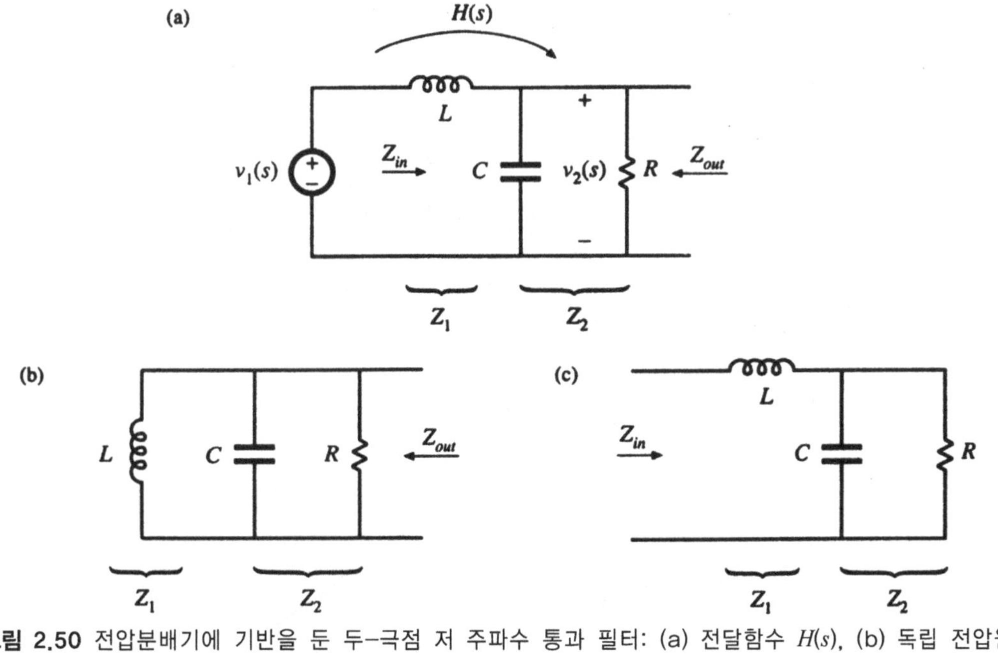

그림 2.50 전압분배기에 기반을 둔 두-극점 저 주파수 통과 필터: (a) 전달함수 $H(s)$, (b) 독립 전압원을 단락으로 놓아 Z_{out}의 결정, (c) Z_{in}의 결정

여기서 $Z_{out} = Z_1 \| Z_2$는 전압 분배기의 출력 임피던스이다. 따라서 전압 분배기의 전달함수를 구하는 다른 방법은 첫째 Z_1에 대한 점근선과 병렬 연결의 Z_{out}의 점근선을 그리고, 다음으로 나누면 전달함수 점근선을 구할 수 있다. 이 방법은 병렬 연결 $Z_1 \| Z_2$가 직렬 연결 $Z_1 + Z_2$보다 만들기 쉬울 때 유용하다. 이 두 방법은 종종 다른 근사화 결과를 주기도 하는데 결과가 더 정확할 수 또는 부정확할 수 있다.

그림 2.50(b)의 출력 임피던스 Z_{out}은

$$Z_{out}(s) = R \parallel \frac{1}{sC} \parallel sL \tag{2.164}$$

이다. 병렬 R-L-C 네트워크의 임피던스를 2.3.3절에서 도시하였으며 높은 Q인 경우 그림 2.51(a)에 나타낸다.

식 (2.163)에 따라 전압분배기의 전달함수 크기는 $\|H\| = \|Z_{out}\| / \|Z_1\|$이며 그림 2.51(b)에 나타낸다. 주파수 $\omega < \omega_0$에 대해 $\|Z_{out}\|$의 점근선은 $\|Z_1\|$과 일치한다. 즉, 둘 다 ωL이다. 그러므로 $\|Z_{out}\|/\|Z_1\| = 1$이다. 주파수 $\omega > \omega_0$에 대해 $\|Z_{out}\|$의 점근선은 $1/\omega C$이고, $\|Z_1\|$의 점

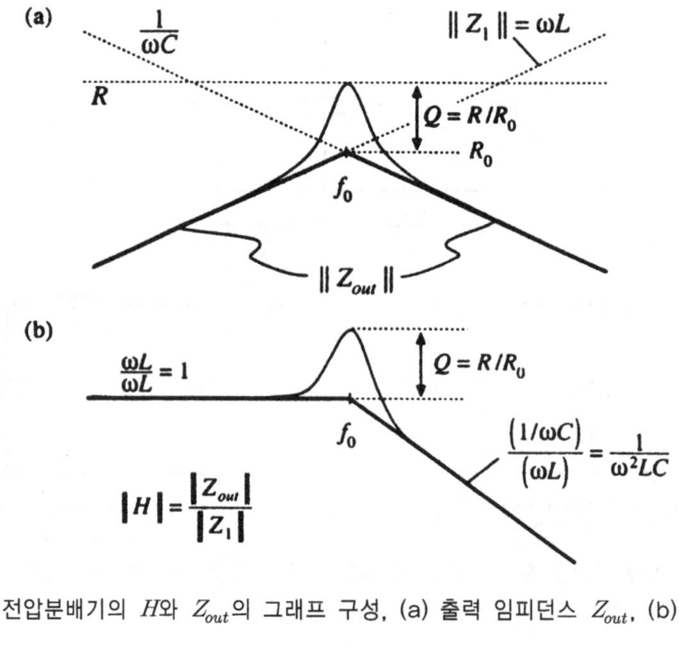

그림 2.51 전압분배기의 H와 Z_{out}의 그래프 구성, (a) 출력 임피던스 Z_{out}, (b) 전달함수 H

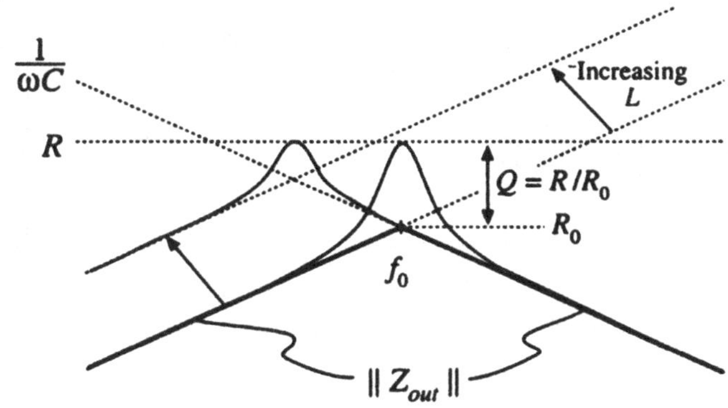

그림 2.52 인덕턴스 L의 증가 효과: 출력 임피던스 점근선의 모퉁이 주파수 및 Q-계수

근선은 ωL이다. 따라서 $\|Z_{out}\|/\|Z_1\| = 1/\omega^2 LC$이고, 높은 주파수의 점근선의 기울기는 -40 dB/decade이다. 주파수 $\omega = w_0$에서 $\|Z_{out}\|$은 정확한 값 R이고, $\|Z_1\|$은 정확한 값 R_0이다. 따라서 $\|H(j\omega_0)\| = \|Z_{out}(j\omega_0)\|/\|Z_1(j\omega_0)\| = R/R_0 = Q$이다. 필터 전달함수 H는 임피던스 Z_{out}과 같은 모퉁이 주파수 w_0와 Q를 갖는다.

여러 소자 값의 변동이 전달함수와 임피던스에 어떤 영향을 주는지 분명해졌다. 예를 들면 L을 증가시키는 효과는 그림 2.52에 나타낸 바와 같이 공진 각 주파수 ω_0가 감소하고 또한 Q가 감소한다.

2.4 컨버터 전달함수의 그래프 연산

1장에서 유도한 벅 컨버터의 소신호 등가회로 모델을 그림 2.53에 나타낸다. 그래프 연산을 이용하여 벅 컨버터의 전달함수와 단자 임피던스를 만들어 보자.

전원 $\hat{d}(s)$와 $\hat{v}_g(s)$를 단락하여 출력 임피던스 $Z_{out}(s)$를 구할 수 있다. 그러면 그림 2.54(a)의 회로를 얻는다. 이 모델은 2.3.3절과 2.3.4절에서 다룬 병렬 $R-L-C$회로와 일치한다. 그림 2.54(b)에서처럼 출력 임피던스는 저 주파수에서 인덕턴스, 고 주파수에

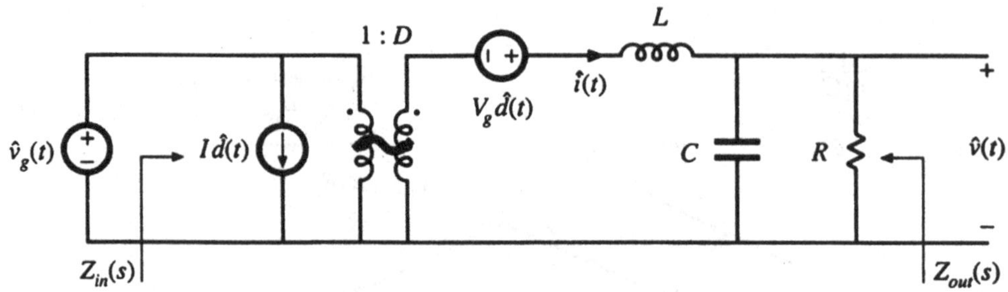

그림 2.53 벅 컨버터의 소신호 등가 모델

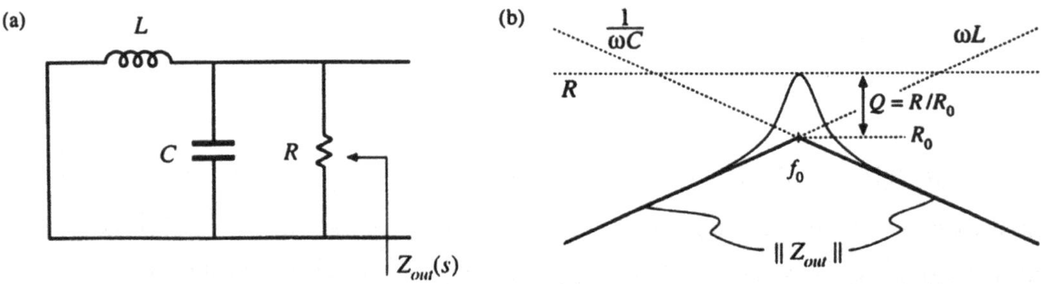

그림 2.54 벅 컨버터의 출력 임피던스 구성

서 커패시턴스에 의해 지배된다. 다음 식으로 주어진 공진 주파수 f_0에서

$$f_0 = \frac{1}{2\pi\sqrt{LC}} \tag{2.165}$$

출력 임피던스는 부하 저항 R과 같다. 이 회로의 Q-계수는 다음과 같다.

$$Q = \frac{R}{R_0} \tag{2.166}$$

여기서

$$R_0 = \omega_0 L = \frac{1}{\omega_0 C} = \sqrt{\frac{L}{C}} \tag{2.167}$$

이다. 이 회로는 가벼운 부하인 경우 가볍게 제동(높은 Q)된다.

그림 2.55(a)에서와 같이 전원 $\hat{d}(s)$와 $\hat{v_g}(s)$를 단락하여 입력 임피던스 $Z_{in}(s)$를 구할 수 있다. 입력 임피던스는 $1:D$ 변압기의 일차 측으로 환산한 값으로 다음과 같다.

$$Z_{in}(s) = \frac{1}{D^2}\left[Z_1(s) + Z_2(s)\right] \tag{2.168}$$

여기서

$$Z_1(s) = sL \tag{2.169}$$

$$Z_2(s) = R \parallel \frac{1}{sC} \tag{2.170}$$

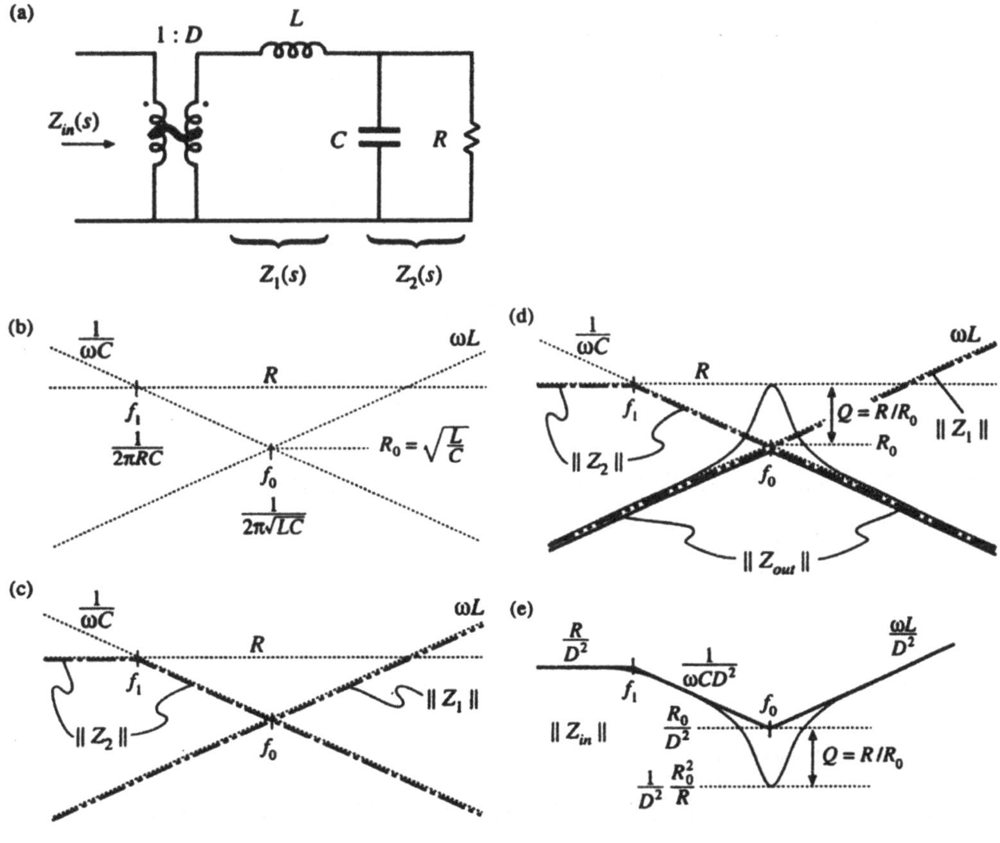

그림 2.55 벅 컨버터의 입력 임피던스의 보드선도 작성

이다. 그림 2.55(b)와 같이 각자의 저항, 인덕터, 커패시터 임피던스를 그리고 식 (2.168)에서부터 식 (1.170)까지 대응하는 임피던스 점근선을 만든다. 그림 2.55의 임피던스는 $R > R_0$인 경우에 대하여 그린 것이다. 그림 2.55(c)에 나타낸 바와 같이 $\|Z_1\|$은 인덕터 리액턴스 ωL과 같다. 임피던스 $\|Z_2\|$는 저 주파수에서 저항 R, 고 주파수에서 커패시터 리액턴스 $1/\omega C$로 점근한다. 저항과 커패시터 점근선이 만나는 모퉁이 주파수 f_1은 다음과 같다.

$$f_1 = \frac{1}{2\pi RC} \tag{2.171}$$

식 (2.168)에 따라 입력 임피던스 $Z_{in}(s)$는 $Z_1(s)$와 $Z_2(s)$를 직렬로 연결하고 권선비 D의 제곱으로 나눈 값과 같다. $\|Z_1\|$과 $\|Z_2\|$의 점근선 가운데 큰 것을 선택하여 직렬연결 $[Z_1(s)+Z_2(s)]$의 점근선을 구할 수 있다. $\|Z_1\|$과 $\|Z_2\|$의 점근선은 식 (2.171)에 주어진 주파수 f_0에서 만난다. 그림 2.55(c)에서 처럼 $f < f_0$에서 Z_2, $f > f_0$에서 Z_1이 지배적이다. $[Z_1(s)+Z_2(s)]$의 점근선을 $1/D^2$으로 축소하면 그림 2.55(e)의 입력 임피던스 점근선을 얻을 수 있다.

주파수 f_0에서 $Z_{in}(s)$의 영점은 $Z_{out}(s)$의 극점[식 (2.166)]과 같은 Q-계수를 갖는다. 이를 확인하기 위한 방법은 다음과 같이 출력 임피던스를 살펴보는 일이다.

$$Z_{out}(s) = \frac{Z_1(s)Z_2(s)}{Z_1(s)+Z_2(s)} = \frac{Z_1(s)Z_2(s)}{D^2 Z_{in}(s)} \tag{2.172}$$

그러므로 $Z_{out}(s)$과 $Z_{in}(s)$은 다음의 관계를 갖는다.

$$Z_{in}(s) = \frac{1}{D^2}\frac{Z_1(s)Z_2(s)}{Z_{out}(s)} \tag{2.173}$$

임피던스 $\|Z_1\|$과 $\|Z_2\|$ 그리고 $\|Z_{out}\|$을 그림 2.55(d)에 나타낸다. 공진 주파수 f_0에서 Z_1은 크기 R_0를 갖고, Z_2는 거의 R_0에 근사적인 크기를 갖는다. 출력 임피던스 Z_{out}은 크기 R을 갖는다. 따라서 식 (2.173)으로부터 입력 임피던스의 크기는 다음과 같다.

$$\| Z_{in}(s) \| \approx \frac{1}{D^2}\frac{R_0 R_0}{R} \quad f = f_0\text{에서} \tag{2.174}$$

주파수 $f = f_0$에서 입력 임피던스의 점근선은 크기 R_0/D^2를 갖는다. 그러므로 입력 임피던스의 실제와 점근선의 차이는 그림 2.55(e)에서와 같이 $Q = R/R_0$이다.

그림 2.56(a)에서처럼 $\hat{v}_g(s)$를 단락하여 제어-출력 전달함수 $G_{vd}(s)$를 구할 수 있다. 이 회로는 2.3.5절에서 서술한 전압분배기와 일치한다. 그러므로 $G_{vd}(s)$를 다음과 같이 표현할 수 있다.

$$G_{vd}(s) = V_g \frac{Z_{out}(s)}{Z_{in}(s)} \tag{2.175}$$

그림 2.56(b)에 $\|Z_1\|$과 $\|Z_{out}\|$을 그린다. 식 (2.175)로부터 $\|Z_{out}\|$과 $\|Z_1\|$의 비를 구하고 V_g를 곱하여 $\|G_{vd}(s)\|$를 구할 수 있다. $f < f_0$에 대하여 $\|Z_{out}\|$과 $\|Z_1\|$은 둘 다 ωL과 같으므로 $\|Z_{out}\|/\|Z_1\| = 1$이다. 그림 2.56(c)에서처럼 $\|G_{vd}(s)\|$의 저 주파수 점근선은 V_g 값이다. $f > f_0$에 대하여 $\|Z_{out}\|$은 $1/\omega L$에 점근하고 $\|Z_1\|$은 ωL에 점근한다. 따라서 $\|Z_{out}\|/\|Z_1\|$은 $1/\omega^2 LC$에 점근하므로 $\|G_{vd}(s)\|$의 고 주파수 점근선은 $V_g/\omega^2 LC$와 같다. $f = f_0$에서 두 극점의 Q-계수는 R/R_0이다.

그림 2.57(a)에서처럼 $\hat{d}(s)$를 단락하여 라인-출력 전달함수 $G_{vd}(s)$를 구할 수 있다. 이 회로는 그림 2.56와 같은 전압분배기를 포함하고 1:D 변압기를 포함한다. 전달함수 $G_{vd}(s)$를 다음과 같이 표현할 수 있다.

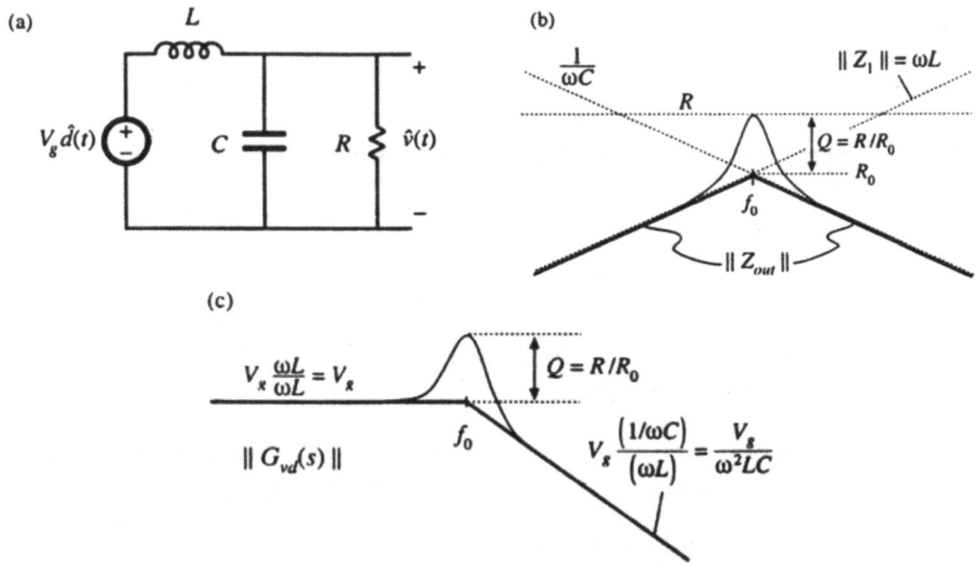

그림 2.56 벅 컨버터의 제어-출력 전달함수

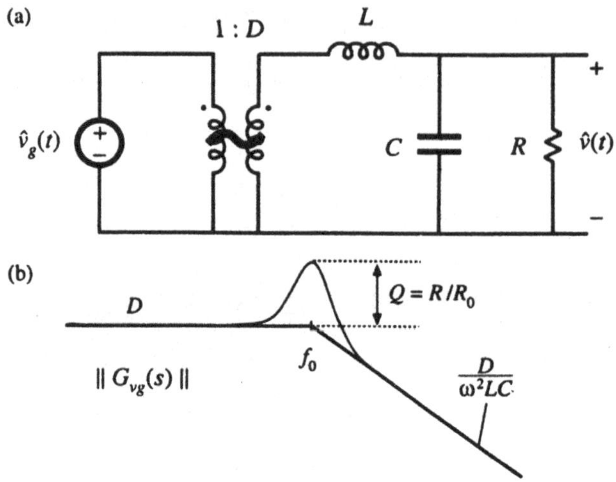

그림 2.57 벅 컨버터의 라인–출력 전달함수

$$G_{vg}(s) = D\frac{Z_{out}(s)}{Z_1(s)} \tag{2.176}$$

이 식은 식 (2.175)와 비례 계수 D를 제외하면 유사하다. 그러므로 그림 2.57(b)의 라인-출력 전달함수는 제어-출력 전달함수 $G_{vd}(s)$와 같은 모양을 갖는다.

2.5 전달함수와 임피던스의 측정

컨버터 시제품의 전달함수를 측정하는 것은 엔지니어에게 좋은 실습과제이다. 이 실습을 통해 시스템이 정확히 모델되었고 설계되었는가를 판단할 수 있다. 또한 단자 임피던스를 측정하여 개개의 회로 소자들의 특성을 파악할 수 있다.

네트워크 분석기(network analyzer) 또는 주파수 응답 분석기(frequency response analyzer)를 이용하여 소신호 교류의 크기와 위상을 측정할 수 있다. 기본 네트워크 분석기의 주요 입력과 출력을 그림 2.58에 나타낸다. 네트워크 분석기에는 제어가 가능한 크기와 주파수를 갖는 정현파 출력 전압 $\hat{v}_z$가 있다. 이 신호를 측정하고자 하는 시스템의 위치에 입력할 수

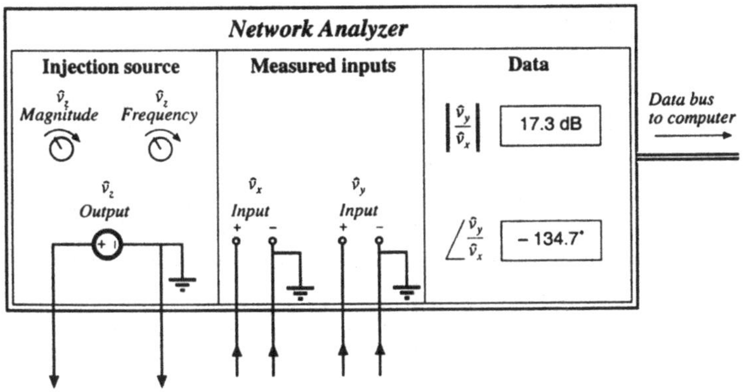

그림 2.58 네트워크 분석기

있다. 네트워크 분석기에는 2개 이상의 입력 $\hat{v}_x$와 $\hat{v}_y$가 있다. $\hat{v}_z$, $\hat{v}_x$와 $\hat{v}_y$의 되돌아오는 전극은 내부에서 접지되어 있다. 네트워크 분석기는 좁은-대역 추적 전압계(narrowband tracking voltmeter)의 기능을 수행한다. 주입된 주파수에서 $\hat{v}_x$와 $\hat{v}_y$의 성분을 측정하여 양 $\hat{v}_y/\hat{v}_x$의 크기와 위상을 표시한다. 좁은-대역 추적 전압계의 특성은 스위칭 컨버터 측정에 필수적이다. 그렇지 않으면 스위칭 맥동과 잡음이 원하는 정현파에 섞여 있어 정확한 측정이 불가능하다[3]. 오늘날의 네트워크 분석기는 전달함수 $\hat{v}_y/\hat{v}_x$의 크기와 위상 보드선도를 만들기 위해 주입 전원 $\hat{v}_z$의 주파수를 자동적으로 바꾸어 준다.

그림 2.59는 증폭기의 전달함수를 측정하기 위한 전형적인 시험장치 결선을 나타낸다. 직류 공급전원 V_{cc}와 접지 사이에 연결된 전압조정기를 이용하여 정확한 한 동작점을 얻기 위해 증폭기 입력에 직류 치우침을 준다. 주입 전압원 $\hat{v}_z$는 직류 저지 커패시터를 통해 증폭기 입력 단자에 연결된다. 직류 저지 커패시터는 주입 전압원이 직류 치우침에 의해 영향을 받지 않도록 한다. 네트워크 분석기의 입력 $\hat{v}_x$와 $\hat{v}_y$는 증폭기의 입력과 출력 단자에 각각 연결된다. 그러므로 측정된 전달함수는 다음과 같다.

$$\frac{\hat{v}_y(s)}{\hat{v}_x(s)} = G(s) \tag{2.177}$$

직류 저지 커패시턴스, 직류 치우침이 있는 전압조정기와 주입 전압원 $\hat{v}_z$의 크기는 측정

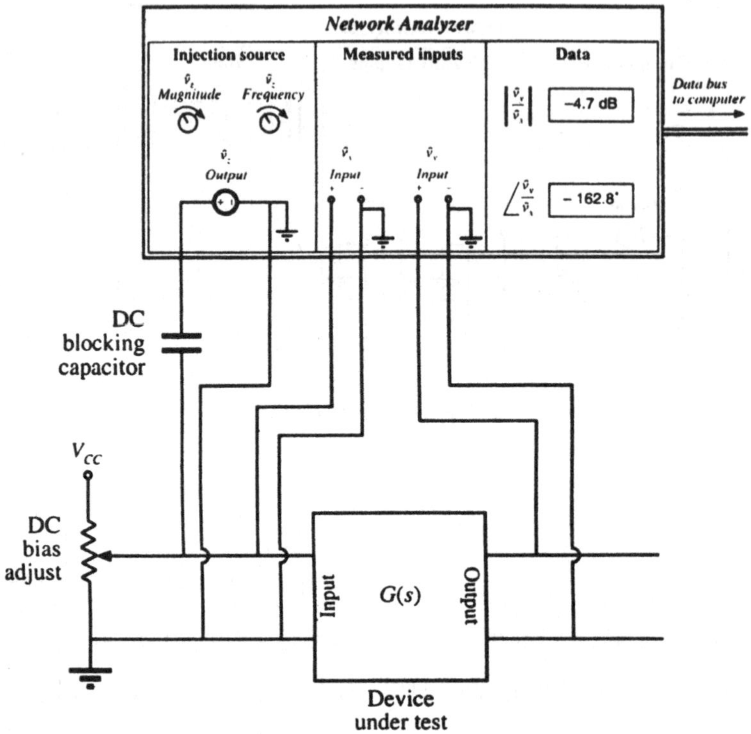

그림 2.59 전달함수 측정

한 전달함수에 영향을 주지 않는다.

다음의 임피던스

$$Z(s) = \frac{\hat{v}(s)}{\hat{i}(s)} \tag{2.178}$$

는 전류에서 전압으로의 전달함수로 취급하여 측정할 수 있다. 예를 들면 증폭기의 출력 임피던스를 측정하는 방법을 그림 2.60에 나타낸다. 증폭기 입력에 직류 치우침이 있는 전압조정기로 정지된 동작점 조건을 만들 수 있다. 주입 전압원 $\hat{v}_z$는 직류 저지 커패시터를 통해 증폭기 출력 단자에 연결된다. 주입 전압원 $\hat{v}_z$는 임피던스 Z_s에 전류 $\hat{i}_{out}$을 흐르게 한다. 이 전류는 증폭기의 출력으로 흘러 들어가 증폭기의 출력 임피던스에 다음과 같은 전압을 만들어 낸다.

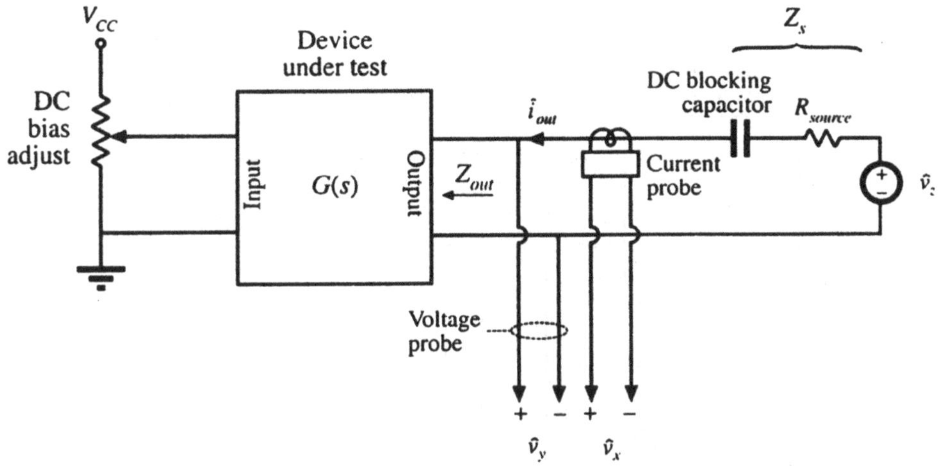

그림 2.60 출력 임피던스 측정

$$Z_{out}(s) = \left. \frac{\hat{v}_y(s)}{\hat{i}_{out}(s)} \right|_{\text{증폭기 교류 입력} = 0} \tag{2.179}$$

전류 프로브로 $\hat{i}_{out}$을 측정한다. 전류 프로브는 $\hat{i}_{out}$에 비례하는 전압을 발생한다. 이 전압을 네트워크 분석기의 입력 $\hat{v}_x$에 연결한다. 전압 프로브를 이용하여 증폭기 출력 전압 $\hat{v}_y$를 측정한다. 네트워크 분석기는 Z_{out}에 비례하는 전달함수 $\hat{v}_y / \hat{v}_x$를 표시해준다. 임피던스 Z_s의 값과 주입 전압원 $\hat{v}_z$의 크기는 Z_{out}의 측정에 영향을 주지 않는다.

전력 응용에서 크기가 매우 작은 임피던스를 측정할 필요가 종종 있다. 이런 경우 그림 2.60과 같은 장치 구성은 접지문제[4] 때문에 작은 임피던스를 측정할 수 없다. 그 이유를 그림 2.61(a)에 나타낸다. 주입 전압원 $\hat{v}_z$와 분석기 입력 $\hat{v}_y$의 되돌아오는 선이 접지에 함께 연결되어 있으므로 주입 전류 $\hat{i}_{out}$은 주입 전원이나 전압 프로브의 되돌아오는 선을 통해 전원으로 되돌아 올 수 있다. 실제로 $\hat{i}_{out}$은 두 도선의 상대적인 임피던스에 따라 흐른다. 그러므로 전압 프로브의 되돌아오는 선을 통해 많은 전류 $(1\text{-}k)\hat{i}_{out}$가 흐른다. 만일 전압 프로브의 되돌아오는 선이 접촉 및 선 임피던스의 합 Z_{probe}를 갖는다면 그림 2.61(a)에서처럼 전류는 전압 프로브의 선에 $(1\text{-}k)\ \hat{i}_{out}\ Z_{probe}$의 전압강하를 발생한다. 그러므로 네트워크 분석기는 임피던스 Z 양단의 전압강하를 정확하게 측정할

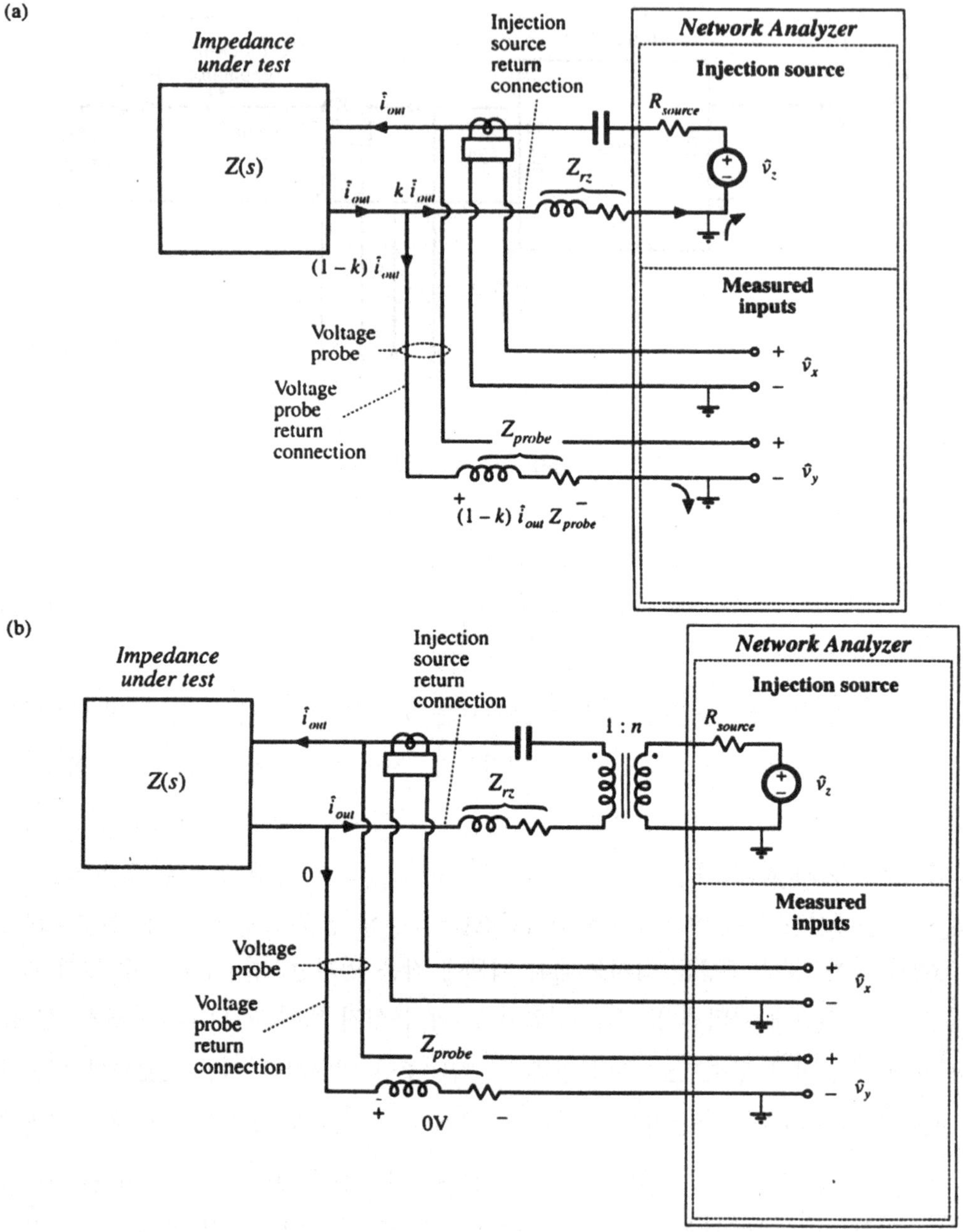

그림 2.61 작은 임피던스 측정: (a) 일반적인 방법, (b) 개선된 방법

수 없다. 네트워크 분석기의 내부 접지연결의 임피던스가 무시할 수 있으면 네트워크 분석기는 다음의 임피던스를 표시할 것이다.

$$Z + (1-k)Z_{probe} = Z + Z_{probe} \parallel Z_{rz} \tag{2.180}$$

여기서 Z_{rz}는 주입 전원의 되돌아오는 선의 임피던스이다. 정확한 측정을 위해서는 다음 조건을 만족해야 한다.

$$|Z| \gg |Z_{probe} \parallel Z_{rz}| \tag{2.181}$$

일반적으로 $|Z|$의 낮은 값은 수십 또는 수백 mΩ이다.

매우 작은 임피던스를 측정하기 위한 개선된 시험 장치를 그림 2.61(b)에 나타낸다. 주입 전원과 직류 저지 커패시터 사이에 분리 변압기를 삽입하였다. 전압 프로브와 주입 전원의 되돌아오는 선이 더 이상 병렬이 아니고, 주입 전류 $\hat{i}_{out}$은 주입 전원의 되돌아오는 선으로만 흘러온다. 이 방법은 시험 대상의 임피던스와 주입 전원의 임피던스를 좀 더 잘 맞추기 위해 변압기 권선비를 증가시킬 수 있는 장점을 지닌다. 변압기, 저지 커패시턴스, 프로브와 주입 전원의 되돌아오는 선 등의 임피던스는 측정에 영향을 주지 않는다. 이 방법으로 매우 작은 임피던스를 측정할 수 있다.

2.6 요약

1. $(f/f_0)^n$의 함수의 크기 보드선도는 $20n$ dB/decade의 기울기를 갖고 $f = f_0$에서 0 dB를 지난다.
2. 전달함수를 정규 극점-영점 형식으로 표현하는 것이 바람직하다. 이 형식으로부터 모퉁이 주파수와 기준 이득 등 응답의 주요 특성을 바로 알 수 있다.
3. 오른쪽 반평면 영점은 왼쪽 반평면 영점의 크기 응답과 단일 극점의 위상 응답을 나타낸다.
4. 이득을 고 주파수 점근선에 대해 보고자 할 때는 극점과 영점을 반전 주파수 형식

으로 표현할 수 있다.

5. 두-극점 응답을 식 (2.58)의 표준 정규 형식으로 쓸 수 있다. $Q > 0.5$일 때 극점은 공액 복소수이다. 크기 응답은 $f = f_0$에서 정확하게 Q의 값으로 첨두 값이 나타난다. 높은 Q는 모퉁이 주파수 부근에서 위상이 급하게 변하게 한다.
6. Q가 0.5보다 작으면 두-극점 응답을 두 개의 실수 극점으로 도시할 수 있다. 작은-Q 근사화로부터 두 극점은 f_0/Q와 Qf_0에 위치함을 알 수 있다. 이 두 주파수의 정확도는 $Q \leq 0.3$에 대해 정확한 값의 10% 이내이다.
7. 임의의 차수를 갖는 다항식의 근을 구하기 위해 작은-Q 근사화를 확장할 수 있다. 주요 특성에 대한 근사적인 분석 식을 유도할 수 있다. 수치 값으로 근사화의 타당성을 조사할 수 있다.
8. 벅, 부스트와 벅-부스트 컨버터 전달함수의 주요 특성을 2.2.2절에서 표로 나타내었다. 이 컨버터의 라인-출력 전달함수는 두 개의 극점을 갖는다. 제어-출력 전달함수는 두 개의 극점을 갖고 오른쪽 반평면 영점을 포함할 수 있다.
9. 임피던스와 전달함수의 근사적인 크기 점근선을 그래프 연산으로 쉽게 작성할 수 있다. 이 방법은 회로 동작을 물리적으로 고찰할 수 있게 해주고 적당한 근사화를 제공하므로 기존의 분석 방법에 보조적인 유용한 도구이다. 2.3절에서 기본 직렬 및 병렬 공진회로의 임피던스와 전압 분배회로의 전달함수를 도시하는 몇몇 예를 제시한다. 벅 컨버터의 입력 임피던스, 출력 임피던스 그리고 전달함수를 2.4절에서 구하였고 점근선, 모퉁이 주파수와 Q-계수의 물리적인 의미를 공부하였다.
10. 네트워크 분석기를 이용하여 전달함수와 임피던스를 측정하는 방법을 2.5절에서 다루었다. 작은 임피던스를 측정할 때 접지 연결이 매우 중요함을 알았다.

참고문헌

[1] R. D. Middlebrook, "Low Entropy Expressions: The Key Design-Oriented Analysis," IEEE Frontiers in Education Conference, 1991 Proceedings, pp. 399-403, Sept. 1991.

[2] R. D. Middlebrook, "Methods of Design-Oriented Analysis: The Quadratic Equation Revised," IEEE Frontiers in Education Conference, 1992 Proceedings, pp. 95-102, Nov. 1992.

[3] F. Barzegar, S. Ćuk and R. D. Middlebrook, "Using Small Computers to Model and Measure Magnitude and Phase of Regulator Transfer Functions and Loop Gain," Proceedings of Powercon 8, April 1981. Also in Advances in Switched-Mode Power Conversion, Irvine: Teslaco, Vol. 1, pp. 251-278, 1981.

[4] H. W. Ott, Noise Reduction Techniques in Electronic Systems, 2nd edit., New York: John Wiely & Sons, 1988, Chapter 3.

연 · 습 · 문 · 제

2.1 그림 2.62(a), (b)와 (c)의 점근선으로 표현된 이득을 인수분해가 된 극점-영점 형식으로 나타내시오. 모든 극점과 영점은 음의 실수부를 갖는다고 가정한다.

2.2 그림 2.63(a), (b)와 (c)의 점근선으로 표현된 이득을 인수분해가 된 극점-영점 형식으로 나타내시오. 모든 극점과 영점은 음의 실수부를 갖는다고 가정한다.

2.3 그림 2.63(a), (b)와 (c)의 크기 보드선도의 저 주파수 점근선에 대한 표현식을 유도하시오.

2.4 그림 2.16의 크기 점근선에 대한 식을 유도하시오.

2.5 실험으로 측정된 전달함수. 그림 2.64는 어떤 증폭기의 이득 함수 $A(s)$에 대한 측정된 위상과 이득을 나타낸다. 이 문제의 목적은 $A(s)$에 대한 식을 구하는 것

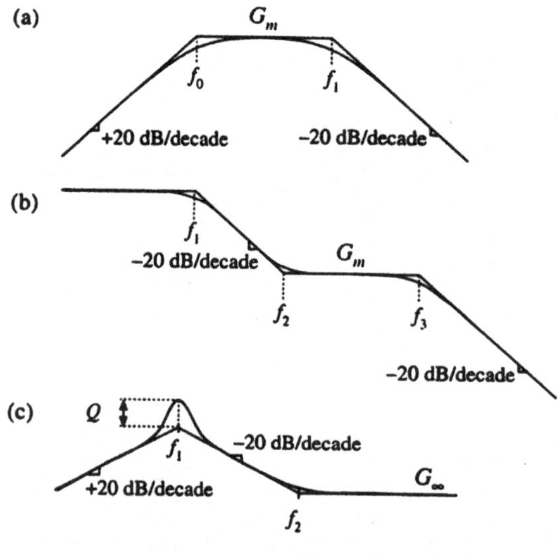

그림 2.62 문제 2.1의 이득 점근선

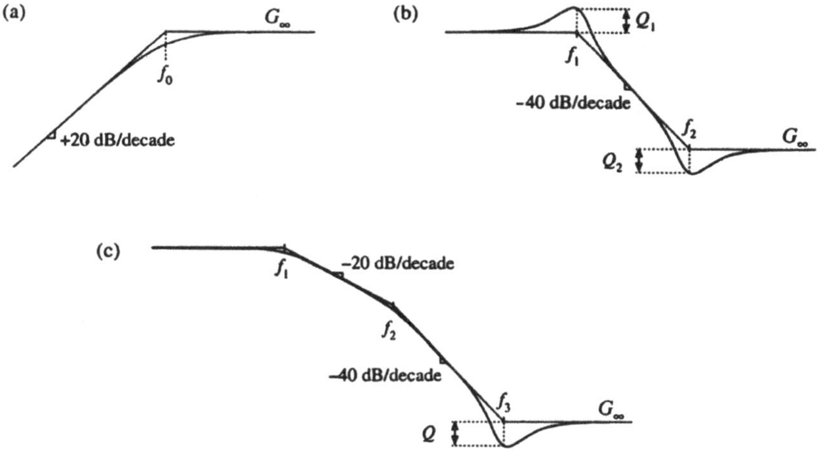

그림 2.63 문제 2.2와 2.3의 이득 점근선

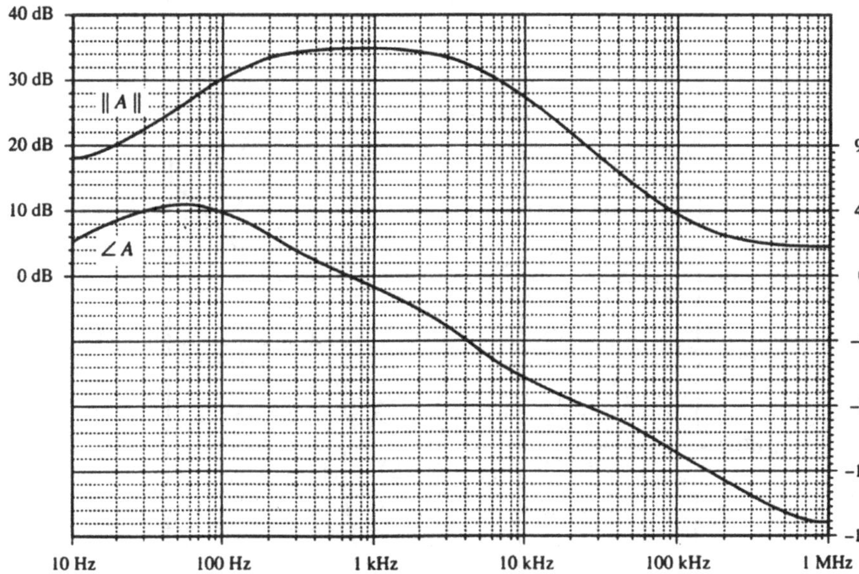

그림 2.64 문제 2.5의 실험으로 측정한 이득과 위상 데이터

이다. 크기와 위상 데이터에 적당히 점근선을 겹쳐 놓아 $A(s)$의 이득 점근선과 모퉁이 주파수에 대한 값을 얻는다. 물론 크기와 위상 점근선은 다음의 규칙을 따라야 한다. 크기 기울기는 ±20 dB/decade의 배수가 되어야 하고 실수 근에 대한 위상 기울기는 ±45°/decade의 배수가 되어야 한다. 위상과 크기는 서로 일치

성이 있어야 한다.

먼저 크기 데이터를 기준으로 $A(s)$를 추정하고 이를 기반으로 위상 점근선을 작성하여 실험 위상 데이터와 비교한다. 만일 일치하지 않으면 다시 크기 점근선을 추정하고 위상 점근선을 작성한 후 다시 실험 데이터와 비교한다. 따라서 다음의 자료가 제시되어야 한다. (1) 수치 값으로 표현된 $A(s)$의 식, (2) 그림 2.64를 복사하고 그 위에 추정한 크기 및 위상 점근선을 겹쳐 그린다. 모든 모퉁이 주파수와 기울기를 명시해야 한다.

2.6 실험으로 측정된 임피던스. 그림 2.65는 수동 네트워크의 구동입력 측 임피던스 $Z(s)$에 대한 측정된 위상과 이득을 나타낸다. 이 문제의 목적은 $Z(s)$에 대한 식을 구하는 것이다. 크기와 위상 데이터에 적당히 점근선을 겹쳐 놓아 $Z(s)$의 이득 점근선과 모퉁이 주파수에 대한 값을 얻는다. 다음의 자료가 제시되어야 한다.

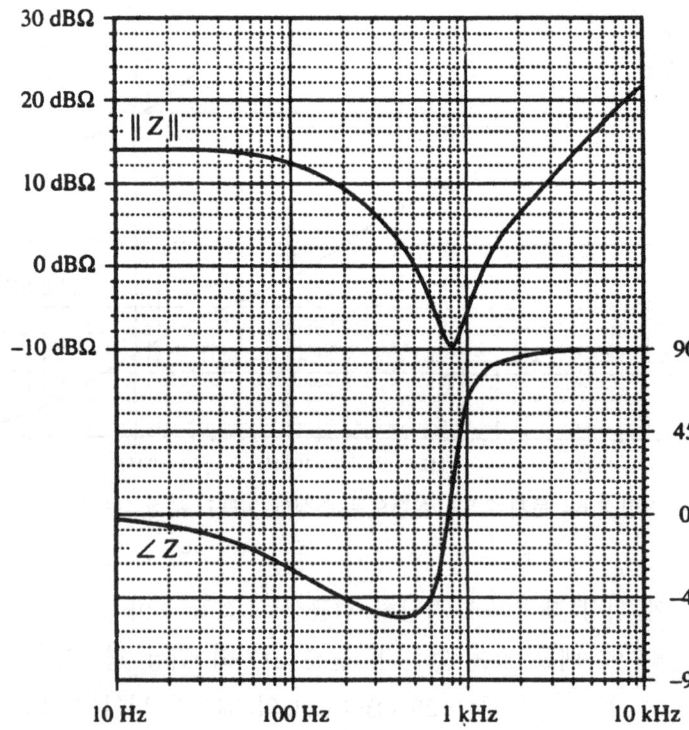

그림 2.65 문제 2.6의 임피던스 크기 및 위상 데이터

(1) 수치 값으로 표현된 $Z(s)$의 식, (2) 그림 2.65를 복사하고 그 위에 추정한 크기 및 위상 점근선을 겹쳐 그린다. 모든 모퉁이 주파수와 기울기를 명시해야 한다.

2.7 1.2.9절에서 비이상적인 플라이백 컨버터의 소신호 교류 모델을 유도하였으며 그림 1.27은 결과를 나타낸다. 컨버터의 출력 임피던스 $Z_{out}(s)$에 대한 크기와 위상 보드선도를 도시하시오. 크기와 위상에 대한 식을 유도하고, 중요한 특성을 나타내는 수치 값을 나타내시오. $Z_{out}(s)$은 부하 저항 R을 포함하고, 소자의 값은 다음과 같다. $D=0.4$, $n=0.2$, $R=6\ \Omega$, $L=600\ \mu H$, $C=100\ \mu F$, $R_{on}=5\ \Omega$이다.

2.8 1.2.9절의 비이상적인 플라이백 컨버터 모델에 대하여 다음을 구하시오.

(a) 제어-출력 전달함수 $G_{vd}(s)$와 라인-출력 전달함수 $G_{vd}(s)$에 대한 표준 정규 형태의 식을 유도하시오.

(b) 이 전달함수의 주요한 특성에 대한 식을 유도하시오.

(c) 다음의 소자 값을 이용하여 제어-출력 전달함수의 크기와 위상 보드선도를 도시하시오. $V_g=48\ V$, $D=0.3$, $n=0.2$, $R=5\ \Omega$, $L=250\ \mu H$, $C=100\ \mu F$, $R_{on}=1.2\ \Omega$이다. 상수 점근선, 모퉁이 주파수, Q-계수와 점근선의 기울기 등에 대한 수치 값을 명기하시오.

2.9 $R-L-C$ 필터회로의 크기 보드선도. 그림 2.66의 필터회로에 대해 테브난 등가 출력 임피던스 $Z_{out}(s)$와 전달함수 $H(s)=v_2/v_1$의 크기에 대한 보드선도를 세미로그 그래프 종이에 도시하시오. 주요 모퉁이 주파수 및 점근선에 대한 식과 수치 값을 나타내시오. 모든 소자가 Z_{out}과 $H(s)$에 크게 영향을 주는가?

2.10 연산 증폭기 필터회로. 그림 2.67에 나타낸 연산 증폭기 회로는 PID 제어기로 알려진 회로의 실제 구현이며 성능을 개선하기 위해 되먹임 회로의 루프 이득을 수정하는데 종종 사용된다. 세미로그 그래프를 사용하여 회로의 전달함수 v_2/v_1의 크기에 대한 보드선도를 도시하시오. 모든 모퉁이 주파수와 일정한 점근선과 기울기 등에 대한 식과 값을 적당한 곳에 명기하시오. 연산 증폭기는 이상적으로 가정한다.

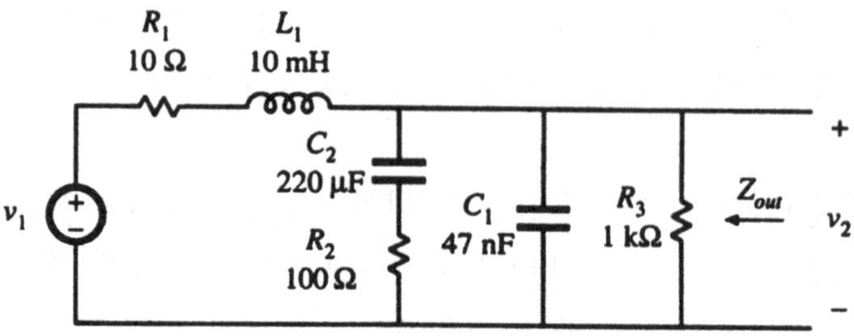

그림 2.66 문제 2.9의 필터회로

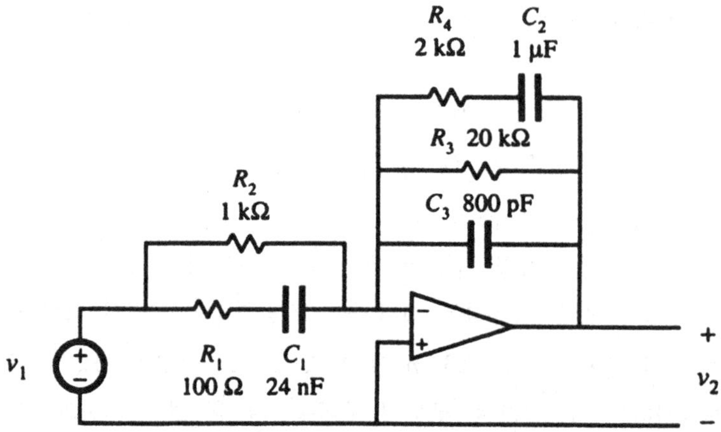

그림 2.67 문제 2.10의 연산 증폭기 PID 제어기 회로

2.11 위상 점근선. 문제 2.10의 전달함수 v_2/v_1의 위상에 대한 보드선도를 도시하시오. 모든 모퉁이 주파수와 일정한 점근선과 기울기 등에 대한 식과 값을 적당한 곳에 명기하시오.

2.12 그림 2.68에 나타낸 네트워크의 출력 임피던스 $Z_{out}(s)$에 대한 크기 보드선도를 도시하시오. 크기와 위상에 대한 식을 유도하고, 상수 점근선, 모퉁이 주파수, Q-계수와 점근선의 기울기 등에 대한 식과 수치 값을 유도하시오. 근사화를 사용했으면 그 타당성을 보이시오. 소자의 값은 다음과 같다.

$$L_1 = 100\ \mu\text{H} \qquad L_2 = 16\ \text{mH}$$

$$C_1 = 1000\ \mu\text{F} \qquad C_2 = 10\ \mu\text{F}$$

$$R_1 = 5\ \Omega \qquad R_2 = 50\ \Omega$$

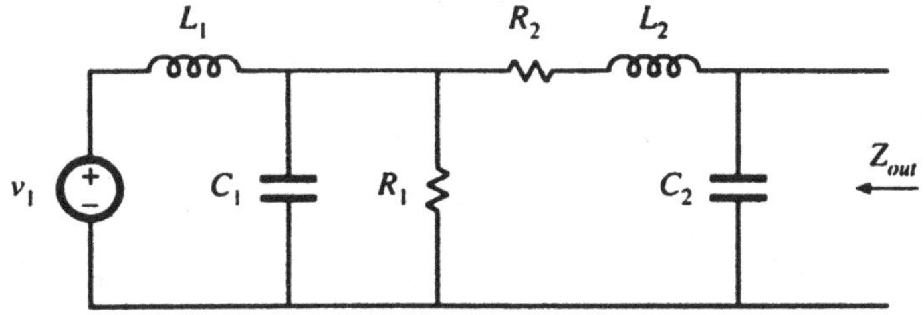

그림 2.68 문제 2.12의 필터 네트워크

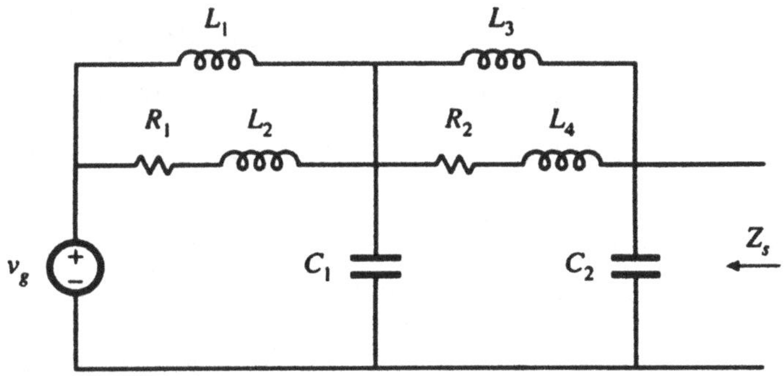

그림 2.69 문제 2.13의 입력 필터회로

2.13 그림 2.69의 회로에서 2단 입력 필터는 출력 임피던스 $Z_{out}|_{v_g=0}$이 주어진 입력 필터 설계기준을 만족하도록 설계되어야 하므로 Z_s의 크기 보드선도를 작성할 필요가 있다. 필터가 6개의 무효 소자를 포함하고 있지만 그래프 연산으로 비교적 직접적으로 쉽게 $\|Z_s\|$를 작성할 수 있다. 소자의 값은 다음과 같다.

$L_1 = 32\ \text{mH}$	$C_1 = 32\ \mu\text{F}$
$L_2 = 400\ \mu\text{H}$	$C_2 = 6.8\ \mu\text{F}$
$L_3 = 800\ \mu\text{H}$	$R_1 = 10\ \Omega$
$L_4 = 1\ \mu\text{H}$	$R_2 = 1\ \Omega$

(a) 그래프 연산 방법으로 $\|Z_s\|$를 도시하시오. 모든 점근선과 모퉁이 주파수에 대한 근사식을 나타내시오.

(b) $\|Z_s\|$가 500 Hz에서 5 Ω, 1 kHz에서 2.5 Ω과 같게 하고자 한다. 소자의 값을 변경하여 이를 달성하기 위한 간단한 방법을 제시하시오.

2.14 그림 2.70에 나타낸 필터의 출력 임피던스에 대한 크기 보드선도를 도시하시오. 각 모퉁이 주파수에 대한 식을 유도하시오. 컴퓨터를 사용하면 안 됨.

2.15 어떤 개루프 벅-부스트 컨버터는 입력 필터를 포함한다. 그림 2.71은 소신호 교류모델을 나타내고 소자의 값은 다음과 같다. 컨버터의 출력 임피던스 $Z_{out}(s)$에 대한 크기 보드선도를 도시하시오. 모든 모퉁이 주파수와 점근선에 대한 값을 적당한 곳에 명기하시오.

$D=0.6$	$L_f=150\ \mu\text{H}$
$R=6\ \Omega$	$C_f=16\ \mu\text{F}$
$C=0.33\ \mu\text{F}$	$C_b=2200\ \mu\text{F}$
$L=25\ \mu\text{H}$	$R_f=1\ \Omega$

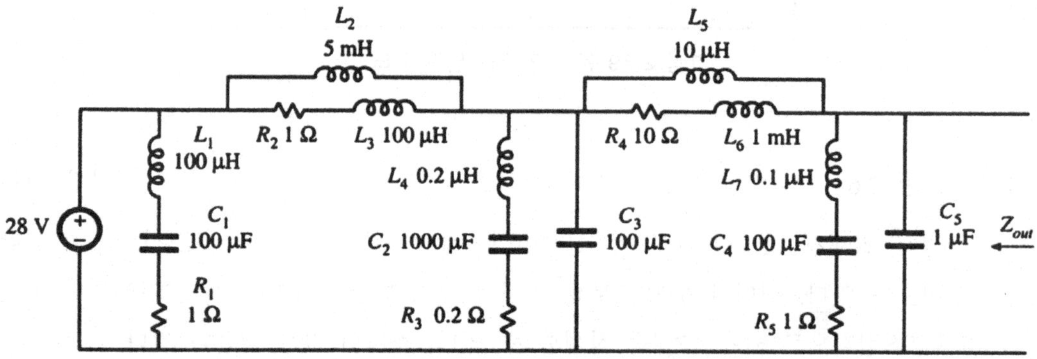

그림 2.70 문제 2.14의 입력 필터회로

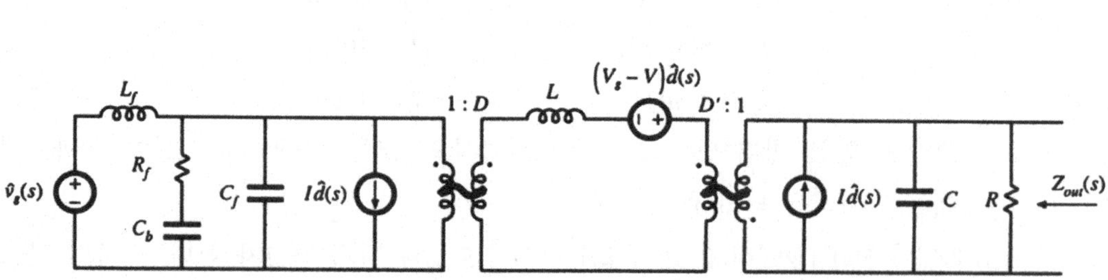

그림 2.71 문제 2.15의 입력 필터가 있는 벅 컨버터의 소신호 모델

2.16 연속 전도모드에서 동작하는 Watkins-Johnson 컨버터의 소신호 방정식은 다음과 같다.

$$L\frac{d\hat{i}(t)}{dt} = -D\hat{v}(t) + (2V_g - V)\hat{d}(t) + (D - D')\hat{v}_g(t)$$
$$C\frac{d\hat{v}(t)}{dt} = D\hat{i}(t) - \frac{\hat{v}(t)}{R}$$
$$\hat{i}_g(t) = (D - D')\hat{i}(t) + 2I\hat{d}(t)$$

(a) 제어-출력 전달함수 $G_{vd}(s)$와 라인-출력 전달함수 $G_{vg}(s)$에 대한 식을 유도하시오.

(b) 이 전달함수의 주요한 특성(직류 이득, 모퉁이 주파수와 Q-계수)에 대한 식을 V_g, D, R, L과 C의 함수로 유도하시오.

(c) 컨버터가 다음의 파라미터로 동작한다. $V_g = 28$ V, $D = 0.25$, $R = 28$ Ω, $L =$ 400 μH, $C = 100$ μF. 제어-출력 전달함수 $G_{vd}(s)$의 보드선도를 도시하시오. 주요 특성을 명기하시오.

2.17 그림 1.68의 벅 컨버터의 소자 값은 다음과 같다.

$V_g = 120$ V	$D = 0.6$
$R = 10$ Ω	$R_g = 2$ Ω
$L = 550$ μH	$C = 100$ μF

(a) 제어-출력 전달함수 $G_{vd}(s)$에 대한 식을 유도하시오.

(b) 전달함수 $G_{vd}(s)$의 주요한 특성(직류 이득, 모퉁이 주파수와 Q-계수)에 대한 식을 유도하시오.

(c) 전달함수 $G_{vd}(s)$의 크기와 위상 점근선을 도시하시오. 주요 특성을 명기하시오.

2.18 유전 손실, 접촉 및 박판 저항과 같은 커패시터의 손실 과정을 등가 직렬 저항(esr)을 이용하여 모델링할 수 있다. 유전 물질이 높은 유전율 상수를 보이는 커패시터 즉, 전해 커패시터와 탄탈 커패시터 그리고 일부 다층 세라믹 커패시터의 esr은 보통 큰 값을 갖는다.

벅 컨버터는 1.6 mH의 인덕터를 포함하고 시비율 0.5에서 동작한다. 출력 커패시터는 16 μF의 커패시터와 0.2 Ω의 esr로 모델링할 수 있다. 컨버터는 연속 전도모드에서 동작한다. 부하저항은 10 Ω이고 입력 전압은 $V_g = 120$V이다.

(a) 제어-출력 전달함수 $G_{vd}(s)$에 대한 식을 유도하시오.

(b) 전달함수 $G_{vd}(s)$의 주요한 특성(직류 이득, 모퉁이 주파수와 Q-계수)에 대한 식을 유도하시오.

(c) 전달함수 $G_{vd}(s)$의 크기와 위상 점근선을 도시하시오. 주요 특성을 명기하시오.

2.19 LCC 공진 인버터회로는 다음의 전달함수를 나타낸다.

$$H(s) = \frac{sC_1R}{1 + sR(C_1 + C_2) + s^2LC_1 + s^3LC_1C_2R}$$

(a) C_1이 매우 크면 이 전달함수를 하나의 반전된 극점과 2차 극점 쌍으로 표현할 수 있다. 이 경우 모퉁이 주파수와 Q-계수에 대한 식을 유도하고 크기 점근선을 도시하시오. 근사화의 타당성에 대한 조건을 결정하시오.

(b) C_2가 매우 크면 이 전달함수를 하나의 반전된 극점과 2차 극점 쌍으로 표현할 수 있다. 이 경우 모퉁이 주파수와 Q-계수에 대한 식을 유도하고 크기 점근선을 도시하시오. 근사화의 타당성에 대한 조건을 결정하시오.

(c) $C_1 = C_2$이고 2차 극점이 매우 큰 Q를 가지면 전달함수를 하나의 반전된 극점과 2차 극점 쌍으로 표현할 수 있다. 이 경우 모퉁이 주파수와 Q-계수에 대한 식을 유도하고 크기 점근선을 도시하시오. 근사화의 타당성에 대한 조건을 결정하시오.

2.20 2단 LC 필터는 다음의 전달함수를 나타낸다.

$$G(s) = \frac{1}{1 + s\left(\frac{L_1 + L_2}{R}\right) + s^2\left(L_1(C_1 + C_2) + L_2C_2\right) + s^3\left(\frac{L_1L_2C_1}{R}\right) + s^4(L_1L_2C_1C_2)}$$

소자의 값은 다음과 같다.

$R = 10\ \text{m}\Omega$

$C_1 = 680\ \mu\text{F}$ $\quad C_2 = 4.7\ \mu\text{F}$

$L_1 = 500\ \mu\text{H}$ $\quad L_2 = 50\ \mu\text{H}$

(a) $G(s)$를 근사적인 실수 및 2차 극점으로 적당하게 인수분해를 하시오. 주요 특성에 대한 식을 유도하고, 수치 값을 이용하여 근사화의 타당성을 보이시오.

(b) $G(s)$의 크기와 위상 보드선도를 도시하시오.

(c) 모퉁이 주파수와 응답의 주요 특성을 크게 바꾸지 않으면서 Q를 2로 줄이고자 한다. 단지 두 개의 소자의 값만 바꾸어서 이를 달성할 수 있다. 방법을 제시하시오.

2.21 그림 2.72의 부스트 컨버터는 시비율 $D=0.6$으로 연속 전도모드에서 동작한다. 세미로그 축에 다음의 크기와 위상 보드선도를 도시하시오.

(a) 제어-출력 전달함수 $G_{vd}(s)$

(b) 라인-출력 전달함수 $G_{vg}(s)$

(c) 출력 임피던스 $Z_{out}(s)$

(d) 입력 임피던스 $Z_{in}(s)$

각 선도에서 모퉁이 주파수와 점근선을 명기하시오.

2.22 그림 2.73의 포워드 컨버터는 V_g=380 V, $V=28$ V로 연속 전도모드에서 동작한다. 변압기의 권선비는 $n_1/n_2=4.5$이다. 세미로그 축에 다음의 크기와 위상 보드선도를 도시하시오.

(a) 제어-출력 전달함수 $G_{vd}(s)$

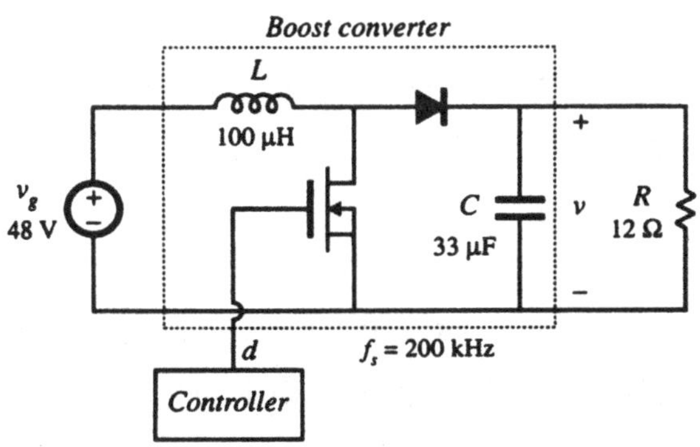

그림 2.72 문제 2.21의 부스트 컨버터

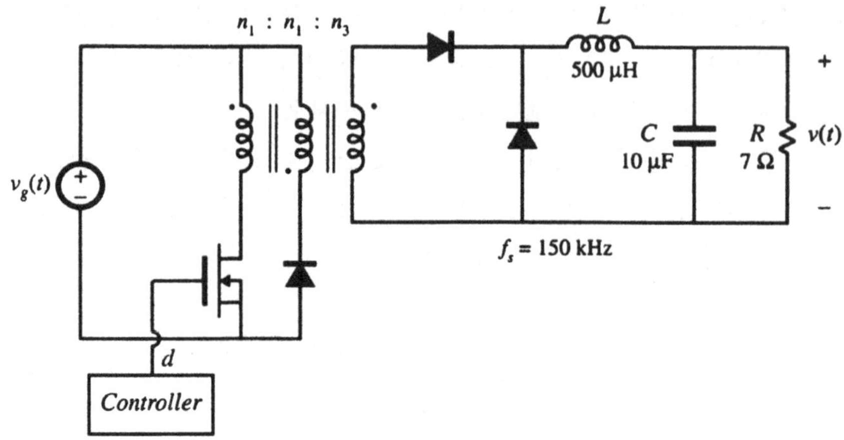

그림 2.73 문제 2.22의 포워드 컨버터

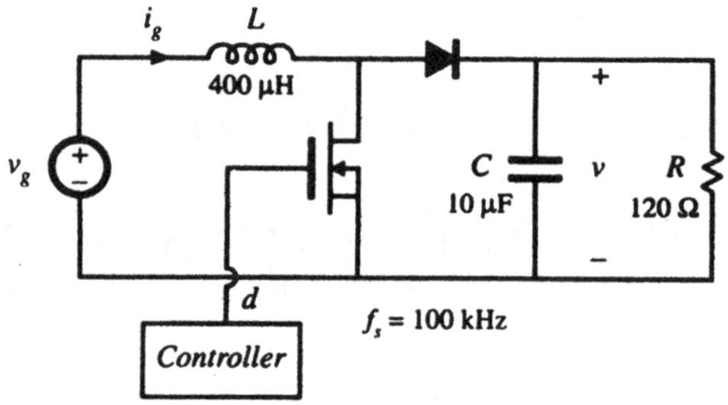

그림 2.74 문제 2.23의 부스트 컨버터

(b) 라인-출력 전달함수 $G_{vg}(s)$

각 선도에서 모퉁이 주파수와 점근선을 명기하시오.

힌트 : 변압기의 권선비는 n_1/n_2를 제외하고는 변압기는 포워드 컨버터의 소신호 동작에 영향을 주지 않는다.

2.23 그림 2.74의 부스트 컨버터는 $V_g = 120$ V, $V = 300$ V로 연속 전도모드에서 동작한다. 컨버터의 입력 전류파형을 제어하기 위해 다음의 소신호 전달함수가 필요하다.

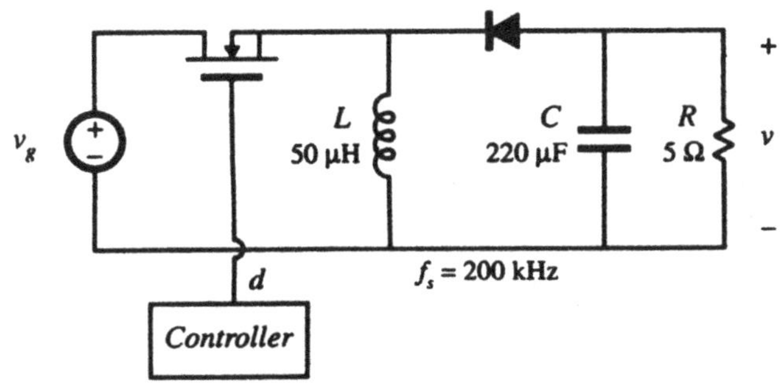

그림 2.75 문제 2.24의 벅-부스트 컨버터

$$G_{id}(s) = \left| \frac{\hat{i}_g(s)}{\hat{d}(s)} \right|_{\hat{v}_g(s)=0}$$

(a) $G_{id}(s)$에 대한 식을 유도하시오. 모든 극점과 영점을 정규 표준형으로 나타내고 모통이 주파수, Q-계수 및 직류 이득에 대한 식을 유도하시오.

(b) 세미로그 축에 $G_{id}(s)$의 크기와 위상 보드선도를 도시하시오.

2.24 그림 2.75의 벅-부스트 컨버터는 $V_g = 48$ V, $V = -24$ V로 연속 전도모드에서 동작한다. 세미로그 축에 다음의 크기와 위상 보드선도를 도시하시오.

(a) 제어-출력 전달함수 $G_{vd}(s)$

(b) 라인-출력 전달함수 $G_{vg}(s)$

각 선도에서 모통이 주파수와 점근선을 명기하시오.

제3장
제어기 설계

3.1 개요

모든 스위칭 컨버터의 출력 전압은 컨버터를 구성하는 회로의 소자 값뿐만 아니라 입력 전압, 시비율과 부하 전류의 함수이다. 직류-직류 컨버터 응용에서 회로 소자 값의 변동, 입력 전압과 부하 전류의 변동과 같은 외란에도 불구하고 출력 전압은 일정해야 한다. 이러한 외란 또는 변동의 원인은 다양하며 그림 3.1은 전형적인 상황을 보여준다.

오프라인 전원장치의 입력 전압에는 정류회로에 의해 발생된 교류 전력시스템 주파수의 짝수 고조파(100 Hz 또는 120 Hz)의 주기적인 변동이 포함된다. 입력 전압의 크기는 이웃하는 전력시스템의 부하가 켜져 있느냐 또는 꺼져 있느냐에 따라 달라진다.

부하 전류는 크기가 크게 변할 수 있으며 일반적인 전원장치의 사양은 “부하 전류가 100%의 정격 전류에서 50%의 계단 변동이 있을 때 출력 전압은 규정된 범위(예, 3.3 V 0.05 V) 안에 있어야 한다.”와 같이 주어진다.

회로 소자의 값은 어느 정도의 허용 오차가 있기 때문에 컨버터를 대량 생산하는 경우 컨버터들의 출력 전압은 어떤 분포를 갖는다. 이러한 출력 전압 분포는 규정된 범위 안

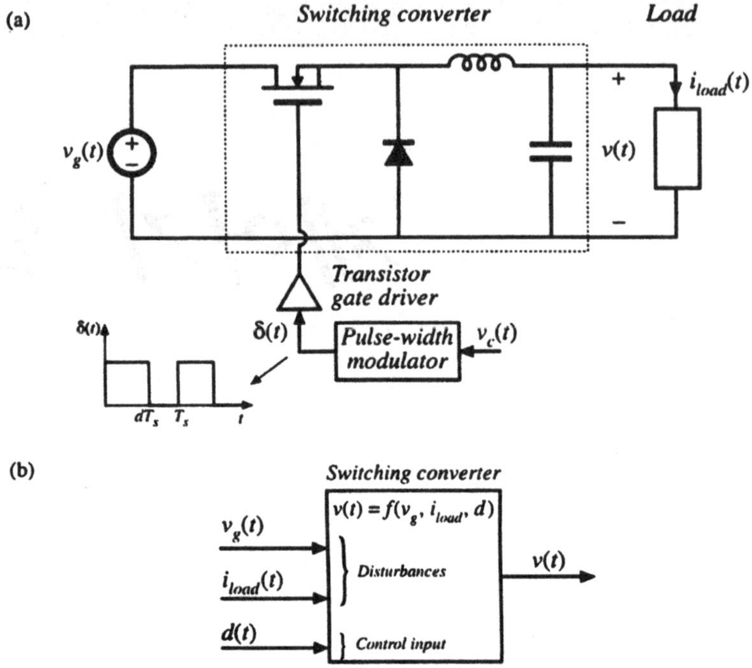

그림 3.1 스위칭 컨버터의 출력 전압은 라인 입력 전압 v_g, 시비율 d, 부하 전류 i_{load}의 함수이다: (a) 개루프 벅 컨버터 (b) 출력 전압 v가 독립 변수 v_g, d, i_{load}의 함수임을 나타낸 기능선도

에 있어야 한다. 이러한 규정은 음의 되먹임(negative feedback)을 사용하지 않고는 실현하기 어렵다. 인버터 응용인 경우에도 출력이 교류인 것만 제외하면 위와 같이 생각할 수 있다.

그러므로 모든 조건에서 일정한 출력 전압을 얻을 수 없고 직류-직류 컨버터의 시비율을 한 값으로 고정할 수 없다. 입력 전압이나 부하 전류 또는 소자 값의 변동 등에도 불구하고 높은 정밀도의 출력 전압을 얻기 위해서 필요하면 시비율을 자동으로 조절하는 회로를 만들자는 것이 음의 되먹임을 사용하는 배경이다. 음의 되먹임은 시스템의 성능을 저하시키는 변동이나 불확실성이 있을 때 매우 유용한 방법이다.

그림 3.2는 되먹임 시스템의 블록선도를 나타낸다. 이득 $H(s)$를 갖는 센서를 이용하여 출력 전압 $v(t)$를 측정한다. 직류 전압 조절기(regulator) 또는 직류-교류 인버터에서 센서회로는 보통 정밀 저항으로 구성된 전압 분배 회로이다. 센서의 출력 신호

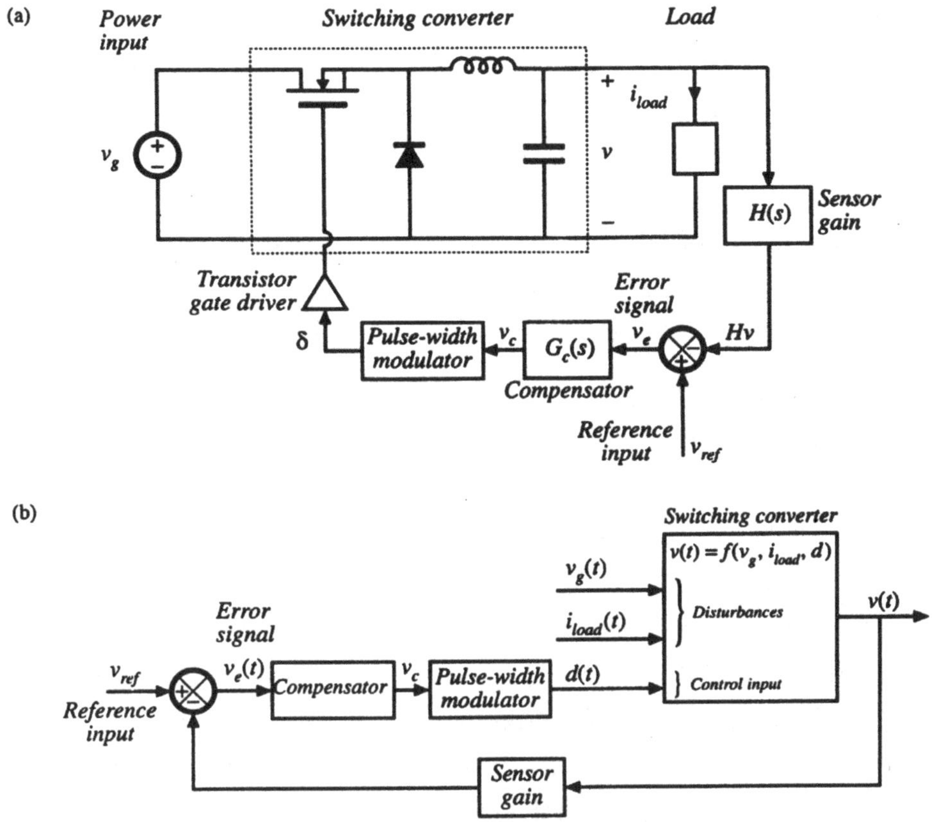

그림 3.2 출력 전압 조절을 위한 되먹임 루프: (a) 되먹임 루프 블록선도를 갖는 벅 컨버터 (b) 되먹임 시스템의 블록선도

$H(s)v(s)$는 기준전압 $v_{ref}(s)$와 비교된다. 보상기(compensator), PWM 변조기 또는 컨버터 전력단에 존재하는 회로 소자의 변동이나 외란에도 불구하고 $H(s)v(s)$가 $v_{ref}(s)$와 같도록 만들어 출력 전압 $v(s)$가 정확하게 기준 전압 $v_{ref}(s)$를 따라가도록 하는 것이 목표이다.

기준 전압 $v_{ref}(s)$와 센서의 출력 전압 $H(s)v(s)$의 차이를 오차 신호 $v_e(s)$라 한다. 되먹임 시스템이 완벽하게 동작한다면 $v_{ref}(s) = H(s)v(s)$이므로 오차 신호 $v_e(s)$는 영이다. 실제로 오차 신호는 보통 영이 아니며 작은 값을 갖는다. 그림 3.2에서와 같이 보상기 $G_c(s)$를 부가하여 오차를 작게 하는 것이 목표이다. 출력 전압 $v(s)$는 오차 신호

$v_e(s)$에 보상기, PWM 변조기 및 컨버터 전력단의 이득을 곱한 것과 같다. 만일 보상기 이득 $G_c(s)$의 크기가 충분히 크다면 작은 오차 신호로 원하는 출력 전압을 얻을 수 있다.(의문: $H(s)$와 $v_{ref}(s)$를 어떻게 선정하나?) 따라서 큰 보상기 이득은 작은 오차를 만드므로 출력 전압은 좋은 정밀도를 갖고 기준 전압을 따라간다. 이것이 되먹임 시스템의 중요한 생각이다.

되먹임이 안정기의 소신호 전달함수에 미치는 영향을 조사하기 위해 1장에서 유도된 평균 소신호 컨버터모델을 이 장에서 이용한다. 루프 이득(loop gain) $T(s)$는 되먹임 루프의 순방향(forward) 경로와 되먹임 경로의 소신호 이득의 곱으로 정의된다. 외란으로부터 출력의 전달함수는 $1/(1+T(s))$로 곱해져 있다. 그러므로 루프 이득 $T(s)$의 크기가 크면 외란이 출력에 미치는 영향은 작아진다. 큰 루프 이득은 되먹임 루프의 순방향 경로에 있는 이득이 출력에 미치는 영향을 작게 하고, 출력 전압 $v(s)$를 거의 $v_{ref}(s)/H(s)$와 같게 한다. 따라서 루프 이득 $\|T(s)\|$는 되먹임 시스템이 얼마나 잘 동작하는가를 나타낸다. 그래프 연산방법으로 쉽게 이득 함수의 보드선도를 그려 입력 전압에 존재하는 120 Hz의 맥동 전압에 의한 출력 전압 맥동 또는 폐루프 출력 임피던스와 같은 중요한 폐루프 성능을 평가할 수 있다.

안정도는 되먹임 시스템의 또 다른 중요한 이슈이다. 되먹임 루프를 추가하면 잘 동작하던 회로가 진동(oscillation), 울렁거림(ringing)과 오버슈트(overshoot) 또는 다른 바람직하지 않은 동작을 보인다. 안정도를 평가하기 위한 간단한 위상 여유(phase margin) 판별법을 사용한다. 루프 이득 $T(s)$의 위상 여유가 양일 때 되먹임 시스템은 안정하다. 위상 여유를 증가시키면 시스템의 과도 응답은 더 작은 오버슈트와 울렁거림으로 더 잘 동작한다. 위상 여유와 폐루프 응답의 관계를 3.4절에서 다룬다.

직류 안정기에 대한 보상기 설계의 예를 3.5절에서 다룬다. 적당한 위상 여유와 외란에 좋은 강인성을 얻기 위한 보상기를 설계한다. 위상 여유를 개선하고 되먹임 루프의 대역폭을 확장하기 위해 진상 보상기와 PD 제어기가 사용된다. 이는 고 주파수 외란에 더 좋은 강인성을 보인다. 지상 보상기와 PI 제어기는 저 주파수 루프 이득을 증가하는데 사용한다. 이는 저 주파수 외란에 더 좋은 강인성과 매우 작은 정상상태 오차를 보인다. 두 보상기의 장점을 활용하기 위해 더 복잡한 보상기를 설계할 수 있다.

루프 이득을 실험으로 측정하는 전압 주입과 전류 주입 방법을 3.6절에서 소개한다. 이득이 큰 시스템에서 정확한 동작점을 찾기 위해 전압 주입 또는 전류 주입을 사용한다. 정밀한 측정을 위한 조건이 제시된다. 주입 방법으로 불안정한 시스템의 루프 이득을 측정할 수 있다.

3.2 음의 되먹임이 전달함수에 미치는 영향

이제 스위칭 컨버터의 소신호 교류 전달함수를 유도하는 방법을 안다. 예를 들면 그림 3.3은 벅 컨버터의 등가회로를 나타낸다. 등가회로는 세 개의 독립 입력 즉, 제어입력 변동 $\hat{d}$, 입력전압 변동 $\hat{v}_g$와 부하전류 변동 $\hat{i}_{load}$를 갖는다. 그러므로 출력 전압 변동 $\hat{v}$은 다음과 같이 세 개의 독립된 변동의 선형 함수로 표현할 수 있다.

$$\hat{v}(s) = G_{vd}(s)\hat{d}(s) + G_{vg}(s)\hat{v}_g(s) - Z_{out}(s)\hat{i}_{load}(s) \tag{3.1}$$

여기서

$$G_{vd}(s) = \left.\frac{\hat{v}(s)}{\hat{d}(s)}\right|_{\substack{\hat{v}_g = 0 \\ \hat{i}_{load} = 0}} \quad \text{컨버터 제어-출력 전달함수} \tag{3.1a}$$

$$G_{vg}(s) = \left.\frac{\hat{v}(s)}{\hat{v}_g(s)}\right|_{\substack{\hat{d} = 0 \\ \hat{i}_{load} = 0}} \quad \text{컨버터 라인-출력 전달함수} \tag{3.1b}$$

$$Z_{out}(s) = \left.\frac{\hat{v}(s)}{\hat{i}_{load}(s)}\right|_{\substack{\hat{d} = 0 \\ \hat{v}_g = 0}} \quad \text{컨버터 출력 임피던스} \tag{3.1c}$$

이 전달함수의 보드선도를 2장에서 그렸다. 식 (3.1)은 v_g와 i_{load}에 존재하는 외란이 전달함수 $G_{vg}(s)$와 $Z_{load}(s)$를 거쳐 출력 전압 v에 미치는 영향을 보여준다. 만일 v_g와

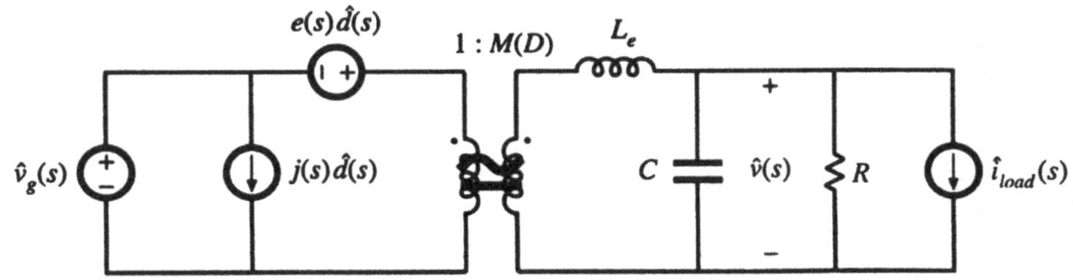

그림 3.3 v_g, d, i_{load}의 변동을 포함한 소신호 컨버터 모델

i_{load}에 존재하는 외란의 최대 크기를 알면 식 (3.1)을 이용하여 출력 전압 v에 나타나는 결과적인 최악의 개루프 변동을 계산할 수 있다.

그림 3.2의 되먹임 루프는 v_g와 i_{load}의 외란이 출력 v에 미치는 영향을 줄이는데 사용한다. 시스템을 분석하기 위해 정적인 동작점에서 평균 신호에 변동을 주고 선형화하자. 전력단과 제어 블록선도에 다음과 같이 변동을 주고 선형화한다.

$$v_{ref}(t) = V_{ref} + \hat{v}_{ref}(t) \qquad (3.2)$$
$$v_e(t) = V_e + \hat{v}_e(t)$$

직류 안정기인 경우 기준입력은 상수이므로 $\hat{v}_{ref}(t) = 0$이다. 스위칭 증폭기나 직류-교류 인버터인 경우 기준 입력은 교류를 포함할 수 있다. 그림 3.3의 컨버터 모델과 제어회로에 변동을 주고 선형화한 블록선도를 결합하여 그림 3.4(a)에 그린다. 이 그림은 그림 3.4(b)에 있는 블록선도와 등가이며, 컨버터 모델을 식 (3.1)을 표현한 블록선도로 바꾸었다.

출력전압 변동 $\hat{v}$에 대해 그림 3.4(b)를 풀면

$$\hat{v} = \hat{v}_{ref} \frac{G_c G_{vd}/V_M}{1 + HG_c G_{vd}/V_M} + \hat{v}_g \frac{G_{vg}}{1 + HG_c G_{vd}/V_M} - \hat{i}_{load} \frac{Z_{out}}{1 + HG_c G_{vd}/V_M} \qquad (3.3)$$

이며 다음과 같이 쓸 수 있다.

$$\hat{v} = \hat{v}_{ref} \frac{1}{H} \frac{T}{1+T} + \hat{v}_g \frac{G_{vg}}{1+T} - \hat{i}_{load} \frac{Z_{out}}{1+T} \qquad (3.4)$$

여기서

$$T(s) = HG_c G_{vd}/V_M = \text{루프 이득}$$

이다. 식 (3.4)는 일반적인 결과이다. 루프 이득 $T(s)$는 되먹임 루프의 순방향 경로와 되먹임 경로의 소신호 이득의 곱으로 정의된다. 이 식으로부터 되먹임 루프를 추가하면 시스템의 전달함수와 성능이 어떻게 변화하는가를 알 수 있다.

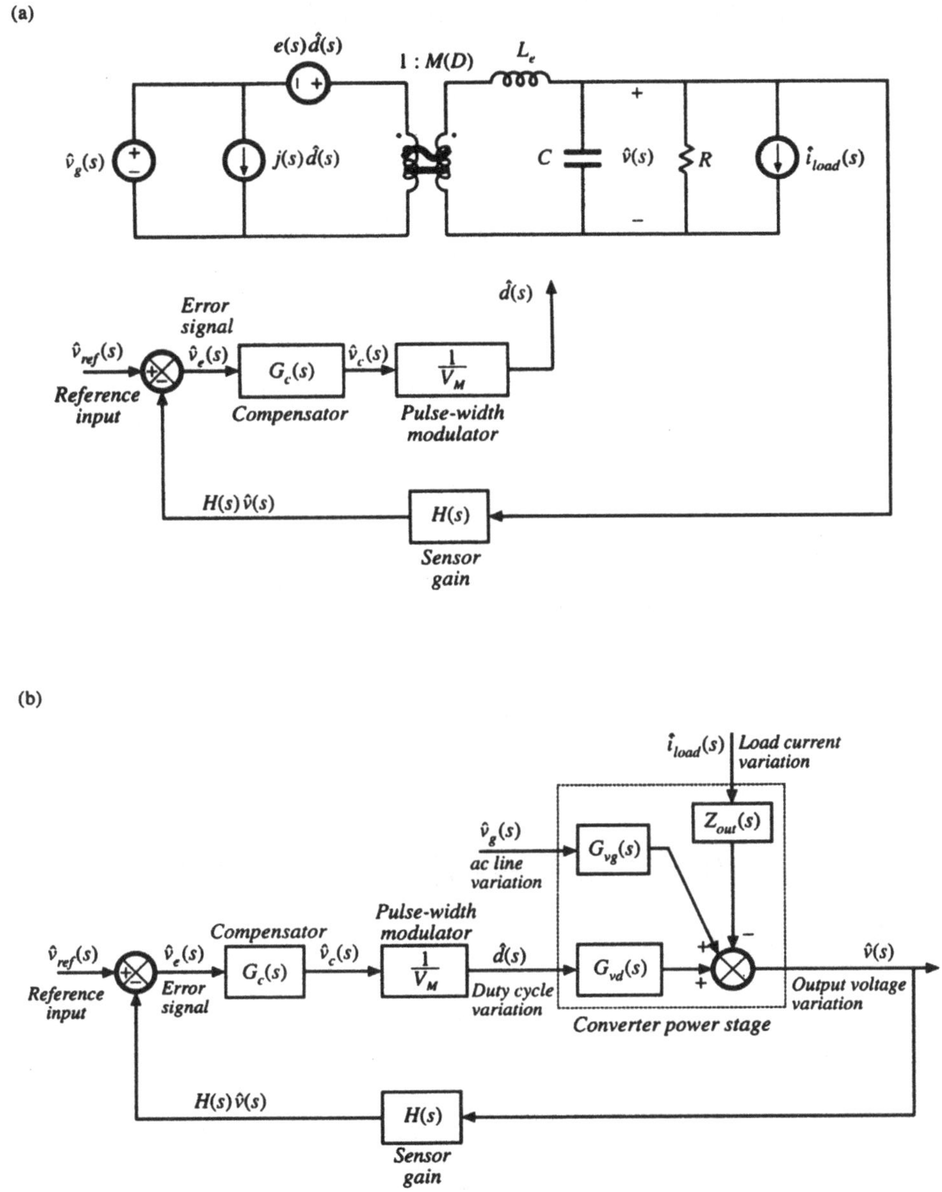

그림 3.4 전압 조절시스템의 소신호 모델: (a) 컨버터 등가회로와 함께 (b) 전체 블록선도

3.2.1 되먹임에 의해 외란-출력 전달함수는 감소한다

그림 3.3에 주어진 개루프 벅 컨버터에서 입력 전압 변동-출력 전압 변동에 대한 전달함수는 식 (3.1)에 주어진 $G_{vg}(s)$이다. 되먹임이 추가되면 전달함수는 식 (3.4)로부터

$$\left.\frac{\hat{v}(s)}{\hat{v}_g(s)}\right|_{\substack{\hat{v}_{ref}=0 \\ \hat{i}_{load}=0}} = \frac{G_{vg}(s)}{1+T(s)} \tag{3.5}$$

이다. 따라서 되먹임에 의해 전달함수가 $1/(1+T(s))$의 곱만큼 감소된다. 루프 이득 $T(s)$의 크기가 크면 감소 효과가 크다. 그러므로 입력 전압 변동에 의한 출력전압 변동은 되먹임 루프에 의해 감소된다.

식 (3.4)에서 컨버터 출력 임피던스도 감소함을 알 수 있다.

$$\left.\frac{\hat{v}(s)}{-\hat{i}_{laad}(s)}\right|_{\substack{\hat{v}_{ref}=0 \\ \hat{v}_g=0}} = \frac{Z_{out}(s)}{1+T(s)} \tag{3.6}$$

그러므로 되먹임 루프는 컨버터 출력 임피던스를 $1/(1+T(s))$ 배만큼 감소시키고 부하 전류가 출력 전압에 미치는 영향을 감소시킨다.

3.2.2 되먹임에 의해 기준-출력 전달함수는 루프의 순방향 경로 이득의 변동에 둔감해진다.

기준 입력-출력 전달함수는 식 (3.4)로부터 다음과 같다.

$$\left.\frac{\hat{v}(s)}{\hat{v}_{ref}(s)}\right|_{\substack{\hat{v}_g=0 \\ \hat{i}_{load}=0}} = \frac{1}{H(s)}\frac{T(s)}{1+T(s)} \tag{3.7}$$

루프 이득의 크기가 크면 즉, $\|T(s)\| \gg 1$이면 $1/(1+T(s)) \approx 1$이다. 따라서 전달함수는

$$\frac{\hat{v}(s)}{\hat{v}_{ref}(s)} \approx \frac{1}{H(s)} \tag{3.8}$$

이다. 즉, $G_c(s)$, V_M, $G_{vd}(s)$와 무관하므로 큰 루프 이득 조건에서 $G_c(s)$, V_M, $G_{vd}(s)$에 존재하는 변동이 출력 전압에 미치는 영향은 무시할만하다. 물론 직류 안정기인 경우 v_{ref}가 상수이므로 $\hat{v}_{ref}=0$이다. 그러나 식 (3.8)은 직류인 경우에도 잘 적용된다. 예를 들면 선형 시스템에 대해

$$\frac{V}{V_{ref}}=\frac{1}{H(0)}\frac{T(0)}{1+T(0)}\approx\frac{1}{H(0)} \tag{3.9}$$

이다. 따라서 직류 출력 전압 V가 직류 기준 전압 v_{ref}를 정확하게 따라가기 위해서 센서의 직류 이득 $H(0)$와 직류 기준 전압 v_{ref}를 정확하게 잘 알아야 하고 $T(0)$가 커야 한다. 일반적으로 H를 구현하기 위해 정밀 저항을 이용해야 하지만 $G_c(s)$, PWM 변조기(V_M) 또는 전력단($G_{vd}(s)$)에 사용되는 소자는 정밀급을 필요로 하지 않는다. 순방향 경로의 이득에 대한 출력의 민감도는 감소하나 되먹임 이득 H와 기준 입력 v_{ref}에 대한 민감도는 증가한다.

3.3 1/(1+T), T/(1+T)와 폐루프 전달함수의 보드선도 작성

그래프 연산을 이용하여 식 (3.4)에서부터 식 (3.9)에 주어진 전달함수를 쉽게 그릴 수 있다[4]. 되먹임 시스템에 있는 블록을 분석하였고 $\|T(s)\|$의 보드선도를 그렸다라고 가정하자. 예를 들면 다음의 전달함수는 그래프 연산 방법으로 쉽게 구성할 수 있다. 되먹임 시스템에서 블록을 분석하여 그림 3.5와 같이 $\|T(s)\|$의 보드선도를 그렸다고 가정하자. 루프 이득 $T(s)$는 다음과 같다.

$$T(s)=T_0\frac{\left(1+\frac{s}{\omega_z}\right)}{\left(1+\frac{s}{Q\omega_{p1}}+\left(\frac{s}{\omega_{p1}}\right)^2\right)\left(1+\frac{s}{\omega_{p2}}\right)} \tag{3.10}$$

이 예제는 조금 복잡해 보인다. 그러나 실제 전압 안정기의 루프 이득은 더 복잡하고 4개 이상의 극점을 가질 수 있다. 폐루프 전달함수를 결정하기 위해 식 (3.5)에서 (3.7)까지의 식을 이용하는 것은 복잡해 보인다. 루프이득 T에 1을 더해 분모와 분자를 다시 계산해야 한다. 이러한 방법으로는 여러 폐루프 전달함수와 루프 이득과의 관계를 물리적으로 고찰하기 어렵다. 따라서 사양을 만족하는 되먹임 루프를 설계하기 어렵다.

그래프 연산을 이용하면 폐루프 전달함수를 쉽게 구할 수 있으므로 여러 폐루프 전달함수와 루프 이득과의 물리적인 관계를 쉽게 조사할 수 있다. 그림 3.5를 보면 $\|T\|=1$을 만족하는 "교차 주파수(crossover frequency)" f_c가 있다. f_c보다 작은 주파수에서 $\|T\|>1$이며 $f \ll f_c$에 대해 $\|T\| \gg 1$이다. 그러므로 저 주파수에서 $(1+T) \approx T$, $T/(1+T) \approx T/T=1$. f_c보다 큰 주파수에서 $\|T\| < 1$이며 $f \gg f_c$에 대해 $\|T\| \ll 1$이다. 따라서 고 주파수에서 $(1+T) \approx 1$, $T/(1+T) \approx T/1 = T$. 결과적으로

$$\frac{T}{1+T} = \begin{cases} 1 & \|T\| \gg 1 \text{ 에 대해} \\ T & \|T\| \ll 1 \text{ 에 대해} \end{cases} \tag{3.11}$$

이다. 식 (3.11)에 대응하는 점근선을 쉽게 그릴 수 있다. 저 주파수 즉, $f < f_c$에 대한 점근선은 1 또는 0 dB이다. 고 주파수 즉, $f > f_c$에 대한 점근선은 T를 따라간다. 그림 3.6은 결과를 나타낸다.

루프 이득 $\|T\|$가 큰 저 주파수에서 기준-출력 전달함수는 다음과 같다.

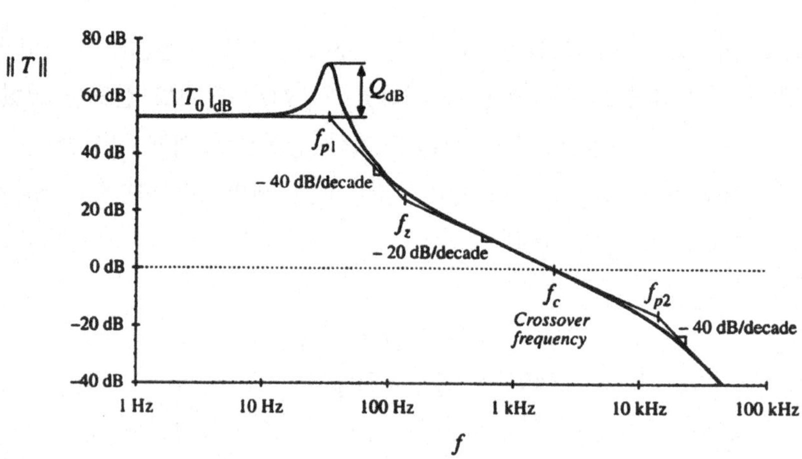

그림 3.5 식 (3.10) 예제의 루프 이득 크기

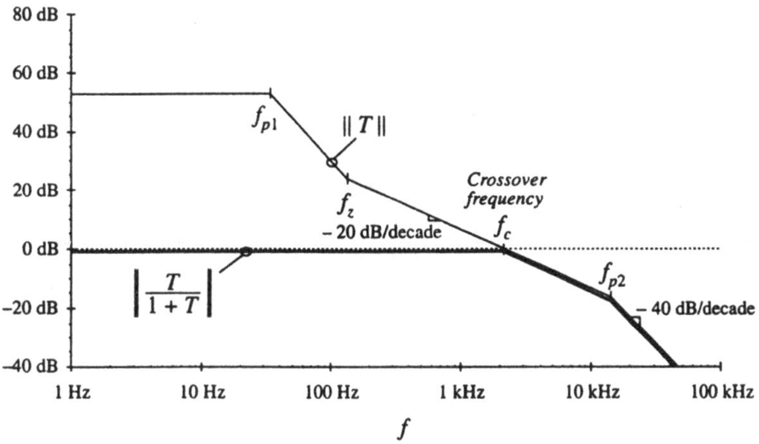

그림 3.6 $\| T/(1+T) \|$의 점근선 작성

$$\frac{\hat{v}(s)}{\hat{v}_{ref}(s)} = \frac{1}{H(s)} \frac{T(s)}{1+T(s)} \approx \frac{1}{H(s)} \tag{3.12}$$

이 결과는 원하던 특성이며 $\|T\|$가 큰 저 주파수 영역에서 되먹임 루프는 잘 동작한다. 루프 이득 $\|T\|$가 작은 고 주파수($f \gg f_c$)에서 기준-출력 전달함수는 다음과 같다.

$$\frac{\hat{v}(s)}{\hat{v}_{ref}(s)} = \frac{1}{H(s)} \frac{T(s)}{1+T(s)} \approx \frac{T(s)}{H(s)} = \frac{G_c(s) G_{vd}(s)}{V_M} \tag{3.13}$$

이 결과는 원하는 특성이 아니다. 사실 이 값은 되먹임을 제거한($H \to 0$) 이득과 같다. 고 주파수에서 T의 대역폭이 제한되어 있어 되먹임 루프는 외란을 물리칠 수 없다. 그림 3.6의 $T/(1+T)$의 점근선에 $1/H$를 곱하여 기준-출력 전달함수를 그래프 위에 그릴 수 있다.

비슷한 방법으로 $\|1/(1+T)\|$의 점근선을 그릴 수 있다. $\|T\| \gg 1$인 저 주파수에서 $(1+T) \approx T$이고 따라서 $1/(1+T) \approx 1/T$이다. $\|T\| \ll 1$인 고 주파수에서 $(1+T) \approx 1$이고, $1/(1+T) \approx 1$이다. 결과적으로

$$\frac{1}{1+T} = \begin{cases} \dfrac{1}{T} & \| T \| \gg 1 \text{ 에 대해} \\ 1 & \| T \| \ll 1 \text{ 에 대해} \end{cases} \tag{3.14}$$

이다. 그림 3.5의 $T(s)$에 대한 점근선을 그림 3.7에 나타낸다. 루프 이득 $\|T\|$가 큰 저 주파수에서 입력 v_g에서 v로의 외란 전달함수는 다음과 같다.

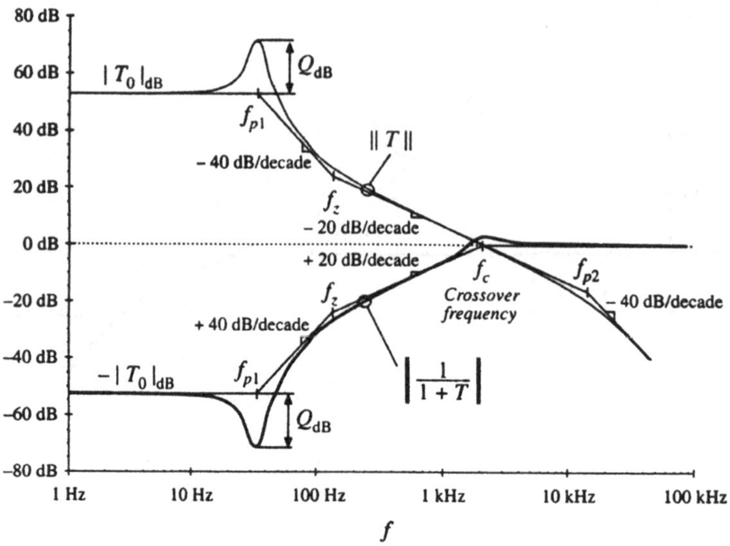

그림 3.7 ||1/(1+*T*)||의 점근선 그리기

$$\frac{\hat{v}(s)}{\hat{v}_g(s)} = \frac{G_{vg}(s)}{1+T(s)} \approx \frac{G_{vg}(s)}{T(s)} \tag{3.15}$$

$G_{vg}(s)$는 되먹임이 없는 원래 전달함수를 나타낸다. 폐루프 전달함수의 크기는 $1/\|T\|$의 곱만큼 작아진다. 예를 들면 120 Hz에서 20배만큼 이 전달함수의 크기를 줄이고 싶으면 120 Hz에서 적어도 20⇒26 dB에 해당하는 루프 이득 $\|T\|$가 필요하다. 그림 3.7의 점근선과 $G_{vg}(s)$의 점근선을 곱하여 입력 v_g에서 v로의 외란 전달함수를 그래프에 그릴 수 있다.

비슷한 방법으로 출력 임피던스를 구할 수 있다. 저 주파수에서 폐루프 출력 임피던스는

$$\frac{\hat{v}(s)}{-\hat{i}_{load}(s)} = \frac{Z_{out}(s)}{1+T(s)} \approx \frac{Z_{out}(s)}{T(s)} \tag{3.16}$$

이다. 교차 주파수 이하의 주파수에서 출력 임피던스는 $1/\|T\|$배 만큼 감소한다. $\|T\| \ll 1$인 고 주파수에서 $1/(1+T) \approx 1$이고

$$\frac{\hat{v}(s)}{\hat{v}_g(s)} = \frac{G_{vg}(s)}{1+T(s)} \approx G_{vg}(s) \tag{3.17}$$

$$\frac{\hat{v}(s)}{-\hat{i}_{load}(s)} = \frac{Z_{out}(s)}{1+T(s)} \approx Z_{out}(s)$$

이다. 즉, 고 주파수에서 입력-출력 외란 전달함수와 출력 임피던스는 되먹임이 없는 전달함수와 같다. 따라서 교차 주파수 이상에서 되먹임 효과는 없다.

3.4 안정도

되먹임 루프는 안정한 시스템을 불안정하게 할 수 있다는 사실은 잘 알려져 있다. 루프 이득 $T(s)$와 마찬가지로 식 (3.1)에 주어진 원래 컨버터의 전달함수가 오른쪽 반평면에 극점을 갖지 않는다 할지라도 식 (3.4)의 폐루프 전달함수는 오른쪽 반평면에 극점을 포함할 수 있다. 따라서 되먹임 루프로 원하는 동작점에서 시스템을 안정화할 수 없고 일반적으로 진동이 발생한다. 이러한 상황을 피하는 것이 중요하다. 되먹임 시스템이 안정할지라도 과도 응답에 바람직하지 않은 울렁거림과 오버슈트가 발생할 수 있다. 이 절에서는 안정도 문제를 다루고 되먹임 시스템이 안정하고 잘 동작하도록 보장하는 방법에 대해 서술한다.

되먹임이 시스템을 불안정하게 하면 식 (3.4)의 분모 $(1+T(s))$항은 오른쪽 반평면에 위치한 근 즉, 실수부가 양인 근을 갖는다. 만일 $T(s)$가 유리 분수 즉, 두 개의 다항 함수 $N(s)$와 $D(s)$의 비 $N(s)/D(s)$이면 다음과 같이 쓸 수 있다.

$$
\begin{aligned}
\frac{T(s)}{1+T(s)} &= \frac{\dfrac{N(s)}{D(s)}}{1+\dfrac{N(s)}{D(s)}} = \frac{N(s)}{N(s)+D(s)} \\
\frac{1}{1+T(s)} &= \frac{1}{1+\dfrac{N(s)}{D(s)}} = \frac{D(s)}{N(s)+D(s)}
\end{aligned}
\qquad (3.18)
$$

따라서 $T(s)/(1+T(s))$와 $1/(1+T(s))$는 다항 함수 $(N(s)+D(s))$의 근인 같은 극점을 갖는다. 주먹구구식 안정도 시험 방법은 $(N(s)+D(s))$를 계산하여 근의 실수부가 양인가를 보면 된다. 그러나 아주 단순한 경우를 제외하면 이 작업은 매우 복잡하다. 더 간단한 방법인 Nyquist 안정도 이론으로 단지 루프 이득 $T(s)$를 이용하여 $(N(s)+D(s))$의 오른쪽 반평면에 있는 근의 개수를 구할 수 있다[1, 2]. 이 이론을 여기서 소개하지 않지만 위상 여유 시험으로 알려진 이 이론의 특별한 경우만으로도 대부분의 전압 안정기를 설계하는데 충분하므로 본 절에서 위상 여유 시험을 다루기로 한다.

3.4.1 위상 여유 시험

교차 주파수(crossover frequency) f_c는 다음과 같이 루프 이득의 크기가 1이 되는 주파수로 정의된다.

$$\| T(j2\pi f_c \| = 1 \Rightarrow 0 \text{ dB} \tag{3.19}$$

위상 여유 ϕ_m을 계산하기 위해 교차 주파수에서 루프 이득 $T(s)$의 위상을 구해 180°를 더한다. 즉,

$$\phi_m = 180\,^\circ + \angle\, T(j2\pi f_c) \tag{3.20}$$

정확하게 하나의 교차 주파수가 있고 루프 이득 $T(s)$가 오른쪽 반평면에 있는 극점을 포함하지 않는다면 식 (3.20)으로 정의된 위상 여유가 양일 때 $T(s)/(1+T(s))$와 $1/(1+T(s))$는 오른쪽 반평면 극점을 갖지 않는다. 그러므로 루프 이득 $T(s)$에 대한 간단한 시험으로 $T(s)/(1+T(s)$와 $1/(1+T(s))$의 안정도를 결정할 수 있다. 이 방법은 매우 쉬운 설계 도구로 단순히 루프 이득 $T(s)$의 위상이 교차 주파수에서 -180°보다 큼을 보여주면 된다.

여러 개의 교차 주파수가 있는 경우 위상 여유 시험방법은 애매모호해진다. 또한 루프 이득 $T(s)$가 오른쪽 반평면 극점을 포함하면(즉, 원 개방 시스템이 불안정하면) 위상 여유 시험방법을 사용할 수 없다. 이러한 경우에는 더 확장된 Nyquist 안정도 이론을 사용해야 한다.

전형적인 안정한 시스템의 루프 이득을 그림 3.8에 나타낸다. $T(j2\pi f_c)$ = -112°. ϕ_m = 180° - 112° = +68°. 위상 여유가 양이므로 $T/(1+T)$와 $1/(1+T)$는 오른쪽 반평면 극점을 포함하지 않으므로 이 되먹임 시스템은 안정하다.

불안정한 시스템의 루프 이득을 그림 3.9에 나타낸다. $T(j2\pi f_c)$ = -230°. ϕ_m = 180° - 230° = -50°. 위상 여유가 음이므로 $T/(1+T)$와 $1/(1+T)$는 적어도 한 개의 오른쪽 반평면 극점을 포함한다.

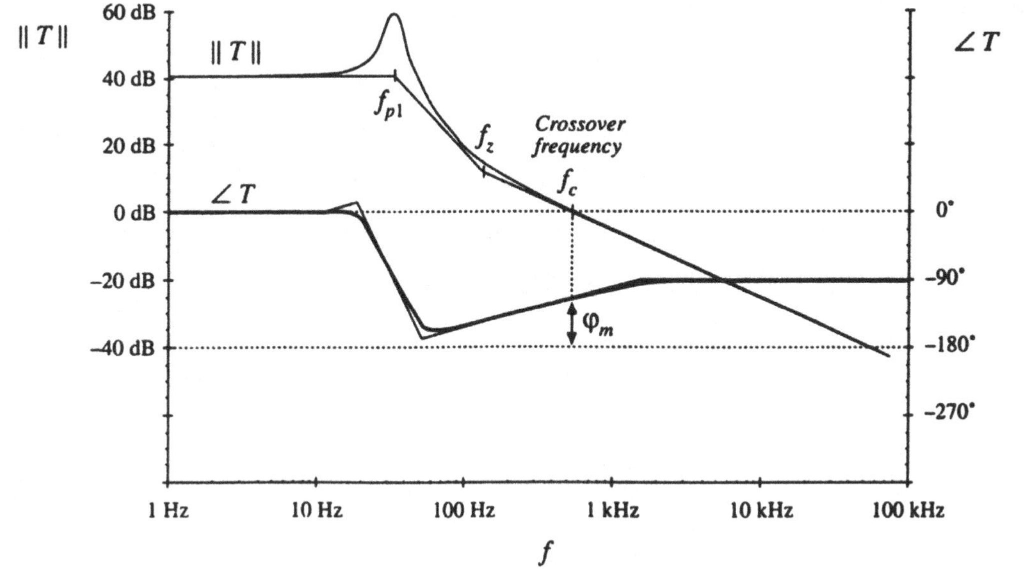

그림 3.8 안정한 시스템의 루프 이득의 크기 및 위상: 위상 여유 ϕ_m이 양이다

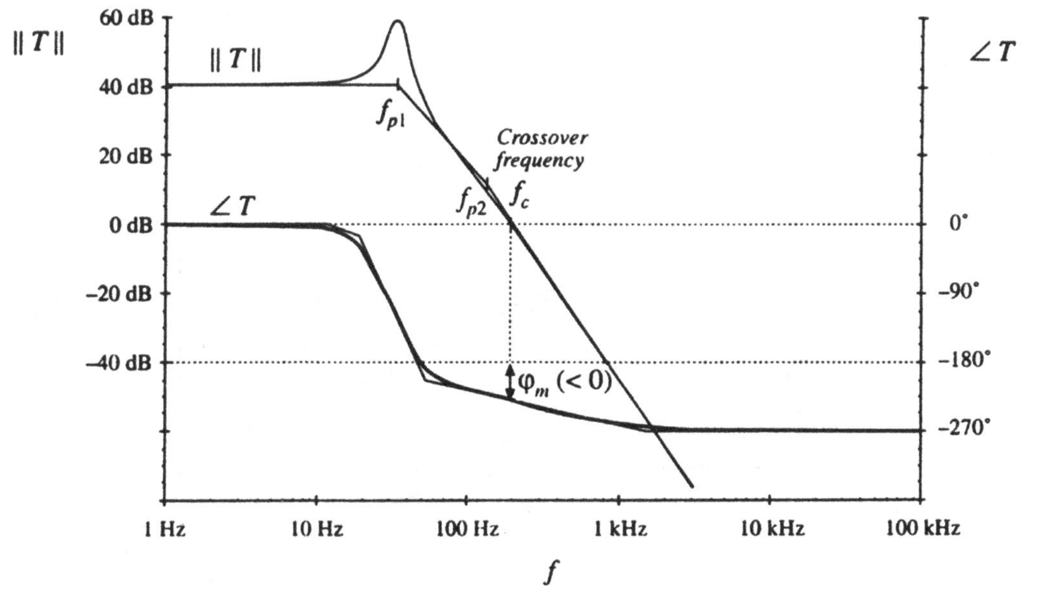

그림 3.9 불안정한 시스템의 루프 이득의 크기 및 위상: 위상 여유 ϕ_m이 음이다

3.4.2 위상 여유와 폐루프 제동계수의 관계

위상 여유는 어느 정도 필요한가? 최악의 경우 1°의 위상 여유는 만족한가? 물론 좋은 설계는 적당한 설계 여유를 가져야 하지만 부가적인 위상 여유가 필요한 다른 중요한 이유가 있다. 작은 위상 여유는 폐루프 전달함수 $T/(1+T)$와 $1/(1+T)$가 교차 주파수 근처에서 큰 Q를 갖는 공진 극점을 갖게 하여 시스템 응답에 오버슈트와 울렁거림이 나타나게 한다. 위상 여유를 감소시키면 과도 특성은 시스템이 불안정해질 때까지($\phi_m \leq 0°$) 악화된다(Q는 더 커지고 울렁거림은 더 오래 지속된다).

교차 주파수 근처에서 잘 근사화된 다음과 같은 루프 이득 $T(s)$를 생각하자.

$$T(s) = \frac{1}{\left(\frac{s}{\omega_0}\right)\left(1+\frac{s}{\omega_2}\right)} \tag{3.21}$$

크기와 위상 점근선을 그림 3.10에 그렸다. 이 식은 대부분의 루프 이득에 대해 교차 주파수 근처에서 잘 근사화된 식으로 $\|T\|$가 -20 dB/decade의 기울기로 1의 이득으로 접근하고 있고 주파수 $f_2 = \omega_2/2\pi$에 다른 극점을 갖고 있다. 다른 극점과 영점은 교차 주파수로부터 멀리 떨어져 있어 교차 주파수 근처에서 시스템의 전달함수에 미치는 영향을 무시한다고 가정한다. $f_2 \rightarrow \infty$에 따라 위상 여유 ϕ_m은 90°로 접근한다. $f_2 \rightarrow 0$에 따라 $\phi_m \rightarrow 0°$이다.

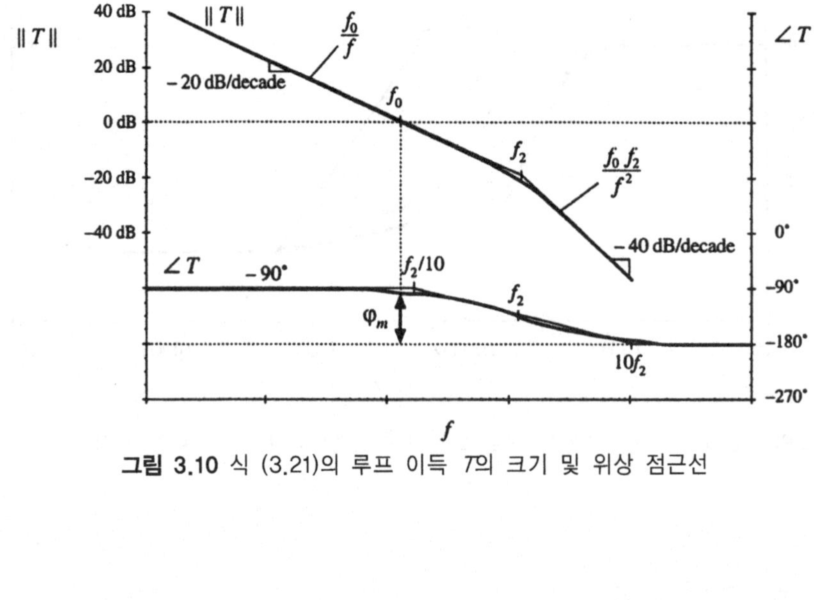

그림 3.10 식 (3.21)의 루프 이득 T의 크기 및 위상 점근선

따라서 f_2를 작게 하면 위상 여유 역시 작아진다. 이것이 폐루프 응답에 어떠한 영향을 미치는지 $T/(1+T)$를 통해 살펴보자. 식 (3.21)로부터 다음과 같이 쓸 수 있다.

$$\frac{T(s)}{1+T(s)}=\frac{1}{1+\dfrac{1}{T(s)}}=\frac{1}{1+\dfrac{s}{\omega_0}+\dfrac{s^2}{\omega_0\omega_2}} \tag{3.22}$$

이 식을 정규화된 2차 표준형으로 나타내면 다음과 같다.

$$\frac{T(s)}{1+T(s)}=\frac{1}{1+\dfrac{1}{T(s)}}=\frac{1}{1+\dfrac{s}{Q\omega_c}+\left(\dfrac{s}{\omega_c}\right)^2} \tag{3.23}$$

여기서

$$\omega_c=\sqrt{\omega_0\omega_2}=2\pi f_c$$
$$Q=\frac{\omega_0}{\omega_c}=\sqrt{\frac{\omega_0}{\omega_2}}$$

이다. 그러므로 폐루프 응답은 f_0와 f_2의 기하 평균인 주파수 f_c에서 2차 극점을 갖는다. 이 극점은 $f_0 \ll f_2$일 때 낮은 Q-계수를 갖는다. 이 경우 이 주파수들을 예측하기 위해 작은-Q 근사화를 이용한다.

$$Q\omega_c=\omega_0$$
$$\frac{\omega_c}{Q}=\omega_2 \tag{3.24}$$

이 경우 크기 점근선을 그림 3.11에 그렸다. 이 그림으로부터 점근선들이 $T/(1+T)$을 그래프 연산방법으로 그린 3.3절의 규칙을 따른다.

다음은 높은 Q인 경우를 생각하자. 극점 주파수 f_2를 낮게 하면 위상 여유는 줄어들고 식 (3.23)의 Q-계수는 증가한다. $Q>0.5$에 대해 공진 극점은 주파수 f_c에서 발생한다. 그림 3.12는 $f_2<f_0$인 경우 크기 보드선도를 나타낸다. 주파수 f_c는 f_0와 f_2의 기하 평균이고 $\|T\|$의 점근선이 1이 되는 교차 주파수와 일치한다. 주파수 f_c에서 폐루프 이득 $T/(1+T)$의 정확한 값은 $Q=f_0/f_c$와 같다. 그림 3.12에서 보이는 바와 같이 이 값은

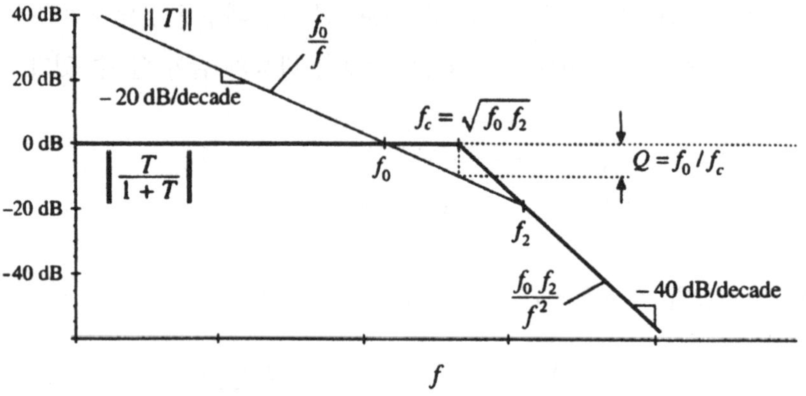

그림 3.11 낮은 Q인 경우의 폐루프 전달함수 $T/(1+T)$의 점근선 작성

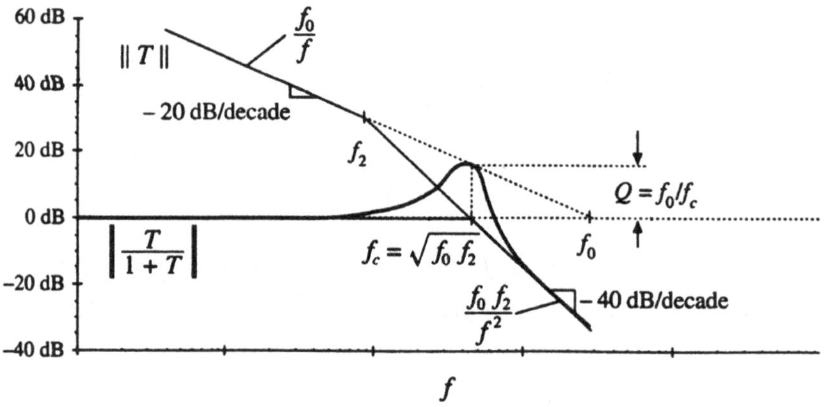

그림 3.12 높은 Q인 경우의 폐루프 전달함수 $T/(1+T)$의 점근선 작성

주파수 f_c에서 저 주파수 -20 dB/decade 점근선 (f_0/f)의 값과 같다. 극점 주파수 f_2를 낮게 할수록 Q-계수는 매우 커짐을 알 수 있다.

그림 3.12의 점근선은 3.3절의 그래프 연산 규칙을 잘 따르지만 그래프 연산으로 점근선과 정확한 곡선과의 차이를 알 수 없다. Q-계수를 갖는 이러한 두 극점은 $T/(1+T)$와 $1/(1+T)$ 양쪽에 나타난다. Q-계수를 찾는 쉬운 방법이 필요하다. T의 크기가 정확하게 1이 되는 주파수를 찾아 이러한 관계를 얻을 수 있다. 이 주파수에서 정확한 T의 위상을 구하고 위상 여유를 계산한다. 이 위상 여유는 f_0/f_c 또는 Q_2의 함수이다. 따라서 위상 여유의 함수로 Q를 다음과 같이 구할 수 있다.

$$Q = \frac{\sqrt{\cos\phi_m}}{\sin\phi_m} \tag{3.25}$$
$$\phi_m = \tan^{-1}\sqrt{\frac{1+\sqrt{1+4Q^2}}{2Q^4}}$$

이 함수를 그림 3.13에 나타내었으며 Q는 dB로 표현하였다. 실수 극점($Q<0.5$)을 얻기 위해서 적어도 76°의 위상 여유가 필요하다. $Q=1$을 얻기 위해서는 적어도 52°의 위상 여유가 필요하다. 1°의 위상 여유는 매우 큰 Q를 갖는 폐루프 응답을 나타낸다. 작은 위상 여유로 교차 주파수 근처에서 $T(j\omega)$는 -1에 거의 가깝다. 따라서 분모 (1+T)는 매우 작아 교차 주파수 근처에서 폐루프 전달함수에 뾰족한 응답을 나타나게 한다.

그림 3.13은 식 (3.21)로 주어진 간단한 루프 이득에 대한 결과이다. 그러나 식 (3.21)의 루프 이득은 $\|T\|$가 -20 dB/decade의 기울기로 1의 이득으로 접근하고 있고 주파수 f_2에 또 하나의 극점을 갖는 실제 많은 다른 대부분의 루프 이득에 대해 교차 주파수 근처에서 잘 근사화된 식이다. 다른 극점과 영점들이 교차 주파수로부터 멀리 떨어져 있으면 교차 주파수 근처에서 시스템의 전달함수에 미치는 영향을 무시할 수 있고, 그림 3.13은 위

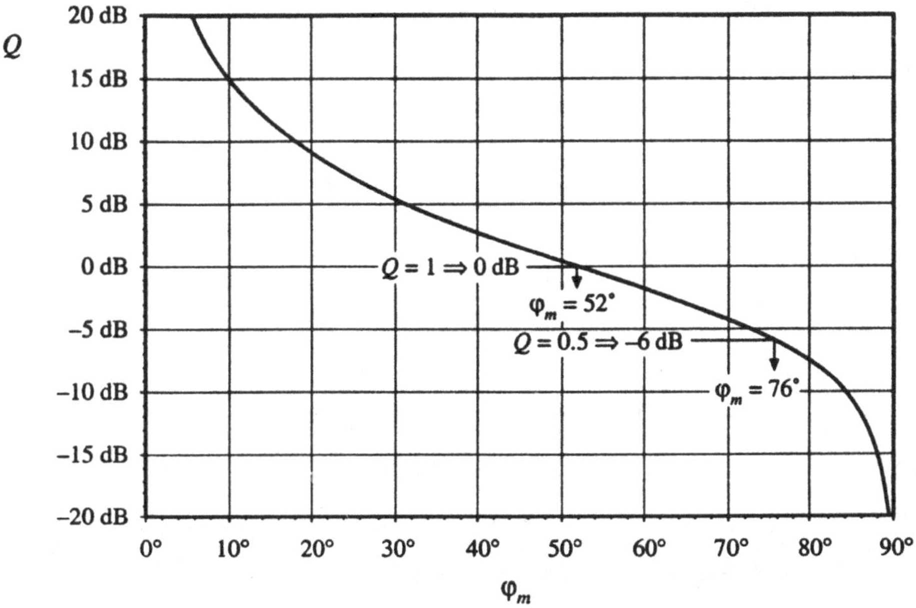

그림 3.13 루프 이득의 위상 여유 ϕ_m과 폐루프 Q–계수의 관계

상 여유 ϕ_m과 Q의 관계를 잘 근사화 해준다.

다른 일반적인 경우로 $\|T\|$가 -40 dB/decade의 기울기로 1의 이득으로 접근하고 주파수 f_2에 또 하나의 영점을 갖는 경우이다. 주파수 f_2가 증가하면 위상 여유는 감소하고 Q는 증가한다. 위상 여유 ϕ_m과 Q의 관계는 정확하게 식 (3.25)와 같음을 보일 수 있다.

그림 3.13을 적용할 수 없는 경우는 루프 이득 $T(s)$가 교차 주파수 근처에서 3개 이상의 극점을 갖는 경우이다. 폐루프 응답 역시 교차 주파수 근처에서 3개 이상의 극점을 가지며 단순하게 Q-계수로 이들 극점의 특성을 파악할 수 없다. 교차 주파수 근처에서 $T/(1+T)$와 $1/(1+T)$의 정확한 특성을 얻기 위해서는 더 많은 일이 필요하다. 하지만 작은 위상 여유는 뾰족한 폐루프 응답을 보인다고 말할 수 있다.

3.4.3 과도응답과 제동계수

전달함수 $T/(1+T)$의 단위계단 응답은 식 (3.23)에 $1/s$를 곱하고 라플라스 역변환을 하면 구할 수 있다. $Q>0.5$에 대한 결과는 다음과 같다.

$$\hat{v}(t)=1+\frac{2Qe^{-\omega_c t/2Q}}{\sqrt{4Q^2-1}}\sin\left[\frac{\sqrt{4Q^2-1}}{2Q}\omega_c t+\tan^{-1}\left(\sqrt{4Q^2-1}\right)\right] \tag{3.26}$$

$Q<0.5$에 대한 결과는 다음과 같다.

$$\hat{v}(t)=1-\frac{\omega_2}{\omega_2-\omega_1}e^{-\omega_1 t}-\frac{\omega_1}{\omega_1-\omega_2}e^{-\omega_2 t} \tag{3.27}$$

여기서

$$\omega_1,\ \omega_2=\frac{\omega_c}{2Q}\left(1\pm\sqrt{1-4Q^2}\right)$$

이다. 여러 값의 Q에 대한 이 식들의 응답을 그림 3.14에 나타낸다.

식 (3.23)에 따라 $f_2>4f_0$이면 Q-계수는 0.5보다 작고 폐루프 응답은 저 주파수의 실수 극점과 고 주파수의 실수 극점을 갖는다. 이 경우의 과도 응답인 식 (3.27)은 다음 형태의 시간에 따라 감소하는 지수함수를 포함한다.

$$Ae^{(pole)t} \tag{3.28}$$

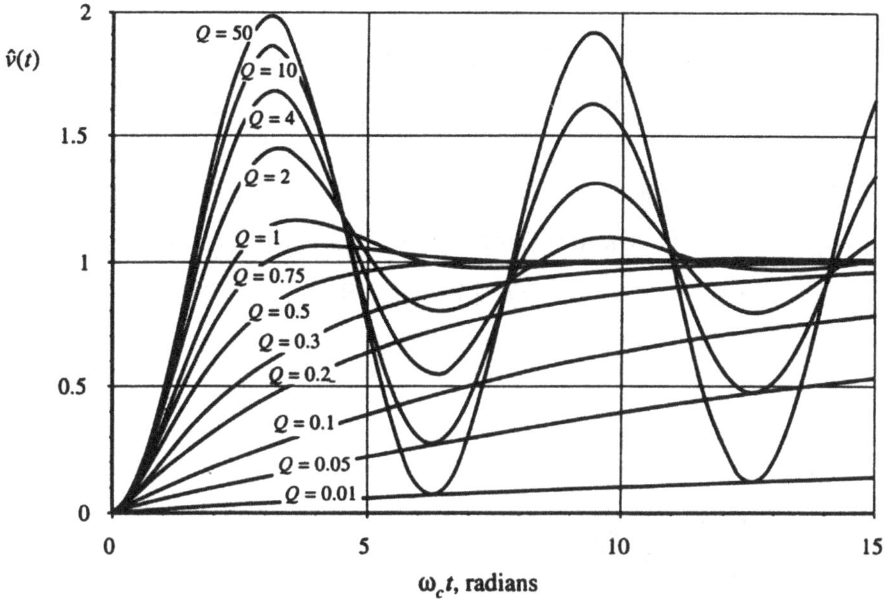

그림 3.14 여러 Q값에 따른 2차 시스템의 단위계단 응답

이 경우를 "과제동(overdamped)"이라 부른다. Q의 값이 매우 작으면 저 주파수 극점 때문에 늦은 계단 응답을 보인다.

$f_2 = 4f_0$이면 Q-계수는 0.5이다. 페루프 응답은 주파수 $2f_0$에서 두 개의 실수 극점을 갖는다. 이 경우를 "임계 제동(critically damped)"이라 한다. 저 주파수 극점이 더 높은 주파수에 있기 때문에 과도응답은 과제동인 경우보다 빠르다. 이 경우 오버슈트가 없이 가장 빠른 과도응답을 보인다. $\omega_c t = \pi$ rad. ($t = 1/2f_c$)에서 전압은 최종 값의 82%에 도달한다. $\omega_c t = 2\pi$ rad. ($t = 1/f_c$)에서 전압은 최종 값의 98.6%에 도달한다.

$f_2 < 4f_0$이면 Q-계수는 0.5보다 크다. 페루프 응답은 복소수 극점을 포함하고, 과도 응답은 식 (3.26)과 같이 크기가 감소하는 정현파 파형을 나타낸다. 계단 응답의 상승시간은 임계 제동보다 빠르지만 오버슈트가 발생한다. 전압 $v(t)$의 첨두 값은

$$\text{첨두 } \hat{v}(t) = 1 + e^{-\pi/\sqrt{4Q^2-1}} \tag{3.29}$$

이다. 이 경우를 "부족 제동(underdamped)"이라 한다. $Q = 1$이면 16.3%의 오버슈트, $Q =$

2이면 44.4%의 오버슈트를 나타낸다. Q-계수가 크면 오버슈트는 100%에 이른다.

되먹임 시스템의 정확한 과도 응답은 그림 3.14의 응답과 다를 수 있다. 그 이유는 루프 이득에 또 다른 극점과 영점이 있을 수 있고 초기 조건이 다르기 때문이다. 그림 3.14는 Q-계수가 크면 오버슈트와 울렁거림이 나타남을 보여준다. 대부분의 전력전자 응용에서 오버슈트는 바람직하지 않다. 예를 들면 3.3 V 컴퓨터 전원에서 전원을 켰을 때 전압의 오버슈트가 5 V 또는 6 V까지 이르면 안 된다. 만일 이러한 상황이 일어나면 컴퓨터의 모든 IC가 파괴된다. 그래서 Q-계수는 0.5 또는 그 이하로 충분히 작아야 하고, 이는 위상 여유가 적어도 76°이어야 함을 의미한다.

3.5 조절기 설계

외란 거부, 과도 응답, 안정도에 관한 설계 목표 또는 사양을 만족하는 조절기 시스템을 어떻게 설계하는가를 살펴보기로 한다. 일반적인 직류 조절기(regulator) 설계는 다음의 사양을 이용하여 정의된다.

1. *부하 전류 변동이 출력전압 조절에 미치는 영향.* 부하 전류가 정해진 방법대로 변할 때 출력 전압은 규정된 범위 안에 있어야 한다. 이것은 폐루프 출력 임피던스의 최대값을 제한한다.

$$\left.\frac{\hat{v}(s)}{-\hat{i}_{laad}(s)}\right|_{\substack{\hat{v}_{ref}=0\\ \hat{v}_g=0}} = \frac{Z_{out}(s)}{1+T(s)} \tag{3.30}$$

개루프 출력 임피던스 Z_{out}의 크기가 어떤 주파수영역에서 제한 값을 초과하면 식 (3.30)의 폐루프 출력 임피던스가 주어진 제한 값보다 작아지도록 루프 이득 T를 해당 주파수영역에서 충분히 증가시켜야 한다.

2. *입력 전압 변동(예를 들면 교류 라인 주파수의 2차 고조파)이 출력 전압 조절에 미치는 영향.* 교류 라인 주파수의 2차 고조파(120 Hz 또는100 Hz)에서 출력 전압 변동의 크기에 최대 극한 값이 규정된다. 컨버터 입력($\hat{v}_g$으로서)에 나타나는 정류된

전압 맥동의 크기를 알면 아래와 같은 폐루프 라인-출력 전달함수를 이용하여 출력 전압 맥동($\hat{v}$)을 계산할 수 있다.

$$\left.\frac{\hat{v}(s)}{\hat{v}_g(s)}\right|_{\substack{\hat{v}_{ref}=0 \\ \hat{i}_{load}=0}} = \frac{G_{vg}(s)}{1+T(s)} \tag{3.31}$$

맥동 주파수에서 루프 이득의 크기를 증가시켜 출력 전압의 맥동을 감소시킬 수 있다. 보통의 잘된 설계에서 $\|T\|$는 120 Hz에서 20 dB이상으로 식 (3.31)의 폐루프 전달함수가 개루프 라인-출력 전달함수 $\|G_{vg}\|$보다 적어도 1/10 이하의 크기가 된다.

3. *과도 응답시간.* 부하 전류 또는 입력 전압에 큰 계단 변화와 같은 규정된 큰 외란이 존재하면 출력 전압은 과도상태를 지나간다. 이 과도상태 동안 출력 전압은 규정된 허용 범위를 일반적으로 벗어난다. 결국 되먹임 루프는 출력 전압이 허용치 안에 들도록 동작한다. 이렇게 하는데 걸리는 시간을 과도 응답시간이라 한다. 보통 되먹임 루프의 교차 주파수를 증가시켜 응답시간을 줄일 수 있다.
4. *오버슈트와 울렁거림.* 3.4.3절에서 서술한 바와 같이 과도응답에서 허용되는 오버슈트와 울렁거림을 제한할 수 있다. 이러한 사양은 위상 여유가 충분히 커야 함을 의미한다.

위와 같은 사양 때문에 루프이득 $T(s)$에 제약조건이 만들어진다. 그러므로 루프 이득을 수정하는 일이 제어기 시스템의 설계라 할 수 있다. 그림 3.2에서와 같이 보상기 네트워크를 의도적으로 추가하였다. 보상기 전달함수 $G_c(s)$를 설계하는 몇 가지 잘 알려진 방법을 소개한다.

3.5.1 진상(PD) 보상기

진상 보상기는 위상 여유를 개선하는데 사용한다. 교차 주파수 f_c 아래로 충분히 멀리 떨어진 주파수 f_z의 영점을 루프 이득에 추가하여 $T(s)$의 위상 여유를 원하는 만큼 증가시킨다. 진상 보상기는 비례-미분 또는 PD(proportional-plus-derivative) 제어기라 부른다. 고 주파수에서 영점 때문에 보상기는 오차 신호를 미분한다. 원래 2개의 극점을 포함하는 시스템에 종종 적용된다. 진상 보상기를 이용하여 허용할만한 위상 여유를 유지하면서 되먹임 루프의 대역폭(즉, 교차 주파수 f_c)을 넓힐 수 있다.

영점의 부대 효과는 보상기 이득이 +20 dB/decade의 기울기로 주파수에 따라 증가한다는 것이다. 따라서 원하는 교차 주파수에서 $\|T\|$가 1이 되게 보장하는 단계가 필요하다. 실제적인 증폭기의 이득은 고 주파수에서 영으로 되기 때문에 보상기 전달함수 $G_c(s)$는 고 주파수 극점을 포함해야 한다. 이 극점은 고 주파수 잡음을 줄이는 유익한 효과를 지닌다. 출력 전압과 되먹임 신호에 존재하는 스위칭 주파수의 고조파에 대해 특별한 주의가 필요하다. 스위칭 주파수에서 보상기 이득이 너무 크면 스위칭 고조파는 보상기에 의해 증폭되어 PWM 변조기의 동작을 방해할 수 있다(1.6절 참조). 그래서 보상기 네트워크는 스위칭 주파수보다 작은 주파수에서 극점을 포함해야 한다. 따라서 교차 주파수 f_c는 컨버터의 스위칭 주파수 f_s의 약 10%보다 작아야 한다. 또한 회로설계 기술자는 사용하는 연산 증폭기의 이득-대역폭 제한 값을 초과하지 않도록 주의해야 한다.

진상 보상기의 전달함수는 저 주파수 영점과 여러 개의 고 주파수 극점을 포함한다. 다음 식은 한 개의 고 주파수 극점을 갖는 간단한 예를 나타내며 그림 3.15에 전달함수를 나타낸다.

$$G_c(s) = G_{c0}\frac{(1+s/\omega_z)}{(1+s/\omega_p)} \tag{3.32}$$

최대 위상은 극점과 영점의 기하 평균한 주파수 $f_{\phi\max}$에서 일어난다.

$$f_{\phi\max} = \sqrt{f_z f_p} \tag{3.33}$$

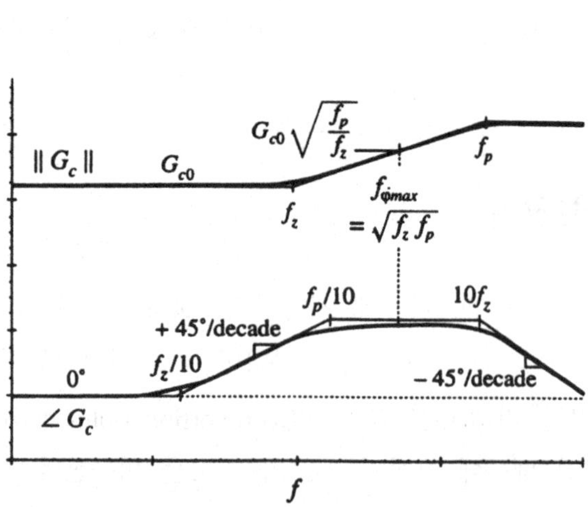

그림 3.15 식 (3.32)의 PD 보상기에 대한 전달함수의 크기 및 위상 점근선

위상 여유를 최대한으로 개선하기 위해 주파수 $f_{\phi\max}$가 루프 이득의 교차 주파수 f_c와 일치하도록 보상기를 설계해야 한다. 이 주파수에서 위상 값은 다음과 같다.

$$\angle G_c(f_{\phi\max}) = \tan^{-1}\left(\frac{\sqrt{f_p/f_z} - \sqrt{f_z/f_p}}{2}\right) \tag{3.34}$$

이 식을 그림 3.16에 그림으로 나타낸다. 식 (3.34)는 다음과 같이 다시 쓸 수 있다.

$$\frac{f_z}{f_p} = \frac{1+\sin\theta}{1-\sin\theta} \tag{3.35}$$

여기서 $\theta = -\angle G_c(f_{\phi\max})$이다. 식 (3.34)와 (3.32)는 교차 주파수 f_c에서 보상기의 진상 위상 θ를 최적으로 얻기 위해 극점과 영점 주파수를 다음과 같이 선택해야 한다.

$$f_z = f_c\sqrt{\frac{1-\sin\theta}{1+\sin\theta}} \tag{3.36}$$

$$f_p = f_c\sqrt{\frac{1+\sin\theta}{1-\sin\theta}}$$

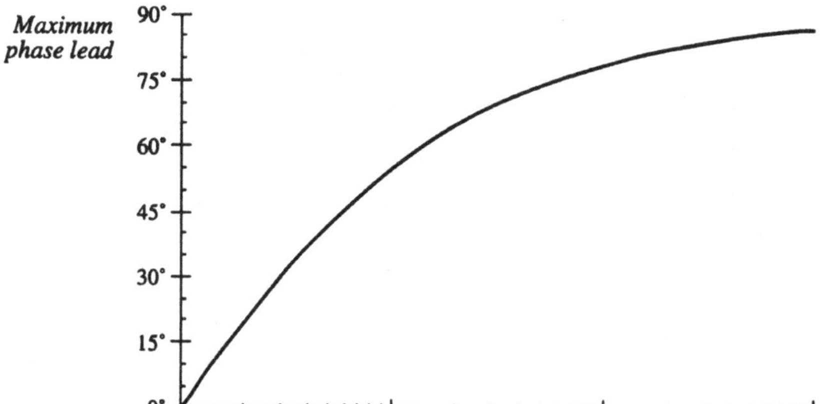

그림 3.16 진상 보상기를 위한 f_p/f_z에 따른 최대 진상 위상 θ

교차 주파수를 같은 값으로 유지하고 싶으면 루프 이득의 교차 주파수 f_c에서 보상기의 이득 크기를 1로 선택해야 한다. 따라서 다음 식에 따라 G_{c0}를 선택해야 한다.

$$G_{c0} = \sqrt{\frac{f_z}{f_p}} \tag{3.37}$$

G_{c0}는 1보다 작으므로 진상 보상기는 되먹임 루프의 직류 이득을 감소시킨다. 교차 주파수를 이동하고 싶으면 G_{c0}를 다르게 선택할 수 있다. 예를 들면 G_{c0}의 값을 크게 하면 교차 주파수는 증가한다. 극점 및 영점 주파수 f_p, f_z를 식 (3.36)과 같이 선택하면 식 (3.32)의 $f_{\phi\max}$가 새로운 교차 주파수 f_c와 일치한다. 이때 G_{c0}의 값은 달라진다.

그림 3.17은 두 개의 극점을 갖는 전형적인 루프 이득 $T(s)$의 보도선도를 나타낸다. 교차 주파수 f_c가 극점 주파수 f_0보다 충분히 크기 때문에 원래 $T(s)$의 위상 여유는 작다. 진상 보상기를 추가한 결과도 볼 수 있다. 이 예제의 진상 보상기는 같은 교차 주파수에서 위상 여유를 개선하는 설계이다.

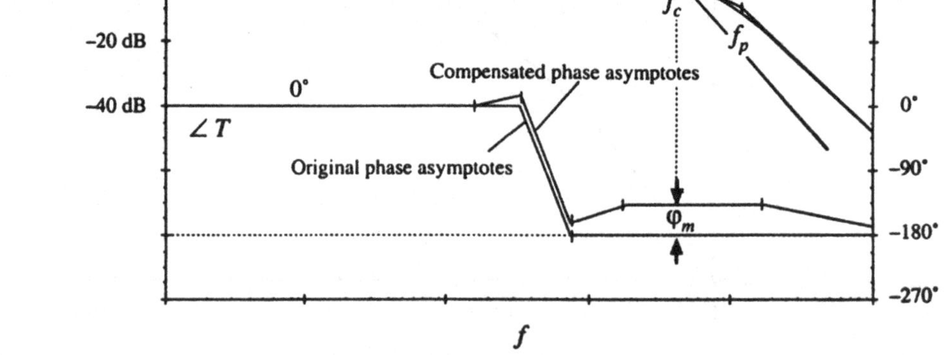

그림 3.17 진상 보상기를 이용한 2개 극점을 갖는 루프 이득의 보상: 위상 여유 개선

3.5.2 지상(PI) 보상기

지상 보상기는 저 주파수 영역에서 루프 이득을 증가시키는데 사용한다. 따라서 직류 또는 교차 주파수보다 작은 주파수에서 출력을 잘 조절할 수 있다. 다음 식과 그림 3.18과 같이 주파수 f_L에서 반전된 영점을 루프 이득에 추가한다.

$$G_c(s) = G_{c\infty}\left(1 + \frac{\omega_L}{s}\right) \tag{3.38}$$

반전된 영점의 주파수 f_L이 루프의 교차 주파수 f_c보다 충분히 작으면 위상 여유는 변하지 않는다. 지상 보상기는 비례-적분 또는 PI(proportional-plus-integral) 제어기라 부른다. 저 주파수에서 반전된 영점 때문에 보상기는 오차 신호를 적분한다.

보상기 이득을 직류에서 임의로 크게 하는 만큼 직류의 루프 이득 $T(0)$를 크게 할 수 있다. 따라서 오차 신호의 직류 성분은 영으로 접근하므로 정상상태의 출력 전압은 완벽하게 조절되고 외란-출력 전달함수는 직류에서 영이 된다. 실제 식 (3.38)을 일반 연산 증폭기로 구현하여 이러한 특성을 쉽게 얻는다.

PI 보상기가 거의 모든 종류의 되먹임 시스템에 유용하지만 원래 한 개의 극점을 포함하는 시스템에 특히 쉽고 효과적인 방법이다. 그림 3.19의 예에서 원래 보상하지 않은 루프 이득은 다음과 같다.

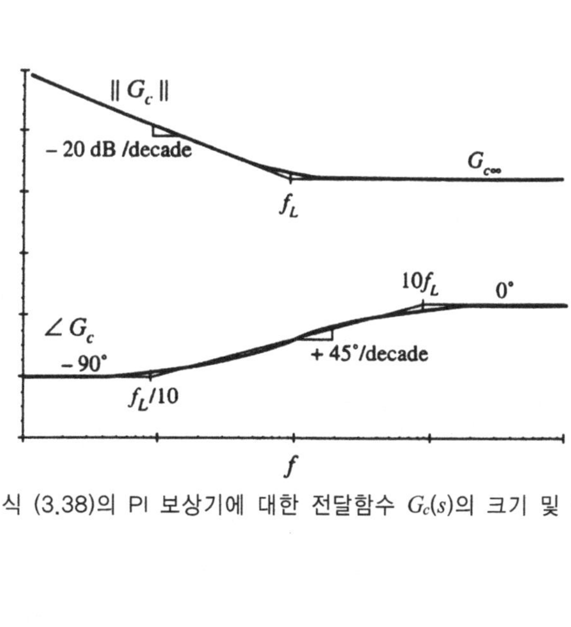

그림 3.18 식 (3.38)의 PI 보상기에 대한 전달함수 $G_c(s)$의 크기 및 위상 점근선

$$T_u(s) = \frac{T_{u0}}{\left(1 + \frac{s}{\omega_0}\right)} \tag{3.39}$$

식 (3.38)에 주어진 보상기의 전달함수를 사용하면 보상된 루프 이득은 $T(s) = T_u(s)G_c(s)$이다. 그림 3.19에 $T(s)$의 크기와 위상 점근선을 나타낸다. 원하는 교차 주파수 f_c를 얻기 위해 보상기의 고 주파수 이득 $G_{c\infty}$를 선택해야 한다. 보상된 루프 이득을 고 주파수 점근선으로 근사화하면 다음과 같다.

$$\| T \| = \frac{T_{u0}G_{c\infty}}{\left(\frac{f}{f_0}\right)} \tag{3.40}$$

교차 주파수 $f = f_c$에서 루프 이득의 크기는 1이다. 따라서 식 (3.40)으로부터 교차 주파수는

$$f_c = T_{u0}G_{c\infty}f_0 \tag{3.41}$$

이므로 원하는 교차 주파수 f_c를 얻기 위해 보상기의 이득 $G_{c\infty}$를 다음과 같이 선택해야 한다.

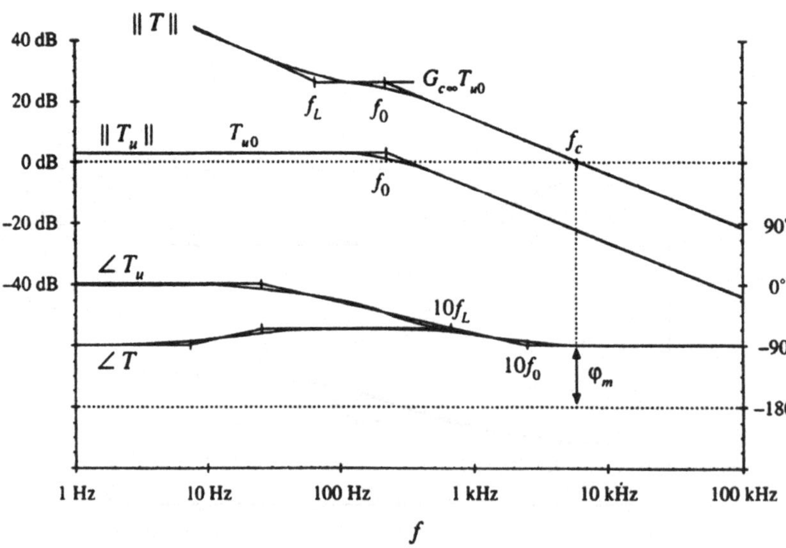

그림 3.19 지상(PI) 보상기를 이용한 하나의 극점을 갖는 루프 이득의 보상: 루프 이득의 크기 증가

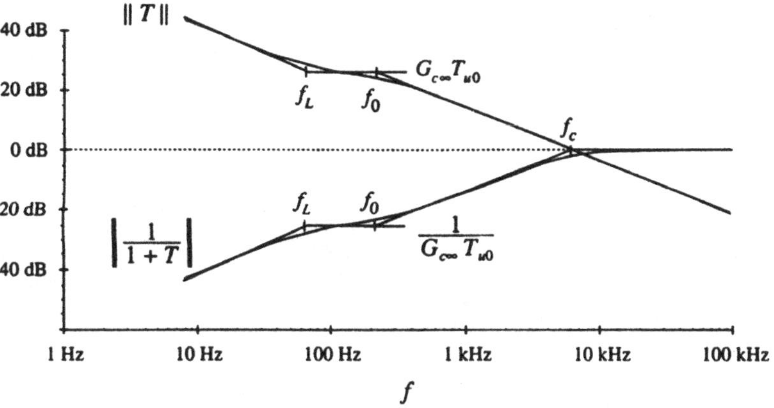

그림 3.20 그림 3.19의 PI 보상 시스템에 대한 ‖1/(1+T(s))‖ 작성

$$G_{c\infty} = \frac{f_c}{T_{u0}f_0} \tag{3.42}$$

적당한 위상 여유를 유지하기 위해 모퉁이 주파수는 교차 주파수 f_c보다 충분히 작아야 한다.

그림 3.20은 $1/(1+T(s))$의 크기 점근선을 나타낸다. 반전된 영점 주파수 f_L보다 작은 주파수에서 PI 제어기는 외란 거부를 개선한다. G_c의 크기가 무한대로 커지는 직류에서 $1/(1+T(s))$의 크기는 영으로 접근한다. 따라서 식 (3.30) 및 (3.31)과 같은 폐루프 외란-출력 전달함수는 직류에서 영이 된다.

3.5.3 PID 보상기

넓은 대역폭과 정상상태 오차를 영으로 하기 위해 진상 및 지상 보상기의 장점을 결합할 수 있다. 저 주파수에서 보상기는 오차 신호를 적분하여 큰 저 주파수 루프 이득과 출력 전압의 저 주파수 성분을 정확하게 조절할 수 있다. 교차 주파수 근처의 고 주파수에서 보상기는 루프 이득에 진상 위상을 주어 위상 여유를 개선한다. 이러한 보상기를 PID 제어기라 부른다.

그림 3.21은 이러한 보상기의 실제적인 경우의 보드선도를 나타낸다. 보상기의 전달함수는 다음과 같이 쓸 수 있다.

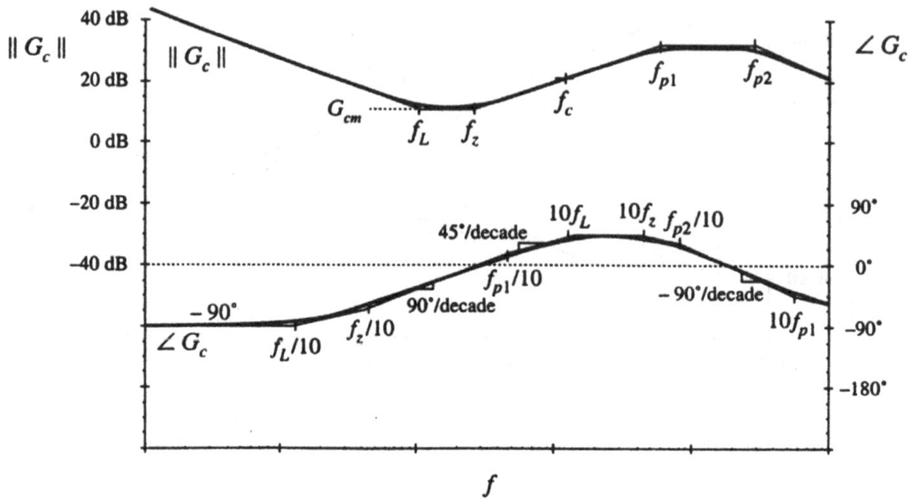

그림 3.21 식 (3.43)의 통합된 PID 보상기에 대한 전달함수 $G_c(s)$의 크기 및 위상 점근선

$$G_c(s) = G_{cm} \frac{\left(1+\frac{\omega_L}{s}\right)\left(1+\frac{s}{\omega_z}\right)}{\left(1+\frac{s}{\omega_{p1}}\right)\left(1+\frac{s}{\omega_{p2}}\right)} \tag{3.43}$$

주파수 f_L의 반전된 영점은 PI 제어기와 같은 기능을 한다. 주파수 f_z의 영점은 PD 제어기처럼 교차 주파수 근처에서 진상 위상을 더해준다. 이득이 고 주파수에서 떨어지고 스위칭 맥동이 PWM 변조기의 동작을 방해하지 못하도록 주파수 f_{p1}과 f_{p2}에서의 고 주파수 극점은 실제 보상기에서 존재해야 한다. 루프 이득의 교차 주파수 f_c는 반전된 영점의 주파수 f_L과 영점 주파수 f_z보다 크고, 극점 주파수 f_{p1}과 f_{p2}보다 작게 선택해야 한다.

3.5.4 설계 예

PI 및 PD 보상기의 설계를 설명하기 위해 그림 3.22의 직류-직류 벅 컨버터시스템에 대한 PID 보상기를 설계하기로 한다. 입력 전압 $v_g(t)$는 공칭 값 28 V를 갖는다. 5 A 부하에 조절된 15 V를 공급하고자 한다. 부하는 3 Ω 저항으로 모델링된다. 기준 전압은 정확한 5 V이다.

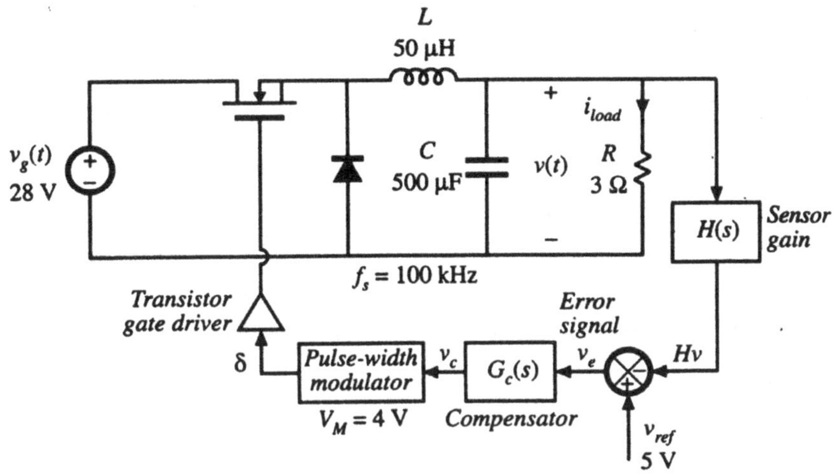

그림 3.22 설계 예

첫 번째 단계로 되먹임 이득 $H(s)$를 선택한다. 이득 H는 조절기가 조절된 15 V 직류 전압을 만들도록 선택한다. 되먹임 시스템을 성공적으로 잘 설계하면 출력 전압은 기준 전압을 정확하게 따라간다. 루프 이득 T를 크게 하면 오차 전압은 매우 작아진다($v_e \approx 0$). 그러므로 $Hv = v_{ref}$이고 되먹임 이득 H를 다음과 같이 정한다.

$$H = \frac{V_{ref}}{V} = \frac{5}{15} = \frac{1}{3} \tag{3.44}$$

동작점의 시비율은 컨버터의 정상상태 해로 구한다.

$$D = \frac{V}{V_g} = \frac{15}{28} = 0.536 \tag{3.45}$$

제어 전압의 동작점 V_c는 식 (1.173)을 만족해야 한다. 그러므로

$$V_c = DV_M = 0.536 \cdot 4 = 2.14 \text{ V} \tag{3.46}$$

이다. 이제 시스템의 동작점을 안다. 보상기 이득 $G_c(s)$를 설계하자.

조절기 시스템의 소신호 교류모델을 그림 3.23에 나타낸다. 벅 컨버터의 교류모델을

표준 형식으로 표현했다. 입력과 부하의 외란을 모델링했다. 일반화를 위해 기준 입력 변동 $\hat{v}_{ref}$를 블록선도에 포함했다. 직류전압 조절기에서 이 변동은 일반적으로 영이다.

이전 장에서 컨버터의 개루프 전달함수에 대해 서술했다. 개루프 제어-출력 전달함수는

$$G_{vd}(s) = \frac{V}{D}\frac{1}{1+s\dfrac{L}{R}+s^2LC} \tag{3.47}$$

이다. 개루프 제어-출력 전달함수는 두 개의 극점을 포함하고 다음과 같이 정규 형식으로 쓸 수 있다.

$$G_{vd}(s) = G_{d0}\frac{1}{1+\dfrac{s}{Q_0\omega_0}+\left(\dfrac{s}{\omega_0}\right)^2} \tag{3.48}$$

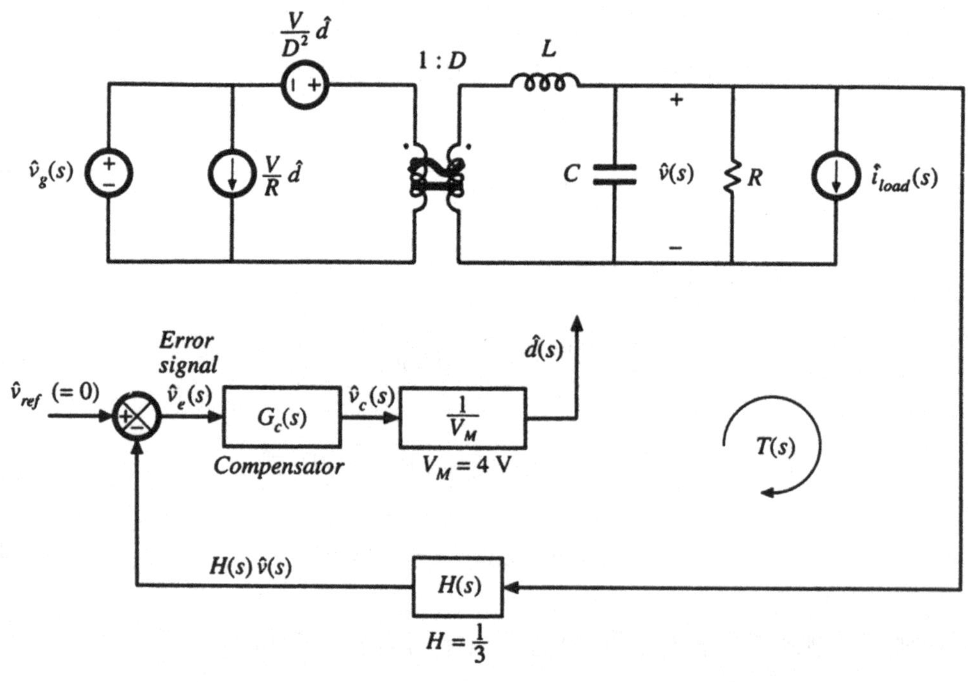

그림 3.23 설계 예: 소신호 교류모델

식 (3.47)과 (3.48)의 계수를 비교하면 다음과 같이 직류 이득, 모퉁이 주파수, Q-계수를 구할 수 있다.

$$G_{d0} = \frac{V}{D} = 28 \text{ V} \tag{3.49}$$
$$f_0 = \frac{\omega_0}{2\pi} = \frac{1}{2\pi\sqrt{LC}} = 1 \text{ kHz}$$
$$Q_0 = R\sqrt{\frac{C}{L}} = 9.5 \Rightarrow 19.5 \text{ dB}$$

실제로 커패시터의 등가 직렬 저항과 같은 기생 손실요소 때문에 더 작은 Q-계수가 측정된다. 그림 3.24는 $G_{vd}(s)$의 보드선도를 나타낸다.

개루프 라인-출력 전달함수는 다음과 같이 표현할 수 있다.

$$G_{vg}(s) = D\frac{1}{1 + s\frac{L}{R} + s^2 LC} \tag{3.50}$$

이 라인-출력 전달함수는 $G_{vd}(s)$와 같이 두 개의 극점을 포함하고 다음과 같이 정규 형식

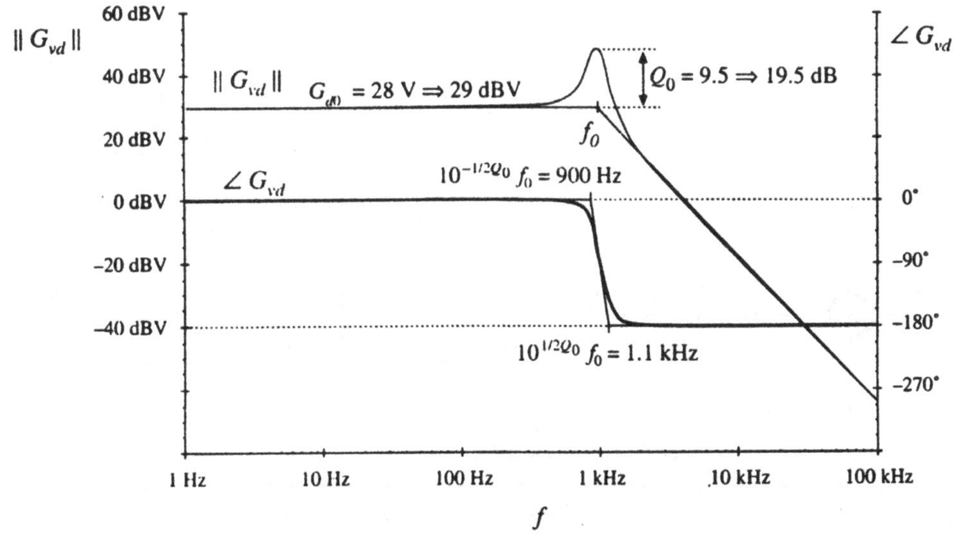

그림 3.24 소신호 제어-출력 전달함수 $G_{vd}(s)$ 예

으로 쓸 수 있다.

$$G_{vg}(s)=G_{g0}\frac{1}{1+\dfrac{s}{Q_0\omega_0}+\left(\dfrac{s}{\omega_0}\right)^2} \tag{3.51}$$

여기서 $G_{g0}=D$이다. 개루프 출력 임피던스는 다음과 같다.

$$Z_{out}(s)=R\parallel\frac{1}{sC}\parallel sL=\frac{sL}{1+s\dfrac{L}{R}+s^2LC} \tag{3.52}$$

그림 3.25는 이들 전달함수를 포함하는 벅 컨버터의 블록선도를 나타낸다. 이 시스템의 루프 이득은 다음과 같이 나타낼 수 있다.

$$T(s)=G_c(s)\left(\frac{1}{V_M}\right)G_{vd}(s)H(s) \tag{3.53}$$

식 (3.48)을 식 (3.53)에 대입하면 다음과 같다.

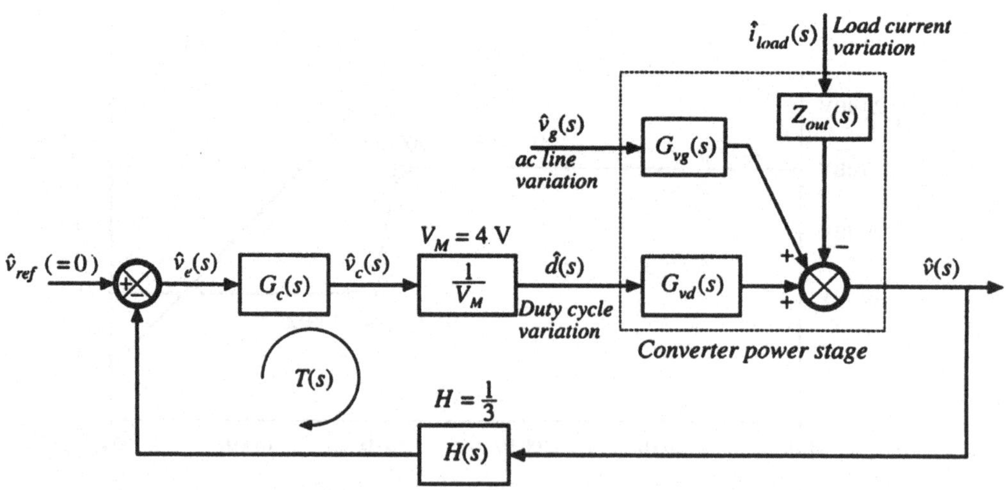

그림 3.25 시스템 블록선도 설계 예

$$T(s) = \frac{G_c(s)H(s)}{V_M}\frac{V}{D}\frac{1}{\left(1+\frac{s}{Q_0\omega_0}+\left(\frac{s}{\omega_0}\right)^2\right)} \tag{3.54}$$

폐루프 외란-출력 전달함수는 식 (3.5)와 (3.6)으로 주어진다.

그림 3.26은 보상기 이득을 1로 한 보상하지 않은 루프 이득 $T_u(s)$를 나타낸다. 즉, $G_c(s)=1$을 식 (3.54)에 대입하면 다음과 같다.

$$T_u(s) = T_{u0}\frac{1}{1+\frac{s}{Q_0\omega_0}+\left(\frac{s}{\omega_0}\right)^2} \tag{3.55}$$

여기서 직류 이득은

$$T_{u0} = \frac{HV}{DV_M} = 2.33 \Rightarrow 7.4\ \text{dB} \tag{3.56}$$

이다. 보상하지 않은 루프 이득은 약 1.8 kHz에서 교차 주파수를 갖고 5° 이하의 위상 여유를 보인다.

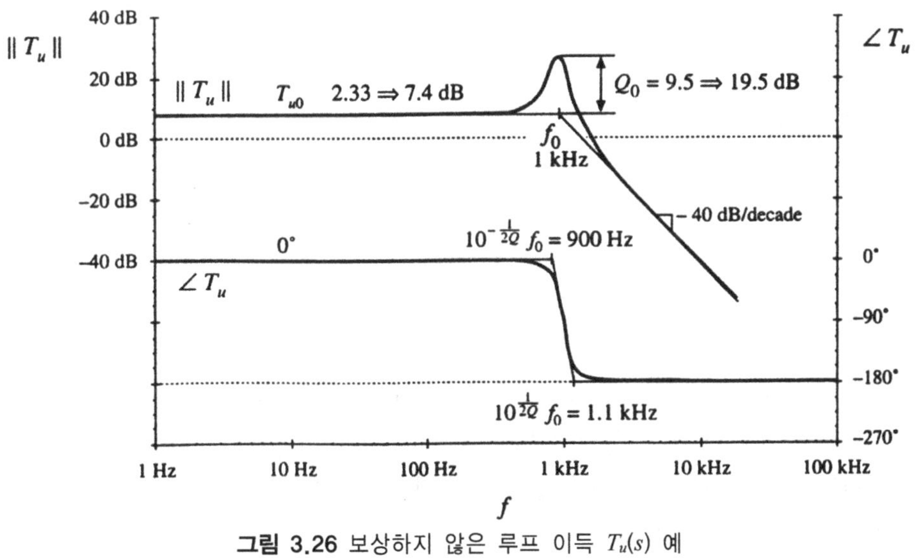

그림 3.26 보상하지 않은 루프 이득 $T_u(s)$ 예

스위칭 주파수의 1/20 즉, $f_c = 5$ kHz의 교차 주파수를 갖게 하는 보상기를 설계하자. 그림 3.26을 보면 보상하지 않은 루프 이득은 5 kHz에서 약 $T_{u0}(f_0/f_c)^2 = 0.093 \Rightarrow$ -20.6 dB 이다. 그러므로 5 kHz에서 1의 루프 이득을 얻기 위해 보상기는 5 kHz에서 20.6 dB의 이득을 가져야 한다. 또한 보상기는 보상하지 않은 루프 이득의 위상이 5 kHz에서 거의 -180°이므로 위상 여유도 개선해야 한다. 그러므로 PD 보상기가 필요하다. 위상 여유를 52°가 되도록 임의로 설계하기로 한다. 그림 3.13으로부터 이 값의 위상 여유에서 Q-계수는 1이다. 그림 3.14에서와 같이 단위 응답은 16%의 첨두 오버슈트를 보인다. $f_c = 5$ kHz와 $\theta = 52°$에서 식 (3.36)을 계산하면 다음의 보상기 극점과 영점 주파수를 얻을 수 있다.

$$f_z = (5\ \mathrm{kHz})\sqrt{\frac{1-\sin(52°)}{1+\sin(52°)}} = 1.7\ \mathrm{kHz} \tag{3.57}$$

$$f_p = (5\ \mathrm{kHz})\sqrt{\frac{1+\sin(52°)}{1-\sin(52°)}} = 14.5\ \mathrm{kHz}$$

5 kHz에서 20.6 dB$\Rightarrow$10.7의 보상기 이득을 얻기 위해 저 주파수 보상기 이득은 다음과 같이 계산할 수 있다.

$$G_{c0} = \left(\frac{f_c}{f_0}\right)^2 \frac{1}{T_{u0}} \sqrt{\frac{f_z}{f_p}} = 3.7 \Rightarrow 11.3\ \mathrm{dB} \tag{3.58}$$

그림 3.27은 PD 보상기의 크기와 위상 보드선도를 나타낸다. PD 제어기로 루프 이득은 다음과 같이 된다.

$$T(s) = T_{u0} G_{c0} \frac{\left(1+\frac{s}{\omega_z}\right)}{\left(1+\frac{s}{\omega_p}\right)\left(1+\frac{s}{Q_0\omega_0}+\left(\frac{s}{\omega_0}\right)^2\right)} \tag{3.59}$$

그림 3.28은 보상된 루프 이득을 보인다. 1.4 kHz에서 17 kHz까지의 주파수 영역에서 $T(s)$의 위상은 거의 52°에 가깝다. 그러므로 소자의 값이 변해 교차 주파수가 5 kHz로부터 바뀌어도 위상 여유에 미치는 영향은 작다. 또한 그림 3.28로부터 직류 루프 이득은 $T_{u0}G_{c0} = 18.7$ dB임을 알 수 있다.

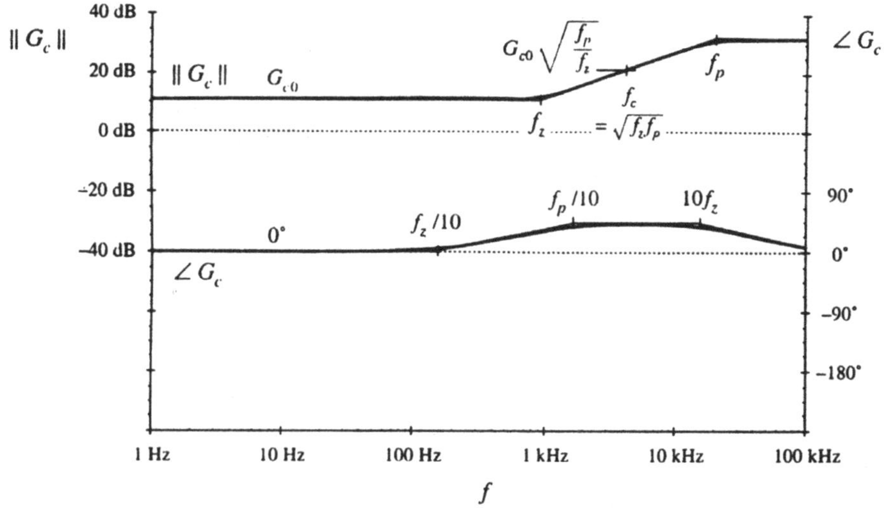

그림 3.27 PD 보상기 전달함수 $G_c(s)$, 설계 예

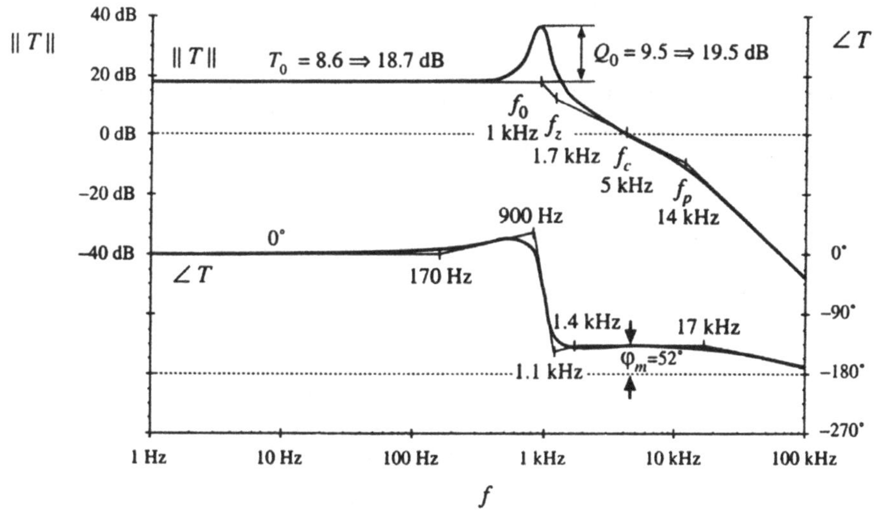

그림 3.28 보상한 루프 이득 예

그림 3.29는 $1/(1+T)$의 점근선을 나타낸다. 이 점근선의 직류 이득은 -18.7 dB이다. 그러므로 1 kHz보다 작은 주파수에서 되먹임 루프는 출력 전압의 외란을 18.7 dB만큼 감소시킨다. 예를 들면 입력 전압 $v_g(t)$에 크기 1 V, 100 Hz 변동이 있다고 하자. 되먹임

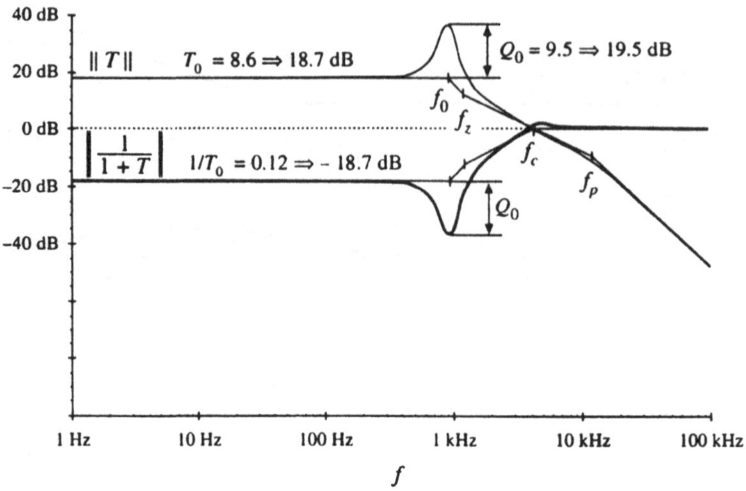

그림 3.29 그림 3.28의 PD 보상기 설계 예의 ‖1/(1+T)‖ 작성

루프가 없으면 이 외란은 식 (3.51)의 라인-출력 전달함수에 따라 출력으로 전달된다. 100 Hz에서 이 전달함수는 직류 점근선 $G_{g0} = D = 0.536$과 같은 크기를 갖는다. 따라서 출력 전압에 0.536 V의 100 Hz 변동이 나타난다. 되먹임이 있는 경우 폐루프 라인-출력 전달함수는 식 (3.5)로부터 얻을 수 있다. 이것은 100 Hz 변동을 18.7 dB 또는 8.6배만큼 감소시킨다. 100 Hz 변동은 0.536/8.6 = 0.062 V이다.

저 주파수 조절은 3.5.2절에 서술한 바와 같이 반전된 영점을 추가하여 더욱 개선시킬 수 있다. 3.5.3절과 유사한 PID 제어기를 생각하자. 보상기 전달함수는 다음과 같이 나타낼 수 있다.

$$G_c(s) = G_{cm}\frac{\left(1+\frac{s}{\omega_z}\right)\left(1+\frac{\omega_L}{s}\right)}{\left(1+\frac{s}{\omega_p}\right)} \tag{3.60}$$

이 보상기 이득의 전달함수를 그림 3.30에 나타낸다. 극점과 영점 주파수 f_p와 f_z는 변하지 않고 식 (3.57)로 주어진다. 중간대역 이득 G_{cm}은 식 (3.58)의 G_{c0}와 같게 선택한다. 그러므로 f_L보다 큰 주파수에서 루프 이득의 크기는 반전된 영점에 의해 변하지 않는다. 루프는 5 kHz의 교차 주파수를 보인다.

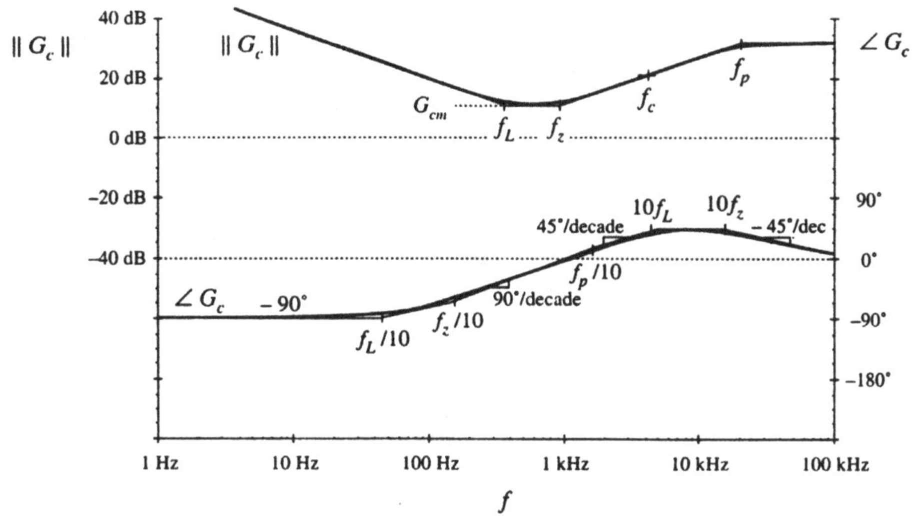

그림 3.30 PID 보상기 전달함수 식 (3.60)

반전된 영점이 위상 여유를 크게 저하시키지 않게 하기 위해 f_L을 교차 주파수의 1/10인 500 Hz로 임의로 선정하자. 반전된 영점은 500 Hz이하에서 루프 이득을 증가시켜 출력 전압의 저 주파수 조절을 개선한다. 그림 3.31은 $1/(1+T)$의 점근선을 나타낸다. 500 Hz의 반전된 영점 때문에 100 Hz에서 $1/(1+T)$의 크기가 약 (100 Hz)/(500 Hz) = 1/5 배만큼 감소함을 알 수 있다. 100 Hz에서 $1/(1+T)$의 전체 감소는 -32.7 dB이다. 입력 전압 $v_g(t)$의 1 V, 100 Hz 변동은 출력 전압 $v(t)$에 12 mV의 변동을 유발한다. 반전된 영점의 주파수 f_L을 증가하면 더 개선할 수 있지만 적당한 위상 여유를 유지하기 위해 보상기의 PD 부분을 다시 설계해야 한다.

라인-출력 전달함수를 그림 3.32에 나타낸다. 그래프 연산을 이용하여 식 (3.51)의 개루프 전달함수 $G_{vg}(s)$와 폐루프 전달함수 $G_{vg}(s)/(1+T(s))$를 그렸다. 교차 주파수 이상에서 두 전달함수는 같다. 교차 주파수 f_c이하에서 폐루프 전달함수는 $T(s)$배 만큼 감소한다. $G_{vg}(s)$의 극점은 $(1+T(s))$의 영점에 의해 없어짐을 알 수 있다. 그러므로 폐루프 라인-출력 전달함수는 다음과 같이 근사화된다.

$$\frac{G_{vg}(s)}{(1+T(s))} = \frac{D}{T_{u0} G_{cm}} \frac{1}{\left(1+\frac{\omega_L}{s}\right)\left(1+\frac{s}{\omega_z}\right)\left(1+\frac{s}{\omega_c}\right)} \tag{3.61}$$

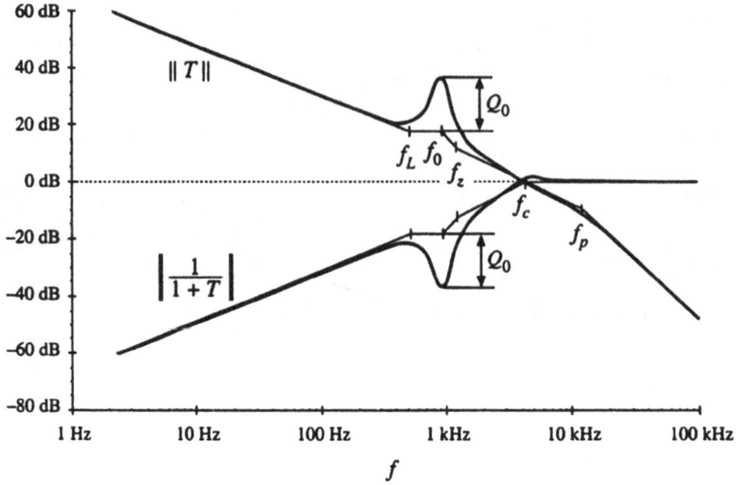

그림 3.31 PID 보상기에 의한 $\|T\|$와 $\|1/(1+T)\|$ 작성

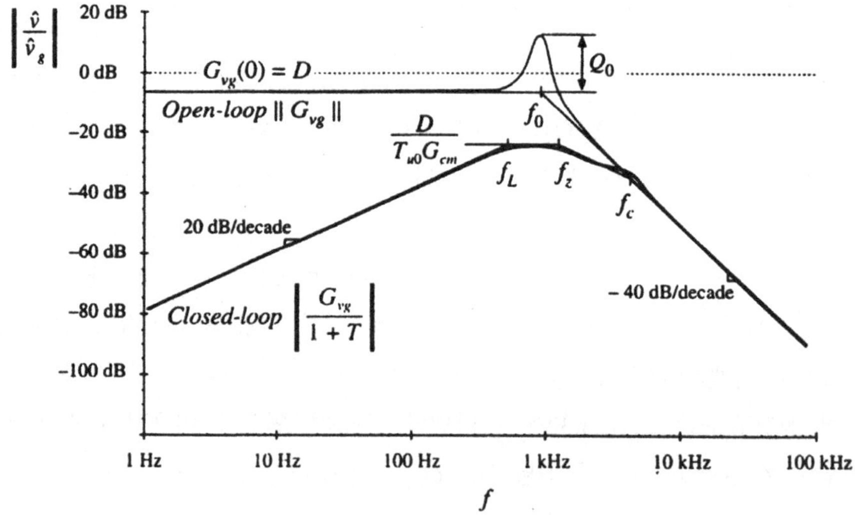

그림 3.32 개루프 라인-출력 전달함수 $G_{vg}(s)$와 폐루프 라인-출력 전달함수 비교

그래프 연산을 이용하여 외란-출력 전달함수도 쉽게 근사화 할 수 있다. 이러한 방법을 잘 아는 시스템 설계기술자는 쉽게 출력 외란을 계산하여 시스템 사양을 만족하는 루프 이득 $T(s)$의 모양을 만드는 능력을 갖는다. 컴퓨터 시뮬레이션을 이용하여 모든 동

작 조건과 소자 파라미터 값의 허용 범위에 대해 사양을 만족하는가를 확인한다. 이 절의 설계 예의 컴퓨터 시뮬레이션 결과를 부록 B의 B.2.2절에 제시한다.

3.6 루프 이득 측정

시작품 되먹임시스템의 루프 이득을 측정하는 일은 좋은 기술 실습이다. 이러한 실습의 목적은 시스템이 올바르게 모델링되었는가를 증명하는 것이다. 만일 잘 모델링하고 제어기를 잘 설계하여 구현하면 시스템은 과도상태의 오버슈트와 위상 여유, 외란 거부, 직류 출력 전압 조절 등에 관한 사양을 만족하는 동작을 한다. 불행하게도 실제 시스템 시작품은 이론적인 모델과 다른데 이유는 다음과 같다. 원래 모델에서 고려하지 않았으나 시스템 동작에 크게 영향을 주는 현상이 발생할 수 있다. 잡음과 전자기 간섭(EMI: electromagnetic interference)이 발생할 수 있으며 이는 시스템 전달함수를 기대하지 않았던 방향으로 일그러뜨린다.

그림 3.33에 주어진 되먹임 시스템의 루프 이득 $T(s)$를 측정하기로 하자. 네트워크의 두 블록이 전기적으로 연결되는 점 A에서 측정하기로 한다. 그림 3.33에서 종속 전압원 $G_1 \hat{v}_e$과 출력 임피던스 Z_1으로 구성된 테브난 등가회로로 블록 1의 출력 포트를 표현하

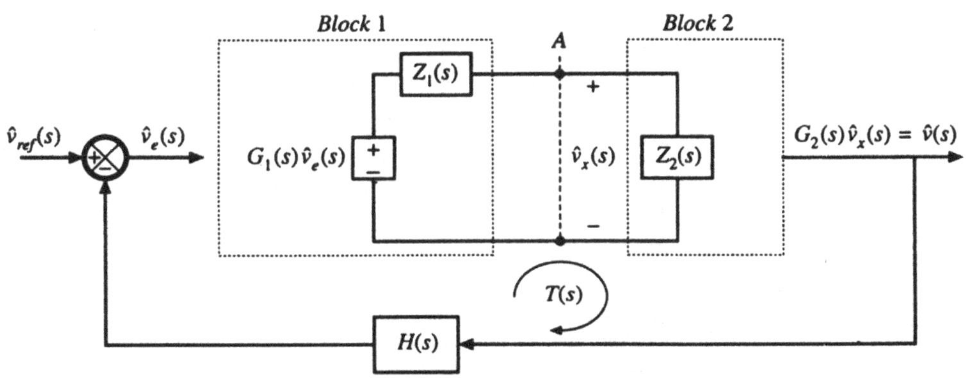

그림 3.33 점 A에서 측정하여 실험적으로 루프 이득 $T(s)$ 결정

였다. 블록 1에 블록 2의 입력 임피던스 Z_2의 부하가 연결된다. 보인 바와 같이 되먹임 시스템의 나머지는 블록선도로 나타낸다. 시스템의 루프 이득은 다음과 같다.

$$T(s) = G_1(s)\left(\frac{Z_2(s)}{Z_1(s) + Z_2(s)}\right)G_2(s)H(s) \tag{3.62}$$

이 루프 이득의 측정은 다른 주파수 응답 측정에는 없는 몇 가지 고려해야 할 기술이 있다.

원리적으로 점 A에서 루프를 끊어 이전 장의 전달함수 측정방법으로 $T(s)$를 측정할 수 있다. 그림 3.34에서와 같이 직류전원 V_{CC}와 가변저항을 사용하여 전압 v_x에 직류 치우침을 주어 네트워크의 모든 소자가 올바른 동작점에서 동작하게 할 수 있다. $v_z(t)$의 교류전압 변동을 직류 방지 커패시터를 통해 주입 점에 연결한다. 시스템의 다른 독립 교류입력은 동작시키지 않는다. 전압 $v_y(t)$와 $v_x(t)$의 교류 성분의 상대적인 크기와 위상을 측정하기 위해 네트워크 분석기를 사용한다.

$$T_m(s) = \left.\frac{\hat{v}_y(s)}{\hat{v}_x(s)}\right|_{\substack{\hat{v}_{ref}=0 \\ \hat{v}_g=0}} \tag{3.63}$$

블록 1과 2의 연결을 측정 점에서 끊어 블록 1과 블록 2의 부하 관계를 제거했기 때문에 측정된 이득 $T_m(s)$는 실제 이득 $T(s)$와 다르다. 측정된 이득 $T_m(s)$에 대해 그림 3.34를 풀면 다음과 같다.

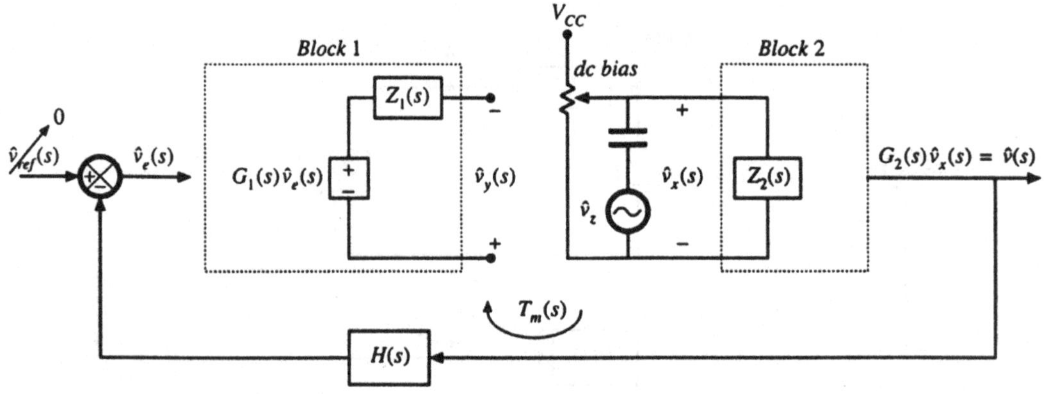

그림 3.34 루프를 끊어 루프 이득 측정

$$T_m(s) = G_1(s)G_2(s)H(s) \tag{3.64}$$

식 (3.62)와 (3.64)로부터 $T_m(s)$를 $T(s)$의 항으로 표현할 수 있다.

$$T_m(s) = T(s)\left(1 + \frac{Z_1(s)}{Z_2(s)}\right) \tag{3.65}$$

그러므로

$$T_m(s) = T(s) \text{ if } \| Z_2 \| \gg \| Z_1 \| \tag{3.66}$$

따라서 정확한 측정을 위해서 측정되는 주파수 범위에서 부하 효과를 무시할만한 주입점을 찾을 필요가 있다.

그림 3.34의 방법을 이용할 때 다른 어려운 점들이 있다. 대부분의 심각한 문제는 가변 저항을 이용하여 직류 치우침을 조절하는 문제이다. 특히 PI 제어기를 사용할 때 직류 루프 이득은 일반적으로 매우 크다. 그러므로 $v_x(t)$의 직류 성분에 작은 변화가 있으면 시스템의 어떤 소자의 직류 치우침이 크게 변한다. 따라서 정확한 직류 조건을 만들기 어렵다. 직류 이득이 실험 동안에 변하여 문제를 더욱 악화시킬 수 있고 오차 증폭기가 포화상태에 이르기도 한다. 컨버터의 이득은 동작점의 함수이다. 정확한 동작점에서 많이 벗어나면 측정된 이득이 실제 동작점의 루프 이득과 달라지게 한다.

3.6.1 전압 주입

직류 치우침 문제를 피하는 방법을 그림 3.35에 보인다. 되먹임 루프를 끊지 않고 블록 1과 블록 2사이에 전압원 $v_z(t)$를 주입한다. $v_z(t)$의 교류 변동은 되먹임 시스템에 변동을 일으키고, 직류 치우침은 회로에 의해 결정된다. 실제로 $v_z(t)$에 직류 성분이 없으면 시스템의 치우침 회로가 동작점을 결정한다. 그러므로 실제 시스템의 동작점에서 루프 이득을 측정한다.

그림 3.35에서 주입 전원은 내부 임피던스 $Z_s(s)$를 갖는 독립 전압원으로 구성된 테브난 등가회로로 모델링되어 있다. $v_z(t)$와 $Z_s(s)$의 크기는 루프 이득을 결정하는데 관계가 없다. 그러나 $v_z(t)$의 주입은 블록 1에 대한 블록 2의 부하 효과를 다르게 한다. 따

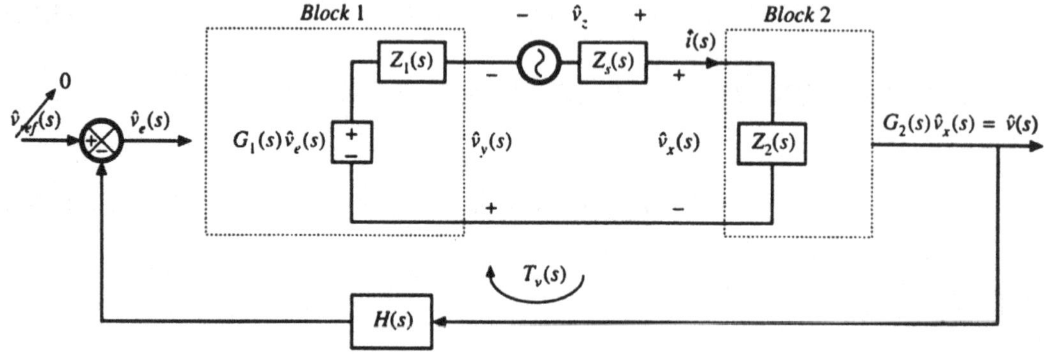

그림 3.35 전압 주입에 의한 루프 이득 측정

라서 부하 효과를 무시할만한 적당한 주입 점을 찾아야 한다.

전압 주입으로 루프 이득을 측정하기 위해 $\hat{v}_x$으로부터 $\hat{v}_y$로의 전달함수를 측정하는 네트워크 분석기를 연결한다. 시스템의 독립 교류전원을 영으로 하고 네트워크 분석기로 원하는 주파수 범위에서 주입 전압 $\hat{v}_z$을 가변한다. 측정된 이득은 다음과 같다.

$$T_v(s) = \left.\frac{\hat{v}_y(s)}{\hat{v}_x(s)}\right|_{\substack{\hat{v}_{ref}=0 \\ \hat{v}_g=0}} \tag{3.67}$$

식 (3.62)의 실제 루프 이득 $T(s)$와 측정한 루프 이득 $T_v(s)$를 비교하기 위해 그림 3.35를 풀어보자. 오차 신호는 다음과 같다.

$$\hat{v}_e(s) = -H(s)G_2(s)\hat{v}_x(s) \tag{3.68}$$

전압 $\hat{v}_y$는 다음과 같이 쓸 수 있다.

$$-\hat{v}_y(s) = G_1(s)\hat{v}_e(s) - \hat{i}(s)Z_1(s) \tag{3.69}$$

여기서 $\hat{i}(s)\ Z_1(s)$는 전원 임피던스 Z_1사이의 전압 강하이다. 식 (3.68)을 (3.69)에 대입하면 다음과 같다.

$$-\hat{v}_y(s) = -G_1(s)H(s)G_2(s)\hat{v}_x(s) - \hat{i}(s)Z_1(s) \tag{3.70}$$

그러나 $\hat{i}(s)$는

$$\hat{i}(s) = \frac{\hat{v}_x(s)}{Z_2(s)} \tag{3.71}$$

이므로 식 (3.70)은 다음과 같이 쓸 수 있다.

$$\hat{v}_y(s) = \hat{v}_x(s)\left\{G_1(s)G_2(s)H(s) + \frac{Z_1(s)}{Z_2(s)}\right\} \tag{3.72}$$

식 (3.72)를 식 (3.67)에 대입하면 측정한 루프이득 $T_v(s)$은 다음과 같다.

$$T_v(s) = G_1(s)G_2(s)H(s) + \frac{Z_1(s)}{Z_2(s)} \tag{3.73}$$

식 (3.62)와 식 (3.73)을 이용하면 측정한 루프 이득 $T_v(s)$를 실제 루프 이득 $T(s)$의 함수로 표현할 수 있다.

$$T_v(s) = T(s)\left(1 + \frac{Z_1(s)}{Z_2(s)}\right) + \frac{Z_1(s)}{Z_2(s)} \tag{3.74}$$

따라서 $T_v(s)$를 두 항의 합으로 표현할 수 있다. 첫 번째 항은 실제 루프 이득에 비례하고 $\|Z_1\| \ll \|Z_2\|$일 때 거의 $T(s)$와 같다. 두 번째 항은 $T(s)$에 비례하지 않으며 전압 주입방법으로 측정할 수 있는 최소의 $T(s)$를 제한한다. Z_1/Z_2의 크기가 $T(s)$보다 매우 작으면 두 번째 항은 무시할 수 있어 $T_v(s) \approx T(s)$이다. $T(s)$의 크기가 Z_1/Z_2보다 작으면 측정한 데이터는 의미가 없다. 그러므로 만일

$$\begin{aligned} &\text{(i)} \quad \| Z_1(s) \| \ll \| Z_2(s) \| \\ &\text{(ii)} \quad \| T(s) \| \gg \left\| \frac{Z_1(s)}{Z_2(s)} \right\| \end{aligned}$$

을 만족하면

$$T_v(s) \approx T(s) \tag{3.75}$$

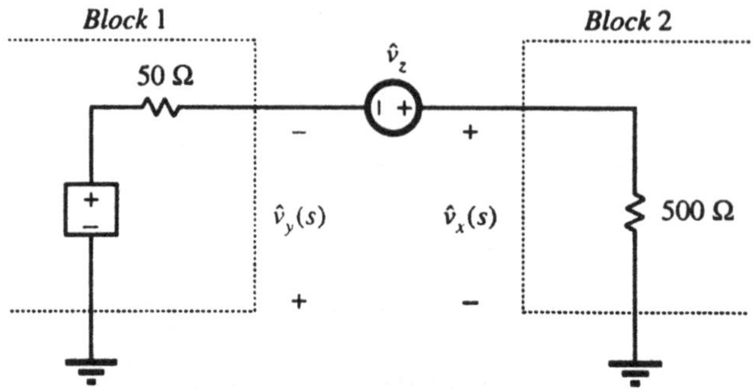

그림 3.36 전압 주입 예

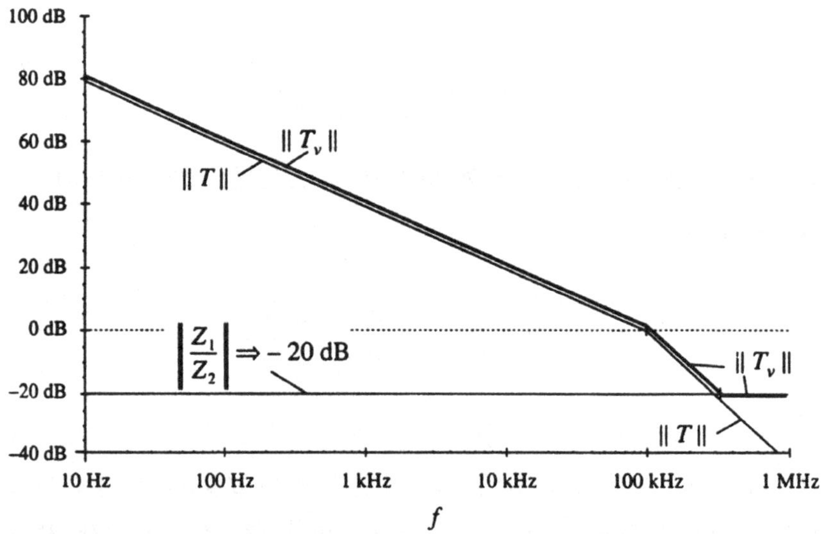

그림 3.37 전압 주입으로 측정한 루프 이득과 실제 이득 비교. 고 주파수에서 측정치가 달라진다

이다. 주입 전원 임피던스 Z_s의 값은 관계가 없다.

예를 들면 50 Ω의 출력 임피던스를 갖고 500 Ω의 등가 부하를 구동하는 연산 증폭기의 출력에 있는 전압 주입을 생각하자. 주입 점 부근에서 시스템을 그림 3.36에 나타낸다. 그래서 $Z_1(s)=50$ Ω이고 $Z_2(s)=500$ Ω이다. Z_1/Z_2의 비는 0.1 또는 -20 dB이다. 실제 루프 이득 $T(s)$가 10 Hz와 100 Hz에 극점을 포함하고 80 dB의 직류 이득을 갖는다고 가정하자. 그림 3.37은 실제 루프 이득의 크기를 나타낸다.

전압 주입으로 식 (3.74)의 $T_v(s)$를 측정한다.

$$\left(1+\frac{Z_1(s)}{Z_2(s)}\right) = 1.1 \Rightarrow 0.83\ \mathrm{dB} \tag{3.76}$$

그러므로 큰 $\|T\|$에 대해 측정한 $\|T_v\|$는 실제 루프 이득과 1 dB이하만큼 차이가 난다. 그러나 $\|T\|$가 -20 dB보다 작은 고 주파수에서 측정된 이득은 크게 달라진다. 분명히 $T_v(s)$는 $T(s)$는 나타나지 않는 두 개의 고 주파수 영점을 포함한다. 이 영점의 Q-계수에 따라 교차 주파수에서 $T_v(s)$의 위상이 영향을 받는다. 위상 여유를 정확하게 측정하기 위해서 Z_1/Z_2의 크기를 충분히 작게 하는 것이 중요하다.

3.6.2 전류 주입

이전 절의 쌍대 형태로 루프 이득을 전류 주입으로 구할 수 있다[3]. 그림 3.38과 같이 블록 1과 분석기의 주입 전원을 노튼 등가회로로 모델링하고 전류 프로브를 이용하여 $\hat{i}_x$와 $\hat{i}_y$를 측정한다. 전류 주입에 의해 측정된 이득은 다음과 같다.

$$T_i(s) = \left.\frac{\hat{i}_y(s)}{\hat{i}_x(s)}\right|_{\substack{\hat{v}_{ref}=0 \\ \hat{v}_g=0}} \tag{3.77}$$

다음을 보일 수 있다.

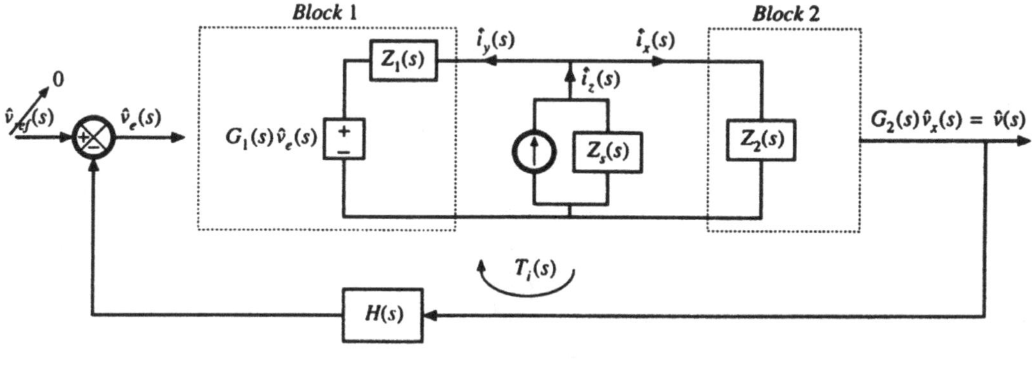

그림 3.38 전류 주입에 의한 루프 이득 측정

$$T_i(s) = T(s)\left(1 + \frac{Z_2(s)}{Z_1(s)}\right) + \frac{Z_2(s)}{Z_1(s)} \tag{3.78}$$

$$T_i(s) = T(s)\left(1 + \frac{Z_2(s)}{Z_1(s)}\right) + \frac{Z_2(s)}{Z_1(s)}$$

그러므로

$$\text{(i)} \ \| Z_2(s) \| \ll \| Z_1(s) \|$$
$$\text{(ii)} \ \| T(s) \| \gg \left\| \frac{Z_2(s)}{Z_1(s)} \right\|$$

을 만족하면

$$T_i(s) \approx T(s) \tag{3.79}$$

이다. 전류 주입으로 루프 이득을 정확하게 측정하기 위해서 블록 2가 충분히 작은 입력 임피던스를 갖도록 네트워크의 주입 점을 찾아야 한다. 주입 전원 임피던스 Z_s의 값은 측정에 영향을 주지 않는다. 사실 그림 3.39의 $\hat{i_z}$를 테브난 등가 전원으로 구현할 수 있다. 네트워크 분석기의 주입 전원을 전압원 $\hat{v_z}$와 출력 임피던스 R_s로 표현한다. 주입 점에서 직류 바이어스를 방해하지 않기 위해 직렬 커패시터 C_b를 추가한다.

3.6.3 불안정한 시스템 측정

시작품 되먹임시스템이 불안정할 때 무엇이 잘못되었나를 찾기 위해 루프 이득을 더욱

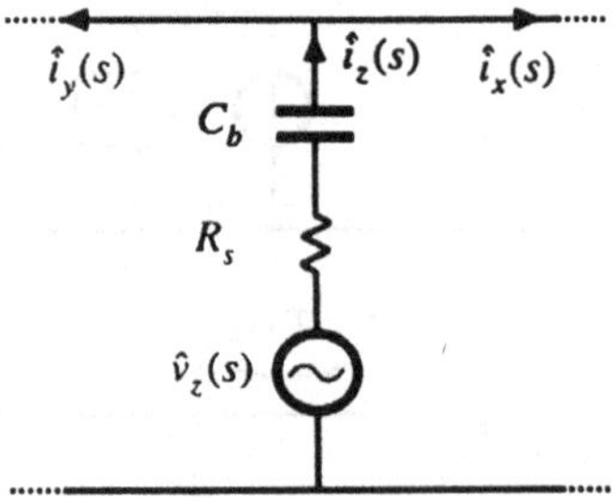

그림 3.39 테브난 등가 전원을 이용한 전류 주입

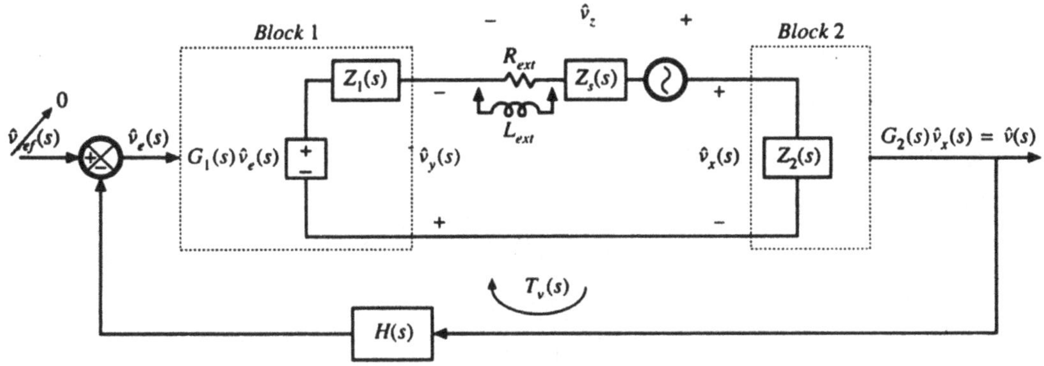

그림 3.40 전압 주입에 의한 불안정한 루프 이득 측정

측정하고 싶어진다. 시스템이 진동하는 동안은 측정할 수 없다. 시스템을 안정화하고 원래 불안정한 루프 이득을 측정해야 한다. 주입 전원 임피던스 Z_s가 측정된 루프 이득에 영향을 주지 않는다는 사실을 알면 이러한 측정을 할 수 있다[3]. 그림 3.40에서와 같이 저항 R_{ext}를 추가하여 전원 임피던스 Z_s를 실질적으로 증가시킨다. 측정된 루프 이득 $T_v(s)$는 영향을 받지 않는다.

일반적으로 직렬 저항을 추가하면 시스템의 루프 이득은 감소하고 교차 주파수는 낮아지고 위상 여유는 증가한다. 그러므로 시스템을 안정화하기 위해 충분히 큰 저항 R_{ext}를 추가할 수 있다. 식 (3.67)의 이득 $T_v(s)$는 아직 식 (6.75)에 따라 원래 불안정한 루프 이득과 거의 같다. 직류 치우침 문제를 유지하기 위해 저항 R_{ext}에 L_{ext}를 병렬로 연결하여 우회시킬 필요가 있을 수 있다. 인덕턴스 값이 충분히 크면 수정된 시스템의 안정도는 영향을 받지 않는다.

3.7 요약

1. 음의 되먹임은 이득 $1/H(s)$에 따라 시스템 출력이 기준 입력을 잘 따라가게 한다. 순방향 경로의 이득 변동과 외란이 출력에 미치는 영향을 감소시킨다.

2. 루프 이득 $T(s)$는 순방향 경로의 이득과 되먹임 경로의 이득의 곱과 같다. 루프 이득은 되먹임 시스템이 얼마나 잘 동작하는가를 나타내는 척도이다. 큰 루프 이득은 출력 전압을 더 좋게 조절한다. 교차 주파수 f_c는 루프 이득 T가 크기 1인 주파수로 제어시스템의 대역폭의 척도이다.
3. 되먹임을 사용하면 외란에서 출력으로의 전달함수를 $1/(1+T(s))$배 감소시킨다. T의 크기가 큰 주파수 즉, 교차 주파수 이하에서 이 값은 거의 $1/T(s)$와 같다. 따라서 저 주파수 외란이 출력에 미치는 영향은 $1/T(s)$배만큼 줄어든다. T의 크기가 작은 주파수 즉, 교차 주파수 이상에서 $1/(1+T(s))$은 거의 1이다. 따라서 되먹임은 거의 효과가 없다. 라인-출력 전달함수와 출력 임피던스와 같은 폐루프 외란-출력 전달함수를 그래프 연산으로 쉽게 작성할 수 있다.
4. 위상 여유 시험으로 안정도를 평가할 수 있다. T의 위상을 교차 주파수에서 평가하여 중요한 폐루프 함수 $T/(1+T)$와 $1/(1+T)$의 안정도를 유추할 수 있다. 부적합한 위상 여유는 시스템 과도응답에 오버슈트와 울렁거림을 야기하고, 뾰족한 모양의 폐루프 전달함수를 만든다.
5. 원하는 성능을 얻도록 루프 이득의 모양을 만들기 위해 되먹임 루프의 순방향 경로에 보상기를 추가한다. 위상 여유를 개선하고 제어시스템의 대역폭을 확장하기 위해 진상 보상기 또는 PD 제어기를 사용한다. 저 주파수 루프 이득을 증가하여 저 주파수 외란 거부를 개선하고 정상상태 오차를 줄이기 위해 지상 보상기 또는 PI 제어기를 사용한다.
6. 루프 이득을 전압 또는 전류 주입에 의해 실험적으로 측정할 수 있다. 이 방법을 사용하면 시스템의 정확한 동작 조건을 만들어야하는 문제를 피할 수 있다. 이 조건은 직류 루프 이득이 큰 시스템에서 만들기 매우 어렵다. 부하 효과가 크지 않은 지점에 주입 점을 찾아야 한다. 불안정한 루프 이득도 측정할 수 있다.

참고문헌

[1] B. Kuo, Automatic Control Systems, New York: Prentice-Hall, Inc.

[2] D'azzo and C. Houpis, Linear Control System Analysis and Design: Conventional and Morden, New York: McGraw-Hill, 1995.

[3] R. D. Middlebrook, "Measurement of Loop Gain in Feedback Systems," International Journal of Elctronics, Vol. 38, No. 4, pp. 485-512, 1975.

[4] R. D. Middlebrook, "Design-Oriented Analysis of Feedback Amplifiers," Proceedings of National Electronics Conference, pp. 234-238, October 1964.

연 · 습 · 문 · 제

3.1 식 (3.25)의 식을 유도하시오.

3.2 그림 3.41의 플라이백 컨버터는 주 출력 전압 v_1을 조절하기 위한 되먹임 루프를 포함한다. 보조 출력은 전압 v_2를 만든다. 직류 입력 전압 v_g의 범위는 280 V $\le v_g \le$ 380 V이다. 보상기 네트워크의 전달함수는

$$G_c(s) = G_{c\infty}\left(1 + \frac{\omega_1}{s}\right)$$

이고, $G_{c\infty} = 0.05$, $f_1 = \omega_1/2\pi = 400$ Hz이다.

(a) 오차 전압 $v_e(t)$의 정상상태의 값은? 이유를 설명하시오.

(b) 주 출력 전압 $v_1(t)$의 정상상태의 값은?

(c) 보조 출력 전압 $v_2(t)$의 정상상태의 값을 추정하시오.

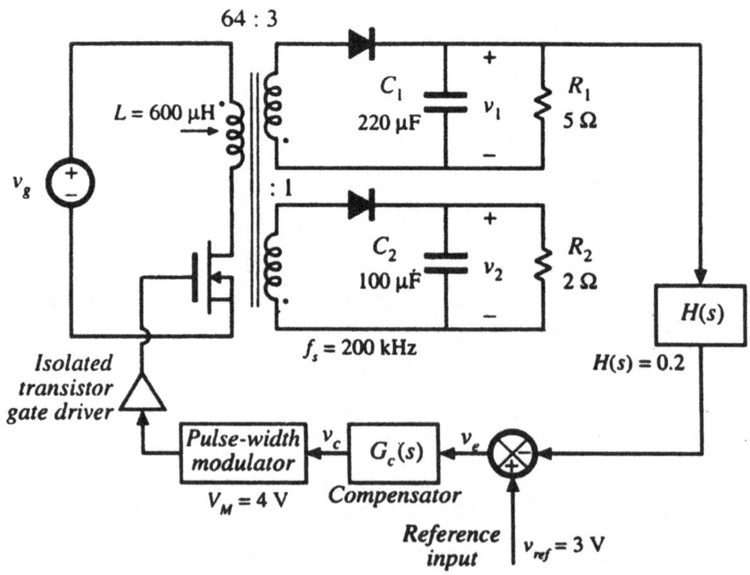

그림 3.41 문제 3.2의 플라이백 컨버터 시스템

3.3 그림 3.42의 부스트 컨버터에서 모든 소자는 이상적이다. 보상기의 이득은 $G_c(s) = 250/s$이다.

(a) 루프 이득 $T(s)$의 크기 및 위상 보드선도를 작성하시오. 모든 모퉁이 주파수와 Q-계수를 명기하시오.

(b) 교차 주파수와 위상 여유를 구하시오.

(c) 그래프 연산 방법으로 $1/(1+T)$의 크기 보드선도를 도시하시오. 모든 모퉁이 주파수와 Q-계수를 명기하시오.

(d) 폐루프 라인-출력 전달함수의 크기 보드선도를 도시하시오. 모든 모퉁이 주파수와 Q-계수를 명기하시오.

3.4 어떤 인버터 시스템은 다음의 루프 이득을 갖는다.

$$T(s) = T_0 \frac{\left(1 + \frac{s}{\omega_z}\right)}{\left(1 + \frac{s}{\omega_1}\right)\left(1 + \frac{s}{\omega_2}\right)\left(1 + \frac{s}{\omega_3}\right)}$$

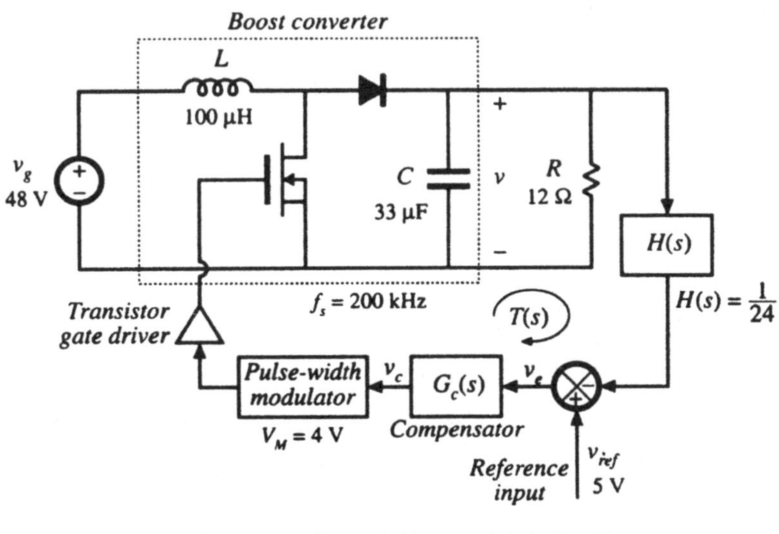

그림 3.42 문제 3.3의 부스트 컨버터 시스템

개루프 라인-출력 전달함수는 다음과 같다.

$$G_{vg}(s) = G_{g0}\frac{1}{\left(1+\dfrac{s}{\omega_1}\right)\left(1+\dfrac{s}{\omega_3}\right)}$$

여기서

$$\begin{aligned} T_0 &= 100 & w_1 &= 500 \text{ rad/sec} \\ w_2 &= 1000 \text{ rad/sec} & w_3 &= 24000 \text{ rad/sec} \\ w_z &= 4000 \text{ rad/sec} & G_{g0} &= 0.5 \end{aligned}$$

이다. 되먹임 연결의 이득은 $H(s)$=0.1이다.

(a) 루프 이득 $T(s)$의 크기와 위상 점근선을 도시하시오. 교차 주파수의 값을 Hz로 나타내고 위상은 도로 나타내시오.

(b) 폐루프 라인-출력 전달함수의 크기 점근선을 도시하시오. 주요 특성을 명기하시오.

(c) 폐루프 기준 전압-출력 전압 전달함수의 크기 점근선을 도시하시오. 주요 특성을 명기하시오.

3.5 그림 3.43(a)에서처럼 포워드 컨버터가 나타낸 소자의 값으로 구성되어 있다. 입력 전압의 동작점은 $V_g = 380$ V이다. 변압기 권선비는 $n_1/n_3 = 4.5$이다. PWM 변조기에 의한 시비율의 범위는 $0 \le d(t) \le 0.5$로 제한되어 있다. 이 범위 내에서 $d(t)$는 다음 식에 따라 제어 전압 $v_c(t)$를 따라간다.

$$d(t) = \frac{1}{2}\frac{v_c(t)}{V_M}$$

여기서 $V_M = 3$ V이다.

(a) 시비율 D, 출력 전압 V, 제어 전압 V_c의 동작점을 구하시오.

(b) 연산 증폭기와 되먹임 연결을 그림 3.43(b)에 나타낸 블록선도를 이용하여 모델링할 수 있다. 여기서 $H(s) = R_2/(R_1+R_2)$이다. 전달함수 $G_c(s)$와 $G_r(s)$를 구하시오.

(c) 전체 시스템의 소신호 교류 변동을 모델링하는 블록선도를 도시하고 각 블록의 전달함수를 구하시오. 힌트: 변압기의 자화 인덕턴스는 컨버터 동특성에 영향이 작으므로 무시할 수 있다. 포워드 컨버터와 벅 컨버터의 소신호 모델은 비슷하다.

(d) 루프 이득의 크기와 위상 보드선도를 작성하시오. 교차 주파수와 위상 여유를 구하시오.

(e) 다음에 있는 폐루프 라인-출력 전달함수의 크기 보드선도를 도시하시오.

$$\left\| \frac{\hat{v}}{\hat{v}_g} \right\|$$

주요한 특성을 명기하시오. 120 Hz에서 이득은 얼마인가? v_g의 외란이 출력 전

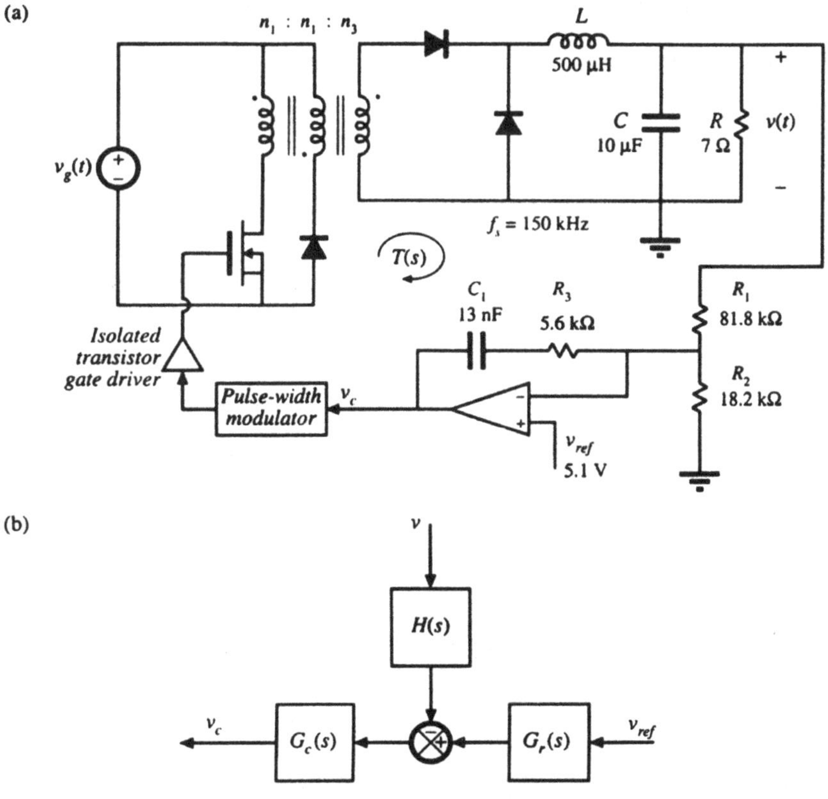

그림 3.43 문제 3.5의 포워드 컨버터 시스템

압에 가장 크게 영향을 미치는 주파수는?

3.6 문제 3.5에서 서술한 그림 3.43의 전압 조절시스템에서 입력 전압 $v_g(t)$는 첨두 크기 10 V, 120 Hz 변동을 포함한다.

(a) 120 Hz 변동에 의해 나타나는 출력 전압 $v(t)$의 크기를 구하시오.

(b) 120 Hz 변동에 의한 출력전압 변동의 첨두 크기가 25 mV보다 작도록 보상기 네트워크를 수정하시오. 직류 출력 전압은 바뀌어서는 안 되고 교차 주파수가 10 kHz보다 크면 안 된다.

3.7 전류 되먹임과 PI 제어기를 갖는 부스트 컨버터 설계. 어떤 응용에서 컨버터 입력 단자의 전류 파형을 제어할 필요가 있다. 그림 3.44의 부스트 컨버터시스템은 컨버터의 입력 전류 $ig(t)$가 기준 전압 $v_{ref}(t)$에 비례하도록 되먹임 루프를 포함한다. 되먹임 연결은 이득 $H(s)=0.2$ V/A인 전류검출 회로이다. 전형적인 PWM 변조기(그림 1.63)를 사용한다. 톱니파의 첨두-첨두 크기는 $V_M=3$ V이다. 입력 전압의 동작점은 $V_g=120$ V이고, $V_{ref}=2$ V이고, 모든 소자는 이상적이다.

(a) D, V, I_g의 동작점을 구하시오.

(b) 다음의 소신호 전달함수를 구하시오.

$$G_{id}(s)=\frac{\hat{i}_g(s)}{\hat{d}(s)}$$

(c) 보상하지 않은($G_c(s)=1$) 루프 이득의 크기와 위상 점근선을 도시하시오.

(d) 위상 여유를 적어도 72°를 유지하면서 120 Hz에서 적어도 35 dB의 루프 이득을 얻고자한다. 교차 주파수는 $f_s/10$ = 10 kHz보다 작아야 한다. 이를 위한 PI 제어기를 설계하시오. 결과적인 루프 이득의 크기와 위상 점근선을 도시하고 주요 특성을 명기하시오.

(e) 문제 (d)의 설계에 대해 다음의 폐루프 전달함수의 크기를 도시하고 주요 특

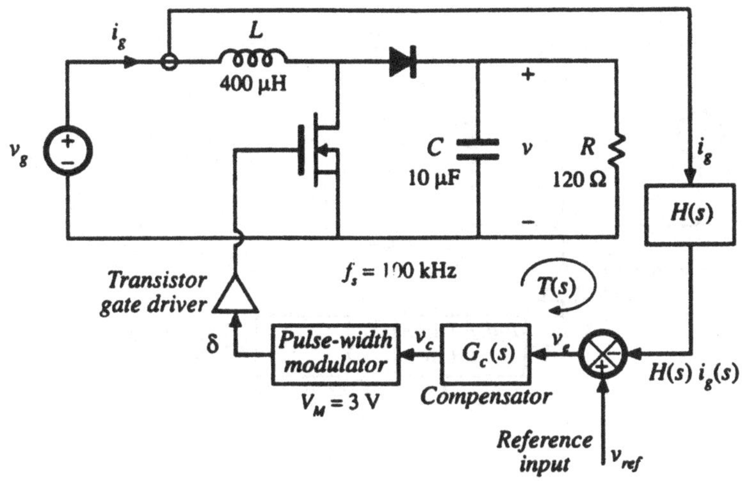

그림 3.44 문제 3.7의 부스트 컨버터 시스템

성을 명기하시오.

$$\frac{\hat{i}_g(s)}{\hat{v}_{ref}(s)}$$

3.8 폐루프 출력 임피던스 사양을 만족하는 벅 조절기 설계. 그림 3.45에 주어진 제어 시스템이 있는 벅 컨버터를 다음의 사양에 맞게 설계하고자 한다. 폐루프 출력 임피던스는 0에서 20 kHz의 모든 범위에서 0.2 Ω보다 작아야 한다. 잘 동작하는 과도응답을 얻기 위해 교차 주파수 부근에서 폐루프 전달함수의 극점들은 1보다 작은 Q-계수를 가져야 한다. 동작점 부하 전류 I_{LOAD}는 5 A에서 50 A까지 변하고, 이 범위의 I_{LOAD}에 대해 위의 사양을 만족해야 한다. 입력 전압 v_g는 일정하고 모든 소자는 이상적으로 가정한다. 루프 이득의 교차 주파수 f_c는 $f_s/10$ 또는 10 kHz보다 크지 않게 선택되어야 한다. PWM 변조기는 식 (1.173)을 따른다.

(a) 원하는 직류 출력 전압 V는? 실효 부하 저항 R_{LOAD}의 변동 범위는?

(b) 개루프 출력 임피던스 $Z_{out}(s)$의 크기 점근선을 도시하시오. 출력 임피던스 사양이 만족하지 않는 주파수의 범위는? 폐루프 출력 임피던스가 사양을 만

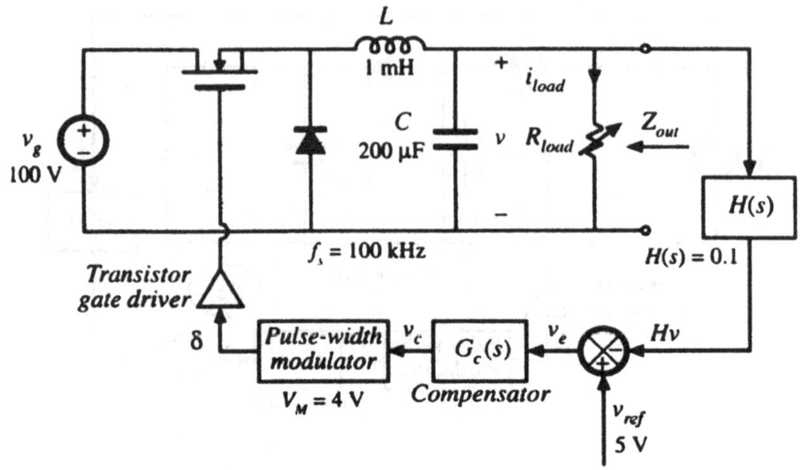

그림 3.45 문제 3.8의 벅 조절기 시스템

족하는 최소 루프 이득 $T(s)$의 크기는 얼마인가? 적당한 교차 주파수 f_c를 선택하시오.

(c) 모든 사양을 만족하는 보상기 네트워크 $G_c(s)$를 설계한다. 직류 루프 이득 $T(s)$의 크기는 작아도 20 dB이상이어야 한다. 다음을 구하시오.

(i) 전달함수 $G_c(s)$를 선택하시오.

(ii) 최악의 경우 폐루프 Q

(iii) 부하 전류 5 A와 50 A에 대한 루프 이득 $T(s)$와 폐루프 출력 임피던스의 보드선도를 도시하시오. R_{LOAD}의 변동은 설계한 폐루프 동작에 어떤 영향을 미치는가?

(d) 저항, 커패시터와 연산 증폭기를 이용하여 보상기 전달함수 $G_c(s)$를 구현하는 회로를 설계하시오.

3.9 벅-부스트 전압 조절기의 설계. 그림 3.46에 주어진 벅-부스트 컨버터는 주어진 소자의 값으로 연속 전도모드에서 동작한다. 공칭 입력 전압은 $V_g = 48$ V이고 출력 전압을 -15 V로 조절하고자 한다. 높은 교차 주파수(스위칭 주파수의 10%보다 크지 않은)를 갖고 되먹임 루프의 대역폭에서 큰 루프 이득을 갖고 적어도

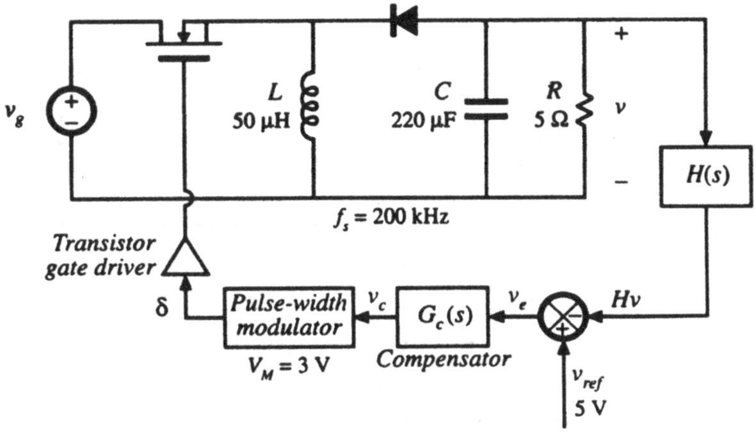

그림 3.46 문제 3.9의 벅–부스트 전압조절기 시스템

52°의 위상 여유를 갖는 최적의 보상기를 설계한다.

(a) 필요한 H의 값을 구하시오. 보상하지 않은 루프 이득의 크기와 위상 보드선도를 도시하시오. 제안한 보상기 전달함수 $G_c(s)$의 크기와 위상 보드선도를 도시하시오. 주요 특성을 명기하시오.

(b) 보상된 루프 이득 $T(s)$의 크기와 위상 보드선도를 도시하시오. $T/(1+T)$와 $1/(1+T)$의 크기 보드선도를 도시하시오.

(c) 설계를 검토하시오. 교차 주파수의 증가를 방해하는 요인은? 120 Hz에서 루프 이득은 얼마나 큰가? 120 Hz에서 더 큰 루프 이득을 얻을 수 있는가.

3.10 그림 3.47(a)에 보이는 바와 같이 루프의 순방향 경로의 한 점에서 전압 주입으로 어떤 되먹임 루프의 이득을 측정한다. 그림 3.47(b)의 데이터를 얻었다. $T(s)$를 구하시오. $T(s)$를 인수분해가 된 극점-영점 형식으로 나타내고 주요 특성에 대한 값을 제시하시오. 어떤 주파수 영역에서 측정은 타당한 결과를 주었는가?

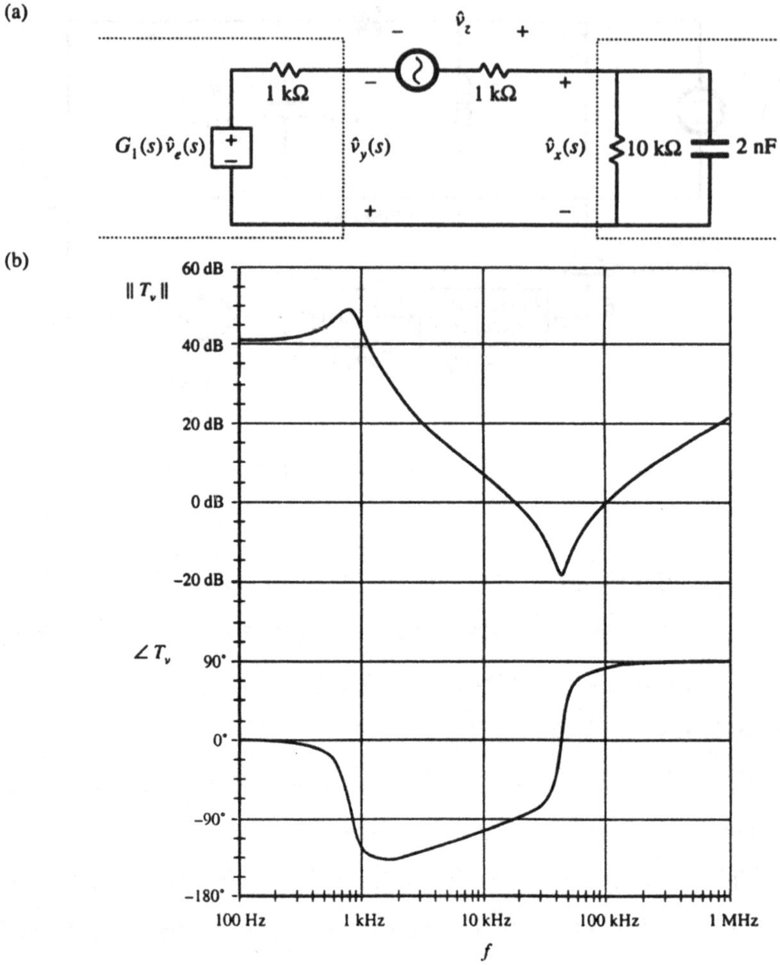

그림 3.47 문제 3.10의 루프 이득 측정: (a) 전압 주입에 의한 측정, (b) 측정 데이터

제4장
입력 필터 설계

4.1 개요

4.1.1 전도 EMI

거의 모든 스위칭 컨버터의 입력단에 필터를 연결해야 한다. 컨버터의 입력 전류 파형에 포함된 스위칭 고조파를 줄이기 위해 입력 필터는 전도 전자간섭(conducted electromagnetic interference(EMI))을 제한하는 규정에 따라야 한다. 입력 필터는 컨버터와 부하를 입력 전압 $v_g(t)$에 나타나는 과도상태로부터 보호하여 시스템 신뢰성을 개선한다.

그림 4.1은 간단한 벅 컨버터 예를 보인다. 컨버터는 그림 4.1(b)와 같은 맥동 전류 $i_g(t)$를 입력 전원 $v_g(t)$에 유입한다. 입력 전류 $i_g(t)$를 푸리에 급수로 전개하면 다음과 같이 스위칭 주파수의 배수 고조파를 포함한다.

$$i_g(t) = DI + \sum_{k=1}^{\infty} \frac{2I}{k\pi} sin(k\pi D)\cos(k\omega t) \tag{4.1}$$

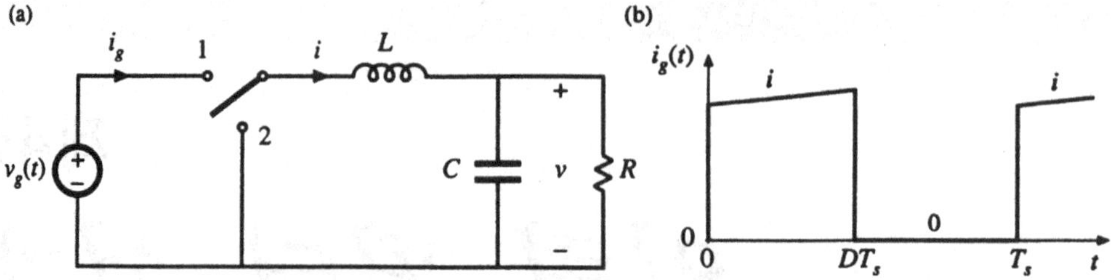

그림 4.1 벅 컨버터 예: (a) 전력단 회로 (b) 입력전류의 맥동 파형

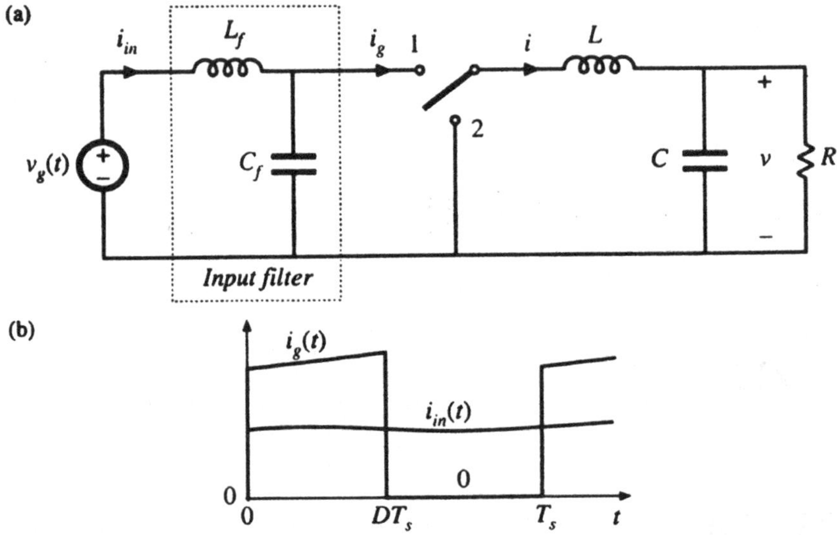

그림 4.2 간단한 LC 저 주파수-통과 필터를 벅 컨버터의 입력 단자에 추가: (a) 회로 (b) 입력 전류 파형

실제로 다이오드 역회복에 의한 전류 스파이크와 유한한 기울기를 갖는 스위칭 과도기간은 고차 고조파의 크기에 상당한 영향을 줄 수 있다. 큰 고조파의 입력 전류는 텔레비젼이나 라디오를 간섭할 수 있고 주변의 전자기기의 동작을 방해할 수 있다. 따라서 스위칭 컨버터에 의해 입력 전원으로 유입되는 고조파 전류의 크기를 제한하는 규정 및 표준이 있다[1-8]. 일예로 그림 4.1의 직류의 인덕터 전류 i가 수 암페어의 크기를 갖는다면 기본파 성분($n = 1$)은 1 A 부근의 실효값을 갖는다. 규정은 이 전류를 보통 10 μA에서 100 μA 범위의 값으로 감소할 것을 요구한다.

전도 EMI의 제한을 만족하기 위해 컨버터에 입력 필터를 추가해야 한다. 그림 4.2는

그림 4.1의 컨버터 입력에 추가된 간단한 1단 LC 저 주파수 통과-필터를 나타낸다. 필터는 스위칭 컨버터에 의해 발생되는 전류 고조파를 줄여 전력단으로 유입되는 전류 파형을 완만하게 한다. 필터의 전달함수가 $H(s) = i_{in}/i_g$라면 입력 전류의 푸리에 전개는 다음과 같이 쓸 수 있다.

$$i_{in}(t) = H(0)DI + \sum_{k=1}^{\infty} \| H(kj\omega) \| \frac{2I}{k\pi} sin(k\pi D)\cos(k\omega t + \angle H(kj\omega)) \tag{4.2}$$

각 주파수 $k\omega$의 전류 고조파 크기는 필터의 전달함수 크기 $\|H(kj\omega)\|$의 만큼 감소한다. 일반적으로 전류 고조파의 크기는 100 μA 이하로 제한되므로 종종 입력 필터는 전류 크기를 80 dB 이상 줄여야 한다.

시스템의 신뢰성을 높이기 위해 과도상태나 주기적인 외란이 전력단에 인가되어도 입력 필터가 정상적으로 동작해야 한다. 이러한 전도 민감도(conducted susceptibility) 사양 때문에 설계 기술자는 입력 필터의 공진을 제동시켜 입력 외란이 필터나 컨버터 안에서 과도한 전류나 전압을 일으키지 않도록 해야 한다.

4.1.2 입력 필터의 설계 문제

일반적으로 설계 기술자가 닥치는 문제는 다음과 같다. 성능 사양을 만족하는 스위칭 조절기를 설계하였다. 그림 4.3(a)의 등가회로와 같은 컨버터 전력단의 소신호 모델을 이용하여 3장에서 서술한 방법대로 설계하였다. 따라서 과도응답은 기대되는 모든 동작점에서 적당한 위상 여유를 갖고 잘 제동되고 충분히 빠르다. 출력 임피던스는 넓은 주파수 영역에서 충분히 작다. 라인-출력 전달함수 $G_{vg}(s)$ 또는 오디오 민감도가 충분히 작아 $\hat{v_g}$의 변동에도 불구하고 출력 전압이 잘 조절되어 있다. 다음으로 동특성에 관한 위의 목표를 충족하는 설계가 끝나면 전도 EMI 문제를 생각해야 한다. 전도 EMI 사양을 만족하는 저주파수-통과 필터를 구현하여 컨버터 입력단에 추가한다. 이때 새로운 문제가 발생한다. 입력 필터에 의해 컨버터의 동특성이 바뀐다. 과도응답이 바뀌고 제어시스템이 불안정해질 수 있다. 출력 임피던스는 어떤 주파수 영역에서 커져 공진을 일으키기도 한다. 오디오 민감도가 저하된다.

문제는 입력 필터가 조절기 성능을 저하시키는 쪽으로 컨버터의 동특성에 영향을 준다

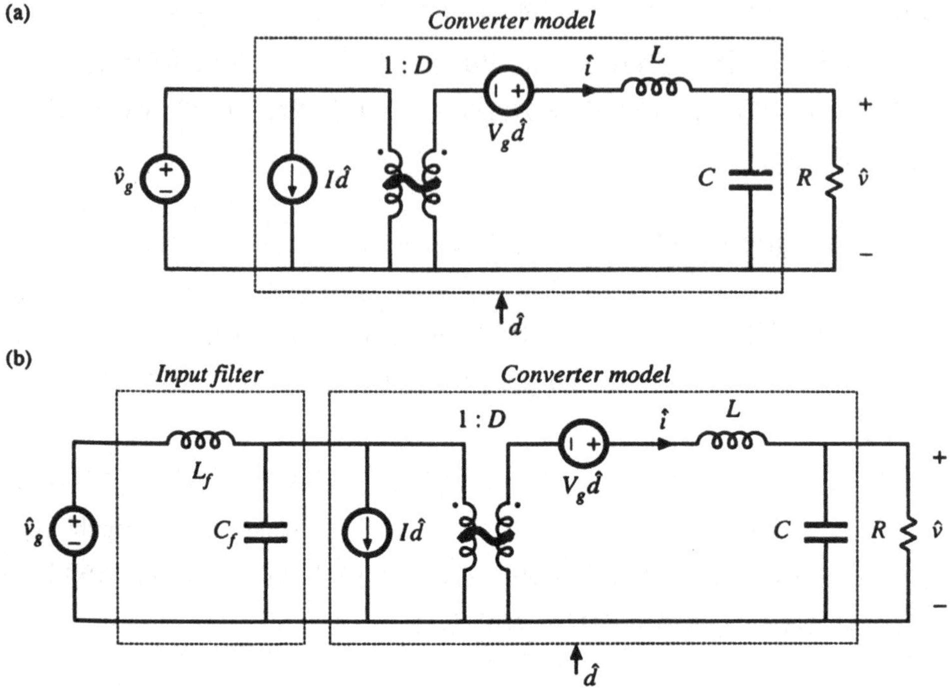

그림 4.3 벅 컨버터의 소신호 등가회로 모델: (a) 기본 컨버터 모델 (b) 입력 필터 부가

는 것이다. 예를 들면 그림 4.2(a)처럼 1단 LC 입력 필터를 벅 컨버터에 추가할 때 그림 4.3(b)처럼 소신호 등기회로가 바뀐다. 입력 필터의 소자는 제어-출력 전달함수 $G_{vd}(s)$, 라인-출력 전달함수 $G_{vg}(s)$, 컨버터 출력 임피던스 $Z_{out}(s)$과 같은 컨버터의 모든 전달함수에 영향을 준다. 더구나 입력 필터가 이러한 전달함수에 미치는 영향이 매우 클 수 있다.

그림 4.2에서처럼 벅 컨버터에 간단한 LC 필터를 붙였을 때 제어-출력 전달함수 $G_{vd}(s)$가 얼마나 변하는가를 살펴보자. 소자의 값은 다음과 같다: $D=0.5$, $L=100$ μH, $C=100$ μF, $R=3$ Ω, $L_f=330$ μH, $C_f=470$ μF이다. 그림 4.4는 제어-출력 전달함수 $G_{vd}(s)$의 크기와 위상의 보도선도를 나타낸다. 점선은 필터가 추가되지 않은 그림 4.3(a)의 모델에 대한 보드선도이다. 컨버터 출력 필터의 복소수 극점은 고 주파수에서 위상이 -180°로 도달하게 한다. 보통 이것은 조절기의 되먹임 루프를 설계하고 위상 여유를 평가하는데 사용하는 모델이다(3장 참조). 그림 4.4의 실선은 필터를 추가하여 그림 4.3(b)의 모델의

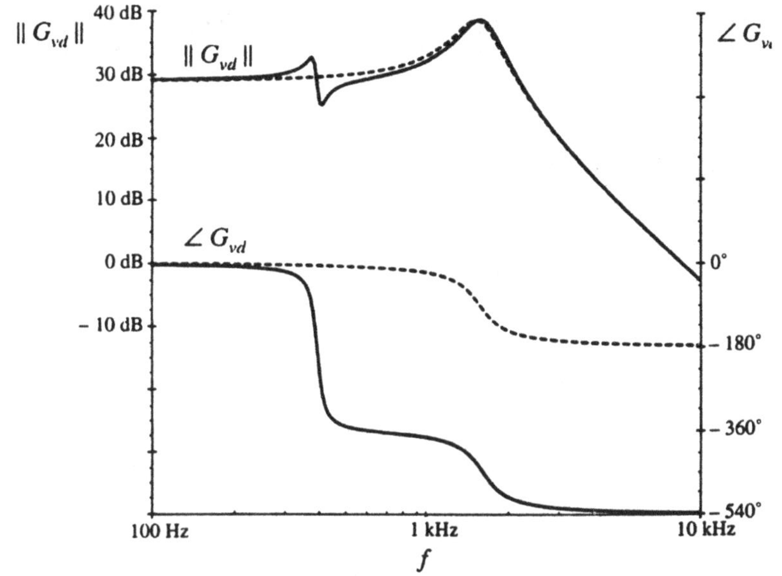

그림 4.4 그림 4.3의 등가모델에 의한 제어-출력 전달함수, 점선: 필터가 없는 경우(그림 4.3(a)), 실선: 필터가 있는 경우(그림 4.3(b))

크기와 위상을 보도선도로 나타낸다. 입력 필터의 공진 주파수에서 크기에 급격한 변화(glitch)가 발생하고 위상에 -360°의 위상 이동을 부가한다. 이제 $G_{vd}(s)$에 입력 필터의 동특성에 관련된 부가된 복소수 극점 쌍과 복소수 오른쪽 반평면 영점 쌍을 포함함을 보일 수 있다. 조절기 되먹임 루프의 교차 주파수가 입력 필터의 공진 주파수와 비슷하거나 크면 루프 위상 여유는 음으로 되어 불안정을 초래한다. 이러한 동작은 보통 잘 일어나므로 입력 필터는 스위칭 조절기시스템을 불안정하게 하는 것으로 잘 알려져 있다.

이 장에서는 입력 필터에 제동을 주고 출력 임피던스가 충분히 작도록 입력 필터를 설계하여 안정도 문제를 어떻게 완화시키는가를 다룬다[9-21]. 이렇게 하여 제어-출력 전달함수에 대한 입력 필터의 영향을 무시할 수 있고 컨버터의 동특성이 보다 잘 동작할 수 있다. 그림 4.3(b)의 4차 시스템을 분석하기가 매우 복잡할지라도 컨버터의 입력 임피던스와 필터의 출력 임피던스를 포함하는 임피던스 부등식을 이용하여 문제를 단순화할 수 있다[9,10]. 이러한 부등식은 부록 C에서 기술한 Middlebrook의 부가소자 이론에 기반을 둔다. 이 방법을 통해 입력 필터를 효과적으로 설계하는 필요한 관찰력을 얻을 수 있다. 입력 필터의 제동 네트워크의 최적화와 다단 필터 설계에 대해서도 다룬다.

4.2 입력 필터가 전달함수에 미치는 영향

제어-출력 전달함수는 다음과 같이 정의된다.

$$G_{vd}(s) = \left. \frac{\hat{v}(s)}{\hat{d}(s)} \right|_{\hat{v}_g(s) = 0} \tag{4.3}$$

입력 필터가 없는 기본 CCM 컨버터의 제어-출력 전달함수를 2.2.2절에서 기술하였다. 입력 필터를 스위칭 조절기에 붙이면 그림 4.5와 같은 시스템이 된다. 입력 필터가 있는 제어-출력 전달함수를 결정하기 위해 $\hat{v}_g(s)$를 영으로 놓고 식 (4.3)에 따라 $\hat{v}(s)/\hat{d}(s)$를 푼다. 그리고 입력 필터를 그림 4.6에서와 같이 단순히 출력 임피던스 $Z_o(s)$로 표현할 수 있고 임피던스 $Z_o(s)$를 갖는 부가 소자로 취급할 수 있다. 부록 C의 C.4.3절에 있는 Middlebrook의 부가소자 이론을 이용하여 입력 필터를 부가하면 제어-출력 전달함수가 어떻게 변하는가를 결정할 수 있다. 수정된 제어-출력 전달함수는 다음과 같이 쓸 수 있음을 알 수 있다[9].

$$G_{vd}(s) = \left(G_{vd}(s)\big|_{Z_o(s) = 0} \right) \frac{\left(1 + \dfrac{Z_o(s)}{Z_N(s)}\right)}{\left(1 + \dfrac{Z_o(s)}{Z_D(s)}\right)} \tag{4.4}$$

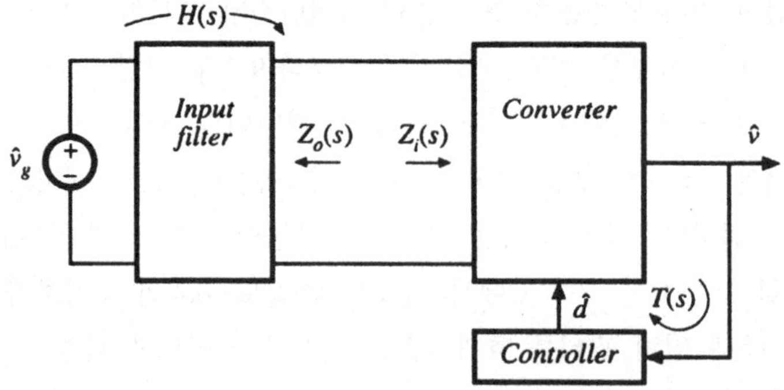

그림 4.5 입력 필터가 있는 스위칭 전압조절기 시스템

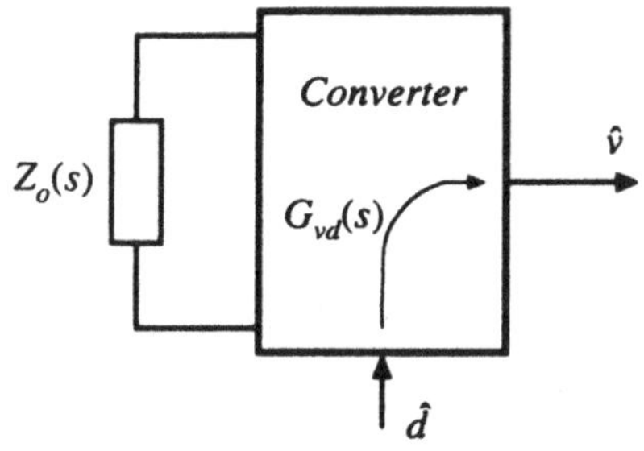

그림 4.6 그림 4.5 시스템의 제어-출력 전달함수 결정

표 4.1 기본 컨버터에 대한 입력 필터 설계 기준

Converter	$Z_N(s)$	$Z_D(s)$	$Z_e(s)$
Buck	$-\frac{R}{D^2}$	$\frac{R}{D^2}\frac{\left(1+s\frac{L}{R}+s^2LC\right)}{(1+sRC)}$	$\frac{sL}{D^2}$
Boost	$-D'^2R\left(1-\frac{sL}{D'^2R}\right)$	$D'^2R\frac{\left(1+s\frac{L}{D'^2R}+s^2\frac{LC}{D'^2}\right)}{(1+sRC)}$	sL
Buck-boost	$-\frac{D'^2R}{D^2}\left(1-\frac{sDL}{D'^2R}\right)$	$\frac{D'^2R}{D^2}\frac{\left(1+s\frac{L}{D'^2R}+s^2\frac{LC}{D'^2}\right)}{(1+sRC)}$	$\frac{sL}{D^2}$

여기서

$$G_{vd}(s)\big|_{Z_o(s)=0} \tag{4.5}$$

는 입력 필터가 없는 원래 제어-출력 전달함수이다. $Z_D(s)$는 $\hat{d}(s)$가 영인 조건에서 컨버터의 입력 임피던스 $Z_i(s)$와 같다.

$$Z_D(s)=Z_i(s)\big|_{\hat{d}(s)=0} \tag{4.6}$$

$Z_N(s)$는 그림 4.5의 되먹임 제어기가 이상적으로 동작할 때 컨버터의 입력 임피던스

$Z_i(s)$와 같다. 즉, 제어기는 $\hat{v}(s)$를 영으로 유지하도록 $\hat{d}(s)$를 변화시킨다.

$$Z_N(s) = Z_i(s)\big|_{\hat{v}(s)\xrightarrow[null]{}0} \tag{4.7}$$

$Z_N(s)$는 1.5절의 기준 회로모델의 파라미터 항으로 나타낼 수 있다.

$$Z_N(s) = -\frac{e(s)}{j(s)} \tag{4.8}$$

기본 벅, 부스트, 벅-부스트 컨버터에 대한 $Z_N(s)$와 $Z_D(s)$를 표 4.1에 나타낸다.

4.2.1 검토

식 (4.4)에서 전력단의 제어-출력 전달함수 $G_{vd}(s)$는 입력 필터의 출력 임피던스 $Z_o(s)$와 컨버터의 전력 입력포트에서 측정된 $Z_N(s)$와 $Z_D(s)$에 관계된다. $Z_D(s)$는 컨버터의 개루프 입력 임피던스와 일치한다.

위에서 서술한 바와 같이 $Z_N(s)$는 $\hat{v}(s)$가 영이 되도록 $\hat{d}(s)$를 조절한 조건에서 컨버터 전력단의 입력 포트의 임피던스와 같다. 사실 이것은 이상적인 제어기가 할 수 있는 기능이다. 즉, 출력 전압의 오차를 영으로 유지하기 위해 시비율을 조절한다. 그러므로 $Z_N(s)$는 이상적인 되먹임 루프가 컨버터의 출력 전압을 완벽하게 조절한다면 컨버터의 전력 입력 단자에서 측정한 임피던스와 같다. 물론 식 (4.4)는 제어시스템이 있건 없건 일반적으로 타당하다.

그림 4.7은 컨버터의 출력 전압을 정확하게 조절하는 되먹임 루프의 대신호 동작을 나타낸다. 인가한 입력 전압 $v_g(t)$에 관계없이 출력 전압을 원하는 값 V로 유지할 수 있다. 따라서 부하 전력은 일정하여 $P_{load} = V^2/R$이다. 손실이 없는 이상적인 컨버터의 경우 입력 단자에 들어간 전력은 입력 전압 $v_g(t)$에 관계없이 P_{load}와 같을 것이다. 그러므로 컨버터의 전력 입력 단자는 다음 식을 만족한다.

$$\left\langle v_g(t)\right\rangle_{T_s}\left\langle i_g(t)\right\rangle_{T_s} = P_{load} \tag{4.9}$$

이러한 특성을 그림 4.7(b)에 나타내었고, 그림 4.7(a)에서 종속 전력 흡수원(sink) 기호로

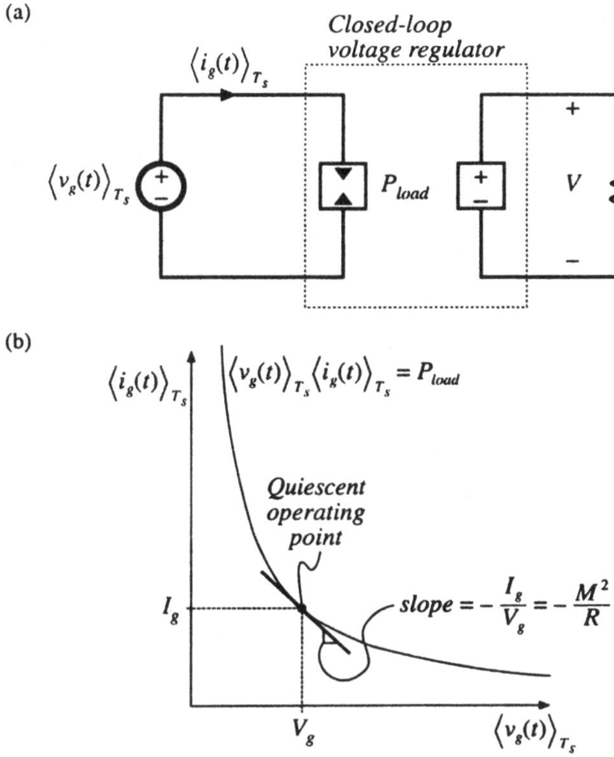

그림 4.7 이상적인 스위칭 전압조절기의 전력 입력 포트 특성: (a) 종속 전력 흡수원을 포함하는 등가회로 모델, (b) 입력 포트의 일정 전력 특성

나타내었다. 전력 발생원과 전력 흡수원에 대해 5장에서 자세히 다룬다.

그림 4.7(b)는 정지된 동작점에서 일정한 입력 전력 특성을 선형화하는 것을 보인다. 결과적인 선은 음의 기울기를 가지므로 이상적인 전압 조절기의 입력 저항 증분(소신호)은 음이다. 예를 들면 전압 $<v_g(t)>_{T_s}$가 증가하면 전력을 일정하게 유지하기 위해 전류 $<i_g(t)>_{T_s}$는 감소한다. 이러한 증분 저항은 다음 값을 갖는다[9,14]:

$$-\frac{R}{M^2} \tag{4.10}$$

여기서 R은 부하 저항이고 M은 변환비 V/V_g이다. 표 4.1의 각 컨버터에 대한 $Z_N(s)$의 직류 점근선은 위 식에서 주어진 음의 증분 저항과 일치한다.

실제 제어시스템에서는 되먹임 루프의 교차 주파수 f_c에 의해 결정된 제한된 대역폭이 나타난다. 그러므로 루프 이득이 크고 조절기가 잘 동작하는 저 주파수에서($f \ll f_c$) 폐루프 조절기의 입력 임피던스가 근사적으로 $Z_N(s)$와 같을 것으로 기대할 수 있다. 조절기의 대역폭보다 큰 주파수에서($f \gg f_c$) 컨버터의 입력 임피던스는 개루프 값 $Z_D(s)$를 따라 갈 것으로 기대된다. 폐루프 조건에 대해서 조절기의 입력 임피던스 $Z_i(s)$는 사실 다음 식으로 표현됨을 보일 수 있다.

$$\frac{1}{Z_i(s)} = \frac{1}{Z_N(s)} \frac{T(s)}{1+T(s)} + \frac{1}{Z_D(s)} \frac{1}{1+T(s)} \tag{4.11}$$

여기서 $T(s)$는 제어기의 루프 이득이다. 그러므로 조절기 입력 임피던스는 루프 이득의 크기가 큰 [그래서 $T/(1+T) \approx 1$, $1/(1+T) \approx 0$] 저 주파수에서 $Z_N(s)$의 음의 저항을 따라가고, $\| T(s) \|$가 작은 [그래서 $T/(1+T) \approx 0$, $1/(1+T) \approx 1$] 고 주파수에서 양의 개루프 임피던스 $Z_D(s)$로 반전된다.

비 제동 또는 가볍게 제동된 입력 필터를 조절기 입력 포트에 연결하면 입력 필터는 Z_N의 음의 저항 특성과 반응하여 음의 저항 발진기(negative resistance oscillator)를 형성한다. 이것은 입력 필터를 부가하면 왜 불안정해지는가를 설명해준다.

4.2.2 임피던스 부등식

식 (4.4)로부터 입력 필터를 부가하면 제어-출력 전달함수가 다음 배수만큼 변한다.

$$\frac{\left(1+\dfrac{Z_o(s)}{Z_N(s)}\right)}{\left(1+\dfrac{Z_o(s)}{Z_D(s)}\right)} \tag{4.12}$$

이 식을 보정 계수라 한다. 다음 부등식을 만족하면

$$\| Z_o(j\omega) \| \ll \| Z_N(j\omega) \| \tag{4.13}$$

$$\| Z_o(j\omega) \| \ll \| Z_D(j\omega) \|$$

보정 계수는 거의 1에 가깝고, 입력 필터를 부가해도 제어-출력 전달함수는 크게 달라지지 않는다[9,10]. 이 부등식으로부터 입력 필터의 최대 허용 가능한 출력 임피던스를 구할 수 있어 유용한 필터 설계 기준으로 사용된다. $\|Z_D(j\omega)\|$와 $\|Z_N(j\omega)\|$의 보드선도를 그리고 $\|Z_o(j\omega)\|$의 보드선도와 비교하여 식 (4.13)을 만족하는 입력 필터를 설계하는데 필요한 공학적인 관찰력을 얻는다.

유사한 방법으로 컨버터 출력 임피던스는 다음 부등식을 만족하는 입력 필터에 의해 크게 영향을 받지 않는다.

$$\| Z_o(j\omega) \| \ll \| Z_e(j\omega) \| \tag{4.14}$$

$$\| Z_o(j\omega) \| \ll \| Z_D(j\omega) \|$$

여기서 $Z_D(s)$는 표 4.1에 주어져 있다. $Z_e(s)$는 컨버터 출력이 단락되었다는 조건에서 컨버터 입력 임피던스 $Z_i(s)$와 같다.

$$Z_e(s) = Z_i(s)|_{\hat{v}=0} \tag{4.15}$$

기본적인 컨버터에 대한 $Z_e(s)$를 표 4.1에 나타낸다.

전류-프로그램 컨버터[12,13]나 DCM에서 동작하는 컨버터인 경우에도 비슷한 임피던스 부등식을 유도할 수 있다. 전류-프로그램 컨버터인 경우[12] 위의 식과 거의 같은 부등식으로 입력 필터가 과도응답과 안정도를 저하시키지 않음을 보장할 수 있다. 컨버터 입력 전압의 전향제어도 제안되었다[16].

4.3 벅 컨버터 예

그림 4.8(a)의 L-C 입력 필터가 있는 간단한 벅 컨버터를 생각하자. 컨버터를 소신호 모델로 바꾸면 그림 4.8(b)의 등가회로를 얻는다. 입력 필터가 컨버터의 제어-출력 전달함수를 얼마나 바꾸는지 식 (4.4)로 평가한다.

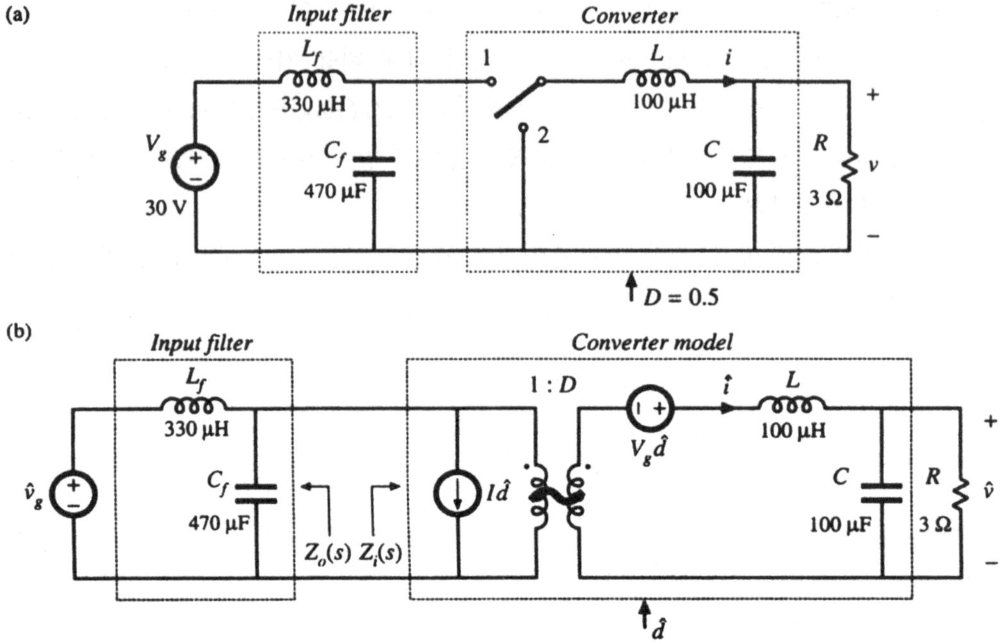

그림 4.8 벅 컨버터 예: (a) 컨버터 회로, (b) 소신호 모델

4.3.1 비제동 입력필터의 영향

표 4.1로부터 $Z_N(s)$와 $Z_D(s)$을 구하거나 또는 부록 C에서 자세히 다룬 바와 같이 식 (4.6)과 (4.7)을 이용하여 유도할 수 있다. $Z_D(s)$를 식 (4.6)을 이용하여 구한다. $\hat{d}(s)$를 영으로 하면 컨버터 소신호 모델은 그림 4.9(a)의 회로와 같다. $Z_D(s)$는 *RLC* 필터의 입력 임피던스를 권선비의 제곱으로 나눈 것과 같음을 알 수 있다.

$$Z_D(s) = \frac{1}{D^2}\left(sL + R \parallel \frac{1}{sC}\right) \tag{4.16}$$

2.4절에서 이 임피던스의 점근선을 그렸고 그림 4.10에 나타낸다. 부하 저항은 저 주파수에서 임피던스를 지배하고 직류 점근선은 $R/D^2 = 12\ \Omega$이다. 그림에서와 같이 높은 Q인 경우 중간 주파수 영역에서 $\|Z_D(j\omega)\|$는 실효 권선비의 제곱으로 반영된 출력 커패시터 점근선을 따라간다. 직렬 공진은 다음과 같은 출력 필터의 공진 주파수 f_0에서 일어난다.

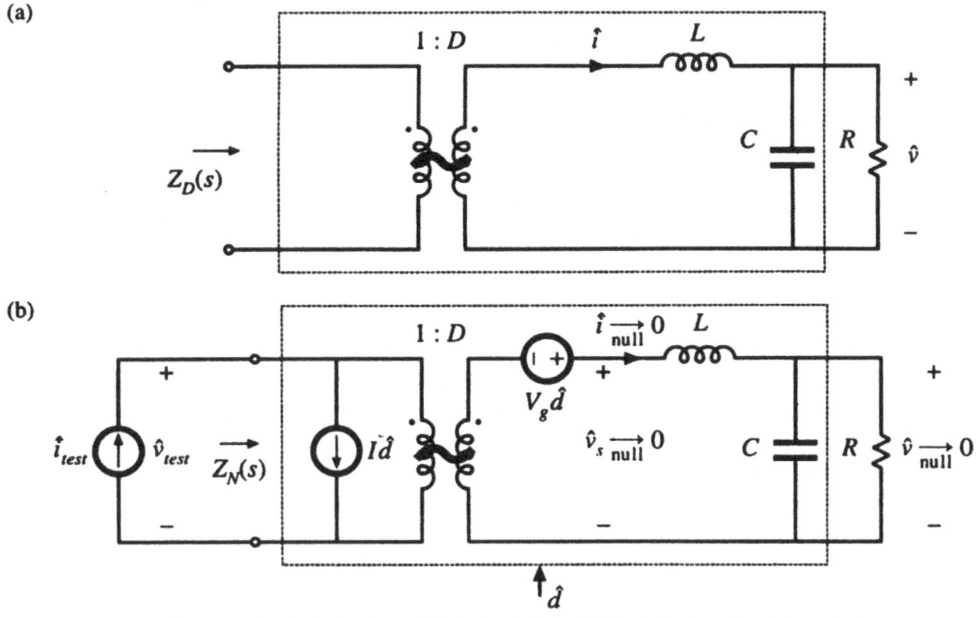

그림 4.9 벅 컨버터 예의 $Z_D(s)$와 $Z_N(s)$ 결정: (a) $Z_D(s)$, (b) $Z_N(s)$

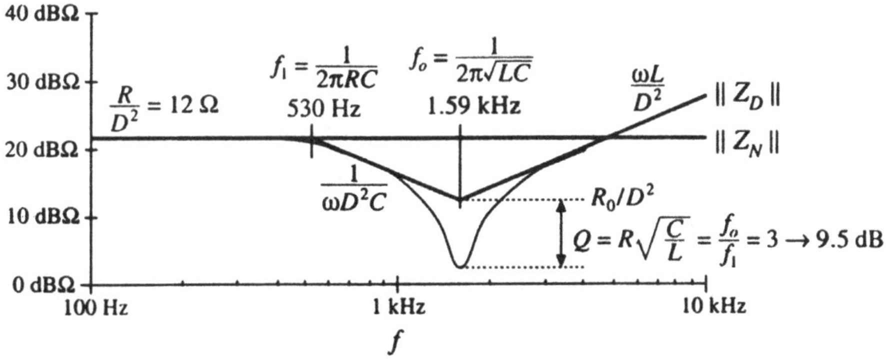

그림 4.10 벅 컨버터 예, $\| Z_D(j\omega) \|$와 $\| Z_N(j\omega) \|$ 그래프

$$f_0 = \frac{1}{2\pi\sqrt{LC}} \tag{4.17}$$

그림 4.8(a)의 소자 값에 대해 공진 주파수는 $f_0 = 1.6$ kHz이다. 공진 주파수 f_0에서 점근선의 값은 변압기 일차 측으로 환산된 특성 임피던스 R_0로 주어진다.

$$\frac{R_0}{D^2} = \frac{1}{D^2}\sqrt{\frac{L}{C}} \tag{4.18}$$

그림 4.8(a)의 소자 값에 대해 이 식은 4 Ω이다. Q-계수는

$$Q = \frac{R}{R_0} = R\sqrt{\frac{C}{L}} \tag{4.19}$$

이고 이 식으로부터 $Q=3$이다. 그러므로 공진 주파수 1.6 kHz에서 $\|Z_D(j\omega)\|$는 (4 Ω)/(3) = 1.33 Ω이다. 고 주파수에서 $\|Z_D(j\omega)\|$는 환산된 인덕터 점근선을 따라간다.

$Z_N(s)$는 식 (4.7)에 주어져 있다. 이 임피던스는 출력 전압 $\hat{v}(s)$를 영으로 유지하기 위해 $\hat{d}(s)$을 조절하는 조건에서 컨버터의 입력 임피던스 $Z_i(s)$와 같다. $Z_N(s)$을 유도하는 방법을 그림 4.9(b)에 나타낸다. 컨버터의 입력 포트에 시험 전류원 $\hat{i}_{test}(s)$를 주입한다. 임피던스 $Z_N(s)$를 $\hat{i}_{test}(s)$에서 $\hat{i}_{test}(s)$로의 전달함수로 볼 수 있다.

$$Z_N(s) = \left.\frac{\hat{v}_{test}(s)}{\hat{i}_{test}(s)}\right|_{\hat{v}\xrightarrow[null]{}0} \tag{4.20}$$

영이 되게 하는 조건 $\hat{v}(s)\xrightarrow[null]{}0$은 그림 4.9(b)의 회로를 분석하는데 매우 간단하게 해준다. 전압 $\hat{v}(s)$이 영이기 때문에 커패시터와 부하 임피던스에 들어가는 전류도 영이다. 또한 인덕터 전류 $\hat{i}(s)$와 변압기 권선 전류도 영이므로 인덕터 전압도 영이다. 따라서 출력 전압과 인덕터 전압의 합인 전압 $\hat{v_s}(s)$도 영이다.

변압기 모델의 권선에 흐르는 전류가 영이므로 전류 $\hat{i}_{test}(s)$는 독립 전류원 $I\hat{d}(s)$와 같다.

$$\hat{i}_{test}(s) = I\hat{d}(s) \tag{4.21}$$

전압 $\hat{v_s}(s)$가 영이므로 변압기의 이차 측에 인가된 전압은 독립 전압원 $-V_g\hat{d}(s)$와 같다. 권선비 D로 나누면 다음과 같이 $\hat{i}_{test}(s)$를 구할 수 있다.

$$\hat{v}_{test}(s) = -\frac{V_g\hat{d}(s)}{D} \tag{4.22}$$

식 (4.21)과 (4.22)를 식 (4.20)에 대입하면 다음과 같다.

$$Z_N(s) = \frac{-\dfrac{V_g \hat{d}(s)}{D}}{I\hat{d}(s)} = -\frac{R}{D^2} \tag{4.23}$$

위 식에서 정상상태 관계 $I = DV_g/R$을 사용하였다. 이 식은 표 4.1의 표현과 같다. $\|Z_N(j\omega)\|$의 보드선도는 그림 4.10에 있으며 $\|Z_D(j\omega)\|$의 직류 점근선과 같다.

다음으로 필터의 출력 임피던스 $Z_o(s)$의 보드선도를 그려보자. 독립 전원 $\hat{v}_g(s)$를 영으로 하면 입력 필터 네트워크는 그림 4.11의 회로가 된다. $Z_o(s)$는 인덕터 L_f와 커패시터 C_f의 병렬회로이다.

$$Z_o(s) = sL_f \parallel \frac{1}{sC_f} \tag{4.24}$$

병렬 공진회로의 보드선도를 2.3.4절에서 다루었다. 그림 4.12에서와 같이 $\|Z_o(j\omega)\|$의 크기는 저 주파수에서는 인덕터 임피던스, 고 주파수에서는 커패시터 임피던스가 지배적이다. 인덕터와 커패시터 점근선은 필터의 공진 주파수에서 교차한다.

$$f_f = \frac{1}{2\pi\sqrt{L_f C_f}} \tag{4.25}$$

주어진 소자 값에 대해 입력 필터의 공진 주파수는 $f_f = 400$ Hz이다. 이 필터의 특성 임피던스는

$$R_{0f} = \sqrt{\frac{L_f}{C_f}} \tag{4.26}$$

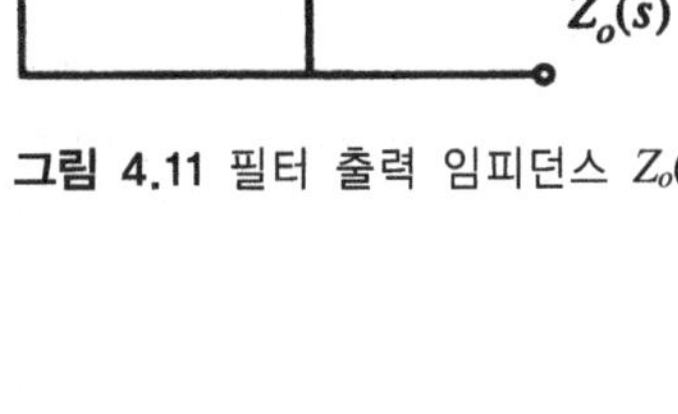

그림 4.11 필터 출력 임피던스 $Z_o(s)$

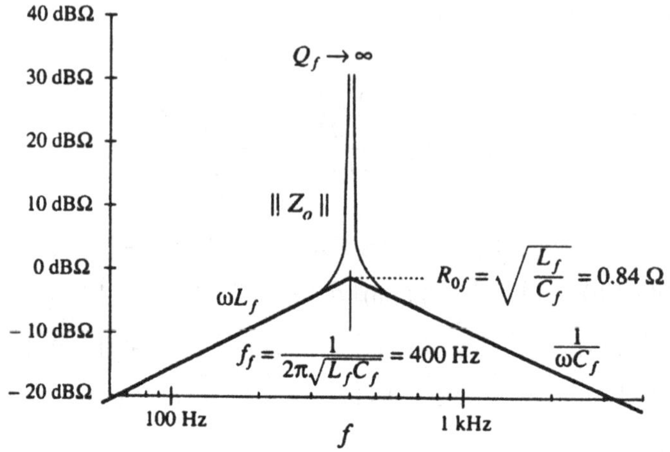

그림 4.12 입력 필터의 출력 임피던스. 제동이 없어 Q-계수가 매우 크다

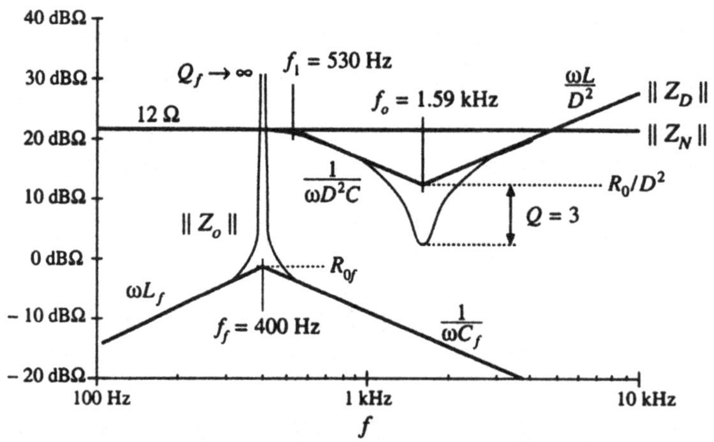

그림 4.13 $\|Z_o(j\omega)\|$, $\|Z_D(j\omega)\|$와 $\|Z_N(j\omega)\|$ 그래프, 입력 필터 공진 주파수에서 임피던스 부등식이 성립하지 않음

이고 값은 0.84 Ω이다. 입력 필터가 비제동이므로 Q-계수는 이상적으로 무한대이다. 실제로는 인덕터 손실과 커패시터 직렬 등가 저항과 같은 기생요소에 의해 Q_f 값이 제한된다. 하지만 필터 공진 주파수 f_f 부근에서 임피던스 $\|Z_o(j\omega)\|$는 매우 크다.

그림 4.8(a)의 소자 값을 갖는 필터의 출력 임피던스 $\|Z_o(j\omega)\|$를 $\|Z_D(j\omega)\|$와 $\|Z_N(j\omega)\|$와 함께 그림 4.13에 도시하였다. 이제 임피던스 부등식 식 (4.13)을 만족하는가를 결정할 수 있

다. 그림 4.13은 설계 지향이다. 즉, 각 임피던스 점근선에 대한 분석적인 표현식을 나타내어 설계 기술자가 임피던스 부등식 (4.13)을 만족하도록 소자의 값을 쉽게 선정할 수 있다. 예를 들면 $\|Z_o(j\omega)\|$의 점근선이 $\|Z_D(j\omega)\|$의 점근선과 마찬가지로 R/D^2의 최악 상태의 값보다 아래에 있도록 L_f와 C_f의 값을 선정해야 한다.

입력과 출력 필터의 공진 주파수 f_f와 f_0를 같게 하는 것은 임피던스 부등식 (4.13)을 만족하기 더욱 어려워지므로 나쁜 생각임에 분명하다. 대신 공진 주파수 f_f와 f_0를 잘 떨어져 있게 해야 한다.

입력 필터가 비제동이므로 입력 필터의 공진 주파수 f_f 부근에서 임피던스 부등식 (4.13)을 만족할 수 없다. 어떠한 필터의 소자 값을 선택해도 입력 필터는 주파수 f_f 부근에서 제어-출력 전달함수 $G_{vd}(s)$를 많이 바꾼다. 그림 4.14와 4.15는 결과적인 보정 계수 [식 (4.12)]와 수정된 제어-출력 전달함수 [식 (4.4)]를 도시한 것이다. 입력 필터의 공진 주파수 이하의 주파수에서는 임피던스 부등식 (4.13)을 잘 만족한다. 보정계수는 $1\angle 0°$에 가까우며, 제어-출력 전달함수 $G_{vd}(s)$가 크게 변하지 않는다. 입력 필터의 공진 주파수 f_f 부근에서 보정 계수는 한 쌍의 복소수 극점과 한 쌍의 오른쪽 반평면 영점을 갖는다. 이것 때문에 보정 계수 크기의 보드선도에 갑작스런 변화(glitch)가 나타나고 보정 계수의 위상이 360° 지상의 원인이 된다. $G_{vd}(s)$의 보드선도에서 갑작스런 변화와 위상 지연을 볼 수 있다. 고 주파수에서 보정 계수는 거의 $1\angle$-360°에 가까우므로 $G_{vd}(s)$의 고 주파수 크기는 변하지 않지만, 원래 $G_{vd}(s)$의 두 개의 극점에 의한 -180°에 보정 계수의

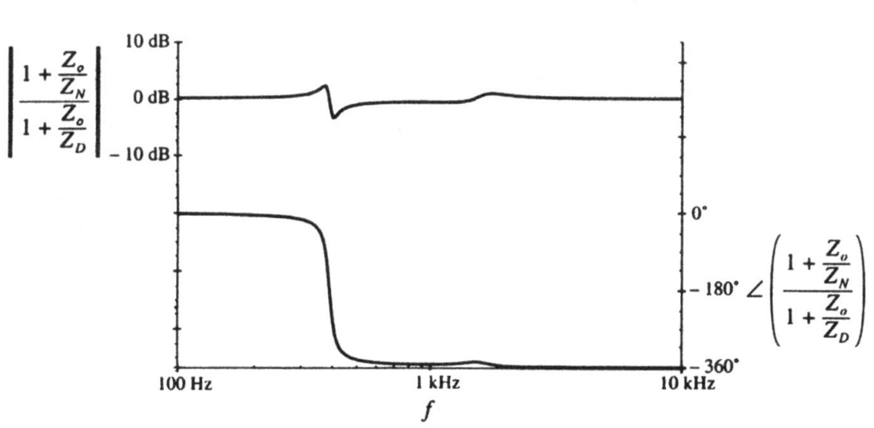

그림 4.14 벅 컨버터 예에 대한 식 (4.12)의 보정 계수

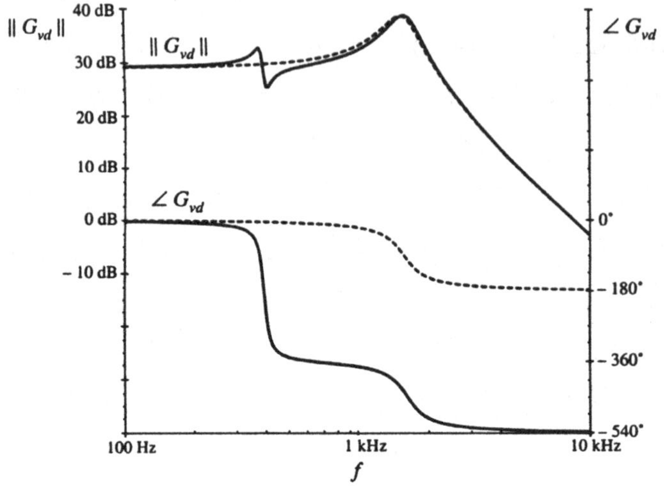

그림 4.15 비제동 입력 필터기 벅 컨버터 예의 제어-출력 전달함수에 미치는 영향: 점선: 입력 필터가 없는 경우, 실선: 비제동 입력 필터를 부가한 경우

-360° 위상이 더해져 고 주파수에서 -540°의 위상 점근선이 얻어진다. 컨버터 되먹임 루프의 교차 주파수가 입력 필터의 공진 주파수 f_f 부근 또는 크면 음의 위상 여유는 불가피하다. 이러한 사실로부터 입력 필터를 부가하면 스위칭 조절기에 불안정과 발진이 왜 발생하는가를 알 수 있다.

4.3.2 입력 필터의 제동

모든 주파수에서 임피던스 부등식 (4.3)을 만족하도록 입력 필터의 공진을 제동시켜보자. 필터에 제동을 주는 하나의 방법으로 그림 4.16(a)와 같이 커패시터 C_f와 병렬로 저항 R_f를 연결한다. 이 네트워크의 출력 임피던스는 2.3.4절에서 분석한 병렬 공진 임피던스와 같다. 출력 임피던스는 공진 주파수 f_f에서 최대값을 갖고 그 값은 저항 R_f이다. 따라서 임피던스 부등식을 만족하기 위해서 $\|Z_N(j\omega)\|$와 $\|Z_D(j\omega)\|$의 점근선보다 R_f를 선택해야 한다. 조건 $R_f \ll \|Z_N(j\omega)\|$은 다음과 같이 표현할 수 있다.

$$R_f \ll \frac{R}{D^2} \tag{4.27}$$

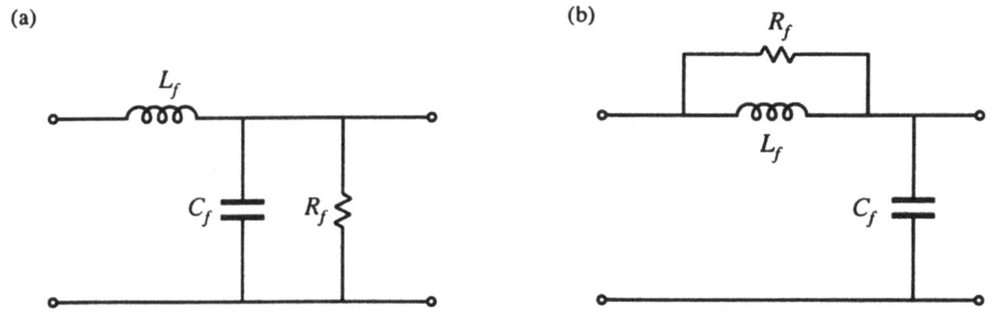

그림 4.16 입력 필터의 제동을 위한 시도: (a) C_f에 병렬로 R_f 추가, (b) L_f에 병렬로 R_f 추가

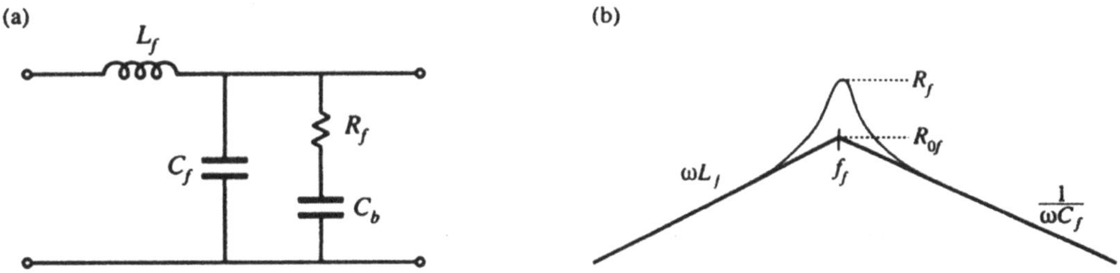

그림 4.17 입력 필터의 제동을 주기 위한 실제 방법: (a) 회로, (b) 출력 임피던스 점근선

불행하게도 이런 경우 새로운 문제 즉, R_f에서의 전력 손실 문제가 발생한다. 직류 입력 전압 V_g가 저항 R_f에 인가되어 V_g^2/R_f의 전력 소모가 발생한다. 식 (4.27)은 저항에서의 전력 손실이 부하 전력보다 큼을 의미한다. 따라서 그림 4.16(a)의 회로는 현실적인 해가 아니다.

전력 손실을 해결하는 하나의 방법으로 그림 4.16(b)에서와 같이 저항 R_f를 인덕터 L_f와 병렬 연결하는 것이다. 식 (4.27)을 만족하는 저항 R_f를 선택한다. 인덕터 L_f 양단에 걸리는 직류 전압은 영이므로 저항 R_f에서 전력 소모는 없다. 이 회로는 전달함수가 고 주파수 영점을 포함하는 문제점을 갖는다. 따라서 R_f의 추가는 고 주파수 점근선의 기울기를 -40 dB/decade에서 -20 dB/decade로 저하시킨다. 그림 4.16(b)의 회로는 인덕터 L_f에 의한 고조파 감소가 없는 단일 극점 RC 저 주파수-통과 필터와 실질적으로 같다.

그림 4.17은 실제적인 해법가운데 하나를 보여 준다[10]. 직류 저지 커패시터 C_b가 저항 R_f에 직렬로 연결되어 있다. 저항 R_f에 직류가 흐를 수 없으므로 직류 전력 손실이 제거되었다. 공진 주파수 f_f에서 R_f - C_b의 임피던스가 R_f에 의해 지배되도록 C_b의 값을 매우 크게 선정한다. C_b가 충분히 크면 네트워크의 출력 임피던스는 그림 4.16에 있는 필터들의

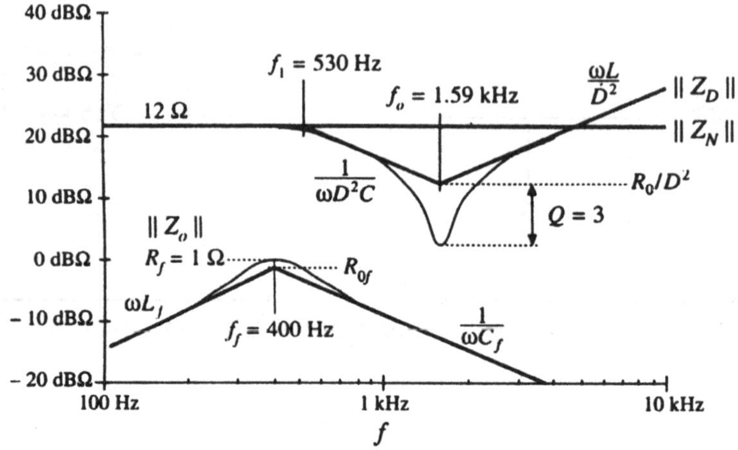

그림 4.18 그림 4.10의 $\|Z_D(j\omega)\|$와 $\|Z_N(j\omega)\|$의 임피던스 설계기준과 그림 4.17(b)의 $\|Z_o(j\omega)\|$. 식 (4.13)이 잘 만족함

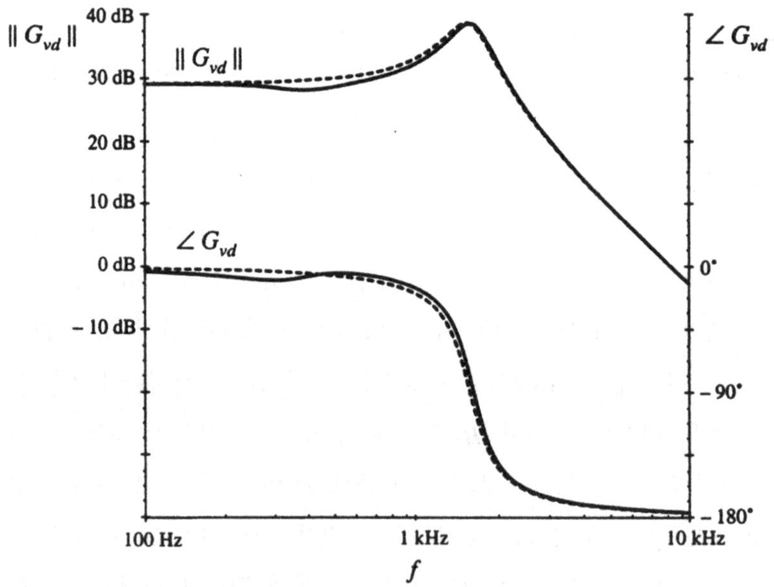

그림 4.19 벅 컨버터 예에 대해 제동 입력 필터가 제어-출력 전달함수에 미치는 영향. 점선: 입력 필터가 없는 경우, 실선: 제동 입력 필터가 있는 경우

출력 임피던스가 된다. C_b가 충분히 큰 경우 임피던스 점근선을 그림 4.17(b)에 나타낸다.

그림 4.10의 $\|Z_N(j\omega)\|$와 $\|Z_D(j\omega)\|$의 저 주파수 점근선은 R/D^2과 같다. $R_f = 1\ \Omega$은

임피던스 부등식을 잘 만족한다. $C_b = 4700\ \mu F$로 선택하면 $1/2f_f C_b = 0.084\ \Omega$이므로 R_f 보다 매우 작다. 그림 4.18에 결과적인 출력 임피던스 $\|Z_o(j\omega)\|$를 $\|Z_N(j\omega)\|$와 $\|Z_D(j\omega)\|$와 비교한다. R_f와 C_b에 선택된 값은 적당한 제동을 주고 임피던스 부등식을 잘 만족한다.

그림 4.19는 제동된 입력 필터가 제어-출력 전달함수의 크기와 위상을 얼마나 바꾸는가를 보여준다. $G_{vd}(s)$의 크기에는 별 영향이 없어 컨버터의 되먹임 루프의 성능이 크게 변하지 않을 것으로 기대한다.

4.4 제동을 갖는 입력 필터 설계

이전 절의 예에서와 같이 입력 필터의 설계는 1) 필터 임피던스가 임피던스 부등식을 만족해야 하고, 2) 필터가 적당히 제동되어야 한다는 조건을 만족해야 한다. $v_g(t)$의 과도상태와 외란이 필터에 공진을 일으키지 않기 위해서 입력 필터의 제동이 필요하다. 다른 설계요소로 원하는 필터 감쇄를 얻고 무효 소자의 크기를 최소화하는 것이다. 기존의 많은 필터 설계기법이 잘 알려져 있지만 이러한 기법은 최대 출력 임피던스를 제한하고 필터의 공진을 제동하는 문제를 다루지 않는다.

4.3.2절에서 입력 필터를 제동하기 위해 사용된 직류 저지 커패시터 C_b의 값은 C_f의 값보다 10배 이상이므로 크기와 가격이 실제 문제이다. 따라서 제동 네트워크에 사용된 소자의 크기를 최소화하는 것은 입력 필터 설계의 최적화에 포함된다.

1단 LC 저 주파수-통과 필터에 제동을 주는 실제적인 몇 가지 방법을 그림 4.20에 나타낸다[10, 11, 17]. 그림 4.20(a)는 이전 절에서 생각했던 R_f - C_b 병렬 제동회로를 갖는다. 그림 4.20(b)에서 제동 저항 R_f를 필터 인덕터 L_f와 병렬로 연결하고 고 주파수 저지 인덕터 L_b를 R_f와 직렬로 연결한다. 인덕터 L_b때문에 필터 전달함수가 고 주파수에서 -40 dB/decade의 기울기로 떨어진다. 그림 4.20(c)에서 제동 저항 R_f를 필터 인덕터 L_f와 직렬로 연결하고 직류 전류를 인덕터 L_b로 통과시킨다. 각 경우에서 C_b나 L_b의 값을 최소화하면서 주어진 제동 양(즉, 필터 출력 임피던스의 첨두 값이 임피던스 부등식을 만족하는 어떤 값보다 크지 않도록 하는)을 얻는 것이 바람직하다. 이 문제를 다른 등가의 형태로 공식화할 수 있다. C_b 나 L_b의 주어진 선택에 대해 첨두 출력 임피던스를 최소화하

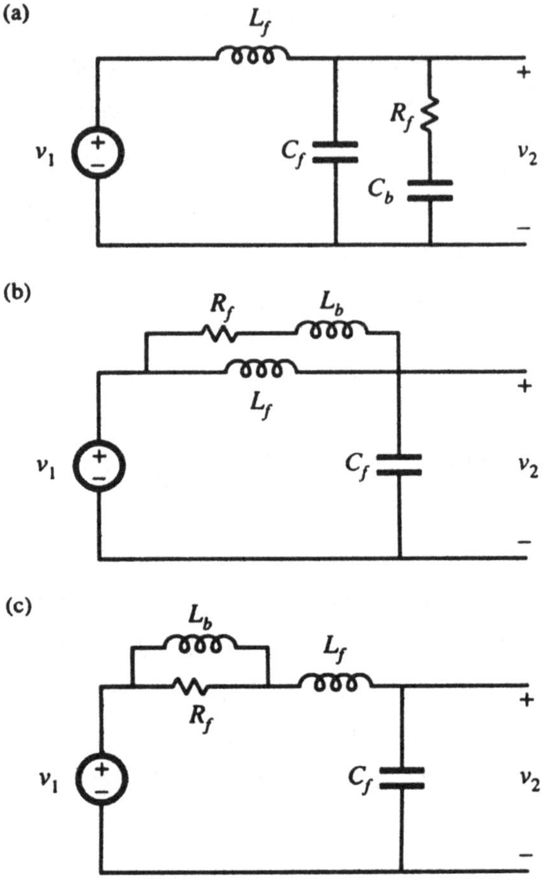

그림 4.20 1단 입력 필터에 제동을 주는 실제적인 방법: (a) R_f-C_b 병렬 제동, (b) R_f-L_b 병렬 제동, (c) R_f-L_b 직렬 제동

는 R_f의 값을 찾아라[10]. 이 절에서는 그림 4.20의 세 개의 필터 네트워크에 대한 최적화 문제의 해법을 정리한다. 각 경우에서 R_{of}와 f_f를 식 (4.25)와 (4.26)으로 정의한다.

고정된 L_f, C_f와 L_b 값을 갖는 그림 4.20(b)의 필터를 생각하자. 그림 4.21은 여러 제동 저항 R_f의 값에 따른 필터 출력 임피던스 $\|Z_o(j\omega)\|$의 보드선도를 나타낸다. $R_f=\infty$의 극한인 경우에 대해 이 회로는 무한대의 Q_f를 갖는 원래의 비제동 필터가 된다. $R_f=0$의 극한인 경우에 대해 이 필터는 역시 비제동이고 L_b가 L_f와 병렬이기 때문에 공진 주파수가 증가한다. 이 두 극한 사이에 첨두 필터 출력 임피던스를 최소화하는 R_f의 값이 존재

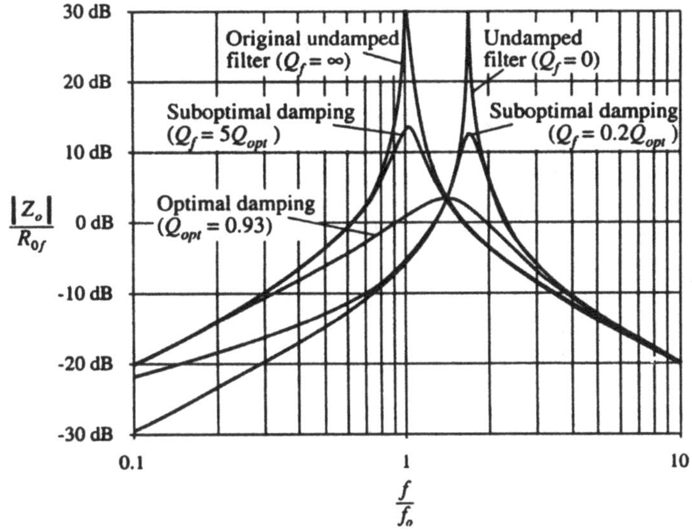

그림 4.21 최적 $R_f - L_b$ 병렬 제동의 출력 임피던스 곡선과 비제동 및 준최적 설계와의 비교. $n = L_b/L = 0.516$

해야 한다. 모든 크기 선도는 공통점을 통과해야 하고 그래서 이 점에서 첨두의 최적점을 얻을 수 있음을 보일 수 있다[10,17]. 이러한 사실을 이용하여 최적으로 제동된 LC 필터 단의 설계 방정식을 유도할 수 있다.

4.4.1 $R_f - C_f$ 병렬 제동

그림 4.20(a)의 필터 네트워크의 최적화와 4.3.2절은 참고문헌[10]에 서술되어 있다. 이 필터의 고 주파수 감쇄는 C_b의 선택에 영향을 받지 않고, 고 주파수 점근선은 원래의 비제동 필터의 점근선과 같다. 이 필터의 제동 소자의 설계에서의 유일한 타협은 저지 커패시터 C_b의 크기 대 얻을 수 있는 제동이다.

필터 커패시터 C_f에 대한 저지 커패시터 C_b의 비를 n으로 정의하자:

$$n = \frac{C_b}{C_f} \tag{4.28}$$

첨두 필터 출력 임피던스는 다음 주파수에서 발생한다.

$$f_m = f_f\sqrt{\frac{2}{2+n}} \tag{4.29}$$

최적 설계를 위한 첨두 출력 임피던스의 값은 다음과 같다.

$$\| Z_o \|_{mm} = R_{0f}\frac{\sqrt{2(2+n)}}{n} \tag{4.30}$$

최적 제동을 위한 제동 저항의 값은 다음과 같다.

$$Q_{opt} = \frac{R_f}{R_{0f}} = \sqrt{\frac{(2+n)(4+3n)}{2n^2(4+n)}} \tag{4.31}$$

위의 식으로부터 R_f와 C_f의 값을 선정할 수 있다.

예로서 저지 커패시터 C_b의 값을 최소화하면서 같은 첨두 출력 임피던스 $\|Z_o(j\omega)\|_{mm} = 1$ Ω을 얻기 위한 4.3.2절의 제동 네트워크를 다시 설계하자. 4.3.2절에서 다른 파라미터 값은 $R_{0f} = 0.84$ Ω, $C_f = 470$ μF, $L_f = 330$ μH이다. 우선 n 값을 찾기 위해 식 (4.30)을 풀자.

$$n = \frac{R_{0f}^2}{\| Z_o \|_{mm}^2}\left(1 + \sqrt{1 + 4\frac{\| Z_o \|_{mm}}{R_{0f}^2}}\right) \tag{4.32}$$

이 식에 주어진 수치를 대입하면 $\mu = 2.5$이다. 그러므로 저지 커패시터의 값은 $nC_f = 1200$ μF의 값을 가져야 한다. 이 값은 4.3.2절의 값의 1/4이다. 식 (4.31)로부터 R_f의 값은

$$R_f = R_{0f}\sqrt{\frac{(2+n)(4+3n)}{2n^2(4+n)}} = 0.67\ \Omega \tag{4.33}$$

위의 필터 설계를 그림 4.22에 4.3.1절의 원래 비제동 필터와 4.3.2절의 준 최적 설계와 비교한다. 최적으로 설계된 필터로 식 (4.29)에 주어진 주파수보다 약간 낮은 주파수에서 1Ω의 원하는 첨두 출력 임피던스를 얻을 수 있음을 알 수 있다.

R_f - C_b 병렬 제동 방식은 직류-직류 컨버터에서 많이 응용된다. 저항이 C_b와 직렬로 연결되어 있기 때문에 저지 커패시터로 전해 또는 탄탈과 같이 큰 등가 직렬 저항을 갖는 커패시터를 사용하여 구현할 수 있다. 그러나 어떤 응용에서는 다음 절에서 다룰 R_f - L_b

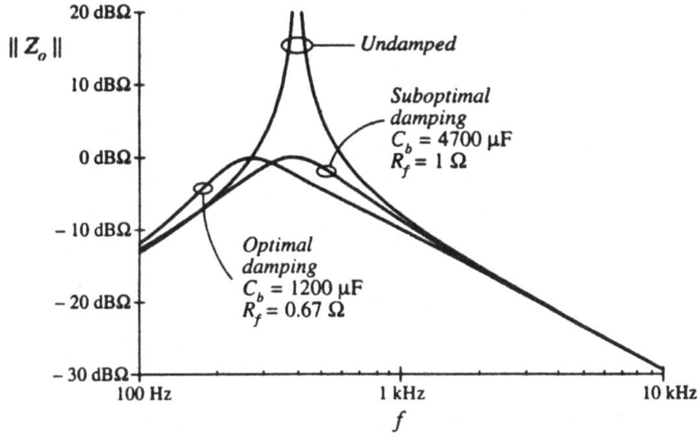

그림 4.22 R_f–C_b 병렬 제동의 최적 설계와 준 최적, 비제동의 출력 임피던스 비교

방법으로 더 작은 설계를 할 수 있다. 교류 입력을 갖는 응용에서는 큰 저지 커패시터는 바람직하지 않을 수 있다.

4.4.2 $R_f - L_b$ 병렬 제동

R_f - L_b 병렬 제동회로에서 인덕터 L_f와 병렬로 제동 저항 R_f를 그림 4.20(b)와 같이 연결한다. 인덕터 L_b 때문에 필터는 고 주파수에서 두-극점 감쇄 특성을 보인다. R_f가 필터를 제동하기 위해서 인덕터 L_b의 임피던스 크기는 필터의 공진 주파수 f_f에서 R_f보다 충분히 작아야 한다. 이 제동 네트워크의 최적 설계를 참고문헌[17]에서 다루었다.

이 방법으로 인덕터 L_b를 L_f보다 물리적으로 충분히 작게 할 수 있다. 보통 R_f가 L_f의 직류 저항보다 매우 크기 때문에 L_b를 통해 직류 전류는 흐르지 않는다. R_f는 필터 공진 주파수 f_f에서 L_b의 등가 직렬 저항으로 대체할 수 있다. 따라서 이 방법은 간단하고 매우 저렴한 제동 방법이다.

이 방법의 단점은 필터의 고 주파수 감쇄가 저하된다는 사실이다. 필터 전달함수의 고 주파수 점근선이 $1/\omega^2 L_f C_f$에서 $1/\omega^2 (L_f \| L_b) C_f$로 증가한다. 제동을 위해 L_b의 최대값이 제한되기 때문에 고 주파수 감쇄의 큰 손실을 피할 수 없다. 이를 보상하기 위해 L_f의 값을 증가시켜야 한다. 그러므로 그림 4.23에서처럼 제동과 고 주파수 감쇄의 저하 사이

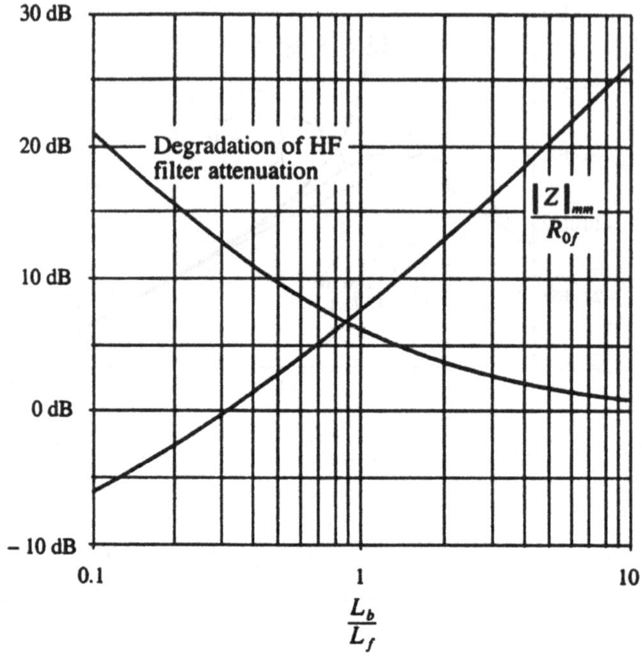

그림 4.23 R_f–L_b 병렬 제동의 최적 설계와 준최적, 비제동의 출력 임피던스 비교

에 타협을 해야 한다. 예를 들면 고 주파수 감쇄의 저하를 6 dB로 제한하면 필터의 최적 첨두 출력 임피던스 $\|Z_o\|_{mm}$은 원래 특성 임피던스 R_{0f}의 6배가 된다. 제동이 커지면 고 주파수 감쇄는 더욱 저하된다.

최적의 제동 설계(즉, 주어진 L_f의 선택에 대해 첨두 출력 임피던스 $\|Z_o\|$을 최소화하는 R_f의 선택)는 다음 식으로 얻어진다.

$$Q_{opt} = \frac{R_f}{R_{0f}} = \sqrt{\frac{n(3+4n)(1+2n)}{2(1+4n)}} \tag{4.34}$$

여기서

$$n = \frac{L_b}{L_f} \tag{4.35}$$

이고 첨두 필터 출력 임피던스는 다음 주파수에서 발생한다.

$$f_m = f_f \sqrt{\frac{1+2n}{2n}} \tag{4.36}$$

최적 설계를 위한 첨두 출력 임피던스의 값은

$$\| Z_o \|_{mm} = R_{0f} \sqrt{2n(1+2n)} \tag{4.37}$$

이고 필터의 고 주파수 점근선의 감쇄는 다음 비로 저하된다.

$$\frac{L_f}{L_f \| L_b} = 1 + \frac{1}{n} \tag{4.38}$$

그러므로 모퉁이 주파수 f_f와 특성 임피던스 R_{0f}를 갖는 비제동 L_f-C_f 필터가 주어지고 최대 허용 가능한 출력 임피던스 $\|Z_o\|_{mm}$에 대한 조건이 주어지면 필요한 n을 찾기 위해 식 (4.37)을 풀 수 있으며 L_b와 R_f의 값을 구할 수 있다.

4.4.3 $R_f - L_b$ 직렬 제동

R_f - L_b 직렬 제동회로에서 인덕터 L_f와 직렬로 제동 저항 R_f를 그림 4.20(c)와 같이 연결한다. 인덕터 L_b는 직류 우회로를 형성하여 R_f에서 큰 전력 손실을 피할 수 있다. R_f가 필터를 제동하기 위해서 인덕터 L_b의 임피던스 크기는 필터 공진 주파수 f_f에서 R_f보다 충분히 커야 한다.

이 제동 네트워크는 R_f - L_b 병렬 제동회로와 이론적으로 등가이지만 몇 가지 다른 점이 있다. 두 개의 인덕터 모두에 직류의 전류가 흐르므로 크기가 커진다. 필터의 고 주파수 감쇄는 L_b 값의 선택에 영향을 받지 않지만 고 주파수 점근선은 원래 제동이 없는 필터의 점근선과 같다. 이 필터 설계의 타협은 고 주파수 감쇄를 포함하지 않고 제동 대 우회로의 인덕터 크기이다.

이전 절과 유사한 설계 방정식을 유도할 수 있다. 최적 첨두 필터 출력 임피던스는 다음 주파수에서 발생한다.

$$f_m = f_f \sqrt{\frac{2+n}{2(1+n)}} \tag{4.39}$$

최적 설계를 위한 첨두 출력 임피던스의 값은

$$\| Z_o \|_{mm} = R_{0f} \frac{\sqrt{2n(1+n)(2+n)}}{n} \tag{4.40}$$

이고 최적 제동을 위한 제동 저항의 값은

$$Q_{opt} = \frac{R_{0f}}{R_f} = \left(\frac{1+n}{n}\right)\sqrt{\frac{2(1+n)(4+n)}{(2+n)(4+3n)}} \tag{4.41}$$

이다. 제동을 통해 첨두 출력 임피던스를 $\sqrt{2}\,R_{0f}$이하로 감소시킬 수 없다. 그럼에도 불구하고 R_{0f}의 값을 줄이기 위해 L_f와 C_f를 다시 설계하여 필터 출력 임피던스를 상당히 줄일 수 있다.

4.4.4 필터 단의 직렬 연결

주어진 고 주파수 감쇄를 얻기 위해 다수의 $L-C$ 필터를 직렬(cascade) 연결하여 1단의 $L-C$ 필터보다 부피와 무게를 줄일 수 있다. 다단 필터의 증가된 차단 주파수에 의해 인덕터와 커패시터의 값이 작아진다. 일반적으로 각 $L-C$단에 제동이 필요하므로 각각에 대해 최적화를 해야 한다. 불행하게도 이전 절의 결과는 1단 필터에만 적용할 수 있다. 직렬 연결된 $L-C$단 간의 상호작용 때문에 또 다른 공진이 발생하고 필터 출력 임피던스를 증가시킬 수 있다.

그럼에도 불구하고 $L-C$단 간의 상호 작용을 무시하도록 직렬 연결된 필터 단을 설계할 수 있다. 다음의 방법에서 필터 출력 임피던스는 마지막 단의 출력 임피던스와 거의 같고 단 간의 상호 작용에 의한 공진을 피할 수 있다. 어떤 의미에서는 결과적인 필터가 최적이 아닐 수 있지만 각 필터 단의 경제적인 제동을 갖는 다단 필터의 합리적인 설계를 위한 능력을 얻을 수 있다.

그림 4.24와 같이 주어진 필터의 입력에 필터 단을 추가해보자. 주어진 필터가 식 (4.13)의 출력 임피던스 설계 기준을 만족하게 설계되어 있다고 가정한다. $Z_a(s)=0$과 $\hat{v}_g(s)=0$ 조건에서 $\|Z_o\|$는 충분히 작다. $\|Z_o\|$를 크게 증가시키지 않고 제동된 필터를 추가하도록 하자.

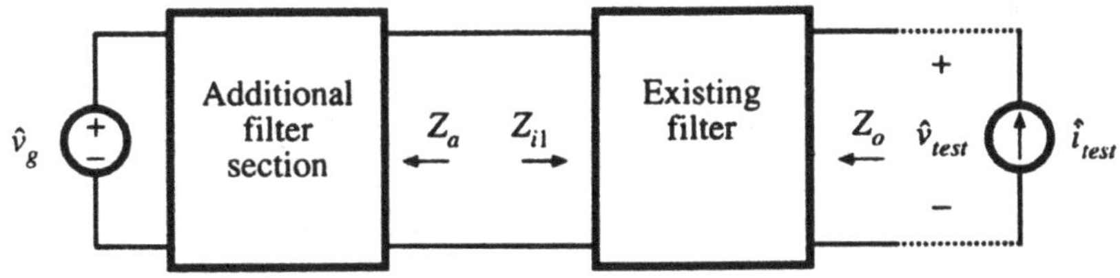

그림 4.24 주어진 필터의 입력에 필터 단을 추가

필터 단의 부가가 $Z_o(s)$를 어떻게 바꾸는지 부록 C의 Middlebrook의 부가소자 이론을 이용하여 다음과 같이 쓸 수 있다.

$$\text{수정된 } Z_o(s) = \left[Z_o(s) \right]_{Z_a(s)=0} \frac{\left(1 + \frac{Z_a(s)}{Z_{N1}(s)}\right)}{\left(1 + \frac{Z_a(s)}{Z_{D1}(s)}\right)} \tag{4.42}$$

여기서

$$Z_{N1}(s) = Z_{i1}(s)\Big|_{\hat{v}_{test}(s) \xrightarrow[null]{} 0} \tag{4.43}$$

이고 출력 포트를 단락한 상태에서 주어진 필터의 입력 포트에서의 임피던스이다. 이와 같은 특별한 경우에 단락회로의 전류가 전류원 $\hat{i}_{test}(s)$을 통해 흐르므로 $\hat{v}_{test}(s)$를 영으로 하는 것은 출력 포트를 단락시키는 것과 같다. 출력 포트를 개방한 상태에서 주어진 필터의 입력 포트에서의 임피던스는 다음과 같다.

$$Z_{D1}(s) = Z_{i1}(s)\Big|_{\hat{i}_{test}(s)=0} \tag{4.44}$$

그러므로 다음의 식을 만족하면 부가된 필터 단은 $Z_o(s)$를 크게 바꾸지 않는다.

$$\begin{aligned} \| Z_a \| &\ll \| Z_{N1} \| \\ \| Z_a \| &\ll \| Z_{D1} \| \end{aligned} \tag{4.45}$$

Z_a의 극한을 구하기 위해서 Z_{N1}과 Z_{D1}의 보드선도를 분석적으로 또는 컴퓨터 시뮬레이션으로 그릴 수 있다. $\|Z_a\|$가 식 (4.45)를 만족하면 보정 계수 $(1+Z_a/Z_{N1})/(1+Z_a/Z_{D1})$는

거의 1이고, 수정된 Z_a는 원래 Z_o와 거의 같다.

설계 기준 식 (4.45)를 만족하기 위해 Z_a의 공진 주파수를 Z_{D1}의 공진 주파수와 다르게 선택하는 것이 유리하다. 이러한 방법으로 필터 단을 다른 주파수에 맞추어 필터 단 사이의 상호 작용을 최소화하고 더 작은 무효 소자 값을 사용할 수 있다.

4.4.5 예제: 2단 입력 필터

그림 4.25와 같이 각 단이 $R_f - L_b$ 병렬 제동으로 구성된 2단 필터를 설계하자[17]. 4.3.2절과 4.4.1절에서 설계한 1단 필터와 같은 감쇄를 갖고, 그림 4.8과 같은 벅 컨버터의 입력 전류를 필터링하고자 한다. 이 필터들은 250 kHz에서 80 dB의 감쇄를 보이고 그림 4.10의 $\|Z_N\|$과 $\|Z_D\|$ 임피던스로 임피던스 부등식 (4.13)을 만족한다. 그러므로 250 kHz에서 80 dB의 감쇄를 보이는 그림 4.25의 필터를 설계하자.

이전 절에서 서술한 바와 같이 필터 단 간의 상호작용을 줄이기 위해 필터 단의 공진 주파수를 달리해야 한다. 필터 단 1의 차단 주파수가 필터 단 2의 차단 주파수보다 작게 선택해야 함을 알게 될 것이다. 따라서 단 1의 감쇄가 단 2의 감쇄보다 클 것이다. 임의로 단 1에서 45 dB 감쇄, 단 2에서 35 dB 감쇄로 전체 80 dB의 감쇄를 얻기로 하자. 또한 각 단에 대해 $n_1 = n_2 = n = L_b/L_f = 0.5$로 선택하자. 그림 4.23에서와 같이 이러한 선택으로 필터 공진의 제동과 고 주파수 필터 감쇄의 저하 사이에 적절한 타협을 얻을 수 있다. 식 (4.38)과 그림 4.23으로부터 $R_f - L_b$ 병렬 제동 네트워크는 고 주파수 감쇄

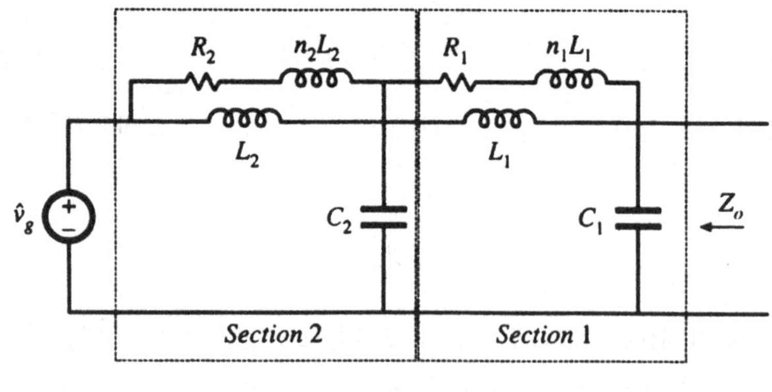

그림 4.25 각 단에 $R_f - L_b$ 병렬 제동을 갖는 2단 입력 필터 예

를 약 $(1+1/n)=3$배 또는 9.5 dB 저하시킨다. 그러므로 250 kHz에서 45 dB + 9.5 dB = 54.5 dB ⇒ 533의 감쇄를 나타내도록 단 1의 비제동 공진 주파수 f_{f1}을 선택해야 한다. 단 1은 고 주파수에서 두-극점 특성(-40 dB/decade)을 보이므로 f_{f1}을 다음과 같이 선택해야 한다.

$$f_{f1} = \frac{(250\ \text{kHz})}{\sqrt{533}} = 10.8\ \text{kHz} \tag{4.46}$$

이 주파수는 벅 컨버터 출력 필터의 공진 주파수 $f_0 = 1.6$ kHz보다 충분히 크다. 따라서 출력 임피던스 $\|Z_o\|$는 3Ω정도의 크기가 될 수 있고, 그림 4.10의 $\|Z_N(j\omega)\|$과 $\|Z_D(j\omega)\|$의 임피던스 선도 아래에 아직 있다.

첨두 출력 임피던스가 3Ω이고 $n=0.5$인 단 1의 특성 임피던스에 대한 식 (4.37)의 해는 다음과 같다.

$$R_{0f1} = \frac{\| Z_o \|_{mm}}{\sqrt{2n(1+2n)}} = \frac{3\ \Omega}{\sqrt{2(0.5)(1+2(0.5))}} = 2.12\ \Omega \tag{4.47}$$

그러므로 필터 인덕턴스 및 커패시턴스는 다음과 같이 계산할 수 있다.

$$L_1 = \frac{R_{0f1}}{2\pi f_{f1}} = 31.2\ \mu\text{H} \tag{4.48}$$
$$C_1 = \frac{1}{2\pi f_{f1} R_{0f1}} = 6.9\ \mu\text{F}$$

단 1의 제동 네트워크 인덕턴스는

$$n_1 L_1 = 15.6\ \mu\text{H} \tag{4.49}$$

이고 단 1의 제동 저항은 식 (4.34)로부터 다음과 같다.

$$R_1 = Q_{opt} R_{0f1} = R_{0f1} \sqrt{\frac{n(3+4n)(1+2n)}{2(1+4n)}} = 1.9\ \Omega \tag{4.50}$$

첨두 출력 임피던스는 식 (4.36)에 주어진 주파수 15.3 kHz에서 발생한다. 필터 단 1에 대한 $\|Z_{N1}(j\omega)\|$과 $\|Z_{D1}(j\omega)\|$ 선도를 분석적으로 또는 컴퓨터 시뮬레이션으로 그릴 수

있다. $\|Z_{N1}(j\omega)\|$은 단 1의 출력을 단락한 상태에서 단 1의 입력 임피던스 Z_{i1}이고, sL_1과 $(R+sn_1L_1)$의 병렬로 주어진다. $\|Z_{D1}(j\omega)\|$은 단 1의 출력을 개방한 상태에서 단 1의 입력 임피던스 Z_{i1}이고, $Z_{N1}(s)$와 커패시터 임피던스 $1/sC_1$의 직렬로 주어진다. 그림 4.26은 단 1에 대한 $\|Z_{N1}(j\omega)\|$과 $\|Z_{D1}(j\omega)\|$ 선도를 Spice로 그린 선도이다.

필터 단 2를 설계하는 방법 가운데 하나는 다음과 같다. 전체적인 필터 출력 임피던스 Z_o를 크게 바꾸지 않기 위해 두 번째 단의 출력 임피던스 $\|Z_a(j\omega)\|$는 $\|Z_{N1}(j\omega)\|$과 $\|Z_{D1}(j\omega)\|$보다 충분히 작아야 한다. 단 1과 단 2의 첨두 주파수가 일치하면 이 조건은 $\|Z_{D1}(j\omega)\|$에 대해 만족하기 매우 어려움을 그림 4.26에서 볼 수 있다. 제 2단의 첨두 주파수가 단 1의 첨두 주파수보다 작으면 $\|Z_{N1}(j\omega)\|$의 임피던스 부등식을 만족하기가 가장 어렵다. 따라서 단 2의 첨두 주파수가 단 1의 첨두 주파수보다 크도록 필터 단의 주파수를 조절하는 것이 최상의 방법이다. 이것은 단 1이 단 2보다 더 많은 고 주파수 감쇄를 만듦을

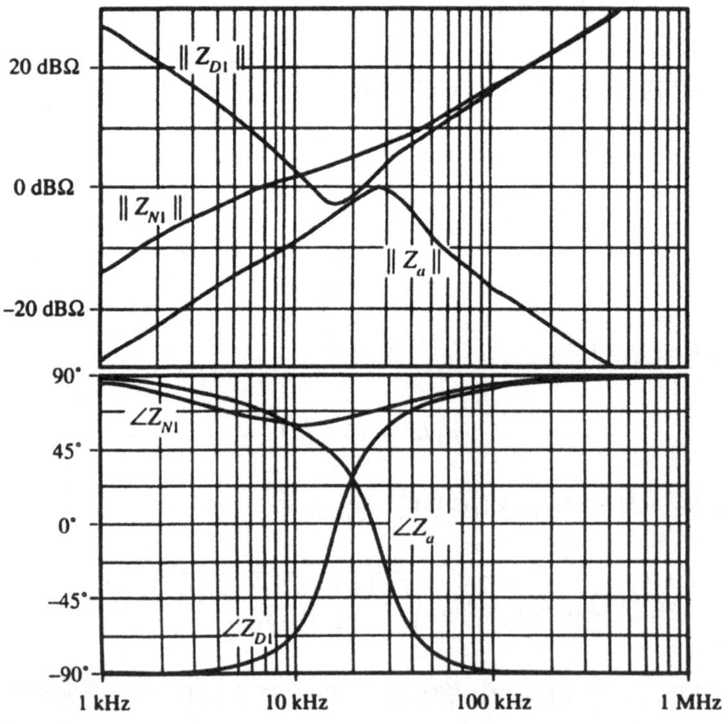

그림 4.26 단 1에 대한 Z_{N1}과 Z_{D1}의 보드선도: 필터단 2의 출력 임피던스 Z_o 포함

의미한다. 따라서 단 1에서 45 dB 감쇄, 단 2에서 35 dB 감쇄를 하도록 선택하였다.

단 2의 비제동 공진 주파수 f_{f2}을 단 1에 대한 식 (4.46)을 이용하여 같은 방법으로 선택한다. 단 2에 대해 $n_2 = n = L_b/L_f = 0.5$로 선택하였다. 이는 R_f - L_b 병렬 제동 네트워크가 고 주파수 감쇄를 약 (1+1/n) = 3배 또는 9.5 dB 저하됨을 의미한다. 그러므로 250 kHz에서 35 dB + 9.5 dB = 44.5 dB 169의 감쇄를 나타내도록 단 2의 비제동 공진 주파수 f_{f2}를 선택해야 한다. 단 2는 고 주파수에서 두-극점 특성(-40 dB/decade)을 보이므로 f_{f2}를 다음과 같이 선택해야 한다.

$$f_{f2} = \frac{(250\ \mathrm{kHz})}{\sqrt{169}} = 19.25\ \mathrm{kHz} \tag{4.51}$$

단 2의 출력 임피던스는 식 (4.36)에 주어진 것처럼 27.2 kHz에서 첨두가 된다. 그러므로 단 1과 단 2의 첨두 주파수는 거의 2배 차이가 난다.

그림 4.26으로부터 27.2 kHz에서 $\|Z_{D1}(j\omega)\|$의 크기는 대략 3 dB이고, $\|Z_{N1}(j\omega)\|$의 크기는 대략 7 dB이다. 따라서 단 2의 첨두 출력 임피던스가 0 dB ⇒ 1 Ω이 되도록 설계하자. 필요한 단 2의 특성 임피던스에 대한 식 (4.37)의 해는 다음과 같다.

$$R_{0f2} = \frac{\|Z_o\|_{mm}}{\sqrt{2n(1+2n)}} = \frac{1\ \Omega}{\sqrt{2(0.5)(1+2(0.5))}} = 0.71\ \Omega \tag{4.52}$$

그러므로 필터 인덕턴스 및 커패시턴스는 다음과 같이 계산할 수 있다.

$$\begin{aligned} L_2 &= \frac{R_{0f2}}{2\pi f_{f2}} = 5.8\ \mu\mathrm{H} \\ C_2 &= \frac{1}{2\pi f_{f2} R_{0f2}} = 11.7\ \mu\mathrm{F} \\ n_2 L_2 &= 2.9\ \mu\mathrm{H} \\ R_2 &= Q_{opt} R_{0f2} = R_{0f2}\sqrt{\frac{n(3+4n)(1+2n)}{2(1+4n)}} = 0.65\ \Omega \end{aligned} \tag{4.53}$$

결과적인 Z_a의 보드선도를 그림 4.26에 나타내었다. $\|Z_a(j\omega)\|$는 첨두 주파수 15 kHz와 27 kHz사이에서 $\|Z_{D1}(j\omega)\|$보다 작거나 매우 가까움을 알 수 있다. 15 kHz이하에서 임피던스 부등식을 조금 더 잘 만족하고 고주파수에서 아주 잘 만족한다.

단 1만 있는 필터와 2단 직렬 필터에 대한 결과적인 출력 임피던스 $\|Z_o(j\omega)\|$의 선도를

그림 4.27에 나타낸다. 첨두 출력 임피던스가 대략 10 dB 또는 3 Ω임을 알 수 있다. 임피던스 설계 기준 (4.13)을 볼 수 있고, 필터는 이 기준을 만족함을 알 수 있다. $\|Z_o(j\omega)\|$에 공진이 없음을 주의하기 바란다.

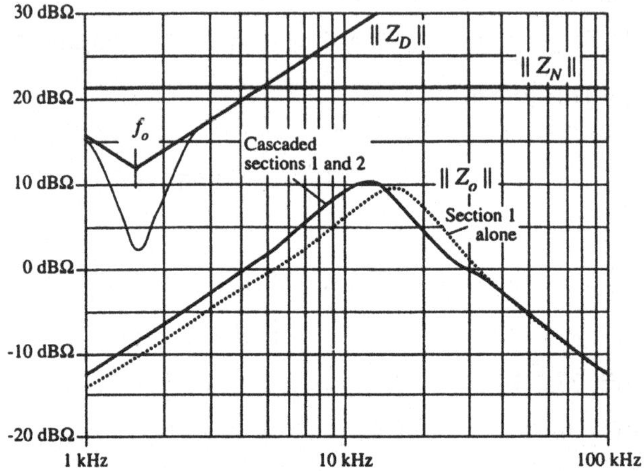

그림 4.27 임피던스 설계 기준 식 (4.13)의 $\|Z_N(j\omega)\|$, $\|Z_D(j\omega)\|$와 필터 출력 임피던스 $\|Z_o(j\omega)\|$의 비교. 실선: 직렬 설계의 $\|Z_o(j\omega)\|$, 점선: 단일 단의 $\|Z_o(j\omega)\|$

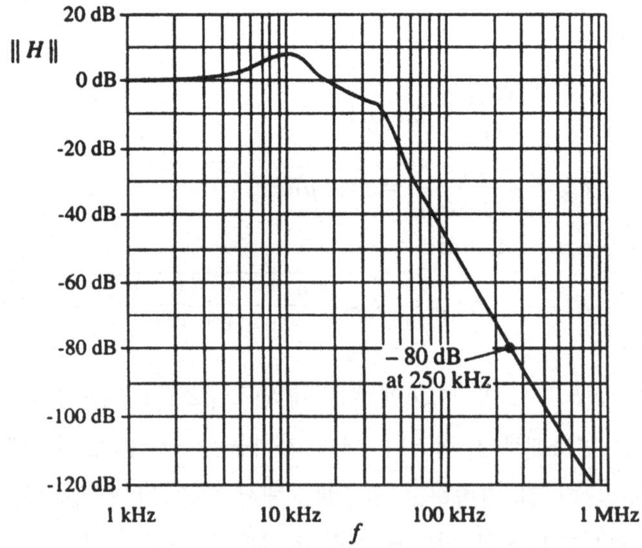

그림 4.28 직렬 2단 설계의 입력 필터 전달함수

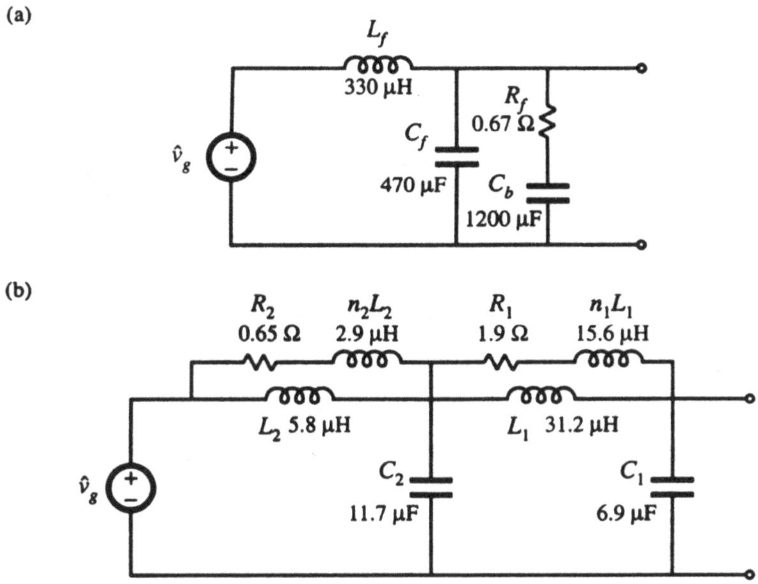

그림 4.29 단일 단(a)와 2단(b) 입력 필터 비교. 두 설계는 임피던스 설계 기준을 만족하고, 250 kHz에서 80 dB의 감쇄를 만족한다

부등식 (4.45)를 잘 만족하는 40 kHz이상에서 $\|Z_o(j\omega)\|$에 대한 단 2의 영향은 매우 작고 또한 저 주파수에서 비교적 작다. 약 12 kHz이상에서 단 2의 추가는 $\|Z_o(j\omega)\|$를 실제로 감소시킨다. 그 이유는 부록 C의 그림 C.8로부터 알 수 있다. $Z_a(j\omega)$와 $Z_{D1}(j\omega)$의 위상차가 매우 크지 않으면($\le 90°$) $1/(1+Z_a/Z_{D1})$은 $\|Z_o(j\omega)\|$의 크기를 감소시킨다. 그림 4.26의 위상 선도로부터 그 이유를 알 수 있다. $\|Z_a(j\omega)\|$의 크기가 12 kHz 이상에서 $\|Z_o(j\omega)\|$와 비슷하게 해도 허용할만한 설계 선택이다.

그림 4.28은 필터 전달 함수를 나타낸다. 정말로 250 kHz에서 80 dB의 감쇄 목표를 얻을 수 있음을 알 수 있다.

그림 4.29는 4.4.1절의 단일 단 설계와 2단 설계를 비교한다. 두 설계 모두 250 kHz에서 80 dB의 감쇄를 얻으며 임피던스 설계 기준 (10.13)을 만족한다. 그러나 단일 단 방식이 더 큰 필터 소자를 필요로 한다.

4.5 요약

1. 전도 EMI를 줄이기 위해 그리고 전도 잡음 민감도에 관한 요구 사양을 만족하기 위해 입력 필터를 스위칭 컨버터에 추가한다.
2. 입력 필터를 스위칭 컨버터에 추가하면 컨버터의 제어-출력 전달함수 등이 바뀐다. 컨버터 제어시스템을 설계할 때 입력 필터의 영향을 생각해야 한다.
3. 입력 필터가 제동되지 않으면 컨버터의 제어-출력 전달함수는 입력 필터의 공진 주파수에서 복소수 극점과 RHP 영점을 일반적으로 포함한다. 공진 주파수가 제어기 루프 이득의 교차 주파수보다 작으면 위상 여유는 음이 되어 조절기는 불안정해진다.
4. 컨버터의 제어-출력 전달함수 등을 크게 변화시키지 않는 입력 필터를 설계할 수 있다. 임피던스 부등식 (4.13)으로 이를 보장하는가를 간단하게 확인 할 수 있다. 이 설계 기준을 만족하기 위해 입력 필터의 공진 주파수는 충분히 제동되어야 한다.
5. 단일 단 필터의 제동 네트워크를 최적화하면 필터 소자의 크기를 상당히 줄일 수 있다. 세 가지 다른 필터 단을 최적화하는 방정식을 제시하였다.
6. 필터 단을 직렬로 연결하여 필터 소자의 크기를 상당히 줄일 수 있다. 단일 단 입력 필터를 설계하는 방법과 유사한 방법으로 상호작용이 없는 직렬 필터 단을 설계할 수 있다. 임피던스 부등식 (4.45)를 통해 상호작용이 크지 않도록 보장하는 설계 기준을 만들 수 있다.

참고문헌

[1] M. Nave, Power Line Filter Design for Switched Mode Power Supplies, New York: Van Nostrand Reinhold, 1991.

[2] Design Guide for Electromagnetic Interference (EMI) Reduction in Power Supplies, MIL-HDBK-241B, U.S. Department of Defence, April 1 1981.

[3] C. Marsham, The Guide to the EMI Directive 89/336/EEC, New York: IEEE Press, 1992.

[4] P. Degauque and J. Hamelin, Electromagnetic Compatibility, Oxford University Press, 1993.

[5] R. Redl, "Power Electronics and Electromagnetic Compatibility," IEEE Power Electronics Specialists Conference, 1996 Record, pp. 15-21.

[6] P. R. Willcock, J. A. Ferreira, and J. D. Van Wyk, "An Experimental Approach to Investigate the Generation and Propagation of Conducted EMI in Converters," IEEE Power Electronics Specialists Conference, 1998 Record, pp. 1140-1146.

[7] L. Rossetto, S. Buso, and G. Spiazzi, "Conducted EMI Issues in a 600W Single-Phase Boost PFC Design," IEEE Transactions on Industry Applications, Vol. 36, No. 2, pp. 578-585, March/April 2000.

[8] F. Dos Reis, J. Sebastian, and J. Ueceda, "Determination of EMI Emissions in Power Factor Preregulator by Design," IEEE Power Electronics Specialists Conference, 1994 Record, pp. 1117-1126.

[9] R. D. Middlebrook, "Input Filter Considerations in Design and Application of Switching Regulators," IEEE Industry Applications Society Annual Meeting, 1976 Record, pp. 366-382.

[10] R. D. Middlebrook, "Design Techniques for Preventing Input Filter Oscillations in Switched-Mode Regulators," Proceedings of Powercon 5, pp. A3.1-A3.16, May 1978.

[11] T. Phelps and W. Tate, "Optimizing Passive Input Filter Design," Proceedings of Powercon 6, pp. G1.1-G1.10, May 1979.

[12] Y. Jang and R. Erickson, "Physical Origins of Input Filter Oscillations in Current Programmed Converters," IEEE Transactions on Power Electronics, Vol. 7, No. 4, pp. 725-733, October 1992.

[13] S. Erich and W. Polivka, "Input Filter Design for Current Programmed Regulators," IEEE Applied Power Electronics Conference, 1990 Proceedings, pp. 781-791, March 1990.

[14] N. Sokal, "System Oscillations Caused by Negative Input Resistance at the Power Line Port of a Switching Mode Regulator, Amplifier, Dc/Dc Converter, or Dc/Ac Inverter," IEEE Power Electronics Specialist Conference, 1973 Record, pp. 138-140.

[15] A. Kislovski, R. Redl, and N. Sokal, Dynamic Analysis of Switching-Mode Dc/Dc Converters, New York: Van Nostrand Reinhold Chapter 10, 1991.

[16] S. Kelkar and F. Lee, "A Novel Input Filter Compensation Scheme for Switching Regulator," IEEE Power Electronics Specialist Conference, 1982 Record, pp. 260-271.

[17] R. Erickson, "Optimal Single-Resistor Damping of Input Filters," IEEE Applied Power Electronics Conference, 1999 Proceedings, pp. 1073-1097, March 1999.

[18] M. Florez-Lizarraga and A. F. Witulski, "Input Filter Design for Multiple-Module Dc Power Systems," IEEE Transactions on Power Electronics, Vol. 11, No. 3, pp. 472-479, May 1996.

[19] V. Vlatković, D. Borojević, and F. Lee, "Input Filter Design for Power Factor Correction Circuits," IEEE Transactions on Power Electronics, Vol. 11, No. 1, pp. 199-205, January 1996.

[20] F. Yuen, D. Y. Chen, Y. Wu, and Y. Chen, "A Procedure for Designing EMI Filters for Ac Line Applications," IEEE Transactions on Power Electronics, Vol. 11, No. 1, pp. 170-181, January 1996.

[21] G. Spiazzi and J. Pomilio, "Interaction Between EMI Filter and Power Factor Preregulators with Average Current Control: Analysis and Design Considerations," IEEE Transactions on Industrial Electronics, Vol. 46, No. 3, pp. 577-584, June 1999.

연 · 습 · 문 · 제

4.1 그림 4.30의 플라이백 컨버터에 대한 입력 필터를 설계하고자한다. $i_{in}(t)$의 스위칭 고조파의 최대 허용 크기는 10 μArms이다. 스위칭 주파수에서 필요한 필터의 감쇄를 계산하시오.

4.2 그림 4.31의 부스트 컨버터에서 $i_{in}(t)$의 스위칭 고조파의 최대 크기가 10 μArms 보다 크지 않도록 입력 필터를 설계한다. 스위칭 주파수에서 필요한 필터의 감쇄를 계산하시오.

4.3 표 4.1에서 Z_N과 Z_D에 대한 식을 유도하시오.

4.4 그림 4.30의 플라이백 컨버터에 대한 입력 필터를 단일 L_f-C_f단을 이용하여 설계하고자 한다. 매우 큰 저지 커패시터 C_b와 직렬로 연결된 저항 R_f를 이용하여 필터를 제동한다.

(a) 플라이백 컨버터의 소신호 모델을 도시하시오. 모델을 이용하여 $Z_N(s)$과 $Z_D(s)$에 대한 식을 유도하시오. Z_N과 Z_D의 보드선도를 도시하고 주요 특성을 명기하시오.

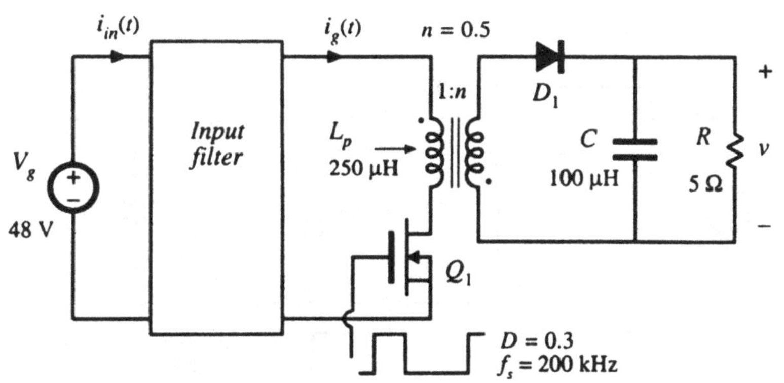

그림 4.30 플라이백 컨버터, 문제 4.1, 4.4, 4.6, 4.8, 4.10

(b) 입력 필터를 설계하시오. 즉, 다음을 만족하는 L_f, C_f, R_f의 값을 구하시오: (i) 스위칭 주파수에서 필터 감쇄가 적어도 100 dB이고, (ii) 필터의 출력 임피던스 $Z_o(s)$의 크기는 모든 주파수에서 $\|Z_o(j\omega)\| < 0.3\|Z_D(j\omega)\|$, $\|Z_o(j\omega)\| < 0.3\|Z_N(j\omega)\|$ 조건을 만족한다.

(c) Spice 시뮬레이션을 이용하여 (b)에서 설계한 필터가 사양을 만족하는가를 보이시오.

(d) 입력 필터가 없는 경우와 (b)에서 설계한 필터가 있는 경우에 대해 컨버터의 제어-출력 전달함수의 크기와 위상 보드선도를 Spice 시뮬레이션을 이용하여 도시하시오. 필터에 의해 변화된 부분을 설명하시오.

4.5 그림 4.31의 부스트 컨버터에 대한 입력 필터를 단일 L_f - C_f단을 이용하여 설계하고자한다. 매우 큰 저지 커패시터 C_b와 직렬로 연결된 저항 R_f를 이용하여 필터를 제동한다.

(a) $Z_N(s)$과 $Z_D(s)$에 대한 보드선도를 도시하고 주요 특성을 명기하시오.

(b) 입력 필터를 설계하시오. 즉, 다음을 만족하는 L_f, C_f, R_f의 값을 구하시오: (i) 스위칭 주파수에서 필터 감쇄가 적어도 80 dB이고, (ii) 필터의 출력 임피던스 $Z_o(s)$의 크기는 모든 주파수에서 $\|Z_o(j\omega)\| < 0.2\|Z_D(j\omega)\|$, $\|Z_o(j\omega)\| < 0.2\|Z_N(j\omega)\|$ 조건을 만족한다.

(c) Spice 시뮬레이션을 이용하여 (b)에서 설계한 필터가 사양을 만족하는가를 보이시오.

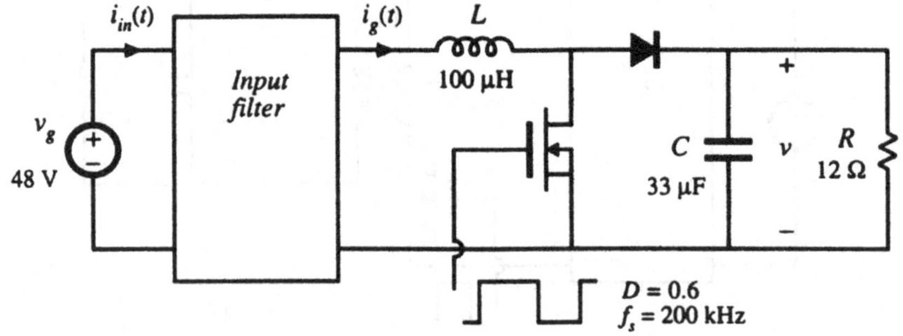

그림 4.31 부스트 컨버터, 문제 4.2, 4.5, 4.7, 4.9

(d) 입력 필터가 없는 경우와 (b)에서 설계한 필터가 있는 경우에 대해 컨버터의 제어-출력 전달함수의 크기와 위상 보드선도를 Spice 시뮬레이션을 이용하여 도시하시오. 필터에 의해 변화된 부분을 설명하시오.

4.6 4.4.1절에서 서술한 최적 필터 제동 방법을 이용하여 문제 4.4의 필터 설계를 반복하시오. L_f, C_f, R_f와 C_b의 값을 구하시오

4.7 4.4.1절에서 서술한 최적 필터 제동 방법을 이용하여 문제 4.5의 필터 설계를 반복하시오. L_f, C_f, R_f와 C_b의 값을 구하시오

4.8 4.4.2절에서 서술한 최적 $R_f - L_b$ 병렬 제동 방법을 이용하여 문제 4.4의 필터 설계를 반복하시오. L_f, C_f, R_f와 L_b의 값을 구하시오

4.9 4.4.2절에서 서술한 최적 R_f-L_b 병렬 제동 방법을 이용하여 문제 4.5의 필터 설계를 반복하시오. L_f, C_f, R_f와 L_b의 값을 구하시오.

4.10 그림 4.30의 플라이백 컨버터에 대한 입력 필터를 2단 필터를 이용하여 설계하고자한다. 각 필터 단은 저지 커패시터와 직렬로 연결된 저항을 이용하여 제동된다.

(a) 입력 필터를 설계하시오. 즉, 다음을 만족하는 모든 회로 파라미터의 값을 구하시오: (i) 스위칭 주파수에서 필터 감쇄가 적어도 100 dB이고, (ii) 필터의 출력 임피던스 $Z_o(s)$의 크기는 모든 주파수에서 $\|Z_o(j\omega)\| < 0.3\|Z_D(j\omega)\|$, $\|Z_o(j\omega)\| < 0.3\|Z_N(j\omega)\|$ 조건을 만족한다.

(b) Spice 시뮬레이션을 이용하여 (a)에서 설계한 필터가 사양을 만족하는가를 보이시오.

(c) 입력 필터가 없는 경우와 (b)에서 설계한 필터가 있는 경우에 대해 컨버터의 제어-출력 전달함수의 크기와 위상 보드선도를 Spice 시뮬레이션을 이용하여 도시하시오. 필터에 의해 변화된 부분을 설명하시오.

제5장

불연속 전도모드에서 교류 및 직류 등가회로 모델링

지금까지 연속 전도모드에서 동작하는 직류-직류 PWM 컨버터에 대한 등가회로 모델을 유도해왔다. 그림 5.1에서와 같이 기본 직류 변환 성질을 변환비 $M(D)$와 같은 권선비를 갖는 실효적인 직류 변압기로 모델링하였다. 이 모델로부터 컨버터는 출력 전압이 부하 전류 또는 부하 저항 R에 독립적인 전압원 출력 특성을 지님을 알 수 있다. 손실과 효율, 컨버터의 동특성과 소신호 교류 전달함수를 예측하기 위해 이 모델을 수정하는 방법을 안다. 벅 컨버터의 전달함수는 컨버터의 필터 인덕터와 커패시터 때문에 두 개의 저주파수 극점을 가짐을 안다. 또한 부스트와 벅-부스트 컨버터의 제어-출력 전달함수는 오른쪽 반평면 영점을 포함함을 안다. 마지막으로 컨버터 제어시스템을 설계하는데 이러한 결과들을 이용하는 방법도 안다.

불연속 전도모드(DCM)에서 동작하는 컨버터의 기본적인 직류와 소신호 교류 등가회로는 무엇인가? DCM에서 출력 전압은 부하에 의존함을 1권 5장에서 공부했다. 변환비 $M(D, K)$는 단위가 없는 파라미터 $K = 2L/RT_s$의 함수이므로 부하 저항 R의 함수이다. 따라서 컨버터는 더 이상 전압원 특성을 갖지 않고 직류 변압기 모델은 적절하지 않다. 이 장에서는 평균 스위치 모델링[1-8]을 도입하여 DCM 스위치 네트워크의 등가 회로를 유도한다.

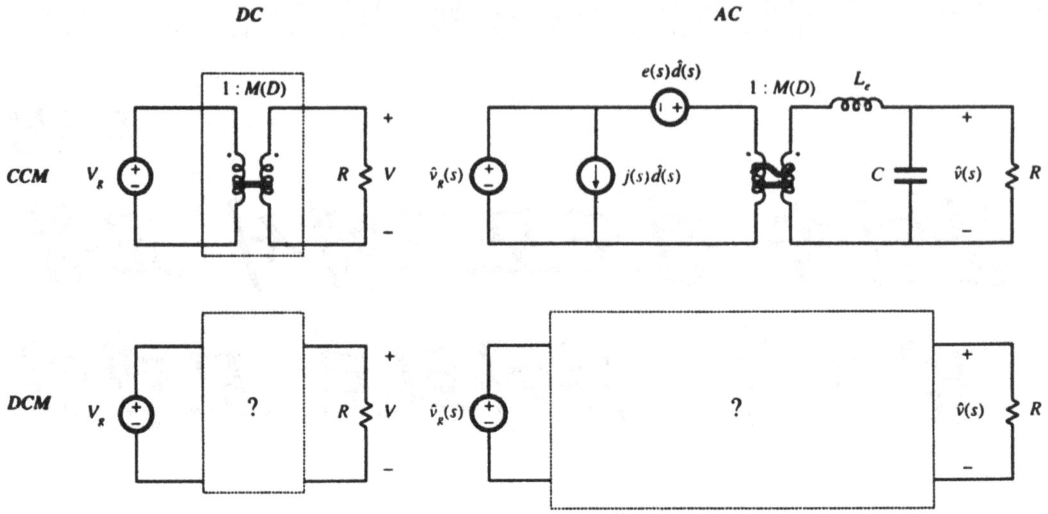

그림 5.1 불연속 전도모드에서 동작하는 컨버터의 대신호 직류와 소신호 교류 회로 등가모델이 이 장의 목표이다

5.1절에서는 손실없는 저항 모델[9-11]이 DCM 스위치 네트워크의 평균 스위치 모델임을 보인다. 이 등가회로는 DCM 스위치 네트워크의 정상상태 및 대신호 동 특성을 간단하게 잘 표현한다. DCM에서 평균 트랜지스터 전압과 전류는 옴의 법칙을 따르므로 실효 저항 R_e로 트랜지스터를 모델링한다. 다이오드의 평균 전압과 전류는 R_e에서 실효적으로 소모되는 전력과 같은 값을 갖는 *전력원*(power source) 특성을 따른다. 따라서 다이오드는 종속 전력원으로 모델링된다.

대부분의 컨버터는 어떤 동작점에서 DCM에서 동작하기 때문에 제어시스템이 올바르게 설계되었는가를 검증하기 위해 소신호 교류 DCM 모델이 필요하다. 5.2절에서 손실없는 저항 모델을 선형화하여 DCM 스위치 네트워크의 소신호 모델을 유도한다. DCM 컨버터의 전달함수는 CCM 컨버터의 전달함수와 상당히 다르다. 기본 DCM 벅, 부스트, 벅-부스트 컨버터는 단순한 단일 극점 전달함수를 나타내고[12, 13], 두 번째 극점과 RHP 영점(부스트와 벅-부스트 컨버터인 경우)은 고 주파수에서 나타난다. 그래서 DCM에서 동작하는 컨버터는 제어하기 쉬우므로 모든 부하에서 의도적으로 DCM에서 컨버터를 동작시키기도 한다. DCM Ćuk 또는 SEPIC과 같은 고차 컨버터의 전달함수는 상당히 복잡하다. 그러나 한 극점은 고 주파수로 이동되어 실제로 무시할 수 있다. 5.3절에서는 DCM 컨버터의 고 주파수 동특성을 예측하는데 사용하기 위한 좀 더 상세한 해석에 대해 검토한다. 좀 더 상세한 해석으로 DCM 컨버터의 고 주파수 극점은 스위칭 주파수 근처나 더 높은 주파수에서 발생한다[2-6]. DCM 부스트와 벅-부스트 컨버터인 경우 RHP 영점도 고 주파수에서 일어난다. 이것이 DCM에서 고 주파수 동특성을 일반적으로 무시할 수 있는 이유이다.

5.1 DCM 평균 스위치 모델

그림 5.2의 벅-부스트 컨버터를 생각하자. 스위치 네트워크의 평균 단자 파형을 모델링하는 등가회로를 유도하기 위해 1.4절의 평균 스위치 모델링 방법을 따라 해보자. 그림 1.39(a)에서와 같게 일반 두-스위치 네트워크와 단자 변수 $v_1(t)$, $i_1(t)$, $v_2(t)$, $i_2(t)$를 그림 5.2와 같이 정의 하자. DCM 동작에 대한 인덕터와 스위치 네트워크의 전압 및 전류 파형을 그림 5.3에 나타낸다.

각 스위칭 주기의 시작점에서 인덕터 전류는 영이다. 트랜지스터가 도통하는 첫 번째 세부구간 동안 인덕터 전류는 $v_g(t)/L$의 기울기로 증가한다. 첫 번째 세부구간의 끝에서 인덕터 전류 $i_L(t)$는 다음의 첨두값을 갖는다.

$$i_{pk} = \frac{v_g}{L} d_1 T_s \tag{5.1}$$

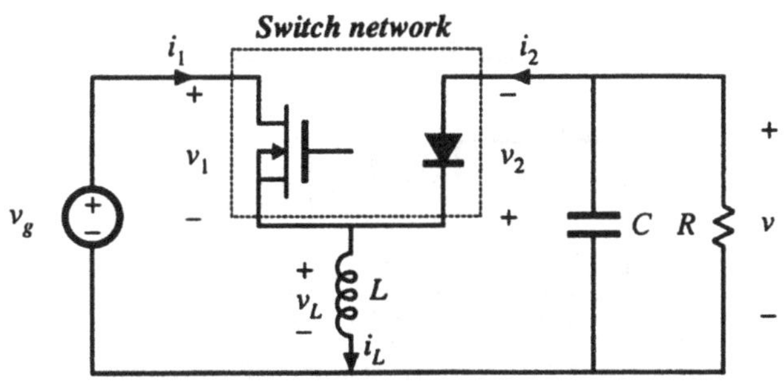

그림 5.2 스위치 네트워크 단자 변수를 나타내는 벅-부스트 컨버터 예

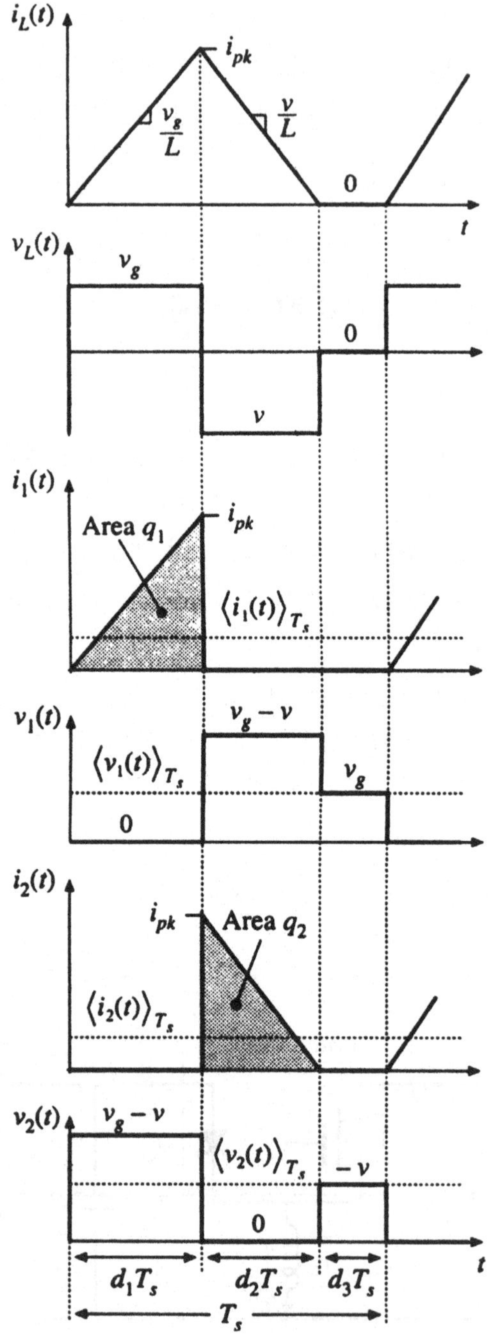

그림 5.3 인덕터와 스위치 네트워크의 전압과 전류 파형

다이오드가 도통하는 두 번째 세부구간 동안 인덕터 전류는 $v(t)/L$의 기울기로 감소한다. 두 번째 세부구간은 다이오드가 역으로 치우치는 시간 $t=(d_1+d_2)T_s$에서 끝난다. 인덕터 전류는 남은 스위칭 주기인 세 번째 세부구간 동안 영이고 인덕터 전압도 영이다.

그림 5.3의 파형을 기준으로 DCM 평균 스위치 모델을 유도할 수 있다. 1.4.2절에 따라 스위치 네트워크의 단자 파형 $v_1(t)$, $i_1(t)$, $v_2(t)$, $i_2(t)$의 평균값을 컨버터 상태 변수(인덕터 전류와 커패시터 전압), 입력 전압 $v_g(t)$와 세부구간 d_1과 d_2로 나타내자.

그림 5.3의 $v_1(t)$ 파형을 평균하여 평균 스위치 네트워크의 입력 전압 $<v_1(t)>_{T_S}$ 또는 평균 트랜지스터 전압을 구할 수 있다.

$$\left\langle v_1(t)\right\rangle_{T_s}=d_1(t)\cdot 0+d_2(t)\cdot\left(\left\langle v_g(t)\right\rangle_{T_s}-\left\langle v(t)\right\rangle_{T_s}\right)+d_3(t)\cdot\left\langle v_g(t)\right\rangle_{T_s} \tag{5.2}$$

식 $d_3(t)=1\text{-}d_1(t)\text{-}d_2(t)$를 이용하면 다음과 같다.

$$\left\langle v_1(t)\right\rangle_{T_s}=(1-d_1(t))\left\langle v_g(t)\right\rangle_{T_s}-d_2(t)\left\langle v(t)\right\rangle_{T_s} \tag{5.3}$$

평균 다이오드 전압에 대해 다음과 같이 쓸 수 있다.

$$\begin{aligned}\left\langle v_2(t)\right\rangle_{T_s}&=d_1(t)\cdot\left(\left\langle v_g(t)\right\rangle_{T_s}-\left\langle v(t)\right\rangle_{T_s}\right)+d_2(t)\cdot 0+d_3(t)\left(-\left\langle v(t)\right\rangle_{T_s}\right)\\&=d_1(t)\left\langle v_g(t)\right\rangle_{T_s}-(1-d_2(t))\left\langle v(t)\right\rangle_{T_s}\end{aligned} \tag{5.4}$$

한 스위칭 주기에 대해 그림 5.3의 $i_1(t)$ 파형을 적분하여 평균 스위치 네트워크의 입력 전류 $<i_1(t)>_{T_S}$를 다음과 같이 구한다.

$$\left\langle i_1(t)\right\rangle_{T_s}=\frac{1}{T_s}\int_t^{t+T_s}i_1(t)dt=\frac{q_1}{T_s} \tag{5.5}$$

여기서 q_1은 첫 번째 세부구간 동안의 $i_1(t)$ 파형 아래의 면적과 같다. 이 면적은 다음과 같이 쉽게 구할 수 있다.

$$q_1=\int_t^{t+T_s}i_1(t)dt=\frac{1}{2}(d_1T_s)(i_{pk}) \tag{5.6}$$

식 (5.1)과 (5.6)을 식 (5.5)에 대입하면 다음과 같이 쓸 수 있다.

$$\langle i_1(t)\rangle_{T_s} = \frac{d_1^2 T_s}{2L}\langle v_g(t)\rangle_{T_s} \tag{5.7}$$

$<i_1(t)>_{T_S}$가 $d_1<i_L(t)>_{T_S}$와 같지 않음을 주의하라. 인덕터의 전류 맥동이 작지 않으므로 큰 스위칭 맥동을 포함하는 실제 입력 전류의 파형을 그려 식 (5.5)에서 (5.7)에서와 같이 정확하게 평균을 계산할 필요가 있다. $<i_1(t)>_{T_S}$를 구한 방식과 유사하게 다이오드 평균 전류 $<i_2(t)>_{T_S}$를 구할 수 있다.

$$\langle i_2(t)\rangle_{T_s} = \frac{1}{T_s}\int_t^{t+T_s} i_2(t)dt = \frac{q_2}{T_s} \tag{5.8}$$

여기서 q_2는 두 번째 세부구간 동안의 $i_2(t)$ 파형 아래의 면적과 같다. 이 면적은 다음과 같이 쉽게 구할 수 있다.

$$q_2 = \int_t^{t+T_s} i_2(t)dt = \frac{1}{2}(d_2 T_s)(i_{pk}) \tag{5.9}$$

식 (5.1)과 (5.9)를 식 (5.8)에 대입하면 다음과 같이 쓸 수 있다.

$$\langle i_2(t)\rangle_{T_s} = \frac{d_1(t)d_2(t)T_s}{2L}\langle v_g(t)\rangle_{T_s} \tag{5.10}$$

식 (5.3), (5.4), (5.7)과 (5.10)은 DCM 벅-부스트 컨버터에서 스위치 네트워크의 평균 단자 방정식을 나타낸다. 이 방정식들에서 세부주기의 길이 d_2를 스위치 시비율 $d_1=d$와 컨버터의 평균 파형으로 나타내는 일이 남아 있다. d_2를 구하는 한 방법은 인덕터 전류 파형을 푸는 것이다. 벅-부스트 컨버터인 경우 두 번째 세부주기의 끝에서 인덕터 전류가 영으로 도달할 때 다이오드는 꺼진다. 따라서 $i_L(T_s) = i_L(0) = 0$이다. 한 스위칭 주기에 걸쳐 인덕터 전류의 알짜 변화는 없고, 트랜지스터가 켜진 시간에서 시작한 임의의 한 스위칭 주기에 걸쳐 인덕터에 인가된 알짜 전압-시간 곱은 없다. 그러므로 컨버터가 평형 상태에 있지 않을지라도 한 주기 동안의 평균 인덕터 전압은 영이다.

$$\langle v_L(t)\rangle_{T_s} = d_1\langle v_g(t)\rangle_{T_s} + d_2\langle v(t)\rangle_{T_s} + d_3 \cdot 0 = 0 \tag{5.11}$$

이 식을 이용하여 두 번째 세부주기의 길이를 구할 수 있다.

$$d_2(t) = -d_1(t)\frac{\langle v_g(t)\rangle_{T_s}}{\langle v(t)\rangle_{T_s}} \tag{5.12}$$

식 (5.12)를 식 (5.3), (5.4), (5.7)과 (5.10)에 대입하면 DCM에서 스위치 네트워크의 평균 단자 파형에 대한 간단한 표현을 얻을 수 있다.

$$\langle v_1(t)\rangle_{T_s} = \langle v_g(t)\rangle_{T_s} \tag{5.13}$$

$$\langle v_2(t)\rangle_{T_s} = -\langle v(t)\rangle_{T_s} \tag{5.14}$$

$$\langle i_1(t)\rangle_{T_s} = \frac{d_1^2(t)T_s}{2L}\langle v_1(t)\rangle_{T_s} \tag{5.15}$$

$$\langle i_2(t)\rangle_{T_s} = \frac{d_1^2(t)T_s}{2L}\frac{\langle v_1(t)\rangle_{T_s}^2}{\langle v_2(t)\rangle_{T_s}} \tag{5.16}$$

다음으로 평균 스위치 네트워크 방정식 (5.15)와 (5.16)에 대응하는 등가회로를 만들자. 식 (5.15)는 스위치 네트워크 입력 포트를 모델링한다. 이 방정식으로부터 평균 입력 전류 $<i_1(t)>_{T_S}$가 인가한 입력 전압 $<v_1(t)>_{T_S}$에 비례함을 알 수 있다. 즉, 스위치 네트워크의 입력 포트의 저 주파수 성분은 옴의 법칙을 따른다.

$$\langle i_1(t)\rangle_{T_s} = \frac{\langle v_1(t)\rangle_{T_s}}{R_e(d_1)} \tag{5.17}$$

여기서 실효 저항 R_e는

$$R_e(d_1) = \frac{2L}{d_1^2 T_s} \tag{5.18}$$

이고 등가회로를 그림 5.4에 나타낸다. 첫 번째 세부구간 동안 입력 전류 파형 $i_1(t)$의 기울기는 그림 5.3에서와 같이 입력 전압 $<v_g(t)>_{T_S}=<v_1(t)>_{T_S}$에 비례한다. 따라서 첨두 전류 i_{pk}, 전체 전하 q_1과 평균 입력 전류 $<i_1(t)>_{T_S}$ 역시 $<v_1(t)>_{T_S}$에 비례한다. 물론 컨버터 안에 물리적인 저항은 없다. 컨버터 소자들이 이상적이라면 컨버터 내에서 열이 발생하

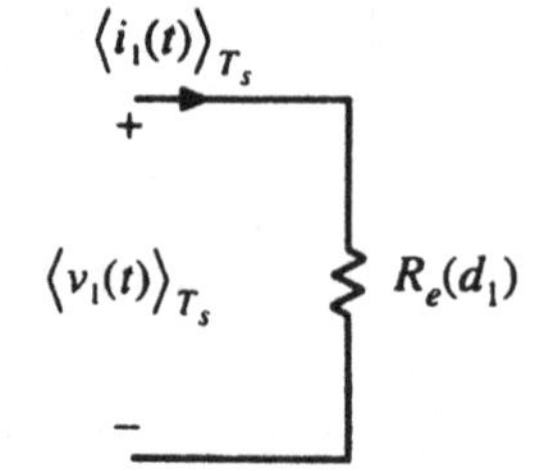

그림 5.4 스위치 네트워크 입력(트랜지스터) 포트의 평균 파형을 모델링하는 등가회로

지 않는다. 실효 저항 R_e에서 소모되는 전력은 스위치 네트워크 출력 포트로 전달된다.

스위치 네트워크의 출력(다이오드) 포트는 식 (5.16) 또는 다음과 같이 모델링된다.

$$\langle i_2(t)\rangle_{T_s}\langle v_2(t)\rangle_{T_s} = \frac{\langle v_1(t)\rangle_{T_s}^2}{R_e(d_1)} = \langle p(t)\rangle_{T_s} \tag{5.19}$$

$<v_1(t)>_{T_s}^2/R_e$는 실효 저항 $R_e(d_1)$에서 소모되는 평균 전력 $<p(t)>_{T_S}$이다. 식 (5.19)로부터 이 전력은 스위치 네트워크의 출력 포트로 흘러 나감을 알 수 있다. 스위치 네트워크는 전력을 소모하지 않으므로 평균 입력 전력과 출력 전력이 같다.

식 (5.19)는 인덕터에 저장된 에너지를 생각하여 구할 수도 있다. 첫 번째 세부구간 동안 인덕터 전류는 0에서 i_{pk}로 증가한다. 이 인덕터는 다음의 에너지를 저장한다.

$$\frac{1}{2}Li_{pk}^2 = \frac{\langle v_1\rangle_{T_s}^2 d_1^2 T_s^2}{2L} = \frac{\langle v_1\rangle_{T_s}^2}{R_e(d_1)} T_s \tag{5.20}$$

여기서 식 (5.1)과 (5.13)을 이용하여 i_{pk}를 $<v_1(t)>_{T_S}$로 표현하였다. 이 에너지는 전압원 v_g로부터 스위치 네트워크의 입력 단자(즉, 트랜지스터)를 통하여 인덕터로 전달된다. 두 번째 세부구간 동안 인덕터는 스위치 네트워크 출력 단자(즉, 다이오드)를 통하여 축적된 모든 에너지를 출력으로 방전시킨다. 그러므로 한 주기 동안 전달된 에너지를 스위칭 주기로 나누어 평균 출력 전력을 표현할 수 있다.

$$\langle p(t)\rangle_{T_s} = \left(\frac{\langle v_1\rangle_{T_s}^2}{R_e(d_1)} T_s\right)\left(\frac{1}{T_s}\right) = \frac{\langle v_1\rangle_{T_s}^2}{R_e(d_1)} \tag{5.21}$$

이 전력은 부하로 전달되므로 다음과 같이 쓸 수 있다.

$$\langle v \rangle_{T_s} \langle i_2 \rangle_{T_s} = \langle v_2 \rangle_{T_s} \langle i_2 \rangle_{T_s} = \langle p(t) \rangle_{T_s} = \frac{\langle v_1 \rangle_{T_s}^2}{R_e(d_1)} \tag{5.22}$$

이 결과는 식 (5.19)와 일치한다.

평균 전력 $<p(t)>_{T_S}$는 부하 특성에 독립이며 실효 저항 R_e와 인가된 스위치 네트워크의 입력 단자 전압 또는 전류에 의해서만 결정된다. 즉, 스위치 네트워크의 출력 단자는 실효 저항 R_e에서 소모되는 전력과 같은 전력원과 같이 동작한다. 이 동작을 그림 5.5에서 종속 전력원 기호로 도시하였다. 손실없는 2-포트 네트워크에서 한 포트의 전압과 전류가 두 번째 포트에 연결된 외부 네트워크의 특성에 독립적일 때 두 번째 포트는 종속 전력원 특성을 나타내야 한다[10]. 이러한 상황은 불연속 전도모드에서 동작하는 스위치 네트워크를 포함한 많은 일반적인 전력처리 응용에 나타난다.

그림 5.5에 도시한 전력원 특성은 전압과 전류에 대해 대칭이므로 전력원은 몇 가지 고유 특성을 보인다. 전압원과 마찬가지로 이상적인 전력원은 단락시키면 안 된다. 단락시키면 무한대의 전류가 흐른다. 또한 전류원과 유사하게 무한대의 전압을 피하기 위해 이상적인 전력원을 개방하면 안 된다. 전력원은 전력 $p(t)$를 흡수할 수 있는 부하에 연결되어야 하고, 부하와 전력원 $i-v$ 특성의 교차점을 동작점으로 정의한다.

그림 5.6(a)에 보인 바와 같이 직렬과 병렬로 연결된 전력원을 개개의 전력원 전력을 합한 값을 갖는 하나의 전력원으로 통합할 수 있다. 그림 5.6(b)는 임의의 권선비를 갖는

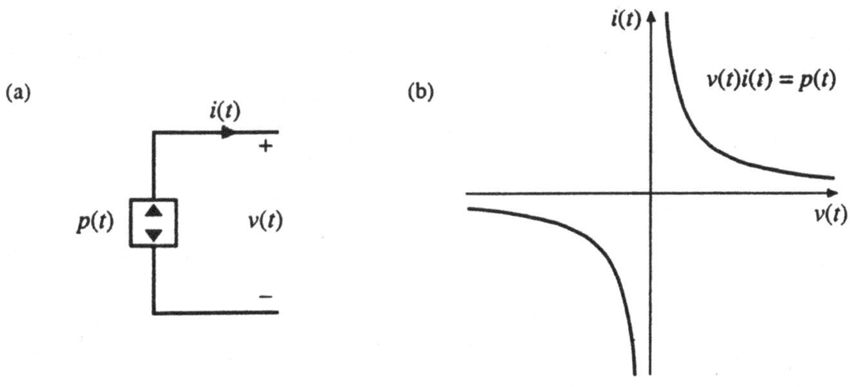

그림 5.5 종속 전력원: (a) 기호, (b) i–v 특성

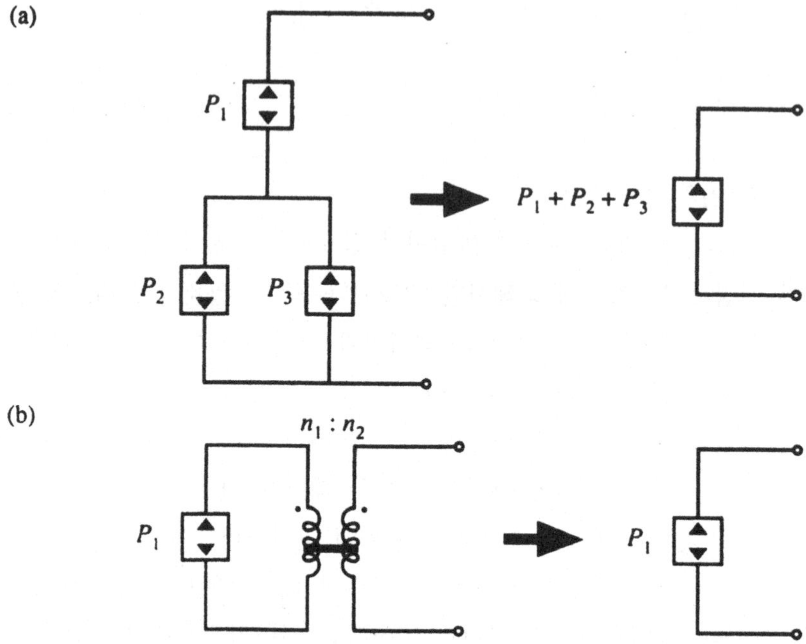

그림 5.6 전력원의 회로 처리: (a) 직렬과 병렬 연결된 전력원을 하나의 등가 전력원으로 통합, (b) 임의 권선비를 갖는 이상적인 변압기를 통한 전력원은 불변

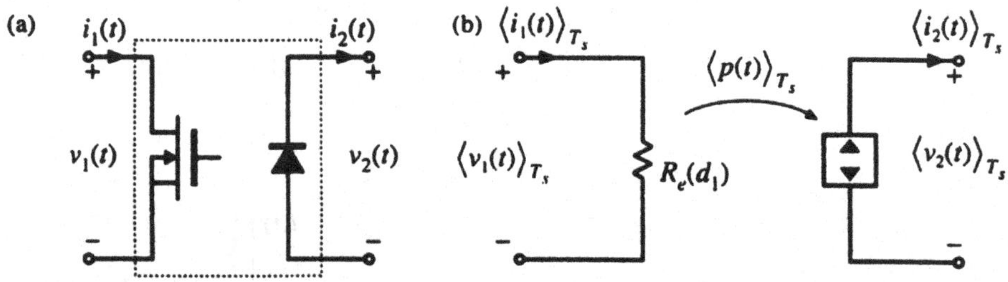

그림 5.7 (a) 일반적인 2-스위치 네트워크, (b) DCM에서 평균 대신호 모델: 평균 트랜지스터 파형은 옴의 법칙을 따르고, 평균 다이오드 파형은 종속 전력원으로 동작한다

변압기를 통한 전력원의 반영은 전력원이 바뀌지 않음을 나타낸다. 전력원은 쌍대 변환에 불변이다.

그림 5.7(b)는 DCM에서 일반 2-스위치 네트워크의 평균 대신호 모델을 나타낸다. 입력 포트는 저항 R_e로 실효적으로 동작한다. 외견상 R_e에서 소모되는 순간 전력은 출력

포트로 전달되고, 출력 포트는 종속 전력원으로 동작한다. 이러한 무 손실 2-포트 네트워크를 손실없는 저항 모델(loss-free resistor: LFR)이라 부른다[9]. 손실없는 저항은 DCM 스위치 네트워크의 기본적인 전력변환 성질을 나타낸다[11]. 벅-부스트 컨버터뿐만 아니라 다른 PWM 컨버터에 있는 DCM 스위치 네트워크의 평균 성질을 손실없는 저항으로 모델링할 수 있다.

DCM 벅-부스트 컨버터의 스위치 네트워크를 그림 5.7(b)의 평균 모델로 바꾸면 그림 5.8의 컨버터 등가회로를 얻는다. 모든 평균 파형을 동작점의 값으로 놓고, 인덕터는 단락으로, 커패시터는 개방으로 하면 그림 5.9의 직류 모델을 얻는다. 평균 전원과 부하 전력의 식을 세워 전력원 또는 손실없는 저항을 포함하는 시스템을 보통 쉽게 풀 수 있다. 예를 들면 그림 5.9의 직류 네트워크에서 컨버터 입력 단자로 들어가는 전력은 다음과 같다.

$$P = \frac{V_g^2}{R_e} \tag{5.23}$$

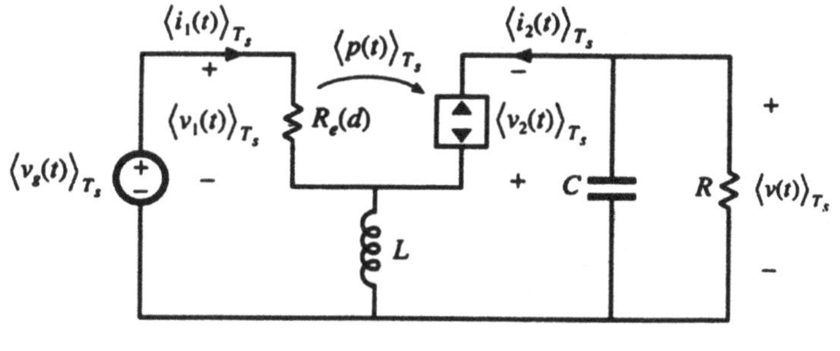

그림 5.8 DCM 벅-부스트 컨버터의 스위치 네트워크를 손실없는 저항 모델로 바꿈

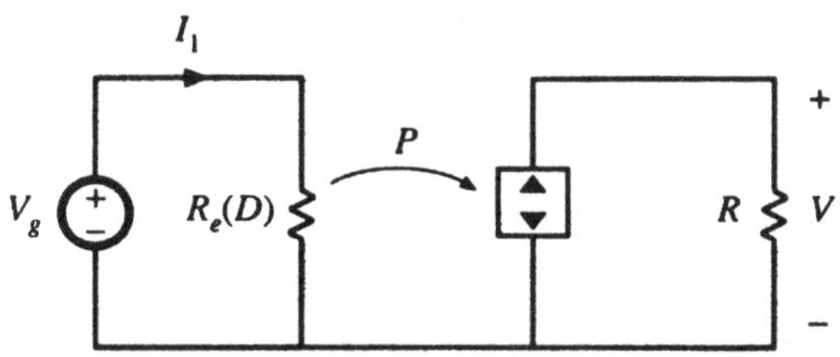

그림 5.9 손실없는 저항을 갖는 직류 네트워크 예

부하 저항으로 들어가는 전력은

$$P = \frac{V^2}{R} \tag{5.24}$$

이다. 손실없는 저항 모델이므로 두 전력은 같아야 한다.

$$P = \frac{V_g^2}{R_e} = \frac{V^2}{R} \tag{5.25}$$

전압 변환비 $M = V/V_g$에 대해 풀면 다음을 얻는다.

$$\frac{V}{V_g} = \pm\sqrt{\frac{R}{R_e}} \tag{5.26}$$

식 (5.26)은 일반적인 결과로 손실없는 저항으로 모델링될 수 있고 저항 부하를 갖는 어떠한 컨버터에 대해 타당하다. V/V_g의 극성을 결정하기 위해 다른 검토가 있어야 한다. 그림 5.2에 주어진 벅-부스트 컨버터에서 다이오드 극성은 V/V_g의 극성이 음이어야 함을 나타낸다. R_e의 정상상태의 값은 다음과 같다.

$$R_e(D) = \frac{2L}{D^2 T_s} \tag{5.27}$$

여기서 D는 정상상태 트랜지스터의 시비율이다. 식 (5.27)을 (5.26)에 대입하면

$$\frac{V}{V_g} = -\sqrt{\frac{D^2 T_s R}{2L}} = -\frac{D}{\sqrt{K}} \tag{5.28}$$

이고 여기서 $K = 2L/RT_s$이다. 이 식은 1권의 표 5.2의 정상상태의 결과와 일치한다.

파형이 교류 성분을 포함할 때도 비슷한 논의를 적용할 수 있다. 예를 들면 전압과 전류가 시간의 주기함수인 그림 5.10을 생각하자. 평균 전원과 부하 전력에 대한 식을 세워 파형의 실효값을 결정할 수 있다. 컨버터 입력 단자로 들어가는 평균 전력은 다음과 같다.

$$P_{av} = \frac{V_{g,rms}^2}{R_e} \tag{5.29}$$

여기서 P_{av}는 실효 저항 R_e에서 소모되는 평균 전력이다. 커패시터 C는 평균 전력을

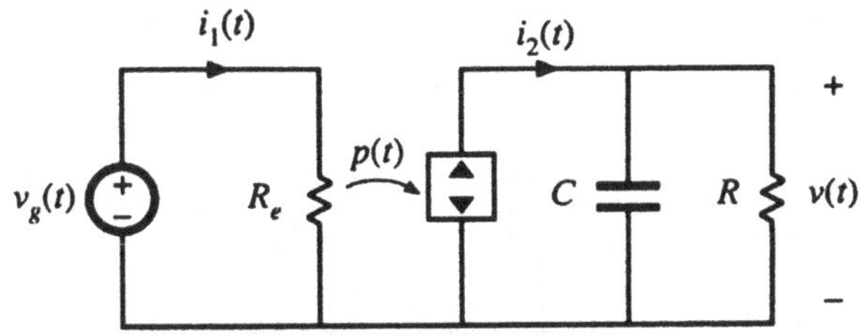

그림 5.10 손실없는 저항을 갖는 교류 네트워크 예

소모하지 않으므로 평균 전력 P_{av}는 모두 부하 저항 R로 들어가야 한다.

$$P_{av} = \frac{V_{rms}^2}{R} \tag{5.30}$$

식 (5.29)와 (5.30)을 풀면

$$\frac{V_{rms}}{V_{g,rms}} = \sqrt{\frac{R}{R_e}} \tag{5.31}$$

그러므로 실효 단자 전압은 직류의 경우와 같은 관계식을 갖는다.

그림 5.11은 DCM Ćuk, SEPIC 컨버터뿐만 아니라 DCM 벅, 부스트, 벅-부스트 컨버터의 평균 등가 모델을 나타낸다. 각 경우에 평균 트랜지스터 파형은 옴의 법칙을 따르고 실효 저항 R_e에 의해 모델링된다. 평균 다이오드 파형은 R_e에서 소모되는 전력과 같은 값을 갖는 전력원 특성을 따른다. 벅, 부스트, 벅-부스트 컨버터인 경우 R_e는

$$R_e = \frac{2L}{d^2 T_s} \tag{5.32}$$

이고, Ćuk, SEPIC 컨버터인 경우 R_e는

$$R_e = \frac{2(L_1 \parallel L_2)}{d^2 T_s} \tag{5.33}$$

이고 d는 트랜지스터의 시비율이다.

그림 5.11의 컨버터에서 인덕터를 단락으로, 커패시터를 개방회로로 하고 $d(t) = D$로 한 결과적인 직류회로를 풀면 정상상태 조건을 구할 수 있다. 벅-부스트, Ćuk, SEPIC 컨버터는 그림 5.9의 회로로 된다. 벅과 부스트 컨버터는 그림 5.12의 회로로 된다. 이 컨

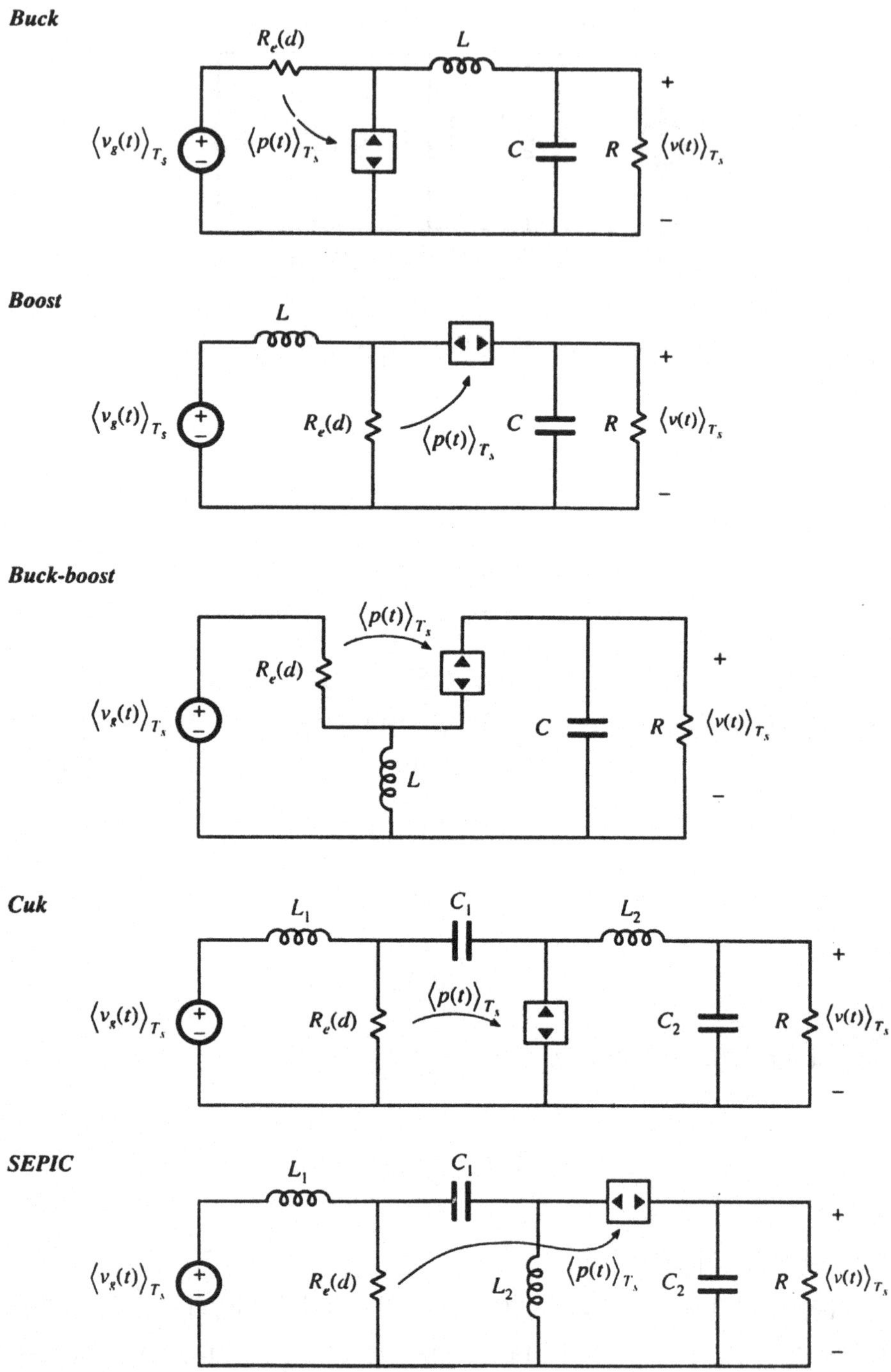

그림 5.11 DCM에서 동작하는 5개의 기본 컨버터의 평균 대신호 등가회로

버터들의 전압 변환비 $M = V/V_g$을 $R_e(D)$의 함수로 표 5.1에 정리한다. 부하 전류 I가 임계 전류 I_{crit}보다 작으면 컨버터는 DCM에서 동작한다.

$$\begin{array}{l} I > I_{crit}\text{, CCM에 대해} \\ I < I_{crit}\text{, DCM에 대해} \end{array} \tag{5.34}$$

위의 모든 컨버터에 대해 I_{crit}은 다음과 같이 주어진다.

$$I_{crit} = \frac{1-D}{D}\frac{V_g}{R_e(D)} \tag{5.35}$$

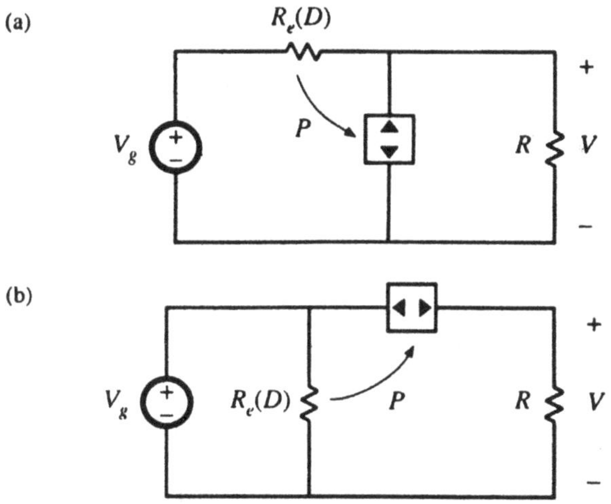

그림 5.12 DCM에서 동작하는 벅 컨버터(a)와 부스트 컨버터(b)의 직류 등가회로

표 5.1 기본 컨버터의 CCM과 DCM 변환비.

Converter	M, CCM	M, DCM
Buck	D	$\dfrac{2}{1+\sqrt{1+4R_e/R}}$
Boost	$\dfrac{1}{1-D}$	$\dfrac{1+\sqrt{1+4R/R_e}}{2}$
Buck–boost, Ćuk	$\dfrac{-D}{1-D}$	$-\sqrt{\dfrac{R}{R_e}}$
SEPIC	$\dfrac{D}{1-D}$	$\sqrt{\dfrac{R}{R_e}}$

5.2 DCM 스위치 네트워크의 소신호 교류 모델링

다음 단계로 불연속 전도모드에서 동작하는 컨버터에 대한 소신호 등가회로 모델을 구성하자. 그림 5.11의 대신호 교류 등가회로에서 평균 스위치 네트워크는 비선형이다. 그러므로 손실없는 저항 네트워크에 변동을 주고 선형화하여 소신호 교류 모델을 구한다. 그림 5.13(a)의 대신호 평균 DCM 스위치에 있는 신호를 한 동작점에서 다음과 같이 변동을 준다.

$$\begin{aligned} d(t) &= D + \hat{d}(t) \\ \langle v_1(t) \rangle_{T_s} &= V_1 + \hat{v}_1(t) \\ \langle i_1(t) \rangle_{T_s} &= I_1 + \hat{i}_1(t) \\ \langle v_2(t) \rangle_{T_s} &= V_2 + \hat{v}_2(t) \\ \langle i_2(t) \rangle_{T_s} &= I_2 + \hat{i}_2(t) \end{aligned} \tag{5.36}$$

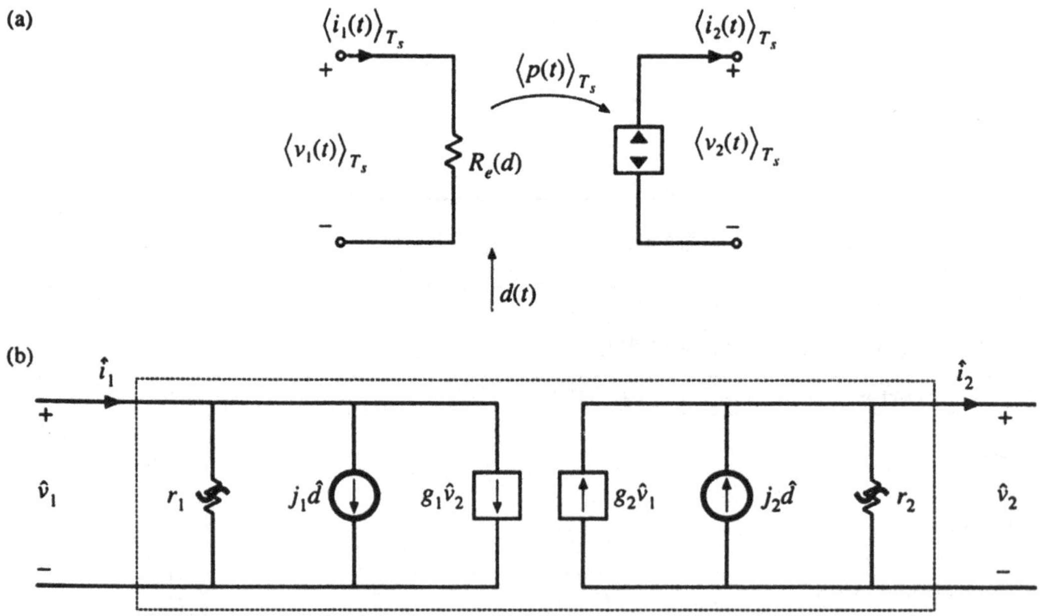

그림 5.13 DCM에서 동작하는 컨버터에서 일반 2-스위치 네트워크의 평균 모델: (a) 대신호 모델 (b) 소신호 모델

여기서 D는 트랜지스터 시비율의 동작점이고, V_1은 트랜지스터에 인가된 평균 전압 $\langle v_1(t)\rangle_{T_S}$의 동작점이다. $\hat{d}(t)$, $\hat{v_1}(t)$는 각 동작점에서 소신호 교류 변동을 나타낸다. 평균 스위치 네트워크의 단자 방정식 (5.15)와 (5.16)을 선형화한다.

식 (5.15)와 (5.16)은 평균 단자 전류 $\langle i_1(t)\rangle_{T_S}$과 $\langle i_2(t)\rangle_{T_S}$를 트랜지스터 시비율 $d(t) = d_1(t)$와 평균 단자 전압 $\langle v_1(t)\rangle_{T_S}$과 $\langle v_2(t)\rangle_{T_S}$의 함수로 나타낸다. 이 식에 변동과 선형화를 하면 $\hat{i_1}(t)$과 $\hat{i_2}(t)$를 $\hat{d}(t)$, $\hat{v_1}(t)$과 $\hat{v_2}(t)$의 선형 함수로 표현할 수 있다. 따라서 소신호 스위치 네트워크 방정식은 다음과 같이 쓸 수 있다.

$$\begin{aligned} \hat{i_1}(t) &= \frac{\hat{v_1}}{r_1} + j_1\hat{d} + g_1\hat{v_2} \\ \hat{i_2}(t) &= -\frac{\hat{v_2}}{r_2} + j_2\hat{d} + g_2\hat{v_1} \end{aligned} \tag{5.37}$$

이 식은 그림 5.13(b)의 2-포트 등가회로를 나타낸다.

1.2.7절에서와 같이 식 (5.15)의 Taylor 전개를 이용하여 파라미터 r_1, j_1과 g_1을 구할 수 있다. 식 (5.15)의 트랜지스터 평균 전류 $\langle i_1(t)\rangle_{T_S}$를 다음과 같이 표현할 수 있다.

$$\langle i_1(t)\rangle_{T_s} = \frac{\langle v_1(t)\rangle_{T_s}}{R_e(d(t))} = f_1\left(\langle v_1(t)\rangle_{T_s}, \langle v_2(t)\rangle_{T_s}, d(t)\right) \tag{5.38}$$

위 식을 동작점 (V_1, V_2, D)에서 3차 Taylor 전개를 해보자.

$$\begin{aligned} I_1 + \hat{i_1}(t) = {} & f_1(V_1, V_2, D) + \hat{v_1}(t)\left.\frac{\partial f_1(v_1, V_2, D)}{\partial v_1}\right|_{v_1 = V_1} \\ & + \hat{v_2}(t)\left.\frac{\partial f_1(V_1, v_2, D)}{\partial v_2}\right|_{v_2 = V_2} + \hat{d}(t)\left.\frac{\partial f_1(V_1, V_2, d)}{\partial d}\right|_{d = D} \\ & + \text{고차 비선형 항} \end{aligned} \tag{5.39}$$

위 식에서 간단한 표현을 위해 평균값을 나타내는 < >를 나타내지 않았다. 식 (5.39)의 양변에서 직류 항은 같아야 하므로 다음 식이 만족된다.

$$I_1 = f_1(V_1, V_2, D) = \frac{V_1}{R_e(D)} \tag{5.40}$$

일반적으로 고차 항을 제거하여 방정식을 선형화한다. 따라서 식 (5.39)의 남은 1차 선형 교류 항만을 남겨두면 다음과 같다.

$$\hat{i_1}(t) = \hat{v_1}\frac{1}{r_1} + \hat{v_2}(t)g_1 + \hat{d}(t)j_1 \tag{5.41}$$

여기서

$$\frac{1}{r_1} = \left.\frac{\partial f_1(v_1, V_2, D)}{\partial v_1}\right|_{v_1 = V_1} = \frac{1}{R_e(D)} \tag{5.42}$$

$$g_1 = \left.\frac{\partial f_1(V_1, v_2, D)}{\partial v_2}\right|_{v_2 = V_2} = 0 \tag{5.43}$$

$$\begin{aligned} j_1 &= \left.\frac{\partial f_1(V_1, V_2, d)}{\partial d}\right|_{d = D} = -\frac{V_1}{R_e^2(D)}\left.\frac{\partial R_e(d)}{\partial d}\right|_{d = D} \\ &= \frac{2V_1}{DR_e(D)} \end{aligned} \tag{5.44}$$

이다. 그러므로 소신호 입력 저항 r_1은 동작점에서 계산된 실효 저항 R_e와 같다. 이 항으로부터 $\langle v_1(t)\rangle_{T_S}$의 변동이 $R_e(D)$를 통해 $\langle i_1(t)\rangle_{T_S}$에 어떻게 영향을 주는가를 알 수 있다. 트랜지스터의 평균 전류 $\langle i_1(t)\rangle_{T_S}$가 다이오드의 평균 전압 $\langle v_2(t)\rangle_{T_S}$에 독립이기 때문에 소신호 파라미터 g_1은 영이다. 소신호 이득 j_1은 $R_e(d)$에 영향을 주는 시비율의 변동이 $\langle i_1(t)\rangle_{T_S}$에 어떻게 변동을 주는가를 보여준다.

비슷한 방법으로 식 (5.16)의 $\langle i_2(t)\rangle_{T_S}$를 다음과 같이 표현할 수 있다.

$$\langle i_2(t)\rangle_{T_s} = \frac{\langle v_1(t)\rangle_{T_s}^2}{R_e(d(t))\langle v_2(t)\rangle_{T_s}} = f_2\left(\langle v_1(t)\rangle_{T_s}, \langle v_2(t)\rangle_{T_s}, d(t)\right) \tag{5.45}$$

한 동작점에서 $f_2(v_1,\ v_2,\ d)$를 3차 Taylor 전개를 하면 다음과 같이 쓸 수 있다.

$$\begin{aligned} I_2 + \hat{i_2}(t) = {} & f_2(V_1, V_2, D) + \hat{v_1}(t)\left.\frac{\partial f_2(v_1, V_2, D)}{\partial v_1}\right|_{v_1 = V_1} \\ & + \hat{v_2}(t)\left.\frac{\partial f_2(V_1, v_2, D)}{\partial v_2}\right|_{v_2 = V_2} + \hat{d}(t)\left.\frac{\partial f_2(V_1, V_2, d)}{\partial d}\right|_{d = D} \\ & + \text{고차 비선형 항} \end{aligned} \tag{5.46}$$

식 (5.46)의 양변에서 직류 항은 같아야 하므로

$$I_2 = f_2(V_1, V_2, D) = \frac{V_1^2}{R_e(D)\,V_2} \tag{5.47}$$

이고, 고차 항을 제거하고 1차 선형 교류 항만을 남겨두면 다음과 같다.

$$\hat{i_2}(t) = \hat{v_2}\left(-\frac{1}{r_2}\right) + \hat{v_1}(t)g_2 + \hat{d}(t)j_2 \tag{5.48}$$

여기서

$$\frac{1}{r_2} = \left.\frac{\partial f_2(V_1, v_2, D)}{\partial v_2}\right|_{v_2 = V_2} = \frac{1}{R} = \frac{1}{M^2 R_e(D)} \tag{5.49}$$

$$g_2 = \left.\frac{\partial f_2(v_1, V_2, D)}{\partial v_1}\right|_{v_1 = V_1} = \frac{2M}{R_e(D)} \tag{5.50}$$

$$\begin{aligned} j_2 &= \left.\frac{\partial f_2(V_1, V_2, d)}{\partial d}\right|_{d = D} = -\frac{V_1}{R_e^2(D)\,V_2}\left.\frac{\partial R_e(d)}{\partial d}\right|_{d = D} \\ &= \frac{2V_1}{DMR_e(D)} \end{aligned} \tag{5.51}$$

이다. 출력 저항 r_2는 $<v_2(t)>_{T_S}$의 변동이 $<i_2(t)>_{T_S}$에 어떻게 영향을 주는가를 나타낸다. 그림 5.14에서와 같이 r_2는 한 동작점에서 계산된 전력원 특성 곡선의 기울기로 결정된다. 선형 저항 부하인 경우 $r_2 = R$이다. 모든 부하의 경우 $r_2 = M^2 R_e(D)$를 만족한다. 파라미터 j_2와 g_2는 시비율의 변동과 트랜지스터 평균 전압 $<v_1(t)>_{T_S}$(평균 전력 $<p(t)>_{T_S}$에 영향을 준다)의 변동이 다이오드 평균 전류 $<i_2(t)>_{T_S}$의 변동에 각각 어떤 영향을 주는가를 보여준다. 그림 5.13(b)의 DCM 스위치 모델에 있는 소신호 파라미터의 값을 표 5.2의 맨 위 열에 정리하였다.

트랜지스터와 다이오드를 그림 5.13(b)의 스위치 모델로 바꾸어 놓으면 그림 5.15와 같은 DCM 벅-부스트 컨버터의 소신호 모델을 얻을 수 있다. 이 등가회로를 이용하여 전달함수와 다른 소신호 관계식을 일반적인 선형회로 분석기법을 통해 얻을 수 있다.

트랜지스터와 다이오드를 그림 5.13(b)에 주어진 같은 소신호 스위치 모델의 2-포트 모델의 포트 1과 포트 2로 각각 바꾸어 놓아 다른 DCM 컨버터를 모델링할 수 있다. 벅과 부스트 컨버터를 분석하는데 더 편리한 다른 방법으로 스위치 네트워크를 그림 5.16(a)와

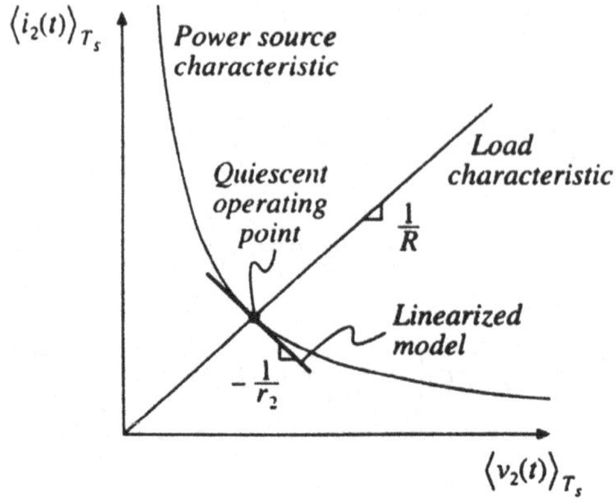

그림 5.14 한 동작점에서 전력원 특성곡선의 기울기로 소신호 출력 저항 r_2를 구한다

표 5.2 소신호 DCM 스위치 모델 파라미터

Swich network	g_1	j_1	r_1	g_2	j_2	r_2
General two-swich, Fig. 5.7(a)	0	$\frac{2V_1}{DR_e}$	R_e	$\frac{2}{MR_e}$	$\frac{2V_1}{DMR_e}$	M^2R_e
Buck, Fig. 5.16(a)	$\frac{1}{R_e}$	$\frac{2(1-M)V_1}{DR_e}$	R_e	$\frac{2-M}{MR_e}$	$\frac{2(1-M)V_1}{DMR_e}$	M^2R_e
Boost, Fig. 5.16(b)	$\frac{1}{(M-1)^2R_e}$	$\frac{2MV_1}{D(M-1)R_e}$	$\frac{(M-1)^2}{M^2}R_e$	$\frac{2M-1}{(M-1)^2R_e}$	$\frac{2V_1}{D(M-1)R_e}$	$(M-1)^2R_e$

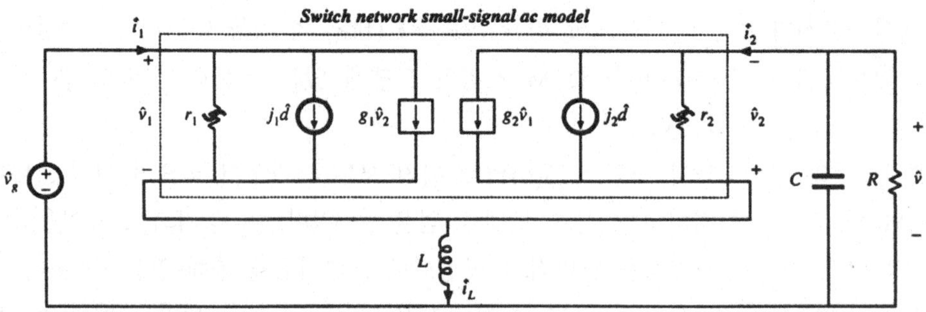

그림 5.15 스위치 네트워크 2-포트 소신호 모델을 원래 컨버터 회로에 대치하여 얻은 DCM 벅-부스트 컨버터의 소신호 교류 모델

5.16(b)와 같이 각각 정의한다. 이 스위치 네트워크들을 그림 5.16(c)의 2-포트 소신호 등가회로로 모델링할 수 있다. 그러나 파라미터 r_1, j_1, g_1에 대한 표현을 다시 유도해야 한다. 평균 스위치 네트워크 단자 전류의 식을 선형화하여 각 표현식을 구한다. 표 5.2는 그림 5.16(a)의 벅 스위치와 그림 5.16(b)의 부스트 스위치 네트워크의 소신호 파라미터를 나타낸다. DCM 벅 컨버터와 부스트 컨버터에 소신호 스위치 모델을 대치하면 그림 5.17의 등가회로를 구한다.

그림 5.15와 5.17의 소신호 등가회로 모델은 2개의 동적인 소자 즉, 커패시터 C와 인덕터 L을 포함한다. 이 등가회로 모델로부터 얻어진 제어-출력 전달함수는 두 개의 극점을 갖는다. 커패시터 C에 의한 한 극점은 저 주파수에서 나타나고, 인덕터 L에 의한 다른 극점(그리고 부스트와 벅-부스트 컨버터인 경우 RHP 영점)은 컨버터 스위칭 주파수에 가까운 높은 주파수에서 나타난다. 그러므로 실제 DCM 벅, 부스트, 벅-부스트 컨버터는 인덕터의 동특성에 의한 영향이 무시된 단일 극점 전달함수 특성을 기본적으로 나타낸다.

이 절에서 식 (5.15)와 (5.16)의 대신호 평균 스위치 네트워크 방정식으로부터 소신호

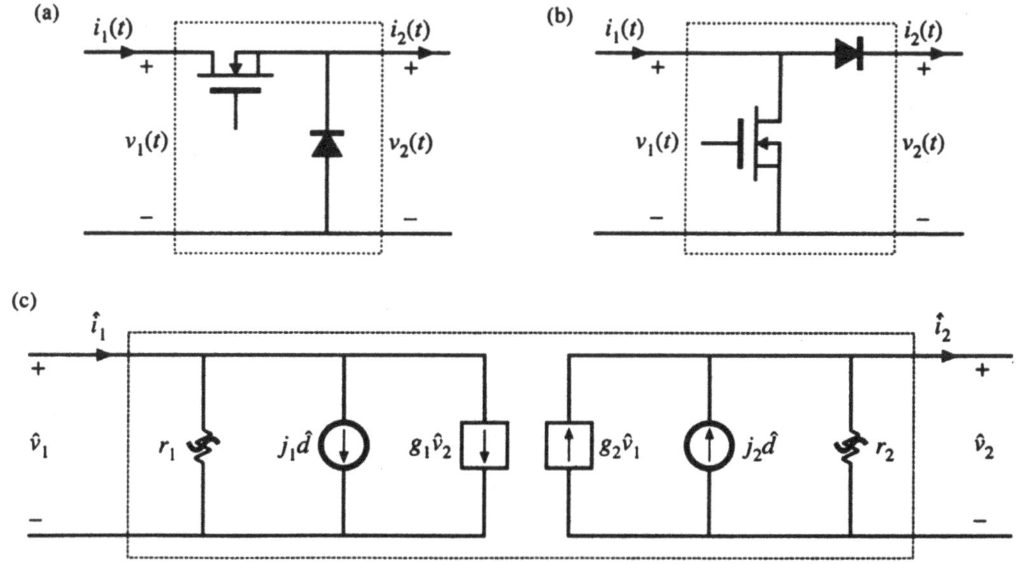

그림 5.16 DCM 벅과 부스트 컨버터의 스위치 네트워크를 모델링하는 편리한 방법: (a) DCM 벅 스위치 네트워크의 단자 정의, (b) DCM 부스트 스위치 네트워크의 단자 정의, (c) 2-포트 소신호 교류 모델. 파라미터는 표 5.2 참조

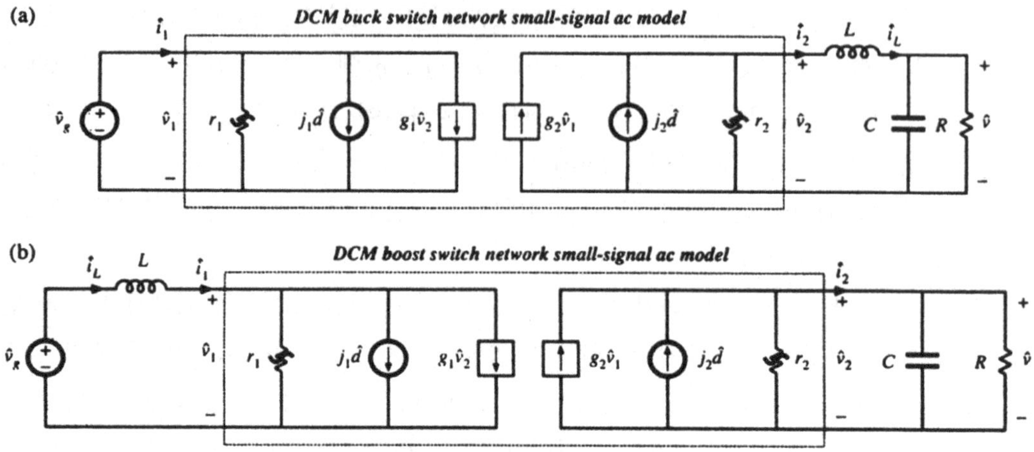

그림 5.17 그림 5.16(a)와 (b)의 스위치 네트워크를 그림 5.16(c)의 소신호 스위치 모델로 대치하여 얻은 DCM 벅 컨버터(a) 및 DCM 부스트 컨버터(b)의 소신호 교류 모델

등가회로 모델들을 유도하였다. 이 식들은 인덕터 평균 전압 그러므로 소신호 교류 전압이 영임을 나타내는 식 (5.11)에 기초하고 있다. 이러한 사실은 그림 5.15와 그림 5.17의 결과적인 소신호 모델 예측과 모순이 된다. 그러므로 이 절에서 구한 모델을 저 주파수 동특성을 예측하는데 사용할 수 있으나 인덕터 L에 의한 고 주파수 동특성을 예측하는 것은 의문의 여지가 있다. 5.3절에서 DCM 컨버터의 고 주파수 동특성을 더 정확하게 예측하는 방법에 대해 다룬다.

인덕터 L을 영으로 놓아 벅, 부스트, 벅-부스트 컨버터의 저 주파수 소신호 전달함수를 근사적으로 간단하게 구할 수 있다. 그림 5.15와 5.17의 등가회로에서 L을 단락하면 모든 모델은 풀기 쉬운 그림 5.18과 같다. 그림 5.18에서 $\hat{v_g}=0$으로 하여 제어-출력 전달함수 $G_{vd}(s)$를 구할 수 있다. $\hat{v}$에 대해 풀면 다음과 같이 쓸 수 있다.

$$G_{vd}(s)=\left.\frac{\hat{v}}{\hat{d}}\right|_{\hat{v_g}=0}=\frac{G_{d0}}{1+\dfrac{s}{\omega_p}} \tag{5.52}$$

여기서

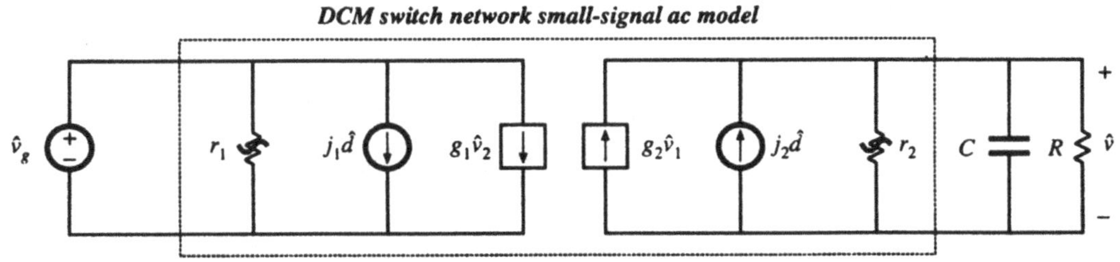

그림 5.18 L을 단락으로 하여 얻은 저 주파수 교류 모델. 표 5.2의 파라미터를 적용하여 벅, 부스트, 벅–부스트 컨버터를 모델링할 수 있다

표 5.3 DCM 컨버터 소신호 전달함수의 주요 파라미터

Converter	G_{d0}	G_{g0}	ω_p
Buck	$\frac{2V}{D}\frac{1-M}{2-M}$	M	$\frac{2-M}{(1-M)RC}$
Boost	$\frac{2V}{D}\frac{M-1}{2M-1}$	M	$\frac{2M-1}{(M-1)RC}$
Buck–hoost	$\frac{V}{D}$	M	$\frac{2}{RC}$

$$G_{d0} = j_2(R \parallel r_2) \qquad (5.53)$$
$$\omega_p = \frac{1}{(R \parallel r_2)C}$$

이다. 그림 5.18에서 $\hat{d}=0$으로 놓고 라인-출력 전달함수 $G_{vg}(s)$를 구할 수 있다.

$$G_{vg}(s) = \left.\frac{\hat{v}}{\hat{v}_g}\right|_{\hat{d}=0} = \frac{G_{g0}}{1+\dfrac{s}{\omega_p}} \qquad (5.54)$$

여기서

$$G_{d0} = g_2(R \parallel r_2) = M \qquad (5.55)$$

이다. 저항 부하를 갖는 DCM 벅, 부스트, 벅-부스트 컨버터에 대한 G_{d0}, G_{g0}, ω_p의 표현식을 표 5.3에 나타낸다[12, 13].

이 절에서 서술한 교류 모델링 방법은 일반적이고 유용하다. DCM 컨버터의 트랜지스터와 다이오드를 단순히 그림 5.13(b)의 2-포트 네트워크로 바꾸면 소신호 교류 모델을 얻을 수 있다. 또 다른 방법으로 그림 5.16(a) 또는 5.16(b)와 같이 스위치 네트워크를 정의하여 그림 5.16(c)의 같은 2-포트 네트워크로 모델링한다. 보통의 회로 분석 방법으로 소신호 컨버터 모델을 풀어 컨버터의 소신호 전달함수를 구한다.

5.2.1 예제: DCM 부스트 컨버터의 제어-출력 주파수 응답

간단한 수치 예로 다음의 파라미터 값을 갖는 DCM 부스트 컨버터의 소신호 제어-출력 전달함수를 구해 보자.

$$\begin{aligned} R &= 12\ \Omega \\ L &= 5\ \mu\text{H} \\ C &= 470\ \mu\text{F} \\ f_s &= 100\ \text{kHz} \end{aligned} \tag{5.56}$$

출력 전압은 $V=36$ V로 조절된다. 부하 전류는 $I=3$ A, 직류 입력 전압은 $V_g=24$ V의 동작점에서 $G_{vd}(s)$를 구하자.

그림 5.12(b)의 직류 등가 회로를 풀어 실효 저항 $R_e(D)$를 구한다. 부하 전류 I와 입력 및 출력 전압 V_g와 V의 값을 알고 있으므로 전력원의 값 P는 다음과 같이 계산할 수 있다.

$$P = I(V - V_g) = (3\ \text{A})(36\ \text{V} - 24\ \text{V}) = 36\ \text{W} \tag{5.57}$$

그러므로 실효 저항은

$$R_e = \frac{V_g^2}{P} = \frac{(24\ \text{V})^2}{(36\ \text{W})} = 16\ \Omega \tag{5.58}$$

이고, 식 (5.32)를 이용하여 정상상태 시비율을 구하면 다음과 같다.

$$D = \sqrt{\frac{2L}{R_e T_s}} = \sqrt{\frac{2(5\ \mu\text{H})}{(16\ \Omega)(10\ \mu\text{s})}} = 0.25 \tag{5.59}$$

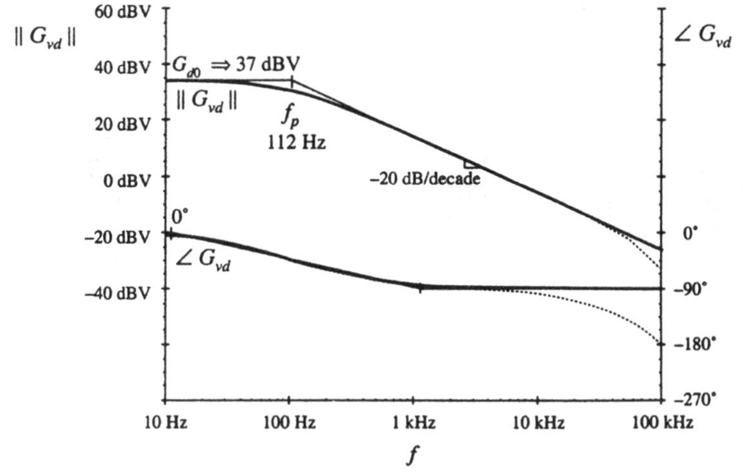

그림 5.19 DCM 부스트 예제의 제어-출력 전달함수의 크기와 위상. 실선: 그림 5.18의 모델에 의한 근사화된 단일 극점 응답 및 점근선. 점선: 고 주파수 인덕터 동특성을 포함한 좀더 정밀한 응답

부스트 컨버터의 G_{d0}와 ω_p에 대한 표 5.3의 표현식을 계산하면

$$G_{d0} = \frac{2V}{D}\frac{M-1}{2M-1} = \frac{2(36\text{ V})}{(0.25)}\frac{\left(\frac{(36\text{ V})}{(24\text{ V})}-1\right)}{\left(2\frac{(36\text{ V})}{(24\text{ V})}-1\right)} = 72\text{ V} \Rightarrow 37\text{ dBV} \tag{5.60}$$

$$f_p = \frac{\omega_p}{2\pi} = \frac{2M-1}{2\pi(M-1)RC} = \frac{\left(2\frac{(36\text{ V})}{(24\text{ V})}-1\right)}{2\pi\left(\frac{(36\text{ V})}{(24\text{ V})}-1\right)(12\ \Omega)(470\ \mu\text{F})} = 112\text{ Hz}$$

이다. 제어-출력 전달함수의 보드선도를 그림 5.19에 나타낸다. 실선은 그림 5.18의 근사화된 단일 극점 모델에 의한 크기와 위상을 나타낸다. 점선은 5.3절에서 다룰 인덕터 동특성에 의한 두 번째 극점 $f_2 = 64$ kHz와 RHP 영점 $f_z = 127$ kHz를 포함하는 좀 더 정밀한 모델에 의한 것이다. 스위칭 주파수가 100 kHz이므로 이 주파수에서 모델의 정밀성을 보장할 수 없다. 실제로 인덕터 동특성에 의한 위상지연 점근선은 $f_2/10 = 6.4$ kHz에서 시작함을 볼 수 있다.

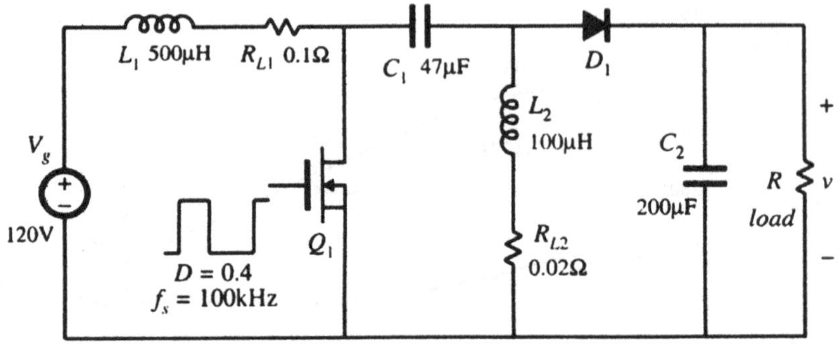

그림 5.20 SEPIC 예제

5.2.2 예제: CCM/DCM SEPIC 컨버터의 제어-출력 주파수 응답

다른 수치 예로 그림 5.20의 SEPIC을 생각하자. 식 (5.34)에 따라 다음 조건을 만족하면 컨버터는 CCM에서 동작한다.

$$\frac{R}{V} > \frac{1-D}{D}\frac{V_g}{R_e(D)} \tag{5.61}$$

여기서 $R_e(D)$는 식 (5.33)에 있다. 컨버터에서 손실을 무시하면 CCM 변환비는 다음과 같다.

$$\frac{V}{V_g} = \frac{D}{1-D} \tag{5.62}$$

식 (5.33)과 식 (5.62)를 식 (5.61)에 대입하면 CCM 동작 조건을 구한다.

$$R < \frac{2(L_1 \parallel L_2)}{(1-D)^2 T_s} = 46\ \Omega \tag{5.63}$$

Spice 교류 시뮬레이션을 이용하여 제어-출력 주파수 응답을 구한다. 시뮬레이션 방법을 부록 B의 B.2.1절에서 서술한다. 그림 5.21은 컨버터가 CCM에서 동작하는 부하 저항 $R = 40\Omega$인 경우와 DCM에서 동작하는 부하 저항 $R = 50\Omega$인 경우에 대한 제어-출력 전달함수의 크기와 위상을 나타낸다. 두 동작점에 대한 회로에서 동작점 직류 전압과 전류는 거의 같지만 주파수 응답은 두 동작 모드에서 매우 다르게 나타난다. CCM에서 컨버터는 두 쌍의 높은 Q의 공액복소수 극점과 한 쌍의 공액복소수 영점을 갖는 4차 응답을

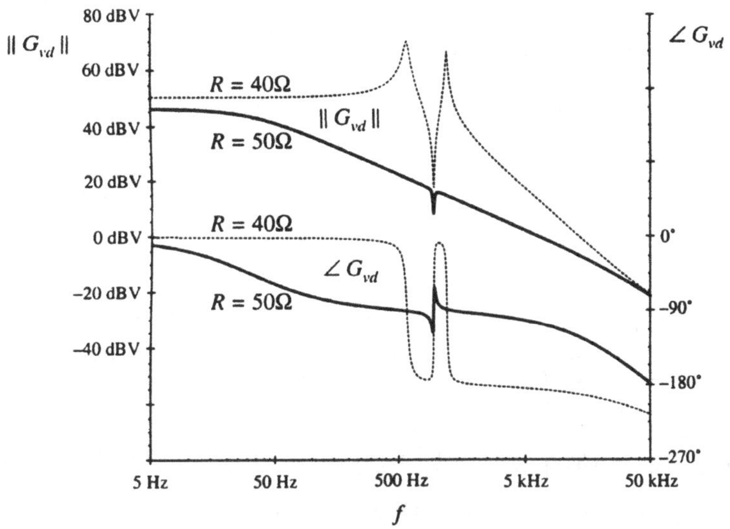

그림 5.21 SEPIC 예제의 시뮬레이션에 의한 제어–출력 전달함수. 실선: CCM에서 동작하는 부하 저항 $R=50\Omega$, 점선: DCM에서 동작하는 부하 저항 $R=40\Omega$

보인다. 50 kHz부근의 주파수에서 다른 RHP 영점을 볼 수 있다. DCM에서 한 쌍의 복소수-공액 극점과 한 쌍의 복소수-공액 영점과 함께 지배적인 하나의 저 주파수 극점이 나타난다. 복소수 극점과 영점의 주파수의 크기는 매우 가깝다. 고 주파수 극점과 RHP 영점 때문에 고 주파수에서 부가적인 위상 지연이 발생한다.

5.3 DCM에서 컨버터의 고 주파수 동특성

5.2절에서 서술한 바와 같이 DCM에서 동작하는 컨버터의 전달함수는 지배적인 저 주파수 극점을 보인다. 인덕터 동특성에 의한 극점과 영점은 고 주파수에서 나타난다. DCM 컨버터의 고 주파수 동특성을 정밀하게 모델링하기 위해 인덕터 양단에 걸리는 교류 전압이 영이 아님을 고려해야 한다. DCM 평균 스위치 모델 방정식을 간단하게 하기 위해 5.1절의 식 (5.12)를 사용하였다. 이 모델로 저 주파수에서 좋은 결과를 얻었으나 교류 인덕터 전압을 영으로 생각했기 때문에 고 주파수 인덕터 동특성을 정확하게 예측할 수 없다.

이 절에서 좀 더 정밀한 방법을 제시한다. 그림 5.3의 인덕터 전류 파형 $i_L(t)$를 평균하면 세부구간 d_2를 구할 수 있다[4-6].

$$\langle i_L(t)\rangle_{T_s} = \frac{1}{2} i_{pk}(d(t)+d_2(t)) = \frac{d(t)(d(t)+d_2(t))T_s}{2L}\langle v_g(t)\rangle_{T_s} \tag{5.64}$$

d_2에 대해 풀면 다음과 같이 나타낼 수 있다.

$$d_2(t) = \frac{2L\langle i_L(t)\rangle_{T_s}}{d(t)T_s\langle v_g(t)\rangle_{T_s}} - d(t) = \left(\frac{R_e(d)\langle i_L(t)\rangle_{T_s}}{\langle v_g(t)\rangle_{T_s}} - 1\right)d(t) \tag{5.65}$$

식 (5.3), (5.4), (5.7), (5.10)과 함께 식 (5.65)는 저 주파수 및 고 주파수 동특성뿐만 아니라 정상상태 동작을 조사할 수 있는 DCM에서 대신호 평균 모델을 나타낸다. 불행하게도 모델 식이 좀 더 복잡해지고 스위치 네트워크 평균 단자 파형을 이용하여 모든 컨버터 전압과 전류를 소거할 수 없다.

이 모델을 이용하여 DCM 컨버터의 인덕터 동특성에 의한 고 주파수 극점을 예측해보기로 한다. 그림 5.3에 보인 DCM 파형을 갖는 그림 5.2의 벅-부스트 컨버터를 생각하자. 평균 트랜지스터 전압 $\langle v_1(t)\rangle_{T_S}$와 평균 다이오드 전류 $\langle i_2(t)\rangle_{T_S}$를 스위치 네트워크 종속 변수로 선택한다. 식 (5.65)를 식 (5.3)에 대입하면

$$\langle v_1(t)\rangle_{T_s} = (1-d(t))\langle v_g(t)\rangle_{T_s} + d(t)\langle v(t)\rangle_{T_s} - \frac{R_e(d)\langle i_L(t)\rangle_{T_s}\langle v(t)\rangle_{T_s}d(t)}{\langle v_g(t)\rangle_{T_s}} \tag{5.66}$$

이다. 식 (5.66)의 스위치 평균 전압 $\langle v_1(t)\rangle_{T_S}$는 시비율, 평균 인덕터 전류와 평균 입력과 출력 전압의 비선형 함수이다.

$$\langle v_1(t)\rangle_{T_s} = \gamma_1\left(\langle v_g(t)\rangle_{T_s}, \langle v(t)\rangle_{T_s}, \langle i_L(t)\rangle_{T_s}, d(t)\right) \tag{5.67}$$

식 (5.67)을 Taylor 전개하여 소신호 교류 모델을 얻을 수 있다. 평균 스위치 전압의 소신호 교류 성분 $\hat{v_1}$은 다음과 같다.

$$\hat{v_1}(t) = \hat{v_g}k_g + \hat{v}(t)k_v + \hat{i_L}r_1 + \hat{d}(t)f_1 \tag{5.68}$$

여기서 한 동작점에서 γ_1을 편미분하여 소신호 모델 파라미터 k_g, k_v, r_1, f_1을 구할 수 있다.

$$r_1 = \left.\frac{\partial \gamma_1(V_g, V, i_L, D)}{\partial i_L}\right|_{i_L = I_L} = -\frac{V}{V_g} R_e D \tag{5.69}$$

식 (5.65)를 식 (5.10)에 대입하면

$$\langle i_2(t)\rangle_{T_s} = \langle i_L(t)\rangle_{T_s} - \frac{\langle v_g(t)\rangle_{T_s}}{R_e} = \gamma_2\left(\langle v_g(t)\rangle_{T_s}, \langle i_L(t)\rangle_{T_s}, d(t)\right) \tag{5.70}$$

이고, 평균 다이오드 전류의 소신호 교류 성분 $\hat{i_2}$는 다음과 같이 쓸 수 있다.

$$\hat{i_2}(t) = \hat{v_g} g_g + \hat{i_L} h_2 + \hat{d}(t) j_2 \tag{5.71}$$

여기서 한 동작점에서 γ_2를 편미분하여 소신호 모델의 파라미터 g_g, h_2, j_2을 구할 수 있다. 그림 5.22는 벅-부스트 컨버터의 소신호 교류 모델을 나타내며, 트랜지스터와 다이오드 스위치를 식 (5.68)과 식 (5.71)에 의한 전원으로 바꾸었다. 이 모델로 5.2절에서 다룬 모델과 마찬가지로 저 주파수 동특성을 예측할 수 있음을 보일 수 있다.

제어-출력 전달함수를 구하기 위해 $\hat{v_g} = 0$으로 하자. 고 주파수에서 커패시터 전압의 소신호 교류 성분은 매우 작으므로 $\hat{v} = 0$이다. 그러므로 고 주파수에서 종속 전원 $k_v \hat{v}$의 역할을 무시 할 수 있다. 그러면 그림 5.22의 등가회로 모델로부터 다음과 같이 쓸 수 있다.

$$sL\hat{i_L} + r_1 \hat{i_L} + f_1 \hat{d} = 0 \tag{5.72}$$

식 (5.72)를 고 주파수에서 제어-인덕터 전류 전달함수에 대해 풀 수 있다.

$$\frac{\hat{i_L}}{\hat{d}} = \frac{f_1}{r_1} \frac{1}{1 + \frac{s}{\omega_2}} \tag{5.73}$$

여기서 극점 주파수 f_2는

$$f_2 = \frac{\omega_2}{2\pi} = \frac{r_1}{2\pi L} \tag{5.74}$$

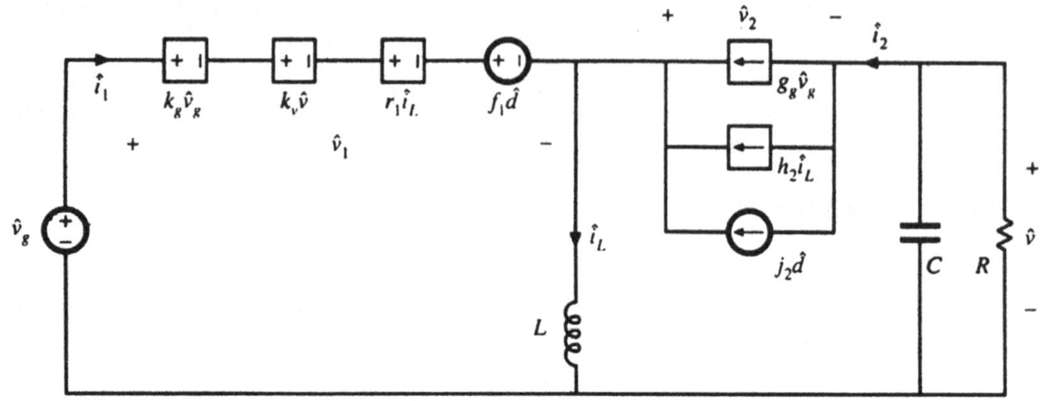

그림 5.22 DCM 벅-부스트 컨버터의 소신호 교류 모델

이고, 극점 주파수 f_2에 대한 간단한 표현을 얻기 위해 식 (5.12)에 따른 정상상태 관계식을 사용한다.

$$-\frac{V}{V_g} = \frac{D}{D_2} \tag{5.75}$$

정상상태 등가 저항 $R_e(D)$ 역시 다음과 같이 표현할 수 있었다.

$$R_e(D) = \frac{2Lf_s}{D^2} \tag{5.76}$$

여기서 f_2는 스위칭 주파수이다. 식 (5.69), (5.75), (5.76)을 식 (5.74)에 대입하면

$$f_2 = \frac{f_s}{\pi D_2} \tag{5.77}$$

이고, 이 식은 DCM 벅-부스트 컨버터의 인덕터 동특성에 의한 고 주파수 극점 주파수 f_2 표현이다. 식 (5.77)은 고 주파수 극점에 대한 일반적인 결과이고 DCM에서 동작하는 모든 기본 컨버터에 대해 타당하다. $0 < D_2 < 1$이므로 식 (5.77)은 고 주파수 극점이 스위칭 주파수의 거의 1/3보다 항상 크다는 것을 의미한다.

표 5.4는 기본 DCM 컨버터의 제어-출력 전달함수 $G_{vd}(s)$에서 인덕터 동특성에 의한

표 5.4 DCM 컨버터 제어-출력 전달함수 $G_{vd}(s)$의 고 주파수 극점과 RHP 영점.

Converter	High-frequency pole ω_2	RHP zero ω_z
Buck	$\frac{2Mf_s}{D(1-M)}$	none
Boost	$\frac{2(M-1)f_s}{D}$	$\frac{2f_s}{D}$
Buck-boost	$\frac{2\|M\|f_s}{D}$	$\frac{2f_s}{D}$

고 주파수 극점 ω_2와 RHP 영점 ω_z에 대한 표현을 정리한 것이다[6]. 고 주파수 극점과 RHP 영점은 스위칭 주파수 f_s 근처 또는 그 이상에서 발생한다. 이러한 이유 때문에 실제로 고 주파수 인덕터 동특성을 보통 무시한다.

5.4 요약

1. 불연속 전도모드에서 평균 트랜지스터 전압과 전류는 비례하여 옴의 법칙을 따른다. 트랜지스터를 실효 저항 $R_e(D)$로 대체하여 평균 등가회로를 얻을 수 있다. 평균 다이오드 전압과 전류는 전력원 특성을 따른다. 전력원의 값은 R_e에서 실효적으로 소모된 전력과 같다. 평균 등가회로에서 다이오드를 종속 전력원으로 바꿀 수 있다.
2. DCM 컨버터의 트랜지스터와 다이오드 파형을 평균하여 얻어진 실효 저항과 전력원으로 구성된 손실이 없는 2-포트 네트워크를 손실없는 저항이라 부른다. CCM 컨버터의 기본적인 기능을 이상적인 직류 변압기로 모델링하듯이 이 네트워크는 DCM 컨버터의 기본적인 전력처리 기능을 모델링한다.
3. 컨버터 전류와 전압의 동작점을 구하기 위해 대신호 평균 모델을 평형 상태에서 풀 수 있다. 평균 전력을 종종 사용한다.
4. 손실없는 저항 네트워크를 변동과 선형화를 거쳐 DCM 스위치 네트워크의 소신호 교류 모델을 유도할 수 있다. 결과는 2-포트 y 파라미터 모델의 형태를 취한다. 모

델은 트랜지스터와 다이오드 전류의 소신호 변동을 시비율 변동과 트랜지스터 및 다이오드 교류 전압 변동의 함수로 나타낸다.

5. DCM 벅과 부스트 컨버터의 교류 분석을 간단히 하기 위해 소신호 스위치 모델의 다른 두 가지 형식을 정의하는 것이 편리하다. 그림 5.16(a)와 5.16(b)는 두 형식의 모델을 나타낸다. 두 모델은 y 파라미터 2-포트 모델이이지만 다른 파라미터 값을 갖는다.
6. DCM 벅, 부스트와 벅-부스트 컨버터의 인덕터 동특성은 스위칭 주파수 바로 밑이나 더 높은 고 주파수에서 나타난다. 대부분의 경우 고 주파수의 인덕터 동특성을 무시할 수 있다. 저 주파수 컨버터 동특성을 구하기 위해 소신호 교류 모델에서 인덕터 L을 영으로 놓고 나머지 모델을 쉽게 풀 수 있다. DCM 벅, 부스트와 벅-부스트 컨버터는 저 주파수에서 지배적인 단일 극점을 포함하는 전달함수를 대부분 나타낸다.
7. DCM에서 인덕터 동특성을 좀 더 정확하게 모델링하기 위해 평균 인덕터 전압이 영이라는 가정을 하지 않고 평균 인덕터 파형에 대한 식을 세워야 한다.

참고문헌

[1] V. Vorperian, R. Tymerski, and F. C. Lee, "Equivalent Circuit Models for Resonant and PWM Switches," IEEE Transactions on Power Electronics, Vol. 4, No. 2, pp. 205-214, April 1989.

[2] V. Vorperian, "Simplified Analysis of PWM Converters Using the Model of the PWM Switch," part I and II, IEEE Transactions on Aerospace and Electronic Systems, Vol. 26, No. 3, pp. 490-505, May 1990.

[3] D. Maksimović and S. Ćuk, "A Unified Analysis of PWM Converters in Discontinuous Modes," IEEE Transactions on Power Electronics, Vol. 6, No. 3, pp. 476-490, July 1991.

[4] J. Sun, D. M. Mitchell, M. Greuel, P. T. Krein, and R. M. Bass, "Averaged Modeling of PWM Converters in Discontinuous Conduction Mode: a Reexamination," IEEE Power Electronics Specialists Conference, 1998 Record, pp. 612-622, June 1998.

[5] S. Ben-Yaakov and D. Adar, "Average Models as Tools for Studying Dynamics of Switch Mode DC-DC Converters," IEEE Power Electronics Specialists Conference, 1994 Record, pp. 1369-1376, June 1994.

[6] J. Sun, D. M. Mitchell, M. Greuel, P. T. Krein, and R. M. Bass, "Average Models for PWM Converters in Discontinuous Conduction Mode," Proceedings of the 1998 International High Frequency Power Conversion Conference (HFPC'98), pp. 61-72, November 1998.

[7] A. Witulski and R. Erickson, "Extension of State-Space Averaging to Resonant Switches-and Beyond," IEEE Transactions on Power Electronics, Vol. 5, No. 1, pp. 98-109, January 1990.

[8] S. Freeland and R. D. Middlebrook, "A Unified Analysis of Converters with Resonant Switches," IEEE Power Electronics Specialists Conference, 1987 Record, pp. 20-30, 1987.

[9] S. Singer, "Realization of Loss-Free Resistive Elements," IEEE Transactions on Circuits and Systems, Vol. CAS-36, No. 12, January 1990.

[10] S. Singer and R. W. Erickson, "Power-Source Element and Its Properties," IEE Proceedings-Circuits Devices and Systems, Vol. 141, No. 3, pp. 220-226, June 1990.

[11] S. Singer and R. Erickson, "Canonical Modeling of Power Processing Circuits Based on the POPI Concept," IEEE Transactions on Power Electronics, Vol. 7, No. 1, January 1992.

[12] S. Ćuk and R. D. Middlebrook, "A General Unified Approach to Modeling Switching Dc-to-Dc Converters in Discontinuous Conduction Mode," IEEE Power Electronics Specialists Conference, 1977 Record, pp. 36-57.

[13] S. Ćuk, "Modeling, Analysis, and Design of Switching Converters," Ph.D. thesis, California Institute of Technology, November 1976.

연 · 습 · 문 · 제

5.1 플라이백 컨버터의 평균 스위치 모델링. 그림 5.23의 컨버터는 불연속 전도모드에서 동작한다. 두-권선 인덕터는 권선비 1:n이고 누설 인덕턴스는 무시할 수 있어 일차 측에 자화 인덕턴스 L_p가 병렬로 연결된 이상적인 변압기로 모델링할 수 있다.

(a) 트랜지스터와 다이오드의 전압과 전류 파형을 도시하고, 이들의 평균값에 대한 식을 유도하시오.

(b) 손실없는 저항 네트워크를 포함하는 컨버터에 대한 평균 모델을 작성하고, $R_e(d)$에 대한 식을 유도하시오.

(c) 불연속 전도모드에서 전압 변환비 V/V_g를 구하기 위해 모델을 푸시오.

(d) 문제 (c)의 답이 타당한 부하 전류 I의 범위는? DCM 경계를 $I < I_{crit}(D,\ R_e,\ V_g,\ n)$의 형태로 나타내시오.

5.2 비분리 Watkins-Johnson 컨버터의 평균 스위치 모델링. 그림 5.24의 컨버터는 불연속 전도모드에서 동작한다. 두-권선 인덕터는 권선비 1:1이고 누설 인덕턴스는 무시할 수 있어 일차 측에 자화 인덕턴스 L_p가 병렬로 연결된 이상적인 변압기로 모델링할 수 있다.

(a) 트랜지스터와 다이오드의 전압과 전류 파형을 도시하고, 이들의 평균값에 대

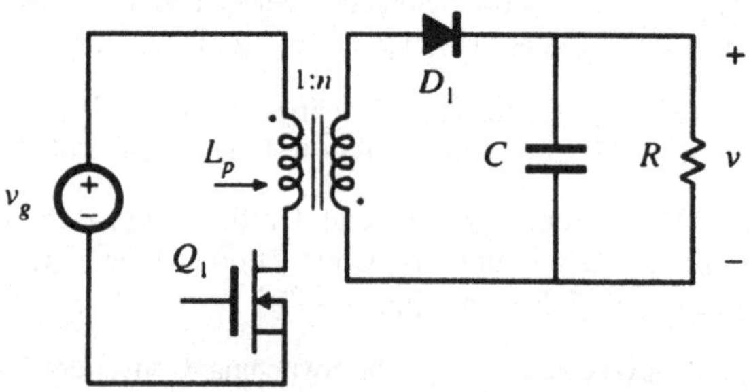

그림 5.23 플라이백 컨버터, 문제 5.1

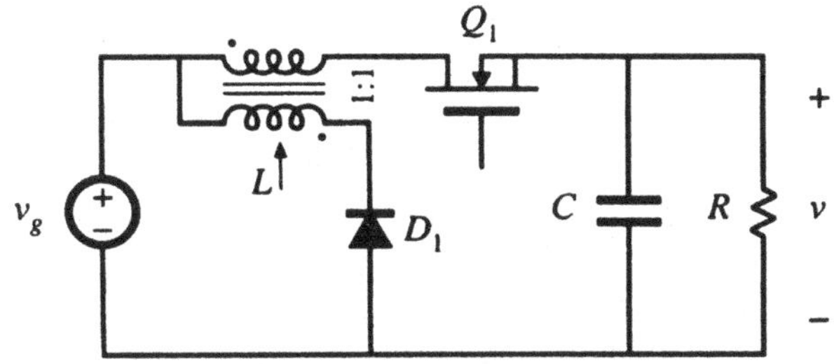

그림 5.24 Watkins–Johnson 컨버터, 문제 5.2

한 식을 유도하시오.

(b) 손실없는 저항 네트워크를 포함하는 컨버터에 대한 평균 모델을 작성하고, $R_e(d)$에 대한 식을 유도하시오.

(c) 불연속 전도모드에서 전압 변환비 $M(D) = V/V_g$를 구하기 위해 모델을 푸시오. 답이 타당한 부하 전류의 범위는?

5.3 벅-부스트 컨버터의 정상상태 출력 특성을 다음과 같이 도시하시오. 여러 시비율 D의 값에 대해 출력 전압 V를 부하 전류 I의 함수로 그리시오. CCM과 DCM 동작을 포함시키고 모드 간의 경계를 명확하게 나타내시오.

5.4 그림 5.25의 네트워크에서 전력원 $p(t)$의 파형은

$$p(t) = 1000\cos^2 377t$$

이고, 회로는 정상상태에서 동작한다. 저항에 걸리는 전압의 실효값 $V_{R,rms}$를 구하시오.

5.5 표 5.3에 주어진 G_{d0}와 ω_p에 대한 표현식을 유도하시오.

5.6 벅 컨버터가 입력 전압 $V_g = 28$ V, 출력 전압 $V = 15$ V에서 동작한다. 부하 저항은 $R = 10\Omega$이다. 다른 소자와 파라미터의 값은 $L = 8$ μH, $C = 220$ μF, $f_s =$ 150 kHz이다.

(a) R_e의 값을 구하시오.

(b) 정지된 시비율 D의 값을 구하시오.

(c) 제어-출력 전달함수 $G_{vd}(s)$의 보드선도를 그리고 주요 특성을 명기하시오. 인덕터 동특성을 무시할 수 있다.

5.7 5.3절의 방법을 이용하여 부스트 컨버터에 대한 제어-출력 전달함수 $G_{vd}(s)$를 유도하시오. $L \approx 0$으로 근사화를 하지 말 것.

(a) 직류 이득 G_{d0}와 RHP 영점 ω_z에 대한 표현식을 M, R_e, D, V_g, L, C, R의 함수로 유도하시오.

(b) C가 충분히 크고 L이 충분히 작다는 가정에서 작은-Q 근사화를 이용하여 $G_{vd}(s)$의 극점을 인수분해를 할 수 있다. M, D, L, C, R의 함수로 두 극점을 나타내시오. 저 주파수 극점이 표 5.3의 식과 일치하는지, 고 주파수 극점이 표 5.4의 식과 일치하는지를 보이시오.

제6장
전류 프로그램 제어

지금까지 PWM 컨버터의 시비율 제어에 대해 다루었다. 컨버터의 출력이 시비율 $d(t)$의 직접적인 선택에 의해 제어된다. 그러므로 컨버터 파형과 출력 전압을 시비율에 관계되는 표현과 소신호 전달함수를 구했다.

더 널리 응용되는 다른 제어 방법으로 전류 프로그램 제어(current programmed control)가 있다[1-13]. 이러한 전류 제어에서는 트랜지스터 스위치 전류($i_s(t)$)의 첨두 값을 선택하여 컨버터 출력을 제어한다. 제어 입력 신호는 전류 $i_c(t)$이고, 간단한 제어 네트워크는 첨두 트랜지스터 전류가 $i_c(t)$를 따라가도록 트랜지스터를 온 오프 스위칭한다. 트랜지스터 시비율을 직접 제어하지 않고, 컨버터의 인덕터 전류, 커패시터 전압, 입력 전압뿐만 아니라 $i_c(t)$에 의해 시비율이 제어된다. 컨버터가 전류 프로그램에 의해 제어되는 것을 전류 프로그램 모드(current programmed mode: CPM)에서 동작한다고 말한다.

간단한 전류 프로그램 제어기의 블록선도를 그림 6.1에 나타낸다. 제어 신호 $i_c(t)$와 스위치 전류 $i_s(t)$의 파형을 그림 6.2에 나타낸다. 래치의 set 입력의 클럭 펄스는 스위칭 주기를 초기화하여 래치 출력 Q를 high로 하고 트랜지스터를 온시킨다. 트랜지스터가 도통하는 동안 스위치 전류 $i_s(t)$는 인덕터 전류 $i_L(t)$과 같고, 인덕턴스와 컨버터 전압에 의해 결정되는 양의 기울기 m_1으로 증가한다. 복잡한 컨버터인 경우 $i_s(t)$는 여러 인덕터 전류

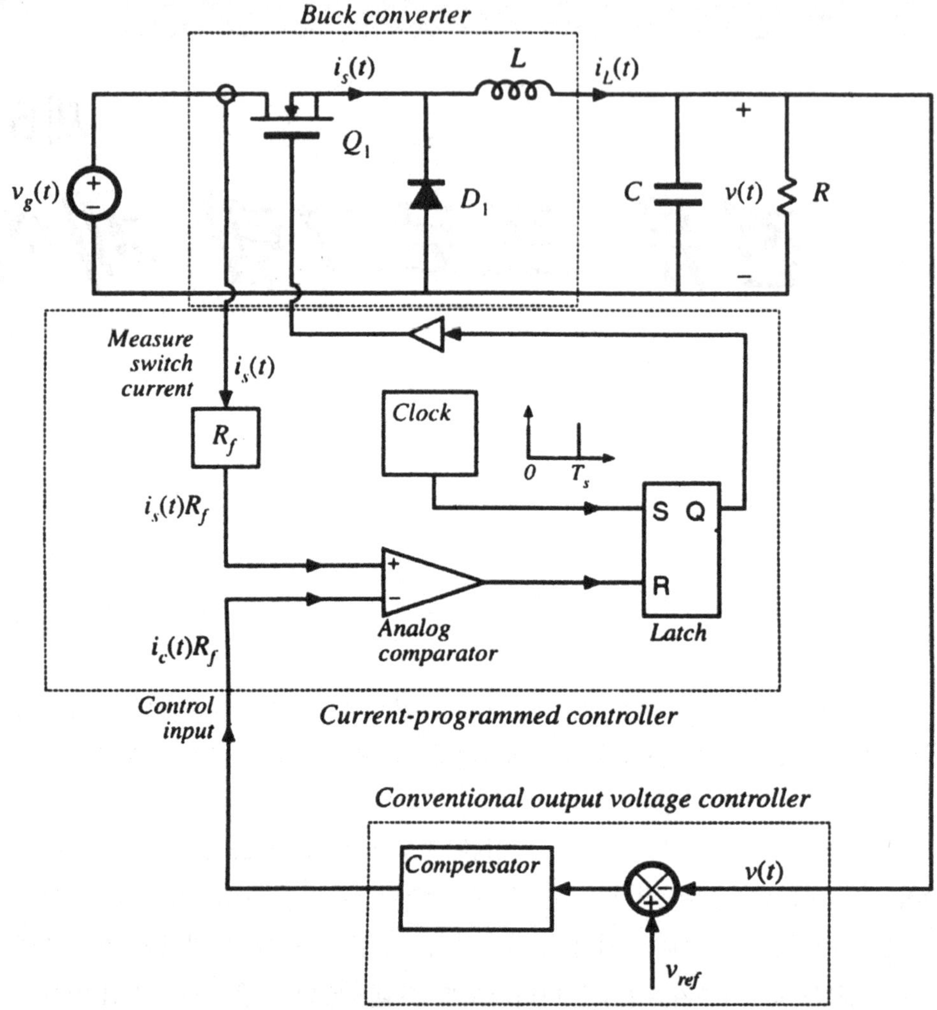

그림 6.1 벅 컨버터의 전류 프로그램 제어. 시비율 대신 첨두 트랜지스터 전류가 제어 입력이다

의 합일 수 있다. 결국 스위치 전류 $i_s(t)$는 제어 신호 $i_c(t)$와 같아진다. 이 순간에 제어기는 트랜지스터 스위치를 오프시키고 남은 스위칭 주기 동안 인덕터 전류는 감소한다. 제어기는 전류 검출회로로 스위치 전류 $i_s(t)$를 검출해야 하고 아날로그 비교기로 $i_s(t)$와 $i_c(t)$를 비교한다. 실제로는 비례 상수 R_f로 $i_s(t)$와 $i_c(t)$에 비례하는 전압을 만들어 비교한다. $i_s(t) \geq i_c(t)$이면 비교기는 래치를 reset하고 남은 스위칭 주기 동안 트랜지스터를 오프시킨다.

일반적으로 출력 전압 조절을 위해 되먹임 루프를 만들 수 있다. 오차 신호를 만들기

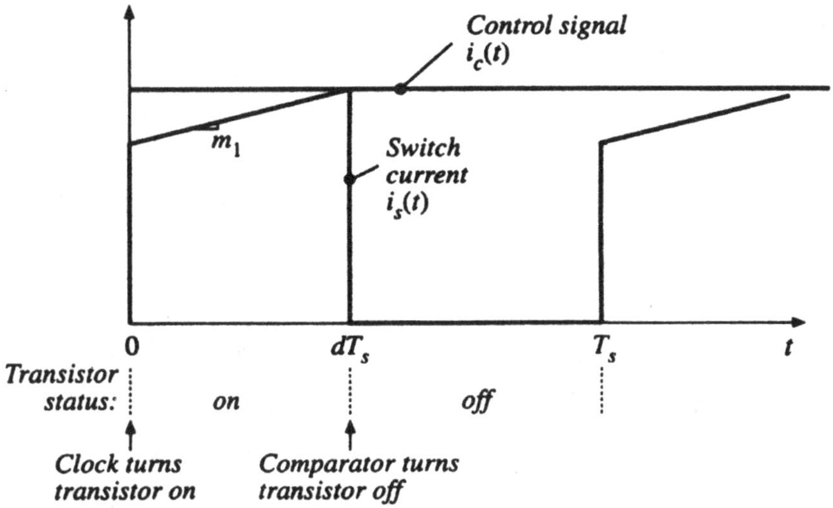

그림 6.2 그림 6.1의 전류 프로그램 제어의 제어 신호 $i_c(t)$와 스위치 전류 $i_s(t)$ 파형

위해 출력 전압 $v(t)$을 기준 전압 v_{ref}와 비교한다. 이 오차 신호를 보상 네트워크의 입력에 인가하고 보상기의 출력은 $i_c(t)R_f$를 만든다. 되먹임 시스템을 설계하기 위해 제어 신호 $i_c(t)$와 라인 입력 전압 $v_g(t)$의 변동이 출력 $v(t)$에 어떠한 영향을 주는가를 모델링할 필요가 있다.

전류 프로그램 제어의 주된 장점은 간단해진 동특성이다. 1차 시스템으로 소신호 제어-출력 전달함수 $\hat{v}(s)/\hat{i_c}(s)$는 $\hat{v}(s)/\hat{d}(s)$보다 극점이 하나 적게 포함한다. 실제로 이 극점은 컨버터 스위칭 주파수 근처의 고 주파수로 이동한다. 진상 보상기를 사용하지 않고 간단하고 강인한 넓은 대역폭의 출력 전압 제어를 얻을 수 있다. 전류 프로그램 제어기는 스위치 전류 $i_s(t)$를 검출하는 회로가 필요하다. 실제로 과도상태나 고장 조건 동안에 과도한 전류로부터 트랜지스터를 보호하기 위해 이 회로는 시비율 제어 시스템에서도 역시 필요하다. 더 간단한 시스템 동특성을 얻기 위해 전류 프로그램 제어는 컨버터가 정상 동작하는 동안에도 전류 센서의 정보를 이용한다. 단순히 $i_c(t)$의 최대값을 제한하여 트랜지스터가 과도한 스위치 전류에 의해 고장이 나는 일을 방지할 수 있다. 이러한 방법으로 매 주기에서 스위치 전류가 너무 커지게 되면 트랜지스터를 오프시킨다.

전류 프로그램 제어의 또 다른 장점으로 전-브리지 또는 푸쉬-풀 분리 컨버터인 경우 변압기의 포화 문제를 완화 또는 제거할 수 있다는 점이다. 이러한 컨버터에서는 작은 전압 불균형 때문에 변압기 자화 전류에 직류 치우침이 발생하여 그 값이 충분히 크면 변압기를 포화시킬 수 있다. 직류 전류 치우침은 트랜지스터 스위치 전류를 증가 또는 감소시킨다. 응답에서 변압기의 전압-시간 곱 평형이 유지되도록 전류 프로그램 제어기는 트랜지스터 시비율을 바꾼다. 전류 프로그램 전-브리지 분리 벅 컨버터는 변압기의 일차 권선과 직렬로 연결된 커패시터가 없이 동작시켜야 한다. 이 커패시터는 시스템을 불안정하게 할 수 있다. 같은 이유 때문에 전-브리지 분리 벅 컨버터에 전류 프로그램 제어를 일반적으로 채택하지 않는다.

전류 프로그램 제어의 단점은 $i_s(t)$나 $i_c(t)$ 신호의 잡음에 민감하다는 점이다. 잡음 때문에 래치를 미리 reset하여 제어기 동작을 방해할 수 있다. 특히 다이오드에 저장된 전하에 의한 턴온 전류 스파이크를 제거하기 위해 검출한 스위치 전류 파형을 약간 필터링해야 한다. 6.1절에서 다룰 전류 프로그램 제어기에 가공의 톱니파(ramp)를 부가하면 회로의 잡음 면역성을 개선할 수 있다.

전류 프로그램 제어를 구현한 상업용 IC를 쉽게 구할 수 있어 일반적으로 컨버터를 전류 프로그램 모드에서 동작시킨다. 이 장에서는 전류 프로그램 모드에서 동작하는 컨버터를 모델링한다. 6.1절에서 전류 프로그램 제어기와 내부 스위치 전류 검출 루프의 안정도를 조사한다. 컨버터의 정상상태 시비율 D가 0.5보다 크면 이 제어기는 불안정함을 알 수 있다. 측정한 스위치 전류 파형에 가공의 톱니파 신호를 부가하면 전류 프로그램 제어기를 안정시킬 수 있다.

6.2절에서 단순한 1차 모델을 이용하여 소신호 전달함수에 대해 서술한다. 스위치 네트워크의 평균 단자 파형을 전력원 소자와 함께 단순한 전류원으로 볼 수 있다. 1차 모델로 제어-출력 전달함수와 컨버터 출력 임피던스에 대해 자세히 살펴 볼 수 있으나 전류 프로그램 벅 컨버터의 라인-출력 전달함수를 예측하기는 어렵다. 그러므로 6.3절에서 이 모델을 수정한다. 6.4절에서 전류 프로그램 컨버터의 모델을 불연속 전도모드로 확장한다.

6.1 $D > 0.5$일 때 진동

정상상태의 시비율 D가 0.5보다 크면 그림 6.1의 전류 프로그램 제어기는 불안정해진다. 이러한 안정도 문제를 피하기 위해 검출한 스위치 전류 파형에 가공의 톱니파 신호를 부가한다. 이 절에서 전류 프로그램 제어기와 내부 스위치 전류 검출 루프의 안정도를 분석한다. 단순한 1차 이산 분석을 통해 가공 톱니파 신호의 부가 효과를 설명한다. 가공 톱니파 신호가 제어기 잡음 민감도에 미치는 영향을 또한 분석한다.

그림 6.3은 연속 전도모드에서 동작하는 스위칭 컨버터의 전형적인 인덕터 전류 파형을 나타낸다. 인덕터 전류는 처음 세부구간에서 기울기 m_1으로 변하고 두 번째 세부구간에서 기울기 $-m_2$로 변한다. 기본 컨버터에 대해 기울기 m_1과 $-m_2$는 각각 다음과 같다.

$$m_1 = \frac{v_g - v}{L},\ -m_2 = -\frac{v}{L}: \text{ 벅 컨버터} \tag{6.1}$$

$$m_1 = \frac{v_g}{L},\ -m_2 = -\frac{v_g - v}{L}: \text{ 부스트 컨버터}$$

$$m_1 = \frac{v_g}{L},\ -m_2 = -\frac{v}{L}: \text{ 벅}-\text{부스트 컨버터}$$

기울기 m_1과 $-m_2$의 값으로 $i_L(0)$, i_c, $i_L(T_s)$와 dT_s사이의 일반적인 관계식을 구할 수 있다.

첫 번째 세부구간 동안 $i_L(t)$가 제어 신호 i_c에 도달할 때까지 인덕터 전류 $i_L(t)$는 기울기 m_1으로 증가한다. 그러므로

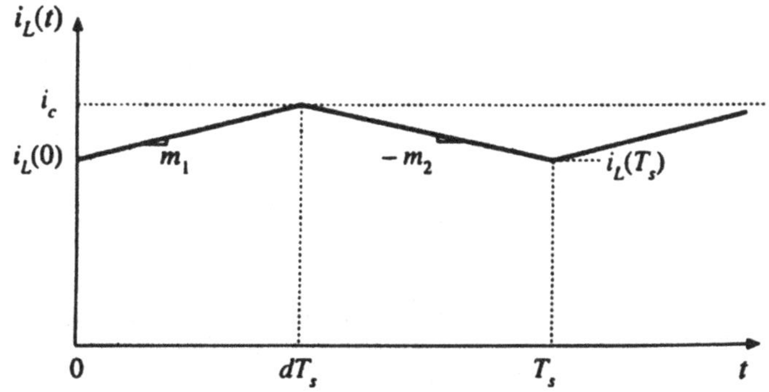

그림 6.3 연속 전도모드에서 동작하는 전류 프로그램 컨버터의 인덕터 전류 파형

$$i_L(dT_s) = i_c = i_L(0) + m_1 dT_s \tag{6.2}$$

이고 시비율 d에 대해 풀면 다음과 같다.

$$d = \frac{i_c - i_L(0)}{m_1 T_s} \tag{6.3}$$

같은 방법으로 두 번째 세부구간에 대해 풀면

$$\begin{aligned} i_L(T_s) &= i_L(dT_s) - m_2 d' T_s \\ &= i_L(0) + m_1 dT_s - m_2 d' T_s \end{aligned} \tag{6.4}$$

이고, 정상상태에서 $i_L(0) = i_L(T_s)$, $d = D$, $m_1 = M_1$, $m_2 = M_2$이다. 이 관계를 식 (6.4)에 대입하면

$$0 = M_1 DT_s - M_2 D' T_s \tag{6.5}$$

또는

$$\frac{M_2}{M_1} = \frac{D}{D'} \tag{6.6}$$

이고, 이 식은 인덕터의 정상상태 전압-시간 곱 평형과 일치한다.

이제 $i_L(0)$에 다음과 같이 작은 변동을 주자.

$$i_L(0) = I_{L0} + \hat{i}_L(0) \tag{6.7}$$

I_{L0}는 식 (6.4)와 (6.5)를 만족하는 정상상태에서 $i_L(0)$의 값이고, $\hat{i}_L(0)$은 다음을 만족하는 미소 변동이다.

$$\left|\hat{i}_L(0)\right| \ll \left|I_{L0}\right| \tag{6.8}$$

이 미소 변동이 결국 영으로 감소하는가를 판단하여 전류 프로그램 제어기의 안정도를 평가하고자 한다. n 스위칭 주기 뒤의 변동 $\hat{i}_L(nT_s)$에 대해 풀고 큰 n에 대해 $\hat{i}_L(nT_s)$이 영으로 접근하는가를 조사한다.

그림 6.4는 정상상태와 변동된 인덕터 전류 파형을 나타낸다. 설명을 위해 인덕터 전류 변동 $\hat{i}_L(0)$의 크기를 과장하였다. 컨버터가 정상상태 근처에서 동작하여 기울기 m_1과 m_2는 거의 변하지 않는다. 그림 6.4는 양의 값을 갖는 $\hat{i}_L(0)$에 대해 그린 것이고 $\hat{d}T_s$는 음이다. 정상상태와 변동된 파형의 기울기는 구간 $0<t<(D+\hat{d})T_s$ 동안 거의 같기때문에 파형들 간의 차이는 이 구간 동안에 $\hat{i}_L(0)$이다. 비슷하게 구간 $(D+\hat{d})T_s<t<T_s$ 동안 두 파형의 기울기는 $-m_2$이므로 두 파형의 차이는 $\hat{i}_L(T_s)$이다. 그림 6.4에서 $\hat{i}_L(T_s)$는 음의 값이다. 그러므로 그림 6.5에서처럼 $(D+\hat{d})T_s<t<DT_s$ 구간만을 생각하여 $\hat{i}_L(T_s)$을 $\hat{i}_L(0)$의 항으로 풀 수 있다.

그림 6.5에서 정상상태의 파형을 이용하여 $\hat{i}_L(0)$을 기울기 m_1과 길이 $-\hat{d}T_s$의 곱으로 다음과 같이 표현할 수 있다.

$$\hat{i}_L(0)=-m_1\hat{d}T_s \tag{6.9}$$

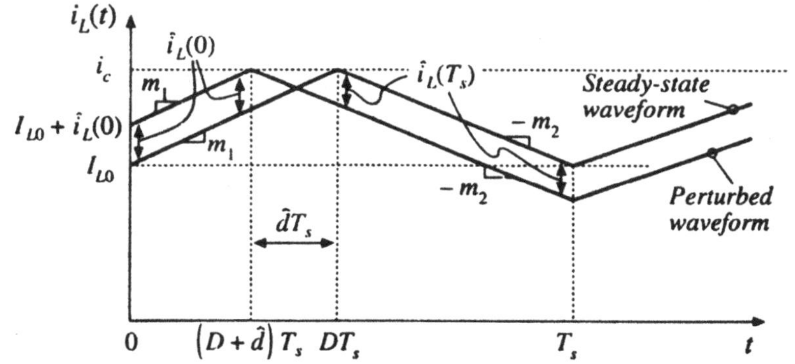

그림 6.4 인덕터 전류 파형에 미치는 초기 값 변동 $\hat{i}_L(0)$의 영향

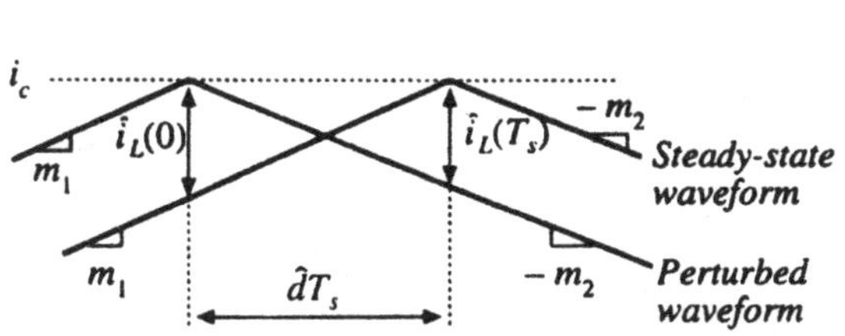

그림 6.5 $i_L(t)$의 첨두 근처에서 정상상태와 변동된 인덕터 전류를 확대한 파형

비슷하게 변동된 파형을 이용하여 $\hat{i}_L(T_s)$를 기울기 $-m_2$와 길이 $-\hat{d}T_s$의 곱으로 다음과 같이 표현할 수 있다.

$$\hat{i}_L(T_s) = m_2 \hat{d} T_s \tag{6.10}$$

식 (6.9)와 (6.10)에서 $\hat{d}$을 소거하면 다음과 같이 쓸 수 있다.

$$\hat{i}_L(T_s) = \hat{i}_L(0)\left(-\frac{m_2}{m_1}\right) \tag{6.11}$$

컨버터의 동작점이 정상상태의 동작점에 충분히 가깝다면 m_2/m_1은 식 (6.6)으로 다음 식으로 근사화할 수 있다.

$$\hat{i}_L(T_s) = \hat{i}_L(0)\left(-\frac{D}{D'}\right) \tag{6.12}$$

다음 스위칭 주기에 대해서도 비슷한 해석을 할 수 있으며 다음과 같다.

$$\hat{i}_L(2T_s) = \hat{i}_L(T_s)\left(-\frac{D}{D'}\right) = \hat{i}_L(0)\left(-\frac{D}{D'}\right)^2 \tag{6.13}$$

n 스위칭 주기 동안의 변동을 다음과 같이 나타낼 수 있다.

$$\hat{i}_L(nT_s) = \hat{i}_L((n-1)T_s)\left(-\frac{D}{D'}\right) = \hat{i}_L(0)\left(-\frac{D}{D'}\right)^n \tag{6.14}$$

특성 값(characteristic value) $\alpha = -D/D'$의 크기기 1보다 작으면 n이 무한대로 접근함에 따라 변동 $\hat{i}_L(nT_s)$는 영으로 접근한다. 반대로 특성 값 D/D'의 크기기 1보다 크면 변동 $\hat{i}_L(nT_s)$는 점점 커진다.

$$\left|\hat{i}_L(nT_s)\right| \to \begin{cases} 0 \;, & \left|-\dfrac{D}{D'}\right| < 1 \text{ 일 때} \\ \infty \;, & \left|-\dfrac{D}{D'}\right| > 1 \text{ 일 때} \end{cases} \tag{6.15}$$

그러므로 전류 프로그램 제어기가 안정하게 동작하기 위해서 $|\alpha| = D/D' < 1$ 또는 다음을 만족해야 한다.

$$D < 0.5 \tag{6.16}$$

예를 들면 정상상태의 단자 전압 $V_g = 20$ V, $V = 50$ V인 부스트 컨버터의 동작을 생각하자. $V/V_g = 1/D'$이므로 부스트 컨버터는 $D = 0.6$에서 동작해야 한다. 그러므로 전류 프로그램 제어기는 불안정할 것으로 예측된다. 특성 값은

$$\alpha = -\frac{D}{D'} = \left(-\frac{0.6}{0.4}\right) = -1.5 \tag{6.17}$$

이고, 식 (6.14)에 주어진 바와 같이 매 스위칭 주기 동안 인덕터 전류의 변동은 -1.5배씩 증가할 것이다. 그림 6.6에서와 같이 한 스위칭 주기 다음에 변동은 -1.5 $\hat{i}_L(0)$으로 커지고, 2번째 주기 후에 2.25 $\hat{i}_L(0)$, 3번째 주기 후에 -3.37 $\hat{i}_L(0)$로 증가한다. 그림 6.6의 특정한 초기 조건에서 이렇게 증가하는 발진은 세 스위칭 주기 후에 전류 프로그램 제어기를 포화시킨다. 인덕터 전류와 제어기 파형은 결국 스위칭 주기의 정수 배와 같은 주기를 갖고 진동한다. 또한 파형에 규칙이 없을 수 있다. 어떠한 경우든 의도한대로 제어기가 동작하지 않는다.

그림 6.7은 출력전압을 $V = 30$ V로 감소시켰을 때 인덕터의 전류 파형을 나타낸다. 부스트 컨버터는 $D = 1/3$에서 동작하므로 특성 값은 다음과 같다.

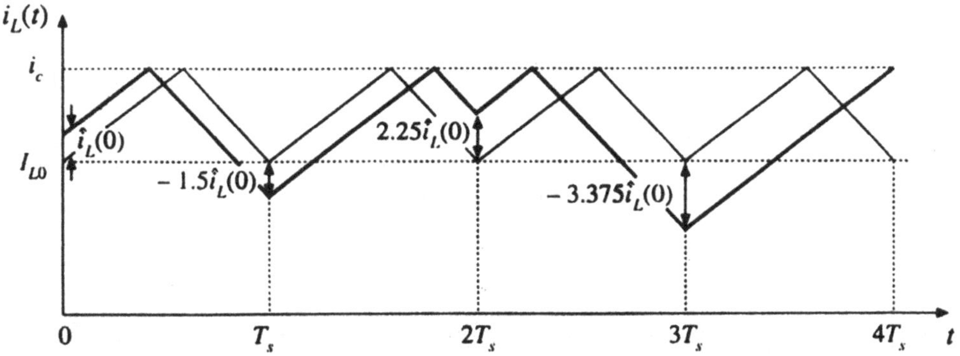

그림 6.6 $D = 0.6$일 때 불안정한 발진

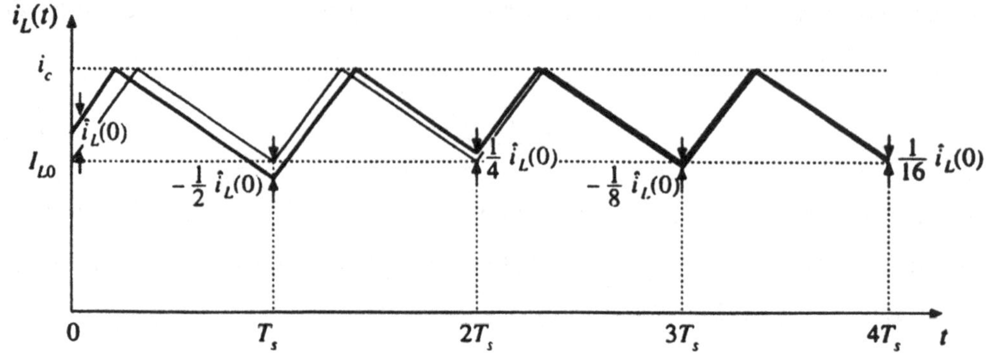

그림 6.7 $D=1/3$일 때 안정한 과도 상태

$$\alpha=-\frac{D}{D'}=\left(-\frac{1/3}{2/3}\right)=-0.5 \tag{6.18}$$

변동의 크기는 매 스위칭 주기 동안 0.5배씩 감소한다. 몇 스위칭 주기 후에 인덕터 전류 변동의 크기는 매우 작아진다.

$D>0.5$에 대한 불안정은 전류 프로그램 제어의 잘 알려진 문제이며 이는 컨버터 회로 구성에 관계없이 성립한다. 그림 6.8과 같이 검출된 스위치 전류 파형에 가공의 톱니파형을 더하여 모든 시비율에서 제어기를 안정시킬 수 있다. 가공의 톱니파형으로 내부 스위치 전류 검출 이산 되먹임 루프의 이득을 감소하는 질적인 효과를 얻을 수 있다. 보인 바와 같이 가공의 톱니파의 기울기는 m_a이다. 제어기는 다음 조건일 때 트랜지스터를 오프시킨다.

$$i_a(dT_s)+i_L(dT_s)=i_c \tag{6.19}$$

여기서 $i_a(t)$는 가공 톱니파이다. 그러므로 인덕터 전류 $i_L(t)$가 다음과 같을 때 트랜지스터는 꺼진다.

$$i_L(dT_s)=i_c-i_a(dT_s) \tag{6.20}$$

그림 6.9는 인덕터 전류 파형 $i_L(t)$과 $[i_c - i_a(t)]$의 아날로그 비교를 나타낸다.

한 스위칭 주기 동안 인덕터 전류 파형 변동의 변화를 분석하여 전류 프로그램 제어기의 안정도를 다시 판단할 수 있다. 그림 6.10은 가공 톱니파가 있는 경우 정상상태와 변

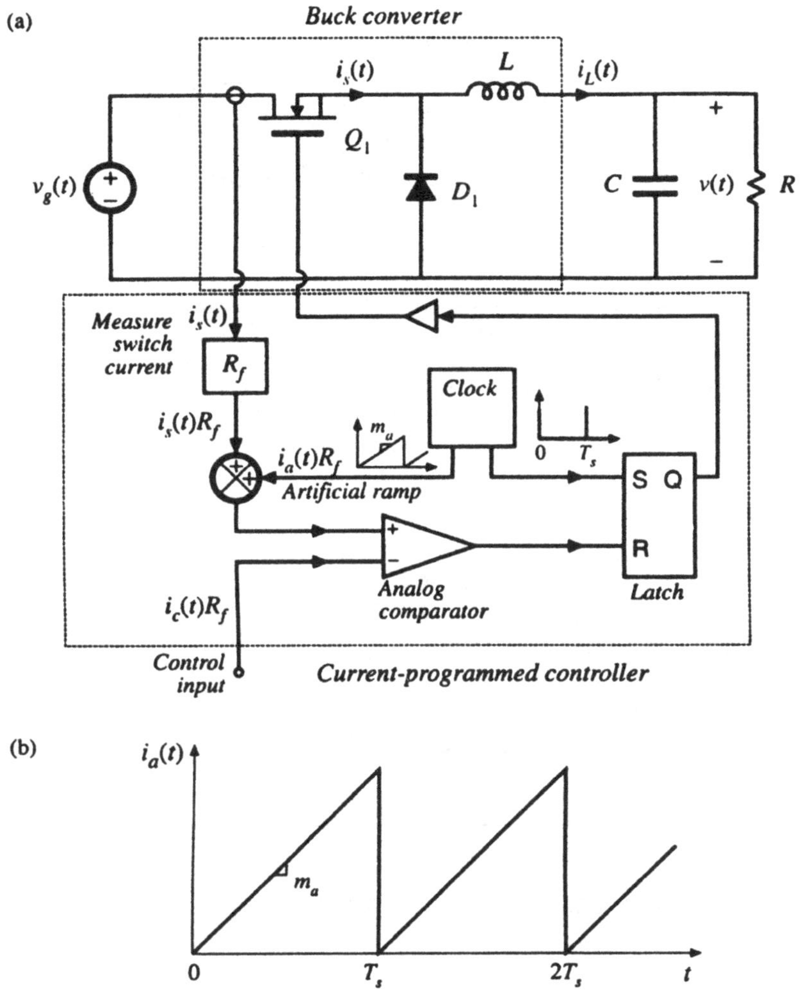

그림 6.8 검출된 스위치 전류 파형에 가공의 톱니파를 더하여 전류 프로그램 제어기를 안정화시킴: (a) 블록선도, (b) 가공의 톱니파형

동된 인덕터 전류 파형을 나타낸다. 변동의 크기 $\hat{i}_L(0)$을 과장해서 그렸다. 변동된 파형은 양의 값을 갖는 $\hat{i}_L(0)$에 대해 그렸다. 따라서 $\hat{d}$과 $\hat{i}_L(T_s)$는 음이다. 변동된 파형이 동작점에 충분히 가깝다면 기울기 m_1과 m_2는 거의 변하지 않고, 구간 $(D+\hat{d})T_s < t < DT_s$ 만을 생각하여 $\hat{i}_L(0)$와 $\hat{i}_L(T_s)$의 관계를 결정할 수 있다. 변동 $\hat{i}_L(0)$와 $\hat{i}_L(T_s)$를 다음과 같이 기울기 m_1, m_2, m_a와 구간 길이 $-\hat{d}T_s$로 나타낼 수 있다.

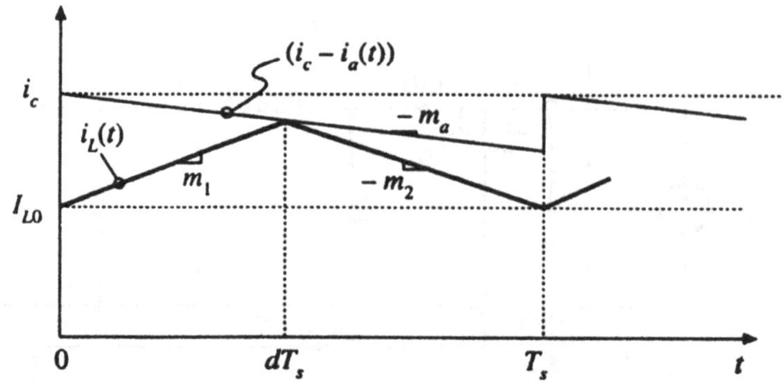

그림 6.9 가공 톱니파의 부가: $i_L(t) = i_c - i_a(t)$일 때 트랜지스터는 꺼진다

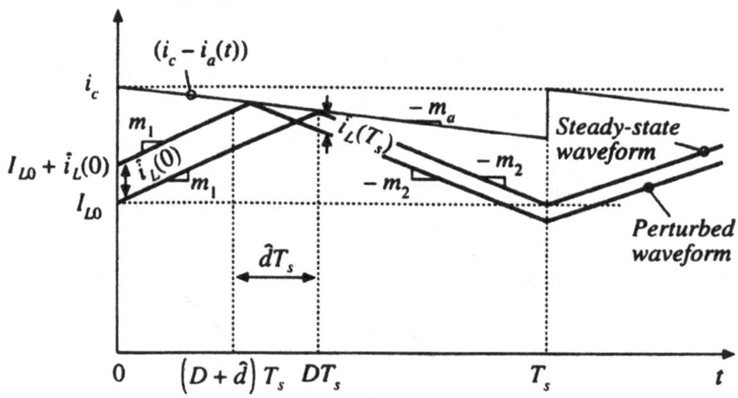

그림 6.10 가공 톱니파가 있는 경우 정상상태와 변동된 인덕터 전류 파형

$$\hat{i}_L(0) = -\hat{d}T_s(m_1 + m_a) \tag{6.21}$$

$$\hat{i}_L(T_s) = -\hat{d}T_s(m_a - m_2) \tag{6.22}$$

$\hat{d}$을 소거하면 다음과 같이 표현할 수 있다.

$$\hat{i}_L(T_s) = \hat{i}_L(0)\left(-\frac{m_2 - m_a}{m_1 + m_a}\right) \tag{6.23}$$

비슷하게 n번째 스위칭 주기에 대해 해석하면 다음과 같다.

$$\hat{i}_L(nT_s) = \hat{i}_L((n-1)T_s)\left(-\frac{m_2 - m_a}{m_1 + m_a}\right) = \hat{i}_L(0)\left(-\frac{m_2 - m_a}{m_1 + m_a}\right)^n = \hat{i}_L(0)\alpha^n \qquad (6.24)$$

인덕터 전류 변동의 추후 전개는 다음의 특성 값에 의해 결정된다.

$$\alpha = -\frac{m_2 - m_a}{m_1 + m_a} \qquad (6.25)$$

큰 n에 대해 변동의 크기는

$$\left|\hat{i}_L(nT_s)\right| \to \begin{cases} 0 \ , \ |\alpha| < 1 \text{ 일 때} \\ \infty \ , \ |\alpha| > 1 \text{ 일 때} \end{cases} \qquad (6.26)$$

이므로 전류 프로그램 제어기의 안정도를 위해 특성 값 α의 크기가 1보다 작도록 가공의 톱니파의 기울기 m_a를 선정해야 한다. 가공의 톱니파로부터 시비율이 0.5보다 큰 시스템을 안정화할 수 있는 자유도를 얻는다. 식 (6.25)에서 m_a를 크게 하면 분자는 감소하고 분모는 증가하므로 충분히 큰 m_a로 특성 값 α의 크기를 1보다 작게 할 수 있다.

일반적인 전압 조절기 응용에서 출력 전압 $v(t)$는 컨버터 제어시스템에 의해 잘 조절되지만 입력 전압 $v_g(t)$는 미지수이다. 식 (6.1)로부터 벅과 벅-부스트 컨버터에 대해 기울기 m_2의 값은 일정하고 정확하게 알 수 있다. 그러므로 식 (6.6)을 이용하여 식 (6.25)에서 기울기 m_1을 소거하여 특성 값 α를 아는 기울기 m_2와 정상상태 시비율 D로 표현하면 다음과 같이 표현할 수 있다.

$$\alpha = -\frac{1 - \dfrac{m_a}{m_2}}{\dfrac{D'}{D} + \dfrac{m_a}{m_2}} \qquad (6.27)$$

가공 톱니파 기울기의 한 예는 다음과 같다.

$$m_a = \frac{1}{2}m_2 \qquad (6.28)$$

식 (6.28)을 식 (6.27)에 대입하면 $D=1$에서 $\alpha=-1$, $0 \le D < 1$에서 $|\alpha|<1$이다. 따라서 이 식의 m_a는 모든 시비율에서 안정화할 수 있는 최소값을 나타낸다. 6.3절에서 이 값은 벅 컨버터의 이상적인 라인-출력 전달함수 $G_{vg}(s)$를 영이 되게 한다는 다른 잇점을 준다는 것을 보인다.

다른 가공 톱니파 기울기 m_a는 다음과 같다.

$$m_a = m_2 \tag{6.29}$$

이 값은 모든 D에 대해 특성 값 α를 영이 되게 한다. 따라서 제어기를 포화시키지 않는 $\hat{i}_L(0)$에 대해 $\hat{i}_L(T_s)$는 영이다. 이 시스템은 한 스위칭 주기 T_s 후에 오차를 제거한다.

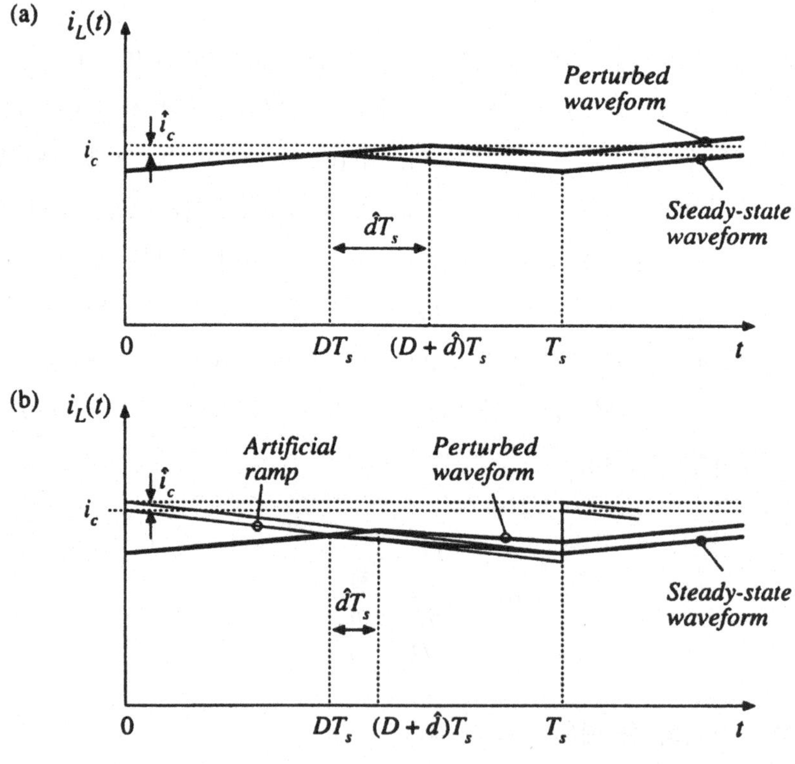

그림 6.11 잡음이 i_c와 같은 제어기의 신호에 변동이 발생하면 시비율에도 변동이 발생한다. (a) 가공 톱니파가 없고 인덕터의 작은 전류 맥동에서 큰 시비율 변동, (b) 가공 톱니파는 제어기 이득을 감소시켜 시비율 변동을 작게 한다

이러한 특성은 deadbeat 제어 또는 유한 안정시간(finite settling time) 제어로 알려져 있다.

위의 안정도 해석에서 변동된 인덕터 전류 파형의 기울기 m_1과 m_2가 정상상태 경우와 같다는 가정에서의 준 정적 근사화(quasi-static approximation)를 사용하였다. 대부분의 일반적인 경우 전류 프로그램 제어를 갖는 전체 시스템의 안정도와 과도 응답은 이산 시간 또는 이산 데이터 분석을 이용하여 평가되어야 한다. 그럼에도 불구하고 위의 분석만으로 가공 톱니파 기울기 m_a를 선정하는데 충분한 조건을 얻을 수 있다.

전류 프로그램 제어기 회로에는 잡음의 민감도가 크게 나타난다. 그 이유를 그림 6.11(a)에 나타낸다. 그림에서 제어 신호 $i_c(t)$를 $\hat{i_c}(t)$로 표현한 작은 양의 잡음만큼 변동시켰다. 가공 톱니파가 없고 인덕터 전류 맥동이 작은 경우 $i_c(t)$의 작은 변동에 의해 시비율에 큰 변동을 야기함을 알 수 있다. 제어기는 큰 이득을 갖는다. 제어기 회로에 잡음이 있으면 시비율 파형에서 큰 난조를 관측할 수 있다. 해법은 가공 톱니파를 부가하여 제어기의 이득을 작게 하는 것이다. 그림 6.11(b)에서 보인 바와 같이 같은 크기를 갖는 $i_c(t)$의 변동에 의해 시비율의 변동이 감소하였다. 제어기 회로의 배치와 접지에 의해 시비율 파형에 큰 잡음이 발생하면 인덕터 전류 맥동보다 큰 크기를 갖는 가공의 톱니파를 부가할 필요가 있다.

6.2 간단한 1차 모델

전류 프로그램 제어기를 구성하고 가공 톱니파를 이용하여 안정화하면 출력 전압을 조절하기 위한 되먹임 루프를 설계해야 한다. 일반적으로 라인 외란 거부, 과도 응답, 출력 임피던스 등에 관한 사양을 만족하는 전압 되먹임 루프를 설계해야 한다. 전형적인 블록선도를 그림 6.12에 나타내며 내부 전류 프로그램 제어기와 외부 전압 되먹임 루프를 포함하고 있다.

출력 전압 되먹임 루프를 설계하기 위해 전류 프로그램 모드에서 동작하는 스위칭 컨버터의 교류 등가회로 모델이 필요하다. 1장에서 시비율 제어로 동작하는 컨버터에 대한 소신호 교류 회로 모델을 유도하는데 평균화를 이용하였다. 이 모델로부터 회로의 동작을 시비율 d의 변동 항으로 나타내었다. 전류 프로그램 제어기에 대한 제어 신호 $i_c(t)$와 시비율 $d(t)$의 관계를 찾고자 하면 1장의 모델을 전류 프로그램 모드에 적용할 수 있다. 일반적으로 시비율은 $i_c(t)$ 뿐만 아니라 컨버터 전압과 전류에 의존한다. 그러므로 전류 프로그램 제어기는 그림 6.12에 보인 바와 같이 여러 되먹임 루프를 포함한다.

이 절에서는 전류 프로그램 컨버터를 다루기 위해 평균화 기법을 확장한다. 전류 프로그램 제어기가 이상적으로 동작하여 인덕터의 평균 전류 $\langle i_L(t) \rangle_{T_s}$가 제어 신호 $i_c(t)$와 같다는 가정에서 단순한 1차 근사화를 적용한다. 이 근사화는 인덕터 전류 맥동과 가공 톱니파의 크기를 무시할 수 있을 때 타당하다. 이 경우 인덕터 전류는 더 이상 독립의 상태 변수가 아니며 컨버터의 소신호 전달함수의 극점에 기여하지 않는다.

간단한 산술식을 이용하여 6.2.1절에서 1차 모델을 유도한다. 6.2.2절에서 평균 스위치 모델링 기법을 이용하여 간단하게 물리적인 해석을 한다. 더 정밀하고 더 복잡한 모델을 6.3절에서 서술한다.

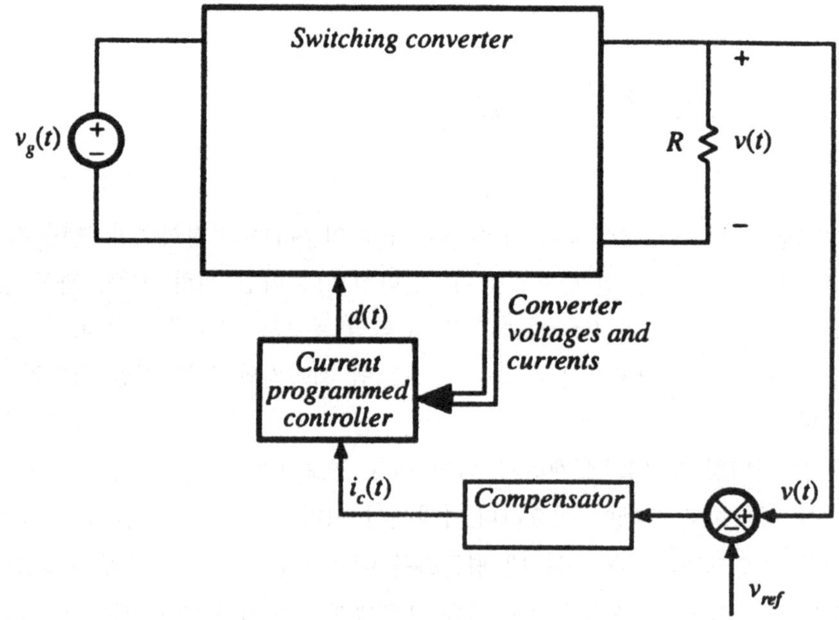

그림 6.12 전류 프로그램 제어를 포함하는 컨버터 시스템의 블록선도

6.2.1 산술식에 의한 간단한 모델: 벅-부스트 예

그림 6.13(a)는 연속 전도모드에서 동작하는 벅-부스트 컨버터의 전력단을 나타내며 인덕터의 전류 파형을 그림 6.13(b)에 보인다. 시비율 제어로 동작하는 컨버터의 소신호 평균 방정식을 1.2절에서 유도하였다. 식 (1.43)을 다시 쓰면 다음과 같다.

$$
\begin{aligned}
&L\frac{d\hat{i}_L(t)}{dt} = D\hat{v}_g(t) + D'\hat{v}(t) + (V_g - V)\hat{d}(t) \\
&C\frac{d\hat{v}(t)}{dt} = -D'\hat{i}_L(t) - \frac{\hat{v}(t)}{R} + I_L\hat{d}(t) \\
&\hat{i}_g(t) = D\hat{i}_L(t) + I_L\hat{d}(t)
\end{aligned}
\tag{6.30}
$$

초기 조건을 영으로 하고 라플라스 변환을 하면 다음과 같이 쓸 수 있다.

$$
\begin{aligned}
&sL\hat{i}_L(s) = D\hat{v}_g(s) + D'\hat{v}(s) + (V_g - V)\hat{d}(s) \\
&sC\hat{v}(s) = -D'\hat{i}_L(s) - \frac{\hat{v}(s)}{R} + I_L\hat{d}(s)
\end{aligned}
\tag{6.31}
$$

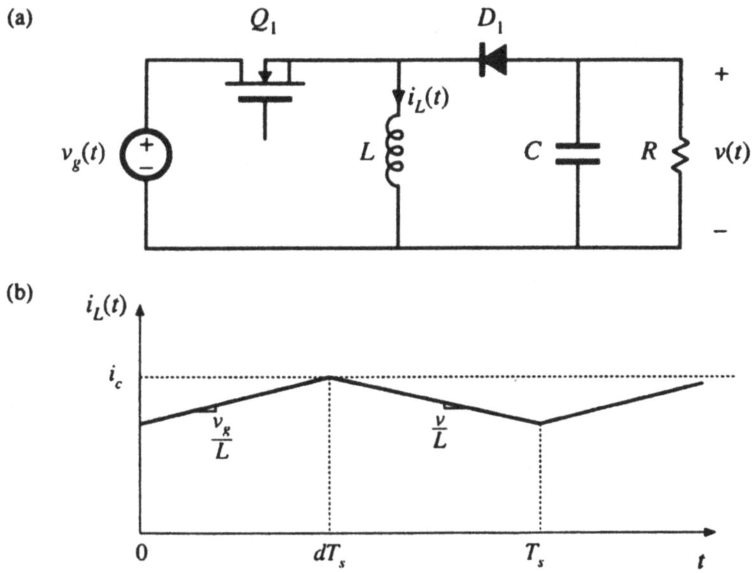

그림 6.13 벅–부스트 컨버터: (a) 전력단, (b) 인덕터 전류 파형

$$\hat{i}_g(s) = D\hat{i}_L(s) + I_L\hat{d}(s)$$

인덕터 전류 $\hat{i}_L(s)$가 프로그램 제어 전류 $\hat{i}_c(s)$와 같다고 가정한다. 제어기가 안정하고 인덕터의 전류 맥동과 가공의 톱니파의 크기가 충분히 작다면 이 가정은 타당하다.

$$\hat{i}_L(s) \approx \hat{i}_c(s) \tag{6.32}$$

식 (6.31)의 인덕터 전류 방정식과 함께 이 근사식을 제어 전류 $\hat{i}_c(s)$와 시비율 $\hat{d}(s)$의 관계를 찾는데 이용한다.

$$sL\hat{i}_c(s) = D\hat{v}_g(s) + D'\hat{v}(s) + (V_g - V)\hat{d}(s) \tag{6.33}$$

$\hat{d}(s)$에 대해 풀면 다음과 같이 표현된다.

$$\hat{d}(s) = \frac{sL\hat{i}_c(s) - D\hat{v}_g(s) - D'\hat{v}(s)}{(V_g - V)} \tag{6.34}$$

이 소신호 표현식은 전류 프로그램 제어기가 주어진 제어 입력 변동 $\hat{i}_c(s)$에 응답하여 시비율을 변화시킨다는 것을 나타낸다. $\hat{d}(s)$는 $\hat{i}_c(s)$뿐만 아니라 컨버터 출력 전압과 입력 전압의 변동에도 의존한다. 식 (6.34)를 식 (6.31)의 두 번째 및 세 번째 식에 대입하여 $\hat{d}(s)$를 소거하면 다음과 같이 쓸 수 있다.

$$\begin{aligned} sC\hat{v}(s) &= -D'\hat{i}_c(s) - \frac{\hat{v}(s)}{R} + I_L\frac{sL\hat{i}_c(s) - D\hat{v}_g(s) - D'\hat{v}(s)}{(V_g - V)} \\ \hat{i}_g(s) &= D\hat{i}_c(s) + I_L\frac{sL\hat{i}_c(s) - D\hat{v}_g(s) - D'\hat{v}(s)}{(V_g - V)} \end{aligned} \tag{6.35}$$

이 식은 다음의 정상상태 관계식을 이용하면 간단하게 된다.

$$\begin{aligned} V &= -\frac{D}{D'} \\ I_L &= -\frac{V}{D'R} = \frac{D}{D'^2 R} V_g \end{aligned} \tag{6.36}$$

식 (6.35)는 다음과 같다.

$$sC\hat{v}(s) = \left(\frac{sLD}{D'R} - D'\right)\hat{i}_c(s) - \left(\frac{D}{R} + \frac{1}{R}\right)\hat{v}(s) - \left(\frac{D^2}{D'R}\right)\hat{v}_g(s) \tag{6.37}$$

$$\hat{i}_g(s) = \left(\frac{sLD}{D'R} + D\right)\hat{i}_c(s) - \left(\frac{D}{R}\right)\hat{v}(s) - \left(\frac{D^2}{D'R}\right)\hat{v}_g(s) \tag{6.38}$$

이 식은 전류 프로그램 벅-부스트 컨버터의 간단한 1차 모델에 대한 기본적인 교류 소신호 방정식이다. 이 식을 이용하여 컨버터의 입력과 출력 포트의 동작을 나타내는 소신호 교류 회로 모델을 만든다. 식 (6.37)에서 $sC\hat{v}(s)$는 출력 커패시터 전류이다. 그림 6.14(b)에서 $\hat{i}_c(s)$ 항을 독립 전류원으로 표현하였고 반면 $\hat{v}_g(s)$ 항을 종속 전류원으로 표현하였다. $\hat{v}_g(s)/R$은 부하 저항을 통해 흐르는 전류이고, $\hat{v}(s)D/R$은 R/D의 값을 갖는 실효 교류 저항을 통해 흐르는 전류이다.

식 (6.38)은 전원 $\hat{v_g}(s)$으로부터 컨버터의 입력 포트로 흐르는 전류 $\hat{i_g}(s)$을 나타낸다. 그림 6.14(a)에서 $\hat{i_c}(s)$ 항을 독립 전류원으로 표현하였고 $\hat{v}(s)$ 항을 종속 전류원으로 표현하였다. -$\hat{v_g}(s)D_2/D'R$은 음인 $-D'R/D_2$의 값을 갖는 실효 교류 저항을 통해 흐르는 전류이다.

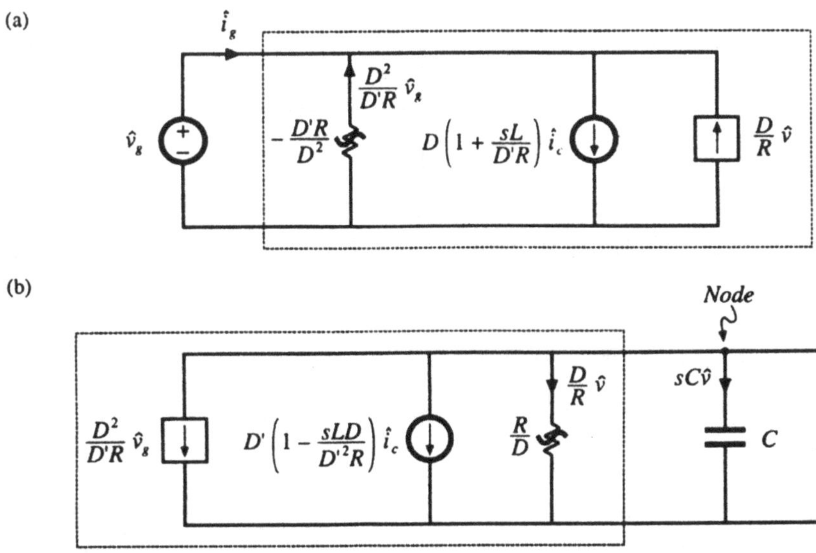

그림 6.14 CCM CPM 벅-부스트 컨버터의 등가회로 구성: (a) 식 (6.38)에 대응하는 입력 포트 모델, (b) 식 (6.37)에 대응하는 출력 포트 모델

그림 6.14(a)와 (b)는 그림 6.15의 소신호 2-포트 모델로 통합할 수 있다. 전류 프로그램 벅-부스트 컨버터도 같은 형태를 갖는 2-포트 등가회로로 모델링할 수 있다. 표 6.1은 기본 벅, 부스트, 벅-부스트 컨버터에 대한 모델의 파라미터를 나타낸다.

컨버터 전달함수와 출력 임피던스를 찾기 위해 2-포트 등가회로를 풀 수 있다. 제어-출력 전달함수는 v_g를 영으로 놓고 찾을 수 있다. 출력 전압에 대해 풀면 전달함수 $G_{vc}(s)$를 다음과 같이 구할 수 있다.

$$G_{vc}(s) = \left.\frac{\hat{v}(s)}{\hat{i}_c(s)}\right|_{\hat{v}_g = 0} = f_2\left(r_2 \parallel R \parallel \frac{1}{sC}\right) \tag{6.39}$$

벅-부스트 컨버터에 대한 모델 파라미터를 대입하면 다음과 같이 나타낼 수 있다.

$$G_{vc}(s) = -R\frac{D'}{1+D}\frac{1 - s\dfrac{DL}{D'^2R}}{1 + s\dfrac{RC}{1+D}} \tag{6.40}$$

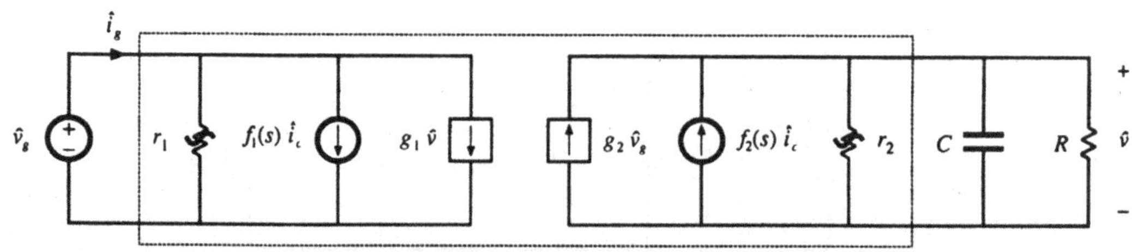

그림 6.15 CCM CPM 벅, 부스트 및 벅-부스트 컨버터를 모델링하는데 사용되는 2-포트 등가회로

표 6.1 전류 프로그램 모드 소신호 등가회로 파라미터, 간단한 모델

Converter	g_1	f_1	r_1	g_2	f_2	r_2
Buck	$\frac{D}{R}$	$D\left(1+\frac{sL}{R}\right)$	$-\frac{R}{D^2}$	0	1	∞
Boost	D	1	∞	$\frac{1}{D'R}$	$D'\left(1-\frac{sL}{D'^2R}\right)$	R
Buck–boost	$-\frac{D}{R}$	$D\left(1+\frac{sL}{D'R}\right)$	$-\frac{D'R}{D^2}$	$-\frac{D^2}{D'R}$	$-D'\left(1-\frac{sDL}{D'^2R}\right)$	$\frac{R}{D}$

이 전달함수는 단지 하나의 극점을 갖고 있음을 알 수 있다. 인덕터에 의한 극점은 제거되었다. 직류 이득은 부하 저항 R에 직접적으로 의존한다. 또한 전달함수는 오른쪽 반평면 영점을 포함하며 영점의 모퉁이 주파수는 시비율 제어의 경우와 같다. 일반적으로 전류 프로그램 제어에 의해 전달함수의 극점과 직류 이득은 변하지만 영점은 변하지 않는다.

라인-출력 전달함수 $G_{vg}(s)$는 제어 전류 i_c를 영으로 놓고 출력 전압에 대해 풀면 다음과 같이 표현할 수 있다.

$$G_{vg}(s) = \left.\frac{\hat{v}(s)}{\hat{v}_g(s)}\right|_{\hat{i}_c=0} = g_2\left(r_2 \parallel R \parallel \frac{1}{sC}\right) \tag{6.41}$$

벅-부스트 컨버터에 대한 모델 파라미터를 대입하면

$$G_{vg}(s) = -\frac{D^2}{1-D^2}\frac{1}{1+s\dfrac{RC}{1+D}} \tag{6.42}$$

이며 인덕터에 의한 극점이 제거되었다. 벅-부스트 컨버터에 대한 출력 임피던스는 다음과 같이 나타낼 수 있다.

$$Z_{out}(s) = \frac{R}{1+D}\frac{1}{1+s\dfrac{RC}{1+D}} \tag{6.43}$$

6.2.2 평균 스위치 모델링

1.4절에서 다룬 평균 스위치 모델링 기법을 이용하여 전류 프로그램 컨버터의 물리적인 특성을 고찰할 수 있다. 그림 6.16의 벅 컨버터를 생각하자. 보인 바와 같이 스위치 네트워크의 단자 전압과 전류를 정의한다. 벅 컨버터가 연속 전도모드에서 동작하면 스위치 네트워크의 평균 단자 파형은 다음과 같은 관계를 갖는다.

$$\begin{aligned}\langle v_2(t)\rangle_{T_s} &= d(t)\langle v_1(t)\rangle_{T_s} \\ \langle i_1(t)\rangle_{T_s} &= d(t)\langle i_2(t)\rangle_{T_s}\end{aligned} \tag{6.45}$$

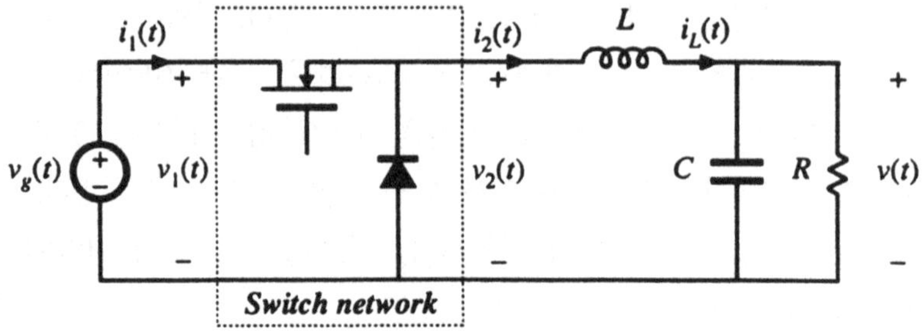

그림 6.16 전류 프로그램 컨버터의 평균 스위치 모델링, CCM 벅 예

인덕터 전류가 제어 전류를 정확하게 따라간다고 가정하면 스위치 네트워크의 단자 전류 i_2로 다음과 같이 쓸 수 있다.

$$\langle i_2(t)\rangle_{T_s} = \langle i_c(t)\rangle_{T_s} \tag{6.46}$$

시비율 $d(t)$를 다음과 같이 식 (6.45)에서 제거할 수 있다.

$$\langle i_1(t)\rangle_{T_s} = d(t)\langle i_c(t)\rangle_{T_s} = \frac{\langle v_2(t)\rangle_{T_s}}{\langle v_1(t)\rangle_{T_s}}\langle i_c(t)\rangle_{T_s} \tag{6.47}$$

이 식을 다른 형태로 표현하면 다음과 같다.

$$\langle i_1(t)\rangle_{T_s}\langle v_1(t)\rangle_{T_s} = \langle i_c(t)\rangle_{T_s}\langle v_2(t)\rangle_{T_s} = \langle p(t)\rangle_{T_s} \tag{6.48}$$

식 (6.46)과 (6.48)은 CCM 전류 프로그램 벅 스위치 네트워크의 평균 단자의 관계를 나타내는 결과이다. 식 (6.46)은 평균 단자 전류 $<i_2(t)>_{T_s}$가 평균 제어 전류 $<i_c(t)>_{T_s}$와 같음을 의미하고, 식 (6.48)로부터 스위치 네트워크의 입력 포트는 스위치 출력 포트로 흘러 나가는 평균 전력과 같은 평균 전력 $<p(t)>_{T_s}$를 소모함을 알 수 있다. 그림 6.17은 평균 등가회로를 나타낸다.

그림 6.17은 전류 프로그램 벅 컨버터 스위치 네트워크의 동작을 간단하게 설명한다. 스위치 네트워크의 출력 포트는 $<i_c(t)>_{T_s}$와 같은 값을 갖는 전류원으로 동작한다. 입력 포트는 전류원 $<i_c(t)>_{T_s}$에 공급된 전력과 같은 값을 갖는 전력을 전원 v_g로부터 끌어내는

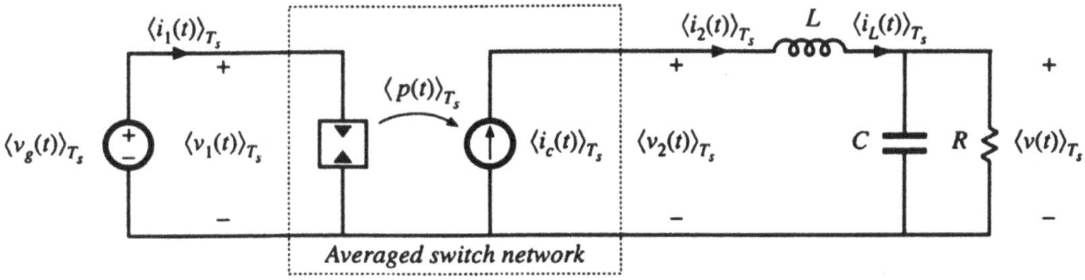

그림 6.17 CPM 벅 컨버터의 평균 모델

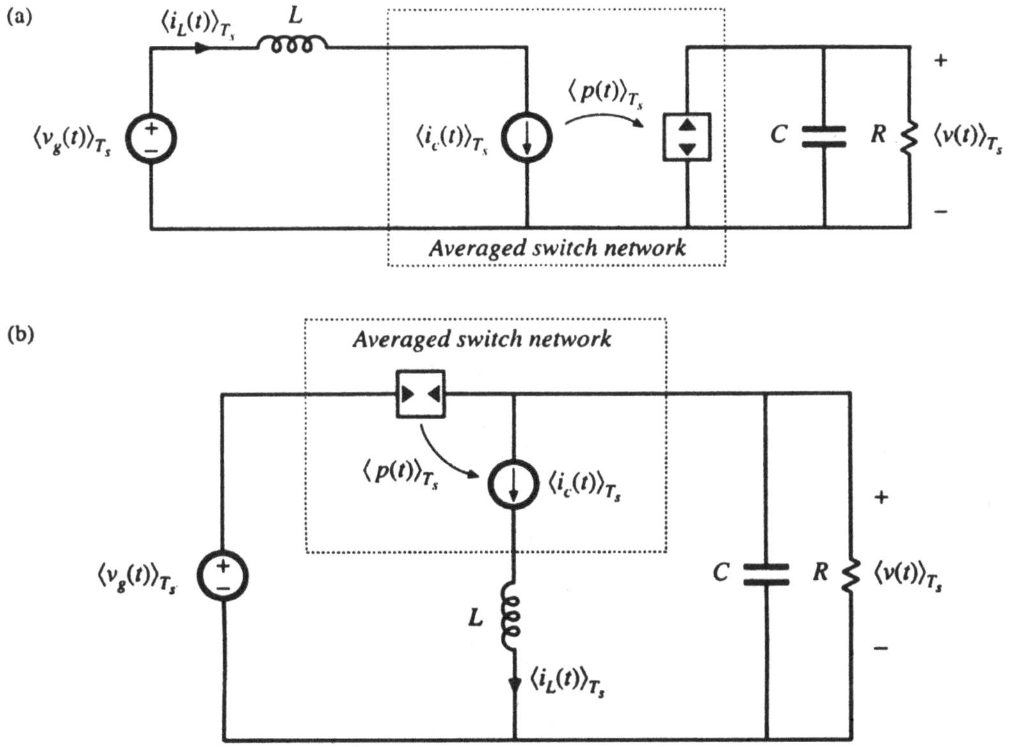

그림 6.18 평균 스위치 모델링을 통한 CPM 부스트 (a)와 벅-부스트 (b) 컨버터의 평균 모델

전력 흡수원 특성을 따른다. 전력원과 전력 흡수원 소자의 특성을 5장과 9장에서 서술한다.

비슷한 논의로 전류 프로그램 부스트와 벅-부스트 컨버터의 평균 스위치 모델을 그림

6.18과 같이 얻을 수 있다. 두 경우에서 종속 전력원과 전력 흡수원과 함께 $<i_c(t)>_{T_s}$의 값을 갖는 전류원으로 스위치 네트워크의 평균 단자 파형을 나타낼 수 있다.

스위치 네트워크의 평균 단자 파형의 변동과 선형화를 하여 전류 프로그램 벅 컨버터의 소신호 교류 모델을 구성할 수 있다. 평균 신호에 다음과 같이 변동을 준다.

$$\begin{aligned} \langle v_1(t)\rangle_{T_s} &= V_1 + \hat{v}_1(t) \\ \langle i_1(t)\rangle_{T_s} &= I_1 + \hat{i}_1(t) \\ \langle v_2(t)\rangle_{T_s} &= V_2 + \hat{v}_2(t) \\ \langle i_2(t)\rangle_{T_s} &= I_2 + \hat{i} \end{aligned} \tag{6.49}$$

그림 6.17의 전류원 $<i_c(t)>_{T_s}$에 변동을 주고 선형화하면 $\hat{i_c}(t)$의 값을 갖는 전류원이 된다. 식 (6.48)의 전력원에 변동을 주면 다음과 같이 쓸 수 있다.

$$\left(V_1 + \hat{v}_1(t)\right)\left(I_1 + \hat{i}_1(t)\right) = \left(V_2 + \hat{v}_2(t)\right)\left(I_c + \hat{i}_c(t)\right) \tag{6.50}$$

양 변의 직류 항을 정리하면

$$V_1 I_1 = V_2 I_c \Rightarrow I_1 = D I_c \tag{6.51}$$

이고 식 (6.50)의 선형 소신호 교류 항은 다음과 같다.

$$\hat{v}_1(t) I_1 + V_1 \hat{i}_1(t) = V_2 \hat{i}_c(t) + I_c \hat{v}_2(t) \tag{6.52}$$

스위치 네트워크의 소신호 입력 전류 $\hat{i}_1(t)$에 대해 풀면 다음과 같이 표현된다.

$$\hat{i}_1(t) = \hat{i}_c(t)\frac{V_2}{V_1} + \hat{v}_2(t)\frac{I_c}{V_1} - \hat{v}_1(t)\frac{I_1}{V_1} \tag{6.53}$$

그림 6.19의 소신호 교류 모델을 만들 수 있다. 스위치 네트워크의 출력 포트는 $\hat{i}_c(t)$의 값을 갖는 전류원이다. 식 (6.53)에 주어진 바와 같이 전력 흡수원 특성을 선형화하여 스위치 네트워크의 입력 포트 모델을 얻는다. 입력 포트의 전류 $\hat{i}_1(t)$은 세 항으로 구성된

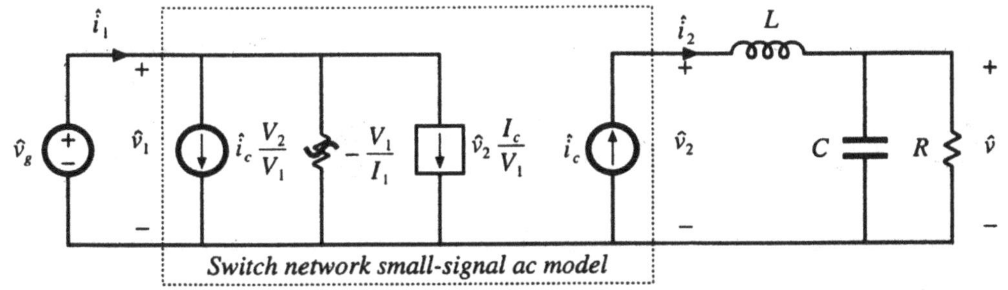

그림 6.19 그림 6.17의 스위치 네트워크에 변동과 선형화를 통해 유도한 CCM CPM 벅 컨버터의 소신호 모델

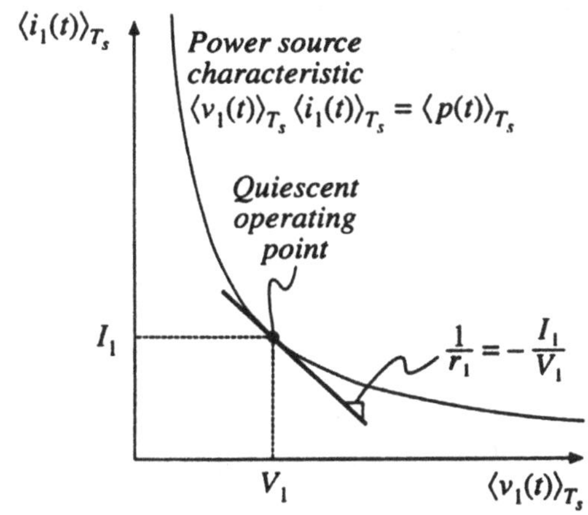

그림 6.20 입력 포트의 증분 저항이 음인 이유. 한 동작점에서 계산한 전력 흡수원의 기울기

다. $\hat{i}_c(t)$항은 독립 전류원으로 모델링되고, $\hat{v}_2(t)$항은 종속 전류원으로 모델링되고, $\hat{v}_1(t)$항은 음의 값 $-V_1/I_1$을 갖는 실효 교류 저항으로 모델링된다. 그림 6.20에 나타낸 바와 같이 동작점에서 계산한 전력 흡수원에 대한 입력 포트 특성의 기울기에 의해 증분 저항을 결정한다. 일정 $<p(t)>_{T_s}$를 유지하도록 $<v_1(t)>_{T_s}$의 증가는 $<i_1(t)>_{T_s}$를 감소시키기 때문에 전력 흡수원은 음의 증가 저항을 나타낸다.

직류 관계 $V_2 = DV_1$, $I_2 = V_2/R$, $I_1 = DI_2$, $I_2 = I_c$를 이용하면 그림 6.19의 등가회로를 다음과 같이 더 간단히 할 수 있다.

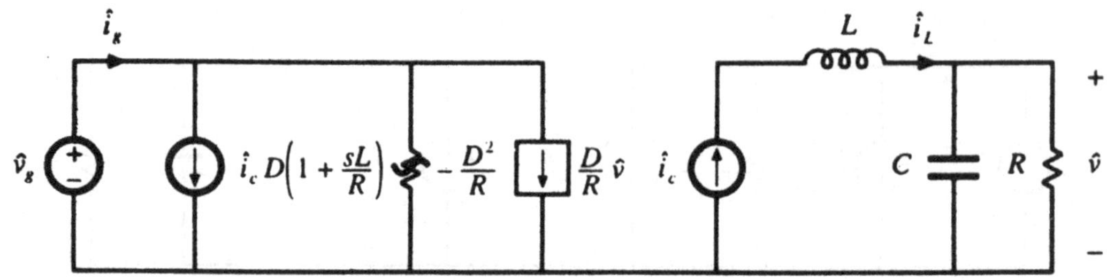

그림 6.21 종속 발생원을 출력 전압 변동으로 나타내어 그림 6.19의 CPM 벅 컨버터 모델을 간단하게 한다.

$$\hat{i}_1(t) = D\hat{i}_c(t) + \frac{D}{R}\hat{v}_2(t) - \frac{D^2}{R}\hat{v}_1(t) \tag{6.54}$$

마지막으로 컨버터 단자 전압 $\hat{v}_g$과 $\hat{v}$을 이용하여 $\hat{v}_1$과 $\hat{v}_2$를 다음과 같이 소거할 수 있다. $\hat{v}_1$은 $\hat{v}_g$와 같다. $\hat{v}_2$는 출력 전압 $\hat{v}$와 인덕터 양단의 전압 $sL\hat{i}_c(s)$의 합과 같다. 따라서

$$\hat{v}_2(s) = \hat{v}(s) + sL\hat{i}_c(s) \tag{6.55}$$

이고 이 관계들을 식 (6.54)에 대입하면 다음과 같다.

$$\hat{i}_1(s) = D\left(1 + s\frac{L}{R}\right)\hat{i}_c(s) + \frac{D}{R}\hat{v}(s) - \frac{D^2}{R}\hat{v}_g(s) \tag{6.56}$$

그림 6.21은 결과적인 등가회로를 나타낸다. 이 등가회로는 표 6.1의 벅 컨버터 파라미터를 갖는 그림 6.15의 모델과 일치한다.

이제 전류 프로그램 벅 컨버터의 근사 소신호 특성을 설명할 수 있다. 인덕터가 전류원 $\hat{i}_c$와 직렬로 있으므로 인덕터는 제어-출력 전달함수에 역할을 하지 않는다. 제어-출력 전달함수는 단순히 다음의 관계식에 의해 결정된다.

$$G_{vc}(s) = \left.\frac{\hat{v}(s)}{\hat{i}_c(s)}\right|_{\hat{v}_g=0} = R \parallel \frac{1}{sC} \tag{6.57}$$

따라서 전류 프로그램에 의해 벅 컨버터의 출력 특성이 전류원으로 변환된다. 전류 프로

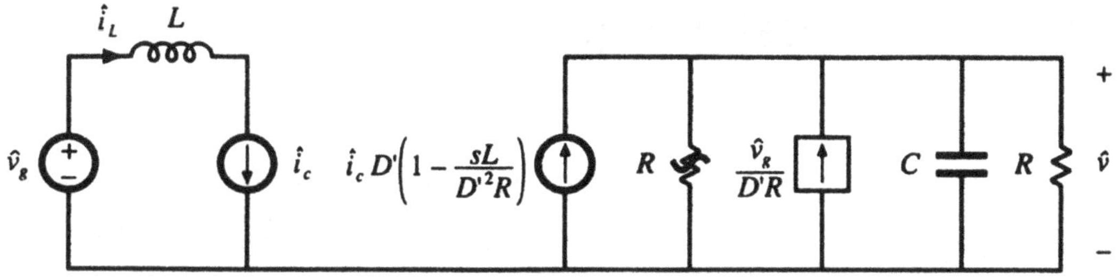

그림 6.22 평균 스위치 모델링과 근사화 $i_L \approx i_c$를 이용하여 얻어진 CCM CPM 부스트 컨버터의 소신호 모델

그램 벅 컨버터의 전력 흡수원 입력 특성때문에 위에서 서술한 바와 같이 음의 증분 입력 저항 특성을 나타낸다. 마지막으로 그림 6.21로부터 벅 컨버터의 라인-출력 전달함수는 영임을 알 수 있다.

$$G_{vg}(s) = \left.\frac{\hat{v}(s)}{\hat{v}_g(s)}\right|_{\hat{i}_c=0} = 0 \tag{6.58}$$

인덕터 전류가 i_c에만 의존하기 때문에 입력 전압 v_g의 외란은 출력 전압에 영향을 주지 않는다. 전류 프로그램 제어기는 v_g의 외란에도 불구하고 일정한 인덕터 전류를 유지하기 위해 시비율을 조절한다. 6.3절의 좀 더 정확한 모델로부터 $G_{vg}(s)$는 영이 아니지만 크기가 매우 작음을 알 수 있다.

비슷한 논의로 그림 6.22의 부스트 컨버터의 소신호 등가회로를 얻을 수 있다. 이 등가회로의 유도를 숙제로 남겨둔다. 부스트 컨버터의 경우 스위치 네트워크의 입력 포트는 i_c의 값을 갖는 전류원으로 동작하고, 출력 포트는 전류원 i_c에서 소모하는 전력과 같은 값을 갖는 종속 전력원으로 동작한다. 소신호 모델에서 전류원 $\hat{i_c}$이 인덕터 L과 직렬로 연결되어 있으므로 컨버터 전달함수는 인덕터에 의한 극점을 포함하지 않는다. 스위치 네트워크의 전력원 출력 특성으로부터 r_2의 교류 저항 값은 R이다. 부스트 컨버터인 경우 전력원의 크기가 $\hat{v}_g$의 값에 직접적으로 의존하기 때문에 라인-출력 전달함수 $G_{vg}(s)$는 영이 아니다. 제어-출력 전달함수 $G_{vc}(s)$는 시비율-제어 부스트 컨버터와 같은 오른쪽 반평면 영점을 포함한다.

6.3 좀 더 정확한 모델

이전의 절에서 다룬 간단한 모델을 이용하여 전류 프로그램 컨버터의 저 주파수 동작을 살펴볼 수 있다. 불행하게도 이 모델을 이용하여 우리가 필요로 하는 모든 것을 알 수 없다. 예를 들면 벅 컨버터의 간단한 모델로부터 라인-출력 전달함수 $G_{vg}(s)$가 영임을 알 수 있다. 그러나 이 전달함수의 크기는 보통 매우 작지만 영과 같지 않다. 입력 전압 외란에 의한 출력 전압의 영향을 보기 위해 실제 $G_{vg}(s)$를 계산해야 한다.

이 절에서는 근사화 $\langle i_L(t)\rangle_{T_s} \approx i_c(t)$에 의존하지 않는 좀 더 정확한 분석을 한다. 참고문헌 [5]와 [6]의 분석적인 방법을 참고문헌 [7]의 제어기 모델과 결합한다. 가공의 톱니파와 인덕터 전류 맥동을 고려하는 전류 프로그램 제어기의 기능 블록선도를 구성한다. 이 블록선도를 1장에서 유도한 평균 컨버터 모델에 연결하여 완전한 컨버터 CPM 모델을 구성한다. CPM 벅, 부스트, 벅-부스트 컨버터에 대한 모델을 열거하고 벅 컨버터 모델에 대해 자세히 분석한다.

6.3.1 전류 프로그램 제어기의 모델

근사화 $\langle i_L(t)\rangle_{T_s} = i_c(t)$를 이용하기보다 평균 인덕터 전류 $\langle i_L(t)\rangle_{T_s}$와 제어 입력 $i_c(t)$의 좀 더 정확한 관계식을 유도하자. 그림 6.23은 인덕터 전류 파형을 나타낸다. $i_L(t)$의 첨두 값은 시간 $t = dT_s$에서 가공의 톱니파의 크기 $m_a dT_s$만큼 $i_c(t)$와 차이가 난다. 인덕터 전류 파형의 첨두 값과 평균 값은 인덕터 전류 맥동의 크기만큼 차이가 난다. 과도상태 즉, $i_L(0)$이 $i_L(T_s)$와 다른 조건에서 dT_s 및 $d'T_s$ 세부구간 동안의 인덕터 전류의 맥동 크기는 각각 $m_1 dT_s/2$와 $m_2 d'T_s/2$이다. 그러므로 인덕터 전류 맥동의 평균 값은 $d(m_1 dT_s/2) + d'(m_2 d'T_s/2)$이다. 따라서 평균 인덕터 전류를 다음과 같이 계산할 수 있다.

$$\begin{aligned}\langle i_L(t)\rangle_{T_s} &= \langle i_c(t)\rangle_{T_s} - m_a dT_s - d\frac{m_1 dTs}{2} - d'\frac{m_2 d'T_s}{2} \\ &= \langle i_c(t)\rangle_{T_s} - m_a dT_s - m_1\frac{d^2 Ts}{2} - m_2\frac{d'^2 T_s}{2}\end{aligned} \tag{6.59}$$

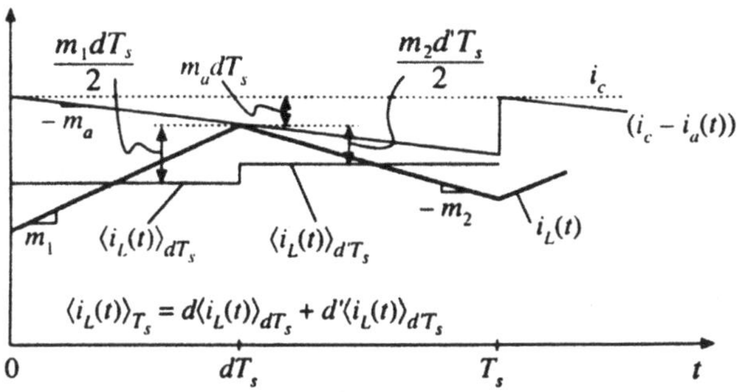

그림 6.23 평균 인덕터 전류 $\langle i_L(t)\rangle_{T_s}$와 i_c의 정확한 관계

이 식은 이 절에서 사용할 좀 더 정확한 관계식이다.

식 (6.59)에 변동을 주고 선형화하여 전류 프로그램 제어기의 소신호 모델을 유도한다.

$$\begin{aligned}\langle i_L(t)\rangle_{T_s} &= I_L + \hat{i}_L(t) \\ \langle i_c(t)\rangle_{T_s} &= I_c + \hat{i}_c(t) \\ d(t) &= D + \hat{d}(t) \\ m_1(t) &= M_1 + \hat{m}_1(t) \\ m_2(t) &= M_2 + \hat{m}_2(t)\end{aligned} \tag{6.60}$$

라 하자. 인덕터 전류의 기울기가 식 (6.1)에 따라 컨버터 전압에 의존하므로 기울기 m_1과 m_2에 변동을 줄 필요가 있다. 기본 벅, 부스트 및 벅-부스트 컨버터에 대해 기울기 변동은 다음 식으로 주어진다.

$$\begin{aligned}\hat{m}_1 &= \frac{\hat{v}_g - \hat{v}}{L},\ \hat{m}_2 = \frac{\hat{v}}{L}:\ \text{벅 컨버터} \\ \hat{m}_1 &= \frac{\hat{v}_g}{L},\ \hat{m}_2 = \frac{\hat{v}_g - \hat{v}}{L}:\ \text{부스트 컨버터} \\ \hat{m}_1 &= \frac{\hat{v}_g}{L},\ \hat{m}_2 = \frac{\hat{v}}{L}:\ \text{벅-부스트 컨버터}\end{aligned} \tag{6.61}$$

가공 톱니파의 기울기 m_a는 변하지 않는다고 가정한다. $\hat{m}_a = M_a$. 식 (6.60)을 식 (6.59)에 대입하면 다음과 같이 쓸 수 있다.

$$\left(I_L + \hat{i}_L(t)\right) = \left(I_c + \hat{i}_c(t)\right) - M_a\left(D + \hat{d}(t)\right)T_s - \left(M_1 + \hat{m}_1(t)\right)\left(D + \hat{d}(t)\right)^2 \frac{Ts}{2} - \left(M_2 + \hat{m}_2(t)\right)\left(D' - \hat{d}(t)\right)^2 \frac{Ts}{2} \tag{6.62}$$

일차 교류 항은

$$\hat{i}_L(t) = \hat{i}_c(t) - (M_a T_s + DM_1 T_s + D' M_2 T_s)\hat{d}(t) - \frac{D^2 Ts}{2}\hat{m}_1 - \frac{D'^2 Ts}{2}\hat{m}_2 \qquad (6.63)$$

이고, 평형 관계식 $DM_1 = D' M_2$를 이용하면 이 식은 다음과 같이 간단하게 된다.

$$\hat{i}_L(t) = \hat{i}_c(t) - M_a T_s \hat{d}(t) - \frac{D^2 Ts}{2}\hat{m}_1 - \frac{D'^2 Ts}{2}\hat{m}_2 \qquad (6.64)$$

마지막으로 $\hat{d}(t)$에 대해 풀면

$$\hat{d}(t) = \frac{1}{M_a T_s}\left[\hat{i}_c(t) - \hat{i}_L(t) - \frac{D^2 Ts}{2}\hat{m}_1 - \frac{D'^2 Ts}{2}\hat{m}_2\right] \qquad (6.65)$$

이 식은 전류 프로그램 제어기가 따르는 실제 관계식으로 $\hat{d}(t)$는 $\hat{i}_c(t)$, $\hat{i}_L(t)$, $\hat{m}_1(t)$와 $\hat{m}_2(t)$의 함수로 결정된다. 기울기 $\hat{m}_1(t)$와 $\hat{m}_2(t)$는 식 (6.61)에 따라 $\hat{v}_g(t)$와 $\hat{v}(t)$에 의존하므로 식 (6.65)를 다음의 형태로 쓸 수 있다.

$$\hat{d}(t) = F_m\left[\hat{i}_c(t) - \hat{i}_L(t) - F_g \hat{v}_g(t) - F_v \hat{v}(t)\right] \qquad (6.66)$$

여기서 $F_m = 1/M_a T_s$이다. 이득 F_g와 F_v에 대한 표현을 벅, 부스트, 벅-부스트 컨버터에 따라 표 6.2에 나타낸다. 식 (6.66)에 따른 전류 프로그램 제어기의 기능 블록선도를 그림

표 6.2 기본 컨버터에 대한 전류 프로그램 제어기의 이득

Converter	F_g	F_v
Buck	$\frac{D^2 T_s}{2L}$	$\frac{(1-2D) T_s}{2L}$
Boost	$\frac{(2D-1) T_s}{2L}$	$\frac{D'^2 T_s}{2L}$
Buck–boost	$\frac{D^2 T_s}{2L}$	$-\frac{D'^2 T_s}{2L}$

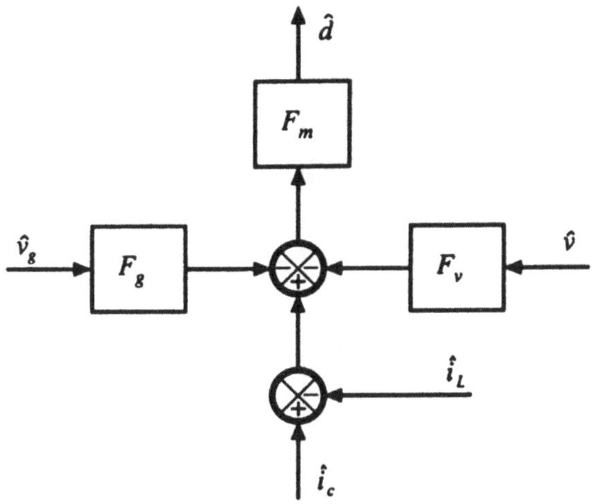

그림 6.24 전류 프로그램 제어기의 기능 블록선도

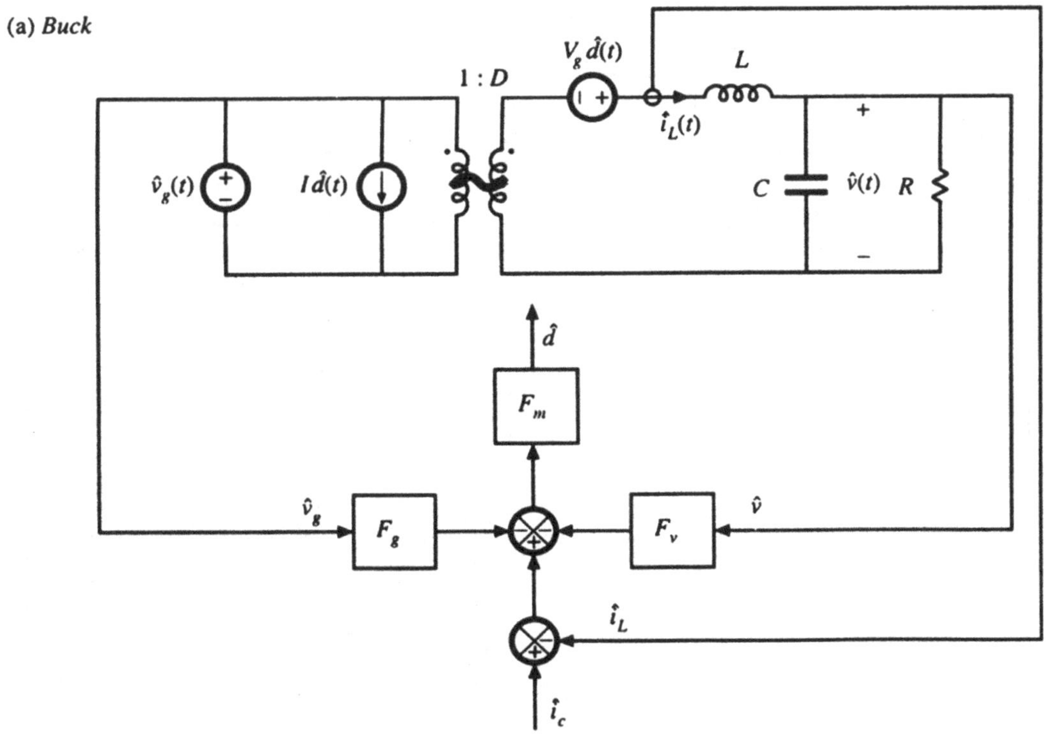

그림 6.25 전류 프로그램 제어기의 좀 더 정확한 모델, (a) 벅, (b) 부스트, (c) 벅-부스트

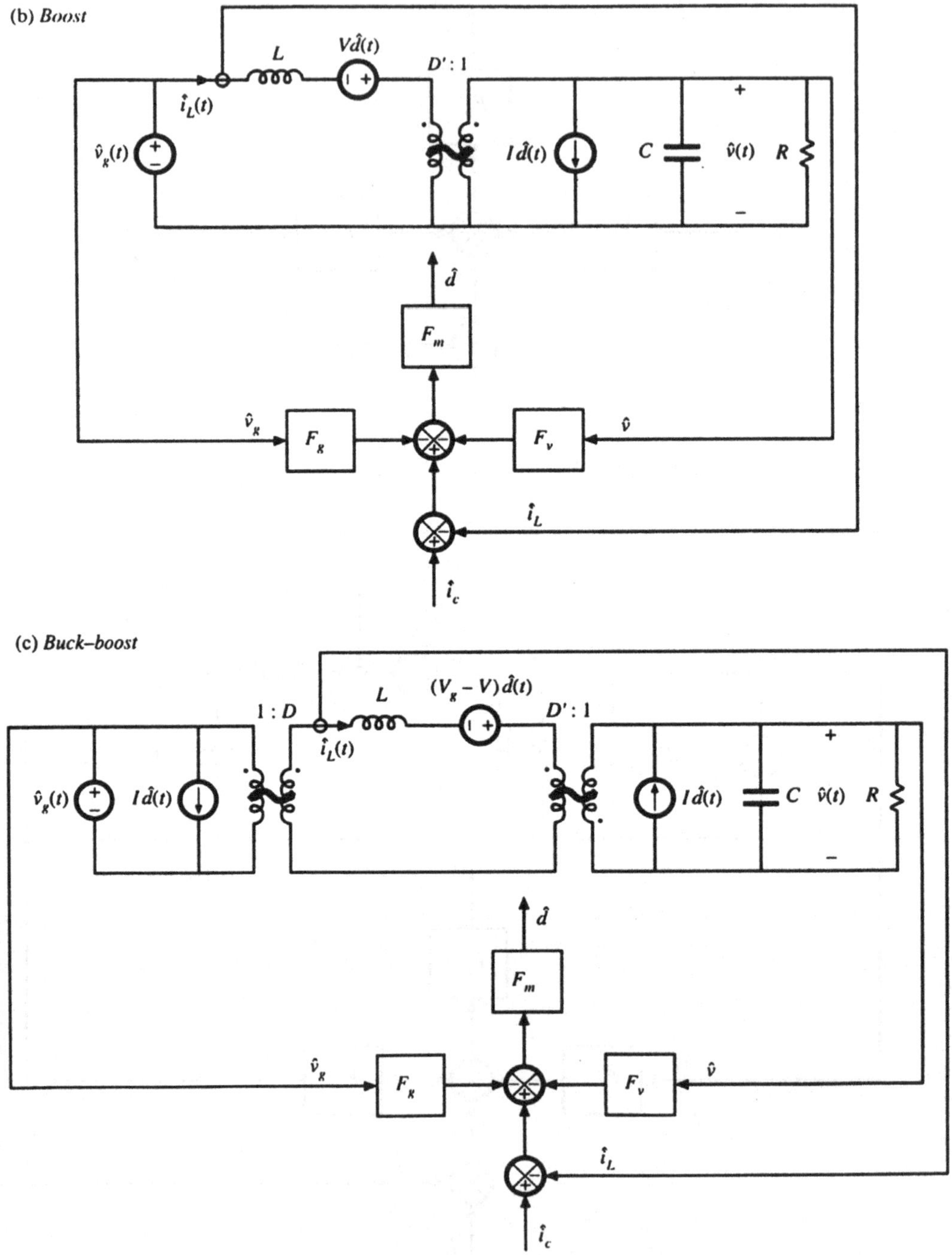

그림 6.25 전류 프로그램 제어기의 좀 더 정확한 모델. (a) 벅, (b) 부스트, (c) 벅-부스트

6.24에 나타낸다.

그림 6.24의 제어기 블록선도와 1장에서 유도한 평균 컨버터 모델을 연결하여 전류 프로그램 컨버터 모델을 유도할 수 있다. 그림 6.25는 그림 6.24의 블록선도와 그림 1.17의 벅과 부스트 및 벅-부스트 컨버터의 평균 모델과 연결하여 얻어진 CPM 컨버터 모델을 나타낸다. 각 컨버터에 대해 전류 프로그램 제어기는 입력 전압 $\hat{v}_g(t)$의 유효한 전향루프뿐만 아니라 인덕터 전류 $\hat{i}_L(t)$과 출력 전압 $\hat{v}(t)$의 유효한 되먹임을 포함한다.

6.3.2 CPM 전달함수의 해

다음으로 전류 프로그램 벅, 부스트 및 벅-부스트 컨버터의 제어-출력 전달함수와 라인-출력 전달함수에 대한 좀 더 정확한 표현을 구하기 위해 그림 6.25의 모델을 풀기로 한다. 2장에서 다루었듯이 전달함수 $G_{vd}(s)$와 $G_{vg}(s)$을 이용하여 컨버터 출력 전압 $\hat{v}$을 시비율 $\hat{d}$과 입력 전압 $\hat{v}_g$ 변동의 함수로 표현할 수 있다:

$$\hat{v}(t) = G_{vd}(s)\hat{d}(s) + G_{vg}(s)\widehat{v_g}(s) \tag{6.67}$$

유사한 방법으로 전달함수 $G_{id}(s)$와 $G_{ig}(s)$을 정의하여 인덕터 전류 변동 $\hat{i}_L$을 시비율 $\hat{d}$과 입력 전압 $\hat{v}_g$ 변동의 함수로 표현할 수 있다:

$$\widehat{i_L}(t) = G_{id}(s)\hat{d}(s) + G_{ig}(s)\widehat{v_g}(s) \tag{6.68}$$

여기서 전달함수 $G_{id}(s)$와 $G_{ig}(s)$는 다음과 같다.

$$\begin{aligned} G_{id}(s) &= \left.\frac{\widehat{i_L}(s)}{\hat{d}(s)}\right|_{\widehat{v_g}(s)=0} \\ G_{ig}(s) &= \left.\frac{\widehat{i_L}(s)}{\widehat{v_g}(s)}\right|_{\hat{d}(s)=0} \end{aligned} \tag{6.69}$$

그림 6.26은 그림 6.25의 컨버터 회로 모델을 식 (6.67)과 (6.68)에 대응하는 블록선도로 대치하여 얻은 블록선도이다.

그림 6.26의 블록선도를 다루거나 식 (6.66), (6.67)과 (6.68)에서 $\hat{d}$과 $\hat{i}_L$을 소거하여 $\hat{v}$에 대해 풀면 제어-출력 및 라인-출력 전달함수를 구할 수 있다. 식 (6.68)을 식 (6.66)에 대입하여 $\hat{d}$에 대해 풀면 다음과 같이 표현할 수 있다.

$$\hat{d}= \frac{F_m}{(1+F_m G_{id})}\left[\hat{i}_c-(G_{ig}+F_g)\hat{v}_g-F_v\hat{v}\right] \tag{6.70}$$

이 식을 식 (6.67)에 대입하면

$$\hat{v}(t)=\frac{F_m G_{vd}}{(1+F_m G_{id})}\left[\hat{i}_c-(G_{ig}+F_g)\hat{v}_g-F_v\hat{v}\right]+G_{vg}\hat{v}_g \tag{6.71}$$

이고, 이 식을 $\hat{v}$에 대해 풀면 다음과 같이 쓸 수 있다.

$$\hat{v}(t)=\frac{F_m G_{vd}}{1+F_m(G_{id}+F_v G_{vd})}\hat{i}_c+\frac{G_{vg}-F_m F_g G_{vd}+F_m(G_{vg}G_{id}-G_{ig}G_{vd})}{1+F_m(G_{id}+F_v G_{vd})}\hat{v}_g \tag{6.72}$$

그러므로 전류 프로그램 제어-출력 전달함수는

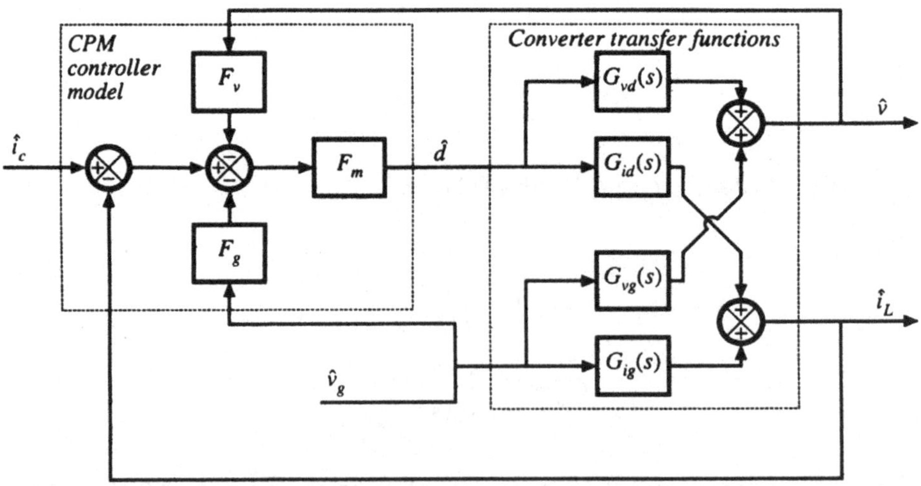

그림 6.26 그림 6.25의 전류 프로그램 컨버터를 모델링하는 블록선도

$$G_{vc-cpm}(s)=\left.\frac{\hat{v}(s)}{\hat{i}_c(s)}\right|_{\hat{v}_g(s)=0}=\frac{F_m G_{vd}}{1+F_m(G_{id}+F_v G_{vd})} \tag{6.73}$$

이고, 전류 프로그램 라인-출력 전달함수는

$$G_{vg-cpm}(s)=\left.\frac{\hat{v}(s)}{\hat{v}_g(s)}\right|_{\hat{i}_c(s)=0}=\frac{G_{vg}-F_m F_g G_{vd}+F_m(G_{vg}G_{id}-G_{ig}G_{vd})}{1+F_m(G_{id}+F_v G_{vd})} \tag{6.74}$$

이다. 식 (6.73)과 (6.74)는 연속 전도모드에서 동작하는 단일 인덕터 전류 프로그램 컨버터의 전달함수에 대한 일반적인 표현식이다.

6.3.3 검토

식 (6.66)과 그림 6.24는 인덕터 전류 맥동과 가공 톱니파에 의해 발생하는 i_L과 i_c의 차이를 설명한다. 인덕터의 전류 맥동때문에 인덕터 전류의 첨두 값과 평균값이 다르게 되어 평균 인덕터 전류와 i_c에 오차가 발생하게 된다. 인덕터 전류 맥동의 크기가 컨버터 입력 및 커패시터 전압의 함수이므로 제어기의 소신호 블록선도에 $\hat{v}_g$과 $\hat{v}$의 의존함이 나타난다. 그러므로 그림 6.24의 F_g 및 F_v 이득 블록은 인덕터 전류 맥동의 소신호 효과를 모델링한다. 충분한 연속 전도모드($2L/RT_s \gg 1$) 동작에 대해 인덕터 전류 맥동은 작다. 따라서 F_g 및 F_v 이득 블록을 무시할 수 있으므로 인덕터 전류 맥동은 전류 프로그램 제어기 이득에 미치는 영향은 무시할만하다.

가공 톱니파 역시 평균 인덕터 전류와 i_c에 오차를 발생시킨다. 이는 가공 톱니파의 기울기 M_a에 역으로 의존하는 이득 블록 F_m에 의해 모델링된다. 가공 톱니파가 없으면 M_a =0이고 F_m은 무한대로 된다. 그림 6.25의 전류 프로그램 제어시스템은 무한대의 루프 이득을 갖는다. 시비율 $\hat{d}$이 유한하므로 F_m블록의 입력 신호($\hat{d}/F_m$)은 영이어야 한다. 따라서

$$\frac{\hat{d}}{F_m}=0=\hat{i}_c-\hat{i}_L-F_g\hat{v}_g-F_v\hat{v} \tag{6.75}$$

이다. 인덕터 전류 맥동을 무시할 수 있는 경우($F_g \rightarrow 0,\ F_v \rightarrow 0$) 이 식은 다음과 같다.

$$0=\hat{i}_c-\hat{i}_L \tag{6.76}$$

이 결과는 6.2절에서 적용한 단순 근사화와 일치한다. 그러므로 이 절에서 유도한 전달함수로부터 가공 톱니파가 없고 인덕터 전류 맥동을 무시한 6.2절의 결과를 얻을 수 있다. $F_m \rightarrow \infty$, $F_g \rightarrow 0$, $F_v \rightarrow 0$인 극한적인 경우 제어-출력 전달함수는 다음과 같이 간단하게 된다.

$$\lim_{\substack{F_m \rightarrow \infty \\ F_g \rightarrow 0 \\ F_v \rightarrow 0}} G_{vc-cpm}(s) = \frac{G_{vd}}{G_{id}} \tag{6.77}$$

그리고 라인-출력 전달함수는

$$\lim_{\substack{F_m \rightarrow \infty \\ F_g \rightarrow 0 \\ F_v \rightarrow 0}} G_{vg-cpm}(s) = \frac{G_{vd}G_{id} - G_{ig}G_{vd}}{G_{id}} \tag{6.78}$$

이다. 식 (6.77)과 (6.78)은 6.2절에서 유도한 전달함수와 같음을 증명할 수 있다.

가공의 톱니파가 있는 경우 이득 F_m은 유한한 값으로 작아진다. 전류 프로그램 제어기는 인덕터 전류 i_L을 더 이상 정확하게 조절하지 못하고 식 (6.75)의 오른쪽 항이 영이 되지 않는다. 매우 큰 가공 톱니파의 극단적인 경우(큰 M_a와 작은 F_m) 전류 프로그램 제어기는 시비율 제어로 퇴보한다. 그림 6.8의 가공 톱니파와 아날로그 비교기는 소신호 이득 F_m을 갖는 그림 1.63과 유사한 펄스폭 변조기의 기능을 한다. 작은 F_m, $F_g \rightarrow 0$, $F_v \rightarrow 0$인 경우 식 (6.73)의 제어-출력 전달함수는 다음과 같이 쓸 수 있다.

$$\lim_{\substack{small\ F_m \\ F_g \rightarrow 0 \\ F_v \rightarrow 0}} G_{vc-cpm}(s) = F_m G_{vd} \tag{6.79}$$

이 식은 기존의 시비율 제어인 경우와 일치한다. 그리고 식 (6.74)의 라인-출력 전달함수는

$$\lim_{\substack{small\ F_m \\ F_g \rightarrow 0 \\ F_v \rightarrow 0}} G_{vg-cpm}(s) = G_{vg} \tag{6.80}$$

이며 기존의 시비율 제어인 경우와 일치한다.

6.3.4 CCM 전류 프로그램 벅 컨버터의 전달함수

그림 1.17(a)의 등가회로 모델을 분석하여 시비율 제어에 의한 CCM 벅 컨버터의 제어-출력 전달함수 $G_{vd}(s)$와 라인-출력 전달함수 $G_{vg}(s)$를 2장에 표로 나타내었으며 다음과 같다.

$$G_{vd}(s) = \frac{V}{D}\frac{1}{den(s)} \tag{6.81}$$

$$G_{vg}(s) = D\frac{1}{den(s)} \tag{6.82}$$

여기서 분모의 다항식은

$$den(s) = 1 + s\frac{L}{R} + s^2 LC \tag{6.83}$$

이다. 또한 그림 1.17(a)의 등가회로 모델을 분석하여 식 (6.68)과 (6.69)로 정의한 인덕터 전류 전달함수 $G_{id}(s)$와 $G_{ig}(s)$를 다음과 같이 구할 수 있다.

$$G_{id}(s) = \frac{V}{DR}\frac{(1+sRC)}{den(s)} \tag{6.84}$$

$$G_{ig}(s) = \frac{D}{R}\frac{(1+sRC)}{den(s)} \tag{6.85}$$

여기서 $den(s)$는 식 (6.83)과 같다.

가공의 톱니파가 없고 맥동을 무시할만하면 제어-출력 전달함수는 이상적인 식 (6.77)과 같아진다. 식 (6.81)과 (6.84)를 대입하면 다음과 같다.

$$\lim_{\substack{F_m \to \infty \\ F_g \to 0 \\ F_v \to 0}} G_{vc-cpm}(s) = \frac{G_{vd}(s)}{G_{id}(s)} = \frac{R}{1+sRC} \tag{6.86}$$

같은 조건에서 라인-출력 전달함수는 이상적인 식 (6.78)과 같아진다. 식 (6.81)과 (6.85)를 대입하면 다음과 같다.

$$\lim_{\substack{F_m \to \infty \\ F_g \to 0 \\ F_v \to 0}} G_{vg-cpm}(s) = \frac{G_{vd}(s)G_{id}(s) - G_{ig}(s)G_{vd}(s)}{G_{id}(s)} = 0 \tag{6.87}$$

식 (6.86)과 (6.87)은 6.2절에서 유도한 CCM 벅 컨버터에 대한 식과 일치한다.

임의의 F_m, F_g와 F_v에 대해 제어-출력 전달함수는 식 (6.73)으로 주어진다. (6.81)과 (6.85)를 대입하면 다음과 같다.

$$G_{vc}(s) = \frac{F_m G_{vd}}{1 + F_m(G_{id} + F_v G_{vd})} = \frac{F_m\left(\frac{V}{D}\frac{1}{den(s)}\right)}{1 + F_m\left[\left(\frac{V}{DR}\frac{1+sRC}{den(s)}\right) + F_v\left(\frac{V}{D}\frac{1}{den(s)}\right)\right]} \tag{6.88}$$

이고 간단히 하면 다음과 같다.

$$G_{vc}(s) = \frac{F_m \frac{V}{D}}{den(s) + \frac{F_m V}{DR}(1 + sRC) + F_m F_v \frac{V}{D}} \tag{6.89}$$

마지막으로 제어-출력 전달함수를 다음과 같이 정규 형식으로 표현할 수 있다.

$$G_{vc}(s) = \frac{G_{c0}}{1 + \frac{s}{Q_c \omega_c} + \left(\frac{s}{\omega_c}\right)^2} \tag{6.90}$$

여기서

$$G_{c0} = \frac{V}{D}\frac{F_m}{1 + \frac{F_m V}{DR} + F_m F_v \frac{V}{D}} \tag{6.91}$$

$$\omega_c = \frac{1}{\sqrt{LC}}\sqrt{1 + \frac{F_m V}{DR} + F_m F_v \frac{V}{D}} \tag{6.92}$$

$$Q_c = R\sqrt{\frac{C}{L}}\frac{\sqrt{1 + \frac{F_m V}{DR} + F_m F_v \frac{V}{D}}}{\left(1 + \frac{RCF_m V}{DL}\right)} \tag{6.93}$$

이다. 위 식에서 주요 특성 G_{c0}, ω_c와 Q_c를 시비율 제어에 대한 식에 전류 프로그램 제어에 의한 영향을 나타내는 요소를 곱한 형태로 나타내었다.

식 (6.93)으로부터 전류 프로그램 제어에 의해 극점의 Q-계수가 감소함을 알 수 있다. 큰 값의 F_m에 대해 Q_c는 $F_m^{-1/2}$의 함수로 변하여 극점은 실수의 값이 되고 크기가 잘 분리되어 진다. 2.1.7절의 작은 $-Q$ 근사화를 이용하면 저 주파수 극점은 다음과 같이 쓸 수 있다.

$$Q_c\omega_c = R\frac{C}{L}\frac{\left(1+\dfrac{F_m V}{DR}+F_m F_v\dfrac{V}{D}\right)}{\left(1+\dfrac{RCF_m V}{DL}\right)} \tag{6.94}$$

큰 값의 F_m과 작은 값의 F_v에 대해 이 식을 다음과 같이 더 근사화할 수 있다.

$$Q_c\omega_c \approx \frac{1}{RC} \tag{6.95}$$

이 결과는 6.2절의 간단한 모델에 의한 저 주파수 극점과 일치한다. 작은 $-Q$ 근사화를 이용하면 고 주파수 극점은 다음과 같이 쓸 수 있다.

$$\frac{\omega_c}{Q_c} = \frac{1}{RC}\left(1+\frac{RCF_m V}{DL}\right) \tag{6.96}$$

큰 값의 F_m에 대해 이 식을 다음과 같이 더 근사화할 수 있다.

$$\frac{\omega_c}{Q_c} = \frac{F_m V}{DL} = f_s\frac{M_2}{DM_a} \tag{6.97}$$

일반적으로 고 주파수 극점은 스위칭 주파수 f_s 근처나 조금 높은 지점에 놓인다. 컨버터 스위칭과 변조기의 샘플링 과정에 의해 컨버터의 고주파수 동작에 영향을 미치는 이산시간 현상이 발생하고, 이 현상을 여기서 사용한 연속시간 평균 분석에 의해 예측할 수 없다. 따라서 평균 모델은 스위칭 주파수의 약 1/2이하의 주파수에서 타당하다.

임의 F_m, F_g와 F_g에 대해 전류 프로그램 라인-출력 전달함수 $G_{vg\text{-}cpm}(s)$는 식 (6.74)로 주어진다. 이상적인 전달함수 식 (6.78)을 구하고 식 (6.74)를 간단하게 하여 쉽게 평가할 수 있다. 벅 컨버터의 경우에 식 (6.87)로부터 $(G_{vg}G_{id} - G_{vd}G_{ig})$는 영임을 알 수 있으므로 식 (6.74)는 다음과 같이 된다.

$$G_{vg-cpm}(s) = \frac{G_{vg} - F_m F_g G_{vd} + F_m(0)}{1 + F_m(G_{id} + F_v G_{vd})} \tag{6.98}$$

식 (6.81)부터 (6.85)까지를 식 (6.98)에 대입하면 다음과 같다.

$$G_{vg-cpm}(s) = \frac{\dfrac{D}{den(s)} - F_m F_g \dfrac{V}{D} \dfrac{1}{den(s)}}{1 + F_m\left(\dfrac{V}{DR}\dfrac{1+sRC}{den(s)} + F_v \dfrac{V}{D}\dfrac{1}{den(s)}\right)} \tag{6.99}$$

간단히 하면 다음과 같이 나타낼 수 있다.

$$G_{vg-cpm}(s) = \frac{\left(D - F_m F_g \dfrac{V}{D}\right)}{den(s) + \dfrac{F_m V}{DR}(1+sRC) + F_m F_v \dfrac{V}{D}} \tag{6.100}$$

마지막으로 라인-출력 전달함수를 다음과 같이 정규 형식으로 표현할 수 있다.

$$G_{vg-cpm}(s) = \frac{G_{g0}}{1 + \dfrac{s}{Q_c \omega_c} + \left(\dfrac{s}{\omega_c}\right)^2} \tag{6.101}$$

여기서

$$G_{g0} = D\frac{\left(1 - \dfrac{F_m F_g V}{D^2}\right)}{\left(1 + \dfrac{F_m V}{DR} + F_m F_v \dfrac{V}{D}\right)} = D\frac{\left(1 - \dfrac{M_2}{2M_a^2}\right)}{\left(1 + \dfrac{F_m V}{DR} + F_m F_v \dfrac{V}{D}\right)} \tag{6.102}$$

이고, Q_c와 ω_c는 식 (6.92)와 (6.93)에 주어져 있다.

식 (6.102)는 전류 프로그램 제어에 의해 벅 컨버터 라인-출력 전달함수의 직류 이득을 감소시킴을 나타낸다. 시비율 제어($F_m \to 0$)에 대해 G_{g0}는 D와 같다. 영이 아닌 F_m은 식 (6.102)의 분자를 감소시키고 분모를 증가시켜 G_{g0}를 더 작게 한다. 이상적인 경우($F_m \to$

∞, $F_g \to 0$, $F_v \to 0$) G_{g0}는 영이 됨을 이미 알고 있다. 식 (6.102)로부터 가공 톱니파의 기울기 M_a를 $0.5M_2$로 선택하면 이상적이지 않은 전류 프로그램 벅 컨버터도 G_{g0}가 영이 될 수 있음을 나타낸다. 전류 프로그램 제어기는 입력 전압 변동이 출력에 도달하지 않도록 방해한다. 이러한 결과로 이르는 과정은 전류 프로그램 제어에 고유한 성질로 식 (6.66)에서 $F_g\hat{v}_g$을 통한 v_g의 실효적인 전향 경로때문이다. $F_g F_m G_{vd}(s) = G_{vg}(s)$일 때 F_g를 통한 $\hat{v}_g$으로의 전향 경로는 $G_{vg}(s)$를 통해 출력 $\hat{v}$에 변동을 발생시키면, 이는 컨버터의 직접적인 전향 경로에서 $\hat{v}_g$에 의한 $\hat{v}$의 변동에 의해 정확하게 제거된다는 것을 그림 6.26으로부터 알 수 있다. 벅 컨버터인 경우 $M_a = 0.5M_2$일 때 정확한 제거가 일어난다.

6.3.5 기본 컨버터에 대한 결과

전류 프로그램 제어기에 의해 제어되는 기본 벅, 부스트와 벅-부스트 컨버터의 전달함수를 표 6.3에서 표 6.5에 정리한다. 6.2절의 간단한 모델과 이 절에서 유도한 좀 더 정확

표 6.3 CPM 벅 컨버터에 대한 결과 요약

Simple model	Duty cycle controlled gains	
$\dfrac{\hat{v}}{\hat{i}_c} = \dfrac{R}{1+sRC}$	$G_{vd}(s) = \dfrac{V}{D}\dfrac{1}{den(s)}$	$G_{id}(s) = \dfrac{V}{DR}\dfrac{1+sRC}{den(s)}$
$\dfrac{\hat{v}}{\hat{v}_g} = 0$	$G_{vg}(s) = D\dfrac{1}{den(s)}$	$G_{ig}(s) = \dfrac{D}{R}\dfrac{1+sRC}{den(s)}$
	$den(s) = 1 + s\dfrac{L}{R} + s^2LC$	
More accurate model		
$\dfrac{\hat{v}}{\hat{i}_c} = G_{vc}(s) = G_{c0}\dfrac{1}{1+\dfrac{s}{Q_c\omega_c}+\left(\dfrac{s}{\omega_c}\right)^2}$	$G_{c0} = \dfrac{V}{D}\dfrac{F_m}{\left(1+\dfrac{F_mV}{DR}+\dfrac{F_mF_vV}{D}\right)}$	
$\omega_c = \dfrac{1}{\sqrt{LC}}\sqrt{1+\dfrac{F_mV}{DR}+\dfrac{F_mF_vV}{D}}$	$Q_c = R\sqrt{\dfrac{C}{L}}\dfrac{\sqrt{1+\dfrac{F_mV}{DR}+\dfrac{F_mF_vV}{D}}}{\left(1+\dfrac{RCF_mV}{DL}\right)}$	
$\dfrac{\hat{v}}{\hat{v}_g} = G_{vg-cpm}(s) = G_{g0}\dfrac{1}{1+\dfrac{s}{Q_c\omega_c}+\left(\dfrac{s}{\omega_c}\right)^2}$	$G_{g0} = D\dfrac{\left(1-\dfrac{F_mF_gV}{D^2}\right)}{\left(1+\dfrac{F_mV}{DR}+\dfrac{F_mF_vV}{D}\right)}$	

표 6.4 CPM 부스트 컨버터에 대한 결과 요약

Simple model	Duty cycle controlled gains	
$\dfrac{\hat{v}}{\hat{i}_c}=\dfrac{D'R}{2}\dfrac{\left(1-s\dfrac{L}{D'^2R}\right)}{\left(1+s\dfrac{RC}{2}\right)}$	$G_{vd}(s)=\dfrac{V}{D'}\dfrac{\left(1-s\dfrac{L}{D'^2R}\right)}{den(s)}$	$G_{id}(s)=\dfrac{2V}{D'^2R}\dfrac{\left(1+s\dfrac{RC}{2}\right)}{den(s)}$
$\dfrac{\hat{v}}{\hat{v}_g}=\dfrac{1}{2D'}\dfrac{1}{\left(1+s\dfrac{RC}{2}\right)}$	$G_{vg}(s)=\dfrac{1}{D'}\dfrac{1}{den(s)}$	$G_{ig}(s)=\dfrac{1}{D'^2R}\dfrac{(1+sRC)}{den(s)}$
	$den(s)=1+s\dfrac{L}{D'^2R}+s^2\dfrac{LC}{D'^2}$	

More accurate model	
$\dfrac{\hat{v}}{\hat{i}_c}=G_{vc}(s)=G_{c0}\dfrac{\left(1-s\dfrac{L}{D'^2R}\right)}{1+\dfrac{s}{Q_c\omega_c}+\left(\dfrac{s}{\omega_c}\right)^2}$	$G_{c0}=\dfrac{V}{D'}\dfrac{F_m}{\left(1+\dfrac{2F_mV}{D'^2R}+\dfrac{F_mF_vV}{D'}\right)}$
$\omega_c=\dfrac{D'}{\sqrt{LC}}\sqrt{1+\dfrac{2F_mV}{D'^2R}+\dfrac{F_mF_vV}{D'}}$	$Q_c=D'R\sqrt{\dfrac{C}{L}}\dfrac{\sqrt{1+\dfrac{2F_mV}{D'^2R}+\dfrac{F_mF_vV}{D'}}}{\left(1+RC\dfrac{F_mV}{L}-\dfrac{F_mF_vV}{D'}\right)}$
$\dfrac{\hat{v}}{\hat{v}_g}=G_{vg-cpm}(s)=G_{g0}\dfrac{\left(1+\dfrac{s}{\omega_{gz}}\right)}{1+\dfrac{s}{Q_c\omega_c}+\left(\dfrac{s}{\omega_c}\right)^2}$	$G_{g0}=\dfrac{1}{D'}\dfrac{\left(1-F_mF_gV+\dfrac{F_mV}{D'^2R}\right)}{\left(1+\dfrac{2F_mV}{D'^2R}+\dfrac{F_mF_vV}{D'}\right)}$
	$\omega_{gz}=\dfrac{D'^3R}{L}\dfrac{\left(1-F_mF_vV+\dfrac{F_mV}{D'^2R}\right)}{F_mF_gV}$

한 모델에 대한 제어-출력 전달함수와 라인-출력 전달함수를 열거하였다. 또한 시비율 제어에 의한 전달함수도 포함하였다. 각 경우에 주요 특성을 시비율 제어에 의한 양을 기본으로 전류 프로그램 제어에 의한 영향을 곱한 형태로 나타내었다.

모든 컨버터에 대한 라인-출력 전달함수 $G_{vg\text{-}cpm}(s)$와 제어-출력 전달함수 $G_{vc}(s)$의 두 극점은 보통 CPM에서 작은 Q-계수를 보인다. 저 주파수 극점을 구하기 위해 식 (9.94)부터 식 (9.97)에서처럼 작은 $-Q$ 근사화를 적용한다. 부스트 및 벅-부스트 컨버터의 라인-출력 전달함수는 큰 직류 이득을 갖는 두 개의 극점과 하나의 영점을 보인다.

표 6.5 CPM 벅-부스트 컨버터에 대한 결과 요약

Simple model	Duty cycle controlled gains	
$\dfrac{\hat{v}}{\hat{i}_c}=-\dfrac{D'R}{(1+D)}\dfrac{\left(1-s\dfrac{DL}{D'^2R}\right)}{\left(1+s\dfrac{RC}{1+D}\right)}$	$G_{vd}(s)=\dfrac{\lvert V\rvert}{DD'}\dfrac{\left(1-s\dfrac{DL}{D'^2R}\right)}{den(s)}$	$G_{id}(s)=\dfrac{\lvert V\rvert(1+D)}{DD'^2R}\dfrac{\left(1+s\dfrac{RC}{(1+D)}\right)}{den(s)}$
$\dfrac{\hat{v}}{\hat{v}_g}=\dfrac{D^2}{1-D^2}\dfrac{1}{\left(1+s\dfrac{RC}{1+D}\right)}$	$G_{vg}(s)=\dfrac{D}{D'}\dfrac{1}{den(s)}$	$G_{ig}(s)=\dfrac{D}{D'^2R}\dfrac{(1+sRC)}{den(s)}$
	$den(s)=1+s\dfrac{L}{D'^2R}+s^2\dfrac{LC}{D'^2}$	

More accurate model	
$\dfrac{\hat{v}}{\hat{i}_c}=G_{vc}(s)=G_{c0}\dfrac{\left(1-s\dfrac{DL}{D'^2R}\right)}{1+\dfrac{s}{Q_c\omega_c}+\left(\dfrac{s}{\omega_c}\right)^2}$	$G_{c0}=\dfrac{\lvert V\rvert}{DD'}\dfrac{F_m}{\left(1+\dfrac{F_m\lvert V\rvert(1+D)}{DD'^2R}-\dfrac{F_mF_v\lvert V\rvert}{DD'}\right)}$
$\omega_c=\dfrac{D'}{\sqrt{LC}}\sqrt{1+\dfrac{F_m\lvert V\rvert(1+D)}{DD'^2R}-\dfrac{F_mF_v\lvert V\rvert}{DD'}}$	$Q_c=D'R\sqrt{\dfrac{C}{L}}\dfrac{\sqrt{1+\dfrac{F_m\lvert V\rvert(1+D)}{DD'^2R}+\dfrac{F_mF_v\lvert V\rvert}{DD'}}}{\left(1+\dfrac{F_m\lvert V\rvert RC}{DL}+\dfrac{F_mF_v\lvert V\rvert}{D'}\right)}$
$\dfrac{\hat{v}}{\hat{v}_g}=G_{vg-cpm}(s)=G_{g0}\dfrac{\left(1+\dfrac{s}{\omega_{gz}}\right)}{1+\dfrac{s}{Q_c\omega_c}+\left(\dfrac{s}{\omega_c}\right)^2}$	$G_{g0}=\dfrac{D}{D'}\left(1+\dfrac{F_m\lvert V\rvert}{D'^2R}-\dfrac{F_mF_g\lvert V\rvert}{D^2}\right)$
	$\omega_{gz}=\dfrac{DD'^2R}{\lvert V\rvert LF_mF_g}\left(1+\dfrac{F_m\lvert V\rvert}{D'^2R}-\dfrac{F_mF_g\lvert V\rvert}{D^2}\right)$

6.3.6 전류 프로그램 제어가 컨버터 전달함수에 미치는 영향

전류 프로그램 제어와 시비율 제어로 동작하는 CCM 벅 컨버터의 주파수 응답을 부록 B의 B.3.2절에서 비교하였다. 그림 B.25의 벅 컨버터를 부록 B에 서술한 대로 시뮬레이션을 하였고 결과를 여기서 다시 생각하기로 하자.

그림 6.27은 제어-출력 전달함수의 크기와 위상 선도를 나타낸다. 시비율 제어에 대해 전달함수 $G_{vd}(s)$는 공진 2-극점 응답을 나타냄을 알 수 있다. 전류 프로그램 제어에 의한 제동에 의해 제어-출력 전달함수 $G_{vc}(s)$는 단일 극점 응답을 주로 나타낸다. 두 번째 극

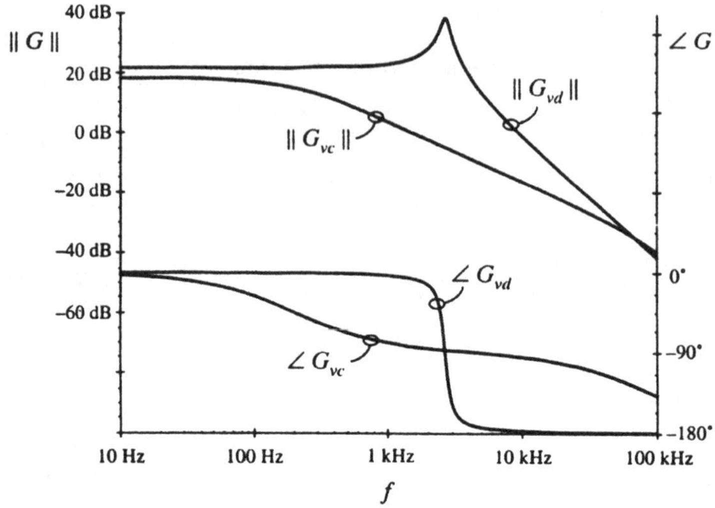

그림 6.27 시비율 제어와 CPM 제어 비교, 벅 컨버터의 제어-출력 주파수 응답

점은 200 kHz의 스위칭 주파수근처인 100 kHz 부근에서 나타난다. 이러한 실효적인 단일 극점 응답 때문에 잘 제어된 응답을 보이고 넓은 동작점에 대해 큰 위상 여유를 갖는 제어기를 설계하기가 비교적 쉽다. 비례-제어 제어기를 일반적으로 전류 프로그램 조절기로 사용한다.

같은 예에 대한 라인-출력 전달함수를 그림 6.28에 비교한다. 시비율에 대한 제어-출력 전달함수 $G_{vg}(s)$는 시비율 $D=0.676$과 같은 직류 점근선을 보인다. 공진 극점이 $L-C$ 필터의 모퉁이 주파수에서 발생한다. 전류 프로그램 제어에 의한 라인-출력 전달함수 $G_{vg\text{-}cpm}(s)$의 크기는 상당히 작아져 관심이 있는 주파수 범위에서 30 dB 이상의 감쇄를 보인다. 6.2절의 간단한 모델로 그림 6.28에 주어진 전달함수 $G_{vg\text{-}cpm}(s)$를 예측할 수 없으며 6.3절의 좀 더 정확한 모델을 사용해야함을 기억하기 바란다.

전류 프로그램 제어가 출력 임피던스에 미치는 효과를 그림 6.29에 나타낸다. 이 그림에서 출력 임피던스는 부하 저항 15 Ω을 포함한다. 시비율 제어에 대해 출력 임피던스의 직류 점근선은 0.05 Ω의 권선 저항이 지배적이다. 인덕터는 200 Hz 부근에서 상대적으로 커지게 된다. 출력 필터의 공진 주파수 이상에서 출력 임피던스는 출력 필터의 커패시터에 의해 지배된다. 전류 프로그램 제어에 대해 6.2절의 간단한 모델로부터 회로의 인덕터는 전류원에 의해 구동된다. 이는 효과적으로 인덕터가 출력 임피던스에 미치는 영향을 제거한다. 그림 6.29는 이 절의 좀 더 정확한 모델을 이용하여 얻어진 선도이다.

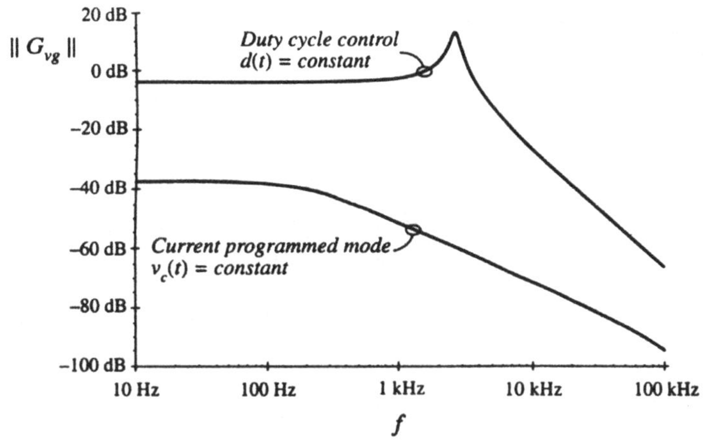

그림 6.28 시비율 제어와 CPM 제어 비교, 벅 컨버터의 라인–출력 주파수 응답

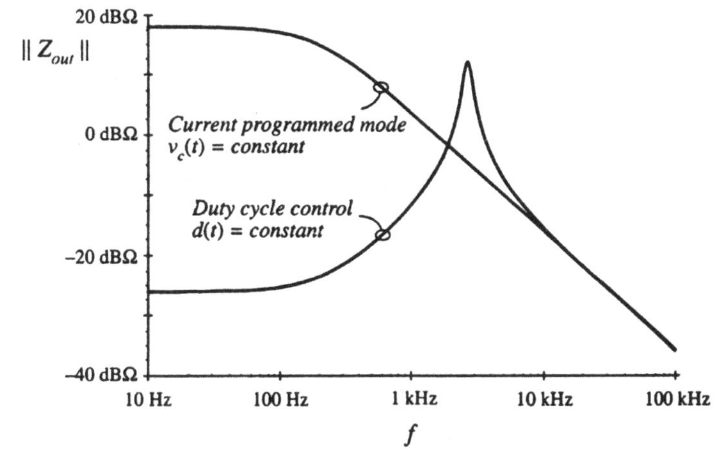

그림 6.29 시비율 제어와 CPM 제어 비교, 벅 컨버터의 출력 임피던스 주파수 응답

하지만 간단한 모델로도 출력 임피던스를 정확하게 예측할 수 있음을 알 수 있다. 직류 점근선은 부하 저항에 의해 지배되고 고 주파수 점근선은 출력 필터의 커패시터를 따라간다. 전류 프로그램 제어에 의해 출력 임피던스가 상당히 증가함을 알 수 있다.

6.4 불연속 전도모드

6.3절과 5.1절의 평균 스위치 모델링 방법을 이용하여 불연속 전도모드에서 동작하는 전류 프로그램 컨버터를 모델링할 수 있다. 이 절에서 평균 트랜지스터 전압과 전류는 전력 흡수원 특성을 따라가는 반면 평균 다이오드 전압과 전류는 전력원 특성을 따른다는 사실을 보인다. 이 특성에 변동과 선형화를 하면 DCM CPM 컨버터를 모델링하는 소신호 등가회로를 만들 수 있다. 기본 DCM CPM 벅, 부스트와 벅-부스트 컨버터는 단일 극점 전달함수를 지배적으로 보인다. DCM에서는 L의 값이 작기 때문에 두 번째 극점과 RHP 영점은 스위칭 주파수 근처나 약간 높은 주파수에서 나타난다.

DCM CPM 벅-부스트 컨버터를 여기서 분석하기로 하자. 식 (6.103)부터 (6.120)은 일반 형식으로 표현되어 있으므로 DCM CPM 벅-부스트 컨버터에 잘 적용할 수 있다. 벅-부스트 컨버터의 회로를 그림 6.30에 나타낸다. 스위치 네트워크의 단자 파형을 그림에서처럼 정의한다. 트랜지스터 파형은 $v_1(t)$와 $i_1(t)$이고, 트랜지스터 파형은 $v_2(t)$와 $i_2(t)$이다. 그림 6.31은 가공 톱니파의 기울기가 $-m_a$인 전류 프로그램 제어에 대한 전형적인 DCM 파형을 나타낸다. 인덕터 전류는 각 스위칭 주기의 시작에서 영이다. 트랜지스터의 도통 세부구간을 풀면 프로그램 전류 i_{pk}를 트랜지스터 시비율 d_1에 다음과 같이 연결시킬 수 있다.

$$\begin{aligned} i_c &= i_{pk} + m_a d_1 T_s \\ &= (m_1 + m_a) d_1 T_s \end{aligned} \tag{6.103}$$

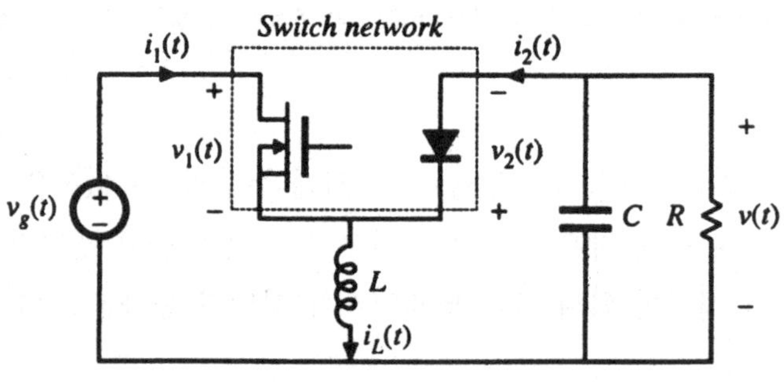

그림 6.30 전류 프로그램 DCM 벅-부스트 컨버터

시비율 d_1에 대해 풀면 다음과 같다.

$$d_1(t) = \frac{i_c(t)}{(m_1 + m_a)T_s} \tag{6.104}$$

평균 트랜지스터 전류를 한 스위칭 주기 동안 그림 6.31의 $i_1(t)$ 파형을 적분하여 구할 수 있다.

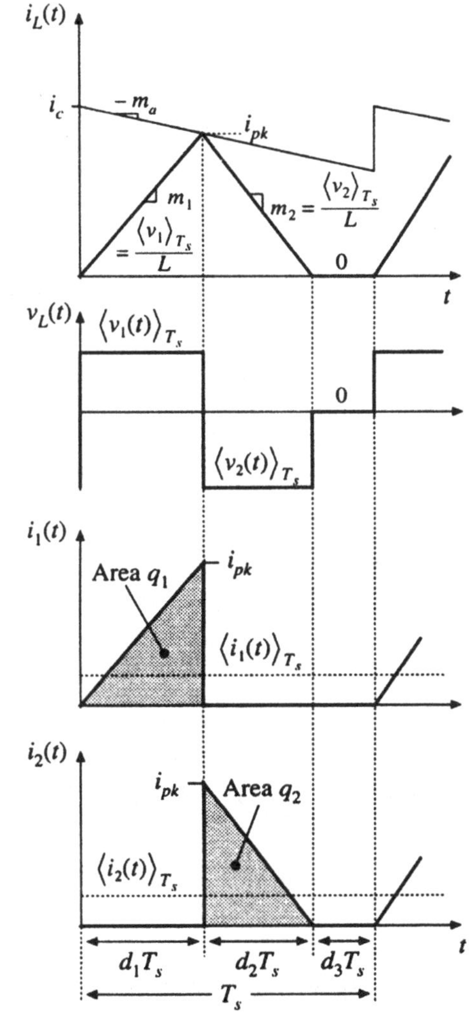

그림 6.31 DCM CPM 벅-부스트 컨버터의 파형

$$\langle i_1(t) \rangle_{T_s} = \frac{1}{T_s}\int_t^{t+T_s} i_1(\tau)d\tau = \frac{q_1}{T_s} \tag{6.105}$$

전체 면적 q_1은 첨두 전류 i_{pk}의 반에 세부기간의 길이 d_1T_s를 곱한 것과 같다.

$$\langle i_1(t) \rangle_{T_s} = \frac{1}{2} i_{pk}(t) d_1(t) \tag{6.106}$$

평균 트랜지스터 전류를 i_c의 함수로 표현하기 위해 i_{pk}와 d_1을 소거하면 다음과 같이 나타낼 수 있다.

$$\langle i_1(t) \rangle_{T_s} = \frac{\frac{1}{2} L i_c^2 f_s}{\langle v_1(t) \rangle_{T_s} \left(1 + \frac{m_a}{m_1}\right)^2} \tag{6.107}$$

마지막으로 평균 스위치 네트워크의 입력 포트 관계식을 얻기 위해 식 (6.107)을 정리하면 다음과 같이 쓸 수 있다.

$$\langle i_1(t) \rangle_{T_s} \langle v_1(t) \rangle_{T_s} = \frac{\frac{1}{2} L i_c^2 f_s}{\left(1 + \frac{m_a}{m_1}\right)^2} = \langle p(t) \rangle_{T_s} \tag{6.108}$$

따라서 평균 트랜지스터 파형은 전력 흡수원 특성을 나타냄을 알 수 있다. $m_a = 0$이면 평균 전력 $\langle p(t) \rangle_{T_s}$는 단지 L, i_c와 f_s의 함수이다. 가공 톱니파 때문에 $\langle p(t) \rangle_{T_s}$는 m_1을 거쳐 컨버터 전압에 의존한다.

인덕터 에너지에 의해 전력 흡수원 특성을 설명할 수 있다. 처음 세부구간 동안 인덕터 전류는 0에서 i_{pk}로 증가한다. 이 과정에서 인덕터는 다음의 에너지를 저장한다.

$$W = \frac{1}{2} L i_{pk}^2 \tag{6.109}$$

에너지 W는 스위치 네트워크의 입력 포트를 통해 입력 전력 v_g에서 인덕터로 스위칭 주기당 한번 전달된다. 에너지 전달 과정을 전력으로 나타내면 다음과 같이 나타낼 수 있다.

$$\langle p(t)\rangle_{T_s} = Wf_s = \frac{1}{2}Li_{pk}^2 f_s \tag{6.110}$$

따라서 스위치 네트워크의 입력 포트 측, 트랜지스터 단자를 그림 6.32에서처럼 전력 흡수원으로 모델링할 수 있다.

평균 스위치 네트워크의 출력 포트 전류 즉, 다이오드 전류는 다음과 같다.

$$\langle i_2(t)\rangle_{T_s} = \frac{1}{T_s}\int_t^{t+T_s} i_2(\tau)d\tau = \frac{q_2}{T_s} \tag{6.111}$$

그림 6.31을 보면 면적 q_2는 다음과 같다.

$$q_2 = \frac{1}{2}i_{pk}d_2 T_s \tag{6.112}$$

두 번째 세부구간 동안 인덕터 전류가 영이 되는데 걸리는 시간으로 시비율 d_2가 결정된다. 식 (5.12)를 유도한 것처럼 시비율 d_2를 다음과 같이 구할 수 있다.

$$d_2(t) = d_1(t)\frac{\langle v_1(t)\rangle_{T_s}}{\langle v_2(t)\rangle_{T_s}} \tag{6.113}$$

식 (6.113), (6.112)와 (6.110)을 (6.111)에 대입하면

$$\langle i_2(t)\rangle_{T_s} = \frac{\langle p(t)\rangle_{T_s}}{\langle v_2(t)\rangle_{T_s}} \tag{6.114}$$

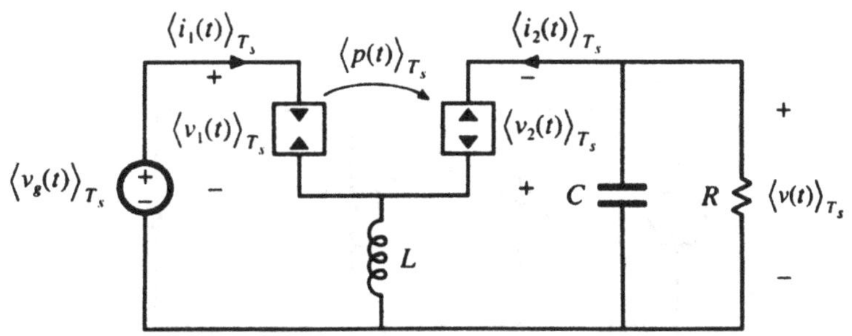

그림 6.32 평균 스위치 모델링을 통해 얻어진 DCM CPM 벅-부스트 컨버터의 모델

이고 평균 스위치 네트워크의 출력 포트를 다음의 식으로 표현할 수 있다.

$$\langle i_2(t)\rangle_{T_s}\langle v_2(t)\rangle_{T_s}=\frac{\frac{1}{2}Li_c^2f_s}{\left(1+\frac{m_a}{m_1}\right)^2}=\langle p(t)\rangle_{T_s} \tag{6.115}$$

평균 모델에서 다이오드를 스위치 네트워크의 입력 포트에서 소모되는 전력과 같은 값 $\langle p(t)\rangle_{T_s}$를 갖는 전력원으로 대체할 수 있다. 두 번째 세부구간 동안 인덕터는 저장한 모든 에너지를 다이오드를 통해 컨버터 출력으로 방출한다. 방출된 평균 전력은 $\langle p(t)\rangle_{T_s}$이다.

DCM CPM 벅-부스트 평균 모델을 그림 6.32처럼 나타낼 수 있다. 이 모델에서 트랜지스터를 $\langle p(t)\rangle_{T_s}$의 값을 갖는 전력원으로 대체하였고 다이오드를 $\langle p(t)\rangle_{T_s}$의 값을 갖는 전력 흡수원으로 대체하였다.

DCM CPM 벅-부스트 컨버터의 정상상태 등가회로 모델을 인덕터와 커패시터를 각각 단락 및 개방회로로 놓아 그림 6.33과 같이 구할 수 있다. 직류 부하 전력을 컨버터의 평균 전력 $\langle p(t)\rangle_{T_s}$로 놓고 정상상태 출력 전압 V를 구할 수 있다. 저항 부하에 대해

$$\frac{V^2}{R}=P \tag{6.116}$$

이고, $\langle p(t)\rangle_{T_s}$의 정상상태 값은 다음과 같다.

$$P=\frac{\frac{1}{2}LI_c^2f_s}{\left(1+\frac{M_a}{M_1}\right)^2} \tag{6.117}$$

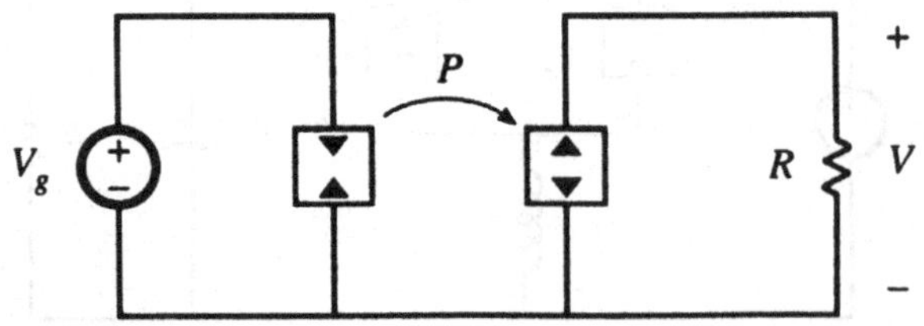

그림 6.33 DCM CPM 벅-부스트 컨버터의 정상상태 모델

여기서 I_c는 제어 입력 $i_c(t)$의 정상상태 값을 나타낸다. 저항 부하에 대해 출력 전압 V에 대해 풀면 다음과 같다.

$$V = \sqrt{PR} = I_c \sqrt{\frac{RLf_s}{2\left(1+\frac{M_a}{M_1}\right)^2}} \tag{6.118}$$

DCM CPM 벅, 부스트와 벅-부스트 컨버터의 평균 모델을 비슷한 방법으로 구할 수 있다. 각 경우 평균 트랜지스터 파형은 전력 흡수원 특성을 나타내고 평균 다이오드 파형은 전력원 특성을 나타냄을 보일 수 있다. DCM CPM 벅과 부스트 컨버터의 등가회로를 그림 6.34에 나타낸다. 각 경우 평균 전력은 다음과 같다.

$$\langle p(t)\rangle_{T_s} = \frac{\frac{1}{2}Li_c^2 f_s}{\left(1+\frac{m_a}{m_1}\right)^2} \tag{6.119}$$

여기서 m_1은 식 (6.1)에 정의되어 있다.

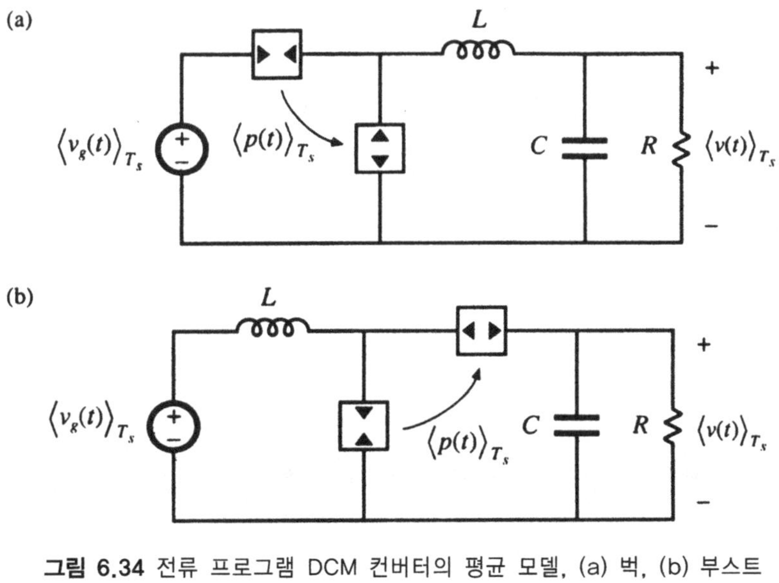

그림 6.34 전류 프로그램 DCM 컨버터의 평균 모델, (a) 벅, (b) 부스트

DCM CPM 벅, 부스트와 벅-부스트 컨버터의 정상상태의 특성을 표 6.6에 정리한다. 각 경우에 대해 직류 부하 전력은 $P_{load} = VI$이고 P는 식 (6.117)과 같다. 전류 프로그램 컨버터가 불연속 전도모드에서 동작하는 조건을 다음과 같이 표현할 수 있다.

$$\begin{aligned} |I| &> |I_{crit}|, \text{ CCM에 대해} \\ |I| &< |I_{crit}|, \text{ DCM에 대해} \end{aligned} \tag{6.120}$$

여기서 I는 직류 부하 전류이다. CCM-DCM 경계에서의 임계 부하 전류 I_{crit}를 표 6.6에서 I_c와 전압 변환비 $M = V/V_g$의 함수로 나타낸다.

불연속 전도모드에서 인덕터 전류는 스위칭 주기의 시작과 끝에서 영이다. 따라서 전류 프로그램 제어기는 6.1절에서 서술한 형태의 불안정을 보이지 않는다. DCM 부스트와 벅-부스트 컨버터의 전류 프로그램 제어기는 가공 톱니파가 없어도 모든 시비율에서 안정하다. 그러나 DCM CPM 벅 컨버터는 $M > 2/3$이고 $m_a = 0$이면 직류 출력 특성의 비선형성 때문에 다른 형태의 저 주파수 불안정을 나타내고 컨버터가 저항 부하를 구동할 때 두 개의 평형점을 보일 수 있다. 기울기가 $m_a > 0.086m_2$인 가공 톱니파를 추가하거나 출력 전압 되먹임을 추가하여 안정도 영역을 $0 \le D \le 1$ 으로 확장할 수 있다.

DCM CPM 컨버터의 소신호 모델을 그림 6.32와 6.34의 평균 모델에 변동과 선형화를 통해 유도할 수 있다. 그림 6.35는 결과를 나타내며 소신호 모델의 파라미터를 표 6.7과 6.8에 열거한다.

표 6.6 기본 컨버터의 정상상태 DCM 전류 프로그램 특성

Converter	M	I_{crit}	Stability range when $m_a = 0$
Buck	$\dfrac{P_{load} - P}{P_{load}}$	$\dfrac{1}{2}(I_c - M m_a T_s)$	$0 \le M \le \frac{2}{3}$
Boost	$\dfrac{P_{load}}{P_{load} - P}$	$\dfrac{\left(I_c - \dfrac{M-1}{M} M_a T_s\right)}{2M}$	$0 \le D \le 1$
Buck–boost	Depends on load characteristic P_{load}	$\dfrac{\left(I_c - \dfrac{M}{M-1} m_a T_s\right)}{2M}$	$0 \le D \le 1$

표 6.7 전류 프로그램 DCM 소신호 등가회로의 파라미터, 입력 포트

Converter	g_1	f_1	r_1
Buck	$\frac{1}{R}\left(\frac{M^2}{1-M}\right)\frac{\left(1-\frac{m_a}{m_1}\right)}{\left(1+\frac{m_a}{m_1}\right)}$	$2\frac{I_1}{I_c}$	$-R\left(\frac{1-M}{M^2}\right)\frac{\left(1+\frac{m_a}{m_1}\right)}{\left(1-\frac{m_a}{m_1}\right)}$
Boost	$-\frac{1}{R}\left(\frac{M}{M-1}\right)$	$2\frac{I}{I_c}$	$\frac{R}{M^2\left(\frac{2-M}{M-1}+\frac{2m_a/m_1}{1+\frac{m_a}{m_1}}\right)}$
Buck-boost	0	$2\frac{I_1}{I_c}$	$\frac{-R}{M^2}\frac{\left(1+\frac{m_a}{m_1}\right)}{\left(1-\frac{m_a}{m_1}\right)}$

표 6.8 전류 프로그램 DCM 소신호 등가회로의 파라미터, 출력 포트

Converter	g_2	f_2	r_2
Buck	$\frac{1}{R}\left(\frac{M}{1-M}\right)\frac{\left(\frac{m_a}{m_1}(2-M)-M\right)}{\left(1+\frac{m_a}{m_1}\right)}$	$2\frac{I}{I_c}$	$R\frac{(1-M)\left(1+\frac{m_a}{m_1}\right)}{\left(1-2M+\frac{m_a}{m_1}\right)}$
Boost	$\frac{1}{R}\left(\frac{M}{M-1}\right)$	$2\frac{I_2}{I_c}$	$R\left(\frac{M-1}{M}\right)$
Buck-boost	$\frac{2M}{R}\frac{\left(\frac{m_a}{m_1}\right)}{\left(1+\frac{m_a}{m_1}\right)}$	$2\frac{I_2}{I_c}$	R

그림 6.35의 DCM CPM 소신호 모델은 그림 5.15와 5.17에서 보인 DCM 시비율 제어 컨버터의 소신호 모델과 매우 비슷하다. 차이점은 표 6.7과 6.8의 파라미터 표현식이다. 유사한 방법으로 전달함수를 구할 수 있다. 특히 DCM CPM 벅, 부스트와 벅-부스트 컨버터의 저 주파수 소신호 전달함수를 구하는 간단한 근사 방법은 그림 6.35의 등가회로에서 인덕턴스 L을 영으로 놓는 것이다. 불연속 전도모드에서 L의 값은 작아 L에 관련된 극점과 RHP 영점이 스위칭 주파수 부근이나 높은 주파수에서 발생하므로 이 방법은 컨버터의 스위칭 주파수보다 매우 작은 주파수에 대해 타당하다. 모든 컨버터에 대해 그림

6.36의 등가회로를 얻을 수 있다.

그림 6.36으로부터 제어-출력 전달함수 $G_{vc}(s)$는 다음과 같이 쓸 수 있다.

$$G_{vc}(s) = \left.\frac{\hat{v}(s)}{\hat{i}_c(s)}\right|_{\hat{v}_g=0} = \frac{G_{c0}}{1+\frac{s}{\omega_p}} \tag{6.121}$$

여기서

$$G_{c0} = f_2(R \parallel r_2)$$
$$\omega_p = \frac{1}{(R \parallel r_2)C}$$

이다. 라인-출력 전달함수는 다음과 같이 쓸 수 있다.

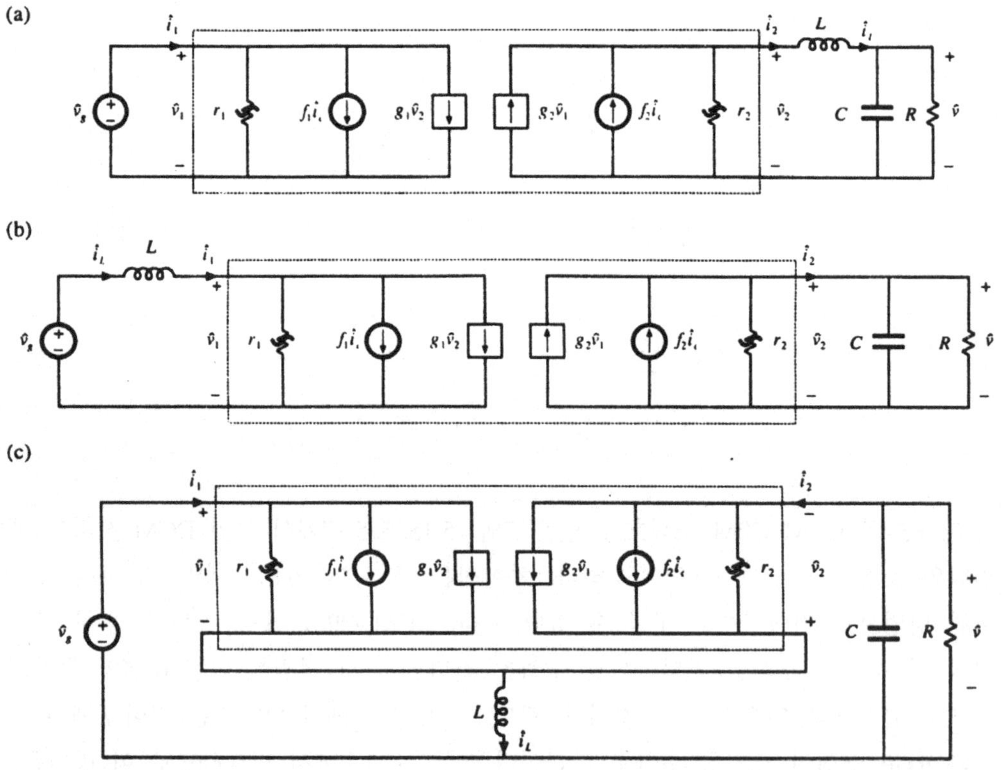

그림 6.35 그림 6.32와 6.34에 변동과 선형화를 통해 유도된 DCM CPM 컨버터의 소신호 모델, (a) 벅, (b) 부스트, (c) 벅-부스트

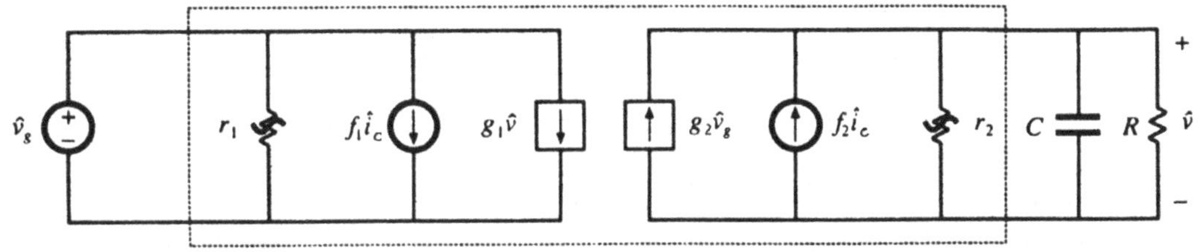

그림 6.36 그림 6.35(a), (b) 또는 (c)에서 L을 영으로 놓고 얻어진 간단한 소신호 모델

$$G_{vg}(s) = \left.\frac{\hat{v}(s)}{\hat{v}_g(s)}\right|_{\hat{i}_c=0} = \frac{G_{g0}}{1+\dfrac{s}{\omega_p}} \tag{6.122}$$

여기서

$$G_{g0} = g_2(R \parallel r_2)$$

이다. 필요하면 인덕터 동특성을 고려한 좀 더 정확한 표현을 그림 6.35의 모델을 풀어 유도할 수 있다.

6.5 요약

1. 전류 프로그램 제어에서 첨두 스위치 전류 i_{pk}는 제어 입력 $i_c(t)$를 따라간다. 널리 사용되는 이 제어 방법은 제어-출력 전달함수를 더 간단하게 해준다는 장점을 갖는다. 전류 프로그램 벅 컨버터의 라인-출력 전달함수도 간단하게 된다.
2. 컨버터 토폴로지에 관계없이 기본 프로그램 제어기는 $D>0.5$ 이면 불안정해진다. 기울기 m_a를 갖는 가공 톱니파를 추가하여 제어기를 안정시킬 수 있다. $m_a>0.5m_2$ 일 때 제어기는 모든 시비율에서 안정하다.
3. 전류 프로그램 컨버터의 동작을 1차 근사화 $\langle i_L(t)\rangle_{T_s} \approx i_c(t)$에 의해 간단하고 직관적인 방법으로 모델링할 수 있다. 스위치 네트워크의 평균 단자 파형을 전력원과

전력 흡수원 소자와 함께 i_c의 값을 갖는 전류원으로 단순하게 모델링할 수 있다. 이 소자에 대해 변동과 선형화를 하면 소신호 모델을 유도할 수 있다. 한편 1장에서 유도한 소신호 컨버터 방정식을 1차 근사화 $\langle i_L(t)\rangle_{T_s} \approx i_c(t)$를 이용하여 전류 프로그램 모드에 적용되도록 바꿀 수 있다.

4. 간단한 모델로부터 컨버터의 라인-출력 전달함수와 제어-출력 전달함수에서 극점 하나를 제거할 수 있음을 알 수 있다. 전류 프로그램에 의해 전달함수의 영점은 바뀌지 않는다. 직류 이득은 부하에 의존한다.
5. 6.3절의 좀 더 정확한 모델은 평균 인덕터 전류 $\langle i_L(t)\rangle_{T_s}$와 제어 입력 $i_c(t)$의 차이를 정확하게 고려한다. 이 모델로부터 벅 컨버터의 라인-출력 전달함수가 영이 아님을 알 수 있다. 전류 프로그램 제어기의 동작을 블록선도로 모델링하여 1장에서 유도한 소신호 컨버터 모델에 부가한다. 결과적인 다중 루프 되먹임 시스템을 분석하여 전달함수를 유도한다.
6. 좀 더 정확한 모델로부터 인덕터의 극점이 실효적인 전류 되먹임 루프 이득 $T_i(s)$의 교차 주파수 f_c에서 나타남을 알 수 있다. 주파수 f_c는 보통 컨버터의 스위칭 주파수 f_s 근처에서 발생한다. 좀 더 정확한 모델로부터 벅 컨버터의 라인-출력 전달함수 $G_{vg}(s)$는 $m_a = 0.5m_2$일 때 영이 된다.
7. 불연속 전도모드에서 동작하는 전류 프로그램 컨버터를 6.4절에서 모델링하였다. 평균 트랜지스터 파형을 전력 흡수원으로 모델링하고 평균 다이오드 파형을 전력원으로 모델링하였다. 전력은 $i_c(t)$에 의해 제어된다. 평균 모델에 변동과 선형화를 하면 소신호 등가회로를 얻을 수 있다.

참고문헌

[1] C. Deisch, "Simple Switching Control Method Changes Power Converter into a Current Source," IEEE Power Electronics Specialists Conference, 1978 Record, pp. 300-306.

[2] A. Capel, G. Ferrante, D. O'Sullivan, and A. Weinberg, "Application of the Injected Current Model for the Dynamic Analysis of Switching Regulators with the New Concept of LC3 Modulator," IEEE Power Electronics Specialists Conference, 1978 Record, pp. 135-147.

[3] S. Hsu, A. Brown, L. Rensink, and R. D. Middlebrook, "Modeling and Analysis of Switching Dc-to-Dc Converters in Constant Frequency Current Programmed Mode," IEEE Power Electronics Specialists Conference, 1979 Record, pp. 284-301.

[4] F. C. Lee and R. A. Carter, "Investigations of Stability and Dynamic Performances of Switching Regulators Employing Current-Injected Control," IEEE Power Electronics Specialists Conference, 1981 Record, pp. 3-16.

[5] R. D. Middlebrook, "Topics in Multiple-Loop Regulators and Current-Mode Programming," IEEE Power Electronics Specialists Conference, 1985 Record, pp. 716-732.

[6] R. D. Middlebrook, "Modeling Current Programmed Buck and Boost Regulators," IEEE Transactions on Power Electronics, Vol. 4, No. 1, pp. 36-52, January 1989.

[7] G. Verghese, C. Bruzos, and K. Mahabir, "Averaged and Sampled-Data Models for Current Mode Control: a Reexamination," IEEE Power Electronics Specialists Conference, 1989 Record, pp. 484-491.

[8] D. M. Mitchell, Dc-Dc Switching Regulator Analysis, New York: McGraw-Hill, 1988, Chapter 6.

[9] A. Kislovski, R. Redl, and N. Sokal, Dynamic Analysis of Switching-Mode DC/DC Converters, New York: Van Nostrand Reinhold, 1994.

[10] A. Brown and R. D. Middlebrook, "Sampled-Data Modeling of Switching Regulators," IEEE Power Electronics Specialists Conference, 1981 Record, pp. 716-732.

[11] R. Ridley, "A New Continuous-Time Model for Current-Mode Control," IEEE Transactions on Power Electronics, Vol. 6, No. 2, pp. 271-280, April 1991.

[12] F. D. Tan and R. D. Middlebrook, "Unified Modeling and Measurement of Current-Prograammed Converters," IEEE Power Electronics Specialists Conference, 1993 Record, pp. 380-387.

[13] R. Tymerski, "Sampled-Data Modeling of Switched Circuits, Revisited," IEEE Power Electronics Specialists Conference, 1993 Record, pp. 395-401.

[14] W. Tang, F. C. Lee, R. B. Ridley, and I. Cohen, "Charge Control: Modeling, Analysis and Design," IEEE Power Electronics Specialists Conference, 1992 Record, pp. 503-511.

[15] K. Smedley and S. Ćuk, "One-Cycle Control of Switching Converters," IEEE Power Electronics Specialists Conference, 1991 Record, pp. 888-896.

연 · 습 · 문 · 제

6.1 비이상적인 벅 컨버터가 다음의 조건에서 불연속 전도모드에서 동작한다. $V_g = 10$ V, $f_2 = 100$ kHz, $L = 4$ μH, $C = 75$ μF 그리고 $R = 0.25$ Ω이다. 원하는 전부하 출력은 20 A에서 5 V이다. 전력단은 다음의 소자를 포함한다. MOSFET 도통 저항 $R_{on} = 0.1$ Ω, 쇼트키 다이오드 순방향 전압강하 $V_D = 0.5$ V, 인덕터 권선 저항 $R_L = 0.03$ Ω이다.

(a) 정상상태 해석: 정상상태의 시비율 D, 인덕터 전류 맥동의 기울기 m_1과 m_2 그리고 단위 없는 파라미터 $K = 2L/RT_s$의 값을 구하시오.

(b) 시비율 제어에 대한 소신호 방정식을 유도하시오.

이 컨버터에 대한 전류 프로그램 제어기를 구현한다. 일정한 기울기 $M_a = 0.5$ M_2를 갖는 가공 톱니파를 사용한다. M_2는 20 A에서 5 V의 출력에서 얻어진 기울기 m_2의 정상상태 값이다.

(c) 전류 프로그램 제어기가 안정한 시비율 D의 범위는? 정격 부하에서 안정한가? 비이상적인 요소가 안정도 경계에 영향을 미침을 주의하기 바람.

(d) 간단한 근사화 $\langle i_L(t) \rangle_{T_s} \approx i_c(t)$를 이용하여 제어-출력 전달함수 $G_{vc}(s)$를 구하시오. 모퉁이 주파수와 직류 이득에 대한 식을 나타내고 $G_{vc}(s)$의 보드 선도를 그리시오.

6.2 전류 프로그램 제어를 갖는 CCM 부스트 컨버터를 모델링하기 위해 평균 스위치 모델링 방법을 사용한다.

(a) 그림 1.46(a)에서처럼 스위치 네트워크의 단자 변수를 정의하시오. 근사화 $\langle i_L(t) \rangle_{T_s} \approx i_c(t)$의 가정에서 스위치 네트워크의 단자 파형의 평균값에 대한 식을 유도하여 그림 6.18(a)의 등가회로를 유도하시오.

(b) 문제 (a)의 결과를 변동과 선형화를 통해 그림 6.22의 등가회로를 유도하시오.

(c) 문제 (b)를 풀어 제어-출력 전달함수 $G_{vc}(s)$와 라인-출력 전달함수 $G_{vc}(s)$를 표준 정규형식으로 유도하시오. 모퉁이 주파수와 직류 이득에 대한 표현식을 구하시오.

6.3 전류 프로그램 제어를 갖는 CCM Ćuk 컨버터를 모델링하기 위해 평균 스위치 모델링 방법을 사용한다. Ćuk 컨버터는 1권의 그림 2.20에 주어져 있다.

(a) 6.2.2절의 방법을 이용하여 스위치 네트워크를 i_c의 값을 갖는 전류원과 종속 전력원 또는 전력 흡수원으로 모델링하고자 한다. 스위치 네트워크의 단자 전압과 전류를 어떻게 정의해야 하는가?

(b) 스위치 네트워크의 단자 전압과 전류 파형을 도시하시오. 근사화 $\langle i_1(t)\rangle_{T_s}$-$\langle i_2(t)\rangle_{T_s} \approx i_c(t)$의 가정에서(여기서 i_1과 i_2는 1권의 그림 2.20에서 정의한 인덕터 전류이다) 스위치 네트워크의 단자 파형의 평균값에 대한 식을 유도하여 그림 6.18의 등가회로와 유사한 등가회로를 유도하시오.

(c) 문제 (b)의 모델에 변동과 선형화를 하여 그림 6.19의 모델과 유사한 소신호 등가회로를 유도하시오. 모델을 풀 필요는 없다.

6.4 1권의 그림 6.19(a)에 주어진 전-브리지 컨버터가 $V_g = 320$ V에서 42 Ω 저항 부하에 1000 W를 공급한다. 손실은 무시할 수 있고 시비율은 0.7이고, 1권의 그림 6.20에서 정의한 스위칭 주기 T_s는 10 μsec이고, $L = 50$ μH, $C = 100$ μF이다. 전류 프로그램 제어를 적용하고 파형을 이차 측으로 환산한다. 다음 계산에서 변압기 자화 전류는 무시한다.

(a) 주어진 동작점에서 제어기를 안정시키는 가공 톱니파의 기울기 m_a의 최소값을 m_2의 함수로 표현하시오.

(b) 기울기 $m_a = m_2$를 갖는 가공 톱니파를 적용한다. 전류 루프 이득 $T_i(s)$의 보드선도를 도시하고 모퉁이 주파수와 직류 이득의 값을 나타내시오. $T_i(s)$에 대한 표현식을 다시 유도할 필요가 없다. 교차 주파수 f_c를 구하시오.

(c) $m_a = m_2$에 대해 제어-출력 전달함수 $G_{vc}(s)$와 라인-출력 전달함수 $G_{vg}(s)$의 보드선도를 도시하시오. 모퉁이 주파수와 직류 이득의 값을 구하시오. 이 전달함수에 대한 표현식을 다시 유도할 필요가 없다.

6.5 CCM 전류 프로그램 벅 컨버터에서 기울기 $m_a = 0.5\ m_2$로 선택하여 라인-출력 전달함수 $G_{vg}(s)$를 최소화하고자 한다. 소자 값의 허용 오차 때문에 인덕턴스 L의 값은 정격 값 100 μH에서 ±10%까지 변한다. 따라서 m_a는 상수인 반면 m_2는 변하여 $m_a = 0.5\ m_2$는 단지 L의 정격 값에서만 성립한다. 스위칭 주파수는

100 kHz, 출력 전압은 15 V, 부하 전류는 2 A에서 4 A까지 변하고, 입력 전압은 22 V에서 32 V까지 변한다. 손실을 무시할 수 있다. 라인-출력 직류 이득 $G_{vg}(0)$의 최악의 경우(최대) 값을 구하시오.

6.6 그림 1.18의 비이상적인 플라이백 컨버터에 기울기 m_a의 가공 톱니파를 갖는 전류 프로그램 제어를 적용한다. MOSFET Q_1은 도통 저항 R_{on}을 갖는다. 모든 전류 프로그램 제어기의 파형은 변압기의 일차 측으로 환산된다.

(a) 전류 프로그램 제어기를 모델링하는 블록선도를 그림 6.24와 유사한 형태로 나타내시오. 블록선도에서 이득에 대한 식을 나타내시오.

(b) 문제 (a)의 결과를 컨버터의 소신호 모델과 결합하시오. 제어-출력 전달함수 $G_{vc}(s)$에 대한 식을 유도하시오.

6.7 벅 컨버터가 다음의 조건에서 전류 프로그램 제어에 의해 동작된다.

$V_g = 120$ V $\quad D = 0.6$

$R = 10\ \Omega$ $\quad f_s = 100$ kHz

$L = 550\ \mu$H $\quad C = 100\ \mu$F

기울기가 0.15 A/μsec인 가공 톱니파를 사용한다.

(a) 시비율 제어에 대한 제어-출력 전달함수 $G_{vd}(s)$의 크기와 위상 점근선을 도시하시오. 같은 그림 위에 전류 프로그램 제어에 대한 제어-출력 전달함수 $G_{vc}(s)$의 크기와 위상 점근선을 도시하시오. 비교하시오.

(b) 시비율 제어에 대한 라인-출력 전달함수 $G_{vd}(s)$의 크기와 위상 점근선을 도시하시오. 같은 그림 위에 전류 프로그램 제어에 대한 라인-출력 전달함수 $G_{vg\text{-}cpm}(s)$의 크기와 위상 점근선을 도시하시오. 비교하시오.

6.8 벅-부스트 컨버터가 불연속 전도모드에서 동작한다. 전류 프로그램 제어는 가공 톱니파를 포함하지 않는다. $m_a = 0$이다.

(a) 근사화 $L \approx 0$을 이용하여 제어-출력 전달함수 $G_{vd}(s)$의 표현식을 유도하시오. 모퉁이 주파수와 직류 이득의 식을 구하시오.

(b) 인덕터를 포함하여 문제 (a)를 반복하시오. 인덕터가 충분히 작으면 인덕터는 단순히 고 주파수 극점과 영점을 $G_{vd}(s)$에 추가하며 문제 (a)에서 유도한 저주파수 극점은 거의 변하지 않음을 보이시오.

6.9 전류 프로그램 부스트 컨버터는 3 V 배터리와 휴대용 5 V 부하를 인터페이싱한다. 컨버터는 일정한 트랜지스터 온-시간 t_{on}과 가변 오프-시간을 갖고 불연속 전도모드에서 동작한다. 따라서 스위칭 주파수는 변할 수 있고 제어 변수로 사용할 수 있다. 가공 톱니파를 사용하지 않고 첨두 트랜지스터 전류 i_c는 상수 값 I_c와 같다. 실제로는 전체 손실이 최소가 되도록 I_c를 정한다.

(a) 트랜지스터와 다이오드의 전압과 전류 파형을 도시하시오. 파형의 평균값에 대한 식을 유도하여 이 컨버터에 대한 대신호 평균 등가회로를 유도하시오.

(b) 소신호 등가회로를 구하기 위해 (a)의 결과에 변동과 선형화를 하시오. 스위칭 주파수 f_s에 변동을 주어야 함을 주의하기 바란다.

(c) 저 주파수 제어-출력 전달함수 $G_{vf}(s)=\hat{v}(s)/\hat{f}_s$의 표현식을 유도하기 위해 (b)의 모델을 푸시오. 표준 정규형식으로 나타내고, 모퉁이 주파수와 직류 이득의 표현식을 구하시오. L은 작다고 가정할 수 있다.

6.10 전류 프로그램 부스트 컨버터를 저 고조파 정류기에 적용한다. 입력 전압은 정류된 정현파이다. $v_g = V_M|\sin(\omega t)|$이다. 직류 출력 전압은 $v(t) = V < V_M$이다. 커패시터 C가 크므로 출력 전압의 교류 변동을 무시할 수 있다. 입력 전류 $i_g(t)$가 $v_g(t)$에 비례하도록 컨버터를 제어하고자 한다. 즉, $i_g(t) = v_g(t)/R_e$이고 R_e는 모의 저항이라 불리는 상수이다. 그림 6.18(a)의 평균 부스트 컨버터 모델을 보면 단순히 $i_c(t)$를 $v_g(t)$에 비례하게 즉, $i_c(t) = v_g(t)/R_e$로 놓으면 이를 달성할 수 있음을 알 수 있다. 컨버터가 항상 연속 전도모드에서 동작한다고 가정한다.

(a) 전력 $\langle p(t)\rangle_{T_s}$를 구하기 위해 위에 열거한 가정에 적합하도록 그림 6.18(a)의 모델을 푸시오. 교류 입력 $v_g(t)$의 한 주기 동안 평균한 $\langle p(t)\rangle_{T_s}$의 평균값을 구하시오.

(b) 어떤 동작점에서 전류 프로그램 제어기를 안정화하기 위해 가공 톱니파가 필요하다. 정류된 정현파의 입력 전압에 대한 모든 동작점에서 안정도를 확보하기 위한 m_a의 최소값을 V와 L의 함수로 나타내시오. 과정을 제시하시오.

(c) 가공 톱니파와 인덕터 맥동 전류에 의해 평균 입력 전류는 $i_c(t)$와 다르다. $\langle i_g(t)\rangle_{T_s}$의 표현식을 $i_c(t)$와 m_a, $v_g(t)$, V, L 그리고 T_s의 함수로 나타내시오. 이 문제에 대해 인덕터 동특성은 무시할 수 있다고 가정한다.

(d) $v_g = V_M|\sin(\omega t)|$와 $i_c(t) = v_g(t)/R_e$을 문제 (c)의 결과에 대입하여 $i_g(t)$에 대한 식을 유도하시오. $i_g(t)$가 정류된 정현파와 얼마나 다른가?

6.11 그림 6.37은 전하 제어기를 갖는 벅 컨버터를 나타낸다[14]. 전하 제어기의 동작은 전류 프로그램 제어기의 동작과 유사하다. 각 스위칭 주기의 시작에서, $t=0$에서 짧은 클럭 펄스는 SR 래치를 set시킨다. 래치 Q 출력의 논리 high 신호는 전력용 MOSFET를 턴-온시킨다. 동시에 래치 $\overline{Q}$ 출력의 논리 low 신호는 스위치 S_s를 턴-오프시킨다. 전력용 MOSFET에 흐르는 전류에 비례하는 전류 $K_s i_s$는 커패시터 C_s를 충전시킨다. $t=dT_s$에서 커패시터 전압 $v_q(t)$는 제어 입력 전압 $R_f i_c$에 도달하고 비교기 출력은 논리 high로 되어 래치를 reset시킨다. 래치 Q 출력의 논리 low 신호는 전력용 MOSFET를 턴-오프시킨다. 동시에 래치 $\overline{Q}$ 출력의 논리 high 신호는 스위치 S_s를 턴-온시켜 커패시터 C_s를 영으로 방전시킨다. 이 문제에서 컨버터와 제어기의 파라미터는 다음과 같다. $V_g=24$ V, $f_s = 1/T_s$ 100 kHz, $L=60$ μH, $C=100$ μF, $R=3$ Ω, $K_sT_s / C_s = R_f = 1$ Ω이다. 컨버터는 연속 전도모드에서 동작한다고 가정한다.

(a) 스위치 네트워크의 단자 파형의 평균값에 대한 표현식을 구하여 전하 제어에 의한 벅 스위치 네트워크의 대신호 평균 스위치 모델을 유도하시오. 모델의 제어 입력은 제어 전류 i_c이다. 평균 스위치 모델은 전류원과 전력원을 포함해야 한다. 스위치의 시비율 d는 모델에 나타나지 않는다.

(b) (a)에서 유도한 평균 스위치 모델을 이용하여 정지 출력 전압 V를 V_g, I_c와 R의 함수로 나타내시오. $I_c=2$ A에 대해 V, I_1, I_2와 D의 값을 구하시오. 이 동작점에 대해 한 스위칭 주기 동안 파형 $i_1(t)$, $i_2(t)$와 $v_q(t)$를 도시하시오.

(c) (a)의 평균 스위치 모델에 변동과 선형화하여 전하 제어에 의한 벅 스위치 네트워크의 소신호 평균 스위치 모델을 유도하시오. 모든 파라미터에 대한 식을 컨버터의 파라미터와 정지 동작 조건으로 나타내시오. 전하 제어에 의한 벅 컨버터의 소신호 모델을 도시하시오.

(d) (c)의 모델을 풀어 제어-출력 전달함수 $G_{vc}(s) = \hat{v}(s)/\hat{i}_c$의 표현식을 유도하시오. (b)의 동작점에서 $G_{vc}(s)$의 크기에 대한 보드선도를 그리고 주요 특성을 나타내시오.

(e) 시비율 제어와 전류 프로그램 제어에 대한 전하 제어의 장점을 논하시오.

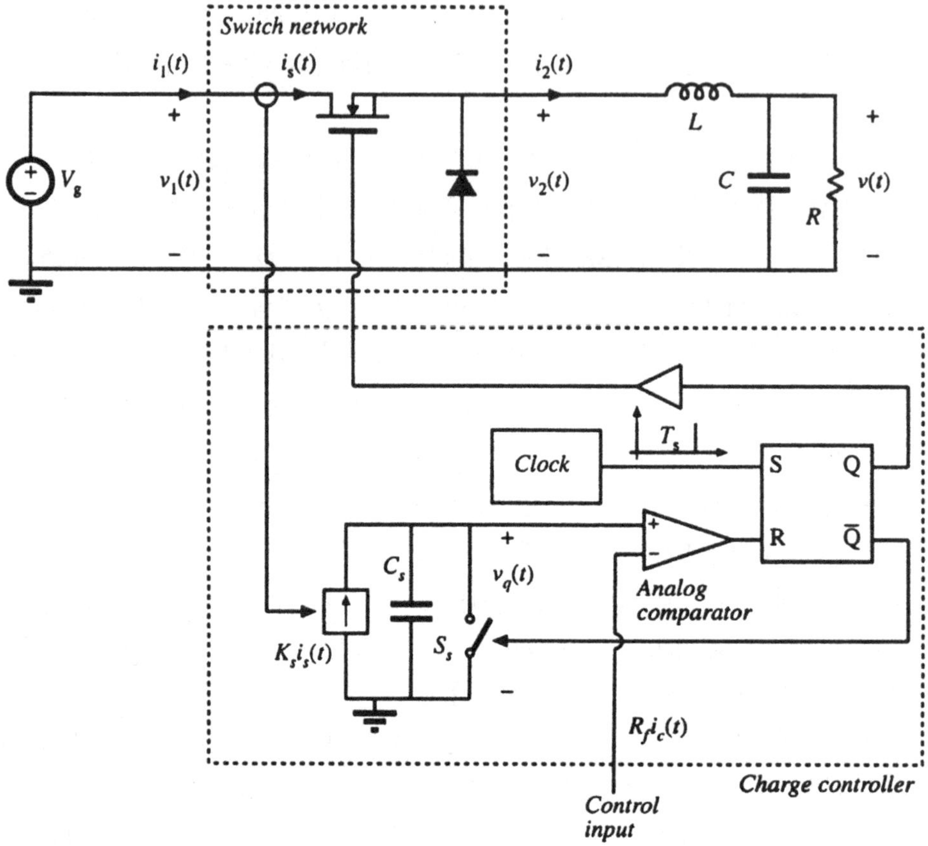

그림 6.37 전하 제어에 의한 벅 컨버터, 문제 6.11

6.12 그림 6.38은 한-주기(one-cycle) 제어기를 갖는 벅 컨버터를 나타낸다[15]. 한-주기 제어기의 동작은 전류 프로그램 제어기의 동작과 유사하다. 각 스위칭 주기의 시작에서, $t=0$에서 짧은 클럭 펄스는 SR 래치를 set시킨다. 래치 Q 출력의 논리 high 신호는 전력용 MOSFET를 턴-온시킨다. 동시에 래치 $\overline{Q}$ 출력의 논리 low 신호는 스위치 S_s를 턴-오프시킨다. 전력용 MOSFET에 흐르는 전류에 비례하는 전류 $G_s i_s$는 커패시터 C_s를 충전시킨다. $t=dT_s$에서 커패시터 전압 $v_q(t)$는 제어 입력 전압 $R_f i_c$에 도달하고 비교기 출력은 논리 high로 되어 래치를 reset시킨다. 래치 Q 출력의 논리 low 신호는 전력용 MOSFET를 턴-오프시킨다. 동시에 래치 $\overline{Q}$ 출력의 논리 high 신호는 스위치 S_s를 턴-온시켜 커패시터 C_s를 영

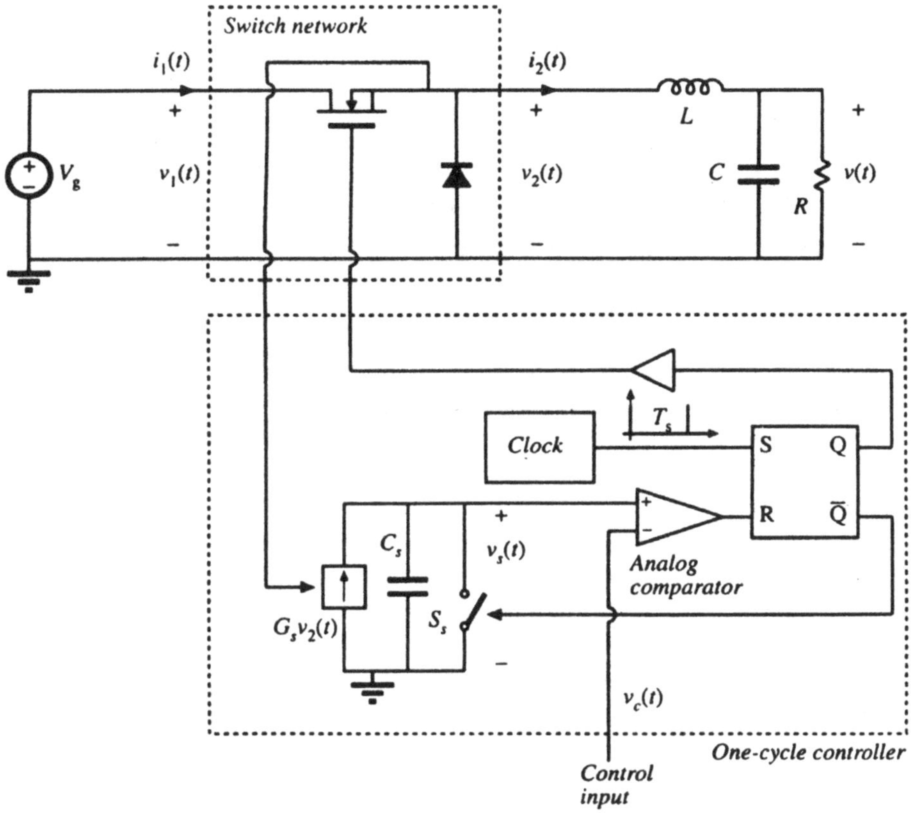

그림 6.38 한-주기 제어에 의한 벅 컨버터, 문제 6.12

으로 방전시킨다.

이 문제에서 컨버터와 제어기의 파라미터는 다음과 같다. $V_g = 24$ V, $f_s = 1/T_s$ 100 kHz, $L = 60$ μH, $C = 100$ μF, $R = 3$ Ω, $G_sT_s / C_s = 1$ Ω이다. 컨버터는 연속 전도모드에서 동작한다고 가정한다.

(a) 스위치 네트워크의 단자 파형의 평균값에 대한 표현식을 구하여 한-주기 제어에 의한 벅 스위치 네트워크의 대신호 평균 스위치 모델을 유도하시오. 모델의 제어 입력은 제어 전류 v_c이다. 스위치의 시비율 d는 모델에 나타나지 않는다.

(b) (a)에서 유도한 평균 스위치 모델을 이용하여 정지 출력 전압 V를 V_c의 함수로 나타내시오. $V_c = 10$ V에 대해 V, I_1, I_2와 D의 값을 구하시오. 이 동

작점에 대해 한 스위칭 주기 동안 파형 $i_1(t)$, $i_2(t)$와 $v_s(t)$를 도시하시오.

(c) (a)의 평균 스위치 모델에 변동과 선형화하여 한-주기 제어에 의한 벅 스위치 네트워크의 소신호 평균 스위치 모델을 유도하시오. 모든 파라미터에 대한 식을 컨버터의 파라미터와 정지 동작 조건으로 나타내시오. 한-주기 제어에 의한 벅 컨버터의 소신호 모델을 도시하시오.

(d) (c)의 모델을 풀어 제어-출력 전달함수 $G_{vc}(s) = \hat{v}(s)/\hat{v}_c$와 라인-출력 전달함수 $G_{vc}(s) = \hat{v}(s)/\hat{v}_g$의 표현식을 유도하시오. (b)의 동작점에서 이들 전달함수의 크기에 대한 보드선도를 그리고 주요 특성을 나타내시오.

(e) 시비율 제어와 전류 프로그램 제어에 대한 한-주기 제어의 장점을 논하시오.

제 2 부

현대 정류기 및 전력 계통의 고조파

제7장

비정현파 시스템의 전력과 고조파

정류(rectification)는 간단한 주제였다. 일반 교과서에서 첨두-검출과 인덕터-입력 정류기, 위상 제어 브리지, 다상 변압기 결선과 곱셈 회로 등과 같은 여러 회로를 검토하여 이 주제를 간단하게 다루었다. 그러나 최근에 정류기가 더욱 복잡해졌고 단순한 회로라기보다 시스템이 되었다. 교류 입력의 전류 파형을 조절하는 제어시스템과 부스트 컨버터와 같은 PWM 컨버터가 정류기에 포함된다. 따라서 현대의 정류기 기술에는 많은 직류-직류 컨버터 원리가 포함된다.

기존의 첨두-검출 정류기와 위상제어 정류기가 교류 라인에 원하지 않는 전류 고조파를 발생시키고 낮은 역률을 보이기 때문에 정류기 시스템은 계속 진화해오고 있다. 우리는 전력시스템 고조파의 악영향을 잘 인식하고 있다. 악영향으로 3상 시스템에서 중성선 전류 크기가 안전하지 못하고, 변압기와 유도 전동기에서의 열 문제와 수명 단축, 시스템 전압 파형의 질이 떨어지고, 역률보상 커패시터의 전류가 안전하지 못하고, 전력시스템의 보호회로가 오동작을 한다 등을 들 수 있다. 실제로 기존의 정류기는 교류 전력 배전계통에 고조파 공해 발생원이다. 우리 사회에서 전자 장치가 널리 보급되어 정류기의 고조파는 중요하고 무시할 수 없는 문제가 되었다. 따라서 고 역률, 고 효율과 고조파를 적게 발생하면서 동작하는 고 품질 정류기를 필요로 하고 있다. 현재 산업용 전동기 구동과 같은 고 출력 장치와 형광 램프용 전자 안정기와 사무 기기용 전력 공급기와 같은 저 출력 장치에 대한 고조파 전류의 크기를 명확하게 제한하는 여러 국제 표준 규격이 있다.

이 장에서는 비정현파를 포함하는 전력시스템에서의 에너지 흐름에 대해 서술한다. 평균 전력, 실효값과 역률을 전압과 전류 파형의 푸리에 전개로 표현한다. 3상 시스템에서 고조파 전류를 검토하고 현재의 표준 규격을 설명한다. 이어지는 장에서 기존 선-전류(line-commutated) 정류기, 고 품질 정류회로와 모델 그리고 고 품질 정류기의 제어에서 고조파와 고조파를 완화하는 방법에 대해 설명한다.

7.1 평균 전력

그림 7.1에서처럼 주어진 면을 통해 전원에서 부하로 에너지가 전달되는 것을 생각하자. 그림 7.1의 네트워크에서 전압 파형 $v(t)$(정현파일 필요는 없다)는 전원에 의해 결정되고 전류 파형 $i(t)$는 부하의 응답에 의해 결정된다. 전원의 출력 임피던스가 큰 일반적인 경우에서 $v(t)$와 $i(t)$는 전원과 부하의 특성에 함께 의존한다. 대칭 3상 시스템인 경우 라인 전류와 라인-중성선 전압을 이용한 상당(per-phase) 기준과 같은 방법으로 취급할 수 있다.
$v(t)$와 $i(t)$가 주기적이면 푸리에 전개를 이용하여 이를 다음과 같이 표현할 수 있다.

$$v(t) = V_0 + \sum_{n=1}^{\infty} V_n \cos(n\omega t - \phi_n) \tag{7.1}$$
$$i(t) = I_0 + \sum_{n=1}^{\infty} I_n \cos(n\omega t - \theta_n)$$

여기서 교류 라인의 전압 파형 주기는 $T = 2\pi/\omega$로 정의한다. 일반적으로 교류 주파수 주기 동안 여러 점에서 순간 전력 $p(t) = v(t)\ i(t)$는 양 또는 음의 값을 가질 수 있다. 따라서 에너지는 전원과 부하 사이에서 양 방향으로 흐를 수 있다. 우리의 관심은 다음과 같은 한 주기 동안 부하로 전송된 알짜 에너지를 구하는 것이다.

$$W_{cycle} = \int_0^T v(t)i(t)dt \tag{7.2}$$

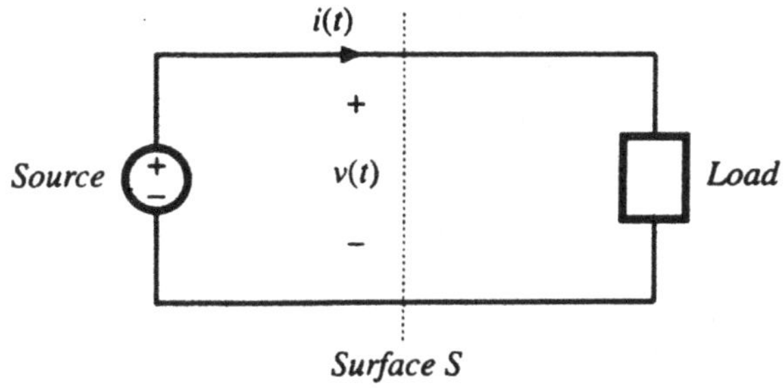

그림 7.1 면 *S*를 통해 에너지를 전달

평균 전력은 다음과 같다.

$$P_{av} = \frac{W_{cycle}}{T} = \frac{1}{T}\int_0^T v(t)i(t)dt \tag{7.3}$$

전압과 전류 파형의 고조파 함유량과 평균 전력과의 관계를 알아보자. 식 (7.1)의 푸리에 전개를 식 (7.3)에 대입하면 다음과 같다.

$$P_{av} = \frac{1}{T}\int_0^T \left(V_0 + \sum_{n=1}^{\infty} V_n \cos(n\omega t - \phi_n)\right)\left(I_0 + \sum_{n=1}^{\infty} I_n \cos(n\omega t - \theta_n)\right)dt \tag{7.4}$$

이 적분을 계산하기 위해 무한 전개를 곱해야 한다. 주파수가 다른 항끼리 곱의 적분은 영이고 같은 주파수의 전압과 전류의 곱만이 적분 값을 가짐을 보일 수 있다.

$$\frac{1}{T}\int_0^T (V_n \cos(n\omega t - \phi_n))(I_m \cos(m\omega t - \theta_m))dt = \begin{cases} 0 & \text{if } n \neq m \\ \frac{V_n I_m}{2} cos(\phi_n - \theta_m) & \text{if } n = m \end{cases} \tag{7.5}$$

그러므로 평균 전력은 다음과 같이 표현된다.

$$P_{av} = V_0 I_0 + \sum_{n=1}^{\infty} \frac{V_n I_n}{2} cos(\phi_n - \theta_n) \tag{7.6}$$

따라서 $v(t)$와 $i(t)$의 푸리에 전개가 같은 주파수에서 항을 가질 때 알짜 에너지는 부하로 전달된다. 예를 들면 $v(t)$와 $i(t)$가 모두 3차 고조파를 포함하면 이 3차 고조파 주파수에서 다음의 평균 전력의 알짜 에너지가 전달된다.

$$\frac{V_3 I_3}{2} cos(\phi_3 - \theta_3) \tag{7.7}$$

여기서 $V_3I_3/2$는 3차 고조파의 전류와 전압의 실효 volt-ampere와 같다. 항 $\cos(\phi_3 - \theta_3)$은 3차 고조파의 전류와 전압의 위상차에 해당하는 변이율(displacement factor)이다.

고조파를 포함하는 시스템에서 전력 흐름의 예를 그림 7.2에서 그림 7.4까지에 나타낸다. 그림 7.2의 예에서 전압은 기본파만을 갖는 반면 전류는 3차 고조파만을 갖는다. 순간 전력 파형 $p(t)$의 평균값이 영이므로 P_{av}가 영임을 알 수 있다. 에너지가 전원과 부하 사이에서 순환하지만 한 주기 동안 부하로 전달된 알짜 에너지는 없다.

그림 7.3의 예에서 전압과 전류 모두 3차 고조파만을 갖는다. 이 경우 평균 전력은 식

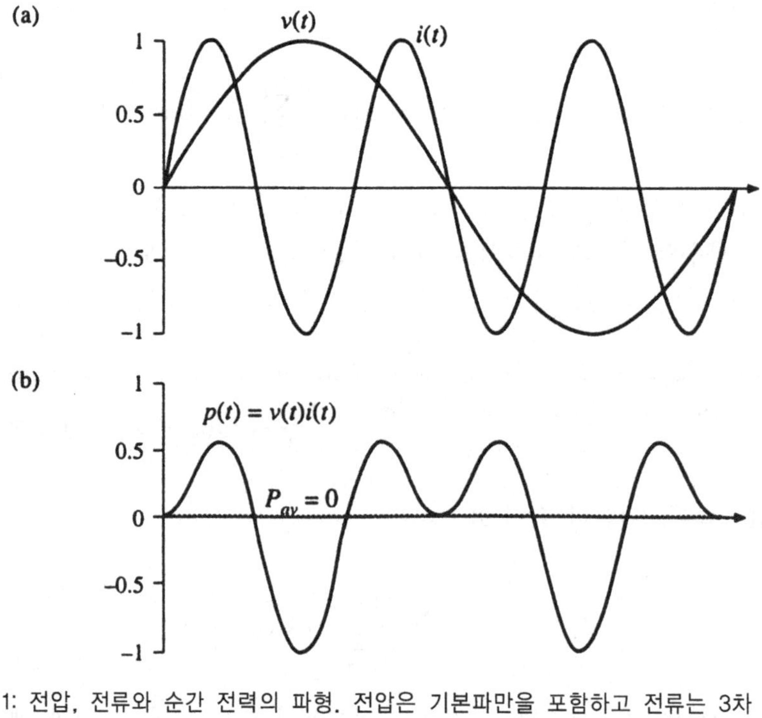

그림 7.2 예 1: 전압, 전류와 순간 전력의 파형. 전압은 기본파만을 포함하고 전류는 3차 고조파만 포함한다. 평균전력은 영이다

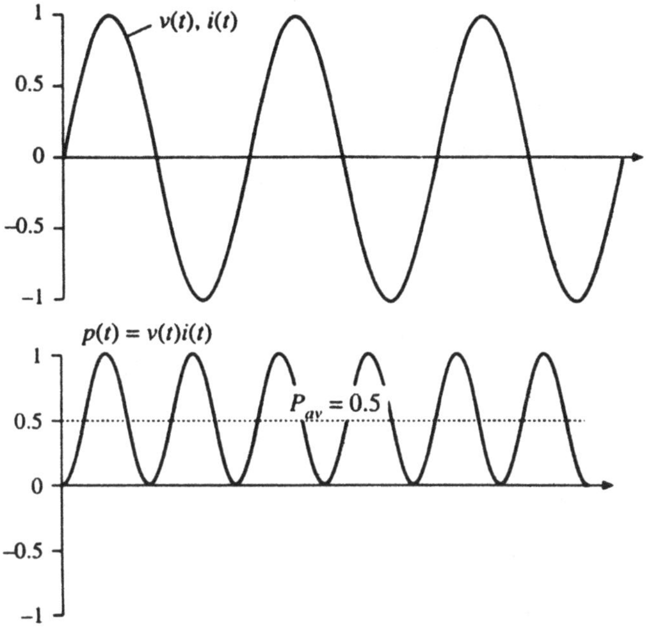

그림 7.3 예 2: 전압, 전류와 순간 전력의 파형. 전압과 전류는 3차 고조파만 포함하고 위상이 같다. 3차 고조파에서 알짜 에너지가 전달된다

(7.7)로 주어진다.

그림 7.4의 예에서 전압은 기본파, 3차 고조파와 5차 고조파를 포함하는 반면 전류는 기본파, 5차 고조파와 7차 고조파를 다음과 같이 포함한다.

$$\begin{aligned} v(t) &= 1.2\cos(\omega t) + 0.33\cos(3\omega t) + 0.2\cos(5\omega t) \\ i(t) &= 0.6\cos(\omega t + 30^\circ) + 0.1\cos(3\omega t + 45^\circ) + 0.1\cos(5\omega t + 60^\circ) \end{aligned} \tag{7.8}$$

평균 전력은 기본파와 5차 고조파에서만 전달된다. 식 (7.6)을 이용하여 다음과 같이 평균 전력을 구한다.

$$P_{av} = \frac{(1.2)(0.6)}{2} cos(30^\circ) + \frac{(0.2)(0.1)}{2} cos(45^\circ) = 0.32 \tag{7.9}$$

순간 전력과 평균 전력을 그림 7.4(b)에 나타낸다.

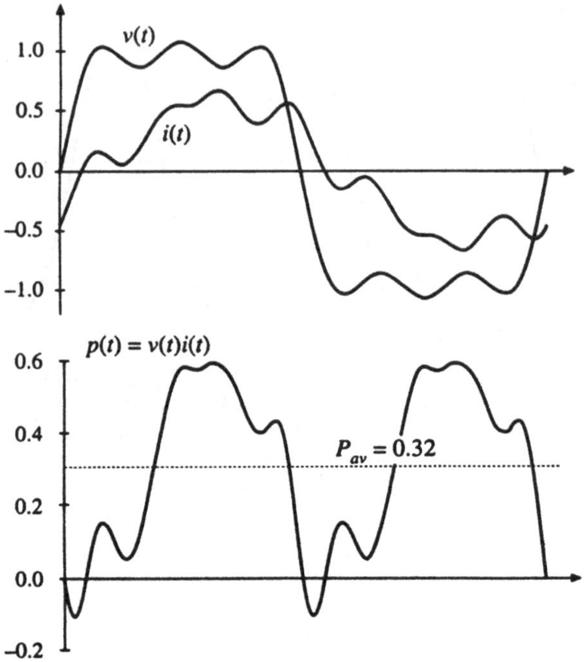

그림 7.4 예 3: 전압, 전류와 순간 전력의 파형. 전압은 기본파, 3차와 5차 고조파를 포함한다. 전류는 기본파, 5차와 7차 고조파를 포함한다. 기본파와 5차 고조파에서 알짜 에너지가 전달된다

7.2 파형의 실효값

주기 T를 갖는 주기 파형 $v(t)$의 실효값은 다음과 같이 정의된다.

$$(\text{실효값}) = \sqrt{\frac{1}{T}\int_0^T v^2(t)dt} \tag{7.10}$$

실효값을 푸리에 성분으로 표현할 수 있다. 식 (7.1)을 식 (7.10)에 대입하고 식 (7.5)를 이용하여 간단히 하면 다음과 같다.

$$(\text{실효값}) = \sqrt{V_0^2 + \sum_{n=1}^{\infty} \frac{V_n^2}{2}} \tag{7.11}$$

이 식은 전류에 대해서도 만족한다.

$$(\text{전류 실효값}) = \sqrt{I_0^2 + \sum_{n=1}^{\infty} \frac{I_n^2}{2}} \tag{7.12}$$

따라서 파형에 고조파가 포함되면 실효값은 증가한다. 특히 전압 $v(t)$가 단지 기본파만을 포함하는 반면 전류 $i(t)$가 고조파를 포함하는 경우 고조파는 전류의 실효값을 증가시키지만 평균 전력에는 영향을 주지 않는다. 이 경우는 매우 바람직하지 않다. 그 이유는 고조파에 의해 알짜 에너지가 부하로 전달되지 않고 시스템의 $I_{rms}{}^2R$ 손실만 증가시키기 때문이다.

실제 시스템에서 직렬 저항이 전원, 부하 그리고 또는 전력선에 항상 존재하여 다음 식에 의한 원하지 않는 전력 손실이 발생된다.

$$(\text{전류 실효값})^2 R_{series} \tag{7.13}$$

이러한 손실의 예로 교류 발전기의 권선 저항, 전원과 부하를 연결하는 선의 저항, 변압기 권선의 저항과 스위칭 컨버터의 반도체 소자와 자기 권선의 저항을 들 수 있다. 따라서 부하에 필요한 에너지의 양과 전력을 전달하면서 전류 실효값을 가능하면 작게 할 필요가 있다.

병렬 저항도 일반적으로 존재하며 다음의 식에 해당하는 전력 손실을 발생한다.

$$\frac{(\text{전압 실효값})^2}{R_{shunt}} \tag{7.14}$$

이 손실을 따르는 예로 변압기와 교류 발전기의 코어 손실과 스위칭 컨버터의 트랜지스터 스위칭 손실을 들 수 있다. 따라서 이 경우 필요한 전력을 부하에 전달하면서 전압 실효값을 가능한 한 작게 해야 한다.

7.3 역률

역률은 전원과 부하 사이에 에너지를 얼마나 효과적으로 전달하는가를 측정하는 지수이다. 그림 7.1과 같이 주어진 면에서 측정되며 다음과 같이 정의된다.

$$\text{역률} = \frac{(\text{평균 전력})}{(\text{전압 실효값})(\text{전류 실효값})} \tag{7.15}$$

역률은 항상 0과 1사이의 값을 갖는다. 이상적인 경우 옴의 법칙을 따르는 부하에 대해 단위 역률이 발생한다. 이 경우 전압과 전류 파형은 같은 모양을 갖고, 같은 고조파 스펙트럼을 갖고, 위상이 같다. 주어진 평균 출력에 대해 최대(단위) 역률에서 즉, 선형의 저항 부하에서 전류와 전압 실효값은 최소가 된다. 전압에는 고조파가 없으나 부하가 비선형이고 동특성을 포함하는 경우에 역률을 전류의 기본 성분의 위상 이동에 의한 항과 전류 고조파에 의한 다른 항의 곱으로 표현할 수 있다.

7.3.1 선형 저항 부하와 비정현파 전압

이 경우에 전류 고조파는 전압 고조파와 위상이 같고 비례한다. 결과적으로 모든 고조파들은 부하로 알짜 에너지를 전달한다. 전류 고조파의 크기와 위상은 다음과 같다.

$$I_n = \frac{V_n}{R} \tag{7.16}$$

$$\theta_n = \phi_n \;\Rightarrow\; \cos(\theta_n - \phi_n) = 1 \tag{7.17}$$

전압 실효값을 다시 쓰면

$$(\text{전압 실효값}) = \sqrt{V_0^2 + \sum_{n=1}^{\infty} \frac{V_n^2}{2}} \tag{7.18}$$

이고 전류 실효값은 다음과 같다.

$$(\text{전류 실효값}) = \sqrt{I_0^2 + \sum_{n=1}^{\infty} \frac{I_n^2}{2}} = \sqrt{\frac{V_0^2}{R^2} + \sum_{n=1}^{\infty} \frac{V_n^2}{2R^2}} \tag{7.19}$$
$$= \frac{1}{R}(\text{전압 실효값})$$

식 (7.6)을 이용하여 평균 전력을 구하면 다음과 같다.

$$\begin{aligned} P_{av} &= V_0 I_0 + \sum_{n=1}^{\infty} \frac{V_n I_n}{2} cos(\phi_n - \theta_n) \\ &= \frac{V_0^2}{R} + \sum_{n=1}^{\infty} \frac{V_n^2}{2R} \\ &= \frac{1}{R}(\text{전압 실효값})^2 \end{aligned} \tag{7.20}$$

식 (7.19)와 식 (7.20)을 식 (7.15)에 대입하면 역률이 1임을 알 수 있다. 따라서 부하가 선형이고 순 저항 부하이면 $v(t)$의 고조파 양에 관계없이 역률은 1이다. 부하 전류 파형 $i(t)$의 고조파 내용은 $v(t)$의 고조파 내용과 같고 모든 고조파 성분은 부하에 알짜 에너지를 전달한다. 이것은 에너지를 효과적으로 부하에 전달하는 비정현파형에 기반을 둔 전력 배전시스템을 구성할 수 있음을 의미한다.

7.3.2 비선형 동적 부하와 정현파 전압

전압 $v(t)$가 직류 성분과 고조파 성분이 없는 기본파 성분만을 포함하면 즉, $V_0 = V_2 = V_3 = \cdots = 0$이면 $i(t)$의 고조파에 의해 알짜 에너지가 부하로 전달되지 않는다. 평균 전력에 대한 식 (7.6)은 다음과 같다.

$$P_{av} = \frac{V_1 I_1}{2} cos(\phi_1 - \theta_1) \tag{7.21}$$

그러나 $i(t)$의 고조파는 전류 실효값에 영향을 준다.

$$(\text{전류 실효값}) = \sqrt{I_0^2 + \sum_{n=1}^{\infty} \frac{I_n^2}{2}} \tag{7.22}$$

그림 7.2의 예 1에서처럼 고조파 때문에 부하가 전원으로부터 더 많은 전류 실효값을 사용하지만 더 큰 평균 전력을 사용하지 않는다. 전류 고조파를 증가하여도 부하에 전달되는 알짜 에너지는 변하지 않고 직렬 저항 R_{series}에서 더 많은 에너지 손실을 발생시킨다.

전압과 전류의 기본파 성분의 위상을 $(\theta_1-\phi_1)$만큼 차이가 나게 하는 부하 동특성과 무효 소자가 존재하면 역률은 감소한다. 평균 전력 식 (7.21)의 $\cos(\theta_1-\phi_1)$항은 1보다 작다. 그러나 식 (7.22)의 전류 실효값은 위상과 관계가 없다. $v(t)$에 대한 $i(t)$의 위상은 실효 전압과 전류를 바꾸지 않고 평균 전력을 감소시키므로 역률이 감소된다.

식 (7.21)과 (7.22)를 식 (7.15)에 대입하면 정현파 전압에 대한 역률을 표현할 수 있다.

$$(\text{역률}) = \left(\frac{\frac{I_1}{\sqrt{2}}}{\sqrt{I_0^2 + \sum_{n=1}^{\infty} \frac{I_n^2}{2}}} \right) (\cos(\phi_1 - \theta_1)) \tag{7.23}$$
$$= (\text{왜곡률})(\text{변이율})$$

따라서 전압에 고조파가 없을 때 역률은 두 항의 곱으로 표현할 수 있다. 첫 번째 항은 왜곡률(distortion factor)로 전류의 전체 실효값에 대한 기본파 전류의 실효값의 비로 다음과 같이 정의된다.

$$(\text{왜곡률}) = \left(\frac{\frac{I_1}{\sqrt{2}}}{\sqrt{I_0^2 + \sum_{n=1}^{\infty} \frac{I_n^2}{2}}} \right) = \frac{(\text{기본파 전류의 실효값})}{(\text{전류 실효값})} \tag{7.24}$$

식 (7.23)의 두 번째 항을 변이율(displacement factor)이라 하며 전압과 전류의 기본파 성분 사이의 각의 cosine으로 정의된다.

전 고조파 왜곡(total harmonic distortion: THD)은 기본파 실효값에 대한 기본파를 포함하지 않은 파형의 실효값의 비인 다음의 식으로 정의된다.

$$(\text{THD}) = \frac{\sqrt{\sum_{n=2}^{\infty} I_n^2}}{I_1} \tag{7.25}$$

전 고조파 왜곡과 왜곡률 사이에는 밀접한 관계가 있다. $I_0 = 0$인 조건에서 식 (7.24)와 식 (7.25)를 비교하면 다음의 관계를 얻을 수 있다.

$$(\text{왜곡률}) = \frac{1}{\sqrt{1 + (\text{THD})^2}} \tag{7.26}$$

이 식을 그림 7.5에 나타낸다. 적당하게 왜곡이 있는 파형의 왜곡률은 거의 1에 가깝다. 만일 파형이 기본파의 10%의 크기를 갖는 3차 고조파를 포함하면 왜곡률은 99.5%이다. 3차 고조파의 크기를 20%로 증가하면 왜곡률은 98%로 감소하고, 33%로 증가하면 왜곡률은 95%로 감소한다. 따라서 고조파의 크기가 매우 크지 않으면 고조파에 의해 역률은 그다지 많이 떨어지지 않는다.

왜곡률이 1보다 매우 작은 경우의 예로 그림 7.6의 기존의 첨두-검출 정류기를 들 수 있다. 이 회로에서 교류 선 전류는 전압 파형의 첨두에서 발생하는 짧은 펄스 형태를 이룬다. 선 전류의 기본파 성분은 전압과 위상이 거의 같으므로 변이율은 거의 1이다. 그러나 낮은 차수의 전류 고조파가 기본파의 크기와 거의 비슷할 정도로 매우 크다. 그림 7.7에 전형적인 전류 스펙트럼을 나타낸다. 첨두-검출 정류기의 왜곡률은 보통 55% ~ 65% 범위에 있다. 결과적인 역률도 비슷한 범위에 있다.

북미에서는 표준 120 V 콘센트가 15 A 회로 차단기에 의해 보호된다. 따라서 이용 가능한 부하 전력이 제한되어 있다. 직류-직류 컨버터와 첨두-검출 정류기의 일반적인 효율

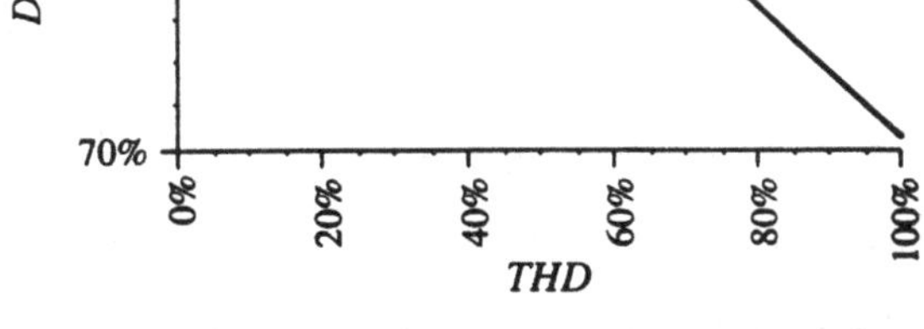

그림 7.5 왜곡률과 전 고조파 왜곡

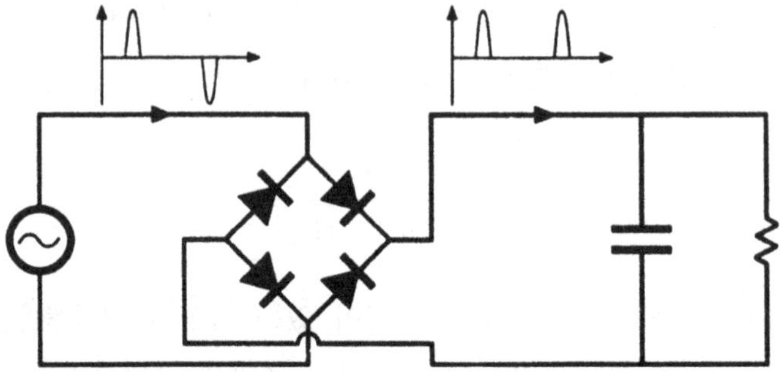

그림 7.6 첨두-검출 정류기

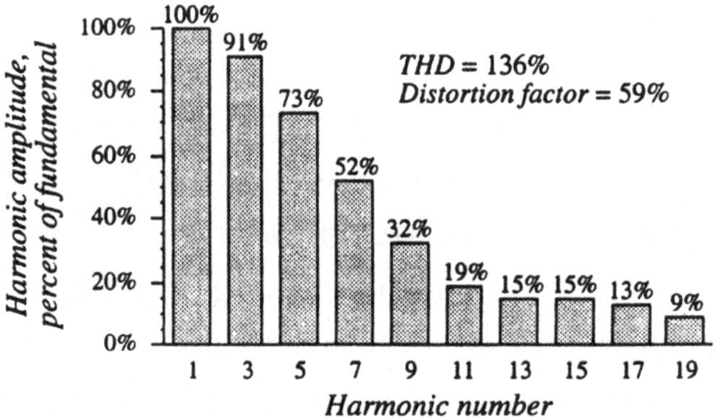

그림 7.7 첨두-검출 정류기의 선 전류의 스펙트럼

을 가정하고 55%의 역률과 회로 차단기의 전류가 20% 정격 하락하면 다음과 같이 최대 이용 가능한 직류 부하 전력을 추정할 수 있다.

$$\begin{aligned}&(\text{교류 전압})(\text{정격 하락된 차단기 전류})(\text{역률})(\text{정류기 효율})\\&=(120\text{ V})(15\text{ A의 }80\%)(0.55)(0.98)\\&=776\text{ W}\end{aligned}\tag{7.27}$$

직류-직류 컨버터의 1보다 작은 효율은 이용 가능한 직류 부하 전력을 더 작게 할 것이다. 이 값보다 더 큰 부하 전력을 공급하기 위해 첨두-검출 정류기를 사용하기 위해서는 더 큰 용량의 전류 그리고 더 높은 전압의 서비스를 설치해야 하며, 이는 불편하고 비용이 든다. 거의 단위 역률을 갖는 정류기를 사용하면 이용 가능한 직류 부하 전력이 많이 증가한다.

$$\begin{aligned}&(\text{교류 전압})(\text{정격 하락된 차단기 전류})(\text{역률})(\text{정류기 효율})\\&=(120\ \text{V})(15\ \text{A의 }80\,\%)(0.99)(0.93)\\&=1325\ \text{W}\end{aligned} \tag{7.28}$$

즉, 첨두-검출 정류기의 경우보다 이용 기능한 전력이 2배가 된다. 이것만으로도 상업시장에서 고품질 정류기를 채택하는 이유가 충분하다.

7.4 정현파 시스템의 전력 페이서

피상 전력(apparent power)은 실효 전압과 실효 전류의 곱으로 정의된다. 피상 전력은 쉽게 측정할 수 있다. 주어진 면에 있는 회로에 놓인 전압계와 전류계를 읽어 곱하면 피상 전력을 얻을 수 있다. 변압기와 같은 많은 전력시스템의 소자들은 그들이 공급할 수 있는 피상 전력에 따라 정격이 결정된다. 피상 전력의 단위는 volt-ampere 또는 VA이다. 식 (7.15)로 정의된 역률은 피상 전력에 대한 평균 전력의 비이다.

정현파 전압 및 전류인 경우 복소수 전력 S와 무효 전력(reactive power) Q를 정의할 수 있다. 정현파 전압 $v(t)$와 전류 $i(t)$를 페이서(phasor) $\boldsymbol{V}$와 $\boldsymbol{I}$로 나타낼 수 있다면 복소수 전력을 다음과 같이 페이서로 정의할 수 있다.

$$\boldsymbol{S} = \boldsymbol{V}\boldsymbol{I}^* = P + jQ \tag{7.29}$$

여기서 $\boldsymbol{I}^*$는 $\boldsymbol{I}$의 공액 복소수이고, j는 -1의 제곱근을 나타낸다. $\boldsymbol{S}$의 크기 또는 $\|\boldsymbol{S}\|$는 VA로 측정된 피상 전력과 같다. $\boldsymbol{S}$의 실수부는 평균 전력 P와 같고 단위는 W이다. $\boldsymbol{S}$의 허수부는 무효 전력 Q와 같고 단위는 reactive volt-ampere 또는 VAR이다.

그림 7.8은 $\boldsymbol{S}$, $\boldsymbol{P}$, $\boldsymbol{Q}$를 나타내는 페이서 선도를 나타낸다. 각 $(\theta_1\text{-}\phi_1)$은 전압 페이서 $\boldsymbol{V}$와 전류 페이서 $\boldsymbol{I}$ 사이의 각이고 또한 복소수 전력 $\boldsymbol{S}$의 위상이기도 하다. 그러므로 순수한 정현파인 경우 역률은 다음과 같다.

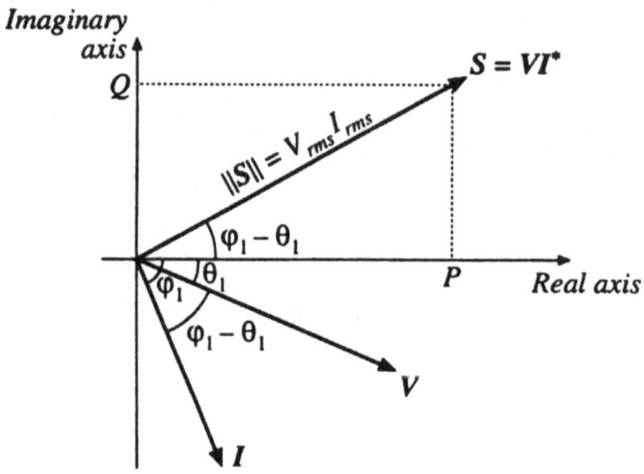

그림 7.8 전력 페이서 선도

$$(\text{역률}) = \frac{P}{\| S \|} = \cos(\phi_1 - \theta_1) \tag{7.30}$$

이 식은 전압과 전류가 순수한 정현파일 때만 타당하다. 식 (7.24)의 왜곡률은 1이므로 역률은 식 (7.30)과 같이 변이율과 같다.

무효 전력 Q에 의해 전원과 부하 사이에 알짜 에너지 전송은 없다. 무효 전력이 존재하면 실효 전류와 피상 전력은 평균 전력 P를 전달하는데 필요한 최소의 양보다 크다. 인덕터에서 전류는 전압에 90°만큼 뒤떨어지므로(lagging, 지상) 변이율은 영이다. 인덕터에서 교번적으로 에너지를 저장하고 방전하므로 전류가 흐르고 피상 전력은 영이 아니지만 평균 전력은 영이다. 저항이 평균 또는 실효 전력 P를 소모하듯이 인덕터는 무효 전력 Q를 소모하는 것으로 생각할 수 있다. 커패시터에서는 전류가 전압에 90°만큼 앞서고(leading, 진상) 변이율은 영이다. 커패시터는 무효 전력 Q를 공급하고, 전력계통 배전시스템에서 일반적으로 유도 부하 근처에 설치된다. 커패시터가 공급한 무효 전력과 인덕터가 소모하는 무효 전력이 같으면 알짜 전류(전원에서 커패시터-인덕터-부하 조합으로 흘러 들어가는 전류)는 전압과 위상이 같아 단위 역률과 최소 실효 전류 크기가 된다.

위상-제어 정류기는 비정현파 전류를 발생하고 기본파 성분 전류가 전압에 뒤떨어지는 것을 다음 장에서 알게 될 것이다. 이 지상 전류의 원인이 에너지 저장에 의한 것이 아니다. 그럼에도 불구하고 변이율이 감소하고, 평균 전력을 전달하는데 필요한 최소 양보다 큰 실효 전류와 피상 전력이 필요하다.

7.5 3상 시스템의 고조파 전류

고조파 전류에 의해 3상 시스템에 특별한 문제가 발생 할 수 있다. 3상 4선식 시스템에서 고조파 전류는 중성선에 큰 전류로 흐르게 되어 선 도체의 실효 전류 정격을 쉽게 초과하게 한다. 역률 보상 커패시터에 매우 큰 실효 전류가 흘러 커패시터를 파괴할 수 있다. 이 절에서는 이러한 문제를 조사하고 3상 시스템에서 고조파 전류의 특성을 유도한다.

7.5.1 3상 4선식 네트워크에서 고조파 전류

그림 7.9의 3상 4선식 네트워크를 생각하자. 선 전류와 선-중성점 전압을 다음과 같이 푸리에 전개로 나타낼 수 있다.

$$
\begin{aligned}
i_a(t) &= I_{a0} + \sum_{k=1}^{\infty} I_{ak}\cos(k\omega t - \theta_{ak}) \\
i_b(t) &= I_{b0} + \sum_{k=1}^{\infty} I_{bk}\cos(k(\omega t - 120^\circ) - \theta_{bk}) \\
i_c(t) &= I_{c0} + \sum_{k=1}^{\infty} I_{ck}\cos(k(\omega t + 120^\circ) - \theta_{ck})
\end{aligned}
\tag{7.31}
$$

$$
\begin{aligned}
v_a(t) &= V_m\cos(\omega t) \\
v_b(t) &= V_m\cos(\omega t - 120^\circ) \\
v_c(t) &= V_m\cos(\omega t + 120^\circ)
\end{aligned}
\tag{7.32}
$$

그러므로 중성선 전류는 $i_n = i_a + i_b + i_c$ 또는

$$
\begin{aligned}
i_n(t) = {} & I_{a0} + I_{b0} + I_{c0} + \\
& \sum_{k=1}^{\infty} \left[I_{ak}\cos(k\omega t - \theta_{ak}) + I_{bk}\cos(k(\omega t - 120^\circ) - \theta_{bk}) + I_{ck}\cos(k(\omega t + 120^\circ) - \theta_{ck}) \right]
\end{aligned}
\tag{7.33}
$$

이다. 부하가 비대칭이면 (전압이 대칭이고 왜곡이 안 되었어도) 중성선 전류와 선 전류에 대해 다르게 말할 수 있다. 부하가 비대칭이고 비선형이면 선 전류와 중성선 전류는 짝수와 3배수 고조파를 포함하는 임의 차수의 고조파를 포함할 수 있다.

부하가 대칭이면 식 (7.33)은 매우 간단하게 된다. 대칭 비선형 부하에서는 모든 k에

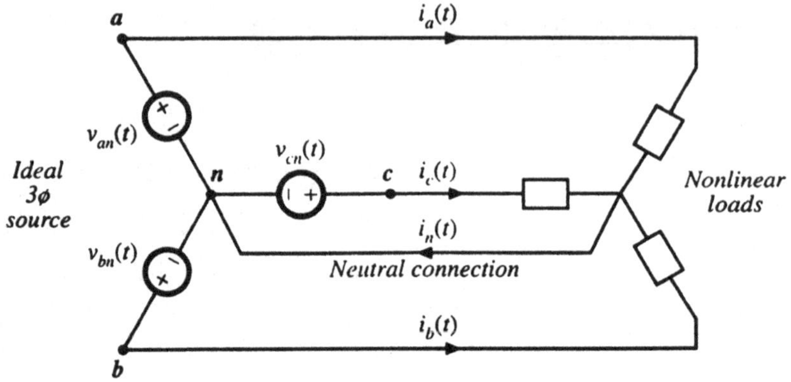

그림 7.9 3상 4선식 네트워크의 전류

대해 $I_{ak}=I_{bk}=I_{ck}=I_k$이고 $\theta_{ak}=\theta_{bk}=\theta_{ck}=\theta_k$이다. 즉, 3상의 고조파는 모두 크기가 같고 위상이 같다. 이 경우 식 (7.33)은 다음과 같이 간단하게 된다.

$$i_n(t)=3I_0+\sum_{k=3,6,9,\cdots}^{\infty}3I_k\cos(k\omega t-\theta_k) \tag{7.34}$$

따라서 중성선에는 기본파 전류와 대부분의 고조파(3배수 고조파 제외) 전류는 소거되어 흐르지 않는다. 그러나 식 (7.34)에서처럼 직류와 3배수 고조파는 서로 더해진다. 네트워크가 고조파뿐만 아니라 비선형 부하를 평형하게 만드는 것이 흥미롭다. 중성선 실효 전류는 다음과 같다.

$$i_{n,rms}=3\sqrt{I_0^2+\sum_{k=3,6,9,\cdots}^{\infty}\frac{I_k^2}{2}} \tag{7.35}$$

예제

대칭 비선형 부하는 기본파와 20% 크기의 3차 고조파를 포함하는 선 전류를 발생한다. $i_{an}(t)=I_1\cos(\omega t-\theta_1)+0.2I_3\cos(3\omega t-\theta_3)$이다. 중성선의 실효 전류를 구하고, 실효 선 전류의 크기와 비교하라.

풀이

$$i_{n,rms} = 3\sqrt{\frac{(0.2I_1)^2}{2}} = \frac{0.6I_1}{\sqrt{2}} \tag{7.36}$$

$$i_{1,rms} = \sqrt{\frac{I_1^2 + (0.2I_1)^2}{2}} = \frac{\sqrt{1+0.04}\,I_1}{\sqrt{2}} \approx \frac{I_1}{\sqrt{2}}$$

따라서 중성선 실효 전류의 크기는 선 전류 크기의 60%에 해당한다! 3상 시스템에서 3배수 고조파는 서로 더해진다. 즉, 20% 크기의 3차 고조파는 60% 크기의 3차 고조파 중성선 전류를 발생한다. 그러나 3차 고조파는 선 전류의 실효값에는 큰 영향을 미치지 않는다. 작은 3배수 고조파에 의해 예상 밖의 큰 전류가 중성선에 흐른다.

7.5.2 3상 3선식 네트워크에서 고조파 전류

그림 7.10에서처럼 Y-결선된 부하에 중성선이 없으면 중성선 전류 $i_n(t)$는 영이어야 한다. 부하가 대칭이면 식 (7.34)가 적용되므로 부하 전류의 직류와 3배수 고조파는 영이어야 한다. 그러므로 선 전류 i_a, i_b, i_c는 직류 및 3배수 고조파를 포함할 수 없다. 직류와 3배수 고조파 부하 전류를 영으로 만들기 위해 직류와 3배수 고조파를 포함한 전압이 부하 중성점 n'에 유도된다. 이 결과는 부하가 대칭일 때만 타당하다. 비대칭 부하인 경우

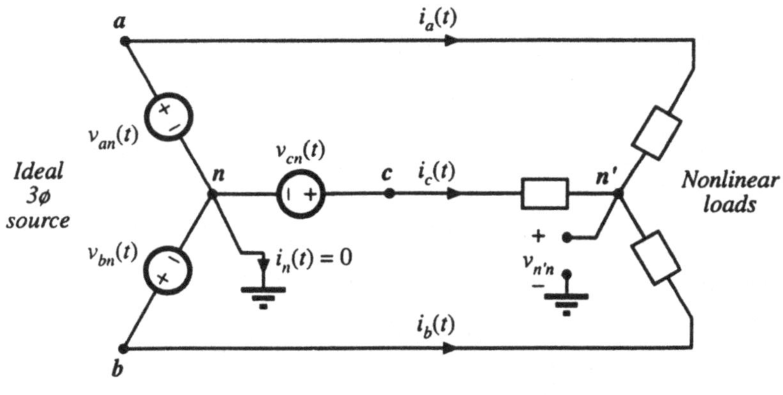

그림 7.10 3상 3선식 Y-결선 네트워크의 전류

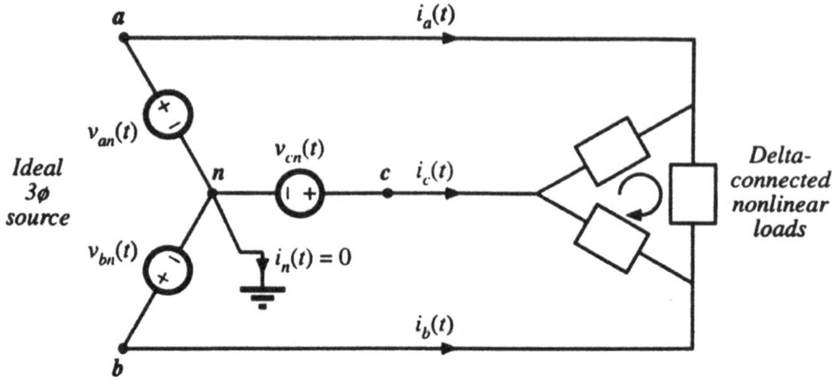

그림 7.11 평형 비선형 Δ-결선 부하의 전류

직류 및 3배수 고조파뿐만 아니라 모든 고조파가 선 전류에 나타난다. 실제로 부하는 정확하게 대칭이 될 수 없으므로 약간의 3차 고조파 선 전류를 측정할 수 있다.

그림 7.11의 Δ-결선 부하에는 중성점이 없으므로 선 전류는 직류 또는 3배수 고조파를 포함할 수 없다. 그러나 부하가 선간에 연결되어 왜곡되지 않은 정현파 전압에 의해 인가된다. 따라서 일반적으로 3배수 고조파와 직류 전류가 비선형 부하를 통해 흐른다. 그러므로 이 전류는 단지 Δ-결선 주위로 순환한다. 부하가 대칭이면 선 전류에 3배수 고조파 전류가 나타나지 않는다.

7.5.3 역률 보상 커패시터에 흐르는 고조파 전류

고조파 전류는 병렬 연결된 역률 보상 커패시터를 통해 흐른다. 어느 정도까지는 커패시터가 전력시스템 전류를 저 주파수-통과 필터 역할을 하므로 좋은 일이고 비선형 부하가 전체 전력시스템을 오염시키는 것을 방지한다. 고조파 전류는 비선형 부하와 역률 보상 커패시터 사이에서만 흐르고 전압 왜곡이 감소한다. 커패시터 임피던스는 주파수가 증가하면 감소하고 반면 전송선의 유도 임피던스는 주파수에 따라 증가하므로 고 주파수의 고조파 전류는 병렬 연결된 커패시터로 대부분이 흐른다. 이러한 의미에서 역률 보상 커패시터는 유도 부하에 의한 무효 전류의 영향을 완화하는 방식으로 비선형 부하에 의해 발생하는 고조파 전류의 영향을 완화시킨다.

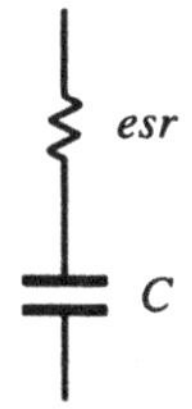

그림 7.12 커패시터 등가회로

그러나 문제는 역률 보상 커패시터가 이러한 고조파 전류를 견딜 만큼 정격이 높지 않으므로 상당한 고조파 전류가 흐르면 과열되어 파괴될 위험성을 안고 있다. 커패시터의 손실은 그림 7.12에서와 같이 등가 직렬 저항(ESR)으로 모델링 된다. ESR은 유전 손실(유전 D-E 루프의 히스테리시스), 접촉 저항, 박판과 선 저항을 모델링한다. 전력 손실은 i_{rms}^2(ESR)이다. 유전 물질은 보통 열전달 성능이 매우 나쁘기 때문에 적당한 커패시터 가운데는 전력 손실에 의해 온도가 크게 올라간다. 따라서 실효 전류를 안전한 값의 범위로 제한해야 한다.

전형적인 역률 보상 커패시터의 정격은 전압 V, 주파수 f와 무효 전력 kVAR로 표시된다. 순수 정현파를 가정하면 이러한 정격은 다음과 같이 커패시턴스 C와 안전한 실효 전류 I_{rms}로부터 계산된다.

$$\text{정격 실효 전압 } V_{rms} = \frac{I_{rms}}{2\pi f C} \tag{7.37}$$

$$\text{정격 무효 전력} = \frac{I_{rms}^2}{2\pi f C} \tag{7.38}$$

왜곡이 없는 시스템에서 실효 전압이 증가하지 않으면 실효 전류와 커패시터 ESR 손실은 증가할 수 없다. 그러나 고 주파수 고조파에 의해 실효 전압이 증가하지 않고 실효 전류가 더 커질 수 있다. 고조파 전류는 식 (7.37)에 의해 계산된 값 이상으로 실효 전류를 증가시킨다. 만일 커패시터의 정격을 추가된 전력 손실을 다룰 수 있을 만큼 선정되지 않으면 고장 또는 빠른 노후화가 발생한다.

7.6 교류 선 전류의 고조파 표준

첨두-검출 정류기의 증가된 실효 전류와 감소한 역률 이외에도 고조파 자체는 유해할 수 있다. 고조파 크기가 충분히 크면 전력시스템을 오염시킬 수 있다. 고조파 전류는 전력시스템의 직렬 임피던스를 통해 전압 파형을 왜곡시킨다. 이 전압 고조파는 주변의 부하 동작을 간섭할 수 있다. 병렬 커패시터의 증가한 전류, 배전 변압기와 교류 전동기에서 증가한 손실은 장치의 빠른 노후화와 고장을 일으킬 수 있다. 홀수 3배수 고조파(3, 9, 15차 등)는 3상 시스템에서 중성선의 전류를 매우 크게 흐르게 한다. 고조파 전류는 그들의 진원지로부터 떨어진 곳에 시스템 공진을 야기하고 그 결과를 예측하기 어렵다. 이러한 이유 때문에 많은 기관에서 부하가 전력계통에 인가할 수 있는 고조파 전류의 크기를 제한하는 표준을 채택하고 있다. 미군은 이 문제를 일찍 인식한 조직 가운데 하나이다. 매우 엄격한 3% 제한이 초기에 채택되었다. IEC와 IEEE가 채택한 표준은 최근의 일로 일반 전력계통용으로 제안되었다. 여기서 서술하지 않을 네 번째 예는 전화선과 전력선이 같은 극점을 공유하는 경우에 전력 배전시스템의 고조파를 제한하는 전화 간섭 요인이다.

7.6.1 International Electrotechnical Commission Standard 1000

1982년 IEC 555 표준이 처음 채택되었다. 그 후 여러 번의 개정을 거쳐 IEC 1000으로 발전해왔다[7]. 이 표준은 지금 유럽에서 발효되고 있어 전 세계에 팔리는 상업 제품에 대한 사실상의 표준이다.

IEC 1000-3-2 표준은 많은 여러 종류의 저 전력 장치를 다른 고조파 제한으로 규제하고 있다. 특히 이 규격은 380/415 V 3상 시스템(3선 또는 4선)뿐만 아니라 50/60 Hz, 220/240 V 단상 시스템(2선 또는 3선)에 연결된 16 A까지 입력 전류를 갖는 장치에 대한 고조파를 제한한다. 큰 빌딩과 같은 도시 환경에서 전체 전력 부하의 많은 부분이 비선형이다. 예를 들면 빌딩에서 전기 부하의 대부분은 형광등으로 전력계통에 매우 비선형 특성을 보인다. 현대의 사무실에는 컴퓨터, 프린터, 복사기 등 첨두-검출 정류기를 갖는 전자 장치들이 많이 사용된다. 각 개개의 부하는 전체 부하의 무시할만한 정도이지만 개개 부하를 합하면 매우 커진다.

표 7.1 IEC 1000-3-2 고조파 전류 제한, Class A

Odd harmonics		Even harmonics	
Harmonic number	Maximum current	Harmonic number	Maximum current
3	2.30A	2	1.08A
5	1.14A	4	0.43A
7	0.77A	6	0.30A
9	0.40A	$8 \le n \le 40$	0.23A·(8/n)
11	0.33A		
13	0.21A		
$15 \le n \le 39$	0.15A·(15/n)		

IEC 1000-3-2 표준은 장치를 몇 개의 범주로 정의하고 각 범주를 다른 고조파 제한으로 규제한다. 예를 들면 표 7.1은 컴퓨터와 다른 사무기기용으로 낮은 고조파 정류기를 포함하는 Class A 장치에 대한 고조파 제한을 나타낸다.

유럽 표준 EN 61000-3-2도 비슷한 제한을 정의한다.

7.6.2 IEEE/ANSI Standard 519

1993년 IEEE는 전류 고조파의 크기를 제한하는 개정된 표준 안을 책으로 발표하였다: *IEEE Guide for Harmonic Control and Reactive Compensation of Static Power Converter*. 고조파 제한은 부하 전류의 기본파 성분 I_L에 대한 공익설비에서 공통 결합 지점(point of common coupling: PCC)에서의 단락회로 전류 I_{sc}의 비를 기초로 제시된다. 가벼운 부하에서 보다 큰 부하에서 더 엄격한 제한이 부과된다. 제한은 IEC 1000의 크기와 비슷하고 IEC 1000에서 다루지 않은 고 전압 부하(더 큰 출력)를 포함한다. 이 표준은 현재 지방 전력회사까지도 효력이 발생하고 있다.

120 V에서 69 kV까지 전압에서 일반 배전시스템에 대한 홀수 고조파 제한을 표 7.2에 나타낸다. 짝수 고조파에 대한 제한은 홀수 고조파 제한의 25%이다. 69 kV에서 161 kV까지의 전압에서 일반 배전 시스템에 대한 제한은 표 7.2에 나타낸 값의 50%이다. 직류 성분과 반파 정류기는 허용되지 않는다.

이러한 전류 고조파 표준을 만족시키는 것은 전력 소비자의 책임이다. IEEE-519 표준

표 7.2 IEEE-519 120 V에서 69 kV까지 일반 배전시스템에 대한 최대 홀수 고조파 전류 제한

I_{SC}/I_L	$N<11$	$11\leq n<17$	$17\leq n<23$	$23\leq n<35$	$35\leq n$	THD
<20	4.0%	2.0%	1.5%	0.6%	0.3%	5.0%
20 – 50	7.0%	3.5%	2.5%	1.0%	0.5%	8.0%
50 – 100	10.0%	4.5%	4.0%	1.5%	0.7%	12.0%
100 – 1000	12.0%	5.5%	5.0%	2.0%	1.0%	15.0%
>1000	15.0%	7.0%	6.0%	2.5%	1.4%	20.0%

표 7.3 IEEE-519 전압 왜곡 제한

Bus voltage at PCC	Individual harmonics	THD
69 kV and lower	3.0%	5.0%
69.001 kV to 161 kV	1.5%	2.5%
Above 161 kV	1.0%	1.5%

은 표 7.3에서처럼 최대 허용 가능한 전압 고조파를 명시한다. 이 제한을 만족하는 것은 전력 사업자 또는 전력계통의 책임이다. 전체 고조파 왜곡과 개개의 최대 고조파 크기가 모두 제한된다.

참고문헌

[1] J. Arrillaga, D. Bradley, and P. Bodger, Power System Harmonics, New York: John Wiley & Sons, 1985.

[2] R. Smity and R. Stratford, "Power System Harmonics Effects from Adjustable-Speed Drives," IEEE Transactions on Industry Applications, Vol. IA20, No. 4, pp. 973-977, July/August 1984.

[3] A. Emanuel, "Powers in Nonsinusoidal Situations- A Review of Definitions and Physical Meaning," IEEE Transactions on Power Delivery, Vol. 5, No. 3, pp. 1377-1389, July 1990.

[4] N. Mohan, T. Undeland, and W. Robinson, Power Electronics: Converters, Applications, and Design, Second edition, New York: John Wiley & Sons, 1995.

[5] J. Kassakian, M. Schlecht, and G. Verghese, Principles of Power Electronics, Massachusetts: Addison-Wesley, 1991.

[6] R. Gretch, "Harmonic Distortion of the Mains Voltage by Switched-Mode Power Supplies-Assessment of the Future Development and Possible Mitigation Measures," European Power Electronics Conference, 1989 Record, pp. 1255-1260.

[7] IEC 1000-3-2, First Edition, Commission Electrotechnique Internationale, Geneva, 1995.

연 · 습 · 문 · 제

7.1 수동 정류기 회로. 그림 7.13의 수동 정류기 회로에서 L의 값이 매우 커서 인덕터 전류 $i(t)$는 거의 일정하다. 모든 소자는 이상적이다.

(a) 출력 전압, 전류와 전력을 구하시오.

(b) 교류 선 전류 파형 $i_g(t)$와 정류기 출력 전압 파형 $v_g(t)$를 도시하시오.

(c) 교류 선 전류의 실효값, 기본파의 실효값과 3차 고조파의 실효값을 구하시오. 이 정류기 네트워크가 IEC-1000 고조파 전류 제한을 만족하는가?

(d) 면 S_1과 S_2에서 측정한 역률을 구하시오.

7.2 그림 7.14의 3상 정류기가 그림에서처럼 대칭 60 Hz, 3상, 교류 480 V_{rms}의 선간 전압을 갖는 정현파 전원에 연결되어 있다. L의 값이 매우 커서 인덕터 전류 $i(t)$는 거의 일정하여 360 Hz 맥동을 무시할 수 있다.

(a) 파형 $v_d(t)$를 도시하시오.

(b) 직류 출력 전압 V를 구하시오.

(c) 선 전류 파형 $i_a(t)$, $i_b(t)$와 $i_c(t)$를 도시하시오.

(d) $i_a(t)$의 푸리에 전개를 구하시오.

(e) 왜곡률, 변이율, 역률과 선 전류의 THD를 구하시오.

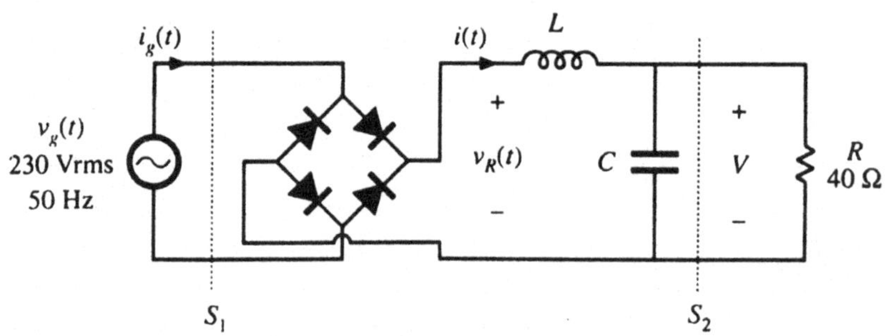

그림 7.13 문제 7.1의 수동 정류기 회로

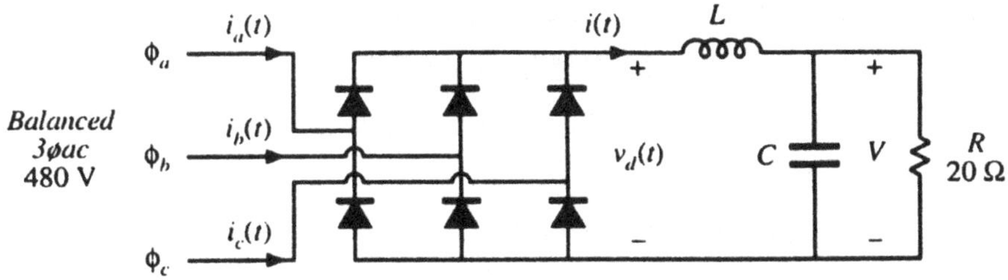

그림 7.14 문제 7.2의 3상 정류기 회로

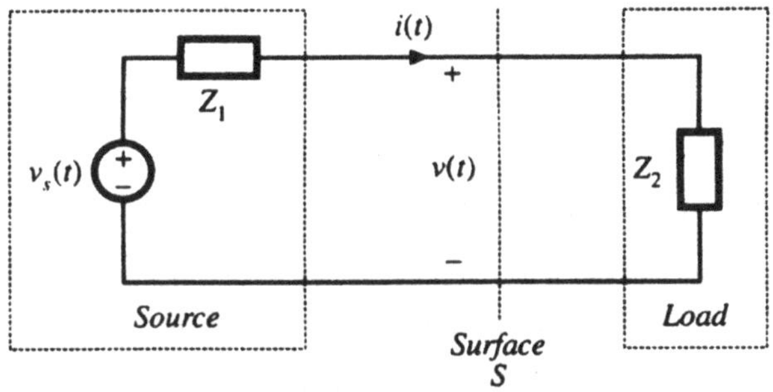

그림 7.15 문제 7.3에서 7.5의 단상 전력시스템

7.3 고조파 공해 정책. 그림 7.15의 네트워크에서 주어진 면에서 전압 고조파가 관측된다. 이 문제의 목적은 관측된 고조파 공해가 대해 전원에 의한 것인지 부하에 의한 것인지를 판단하는 것이다. 전원 소자 또는 부하 소자가운데 하나는 고조파를 발생하는 비선형성을 포함하지만 나머지는 선형이다.

(a) 첫 번째로 부하가 수동 선형 임피던스 $Z_2(s)$인 경우를 생각하자. $Z_2(s)$는 모든 양의 ω에 대해 $-90^\circ \le \angle Z_2(j\omega) \le +90^\circ$이다. 전원이 고조파를 발생한다. 평균 전력을 다음의 형태로 나타내시오.

$$P = \sum_{n=0}^{\infty} P_n$$

여기서 P_n은 고조파 차수 n에서 부하에 전달된 평균 전력을 나타낸다. P_n의 극성에 대한 의견을 서술하시오.

(b) 다음으로 부하가 비선형이고, 전원은 선형으로 테브난 등가 정현파 전압원과 선형 임피던스 $Z_1(s)$로 모델링 할 수 있는 경우를 생각하자. (a)에서처럼 평균 전력 P를 평균 전력의 합으로 나타내시오. 이 경우 P_n의 극성에 대한 의견을 서술하시오.

(c) 다음의 푸리에 전개가 측정되었다.

고조파 차수	$v(t)$		$i(t)$	
	크기	위상	크기	위상
1	230 V	0°	6 A	−20°
3	20 V	180°	4 A	20°
5	8 V	60°	1 A	−110°

누구에게 책임이 있는가를 결정하고 그 이유를 설명하시오.

7.4 문제 7.3의 네트워크와 파형에 대해 주어진 면에서 역률과 부하로 흘러 들어가는 평균 전력을 구하시오. 5차 고조파 이상의 높은 고조파의 크기를 무시할 수 있다.

7.5 다음의 푸리에 전개를 이용하여 문제 7.3(c)를 반복하시오.

고조파 차수	$v(t)$		$i(t)$	
	크기	위상	크기	위상
1	120 V	0°	5 A	25°
3	4 V	60°	0.5 A	40°
5	2 V	−160°	0.2 A	−100°

7.6 대칭 3상 Y-결선 부하를 각 상에 20 Ω을 연결하여 구성하였다. 이 부하를 평형 3상 Y-결선 전압원에 연결한다. 기본파 성분의 선간 전압은 380 V_{rms}이다. 각 (선-중성선) 전압원은 3차와 5차 고조파를 발생한다. 각 고조파는 20 V_{rms}의 크기를 갖고 위상은 (선-중성선) 기본파와 같다.

(a) 전원과 부하의 중성선을 연결하여 4선식 시스템을 만든다. 선 전류와 중성선 전류의 푸리에 전개를 구하시오.

(b) 중성선 연결을 끊어 3선식 시스템을 얻는다. 선 전류의 푸리에 전개를 구하시오. 전원의 중성점과 부하의 중성점 간의 전압에 대한 푸리에 전개를 구하시오.

제8장
선-전류 정류기

기존의 다이오드 첨두-검출 정류기는 가격이 저렴하고 신뢰성이 있어 널리 사용되고 있다. 단점으로 교류 선 전류에 고조파 성분이 크고 역률이 낮다는 점이다. 이 장에서 가장 일반적인 단상 및 3상 다이오드 정류기의 기본 동작과 교류 선 전류 파형을 정리한다. 또한 위상 제어 3상 정류기와 인버터 그리고 수동 고조파 완화 기법을 소개한다. 이 분야의 참고문헌을 이 장의 끝에 나열한다[1-15].

매우 간단한 회로를 제외한 모든 회로에서 선-전류(line-commutated) 정류기와 필터 회로를 엄격하게 분석적으로 설계하는 일은 매우 어렵다. 일반적인 첨두-검출 정류기는 직류 측 맥동 전압의 미소 변동에 의해 교류 선 전류 파형에 큰 변화가 발생하기 때문에 수치적으로 나쁜 조건을 갖는다. 그러므로 이 장에서는 정류기/필터 회로의 물리적인 동작을 이해하는 수준에서 대부분 질적인 면으로 검토한다. 측정이나 컴퓨터 시뮬레이션을 통해 파형, 고조파 크기와 역률을 가장 잘 결정할 수 있다.

8.1 단상 전파 정류기

다이오드로 구성된 단상 전파 정류기를 그림 8.1에 나타낸다. 이 회로는 직류 측에 LC 필터를 포함한다. 이 회로의 용도로 기존의 두 가지가 있다. 기존의 전파 정류기에서 출력 커패시터는 값이 커서 교류 선 주파수의 2차 고조파에 의한 직류 출력 전압 $v(t)$의 맥동은 무시할만하다. 인덕터 L은 대부분 작거나 없다. 부가적인 작은 인덕턴스를 교류 전원 $v_g(t)$에 직렬로 연결 할 수 있다. 이 회로의 기존의 두 번째 용도는 다음 장에서 서술할 낮은 고조파 정류기에 있다. 저항 부하를 전력 입력 포트가 옴의 법칙을 따르도록 제어하는 직류-직류 컨버터로 대체한다. 정류기 파형을 이해하기 위해서 그림 8.1의 회로에서처럼 컨버터를 실효 저항 R로 모델링할 수 있다. 이 응용에서 컨버터에 의해 발생한 전도 전자 간섭(EMI)을 여과하기 위해 LC 필터가 필요하다. 인덕터와 커패시터의 값은 보통의 경우 작고 $v(t)$는 거의 정류된 정현파이다. 더 일반적으로 다이오드 정류기의 직류 측과 교류 측 양쪽에 연결한 LC 필터 네트워크가 여러 단이 있을 수 있다. 이렇게 하여 EMI를 필터링하고 출력 전압을 평활하고 교류 선 전류 고조파를 감소시킨다.

필터회로때문에 정류기의 교류 전류 파형의 질이 떨어진다. 무효 소자가 없으면($L=0$, $C=0$) 정류기는 교류 입력 측에서 보면 순수한 저항 부하이다. 출력 전압 $v(t)$는 정류된 정형파이고 교류 선 전류는 고조파를 포함하지 않고 역률은 1이다. 정류기 다이오드와 부하 사이에 무효 소자를 연결하면 교류 선 전류는 일반적으로 고조파를 포함한다. 필터를 사용하여 교류 선 전류 고조파를 어떻게 하면 가급적 작게 할 수 있을까 하는 의문이 생긴다. 이 절에서 필터 파라미터에 따라 교류 선 전류의 전체 고조파 왜곡이 어떤지를 서술한다.

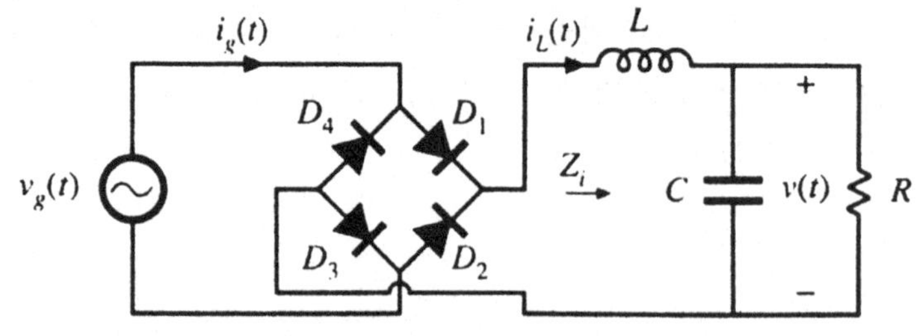

그림 8.1 직류 측 LC 필터를 갖는 기존의 단상 전파 정류기

그림 8.1의 회로는 교류 선 전류에 교류 선 전압의 홀수 고조파를 발생한다. 직류 출력 전압은 교류 선 전압의 직류와 짝수 고조파를 포함한다. 이 회로는 L, C, R의 상대적인 값에 따라 몇 개의 동작 모드를 갖는다. 다음과 같이 극단적인 경우를 고려하여 동작 모드를 쉽게 이해할 수 있다.

8.1.1 연속 전도모드

인덕터 L이 매우 크면 인덕터 전류 $i_L(t)$는 거의 일정하다. 그 이유는 인덕터의 전압 방정식 $v_L(t) = Ldi_L(t)/dt$ 때문이다. 주어진 인덕터 전압 파형 $v_L(t)$에 대해 L을 충분히 크게 하면 전류 기울기 $di_L(t)/dt$를 임의의 크기로 작게 할 수 있다. L이 무한대인 극단적인 경우 기울기 $di_L(t)/dt$는 영이고 인덕터 전류는 직류인 상수가 된다. 일정한 인덕터 전류가 흐를 경로를 주기 위해 적어도 2개의 정류기 다이오드가 임의의 시점에서 도통되어야 한다. 그림 8.1의 회로에서 다이오드 D_1과 D_3는 교류 선 전압 $v_g(t)$가 양일 때 도통되고, 다이오드 D_2와 D_4는 교류 선 전압 $v_g(t)$가 음일 때 도통된다. 그러므로 교류 선 전류 파형은 $v_g(t)$가 양일 때 $i_g(t) = i_L(t)$이고, $v_g(t)$가 음일 때 $i_g(t) = -i_L(t)$인 사각파가 된다. 한 개의 다이오드가 도통하는 각으로 정의되는 다이오드 도통각 β는 CCM에서 180°이다.

직류 부하 전류인 경우 사각파의 실효값은 첨두 값 I_{pk}와 같다. 사각파의 기본파 성분의 첨두 크기는 $4I_{pk}/\pi$이다. 사각파는 크기가 $1/n$으로 변하는 홀수 고조파를 포함한다. 그러므로 왜곡률은 다음과 같다.

$$\text{왜곡률} = \frac{I_{1,rms}}{I_{rms}} = \frac{4}{\pi\sqrt{2}} = 90.0\% \tag{8.1}$$

또한 전체 고조파 왜곡은 다음과 같다.

$$\text{THD} = \sqrt{\left(\frac{1}{\text{왜곡률}}\right)^2 - 1} = 48.3\% \tag{8.2}$$

따라서 인덕터가 큰 극단적인 경우 첨두-검출 정류기만큼은 나쁘지 않지만 고조파 왜곡은 상당히 크다. 사각파가 교류 입력 전압과 위상이 같기 때문에 변이율은 1이고 역률은 왜곡률과 같다.

인덕터가 충분히 클 때 정류기 다이오드는 연속으로 도통한다(즉, 4개의 모든 다이오드가 역방향으로 치우치는 시간 구간이 없다). 따라서 이를 연속 전도모드(CCM)라 한다. 크지만 유한한 크기의 L에 대한 전형적인 교류 선 전류 파형을 그림 8.2에 나타낸다. 사각파의 극단적인 경우처럼 교류 선 전류가 교류 선 전압이 영을 지날 때 불연속임을 알 수 있고 약간의 공진이 나타남을 볼 수 있다. 이 파형은 약 29%의 전 고조파 왜곡을 포함한다.

8.1.2 불연속 전도모드

인덕터가 매우 작고 커패시터 C가 매우 크면 반대의 경우가 발생한다. 이를 첨두-검출 정류기라 부른다. L이 영이고 C가 무한대인 극단적인 경우 교류 선 전류는 정현파 입력 전압의 첨두 시점에 일치하는 임펄스 함수의 연속이다. 이 경우 THD는 무한대이고, 왜곡률과 역률은 영이 됨을 보일 수 있다. 물론 실제로 전류는 무한대의 크기를 가질 수 없다. 하지만 낮은 역률과 큰 THD는 얼마든지 가능하다. 다이오드는 교류 선 전압의 반주기보다 작은 시간 동안 도통한다. 따라서 다이오드 도통각 β는 180°보다 작다.

커패시터가 크고 인덕터가 작으면 정류기는 첨두-검출 동작을 하여 불연속 전도모드(DCM)에서 동작한다. 4개의 모든 다이오드가 역 방향으로 치우치는 구간이 존재한다. DCM의 전형적인 파형을 그림 8.3에 나타내며 여기서 커패시터는 큰 유한한 값을 기지며 인덕터는 작지만 영의 값은 아니다. 교류 선 전압과 부하 저항의 값은 그림 8.2의 경우와 같지만 첨두 전류는 상당히 커졌다. 이 파형에 대한 THD는 145%이고 왜곡률은 57%이다.

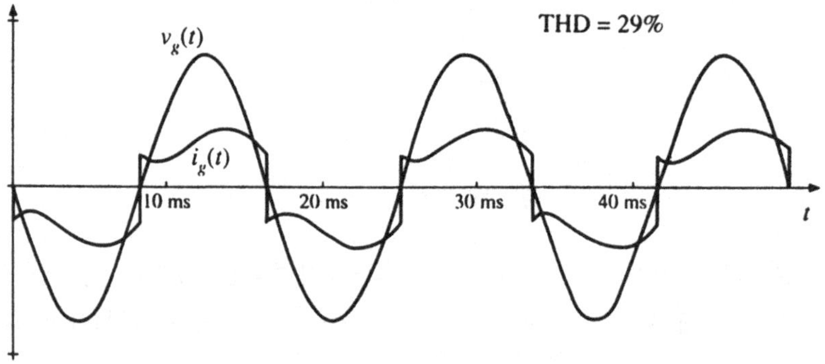

그림 8.2 연속 전도 모드에서 전형적인 교류 선 전류와 전압 파형, $f_0/f_L = 5$, $Q = 0.25$

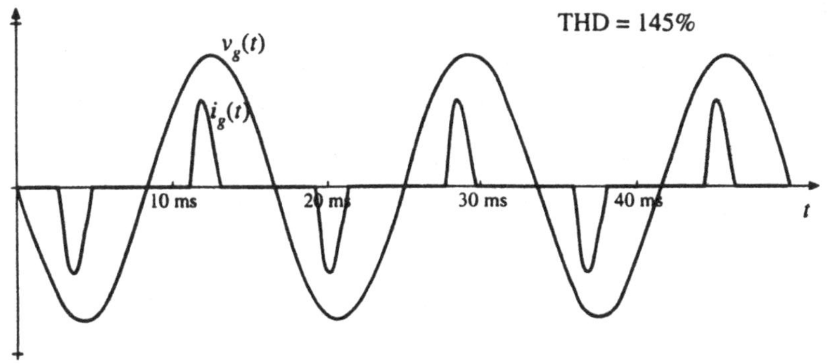

그림 8.3 불연속 전도모드에서 전형적인 교류 선 전류와 전압 파형, $f_0/f_L = 8.4$, $Q = 121$

8.1.3 *C*가 큰 경우의 동작

많은 저자들이 수동 정류회로의 해에 대해 검토를 해왔다. 몇몇 결과를 참고 문헌[8-15]에 나열한다. 그림 8.1의 매우 간단한 회로일지라도 분석이 놀랄 정도로 매우 복잡하다. C가 무한대인 경우 정류기 파형을 다음과 같이 정의된 단위가 없는 파라미터 K_L의 함수로 표현할 수 있음을 참고 문헌[8]에서 보였다.

$$K_L = \frac{2L}{RT_L} \tag{8.3}$$

여기서 $T_L = 1/f_L$은 교류 선 주파수이다. 식 (8.3)은 PWM 컨버터의 DCM 동작을 지배하는 단위가 없는 파라미터 K를 정의하는데 사용한 1권의 식 (5.6)과 같은 꼴이다. 그림 8.4는 무한대 값의 C에 대해 그림 8.1의 단상 정류회로의 동작을 K_L의 함수로 나타낸다[8]. K_L이 대략 0.1보다 크면 정류기는 CCM에서 동작하고 파형은 그림 8.2의 파형과 비슷하다.

전압 변환비 M은 다음과 같이 정의된다.

$$M = \frac{V}{V_m} \tag{8.4}$$

여기서 V_m은 정현파 교류 입력 전압의 첨두 값이다. CCM에서 출력 전압은 이상적으로 부하에 무관하며 $M = 2/\pi$이다. 교류 측에 인덕터를 부가하면 출력 전압은 부하 전류에 의존한다. CCM에서 THD는 거의 상수이고 식 (8.2)에 주어진 값과 같다.

CCM과 DCM의 경계 근처에서 선 전류의 기본파 성분은 선 전압에 대해 매우 지상이다. 변이율은 80%보다 약간 작은 최소값을 갖고 역률은 70%와 80% 사이의 값을 보인다.

$K_L \ll 0.1$인 경우 정류기는 충분한 DCM에서 동작하고 첨두-검출 정류기처럼 동작한다. K_L이 감소함에 따라 변이율은 1에 도달하고 THD는 급격히 증가한다. 역률은 왜곡률에 의해 지배된다. 출력 전압은 부하에 의존하게 되어 정류기는 작고 영이 아닌 출력 임피던스 특성을 갖는다.

약 0.05보다 작은 K_L인 경우 인덕턴스의 일부 또는 전부를 다이오드 브리지의 교류 측으로 이동하여도 파형은 변하지 않는다. 그러므로 정류기가 매우 충분한 DCM에서 동작한다고 가정하면 그림 8.4를 교류 측과 직류 측 인덕턴스를 포함하는 정류기에 적용할 수 있다. 교류 측과 직류 측 인덕턴스를 합한 L을 사용하여 식 (8.3)에 따라 파라미터 K_L을 계산한다. 일반적인 예는 회로가 물리적인 인덕터를 포함하지 않는 경우이다. 커패시터의 등가 직렬 인덕턴스, 전력계통 배전선의 인덕턴스와 변압기의 누설 인덕턴스와 같은 기생 요소에 의해 성능이 결정된다.

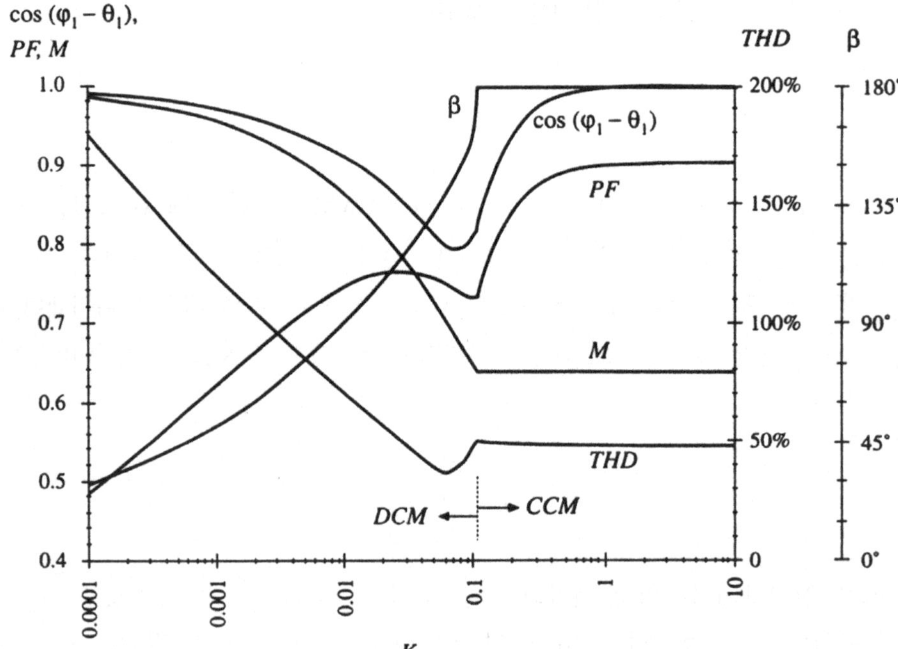

그림 8.4 무한대의 C인 경우 그림 8.1의 정류기에 대한 다이오드 도통 각, 변이율, 역률, 변환비

8.1.4 C가 작은 경우 THD의 최소화

인덕터와 커패시터가 작아 부하에 의한 EMI가 교류 선에 도달하지 못하도록 역할만을 하는 두 번째 경우의 성능을 생각해 보자. 교류 선 주파수의 저 주파수 짝수 고조파 전압을 직류 측에서 필터링할 필요가 없다. 모퉁이 주파수 f_0, 특성 임피던스 R_0와 Q-계수에 의해 필터의 특성을 알아 볼 수 있다. 여기서

$$
\begin{aligned}
f_0 &= \frac{1}{2\pi\sqrt{LC}} \\
R_0 &= \sqrt{\frac{L}{C}} \\
Q &= \frac{R}{R_0} \\
f_p &= \frac{1}{2\pi RC} = \frac{f_0}{Q}
\end{aligned}
\tag{8.5}
$$

이다. EMI를 잘 필터링하기 위해서 모퉁이 주파수 f_0를 충분히 낮게 선택해야 한다. 그러나 식 (8.5)에서 알 수 있듯이 f_0를 감소하기 위해서는 L과 또는 C를 크게 해야 한다. 앞에서 서술한 바와 같이 이들 값을 크게 하면 왜곡률이 증가하기 때문에 크게 하는 것은 바람직하지 않다. 따라서 f_0를 너무 낮게 하면 안 된다. 교류 선 전류 파형을 크게 왜곡하지 않고 얻을 수 있는 필터링의 양에 제한이 존재한다.

얼마나 f_0를 낮출 수 있는가? f_0가 선택되면 THD가 최소화되는 L과 C의 값을 어떻게 선정하는가? 선 주파수의 제 2 고조파 또는 $2f_L$에서 계산한 필터 입력 임피던스 $Z_i(j\omega)$의 위상이 0°에서 많이 떨어져 있을 때 THD가 증가할 것으로 기대된다. 전압과 전류 파형이 영을 지나는 시점이 일치하지 않을 때 다이오드 스위칭은 전류 파형을 왜곡시킨다. 교류 선 주파수의 고차 짝수 고조파 주파수에서 입력 임피던스의 위상 이동은 어느 정도 THD에 영향을 준다. 입력 임피던스 $Z_i(s)$는 주파수 f_0에서 2개의 영점과 주파수 $f_p = f_0/Q$에서 하나의 극점을 포함한다. 저 주파수에서 위상 이동을 작게 하기 위해서 f_0는 충분히 커야 한다. 또한 Q는 너무 작거나 크면 안 된다. Q를 작게 하면 f_0의 영점에 의해 저 주파수 위상 이동이 발생하고, Q를 크게 하면 f_p의 극점이 저 주파수에서 나타나게 한다.

그림 8.5는 f_0와 Q의 선택에 대한 근사적인 THD를 나타낸다. Q에 대한 최적의 선택이 있음을 알 수 있다. Q가 0.5와 1 사이의 값을 가질 때 THD는 최소가 된다. $f_0/f_L =$

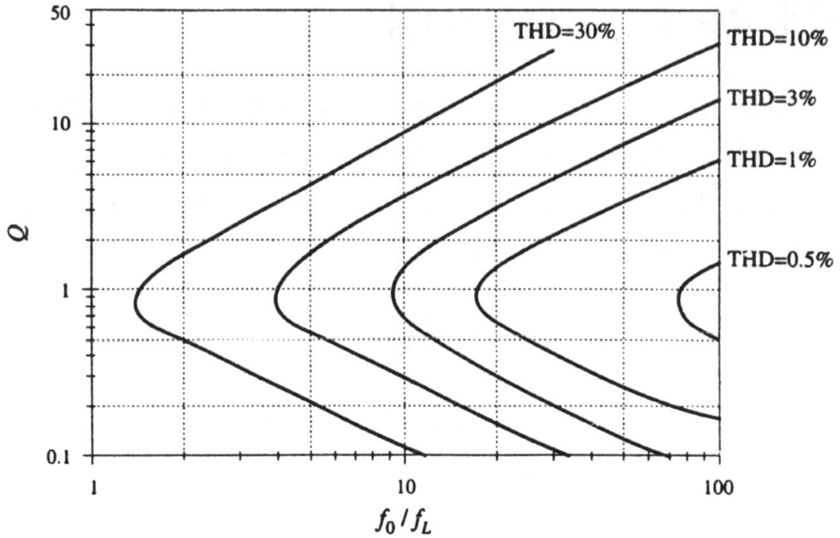

그림 8.5 직류 측 LC 필터를 갖는 단상 다이오드 정류기의 근사적인 THD

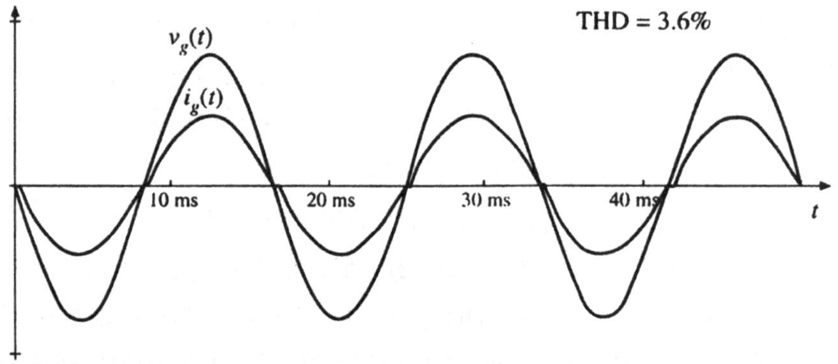

그림 8.6 불연속 전도 모드에서 전형적인 교류 선 전류와 전압 파형, $f_0/f_L = 8.4$, $Q = 121$

10, $Q = 1$의 선택에 대한 전형적인 파형을 그림 8.6에 나타낸다. 이 파형에 대한 THD는 3.6%이고 왜곡률은 99.97%이다.

작은 Q는 큰 L과 작은 C를 갖는 CCM 동작에 대응한다. Q가 0인 극단적인 경우 교류 선 전류는 THD = 48%의 사각파형을 갖는다. 큰 Q는 작은 L과 큰 C를 갖는 DCM 동작에 대응한다. Q가 무한대인 극단적인 경우 교류 선 전류는 THD가 무한대인 임펄스 함수가 연속인 파형을 갖는다. 교류 선 전류 파형이 CCM 파형에서처럼 계단 변화가 없거나 DCM 파형에서처럼 영 전류의 구간을 포함하지 않는 CCM과 DCM의 경계 부근의 동작에서 최적의 Q가 발생한다.

부하 저항 R 값의 변화 폭이 넓은 경우 THD를 항상 작게 유지하도록 회로를 최적화하는 것은 어렵다. f_0/f_L를 증가시키면 넓은 범위의 부하 저항에 대해 낮은 THD를 얻을 수 있음을 볼 수 있다. 예를 들면 $f_0=5f_L$일 때 2.5:1의 부하 변동의 범위에 해당하는 대략 0.6과 1.5사이의 Q에 대해서만 THD $\leq$ 10%를 얻을 수 있다. 필터 차단 주파수 f_0를 $20f_L$로 증가하면 50:1의 부하 변동의 범위에 해당하는 대략 0.15과 7사이의 Q에 대해서 THD $\leq$ 10%를 얻을 수 있다. 대부분의 경우 최대 고조파 제한은 단지 전 부하에서만 규정되므로 필요하면 비교적 낮은 값의 f_0/f_L에서 설계할 수 있다.

8.2 3상 브리지 정류기

그림 8.7은 LC 출력 필터가 있는 전파 3상 정류기를 나타낸다. 동작은 단상인 경우와 비슷하며 L과 C 값에 따라 연속 전도모드와 불연속 전도모드에서 동작한다. 정류기는 교류 선 전류의 3배수가 아닌 홀수 고조파를 발생한다. 따라서 선 전류는 1, 5, 7, 11, 13차 등의 고조파를 포함한다. 직류 출력은 직류와 짝수의 3배수 고조파 즉, 0, 6, 12, 18차 등의 고조파를 포함한다.

그림 8.7의 기본 회로에서 6개의 다이오드 가운데 2개 이하만이 각 시간 간격 동안 도

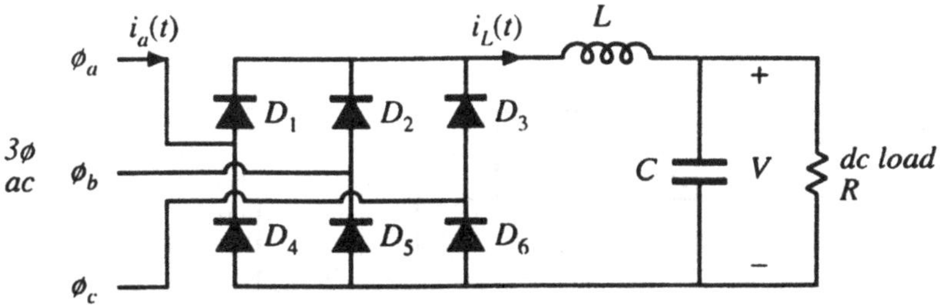

그림 8.7 직류 측 LC 필터를 갖는 삼상 전파 정류기

통할 수 있으므로 선 전류 파형은 전류가 영이 되는 시간 간격이 존재해야 한다. 단상인 경우와 다르게 교류 선 전류 파형은 필터 소자가 없어도 왜곡을 포함한다.

8.2.1 연속 전도모드

연속 전도모드에서 각 교류 선 전류는 각 반주기 가운데 120° 동안 영이 아니다. 나머지 60° 구간 동안 전류는 영이다. 이 모드는 필터 소자 L과 C를 완전히 제거한 경우와 인덕턴스 L이 충분히 클 때 발생한다. L이 충분히 큰 극단적인 경우 전류 $i_L(t)$는 거의 상수이다. 상 a의 전류 $i_a(t)$는 그림 8.8에 보인 바와 같다. 이 파형에 대한 푸리에 전개는 다음과 같음을 보일 수 있다.

$$i_a(t) = \sum_{n=1,5,7,11,\cdots}^{\infty} \frac{4}{n\pi} I_L \sin\left(\frac{n\pi}{2}\right)\sin\left(\frac{n\pi}{3}\right)\sin(n\omega t) \tag{8.6}$$

이 식은 3배수 고조파가 없어진 것을 제외하면 단상인 경우 사각파의 스펙트럼과 유사하다. 이 파형의 THD는 31%이고 왜곡률은 3/π = 95.5%이다. 사각파인 경우에서처럼 3배수가 아닌 홀수 n차 고조파의 크기는 기본파 크기의 $(1/n)$배이다. 따라서 이 파형은 20%의 5차 고조파, 14%의 7차 고조파, 9%의 11차 고조파 등을 포함한다. 사각파인 단상 경우와 비교하면 3상에서 60°의 영 전류 구간이 3배수 고조파를 제거하여 THD와 역률을 개선하는 것이 흥미롭다.

인덕턴스 L이 무한대보다 작아지면 그림 8.9에 보인 것처럼 출력 맥동에 의해 교류 선 전류는 둥근 곡선 모양을 나타낸다. 이 파형은 31.9%의 THD를 갖고 그림 8.8의 파형과 크게 다르지 않은 왜곡률을 보인다.

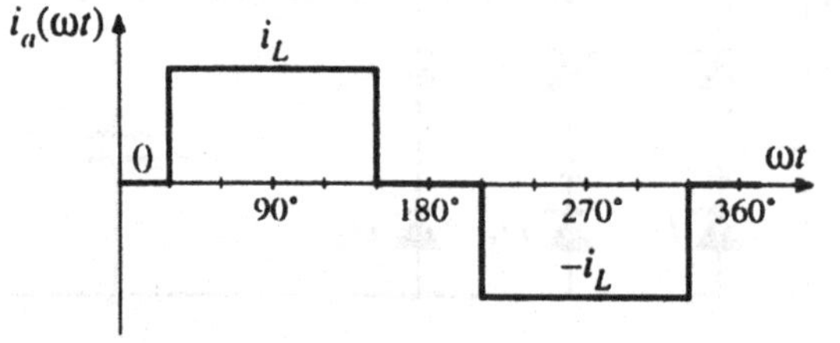

그림 8.8 L이 무한대인 경우 a상 선 전류 파형

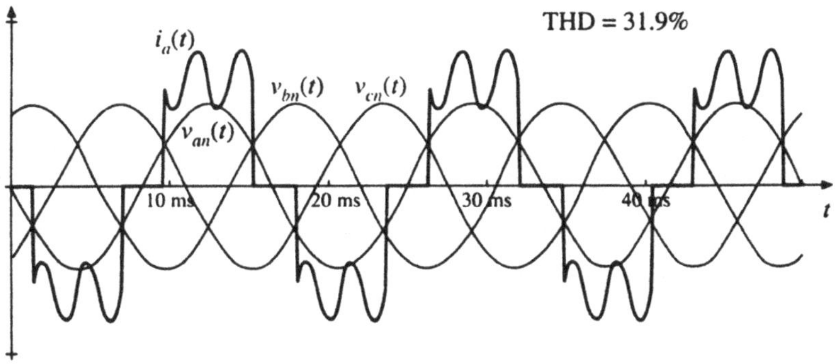

그림 8.9 L이 큰 연속 전도 모드에서 a상 선 전류 파형

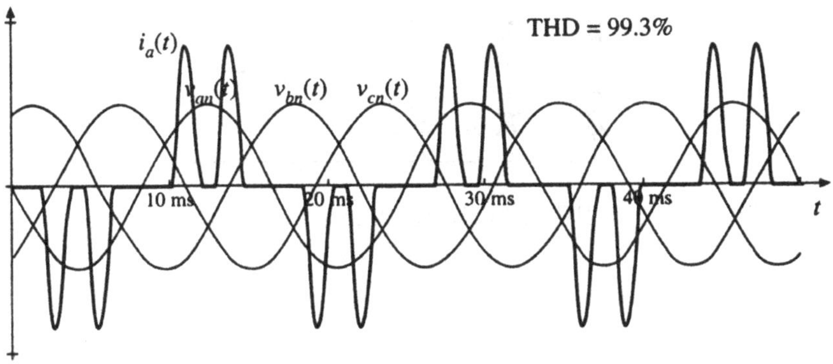

그림 8.10 불연속 전도 모드에서 a상 선 전류 파형

8.2.2 불연속 전도모드

인덕턴스를 더욱 작게 하면 3상 정류기는 불연속 동작모드로 들어간다. 정류기는 첨두-검출기 역할을 수행하기 시작하고, 선 전류 파형은 선간 전압의 첨두가 발생하는 시점 부근에서 발생하는 크기가 매우 크고 폭이 좁은 펄스가 된다. 상 a의 선 전류 $i_a(t)$는 선간 전압 $v_{ab}(t)$와 $v_{ac}(t)$의 양과 음의 첨두에서 2개의 양의 펄스와 2개의 음의 펄스를 포함한다. 이 경우 단상인 경우와 마찬가지로 THD는 매우 커지고 역률은 상당히 낮아진다.

그림 8.10은 전형적인 파형을 나타낸다. 이 파형은 99.3%의 THD와 71%의 왜곡률을 보인다. 따라서 이는 가벼운 부하인 경우를 제외하면 고출력 응용에서 허용될 수 없다.

8.3 위상 제어

싸이리스터를 이용한 3상 정류기의 출력을 제어하는 여러 방법이 있다[1,2]. 가장 일반적인 방법을 그림 8.11에 보인다. 여기서 그림 8.7의 6개의 다이오드를 SCR로 바꾸었다. 직류 측 큰 필터 인덕턴스에 대한 전형적인 파형을 그림 8.12에 나타낸다.

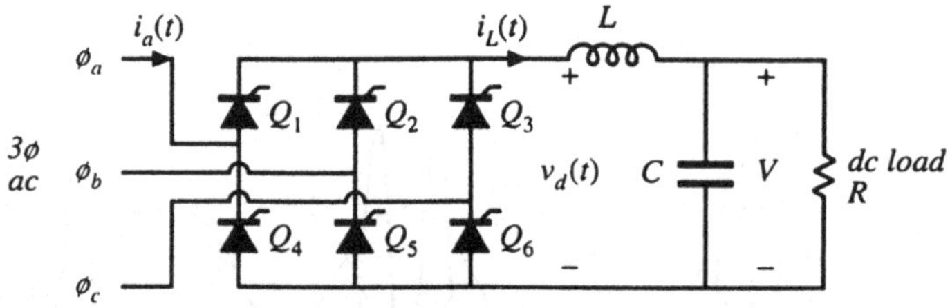

그림 8.11 직류 측 LC 필터를 갖는 삼상 전파 제어 정류기

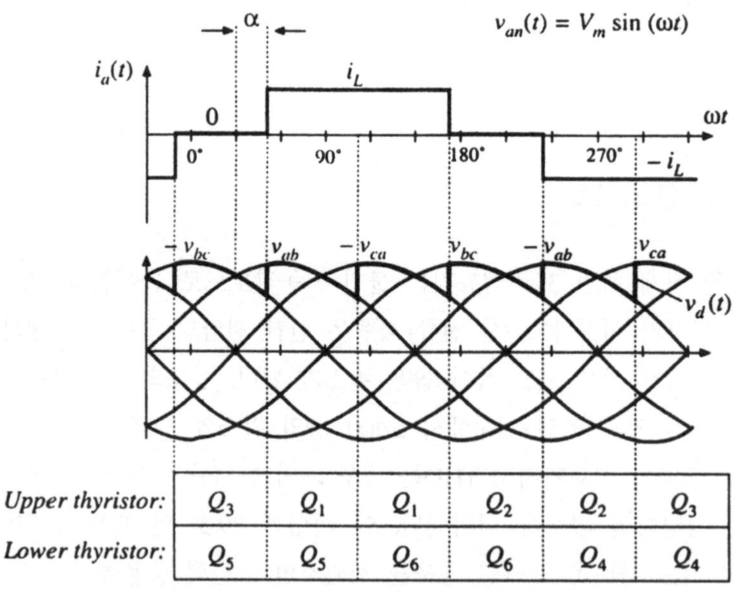

그림 8.12 큰 직류 필터 인덕터를 갖는 제어 정류기의 파형

Q_1이 제어할 수 없는 다이오드라면 6개의 선간 전압 v_{ab}, v_{bc}, v_{ca}, v_{ba}, v_{cb}, v_{ac}의 크기 가운데 선간 전압 v_{ab} 또는 v_{ac}가 가장 클 때 도통한다. 이 구간은 $v_{ab} = v_{cb}$인 시점에서 시작하여 각 주기의 120° 간격 동안 지속된다. 그림 8.12에서 이는 $\omega t = 30°$에서 발생한다. 제어 정류기는 각 α만큼 Q_1의 점호를 지연시켜 출력 전압을 제어한다. 즉, Q_1은 $\omega t = 30° + \alpha$에서 도통하기 시작한다. 점호각을 지연시켜 직류 출력 전압의 크기를 감소시킨다.

인덕터 L 양단 전압의 직류 성분은 영이다. 따라서 정상상태에서 정류기 출력 전압 $v_d(t)$의 직류 성분은 직류 부하 전압 V와 같아야 한다. 그러나 $v_d(t)$는 교류 선 주기의 6배와 같은 주기(60°)를 갖는 주기 파형이다. 따라서 푸리에 전개를 이용하여 $v_d(t)$의 직류 성분을 구할 수 있고 $v_d(t)$의 평균값과 같다. 하나의 60° 구간에서 예를 들면 $(30°+\alpha) \le \omega t \le (90°+\alpha)$ 구간 동안 $v_d(t)$는 선간 전압 $v_{ab}(t) = 3V_m \sin(\omega t + 30°)$를 따른다. 그러므로 평균값은

$$\begin{aligned} V &= \frac{3}{\pi}\int_{60°+\alpha}^{120°+\alpha} \sqrt{3}\, V_m \sin(\theta + 30°)\, d\theta \\ &= \frac{3\sqrt{2}}{\pi} V_{L-L,rms} \cos\alpha \end{aligned} \tag{8.7}$$

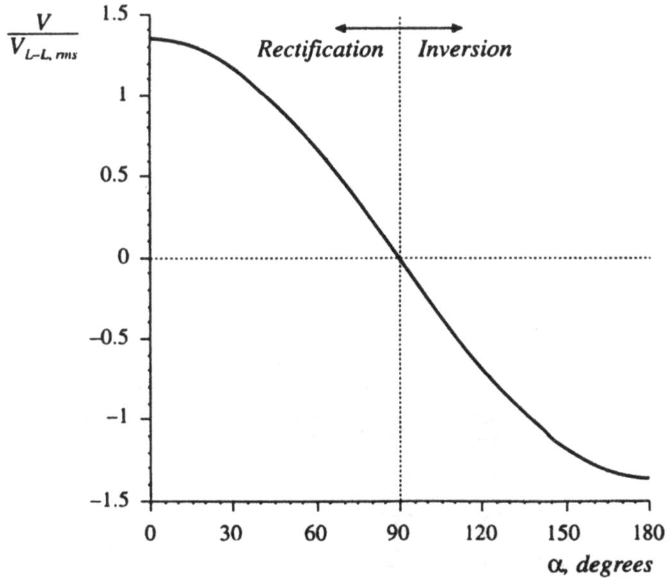

그림 8.13 위상 제어 정류기의 지연 각에 따른 출력 직류 전압

이고 여기서 $V_{L\text{-}L,rms}$는 선간 실효 전압을 나타낸다. 이 식을 그림 8.13에 도시한다. 영에 가까운 값의 직류 출력 전압을 얻기 위해 지연각 α를 90°에 가깝게 증가시켜야 함을 알 수 있다. 인덕턴스가 작으면 제어 정류기는 불연속 전도모드에서 동작하여 출력 전압 특성이 바뀐다.

8.3.1 인버터 모드

직류 부하가 전력을 공급할 수 있다면 전력이 거꾸로 흐를 수 있다. 예를 들면 그림 8.14의 3상 제어 정류기 회로를 생각해 보자. 전력을 소모할 수도 공급할 수 있도록 저항 부하를 전압과 테브난 등가 저항으로 바꾸었다. 직류 부하 전력은 VI_L과 같다. V와 I_L이 양일 때 이 전력은 양(정류기 모드)이 된다. 싸이리스터는 음의 전류를 도통할 수 없는 한 방향-전류 스위치이므로 I_L은 항상 양이어야 한다. 그러나 지연각 α를 증가시키면 출력 전압 V를 음으로 만들 수 있다. 직류 부하 전력 VI_L은 음(인버터 모드, inverter mode)이 된다. 이는 전력이 부하에서 3상 교류 시스템으로 흐른다는 것을 의미한다.

직류 측 필터 인덕턴스 L이 충분히 크면 지연각 α가 90°보다 큰 경우에도 식 (8.7)은 타당하다. 직류 출력 전압 V는 $\alpha > 90°$이면 음이 되어 전력이 반대로 흐르는 것을 그림 8.13으로부터 알 수 있다. 180°의 지연각이 가능하며 이는 싸이리스터 소자의 전류(commutation)에 의해 제한되는 최대 각이다.

8.3.2 고조파와 역률

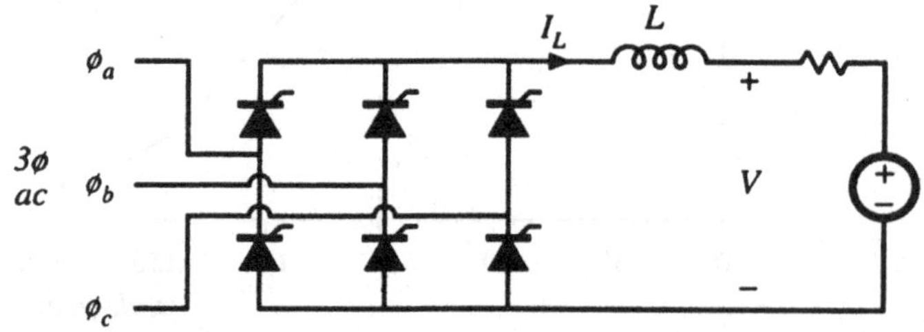

그림 8.14 부하가 전력을 공급할 수 있으면 3상 브리지 정류기는 인버터로 동작한다

큰 인덕턴스를 갖는 위상 제어 정류기의 고조파 성분과 역률을 조사해 보자. 그림 8.12의 선 전류 파형과 그림 8.8의 다이오드 정류기의 선 전류 파형을 비교하면 파형의 모양이 같음을 알 수 있다. 유일한 차이점은 위상 제어 정류기에 위상 지연 α가 존재하는 것이다. 이는 전류의 고조파 성분과 기본파 성분의 위상을 α만큼 이동시킨다. 그러므로 푸리에 전개는 다음과 같다.

$$i_a(t) = \sum_{n=1,5,7,11,\cdots}^{\infty} \frac{4}{n\pi} I_L \sin\left(\frac{n\pi}{2}\right)\sin\left(\frac{n\pi}{3}\right)\sin(n(\omega t - \alpha)) \tag{8.8}$$

고조파의 크기는 같고(5차 고조파의 크기는 기본파의 20% 등), THD는 31%, 왜곡률은 95.5%로 다이오드 정류기와 같다. 그러나 전류의 기본파 성분에 위상 지연이 있으므로 변이율은 cos(α)이다. 따라서 역률은 다음과 같다.

$$\text{역률} = 0.955|\cos(\alpha)| \tag{8.9}$$

직류 출력 전압 V가 작을 때 역률은 매우 작아질 수 있다.

위상 제어를 적용하면 기본파 전류가 전압에 지상이 되는 것은 조금은 이해하기 어렵다. 분명히 정류기는 다음 값에 해당하는 무효 전력을 소모한다.

$$Q = \sqrt{3}\, I_{a,rms} V_{L-L,rms} \sin\alpha = I_L \frac{3\sqrt{2}}{\pi} V_{L-L,rms} \sin\alpha \tag{8.10}$$

지상 전류와 무효 전력의 소모를 유도 에너지 저장과 보통 연계한다. 그러나 정류기인 경우는 다르다. 실제로 정류기 회로에서 인덕터와 커패시터를 완전히 제거해도 위상 제어에 의해 지상 기본파 전류가 흐른다. 지상의 전류는 에너지 저장이 포함되어서가 아니라 단순히 정류기의 스위칭 지연에 의한 것이다. 위상 제어 정류기의 역률을 저하하는 두 가지 원인이 있다. 하나는 전류의 지상 기본파 성분이고 다른 하나는 전류 고조파이다.

식 (8.10)을 좀 더 조사해 보자. 직류 출력 전력 P는 직류 인덕터 전류 I_L과 직류 출력 전압 V의 곱이다. 식 (8.7)을 이용하면 직류 출력 전력 P는 다음과 같이 쓸 수 있다.

$$P = I_L \frac{3\sqrt{2}}{\pi} V_{L-L,rms} \cos\alpha \tag{8.11}$$

식 (8.10)과 식 (8.11)을 비교하면 복소수 전력 $\boldsymbol{S} = P + jQ$의 기본 개념을 이용하여 정

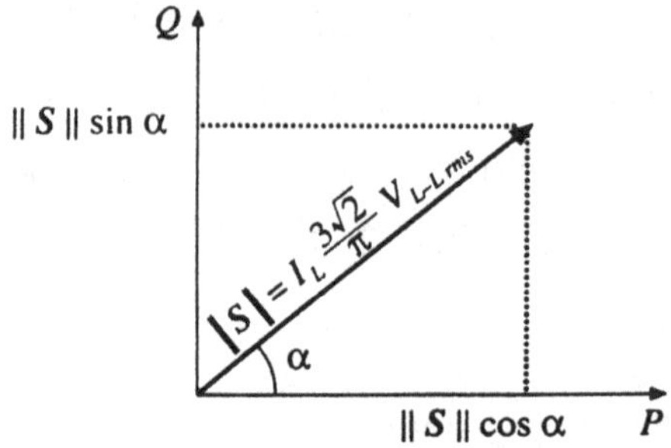

그림 8.15 정류기 모드에서 동작하는 3상 브리지 정류기의 기본파 성분의 복소 전력 선도

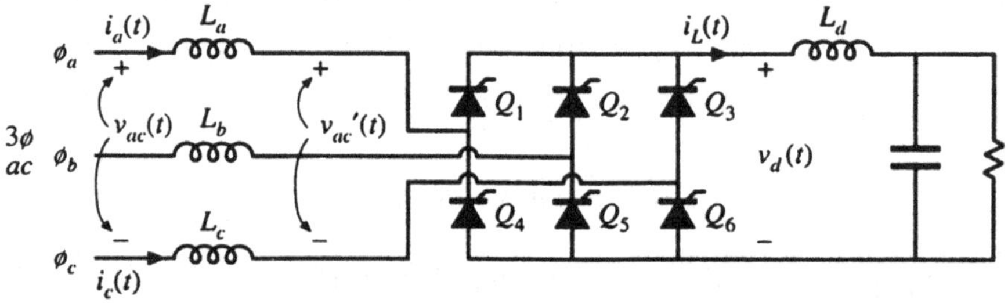

그림 8.16 작은 교류 측 인덕턴스를 갖는 위상 제어 정류기

류기의 기본파 volt-ampere를 표현 할 수 있음을 알 수 있다. 여기서 P는 소모된 실제 또는 평균 전력, Q는 소모된 기본파 무효 전력을 나타낸다. 기본파 성분만을 나타낸 복소수 전력 페이서도를 그림 8.15에 보인다.

8.3.3 전류(Commutation)

스위칭 과도기간 동안에 어떤 일이 발생하는가를 살펴보자. 그림 8.16의 위상 제어 정류기에서 직류 측 인덕터 L_d의 값은 커서 전류 맥동을 무시할 수 있다. 교류 선에 인덕터 L_a, L_b와 L_c가 존재한다. 이들은 정류기 회로의 물리적인 인덕터일 수 있고 또는 전력계통의 전원 임피던스 즉, 보통 근처 변압기의 누설 인덕턴스를 나타낼 수도 있다. 이 인덕터의 값은 비교적 작다.

그림 8.17에 나타낸 스위칭 과도기간을 보자. 싸이리스터 Q_3와 Q_5가 도통되고 있다. 시간 t_{c1}에서 싸이리스터 Q_1의 게이트가 온되고 직류 전류 I_L이 Q_3에서 Q_1으로 이동하

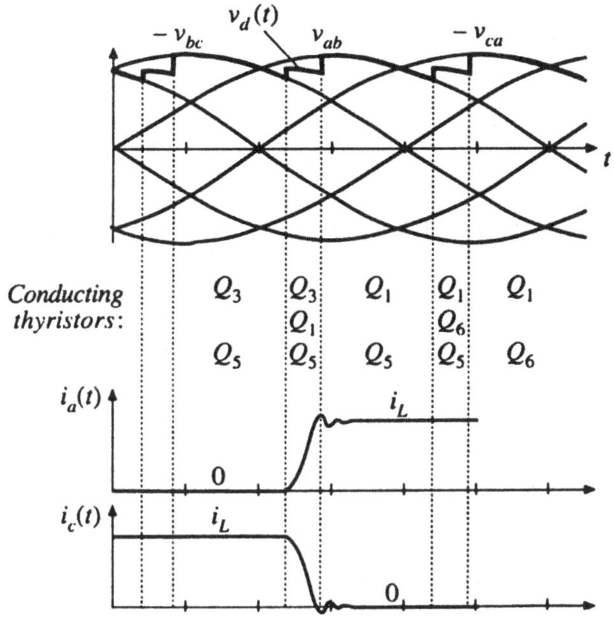

그림 8.17 스위칭 과도기간 동안 그림 8.16의 정류기에 대한 파형

기 시작한다. 교류 선 전류 $i_a(t)$와 $i_c(t)$는 선에 인덕터 L_a와 L_c가 있으므로 불연속일 수 없다. 따라서 $t_{c1} < t < t_{c2}$ 동안 싸이리스터 Q_1과 Q_3가 모두 도통하고 전압 v_{ac}'은 영이다. 인덕터 L_a와 L_c의 양단에 전압이 인가되어 전류를 변하게 한다. 성공적인 전류를 위해서 전류가 I_L에서 영으로 또는 반대로 변하게 하기 위해서 충분한 전압-시간 곱을 인가해야 한다. 전류 $i_c(t)$가 영에 도달할 때 싸이리스터 Q_3에 남아 있는 저장된 전하를 또한 제거해야 한다. 따라서 1권의 4장에서 서술한 바와 같이 $i_c(t)$는 실제로 계속 음으로 진입한다. Q_3의 역회복 과정이 끝나면 Q_3는 마침내 오프 상태가 되고 다음 세부구간이 싸이리스터 Q_1과 Q_5의 도통로 시작한다.

위의 전류 과정은 컨버터 동작에 몇 가지 영향을 준다. 첫 번째, 전류 과정 동안 싸이리스터 3상 브리지의 직류 측 전압 $v_d(t)$의 값이 감소한다. 따라서 평균값 $\langle v_d \rangle$와 직류 출력 전압 V가 감소한다. 감소한 양은 직류 부하 전류에 의존한다. 직류 부하 전류가 커지면 전류 기간은 길어지고 $\langle v_d \rangle$의 감소는 더 커진다. 따라서 정류기는 실효적인 출력 저항을 갖는다. 두 번째, 지연각 α의 최대값은 180°보다 작은 값으로 제한된다. α가 최대값을 초과하면 인덕터 전류 $i_c(t)$가 I_L에서 영으로 변하게 하는데 필요한 전압-시간 곱

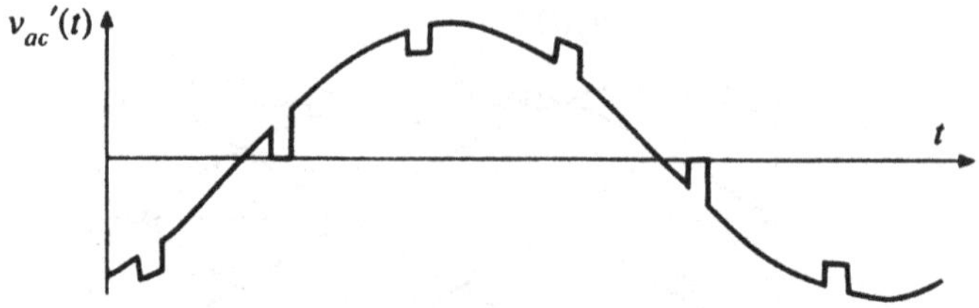

그림 8.18 전류 기간 동안 notch가 있는 교류 선간 전압 파형

이 충분하지 못하여 전류 실패가 발생한다. 세 번째, 정류기의 교류 측 인덕터가 전력시스템 전원의 임피던스로 크기가 작거나 영이면 전류 과정은 정류기와 전력시스템에 공통으로 연결된 지점에 그림 8.18과 같은 교류 전압 파형에 큰 notch를 발생시킨다. 전력시스템에 국부적으로 연결된 다른 소자들에서 전압 왜곡이 발생한다. 이 notch에 대한 규제를 IEEE/ANSI 519 표준에서 볼 수 있다.

8.4 고조파 제거 필터

정류기에서 발생하는 전류 고조파를 감소시켜 고조파 제한을 만족하기 위해 수동 필터를 사용한다. 필터 네트워크는 기본파를 통과시키고 5차, 7차 그리고 몇 개의 3배수 고조파가 아닌 고차 홀수 고조파를 감소시키도록 설계된다. 고조파 주파수에 동조시킨 공진회로를 이용하여 필터를 구성한다. 이러한 네트워크는 평형 3상 시스템에 가장 보편적으로 이용된다. 필터의 한 상에 대한 구성도를 그림 8.19에 나타낸다.

교류 전력계통을 전압원 v_s와 임피던스 Z_s'으로 구성된 테브난 등가 네트워크로 나타내었다. 공진이 근처의 역률보상 커패시터에 의해 발생할 수 있지만 임피던스 Z_s'은 일반적으로 특성상 유도성이다. 대부분의 필터 네트워크에서 직렬 인덕터 L_s'를 연결한다. 이 필터를 고조파 제거 필터라 부른다. 해석을 위해 직렬 인덕터 L_s'를 다음과 같이 Z_s'과 한 묶음으로 볼 수 있다.

$$Z_s(s) = Z_s'(s) + sL_s' \tag{8.12}$$

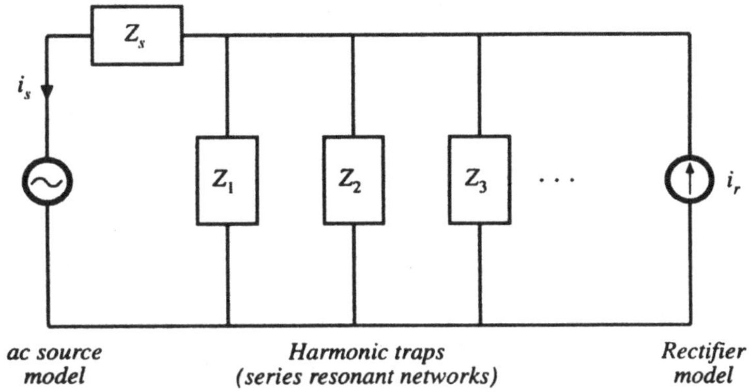

그림 8.19 고조파 제거 필터. 선-중성선 기준의 한 상을 나타낸다

정류기와 전류 고조파를 전류원 i_r로 모델링한다. 병렬 임피던스 Z_1, Z_2,…는 해당 고조파 주파수에서 임피던스가 작도록 동조되므로 고조파 전류는 교류 전력계통으로 흐르지 않고 대신 병렬 임피던스를 통해 흐른다.

필터 전달함수를 직렬 임피던스 Z_s와 병렬 임피던스 Z_1, Z_2…의 항으로 나타내기 위해 2장에서 다룬 근사적인 그래프 연산을 이용한다. 이 방법을 통해 필터가 어떻게 동작하는가를 간단하게 이해할 수 있다. 고조파 주파수들은 비슷한 값을 갖기 때문에 필터의 극점과 영점 주파수들이 잘 분리되어 있지 않다. 따라서 필터를 완전하게 설계하기 위해 근사적인 그래프 연산 방법은 일반적으로 충분하지 못하다. 극점 주파수를 수치 해석 방법으로 찾아야 한다. 전형적인 설계 방법으로 근사적인 그래프 연산을 이용하여 소자 값을 추정하고 다음에 컴퓨터 시뮬레이션 소프트웨어로 소자 값을 정밀하게 조정한다.

필터 전달함수 $H(s)$는 전류 분배비에 의해 다음과 같이 주어진다.

$$H(s) = \frac{i_s(s)}{i_r(s)} = \frac{Z_1 \parallel Z_2 \parallel \cdots}{Z_s + Z_1 \parallel Z_2 \parallel \cdots} \tag{8.13}$$

2장에서 서술한 바와 같이 이 전달함수를 다음과 같이 다시 표현할 수 있다.

$$H(s) = \frac{i_s(s)}{i_r(s)} = \frac{Z_s \parallel Z_1 \parallel Z_2 \parallel \cdots}{Z_s} \tag{8.14}$$

따라서 병렬 조합 $Z_s \| Z_1 \| Z_2 \|\cdots$을 먼저 구성하고 전체 선 임피던스 Z_s를 나누어 $H(s)$

를 구성할 수 있다. 만일 $Z_s(s)$가 극점을 포함하지 않는다면 $H(s)$의 분자는 병렬 임피던스 Z_1, Z_2,…의 영점의 곱이다. 따라서 그래프 방법으로 정확한 $H(s)$의 영점을 찾을 수 있고 이는 병렬 임피던스의 직렬 공진과 일치한다. 필터에서 병렬 공진에 의해 발생하는 $H(s)$의 극점은 더 많은 계산 양이 필요하다.

Z_1은 5차 고조파를 제거하기 위해 동조된 직렬 공진회로를 구성하고 Z_s는 하나의 인덕터 L_s로 구성된 그림 8.20의 간단한 경우를 생각하자. 직렬 공진 네트워크의 임피던스 구성을 2장에서 다루었다. $\|Z_1\|$의 점근선은 저 주파수에서 커패시터 임피던스 크기 $1/\omega C_1$을 따라가고 고 주파수에서는 인덕터 임피던스 ωL_1을 따라간다. 공진 주파수에서 $\|Z_1\|$은 R_1과 같다. $\|Z_1\|$에 대한 점근선을 그림 8.21(a)에 구성한다.

그림 8.21(a)에 $\|Z_s\| = \omega L_s$의 점근선을 도시하였고 또한 병렬 조합 $Z_s\|Z_1$를 구성하였다. 병렬 조합의 점근선은 단순히 Z_s와 Z_1의 점근선 가운데 작은 것을 선택하여 그리면 된다는 것을 기억하기 바란다. 그림에서 결과를 두꺼운 선으로 나타낸다. 병렬 조합은 저 주파수에서 Z_s를 따라가고 고 주파수에서 Z_1을 따라간다. 주파수 f_1에서의 의도한 직렬 공진 이외에도 병렬 공진이 주파수 f_p에서 발생한다.

필터 전달함수 $\|H(s)\|$를 식 (8.14)를 이용하여 구성한다. 그림 8.21(b)에 나타낸 것처럼 저 주파수에서 식 (8.14)의 분자와 분모가 ωL_s와 같으므로 $\|H(s)\| = 1$이다. 주파수 f_p에서의 병렬 공진은 공진 극점을 나타내고 $\|H(s)\|$에 첨두가 발생하게 한다. 주파수 f_1에서 공

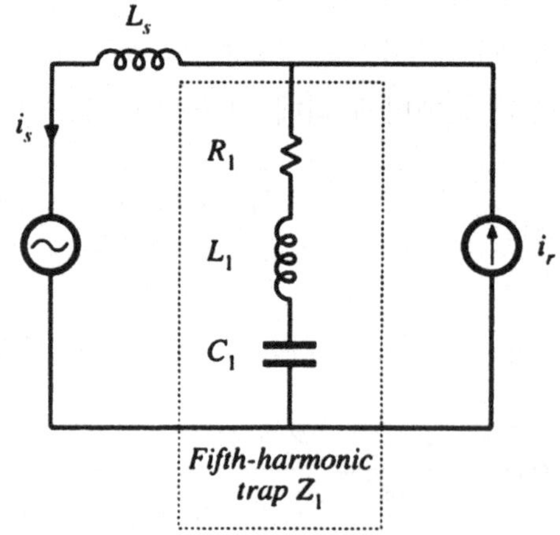

그림 8.20 간단한 고조파 제거 필터- 5차 고조파에 동조한 직렬 공진 제거와 선 인덕턴스

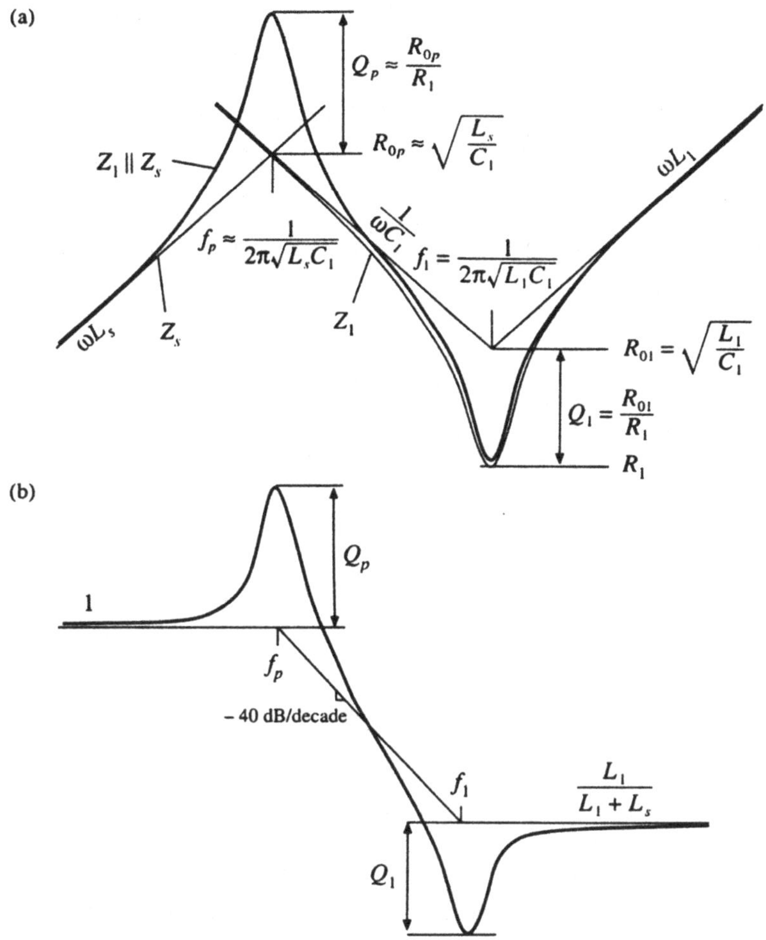

그림 8.21 그래프 연산에 의한 그림 8.20의 보드선도: (a) 임피던스 점근선, (b) 전달함수 점근선 $\|H\|$

진은 공진 영점을 나타내고 $\|H(s)\|$를 감쇄시킨다. 고 주파수에서 이득은 $L_1/(L_1 + L_s)$이다.

5차 고조파 전류를 감소시키고자 하면 직렬 공진 주파수 f_1이 5차 고조파 주파수와 일치하도록 필터 소자 값을 선정해야 한다. 이 주파수는 단순히 다음과 같이 병렬 임피던스의 공진 주파수이다.

$$f_1 = \frac{\omega_1}{2\pi} = \frac{1}{2\pi\sqrt{L_1 C_1}} \tag{8.15}$$

병렬 공진에 관해서는 주의가 필요하다. 3상 시스템이 정확하게 대칭이 되어 있지 않기 때문에 약간의 3차 고조파 전류가 항상 흐른다. 이 전류의 영향은 보통 무시할만하다. 그러나 고조파 제거 필터의 병렬 공진에 의해 3차 고조파 전류의 크기가 크게 증가할 수 있다. 더욱 좋지 않은 사실은 병렬 공진의 Q-계수 Q_p가 직렬 공진의 Q-계수 Q_1보다 크다는 것이다.

그림 8.20의 필터회로는 간단하므로 쉽고 정확하게 분석할 수 있다. 정확한 전달함수는

$$H(s) = \frac{1 + \dfrac{s}{\omega_1 Q_1} + \left(\dfrac{s}{\omega_1}\right)^2}{1 + \dfrac{s}{\omega_p Q_p} + \left(\dfrac{s}{\omega_p}\right)^2} \tag{8.16}$$

이고 여기서

$$f_1 = \frac{\omega_1}{2\pi} = \frac{1}{2\pi\sqrt{L_1 C_1}}, \qquad f_p = \frac{\omega_p}{2\pi} = \frac{1}{2\pi\sqrt{(L_1 + L_s)C_1}}$$

$$Q_1 = \frac{1}{R_1}\sqrt{\frac{L_1}{C_1}}, \qquad Q_p = \frac{1}{R_1}\sqrt{\frac{(L_1 + L_s)}{C_1}}$$

이다. 공진 영점은 직렬 공진 주파수에서 발생하고, 병렬 공진 및 관련된 공진 극점은 직렬 조합 L_1과 L_s에 의해 결정된 주파수 f_p에서 나타난다.

여러 고조파 예를 들면 5차, 7차, 11차 등을 감쇄하기 위해 직렬 공진 네트워크를 각 고조파 주파수에 공진 영점을 갖도록 동조시킬 수 있다. 회로를 그림 8.22(a)에 나타내었으며 그림 8.22(b)에 임피던스 점근선을 나타낸다. 결과적인 $\|H(s)\|$의 점근선을 그림 8.22(c)에 나타낸다. 각 직렬 공진이 병렬 공진과 연계되어 있음을 알 수 있다. 네트워크에 있는 고조파가 병렬 공진을 크게 여기하지 않도록 각 병렬 공진 주파수를 선택해야 한다.

그림 8.23(a)에 나타낸 바와 같이 우회 저항 R_{bp}를 추가하여 필터 전달함수에 고 주파수 단일 극 감쇄를 줄 수 있다. 이 네트워크에 대한 전형적인 임피던스와 전달함수 점근선을 그림 8.24에 나타낸다. 우회 저항을 이용하여 고차 고조파에 감쇄가 더해지므로 직렬 공진을 각 고조파에 동조시킬 필요가 없다. 고 주파수의 전류가 병렬로 연결된 저항으로 흐르기 때문에 그림 8.23(a)의 네트워크를 고 주파수 통과라 부른다. 그러나 전체 필터 전달함수 $H(s)$는 고 주파수를 제거한다. 11차와 13차와 같이 고차 고조파를 감쇄

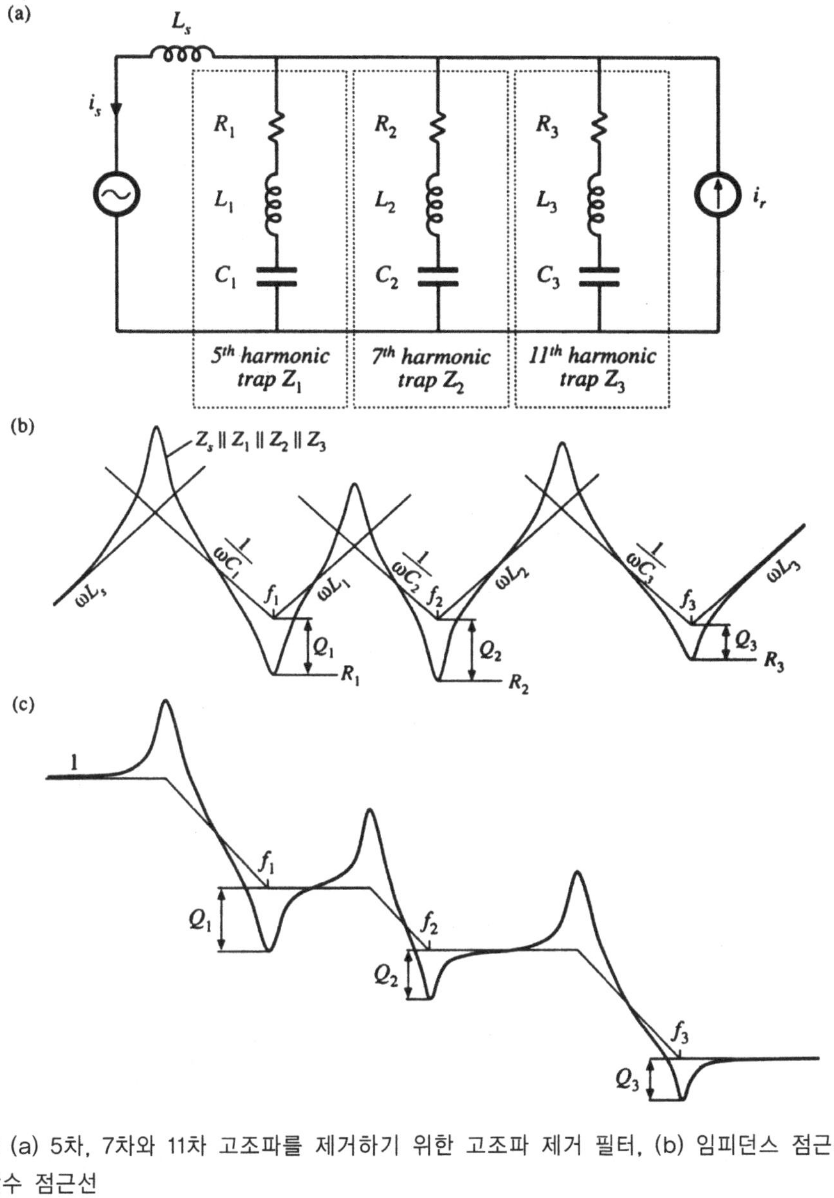

그림 8.22 (a) 5차, 7차와 11차 고조파를 제거하기 위한 고조파 제거 필터, (b) 임피던스 점근선, (c) 전달함수 점근선

하도록 단일 극 감쇄를 갖는 5차와 7차 고조파에 동조할 수 있는 직렬 공진을 갖는 간단한 고조파 제거 필터를 그림 8.25에 나타낸다.

R_{bp}가 공진 네트워크의 일부분이 아니기 때문에 큰 기본파(50 Hz 또는 60 Hz) 전류가

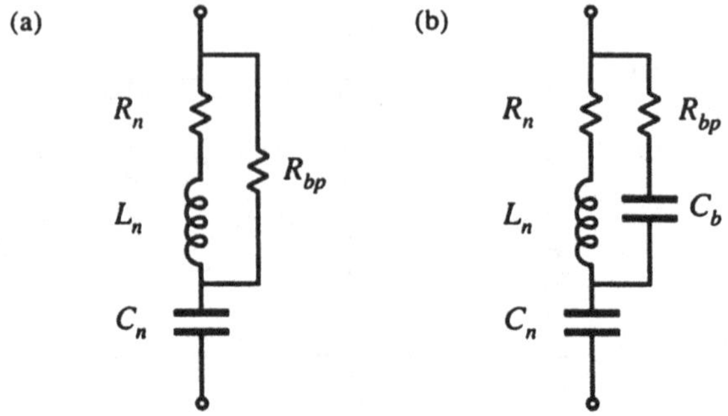

그림 8.23 고 주파수 감쇄 특성을 얻기 위한 우회 저항 추가: (a) 기본 회로, (b) 전력 손실을 줄이기 위한 저지 커패시터 추가

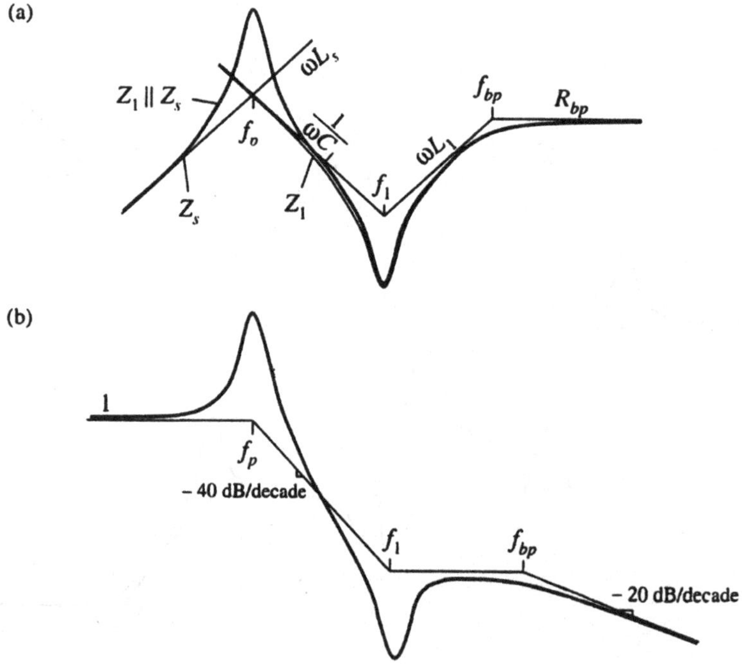

그림 8.24 우회 저항이 있는 고조파 제거 필터의 주파수 응답: (a) 임피던스 점근선, (b) 전달함수 점근선

R_{bp}를 통해 흐를 수 있으므로 우회 저항의 전력 손실이 문제가 될 수 있다. 그림 8.23(b)에서처럼 저지 커패시터 C_b를 추가하여 전력 손실을 줄일 수 있다. 기본파 주파수에서 R_{bp}-C_b의 임피던스가 증가하도록 그러나 더 높은 고조파 주파수에서 영향을 무시할 수

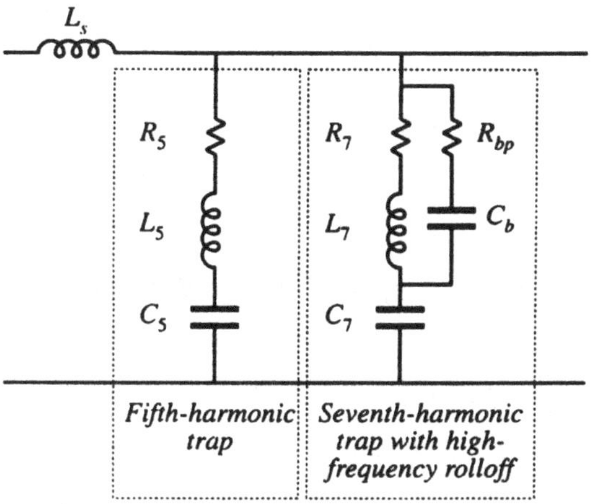

그림 8.25 5차 및 7차 고조파에 동조시킨 직렬 공진과 고 주파수 감쇄 특성을 갖는 고조파 제거 필터

있도록 커패시터를 선정해야 한다.

고조파 제거 필터 네트워크는 정류기와 전력계통에 큰 무효 전력을 공급할 수 있다. 식 (8.10)에 주어진 것처럼 정류기의 기본파 전류는 전압에 지상이고 정류기는 무효 전력을 소모한다. 그림 8.22(a)에서와 같이 직렬 공진 네트워크의 임피던스는 저 주파수에서 커패시터 점근선에 의해 지배된다. 그러므로 기본파 주파수에서 필터 임피던스는 탱크 커패시터들의 병렬 조합과 같은 등가 커패시터로 축소된다. 이 커패시터로 흐르는 전류는 교류 선 전압을 앞서므로 커패시터는 무효 전력의 발생원이다.

8.5 변압기의 결선

3상 정류기의 입력 고조파를 감소하는 마지막 기존의 방법은 위상 이동(phase-shifting) 변압기 회로를 이용하는 것이다. 이 방법으로 5차와 7차와 같은 저차 고조파를 제거할 수 있다. 남는 고조파의 크기는 작아 필터링하기 쉽다.

그림 8.7의 정류기 회로는 다이오드 출력 전압 파형이 교류 선 주기 당 6개의 펄스를 포함하므로 6-펄스 정류기로 알려져 있다. 출력 전압 맥동의 기본파 주파수는 교류 선 주

파수의 6배에 해당하는 주파수이다. 그림 8.8에 나타낸 바와 같이 교류 선 전류 파형은 3단계를 포함한다. 임의의 순간에 $i_a(t)$는 i_L, 0 또는 -i_L과 같다. 전류 파형의 스펙트럼은 기본파와 크기가 1/n으로 변하는 3배수가 아닌 고조파(1, 5, 7, 11, 13, …)을 포함한다.

3상 변압기 회로를 이용하여 교류 선 전압의 위상을 이동시킬 수 있다. 예를 들면 그림 8.26의 Δ-Y 변압기 회로에서 변압기 일차 권선은 일차 측 선간 전압에 의해 구동되고, 변압기 이차 권선은 이차 측 선-중성점 전압을 공급한다. 이상적인 변압기인 경우 이차 측 전압은 일차 측 전압에 권선비를 곱한 값과 같다. 따라서 이차 측 전압을 나타내는 페이서는 일차 측 전압 페이서와 같은 위상을 갖고 크기가 권선비만큼 조정된다. Δ-Y 변압기 결선에서 이차 선-중선점 전압은 일차 선간 전압과 위상이 같다. 평형 3상 시스템에서 선간 전압은 선-중성점 전압에 대해 위상이 30°만큼 이동되고 크기는 $\sqrt{3}$ 배가 된다. 그러므로 이차 선-중성선 전압의 위상은 일차 선-중성선 전압에 30°만큼 앞선다. Y-Δ 결선도 많이 사용된다. 이 회로에 의해 이차 전압이 일차 전압을 30°만큼 앞서게 할 수 있다. 원하는 위상 이동을 얻기 위해 다른 많은 복잡한 변압기 회로 즉, zig-zag, forked-wye와 extended-delta 연결 등이 있다.

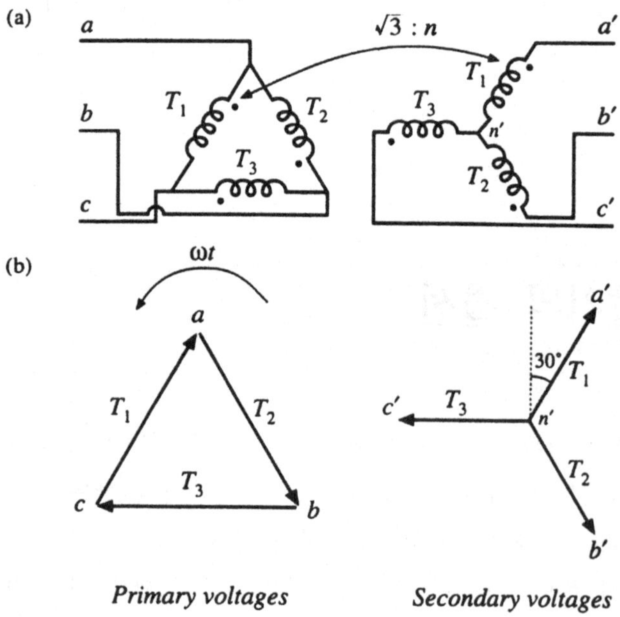

그림 8.26 3상 Δ-Y 변압기 연결: (a) 회로, (b) 전압 페이서 선도

Δ-Y 변압기 회로의 30° 위상 천이는 그림 8.27(a)의 12-펄스 정류기 회로에 유리하다. 이 회로는 30°만큼 위상이 차이 나는 3상 전압에 의해 구동되는 두 개의 브리지 정류기 회로로 구성된다. 브리지 정류기 출력을 직류 필터 인덕터와 부하에 직렬로 연결한다. 전체 정류기 출력 전압 $v_d(t)$는 교류 선 주파수의 12배에 해당하는 기본 주파수를 갖는다.

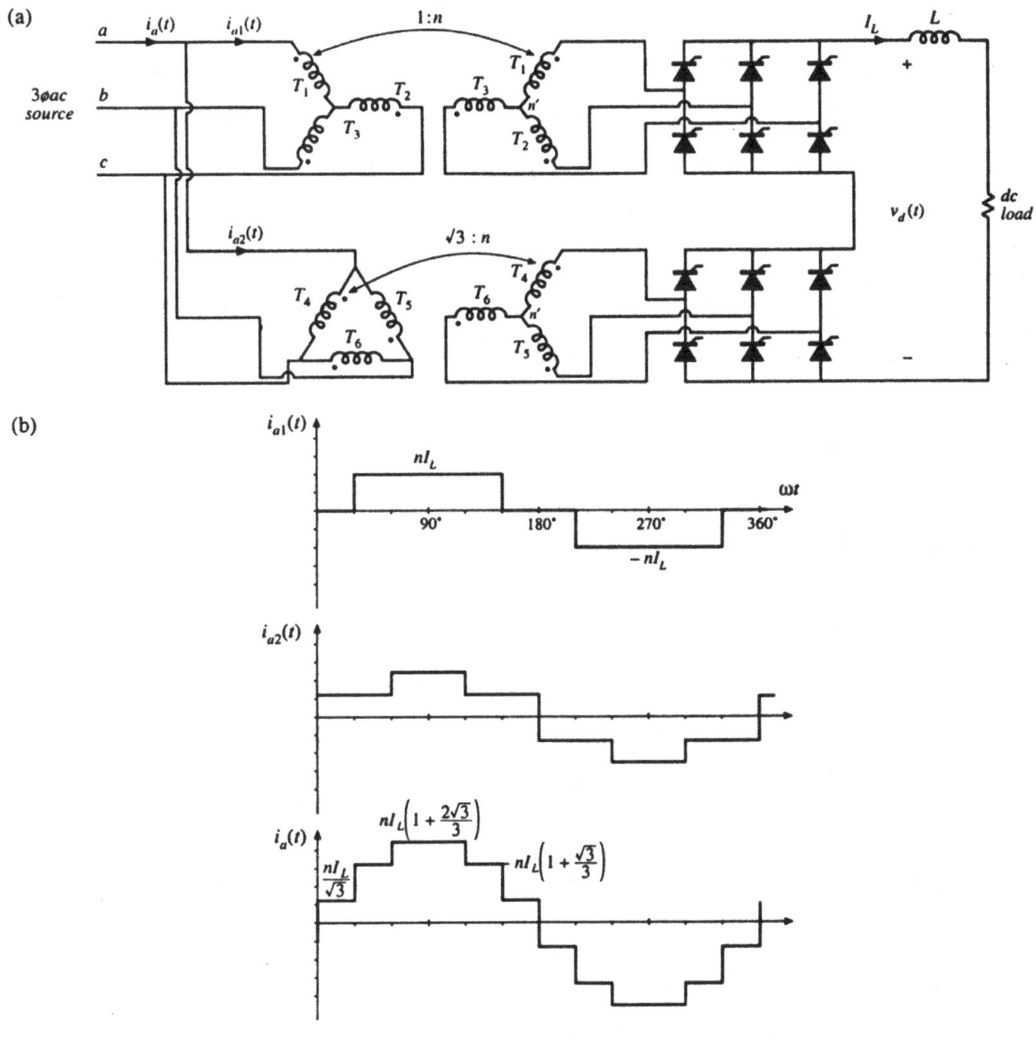

그림 8.27 12-펄스 정류기: (a) 회로, (b) 입력 전류 파형

입력 상 a의 교류 선 전류 $i_a(t)$는 세 권선에 흐르는 전류의 합으로 그림 8.27(b)의 계단 파형을 갖는다. 이 파형은 크기가 $1/n$으로 변하는 기본 주파수와 11차, 13차, 23차와 25차 … 등 고조파 주파수에서 푸리에 항을 가짐을 보일 수 있다. 숙제로 해보기 바란다. 따라서 12-펄스 정류기는 5차, 7차, 17차와 19차… 등의 고조파를 제거한다.

인가 전압을 0°, +20°와 -20°의 위상 이동을 주는 변압기 회로와 3개의 6-펄스 정류기를 이용하여 18-펄스 정류기를 구성할 수 있다. 인가 전압을 0°, +15°, -15°와 -30°의 위상차를 갖는 전압에 의해 구동되는 4개의 6-펄스 정류기를 이용하여 24-펄스 정류기를 구성할 수 있다. 펄스 수를 p라 하면 정류기는 $n = pk \pm 1,\ k = 0,\ 1,\ 2,\ 3,\ \cdots$의 선 전류 고조파를 발생한다. 직류 전류 맥동을 무시할 수 있으면 나머지 전류 고조파의 크기는 $1/n$으로 변한다. 직류 측 고조파의 차수는 pk이다.

다상 변압기 결선과 높은 펄스 수를 갖는 정류기 회로를 이용하여 아주 좋은 교류 선 전류 파형을 얻을 수 있다. 펄스 수를 증가하면 전류 파형은 정현파에 가까워지고 크기가 더 작고 더 많은 계단을 포함한다. 저차 고조파를 제거할 수 있고, 나머지 고 주파수 고조파를 쉽게 필터를 이용하여 제거할 수 있다.

8.6 요약

1. 큰 직류 필터 인덕터를 갖는 단상 전파 정류기는 사각파의 선 전류 파형을 만들고 90%의 역률과 48%의 THD를 나타낸다. 인덕턴스의 값을 줄이면 이러한 성능은 감소한다. 불연속 전도모드에서 THD는 100% 이상이고 역률은 보통 55%에서 65%사이의 값을 갖는다. 커패시턴스가 크면 역률, THD, 변이율과 변환비를 단위가 없는 파라미터 K_L의 함수로 표현할 수 있다.
2. 큰 직류 필터 인덕터를 갖는 3상 브리지 정류기는 3배수 고조파가 빠진 사각파와 비슷한 계단 파형을 발생한다. 이 파형은 31%의 THD와 95.5%의 역률을 보인다. 직류 인덕터의 값을 줄이면 THD는 증가하고 역률은 감소한다. 인덕터의 값을 영으로 하면 THD는 무한대의 값을 갖고 역률은 영이 된다. 실제로는 실효적인 최소 직

렬 인덕턴스는 전력시스템 전원의 인덕턴스에 의해 제한된다.

3. 큰 직류 필터 인덕터인 경우 위상 제어에 의해 왜곡률과 THD는 바뀌지 않지만 기본파 전류가 지상이 되어 변이율이 감소한다. 위상 제어 정류기와 인버터는 무효전력을 소모한다.
4. 부하가 전력을 공급할 수 있다면 위상 제어 정류기는 인버터가 될 수 있다. 지연각은 90°보다 크고 출력 전압의 극성은 정류기 동작의 경우와 반대가 된다. 최대 지연각은 전류 실패 때문에 180° 이하의 값으로 제한된다.
5. 부피와 무게가 중요하지 않고 가격이 저렴해야하는 고 전력 응용에서 고조파 제거 필터와 다상 정류기/다상 변압기 회로를 적용할 수 있다. 고조파 제거 필터에서 직렬 공진 탱크회로를 고조파 주파수에 동조시켜 고조파 전류를 공익 전력 네트워크로부터 분리시킨다. 병렬 공진은 필터 전달함수에 원하지 않는 첨두를 발생시킬 수 있다. 그래프 연산 방법을 이용하여 필터의 동작을 이해할 수 있고 좀 더 정확한 분석과 설계를 위해 컴퓨터 시뮬레이션을 이용할 수 있다. 더 높은 펄스 수의 정류로 개선된 전류 파형을 얻을 수 있고 더 높은 주파수를 쉽게 필터링할 수 있다.

참고문헌

[1] G. K. Dubey, S. R. Doradla, A. Joshi, and R. M. K. Sinha, Thyristorized Power Controllers, New Delhi: Wiley Eastern Ltd., 1986.

[2] J. Vithayaphil, Power Electronics: Principles and Applications, New York: McGraw-Hill, 1995.

[3] N. Mohan, T. Undeland, and W. Robinson, Power Electronics: Converters, Applications, and Design, Second edition, New York: John Wiley & Sons, 1995.

[4] J. Phipps, "Phase-Shifting Transformers and Passive Harmonic Filters: Interfacing for Power Electronic Motor Drive Controllers," M.S. Thesis, University of Colorado at Denver, 1993.

[5] J. Kassakian, M. Schlecht, and G. Verghese, Principles of Power Electronics, Massachusetts: Addison-Wesley, 1991.

[6] J. Arrillaga, D. Bradley, and P. Bodger, Power System Harmonics, New York: John Wiley & Sons, 1985.

[7] A. Domijan and E. Embriz-Santander, "A Summary and Evaluation of Recent Developments on Harmonic Mitigation Techniques Useful to Adjustable-Speed Drives," IEEE Transactions on Energy Conversion, Vol. 7, No. 1, pp. 64-71, March 1992.

[8] S. Freeland, "I. A Unified Analysis of Converters with Resonant Switches, II. Input-Current Sharing for Single-Phase Ac-dc Power Converters," Ph.D. Thesis, California Institute of Technology, 1988, Chapter 12.

[9] F. C. Schwarz, "A Time-Domain Analysis of the Power Factor for Rectifier Systems with Over- and Sub-critical Inductance," IEEE Transactions on Industrial Electronics and Control Instrumentation, Vol. 20, No. 2, pp. 61-68, May 1973.

[10] S. B. Dewan, "Optimum Input and Output Filters for Single-Phase Rectifier Power Supply," IEEE Transactions on Industry Applications, Vol. 17, No. 3, pp. 282-288, May/June 1981.

[11] A. Kelley and W. F. Yaduski, "Rectifier Design for Minimum Line-Current Harmonics and Maximum Power Factor," IEEE Transactions on Power Electronics, Vol. 7, No. 2, pp. 332-341, April 1992.

[12] A. Kelley and W. F. Yaduski, "Phase-Controlled Rectifier Line-Current Harmonics and Power Factor as a Function of Firing Angle and Output Filter Inductance," IEEE Applied Power Electronics Conference, 1990 Proceedings, March 1990, pp. 588-597.

[13] P. C. Sen, Thyristorized DC Drives, New York: Wiely Interscience, 1981.

[14] S. Dewan and A. Straughen, Power Semiconductor Circuits, New York: John Wiley & Sons, 1975.

[15] P. Pelly, Thyristor Phase-Controlled Converters and Cycloconverters: Operation, Control, and Performance, New York: John Wiley & Sons, 1971.

연 · 습 · 문 · 제

8.1 그림 8.28의 단상 반파 제어 정류기는 큰 인덕터 L을 포함하고, 인덕터 전류 $i_L(t)$의 맥동은 무시할만하다. 싸이리스터의 지연각은 α이다.

(a) 파형 $v_d(t)$와 $i_a(t)$를 도시하시오. 각 싸이리스터와 다이오드의 도통 기간을 나타내시오.

(b) 직류 출력 전압 V에 식을 실효 선간 전압과 지연각의 함수로 나타내시오.

(c) 역률에 대한 식을 유도하시오.

(d) 문제 (b)와 (c)의 식이 타당한 지연각 α의 범위는?

8.2 그림 8.29의 3상 반파 제어 정류기는 큰 인덕터 L을 포함하고, 인덕터 전류 $i_L(t)$의 맥동은 무시할만하다. 싸이리스터의 지연각은 α이다.

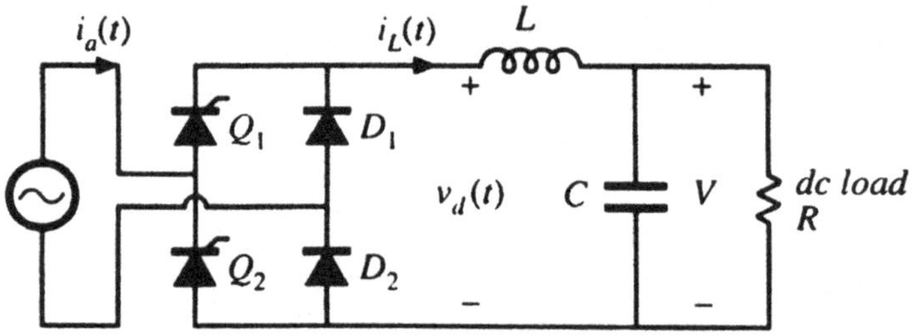

그림 8.28 문제 8.1의 반파 제어 정류기 회로

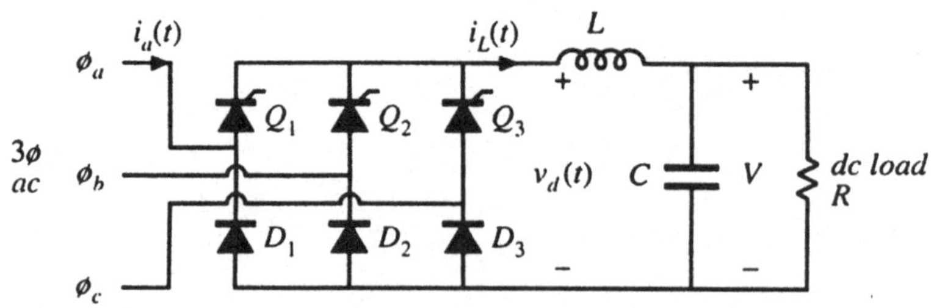

그림 8.29 문제 8.2의 3상 반파 제어 정류기 회로

(a) 파형 $v_d(t)$와 $i_a(t)$를 도시하시오. 각 싸이리스터와 다이오드의 도통 기간을 나타내시오.

(b) 직류 출력 전압 V에 식을 실효 선간 전압과 지연각의 함수로 나타내시오.

(c) 역률에 대한 식을 유도하시오.

(d) 문제 (b)와 (c)의 식이 타당한 지연각 α의 범위는?

8.3 3상 브리지가 그림 8.30처럼 저항 부하에 직접 연결되어 있다. 이 회로는 작은 지연각 α에 대해 연속 전도모드에서 동작하고, 충분히 큰 지연각 α에 대해 불연속 전도모드에서 동작한다.

(a) CCM과 DCM 동작에 대한 출력 전압 파형 $v(t)$를 도시하시오. 각 SCR의 도통 기간을 나타내시오.

(b) 어떠한 조건에서 정류기는 CCM과 DCM에서 동작하는가?

(c) CCM에서 직류 출력 전압의 직류 성분에 대한 식을 유도하시오.

(d) DCM에 대해 (c)를 반복하시오.

8.4 정류기가 60 Hz 전력계통에 연결되어 있다. 60 Hz 전류에 대한 영향이 무시할 만하고 5차와 7차 고조파 전류를 1/10배(-20 dB)만큼 감소시키는 고조파 제거 필터를 설계하고자 한다. 교류 선 인덕턴스 L_s는 500 μH이다.

(a) 5차 고조파 제거 필터의 인덕턴스 L_5를 500 μH으로 선택하고 7차 고조파 제거 필터의 인덕턴스 L_7을 250 μH으로 선택한다. 병렬 공진의 효과를 무시하고 5차와 7차 고조파 제거 회로의 저항과 커패시터 값에 대한 1차 통과

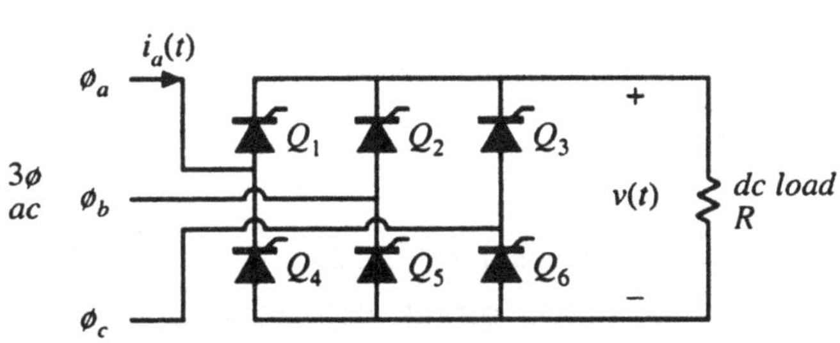

그림 8.30 문제 8.3의 3상 제어 정류기 회로

값을 계산하시오.

(b) 필터의 주파수 응답을 도시하시오. SPICE 또는 다른 컴퓨터 시뮬레이션 프로그램을 이용하기 바람. 필터가 감쇄 사양을 만족하는가? 병렬 공진이 크게 발생하는가? 3차 고조파에서 이득 또는 감쇄는?

(c) 최적의 설계를 위해 소자의 값을 수정하시오. $L_s = 500\ \mu$H이어야 하지만 다른 소자의 값을 수정할 수 있다. 개선된 필터의 주파수 응답을 도시하시오. 최적의 의미는 5차와 7차 고조파에서 20 dB 감쇄가 있어야 하고 60 Hz에서 감쇄 또는 이득은 0 dB이어야 하고 병렬 공진의 Q-계수는 최소가 되어야함을 의미한다.

8.5 정류기가 50 Hz 전력 계통에 연결되어 있다. 50 Hz 전류에 대한 영향이 무시할 만하고 5차, 7차 그리고 11차 고조파 전류를 1/5배(-14 dB)만큼 감소시키는 고조파 제거 필터를 설계하고자 한다. 또한 필터는 13차 및 그 이상의 고조파에서 $5n/13$배 만큼(n은 고조파 차수) 감쇄하는 단일 극점 응답을 포함해야 한다. 교류 선 인덕턴스 L_s는 100 μH이다.

이러한 사양을 만족하는 고조파 제거 필터를 설계하시오. 감쇄 사양을 만족하고 50 Hz에서 거의 1인(0 dB ± 1 dB) 이득과 3차와 9차 고조파에서 최소의 이득을 갖는 필터를 설계하고, 주파수 응답을 도시하고, 회로 소자의 값을 나타내시오.

8.6 단상 정류기가 230 Vrms 50 Hz 유럽 단상 전원에서 동작한다. 정류기는 1000 W 직류 부하를 공급해야 하고 IEC-1000 class A 또는 class D 고조파 전류 제한을 만족해야 한다. 그림 8.1의 회로를 사용한다. 직류 부하 전압은 첨두-첨두 크기가 직류 전압 성분의 5%보다 작은 100 Hz 맥동을 포함할 수 있다.

(a) 이 요구조건을 만족하는 인덕턴스의 최소값을 추정하시오.

(b) 이 요구조건을 만족하는 L과 C의 값을 구하고 시뮬레이션을 통해 답이 맞는지 검증하시오.

8.7 그림 8.31은 6개의 SCR과 6개의 다이오드로 구성된 12-펄스 정류기를 나타낸다. 직류 인덕터 L의 값은 크므로 인덕터 전류 맥동을 무시할 수 있다. SCR은 지연각 α에서 동작한다. SCR 브리지는 Y-Y 결선 3상 변압기 회로에 의해 구동되고

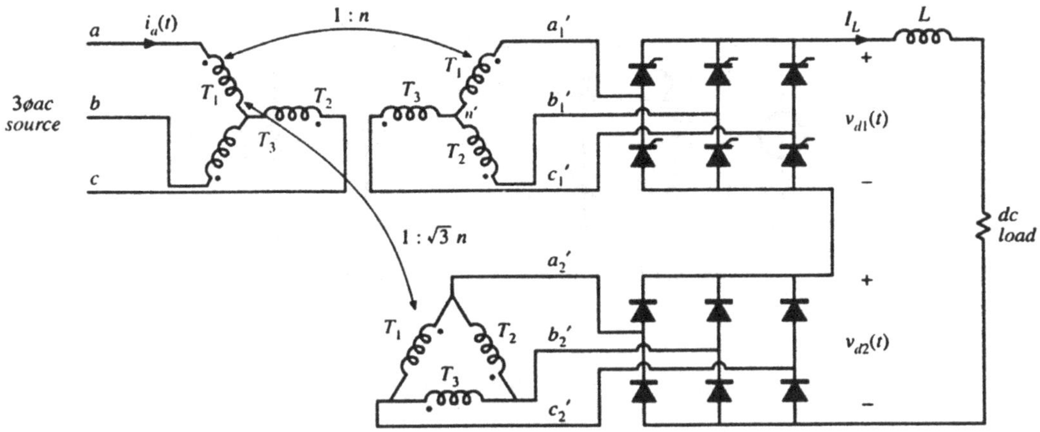

그림 8.31 문제 8.7의 12-펄스 정류기. 한 브리지는 제어되고 한 브리지는 제어되지 않음

다이오드 브리지는 Y-Δ 결선 3상 변압기 회로에 의해 구동된다. 양 변압기의 일차 권선이 Y-결선이므로 하나의 1차 권선으로 결합할 수 있다.

(a) 변압기 이차의 선간 전압 $v_{a1'b1'}$와 $v_{a2'b2'}$의 크기와 위상을 인가한 일차 선간 전압 v_{ab}의 함수로 구하시오.

(b) 파형 $v_{d1}(t)$와 $v_{d2}(t)$를 도시하시오. 각 싸이리스터와 다이오드의 도통 기간을 나타내시오.

(c) 직류 출력 전압의 직류 성분을 실효 선간 전압, 지연각과 권선비 n의 함수로 나타내시오.

(d) 문제(c)의 식이 타당한 지연각 α의 범위는? 이 정류기에 의한 출력 전압의 범위는?

8.8 그림 8.27(a)의 12-펄스 정류기에 대해 일차 측 전류 $i_{a1}(t)$와 $i_{a2}(t)$, 교류 선 전류 $i_a(t)$에 대한 기본파에서 13차 고조파까지의 푸리에 계수를 권선비 n과 직류 부하 전류 I_L의 함수로 구하시오. 직류 인덕터 L의 값은 매우 크고 이상적인 변압기로 가정한다.

8.9 그림 8.32의 단상 브리지 제어 정류기가 연속 전도모드에서 동작한다. 정현파 입

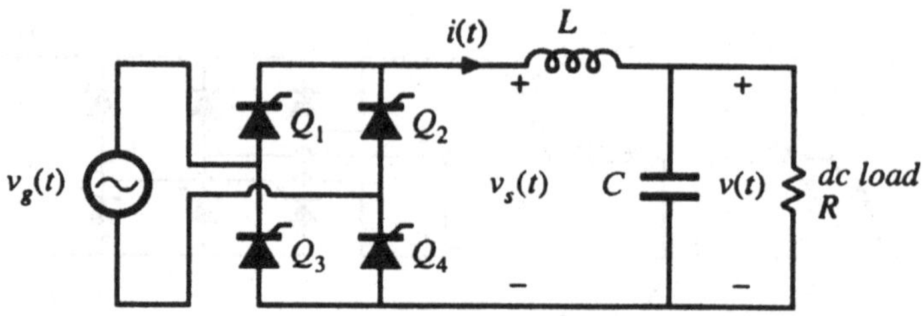

그림 8.32 문제 8.9의 단상 제어 정류기 회로

력 전압 $v_g(t)$의 크기에 느리게 움직이는 변동이 있는 조건에서 부하 전압 $v(t)$를 조절하고자 한다. 따라서 제어기는 $v(t)$가 일정하게 유지되도록 지연각 α를 조절해야 한다. 정류기의 직류 측에 대한 소신호 교류 모델을 유도한다.

(a) 파형 $v_s(t)$와 $v_g(t)$를 도시하고 지연각 α를 나타내시오.

(b) 회로 평균 방법을 사용하여 다음의 소신호 전달함수를 유도하시오.

$$\frac{\hat{v}(s)}{\hat{\alpha}(s)} \quad \text{제어 – 출력 전달함수}$$

$$\frac{\hat{v}(s)}{\hat{v}_g(s)} \quad \text{라인 – 출력 전달함수}$$

또한 다음의 정상상태 관계를 유도하시오.

$$V = f(V_g,\ A)$$

여기서

$$\begin{aligned} \alpha(t) &= A + \hat{\alpha}(t) \\ v(t) &= V + \hat{v}(t) \\ v_g(t) &= \left(V_g + \hat{v}_g(t)\right)\sin(\omega t) \end{aligned}$$

이다. α, v와 v_g의 변동 주파수는 교류 선 주파수 ω보다 매우 느리고 인덕터 전류의 맥동을 무시할 수 있다.

제9장
PWM 정류기

이전 장에서 서술한 교류 선 전류의 THD를 낮게 하기 위한 수동적인 기법은 저 주파수 변압기 또는 무효 소자에 의존한다. 많은 응용에서 이들 소자의 크기와 무게가 걸림돌이 된다. 이 장에서는 교류 선 주파수보다 빠른 스위칭 주파수를 갖는 컨버터를 채택한 능동적인 기법에 대해 서술한다. 무효 소자와 변압기의 크기는 교류 선 전류의 주파수보다 컨버터 스위칭 주파수에 의존하기 때문에 능동 기법인 경우 매우 작아진다.

기존의 다이오드 정류기의 후단에서 결과적인 저 주파수 고조파를 다루는 대신에 선 전류 고조파를 발생하지 않고 가능한한 이상적으로 동작하는 정류기를 만드는 방법에 대해 생각해보자. 이 장에서 이상적인 정류기의 성질을 알아보고 모델을 구한다. 이상적인 정류기는 교류 전력선에 실효 저항 부하를 나타낸다. 그러므로 공급된 교류 전압이 정현파이면 정류기에 의한 전류도 정현파이고 전압과 위상이 같다. 이상적인 정류기의 특성으로 근사화되는 컨버터를 때때로 역률이 보상되었다라고 하는데 그 이유는 입력이 단위 역률을 갖기 때문이다[1].

거의 이상적인 정류기 시스템을 얻기 위해 여러 다른 컨버터뿐만 아니라 부스트 컨버터를 추가하여 제어할 수 있다. 교류 선 전류 파형이 인가한 교류 선 전압을 따라가도록 고 주파수 스위칭 컨버터를 제어하여 실현할 수 있다. PWM 기법을 이용하여 단상과 삼상 정류기를 구성할 수 있다. 단상 교류 계통에 의해 전력이 공급되는 전형적인 직류 전원공급기는 세 개의 주된 전력 처리부로 구성된다. 첫째로 넓은 대역폭의 입력 전류제어기를 갖는 고 주파수 컨버터는 거의 이상적인 정류기의 기능을 수행한다. 둘째로 에너지 저장 커패시터는 정류기 출력에서 맥동하는 전력을 평활시키고, 좁은 대역폭 제어기는 평균 입력 전력이 부하가 소모하는 전력을 따라가게 한다. 마지막으로 직류-직류 컨버터는 잘 조절된 직류 전압을 부하에 공급한다. 이 장에서는 단상 정류기 시스템을 다루고, 실효 전류에 대한 표현식을 유도하고 여러 컨버터 방법을 비교한다.

직류-직류 컨버터의 모델링과 분석에 대한 이전의 기법을 확장하여 저 고조파 정류기의 분석, 모델링과 제어를 다룬다. 정류기로 동작하는 CCM PWM 컨버터의 평균 손실과 효율을 계산하기 위해 1권 3장의 CCM 모델을 이용한다. 그 결과는 전력단을 설계할 때 매우 유용하다. 첨두 전류 프로그래밍, 평균 전류 제어, 임계 전도모드 제어와 비선형 반송파 제어 등을 포함하는 여러 컨버터 제어기법이 알려져 있다. 정류기 제어 시스템의 교류 모델링을 포함한다.

9.1 이상적인 정류기의 특성

이상적인 단상 정류기는 교류 계통에 저항 부하로 보이는 것이 바람직하다. 교류 선 전류와 전압은 같은 파형과 위상이 같을 것이다. 결과는 단위 역률 정류이다. 따라서 정류기 입력 전류 $i_{ac}(t)$는 다음과 같이 인가한 입력 전압 $v_{ac}(t)$에 비례해야 한다.

$$i_{ac}(t) = \frac{v_{ac}(t)}{R_e} \tag{9.1}$$

여기서 R_e는 비례 상수이다. 따라서 이상적인 정류기의 교류 포트에 대한 등가회로는 그림 9.1(a)에서처럼 실효 저항 R_e이다. R_e는 모의 저항(emulated resistance)으로 알려져 있다. R_e가 있다는 것이 열을 발생한다는 것을 의미하지 않음을 주의하기 바란다. R_e에 의해 "소모"된 전력은 실제 정류기의 직류 출력 포트로 전달된다. R_e는 단순히 이상적인

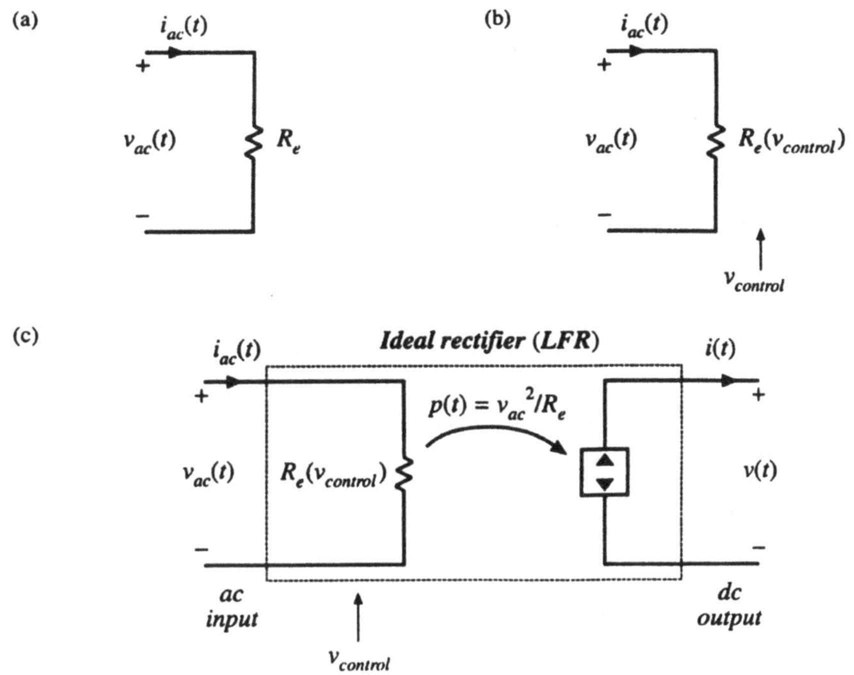

그림 9.1 이상적인 정류기 등가회로 유도: (a) 입력 포트 모의 저항, (b) 모의 저항에 의해 출력을 제어 가능, (c) 출력 포트 전력원 특성과 모델

정류기가 교류 전력계통에 부하로 어떻게 모델링되는가를 보여준다.

실효 저항 R_e를 조절하여 출력을 조절하므로 R_e의 값은 그림 9.1(b)에서처럼 제어 신호 $v_{control}(t)$에 의존해야 한다. R_e에서 소모되는 평균 전력은 다음과 같기 때문에 정류기 전력을 조절할 수 있다.

$$P_{av} = \frac{V_{ac,rms}^2}{R_e(v_{control})} \tag{9.2}$$

R_e를 변화시키면 고조파를 발생하는 시변 시스템이 된다. 고조파를 많이 발생하지 않고 역률을 크게 저하시키지 않기 위해 R_e와 제어 입력의 변동은 교류 선 주파수에 비해 늦어야 한다.

정류기에서 손실이 없고 내부 에너지 저장을 무시하면 R_e로 흘러가는 순간 전력은 정류기 출력 포트에 그대로 나타나야 한다. 순간 전력 출력은 다음과 같이 $v_{ac}(t)$와 제어 입력 $v_{control}(t)$에 의존하지만 출력 포트에 연결된 부하 특성에 의존하지 않는다.

$$p(t) = \frac{v_{ac}^2(t)}{R_e(v_{control}(t))} \tag{9.3}$$

따라서 출력 포트는 다음의 관계를 따르는 일정 전력원으로 동작해야 한다.

$$v(t)i(t) = p(t) = \frac{v_{ac}^2(t)}{R_e} \tag{9.4}$$

이러한 출력 특성을 나타내기 위해 그림 9.2(a)의 종속 전력원 기호를 사용한다. 그림 9.1(c)에 나타낸 것처럼 출력 포트를 R_e로 흘러가는 순간 전력에 의존하는 전력원으로 모델링한다.

이상적인 단위 역률 단상 정류기에 대한 2-포트 모델을 그림 9.1(c)에 보인다[2-4]. 2-포트 모델을 (1) 입력 단자가 옴의 법칙을 따르고, (2) 입력 단자로 들어간 전력이 에너지 손실이 없이 직접 출력 단자로 전달되기 때문에 손실없는 저항(loss-free resistor: LFR)이라 부른다. LFR을 정의하는 방정식은 다음과 같다.

$$i_{ac}(t) = \frac{v_{ac}(t)}{R_e(v_{control})} \tag{9.5}$$

$$v(t)i(t) = p(t) \tag{9.6}$$

$$p(t) = \frac{v_{ac}^2(t)}{R_e(v_{control}(t))} \tag{9.7}$$

LFR 출력 단자가 저항 부하 R에 연결될 때 직류 출력 실효 전압 V_{rms}와 전류 I_{rms}를 다음과 같이 교류 입력 실효 전압 $V_{ac,rms}$와 전류 $I_{ac,rms}$에 다음의 관계를 갖는다.

$$\frac{V_{rms}}{V_{ac,rms}} = \sqrt{\frac{R}{R_e}} \tag{9.8}$$

$$\frac{I_{ac,rms}}{I_{rms}} = \sqrt{\frac{R}{R_e}} \tag{9.9}$$

전력원과 손실없는 저항의 성질을 5장에서 서술하였다. 특정한 컨버터 구성에 관계없이 거의 이상적인 성질을 갖는 어떠한 단상 정류기도 LFR 2-포트 모델로 모델링할 수 있다.

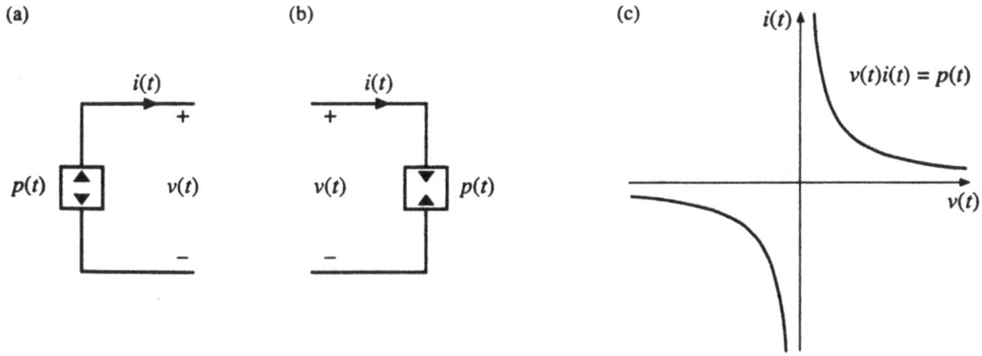

그림 9.2 종속 전력원: (a) 전력 발생원, (b) 전력 흡수원, (c) 전류–전압 특성

9.2 거의 이상적인 정류기의 구현

되먹임을 적용하여 컨버터가 LFR 방정식을 따르는 제어된 직류 변압기 특성을 갖도록 할 수 있다. 단상의 경우에 가장 간단하고 저렴한 방법은 그림 9.3에서와 같이 직류-직류 컨버터를 전파 다이오드 정류기에 직렬로 연결한 네트워크이다. 직류-직류 컨버터를 1권의 3장에서 서술한 바와 같이 이상적인 직류 변압기로 표현할 수 있다. 제어 네트워크에서 컨버터 입력 전류 $i_g(t)$가 식 (9.1)에서와 같이 컨버터 입력 전압 $v_g(t)$에 비례하도록 시비율을 조절한다. 이상적인 변압기의 실효 권선비는 시간에 따라 변한다. 이상적인 파형을 그림 9.4에 나타낸다. 인가된 입력 전압 $v_{ac}(t)$가 다음과 같은 정현파이면

$$v_{ac}(t) = V_M \sin(\omega t) \tag{9.10}$$

정류된 전압 $v_g(t)$는 다음과 같다.

$$v_g(t) = V_M |\sin(\omega t)| \tag{9.11}$$

컨버터 출력 전압은 일정한 직류 값 $v(t) = V$가 바람직하다. 그러므로 컨버터 변환비는 다음을 만족해야 한다.

$$M(d(t)) = \frac{v(t)}{v_g(t)} = \frac{V}{V_M |\sin(\omega t)|} \tag{9.12}$$

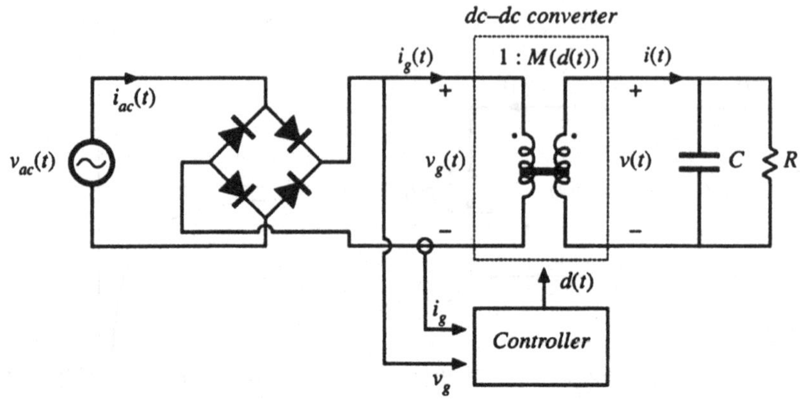

그림 9.3 PWM 직류–직류 컨버터의 시비율을 조절하여 이상적인 정류기 구현

이 표현에서 컨버터 동특성은 무시되었다. 그림 9.4에서 볼 수 있듯이 제어기는 변환비를 무한대(교류 선 전압이 영의 값을 지날 때)와 어떤 최소값 M_{mim} (교류 선 전압의 첨두에서) 사이에서 변하도록 조절해야 한다. M_{mim}은 다음과 같이 주어진다.

$$M_{\min} = \frac{V}{V_M} \tag{9.13}$$

이상적인 변환비를 이 극한 값 사이에서 변화시킬 수 있는 컨버터를 이상적인 정류기에 적용할 수 있다.

직류-직류 컨버터가 이상적인 한도에서(손실을 무시할 수 있고 무시할만한 저 주파수 에너지 저장이 있는 경우) 순간 입력과 출력 전력은 같다. 그러므로 그림 9.3의 출력 전류 $i(t)$는 다음과 같다.

$$i(t) = \frac{i_g(t)v_g(t)}{V} = \frac{v_g^2(t)}{VR_e} \tag{9.14}$$

식 (9.11)을 식 (9.14)에 대입하면

$$\begin{aligned} i(t) &= \frac{V_M^2}{VR_e} sin^2(\omega t) \\ &= \frac{V_M^2}{2\,VR_e}(1-\cos(2\omega t)) \end{aligned} \tag{9.15}$$

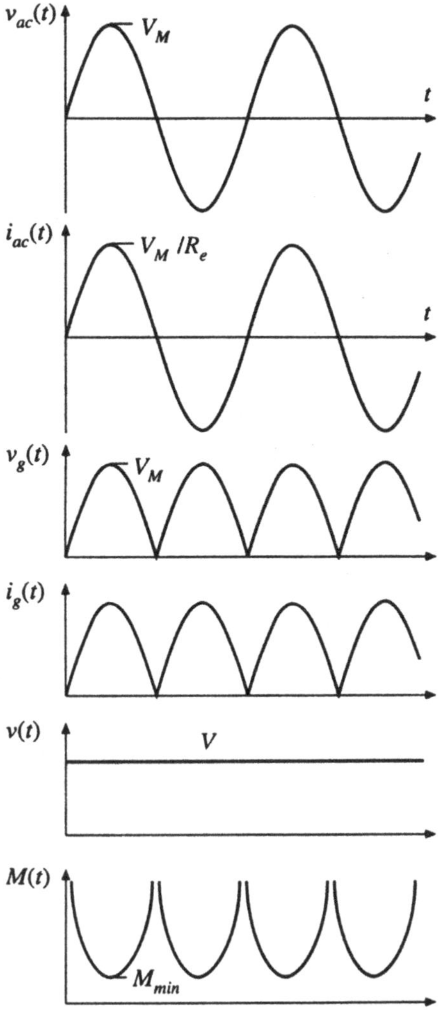

그림 9.4 그림 9.3의 이상적인 정류기의 파형

이므로 컨버터의 출력 전류는 직류 성분과 교류 선 주파수의 2차 고조파 성분을 포함한다. 그림 9.3에서 커패시터 C는 $i(t)$의 2차 고조파 성분을 제거하므로 부하 전류(저항 R로 흐르는)는 다음과 같은 직류 성분이다.

$$I = \langle i(t) \rangle_{T_L} = \frac{V_M^2}{2VR_e} \tag{9.16}$$

여기서 T_L은 인가된 교류 선 전압의 주기이다. 평균 출력 전력은

$$P = \frac{V_M^2}{2R_e} \tag{9.17}$$

이고 단상 저 고조파 정류기로 사용된 PWM 컨버터에 대해 일반적으로 타당하다.

9.2.1 CCM 부스트 컨버터

CCM 부스트 컨버터를 기반으로 한 시스템을 그림 9.5에 나타낸다[1,5,6]. 이상적인 부스트 컨버터는 1과 무한대 사이의 어떠한 변환비도 만들 수 있다. 따라서 $V \geq V_M$이면 부스트 컨버터는 식 (9.12)로 주어진 $M(d(t))$를 만들 수 있다. 또한 부스트 컨버터는 다른 컨버터에 비해 트랜지스터 이용률이 좋으면서 매우 낮은 THD를 보인다.

부스트 컨버터가 연속 전도모드에서 동작하고 인덕터가 충분히 작아 컨버터 파형의 저주파수 성분에 대한 영향을 무시할 수 있다면 시비율은 $M(d(t)) = 1/(1\text{-}d(t))$를 따라야 한다. 이는 시비율이 다음 식을 따라야 함을 의미한다.

$$d(t) = 1 - \frac{v_g(t)}{V} \tag{9.18}$$

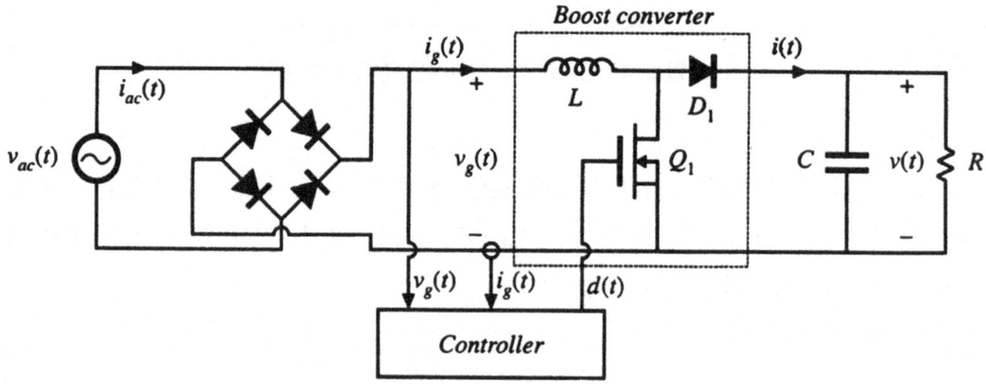

그림 9.5 부스트 컨버터를 기반으로 한 정류기

이 식은 연속 전도모드에서만 성립한다. 인덕터 전류 맥동과 평균 인덕터 전류는 다음과 같다.

$$\Delta i_g(t) = \frac{v_g(t)d(t)T_s}{2L} \tag{9.19}$$

$$\langle i_g(t)\rangle_{T_s} = \frac{v_g(t)}{R_e} \tag{9.20}$$

인덕터 전류 맥동이 인덕터 평균 전류보다 클 때 부스트 컨버터는 연속 전도모드에서 동작한다. 따라서 다음의 조건에서 컨버터는 CCM에서 동작한다.

$$\langle i_g(t)\rangle_{T_s} > \Delta i_g(t) \Rightarrow d(t) < \frac{2L}{R_e T_s} \tag{9.21}$$

식 (9.18)을 식 (9.21)에 대입한 후 R_e에 대해 풀면 다음과 같다.

$$R_e < \frac{2L}{T_s\left(1 - \frac{v_g(t)}{V}\right)}, \text{ CCM에 대해} \tag{9.22}$$

부스트 컨버터의 입력 전압 $v_g(t)$는 식 (9.11)에 따라 변하기 때문에 교류 선 주기의 전체가 아니라 일부에서만 식 (9.22)를 만족할 수 있다. $0 \le v_g(t) \le V_M$이기 때문에 다음 경우에 컨버터는 전체 교류 선 주기에 걸쳐 CCM에서 동작한다.

$$R_e < \frac{2L}{T_s} \tag{9.23}$$

이 조건에서만 식 (9.18)과 (9.22)는 모든 t에서 성립한다. 컨버터는 다음의 조건에서 항상 DCM에서 동작한다.

$$R_e > \frac{2L}{T_s\left(1 - \frac{V_M}{V}\right)} \tag{9.24}$$

양 극단 사이의 R_e에 대해 컨버터는 $v_g(t)$가 거의 영이면 DCM에서 동작하고, $v_g(t)$가 거의 V_M에 가까우면 CCM에서 동작한다.

개루프 부스트 컨버터의 정적 입력 특성을 그림 9.6에 도시한다. 여러 시비율 $d(t)$에 대해 입력 전류 $i_g(t)$를 입력 전압 $v_g(t)$에 대해 도시한다. CCM에서 부스트 컨버터의 입력 특성은 다음과 같다.

$$\frac{v_g(t)}{V} = 1 - d(t), \quad \text{CCM에서} \tag{9.25}$$

일반화된 그래프를 얻기 위해 입력 전류와 입력 전압을 다음과 같이 정규화 할 수 있다.

$$m_g(t) = \frac{v_g(t)}{V} \tag{9.26}$$

$$j_g = \frac{2L}{VT_s} i_g(t) \tag{9.27}$$

식 (9.25)는 다음과 같이 다시 쓸 수 있다.

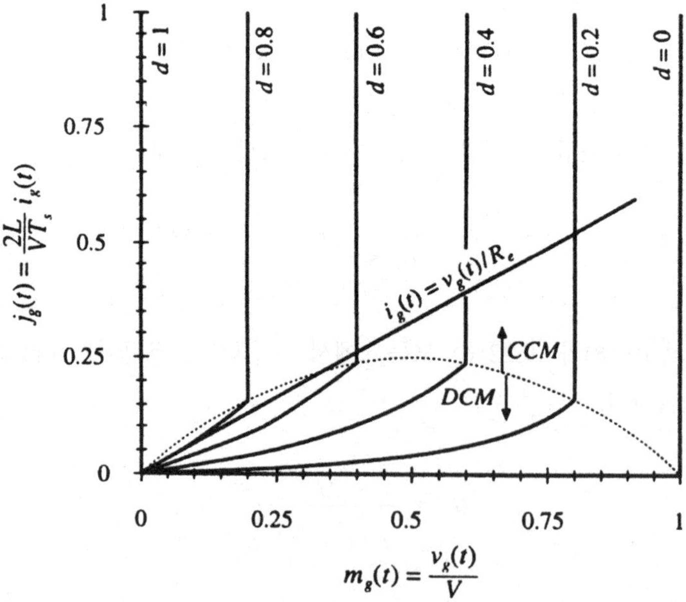

그림 9.6 부스트 컨버터의 정적 입력 특성과 전형적인 선형 저항 입력 특성

$$m_g(t) = 1 - d(t) \tag{9.28}$$

이 식은 입력 전류 $i_g(t)$와 독립적이므로 그림 9.6에서 입력 전류를 수직선으로 표현하였다.

DCM 동작에 대한 부스트 컨버터의 입력 특성을 구하기 위해 그림 5.12(b)(그림 9.7에 다시 그림)의 정상상태 등가 모델을 풀 수 있다. 5장의 DCM 실효 저항 $R_e = 2L/d^2 T_s$가 식 (9.1)의 모의 저항 $R_e = v_g/i_g$와 일치할 필요는 없다. 이 장에서 R_e는 식 (9.1)에 의해 정의된다. 입력 전류 $i_g(t)$에 대해 그림 9.7을 풀면 다음과 같다.

$$i_g(t) = \frac{v_g(t)}{\left(\dfrac{2L}{d^2 T_s}\right)} + \frac{p(t)}{V - v_g(t)} \tag{9.29}$$

그림 9.7의 모델에서 실효 저항에서 소모하는 순간 전력은

$$p(t) = \frac{v_g^2(t)}{\left(\dfrac{2L}{d^2 T_s}\right)} \tag{9.30}$$

이다. 식 (9.30)을 식 (9.29)에 대입하면 다음과 같은 간단한 식을 얻는다.

$$\frac{2L}{VT_s} i_g(t)\left(1 - \frac{v_g(t)}{V}\right) = d^2(t)\frac{v_g(t)}{V}, \quad \text{DCM에서} \tag{9.31}$$

식 (9.26)과 (9.27)에 따라 이 식을 정규화하면 다음과 같이 쓸 수 있다.

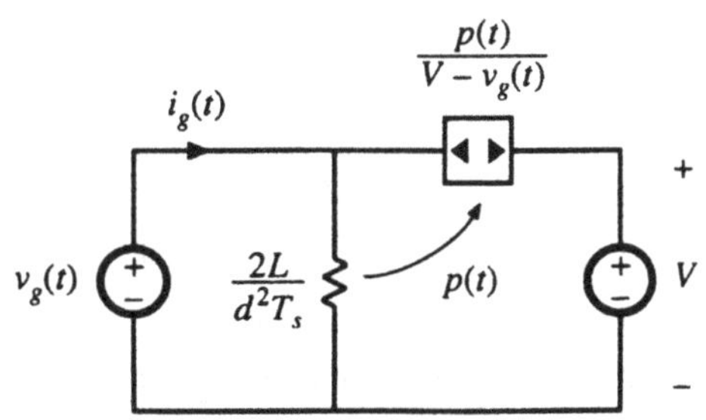

그림 9.7 DCM에서 부스트 컨버터의 평균 등가회로 모델

$$j_g(t)(1-m_g(t))= d^2(t)m_g(t) \tag{9.32}$$

이 식은 작은 $i_g(t)$에 대해 그림 9.6의 입력 특성에서 곡선으로 나타난 DCM 부분이다.

CCM/DCM의 경계를 $i_g(t)$와 $v_g(t)$의 함수로 나타내기 위해 식 (9.1)과 (9.22)를 결합하면 다음과 같다.

$$\frac{2L}{VT_s}i_g(t) > \frac{v_g(t)}{V}\left(1-\frac{v_g(t)}{V}\right) \quad \text{CCM에 대해} \tag{9.33}$$

식 (9.26)과 (9.27)에 따라 이 식을 정규화하면 다음과 같이 표현할 수 있다.

$$j_g(t) > m_g(t)(1-m_g(t)) \qquad \text{CCM에 대해} \tag{9.34}$$

이 식은 $m_g=0$과 $m_g=1$에 근을 갖는 포물선을 나타내며, $m_g=0.5$에서 최대값 $j_g=0.25$이다. 모드 경계 식을 그림 9.6에 점선으로 나타내었다.

식 (9.28), (9.32)와 (9.34)를 이용하여 부스트 컨버터의 입력 특성을 그림 9.6에 나타내었다. 그림 9.6에 식 (9.1)의 바람직한 선형 저항 특성도 나타내었다. 그림에 주어진 R_e에 대해 영 근처의 $v_g(t)$에서 컨버터는 DCM에서 동작하고, V_M 근처의 $v_g(t)$에서 CCM에서 동작한다. 부스트 컨버터의 입력 특성과 바람직한 선형 저항 특성과의 교점은 제어기가 여러 $v_g(t)$의 값에서 시비율을 얼마로 선정해야 하는가를 알려준다.

식 (9.12)의 $M(d(t))$를 만들 수 있는 다른 컨버터로 벅-부스트, SEPIC, Ćuk 컨버터를 들 수 있다. 부스트, SEPIC과 Ćuk 컨버터에는 입력 전류가 펄스 파형이 아니라는 바람직한 성질을 갖고 있으므로 입력 EMI 필터의 크기를 최소로 할 수 있다. SEPIC 컨버터는 극성이 반전하지 않은 출력 전압을 만든다. 이 컨버터의 분리형(1권 6장 참조)을 때때로 적용하기도 한다[7-9]. 여러 준공진 컨버터와 마찬가지로 병렬 공진 컨버터를 포함하는 회로 구성도 발표되었다[10-13].

DCM에서 동작하는 개루프 부스트 컨버터를 근사적인 이상적인 정류기로 사용하기도 한다. 그림 9.7의 DCM 실효 저항 $2L/d^2T_s$을 식 (9.1)의 원하는 모의 저항의 근사로 사용한다. 모델은 전력원이 입력과 출력 단자 사이를 연결한다는 점에서 그림 9.1(c)의 이상적인 정류기 모델과 다르다. 따라서 고조파가 입력 전류 파형에 나타난다. 예를 들면 $v_g(t)$가 정류된 정현파라면 실효 저항 $2L/d^2T_s$을 통해 흐르는 전류 역시 정류된 정현파를 갖는다. 그러나 입력 전류 $<i_g(t)>_{T_s}$는 R_e를 통해 흐르는 전류와 전력원을 통해 흐르는 전류의 합이다. 전력원이 비선형 소자이므로 $<i_g(t)>_{T_s}$는 고조파를 포함한다. 큰 C에 대해 출력 전압은 거의 일정하다. 입력 전류 파형은 식 (9.31)로 주어진다. V가 충분히 크면 항 $(1- v_g(t)/V)$은 거의 1이고 $<i_g(t)>_{T_s}$의 고조파는 작다. $v_g(t)$, $p(t)$와 $<i_g(t)>_{T_s}$가 영을 지나는 시점은 일치한다. 따라서 DCM 부스트 컨버터가 약간의 전류 고조파를 발생할지라도 고조파 제한을 만족하는 저 고조파 정류기를 구성할 수 있다. 이 방법은 DCM의 첨두 전류가 증가하여 고 주파수 펄스 파형 전류를 부가적으로 필터링해야 하는 단점이 있다. DCM 부스트 정류기의 컴퓨터 시뮬레이션을 부록 B의 B.2.3절에서 서술한다.

비슷한 방법으로 부스트 컨버터를 CCM과 DCM경계에서 동작시킬 수 있다. 이 방법을 "임계 전도모드"라 부른다. 이 방법으로 위에서 서술한 왜곡이 발생하는 원인을 제거하지만 가변 스위칭 주파수 제어가 필요하다. 저 전력에서는 일반적이며 9.3.3절에서 자세히 다룬다.

벅 컨버터와 같이 식 (9.12)의 $M(d(t))$를 만들 수 없는 다른 컨버터도 그림 9.3의 직류-직류 컨버터로 사용할 수 있다. 이 경우 교류 선 전류에 왜곡이 반드시 나타난다. 저 전력 응용에서 이 방법으로 교류 선 전류 고조파 표준을 만족시킬 수도 있다.

9.2.2 DCM 플라이백 컨버터

5장에서 불연속 전도모드에서 동작하는 컨버터를 모델링하는데 손실없는 저항 네트워크를 사용하였다. 이로부터 DCM 컨버터를 거의 이상적인 정류기로 사용할 수 있음을 알 수 있다. 실제로 벅-부스트, 플라이백, SEPIC과 Ćuk 컨버터는 부가적인 제어기 없이 불연속 전도모드에서 동작할 때 자연적인 손실없는 저항으로 동작한다. 5장에서 구한 $2L/d^2 T_s$와 같은 값의 DCM 실효 저항 R_e는 식 (9.1)의 정류기 모의 저항과 일치한다. 저 전력 응용에서 이 방법은 효과적이고 저 가격이다. 이 방법에서 돌입 전류는 자연스럽게 제한되고, 변압기로 전원 분리와 권선비에 의한 전압 변환을 얻는다. 단점으로 DCM에 의해 증가된 첨두 전류와 고 주파수로 맥동하는 입력 전류를 필터링하는 회로가 부가적으로 필요하다는 점이다.

변압기 분리 플라이백 컨버터를 기반으로 한 간단한 저-고조파 정류기 시스템을 그림 9.8에 나타낸다[2]. 교류 선 전압을 입력 EMI 필터를 통한 다음 브리지 정류기와 플라이백 컨버터에 연결된다. 플라이백 컨버터는 일정한 스위칭 주파수 f_s와 일정한 시비율 D

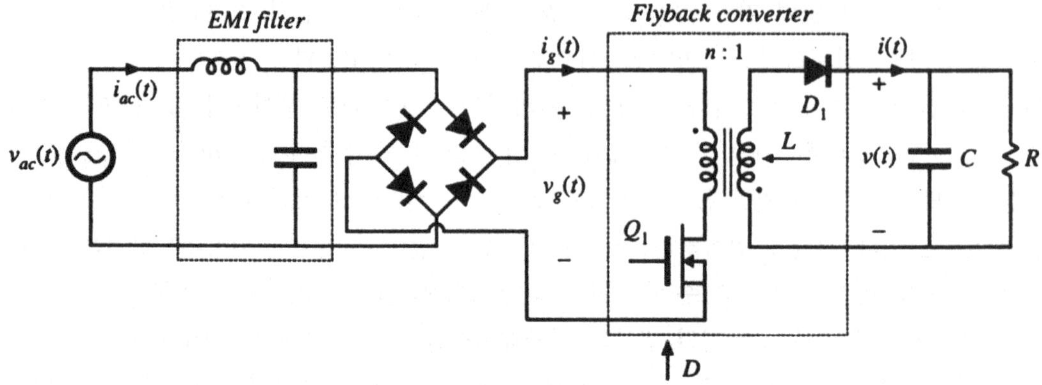

그림 9.8 DCM에서 동작하는 플라이백 컨버터를 기반으로 한 정류기

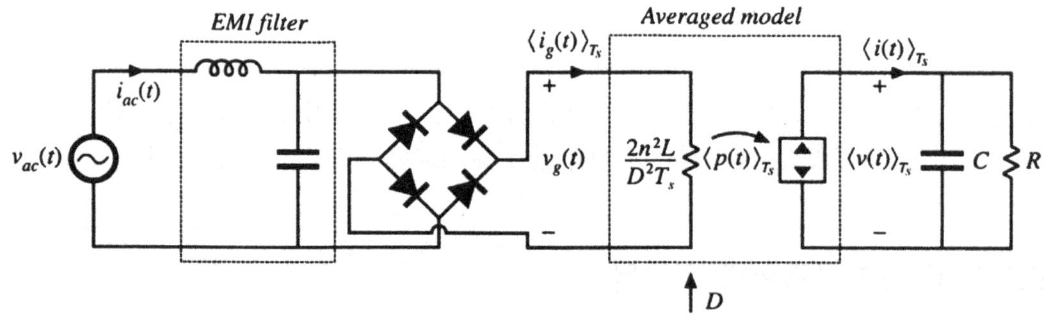

그림 9.9 그림 9.8의 시스템을 모델링하는 등가회로

에서 동작한다. 컨버터는 모든 조건에서 불연속 전도모드에서 동작하도록 설계된다. 입력 EMI 필터는 $i_{ac}(t)$가 거의 정현파가 되도록 맥동하는 입력 전류 파형을 완만하게 만든다.

플라이백 컨버터를 평균 등가회로로 교체하면 그림 9.9를 얻을 수 있다. 5장에서 서술한 바와 같이 플라이백 컨버터의 단자 파형을 스위칭 주기 T_s동안 평균을 하면 손실없는 저항 모델을 얻을 수 있다. 이 모델로부터 DCM 플라이백 컨버터가 교류 입력에 어떻게 저항 부하로 나타나는가를 알 수 있다. 또한 모의 저항 R_e의 값을 제어하기 위해 시비율 D를 조절하여 전력 흐름을 어떻게 제어할 수 있는가를 알 수 있다.

최대 부하에서 컨버터가 교류 사인파의 모든 점에서 DCM으로 동작하도록 인덕턴스의 값을 가급적 작게 선택해야 한다. 트랜지스터 도통 구간, 다이오드 도통 구간 및 불연속

구간의 길이를 각각 DT_s, d_2T_s 및 d_3T_s로 표현하자. d_3가 영보다 크면 컨버터는 DCM에서 동작한다. 이는 다음 식을 의미한다.

$$d_2(t) < 1 - D \tag{9.35}$$

변압기 자화 인덕턴스의 전압-시간 곱 평형에 의해 $d_2(t)$를 다음과 같이 표현할 수 있다.

$$d_2(t) = D\frac{v_g(t)}{nV} \tag{9.36}$$

식 (9.36)을 식 (9.35)에 대입하여 D에 대해 풀면 다음과 같다.

$$D < \frac{1}{\left(1 + \dfrac{v_g(t)}{nV}\right)} \tag{9.37}$$

주어진 스위칭 주기 동안 위의 부등식을 만족하면 컨버터는 DCM에서 동작한다. 정류된 정현파 $v_g(t)$가 첨두값 V_M과 같을 때 최악의 경우가 발생한다. 이 경우 부등식은 다음과 같다.

$$D < \frac{1}{\left(1 + \dfrac{V_M}{nV}\right)} \tag{9.38}$$

식 (9.38)을 만족하면 컨버터는 교류 선 정현파의 모든 점에서 DCM에서 동작한다.

정상상태에서 직류 출력 전압은 식 (9.8)로 주어진다. R_e에 대한 식과 D에 대해 풀면 다음과 같다.

$$D = \frac{2nV}{V_M}\sqrt{\frac{L}{RT_s}} \tag{9.39}$$

이 관계를 식 (9.38)에 대입하고 L에 대해 풀면 다음과 같다.

$$L < L_{crit} = \frac{RT_s}{4\left(1 + \dfrac{nV}{V_M}\right)^2} \tag{9.40}$$

부하 저항 R과 교류 입력 첨두 전압 V_M의 변동에 대해 최소 R(최대 출력 전력)과 최소 V_M에서 최악의 경우가 발생한다. 그러므로 설계자는 다음을 만족하는 L을 선택해야 한다.

$$L < L_{crit,\min} = \frac{R_{\min} T_s}{4\left(1 + \frac{nV}{V_{M,\min}}\right)^2} \tag{9.41}$$

만일 이 식을 만족하지 못하면 최대 부하 전력과 최소 입력 전압의 크기에서 컨버터는 교류 정현파의 첨두 부근에서 CCM에서 동작할 수 있다. 따라서 입력 전류 파형에 왜곡이 발생한다.

9.3 전류 파형의 제어

입력 모의 저항을 얻기 위해 입력 전류 파형을 능동 제어하는 많은 방법이 알려져 있다 [14-33]. 이 절에서는 평균 전류 제어[17, 18], 입력 전압의 전향 제어[17], 전류 프로그램 제어[19-22], 히스테리시스 제어와 임계 전도모드 제어[23-27] 및 비선형 반송파 제어 [28-30]에 대해 간략하게 소개한다. 다른 방법으로 슬라이딩 모드 제어[31], 전하 제어 [32] 및 ASDTIC 제어[33]를 들 수 있다.

9.3.1 평균 전류 제어

평균 전류 제어는 저-고조파 정류기에서 입력 전류 파형 제어를 구현하는 보편적인 방법이다. 이 방법은 연속 및 불연속 전도모드에서 동작하고 넓은 범위의 입력 전압과 부하 전력에 걸쳐 고 품질의 전류 파형을 만들 수 있다. 전류 프로그램 제어 등 몇몇 방식에서 나타나는 교차 왜곡 문제를 피할 수 있다. 평균 전류 제어를 구현하는 보편적인 IC를 구입할 수 있다. 그림 9.10은 부스트 컨버터에서 입력 전류 파형 $\langle i_g(t) \rangle_{T_s}$의 평균 전류 제어를 나타낸다. 입력 전류 $i_g(t)$는 분권 저항을 통해 흐른다. 분권 저항 양단의 전압은 연산 증폭기에 의해 증폭된다.

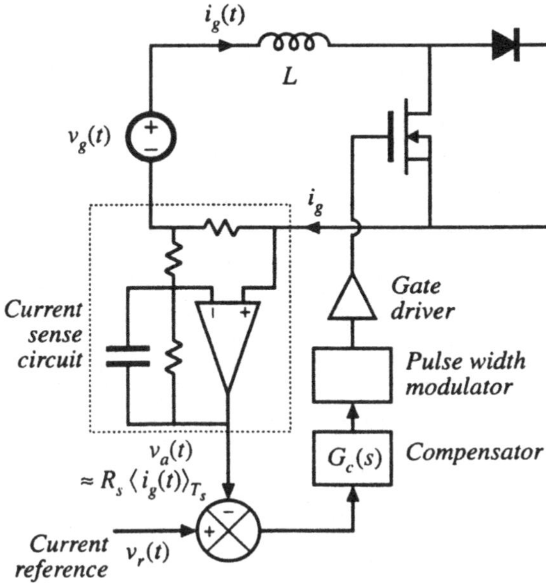

그림 9.10 부스트 컨버터 입력 전류의 평균 전류 제어

연산 증폭기 회로는 고 주파수 스위칭 고조파를 제거하는 저 주파수-통과 필터 특성을 갖는다. 연산 증폭기의 출력 전압 $v_a(t)$는 다음과 같이 $i_g(t)$의 저 주파수 평균값에 비례한다.

$$v_a(t) = R_s \langle i_g(t) \rangle_{T_s} \tag{9.42}$$

이 신호를 기준 전압 $v_r(t)$와 비교하여 보상기와 PWM을 구동하는 오차 신호를 만든다. 되먹임 루프가 잘 설계되어 있다면 오차 신호는 매우 작다.

$$v_a(t) \approx v_r(t) \tag{9.43}$$

평균 전류 제어기는 검출된 전류 $i_g(t)$가 기준 파형 $v_r(t)$을 따라가게 한다.

입력 전류가 입력 전압에 비례하도록 만들기 위해서 그림 9.11에서와 같이 검출된 입력 전압 파형으로부터 기준 전압 $v_r(t)$을 만든다. 검출된 입력 전압 $v_g(t)$로부터 전류 기준 신호 $v_r(t)$를 발생하므로 이 신호의 파형은 정류된 정현파이다. 따라서 평균 전류 제어기는 평균 입력 전류 $i_g(t)$가 입력 전압 $v_g(t)$에 비례하게 만든다.

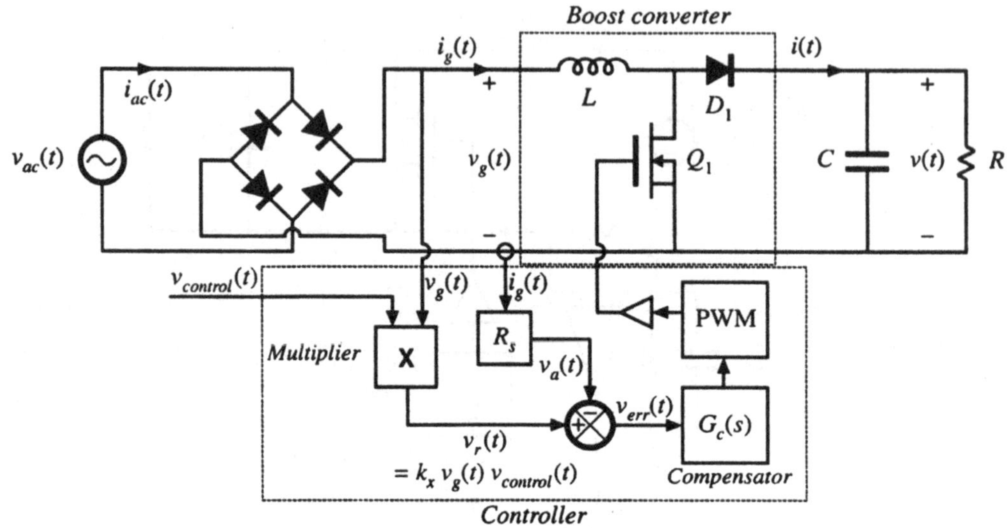

그림 9.11 저-고조파 정류기를 얻는 부스트 컨버터의 평균 전류 제어

그림 9.11의 곱셈기에서 비례 상수를 조절할 수 있으므로 모의 저항의 크기를 제어 신호 $v_{control}(t)$를 통해 제어할 수 있다. 곱셈기 단자 방정식이 다음과 같다고 가정하자.

$$v_r(t) = k_x v_g(t) v_{control}(t) \tag{9.44}$$

그러면 모의 저항은 다음과 같이 쓸 수 있다.

$$R_e = \frac{v_g(t)}{i_g(t)} = \frac{\left(\dfrac{v_r(t)}{k_x v_{control}(t)}\right)}{\left(\dfrac{v_a(t)}{R_s}\right)} \tag{9.45}$$

여기서 v_g와 i_g를 소거하기 위해 식 (9.44)와 식 (9.42)를 사용하였다. 식 (9.43)을 대입하면 다음과 같다.

$$R_e(v_{control}(t)) = \frac{R_s}{k_x v_{control}(t)} \tag{9.46}$$

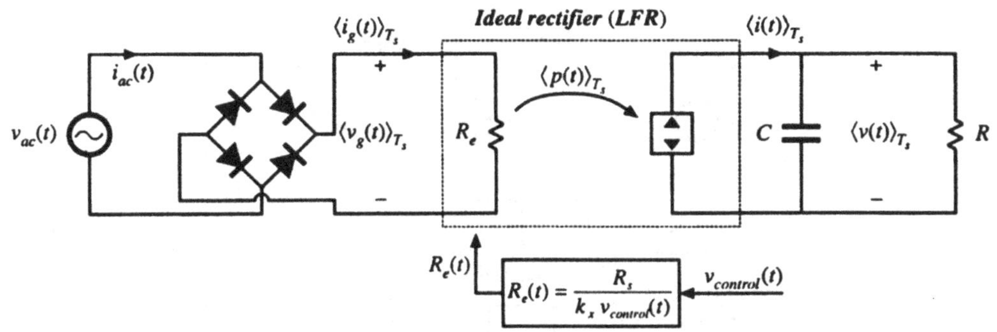

그림 9.12 저 주파수 시스템 파형을 예측하는 그림 9.1(c)의 손실없는 저항 모델에 기반한 그림 9.5의 시스템 모델

그러므로 되먹임 루프를 잘 설계하면 그림 9.11의 시스템을 그림 9.12의 LFR 모델로 표현할 수 있다. 그림 9.11의 평균 전류 제어기 방식과 그림 9.12의 모델은 직류-직류 컨버터의 토폴로지에 관계가 없으며 CCM 부스트, 벅-부스트, Ćuk, SEPIC 등 다른 토폴로지를 포함하는 시스템에 적용할 수 있다.

대부분의 다른 방법과 마찬가지로 평균 전류 제어에서도 모의 저항 R_e를 변화시켜 평균 전력 흐름과 출력 전압을 조절한다. 그림 9.13에 보인 바와 같이 입력 전압 검출 경로에 곱셈기를 사용하여 일반적으로 구현한다. 이 제어 루프는 평균 정류기 전력 $P_{av} = V_{g,rms}^2 / R_e$와 부하 전력 P_{load}가 다음의 평형을 유지하도록 R_e를 연속으로 조절한다.

$$P_{av} = \frac{V_{g,rms}^2}{R_e} = P_{load} \tag{9.47}$$

평균 전류 제어는 잘 동작하며, 단점으로 트랜지스터 전류가 아닌 평균 입력 전류를 검출하는 점과 제어기 회로에 곱셈기가 필요하다는 점을 들 수 있다.

평균 전류 제어를 구현할 때 대부분 입력 전압 크기에 대한 전향 루프를 형성한다. 따라서 제어기는 교류 입력 전압 크기에 존재하는 외란을 제거하여 외란이 직류 출력 전압에 영향을 주지 않도록 한다. 식 (9.44), (9.45)와 (9.46)을 이용하여 v_{ref1}에 대해 풀면 다음과 같다.

$$v_{ref1}(t) = \frac{P_{av} v_g(t) R_s}{V_{g,rms}} \tag{9.48}$$

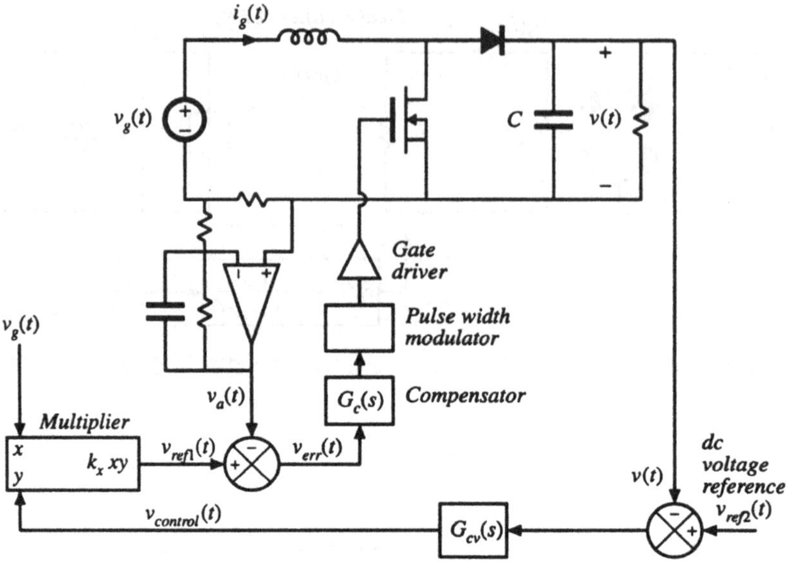

그림 9.13 출력 전압 조절을 위해 곱셈기를 갖는 평균 전류 제어

이 식으로부터 주어진 정류기의 평균 전력 P_{av}를 유지하기 위해 기준 전압을 어떻게 바꾸어야 하는가를 알 수 있다. 분명하게 입력 전압 실효 크기의 제곱으로 나눌 필요가 있음을 알 수 있다. 식 (9.48)을 구현하는 제어기를 그림 9.14에 나타낸다. 함수 $k_v xy/{}^2_Z$을 계산하도록 그림 9.13의 곱셈기를 일반화하였다. 일반적인 교류 파형의 실효값을 계산하는 것은 복잡하다. 그러나 교류 입력 전압 $v_g(t)$는 일반적으로 고조파가 거의 없는 정현파이므로 $v_g(t)$의 첨두 값은 실효값에 직접 비례하므로 $V_{g,rms}$ 대신 V_M을 이용할 수 있다. 따라서 그림 9.14의 제어기는 다음의 기준 전압을 발생한다.

$$v_{ref1}(t) = \frac{k_v v_{control}(t) v_g(t)}{V_M^2} \tag{9.49}$$

식 (9.48)과 (9.49)를 비교하면 다음과 같다.

$$P_{av} = \frac{k_v v_{control}(t)}{2R_s} \tag{9.50}$$

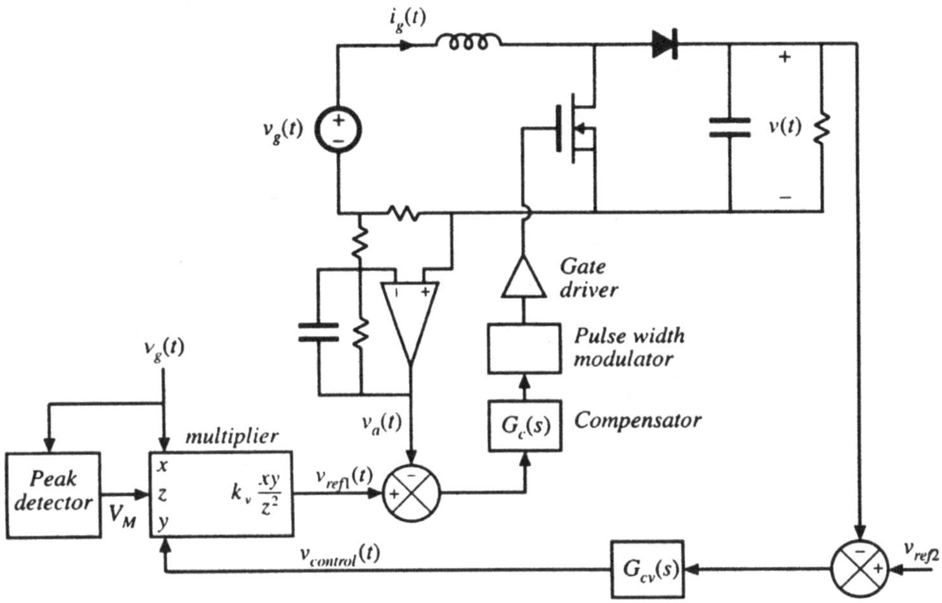

그림 9.14 입력 전압 feedforward 루프를 갖는 평균 전류 제어

따라서 평균 출력 전력은 $v_{control}(t)$에 의해 직접 제어되고 입력 전압 $v_g(t)$에 독립이다.

전향 제어에 의해 정류기의 직류 출력 전압이 교류 입력 전압의 변동에 둔감하도록 할 수 있다. 단점은 첨두 검출기에 의해 발생한 전압의 변동에 의한 교류 선 전류 왜곡이다.

교류 선 전류 파형을 제어하는 내부 되먹임 루프를 설계하기 위해 컨버터 평균 입력 전류가 시비율에 어떻게 의존하는가를 알 수 있는 컨버터 모델이 필요하다. 여기서 1장의 평균 소신호 모델링 기법을 적용한다. 문제는 교류 입력 전압 $v_g(t)$ 및 전류 $i_g(t)$와 시비율 $d(t)$의 변동이 작지가 않다는 점이다. 결과적으로 소신호 가정이 일반적으로 위배되어 커다란 비선형 시변 동작을 나타내는 제어시스템 설계와 직면하게 된다.

정류기가 주기적인 정상상태에서 동작할 때 잘 설계된 시스템의 출력 전압 $v(t)$의 변동은 작다. 따라서

$$\langle v(t) \rangle_{T_s} = V + \hat{v}(t) \tag{9.51}$$

이고

$$|\hat{v}(t)| \ll |V| \tag{9.52}$$

이다. 소신호 가정은 정류기 출력 전압에 대하여 계속 타당하다. 이는 부스트 컨버터의 경우 컨버터 입력 특성을 선형화할 수 있게 해준다.

1장의 방법에 따라 부스트 컨버터의 평균 인덕터 전압을 다음과 같이 표현할 수 있다.

$$L\frac{d\langle i_g(t)\rangle_{T_s}}{dt} = \langle v_g(t)\rangle_{T_s} - d'\langle v(t)\rangle_{T_s} \tag{9.53}$$

이 식은 비선형 항 $d'\langle v(t)\rangle_{T_s}$를 포함한다. 식 (9.51)을 식 (9.53)에 대입하면 다음과 같다.

$$L\frac{d\langle i_g(t)\rangle_{T_s}}{dt} = \langle v_g(t)\rangle_{T_s} - d'(t)V - d'(t)\hat{v}(t) \tag{9.54}$$

식 (9.52)를 만족할 때 비선형 항 $-d'(t)\hat{v}(t)$는 선형 항 $-d'(t)V$의 크기보다 매우 작다. 따라서 비선형 항을 소거하면 다음 식을 얻을 수 있다.

$$L\frac{d\langle i_g(t)\rangle_{T_s}}{dt} = \langle v_g(t)\rangle_{T_s} - d'(t)V \tag{9.55}$$

$i_g(t)$, $v_g(t)$와 $d(t)$의 변동이 크다 할지라도 이 선형 미분 방정식은 타당하다.

식 (9.55)에 대응하는 등가회로를 그림 9.15에 나타낸다. $d(t)$ 이외의 독립 입력을 영으로 놓고 i_g에 대해 풀면 다음의 평균 제어-입력 전류 전달함수를 구할 수 있다.

$$\frac{i_g(s)}{d(s)} = \frac{V}{sL} \tag{9.56}$$

여기서 $i_g(s)$는 $i_g(t)$의 라플라스 변환이다. 교류 입력 변동이 작지 않을지라도 부스트 정류기의 입력 특성을 선형화할 수 있다.

불행하게도 벅-부스트, SEPIC, Ćuk 컨버터 등을 포함하는 대부분의 다른 단상 정류기의 입력 특성을 표현하는 방정식을 선형화하는데 식 (9.52)는 충분하지 않다. 제어시스템 설계 엔지니어는 비선형 시변 동적 시스템을 다룰 수 있어야 한다.

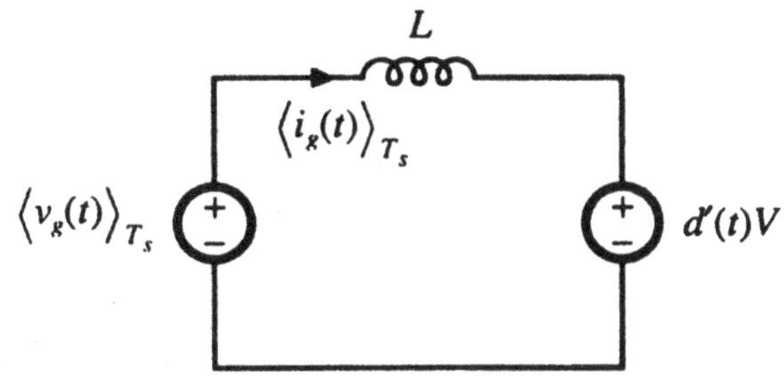

그림 9.15 식 (9.55)에 대응하는 부스트 컨버터의 입력 특성을 나타내는 선형화 모델

때때로 추천되는 하나의 방법은 준-정적 근사화(quasi-static approximation) [34, 35]이다. 교류 선 변동이 정류기 시스템의 동특성보다 매우 느려 정류기가 항상 거의 평형점에서 동작한다고 가정한다. 고정 동작점은 입력의 정류된 정현파를 따라 천천히 변한다. 천천히 변하는 "평형" 시비율과 컨버터 전압과 전류에 대한 표현식을 찾기 위해 평형 분석을 할 수 있다. 이 시변 동작점을 이용하여 1장과 2장에서 유도한 소신호 직류-직류 컨버터의 전달함수를 평가한다. 교류 입력을 정류한 정현파를 따라 변하는 컨버터 극점과 영점을 찾는다. 이러한 시변 전달함수를 이용하여 전류 루프 이득이 모든 동작점에서 양의 위상 여유를 갖도록 평균 전류 제어기를 설계한다.

정류기 시스템의 동특성이 충분히 빠르면 준-정적 근사화는 타당하고, 고 주파수 PWM 컨버터는 교류 선 주파수보다 매우 빠른 동특성을 갖는다고 예측하는 것은 타당하다. 기본 컨버터 토폴로지에 대해 근사화를 정당화할 수 있는 시스템 파라미터에 대한 타당한 조건을 알 수 없다는 것이 문제이다. 이 분야에 더 연구할 여지가 여기에 있다.

정류기 시스템이 충분히 빠르지 않으면 준-정적 근사화로부터 설계된 시스템의 안정도에 대한 필요충분조건을 확보할 수 없다는 사실은 제어시스템 분야에서 잘 알려져 있다. 양의 위상 여유를 항상 갖는 시변 "루프 이득"은 결국 불안정해질 수 있으며 음의 위상 여유가 항상 불안정을 의미하는 것만은 아니다. 이러한 현상을 가끔 정류기 시스템에서 볼 수 있다. 더욱 나쁜 것은 준-정적 근사화가 정당화될 수 없을지라도 시변 미분방정식으로 표현되는 정류기에 대해 라플라스 변환을 사용하는 것을 정당화하기 어렵다는 것이다.

9.3.2 전류 프로그램 제어

입력의 모의 저항을 얻는 잘 알려진 다른 방법으로 전류 프로그램 제어를 들 수 있다. 그림 9.16에 보인 바와 같이 교류 입력 전압에 비례하는 프로그램 전류 $i_c(t)$를 만들어 평균 인덕터 전류 또는 $\langle i_g(t)\rangle_{T_s}$가 근사적으로 $v_g(t)$를 따라가게 한다. 평균 전류 제어에서 처럼 모의 저항과 평균 전력 흐름을 조절하기 위해 곱셈기를 사용한다. 직류 출력 전압의 크기를 안정화하기 위해 제어 신호 $v_{control}(t)$를 이용한다. 전류 프로그램 제어를 구현하는 여러 정류기 제어 IC를 구할 수 있다.

6장에서 서술한 바와 같이 몇 가지 이유 때문에 평균 인덕터 전류 또는 $\langle i_g(t)\rangle_{T_s}$는 프로그램 전류 $i_c(t)$와 다르다. 전류 프로그램 부스트 컨버터가 $d(t)>0.5$에서 CCM으로 동작할 때 안정화하기 위해 충분히 큰 기울기 m_a를 갖는 가공의 톱니파가 필요하다. 이 톱니파 신호에 의해 $\langle i_g(t)\rangle_{T_s}$는 $i_c(t)$와 다르다. 인덕터 전류 맥동에 의해서 더 많은 차

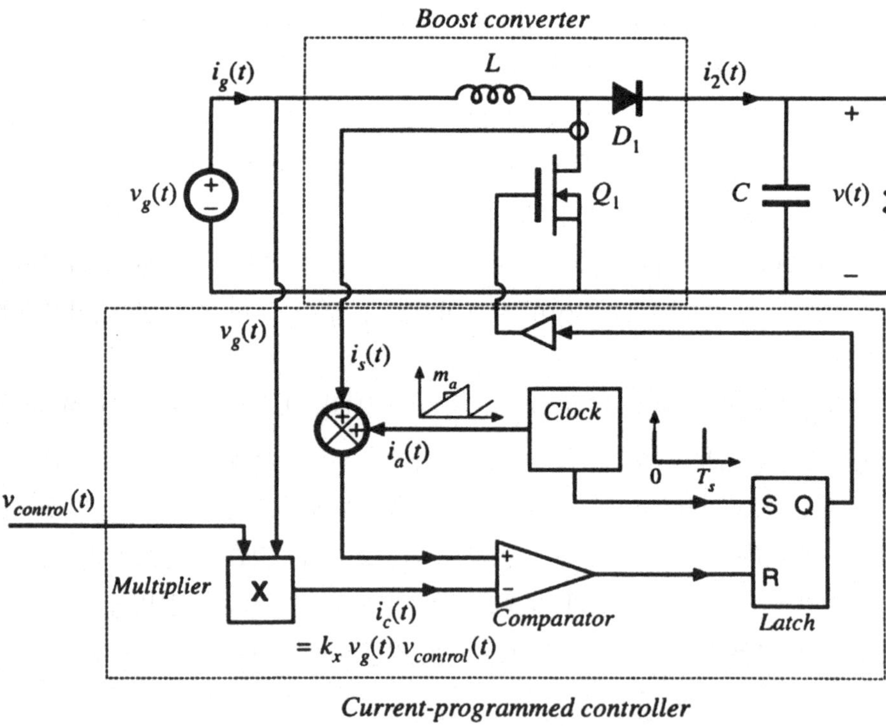

그림 9.16 부스트 정류기의 전류 프로그램 제어

이가 발생한다. 이 두 가지 원인은 교류 선 파형이 영을 지나는 근처에서 인덕터 전류가 작을 때 가장 심각하다.

전류 프로그램 제어 부스트 컨버터의 정적 입력 특성 즉, 평균 입력 전류와 입력 전압의 관계는 다음과 같다.

$$\langle i_g(t)\rangle_{T_s} = \begin{cases} v_g(t)\dfrac{Li_c^2(t)f_s V}{2(V-v_g(t))(v_g(t)+m_a L)^2}, & \text{DCM인 경우} \\ i_c(t)-\left(1-\dfrac{v_g(t)}{V}\right)\left(m_a+\dfrac{v_g(t)}{2L}\right)T_s, & \text{CCM인 경우} \end{cases} \tag{9.57}$$

컨버터는 다음을 만족할 때 CCM에서 동작한다.

$$\langle i_g(t)\rangle_{T_s} > \frac{T_s V}{2L}\frac{v_g(t)}{V}\left(1-\frac{v_g(t)}{V}\right) \tag{9.58}$$

CCM에서 동작할 조건을 제어 전류 $i_c(t)$의 항으로 나타내면 다음과 같이 쓸 수 있다.

$$i_c(t) > \frac{T_s V}{2L}\left(\frac{m_a L}{V}+\frac{v_g(t)}{V}\right)\left(1-\frac{v_g(t)}{V}\right) \tag{9.59}$$

전형적인 전류 프로그램 정류기 제어에서 제어 전류 $i_c(t)$는 단순히 교류 입력 전류에 비례한다.

$$i_c(t) = \frac{v_g(t)}{R_e} \tag{9.60}$$

여기서 R_e는 평균 입력 전류가 기준 전류 $i_c(t)$를 정확하게 따라가면 얻을 수 있는 모의 저항이다. 식 (9.57)에서부터 식 (9.60)까지 주어진 정적 입력 특성을 그림 9.17에 도시한다. 평균 입력 전류 $\langle i_g(t)\rangle_{T_s}$를 여러 모의 저항 R_e의 값에 대해 인가한 입력 전압 $v_g(t)$의 함수로 도시하였다. CCM-DCM 경계 근처 영역도 나타내었다. 다음의 기울기를 갖는 고정된 가공 톱니파에 대해 곡선을 그렸다.

$$m_a = \frac{V}{2L} \tag{9.61}$$

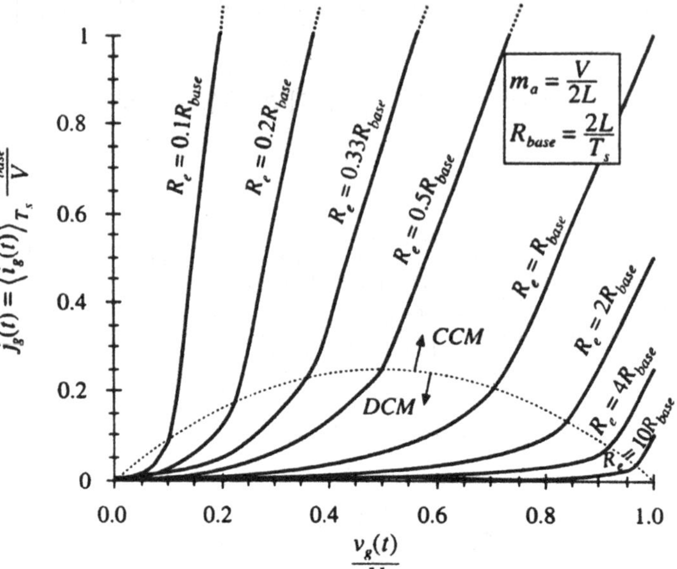

그림 9.17 최소로 안정화시키는 식 (9.61)의 가공 톱니파를 갖는 전류 프로그램 제어 부스트 정류기의 정적 입력 특성

이것은 모든 정적 동작점에서 부스트 전류 프로그램 제어기를 안정화하는 가공 톱니파의 최소값이다. 이 값 이하로 m_a를 감소시키면 낮은 $v_g(t)/V$에서 CCM 모드에서의 동작점은 불안정하다.

모의 저항을 얻기 위해 정적 입력 특성은 선형이고 원점을 통과해야 한다. 그림 9.17을 보면 이 경우가 아님을 알 수 있다. 곡선들은 CCM에서 거의 직선이나 CCM-DCM 경계에 가까울수록 곡선 형태가 된다. 결과적인 평균 전류 파형을 그림 9.18에 정리한다.

선 전류의 THD를 최소화하기 위해 대부분의 교류 선 주기에 대해 깊은 CCM 영역에서 동작하도록 컨버터를 설계해야 한다. 이는 모의 저항 R_e를 $R_{base} = 2L/T_s$ 보다 매우 작게 하여 얻을 수 있다. 또한 가공 톱니파의 기울기 m_a는 필요 이상으로 커서는 안 된다. 실제로 5%나 10%의 THD는 실효 입력 전압과 부하 전류의 범위가 좁은 정류기에서 쉽게 얻을 수 있다. 그러나 입력 범위가 넓어야 하는 범용 입력 정류기인 경우 모든 동작점에서 낮은 THD를 얻기 어렵다. 최대 교류 입력 전압에서 THD는 20%에서 50% 정도 나타낸다. 전류 기준 파형에 치우침을 주어 이 문제를 해결할 수 있다. 전류 프로그램 정류기의 설계는 [19-22]에서 다루었고, 이 문제를 해결하는 방법을 [19]에서 볼 수 있다.

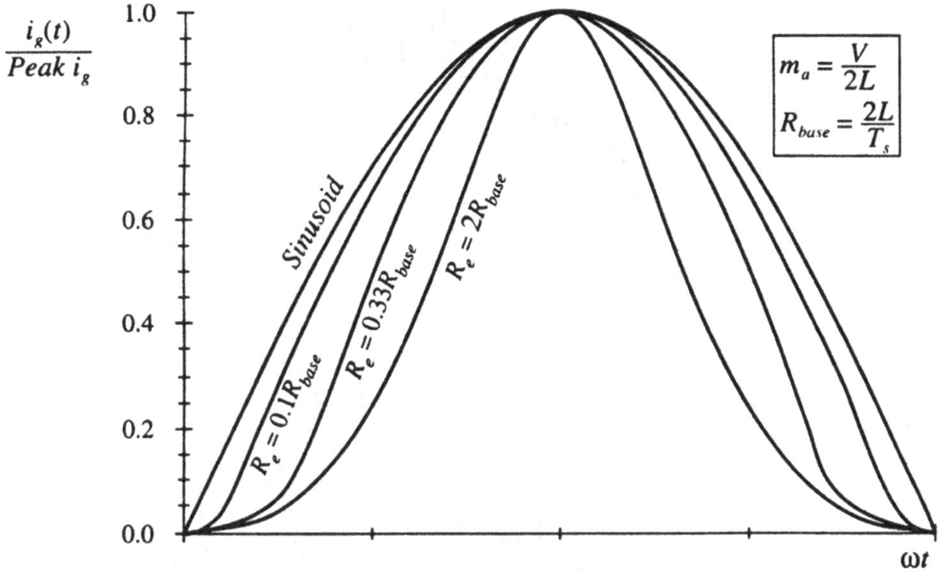

그림 9.18 그림 9.17의 정적 특성에 의해 예측한 입력 전류 파형. 최소로 안정화시키는 가공 톱니파와 $V_M = 0.8V$인 경우에 대해 곡선을 그림

9.3.3 임계 전도모드 제어와 히스테리시스 제어

직류-직류 컨버터 및 직류-교류 인버터와 마찬가지로 저 고조파 정류기에 사용되는 다른 제어기법으로 히스테리시스 제어가 있다. 히스테리시스 제어기는 고정된 스위칭 주파수와 시비율에서 동작하기보다 파형을 주어진 제한 내에 유지하도록 트랜지스터를 온/오프시켜 제어한다. 임계 전도모드 제어라 부르는 히스테리시스 제어의 특별한 경우는 여러 상용 IC로 구현이 가능하고 수 백 와트 이하의 정격을 갖는 저 고조파 정류기에 널리 사용된다[23-25].

예를 들면 그림 9.19(a)를 들 수 있으며 부스트 컨버터의 입력 전류가 ±10% 허용 오차 내로 기준 정현파를 따라가게 제어한다. 트랜지스터가 온이면 인덕터 전류는 증가하고, 트랜지스터가 오프하면 전류는 감소한다. 이 히스테리시스 제어기는 입력 전류가 기준 입력의 90% 이하로 떨어지면 트랜지스터를 온시킨다. 또한 입력 전류가 기준 입력의 110% 이상으로 증가하면 트랜지스터를 오프시킨다. 히스테리시스 제어기는 간단하게 구현할 수 있다. 그러나 가변 스위칭 주파수와 잡음 면역이 낮다는 단점을 보인다.

히스테리시스 제어의 다른 예를 들면 그림 9.19(b)를 들 수 있다. 낮은 제한을 영으로

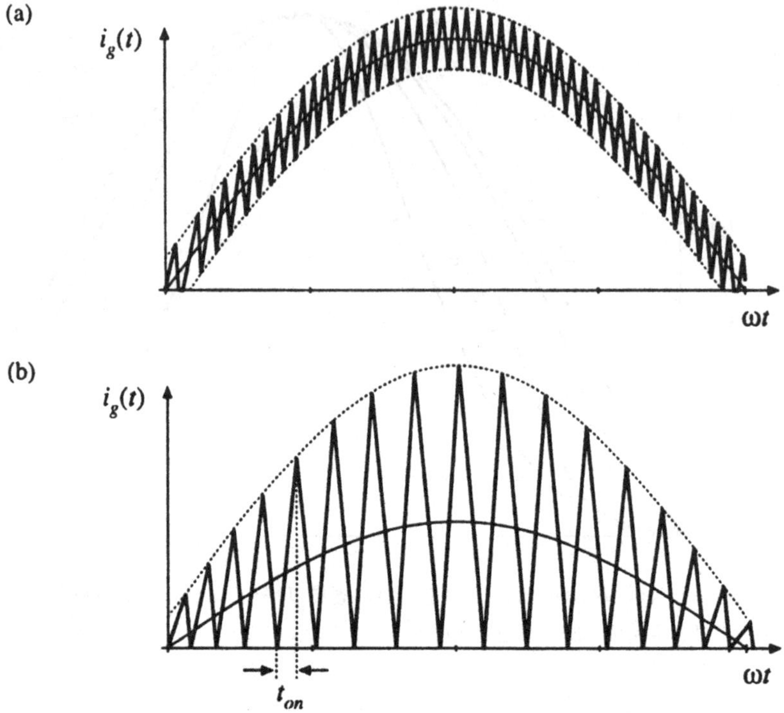

그림 9.19 히스테리시스 제어를 갖는 부스트 컨버터의 두가지 입력 전류 파형: (a) 10% 조절 폭, (b) 임계 전도모드 동작 (100% 조절 폭)

선택하고 반면 높은 제한은 기준 입력의 두 배로 선택한다. 이 제어기는 부스트 컨버터를 연속과 불연속 전도모드의 경계에서 동작시킨다. 같은 파형을 만드는 다른 제어기법으로 일정한 온-시간으로 트랜지스터를 동작시킨다. 즉, 인덕터 전류가 영에 접근하면 트랜지스터를 일정한 시간 t_{on} 동안 도통시킨 후에 트랜지스터를 오프시킨다. 결과적인 인덕터 전류 파형은 인가한 입력 전압에 직접 의존하는 첨두 값을 갖고 평균값은 첨두 값의 반이다. 두 제어기법으로 컨버터는 자연적으로 손실없는 저항 또는 이상적인 정류기 동작을 보인다. 모의 저항은 다음과 같다.

$$R_e = \frac{2L}{t_{on}} \tag{9.62}$$

이 방법의 장점은 작은 인덕터 크기와 저가격의 제어 IC를 들 수 있다. 단점으로는 첨두

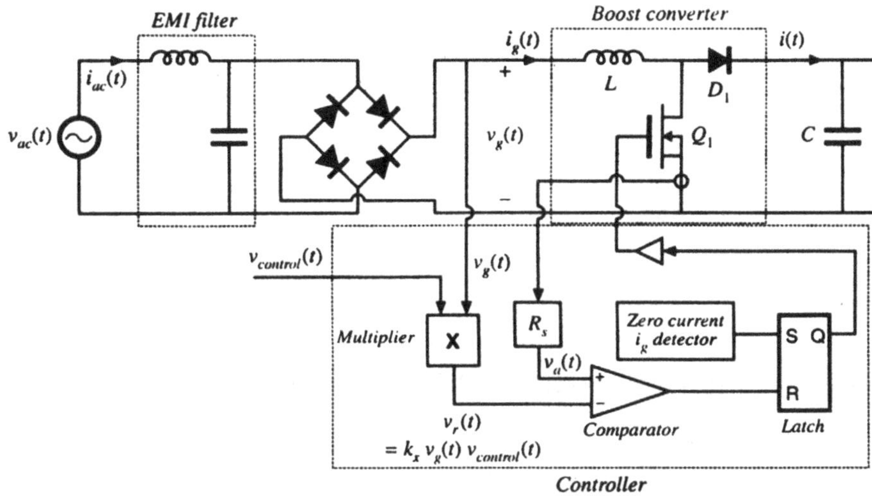

그림 9.20 임계 전도모드 제어의 전형적인 구현

전류가 크고, 스위칭 주파수가 가변이고, 부가의 입력 EMI 필터가 필요하다는 점이다.

전형적인 임계 전도모드 제어를 그림 9.20에 나타낸다. 영전류 검출기는 인덕터 전류가 영일 때를 검출한다. 일반적으로 이는 인덕터 양단의 전압을 측정하여 검출한다. 영전류 검출기는 래치의 출력을 set하여 트랜지스터를 온시켜 스위칭 주기를 시작한다. 트랜지스터 전류도 역시 검출하여 인가한 입력 전압 $v_g(t)$에 비례하는 정현파 가준 $v_r(t)$와 비교된다. 검출된 전류가 기준과 같을 때 래치는 reset되어 트랜지스터를 오프시킨다.

스위칭 주파수가 넓은 영역에 걸쳐 변할 수 있기 때문에 컨버터 전력단을 주의 깊게 설계하는 것이 중요하다. 주어진 전력 P에 대해 필요한 트랜지스터 온-시간 t_{on}을 식 (9.17)과 (9.62)로부터 다음과 같이 구할 수 있다.

$$t_{on} = \frac{4LP}{V_M^2} \tag{9.63}$$

그림 9.20의 인덕터 L에 전압-시간 곱 평형을 적용하면 다음과 같다.

$$v_g t_{on} + (v_g - V) t_{off} = 0 \tag{9.64}$$

그러므로 트랜지스터 오프 시간은 다음과 같다.

$$t_{off} = t_{on}\frac{v_g}{(v_g - V)} \tag{9.65}$$

스위칭 주기 T_s는 다음과 같다.

$$T_s = t_{on} + t_{off} \tag{9.66}$$

식 (9.63)과 (9.65)를 식 (9.66)에 대입하면 다음을 얻을 수 있다.

$$T_s = \frac{4LP}{V_M^2}\frac{1}{\left(1 - \dfrac{v_g}{V}\right)} \tag{9.67}$$

스위칭 주파수에 대한 표현은 식 (9.11)을 식 (9.67)에 대입하면 다음과 같다.

$$f_s = \frac{1}{T_s} = \frac{V_M^2}{4LP}\left(1 - \frac{V_M}{V}|\sin\omega t|\right) \tag{9.68}$$

최대 스위칭 주파수는 다음과 같다.

$$\max f_s = \frac{V_M^2}{4LP} \tag{9.69}$$

최소 스위칭 주파수는 다음과 같다.

$$\min f_s = \frac{V_M^2}{4LP}\left(1 - \frac{V_M}{V}\right) \tag{9.70}$$

스위칭 주파수가 허용 범위 내에서 변하도록 인덕턴스 L과 출력 전압 V를 선정하는데 식 (9.69)와 식 (9.70)을 사용할 수 있다.

9.3.4 비선형 반송파 제어

비선형 반송파 제어기(nonlinear carrier controller: NLC)로 연속 전도모드에서 동작하는 부스트 컨버터와 다른 컨버터에서 입력 모의 저항을 얻을 수 있다. 제어기의 구현이 매우 간단하고, 입력 전압이나 입력 전류를 검출할 필요가 없다. 또한 전류 루프의 오차 증폭기도 필요가 없다. 부스트 비선형 반송파 제어기는 본질적으로 안정하여 전류 프로그램 제어기에서 가공 톱니파를 필요로 하는 안정화 문제가 필요 없다.

그림 9.21은 비선형 반송파 전하 제어를 갖는 CCM 부스트 정류기시스템을 나타내고 그림 9.22는 파형을 나타낸다. 이 방법의 생각은 다음과 같다. 트랜지스터 스위치 전류 $i_s(t)$를 제어한다. 연속적인 컨버터의 입력 전류보다 스위치의 펄스 형태 전류를 검출하기가 쉽다. 그림 9.21에서처럼 간단한 전류 변압기를 사용할 수 있다. 다음의 두 가지 이유 때문

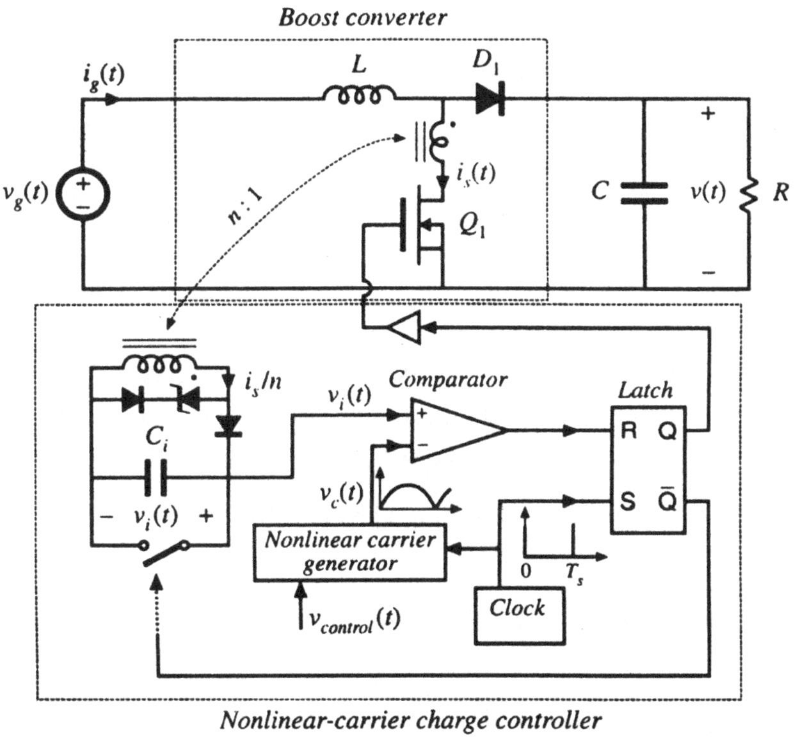

그림 9.21 부스트 컨버터의 비선형 반송파 전하 제어

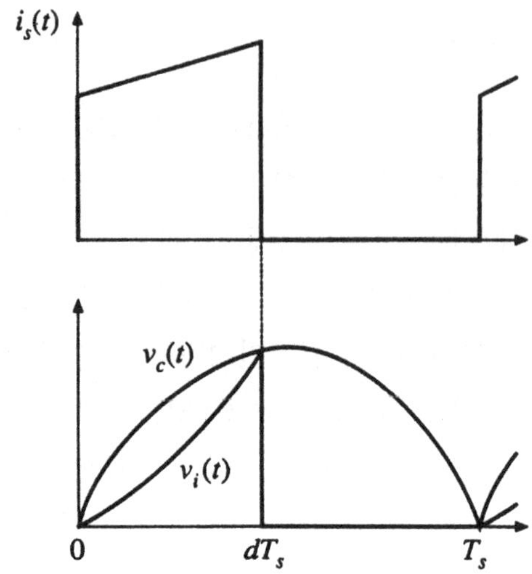

그림 9.22 그림 9.21의 NLC 제어 부스트 정류기의 트랜지스터 전류 $i_s(t)$, 포물선 반송파 전압 $v_c(t)$, 적분기 전압 파형 $v_i(t)$.

에 이 전류의 적분 즉, 전하를 제어하는 것이 바람직하다. 첫 번째 이유로 파형의 적분은 잡음 면역을 개선하고, 두 번째로 파형의 적분은 평균값에 직접적으로 다음과 같이 관계된다.

$$\langle i_s(t) \rangle_{T_s} = \frac{1}{T_s} \int_t^{t+T_s} i_s(\tau) d\tau \tag{9.71}$$

일정한 주파수 시스템에서 T_s는 상수이고, 이 스위칭 주기 동안의 적분은 평균값에 비례한다. 그러므로 스위치 전류의 적분이 기준과 같을 때 단순히 스위치를 오프시켜 평균 스위치 전류가 기준 신호에 비례하도록 제어할 수 있다. 그림 9.21의 제어기에서 스위치 전류 $i_s(t)$는 변압기 권선비 n으로 나누어지고 다음과 같이 커패시터 C_i에 의해 적분된다.

$$v_i(t) = \frac{1}{C_i} \int_0^{dT_s} \frac{i_s(\tau)}{n} d\tau, \quad 0 < t < dT_s \text{ 에 대해} \tag{9.72}$$

적분기 전압 $v_i(t)$는 각 스위칭 주기가 끝나기 전에 영으로 reset되고 적분 과정은 다음 스위칭 주기의 시작에서 시작한다. 따라서 트랜지스터가 오프되는 순간에 전압 $v_i(dT_s)$

는 다음과 같이 평균 스위치 전류에 비례한다.

$$v_i(dT_s) = \frac{\langle i_s \rangle_{T_s}}{nC_i f_s}, \quad 0 < t < T_s \text{ 에 대해} \tag{9.73}$$

평균 스위치 전류를 어떻게 제어해야 하는가? 입력 모의 저항을 얻기 위해 다음을 만족하는 것이 바람직하다.

$$\langle i_g(t) \rangle_{T_s} = \frac{\langle v_g(t) \rangle_{T_s}}{R_e(v_{control})} \tag{9.74}$$

또한 $i_g(t)$나 $v_g(t)$를 검출하지 않는 것이 바람직하다. 다른 기법에서와 마찬가지로 평균 입력과 출력 전력을 평형시키는 낮은 대역폭을 갖는 되먹임 루프를 구성하기 위해 직류 출력 전압 $\langle v(t) \rangle_{T_s}$를 검출한다. 따라서 식 (9.74)에 내포된 $\langle i_s(t) \rangle_{T_s}$와 $\langle v(t) \rangle_{T_s}$의 관계를 결정하자. 부스트 컨버터가 연속 전도모드에서 동작한다고 가정하면 다음과 같이 쓸 수 있다.

$$\langle i_s(t) \rangle_{T_s} = d(t) \langle i_g(t) \rangle_{T_s} \tag{9.75}$$

$$\langle v_g(t) \rangle_{T_s} = d'(t) \langle v(t) \rangle_{T_s} \tag{9.76}$$

식 (9.75)와 (9.76)을 식 (9.74)에 대입하면 다음과 같다.

$$\langle i_s(t) \rangle_{T_s} = d(t)(1-d(t)) \frac{\langle v(t) \rangle_{T_s}}{R_e(v_{control})} \tag{9.77}$$

그림 9.21의 제어기는 이 식을 구현한 것이다.

그림 9.21의 비선형 반송파 발생기는 다음 식의 포물선 파형 $v_c(t)$를 만든다.

$$\begin{aligned} v_c(t) &= v_{control}\left(\frac{t}{T_s}\right)\left(1 - \frac{t}{T_s}\right), \quad 0 \le t \le T_s \\ v_c(t+T_s) &= v_c(t) \end{aligned} \tag{9.78}$$

이 파형을 그림 9.22에 도시한다. $d(t)$를 (t/T_s)로 바꾸면 식 (9.78)은 식 (9.77)을 닮

았다. 적분기 전압 $v_i(t)$가 반송파 $v_c(t)$와 같아지는 시점 $t=dT_s$에서 제어기는 트랜지스터를 오프시킨다. 따라서 다음 식은 사실이다.

$$v_i(dT_s) = v_c(dT_s) = v_{control}(t)d(t)(1-d(t)) \tag{9.79}$$

식 (9.73)을 대입하면 다음과 같이 쓸 수 있다.

$$\frac{\langle i_s \rangle_{T_s}}{nC_i f_s} = v_{control}(t)d(t)(1-d(t)) \tag{9.80}$$

이 식은 식 (9.77)과 같은 꼴이다. 식 (9.77)과 (9.80)을 비교해 보면 모의 저항 R_e는 다음과 같이 나타낼 수 있다.

$$R_e(v_{control}) = d(t)(1-d(t))\frac{\langle v(t) \rangle_{T_s}}{\langle i_s(t) \rangle_{T_s}} = \frac{\langle v(t) \rangle_{T_s}}{nC_i f_s v_{control}(t)} \tag{9.81}$$

직류 출력 전압과 제어 전압의 교류 변동을 무시할 수 있다면 R_e는 거의 일정하고 교류선 전류는 낮은 고조파 왜곡을 보인다. 따라서 입력 전압이나 입력 전류를 검출할 필요가 없고 스위치 전류만을 검출하여 CCM 부스트 컨버터에서 입력 모의 저항을 얻을 수 있다.

포물선의 반송파를 만드는 간단한 방법으로 2개의 적분기를 사용한 그림 9.23의 회로를 들 수 있다. 첨두 크기가 $v_{control}(t)$에 비례하는 톱니파 $v_r(t)$를 얻기 위해 천천히 변하는 제어 전압 $v_{control}(t)$를 적분한다. 이 파형의 직류 성분을 제거하고 다시 적분한다. 두 번째 적분기의 출력이 식 (9.78)과 그림 9.22에 나타낸 포물선 파형의 반송파 $v_c(t)$이다. 매 스위칭 주기가 끝나기 전에 두 적분기는 클럭 발생기에 의해 영으로 초기화된다. $v_{control}(t)$은 포물선 파형의 반송파 크기와 모의 저항을 제어할 수 있다.

식 (9.75)와 (9.76)은 컨버터가 연속 전도모드에서 동작할 때 타당하다. 컨버터가 DCM에서 동작하면 교류 선 전류 파형은 왜곡된다. 이는 교류 선 전압이 영을 지나는 시점 근처에서 발생하여 교차 왜곡이 발생한다. 고조파 왜곡은 전류 프로그램 기법보다 심각하지 않으며 NLC 제어기법을 채택한 범용 입력 정류기를 쉽게 구성할 수 있다. 참고문헌[28]에서 THD를 분석하여 그림으로 도시하였다.

비선형 반송파 제어를 적분 전하 제어 또는 첨두 전류 프로그램 제어와 함께 벅-부스트, SEPIC과 Ćuk 컨버터 등에 기반을 둔 정류기뿐만 아니라 전류 프로그램 부스트 정류

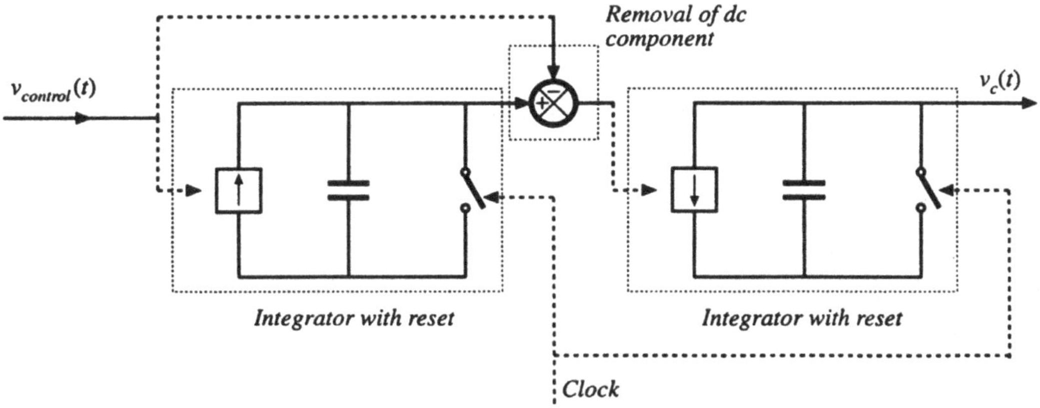

그림 9.23 이중 적분을 이용한 포물선 반송파 파형 발생

기에도 적용할 수 있다[28,29]. 이들 경우에서 다른 반송파를 적용해야 한다. 스위치 전류 $i_s(t)$보다 교류 입력 전압 $v_g(t)$를 검출하는 비선형 반송파 제어기는 참고문헌[30]에 서술되어 있다.

9.4 단상 컨버터 시스템을 갖는 이상적인 정류기

PWM 정류기의 다른 이슈는 교류 선으로부터의 전력과 직류 부하에 전달되는 전력 그리고 큰 에너지 저장 커패시터에 저장된 에너지의 제어이다.

9.4.1 에너지 저장

컨버터 시스템의 직류 출력 전압을 고 정밀도로 조절하는 것이 바람직하다. 실제로 높은 이득과 넓은 대역폭을 갖는 되먹임 루프로 이를 실현할 수 있다. 잘 조절된 직류 출력 전압 $v(t) = V$를 얻고 교류 변동을 무시할 수 있다. 주어진 일정 부하 특성에 대해 부하 전류 I와 순간 부하 전력 $p_{load}(t) = P_{load}$도 일정하다.

$$p_{load}(t) = v(t)i(t) = VI \tag{9.82}$$

그러나 이상적인 단상 정류기의 순간 입력 전력 $p_{ac}(t)$는 일정하지 않다.

$$p_{ac}(t) = v_g(t)i_g(t) \tag{9.83}$$

v_g가 식 (9.11)로 주어지고 i_g가 식 (9.1)을 따르면 순간 입력 전력은 다음과 같으며 시간에 따라 변한다.

$$p_{ac}(t) = \frac{V_M^2}{R_e} sin^2(\omega t) = \frac{V_M^2}{2R_e}(1 - \cos(2\omega t)) \tag{9.84}$$

교류 입력 전압이 영을 지날 때 순간 입력 전력은 영이다. 식 (9.82)와 식 (9.84)를 그림 9.24(a)에 나타낸다. 원하는 순간 부하 전력 $p_{load}(t)$가 원하는 순간 정류기 입력 전력 $p_{ac}(t)$와 같지 않음을 주의하기 바란다. 따라서 정류기시스템 내의 어떤 소자가 이 두 순간 전력의 차이를 소모하거나 공급해야 한다.

이상적인 정류기는 전력을 소모하지도 생산하지도 않고 더구나 내부에 큰 에너지 저장 소자를 포함하지 않기 때문에 시스템에 전해 커패시터와 같은 저 주파수 에너지 저장 소자를 부가할 필요가 있다. 순간 입력 전력과 부하 전력의 차이가 이 커패시터를 통해 흐른다.

정류기 에너지 방정식의 해로부터 무효 소자를 포함하는 정류기시스템의 파형을 구할 수 있다[36, 37]. 에너지 저장 커패시터 C가 저 주파수 에너지를 크게 저장할 수 있는 유일한 소자라면 커패시터로 흘러 들어가는 전력 $p_C(t)$는 다음과 같이 순간 입력과 출력 전력의 차이와 같다.

$$p_C(t) = \frac{dE_C(t)}{dt} = \frac{d\left(\frac{1}{2}Cv_C^2(t)\right)}{dt} = p_{ac}(t) - p_{load}(t) \tag{9.85}$$

여기서 C는 커패시턴스, $v_C(t)$는 커패시터 전압 그리고 $E_C(t)$는 커패시터에 저장된 에너지이다. 그러므로 그림 9.24(b)에 도시한 것처럼 $p_{ac}(t) > p_{load}(t)$이면 에너지는 커패시터로 흘러 들어가고 $v_C(t)$는 증가한다. 유사하게 $p_{ac}(t) < p_{load}(t)$이면 $v_C(t)$는 감소한다. 따

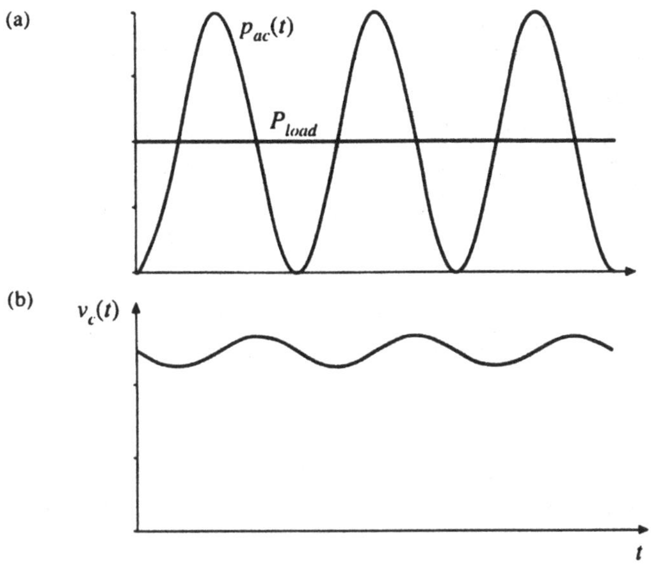

그림 9.24 이상적인 단상 정류기의 파형: (a) 맥동하는 교류 입력 전력과 일정한 직류 출력 전력, (b) 에너지 저장 커패시터의 전압

라서 커패시터는 필요한 에너지를 저장 또는 방출하므로 커패시터 전압 $v_C(t)$는 증가 또는 감소하는 것을 허용해야 한다. 정상상태에서 $p_{ac}(t)$와 $p_{load}(t)$의 평균값은 같아야 하므로 한 교류 선 주기 동안 커패시터에 저장된 알짜 에너지 변화는 없다.

에너지 저장 커패시터를 어느 위치에 놓을 수 있을까? 커패시터 전압을 그림 9.24(b)에 도시한 바와 같이 독립적으로 변하게 하기 위해서 에너지 저장 커패시터를 조절된 직류 출력과 분리할 필요가 있다. 그림 9.25는 기존의 방법을 나타낸다. 에너지 저장 커패시터와 조절된 직류 부하 사이에 두 번째 직류-직류 컨버터를 추가하였다. 잘 조절된 직류 부하 전압을 얻기 위해 넓은 대역폭의 되먹임 루프 제어로 컨버터를 제어한다. 커패시터 전압 $v_C(t)$는 변할 수 있도록 허용된다. 따라서 이러한 시스템 구성은 (1) 단위 역률을 얻기 위해 교류 선 전류 파형의 넓은 대역폭 제어, (2) 내부의 저 주파수 에너지 저장, (3) 직류 출력 전압의 넓은 대역폭 조절 등을 할 수 있다. 입력 전압과 출력 전압 및 커패시터 전압이 서로 저 주파수 독립성을 유지한다면 이 기능들을 한 컨버터에 모을 수 있다[38].

에너지 저장 커패시터는 순간 입력 전력과 출력 전력이 다른 또 다른 상황에서 시스템이 기능을 할 수 있게 해준다. 예를 들면 교류 선 전압에 고장이 난 짧은 시간 동안 출력 전압이 조절된 상태로 있는 것이 필요하다. 유지 시간(hold-up time)은 $v_{ac}(t)$가 영이

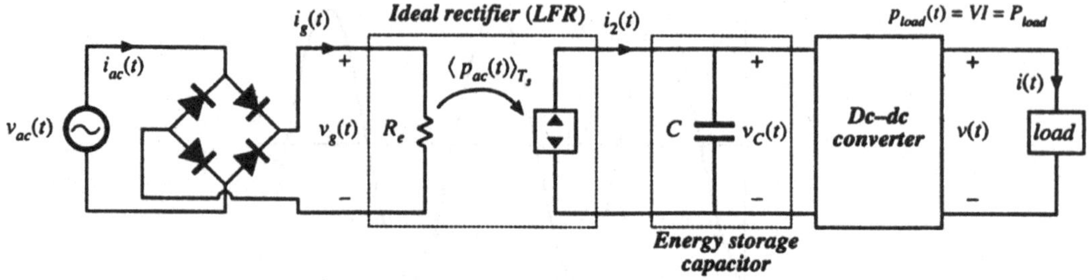

그림 9.25 단상 교류-직류 전력 공급기의 요소. 교류 선 전류와 직류 부하 전압은 넓은 대역폭으로 독립적으로 조절된다. 내부 독립 에너지 저장 커패시터가 필요하다

된 후에도 출력 전압 $v(t)$가 조절된 상태로 유지되는 시간이다. 전형적인 요구 조건은 교류 선 주기 하나가 완전하게 빠진 조건에서 예를 들면 50 Hz 계통에서 20 ms 동안 시스템은 계속해서 전력을 부하에 공급해야 한다는 것이다. 유지시간 동안 부하 전력은 에너지 저장 커패시터에 의해서만 공급된다. 유지시간의 끝에서 커패시터 전압 $v_C(t)$가 직류-직류 컨버터가 조절된 부하 전압을 발생하는데 필요한 최소값을 초과하도록 커패시터 값을 선정해야 한다.

인덕터와 같은 커패시터 이외의 소자도 에너지 저장 기능을 수행할 수 있다. 그러나 인덕터는 무게가 무겁고 비싸므로 인덕터 사용은 좋은 선택이 아니다. 예를 들면 100 μF 100 V 전해 커패시터와 100 μH 100 A 인덕터는 모두 1 J의 에너지를 저장할 수 있다. 그러나 커패시터는 크기, 무게와 가격이 훨씬 작다.

에너지 저장 커패시터에서 발생하는 문제점은 시스템 턴-온 과도기간 동안에 큰 돌입 전류(inrush current)가 흐르는 점이다. 커패시터 전압 $v_C(t)$는 초기에 영이다. 이 전압을 평형 전압까지 올리는데 상당히 많은 양의 전하와 에너지가 필요하다. 부스트 컨버터는 돌입 전류의 크기를 제한할 수 없다. 컨버터 출력 전압이 입력 전압보다 작은 한 $d(t)=0$ 일지라도 큰 전류가 부스트 컨버터의 다이오드를 통해 커패시터로 흐른다. 따라서 부스트 컨버터의 돌입 전류를 제한하는 부가 회로가 필요하다. 벅-부스트형 변환비를 갖는 컨버터는 고유하게 돌입 전류를 제어할 수 있다. 부가적인 스위치 스트레스의 댓가로 이 장점을 얻을 수 있다.

전 세계 어느 곳의 전력계통에 연결해도 올바르게 동작하는 이상적인 정류기를 설계할 수 있다. 범용 입력(universal input) 정류기는 일본의 일부 지역에서 사용하는 100 V와 같이 낮은 교류 정격 실효 전압 크기에서 또는 호주 서부 지역에서와 같은 50 Hz나 60

Hz의 선 주파수에서 260 V의 높은 실효 전압에서도 동작한다. 교류 입력 전압에 관계없이 범용 입력 정류기는 일정한 정격 직류 출력 전압 V_C를 만들 수 있다.

그림 9.25에 주어진 시스템의 저 주파수 에너지 저장 과정을 좀 더 자세히 살펴보자. 직류-직류 컨버터가 교류 선 주파수보다 훨씬 큰 대역폭을 갖는 제어기를 포함하여 부하 전압의 저 주파수 변동을 무시할 수 있다고 가정한다. 직류-직류 컨버터의 저 주파수 모델을 그림 9.26에 나타낸다. 직류-직류 컨버터는 그림에서와 같이 전압원으로 모델링된 일정한 전압 $v(t) = V$를 발생한다. 이는 부하에 일정한 전류 $i(t) = I$가 흐르게 하여 부하 전력은 $p_{load}(t) = P_{load}$가 된다. 컨버터 손실을 무시한다면 직류-직류 컨버터의 입력 포트는 $v_C(t)$의 값에 관계없이 전력 $p_{load}(t)$를 공급한다. 따라서 직류-직류 컨버터의 입력 포트를 P_{load}의 값을 갖는 일정 전력 흡수원으로 모델링할 수 있다.

그림 9.26의 모델은 정류기 전력 $p_{ac}(t)$와 부하 전력 P_{load}의 차이가 식 (9.85)에서 주어진 바와 같이 커패시터로 흘러들어간다는 것을 의미한다. $p_{ac}(t)$가 P_{load}보다 클 때 커패시터 전압은 증가하고, $p_{ac}(t)$가 P_{load}보다 작을 때 커패시터 전압은 감소한다. 정상상태에서 $p_{ac}(t)$의 평균값과 P_{load}는 같아야 한다. $p_{ac}(t)$는 부하가 아니라 $v_{ac}(t)$와 R_e의 크기에 의해 결정됨을 주의하기 바란다. 그림 9.26의 시스템은 정류기의 평균 전력과 부하 전력을 같게 만드는 방법을 포함하고 있지 않다. 따라서 정류기의 평균 출력 전력과 직류-직류 컨버터의 입력 전력이 균형이 맞도록 R_e를 조절하는 부가적인 제어 시스템이 필요하다. 이를 달성하는 기존의 방법은 단순하게 $v_C(t)$의 직류 성분을 조절하는 것이다.

이상적인 정류기, 에너지 저장, 넓은 대역폭 출력 전압 조절기를 포함하는 전체 시스템을 그림 9.27에 나타낸다. 부스트 컨버터와 그림 9.5의 제어기 및 출력 전압 되먹임이 있

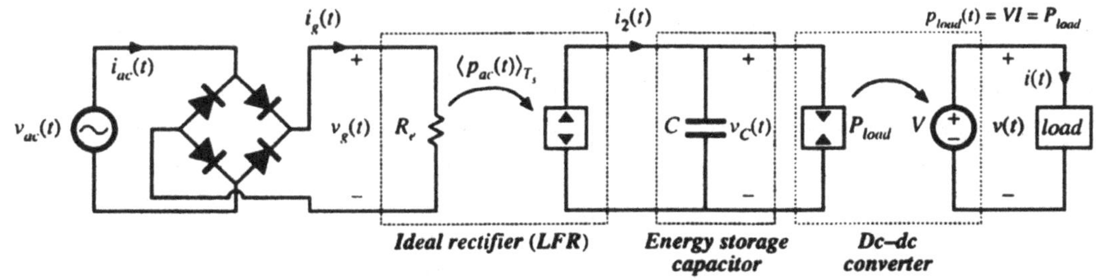

그림 9.26 그림 9.25에 주어진 시스템의 저 주파수 등가회로

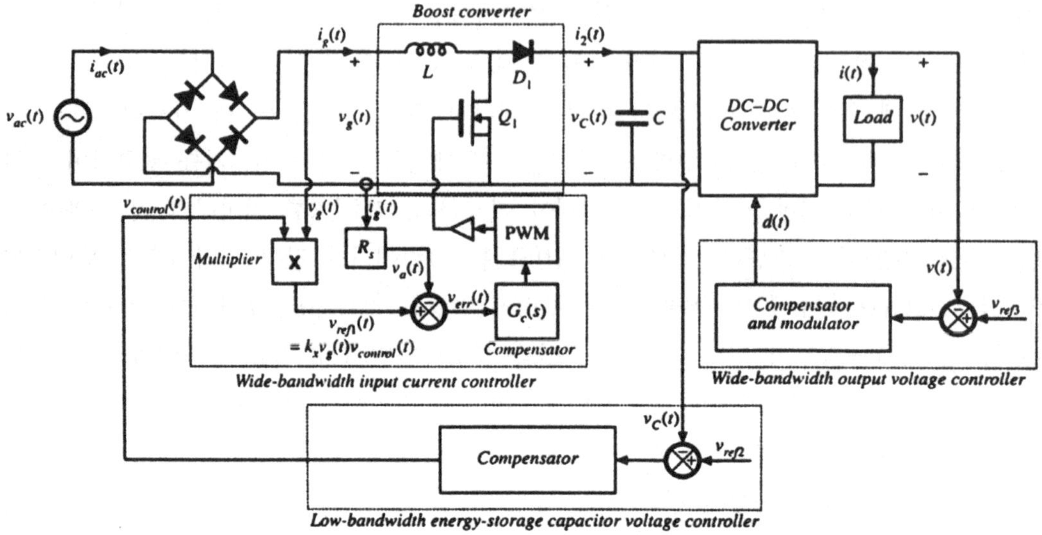

그림 9.27 거의 이상적인 단상 부스트 정류기 시스템, 에너지 저장 커패시터와 직류–직류 컨버터로 구성된 완전한 직류 전력 공급시스템. 넓은 대역폭을 갖는 되먹임 루프는 교류 선 전류 파형과 직류 부하 전압을 조절하고, 느린 되먹임 루프는 에너지 저장 커패시터의 전압을 조절한다

는 직류-직류 컨버터가 포함되어 있다. 또한 에너지 저장 커패시터 전압의 직류 성분을 기준 전압 v_{ref2}와 같게 조절하는 낮은 대역폭 되먹임 루프도 포함되어 있다. 이는 $v_{control}(t)$와 R_e를 천천히 변동시켜 제어할 수 있다. R_e가 교류 선 주파수보다 천천히 변하도록 이 제어기는 교류 선 주파수의 짝수 고조파에서 충분히 작은 루프 이득을 가져야 한다.

에너지 저장 커패시터의 전압 제어기의 대역폭을 증가시키면 교류 선 전류 고조파가 상당히 증가한다. 이 제어기가 넓은 대역폭과 높은 이득을 가지면 $R_e(t)$가 빨리 변하여 교류 선 전류 파형을 왜곡시킨다. 에너지 저장 커패시터의 전압을 $v_c(t) = V_c$로 완벽하게 조절한 극단적인 경우 커패시터의 저장 에너지는 일정하고 순간 입력 교류 선 전력 $p_{ac}(t)$와 부하 전력 $P_{load}(t)$는 같다. 따라서 제어기는 에너지 저장 커패시터가 저 주파수 에너지 저장 기능을 수행하지 못하게 한다. 교류 선 전류는 다음과 같이 된다.

$$i_{ac}(t) = \frac{p_{ac}(t)}{v_{ac}(t)} = \frac{P_{load}}{v_{ac}(t)} = \frac{P_{load}}{V_M \sin(\omega t)} \tag{9.86}$$

이 파형을 그림 9.28에 나타낸다. 이러한 극단적인 경우 순간 입력 전력이 일정하도록 교류 선 전류는 교류 선 전압 파형이 영을 지날 때 무한대가 된다. 이 전류 파형의 THD는 무한대이고 왜곡률과 역률은 영임을 보일 수 있다. 따라서 이 에너지 저장 커패시터의 전압 제어기의 대역폭을 제한해야 한다.

에너지 저장 커패시터의 전압 맥동을 식 (9.85)를 적분하여 구할 수 있다. 정상상태 조건에서 $p_{ac}(t)$의 평균값은 P_{load}이므로 식 (9.85)를 적분하면 다음 식을 얻을 수 있다.

$$E_C(t) = \frac{1}{2} Cv_C^2(t) = E_C(0) + \int_0^t (-P_{load}\cos(2\omega t))dt \tag{9.87}$$

여기서 ω는 교류 선 주파수이다. 이 적분을 계산하면

$$E_C(t) = E_C(0) - \frac{P_{load}\sin(2\omega t)}{2\omega} \tag{9.88}$$

이므로 커패시터 전압 파형은 다음과 같이 표현할 수 있다.

$$v_C(t) = \sqrt{\frac{2E_C(t)}{C}} = \sqrt{v_C^2(0) - \frac{P_{load}}{\omega C} sin(2\omega t)} \tag{9.89}$$

이 파형의 실효값은 $V_{C,rms} = vc(0)$이다. 따라서 식 (9.89)를 다음과 같이 쓸 수 있다.

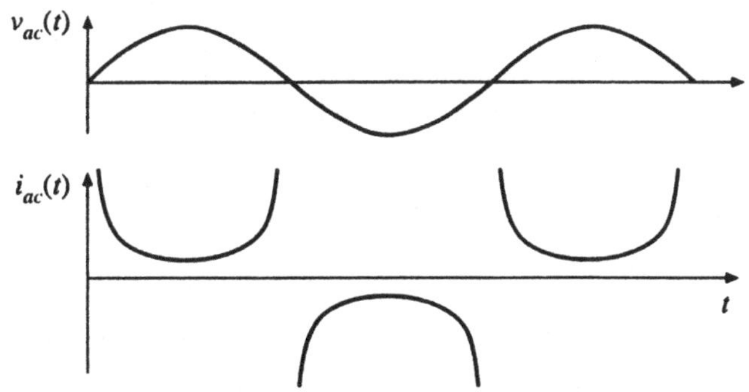

그림 9.28 일정한 순간 전력을 부하에 공급하는 출력 전압 되먹임을 갖는 이상적인 단상 정류기의 교류 선 전류 파형. THD는 무한대가 되고 역률은 영이 된다

$$v_C(t) = V_{C,rms}\sqrt{1 - \frac{P_{load}}{\omega C V_{C,rms}^2} sin(2\omega t)} \tag{9.90}$$

이 파형을 그림 9.24(b)에 나타낸다. 커패시터 전압의 최소값과 최대값은 sin($2\omega t$)가 1과 -1일 때 각각 발생한다. 첨두-첨두 커패시터 전압 맥동은 다음과 같이 나타낼 수 있다.

$$2\Delta v_C = V_{C,rms}\left[\sqrt{1 + \frac{P_{load}}{\omega C V_{C,rms}^2}} - \sqrt{1 - \frac{P_{load}}{\omega C V_{C,rms}^2}}\right] \approx \frac{P_{load}}{\omega C V_{C,rms}} \tag{9.91}$$

이 근사화는 $P_{load}/\left(\omega C V_{C,rms}^2\right)$이 1보다 충분히 작을 때 타당하며 교류 전압 맥동이 $V_{C,rms}$ 보다 충분히 작으면 성립한다.

9.4.2 외부의 낮은 대역폭 제어시스템의 모델링

위에서 서술하였듯이 평균 교류 입력 전력과 직류 부하 전력 사이에 균형을 유지하기 위해 모의 저항을 조절하는 외부의 낮은 대역폭 제어기가 거의 이상적인 정류기시스템에 모두 사용된다. 이 제어기를 설계하기 위해 정류기를 손실없는 저항으로 모델링할 수 있다. 손실없는 저항에 변동과 선형화를 하면 소신호 전달함수를 예측하는 소신호 등가회로를 유도할 수 있다. 이 절에서 이 모델을 유도한다.

부하 전력, 교류 선 전압과 소자 특성에 존재하는 변동에 대해 정류기 출력 전압을 안정화하고자 한다. 따라서 전압 되먹임 루프가 필요하다. 9.4.1절에서 서술한 바와 같이 이 루프로 교류 선 주파수의 2차 고조파 2ω를 갖는 커패시터의 전압 맥동을 제거하려고 해서는 안 된다. 만일 맥동을 제거하려고 시도하면 R_e는 2차 고조파의 주파수에서 크게 변하여 교류 선 전류 파형에 심각한 왜곡과 위상 이동 그리고 역률 저하를 가져온다. 따라서 이 루프는 주파수 2ω에서 충분히 작은 이득을 가져야 하고 대역폭도 낮아야 한다. 낮은 대역폭을 갖는 외부의 제어 루프를 설계하기 위해 시스템의 고 주파수 동작을 모델링할 필요는 없다. 넓은 대역폭을 갖는 내부의 제어기는 저 주파수에서 이상적으로 동작한다고 가정하여 그림 9.29(a)의 이상적인 정류기 모델로 시스템의 저 주파수 동작을 적절히 표현할 수 있다.

손실없는 저항으로 모델링할 수 있는 정류기 시스템의 제어-출력 전달함수와 출력 임피던스를 정확하게 예측할 수 있는 소신호 모델을 여기서 유도한다. 이 모델에서 고 주파수 스위치 맥동의 복잡한 효과는 무시되며, 이는 제어 변동의 주파수로가 교류 선 주파수보다 충분히 느릴 때 타당하다. 저항 부하와 직류-직류 컨버터/조절기 부하를 모두 생각한다.

소신호 교류 모델을 유도하기 위한 단계를 그림 9.29에 정리한다. 그림 9.29(a)는 이상적인 기본 정류기 모델을 나타낸다. 여기서 파형을 스위칭 주기 T_s 동안 평균하여 컨버터의 고 주파수 스위치 맥동이 제거되지만, 출력 전압의 2ω인 2차 고조파와 직류 성분을 포함하는 스위칭 주파수보다 늦은 주파수의 파형 성분을 이 모델은 정확하게 모델링한다. 이 모델은 매우 비선형이고 시변이기 때문에 이 모델을 이용하여 되먹임 루프를 설계하기는 매우 어렵다.

교류 입력 전압 $v_g(t)$가

$$v_g(t) = \sqrt{2}\, v_{g,rms} |\sin(\omega t)| \tag{9.92}$$

이면 그림 9.29(a)의 모델로 순간 출력 전력 $\langle p(t) \rangle_{T_s}$는 다음과 같음을 알 수 있다.

$$\langle p(t) \rangle_{T_s} = \frac{\langle v_g(t) \rangle_{T_s}^2}{R_e(v_{control}(t))} = \frac{v_{g,rms}^2}{R_e(v_{control}(t))}(1 - \cos(2\omega t)) \tag{9.93}$$

출력 전력은 일정한 항 $v_{g,rms}^2/R_e$와 교류 선 주파수의 2차 고조파로 변하는 항으로 구성된다. 이 두 항을 그림 9.29(b)에 명확하게 나타낸다. $\langle p(t) \rangle_{T_s}$의 2차 고조파 변동 때문에 시스템은 시변이 되고, $v_{control}(t)$이 천천히 변하므로 출력 전압 스펙트럼은 $v_{control}(t)$에 존재하는 주파수뿐만 아니라 교류 선 주파수의 짝수 고조파와 측대 주파수, 스위칭 주파수와 관련 고조파 및 측대 주파수 성분 등을 포함한다. $v_{control}(t)$과 부하 및 교류 선 전압 크기 $v_{g,rms}$의 느린 변동에 의해 발생되는 저 주파수 성분만을 모델링하고자 한다. 교류 선 주기의 반 동안 파형을 평균하여 교류 선 주파수의 짝수 고조파를 제거할 수 있다.

$$T_{2L} = \frac{1}{2}\frac{2\pi}{\omega} = \frac{\pi}{\omega} \tag{9.94}$$

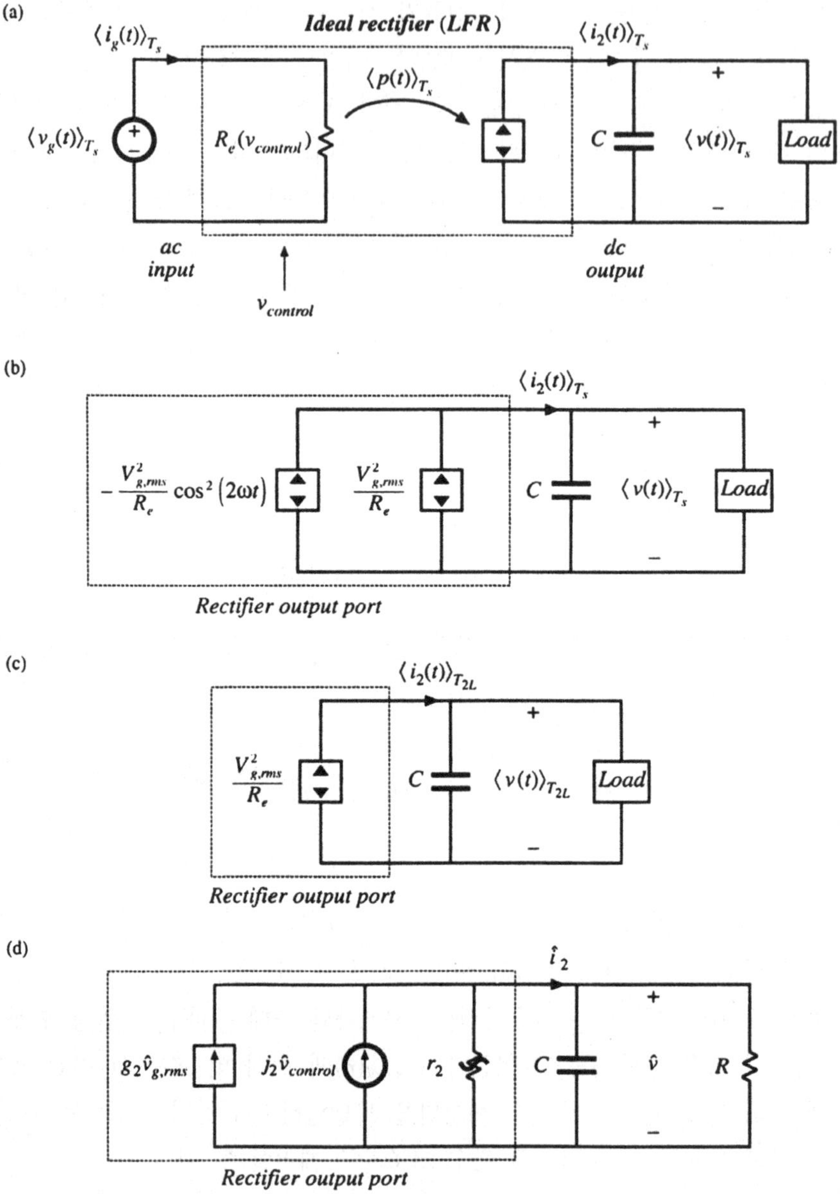

그림 9.29 저 주파수 소신호 정류기 모델을 유도하는 단계: (a) 대신호 LFR 모델, 한 스위칭 주기 T_s 동안 평균, (b) 전력원을 일정한 성분과 시변 성분으로 분리, (c) 교류 선 주기의 반인 T_{2L} 동안 평균하여 2차 고조파 성분을 제거, (d) 그림 9.29(c)를 변동과 선형화를 통해 얻어진 소신호 모델

따라서 스위칭 고조파를 제거하기 위해 스위칭 주기 T_s 동안 파형을 평균하고, 교류 선 주파수의 짝수 고조파를 제거하기 위해 교류 선 주기의 반인 T_{2L} 동안 다시 파형을 평균한다. 결과적인 모델은 교류 선 주파수 ω보다 충분히 작은 주파수에서만 타당하다. 정류기 출력 파형의 평균을 그림 9.30에 나타낸다. T_{2L} 동안의 평균은 교류 선 주파수 고조파를 제거하고 더 낮은 저 주파수 변동은 그대로 남겨둔다. T_{2L} 동안 그림 9.29(b)의 모델을 평균하면 그림 9.29(c)의 모델을 얻을 수 있다. 이 단계에서 전력원의 2차 고조파 변동이 제거되었다.

그림 9.29(c)의 등가회로는 시불변이지만 아직 비선형이다. 보통의 경우처럼 변동과 선형화를 통해 $v_{control}(t)$과 부하 및 $v_{g,rms}$의 느린 변동이 정류기 출력 파형에 어떻게 영향을 미치는가를 보기 위한 소신호 모델을 구성할 수 있다. 평균 출력 전압 $\langle v(t)\rangle_{T_{2L}}$, 정류기의 평균 출력 전류 $\langle i_2(t)\rangle_{T_{2L}}$, 실효 전압 크기 $v_{g,rms}$와 제어 전압 $v_{control}(t)$를 다음과 같이 동작점의 값과 작은 크기의 느린 변동의 합으로 표현할 수 있다고 가정한다.

$$
\begin{aligned}
\langle v(t)\rangle_{T_{2L}} &= V+\hat{v}(t) \\
\langle i_2(t)\rangle_{T_{2L}} &= I_2+\hat{i}_2(t) \\
v_{g,rms} &= V_{g,rms}+\hat{v}_{g,s}(t) \\
v_{control} &= V_{control}+\hat{v}_{control}(t)
\end{aligned}
\tag{9.95}
$$

여기서

$$
\begin{aligned}
V &\gg \left|\hat{v}(t)\right| \\
I_2 &\gg \left|\hat{i}_2(t)\right| \\
V_{g,rms} &\gg \left|\hat{v}_{g,rms}(t)\right| \\
V_{control} &\gg \left|\hat{v}_{control}(t)\right|
\end{aligned}
\tag{9.96}
$$

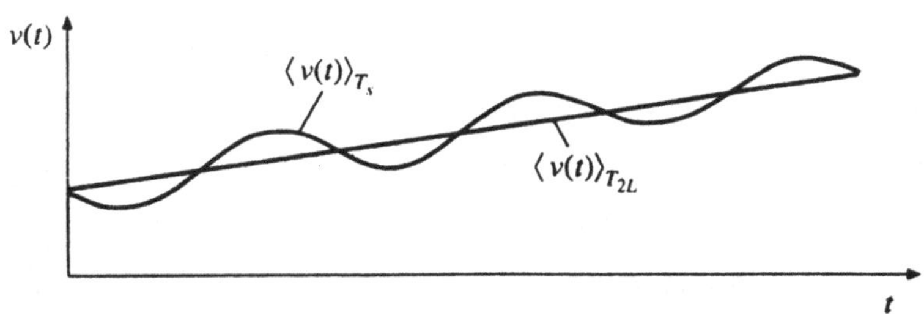

그림 9.30 교류 선 주기의 반인 T_{2L} 동안 파형을 평균하여 교류 선 주파수의 고조파를 제거

이다. 그림 9.29(c)의 평균 모델에서 $\langle i_2(t)\rangle_{T_{2L}}$는 다음 식으로 주어진다.

$$\begin{aligned}\langle i_2(t)\rangle_{T_{2L}} &= \frac{\langle p(t)\rangle_{T_{2L}}}{\langle v(t)\rangle_{T_{2L}}} = \frac{v^2_{g,rms}(t)}{R_e(v_{control}(t))\langle v(t)\rangle_{T_{2L}}} \\ &= f\left(v_{g,rms}, \langle v(t)\rangle_{T_{2L}}, v_{control}(t)\right)\end{aligned} \tag{9.97}$$

이 식은 식 (5.45)을 닮았으며 비슷한 방법으로 선형화한다. 일정한 동작점 주위에서 식 (9.97)을 3차 Taylor 급수로 전개하고 고차 비선형 항을 소거하면 다음과 같이 표현할 수 있다.

$$\hat{i}_2(t) = g_2\hat{v}_{g,\mathrm{s}}(t) + j_2\hat{v}(t) - \frac{\hat{v}_{control}(t)}{r_2} \tag{9.98}$$

여기서

$$g_2 = \left.\frac{df(v_{g,rms}, V, V_{control})}{dv_{g,rms}}\right|_{v_{g,rms}=V_{g,rms}} = \frac{2}{R_e(V_{control})}\frac{V_{g,rms}}{V} \tag{9.99}$$

$$\left(-\frac{1}{r_2}\right) = \left.\frac{df\left(V_{g,rms}, \langle v\rangle_{T_{2L}}, V_{control}\right)}{d\langle v\rangle_{T_{2L}}}\right|_{\langle v\rangle_{T_{2L}}=V} = -\frac{I_2}{V} \tag{9.100}$$

$$j_2 = \left.\frac{df(v_{g,rms}, V, v_{control})}{dv_{control}}\right|_{v_{control}=V_{control}} = -\frac{V^2_{g,rms}}{VR_e^2(V_{control})}\left.\frac{dR_e(v_{control})}{dv_{control}}\right|_{v_{control}=V_{control}} \tag{9.101}$$

이다. 식 (9.98)에 기반을 둔 소신호 등가회로를 그림 9.29(d)에 나타낸다. 여러 제어기에 대한 파라미터 g_2, j_2 및 r_2에 대한 식을 표 9.1에 열거한다. 이 모델은 식 (9.96)의 조건과 출력 전압 맥동이 충분히 작다는 부가적인 조건에서 타당하다. 그림 9.29(d)는 단지 여러 교류 전달함수를 구할 때에만 유용하며 직류 조건에 대한 정보를 제공하지 않는다. 교류 저항 r_2는 정지된 한 동작점에서 전력원 출력 특성의 평균값의 기울기로부터 구한다. 다른 계수 j_2, g_2도 정지된 한 동작점에서 $v_{control}(t)$과 $v_{g,rms}$에 대한 같은 출력 특성의 기울기로 구할 수 있다. 저항 R은 정지된 한 동작점에서 부하의 증분 저항이다. 히스테리시스 제어를 갖는 부스트 컨버터에서 제어 입력으로 $v_{control}(t)$ 대신 트랜지스터 온-시간 t_{on}을 사용한다. 유사하게 DCM 벅-부스트, 플라이백, SEPIC과 Ćuk 컨버터에서 트랜지스

표 9.1 여러 정류기 제어 방법에 대한 소신호 모델 파라미터

제어기 종류	g_2	j_2	r_2
전향제어가 있는 평균 전류제어, 그림 9.14	0	$\frac{P_{av}}{VV_{control}}$	$\frac{V^2}{P_{av}}$
전류 프로그램 제어, 그림 9.16	$\frac{2P_{av}}{VV_{g,rms}}$	$\frac{P_{av}}{VV_{control}}$	$\frac{V^2}{P_{av}}$
부스트 컨버터의 비선형 반송파 전하 제어, 그림 9.21	$\frac{2P_{av}}{VV_{g,rms}}$	$\frac{P_{av}}{VV_{control}}$	$\frac{V^2}{2P_{av}}$
임계 전도모드 제어에 의한 부스트 컨버터, 그림 9.20	$\frac{2P_{av}}{VV_{g,rms}}$	$\frac{P_{av}}{VV_{control}}$	$\frac{V^2}{P_{av}}$
DCM 벅-부스트, 플라이백, SEPIC 또는 Ćuk 컨버터	$\frac{2P_{av}}{VV_{g,rms}}$	$\frac{2P_{av}}{VD}$	$\frac{V^2}{P_{av}}$

터 시비율 d를 제어 입력으로 선택한다. 전류 프로그램 제어기와 NLC 제어기에 대해 고조파는 무시된다. 표 9.1에 주어진 식은 컨버터가 무시할만한 고조파에서 CCM으로 동작한다고 가정하였다.

제어-출력 전달함수는

$$\frac{\hat{v}(s)}{\hat{v}_{control}(s)} = j_2 R \parallel r_2 \frac{1}{1 + sCR \parallel r_2} \tag{9.102}$$

이고, 라인-출력 전달함수는 다음과 같다.

$$\frac{\hat{v}(s)}{\hat{v}_{g,rms}(s)} = g_2 R \parallel r_2 \frac{1}{1 + sCR \parallel r_2} \tag{9.103}$$

따라서 고 품질 정류기의 소신호 전달함수들은 단일 극점을 포함한다. 이 단일 극점은 부하 증분 저항 R과 전력원의 실효 출력 저항 r_2에 연결되어 동작하는 출력 필터 커패시터와 관계된다. 이상적인 정류기를 기반으로 모델을 유도하였지만 이 모델은 5장의 DCM 벅-부스트 컨버터의 교류 모델과 유사하다. DCM 벅-부스트 컨버터는 자연적으로 손실없는 저항특성을 보이므로 이는 자연스런 일이다. 큰 차이점은 교류 입력 전압의 실효값을 사용해야 하고 g_2, j_2 및 r_2의 2차 고조파 성분을 평균을 통해 부가적으로 제거해야 하는 것이다. 등가회로와 교류 전달함수의 꼴은 비슷하다.

정류기가 그림 9.25에서처럼 조절된 직류-직류 컨버터를 구동하면 직류-직류 컨버터는

그림 9.26에서처럼 정류기에 일정 전력 부하로 보인다. 평형상태에서 정류기와 직류-직류 컨버터는 같은 평균 전력 P_{av}와 같은 직류 전압 V에서 동작한다. 일정 전력 부하의 증분 저항 R은 음수이고 다음 식으로 주어진다.

$$R = -\frac{V^2}{P_{av}} \tag{9.104}$$

이 식은 NLC 제어기를 제외한 모든 제어기에 대해 정류기의 증분 출력 저항 r_2와 크기는 같고 부호는 반대이다. 병렬 조합 $r_2 \| R$은 개방회로가 되고 제어-출력 전달함수와 라인-출력 전달함수는 다음과 같이 된다.

$$\frac{\hat{v}(s)}{\hat{v}_{control}(s)} = \frac{j_2}{sC} \tag{9.105}$$

$$\frac{\hat{v}(s)}{\hat{v}_{g,rms}(s)} = \frac{g_2}{sC} \tag{9.106}$$

NLC 제어기인 경우 병렬 조합 $r_2 \| R$은 $r_2/2$와 같아지고 식 (9.102)와 (9.103)을 적용할 수 있다.

9.5 정류기 파형의 실효값

거의 이상적인 정류기의 전력단 소자 값을 올바르게 구하기 위해 전류의 실효값이 필요하다. 부스트 컨버터의 트랜지스터 전류(그림 9.31)과 같은 전형적인 파형은 교류 입력 전압에 따라 변하는 첨두 크기와 시비율에 의해 펄스폭이 변조된다. 스위칭 주파수가 교류 선 주파수보다 매우 빠른 경우 이중 적분으로 실효값을 근사적으로 잘 구할 수 있다. 먼저 스위칭 주기 동안 전류의 제곱을 적분하고 이의 평균을 구한다. 다음으로 교류 선 주기 동안 결과를 적분하고 평균을 구한다.

PWM 정류기 파형의 실효값과 평균값을 계산하는 일은 매우 지겨운 과정으로 전력단 소자의 값을 효과적으로 설계하기 어렵게 한다. 이 절에서는 몇 가지 근사화를 개발하여

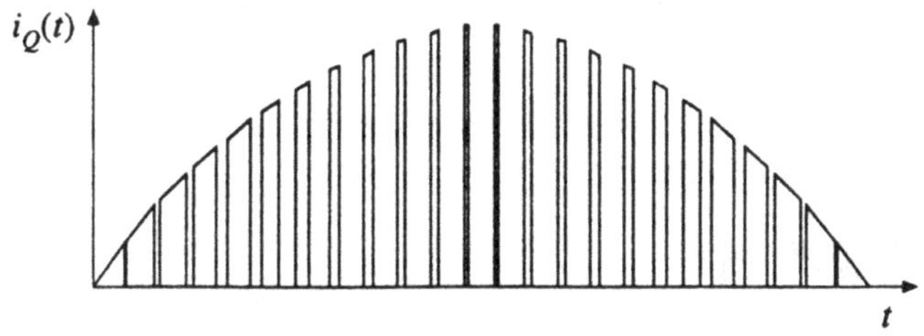

그림 9.31 부스트 정류기의 변조된 트랜지스터 전류 파형

전력 단 전류에 대한 실효값과 평균값에 대한 표현식을 비교적 간단하게 쓸 수 있어 컨버터의 특성을 쉽게 비교할 수 있다[14,41]. 부스트 정류기인 경우의 트랜지스터 전류가 매우 작음을 알 수 있다.

트랜지스터 전류의 실효값은 다음과 같이 정의 된다.

$$I_{Qrms} = \sqrt{\frac{1}{T_{ac}} \int_0^{T_{ac}} i_Q^2(t)dt} \tag{9.107}$$

여기서 T_{ac}는 교류 선 파형의 주기이다. 적분을 한 교류 선 주기 동안 포함된 모든 스위칭 주기 동안 적분의 합으로 다음과 같이 표현할 수 있다.

$$I_{Qrms} = \sqrt{\frac{1}{T_{ac}} T_s \sum_{n=1}^{T_{ac}/Ts} \left(\frac{1}{T_s} \int_{(n-1)T_s}^{nT_s} i_Q^2(t)dt \right)} \tag{9.108}$$

여기서 T_s는 스위칭 주기이다. 괄호 안의 값은 n번째 스위칭 주기에서 i_Q^2을 평균한 값이다. T_s가 T_{ac}보다 매우 작으면 합을 적분으로 근사화 할 수 있다. 이 근사화는 다음과 같이 T_s를 영으로 접근시키는 것에 해당한다.

$$\begin{aligned} I_{Qrms} &= \sqrt{\frac{1}{T_{ac}} \lim_{T_s \to 0} \left[T_s \sum_{n=1}^{T_{ac}/Ts} \left(\frac{1}{T_s} \int_{(n-1)T_s}^{nT_s} i_Q^2(\tau)d\tau \right) \right]} \\ &= \sqrt{\frac{1}{T_{ac}} \int_0^{T_{ac}} \frac{1}{T_s} \int_t^{t+T_s} i_Q^2(\tau)d\tau dt} \\ &= \sqrt{\left\langle \left\langle i_Q^2(t) \right\rangle_{T_s} \right\rangle_{T_{ac}}} \end{aligned} \tag{9.109}$$

따라서 i_Q^2을 스위칭 주기에서 먼저 적분하고 결과를 교류 선 주기에 대해 적분한 후에 근호를 취한다.

9.5.1 부스트 정류기 예

부스트 정류기에 대해 트랜지스터 전류 $i_Q(t)$는 트랜지스터가 도통할 때는 입력 전류와 같고 트랜지스터가 꺼지면 영이다. 한 스위칭 주기에 대한 i_Q^2의 평균은 다음과 같이 쓸 수 있다.

$$\begin{aligned}\left\langle i_Q^2 \right\rangle_{T_s} &= \frac{1}{T_s}\int_t^{t+T_s} i_Q^2(\tau)d\tau \\ &= d(t)i_{ac}^2(t)\end{aligned} \tag{9.110}$$

입력 전압이

$$v_{ac}(t) = V_M|\sin(\omega t)| \tag{9.111}$$

이면 입력 전류는 다음과 같을 것이다.

$$i_{ac}(t) = \frac{V_M}{R_e}|\sin(\omega t)| \tag{9.112}$$

여기서 R_e는 모의 저항을 나타낸다. 일정한 출력 전압 V에서 트랜지스터의 시비율은 다음의 관계식을 만족해야 한다.

$$\frac{V}{v_{ac}(t)} = \frac{1}{1-d(t)} \tag{9.113}$$

여기서 컨버터의 동특성이 교류 선 주파수에 비해 매우 빠르다고 가정하였다. 식 (9.111)을 (9.113)에 대입하고 $d(t)$에 대해 풀면 다음과 같다.

$$d(t) = 1 - \frac{V_M}{V}|\sin(\omega t)| \tag{9.114}$$

식 (9.112)와 (9.114)를 식 (9.110)에 대입하면 다음 식을 얻을 수 있다.

$$\left\langle i_Q^2 \right\rangle_{T_s} = \frac{V_M^2}{R_e^2}\left(1 - \frac{V_M}{V}|\sin(\omega t)|\right)\sin^2(\omega t) \tag{9.115}$$

이제 이 식을 식 (9.109)에 다음과 같이 대입할 수 있다.

$$\begin{aligned} I_{Qrms} &= \sqrt{\frac{1}{T_{ac}}\int_0^{T_{ac}} \left\langle i_Q^2(t) \right\rangle_{T_s} dt} \\ &= \sqrt{\frac{1}{T_{ac}}\int_0^{T_{ac}} \frac{V_M^2}{R_e^2}\left(1 - \frac{V_M}{V}|\sin(\omega t)|\right)\sin^2(\omega t)dt} \end{aligned} \tag{9.116}$$

이 식을 더 간단히 하면

$$I_{Qrms} = \sqrt{\frac{2}{T_{ac}}\frac{V_M^2}{R_e^2}\int_0^{T_{ac}/2}\left(\sin^2(\omega t) - \frac{V_M}{V}sin^3(\omega t)\right)dt} \tag{9.117}$$

이고, 이 식은 반주기 전체 동안 sin(ω*t*)의 지수 항 적분을 포함한다. 이 적분을 다음의 공식을 이용하여 계산할 수 있다.

$$\frac{1}{\pi}\int_0^{\pi}\sin^n(\theta)d\theta = \begin{cases} \dfrac{2}{\pi}\dfrac{2\cdot 4\cdot 6\cdots(n-1)}{1\cdot 3\cdot 5\cdots n} & ; n\text{이 홀수일 때} \\ \dfrac{1\cdot 3\cdot 5\cdots(n-1)}{2\cdot 4\cdot 6\cdots n} & ; n\text{이 짝수일 때} \end{cases} \tag{9.118}$$

이러한 형태의 적분은 PWM 정류기를 포함하는 실효값 계산에 자주 포함된다. 몇몇 n에 대한 적분 값을 표 9.2에 열거한다. 식 (9.118)을 이용하여 식 (9.117)을 계산하면 다음의 결과를 얻을 수 있다.

$$I_{Qrms} = \frac{V_M}{\sqrt{2}\,R_e}\sqrt{1 - \frac{8}{3\pi}\frac{V_M}{V}} = I_{ac,rms}\sqrt{1 - \frac{8}{3\pi}\frac{V_M}{V}} \tag{9.119}$$

트랜지스터 전류가 최소의 실효값을 갖기 위해 출력 전압 V를 가능한 작게 선택해야 함을 알 수 있다. 최상의 선택은 $V = V_M$으로 트랜지스터 전류의 실효값은 다음과 같다.

$$I_{Qrms} = 0.39 I_{ac,rms} \tag{9.120}$$

표 9.2 여러 n값에 대한 식 (9.118)의 적분 값

n	$\frac{1}{\pi}\int_0^{\pi}\sin^n(\theta)d\theta$
1	$\frac{2}{\pi}$
2	$\frac{1}{2}$
3	$\frac{4}{3\pi}$
4	$\frac{3}{8}$
5	$\frac{16}{15\pi}$
6	$\frac{15}{48}$

V의 값을 크게 하면 트랜지스터 전류의 실효값은 더 커진다.

비슷한 방법으로 다이오드의 전류 실효값에 대해 구하면 다음과 같다.

$$I_{Drms} = I_{ac,rms}\sqrt{\frac{8}{3\pi}\frac{V_M}{V}} \tag{9.121}$$

선택 $V = V_M$은 다이오드 전류의 실효값을 최대로 만들고 그 값은 다음과 같다.

$$I_{Drms} = 0.92 I_{ac,rms} \tag{9.122}$$

V의 값을 크게 하면 다이오드 전류의 실효값은 더 작아진다.

전류의 평균값도 비슷한 방법으로 계산할 수 있다. 결과는 다음과 같다.

$$\begin{aligned} I_{Qav} &= I_{ac,rms}\frac{2\sqrt{2}}{\pi}\left(1 - \frac{\pi}{8}\frac{V_M}{V}\right) \\ I_{Dav} &= I_{ac,rms}\frac{V_M}{2\sqrt{2}\,V} \end{aligned} \tag{9.123}$$

연속 전도모드에서 동작하는 부스트 컨버터의 전력단 소자의 실효값, 평균값과 첨두 값에 대한 식을 표 9.3에 열거한다. 연속 전도모드에서 동작하는 플라이백과 SEPIC 컨버터

표 9.3 여러 컨버터 토폴로지에 대한 정류기 전류 스트레스 정리

	실효값	평균값	첨두값
CCM 부스트			
트랜지스터	$I_{ac\,rms}\sqrt{1-\frac{8}{3\pi}\frac{V_M}{V}}$	$I_{ac\,rms}\frac{2\sqrt{2}}{\pi}\left(1-\frac{\pi}{8}\frac{V_M}{V}\right)$	$I_{ac\,rms}\sqrt{2}$
다이오드	$I_{dc}\sqrt{\frac{16}{3\pi}\frac{V}{V_M}}$	I_{dc}	$2I_{dc}\frac{V}{V_M}$
인덕터	$I_{ac\,rms}$	$I_{ac\,rms}\frac{2\sqrt{2}}{\pi}$	$I_{ac\,rms}\sqrt{2}$
CCM 플라이백, n:1 분리 변압기와 입력 필터가 있음			
트랜지스터, 변압기 일차 측	$I_{ac\,rms}\sqrt{1+\frac{8}{3\pi}\frac{V_M}{nV}}$	$I_{ac\,rms}\frac{2\sqrt{2}}{\pi}$	$I_{ac\,rms}\sqrt{2}\left(1+\frac{V_M}{V}\right)$
L_1	$I_{ac\,rms}$	$I_{ac\,rms}\frac{2\sqrt{2}}{\pi}$	$I_{ac\,rms}\sqrt{2}$
C_1	$I_{ac\,rms}\sqrt{\frac{8}{3\pi}\frac{V_M}{nV}}$	0	$I_{ac\,rms}\sqrt{2}\max\left(1,\frac{V_M}{V}\right)$
다이오드, 변압기 이차측	$I_{dc}\sqrt{\frac{3}{2}+\frac{16}{3\pi}\frac{nV}{V_M}}$	I_{dc}	$2I_{dc}\left(1+\frac{V}{V_M}\right)$
CCM SEPIC, 비분리			
트랜지스터	$I_{ac\,rms}\sqrt{1+\frac{8}{3\pi}\frac{V_M}{nV}}$	$I_{ac\,rms}\frac{2\sqrt{2}}{\pi}$	$I_{ac\,rms}\sqrt{2}\left(1+\frac{V_M}{V}\right)$
L_1	$I_{ac\,rms}$	$I_{ac\,rms}\frac{2\sqrt{2}}{\pi}$	$I_{ac\,rms}\sqrt{2}$
C_1	$I_{ac\,rms}\sqrt{\frac{8}{3\pi}\frac{V_M}{V}}$	0	$I_{ac\,rms}\sqrt{2}\max\left(1,\frac{V_M}{V}\right)$
L_2	$I_{ac\,rms}\frac{V_M}{V}\frac{\sqrt{3}}{2}$	$\frac{I_{ac\,rms}}{\sqrt{2}}\frac{V_M}{V}$	$I_{ac\,rms}\frac{V_M}{V}\sqrt{2}$
다이오드	$I_{dc}\sqrt{\frac{3}{2}+\frac{16}{3\pi}\frac{V}{V_M}}$	I_{dc}	$2I_{dc}\left(1+\frac{V}{V_M}\right)$
CCM SEPIC, n:1 분리 변압기			
트랜지스터	$I_{ac\,rms}\sqrt{1+\frac{8}{3\pi}\frac{V_M}{nV}}$	$I_{ac\,rms}\frac{2\sqrt{2}}{\pi}$	$I_{ac\,rms}\sqrt{2}\left(1+\frac{V_M}{nV}\right)$
L_1	$I_{ac\,rms}$	$I_{ac\,rms}\frac{2\sqrt{2}}{\pi}$	$I_{ac\,rms}\sqrt{2}$
C_1, 변압기 일차 측	$I_{ac\,rms}\sqrt{\frac{8}{3\pi}\frac{V_M}{nV}}$	0	$I_{ac\,rms}\sqrt{2}\max\left(1,\frac{V_M}{nV}\right)$
다이오드, 변압기 이차 측	$I_{dc}\sqrt{\frac{3}{2}+\frac{16}{3\pi}\frac{nV}{V_M}}$	I_{dc}	$2I_{dc}\left(1+\frac{nV}{V_M}\right)$

주 : 모든 경우 $\frac{I_{ac,rms}}{I_{dc}}=\sqrt{2}\frac{V}{V_M}$, 교류 입력 전압 = $V_M\sin(\omega t)$, 직류 출력 전압 = V

에 대해서도 나타내었다. 플라이백 컨버터인 경우 $L_1 - C_1$ 필터를 포함하였다. 모든 경우에서 스위치 맥동의 효과를 무시하였다.

9.5.2 단상 정류기 토폴로지의 비교

전원 분리가 정류기의 요구조건이 아니고 직류 출력 전압이 입력 전압의 첨두 값보다 조금 커야 한다면 부스트 컨버터가 매우 효과적인 방법이다. 예를 들면 240 Vrms의 입력 선 전압에서 동작하는 1 kW 정류기를 설계한다고 생각하자. 컨버터의 효율과 역률이 모두 거의 1인면 실효 입력 전류는 $I_{rms} = (1000\ \text{W})/(240\ \text{Vrms}) = 4.2\ \text{A}$이다. 직류 출력 전압을 380 V 또는 교류 입력 전압의 첨두 값보다 조금 크게 선택한다. 식 (9.119)를 사용하면 실효 트랜지스터 전류는 2 A로 실효 입력 전류와 비교하면 매우 작은 값이다. 이는 컨버터가 전력 스위치를 얼마나 효과적으로 이용하는가를 나타낸다. 실효 다이오드 전류는 3.6 A이다. 트랜지스터와 다이오드의 저지 전압은 380 V이다. 120 V 교류 입력 전압에서 트랜지스터와 다이오드의 실효 전류는 6.6 A와 5.1 A로 각각 증가한다.

부스트 컨버터의 유일한 단점은 돌입 전류를 제한할 수 없다는 것이다. 출력 직류 전압이 순간 입력 전압보다 작을 때 부스트 정류기의 제어회로는 인덕터 전류 파형에 대한 제어를 상실한다. 직류 출력 커패시터가 충전되지 않은 경우 매우 큰 돌입 전류가 흐른다. 이 전류의 크기를 제한하기 위해 부가회로가 필요하다.

돌입 전류 문제를 해결하기 위해 벅-부스트, SEPIC과 Ćuk 토폴로지를 사용할 수 있다. 이 컨버터들은 $d/(1-d)$의 변환비를 갖기 때문에 출력 전압이 임의의 양의 값이면 파형을 제어할 수 있다. 이러한 능력의 댓가로 소자의 스트레스가 증가한다. 240 Vrms 교류 입력 전압과 380 V 출력 전압을 갖는 같은 1 kW 정류기에 대해 비분리 SEPIC의 트랜지스터 실효 전류와 첨두 전압은 각각 5.5 A와 719 V이다. 다이오드 실효 전류는 4.85 A이다. 실효 전류를 증가시키는 댓가로 출력 전압을 감소시켜 반도체 전압 스트레스를 감소시킬 수 있다. 120 V 교류 입력 전압에 대해 트랜지스터와 다이오드의 실효 전류는 각각 9.8 A와 6.1 A이다.

1권 6장에서 서술하였듯이 SEPIC과 다른 토폴로지에서 전원 분리를 얻을 수 있다. 직류 출력 전압이 작으면 분리 변압기의 권선비를 일차 측 전류를 줄이는데 사용할 수 있다. 그러나 전력 흐름이 선 주파수의 2배수 주파수로 맥동하기 때문에 변압기 권선의 실효 전류는 직류-직류 컨버터인 경우보다 크다. 42 V, 23.8 A 직류 부하와 4:1 권선비의 변압기를 갖는 1 kW, 240 V 교류 입력 SEPIC 예에 대해 변압기의 일차 및 이차 실효 전류는 각각 5.5 A와 36.4 A이다. 트랜지스터의 실효 전류는 6.9 A이다. 120 V 교류 입력 전압에 대해 이 전류들은 각각 7.7A, 42.5 A와 11.4 A로 증가한다.

9.6 CCM 고 품질 정류기에서 손실과 효율 모델링

직류-직류 컨버터에서처럼 전력단의 소자를 올바르게 선택할 수 있도록 컨버터의 손실을 모델링하자. 직류-직류 컨버터에서 사용한 등가회로 방법을 교류-직류 고조파 정류기도 포함하도록 일반화할 수 있다. 하지만 파형의 저 주파수 교류 변조 때문에 결과 식이 좀 더 복잡해진다.

직류-직류 부스트 컨버터와 정상상태 등가회로를 그림 9.32에 나타낸다. 컨버터가 평형상태에서 동작하면 그림 9.32(b)의 모델을 풀어 컨버터의 손실과 효율을 계산할 수 있다.

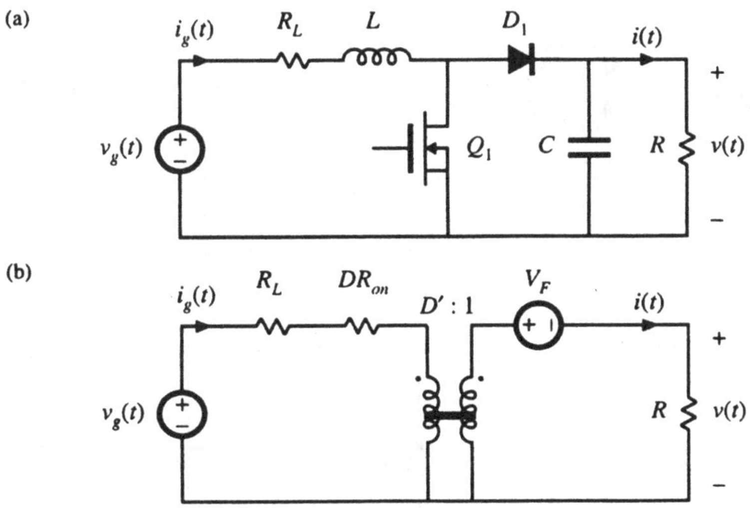

그림 9.32 인덕터 저항 R_L, MOSFET 도통 저항 R_{on}과 다이오드 순방향 전압강하 V_F를 모델링하는 (a) 직류–직류 부스트 컨버터 (b) 정상상태 등가회로

교류-직류인 경우 입력 전압 $v_g(t)$는 정류된 정현파이고 제어기는 $i_g(t)$가 $v_g(t)$를 다음과 같이 따라가도록 시비율 $d(t)$를 조절한다.

$$i_g(t) = \frac{v_g(t)}{R_e} \tag{9.124}$$

원하는 출력 전압을 얻도록 제어기는 모의 저항 R_e를 제어한다. $d(t)$, $v_g(t)$와 여러 다른 시스템 파형에 있는 교류 변동은 작지 않으므로 1장과 6장에서 사용한 소신호 근사화를 사용할 수 없다. 평균을 통해 컨버터의 저 주파수 성분을 계속해서 모델링할 수 있지만 결과적인 등가회로는 일반적으로 시변, 비선형이다.

정류기의 효율을 구하기 위해 다음을 가정한다. (1) 인덕터가 충분히 작아 시스템 파형의 교류 선 주파수 성분에 미치는 영향을 무시할 수 있고, (2) 커패시터가 커서 출력 전압 $v(t)$는 평형 직류 값과 거의 같고 저 주파수 또는 고 주파수 교류 변동을 무시할 수 있다. 교류-직류인 경우 모델은 그림 9.33과 같아진다. 제어기 파형의 저 주파수 성분($\ll f_s$)을 그림 9.34에 도시한다.

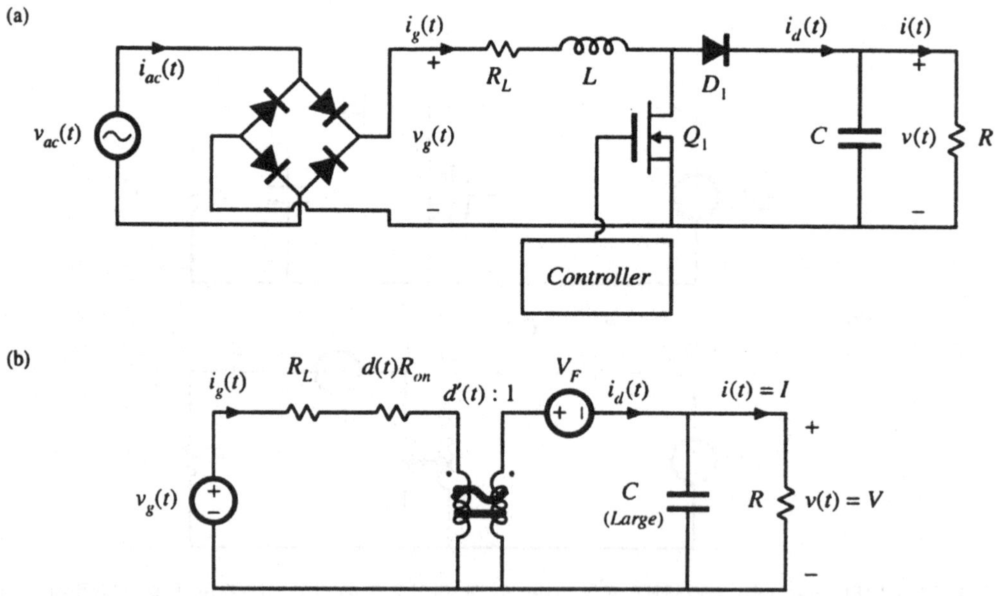

그림 9.33 컨버터 손실과 효율을 모델링하는 (a) 교류–직류 부스트 정류기 (b) 저 주파수 등가회로

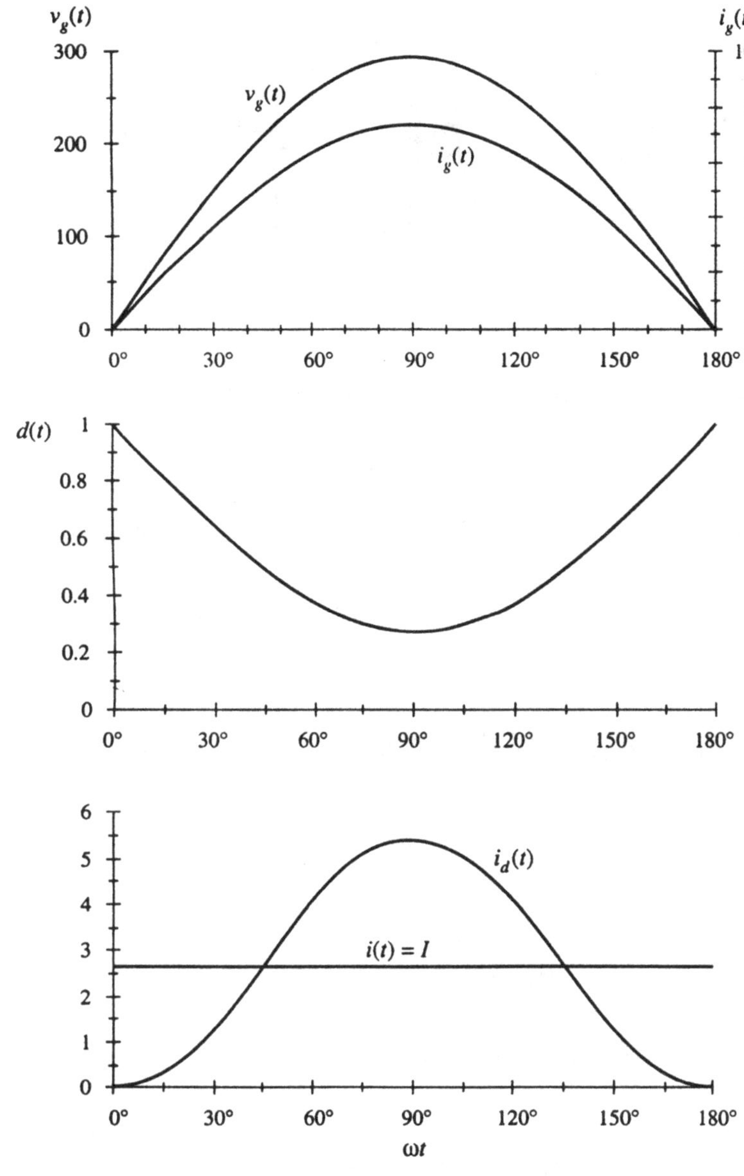

그림 9.34 전형적인 부스트 정류기 파형의 저 주파수 성분

정류기 파형, 손실과 효율을 구하기 위해 식 (9.124)를 만족하도록 제어기가 시비율 $d(t)$를 제어한다는 조건에서 그림 9.33(b)를 풀어야 한다. 이 조건에 의해 시변 회로 소자 $d(t)R_{on}$과 $d'(t):1$ 변압기가 나타난다. 다음의 단계를 거쳐 해를 구할 수 있다. (1) $d(t)$ 파형

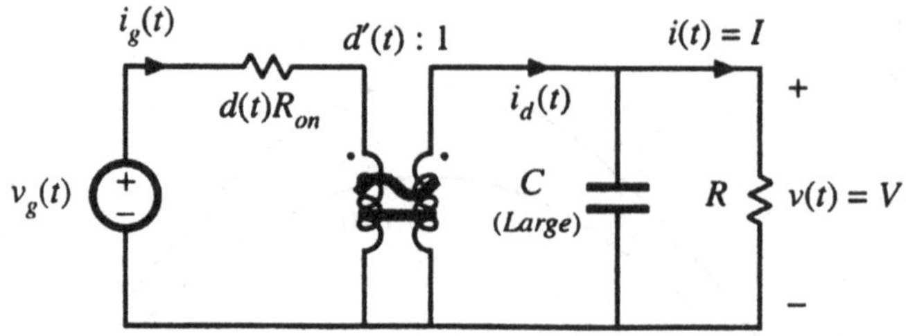

그림 9.35 단순화된 부스트 전력단의 저 주파수 등가회로. 단지 MOSFET 도통 저항만 모델링됨

에 대해 풀고, (2) $id(t)$를 평균하여 부하 전류 I와 같은 직류 성분을 구하고, (3) 정류기 효율과 같은 알고자 하는 다른 값을 구한다.

단지 MOSFET 도통 손실만을 고려한 그림 9.35의 단순화된 부스트 컨버터 회로 모델을 여기서 풀어보자. 결과를 그림 9.33(b)의 회로에 직접 일반화할 수 있으며 이를 숙제로 남긴다. 다른 정류기 토폴로지에 대한 손실과 효율에 대한 표현식을 비슷한 절차로 유도할 수 있다.

9.6.1 제어기의 시비율에 대한 표현식

제어기는 식 (9.124)가 만족하도록 시비율 $d(t)$를 조절한다. 그림 9.35의 입력 측 루프를 풀면 다음 식을 얻을 수 있다.

$$i_g(t)d(t)R_{on} = v_g(t) - d'(t)v \tag{9.125}$$

식 (9.124)를 (9.125)에 대입하고 $i_g(t)$를 소거하면

$$\frac{v_g(t)}{R_e}d(t)R_{on} = v_g(t) - d'(t)v \tag{9.126}$$

이고 여기서

$$v_g(t) = V_M|\sin(\omega t)| \tag{9.127}$$

이다. 이제 시비율 $d(t)$에 대해 풀면 다음과 같다.

$$d(t)=\frac{v-v_g(t)}{v-v_g(t)\dfrac{R_{on}}{R_e}} \tag{9.128}$$

컨버터의 동특성이 교류 선 전압 변동보다 매우 빠르다고 가정하여 이 식에서 컨버터의 동특성을 무시하였다. 또한 교류 선 전압 파형이 영을 지나는 근처에서 불연속 전도모드 동작을 무시하였다. 이는 정류기가 대부분의 교류 선 주기에서 연속 전도모드에서 동작하여 영점을 교차하는 시점 부근에서 전력 손실을 무시할 수 있을 때 타당하다.

9.6.2 직류 부하 전류 대한 표현식

출력 커패시터 C의 전하 평형에 의해 직류 부하 전류 I는 다이오드 i_d의 직류 성분과 같다.

$$I=\langle i_d\rangle_{T_{ac}} \tag{9.129}$$

그림 9.35를 $i_d(t)$에 대해 풀면

$$i_d(t)=d'(t)i_g(t)=d'(t)\frac{v_g(t)}{R_e} \tag{9.130}$$

이고, 식 (9.128)로부터 $d'(t)=1-d(t)$는 다음 식으로 주어진다.

$$d'(t)=\frac{v_g(t)\left(1-\dfrac{R_{on}}{R_e}\right)}{v-v_g(t)\dfrac{R_{on}}{R_e}} \tag{9.131}$$

따라서

$$i_d(t)=\frac{v_g^2(t)}{R_e}\frac{\left(1-\dfrac{R_{on}}{R_e}\right)}{v-v_g(t)\dfrac{R_{on}}{R_e}} \tag{9.132}$$

이다. $\langle i_d(t) \rangle_{T_{ac}}$를 구하기 위해 $v_g(t) = V_M \sin\omega t$를 대입하고 적분하면 다음과 같다.

$$I = \langle i_d \rangle_{T_{ac}} = \frac{2}{T_{ac}} \int_0^{T_{ac}/2} \left(\frac{V_M^2}{R_e} \right) \frac{\left(1 - \frac{R_{on}}{R_e}\right) \sin^2(\omega t)}{\left(v - \frac{V_M R_{on}}{R_e} sin(\omega t)\right)} dt \tag{9.133}$$

여기서 $T_{ac} = 2\pi/\omega$는 교류 선 주기이다. 식 (9.133)을 다음과 같이 다시 쓸 수 있다.

$$I = \frac{2}{T_{ac}} \frac{V_M^2}{VR_e} \left(1 - \frac{R_{on}}{R_e}\right) \int_0^{T_{ac}/2} \frac{\sin^2(\omega t)}{1 - asin(\omega t)} dt \tag{9.134}$$

여기서

$$a = \left(\frac{V_M}{V}\right)\left(\frac{R_{on}}{R_e}\right) \tag{9.135}$$

이다. 파형이 대칭이므로 단지 0부터 $T_{ac}/4$까지 적분하면 된다. $\theta = \omega t$로 바꾸면

$$I = \frac{V_M^2}{VR_e} \left(1 - \frac{R_{on}}{R_e}\right) \frac{2}{\pi} \int_0^{\pi/2} \frac{\sin^2(\theta)}{1 - asin(\theta)} d\theta \tag{9.136}$$

이고 이 적분을 계산하는 일은 매우 지겨운 일이다. 이 식은 부스트 정류기뿐만 아니라 다른 고 품질 정류기에서도 나타난다. $z = \tan(\theta/2)$의 대입과 z의 유리함수를 부분 분수로 표현하여 적분하면 다음의 해를 얻을 수 있다.

$$\frac{4}{\pi} \int_0^{\pi/2} \frac{\sin^2(\theta)}{1 - asin(\theta)} d\theta = F(a) = \frac{2}{a^2 \pi} \left(-2a - \pi + \frac{4\sin^{-1}(a) + 2\cos^{-1}(a)}{\sqrt{1 - a^2}} \right) \tag{9.137}$$

이 식도 좀 복잡하지만 함수의 형태를 취하므로 컴퓨터 스프레드시트로 쉽게 계산할 수 있다. 모의 저항 R_e에 대해 상대적인 손실 저항 R_{on}의 척도인 파라미터 a는 보통 1보다 매우 작다. $F(a)$를 그림 9.36에 도시하였으며 다음의 다항식으로 잘 근사화할 수 있다.

$$F(a) \approx 1 + 0.682a + 0.78a^2 \tag{9.138}$$

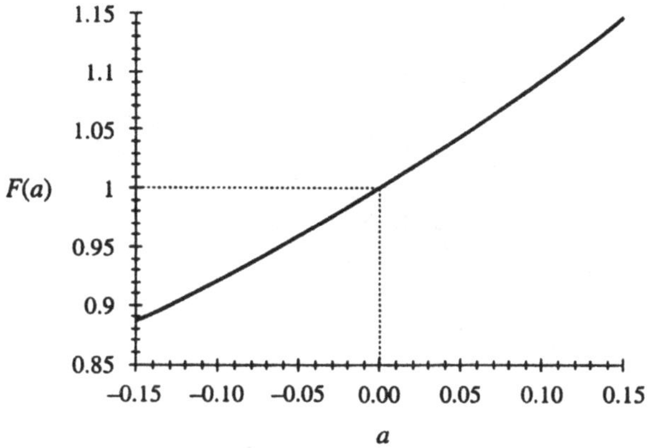

그림 9.36 적분 $F(a)$ 곡선

$|a| \le 0.15$에 대해 이 근사식에 의한 $F(a)$는 정확한 값의 0.1%이내에 있다. a^2항을 빼면 정확도는 같은 a의 범위에서 ±2%로 떨어진다. 다음 절에서 계산할 정류기 효율은 $F(a)$에 직접 의존하므로 효율 η의 정확도는 $F(a)$의 정확도와 같다.

9.6.3 컨버터 효율에 대한 표현식

이제 부하 전류를 구했으므로 컨버터 효율 η를 계산할 수 있다. 평균 입력 전력은 다음 식으로 주어진다.

$$P_{in} = \langle p_{in}(t) \rangle_{T_{ac}} = \frac{V_M^2}{2R_e} \tag{9.139}$$

평균 부하 전력은

$$P_{out} = VI = (V)\left(\frac{V_M^2}{VR_e}\left(1 - \frac{R_{on}}{R_e}\right)\frac{F(a)}{2}\right) \tag{9.140}$$

이고 여기서

$$a = \left(\frac{V_M}{V}\right)\left(\frac{R_{on}}{R_e}\right) \tag{9.141}$$

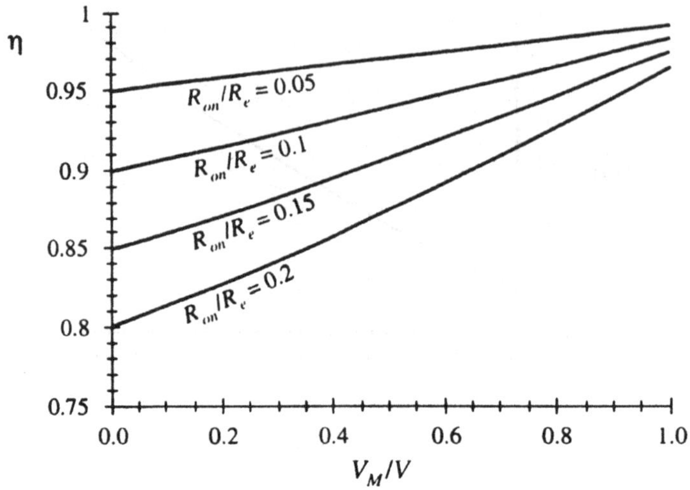

그림 9.37 MOSFET 도통 저항을 고려한 식 (9.142)의 부스트 정류기의 효율

이고 I에 식 (9.136)을 대입하였다. 따라서 식 (9.139)와 (9.140)으로부터 효율은 다음과 같다.

$$\eta = \frac{P_{out}}{P_{in}} = \left(1 - \frac{R_{on}}{R_e}\right) F(a) \tag{9.142}$$

필요하면 식 (9.138)의 포물선 근사화를 다음과 같이 적용할 수 있다.

$$\eta = \left(1 - \frac{R_{on}}{R_e}\right)\left(1 + 0.862\frac{V_M}{V}\frac{R_{on}}{R_e} + 0.78\left(\frac{V_M}{V}\frac{R_{on}}{R_e}\right)^2\right) \tag{9.143}$$

식 (9.142)와 (9.143)으로부터 효율이 MOSFET의 도통 저항 R_{on}과 교류 첨두 전압 V_M에 따라 어떻게 변하는가를 알 수 있다. 식 (9.142)를 그림 9.37에 도시한다. 첨두 교류 선 전압 V_M이 직류 출력 전압 V와 비슷할 때 높은 효율을 얻을 수 있음을 알 수 있다. MOSFET의 도통 저항 R_{on}이 0.2 R_e 정도의 값을 가져도 90%에서 95% 범위의 효율을 얻을 수 있다. 물론 그림 9.37은 MOSFET의 도통 손실만을 고려했으므로 효율이 높게 나왔다.

9.6.4 설계 예

주어진 효율에 대한 설계를 위해 그림 9.37을 이용한다. 다음의 사양을 생각하자.

출력 전압	390 V
출력 전력	500 W
실효 입력 전압	120 V
효율	95%

MOSFET의 도통 손실 이외의 손실은 무시할 수 있다. 평균 입력 전력은 다음과 같다.

$$P_{in} = \frac{P_{out}}{\eta} = \frac{(500\ \mathrm{W})}{(0.95)} = 526\ \mathrm{W} \tag{9.144}$$

따라서 모의 저항은

$$R_e = \frac{V_{g,rms}^2}{P_{in}} = \frac{(120\ \mathrm{V})^2}{(526\ \mathrm{W})} = 27.4\ \Omega \tag{9.145}$$

이고

$$\frac{V_M}{V} = \frac{(120\sqrt{2}\ \mathrm{V})^2}{(390\ \mathrm{V})} = 0.435 \tag{9.146}$$

이다. 그림 9.37 또는 정확한 식 (9.142)를 계산하면 $V_M / V = 0.435$에서 95%의 효율은 $R_{on}/R_e \approx 0.077$에서 발생한다. 따라서 MOSFET의 도통 저항은 다음의 조건을 만족해야 한다.

$$R_{on} < 0.077 R_e = (0.077)(27.4\ \Omega) = 2.11\ \Omega \tag{9.147}$$

물론 다른 컨버터의 손실을 무시하였으므로 효율은 감소한다.

이 결과를 9.5절의 실효 전류에 대한 식을 이용한 결과와 비교해보자. 이상적인 CCM 부스트 컨버터의 트랜지스터 실효 전류는 식 (9.119)로 주어진다. 입력 실효 전류는 $P_{in}/V_{g,rms} = (526\ \mathrm{W})/(120\ \mathrm{V}) = 4.38\ \mathrm{A}$이다. 식 (9.119)로부터 트랜지스터의 실효 전류는 다음과 같이 계산할 수 있다.

$$I_{Qrms} = I_{ac,rms}\sqrt{1-\frac{8}{3\pi}\frac{V_M}{V}} = (4.38\ \text{A})\sqrt{1-\frac{8}{3\pi}\frac{(120\ \text{V})\sqrt{2}}{(390\ \text{V})}} = 3.48\ \text{A} \tag{9.148}$$

따라서 MOSFET의 도통 저항은 다음의 조건을 만족해야 한다.

$$R_{on} \le \frac{P_{in}-P_{out}}{I_{Qrms}^2} = \frac{(526\ \text{W})-(500\ \text{W})}{(4.38\ \text{A})^2} = 2.17\ \Omega \tag{9.149}$$

이상적인(손실이 없는) 컨버터의 파형을 이용하여 식 (9.119)을 유도하였기 때문에 이 계산은 근사적이지만 식 (9.147)의 정확한 결과와 매우 가깝다. 이 예제의 경우 95%의 높은 효율 때문에 근사적인 방법도 비교적 정확한 결과를 주었을 것으로 예측된다.

9.7 이상적인 3상 정류기

이전 절의 이상적인 단상 정류기 개념을 이상적인 3상 정류기의 경우로 일반화시킬 수 있다. 그림 9.38(a)는 평형 저항 부하가 전력계통에 연결된 이상적인 3상 정류기의 특성을 나타낸다. 각 입력 상에서 모의 저항을 얻을 수 있도록 3상 컨버터 시스템을 제어한다. 정류기의 3상 입력 포트를 그림 9.38(a)에서처럼 상당 실효 저항 R_e로 모델링할 수 있다. 저항에서 소모되는 순간 전력이 정류기 출력 포트로 전달된다. 따라서 정류기의 출력 포트를 실효 저항 R_e로 흘러 들어가는 순간 전력과 같은 전력원으로 모델링할 수 있다. 전력원을 직렬 또는 병렬로 연결해도 관계가 없으며 그림 9.38(b)에 보인 바와 같이 전체 3상 순간 입력 전력과 같은 하나의 전력원으로 결합할 수 있다.

3상 교류 입력 전압이 다음과 같으면

$$\begin{aligned} v_{an}(t) &= V_M \sin(\omega t) \\ v_{bn}(t) &= V_M \sin(\omega t - 120^\circ) \\ v_{cn}(t) &= V_M \sin(\omega t - 240^\circ) \end{aligned} \tag{9.150}$$

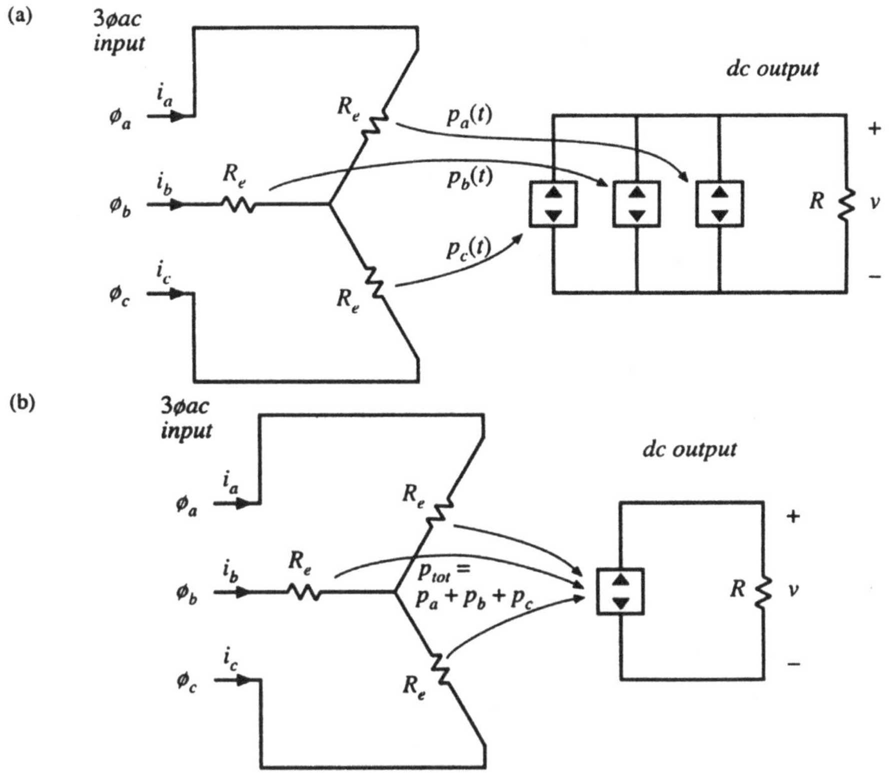

그림 9.38 이상적인 3상 정류기 모델 유도: (a) 세 개의 이상적인 단상 정류기, (b) 세 개의 전력원을 하나의 등가 전력원으로 통합

상 a, b와 c의 실효 저항 R_e로 흘러 들어가는 순간 전력은 다음과 같다.

$$
\begin{aligned}
p_a(t) &= \frac{v_{an}^2(t)}{R_e} = \frac{V_M^2}{2R_e}(1-\cos(2\omega t)) \\
p_b(t) &= \frac{v_{bn}^2(t)}{R_e} = \frac{V_M^2}{2R_e}(1-\cos(2\omega t - 240^\circ)) \\
p_c(t) &= \frac{v_{cn}^2(t)}{R_e} = \frac{V_M^2}{2R_e}(1-\cos(2\omega t - 120^\circ))
\end{aligned}
\tag{9.151}
$$

각 순간 상 전력은 직류항 $V_M^2/(2R_e)$과 2차 고조파 항을 포함한다. 전체 3상 순간 전력은 다음으로 주어진다.

$$p_{tot}(t) = p_a(t) + p_b(t) + p_c(t) = \frac{3V_M^2}{2R_e} \tag{9.152}$$

이 값이 정류기 출력 포트에서 나오는 순간 전력이다. 2차 고조파 성분은 합해져서 영이 되어 정류기의 순간 출력 전력은 일정하다. 이는 대칭 3상 교류 시스템의 순간 전력은 일정하다는 사실과 일치한다. 따라서 단상의 경우와는 다르게 이상적인 3상 정류기는 직류 부하에 일정한 순간 전력을 공급할 수 있으므로 내부 저 주파수 에너지 저장 커패시터가 필요 없다.

많은 종류의 3상-직류 PWM 정류기가 있다. 이 중 몇몇을 참고문헌[42-59]에서 볼 수 있다. 가장 잘 알려진 토폴로지는 그림 9.39에 보인 3상 교류-직류 부스트 정류기이다. 이 컨버터에서는 6개의 SPST 양방향 전류 2상한 스위치가 필요하다. 인덕터와 커패시터는 고 주파수의 스위칭 고조파를 제거하고 파형의 저 주파수 성분에 미치는 영향은 매우 작다. 입력 모의 저항을 얻기 위해 그림 9.5와 유사한 곱셈 제어기 방법 또는 다른 방법으로 각 상의 스위치를 제어한다. 왜곡되지 않은 선 전류 파형을 얻기 위해 직류 출력 전압 V는 첨두 선간 교류 입력 전압 $V_{L,pk}$보다 크거나 같아야 한다. 전형적으로 구현할 때 V는 $V_{L,pk}$보다 조금 크다. 이 컨버터는 1권의 4장에서 간단하게 다룬 전압원 인버터와 유사하다. 단지 컨버터를 정류기로 동작시키고, 고 주파수 PWM으로 컨버터 입력 전류를 제어한다는 면이 다르다.

그림 9.39의 3상 부스트 정류기를 대부분의 3상-직류 정류기 응용에 주로 사용하는 몇

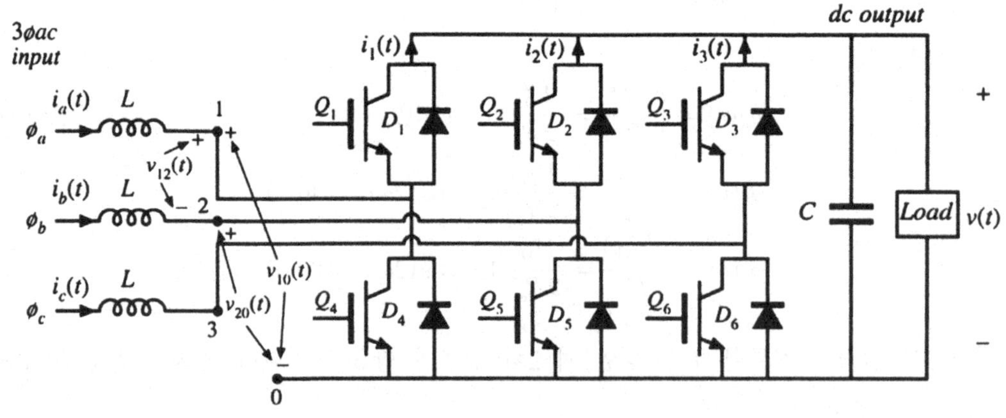

그림 9.39 부스트형 3상 교류–직류 PWM 정류기

가지 이유가 있다. 교류 입력 전류가 펄스 파형이 아니기 때문에 입력 EMI 필터의 크기가 매우 작다. 단상 부스트 정류기에서처럼 3상 부스트 정류기에 대한 트랜지스터의 실효 전류와 도통 손실이 전류원 인버터와 같은 다른 3상-직류 토폴로지에 비해 매우 작다. 또한 3상 부스트 정류기는 양방향으로 전력이 흐를 수 있다. 단점으로는 6개의 능동 스위치가 필요하다는 점이다. 비슷한 정격의 직류-직류 컨버터와 비교할 때 능동 스위치 이용률(1권 6장에서 다룸)이 낮다. 또한 정류기가 부스트 특성을 갖기 때문에 전통적인 벅형 위상-제어 정류기를 직접 대체할 수 없는 면이 단점이다.

6-스위치 3상 브리지 네트워크의 스위치를 제어하는 다양한 방법이 있으며 이 방법을 그림 9.39의 스위치를 제어하는데 적용할 수 있다. 간단한 정현파 PWM을 통해 스위치

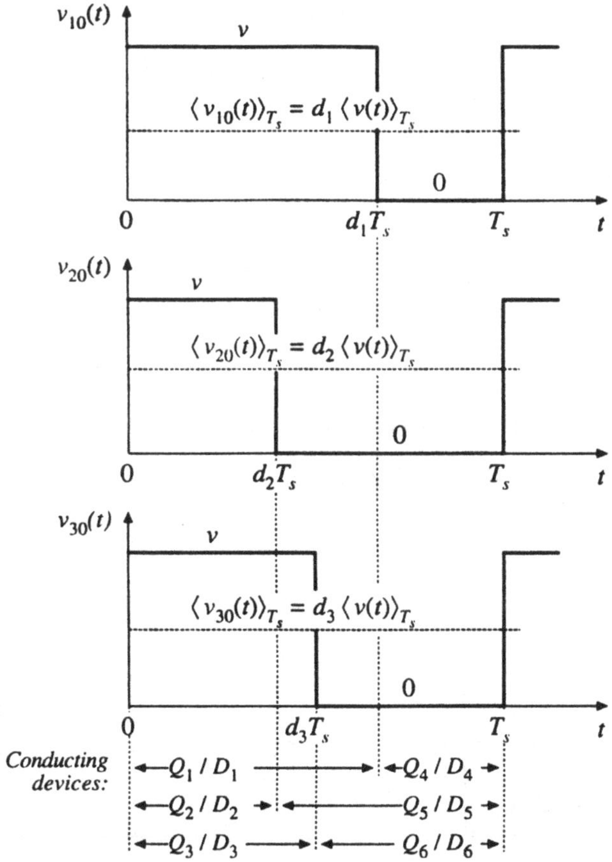

그림 9.40 부스트형 3상 교류-직류 PWM 정류기의 스위치 파형

를 제어한다고 가정하면 컨버터의 기본 동작을 대부분 쉽게 이해할 수 있다. 트랜지스터 Q_1은 시비율 $d_1(t)$로 구동되고, 트랜지스터 Q_4는 시비율 $d_1(t)$의 보수 또는 $d_1'(t) = 1\text{-}d_1(t)$로 구동된다. 트랜지스터 Q_2와 Q_5는 시비율 $d_2(t)$와 $d_2'(t)$에 의해 각각 구동되고, 트랜지스터 Q_3와 Q_6는 시비율 $d_3(t)$와 $d_3'(t)$에 의해 각각 구동된다. 그림 9.40은 스위치 전압 파형을 나타낸다. 평균 스위치 전압은

$$\begin{aligned} \langle v_{10}(t) \rangle_{T_s} &= d_1(t) \langle v(t) \rangle_{T_s} \\ \langle v_{20}(t) \rangle_{T_s} &= d_2(t) \langle v(t) \rangle_{T_s} \\ \langle v_{30}(t) \rangle_{T_s} &= d_3(t) \langle v(t) \rangle_{T_s} \end{aligned} \tag{9.153}$$

이므로 평균 선간 스위치 전압은 다음과 같다.

$$\begin{aligned} \langle v_{12}(t) \rangle_{T_s} &= \langle v_{10}(t) \rangle_{T_s} - \langle v_{20}(t) \rangle_{T_s} = (d_1(t) - d_2(t)) \langle v(t) \rangle_{T_s} \\ \langle v_{23}(t) \rangle_{T_s} &= \langle v_{20}(t) \rangle_{T_s} - \langle v_{30}(t) \rangle_{T_s} = (d_2(t) - d_3(t)) \langle v(t) \rangle_{T_s} \\ \langle v_{31}(t) \rangle_{T_s} &= \langle v_{30}(t) \rangle_{T_s} - \langle v_{10}(t) \rangle_{T_s} = (d_3(t) - d_1(t)) \langle v(t) \rangle_{T_s} \end{aligned} \tag{9.154}$$

비슷한 방식으로 평균 스위치 전류는 다음과 같이 쓸 수 있음을 보일 수 있다.

$$\begin{aligned} \langle i_1(t) \rangle_{T_s} &= d_1(t) \langle i_a(t) \rangle_{T_s} \\ \langle i_2(t) \rangle_{T_s} &= d_2(t) \langle i_b(t) \rangle_{T_s} \\ \langle i_3(t) \rangle_{T_s} &= d_3(t) \langle i_c(t) \rangle_{T_s} \end{aligned} \tag{9.155}$$

식 (9.154)와 (9.155)에 의해 그림 9.41의 평균 회로모델을 유도할 수 있다.

정현파 PWM인 경우 시비율은 다음과 같이 교류 선과 동기되어 정현적으로 변한다.

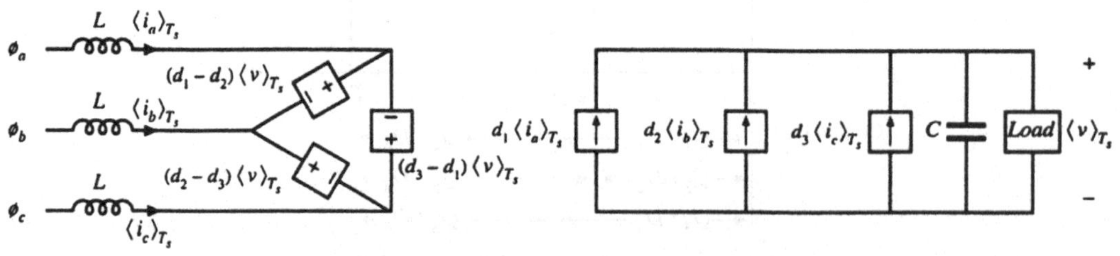

그림 9.41 개루프 3상 교류–직류 부스트 정류기의 평균 모델

$$d_1(t) = D_0 + \frac{1}{2}D_m \sin(\omega t - \phi) \tag{9.156}$$
$$d_2(t) = D_0 + \frac{1}{2}D_m \sin(\omega t - \phi - 120^\circ)$$
$$d_3(t) = D_0 + \frac{1}{2}D_m \sin(\omega t - \phi - 240^\circ)$$

여기서 ω는 교류 선 주파수이다. 순간 시비율은 구간 [0,1] 사이에 있어야 하므로 직류 치우침 D_0가 필요하다. 계수 D_m을 변조지수라 부른다. $D_0 = 0.5$에 대해 D_m은 1보다 작거나 같아야 한다. D_0를 다르게 선택하면 D_m은 더 제약을 받는다. 일반적으로 변조지수를 시비율 변동의 기본파 성분의 첨두-첨두 크기와 같게 정의한다.

스위칭 주파수가 충분히 빠르면 필터 인덕터 L의 값을 작게 할 수 있어 필터가 저 주파수 교류 파형에 미치는 영향을 무시할 수 있다. 평균 스위치 전압 $\langle v_{12}(t)\rangle_{T_s}$는 교류 선간 전압 $v_{ab}(t)$와 근사적으로 거의 같다.

$$\langle v_{12}(t)\rangle_{T_s} = (d_1(t) - d_2(t))\langle v(t)\rangle_{T_s} \approx v_{ab}(t) \tag{9.157}$$

식 (9.150)과 (9.156)을 대입하면 다음과 같이 쓸 수 있다.

$$\frac{1}{2}D_m[\sin(\omega t - \phi) - \sin(\omega t - \phi - 120^\circ)]\langle v(t)\rangle_{T_s} = V_m[\sin(\omega t) - \sin(\omega t - 120^\circ)] \tag{9.158}$$

작은 값의 L에 대해 위상각 ϕ는 영으로 접근하여 식 (9.158)의 정현파 항들은 소거된다. 정상상태에서 직류 출력 전압은 $\langle v(t)\rangle_{T_s} = V$이므로 식 (9.158)은 다음과 같이 나타낼 수 있다.

$$\frac{1}{2}D_m V = V_M \tag{9.159}$$

직류 출력 전압 V에 대해 풀면

$$V = \frac{2V_M}{D_m} \tag{9.160}$$

이고 첨두 선간 전압 $V_{L,pk}$의 항으로 나타내면 다음과 같이 표현 할 수 있다.

$$V = \frac{2}{\sqrt{3}}\frac{V_{L,pk}}{D_m} = 1.15\frac{V_{L,pk}}{D_m} \tag{9.161}$$

$D_m \le 1$에 대해 직류 출력 전압 V는 첨두 선간 교류 입력 전압의 1.15배와 같거나 커야 한다. 따라서 정류기는 부스트 특성을 갖는다.

정현파 교류 전압과 전류를 얻기 위해 시비율을 조절하는 방법으로 식 (9.156)의 정현파 PWM 방법만 있는 것은 아니다. 예를 들면 식 (9.156)의 시비율에 관한 표현에 3 고조파를 포함시킬 수 있다. 3 고조파는 식 (9.154)에서 소거되어 인버터의 평균 입력 전압 $\langle v_{12}(t)\rangle_{T_s}$, $\langle v_{23}(t)\rangle_{T_s}$와 $\langle v_{31}(t)\rangle_{T_s}$에는 기본파 성분만 존재한다. 그림 9.42는 직류 출력 전압 V가 $V_{L,pk}$와 같게 하는 시비율 변동을 나타낸다. 이 경우 실효 변조지수는 1.15이다. 교류 측 전압과 전류는 왜곡되지 않는다. 교류 측 전압과 전류를 왜곡시키면 더 큰 변조지수를 얻을 수 있다. 실제로는 모의 저항을 얻기 위해 입력 전류 파형을 제어하는 되먹임 루프에 의해 시비율 변조가 발생된다.

벅, 부스트와 벅-부스트 또는 다른 특성을 지니는 3상 교류-직류 정류기가 가능하지만 부스트 토폴로지가 가장 많이 사용된다. 3상 교류-직류 정류기를 세 개의 분리된 단상 정류기를 이용하여 간단하게 만들 수도 있다[34]. 그러나 각 단상 정류기는 변압기 분리를 포함해야 하므로 스위치 스트레스와 손실이 상당히 증가한다. 비엔나 정류기[56,59], 단일 스위치 방식[49-55] 및 다른 회로[44,45,46,57,58] 등 3상 저 고조파 정류에 대한 여러 다른 방법이 최근에 많이 연구되어지고 있다.

3상 정류기 고조파 문제를 해결하는 다른 방식은 그림 9.43에서 보인 바와 같이 고조파 보상(harmonic correction) 방법이다. 능동 6-스위치 3상 브리지는 일반 정류기와 같은

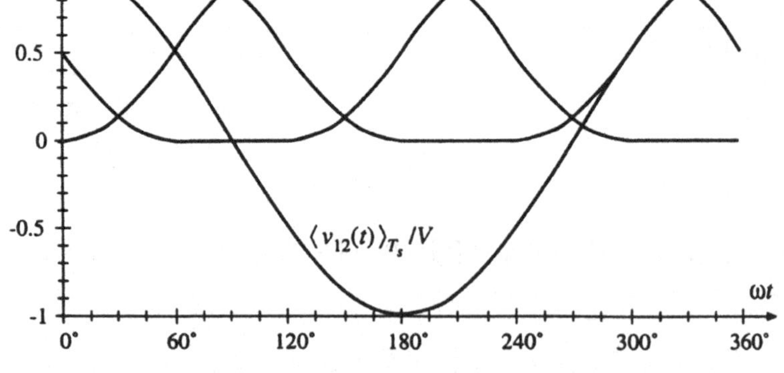

그림 9.42 직류 출력 전압을 첨두 입력 선간 전압과 같게 하는 변조 방법

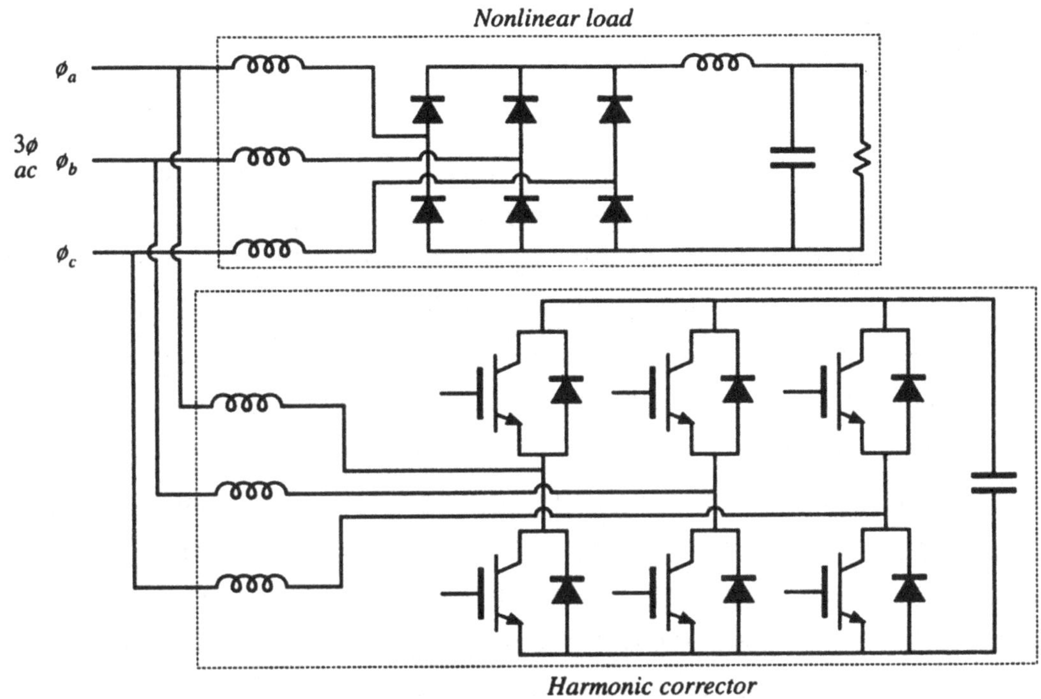

그림 9.43 그림 9.39의 3상 교류-직류 CCM 부스트 컨버터에 기반을 둔 고조파 보상기

비선형 3상 부하에 의해 발생되는 고조파를 제거한다. 보상기의 교류 선 전류가 비선형 부하에 의해 발생된 고조파와 크기는 같고 위상이 반대인 고조파를 포함하도록 고조파 보상기를 제어한다. 고조파 보상기로 들어가는 평균 전력은 영이다. 고조파 보상기에 사용된 반도체 소자의 전체 kVA 정격은 비선형 부하에 의해 발생된 고조파의 크기에 의존한다. 부하에 의한 THD가 너무 크지 않다면 그림 9.39의 CCM 부스트 정류기보다 고조파 보상기 방법에서 전체 반도체의 kVA 정격이 작다. 만일 일반 정류기의 교류 선 인덕턴스가 작아 정류기가 큰 THD로 불연속 전도모드에서 동작한다면 그림 9.39의 CCM 부스트 정류기로 일반 정류기를 대체하는 것이 바람직하다.

9.8 요약

1. 이상적인 정류기는 교류 전력계통에 실효 저항 부하 또는 모의 저항 R_e로 나타난다. 모의 저항 R_e에서 분명하게 "소모"되는 전력은 직류 출력 포트로 전달된다. 이상적인 3상 정류기에서 입력 모의 저항을 각 상에서 얻는다. 단상과 3상 모든 경우에서 출력 포트는 순간 교류 입력 전력에 의존하는 전력원 특성을 따라간다. 이상적인 정류기는 저 주파수 무효 소자가 없이 저 고조파 정류 기능을 수행한다.
2. 식 (9.12)에 따라 전압을 증가시킬 수 있는 컨버터와 마찬가지로 직류-직류 컨버터를 이상적인 정류기 응용에 적용할 수 있다. 제어시스템에 의해 입력 전류는 입력 전압에 비례한다. 컨버터는 CCM 또는 DCM에서 또는 두 모드에서 동작할 수 있다. 모드 경계를 R_e, $2L/T_s$와 순간 전압 비 v_g/V의 함수로 표현할 수 있다. 동작 모드에 관계없이 평균 전류 제어기를 잘 설계하면 모의 저항을 얻을 수 있다. 그러나 다른 제어 방법을 사용하면 모드 경계가 교차할 때 전류 파형이 왜곡된다.
3. 단상 시스템에서 직류 부하 전력은 일정한 반면 순간 교류 입력 전력에 맥동이 존재한다. 순간 입력 전력과 출력 전력이 다를 때마다 이상적인 정류기시스템은 에너지를 저장/방출 할 수 있어야 한다. 큰 커패시터를 주로 사용한다. 이 커패시터의 전압은 에너지를 저장/방출할 수 있도록 독립적으로 변할 수 있어야 한다. 느린 되먹임 루프로 커패시터 전압의 직류 성분을 조절하여 평균 교류 입력 전력과 직류 부하 전력 간에 균형을 확보한다.
4. 이중 적분을 이용하여 정류기 파형의 실효값을 계산할 수 있다. 부스트 컨버터인 경우 직류 출력 전압 V가 첨두 교류 입력 전압 V_M과 거의 같을 때 트랜지스터의 실효 전류는 교류 입력의 실효 전류의 39% 정도로 낮다. 벅-부스트, SEPIC, Ćuk 컨버터 등 다른 컨버터 토폴로지의 트랜지스터 실효 전류는 컨버터의 돌입 전류를 제한 할 수 있을 정도로 매우 크다.
5. 3상인 경우 PWM 전압원에 기반을 둔 부스트 정류기의 트랜지스터 실효 전류도 작다. 이 컨버터는 6개의 능동 스위치가 필요하고 직류 출력 전압이 첨두 입력 선간 전압보다 커야 한다. 모의 저항을 얻기 위해 평균 전류 제어를 사용할 수 있다. 스위치 파형을 평균하여 등가회로를 유도할 수 있다. 스위치의 시비율이 정현적으

로 변한다고 가정하여 컨버터의 동작을 쉽게 이해할 수 있다. 평균 컨버터 파형에 대한 식을 유도할 수 있다.

6. 1권 3장의 정상상태 등가회로 모델을 시변 시비율로 바꾸어 컨버터의 손실과 효율을 모델링할 수 있다. 직류 성분을 구하기 위해 출력 전류를 한 교류 선 주기 동안 평균한다. 이 방법은 다음의 가정 때문에 근사적이다. (i) 컨버터의 동특성이 교류 선 주파수보다 매우 빠르다, (ii) 불연속 전도모드에서의 동작을 무시한다.
7. 평균 전류 제어는 정류기 입력 전류의 저 주파수 성분이 입력 전압을 따라가도록 직접 조절한다. 직류 출력 전압에 교류 선 전압 변동의 영향을 제거하기 위해 전향 루프를 추가할 수 있다.
8. 정류기에서 입력 모의 저항을 얻기 위해 전류 프로그램 제어를 적용할 수 있다. 프로그램 전류 기준 신호 $i_c(t)$를 교류 입력 전압과 비례하도록 만든다. 인덕터 전류의 맥동과 안정화를 위한 가공 톱니파 때문에 $i_c(t)$와 인덕터의 평균 전류의 차이는 왜곡을 발생시킨다. 선 전류 파형의 결과적인 고조파 왜곡을 줄이는 여러 방법이 알려져 있다.
9. 100 %의 전류 맥동을 갖는 히스테리시스 제어는 구현이 간단하지만 가변 스위칭 주파수와 증가된 첨두 전류가 단점이다.
10. 비선형 반송파 제어도 구현이 간단하고 첨두 트랜지스터 전류가 작고 CCM에서 동작한다.
11. 정류기 전력과 부하 전력 사이에 균형을 잡기 위해 직류 출력 전압을 조절하는 외부 낮은 대역폭 제어 시스템을 교류 선 주기의 반인 T_{2L} 동안 평균하여 모델링할 수 있다. 직류 측 시스템 방정식은 시불변이 된다. 변동과 선형화를 통해 소신호 모델을 유도한다.
12. 모의 저항을 얻기 위해 입력 전류 파형을 조절하는 내부 높은 대역폭 제어 시스템은 일반적으로 크게 비선형이다. 그러나 부스트 정류기인 경우 타당한 소신호 모델을 유도할 수 있다. 이 방법은 다른 컨버터의 경우에는 맞지 않으므로 준-정적 근사화와 같은 다른 방법이나 시뮬레이션에 의존해야 한다.

참고문헌

[1] D. Chambers and D. Wang, "Dynamic Power Factor Correction in Capacitor Input Off-Line Converters," Proceedings on Sixth National Solid-State Power Conversion Conference(Powercon 6), pp. B3-1 to B3-6, May 1979.

[2] R. Erickson, M. Madigan, and S. Singer, "Design of a Simple High Power Factor Rectifier Based on the Flyback Converter," IEEE Applied Power Electronics Conference, 1990 Record, pp. 792-801.

[3] S. Singer and R. W. Erickson, "Power Source Element and Its Properties," IEE Proceedings-Circuits Devices Systems, Vol. 141, No. 3, pp. 220-226, June 1994.

[4] S. Singer, "Realization of Loss-Free Resistive Elements," IEEE Transactions on Circuits and Systems, Vol. CAS-36, No. 12, January 1990.

[5] W. E. Rippel, "Optimizing Boost Chopper Charger Design," Proceedings on Sixth National Solid-State Power Conversion Conference(Powercon 6), pp. D1-1 to D1-20, May 1979.

[6] M. F. Schlecht and B. A. Miwa, "Active Power Factor Correction for Switching Power Supplies," IEEE Transactions on Power Electronics, Vol. 2, No. 4, pp. 273-281, October 1987.

[7] J. Sebastian, J. Uceda, J. A. Cobos, J. Arau, and F. Aldana, "Improving Power Factor Correction in Distributed Power Supply Systems Using PWM and ZCS-QR SEPIC Topologies," IEEE Power Electronics Specialists Conference, 1991 Record, pp. 780-791.

[8] E. Yang, Y. Jiang, G. Hua, and F. C. Lee, "Isoplated Boost Circuit for Power Factor Correction," IEEE Applied Power Electronics Conference, 1993 Record, pp. 196-203.

[9] C. A. Canesin and I. Barbi, "A Unity Power Factor Multiple Isolated Outputs Switching Mode Power Supply Using a Single Switch," IEEE Applied Power Electronics Conference, 1991 Record, pp. 430-436.

[10] S. Freeland, "I. A Unified Analysis of Converters with Resonant Switches, II. Input-Current Sharing for Single-Phase Ac-dc Power Converters," Ph.D. Thesis, California Institute of Technology, 1988.

[11] M. J. Schutten, R. L. Steigerwald, and M. H. Kheraluwala, "Characteristics of Load-Resonant Converters Operated in a High Power Factor Mode," IEEE Applied Power Electronics Conference, 1991 Record, pp. 5-16.

[12] J. Hong, E. Ismail, R. Erickson, and I. Khan, "Design of the Parallel Resonant Converter as a Low Harmonic Rectifier," IEEE Applied Power Electronics Conference, 1993 Record, pp. 833-840.

[13] I. Barbi and S. A. O. Da Silva, "Sinusoidal Line Current Rectification at Unity Power Factor with Boost Quasi-Resonant Converters," IEEE Applied Power Electronics Conference, 1990 Record, pp. 553-562.

[14] R. Redl and L. Balogh, "RMS, DC, Peak, and Harmonic Currents in High-Frequency Power-Factor Correctors with Capacitive Energy Storage," IEEE Applied Power Electronics Conference, 1992 Record, pp. 533-540.

[15] J. Sebastian, J. A. Cobos, P. Gil, and J. Uceda, "The Determination of the Boundaries Between Continuous and Discontinuous Conduction Modes in PWM Dc-to-Dc Converters Used as Power Factor Preregulators," IEEE Power Electronics Specialists Conference, 1992 Record, pp. 1061-1070.

[16] M. Nalbant, "Design of a 1 kW Power Factor Corrector," Power Conversion, pp. 121-135, October 1989.

[17] R. Mammano and R. Neidorff, "Improving Input Power Factor- A New Active Controller Simplifies the Task," Power Conversion, pp. 100-109, October 1989.

[18] J. Bazimet and J. O'Connor, "Analysis and Design of a Zero Voltage Transition Power Factor Correction Circuit," IEEE Applied Power Electronics Conference, 1994 Record, pp. 591-597.

[19] R. Redl and B. Erisman, "Reducing Distortion in Peak-Current Controlled Boost Power Factor Correctors," IEEE Applied Power Electronics Conference, 1994 Record, pp. 576-583.

[20] C. Zhou and M. Jovanovic, "Design Tradeoffs in Continuous Current-Mode Controlled Boost Power Factor Correction Circuits," High Frequency Power Conversion Conference, 1992 Proceedings, pp. 209-220.

[21] D. Maksimović, "Design of the Clamped-Current High Power-Factor Boost Rectifier," IEEE Applied Power Electronics Conference, 1994 Record, pp. 584-590.

[22] C. Canesin and I. Barbi, "Analysis and Design of Constant-Frequency Peak-Current-Controlled Power-Factor Boost Rectifier with Slope Compensation," IEEE Applied Power Electronics Conference, 1996 Record, pp. 807-813.

[23] J. Lai and D. Chen, "Design Considerations for Power Factor Correction Boost Converter Operating at the Boundary of Continuous Conduction Mode and Discontinuous Conduction Mode," IEEE Applied Power Electronics Conference, 1993 Record, pp. 267-273.

[24] C. Zhou, R. Ridley, and F. C. Lee, "Design and Analysis of a Hysteretic Boost Power Factor Correction Circuit," IEEE Power Electronics Specialists Conference, 1990 Record, pp. 800-807.

[25] S. Ahmed, "Controlled On-Time Power Correction Circuit with Input Filter," M.S. Thesis, Virginia Polytechnic Institute and State University, Blacksburg VA, May 1990.

[26] M. Dawande and G. Dubey, "Programmable Input Power Factor Correction Method for Switch Mode Rectifiers," IEEE Applied Power Electronics Conference, 1993 Record, pp. 274-280.

[27] J. Spangler and A. Bahera, "A Comparison Between Hysteretic and Fixed Frequency Boost Converters Used for Power Factor Correction," IEEE Applied Power Electronics Conference, 1993 Record, pp. 281-286.

[28] D. Maksimović, Y. Jang and R. Erickson, "Nonlinear-Carrier Control for High Power Factor Boost Rectifiers," IEEE Applied Power Electronics Conference, 1995 Record, pp. 635-641.

[29] R. Zane and D. Maksimović, "Nonlinear Carrier Control for High Power Factor Rectifiers Based on Flyback, Ćuk, or SEPIC Converters," IEEE Applied Power Electronics Conference, 1996 Record, pp. 814-820.

[30] Z. Lai, K. Smedley, and Y. Ma, "Time Quantity One-Cycle Control for Power Factor Controllers," IEEE Applied Power Electronics Conference, 1996 Record, pp. 821-827.

[31] L. Rossetto, G. Spiazzi, P. Tenti, B. Fabiano, and C. Licitra, "Fast-Response High-Quality Rectifier with Sliding-Mode Control," IEEE Applied Power Electronics Conference, 1993 Record, pp. 175-181.

[32] W. Tang, Y. Jiang, G. Hua, F. C. Lee, and I. Cohen, "Power Factor Correction with Flyback Converter Employing Charge Control," IEEE Applied Power Electronics Conference, 1993 Record, pp. 293-298.

[33] F. C. Schwarz, "An Improved Method of Resonant Current Pulse Modulation for Power Converters," IEEE Power Electronics Specialists Conference, 1975 Record, pp. 194-204.

[34] M. J. Kocher and R. L. Steigerwald, "An Ac-to-Dc Converter with High Quality Input Waveforms," IEEE Power Electronics Specialists Conference, 1982 Record, pp. 63-75.

[35] M. Schlecht, "Time-Varying Feedback Gains for Power Circuits with Active Waveshaping," IEEE Power Electronics Specialists Conference, 1981 Record, pp. 52-59.

[36] I. Khan and R. W. Erickson, "Control of Switched-Mode Converter Harmonic-Free Terminal Waveforms Through Internal Energy Storage," IEEE Power Electronics Specialists Conference, 1986 Record, pp. 13-26.

[37] K. Mahabir, G. Vergese, J. Thottuvelil, and A. Heyman, "Linear Averaged and Sampled Data Models for Large Signal Control of High Power Factor Ac-dc Converters," IEEE Power Electronics Specialists Conference, 1990 Record, pp. 372-381.

[38] M. Madigan, R. Erickson, and E. Ismail, "Integrated High Quality Rectifier-Regulators," IEEE Power Electronics Specialists Conference, 1992 Record, pp. 1043-1051.

[39] K. Mahabir, G. Vergese, J. Thottuvelil, and A. Heyman, "Linear Averaged and Sampled Data Models for Large Signal Control of High Power Factor Ac-dc Converters," IEEE Power Electronics Specialists Conference, 1990 Record, pp. 372-381.

[40] R. Ridley, "Average Small-Signal Analysis of the Boost Power Factor Correction Circuit," Proceedings of the Virginia Power Electronics Center Seminar, Blacksberg, VA, pp. 108-120, Sept. 1989.

[41] M. Madigan, "Single-Phase High Quality Rectifier-Regulators," Ph.D. Thesis, University of Colorado at Boulder, 1992.

[42] N. Mohan, T. Undeland, and W. Robinson, Power Electronics: Converters, Applications, and Design, Second edition, New York: John Wiley & Sons, 1995, Chaper 8 and 18.

[43] H. Mao, D. Boroyevich, A. Rabindra, and F. Lee, "Analysis and Design of High Frequency Three-Phase Boost Rectifier," IEEE Applied Power Electronics Conference, 1996 Record, pp. 538-544.

[44] B. T. Ooi, J. C. Salmon, J. W. Dixon, and A. B. Kulkarni, "A Three-Phase Controlled-Current PWM Converter with Leading Power Factor," IEEE Transactions on Industry Applications, Vol. 23, No. 1, pp. 78-84, 1987.

[45] P. Tenti and L. Malsani, "Three-Phase AC/DC PWM Converter with Sinusoidal AC Currents and Minimum Filter Requirements," IEEE Transactions on Industry Applications, Vol. 23, No. 1, pp. 71-77, 1987.

[46] A. Majed, T. C. Green, and B. W. Williams, "Dynamic Properties of a Step-Down Sinusoidal Current AC/DC Converter Under State-Feedback Control," IEEE Applied Power Electronics Conference, 1993 Record, pp. 161-167.

[47] M. Rastogi, N. Mohan, and C. Henze, "Three-Phase Sinusoidal Current Rectifier with Zero Current Switching," IEEE Applied Power Electronics Conference, 1994 Record, pp. 718-724.

[48] K. D. T. Ngo, S Ćuk, and R. D. Middlebrook, "A New Flyback Dc-to-Three-Phase Converter with Sinusoidal Outputs," IEEE Power Electronics Specialists Conference, 1983 Record, pp. 377-388.

[49] A. R. Prasad, P. D. Ziogas, and S. Manias, "An Active Power Factor Correction Technique for Three-Phase Diode Rectifiers," IEEE Power Electronics Specialists Conference, 1989 Record, pp. 58-66.

[50] J. Kolar, H. Ertl, and F. Zach, "Space Vector Based Analysis of the Input Current Distortion of a Three Phase Discontinuous Conduction Mode Boost Rectifier System," IEEE Power Electronics Specialists Conference, 1993 Record, pp. 696-703.

[51] R. Itoh and K. Ishitaka, "Three-Phase Flyback Ac-dc Converter with Sinusoidal Supply Currents," IEE Proceedings, Vol. 136, Part B, No. 4, pp. 143-151, 1991.

[52] O. Apeldoorn and P. Schmidt, "Single Transistor Three-Phase Power Conditioner with High Power Factor and Isolated Output," IEEE Applied Power Electronics Conference, 1994 Record, pp. 731-737.

[53] E. H. Ismail and R. W. Erickson, "A Single Transistor Three-Phase Resonant Switch for High Quality Rectification," IEEE Power Electronics Specialists Conference, 1992 Record, pp. 1341-1351.

[54] Y. Jang and R. Erickson, "New Single-Switch Three-Phase High Power Factor Rectifiers Using Multi-Resonant Zero Current Switching," IEEE Applied Power Electronics Conference, 1994 Record, pp. 711-717.

[55] Y. Jang and R. Erickson, "Design and Experimental Results of a 6kW Single-Switch Three-Phase High Power Factor Rectifier Using Multi-Resonant Zero Current Switching," IEEE Applied Power Electronics Conference, 1996 Record, pp. 524-530.

[56] J. Kolar, H. Ertl, and F. Zach, "Design and Experimental Investigation of a Three-Phase High Power Density High-Efficiency Unity-Power-Factor PWM (VIENNA) Rectifier Employing a Novel Integrated Power Semiconductor Module," IEEE Applied Power Electronics Conference, 1996 Record, pp. 514-523.

[57] M. Rastogi, N. Mohan, and C. Henze, "Three-Phase Sinusoidal Current Rectifier with Zero Current Switching," IEEE Applied Power Electronics Conference, 1994 Record, pp. 718-724.

[58] S. Gatarić, D. Boroyevich, and F. C. Lee, "Soft-Switched Single-Switch Three-Phase Rectifier with Power Factor Correction," IEEE Applied Power Electronics Conference, 1994 Record, pp. 738-744.

[59] J. Kolar, U. Drofenik, and F. Zach, "Vienna Rectifier II- A Novel Single-Stage High-Frequency Isolated Three-Phase PWM Rectifier System," IEEE Applied Power Electronics Conference, 1998 Record, pp. 23-33.

연 · 습 · 문 · 제

9.1 그림 9.5에서 부스트 컨버터를 벅-부스트 컨버터로 대체한다. 인덕터 에너지 저장은 컨버터 파형의 저 주파수 성분에 거의 영향을 주지 않는다. 평균 부하 전력은 P_{load}이다. 직류 출력 전압은 V이고 정현파인 교류 입력 전압의 첨두 크기는 V_M이다.

(a) 컨버터가 연속 전도모드에서 동작한다는 가정에서 시비율 변동 $d(t)$와 인덕터 전류 변동 $i(t)$에 대한 식을 유도하시오.

(b) 연속 전도모드에서 동작하는 조건을 유도하시오. R_e가 $R_{e,crit}(L,\ T_s,\ v_g(t),\ V)$보다 작을 때 컨버터가 CCM에서 동작한다는 형태로 결과를 만들고 $R_{e,crit}$을 구하시오.

(c) 항상 CCM 또는 DCM에서 동작하는 R_e 값의 범위를 각각 구하시오.

(d) 교류 입력 전압 크기의 실효값은 108 V와 132 V사이에 있다. 최대 부하 전력은 100 W이고 최소 부하 전력은 10 W이다. 직류 출력 전압은 120 V이다. 스위칭 주파수는 75 kHz이다. 컨버터가 항상 CCM 또는 DCM에서 동작하는 L 값의 범위를 각각 구하시오.

9.2 식 (9.25)에서 (9.33)까지와 유사하게 벅-부스트 컨버터의 입력 특성에 대한 식을 유도하시오. 컨버터의 입력 특성을 도시하고 CCM-DCM 경계를 나타내시오.

9.3 단상 CCM Ćuk 토폴로지에 기반을 둔 정류기의 트랜지스터와 다이오드의 실효 전류에 대한 식을 유도하시오. 표 9.3의 형태로 결과를 나타내시오.

9.4 분리 직류 출력을 얻기 위해 그림 9.5의 부스트 컨버터를 1권에 있는 그림 6.35의 전-브리지 변압기 분리 CCM 부스트 컨버터로 대체한다. 트랜지스터 전류의 실효값을 $I_{ac,rms}$, n, V와 V_M의 함수로 유도하시오.

9.5 범용 입력 단상 정류기로서 CCM 부스트와 분리 SEPIC 토폴로지의 비교. 직류 출력 전압은 $V = 400$ V이고 부하 전력은 $P = 500$ W이고 입력 전압의 실효값은

90 V와 270 V 사이의 값으로 첨두 교류 입력 전압 V_M은 V_{Mmin} = 127 V와 V_{Mmax} = 382 V 사이에서 변한다. 트랜지스터 스트레스 S를 최악의 경우 첨두 트랜지스터 전압과 최악의 경우 실효 트랜지스터 전류의 곱으로 정의한다. 스트레스 S를 최소화하고자 한다.

(a) 부스트 컨버터에 대한 S를 구하시오.

(b) (a)의 결과를 검토하시오. 범용 입력 동작이 필요하지 않으면 즉, 항상 V_M = 382 V이면 S의 값은?

분리 SEPIC 컨버터에서 최적 설계를 위해 변압기의 권선비 n:1을 선택할 수 있다.

(c) SEPIC 컨버터에 대한 S를 n, V, P, V_{Mmin}과 V_{Mmax}의 함수로 나타내시오.

(d) S가 최소가 되는 SEPIC 컨버터에 대한 n을 선택하시오. 그리고 결과를 (a) 및 (b)의 결과와 비교하시오.

9.6 그림 9.39의 부스트형 직류-3상 정류기에서 교류 측 인덕턴스 L은 크기가 작지 않아 무시할 수 없는 선 주파수 임피던스를 보인다. 3상 교류 전압은 식 (9.150)으로 주어지며 시비율은 식 (9.156)처럼 변조된다. 컨버터는 연속 전도모드에서 동작한다.

(a) 스위치 네트워크의 교류 입력에서 선-중성점 평균 전압의 크기와 위상을 D_m, V와 ϕ의 함수로 구하시오.

(b) 3상 교류 전원으로부터 흘러나온 실효 전력 P와 무효 전력 Q를 V_M, V, D_m, ϕ와 ω_L의 함수로 나타내시오.

(c) 단위 역률을 얻기 위한 ϕ를 구하시오.

9.7 그림 9.39의 부스트형 직류-3상 정류기에서 스위치 시비율을 그림 9.42에 보인 바와 같이 변조시킨다. 인덕턴스 L이 충분히 작을 때 교류 선 전류를 왜곡하지 않고 첨두 선간 전압과 같은 크기의 직류 출력 전압 V를 얻을 수 있다. 그림 9.42에서 나타낸 바와 같이 $0^\circ \le \omega t \le 60^\circ$ 동안 $d_1(t)$는 1이고 $\omega t = 0^\circ$에서 $\langle v_{12}(t) \rangle_{T_s} = V$이다.

(a) 구간 $0^\circ \le \omega t \le 60^\circ$에서 $d_2(t)$와 $d_3(t)$에 대한 식을 유도하시오.

(b) 각 60°구간에서 $d_1(t)$, $d_2(t)$와 $d_3(t)$가 어떻게 변하는가?

9.8 그림 9.44의 벅형 3상 교류-직류 정류기가 연속 전도모드에서 동작한다. 트랜지스터 Q_1부터 Q_6는 각각 시비율 $d_1(t)$부터 $d_6(t)$로 동작한다.

(a) 스위치 동작에 대한 제약 조건을 결정하시오. 어떤 트랜지스터가 동시에 도통하면 안 되는지? 어떤 시비율의 합이 1이 되어야 하는지?

(b) 교류 측 스위치의 평균 전류 $\langle i_a(t)\rangle_{T_s}$, $\langle i_b(t)\rangle_{T_s}$와 $\langle i_c(t)\rangle_{T_s}$에 대한 표현 식을 구하기 위해 3상 브리지 스위치 네트워크를 평균화하시오.

(c) 직류 측 스위치의 평균 전압을 다음과 같이 표현할 수 있음을 보이시오.

$$\langle v_d(t)\rangle_{T_s} = (d_1(t)-d_4(t))\langle v_{an}(t)\rangle_{T_s} + (d_2(t)-d_5(t))\langle v_{bn}(t)\rangle_{T_s} + (d_3(t)-d_6(t))\langle v_{cn}(t)\rangle_{T_s}$$

(d) 시비율은 다음과 같이 변한다.

$$d_1(t) = \frac{1}{3} + \frac{1}{2}D_m \sin(\omega t - \phi)$$
$$d_2(t) = \frac{1}{3} + \frac{1}{2}D_m \sin(\omega t - \phi - 120^\circ)$$
$$d_3(t) = \frac{1}{3} + \frac{1}{2}D_m \sin(\omega t - \phi - 240^\circ)$$
$$d_4(t) = \frac{1}{3} - \frac{1}{2}D_m \sin(\omega t - \phi)$$
$$d_5(t) = \frac{1}{3} - \frac{1}{2}D_m \sin(\omega t - \phi - 120^\circ)$$
$$d_6(t) = \frac{1}{3} - \frac{1}{2}D_m \sin(\omega t - \phi - 240^\circ)$$

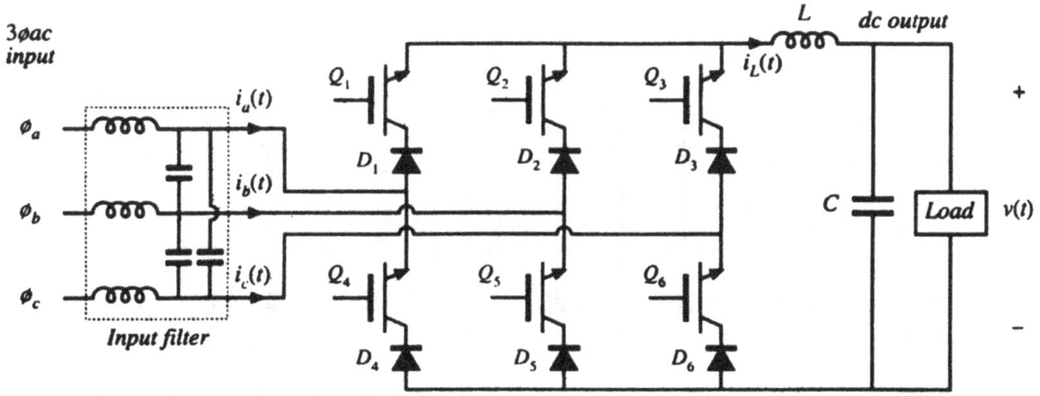

그림 9.44 벅형 3상 교류–직류 정류기, 문제 9.8

교류 입력 전압은 식 (9.150)에 주어진다. 입력 필터가 컨버터 파형의 저 주파수 성분에 미치는 영향은 무시할 수 있다. 정상상태의 직류 출력 전압 V를 V_M, D_m, ϕ의 함수로 나타내시오.

(c) 역률을 구하시오. 입력 필터가 전류 $i_a(t)$, $i_b(t)$와 $i_c(t)$의 고조파를 완전하게 제거했다고 가정할 수 있다. 그러나 입력 필터 소자는 무시할만한 크기의 선 주파수 무효 전력을 소모 또는 공급한다.

9.9 그림 9.45의 3상 DCM 플라이백 정류기에서 입력 필터가 교류 입력 파형의 저 주파수 성분에 미치는 영향은 무시할 수 있다. 트랜지스터는 주파수 f_s와 시비율 d로 동작한다. 플라이백 변압기 T_1, T_2 및 T_3 각각은 일차 측으로 환산한 자화 인덕턴스 L과 권선비 n:1을 가지며, 누설 인덕턴스를 무시할 수 있다.

(a) 교류 입력 및 직류 출력 전류의 저 주파수 성분에 대한 표현식을 유도하시오.

(b) 컨버터에 대한 평균 등가회로 모델을 유도하고, 소자에 대한 표현식을 보이시오.

(c) 불연속 전도모드에서 동작하는 조건을 유도하시오.

9.10 범용 입력 부스트 정류기의 전력단 설계. 이 문제의 목적은 부스트 컨버터를 기반으로 한 저 고조파 정류기의 전력단을 설계하는 것이다. 전 세계 어디에서나 이 컨버터가 동작하도록 설계되어야 하므로 입력 전압은 90 Vrms에서 270 Vrms, 50 Hz에서 60 Hz까지 변한다. 컨버터는 1000 W에서 조절된 385 Vdc를 출력해야 한다. 스위칭 주파수 f_s는 100 kHz이다. 제어기가 완벽하게 동작하여 교류 선 전류 파형에 왜곡이 없고 잘 조절된 직류 출력 전압을 발생한다고 가정할 수 있다.

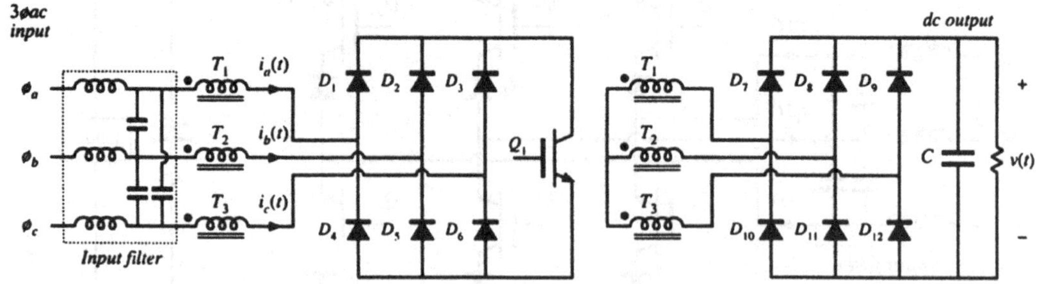

그림 9.45 불연속 전도모드에서 동작하는 플라이백 컨버터에 기반을 둔 분리 3상 교류–직류 정류기, 문제 9.9

(a) 교류 선 주기에 걸쳐 시비율 $d(t)$가 어떻게 변하는가를 알 수 있는 표현식을 유도하시오. 컨버터의 동특성과 손실을 무시할 수 있다. 교류 선 전압의 최대와 최소 조건에서 $d(t)$를 도시하시오.

(b) 인덕터를 다음과 같이 구하시오.

(i) 정현파 입력 전압의 첨두에서 그리고 최악의 조건에서 인덕터의 전류 맥동 Δi_g가 순간 저 주파수 전류 $i_g(t)$의 20 %가 되는 L의 값을 구하시오.

(ii) 100 %의 효율을 가정하고 최악의 경우 인덕터 전류의 첨두 및 실효값을 구하시오.

(c) 100 %의 효율을 가정하고 최악의 경우 MOSFET와 다이오드의 실효값을 구하시오.

(d) 최악의 경우 저 주파수에서($\ll f_s$) 출력 전압의 첨두-첨두 맥동이 5 V가 되는 C의 값을 구하시오.

(e) 다음의 손실 소자가 주어진다.

인덕터 권선 저항	0.1 Ω
MOSFET 온-저항	0.4 Ω
다이오드 순방향 전압 강하	1.5 V
스위칭 손실:	$i_g^2(t)(0.25\ \Omega)$

일정한 1000 W 부하에 대해 제어기가 위에 서술한 바와 같이 완벽하게 동작한다고 가정하고 다음의 조건에서 정류기의 효율을 구하시오.

(i) 90 Vrms의 교류 입력 전압에서

(ii) 270 Vrms의 교류 입력 전압에서

9.11 그림 9.46에 보인 플라이백 컨버터가 연속 전도모드에서 동작한다. MOSFET은 도통저항 R_{on}을 갖고 다이오드 D_1은 일정한 순방향 전압강하 V_D를 갖는다. 다른 모든 소자의 손실은 무시한다. 플라이백 변압기의 권선비는 1:1이다. 제어기는 $\langle i_g(t)\rangle_{T_s}$가 $v_g(t)/R_e$와 같도록 시비율을 제어한다. R_e는 모의 저항을 나타낸다. 입력 전압은 $v_{in}(t) = V_M\sin(\omega t)$이다. 입력 필터는 입력 전류 $i_g(t)$의 스위칭 고조파를 제거하고 컨버터 파형의 저 주파수 성분에 미치는 영향은 무시할 수 있다.

(a) 정류기 효율을 V_M, V, V_D, R_{on}과 R_e의 함수로 나타내시오.

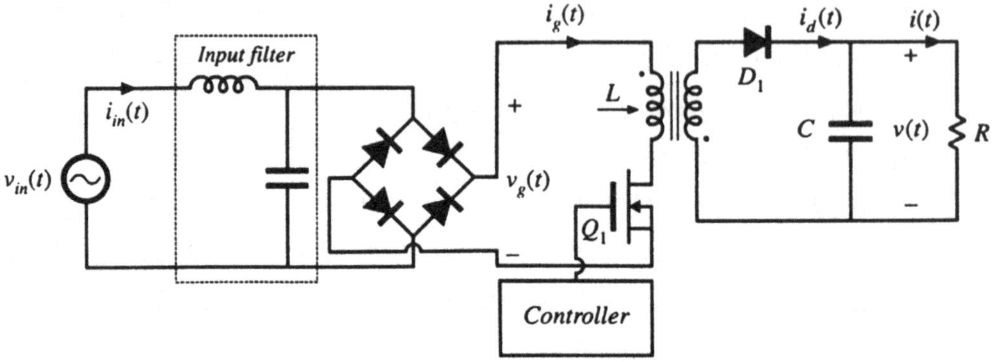

그림 9.46 CCM 플라이백 컨버터에 기반을 둔 저 고조파 정류기, 문제 9.11

(b) 주어진 다음의 조건에서 효율이 96 %가 되는 MOSFET의 도통 저항의 값을 구하시오.

실효 입력 전압	120 V
직류 출력 전압	120 V
다이오드 D_1 순방향 전압강하	1.5 V
부하 전력	200 W

9.12 그림 9.14에 보인 교류 선 전압의 전향 루프가 있는 평균 전류 제어 부스트 정류기의 모의 저항 $R_e(V_{g,rms}, R_s, k_v, v_{control})$에 대한 식을 유도하시오.

9.13 식 (9.57)로 주어진 CPM 부스트 정류기의 정적 입력 특성을 유도하시오.

9.14 그림 9.47의 부스트 정류기 시스템에 교류 선 전압의 전향 루프가 있는 평균 전류 제어를 적용한다. 교류 선 주파수는 50 Hz이다. 정류기는 500 W의 일정한 전력을 부하에 공급한다. PWM은 3 V의 첨두-첨두 크기를 갖는 톱니파를 포함한다. 내부의 넓은 대역폭의 평균 전류 제어 되먹임 루프에 보상기는 없다. 평균 전류 검출회로의 이득은 다음과 같다.

$$\frac{v_a(s)}{i_g(s)} = \frac{R_s}{\left(1 + \frac{s}{\omega_0}\right)}$$

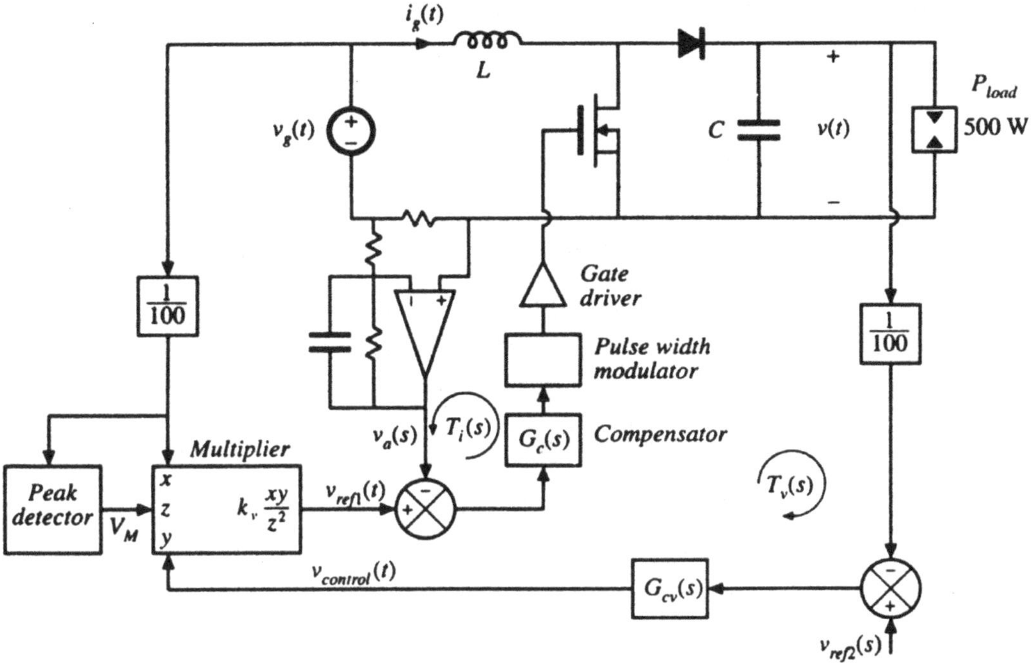

그림 9.47 입력 전압의 전향 루프를 갖는 평균 전류제어 부스트 정류기, 문제 9.14

컨버터의 파라미터 값은 다음과 같다.

$f_s = 100$ kHz	$L = 2.5$ mH
$f_0 = \dfrac{\omega_0}{2\pi} = 10$ kHz	$R_s = 1\ \Omega$
$V = 385$ V	$V_{g,rms} = 230$ V

(a) 평균 전류 제어루프의 루프 이득 $T_i(s)$에 대한 크기와 위상 보드선도를 도시하시오. 주요 특성을 보이시오.

(b) $T_i(s)$의 교차 주파수와 위상 여유에 대한 값을 구하시오.

외부 낮은 대역폭의 되먹임 루프는 루프 이득 $T_V(s)$를 갖는다. 이 루프의 보상기는 일정한 이득 $G_{cv}(s) = 330$을 갖는다. 곱셈기 이득은 $k_v = 2$이다. 커패시터의 값은 $C = 680\ \mu$F이다. 기준 전압 $v_{ref2}(t)$는 3.85 V이다.

(c) 출력 100 Hz 전압 맥동의 첨두 크기를 구하시오.

(d) 평형 동작점에서의 제어 전압 $V_{control}$을 구하시오.

(e) 외부 되먹임 루프의 루프 이득 $T_v(s)$에 대한 크기와 위상 보드선도를 도시하시오. 주요 특성을 보이시오.

(f) $T_v(s)$의 교차 주파수와 위상여유에 대한 값을 구하시오.

9.15 임계 전도모드 제어기에 의해 부스트 정류기는 그림 9.19(b)와 유사한 교류 입력 전류 파형을 갖게 한다. 교류 입력 전압은 60 Hz에서 120 Vrms이다. 정류기는 120 W 부하에 225 Vdc를 공급한다. 부스트 컨버터의 인덕턴스는 $L = 600\ \mu$H이다.

(a) 모의 저항 R_e를 구하시오.

(b) 컨버터의 스위칭 주파수 f_s에 대한 식을 t_{on}과 인가 단자 전압의 함수로 나타내시오. 시간에 대한 f_s를 도시하시오.

(c) 최대 및 최소 스위칭 주파수는 얼마인가?

(d) 이 제어 방법에 대한 트랜지스터의 실효 전류를 정현파 선 전류 크기의 함수로 나타내시오. 이 방법에 의한 트랜지스터의 실효 전류에 대해 무시할 수 있는 스위칭 전류 맥동을 갖는 CCM 부스트 정류기와 비교하시오.

제 3 부

공진 컨버터

제10장
공진 변환

이 책의 3부에서는 1권과 2권의 1부 및 2부에서 다룬 PWM 컨버터와 다르게 동작하는 컨버터 종류에 대해 서술한다. 공진 전력 컨버터(resonant power converter)[1-36]는 각 스위칭 주기의 하나 이상의 세부구간에서 전압과 전류 파형이 정현파 형태로 변하는 공진 *L-C* 네트워크를 포함한다. 이러한 정현파는 크기가 크므로 1권 2장에서 소개한 미소 맥동 근사화를 적용할 수 없다.

직류-고 주파수 교류 인버터는 가스 방전 램프용 전자 안정기[3,4], 유도 가열과 외과용 전기 발생장치 등 다양한 응용에서 필요하다. 이러한 응용에서는 적당한 또는 매우 낮은 고조파 왜곡을 갖는 수십 또는 수백 kHz의 정현파를 필요로 한다. 그림 10.1(a)는 간단한 공진 인버터 시스템을 나타낸다. 스위치 네트워크는 사각파 전압 $v_s(t)$를 발생한다. 그림 10.2에 나타낸 바와 같이 $v_s(t)$의 스펙트럼은 기본파와 홀수 고조파를 포함한다. 이 전압을 공진 탱크 네트워크의 입력 단자에 인가한다. 탱크 네트워크 공진 주파수 f_0를 $v_s(t)$의 기본파 즉, 스위칭 주파수 f_2에 동조시키면 f_2의 고조파에서 탱크의 응답을 무시할 수 있다. 따라서 부하 전압 $v_s(t)$ 및 부하 전류 $i(t)$와 마찬가지로 탱크 전류 $i_s(t)$는 거의 주파수 f_2의 정현파를 나타내고 고조파는 무시할 수 있다. 스위칭 주파수 f_2를 조절하여(공진 주파수 f_0에 가깝거나 더 크게) $i_s(t)$, $v_s(t)$ 및 $i(t)$의 크기를 제어할 수 있다.

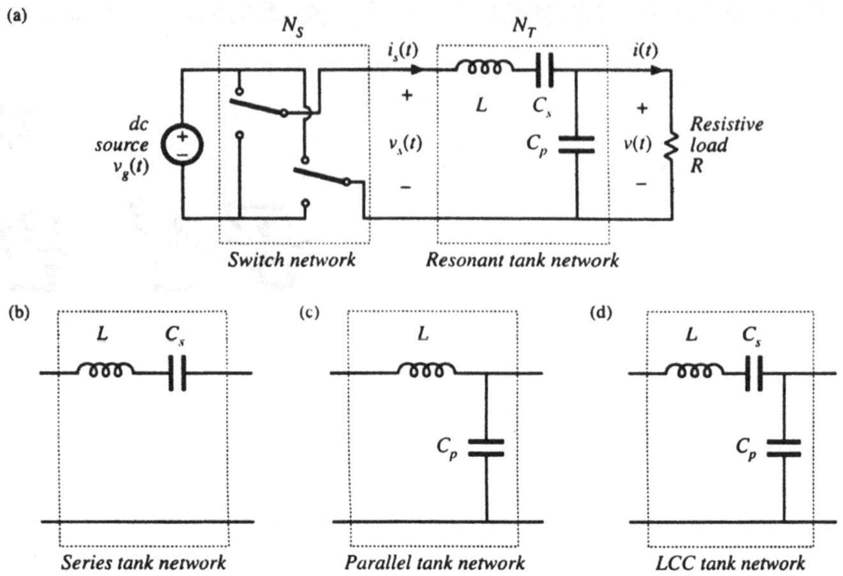

그림 10.1 (a) 공진 주파수 근처에서 공진 탱크 네트워크 N_T를 구동하는 스위치 네트워크 N_S로 구성된 기본 공진 인버터, (b) 직렬 공진 탱크, (c) 병렬 공진 탱크, (d) LCC 공진 탱크

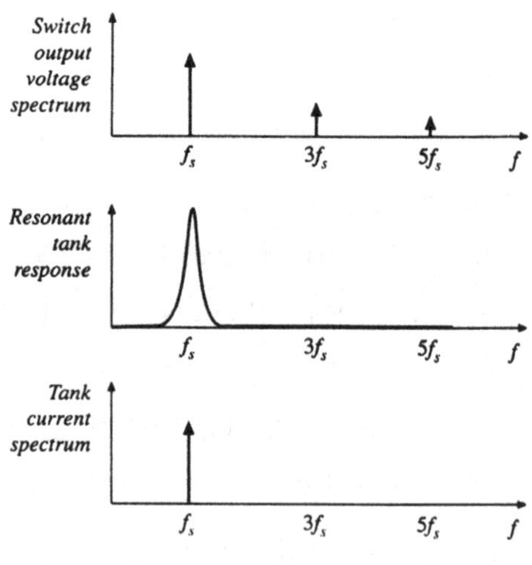

그림 10.2 탱크 네트워크는 주로 인가 파형의 기본파 성분에 응답한다

출력 전압을 제어하기 위해 브리지 스위치 네트워크의 위상-이동 제어와 같은 다른 방법도 가능하다. 다양한 종류의 공진 탱크 네트워크를 적용할 수 있다. 그림 10.1(b)부터 10.1(d)는 잘 알려진 직렬, 병렬 및 LCC 탱크 네트워크를 나타낸다. 직렬 공진 탱크 네트워크를 채택한 인버터를 직렬 공진(series resonant) 또는 직렬 부하 인버터라 부른다. 병렬 공진(parallel resonant) 또는 병렬 부하 인버터의 출력 전압은 공진 탱크의 커패시터 전압과 같다. LCC 인버터에서는 커패시터가 부하에 직렬과 병렬로 연결된다.

그림 10.3은 가스 방전 램프용 전자식 안정기의 고 주파수 인버터를 나타낸다. LCC 인버터의 반-브리지 구성은 거의 정현파에 가까운 고 주파수 교류 파형으로 램프를 구동한다. 램프를 켜기 위해 처음에는 비교적 큰 전압을 공급하고 그 후에는 더 낮은 전압을 공급하도록 컨버터를 제어한다. 교류 전력계통으로부터 안정기의 전력을 공급하면 낮은 고조파 정류기를 사용하여 인버터의 입력 직류 전압을 공급한다.

공진 인버터의 교류 출력을 정류 및 필터링을 통하여 공진 직류-직류 컨버터를 구성할 수 있다. 그림 10.4는 직렬 공진 직류-직류 컨버터를 나타낸다. 거의 정현파의 공진 탱크 출력 전류 $i_R(t)$을 다이오드 브리지 정류기로 정류하고 큰 커패시터로 필터링하여 전류 I와 전압 V를 갖는 직류 부하를 공급한다. 스위칭 주파수 f_s를 조절하여(공진 주파수 f_0에 가깝거나 더 크게) 탱크 전류 $i_R(t)$의 크기와 부하 전류 I를 제어할 수 있다. 직렬, 병렬, LCC 및 다른 공진 탱크 네트워크에 기반을 둔 공진 직류-직류 컨버터를 잘 이해할 수 있다. 특별한 응용 조건이 필요할 때 이러한 컨버터를 사용한다. 예를 들면 공진 컨버터는 고전압 직류 전력 공급기[5,6]에 보통 사용된다. 그 이유는 고전압 변압기의 큰

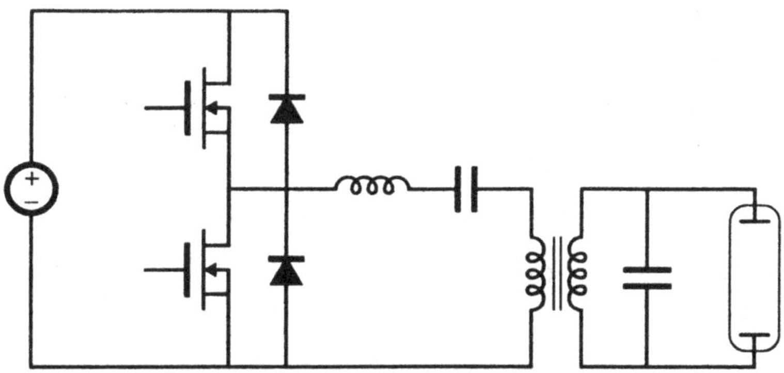

그림 10.3 가스 방전 램프용 전자식 안정기용 반-브리지 *LCC* 인버터

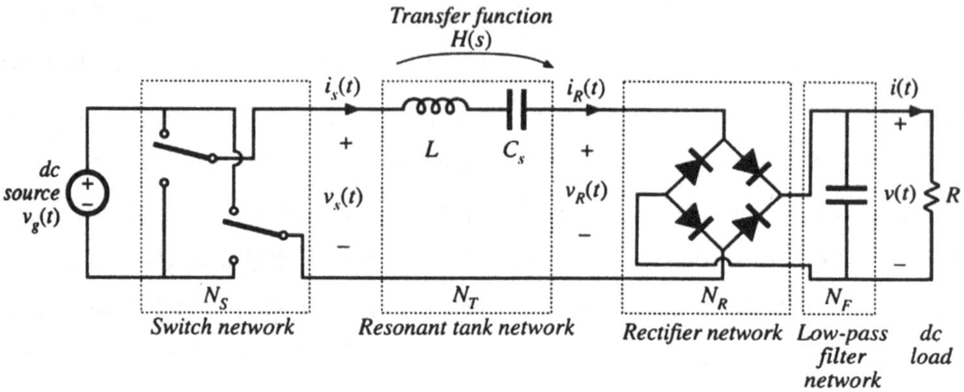

그림 10.4 공진 인버터의 출력을 정류 및 필터링하여 공진 직류–직류 컨버터 구성

누설 인덕턴스와 권선 커패시턴스에 의해 어쩔 수 없이 공진 탱크 네트워크를 형성하기 때문이다. 공진 링크(resonant link) 인버터 또는 공진 링크 싸이클로컨버터[7-9]를 구성하는데 같은 원리를 적용할 수 있다. 제어 스위치 네트워크를 공진 탱크 네트워크 양쪽에 적용한다.

그림 10.5는 공진 전력 변환의 다른 접근 방법을 나타낸다. 여기서 공진 소자를 PWM 컨버터의 스위치 네트워크에 삽입하여 공진 스위치 네트워크 또는 준공진(quasi-resonant) 컨버터를 얻는다. 예를 들면 그림 10.5(b)에서 공진 소자 L_r과 C_r이 스위치 네트워크의 트랜지스터와 다이오드와 결합되어 있다. 이 소자의 공진 주파수는 스위칭 주파수보다 조금 높으므로 스위치 네트워크의 파형 $i_1(t)$와 $v_2(t)$는 준정현파 펄스를 갖는다. 그림 10.5(b)의 공진 스위치 네트워크는 거의 모든 PWM 컨버터에서 그림 10.5(a)의 PWM 스위치 네트워크로 대체할 수 있다. 예를 들면 그림 10.5(c)의 컨버터 회로에 그림 10.5(b)의 공진 스위치 네트워크를 삽입하면 준공진 벅 컨버터가 된다. 많은 종류의 공진 스위치 네트워크가 알려져 있어 매우 많은 종류의 벅, 부스트, 벅-부스트 및 다른 컨버터의 공진 스위치 형태를 얻을 수 있다. 준공진 컨버터를 11장에서 다룬다.

공진 컨버터의 가장 큰 장점은 영전류 스위칭(zero-current switching: ZCS)과 영전압 스위칭(zero-voltage switching: ZVS)으로 알려진 과정에 의해 스위칭 손실이 감소한다는 점이다. 공진 컨버터의 준정현파가 영을 지나는 시점에서 여러 반도체 소자의 턴온 또는/과 턴오프 과도기간이 발생하게 할 수 있다. 이렇게 하여 1권 4장에서 서술한 스위칭 손

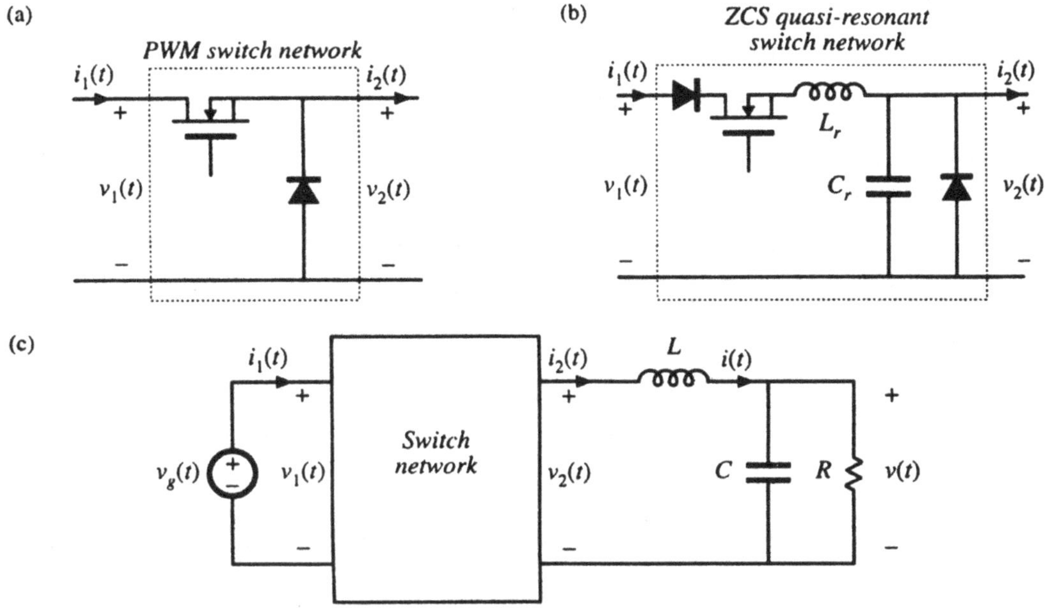

그림 10.5 준-공진 컨버터의 유도: (a) 전형적인 PWM 스위치 네트워크, (b) ZCS 준-공진 스위치 네트워크, (c) 벅 컨버터에서 (b)와 같은 준-공진 스위치 네트워크를 채택하여 준-공진 벅 컨버터를 얻는다.

실 과정의 일부를 제거할 수 있다. 따라서 스위칭 손실이 감소하여 PWM 컨버터에서 보다 더 높은 스위칭 주파수에서 공진 컨버터를 동작시킬 수 있다. 영전압 스위칭으로 컨버터가 발생하는 전자파 간섭 문제를 어느 정도 제거할 수 있다.

공진 컨버터는 몇 가지 단점을 보인다. 한 동작점에서 고효율의 좋은 성능을 얻도록 공진 소자의 값을 선택할 수 있지만 넓은 범위의 부하 전류와 입력 전압에서 좋은 성능을 얻도록 공진 소자의 값을 최적으로 선택하기는 일반적으로 어렵다. 부하를 제거하면 큰 전류가 탱크 소자를 통해 순환할 수 있으므로 가벼운 부하에서 효율이 나빠진다. 또한 다이오드 저장 전하에 의한 PWM 전류 스파이크를 무시할 수 있다면 공진 컨버터의 준정현파는 PWM 컨버터의 사각파에서 나타나는 값보다 더 큰 첨두 값을 보인다. 이러한 이유 때문에 공진 컨버터의 도통 손실이 증가하여 감소한 스위칭 손실의 장점을 저감시킨다.

이 장에서는 직렬, 병렬 및 다른 공진 인버터와 직류-직류 컨버터의 성질을 정현파 근사화(sinusoidal approximation)[3, 10-12]를 이용하여 조사한다. 스위칭 주파수의 고조파를 무시하고 탱크 파형을 완전한 정형파로 가정한다. 정현파 근사화를 통해 컨버터의 브리지 인버터, 탱크, 정류기와 출력 필터에 대한 등가회로를 간단하게 유도하여 전형적인 선형 교류 분석을 통해 동작을 이해하고 풀 수 있다. 이러한 직관적인 방법은 높은-Q 응답을 갖는 연속 전도모드의 동작에 대해 매우 정확하지만 탱크가 낮은 Q-계수로 동작하거나 직류-직류 컨버터가 불연속 전도모드나 근처에서 동작하면 정확도가 떨어진다.

직류-직류 공진 컨버터에 대해 이 방법의 중요한 결과는 연속 전도모드 공진 컨버터의 직류 전압 변환비는 근사적으로 스위칭 주파수에서 계산된 탱크 회로의 교류 전달함수로 주어진다는 점이다. 탱크의 부하는 출력 전압을 출력 전류로 나눈 값과 거의 같은 값을 갖는 실효 출력 저항이다. 탱크 소자와 회로 연결이 어떻게 컨버터의 동작에 영향을 주는가를 매우 쉽게 결정할 수 있다. 탱크 소자의 손실과 비이상적인 변압기 등에 의한 출력 전압과 컨버터 효율에 대한 영향을 알 수 있다. 몇 가지 공진 네트워크 이론을 통해 부하가 도통 손실, 영전압 및 영전류 성질에 의존하는 것을 간단하고 직관적인 방법으로 설명한다.

직렬 공진 컨버터는 강압 전압 변환비로 동작함을 보인다. 트랜지스터 스위칭 주파수가 탱크 공진 주파수와 같고 변압기의 권선비가 1:1이면 직류 출력 전압은 직류 입력 전압과 이상적으로 같다. 스위칭 주파수가 공진 주파수에서 작아지거나 커지면 출력 전압은 감소한다. 한편 병렬 컨버터는 스위칭 주파수와 탱크의 실효 Q-계수에 따라 승압 또는 강압할 수 있다. 이상적인 직렬 및 병렬 직류-직류 컨버터의 정확한 정상상태 해를 10.5절에서 서술한다.

직렬 공진 컨버터의 영전압 스위칭과 영전류 스위칭 과정을 10.3절에서 다룬다. 10.4절에서는 공진 인버터의 성질이 부하에 의존하는 것을 설명한다. 일부 공진 컨버터가 어떤 동작점에서 큰 탱크 순환 전류와 저 효율을 보이는 이유를 간단한 주파수 영역 방법으로 알아본다. 영전압 스위칭과 영전류 스위칭의 경계 조건을 유도한다.

이전 장의 PWM 컨버터를 수정하여 영전압 또는 영전류 스위칭을 얻을 수 있다. 벅, 부스트, 포워드, 플라이백, 브리지 및 다른 토폴로지에서 소프트 스위칭(soft switching)과 같은 다양한 종류의 방법이 알려져 있다. 11장에서 공진 스위치, 준사각파 스위치, 전-브리지 영전압 전이 컨버터 및 능동 클램프 스너버를 포함하는 포워드와 플라이백 컨버터에서 영전압 스위칭 등을 포함하여 잘 알려진 방법을 정리한다. 다이오드, MOSFET와 IGBT의 소프트 스위칭 과정을 자세하게 설명한다.

10.1 공진 컨버터의 정현파 분석

선형 공진 탱크 네트워크 N_T를 구동하는 제어 스위치 네트워크 N_s를 포함하는 공진 컨버터 급을 생각하자. 공진 인버터에서 탱크 네트워크는 그림 10.1에서와 같이 저항 부하를 구동한다. 만일 있다면 부하 임피던스의 무효 성분을 탱크 네트워크에 효과적으로 결합할 수 있다. 공진 직류-직류 컨버터의 경우 그림 10.4에서와 같이 공진 탱크 네트워크를 비제어 정류기 네트워크 N_R, 필터 네트워크 N_F와 부하 R에 연결한다. 많은 잘 알려진 컨버터를 직렬, 병렬과 LCC 토폴로지를 포함한 이러한 형태로 나타낼 수 있다.

대부분의 공통적인 동작 모드에서 제어 스위치 네트워크는 사각파 출력 전압 $v_s(t)$를 발생하며 주파수 f_s는 탱크 네트워크의 공진 주파수 f_0와 가깝다. 응답에서 탱크 네트워크는 거의 주파수 f_s의 정현파로 공진한다. 공진 탱크가 스위치 파형 $v_s(t)$의 기본파 성분 f_s에 주로 응답하고 고조파 주파수 nf_s, $n=3,\ 5,\ 7,\ \ldots$에서 응답을 무시할 수 있는 경우 탱크 파형은 기본파 성분으로 잘 근사화할 수 있다. 그림 10.2에 보인 바와 같이 탱크 네트워크가 스위칭 주파수나 근처에서 높은-Q 공진과 더 높은 주파수에서 저주파수-통과 특성을 포함할 때 잘 근사화된다. 따라서 고조파를 무시하고 탱크 단자 파형 $v_s(t)$, $i_s(t)$, $i_R(t)$와 $v_R(t)$의 기본파 성분 간의 관계를 계산하기로 한다.

10.1.1 제어 스위치 네트워크 모델

그림 10.6의 스위치 네트워크를 그림 10.7과 같은 주파수 $f_s=\omega_s/2\pi$의 사각파형을 발생하도록 제어한다면 출력 전압 파형 $v_s(t)$를 다음과 같이 푸리에 전개로 표현할 수 있다.

$$v_s(t)=\frac{4V_g}{\pi}\sum_{n=1,3,5,\cdots}\frac{1}{n}sin(n\omega_s t) \tag{10.1}$$

기본파 성분은

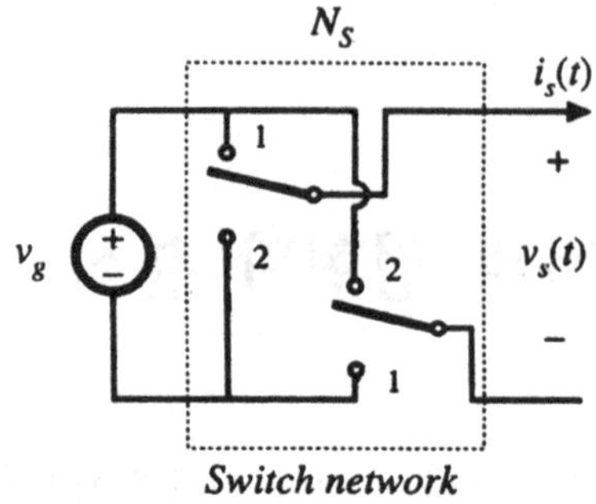

그림 10.6 이상적인 스위치 네트워크

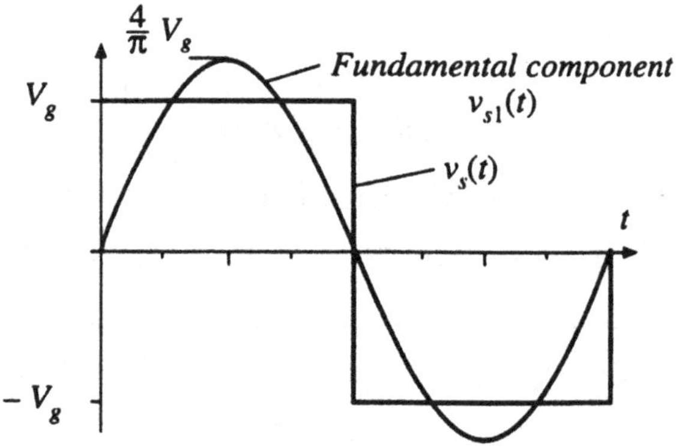

그림 10.7 스위치 네트워크 출력 전압 $v_s(t)$와 기본파 성분 $v_{s1}(t)$

$$v_{s1}(t) = \frac{4V_g}{\pi} sin(\omega_s t) = V_{s1}\sin(\omega_s t) \tag{10.2}$$

이고, 첨두 크기는 직류 입력 전압 V_g의 4/π 배와 같고 위상은 원래의 사각파형 $v_s(t)$와 같다. 따라서 스위치 네트워크 출력 단자를 정현파 전압 발생기 $v_{s1}(t)$로 모델링할 수 있다.

컨버터의 직류 입력 포트를 모델링하자. 스위치 입력 전류 $i_g(t)$의 직류 성분 I_g를 계산해야 한다. 스위치가 1의 위치에 있을 때 스위치 입력 전류 $i_g(t)$는 출력 전류 $i_s(t)$와 같다. 스위치가 2의 위치에 있을 때 스위치 입력 전류 $i_g(t)$는 출력 전류 $-i_s(t)$와 같다. 위에 서술한 조건에서 탱크는 정현파로 공진하고 $i_s(t)$는 다음과 같이 첨두 크기 I_{s1}과 위상 ϕ_s를 갖는 정현파로 잘 근사화된다.

$$i_s(t) = I_{s1}\sin(\omega_s t - \phi_s) \tag{10.3}$$

입력 전류 파형을 그림 10.8에 나타낸다. 입력 전류의 직류 성분 또는 평균값을 스위칭 주기의 반 동안 $i_g(t)$를 평균하여 다음과 같이 구할 수 있다.

$$\begin{aligned} \langle i_g(t) \rangle_{T_s} &= \frac{2}{T_s}\int_0^{T_s/2} i_g(\tau)d\tau \\ &= \frac{2}{T_s}\int_0^{T_s/2} I_{s1}\sin(\omega_s\tau - \phi_s)d\tau \\ &= \frac{2}{\pi} I_{s1}\cos(\phi_s) \end{aligned} \tag{10.4}$$

따라서 컨버터 입력 전류의 직류 성분은 탱크 입력 전류의 첨두 크기 I_{s1}과 위상 이동 ϕ_s의 cosine에 직접적으로 의존한다.

스위치의 등가회로를 그림 10.9에 나타낸다. 이 회로는 스위치의 기본적인 에너지 변환 성질을 모델링한다. 전압원 V_g에 의해 공급되는 직류 전력이 스위치 출력에서 교류 전력으로 변환된다. 전원에서의 직류 전력은 V_g와 $i_g(t)$의 직류 성분의 곱이고, 스위치에서 교류 전력은 $v_s(t)i_s(t)$의 평균이다. 더구나 $v_s(t)$의 고조파를 무시할 수 있다면 스위치의 출력 전압을 기본파 성분 즉, 첨두 크기 $4V_g/\pi$를 갖는 정현파 $v_{s1}(t)$로 표현할 수 있

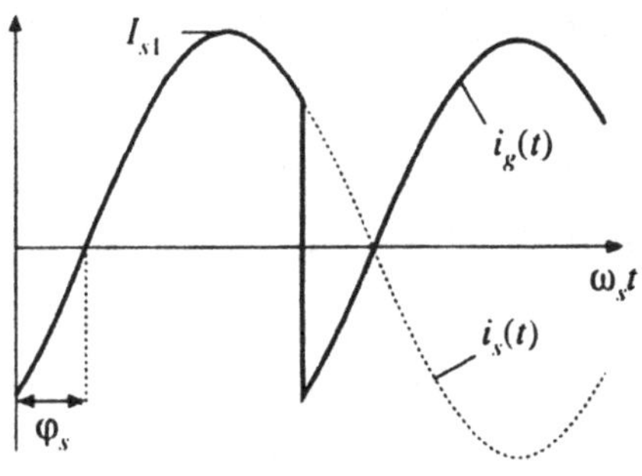

그림 10.8 스위치 네트워크 파형 $i_s(t)$와 $i_g(t)$

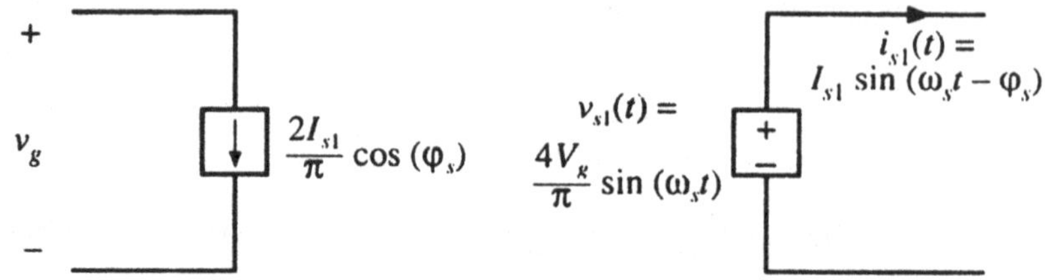

그림 10.9 출력 전압 파형의 기본파 성분과 입력 전류 파형의 직류 성분을 모델링하는 스위치 네트워크의 등가회로

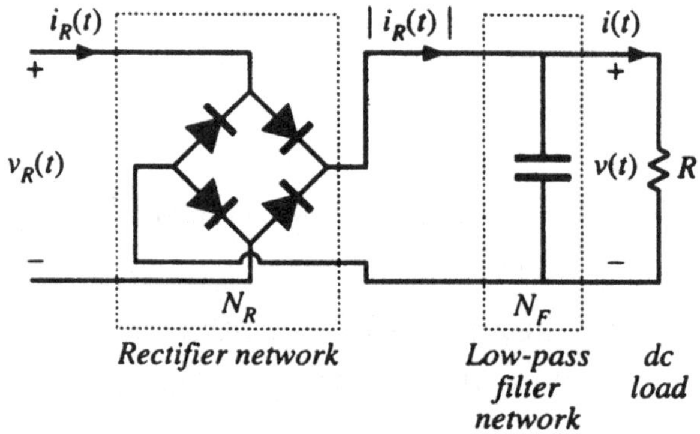

그림 10.10 직렬 공진 컨버터에서처럼 커패시턴스 필터 네트워크가 있는 비제어 정류기

다. 그림 10.9에서 예측한 스위치 네트워크의 직류 입력 전력과 기본파 평균 출력 전력이 같음을 증명할 수 있다.

10.1.2 정류기와 커패시터 필터 네트워크의 모델링

직렬 공진 직류-직류 컨버터에서 출력 정류기는 거의 정현파의 탱크 출력 전류 $i_R(t)$에 의해 구동된다. 그림 10.10에 보인 바와 같이 큰 커패시터 C_F를 직류 출력단에 놓아 출력 전압 $v(t)$에 존재하는 스위칭 주파수 f_s의 고조파를 무시할 수 있다. 따라서 보통 때와 같이 미소 맥동 근사화를 할 수 있다. $v(t) \approx V$, $i(t) \approx I$. 그림 10.11에 보인 것처럼 $i_R(t)$가 영을 지날 때 다이오드 정류기는 스위칭을 한다. 정류기 입력 전압 $v_R(t)$는 $i_R(t)$

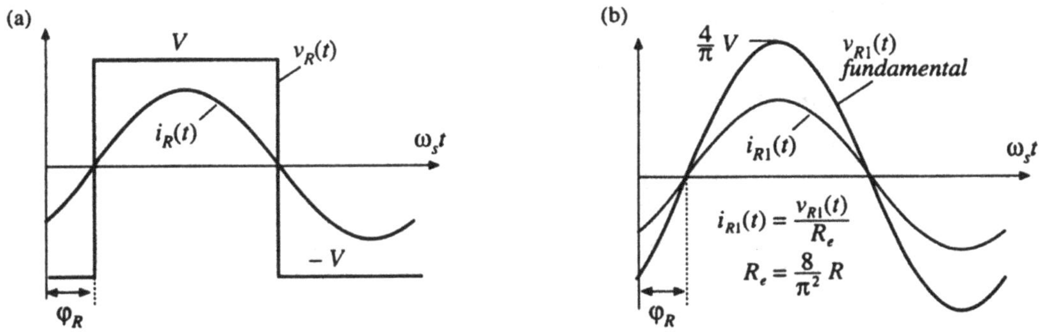

그림 10.11 정류기 네트워크의 입력 단자 파형: (a) 실제 파형 $v_R(t)$와 $i_R(t)$, (b) 기본파 성분 $v_{R1}(t)$와 $i_{R1}(t)$

가 양의 값일 때 $+v(t)$의 크기와 $i_R(t)$가 음의 값일 때 $-v(t)$의 크기를 갖는 거의 사각파이다. $v_R(t)$는 $i_R(t)$와 위상이 같음을 주의하기 바란다.

탱크 출력 전류 $i_R(t)$가 다음과 같이 첨두 크기 I_{R1}과 위상 이동 ϕ_R을 갖는 정현파라 하면

$$i_R(t) = I_{R1}\sin(\omega_s t - \phi_R) \tag{10.5}$$

정류기의 입력 전압을 다음과 같이 푸리에 전개로 나타낼 수 있다.

$$v_R(t) = \frac{4V}{\pi}\sum_{n=1,3,5,\cdots}^{\infty}\frac{1}{n}sin(n\omega_s t - \phi_R) \tag{10.6}$$

여기서 ϕ_R은 $v_s(t)$에 대한 $i_R(t)$의 위상 이동이다. 이 전압 파형 $v_R(t)$가 공진 탱크 네트워크의 출력 포트에 인가된다. 탱크 네트워크가 $v_R(t)$의 기본파 성분(f_s)에 주로 응답하고 고조파 주파수 nf_s, $n=3,5,7,\ldots$에서 응답을 무시할 수 있다면 $v_R(t)$의 고조파를 무시할 수 있다. 전압 파형 $v_R(t)$를 기본파 성분 $v_{R1}(t)$로 다음과 같이 잘 근사화할 수 있다.

$$v_{R1}(t) = \frac{4V}{\pi}sin(\omega_s t - \phi_R) = V_{R1}\sin(\omega_s t - \phi_R) \tag{10.7}$$

기본파 성분 $v_{R1}(t)$의 첨두 크기는 직류 출력 전압 V의 $4/\pi$ 배와 같고 위상은 전류 $i_R(t)$와 같다.

정류된 탱크 출력 전류 $|i_R(t)|$는 커패시터 C_F에 의해 필터링된다. 직류 성분은 C_F를 통과할 수 없으므로 $|i_R(t)|$의 직류 성분은 정상상태의 부하 전류 I와 같다. 직류 성분에 대해 방정식을 세우면 다음과 같이 쓸 수 있다.

$$I = \frac{2}{T_s}\int_0^{T_s/2} I_{R1}|\sin(\omega_s\tau - \phi_R)|d\tau \tag{10.8}$$
$$= \frac{2}{\pi} I_{R1}$$

그러므로 정상상태에서 부하 전류와 탱크 출력 전류의 크기는 직접적으로 관계된다. $v_R(t)$의 기본파 성분인 $v_{R1}(t)$가 $i_R(t)$와 위상이 같으므로 정류기는 탱크 회로에 실효 저항 부하 R_e로 보인다. R_e의 값은 $v_{R1}(t)$과 $i_R(t)$의 비와 같다. 식 (10.7)을 (10.5)로 나누고 식 (10.8)을 이용하여 I_{R1}을 소거하면 다음 식을 얻을 수 있다.

$$R_e = \frac{v_{R1}(t)}{i_R(t)} = \frac{8}{\pi^2}\frac{V}{I} \tag{10.9}$$

V/I와 같은 부하 저항 R을 이용하면 위 식은 다음과 같이 된다.

$$R_e = \frac{8}{\pi^2}R = 0.8106R \tag{10.10}$$

따라서 탱크 네트워크는 실제 부하 저항의 81%의 값과 같은 실효 부하 저항 R_e에 의해 제동된다. 정류기 네트워크의 입력 포트 기본파 성분과 출력 포트 직류 성분을 모델링하는 등가회로를 그림 10.12에 나타낸다.

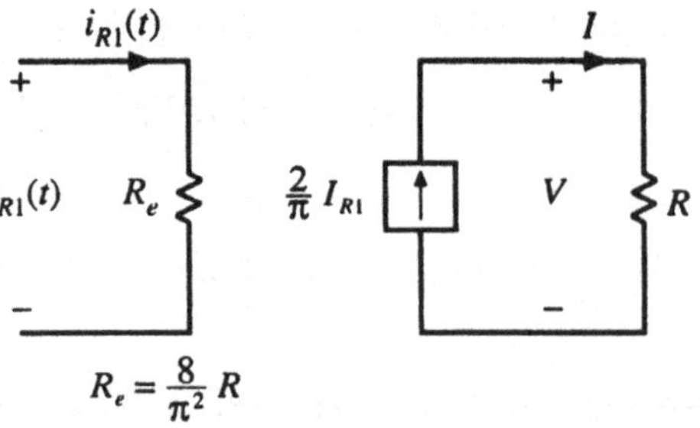

그림 10.12 정류기 교류 입력 파형의 기본파 성분과 부하 파형의 직류 성분을 모델링하는 정류기와 필터 네트워크의 등가회로. 정류기는 탱크 네트워크에 저항 부하 R_e처럼 보인다

10.1.3 공진 탱크 네트워크

고조파의 영향을 무시할 수 있다고 가정하였고 브리지를 기본파 전압원 $v_{s1}(t)$로 모델링할 수 있음을 보였다. 직류-직류 컨버터인 경우 실효 저항 R_e를 이용하여 정류기를 모델링할 수 있다. 이제 표준 선형 분석 방법으로 공진 탱크 네트워크를 풀 수 있다.

그림 10.13에 보인 바와 같이 탱크 회로는 다음의 전압 전달함수를 갖는 선형 네트워크이다.

$$\frac{v_{R1}(s)}{v_{s1}(s)} = H(s) \tag{10.11}$$

그러므로 $v_{R1}(t)$과 $v_{s1}(t)$의 첨두 크기의 비는 다음 식으로 주어진다.

$$\frac{V_{R1}}{V_{s1}} = \| H(s) \|_{s=j\omega_s} \tag{10.12}$$

또한 $i_R(s)$은 다음 식으로 주어진다.

$$i_R(s) = \frac{v_{R1}(s)}{R_e} = \frac{H(s)}{R_e} v_{s1}(s) \tag{10.13}$$

따라서 $i_R(t)$의 첨두 크기는 다음 식과 같다.

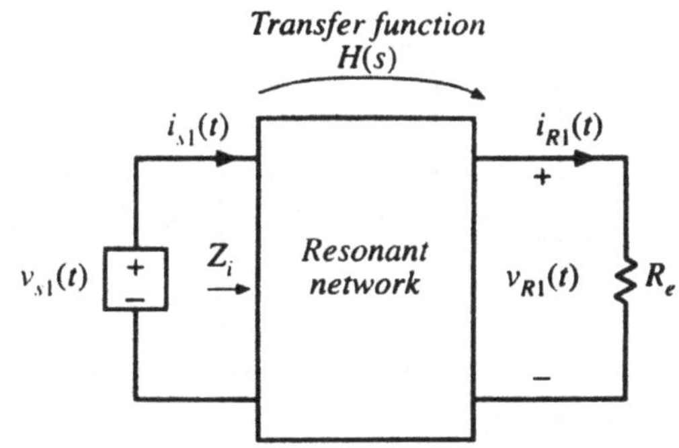

그림 10.13 실효 정현파 입력 전원이 인가되고 실효 저항 부하를 구동하는 선형 탱크 네트워크

$$I_{R1} = \frac{\| H(s) \|_{s=j\omega_s}}{R_e} V_{s1} \tag{10.14}$$

탱크 전달함수의 크기를 실효 부하 저항으로 유도하였다.

10.1.4 컨버터 전압 변환비의 해

완전한 직류-직류 공진 컨버터의 등가회로를 그림 10.14에 도시한다. 공진 컨버터의 전압 변환비를 다음과 같이 구할 수 있다.

$$M = \frac{V}{V_g} = \underbrace{(R)}_{\left(\frac{V}{I}\right)} \underbrace{\left(\frac{2}{\pi}\right)}_{\left(\frac{I}{I_{R1}}\right)} \underbrace{\left(\frac{1}{R_e}\right)}_{\left(\frac{I_{R1}}{V_{R1}}\right)} \underbrace{\left(\| H(s) \|_{s=j\omega_s}\right)}_{\left(\frac{V_{R1}}{V_{s1}}\right)} \underbrace{\left(\frac{4}{\pi}\right)}_{\left(\frac{V_{s1}}{V_g}\right)}$$

(10.15)

식 (10.10)을 이용하여 간단히 하면 다음과 같이 쓸 수 있다.

$$\frac{V}{V_g} = \| H(s) \|_{s=j\omega_s} \tag{10.16}$$

식 (10.16)은 우리가 원하는 결과로 공진 컨버터의 직류 변환비는 스위칭 주파수 f_s에서

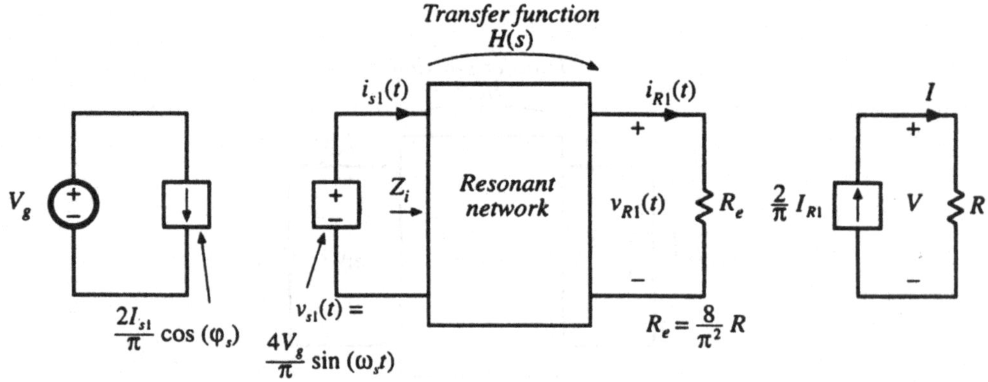

그림 10.14 공진 컨버터 파형의 직류와 기본파 성분을 모델링하는 정상상태 등가회로

계산한 공진 탱크회로의 교류 전달함수와 거의 같음을 나타낸다. 이 직관적인 결과를 여러 다른 종류의 탱크회로를 갖는 컨버터에 적용할 수 있다. 그러나 $v_s(t)$의 고조파에 대한 탱크회로의 응답이 기본파에 대한 응답에 비해 무시할 수 있을 때에만 식 (10.16)은 타당함을 기억하기 바란다. 또한 스위치 네트워크가 사각파형을 발생하도록 제어하고 정류기 네트워크가 커패시터형 필터 네트워크를 구동한다고 가정하였다. 마지막으로 식 (10.9)로 주어진 실효 부하 저항 R_e를 이용하여 전달함수 $H(s)$를 계산하였다.

10.2 예제

10.2.1 직렬 공진 직류-직류 컨버터 예

스위칭 주파수를 제어하는 직렬 공진 컨버터를 그림 10.4에 보인다. 양방향 전류 2상한 스위치가 필요하다. 이 회로에 대해 탱크 네트워크는 직렬 $L-C$회로로 구성되고 그림 10.14를 그림 10.15처럼 다시 나타낼 수 있다. 그러므로 전달함수 $H(s)$는 다음과 같이 나타낼 수 있다.

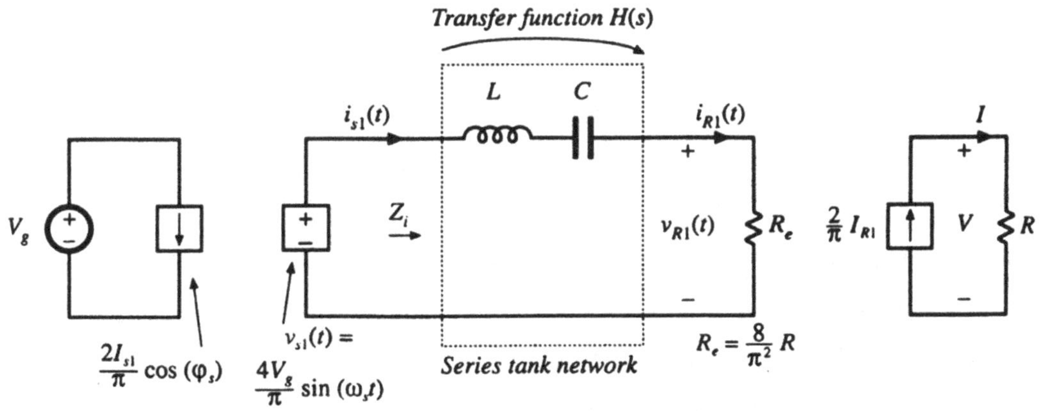

그림 10.15 직렬 공진 네트워크의 정상상태 등가회로

$$H(s) = \frac{R_e}{Z_i(s)} = \frac{R_e}{R_e + sL + \dfrac{1}{sC}} = \frac{\left(\dfrac{s}{Q_e \omega_0}\right)}{1 + \left(\dfrac{s}{Q_e \omega_0}\right) + \left(\dfrac{s}{\omega_0}\right)^2} \tag{10.17}$$

여기서

$$\omega_0 = \frac{1}{\sqrt{LC}} = 2\pi f_0$$
$$R_0 = \sqrt{\frac{L}{C}}$$
$$Q_e = \frac{R_0}{R_e}$$

이다. 컨버터의 직류 변환비 $M = V/V_g$와 같은 $H(j\omega_s)$의 크기는

$$M = \| H(j\omega_s) \| = \frac{1}{\sqrt{1 + Q_e^2\left(\dfrac{1}{F} - F\right)^2}} \tag{10.18}$$

이고 여기서

$$F = f_s / f_0 \tag{10.19}$$

이다.

2장의 그래프 연산을 이용하여 $Z_i(s)$와 $H(s)$의 보드선도를 그림 10.16에 도시한다. 직렬 공진 임피던스 $Z_i(s)$는 저 주파수에서 커패시터 C가 지배적이고, 고 주파수에서 인덕터 L이 지배적이다. 공진 주파수 f_0에서 인덕터와 커패시터의 임피던스는 크기는 같고 위상은 반대이므로 서로 상쇄된다. 따라서 $f = f_0$에서 직렬 공진 임피던스 $Z_i(s)$는 R_e와 같다.

R_e를 그림 10.16에서 $\|Z_i\|$의 점근선을 그래프 연산으로 나누어 전달함수 $\|H(j\omega)\|$를 만든다. 공진에서 $\|H\| = R_e/R_e = 1$이다. 공진 주파수 이외의 주파수에서 $\|Z_i\| > R_e$이므로 $\|H\| < 1$이다. 따라서 변환비 M은 1보다 작거나 같다. 부하 저항 R을 감소하면 실효 Q-계수 Q_e가 증가하여 공진 부근에서 더 뾰족한 첨두가 발생한다. 직렬 공진 컨버터의 정

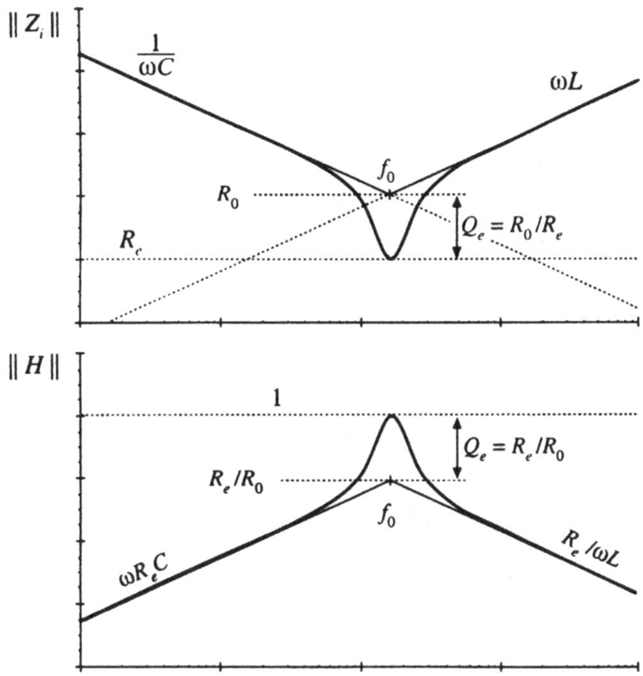

그림 10.16 직렬 공진 컨버터에 대한 $Z_i(s)$와 $H(s)$의 보드선도

확한 특성을 그림 10.45에 도시한다.

식 (10.18)이 정확한 스위칭 주파수의 범위는? $v_s(t)$의 기본파 성분에 대한 탱크의 응답은 $v_s(t)$의 고조파에 대한 응답보다 충분히 커야한다. 이는 공진 주파수 이상의 동작에 대해 사실이다. 그 이유는 $H(s)$가 $f_s > f_0$에 대해 단일 극점 기울기로 감소하는 중간 주파수 통과(bandpass) 특성을 포함하기 때문이다. 같은 이유로 스위칭 주파수가 공진 근처나 작을 때 식 (10.18)은 타당하다.

그러나 공진 주파수 f_0보다 충분히 작은 스위칭 주파수 f_s에 대해 탱크가 $v_s(t)$의 기본파보다 고조파에 더 강하게 응답하기 때문에 정현파 근사화는 완전히 깨져버린다. 예를 들면 $f_s = f_0/3$에서 $v_s(t)$의 3차 고조파는 f_0와 같고 탱크 공진을 직접적으로 여기시킨다. 더 낮은 주파수에서 어떻게 되는가를 이해하기 위해서 다른 분석 방법을 사용해야 한다. 낮은 Q인 경우 필터 응답에 뾰족함이 덜하기 때문에 근사화의 정확도는 떨어진다. 불연속 전도모드가 발생하고 파형은 정현파에서 많이 벗어남을 뒤의 절에서 볼 수 있다.

10.2.2 직렬 공진 컨버터의 subharmonic 모드

스위치의 출력 파형 $v_s(t)$의 n차 고조파가 공진 탱크 주파수와 가깝고($nf_s \sim f_0$), 탱크의 실효 Q-계수 Q_e가 그림 10.17에서처럼 충분히 크면 탱크는 n차 고조파에 주로 응답한다. 탱크 파형의 다른 모든 성분은 무시할 수 있고 $v_s(t)$를 다음과 같이 n차 고조파로 대체하는 것은 좋은 근사화이다.

$$v_s(t) = v_{sn}(t) = \frac{4V_g}{n\pi} sin(n\omega_s t) \tag{10.20}$$

이 식은 크기가 $1/n$배 감소하고 주파수가 f_s가 아니라 nf_s이기 때문에 식 (10.2)와 다르다.

탱크와 정류기/필터 네트워크를 모델링하는 절차는 10.1절의 내용과 다르지 않다. 정류기는 탱크에 실효 저항 부하 $R_e = 8R/\pi^2$으로 보인다. 따라서 컨버터의 직류 변환비는 다음 식으로 주어진다.

$$M = \frac{V}{V_g} = \frac{\| H(j\omega_s) \|}{n} \tag{10.21}$$

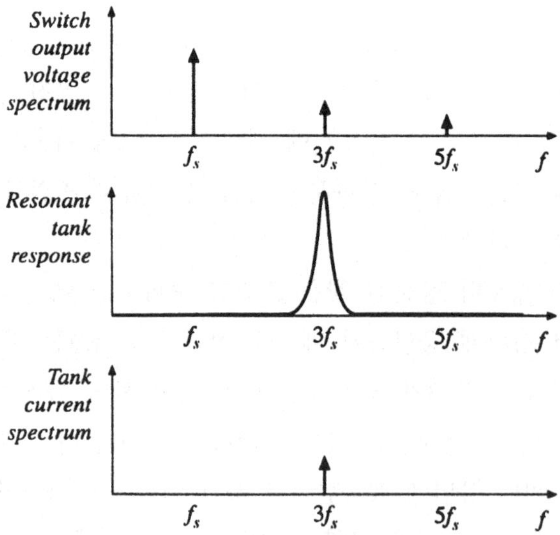

그림 10.17 스위칭 주파수의 3차 고조파에 의한 탱크 네트워크의 여기

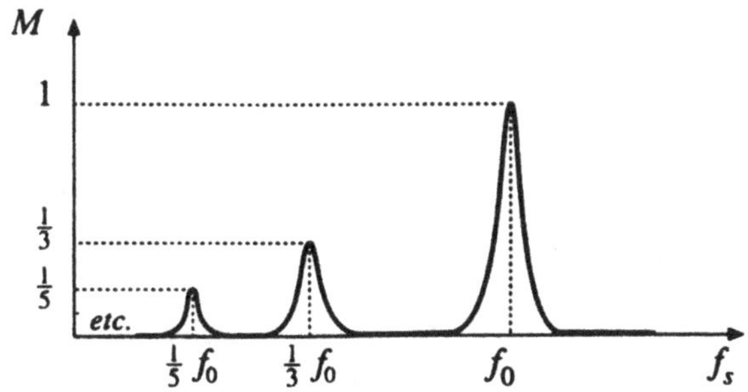

그림 10.18 직렬 공진 컨버터의 subharmonic 모드. 스위칭 주파수의 고조파가 탱크 공진을 일으킬 때 이 모드가 발생한다.

이 식은 nf_s가 f_0에 가깝고 Q_e가 충분히 크면 좋은 근사식이며 전형적인 특성을 그림 10.18에 나타낸다.

기본파 모드가 더 큰 출력 전압과 전력을 발생하고 더 높은 효율을 가지므로 일반적으로 직렬 공진 컨버터를 subharmonic 모드에서 동작하도록 설계하지 않는다. 하지만 이 모드에서 부주의한 동작에 의해 신호의 불안정을 초래할 수 있기 때문에 시스템 설계자는 이들이 존재한다는 것을 알고 있어야 한다.

10.2.3 병렬 공진 직류-직류 컨버터 예

병렬 공진 직류-직류 컨버터를 그림 10.19에 나타낸다. 두 가지 면에서 직렬 공진 컨버터와 다르다. 첫째로 탱크 커패시터가 정류기 네트워크와 직렬이 아닌 병렬로 연결되어 탱크 전달함수 $H(s)$가 다른 형태를 취한다. 두 번째로 정류기는 인덕턴스 입력 저 주파수-통과 필터를 구동한다. 따라서 실효 저항 R_e의 값이 커패시터 필터가 있는 정류기의 값과 다르다. 하지만 병렬 공진 컨버터의 동작을 이해하기 위해 정현파 근사화를 사용할 수 있다.

직렬 공진 컨버터에서와 마찬가지로 스위치 네트워크는 사각파 $v_s(t)$를 발생한다. 탱크 네트워크가 $v_s(t)$의 기본파 성분에 주로 응답한다면 스위치 파형의 기본파 성분과 입력 직류 성분을 모델링하기 위해 10.1절의 논의를 그대로 적용할 수 있다. 결과적인 등가 회로는 그림 10.9와 같다.

인덕턴스 필터 네트워크를 갖는 비제어 정류기를 10.1.2절의 논의의 쌍대를 이용하여

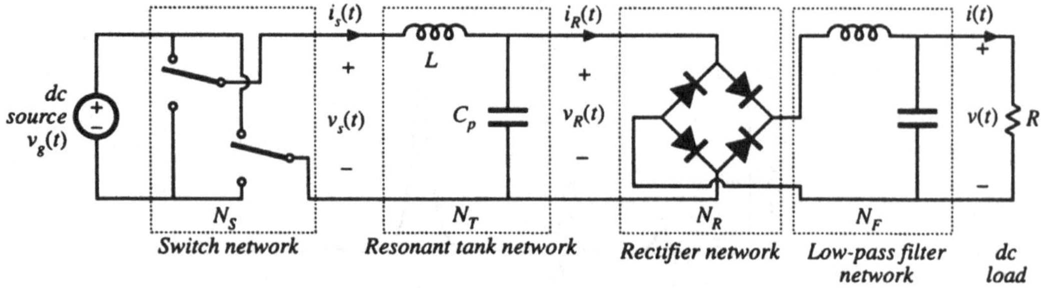

그림 10.19 병렬 공진 컨버터의 블록선도

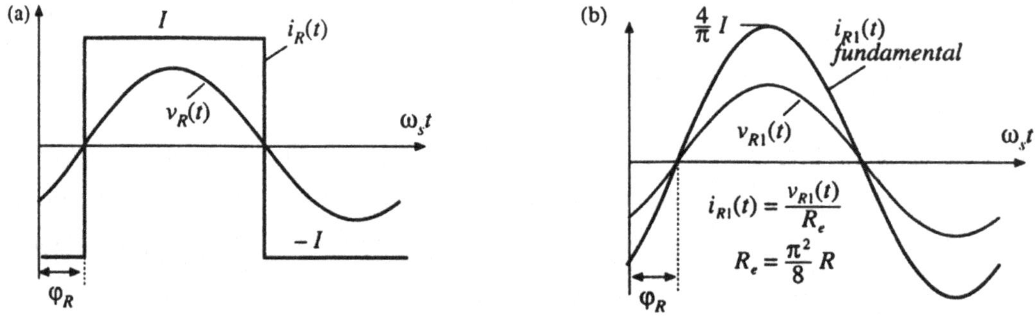

그림 10.20 병렬 공진 컨버터인 경우 정류기 네트워크의 입력 단자 파형: (a) 실제 파형 $v_R(t)$와 $i_R(t)$, (b) 기본파 성분 $v_{R1}(t)$와 $i_{R1}(t)$

표현할 수 있다. 병렬 공진 컨버터에서 출력 정류기는 거의 정현파의 탱크 커패시터 전압 $v_R(t)$에 의해 구동되고 다이오드 정류기는 그림 10.20에서와 같이 $v_R(t)$가 영을 지날 때 스위칭을 한다. 필터 인덕터의 전류 맥동이 작으면 정상상태에서 필터 인덕터 전류는 직류 부하 전류 I와 거의 같다. 그러므로 정류기 입력 전류 $i_R(t)$는 크기 I의 사각파형이고 탱크 커패시터 전압 $v_R(t)$와 위상이 같다.

$$i_R(t) = \frac{4I}{\pi} \sum_{n=1,3,5,\cdots}^{\infty} \frac{1}{n} sin(n\omega_s t - \phi_R) \tag{10.22}$$

여기서 ϕ_R은 $v_R(t)$의 위상 이동이다.

$i_R(t)$의 기본파 성분은

$$i_{R1}(t) = \frac{4I}{\pi} sin(\omega_s t - \phi_R) \tag{10.23}$$

이므로 정류기는 탱크회로에 다음의 값을 갖는 실효 저항 부하로 보인다.

$$R_e = \frac{v_{R1}(t)}{i_{R1}(t)} = \frac{\pi V_{R1}}{4I} \tag{10.24}$$

정류된 탱크 커패시터 전압 $|v_R(t)|$의 교류 성분은 출력 저 주파수-통과 필터를 통해 제거된다. 정상상태에서 출력 전압 V는 $|v_R(t)|$의 직류 성분과 같다.

$$V = \frac{2}{T_s} \int_0^{T_s/2} V_{R1} |\sin(\omega_s t - \phi_R)| dt = \frac{2}{\pi} V_{R1} \tag{10.25}$$

따라서 부하 전압 V와 탱크의 커패시터 전압 크기는 정상상태에서 직접적으로 관계된다. 식 (10.25)와 저항 부하특성 $V = IR$을 식 (10.24)에 대입하면 다음 식을 얻을 수 있다.

$$R_e = \frac{\pi^2}{8} R = 1.2337R \tag{10.26}$$

인덕턴스 필터 네트워크를 갖는 비제어 정류기에 대한 등가회로를 그림 10.21에 나타낸다. 이 모델은 정류기 입력 전압 $v_R(t)$와 전류 $i_R(t)$의 역할을 바꾼 것과 R_e의 값이 다르다는 점을 제외하면 그림 10.12의 직렬 공진 컨버터의 모델과 유사하다. 전체 컨버터의 모델을 그림 10.22에 나타낸다.

그림 10.22의 해로부터 컨버터의 직류 변환비를 다음과 같이 구할 수 있다.

$$M = \frac{V}{V_g} = \frac{8}{\pi^2} \| H(s) \|_{s = j\omega_s} \tag{10.27}$$

여기서 $H(s)$는 다음의 탱크 전달함수이다.

$$H(s) = \frac{Z_o(s)}{sL} \tag{10.28}$$

$$Z_o(s) = sL \parallel \frac{1}{sC} \parallel R_e \tag{10.29}$$

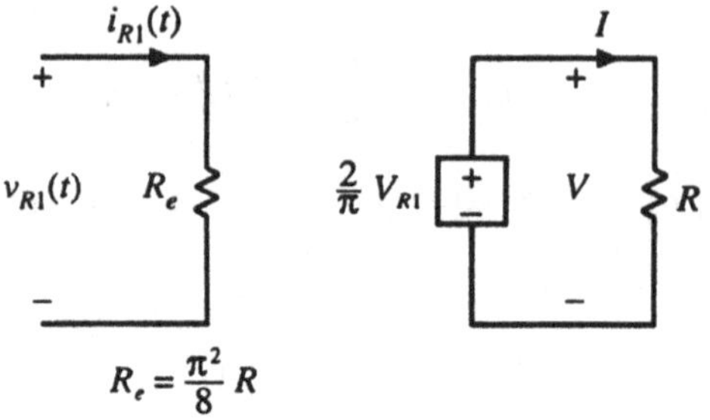

그림 10.21 정류기 교류 입력 파형의 기본파 성분과 부하 파형의 직류 성분을 모델링하는 정류기와 인덕턴스 필터 네트워크의 등가회로

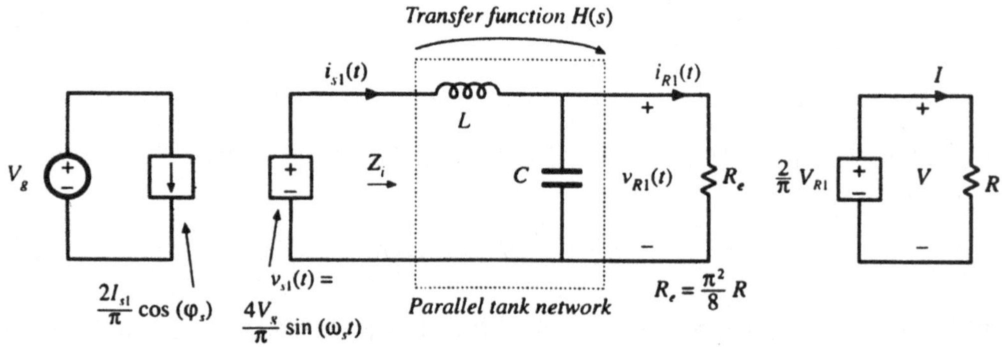

그림 10.22 탱크 파형의 기본파 성분과 컨버터 입력 전류와 출력 전압의 직류 성분을 모델링하는 병렬 공진 컨버터의 등가회로

$H(s)$와 $Z_o(s)$의 보드선도를 2장의 그래프 연산을 이용하여 그림 10.23에 도시한다. 임피던스 $Z_o(s)$는 탱크 인덕터 L, 커패시터 C와 실효 저항 R_e의 병렬 조합이다. 주어진 주파수에서 이들 소자의 병렬 조합에 대한 크기 점근선은 각각의 점근선 ωL, $1/\omega C$과 R_e 가운데 제일 작은 점근선과 같다. 따라서 인덕터 임피던스가 병렬 조합을 지배하는 저 주파수에서 $\|Z_o(s)\| \approx \omega L$이고, 커패시터가 지배적인 고 주파수에서 $\|Z_o(s)\| \approx 1/\omega C$이다. 공진 주파수에서 인덕터와 커패시터의 임피던스는 크기는 같고 위상은 반대이므로 서로 상쇄되어 임피던스 $\|Z_o(s)\|$는 R_e와 같아진다.

$$\| Z_o(s) \|_{s=j\omega_s} = \frac{1}{\dfrac{1}{j\omega_0 L} + j\omega_0 C + \dfrac{1}{R_e}} = R_e \tag{10.30}$$

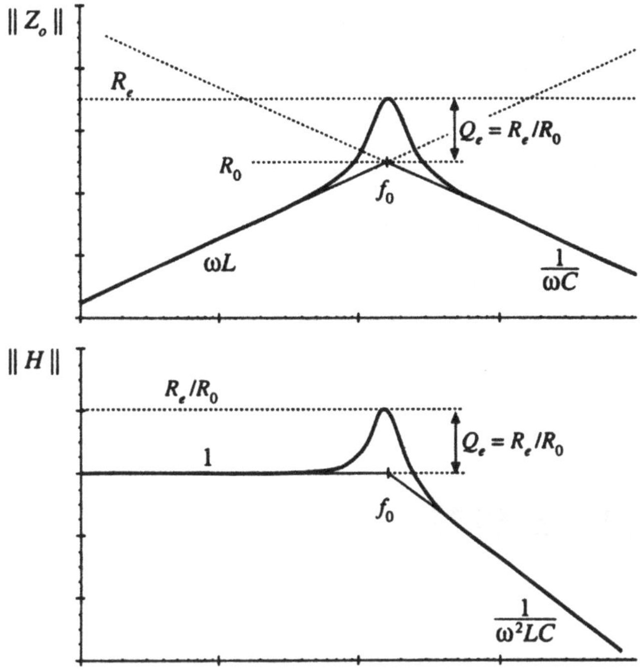

그림 10.23 병렬 공진 컨버터에 대한 $Z_i(s)$와 $H(s)$의 보드선도

여기서

$$\omega_0 L = \frac{1}{\omega_0 C} = R_0$$

이다. 따라서 직류 변환비는

$$M = \frac{8}{\pi^2} \left\| \frac{Z_o(s)}{sL} \right\|_{s=j\omega_s} = \frac{8}{\pi^2} \left\| \frac{1}{1 + \frac{s}{Q_e \omega_0} + \left(\frac{s}{\omega_0}\right)^2} \right\|_{s=j\omega_s} \tag{10.31}$$

$$= \frac{8}{\pi^2} \frac{1}{\sqrt{(1-F^2)^2 + \left(\frac{F}{Q_e}\right)^2}}$$

이고 여기서 $F = f_s/f_0$이다.

공진에서 변환비는 다음과 같다.

$$M = \frac{8}{\pi^2}\frac{R_e}{R_0} = \frac{R}{R_0} \tag{10.32}$$

M의 실제 첨두 값은 공진 주파수보다 약간 작은 스위칭 주파수에서 발생하며 식 (10.32)에 주어진 값보다 약간 크다. 부하 저항 R이 탱크의 특성 임피던스 R_0보다 크다면 병렬 공진 컨버터는 1보다 크거나 작은 변환비를 발생할 수 있다. 실제로 이상적인 병렬 공진 컨버터는 출력 전류를 V_g/R_0보다 작은 값으로 제한한다면 무한대에 가까운 변환비를 발생할 수 있다. 물론 손실에 의해 실제 컨버터가 발생할 수 있는 최대 출력 전압은 제한된다.

10.3 소프트 스위칭

이 전에 언급하였듯이 영전류 스위칭(ZCS)과 영전압 스위칭(ZVS)으로 알려진 소프트 스위칭으로 스위칭 손실을 감소할 수 있다. 반도체 스위칭 소자의 턴온과 턴오프 과도기간이 인가한 파형이 영을 지나는 시점과 일치할 때 1권 4.3절에서 서술한 스위칭 손실과정의 일부를 제거할 수 있다. MOSFET와 다이오드를 포함하는 컨버터에서 영전압 스위칭은 다이오드의 회복 전하와 반도체의 출력 커패시턴스에 의한 스위칭 손실을 완화해준다. 영전류 스위칭은 IGBT의 꼬리 전류와 표유 인덕턴스에 의한 스위칭 손실을 완화할 수 있다. 영전류 스위칭은 SCR의 전류에도 사용할 수 있다. 다이오드의 회복 전하와 반도체의 출력 커패시턴스가 PWM 스위칭 손실의 지배적인 원인인 대부분의 응용에서 영전압 스위칭이 사용된다.

10.3.1 공진 주파수 이하에서 전-브리지의 동작: 영전류 스위칭

직렬과 병렬 인버터 및 직류-직류 컨버터가 공진 이하에서 동작할 때 영전류 스위칭 현상이 발생한다. 회로는 트랜지스터가 턴오프되기 전에 트랜지스터 전류를 영으로 가게 한다. 직렬 공진 컨버터의 전-브리지 스위치 네트워크의 동작을 자세히 살펴보기로 하자.

전력용 MOSFET과 역 병렬 다이오드로 구성된 전-브리지 회로를 그림 10.24에 나타

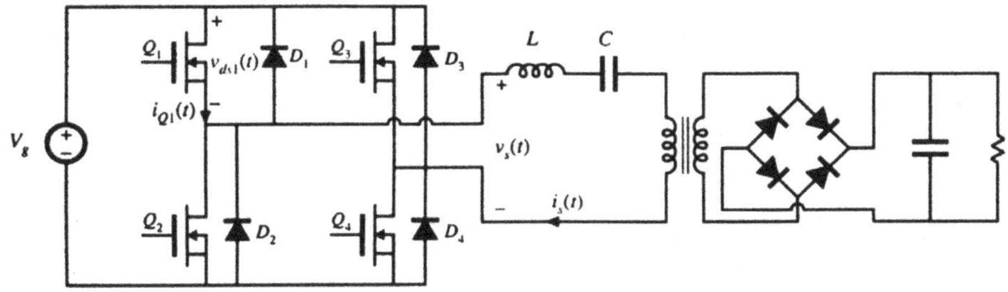

그림 10.24 전-브리지 스위치 네트워크를 채택한 직렬 공진 컨버터

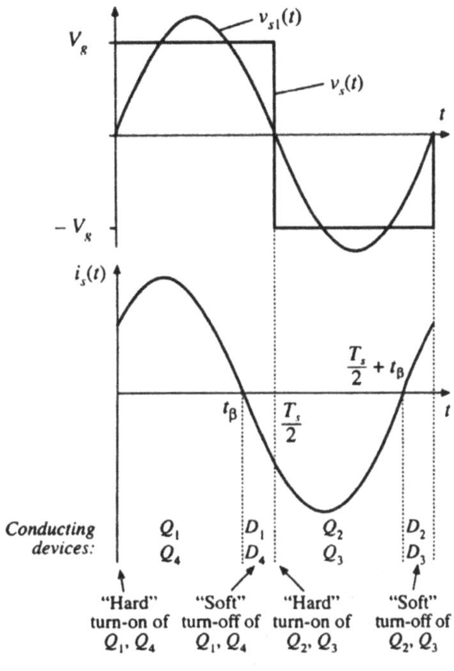

그림 10.25 $k=1$ CCM에서 공진 주파수 이하에서 동작하는 직렬 공진 컨버터의 스위치 네트워크의 출력 파형

낸다. 스위치의 출력 전압 $v_s(t)$와 기본파 성분 $v_{s1}(t)$ 및 거의 정현파의 탱크 전류 파형 $i_s(t)$를 그림 10.25에 나타낸다. 탱크의 공진 주파수보다 작은 주파수에서 직렬 공진 탱크 네트워크의 입력 임피던스 $Z_i(s)$는 탱크 커패시터 임피던스에 의해 지배된다(그림

10.16(a) 참조). 따라서 탱크는 브리지에 실효 커패시터 부하로 보이고 스위치 전류 $i_s(t)$는 그림 10.25에서 보이는 바와 같이 스위치 전압의 기본파 성분 $v_{s1}(t)$보다 앞선다. 전압 $v_s(t)$가 영을 교차하기 전에 전류 파형 $i_s(t)$가 영을 교차한다.

반주기 $0<t<T_s/2$ 동안 스위치 전압 v_s는 $+V_g$와 같다. $0<t<t_\beta$ 동안 전류 $i_s(t)$는 음의 값이고 다이오드 D_1과 D_4가 도통한다. 트랜지스터 Q_1과 Q_4는 $i_s(t)$가 양일 때인 $t_\beta<t<T_s/2$ 동안 도통한다. $T_s/2<t<T_s$ 동안의 파형은 대칭적이다. $v_s(t)$의 영점 교차가 $i_s(t)$의 영점 교차보다 먼저 발생하므로 트랜지스터는 대응하는 역 병렬 다이오드 다음에 도통한다. D_1이 도통하는 구간인 $0<t<t_\beta$ 동안의 어느 주어진 시점에서 트랜지스터 Q_1은 스위칭 손실을 발생하지 않고 턴온될 수 있다. 회로에 의해 자연적으로 트랜지스터의 턴온 과도기간에 손실이 없고 긴 턴온 시간이 허용될 수 있다.

공진 탱크가 스위치에게 실효 커패시터 부하로 보여 스위치 전압이 영을 지나기 전에 스위치 전류가 영을 지날 때 일반적으로 영전류 스위칭이 발생할 수 있다. 브리지 구성에서 영전류 스위칭은 반-브리지 도통 순서 Q_1-D_1-Q_2-D_2에 의해 특징이 지워지며 트랜지스터는 대응하는 역 병렬 다이오드가 도통되기 전에 턴오프된다. 영전류 스위칭 성질이 턴오프 과

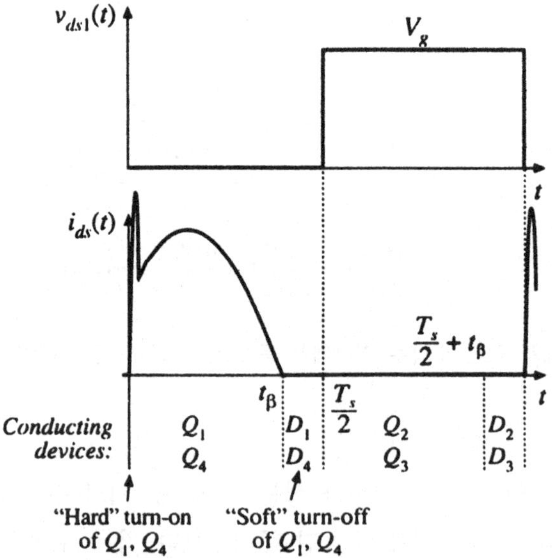

그림 10.26 $k=1$ CCM에서 공진 주파수 이하에서 동작하는 직렬 공진 컨버터의 동작에 대한 트랜지스터 Q_1의 전압과 전류 파형

정에서 발생하므로 필요하면 트랜지스터를 자연-전류 싸이리스터로 대체할 수 있다.

그림 10.26의 트랜지스터의 턴온 과도기간은 PWM 스위치의 경우와 비슷하다. 즉, 하드 스위치이고 손실이 발생한다. Q_1의 턴온 과도기간 동안 다이오드 D_2는 꺼져야 한다. 트랜지스터 전류나 트랜지스터 전압이 영이 아니고, Q_1은 순간 전력 손실이 높은 주기를 지나가므로 스위칭 손실이 발생한다. PWM 경우처럼 다이오드 D_2의 역회복 전류가 Q_1을 통해 흐른다. 이 전류 스파이크가 스위칭 손실의 가장 큰 성분일 수 있다. Q_1과 Q_2의 드레인-소스 커패시턴스와 D_1의 공핍층 커패시턴스에 저장된 에너지는 Q_1이 턴온일 때 소모된다. 이러한 턴온 과도 스위칭 손실 과정이 영전류 스위칭 방법의 가장 큰 단점일 수 있다. 영전류 스위칭은 MOSFET 컨버터에서 지배적인 스위칭 손실 과정을 감소시키지 못하므로 보통 효율이 개선되지 않는다.

10.3.2 공진 주파수 이상에서 전-브리지의 동작: 영전압 스위칭

직렬 공진 컨버터가 공진 주파수 이상에서 동작하면 영전압 스위칭 현상이 발생한다. 제어기가 트랜지스터를 턴온하기 전에 회로는 트랜지스터의 전압을 영으로 가게 한다. 또한 회로를 조금 수정하여 트랜지스터의 턴오프 과도기간이 영전압에서 발생하도록 할 수 있다. 이를 통해 MOSFET과 다이오드로 구성된 컨버터의 스위칭 손실을 상당히 줄일 수 있다.

그림 10.24의 전-브리지 회로에 대해 스위치의 출력 전압 $v_s(t)$와 기본파 성분 $v_{s1}(t)$ 및 거의 정현파의 탱크 전류 파형 $i_s(t)$를 그림 10.27에 나타낸다. 탱크의 공진 주파수보다 큰 주파수에서 직렬 공진 탱크 네트워크의 입력 임피던스 $Z_i(s)$는 탱크 인덕터 임피던스에 의해 지배된다. 따라서 탱크는 브리지에 실효 인덕터 부하로 보이고 스위치 전류 $i_s(t)$는 그림 10.27에서 보이는 바와 같이 스위치 전압의 기본파 성분 $v_{s1}(t)$에 뒤진다. 전류 $i_s(t)$가 영을 교차하기 전에 전압 $v_s(t)$가 영을 교차한다.

반주기 $0<t<T_s/2$ 동안 스위치 전압 v_s는 $+V_g$와 같다. $0<t<t_\alpha$ 동안 전류 $i_s(t)$는 양의 값이고 트랜지스터 Q_1과 Q_4는 도통한다. 다이오드 D_1과 D_4는 $i_s(t)$가 음일 때인 $t_\alpha<t<T_s/2$ 동안 도통한다. $T_s/2<t<T_s$ 동안의 상황은 대칭적이다. $i_s(t)$가 $v_{s1}(t)$보다 앞서므로 트랜지스터는 대응하는 역 병렬 다이오드보다 먼저 도통한다. D_1이 도통하는 구간인 $t_\alpha<t<T_s/2$ 동안의 어느 주어진 시점에서 트랜지스터 Q_1은 스위칭 손실을 발생하지 않고 턴오

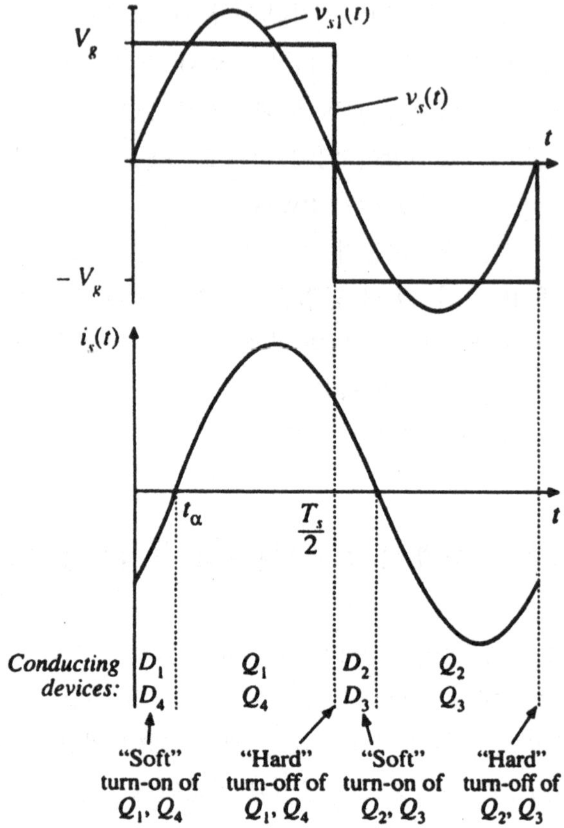

그림 10.27 연속 전도모드에서 공진 주파수 이상에서 동작하는 직렬 공진 컨버터의 스위치 네트워크의 출력 파형. 영전압 스위칭이 트랜지스터 턴온 과정을 돕는다

프될 수 있다. 회로에 의해 자연적으로 트랜지스터의 턴오프 과도기간에 손실이 없고 긴 턴오프 시간이 허용될 수 있다. 역 병렬로 연결된 다이오드의 역 회복에 관련된 스위칭 손실을 피할 수 있음을 의미한다. 다이오드 D_1부터 D_4에 MOSFET의 내장 다이오드와 같은 비교적 느린 다이오드를 사용할 수 있다. 또한 트랜지스터 Q_1부터 Q_4의 출력 커패시턴스와 다이오드 D_1부터 D_4의 출력 커패시턴스에 의해 스위칭 손실이 발생하지 않는다.

공진 탱크가 스위치에게 실효 인덕터 부하로 보여 스위치 전류가 영을 지나기 전에 스위치 전압이 영을 지날 때 일반적으로 영전압 스위칭이 발생할 수 있다. 브리지 구성에서 영전압 스위칭은 반-브리지 도통 순서 D_1-Q_1-D_2-Q_2에 의해 특징이 지워지며 트랜지스터는 대응하는 역 병렬 다이오드가 도통되기 전에 턴온된다. 전체 턴온 과도기간 동안 트랜지스터 전압은 영이므로 느린 턴온 시간에 의한 또는 소자 커패시턴스에 저장된 에너지에 의한 스위칭 손실이 턴온 시에 발생하지 않는다.

그림 10.28의 트랜지스터의 턴오프 과도기간은 PWM 스위치의 경우와 비슷하다. IGBT나 다른 소수 캐리어 소자를 사용한 컨버터에서 턴오프 과도기간에 큰 스위칭 손실이 발생할 수 있다. 전류 꼬리 현상에 의해 Q_1은 순간 전력 손실이 높은 주기를 지나가므로 스위칭 손실이 발생한다.

트랜지스터의 턴오프 과정을 보조하기 위해 작은 커패시터 C_{leg}를 그림 10.29에 보인 것처럼 브리지에 추가할 수 있다. MOSFET을 사용한 컨버터에서 소자의 출력 커패시턴스는 이 목적으로 충분하여 외부 추가 커패시터가 필요 없다. 게이트 구동 신호에 지연을 주어 네 개의 모든 트랜지스터가 오프가 되는 짧은 전류 구간이 존재한다. 정상적인 Q_1, D_1, Q_2, D_2 도통 구간 동안 커패시터가 반도체 소자와 병렬로 연결되어 있어 컨버터 동작에 영향을 미치지 않는다. 그러나 이 커패시터에 의해 트랜지스터가 턴오프할 때 전류 구간을 얻을 수 있다. Q_1이 턴오프할 때 탱크 전류 $i_s(T_s/2)$는 Q_1 대신에 스위치 커

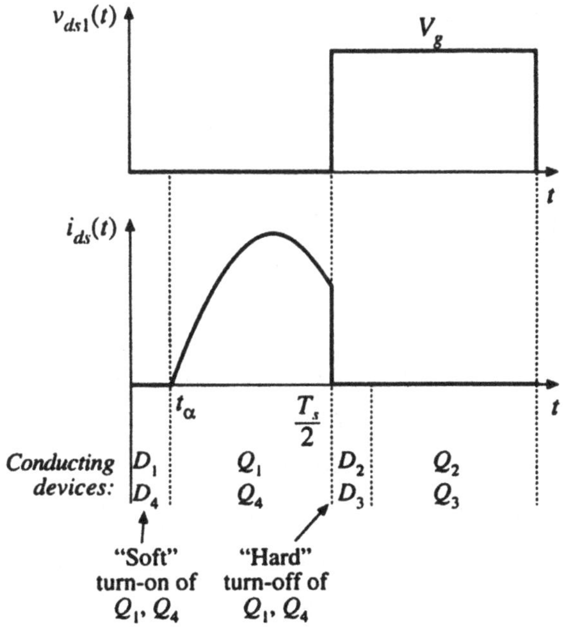

그림 10.28 $k=0$ CCM에서 공진 주파수 이상에서 동작하는 직렬 공진 컨버터의 동작에 대한 트랜지스터 Q_1의 전압과 전류 파형

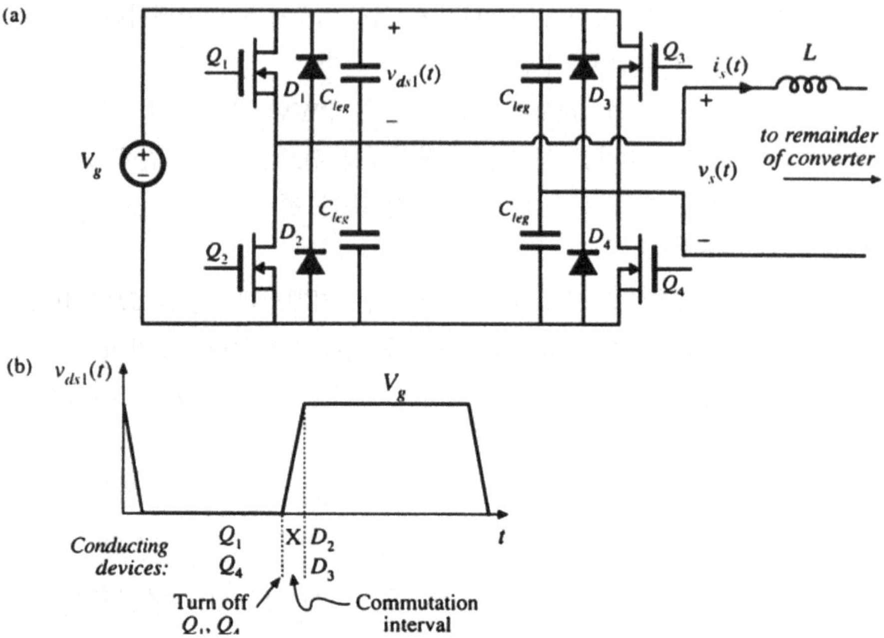

그림 10.29 직렬 공진 컨버터가 공진 이상에서 동작할 때 작은 커패시터 C_{leg}를 추가하여 턴오프 스위칭 손실을 줄인다: (a) 브리지 회로, (b) 트랜지스터 전압 파형

패시턴스 C_{leg}를 통해 흐르고, Q_1과 C_{leg} 양단의 전압은 증가한다. 결국 Q_1 양단의 전압은 V_g에 다다르고 다이오드 D_2는 순방향으로 치우친다. MODFET의 턴오프 시간이 충분히 빠르면 MOSFET는 드레인 전압이 영보다 많이 커지기 전에 완전히 꺼지므로 무시할 수 있을 정도의 턴오프 스위칭 손실이 발생한다. 소자의 커패시턴스 즉, C_{leg}에 저장된 에너지는 탱크 인덕터로 전달된다. 반도체 소자의 커패시턴스 또는 저장 전하가 스위칭 손실을 발생하지 않는다는 사실은 영전압 스위칭의 주요 장점으로 이것 때문에 많이 사용한다. MOSFET 컨버터는 단지 내부 드레인-소스 커패시턴스를 이용하여 이러한 방법으로 보통 동작시킬 수 있다. 그러나 IGBT 등과 같은 다른 소자는 IGBT 턴오프 과도기간 동안의 손실을 줄이기 위해 외부 커패시턴스가 필요하다.

영전압 스위칭의 다른 장점은 소자 커패시턴스와 관련된 EMI를 줄일 수 있다는 점이다. 일반적인 PWM 컨버터에서 그리고 어느 정도 영전류 스위칭 컨버터에서 턴온과 턴오프 과도기간 동안 반도체 소자의 커패시턴스의 빠른 충전과 방전에 의해 큰 고 주파수 공진과 전류 스파이크가 발생된다. 모든 반도체 소자가 영전압에서 스위칭하는 컨버터의 파형에서 공진은 현저하게 없어진다. 따라서 영전압 스위칭 컨버터는 이러한 종류의 EMI를 발생하지 않는다.

10.4 공진 컨버터의 부하 의존 특성

이전의 장에서 공부한 CCM PWM 컨버터의 특성은 부하 전류에 의해 크게 영향을 받지 않는다. 따라서 이들 컨버터는 몇 가지 바람직한 특성을 보인다. 트랜지스터 전류는 부하 전류에 비례하므로 도통 손실은 가벼운 부하에서 작아 좋은 가벼운 부하 효율을 보인다. 출력 임피던스가 작아 직류 출력 전압이 부하 *i-v* 특성에 크게 의존하지 않는다(적어도 CCM에서). 불행하게도 이러한 좋은 특성을 공진 컨버터는 갖고 있지 못하다. 공진 컨버터의 설계에서 가장 중요한 것은 공진 탱크의 토폴로지를 선택하고 소자 값을 결정하여 가벼운 부하에서 트랜지스터 도통 손실을 최소로 하거나 넓은 범위의 부하 전류에서(모든 기대되어지는 부하에서, 적어도 전 부하와 중간 부하 전력에서) 영전압 스위칭을 얻는다거나 컨버터의 동적 범위가 부하 *i-v* 특성에 적합하도록 한다. 이러한 설계 문제를 이 절에서 다룬다.

탱크의 순환 전류에 의한 도통 손실은 공진 컨버터 설계에서 잘 인식되어 있다. 이 전류는 부하 전류와 무관하거나 거의 무관하여 가벼운 부하에서 효율이 나빠진다. 그림 10.30에서 스위치 전류 $i_s(s)$는 $v_s(s)/Z_i(s)$이다. 스위치 전류가 부하 전류를 따라가기를 원한다면 스위칭 주파수에서 $\|Z_i\|$는 부하 저항 R에 의해 지배적이거나 적어도 강하게 영향을 받아야 한다. 불행하게도 이것은 Z_i가 탱크 인덕터에 의해 지배되는 영전압 스위칭 조건과 일치하지 않는다. 좋은 특성을 나타내는 공진 컨버터를 설계하기 위해 엔지니어는 부하 저항 R이 탱크 입력 임피던스와 출력 전압에 어떻게 영향을 미치는가에 대한 물리적인 관찰력을 습득해야만 한다.

이 절에서 인버터 출력 특성, 영전압 스위칭 경계와 트랜지스터 전류가 부하 저항에 의존하는 점을 개방회로 부하와 단락회로 부하의 극단적인 조건에서 탱크 네트워크의 특성과 관련하여 설명한다. 비제동 탱크 네트워크 응답을 쉽게 도시하고 탱크 네트워크를 최적으로 설계하는 관찰력을 빠르게 습득할 수 있다.

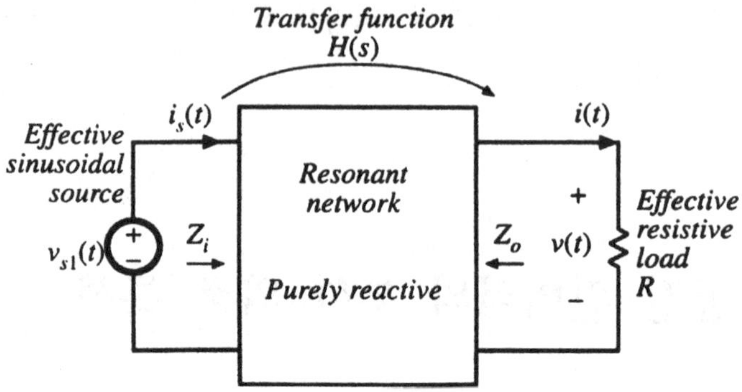

그림 10.30 공진 인버터 모델

10.4.1 인버터 출력 특성

인버터 출력 전압 $\|v\|$가 부하 전류 크기 $\|i\|$에 어떻게 의존하는가를 먼저 살펴보기로 한다. 그림 10.30의 공진 인버터 시스템을 생각하자. $H_\infty(s)$를 다음과 같은 탱크 네트워크의 개방회로($R\to\infty$) 전달함수라 하자.

$$H_\infty(s) = \left.\frac{v(s)}{v_{s1}(s)}\right|_{R\to\infty} \tag{10.33}$$

그리고 $Z_{o0}(j\omega_s)$를 전원 $v_{s1}(s)$이 단락회로일 때 결정된 출력 임피던스라 하자. 그러면 그림 10.31의 테브난 등가회로를 이용하여 탱크 네트워크의 출력 포트를 모델링할 수 있다. 전압 분배공식을 이용하여 이 회로를 풀면 다음과 같이 쓸 수 있다.

$$v(s) = H_\infty(s)v_{s1}(s)\frac{R}{R+Z_{o0}(s)} \tag{10.34}$$

주어진 스위칭 각 주파수 $\omega_s = 2\pi f_s$에서 교류 출력 전압의 크기와 위상을 나타내는 페이서를 $s = j\omega_s$로 놓고 구할 수 있다.

$$v(j\omega_s) = H_\infty(j\omega_s)v_{s1}(j\omega_s)\frac{R}{R+Z_{o0}(j\omega_s)} \tag{10.35}$$

다음 식을 이용하여 크기를 구할 수 있다.

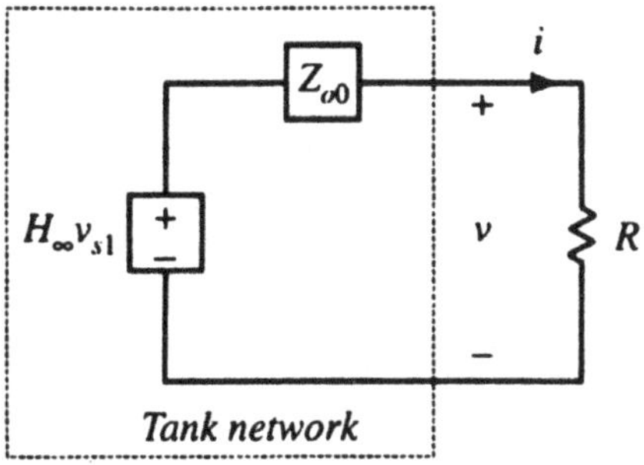

그림 10.31 탱크 네트워크의 출력 포트를 모델링하는 테브난 등가회로

$$\| v(j\omega_s) \|^2 = v(j\omega_s)v^*(j\omega_s) \tag{10.36}$$

여기서 $v^*(j\omega_s)$는 $v(j\omega_s)$의 공액 복소수이다. 식 (10.35)를 (10.36)에 대입하면

$$\begin{aligned}\| v(j\omega_s) \|^2 &= \left(H_\infty(j\omega_s)v_{s1}(j\omega_s)\frac{R}{R+Z_{o0}(j\omega_s)}\right)\left(H_\infty(j\omega_s)v_{s1}(j\omega_s)\frac{R}{R+Z_{o0}(j\omega_s)}\right)^* \\ &= H_\infty(j\omega_s)H_\infty^*(j\omega_s)v_{s1}(j\omega_s)v_{s1}^*(j\omega_s)\frac{R^2}{(R+Z_{o0}(j\omega_s))(R+Z_{o0}(j\omega_s))^*} \\ &= \| H_\infty(j\omega_s) \|^2 \| v_{s1}(j\omega_s) \|^2 \frac{R^2}{(R+Z_{o0}(j\omega_s))(R+Z_{o0}(j\omega_s))^*}\end{aligned} \tag{10.37}$$

이다. 탱크 네트워크가 무효 소자만을 포함하고 있다는 즉, 탱크 네트워크 안의 손실이나 다른 저항 소자는 무시할 수 있다는 가정으로 이 식을 더 간단하게 할 수 있다. 탱크 네트워크의 다른 모든 구동점 임피던스와 마찬가지로 출력 임피던스 $Z_{o0}(j\omega_s)$는 순수한 허수 값만을 갖는다. 이는 공액 복소수 $Z_{o0}^*(j\omega_s)$가 다음과 같음을 의미한다.

$$Z_{o0}^*(j\omega_s) = -Z_{o0}(j\omega_s) \tag{10.38}$$

식 (10.38)을 (10.37)에 대입하고 간단하게 하면

$$\| v(j\omega_s) \|^2 = \frac{\| H_\infty(j\omega_s) \|^2 \| v_{s1}(j\omega_s) \|^2}{\left(1 + \dfrac{\| Z_{o0}(j\omega_s) \|^2}{R^2}\right)} \tag{10.39}$$

이고 여기서

$$R = \frac{\| v(j\omega_s) \|}{\| i(j\omega_s) \|} \tag{10.40}$$

이다. 식 (10.40)을 (10.39)에 대입하고 항을 정리하면 다음과 같다.

$$\| v(j\omega_s) \|^2 + \| i(j\omega_s) \|^2 \| Z_{o0}(j\omega_s) \|^2 = \| H_\infty(j\omega_s) \|^2 \| v_s(j\omega_s) \|^2 \tag{10.41}$$

따라서 주어진 주파수에서 인버터의 출력 특성 즉, $\|v(j\omega_s)\|$와 $\|i(j\omega_s)\|$의 관계는 타원이다. 식 (10.41)을 다음과 같은 꼴로 표현할 수 있다.

$$\frac{\| v(j\omega_s) \|^2}{V_{oc}^2} + \frac{\| i(j\omega_s) \|^2}{I_{sc}^2} = 1 \tag{10.42}$$

여기서 개방회로 전압 V_{oc}와 단락회로 전류 I_{sc}는 다음 식으로 주어진다.

$$\begin{aligned} V_{oc} &= \| H_\infty(j\omega_s) \| \, \| v_s(j\omega_s) \| \\ I_{sc} &= \frac{\| H_\infty(j\omega_s) \| \, \| v_s(j\omega_s) \|}{\| Z_{o0}(j\omega_s) \|} = \frac{V_{oc}}{\| Z_{o0}(j\omega_s) \|} \end{aligned} \tag{10.43}$$

인버터 출력 특성을 그림 10.32에 도시한다. 이 특성으로부터 주어진 스위칭 주파수에서 회로에 부하가 인가됨에 따라 교류 출력 전압의 크기가 어떻게 변하는가를 알 수 있다. 등가 출력 전압은 타원의 특성과 부하 *i-v* 특성의 교점으로 주어진다. 예를 들면 그림 10.32는 $R = \|Z_{o0}(j\omega_s)\|$인 특별한 경우에서 기울기 $1/R$을 갖는 저항 부하 선을 나타내었다. R의 이 값은 컨버터의 출력 전력이 최대가 되는 정합 부하 동작에 대응한다. 동작점이 다음과 같음을 보일 수 있다.

$$\begin{aligned} \| v(j\omega_s) \|^2 &= \frac{V_{oc}}{\sqrt{2}} \\ \| i(j\omega_s) \|^2 &= \frac{I_{sc}}{\sqrt{2}} \end{aligned} \tag{10.44}$$

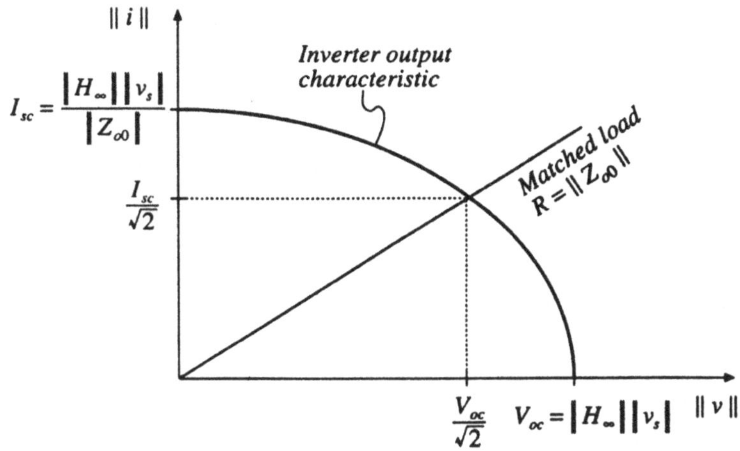

그림 10.32 공진 인버터의 타원형 출력 특성. 정합 저항 부하도 나타냄

출력 정류기는 탱크에게 실효 저항 부하 R_e로 보이므로 그림 10.32를 공진 직류-직류 컨버터의 출력 i-v 특성에도 적용할 수 있다.

10.4.2 트랜지스터 전류의 부하 의존성

트랜지스터는 탱크 네트워크의 입력 포트에 나타나는 전류 $i_s(t)$를 도통해야 한다. 이 전류는 탱크 네트워크의 입력 임피던스 $Z_i(j\omega_s)$에 의해 결정된다.

$$i_{s1}(j\omega_s) = \frac{v_{s1}(j\omega_s)}{Z_i(j\omega_s)} \tag{10.45}$$

이전에 설명하였듯이 가벼운 부하에서 좋은 효율을 얻기 위해서는 저항 R이 증가하면 $\|Z_i(j\omega_s)\|$도 증가해야 한다. $\|Z_i(j\omega_s)\|$가 어떻게 R에 의존하는가를 이해하기 위해서 개방회로($R\to\infty$)와 단락회로($R\to 0$)의 극단적인 부하의 경우에 대해 $\|Z_i(j\omega_s)\|$를 그려보자.

$$\begin{aligned} Z_{i0}(j\omega_s) &= Z_i(j\omega_s)\big|_{R\to 0} \\ Z_{i\infty}(j\omega_s) &= Z_i(j\omega_s)\big|_{R\to\infty} \end{aligned} \tag{10.46}$$

예를 들면 그림 10.19에서 10.23까지의 병렬 공진 컨버터를 생각하자. 임피던스 $Z_{i0}(j\omega_s)$와 $Z_{i\infty}(j\omega_s)$의 보드선도를 그림 10.33에 도시한다. $Z_{i0}(s)$는 부하 R을 단락하여 얻어지며 인덕터 인덕턴스 sL과 같다. $Z_{i\infty}(s)$는 부하 R을 개방하여 구하고 직렬 조합 $(sL+1/sC)$로 주어진다. 그림 10.33을 보면 임피던스 크기 $\|Z_{i0}(j\omega_s)\|$와 $\|Z_{i\infty}(j\omega_s)\|$는 주파수 f_m에서 교차한다. 스위칭 주파수를 $f_s < f_m$로 선택하면 $\|Z_{i\infty}(j\omega_s)\| > \|Z_{i0}(j\omega_s)\|$이다. 컨버터는 무부하 스위치 전류 크기 $\|v_s(j\omega_s)\| / \|Z_{i\infty}(j\omega_s)\|$는 단락 조건에서의 스위치 전류 $\|v_s(j\omega_s)\| / \|Z_{i0}(j\omega_s)\|$보다 작다는 바람직한 특성을 보인다. 실제로 단락회로 스위치 전류는 탱크 커패시터의 임피던스에 의해 주로 결정된다.

스위칭 주파수를 $f_s > f_m$로 선택하면 $\|Z_{i\infty}(j\omega_s)\| < \|Z_{i0}(j\omega_s)\|$이다. 무부하 스위치 전류의 크기는 부하가 단락되었을 때의 스위치 전류보다 크다. 부하 전류를 감소하거나 제거하면 트랜지스터는 큰 전류를 계속 도통하여 큰 도통 손실을 발생한다. 따라서 가벼운 부하에서 효율이 나빠진다. 병렬 공진 컨버터에서 가벼운 부하에서 좋은 효율을 얻기 위해 스위칭 주파수 f_s를 f_m보다 충분히 작게 선택해야 함을 알 수 있다. 불행하게도 이것은 공진 주파수이하에서 동작해야하므로 출력 전압의 동적 범위가 줄어들고 영전압 스위칭 특성을 잃을 수 있다.

남는 의문은 개방회로와 단락회로 조건 사이의 부하에 대해 $\|Z_i(j\omega_s)\|$는 어떻게 되는가이다. 답은 다음의 Theorem 1로 주어진다. $\|Z_i(j\omega_s)\|$는 R에 따라 단조함수로 변하면 $\|Z_{i0}(j\omega_s)\|$와 $\|Z_{i\infty}(j\omega_s)\|$에 의해 제한된다. 따라서 $\|Z_{i0}(j\omega_s)\|$와 $\|Z_{i\infty}(j\omega_s)\|$의 극한적인 경우의 보드

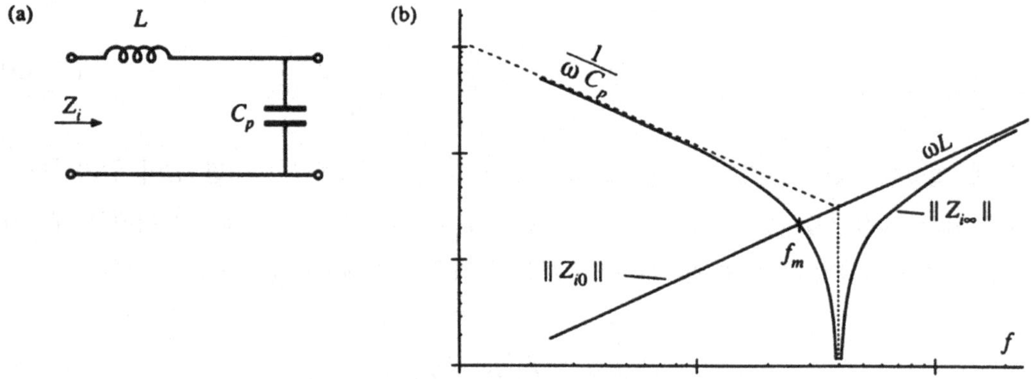

그림 10.33 탱크 네트워크, 병렬 공진 컨버터 예: (a) 탱크 회로, (b) 극한적인 경우 $R \to 0$과 $R \to \infty$에 대한 입력 임피던스 크기 $\|Z_i\|$의 보드선도

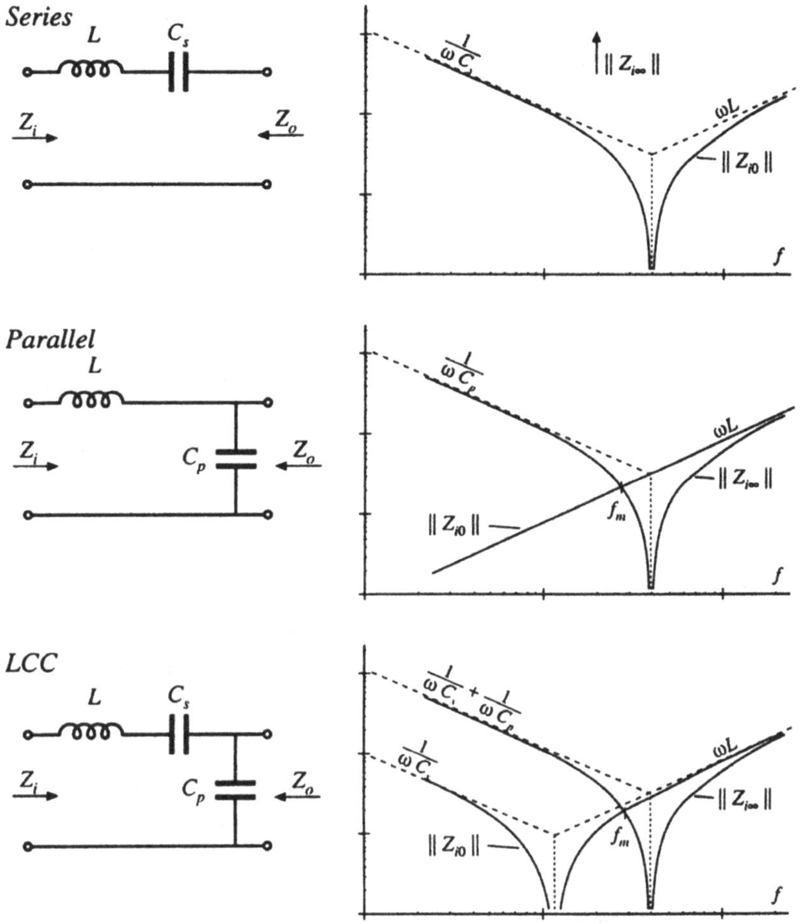

그림 10.34 직렬, 병렬, LCC 공진 탱크 네트워크와 입력 임피던스 Z_{i0}와 $Z_{i\infty}$

선도는 모든 R에 대한 $\|Z_i(j\omega_s)\|$의 특성에 올바른 질적인 이해를 도와준다. 이 이론은 손실이 없는 탱크 네트워크에 대해 타당하다.

Theorem 1: 탱크 네트워크가 순수한 무효 성분이라면 입력 임피던스 $\|Z_i\|$는 부하 저항 R의 단조함수이다.

이 이론을 Middlebrook의 부가소자 이론(부록 C 참조)을 이용하여 증명할 수 있다. 탱크 네트워크 임피던스 $Z_i(s)$를 다음과 같이 부하 저항 R과 탱크 네트워크 구동점 임피던스의 함수로 표현할 수 있다.

$$Z_i(s) = Z_{i0}(s)\frac{\left(1+\dfrac{R}{Z_{o0}(s)}\right)}{\left(1+\dfrac{R}{Z_{o\infty}(s)}\right)} = Z_{i\infty}(s)\frac{\left(1+\dfrac{Z_{o0}(s)}{R}\right)}{\left(1+\dfrac{Z_{o\infty}(s)}{R}\right)} \tag{10.47}$$

여기서 Z_{i0}와 $Z_{i\infty}$는 각각 부하를 단락과 개방회로로 한 경우의 공진 네트워크 입력 임피던스이고, Z_{o0}와 $Z_{o\infty}$는 각각 전원 입력을 단락과 개방회로로 한 경우의 공진 네트워크 출력 임피던스를 나타낸다. 이들 단자 임피던스는 탱크 소자의 단순한 함수이고 보드 선도를 쉽게 작성할 수 있다. 직렬 공진, 병렬 공진과 LCC 인버터의 입력 임피던스를 그림 10.34에 열거한다. 이들 임피던스는 부하에 의존하지 않으므로 순수한 무효 성분만을 갖고, 이상적으로 실수부는 영이고[38], 공액 복소수는 $Z^*_{o0} = -Z_{o0}$, $Z^*_{o\infty} = -Z_{o\infty}$ 등이다. 복소수 임피던스 $Z(j\omega)$의 크기를 $Z(j\omega)$ $Z^*(j\omega)$의 이중근으로 표현할 수 있으므로 $Z_i(s)$의 크기는 다음과 같이 표현된다.

$$\| Z_i \|^2 = Z_i Z_i^* = Z_{i0}(s) Z_{i0}^*(s)\frac{\left(1+\dfrac{R}{Z_{o0}(s)}\right)\left(1+\dfrac{R}{Z^*_{o0}(s)}\right)}{\left(1+\dfrac{R}{Z_{o\infty}(s)}\right)\left(1+\dfrac{R}{Z^*_{o\infty}(s)}\right)} \tag{10.48}$$

$$= \| Z_{i0} \|^2 \frac{\left(1+\dfrac{R^2}{\| Z_{o0} \|^2}\right)}{\left(1+\dfrac{R^2}{\| Z_{o\infty} \|^2}\right)}$$

여기서 Z_i^*는 Z_i의 공액 복소수이다.

다음으로 식 (10.48)을 R에 대해 미분하면 다음과 같다.

$$\frac{d\| Z_i \|^2}{dR} = 2R\| Z_{i0} \|^2 \frac{\left(\dfrac{1}{\| Z_{o0} \|^2} - \dfrac{1}{\| Z_{o\infty} \|^2}\right)}{\left(1+\dfrac{R^2}{\| Z_{o\infty} \|^2}\right)^2} \tag{10.49}$$

미분은 (i) $R=0$, (ii) $R=\infty$에서 특별한 경우로 (iii) $\| Z_{i0} \| = \| Z_{i\infty} \|$ 에서 근을 갖는다.

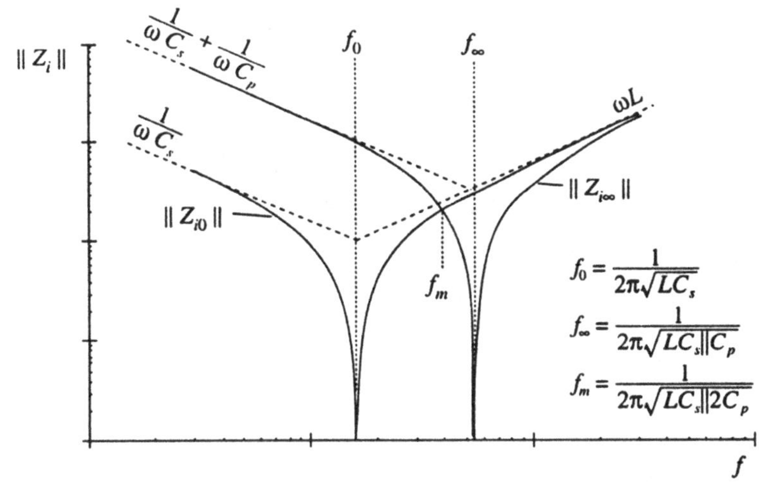

그림 10.35 LCC 인버터에 대한 $\|Z_{i0}\|$와 $\|Z_{i\infty}\|$의 보드선도

미분이 다른데서는 영이 아니므로 공진 네트워크의 입력 임피던스 $\|Z_i\|$는 범위 $0<R<\infty$ 에서 R의 단조함수이다. 특별한 경우 (iii)에서 $\|Z_i\|$는 R에 독립이다. 따라서 Theorem 1 을 증명함.

LCC 인버터에 대한 예를 그림 10.36과 10.35에 나타낸다. 그림 10.35는 극한적인 경우의 $\|Z_{i0}\|$와 $\|Z_{i\infty}\|$의 임피던스 점근선을 나타낸다. 영이 아닌 유한한 값 R에 대한 이 극한 사이의 $\|Z_i\|$를 그림 10.36에 도시한다. 개방회로 공진 주파수 f_∞와 단락회로 공진 주파수 f_0는 다음 식으로 주어진다.

$$f_0 = \frac{1}{2\pi\sqrt{LC_s}} \qquad (10.50)$$
$$f_\infty = \frac{1}{2\pi\sqrt{LC_s \parallel C_p}}$$

여기서 $C_s \parallel C_p$는 다음과 같은 C_s와 C_p의 역 덧셈을 나타낸다.

$$C_s \parallel C_p = \frac{1}{\dfrac{1}{C_s}+\dfrac{1}{C_p}} \qquad (10.51)$$

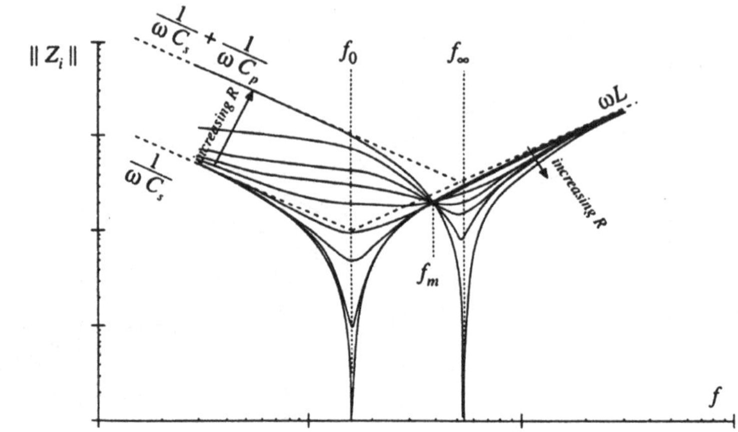

그림 10.36 LCC 인버터에 대한 부하 저항 R의 변화에 따른 탱크 네트워크 입력 임피던스의 변화. 부하 저항이 증가하면 $\|Z_i\|$는 $\|Z_{i0}\|$에서 $\|Z_{i\infty}\|$로 단조하게 변한다

LCC 인버터에 대해 임피던스 크기 $\|Z_{i0}\|$와 $\|Z_{i\infty}\|$는 다음의 주파수 f_m에서 같다.

$$f_m = \frac{1}{2\pi\sqrt{LC_s \parallel 2C_p}} \tag{10.52}$$

스위칭 주파수를 f_m보다 크게 선택하면 $\|Z_{i\infty}\|$는 $\|Z_{i0}\|$보다 작다. 이는 부하 전류가 감소함에 따라 트랜지스터 전류는 증가함을 의미한다. 이러한 컨버터는 가벼운 부하에서 나쁜 효율을 보이고 큰 순환 전류가 흐른다. 스위칭 주파수를 f_m보다 작게 선택하면 부하 전류가 감소함에 따라 트랜지스터 전류는 증가한다. 단락회로 전류는 $\|Z_{i0}\|$에 의해 제한되고 개방회로 조건에서 순환 전류는 $\|Z_{i\infty}\|$에 의해 결정된다. 일반적으로 $f > f_m$이면 트랜지스터 전류는 모든 R에 대해 단락회로 전류보다 같거나 크다. $f < f_m$이면 이 부등식은 반대로 된다.

직렬, 병렬 및 LCC 탱크 네트워크에 대한 임피던스 크기 $\|Z_{i0}\|$와 $\|Z_{i\infty}\|$를 그림 10.34에 나타낸다. 직렬 탱크 네트워크인 경우 $\|Z_{i\infty}\| = \infty$이다. 따라서 공진 이상과 공진 이하에서 무부하 트랜지스터 전류는 영이다. 따라서 직렬 공진 인버터는 트랜지스터 전류가 부하 전류에 비례한다는 바람직한 성질을 보인다. 또한 부하가 단락회로일 때 전류 크기는 직렬 공진 탱크의 임피던스에 의해 제한된다. 병렬과 LCC 인버터에 대해 주파수 f_m이하에서 동작시키는 것이 바람직하다.

직관적인 주파수 영역 방식으로 트랜지스터 전류가 부하에 의존성을 쉽게 결정할 수 있다.

10.4.3 ZVS/ZCS 경계가 부하 저항에 의존

ZVS와 ZCS 사이의 경계에서 임계 부하 저항 $R = R_{crit}$를 결정할 필요가 있다. 이 경계를 임피던스 Z_{i0}와 $Z_{i\infty}$의 함수로 표현할 수 있다.

10.3절에서 서술하였듯이 스위치 전류 $i_s(t)$가 스위치 전압 $v_s(t)$에 뒤질 때 영전압 스위칭이 발생한다. 영전류 스위칭은 $i_s(t)$가 $v_s(t)$를 앞설 때 발생한다. 이러한 정의는 반도체의 출력 커패시턴스의 효과를 무시하여 근시적인 ZVS/ZCS 경계를 준다. 스위치 전류와 스위치 전압 사이의 위상은 다음의 탱크 네트워크의 입력 임피던스에 의해 결정된다.

$$i_{s1}(j\omega_s) = \frac{v_{s1}(j\omega_s)}{Z_i(j\omega_s)} \tag{10.53}$$

따라서 영전압 스위칭은 $Z_i(j\omega_s)$가 인덕턴스 성분일 때 발생하고, 영전류 스위칭은 $Z_i(j\omega_s)$가 커패시턴스 성분일 때 발생한다. 그리고 ZVS/ZCS 경계는 $Z_i(j\omega_s)$의 위상이 영일 때 발생한다.

단락회로와 개방회로 부하의 극단적인 경우를 다시 생각하자. LCC 인버터 예에 대한 $Z_{i0}(j\omega_s)$와 $Z_{i\infty}(j\omega_s)$의 보드선도를 그림 10.37에 도시한다. 이러한 극단적인 경우에 입력 임피던스 Z_i는 무효 탱크 소자만으로 구성되기 때문에 $Z_{i0}(j\omega_s)$와 $Z_{i\infty}(j\omega_s)$는 위상이 -90° 또는 +90°를 갖는 순수한 허수 양이다. $f_s < f_0$에 대해 $Z_{i0}(j\omega_s)$와 $Z_{i\infty}(j\omega_s)$는 하나 또는 여러 탱크 커패시터에 의해 지배되어 $Z_i(j\omega_s)$의 위상은 -90°이다. 그러므로 영전류 스위칭을 단락회로와 개방회로 조건에서 얻을 수 있다. $f_s > f_\infty$에 대해 $Z_{i0}(j\omega_s)$와 $Z_{i\infty}(j\omega_s)$는 탱크 인덕터에 의해 지배되어 $Z_i(j\omega_s)$의 위상은 90°이다. 그러므로 영전압 스위칭을 단락회로와 개방회로 부하에서 얻을 수 있다. $f_0 < f_s < f_\infty$에 대해 $Z_{i0}(j\omega_s)$는 탱크 인덕터에 의해 지배되고 반면 $Z_{i\infty}(j\omega_s)$는 탱크 커패시터에 의해 지배된다. 이는 영전압 스위칭을 단락회로 조건에서 얻을 수 있고 영전류 스위칭을 개방회로 조건에서 얻을 수 있음을 의미한다. 이 경우에 대해 ZVS와 ZCS 사이의 경계를 나타내고 $Z_i(j\omega_s)$의 위상을 0°로 만드는 부하 저항의 임계 값 $R = R_{crit}$이 존재해야 한다.

영이 아닌 유한한 값의 R에 대한 $Z_i(j\omega_s)$의 특성을 위에서 검토한 극한적인 경우로부터 쉽게 유추할 수 있다. 아래 주어진 Theorem 2는 다음을 보인다.

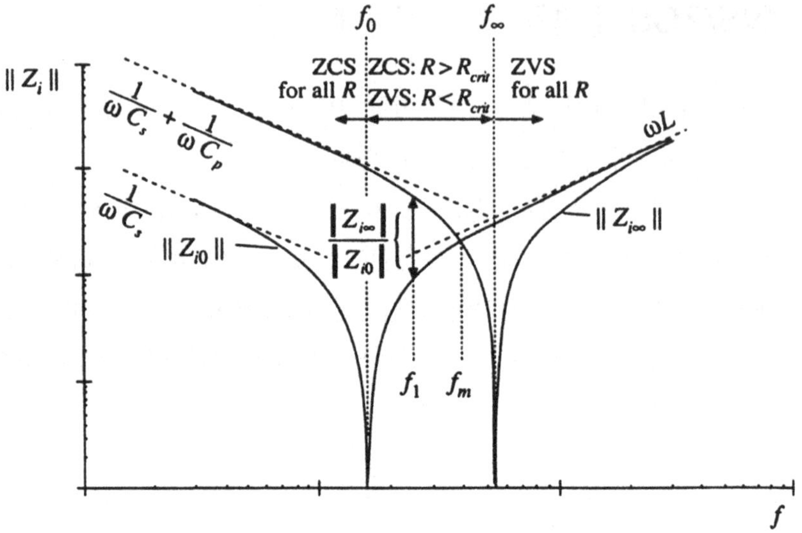

그림 10.37 LCC 인버터에 대해 입력 임피던스 Z_{i0}와 $Z_{i\infty}$를 이용하여 ZVS/ZCS 경계를 결정한다

1. 개방회로 부하와 단락회로 부하에 대해 영전류 스위칭이 발생하면(즉, $Z_{i0}(j\omega_s)$와 $Z_{i\infty}(j\omega_s)$가 +90°의 위상을 가질 때) 모든 부하에 대해 영전류 스위칭이 발생한다.
2. 개방회로 부하와 단락회로 부하에 대해 영전압 스위칭이 발생하면(즉, $Z_{i0}(j\omega_s)$와 $Z_{i\infty}(j\omega_s)$가 -90°의 위상을 가질 때) 모든 부하에 대해 영전압 스위칭이 발생한다.
3. 개방회로 부하에 대해 영전압 스위칭이 발생하고, 단락회로 부하에 대해 영전류 스위칭이 발생하면(즉, $Z_{i0}(j\omega_s)$는 -90°의 위상을 가지고 $Z_{i\infty}(j\omega_s)$는 +90°의 위상을 가지면) $R > R_{crit}$에 대해 영전압 스위칭이 발생하고, $R < R_{crit}$에 대해 영전류 스위칭이 발생한다. 여기서 R_{crit}은 아래 식 (10.54)에 주어진다.
4. 개방회로 부하에 대해 영전류 스위칭이 발생하고, 단락회로 부하에 대해 영전압 스위칭이 발생하면(즉, $Z_{i0}(j\omega_s)$는 +90°의 위상을 가지고 $Z_{i\infty}(j\omega_s)$는 -90°의 위상을 가지면) $R > R_{crit}$에 대해 영전류 스위칭이 발생하고, $R < R_{crit}$에 대해 영전압 스위칭이 발생한다. 여기서 R_{crit}은 아래 식 (10.54)에 주어진다.

그러므로 LCC 예에 대해 $f_s < f_0$이면 R의 모든 값에 대해 영전류 스위칭이 발생함을 알 수 있다. $f_s > f_\infty$이면 R의 모든 값에 대해 영전압 스위칭이 발생한다. $f_0 < f_s < f_\infty$이면 ZVS와 ZCS의 경계는 식 (10.54)로 주어진다.

Theorem 2: 탱크 네트워크가 순수 무효 성분이면 영전류 스위칭과 영전압 스위칭의 경계는 부하 저항 R이 아래에 주어진 임계 값 R_{crit}일 때 발생한다.

$$R_{crit} = \| Z_{o0} \| \sqrt{\frac{-Z_{i\infty}}{Z_{i0}}} \tag{10.54}$$

이 이론은 탱크 입력 임피던스가 커패시턴스 성분일 때 영전류 스위칭이 발생하고, 탱크 입력 임피던스가 인덕턴스 성분일 때 영전압 스위칭이 발생한다는 가정에 기초를 둔다. 따라서 경계는 $Z_i(j\omega_s)$의 위상이 0°일 때 발생한다. 반도체 스위칭 소자의 출력 커패시턴스를 무시할 수 없을 때 이 정의로부터 영전압 스위칭에 대한 필요조건을 구할 수 있다.

식 (10.47)에서 $Z_i(j\omega)$의 허수부를 영으로 하는 R의 값을 찾아 식 (10.54)를 유도할 수 있다. 탱크 네트워크를 이상적이고 손실이 없다고 가정하였기 때문에 임피던스 $Z_{o\infty}$, Z_{o0}와 $Z_{i\infty}$의 실수부는 영이다. 따라서

$$Im(Z_i(R_{crit})) = Im(Z_{i\infty})Re\left(\frac{1+\dfrac{Z_{o0}}{R_{crit}}}{1+\dfrac{Z_{o\infty}}{R_{crit}}}\right) = Im(Z_{i\infty}(s))\frac{\left(1-\dfrac{Z_{o0}Z_{o\infty}}{R_{crit}^2}\right)}{\left(1+\dfrac{\| Z_{o\infty} \|^2}{R_{crit}^2}\right)} = 0 \tag{10.55}$$

이고, $Im(Z)$와 $Re(Z)$는 복소수 Z의 허수부와 실수부를 각각 나타낸다. 식 (10.55)의 해는 다음과 같다.

$$1 = \frac{Z_{o0}Z_{o\infty}}{R_{crit}^2} \tag{10.56}$$

따라서

$$R_{crit} = \sqrt{Z_{o0}Z_{o\infty}} \tag{10.57}$$

이고 다음의 항등식이 성립한다.

$$\frac{Z_{o0}}{Z_{o\infty}} = \frac{Z_{i0}}{Z_{i\infty}} \tag{10.58}$$

식 (10.57)에서 $Z_{o\infty}$를 소거하기 위해 식 (10.58)을 대입하면 다음의 식을 얻을 수 있다.

$$R_{crit} = \| Z_{o0} \| \sqrt{\frac{-Z_{i\infty}}{Z_{i0}}} \tag{10.59}$$

이 식이 원하는 결과이다. Z_{o0}는 인버터의 출력 임피던스이고, $R = \|Z_{o0}\|$는 최대 출력 전력에 정합된 부하에서의 동작에 대응한다. 임피던스 $Z_{i\infty}$와 Z_{i0}는 순수한 허수이므로 식 (10.59)는 $Z_{i\infty}$와 Z_{i0}가 반대 위상을 갖지 않는 한 실수해를 갖지 않는다. 그림 10.37에 나타낸 바와 같이 주어진 주파수에서 $Z_{i\infty}$와 Z_{i0} 모두 인덕턴스 성분이면 모든 부하

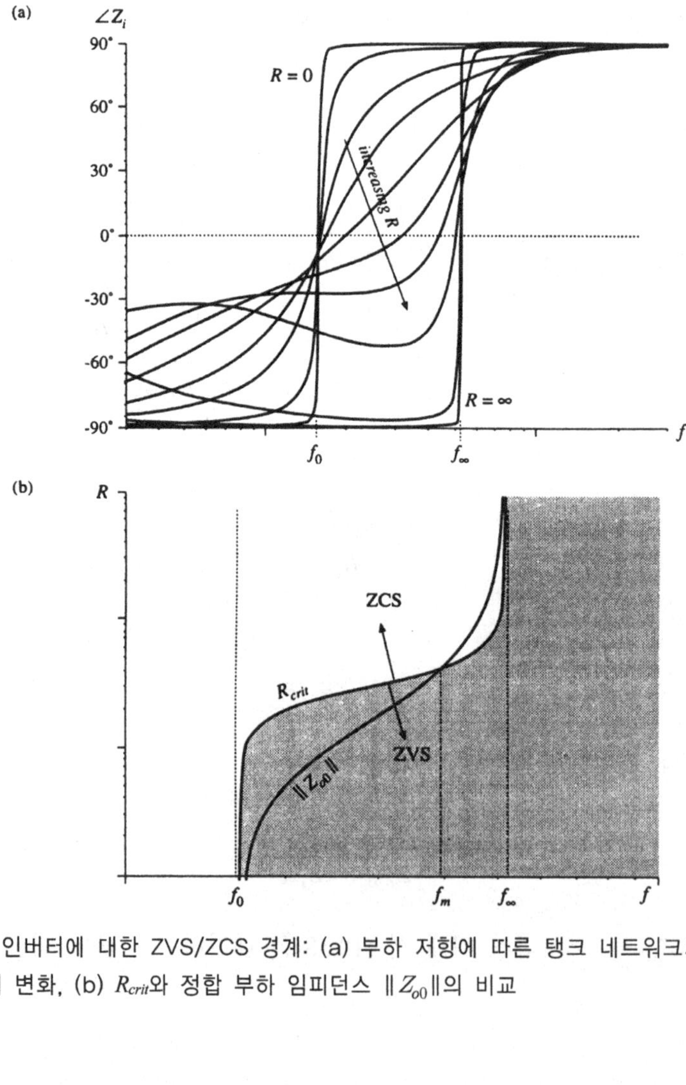

그림 10.38 LCC 인버터에 대한 ZVS/ZCS 경계: (a) 부하 저항에 따른 탱크 네트워크의 입력 임피던스 위상 이동의 변화, (b) R_{crit}와 정합 부하 임피던스 $\|Z_{o0}\|$의 비교

에 대해 영전압 스위칭이 발생한다. $Z_{i\infty}$와 Z_{i0} 모두 커패시턴스 성분이면 모든 부하에 대해 영전류 스위칭이 발생한다. 따라서 Theorem 2가 증명됨.

그림 10.38(a)는 LCC 인버터에 대해 R을 0에서 ∞까지 변하게 했을 때 $Z_i(j\omega)$의 위상 응답을 나타낸다. R_{crit}과 정합 부하 임피던스 $\|Z_{o0}\|$가 주파수에 전형적으로 의존하는 것을 그림 10.38(b)에 도시한다. $f > f_\infty$일 때 모든 부하에 대해 영전압 스위칭이 발생하고, $f < f_0$일 때 모든 부하에 대해 영전류 스위칭이 발생한다. $f_0 < f < f_\infty$일 때 Z_{i0}는 인덕턴스 성분이고 반면 $Z_{i\infty}$는 커패시턴스 성분이다. 따라서 $R < R_{crit}$이면 영전압 스위칭이 발생하고, $R > R_{crit}$이면 영전류 스위칭이 발생한다. 주파수 f_m에서 $R_{crit} = \|Z_{i0}\|$이므로 ZVS/ZCS 경계는 정확히 정합 부하에서다. 정합 부하에서 낮은 순환 전류와 가벼운 부하에서 좋은 효율로 영전압 스위칭을 얻는 것이 일반적으로 바람직하다. 이는 $f_0 < f < f_m$의 범위에서 동작을 분명하게 필요로 한다. 따라서 정합 부하와 단락회로 조건에서 영전압 스위칭이 발생하지만 가벼운 부하에서는 없어진다. $\|Z_{i0}\| \ll \|Z_{i\infty}\|$를 만족하도록 소자 값을 선택하는 것이 영전압 스위칭을 발생하는 부하의 범위가 최대로 되므로 바람직하다.

10.4.4 다른 예

마지막 예로 어떤 스위칭 주파수에서 주어진 출력 특성을 얻기 위한 공진 탱크의 소자 값을 구하고, 구한 값이 R_{crit}에 미치는 영향을 조사해보자. 공진 인버터를 스위칭 주파수 $f_s = 100$ kHz, 입력 전압 $V_g = 160$ V에서 동작하고자한다. 컨버터는 개방회로 첨두 출력 전압 $V_{oc} = 400$ V를 발생할 수 있어야 하고 25 W에서 150 Vrms의 정격 출력을 발생해야한다. 이를 만족하기 위한 공진 탱크의 소자 값을 선택해보자.

사양으로부터 컨버터는 다음의 개방회로 전달함수를 나타내야 한다.

$$\| H_\infty(j\omega_s) \| = \frac{V_{oc}}{V_{s1}} = \frac{(400\text{ V})}{\left(\frac{4}{\pi}160\text{ V}\right)} = 1.96 \tag{10.60}$$

식 (10.42)를 I_{sc}에 대해 풀어 필요한 단락회로 전류를 다음과 같이 구할 수 있다.

$$I_{sc} = \frac{I}{\sqrt{1 - \left(\frac{V}{V_{oc}}\right)^2}} \tag{10.61}$$

또한 사양으로부터 정격 동작점에서 첨두 전압과 전류를 다음과 같이 계산할 수 있다.

$$V = 150\sqrt{2} = 212 \text{ V} \qquad (10.62)$$
$$I = \frac{P}{V_s}\sqrt{2} = \frac{25 \text{ W}}{150 \text{ V}}\sqrt{2} = 0.236 \text{ A}$$
$$R_{nom} = \frac{V}{I} = 900 \ \Omega$$

식 (10.62)를 (10.61)에 대입하면 단락회로 전류는 다음과 같다.

$$I_{sc} = \frac{(0.236 \text{ A})}{\sqrt{1-\left(\dfrac{212 \text{ A}}{400 \text{ V}}\right)^2}} = 0.278 \text{ A} \qquad (10.63)$$

따라서 정합 부하는 다음의 동작점에서 발생한다.

$$V_{mat} = \frac{V_{oc}}{\sqrt{2}} = 283 \text{ V} \qquad (10.64)$$
$$I_{mat} = \frac{I_{sc}}{\sqrt{2}} = 0.196 \text{ A}$$
$$\| Z_{o0}(j\omega_s) \| = \frac{V_{oc}}{I_{sc}} = 1439 \ \Omega$$

그림 10.39(a)에 보인 LCC 탱크 네트워크에서 탱크 소자의 값을 선택하자. 직렬과 병렬 분기의 임피던스를 그림 10.39(b)에서처럼 리액턴스 X_s와 X_p를 이용하여 나타낼 수 있다.

$$jX_s = j\omega_s L + \frac{1}{j\omega_s C_s} = j\left(\omega_s L - \frac{1}{\omega_s C_s}\right) \qquad (10.65)$$
$$jX_p = \frac{1}{j\omega_s C_p} = j\left(-\frac{1}{\omega_s C_p}\right)$$

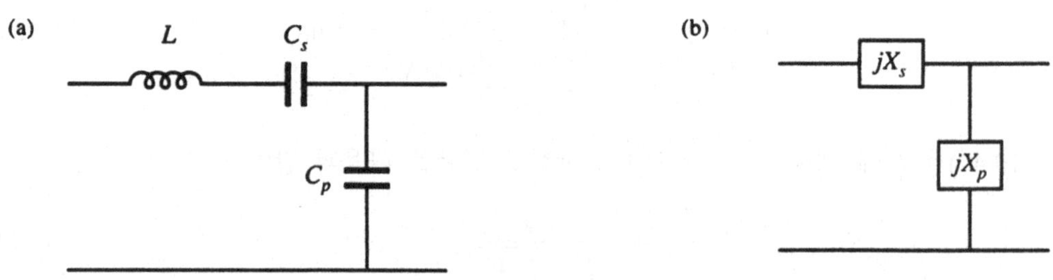

그림 10.39 LCC 인버터의 탱크 네트워크: (a) 회로, (b) 리액턴스 X_s와 X_p에 의한 직렬과 병렬 분기의 표현

전압 분배비에 의해 전달함수 $H_\infty(j\omega_s)$는 다음과 같다.

$$H_\infty(j\omega_s) = \frac{jX_p}{jX_s + jX_p} \tag{10.66}$$

출력 임피던스 $Z_{o0}(j\omega_s)$는 다음과 같이 병렬 조합으로 주어진다.

$$Z_{o0}(j\omega_s) = jX_s \parallel jX_p = \frac{-X_s X_p}{j(X_s + X_p)} \tag{10.67}$$

X_s와 X_p에 대한 식 (10.66)과 (10.67)의 해는 다음과 같다.

$$jX_p = \frac{Z_{o0}(j\omega_s)}{1 - H_\infty(j\omega_s)} \qquad X_s = X_p \frac{1 - H_\infty(j\omega_s)}{H_\infty(j\omega_s)} \tag{10.68}$$

그러므로 커패시턴스 C_p를 다음의 값을 갖도록 선택해야 한다.

$$X_p = -1499\ \Omega \qquad C_p = -\frac{1}{\omega_s X_p} = \frac{H_\infty(j\omega_s) - 1}{\omega_s \parallel Z_{o0}(j\omega_s) \parallel} = \frac{(1.96) - 1}{(2\pi \cdot 100\ \text{kHz})(1439\ \Omega)} \cong 1\ \text{nF} \tag{10.69}$$

직렬 분기의 리액턴스는 다음과 같이 선택해야 한다.

$$X_s = X_p \frac{1 - H_\infty(j\omega_s)}{H_\infty(j\omega_s)} = (-1493\ \Omega)\frac{1 - (1.96)}{(1.96)} = 733\ \Omega \tag{10.70}$$

X_s는 인덕터 L과 커패시터 C_s의 직렬 조합이므로 위의 X_s를 만들기 위한 L과 C_s의 값을 선택하는데 자유도가 있다. 예를 들면 C_s를 매우 크게 선택하면(단락회로가 됨) 이는 실효적으로 $L = X_s/\omega_s = 1.17$ mH를 갖는 병렬 공진회로가 된다. 영이 아닌 C_s 값에 대해 L은 다음 식에 따라 선택해야 한다.

$$L = \frac{1}{\omega_s}\left(X_s + \frac{1}{\omega_s C_s}\right) \tag{10.71}$$

예를 들면 $C_s = C_p = 1.06$ nF으로 선택하면 $L = 3.5$ mH가 된다. 다른 C_s 값을 이용하여 설계하면 설계 주파수에서 정확하게 같은 특성을 보이지만 다른 스위칭 주파수에서는 다르게 동작한다.

그림 10.39의 탱크 네트워크에 대해 R_{crit}의 값은 출력 특성 타원의 파라미터 즉, V_g, V_{oc}와 I_{sc}에 의해 결정된다. 탱크 입력 포트를 개방회로로 한 탱크 출력 임피던스 $Z_{o\infty}$는 jX_p와 같다. $Z_{o\infty}$와 Z_{o0}에 대한 식을 식 (10.57)에 대입하면 다음과 같은 R_{crit}에 대한 식을 얻을 수 있다.

$$R_{crit} = \sqrt{\frac{Z_{o0}^2(j\omega_s)}{1 - H_\infty(j\omega_s)}} \tag{10.72}$$

Z_{o0}와 H_∞를 동작점 사양에 의해 결정되므로 R_{crit}도 마찬가지이다. 이 예에 대한 식 (10.72)를 계산하면 $R_{crit} = 1466$ Ω이다. 그러므로 인버터는 $R < 1466$ Ω에 대해 영전압 스위칭으로 동작하므로 정격 동작점 $R = 900$ Ω에서 영전압 스위칭으로 동작한다. 그림 10.39(b)에 있는 회로보다 더 복잡한 탱크 네트워크의 토폴로지는 R_{crit}을 독립적으로 선택할 수 있는 자유도를 제공할 수도 있다.

$C_s = 3C_p = 3.2$ nF으로 선택하면 $L = 1.96$ μH가 되어 다음 주파수들을 얻을 수 있다.

$$\begin{aligned} f_\infty &= 127 \text{ kHz} \\ f_m &= 100.6 \text{ kHz} \\ f_s &= 100.0 \text{ kHz} \\ f_0 &= 64 \text{ kHz} \end{aligned} \tag{10.73}$$

C_s를 어떻게 선택했느냐에 관계없이 개방회로 탱크 입력 임피던스는

$$Z_{i\infty} = j(X_s + X_p) = j(733\ \Omega + (-1493\ \Omega)) = -j760\ \Omega \tag{10.74}$$

이므로 부하가 개방회로일 때 트랜지스터의 첨두 전류 크기는 다음과 같다.

$$I_{s1} = \frac{V_{s1}}{\| Z_{i\infty} \|} = \frac{\frac{4}{\pi}(160\ \text{V})}{(760\ \Omega)} = 0.268\ \text{A} \tag{10.75}$$

부하가 단락회로일 때 트랜지스터의 첨두 전류 크기는

$$I_{s1} = \frac{V_{s1}}{\| Z_{i\infty} \|} = \frac{V_{s1}}{X_s} = \frac{\frac{4}{\pi}(160\text{ V})}{(733\,\Omega)} = 0.278\text{ A} \tag{10.76}$$

이고 이 값은 식 (10.75)의 결과와 거의 같다. 상대적으로 높은 개방회로 출력 전압 때문에 조금 큰 개방회로 스위치 전류가 발생한다. V_{oc}의 값을 줄이면 식 (10.75)의 결과도 감소한다.

10.5 직렬과 병렬 공진 컨버터의 정확한 특성

공진 컨버터의 정확한 정상상태 동작을 상태 평면 분석과 같은 방법에 의해 결정할 수 있다. 공진 직류-직류 컨버터의 자세한 분석은 이 책의 범위를 넘어간다. 그러나 이상적인 직렬[1, 13-20]과 병렬[6, 22-25] 공직 직류-직류 컨버터(그림 10.40)의 정확한 정상상태 특성을 이 절에서 정리한다. 문헌에는 소신호 교류 모델링을 서술하였으며 이와 관련 논문은 [27-30]에 있다.

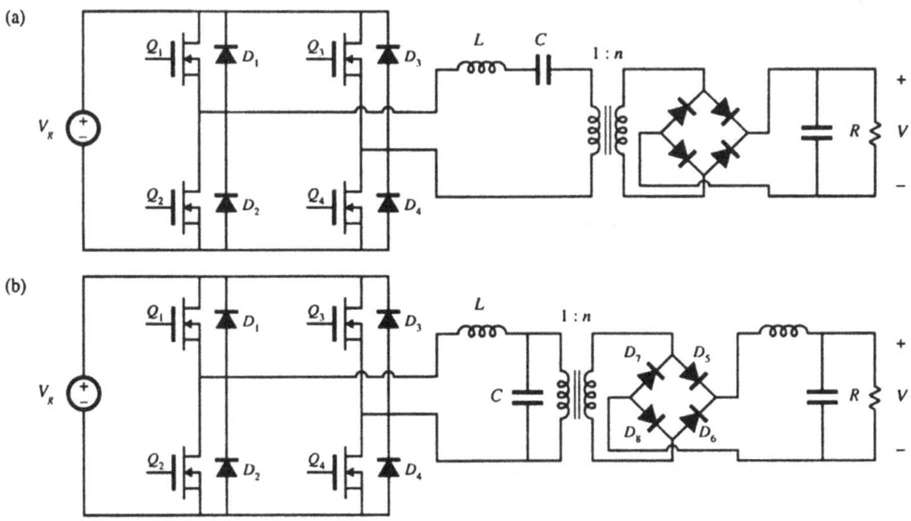

그림 10.40 변압기-분리 공진 직류-직류 컨버터: (a) 직렬 공진 컨버터, (b) 병렬 공진 컨버터

10.5.1 직렬 공진 컨버터

주어진 스위칭 주파수에서 직렬 공진 직류-직류 컨버터는 하나의 연속 전도모드에서 동작할 수 있고 여러 불연속 전도모드에서 동작할 수 있다. 모드 지수 k를 다음 식을 만족하는 정수로 정의한다.

$$\frac{f_0}{k+1} < f_s < \frac{f_0}{k} \quad \text{또는} \quad \frac{1}{k+1} < F < \frac{1}{k} \tag{10.77}$$

여기서 $F = f_s/f_0$는 정규화된 스위칭 주파수를 나타낸다. subharmonic 수 ξ를 다음과 같이 정의한다.

$$\xi = k + \frac{1+(-1)^k}{2} \tag{10.78}$$

f_s의 함수로서 k와 ξ의 값을 그림 10.41(a)에 정리한다. subharmonic 수 ξ는 탱크 공진을 여기하는 주된 고조파를 나타낸다. 컨버터의 부하가 크면 컨버터는 k-형 연속 전도모드에서 동작한다. 부하를 더 감소하면 컨버터는 (k-1)-형 DCM, (k-2)-형 DCM, $\cdots$, 1-형 DCM으로 들어간다. 0-형 DCM은 없으므로 컨버터가 공진 이상에서 동작하면 단지 0-형 연속 전도모드만 가능하다.

k-형 연속 전도모드에서 직렬 공진 컨버터는 다음과 같은 타원의 출력 특성을 보인다.

$$M^2\xi^2\sin^2\left(\frac{\gamma}{2}\right) + \frac{1}{\xi^2}\left(\frac{J\gamma}{2} + (-1)^k\right)^2\cos^2\left(\frac{\gamma}{2}\right) = 1 \tag{10.79}$$

그림 10.40의 변압기 분리 컨버터에 대해 M과 J는 다음 식과 같이 부하 전압 V와 부하 전류 I에 관계된다.

$$M = \frac{V}{nV_g}, \qquad J = \frac{InR_0}{V_g} \tag{10.80}$$

여기서 R_0는 변압기 일차 측으로 환산한 탱크의 특성 임피던스를 나타낸다. γ는 다음 식으로 주어지는 스위칭 주기의 반에 해당하는 각 길이이다.

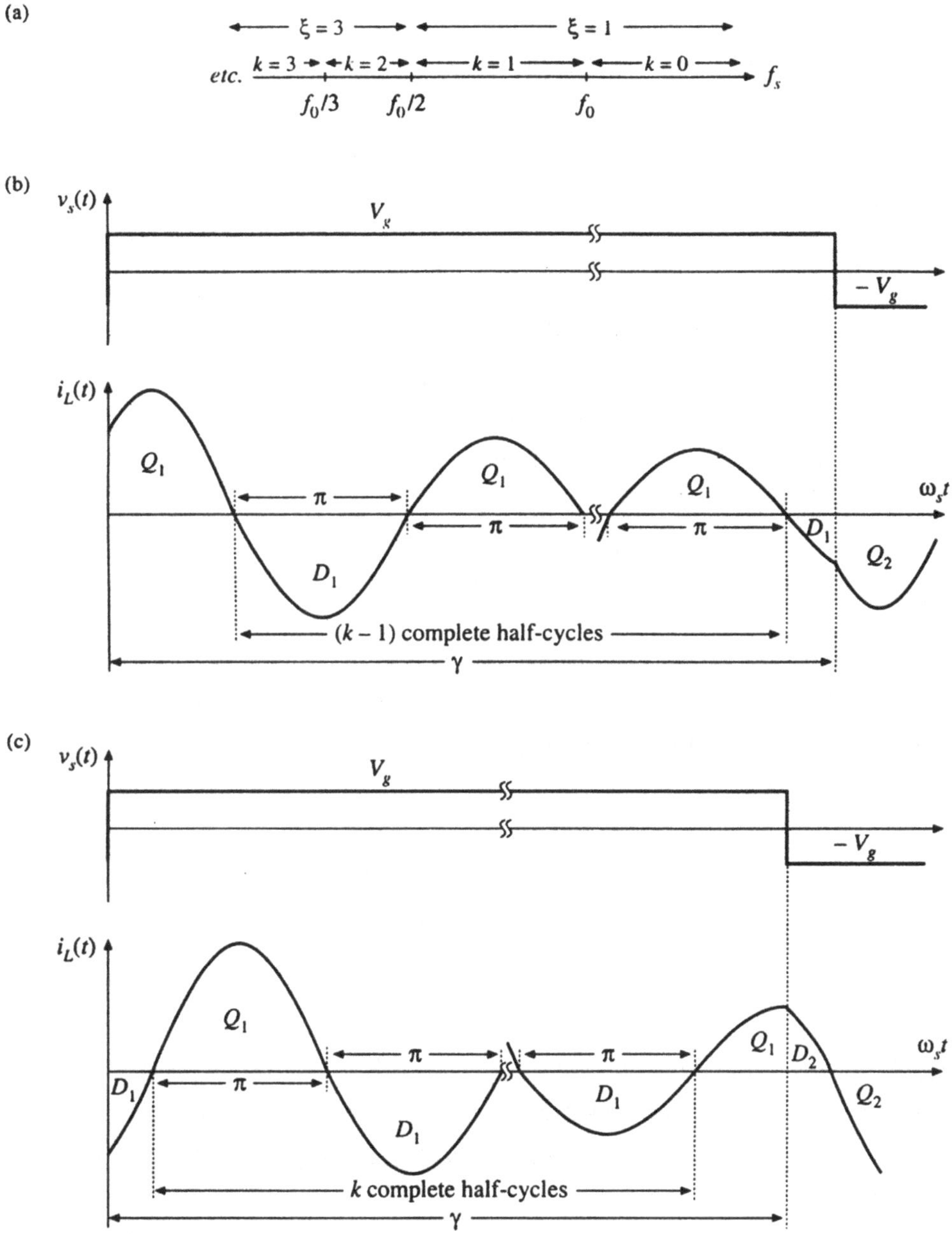

그림 10.41 직렬 공진 컨버터의 연속 전도모드: (a) 여러 모드 지수 k와 subharmonic 수 ξ가 발생하는 스위칭 주파수의 범위, (b) 홀수 k에 대한 k–형 CCM에서 탱크 인덕터의 전류 파형, (c) 짝수 k에 대한 k–형 CCM에서 탱크 인덕터의 전류 파형

$$\gamma = \frac{\omega_0 T_s}{2} = \frac{\pi}{F} \tag{10.81}$$

식 (10.79)는 식 (10.77)을 만족하는 k에 대해서만 타당하다. 전압 변환비 M은 다음의 범위로 제한됨을 알 수 있다.

$$0 \le M \le \frac{1}{\xi} \tag{10.82}$$

이 식은 식 (10.21)과 일치한다.

전형적인 CCM 탱크 전류 파형을 그림 10.41에 나타낸다. k가 짝수이면 탱크 인덕터 전류는 초기에 음이다. 따라서 스위치 네트워크의 역병렬 다이오드가 공진 반주기의 일부분 동안 처음 도통한다. k가 홀수이면 스위칭 주기의 각 반주기는 스위치 네트워크의 트랜지스터가 도통하면서 시작한다. 어떤 경우든 공진의 (ξ-1)개의 완전한 탱크 반주기가 뒤따른다. 스위칭 주기의 반은 하나의 완전한 공진 반주기보다 짧은 세부구간에 의해 끝난다. 여기서 초기에 도통하지 않은 소자가 온된다. 다음 스위칭 주기의 반이 시작하고 대칭적이다.

정규화된 관계식 $J = MQ$(여기서 $Q = n^2 R_0 / R$)를 식 (10.79)에 대입하여 $V = IR$을 따르는 저항 부하 R에 대해 정상상태 제어 평면 특성을 찾을 수 있다. 근의 공식을 사용하여 식을 계산하면 M에 대한 해를 부하(Q를 통해)와 스위칭 주파수(γ를 통해)의 함수로 다음과 같이 표현할 수 있다.

$$M = \frac{\left(\frac{Q\gamma}{2}\right)}{\xi^4 \tan^2\left(\frac{\gamma}{2}\right) + \left(\frac{Q\gamma}{2}\right)^2} \left| (-1)^{k+1} + \sqrt{1 + \frac{\left|\xi^2 - \cos^2\left(\frac{\gamma}{2}\right)\right| \left|\xi^4 \tan^2\left(\frac{\gamma}{2}\right) + \left(\frac{Q\gamma}{2}\right)^2\right|}{\left(\frac{Q\gamma}{2}\right)^2 \cos^2\left(\frac{\gamma}{2}\right)}} \right| \tag{10.83}$$

이 식은 저항 부하에 대한 변환비 M과 스위칭 주파수의 관계를 나타낸다. 이 식은 임의의 k-형 연속 전도모드에 대해 타당하다.

홀수 k에 대해 k-형 불연속 전도모드가 다음의 주파수 범위에서 발생한다.

$$f_s < \frac{f_0}{k} \tag{10.84}$$

이 모드에서 출력 전압은 부하 전류와 스위칭 주파수와 무관하며 다음과 같이 나타낼 수 있다.

$$M = \frac{1}{k} \tag{10.85}$$

홀수 k에 대해 k-형 불연속 전도모드는 다음 식으로 주어진 부하 전류의 범위에서 나타난다.

$$\frac{2(k+1)}{\gamma} > J > \frac{2(k-1)}{\gamma} \tag{10.86}$$

홀수 불연속 전도모드에서 탱크 전류는 k개의 완전한 공진 반주기 동안 공진한다. 출력 브리지 정류기의 4개 모든 다이오드는 역방향으로 치우치고 탱크 전류는 그림 10.42에서 나타낸 바와 같이 다음 스위칭 반주기가 시작할 때까지 영을 유지한다. 직렬 공진 컨버터는 출력 전압을 제어할 수 없기 때문에 홀수 불연속 전도모드에서 동작하도록 정상적으로 설계되지 않는다. $f_s < f_0$에서 부하를 제거하면 직렬 공진 컨버터는 $M=1$로 $k=1$ DCM에서 동작한다.

짝수 k에 대해도 k-형 불연속 전도모드가 다음의 주파수 범위에서 발생한다.

$$f_s < \frac{f_0}{k} \tag{10.87}$$

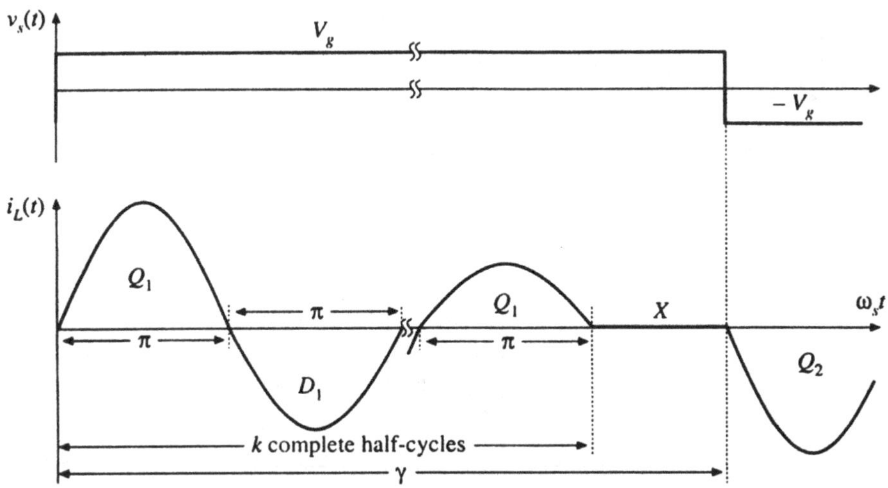

그림 10.42 홀수 k에 대한 k-형 DCM에서 탱크 인덕터의 전류 파형

짝수 불연속 전도모드는 전류원 특성을 보이며 부하 전류가 스위칭 주파수와 입력 전압의 함수이지만 부하 전압의 함수는 아니다. 출력 관계식은 다음과 같다.

$$J = \frac{2k}{\gamma} \tag{10.88}$$

이 모드에서의 동작은 다음 조건에 대해 발생한다.

$$\frac{1}{k-1} > M > \frac{1}{k+1} \tag{10.89}$$

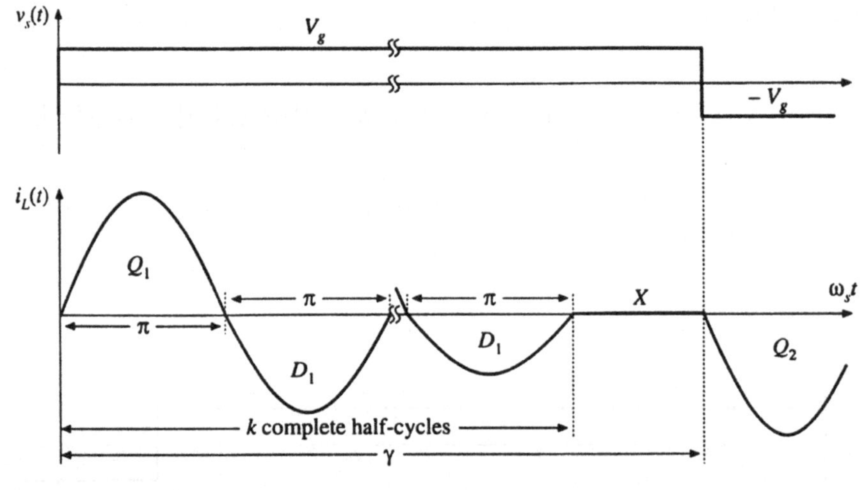

그림 10.43 짝수 k에 대한 k–형 DCM에서 탱크 인덕터의 전류 파형

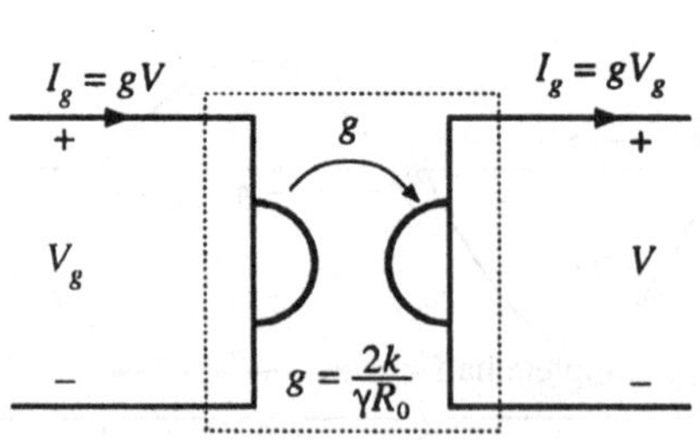

그림 10.44 짝수 연속 전도모드에 대한 정상상태 등가회로 모델: 실효 선회기. 컨버터는 전류원 특성을 보인다

짝수 불연속 전도모드에서 탱크 전류는 각 스위칭 반주기 동안 k개의 전체 공진 반주기에서 공진한다. 출력의 모든 4개의 브리지는 역방향으로 치우치고 탱크 전류는 다음 스위칭 반주기가 시작할 때까지 영을 유지한다. 짝수 DCM에 대한 탱크 전류 파형을 그림 10.43에 나타낸다.

직렬 공진 컨버터는 짝수 불연속 전도모드에서 동작할 때 이상한 성질을 갖는다. 그림 10.44는 선회(gyration) 컨덕턴스 $g=2k/\gamma R_0$를 갖는 선회기(gyrator)로 구성된 직류 등가회로를 나타낸다. 선회기는 회로를 쌍대 네트워크로 변환하는 성질을 갖는다. 전형적인 직류-직류 컨버터에서 입력 전압원 V_g는 실효적으로 쌍대인 gV_g 값의 출력 전류원으로 변환된다. 직렬 공진 컨버터를 수십 kW급에서 $k=2$ DCM에서 의도적으로 동작하도록 설계해왔다.

이제 식 (10.77)에서 (10.89)를 이용하여 완전한 제어 평면 특성을 도시할 수 있다. 결과를 그림 10.45에 나타내었으며 모드 경계를 그림 10.46에 분명하게 나타내었다. 공진 이상의 동작에 대해 유일하게 가능한 동작 모드는 $k=0$ CCM이고 출력 전압은 스위칭 주파수가 증가함에 따라 단조하게 감소함을 알 수 있다. 부하 전류를 감소하면(또는 부하 저항을 증가하여 Q를 감소함) 출력 전압은 증가한다. 공진 이상에서 동작하고 영전

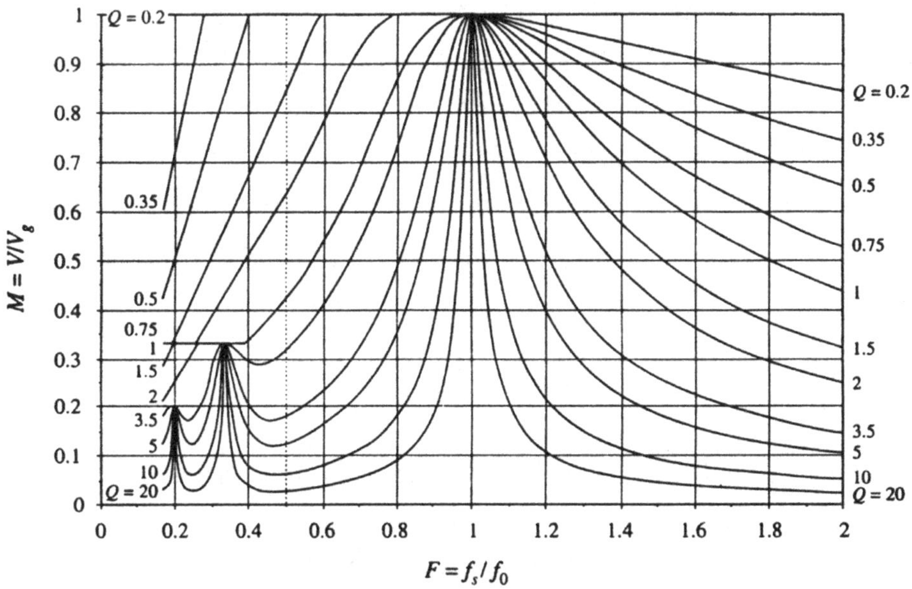

그림 10.45 범위 $0.2 \leq F \leq 2$에 대한 직렬 공진 컨버터의 완전한 제어 평면 특성

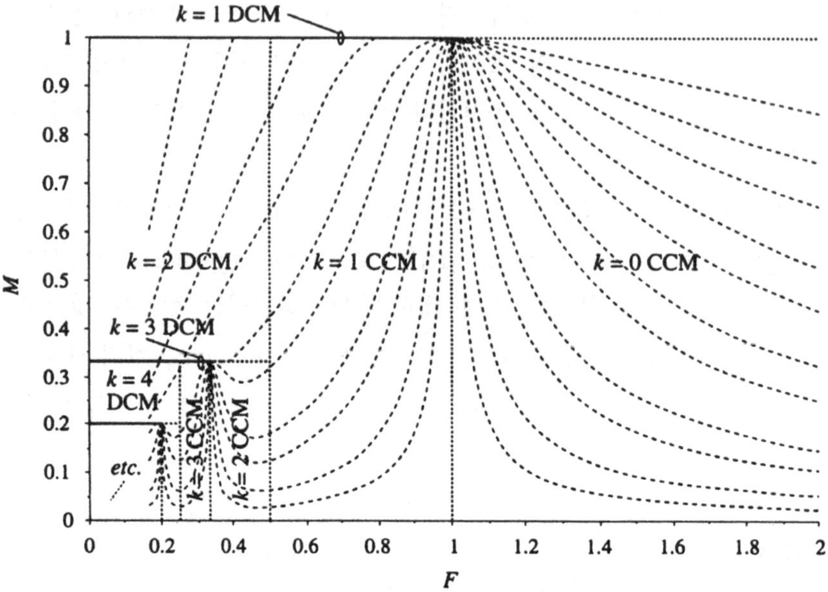

그림 10.46 연속과 불연속 전도모드의 경계

압 스위칭을 이용하는 많은 성공적인 설계를 참고문헌에서 찾아볼 수 있다[7,21].

공진 이하에서의 동작은 subharmonic이 존재하고 불연속 전도모드 때문에 복잡하다. $k=1$ CCM과 $k=2$ DCM은 출력 전압이 스위칭 주파수가 증가함에 따라 단조하게 감소한다는 면에서 잘 동작한다. 부하 전류를 증가시키면 출력 전압은 감소한다. 이 모드에서 동작하고 영전류 스위칭을 채택하는 성공적인 설계는 많이 있다. 그러나 더 높은 형의 모드($k=2$ CCM, $k=4$ DCM, 등)에서의 동작은 보통 피한다.

F와 Q가 주어지면 다음의 알고리즘을 이용하여 직접 동작 모드를 결정한다.
첫째, 주파수 F에서 무거운 부하로 동작하는 것에 대응하는 연속 전도모도 k를 다음과 같이 구한다.

$$k = INT\left(\frac{1}{F}\right) \tag{10.90}$$

여기서 $INT(x)$는 x의 정수부를 나타낸다. 다음으로 k_1을 다음 식으로 구한다.

$$k_1 = INT\left(\frac{1}{2} + \sqrt{\frac{1}{4} + \frac{Q\pi}{2F}}\right) \tag{10.91}$$

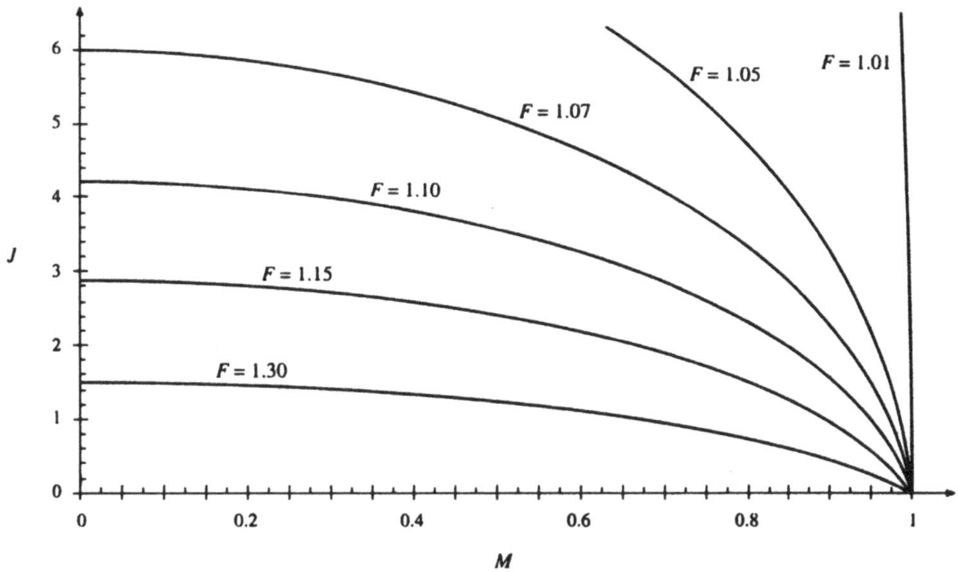

그림 10.47 $k = 0$ CCM에서(공진 이상에서) 출력 특성

다음의 조건이 만족하면 컨버터는 k-형 CCM에서 동작한다.

$$k_1 > k \tag{10.92}$$

그렇지 않으면 컨버터는 k_1-형 DCM에서 동작한다. 따라서 주어진 F와 Q에 대해 변환비 M을 계산하는 간단한 알고리즘을 정의할 수 있다. 우선 식 (10.90)에서 (10.92)를 계산하여 동작 모드를 결정한다. 다음으로 M을 구하기 위해 적당한 식 (10.83), (10.85) 또는 (10.88)을 계산한다.

$k=0$ CCM에 대한 출력 $I-V$ 평면 특성을 식 (10.79)를 이용하여 그림 10.47에 도시한다. 일정 주파수 곡선은 타원형이고, 모두 $M=1$, $J=0$인 점을 지나간다. 주어진 스위칭 주파수에 대해 동작점은 타원형의 컨버터 출력 특성과 부하 $I-V$ 특성과의 교점으로 주어진다.

$k=1$ CCM, $k=1$ DCM과 $k=2$ DCM을 조합한 출력 평면 특성을 그림 10.48에 보인다. 이들은 식 (10.79), (10.85)와 (10.88)을 이용하여 도시하였다. 또한 이들 곡선은 트랜지스터가 각 스위칭 반주기 동안 하나의 탱크 반주기 이상 도통하지 않는다는 가정에서 도시하였다. 이 가정으로 subharmonic 모드를 제거하고 $f_s < 0.5\ f_0$일 때마다 컨버터가 $k=2$

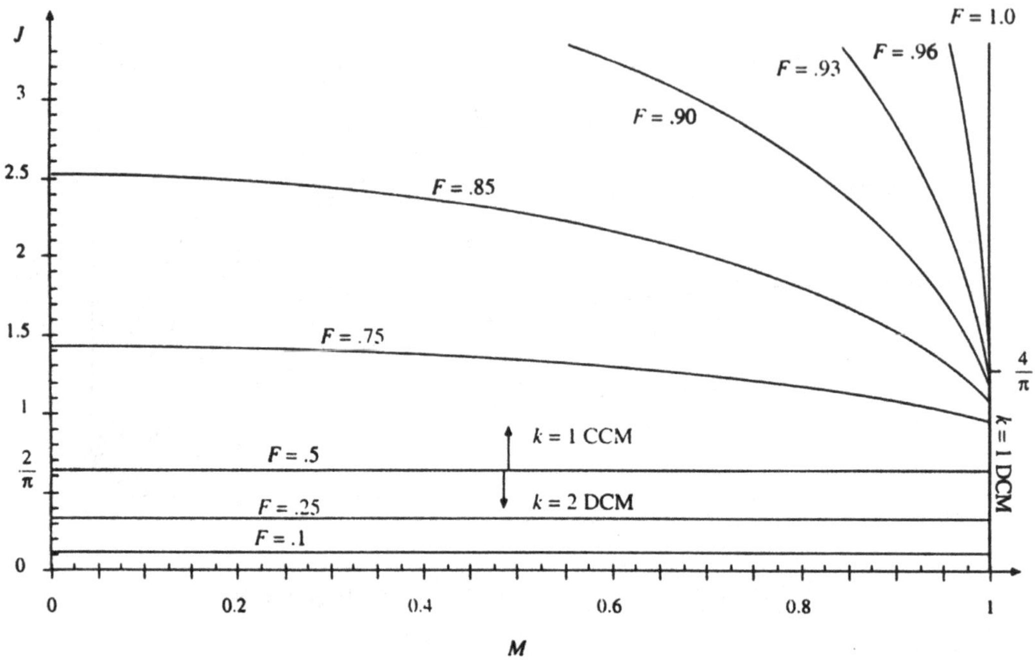

그림 10.48 $k=1$ CCM, $k=1$ DCM과 $k=2$ DCM에서(공진 이하에서) 출력 특성

또는 $k=1$ DCM에서 동작하게 한다. 일정 주파수 곡선은 연속 전도모드에서 타원형이고, $k=1$ DCM에서는 수직선(전압원 특성), $k=2$ DCM에서 수평선(전류원 특성)임을 알 수 있다.

10.5.2 병렬 공진 컨버터

주파수 범위 $0.5f_0 < f_s < \infty$에서 병렬 공진 컨버터는 하나의 연속 전도모드와 하나의 불연속 전도모드를 보인다. 전형적인 CCM 스위치 전압 $v_s(t)$, 탱크 인덕터 전류 $i_L(t)$와 탱크 커패시터 전압 $v_C(t)$의 파형을 그림 10.49에 나타낸다. CCM 컨버터 출력 특성은 다음 식으로 주어진다.

$$M=\left(\frac{2}{\gamma}\right)\left(\phi-\frac{\sin(\phi)}{\cos\left(\frac{\gamma}{2}\right)}\right) \tag{10.93}$$

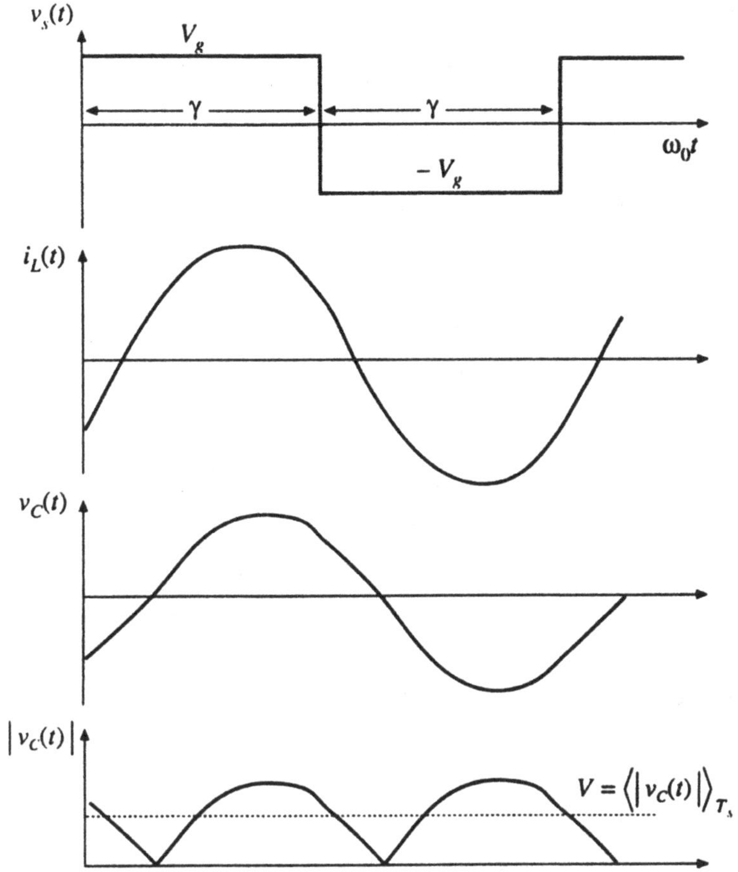

그림 10.49 연속 전도모드에서 동작하는 병렬 공진 컨버터의 전형적인 파형

$$\phi = \begin{cases} -\cos^{-1}\left(\cos\left(\frac{\gamma}{2}\right) + J\sin\left(\frac{\gamma}{2}\right)\right), 0 < \gamma < \pi \ \text{(공진 위)} \\ +\cos^{-1}\left(\cos\left(\frac{\gamma}{2}\right) + J\sin\left(\frac{\gamma}{2}\right)\right), \pi < \gamma < 2\pi \ \text{(공진 아래)} \end{cases} \tag{10.94}$$

여기서 M, J와 γ는 식 (10.80)과 (10.81)에 정의되어 있다. 정규화된 부하 전류 J와 반 스위칭 주기 각 γ가 주어지면 식 (10.94)를 계산하여 ϕ를 구하고 식 (10.93)을 계산하여 컨버터의 전압 변환비 M을 구할 수 있다. 다시 말하면 주어진 부하 전류와 스위칭 주파수에 대해 컴퓨터 반복 계산이 없이 출력 전압을 구할 수 있다.

병렬 공진 컨버터에서 불연속 전도모드는 직렬 공진 컨버터에서 불연속 전도모드 과정

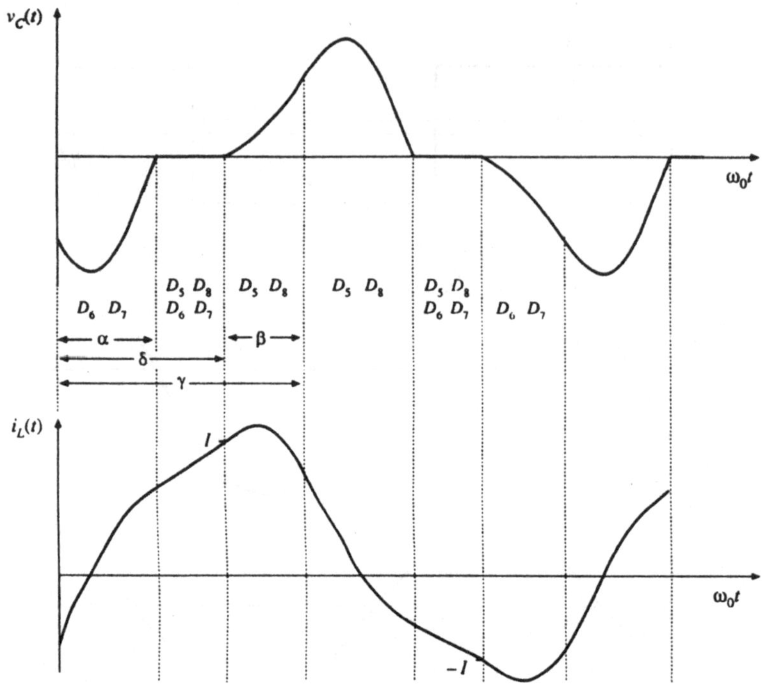

그림 10.50 불연속 전도모드에서 동작하는 병렬 공진 컨버터의 전형적인 파형

의 쌍대로 발생한다. 이 모드에서 출력 브리지 정류기의 모든 네 개의 다이오드가 순방향으로 치우치고 탱크 커패시터의 전압이 영으로 유지하는 불연속 세부구간이 발생한다. 이 모드는 컨버터의 부하가 무거울 때 공진 위와 아래에서 발생한다. 전형적인 DCM 탱크 커패시터 전압과 인덕터 전류 파형을 그림 10.50에 나타낸다. 불연속 전도모드에서 동작하는 조건은 다음과 같다.

$$\begin{aligned} &J > J_{crit}(\gamma)\text{, DCM에 대해} \\ &J < J_{crit}(\gamma)\text{, CCM에 대해} \end{aligned} \tag{10.95}$$

여기서

$$J_{crit}(\gamma) = -\frac{1}{2}sin(\gamma) + \sqrt{\sin^2\left(\frac{\gamma}{2}\right) + \frac{1}{4}sin^2(\gamma)} \tag{10.96}$$

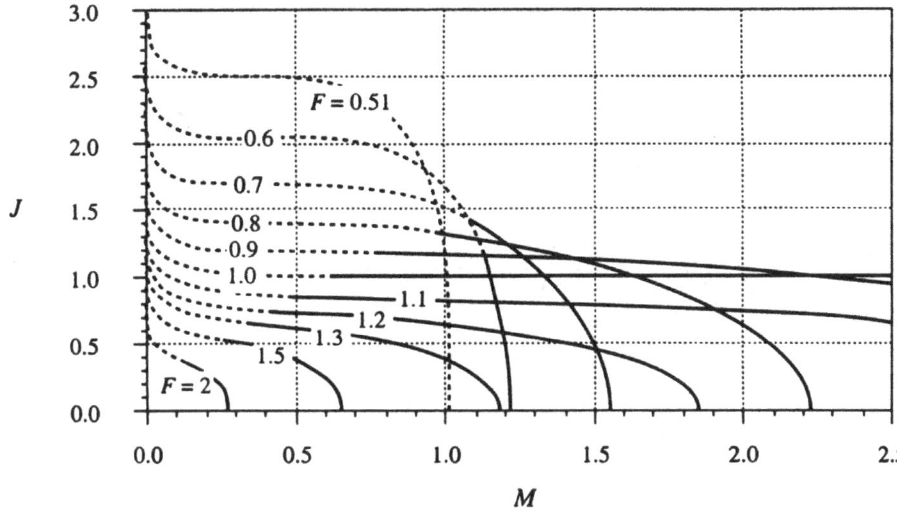

그림 10.51 $F>0.5$에 대한 병렬 공진 컨버터의 정확한 출력 특성. 실선: CCM, 점선: DCM

이다. 다음의 연립 방정식들에 의해 불연속 전도모드를 표현한다.

$$
\begin{aligned}
M_{C0} &= 1-\cos(\beta) \\
J_{L0} &= J+\sin(\beta) \\
\cos(\alpha+\beta)-2\cos(\alpha) &= -1 \\
-\sin(\alpha+\beta)+2\sin(\alpha)+(\delta-\alpha) &= 2J \\
\beta+\delta &= \gamma \\
M &= 1+\left(\frac{2}{\gamma}\right)(J-\delta)
\end{aligned}
\tag{10.97}
$$

불행하게도 선형과 삼각함수가 혼합되어 있어 이 연립 방정식의 해를 한 식의 형태로 알 수 없다. 따라서 방정식을 반복적으로 풀어야 한다. 주어진 γ와 J에 대해 각 α, β와 δ를 반복적으로 구하기 위해 컴퓨터를 사용한다. 그러면 M을 구할 수 있고 출력 평면 특성을 그림 10.51에 보이는 것과 같이 도시할 수 있다. 점선은 DCM 해이고 실선은 CCM 해이다. 그림 10.51은 $0.5\,f_0$ 이상의 모든 스위칭 주파수에 대해 이상적인 병렬 공진 컨버터의 완전한 직류 동작을 나타낸다. 정규화된 스위칭 주파수 $F=f_s/f_0=\pi/\gamma$의 주어진 값에 대해 정규화된 출력 전류 J와 정규화된 출력 전압 M의 관계는 근사적으로 타원형이다. 공진($F=1$)에서 CCM 타원은 수평선 $J=1$로 퇴보되어 컨버터는 전류원 특성을 보인다. 공진 이상에서 컨버터는 전압을 승압 ($M>1$)과 강압($M<1$)을 할 수 있다. 정규화된

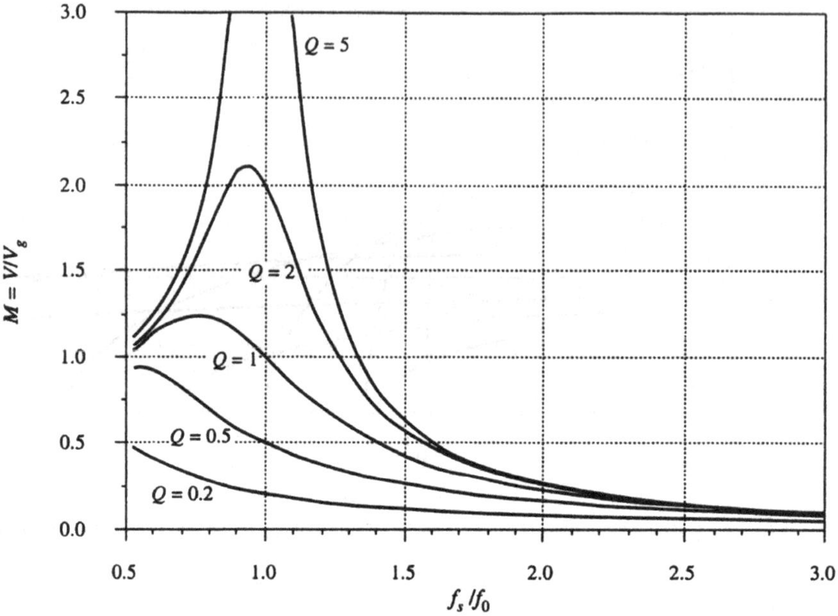

그림 10.52 저항 부하를 갖는 병렬 공진 컨버터의 정확한 제어 특성. $0.5 \le F \le 3$에 대해 CCM과 DCM 동작을 포함함

부하 전류는 $J < 1$로 제한되고 이는 $I < V_g / n R_0$에 해당한다. 공진 주파수보다 큰 주어진 스위칭 주파수에 대해 최대 부하 전류의 실제 제한은 이 제한보다 더 제한적이다. 공진 이하에서 컨버터는 전압을 승압과 강압을 할 수 있다. 1보다 큰 정규화된 부하 전류 J를 M과 F에 따라 얻을 수 있다. 그러나 M과 J가 동시에 크면 해가 존재하지 않는다.

그림 10.52에서 저항 부하에 대해 제어 평면 특성을 도시하였다. 병렬 공진 컨버터에 대해 파라미터 Q는 $Q = R/n^2 R_0$로 정의된다. 정규화된 부하 전류는 $J = M/Q$로 주어진다.

10.6 요약

1. 정현파 근사화를 이용하여 공진 인버터와 직류-직류 컨버터의 동작에 대한 많은 관

찰력을 얻을 수 있다. 직류-직류 공진 컨버터의 전압 변환비는 탱크 네트워크의 전달함수에 직접적으로 관계한다. 출력 특성, 트랜지스터 전류의 부하 전류 의존, 영전압과 영전류 스위칭 과도기간과 같은 중요한 컨버터의 특성을 정현파 근사화를 이용하여 이해할 수 있다. 실효적인 Q-계수가 충분히 크고 스위칭 주파수가 공진에 가깝다면 정현파 근사화는 정확하다.

2. 탱크 네트워크 파형의 기본파 성분과 직류 단자 파형의 직류 성분을 나타내는 간단한 등가회로를 유도하였다.
3. 이상적인 직류-직류 직렬과 병렬 공진 컨버터의 정확한 해를 열거하였다. 이 해는 기본적인 연속 전도모드뿐만 아니라 불연속과 subharmonic 모드에서의 동작에 대한 변환비를 정확하게 예측한다.
4. 영전압 스위칭은 다이오드의 역 전하와 반도체 소자의 출력 커패시턴스에 의한 스위칭 손실을 완화시켜준다. 목적이 스위칭 손실과 EMI를 최소로 하는 것이면 각 MOSFET와 다이오드를 영전압 스위칭으로 동작시키는 것이 바람직하다.
5. 영전류 스위칭에 의해 SCR에서 자연 전류가 발생하고 IGBT의 꼬리 전류에 의한 스위칭 손실을 완화시켜준다.
6. 입력 임피던스 크기 $\|Z_i\|$와 트랜지스터 전류 크기는 부하 저항 R의 단조함수이다. 트랜지스터의 도통 손실이 부하 전류에 의존하는 것을 $R\to\infty$와 $R\to 0$의 극한적인 경우에 대한 $\|Z_i\|$를 도시하여 또는 $\|Z_{i\infty}\|$와 $\|Z_{i0}\|$을 도시하여 쉽게 이해할 수 있다.
7. ZVS/ZCS 경계는 $Z_{i\infty}$와 Z_{i0}의 단순한 함수이다. ZVS가 개방회로와 단락회로에서 나타나면 ZVS는 모든 부하에 대해 발생한다. ZVS가 단락회로에서 나타나고 ZCS가 개방회로에서 나타나면 $\|Z_{i\infty}\| > \|Z_{i0}\|$의 조건에서 ZVS는 정합 부하에서 얻을 수 있다.
8. 여기서 생각한 모든 공진 인버터의 출력 특성은 타원형이고 개방회로 전달함수 크기 $\|H_\infty\|$와 출력 임피던스 $\|Z_{o0}\|$에 의해 완전하게 표현될 수 있다. 출력 특성을 응용 요구조건에 정합하기 위해 이들 값을 선택할 수 있다.

참고문헌

[1] F. C. Schwarz, "An Improved Method of Resonant Current Pulse Modulation for Power Converters," IEEE Power Electronics Specialists Conference, 1975 Record, pp. 194-204, June 1975.

[2] R. L. Steigerwald, "High Frequency Resonant Transistor Dc-Dc Convreters," IEEE Transactions on Industrial Electronics, Vol. 31, No. 2, pp. 181-191, May 1984.

[3] M. Cosby and R. Nelms, "Designing a Parallel-Loaded Resonant Inverter for an Electronic Ballast Using the Fundamental Approximation," IEEE Applied Power Electronics Conference, 1993 Record, pp. 413-423.

[4] M. Gulko and S. Ben-Yaakov, "Current-Sourcing Push-Pull Parallel-Resonance Inverter (CS-PPRI) Theory and Applcation as a Fluorescent Lamp Driver," IEEE Applied Power Electronics Conference, 1993 Record, pp. 411-417.

[5] Y. Cheron, H. Foch, and J. Salesses, "Study of a Resonant Converter Using Power Transistors in a 25 kW X-ray Tube Power Supply," IEEE Power Electronics Specialists Conference, Proceedings ESA Sessions, pp. 295-306, June 1985.

[6] S. D. Johnson, A. F. Witulski, and R. W. Erickson, "A Comparison of Resonant Topologies in High Voltage Applications," IEEE Transactions on Aerospace and Electronic Systems, Vol. 24, No. 3, pp. 263-274, July 1988.

[7] Y. Murai and T. A. Lipo, "High Frequency Series Resonant Dc Link Power Conversion," IEEE Industry Applications Society Annual Meeting, 1988 Record, pp. 648-656.

[8] F. C. Schwarz, "A Doublesided Cyclo-converter," IEEE Power Electronics Specialists Conference, 1979 Record, pp. 437-447.

[9] D. Divan, "The Resonant Dc Link Converter: A New Concept in Static Power Conversion," IEEE Industry Applications Society Annual Meeting, 1986 Record, pp. 648-656.

[10] R. L. Steigerwald, "A Comparison of Half-Bridge Resonant Convreter Topologies," IEEE Applied Power Electronics Conference, 1987 Record, pp. 135-144.

[11] R. Severns, "Topologies for Three Element Resonant Converters," IEEE Applied Power Electronics Conference, 1990 Record, pp. 712-722.

[12] M. Kazimierczuk, W. Szaraniec, and S. Wang, "Analysis and Design of Parallel Resonant Converter at High QL," IEEE Transactions on Aerospace and Electronic Systems, Vol. 28, pp. 35-50, January 1992.

[13] R. King and T. Stuart, "A Normalized Model for the Half Bridge Series Resonant Converter," IEEE Transactions on Aerospace and Electronic Systems, pp. 180-193, March 1981.

[14] V. Vorperian and S. Ćuk, "A Complete DC Analysis of the Series Resonant Converter," IEEE Power Electronics Specialists Conference, 1982 Record, pp. 85-100.

[15] R. King and T. Stuart, "Inherent Overload Protection for the Series Resonant Converter," IEEE Transactions on Aerospace and Electronic Systems, Vol. 19, No. 6, pp. 820-830, Nov. 1983.

[16] A. Witulski and R. Erickson, "Steady-State Analysis of the Series Resonant Converter," IEEE Transactions on Aerospace and Electronic Systems, Vol. 21, No. 6, pp. 791-799, Nov. 1985.

[17] A. Witulski and R. Erickson, "Design of the Series Resonant Converter for Minimum Component Stress," IEEE Transactions on Aerospace and Electronic Systems, Vol. 22, No. 4, pp. 356-363, July 1986.

[18] R. Oruganti and F. C. Lee, "Reonant Power Processors, Part I: State Plane Analysis," IEEE Transactions on Industry Applications, Vol. 21, pp. 1453-1460. Nov./Dec. 1985.

[19] C. Q. Lee and K. Siri, "Analysis and Design of the Series Resonant Converter by State Plane Diagram," IEEE Transactions on Aerospace and Electronic Systems, Vol. 22, No. 6, pp. 757-763, Nov. 1986.

[20] S. Trabert and R. Erickson, "Steady-State Analysis of the Duty Cycle Controlled Series Resonant Converter," IEEE Power Electronics Specialists Conference, 1987 Record, pp. 545-556.

[21] K. D. T. Ngo, "Analysis of a Series Resonant Converter Pulsewidth-Modulated of Current-Controlled for Low Switching Loss," IEEE Power Electronics Specialists Conference, 1987 Record, pp. 527-536.

[22] R. Oruganti and F. C. Lee, "State Plane Analysis of the Parallel Resonant Converter," IEEE Power Electronics Specialists Conference, 1985 Record, pp. 56-73.

[23] S. Johnson, "Steady-State Analysis and Design of the Parallel Resonant Converter," M.S. Thesis, University of Colorado, Boulder, 1986.

[24] S. Johnson and R. Erickson, "Steady-State Analysis and Design of the Parallel Resonant Converter," IEEE Transactions on Power Electronics, Vol. 3, No. 4, pp. 93-104, Jan. 1988.

[25] A. Bhat and M. Swamy, "Analysis and Design of a High-Frequency Parallel Resonant Converter Operating Above Resonance," IEEE Transactions on Aerospace and Electronic Systems, Vol. 25, No. 4, pp. 449-458, July 1989.

[26] F. S. Tsai, P. Materu, and F. C. Lee, "Constant Frequency, Clamped Mode Resonant Converter," IEEE Power Electronics Specialists Conference, 1987 Record, pp. 557-566.

[27] V. Vorperian and S. Ćuk, "Small-Signal Analysis of Resonant Converter," IEEE Power Electronics Specialists Conference, 1983 Record, pp. 269-282.

[28] V. Vorperian, "High-Q Approximation in the Small-Signal Analysis of Resonant Converter," IEEE Power Electronics Specialists Conference, 1985 Record, pp. 707-715.

[29] R. King and T. Stuart, "Small-Signal Model for the Series Resonant Converter," IEEE Transactions on Aerospace and Electronic Systems, Vol. 21, No. 3, pp. 301-319, May 1985.

[30] A. Witulski, A. Hernandez, and R. Erickson, "Small-Signal Equivalent Circuit Modeling of Resonant Converter," IEEE Transactions on Power Electronics, Jan. 1991.

[31] R. Fisher, K. Ngo, and M. Kuo, "A 500 kHz, 250 W Dc-dc Converter with Multiple Outputs Controlled by Phase-Shifted PWM and Magnetic Amplifiers," Proceedings of High Frequency Power Conversion Conference, 1992 Proceedings, pp. 100-110.

[32] L. Mweene, C. Wright, and M. Schlecht, "A 1 kW, 500 kHz Front-End Converter for a Distributed Power Supply System," IEEE Applied Power Electronics Conference, 1989 Record, pp. 423-432.

[33] R. Redl, L. Belogh, and D. Edwards, "Optimum ZVS Full-Bridge DC/DC Converter with PWM Phase-Shift Control: Analysis, Design Considerations, and Experimental Results," IEEE Applied Power Electronics Conference, 1994 Record, pp. 159-165.

[34] J. G. Cho, J. A. Sabate, and F. C. Lee, "Novel Full Bridge Zero-Voltage-Transition PWM DC/DC Converter for High Power Applications," IEEE Applied Power Electronics Conference, 1994 Record, pp. 143-149.

[35] O. D. Patterson and D. M. Divan, "Pseudo-Resonant Full Bridge DC/DC Converter," IEEE Power Electronics Specialists Conference, 1987 Record, pp. 424-430.

[36] R. Farrington, M. Jovanovic, and F. C. Lee, "Analysis of Reactive Power in Resonant Converter," IEEE Power Electronics Specialists Conference, 1992 Record, pp. 197-205.

[37] R. D. Middlebrook, "Null Double Injection and the Extra Element Theorem," IEEE Transaction on Education. Vol. 32, No. 3, pp. 167-180, August 1989.

[38] D. Tuttle, Network Synthesis, New York: John Wiley & Sons, 1958, Vol. 1, Chapter 6.

연 · 습 · 문 · 제

10.1 공진 주파수 이상에서 동작하는 반-브리지 직류-직류 병렬 공진 컨버터 분석. 그림 10.53에서 C_b, L_F와 C_F의 값은 크고 스위칭 맥동을 무시할 수 있다. 소자는 이상적이고, 정현파 근사화를 적당히 사용할 수 있다.

(a) 전류 $i_g(t)$의 파형을 도시하시오.

(b) 이 컨버터에 대해 탱크 파형의 기본파 성분과 컨버터의 입력 전류와 출력 전압을 모델링하는 그림 10.22와 유사한 등가회로를 구성하시오. 연속 전도모드에서 동작하는 조건을 유도하시오. 모든 소자의 값과 표현식을 모델에 적당히 기입하시오.

(c) 변환비 $V/V_g = M(F,\ Q_e,\ n)$에 대한 식을 유도하시오.

정격(최대) 부하에서 컨버터의 출력은 $V = 3.3$ V에서 $I = 20$ A이다.

(d) 정격 부하에서 컨버터의 스위칭 주파수 f_s의 값은?

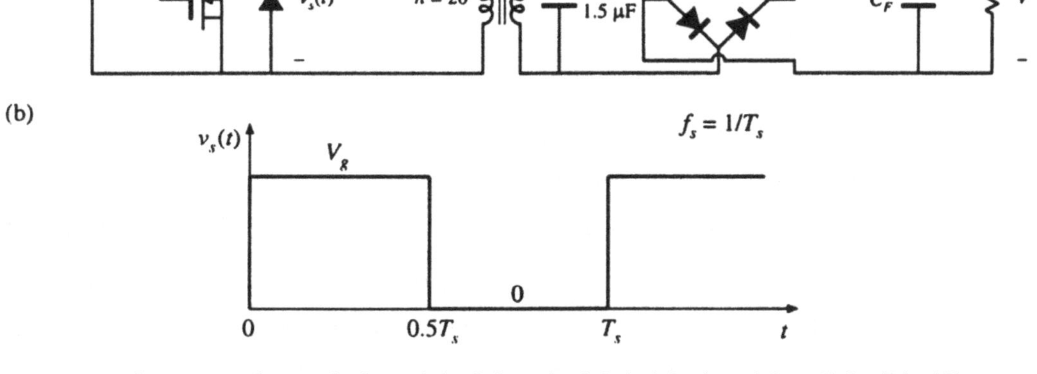

그림 10.53 문제 10.1의 반-브리지 병렬 공진 컨버터: (a) 회로, (b) 스위치 전압 파형

(e) 정격 부하에서 첨두 트랜지스터 전류의 크기는?

최소 부하에서 컨버터의 출력은 $V=3.3$ V에서 $I=2$ A이다.

(f) 최소 부하에서 컨버터의 스위칭 주파수 f_s의 값은?

(e) 최소 부하에서 첨두 트랜지스터 전류의 크기는? 최소 부하에서 도통 손실과 효율은 어떻게 변했는가를 통해 문제 (e)의 결과와 비교하시오.

10.2 직류-직류 공진 컨버터가 병렬 공진 컨버터에서처럼 필터 인덕터를 포함하는 출력 필터가 부착된 LCC 탱크 네트워크(그림 10.1(d))를 포함한다.

(a) 10.1절의 정현파 근사화 분석 방법에 의한 컨버터의 등가회로 모델을 도시하시오. 모델의 소자에 대한 식을 나타내시오.

(b) 모델을 풀어 변환비 $M=V/V_g$에 대한 식을 유도하시오. M을 $F=f_s/f_\infty$, $Q_e=R_e/R_0$와 $n=C_s/C_p$의 함수로 나타내시오. 여기서 f_∞는 식 (10.50)에 정의되어 있고 R_0는 다음과 같다.

$$R_0=\sqrt{\frac{L(C_s+C_p)}{C_sC_p}}$$

(c) $n=1$, $Q_e=1$, 2, 5에 M을 F의 함수로 도시하시오.

(c) $n=0.25$, $Q_e=1$, 2, 5에 M을 F의 함수로 도시하시오.

10.3 직렬 공진 컨버터의 쌍대. 그림 10.54의 컨버터에서 L_{F1}, L_{F2}와 C_F의 값은 크고 스위칭 맥동을 무시할 수 있다. L과 C는 탱크의 소자이고 이들의 파형 $i_L(t)$와 $v_C(t)$는 거의 정현파이다.

(a) 정현파 근사화 방법을 이용하여 스위치 네트워크, 탱크 네트워크와 정류기 네트워크에 대한 등가회로 모델을 유도하시오.

(b) 병렬 LC 탱크 임피던스에 대한 보드선도를 도시하시오.

(c) 모델을 풀어 변환비 $M=V/V_g$에 대한 식을 실효 Q_e와 정규화된 스위칭 주파수 $F=f_s/f_0$의 함수로 유도하시오. 그리고 M을 F의 함수로 도시하시오.

(d) 이 컨버터의 정현파 근사화의 타당성에 대한 의견을 서술하시오. 문제 (c)의 F에 M의 선도에서 어느 부분이 타당하고 정확한가?

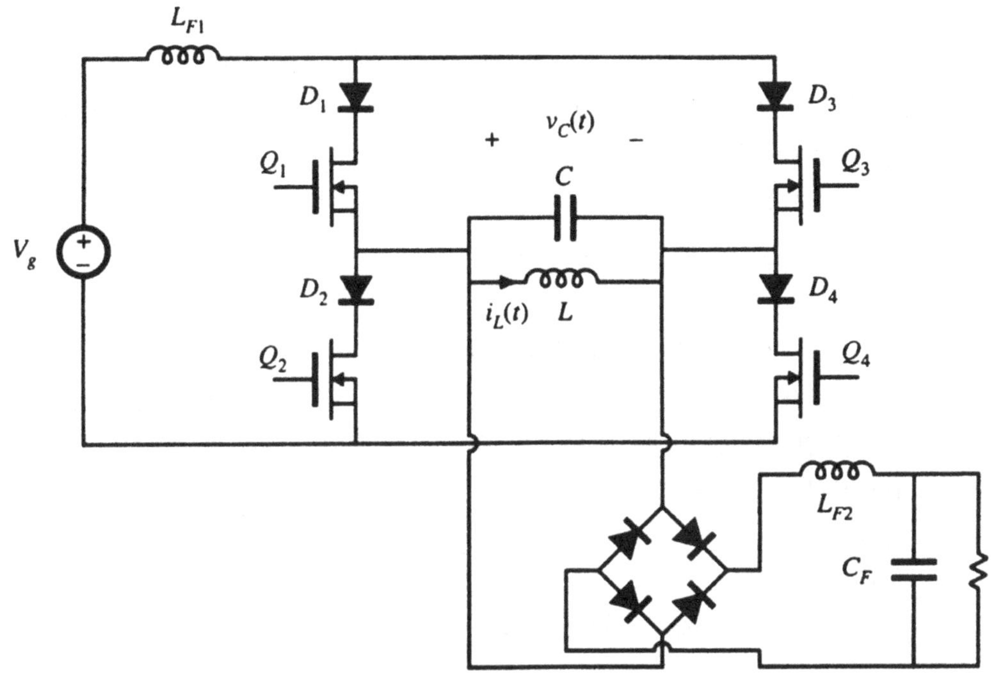

그림 10.54 문제 10.3의 직렬 공진 컨버터의 쌍대

10.4 문제 10.3의 컨버터가 공진 주파수 이하에서 동작한다.

(a) 파형 $v_C(t)$를 도시하시오. 각 세부구간에 대해 다음을 나타내시오. (i) 다이오드 D_1에서 D_4, 트랜지스터 Q_1에서 Q_4 가운데 어느 소자가 전류를 도통하는지, (ii) 어느 소자가 전압을 저지하는지.

(b) 다이오드 D_1에서 D_4의 역회복 과정이 스위칭 손실을 발생하는지? 트랜지스터 Q_1에서 Q_4의 출력 커패시턴스가 스위칭 손실을 발생하는지?

(c) 공진 주파수 이상의 동작에서 문제 (a)와 (b)를 반복하시오.

10.5 병렬 공진 컨버터가 직류 입력 전압 $V_g = 270$ V에서 동작한다. 컨버터는 직류 부하에 5 V를 공급한다. 직류 부하 전력은 20 W에서 200 W 범위에서 변한다. 전력용 트랜지스터를 영전압 스위칭으로 동작시키고자한다. 변압기 일차 측으로 환산한 탱크 소자의 값은 $L = 57\ \mu$H, $C_p = 0.9$ nF이다. 병렬 공진 탱크 네트워크는

권선비 52:1을 갖는 분리 변압기를 포함한다.

(a) F를 식 (10.19)처럼 정의하시오. F에 관한 식을 M과 Q_e의 함수로 나타내시오.

(b) 최대 부하 전력의 동작점에서 스위칭 주파수, 첨두 트랜지스터 전류, 첨두 커패시터 전압을 결정하시오.

(c) 최소 부하 전력의 동작점에서 스위칭 주파수, 첨두 트랜지스터 전류, 첨두 커패시터 전압을 결정하시오.

10.6 어떤 공진 인버터 응용에서 직류 입력 전압은 $V_g = 320$ V이다. 인버터는 200 kHz의 주파수를 갖는 거의 정현파 출력 전압을 발생해야 한다. 무부하(출력을 개방) 조건에서 인버터는 1500 V의 첨두-첨두 출력 전압을 발생해야 한다. 정격 저항 부하의 동작점에서 100 Ω에 200 Vrms를 인가한다. 비분리 LCC 인버터를 채택한다. 인버터는 적어도 200 Ω 이하의 저항 부하에 대해 영전압 스위칭으로 동작해야 한다.

(a) LCC 인버터에 대한 개방회로 출력 전압 V_{oc}와 단락회로 전류 I_{sc}에 대한 식을 유도하시오. 결과를 $F = f_s/f_\infty$, V_g, $R_\infty = L/C_s \| C_p$와 $n = C_s/C_p$의 함수로 나타내시오. 여기서 개방회로 공진 주파수 f_∞는 식 (10.50)에 정의되어 있다.

(b) 주어진 사양을 만족하기 위해서 단락회로 전류 I_{sc}를 어떻게 선택해야 하는가?

(c) 사양을 만족하는 소자의 값을 구하시오.

(d) 어떤 조건에서 영전압 스위칭으로 동작하는가?

(e) 무부하와 단락회로 조건에서 첨두 트랜지스터 전류를 구하시오.

10.7 직렬 공진 컨버터가 직류 입력 전압 $V_g = 550$ V에서 동작한다. 컨버터는 직류 부하에 30 kV를 공급한다. 직류 부하 전력은 5 kW에서 25 kW 범위에서 변한다. 전력용 트랜지스터를 영전압 스위칭으로 동작시키고자한다. 최대 가능한 스위칭 주파수는 50 kHz이다. 권선비 1:n을 갖는 분리 변압기가 탱크 네트워크와 직렬로 연결된다. 첨두 탱크 커패시터 전압은 일차 측으로 환산하여 2000 V보다 크면 안 된다.

(a) 첨두 탱크 커패시터 전압과 첨두 탱크 인덕터 전류에 대한 식을 유도하시오.

(b) 주어진 사양을 만족하는 탱크 인덕터, 탱크 커패시터와 권선비의 값을 구하시오. 첨두 탱크 인덕터 전류를 줄이기 위해 시도하면 최악의 경우 최소 스

위칭 주파수가 최대가 된다.

10.8 그림 10.55는 LCC 탱크 네트워크를 포함하는 전-브리지 공진 인버터를 나타낸다.

(a) 단락회로와 개방회로 조건에서 입력 임피던스 $\|Z_{i0}(j\omega)\|$와 $\|Z_{i\infty}(j\omega)\|$의 보드선도를 도시하시오. 공진 주파수와 점근선에 대한 식을 유도하시오.

(b) 영전압 스위칭이 발생하는 스위칭 주파수와 부하 저항의 조건을 유도하시오.

(c) $\|Z_{i0}\| = \|Z_{i\infty}\|$인 주파수 f_m에 대한 식을 구하시오.

(d) $\|H_\infty(j\omega)\|$의 보드선도를 도시하시오. 공진 주파수와 점근선에 대한 식을 유도하시오.

10.9 그림 10.56은 LLC 인버터를 나타낸다. 정격 조건에서 컨버터는 스위칭 주파수

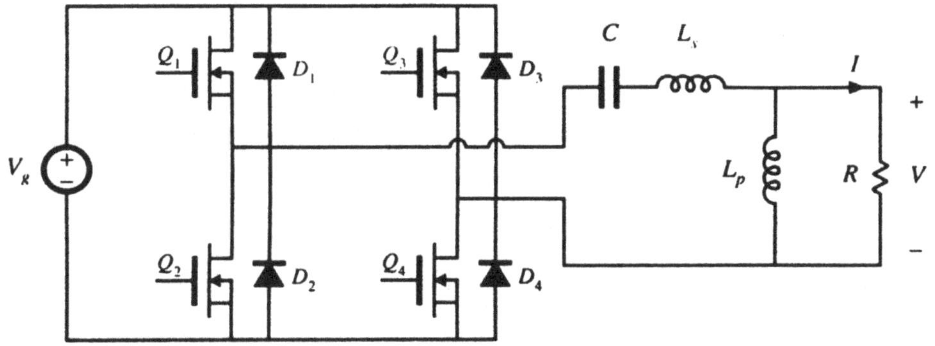

그림 10.55 문제 10.8의 LCC 인버터

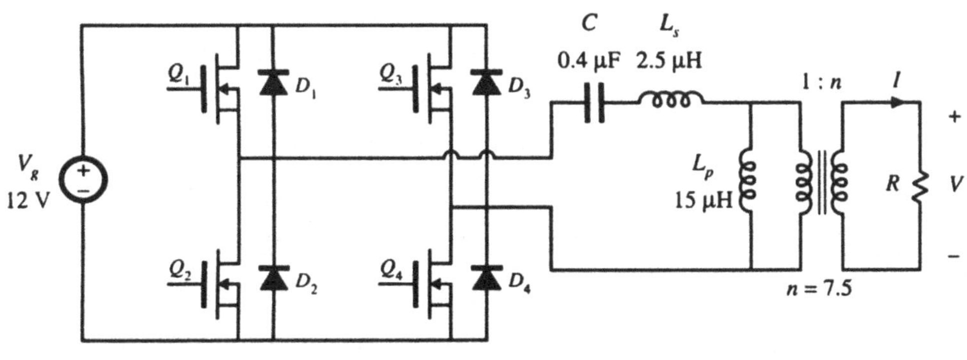

그림 10.56 문제 10.9의 변압기 분리 LCC 인버터

$f_s = 100$ kHz에서 동작한다. 모든 소자는 이상적이다.

(a) 개방회로 출력 전압 V_{oc}와 단락회로 전류 I_{sc}에 대한 식을 유도하시오.

(b) 타원형의 출력 특성을 도시하시오. 타원의 어느 부분에서 컨버터가 영전압 스위칭을 하는가? 컨버터가 정합 부하에서 영전압 스위칭으로 동작하는가?

(c) $\|Z_{i0}\|$와 $\|Z_{i\infty}\|$의 보드선도를 도시하고 f_0 , f_∞, f_m과 f_s에 대한 값을 표기하시오.

(d) $R=0$과 $R \to 0$일 때 첨두 트랜지스터 전류의 값을 구하시오.

(e) 인버터가 500 Ω과 개방회로 사이에서 변하는 부하 저항에서 동작한다. 출력 전압의 범위는? 인버터는 항상 영전압 스위칭에서 동작하는가?

10.10 전류원 특성을 갖는 컨버터를 얻고자한다. 따라서 직렬 공진 컨버터를 $k=2$ 불연속 전도모드에서 동작하도록 설계한다. 스위칭 주파수를 $f_s = 0.225 f_0$로 선택하고, f_0는 탱크 공진 주파수를 의미한다(개루프 동작만 생각한다). 부하 R은 선형 저항으로 $0 \le R < \infty$ 범위의 양의 값을 갖는다고 가정한다.

(a) $0 \le R < \infty$ 범위에 있는 R의 모든 값에 대해 출력 특성(M 대 J)를 도시하시오. 모드 경계를 표시하고, 단락회로 전류를 계산하고 출력 특성에 대한 식을 유도하시오.

(b) 컨버터가 의도한 $k=2$ 불연속 전도모드에서 동작하는 R의 범위는(탱크 특성 임피던스 R_0로 환산한)?

10.11 단상 고품질 정류기로서 병렬 공진 컨버터. 단상 저 고조파 정류기시스템에서 변압기 분리 병렬 공진 직류-직류 컨버터를 이용하고자한다. 컨버터 스위칭 주파수를 적당히 조절하여 그림 9.12와 같이 모델링할 수 있는 거의 이상적인 정류기 시스템을 얻는다. 이 문제를 풀기위해 10.5.2절의 결과를 이용할 수 있다. 병렬 공진 탱크 네트워크는 1:n의 권선비를 갖는 분리 변압기를 포함한다. 문제 (b)와 (c)에 답하기 위해 근사적인 그래프 방법이나 컴퓨터 반복을 사용할 수 있다.

(a) 공진 주파수 이상에서 연속 전도모드로 동작하는 병렬 공진 컨버터의 정규화된 입력 특성(정규화된 입력 전압 $m_g = nv_g/v$ 대 정규화된 입력 전류 $j_g = i_g n R_0 / v$)을 도시하시오. $F = f_s/f_0 = 1.0$, 1.1, 1.2, 1.3, 1.5와 2.0에 대한 곡선

을 그리시오. 이 특성을 바람직한 선형 저항 입력 특성 $v_g/i_g = R_{emulated}$와 비교하시오.

(b) $F = 1.1$일 때 컨버터가 개루프로 동작한다. 인가한 정규화된 입력 전압은 크기가 1인 정류된 정현파이다. $m_g = |\sin(\omega t)|$. 결과적인 정규환된 입력 전류 j_g를 도시하시오. 첨두 전류의 크기와 교차 공백(dead) 시간은 대략 어느 정도인가?

(c) 되먹임 루프를 추가하여 입력 전류를 조절하여 $i_g(t) = v_g(t)/R_{emulated}$의 관계를 만족하도록 제어한다. 되먹임 루프가 완벽하다고 가정할 수 있다. $R_{emulated} = R_0$에 대해 문제 (b)에서와 같이 인가된 m_g파형일 때 하나의 교류 선 주기에 대해 스위칭 주파수 파형을 도시하시오(즉, 제어기가 $i_g(t)$를 조절하기 위해 F를 변화시켜야한다). 주: 실제로 컨버터를 더 작은 첨두 값을 갖는 j_g로 동작하도록 설계하여 스위칭 주파수의 변동이 더 잘 동작하게 한다.

(d) 문제 (c)의 컨버터가 다음의 사양을 만족하도록 탱크 인덕턴스, 탱크 커패시턴스와 변압기 권선비의 값을 선택하시오.

교류 입력 전압	120 Vrms, 60Hz
직류 출력 전압	42 V
평균 전력	800 W
최대 스위칭 주파수	200 kHz

소자의 값을 변압기 일차 측으로 환산하시오.

제11장 소프트 스위칭

10장에서 소개한 공진 회로뿐만 아니라 PWM 컨버터의 스위칭 손실을 줄이고자 하는 많은 연구가 진행되고 있다. 이 장에서는 벅, 부스트와 벅부스트 컨버터에서 소프트 스위칭을 얻기 위한 몇 가지 일반적인 방법을 소개한다.

스위칭 손실이 발생하는 과정을 다이오드 역회복, 반도체 소자 출력 커패시턴스와 IGBT 꼬리 전류 등을 포함하여 1권 4장에서 소개하였다. 소프트 스위칭은 PWM 컨버터에서 하나 이상의 스위칭 손실 과정을 완화시킨다. 소프트 스위칭이 없으면 손실로 변환될 에너지를 회복하여 컨버터 전원이나 부하로 전달한다. 주어진 턴온과 턴오프 스위칭 과도기간 동안 반도체 소자의 동작을 하드 스위치, 영전류 스위치와 영전압 스위치로 분류할 수 있다. 소프트 스위칭에 의한 다이오드와 트랜지스터의 동작을 11.1절에서 소개한다. 특히 다이오드는 턴오프 과도기간 동안 영전압 스위칭으로 동작시키고, MOSFET는 턴온 과도기간 동안 영전압 스위칭으로 동작시키는 것이 바람직하다. 그러나 영전압 스위칭은 도통 손실을 증가시키므로 엔지니어는 전체 컨버터 효율에 대해 소프트 스위칭의 효과를 생각해야 한다.

공진 스위치 컨버터는 기존의 벅, 부스트와 벅부스트 컨버터의 PWM 스위치 네트워크를 공진 소자를 포함한 스위치 셀로 대체한 컨버터의 넓은 범주이다. 반도체 소자가 영전류 또는 영전압 스위칭으로 동작하도록 그리고 스위칭 손실 과정의 하나 이상이 축소 또는 제거되도록 공진 소자를 추가한다. 다른 소프트 스위칭 방법은 공진 스위칭 과도기간을 채택할 수 있고, 그렇지 않으면 하드 스위치 컨버터의 사각파형을 거의 나타낸다. 어떤 경우든 결과적인 하이브리드(hybrid) 컨버터는 공진 스위치 네트워크와 하드 스위치 PWM 컨버터의 특성을 혼합하여 사용한다.

소프트 스위칭 컨버터에서 도통 손실이 증가한 댓가로 스위칭 손실이 감소한다. 영전압 또는 영전류 스위칭을 얻기 위해 공진 소자는 큰 맥동을 갖는다. 때때로 공진 소자는 직렬 또는 병렬 공진 컨버터의 불연속 전도모드와 비슷한 방법으로 동작한다. 다른 공진 방식에서처럼 이러한 컨버터의 설계 목적은 (i) 스위칭 주파수를 증가시켜 변압기와 저주파수-통과 필터의 크기를 줄이고, (ii) 다이오드 저장 전하, 반도체 소자의 출력 커패시턴스, 변압기 누설 인덕턴스와 권선 커패시턴스와 같은 비이상적인 특성에 의한 스위칭 손실을 줄이는 데 있다.

공진 스위치와 소프트 스위치의 생각은 아주 일반적이고 다양한 토폴로지와 응용에 적용할 수 있다. 문헌에 많은 종류의 공진 스위치 네트워크가 제안되어 왔으며 그 가운데 기본적인 방법을 여기서 열거한다[1-24]. 기본적인 영전류 스위칭 준공진 스위치 네트워크를 11.2절에서 상세히 다룬다. 스위치 네트워크의 단자 파형의 평균 성분에 대한 표현식을 유도하여 스위치 변환비 μ를 결정한다. 스위치 변환비 μ는 CCM PWM 스위치 네트워크의 시비율 d의 역할을 한다. 예를 들면 벅 컨버터는 μ와 같은 변환비 M을 보인다. 탱크 네트워크의 반파와 전파 공진을 생각하면 다른 스위치 변환비 함수 μ가 발생한다. 일반적으로 변환비 $M(d)$를 갖는 PWM CCM 컨버터가 주어지면 PWM 스위치 네트워크를 스위치 변환비 μ를 갖는 공진 스위치 네트워크로 바꿀 수 있다. 결과적인 준공진 컨버터는 변환비 $M(\mu)$를 가질 것이다. 따라서 모든 기본 컨버터(벅, 부스트, 벅부스트, 포워드와 플라이백 등)에 대해 영전압 또는 영전류 스위칭과 다른 바람직한 특성을 갖는 소프트 스위칭 형태를 얻을 수 있다.

11.3절에서 영전압 스위칭 준공진 스위치 네트워크, 영전류 스위칭과 영전압 스위칭 준사각파 네트워크와 다중 공진 네트워크 등 다른 공진 스위치 네트워크의 특성을 열거한다. 이러한 네트워크를 이용하여 모든 트랜지스터와 다이오드에서 영전압 스위칭을 얻을 수 있다.

일부 소프트 스위칭 방법은 현재 널리 사용되고 있으며, 많이 사용되는 컨버터에서 트랜지스터의 영전압 스위칭을 얻는다. 영전압 과도기간 방법은 전-브리지 벅 기반 컨버터에서 사용된다. 영전압 스위칭을 얻고 변압기를 초기화하기 위해 능동 제한 스너버(active clamp snubber)를 포워드와 플라이백 컨버터에 종종 추가한다. 이러한 회로로 트랜지스터를 영전압 스위칭으로 할 수 있고 이차 측의 다이오드는 영전류 스위칭(최적은 아니지만)이 발생하여 고효율을 얻을 수 있다. 전압원 인버터에서는 ARCP(auxiliary resonant-commutated pole)를 이용하여 영전압 스위칭을 얻을 수 있다. 이러한 컨버터를 11.4절에서 간략하게 설명한다.

11.1 반도체 소자의 소프트 스위칭 과정

영전류 스위칭과 영전압 스위칭은 일반적으로 컨버터에서 트랜지스터의 하나 또는 그 이상의 스위칭 과도기간에 대한 것이다. 그러나 컨버터가 스위칭 손실을 발생하는 과정을 충분히 이해하기 위해서 모든 반도체 소자의 스위칭 과도기간을 면밀히 조사해야 한다. 1권 4.3절에서 서술한 것처럼 큰 스위칭 손실을 발생하는 몇 가지 전형적인 과정이 있다. 다이오드가 턴오프할 때 역회복 과정은 컨버터의 트랜지스터나 다른 소자에서 손실을 발생시킨다. MOSFET의 출력 커패시턴스에 저장된 에너지는 MOSFET가 턴온할 때 소모된다. IGBT는 꼬리 전류 현상때문에 턴오프 과정에서 큰 손실을 발생한다. 이러한 소자에 대한 영전류 스위칭과 영전압 스위칭을 이 절에서 자세히 설명한다.

11.1.1 다이오드 스위칭

1권 4장에서 설명하였듯이 다이오드의 보통 역회복 과정때문에 턴오프 과도기간에 관련된 스위칭 손실이 매우 크다. 이것은 하드 스위치 컨버터에서의 손실 가운데 가장 크다. 보통 다이오드의 턴온 과도기간에 관련된 손실은 무시할 만하다. 현대 스위칭 컨버터에서 하드 스위칭, 영전류 스위칭과 영전압 스위칭 세 가지 종류의 다이오드의 턴오프 과도기간 파형을 생각한다.

그림 11.1은 기존의 하드 스위칭 PWM 벅 컨버터를 나타낸다. 다이오드 전압과 전류의

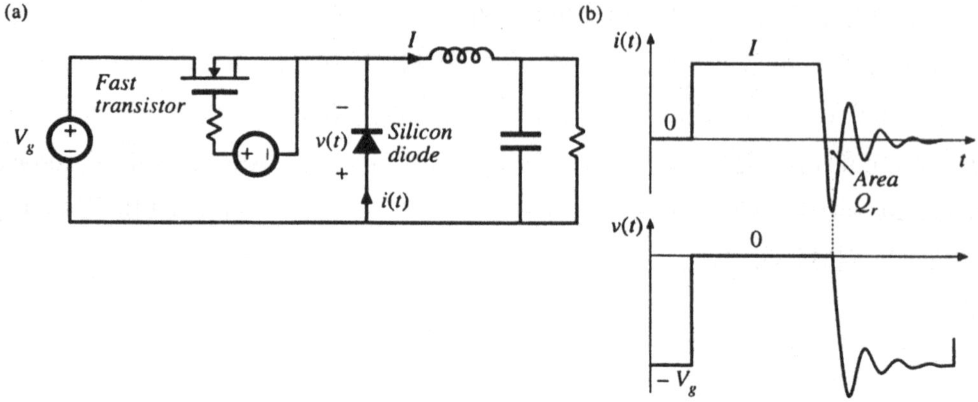

그림 11.1 기존의 벅 컨버터에서 다이오드의 턴오프 과도기간 동안 하드 스위칭: (a) 회로도, (b) 다이오드 전압과 전류 파형

파형을 나타내었고, 역회복 시간을 과장해서 나타내었다. 출력 인덕터 전류 맥동은 작다. 다이오드는 트랜지스터가 턴온될 때 턴오프된다. 역회복 과정에 의해 음의 큰 값의 첨두 전류가 발생한다. 다이오드는 역 전압 V_g를 즉각 저지해야하므로 $v(t)$와 $i(t)$는 역회복 동안 큰 기울기로 변해야 한다. 1권의 4.3.2절에서 설명한 것처럼 다이오드의 하드 스위칭은 트랜지스터에서 근사적으로 다음 식으로 주어진 에너지 손실 W_D가 발생하게 한다.

$$W_D = V_g Q_r + t_r V_g I \tag{11.1}$$

여기서 Q_r은 다이오드의 회복 전하이고 t_r은 역회복 시간이다. 기울기 di/dt가 턴오프 과도기간 동안 크기때문에 회복 전하는 비교적 크다. 다이오드 출력 커패시턴스 C_j와 다이오드 용기와 다른 배선 인덕턴스에 의해 형성된 공진회로 때문에 역회복 시간 끝에서 공진이 발생한다.

그림 11.2는 다이오드의 턴오프 과도기간에서 영전류 스위칭을 나타낸다. 컨버터는 준공진 영전압 스위칭 벅 컨버터이다(11.3.1절 참조). 출력 인덕터 전류 맥동은 작다. 그러나 탱크 인덕터 L_r이 다이오드와 직렬로 연결되어 있다. 따라서 다이오드 전류 파형 $i(t)$는 그림에서 보인 바와 같이 제한된 기울기로 변한다. 다이오드의 역회복 과정은 $i(t)$가 영을 지나 음이 될 때 시작한다. 음의 값의 $i(t)$는 다이오드에 저장된 전하를 능동적으로 제거한다. 역회복 시간동안 다이오드는 순방향으로 치우친다. 저장 전하가 완전히 제거되

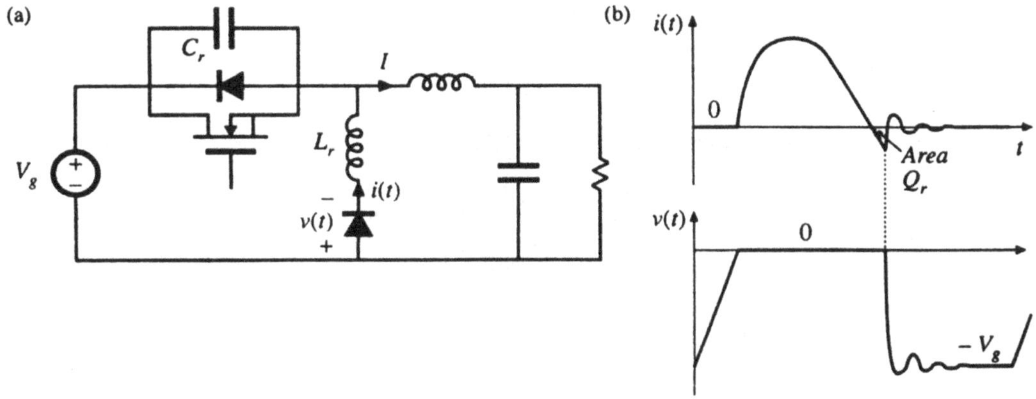

그림 11.2 ZVS 준공진 벅 컨버터에서 다이오드의 턴오프 과도기간 동안 영전류 스위칭: (a) 회로도, (b) 다이오드 전압과 전류 파형

면 다이오드 전압은 빠르게 -V_g로 변해야 한다. 1권 4.3.3절에서 설명하였듯이 역회복 시간 끝에서 다음의 에너지 W_D가 인덕터 L_r에 저장된다.

$$W_D = V_g Q_r \tag{11.2}$$

L_r과 다이오드 출력 커패시턴스 C_j로 형성된 공진회로에 의해 이 에너지가 L_r과 C_j 사이에서 순환하고, 결국 이 회로의 기생 저항 소자에서 소모되어 결국 손실된다. 식 (11.1)과 (11.2)의 형태가 비슷하므로 하드 스위칭과 영전류 스위칭에서 동작하는 다이오드의 역회복 과정에 의해 발생하는 스위칭 손실은 크기가 비슷하다. 기울기 di/dt가 감소하여 회복 전하 Q_r이 작아지므로 영전류 스위칭에 의해 손실이 약간 감소한다. 다이오드의 영전류 스위칭에서 L_r의 값이 비교적 크므로 L_r과 C_j의 공진 동안 다이오드의 첨두 역 전압은 증가한다.

다이오드가 하드 스위칭 또는 영전류 스위칭으로 동작하고 다이오드와 직렬로 연결된 인덕턴스의 값이 크면 다이오드의 전압 파형에 큰 공진 파형을 볼 수 있다. 다이오드의 역회복 과정은 직렬 인덕턴스와 다이오드의 출력 커패시턴스로 구성된 공진회로를 여기하여 큰 공진이 발생하면 다이오드에서 절연 파괴와 고장이 발생할 수 있다. 일반적인 예는 하드 스위칭 변압기 분리 컨버터의 이차 측에 있는 다이오드이다. 변압기의 누설 인덕턴스와 다이오드의 출력 커패시턴스가 공진회로를 형성한다. 다른 예는 직렬 인덕턴

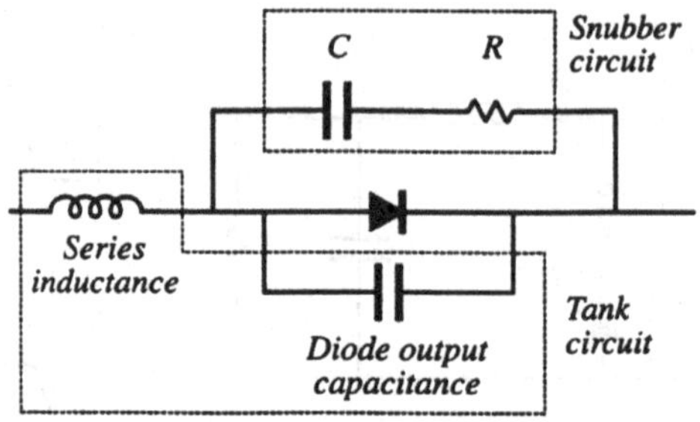

그림 11.3 공진에 의한 과도한 전압으로부터 다이오드를 보호하는 소모적인 스너버회로

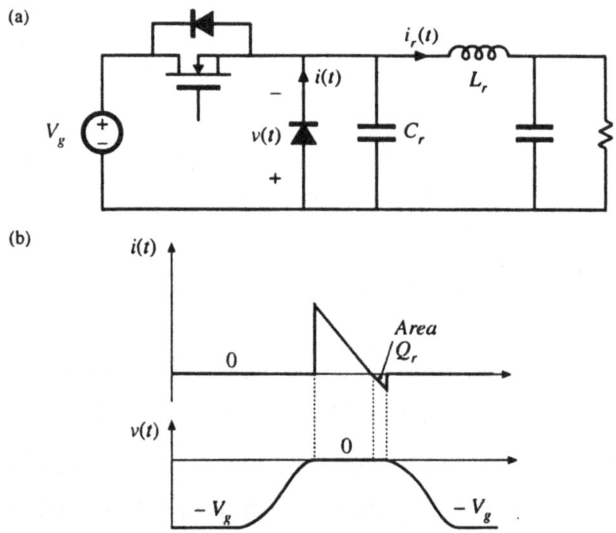

그림 11.4 ZVS 준사각파형 벅 컨버터에서 다이오드의 턴오프 과도기간 동안 영전압 스위칭: (a) 회로도, (b) 다이오드 전압과 전류 파형

스가 탱크 인덕터인 그림 11.2와 11.36의 회로이다.

다이오드를 과도한 역 전압으로부터 보호하기 위해 종종 사용하는 간단한 스너버회로를 그림 11.3에 나타낸다. 저항 R은 공진회로의 공진을 제동한다. 커패시터 C는 다이오드의 오프상태 전압이 R에서 과도한 전력 손실이 발생하지 않도록 한다. 스위칭 주기당 R에서 소모되는 에너지는 식 (11.1) 또는 (11.2)보다 보통 크다.

그림 11.4는 다이오드가 턴오프 과도기간에서의 영전압 스위칭을 나타낸다. 이 그림은 11.3.3절에서 설명할 영전압 스위칭 준사각파형 벅 컨버터를 나타낸다. 이 컨버터의 출력 인덕터 L_r은 탱크 인덕터의 역할을 한다고 가정하여 큰 전류 맥동이 발생하여 전류 $i_r(t)$가 반대 방향의 극성을 갖게 한다. 다이오드가 도통할 동안 전류 $i(t)$는 $i_r(t)$와 같다. $i_r(t)$가 음이 되면 저장 전하 Q_r이 제거될 때까지 다이오드는 계속해서 도통한다. 다이오드가 역방향으로 치우치면 $i_r(t)$는 커패시터 C_r과 다이오드의 출력 커패시턴스 C_j를 통해 흐른다. 이러한 형태의 스위칭에서 다이오드 전압과 전류는 제한된 기울기로 변한다. 회로의 기생 저항에 의해 파형이 크게 제동되지 않고 역회복 동안 첨두 전류가 비교적 작으므로 다이오드 역회복 과정에 의한 손실은 무시할 정도로 작다. 다이오드의 저장 전하와 다이오드의 출력 커패시턴스는 탱크 커패시터 C_r과 결합(또는 대체)할 수 있는 실효적인 비선형 커패시터처럼 동작한다. 다이오드가 영전압 스위칭으로 동작할 때 그림 11.3에서 스너버 회로는 필요하지 않다.

다이오드의 턴오프 과도기간에서 영전압 스위칭이 더 나은 방법으로 스위칭 손실을 최소로 할 수 있다. 턴오프 과도기간에서 영전류 스위칭은 공진에 의해 다이오드에 큰 첨두 역 전압이 발생하므로 오히려 문제가 될 수 있다.

11.1.2 MOSFET 스위칭

하드 스위칭 컨버터에서 MOSFET의 손실 과정을 1권 4장에서 서술하였다. 전형적인 MOSFET의 전압과 전류 파형을 그림 11.5에 나타낸다. 이 회로의 MOSFET에서 스위칭 손실의 대부분의 성분은 (i) 다이오드의 역회복 과정에 의한 손실과 (ii) MOSFET의 출력 커패시턴스 C_{ds}에 저장된 에너지에 의한 손실이다. 이 두 손실 과정은 MOSFET의 턴온 과정에서 발생한다.

그림 11.5의 하드 스위칭 회로에서 MOSFET의 턴오프 과도기간 동안 스위칭 손실은 매우 작다. 그 이유는 MOSFET의 출력 커패시턴스 C_{ds}의 값이 크기때문이다. MOSFET가 턴오프되는 동안 이 커패시턴스는 전압 $v(t)$를 영에 가깝게 유지하여 턴오프 스위칭 손실이 매우 작다. MOSFET가 턴오프된 후에 출력 인덕터 전류 I가 C_{ds}를 통해 흐른다. 그 후 전압 $v(t)$는 $v = V_g$가 될 때까지 증가하고 다이오드는 순방향으로 치우친다.

그러나 MOSFET가 턴온될 때 다이오드의 역회복과 MOSFET과 다이오드의 출력 커패

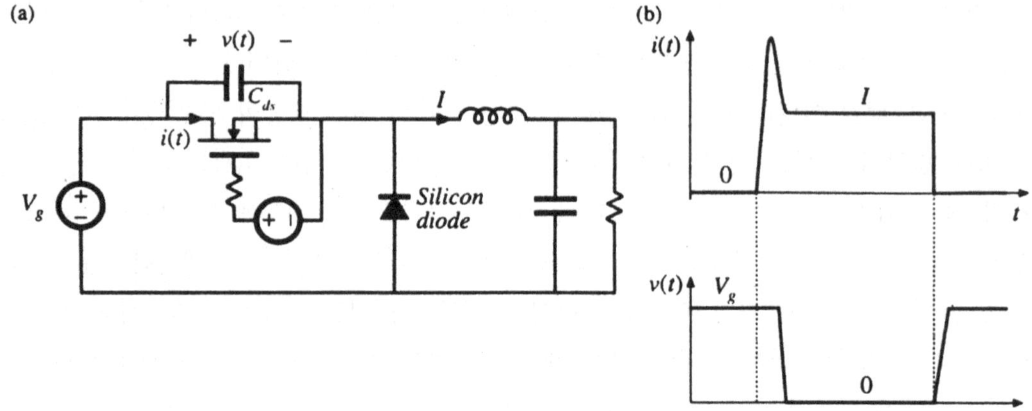

그림 11.5 기존의 벅 컨버터에서 MOSFET의 하드 스위칭: (a) 회로도, (b) MOSFET의 전압과 전류 파형

시턴스에 의한 큰 첨두 전류가 MOSFET의 채널을 통해 흐른다. 따라서 MOSFET가 하드 스위칭으로 턴온하는 과도기간 동안 큰 에너지 손실이 발생한다.

MOSFET 또는 다른 트랜지스터가 하드 스위칭으로 동작하고 MOSFET과 직렬로 연결된 인덕턴스의 값이 크면 MOSFET의 전압 파형에서 큰 공진을 볼 수 있다. MOSFET가 턴오프 상태일 때 MOSFET의 출력 커패시턴스와 직렬 인덕턴스로 형성된 공진회로가 여기되어 큰 공진 전압이 발생하여 MOSFET가 절연파괴되어 고장이 난다. 흔한 예는 플라이백 컨버터의 MOSFET로 직렬 인덕턴스는 변압기의 누설 인덕턴스이다. 그림 11.3에서 다이오드를 위해 사용한 회로와 비슷한 R-C 스너버회로를 사용하여 MOSFET를 과도하게 인가되는 전압으로부터 보호할 수 있다. 다른 일반적인 스너버회로를 그림 11.6에 나타낸다. MOSFET가 턴오프될 때 변압기의 누설 인덕턴스 L_1에 흐르던 전류는 MOSFET의 커패시턴스 C_{ds}로 흐르기 시작한다. 그 후 이들 기생 소자는 공진하고 첨두 트랜지스터 전압은 이상적인 값 $(D/D')V_g$를 크게 초과할 수 있다.

그림 11.6의 스너버회로를 설계하는 간단한 방법은 큰 값의 커패시턴스 C_s를 선택하여 $v_s(t) \approx V_s$가 무시할만한 스위칭 맥동을 포함한다. 그러면 원하는 전압 V_s에서 R_s에서의 전력 소모가 다음과 같이 L_1에 의한 스위칭 손실과 같도록 저항 R_s의 값을 선택한다.

$$\frac{V_s^2}{R_s} \approx \frac{1}{2} L i^2 f_s \tag{11.3}$$

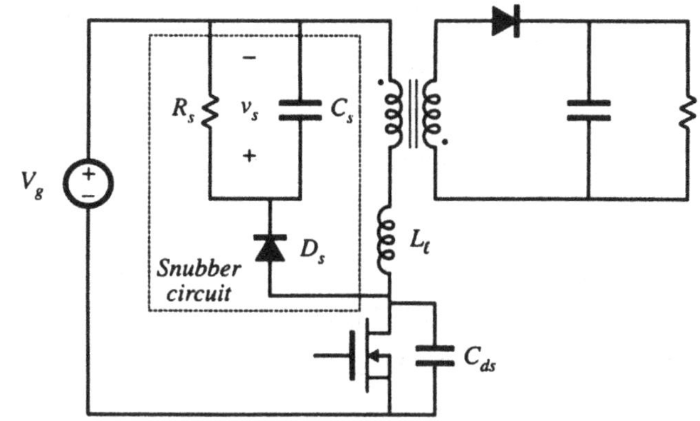

그림 11.6 플라이백 컨버터에 소모적인 전압-제한 스너버회로의 추가. MOSFET의 전압은 $(V_g + v_s)$의 첨두 값에 고정된다

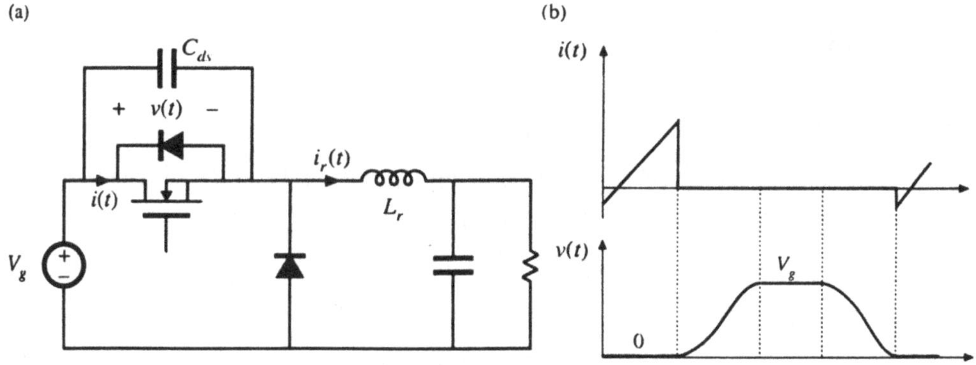

그림 11.7 ZVS 준사각파형 벅 컨버터에서 MOSFET의 영전압 스위칭. MOSFET의 내장 다이오드와 출력 커패시턴스 C_{ds}를 나타냄. (a) 회로도, (b) MOSFET의 전압과 전류 파형

전류 i는 MOSFET가 턴오프되기 바로 직전에 변압기 일차 측에 흐르는 전류와 같다. 이 근사적인 식은 주어진 전압 V_s를 얻기 위한 R_s의 초기 추정 값을 얻는데 유용하다.

영전류 스위칭은 MOSFET의 출력 커패시턴스에 의해 발생하는 스위칭 손실에 영향을 미치지 않으며 다이오드 역회복에 의한 손실에도 영향을 줄 수 또는 안 줄 수 있다. 따라서 영전류 스위칭은 MOSFET를 채택한 컨버터의 효율을 개선하는데 별 도움이 되지 못한다.

영전압 스위칭은 다이오드 역회복과 반도체 소자의 출력 커패시턴스에 의해 MOSFET에서 스위칭 손실이 발생하는 것을 방지한다. 예를 그림 11.7에 나타낸다. 이 회로는 11.3.3절에서 설명할 영전압 스위칭 준사각파형 예이다. 컨버터 회로는 MOSFET가 턴온되기 전에 자연적으로 C_{ds}에 저장된 에너지를 방전시킨다. 드레인-소스 전압 $v(t)$가 영을 지날 때 MOSFET의 내장 다이오드는 순방향으로 치우친다. 이 때 MOSFET는 턴온 스위칭 손실이 없이 영전압에서 턴온할 수 있다. MOSFET의 턴온 과도기간은 탱크 인덕터 전류 $i_r(t)$가 양의 값이 되기 전에 끝나야 한다. MOSFET의 턴오프 과도기간에서도 손실이 발생하지 않고 위에서 설명한 하드 스위칭의 경우와 유사하다.

MOSFET의 영전압 스위칭 때문에 내장 다이오드도 영전압 스위칭으로 동작한다. 따라서 느린 내장 다이오드의 역회복에 관련된 스위칭 손실을 제거하여 이 다이오드를 순방향으로 치우치게 하는 회로의 신뢰성을 개선한다.

또한 영전압 스위칭은 변압기 누설 인덕턴스에 의한 과전압 문제를 해소하여 그림 11.6과 같은 전압 제한 스너버회로가 필요하지 않다. 예를 11.4.2절에서 소개한다.

11.1.3 IGBT 스위칭

MOSFET와 비슷하게 IGBT는 컨버터 내에 있는 다이오드의 역회복 과정에 의해 턴온 과도기간 동안 큰 스위칭 손실이 발생한다. 또한 IGBT는 전류 꼬리 현상때문에 턴오프 과도기간 동안에도 큰 스위칭 손실이 발생한다(1권 4장 참조).

영전압 스위칭을 IGBT회로에 성공적으로 적용해왔다. 예를 들면 11.4.3절의 보조 공진 전류회로이다. 이 회로는 다이오드 역회복에 의한 스위칭 손실을 줄이는 장점을 갖는다. 영전압 스위칭은 턴오프 과도기간 동안에 발생하는 손실을 줄일 수 있지만 꼬리 전류에 의한 큰 손실을 줄이기는 어렵다.

11.2 영전류 스위칭 준공진 스위치 셀

그림 11.8(a)는 LC 저 주파수-통과 필터가 직렬로 연결된 스위치 셀로 구성된 일반적인 벅 컨버터를 나타낸다. 스위치 셀을 그림 11.8(b)처럼 구현하면 기존의 PWM 벅 컨버터를 얻는다. 그림 11.8(c)와 (d)는 다르게 구현한 스위치 셀을 나타낸다. 하나는 반파 영 전류

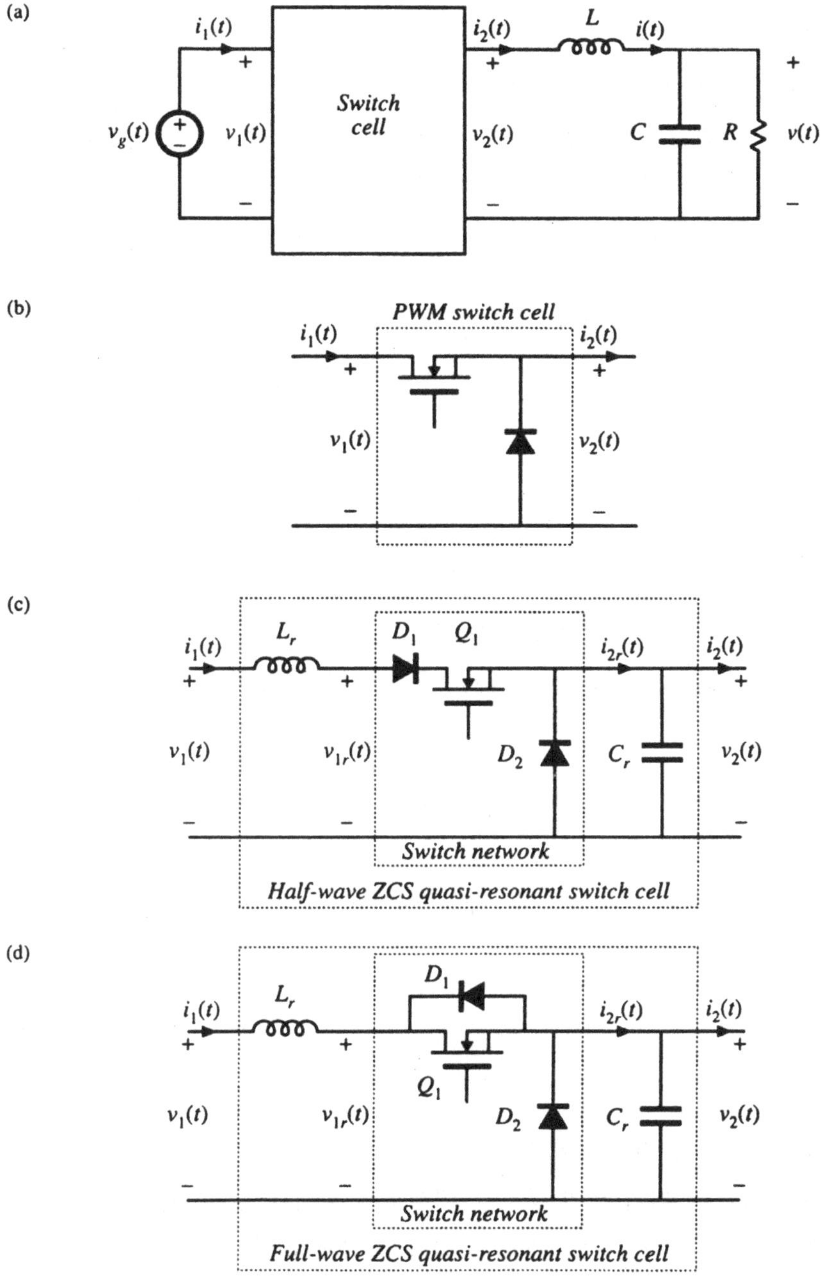

그림 11.8 벅 컨버터에서 스위치 셀의 구현: (a) 보조 스위치 셀이 있는 벅 컨버터, (b) PWM 스위치 셀, (c) 반파 ZCS 준공진 스위치 셀, (d) 전파 ZCS 준공진 스위치 셀

스위칭 준공진 스위치이고, 하나는 전파 영전류 스위칭 준공진 스위치이다[1, 2]. 이 스위치 셀에서 공진 탱크 커패시터 C_r을 다이오드 D_2와 병렬로 연결하였고, 공진 탱크 인덕터 L_r을 능동 트랜지스터 소자와 직렬로 연결하였다.

이 두 스위치 셀은 2-상한 SPST 스위치를 필요로 한다. 그림 11.8(c)의 반파 스위치 셀에서 다이오드 D_1을 트랜지스터 Q_1과 직렬로 추가하였다. 이렇게 하여 Q_1-D_1 SPST 스위치가 탱크 인덕터 전류 $i_1(t)$가 처음 영을 교차할 때 턴오프된다. 그림 11.8(d)의 전파 스위치 셀에서 역병렬 다이오드 D_1에 의해 탱크 인덕터 전류 $i_1(t)$가 양방향으로 흐를 수 있다. 이 스위치 네트워크로 Q_1-D_1 SPST 스위치가 $i_1(t)$의 파형이 두 번째 영을 교차할 때 정상적으로 턴오프된다. 이 두 스위치 셀에서 L_r과 C_r의 값은 비교적 작아서 다음 식으로 주어지는 공진 주파수 f_0가 스위칭 주파수 f_s보다 크다.

$$f_0 = \frac{1}{2\pi\sqrt{L_r C_r}} = \frac{\omega_0}{2\pi} \tag{11.4}$$

앞으로의 분석에서 컨버터 필터의 소자 값 L과 C는 무시할 만한 스위칭 맥동을 갖는다고 가정한다. 따라서 스위치 셀의 파형 $v_1(t)$와 $i_2(t)$는 다음과 같이 평균값으로 잘 근사화된다.

$$\begin{aligned} i_2(t) &= \langle i_2(t) \rangle_{T_s} \\ v_1(t) &= \langle v_1(t) \rangle_{T_s} \end{aligned} \tag{11.5}$$

여기서 평균은 식 (1.3)에 정의되어 있다. 정상상태에서 $v_1(t)$와 $i_2(t)$를 다음과 같이 직류 성분 V_1과 I_2로 더 근사화할 수 있다.

$$\begin{aligned} i_2(t) &= I_2 \\ v_1(t) &= V_1 \end{aligned} \tag{11.6}$$

따라서 보통 때와 같이 컨버터 필터의 소자에 대해 미소-맥동 근사화를 적용할 수 있다.

반파 ZCS 준공진 스위치 셀의 동작을 이해하기 위해서 그림 11.9에 나타낸 간단한 회로를 풀어보자. 1.4절과 5.1절의 평균 스위치 방법에 따라 평균 단자 파형 $\langle v_2(t) \rangle_{T_s}$와 $\langle i_1(t) \rangle_{T_s}$을 인가한 양 $\langle v_1(t) \rangle_{T_s}$와 $\langle i_2(t) \rangle_{T_s}$의 함수로 결정하는 것이 바람직하다. 그러면 스위치 변환비 μ는 다음 식으로 주어진다.

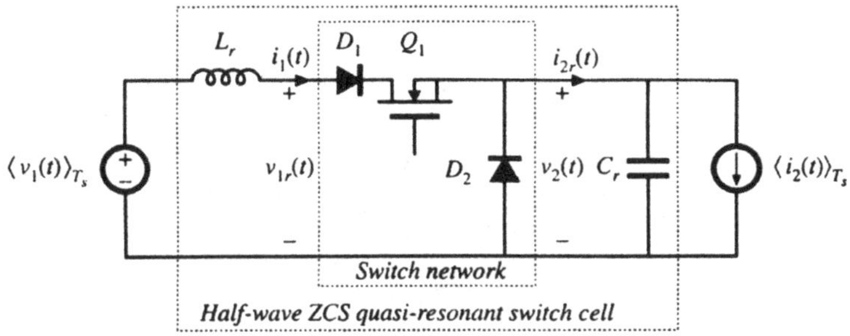

그림 11.9 단자 양 $\langle v_1(t)\rangle_{T_s}$와 $\langle i_2(t)\rangle_{T_s}$에 의해 구동되는 반파 ZCS 준공진 스위치 셀

$$\mu=\frac{\langle v_2(t)\rangle_{T_s}}{\langle v_{1r}(t)\rangle_{T_s}}=\frac{\langle i_1(t)\rangle_{T_s}}{\langle i_{2r}(t)\rangle_{T_s}} \tag{11.7}$$

정상상태에서

$$\mu=\frac{V_2}{V_1}=\frac{I_1}{I_2} \tag{11.8}$$

이고, μ를 구하기 위해 이 절의 정상상태 분석에서 식 (11.8)을 사용한다.

11.2.1 반파 ZCS 준공진 스위치 셀의 파형

그림 11.9의 반파 셀의 전형적인 파형을 그림 11.10에 나타낸다. 각 스위칭 주기는 그림에서처럼 각도 길이 α, β, δ와 ξ을 갖는 네 개의 세부구간으로 나누어진다. 스위칭 주기는 제어기가 트랜지스터 Q_1을 턴온하면서 시작한다. 탱크 인덕터 전류 $i_1(t)$와 탱크 커패시터 전압 $v_2(t)$의 초기값은 영이다. 세부구간 1동안 세 개의 모든 반도체 소자는 도통한다. $i_1(t)$가 I_2보다 작기 때문에 다이오드 D_2는 순방향으로 치우친다. 따라서 세부구간 1동안 스위치 셀은 그림 11.11의 회로가 된다.

인덕터 전류의 기울기는

$$\frac{di_1(t)}{dt}=\frac{V_1}{L_r} \tag{11.9}$$

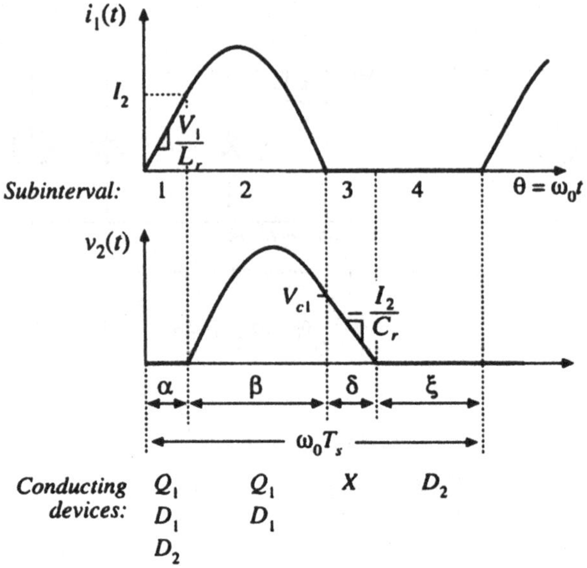

그림 11.10 그림 11.9의 반파 ZCS 준공진 스위치에 대한 탱크 인덕터 전류와 커패시터 전압 파형

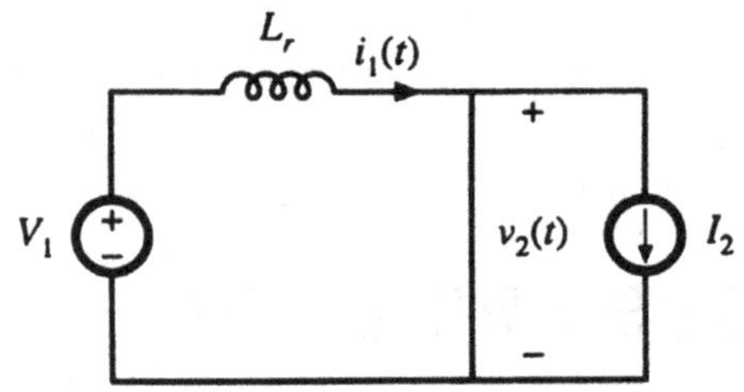

그림 11.11 세부구간 1동안 스위치 네트워크의 회로

이고 초기 조건은 $i_1(0) = 0$이다. 해는

$$i_1 = \frac{V_1}{L_r}t = \omega_0 t \frac{V_1}{R_0} \tag{11.10}$$

이고 탱크의 특성 임피던스 R_0는 다음과 같이 정의된다.

$$R_0 = \sqrt{\frac{L_r}{C_r}} \tag{11.11}$$

파형을 시간 t대신에 각도 $\theta = \omega_0 t$의 항으로 표현하는 것이 편리하다. 세부구간 1의 끝에서 $\omega_0 t = \alpha$이다. 다이오드 D_2가 역방향으로 치우치면 이 세부구간은 끝난다. 다이오드 D_2의 전류는 I_2-$i_1(t)$이므로 이는 $i_1(t) = I_2$일 때이다. 따라서

$$i_1(\alpha) = \alpha \frac{V_1}{R_0} = I_2 \tag{11.12}$$

이고 α에 대해 풀면 다음과 같다.

$$\alpha = \frac{I_2 R_0}{V_1} \tag{11.13}$$

세부구간 2동안 트랜지스터 Q_1과 다이오드 D_1이 도통하고 다이오드 D_2는 역방향으로 치우친다. 이 때 스위치 네트워크는 그림 11.12의 회로처럼 된다. 일정 전원 V_1과 I_2에 의해 공진 L_r - C_r 탱크 네트워크가 여기된다. 네트워크 방정식은 다음과 같다.

$$\begin{aligned} L_r \frac{di_1(\omega_0 t)}{dt} &= V_1 - v_2(\omega_0 t) \\ C_r \frac{dv_2(\omega_0 t)}{dt} &= i_1(\omega_0 t) - I_2 \end{aligned} \tag{11.14}$$

초기 조건은

$$\begin{aligned} v_2(\alpha) &= 0 \\ i_1(\alpha) &= I_2 \end{aligned} \tag{11.15}$$

이고, 해를 다음과 같이 나타낼 수 있다.

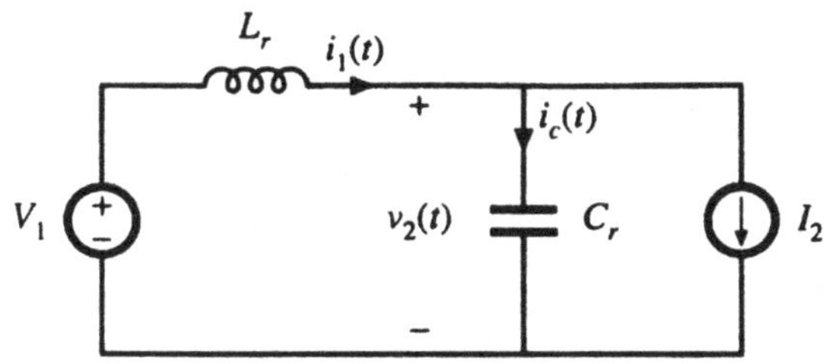

그림 11.12 세부구간 2동안 스위치 네트워크의 회로

$$i_1(\omega_0 t) = I_2 + \frac{V_1}{R_0} sin(\omega_0 t - \alpha) \tag{11.16}$$
$$v_2(\omega_0 t) = V_1(1 - \cos(\omega_0 t - \alpha))$$

탱크 인덕터 전류는 다음 식으로 주어진 첨두 값까지 증가한다.

$$I_{1pk} = I_2 + \frac{V_1}{R_0} \tag{11.17}$$

세부구간 2는 $i_1(t)$가 처음으로 영을 교차할 때 끝난다. 세부구간의 각도 길이를 β로 나타내면 다음과 같이 쓸 수 있다.

$$i_1(\alpha + \beta) = I_2 + \frac{V_1}{R_0} sin(\beta) = 0 \tag{11.18}$$

$\sin(\beta)$에 대해 풀면 다음과 같다.

$$\sin(\beta) = -\frac{I_2 R_0}{V_1} \tag{11.19}$$

각도 β에 대해 식 (11.19)를 풀 때 주의해야 한다. 그림 11.10을 보면 각 β는 π보다 작으므로 다음과 같다.

$$\beta = \pi - \sin^{-1}\left(\frac{I_2 R_0}{V_1}\right) \tag{11.20}$$

여기서

$$-\frac{\pi}{2} < \sin^{-1}(x) < \frac{\pi}{2}$$

이다. 다음의 부등식이 만족되어야 한다.

$$I_2 < \frac{V_1}{R_0} \tag{11.21}$$

그렇지 않으면 식 (11.19)의 해는 존재하지 않는다. 식 (11.21)이 만족되지 않는 과도한 부하 전류에서 탱크 인덕터 전류는 결코 영에 도달하지 못하여 트랜지스터는 영전류에서 턴오프되지 않는다.

$\omega_0 t = (\alpha + \beta)$에서 식 (11.16)을 계산하면 세부구간 2의 끝에서 탱크 커패시터 전압을 구할 수 있다. cos(β)는 다음과 같이 나타낼 수 있다.

$$\cos(\beta) = -\sqrt{1-\sin^2(\beta)} = -\sqrt{1-\left(\frac{I_2 R_0}{V_1}\right)^2} \tag{11.22}$$

식 (11.22)를 식 (11.16)에 대입하면 다음과 같다.

$$v_2(\alpha+\beta) = V_{c1} = V_1\left(1+\sqrt{1-\left(\frac{I_2 R_0}{V_1}\right)^2}\right) \tag{11.23}$$

세부구간 2의 끝에서 다이오드 D_1은 역방향으로 치우친다. 따라서 트랜지스터 Q_1을 영전류에서 턴오프할 수 있다.

세부구간 3 동안 모든 반도체 소자는 꺼지고 스위치 셀을 그림 11.13의 회로처럼 나타낼 수 있다. 탱크 커패시터 C_r은 필터 인덕터 전류 I_2에 의해 방전되어 탱크 커패시터 전압 v_2는 선형적으로 영으로 감소한다. 회로 방정식은 다음과 같다.

$$C_r \frac{dv_2(\omega_0 t)}{dt} = -I_2$$
$$v_2(\alpha+\beta) = V_{c1} \tag{11.24}$$

해는 다음과 같이 나타낼 수 있다.

$$v_2(\omega_0 t) = V_{c1} - I_2 R_0(\omega_0 t - \alpha - \beta) \tag{11.25}$$

세부구간 3은 탱크 커패시터 전압이 영에 도달할 때 끝난다. 이때 다이오드 D_2는 순방

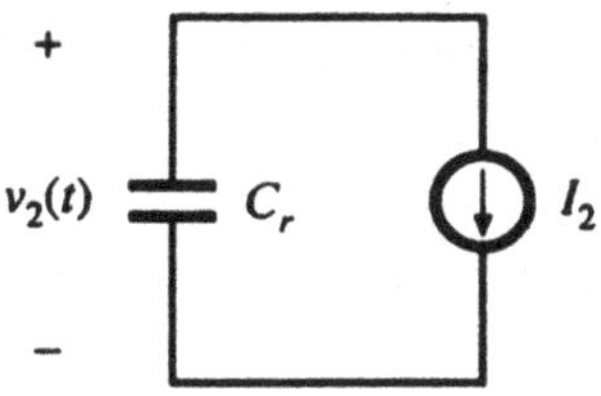

그림 11.13 세부구간 3동안 스위치 네트워크의 회로

향으로 치우친다. 따라서

$$v_2(\alpha+\beta+\delta) = V_{c1} - I_2R_0\delta = 0 \tag{11.26}$$

이고 δ는 세부구간 3의 각도 길이이다. δ에 대한 해는 다음과 같이 표현할 수 있다.

$$\delta = \frac{V_{c1}}{I_2R_0} = \frac{V_1}{I_2R_0}\left(1-\sqrt{1-\left(\frac{I_2R_0}{V_1}\right)^2}\right) \tag{11.27}$$

각도 길이 ξ의 세부구간 4는 기존의 **PWM** 스위치 네트워크의 다이오드 도통 구간과 같다. 다이오드 D_2는 필터 인덕터 전류 I_2를 도통하고 탱크 커패시터 전압 v_2는 영이다. 트랜지스터 Q_1은 오프상태이고 입력 전류 i_1은 영과 같다.

스위칭 주기의 각도 길이는

$$\omega_0 T_s = \alpha+\beta+\delta+\xi = \frac{2\pi f_0}{f_s} = \frac{2\pi}{F} \tag{11.28}$$

이고

$$F = \frac{f_s}{f_0} \tag{11.29}$$

이다. 스위칭 주파수 f_s 또는 정규화된 형식으로 F를 조절하여 준공진 스위치 네트워크를 보통 제어한다. 구간 길이 α, β와 δ는 탱크 네트워크의 응답에 의해 결정된다. 따라서 스위칭 주파수의 제어는 네 번째 세부구간의 길이 ξ를 제어하는 것과 같다. 세부구간 길이 ξ는 양이어야 하므로 최소 스위칭 주기는 다음 식으로 제한된다.

$$\omega_0 T_s \geq \alpha+\beta+\delta \tag{11.30}$$

식 (11.13), (11.20)과 (11.27)을 (11.30)에 대입하면 다음과 같이 쓸 수 있다.

$$\frac{2\pi}{F} \geq \frac{I_2R_0}{V_1} + \pi + \sin^{-1}\left(\frac{I_2R_0}{V_1}\right) + \frac{V_1}{I_2R_0}\left(1-\sqrt{1-\left(\frac{I_2R_0}{V_1}\right)^2}\right) \tag{11.31}$$

이 식은 반파 ZCS 준공진 스위치 셀의 최대 스위칭 주파수 또는 최대 F를 제한한다.

11.2.2 평균 단자 파형

이제 스위치 네트워크에 의해 수행된 전력처리 기능에 대해 풀어보자. 스위치 변환비 μ는 시비율 d의 일반화이고 공진 스위치 네트워크가 컨버터의 평균 전압과 전류를 어떻게 제어하는가를 나타낸다. 벅 컨버터 예에서 μ를 $\langle v_2(t)\rangle_{T_s}$와 $\langle v_1(t)\rangle_{T_s}$의 비율 또는 등가적으로 $\langle i_1(t)\rangle_{T_s}$과 $\langle i_2(t)\rangle_{T_s}$의 비율로 정의할 수 있다. 하드 스위칭 PWM 네트워크인 경우 이 비율은 시비율 d와 같다. 따라서 하드 스위칭 PWM 컨버터에 대해 유도한 분석적인 결과를 단순히 d 대신에 μ를 대입하여 준공진 컨버터에 적용할 수 있다. 이 절에서는 스위치 네트워크의 단자 파형을 평균하여 μ에 대한 식을 유도한다.

그림 11.14는 그림 11.10의 스위치 입력 전류 파형 $i_1(t)$를 나타낸다. 평균 스위치 입력 전류는 다음 식으로 주어진다.

$$\langle i_1(t)\rangle_{T_s} = \frac{1}{T_s}\int_t^{t+T_s} i_1(t)dt = \frac{q_1+q_2}{T_s} \tag{11.32}$$

전하 양 q_1과 q_2는 각각 처음과 두 번째 세부구간 동안 $i_1(t)$ 파형 아래의 면적을 나타낸다. 전하 q_1은 삼각형 넓이 공식에 의해 다음과 같이 쓸 수 있다.

$$q_1 = \int_0^{\frac{\alpha}{\omega_0}} i_1(t)dt = \frac{1}{2}\left(\frac{\alpha}{\omega_0}\right)(I_2) \tag{11.33}$$

시간 α/ω_0는 세부구간 1의 길이이다. 전하 q_2는 다음과 같다.

$$q_2 = \int_{\frac{\alpha}{\omega_0}}^{\frac{\alpha+\beta}{\omega_0}} i_1(t)dt \tag{11.34}$$

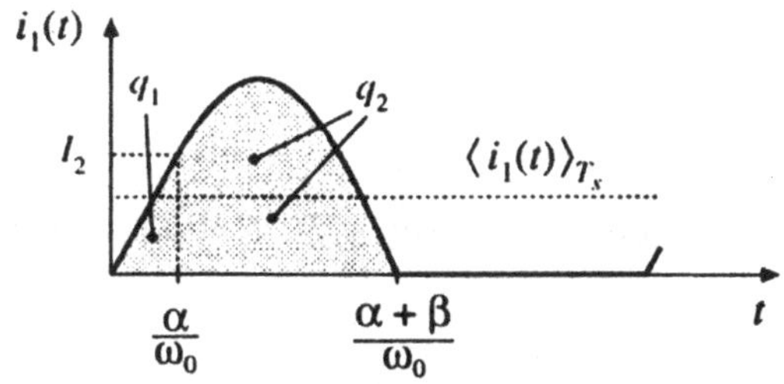

그림 11.14 입력 전류 파형 $i_1(t)$와 세부구간 1과 2 동안의 면적 q_1과 q_2

그림 11.12에 따라 세부구간 2 동안 전류 $i_1(t)$를 탱크 커패시터 전류 $i_C(t)$와 스위치 출력 전류 I_2로 다음과 같이 표현할 수 있다.

$$i_1(t) = i_C(t) + I_2 \tag{11.35}$$

식 (11.35)를 (11.34)에 대입하면

$$q_2 = \int_{\frac{\alpha}{\omega_0}}^{\frac{\alpha+\beta}{\omega_0}} i_C(t)dt + \int_{\frac{\alpha}{\omega_0}}^{\frac{\alpha+\beta}{\omega_0}} I_2 dt \tag{11.36}$$

이고 이 식에서의 적분을 다음과 같이 쉽게 계산할 수 있다. 두 번째 항은 일정한 전류 I_2를 적분하므로 다음과 같이 계산할 수 있다.

$$\int_{\frac{\alpha}{\omega_0}}^{\frac{\alpha+\beta}{\omega_0}} I_2 dt = I_2 \frac{\beta}{\omega_0} \tag{11.37}$$

식 (11.36)의 첫 번째 항은 세부구간 2 동안 커패시터 전류를 적분한 것이므로 다음과 같이 커패시터 전하의 변화량과 같다(커패시터에서 $\Delta q = C\Delta v$임을 기억하기 바란다).

$$\int_{\frac{\alpha}{\omega_0}}^{\frac{\alpha+\beta}{\omega_0}} i_C(t)dt = C\left[v_2\left(\frac{\alpha+\beta}{\omega_0}\right) - v_2\left(\frac{\alpha}{\omega_0}\right)\right] \tag{11.38}$$

세부구간 2 동안 탱크 커패시터 전압은 초기에 영이고 최종 값은 V_{c1}이다. 따라서 식 (11.38)은 다음과 같이 쓸 수 있다.

$$\int_{\frac{\alpha}{\omega_0}}^{\frac{\alpha+\beta}{\omega_0}} i_C(t)dt = C[V_{c1} - 0] = CV_{c1} \tag{11.39}$$

식 (11.37)과 (11.39)를 식 (11.36)에 대입하면 q_2에 대한 다음 식을 얻을 수 있다.

$$q_2 = CV_{C1} + I_2 \frac{\beta}{\omega_0} \tag{11.40}$$

이제 식 (11.33)과 (11.40)을 식 (11.32)에 대입하면 스위치 입력 전류에 대한 식을 다음과 같이 얻는다.

$$\langle i_1(t)\rangle_{T_s} = \frac{\alpha I_2}{2\omega_0 T_s} + \frac{CV_{c1}}{T_s} + \frac{\beta I_2}{\omega_0 T_s} \tag{11.41}$$

식 (11.41)을 (11.8)에 대입하면 스위치 변환비에 대한 다음 식을 얻을 수 있다.

$$\mu = \frac{\langle i_1(t)\rangle_{T_s}}{I_2} = \frac{\alpha}{2\omega_0 T_s} + \frac{CV_{c1}}{I_2 T_s} + \frac{\beta}{\omega_0 T_s} \tag{11.42}$$

마지막으로 α, β와 V_{c1}을 식 (11.13), (11.20)과 (11.23)을 이용하여 소거하면 다음과 같은 변환비를 구할 수 있다.

$$\mu = F\frac{1}{2\pi}\left[\frac{1}{2}J_s + \pi + \sin^{-1}(J_s) + \frac{1}{J_s}\left(1 + \sqrt{1 - J_s^2}\right)\right] \tag{11.43}$$

여기서

$$J_s = \frac{I_2 R_0}{V_1} \tag{11.44}$$

이다. 식 (11.43)은 다음의 형태이다.

$$\mu = FP_{\frac{1}{2}}(J_s) \tag{11.45}$$

여기서

$$P_{\frac{1}{2}}(J_s) = \frac{1}{2\pi}\left[\frac{1}{2}J_s + \pi + \sin^{-1}(J_s) + \frac{1}{J_s}\left(1 + \sqrt{1 - J_s^2}\right)\right] \tag{11.46}$$

이다. 따라서 F를 통해 스위칭 주파수를 조절하여 직접 스위치 변환비 μ를 제어할 수 있다. 스위치 변환비는 J_s를 통해 인가 단자 전압 V_1과 전류 I_2의 함수이다. 그림 11.15

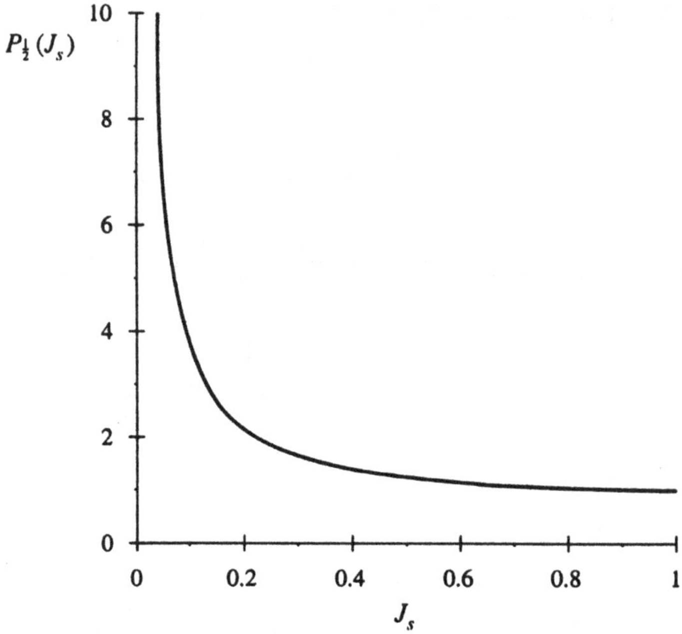

그림 11.15 함수 $P_{\frac{1}{2}}(J_s)$

는 함수 $P_{\frac{1}{2}}(J_s)$를 나타낸다. 그림 11.16은 여러 값의 F와 J_s에 대한 스위치 변환비 μ를 나타낸다. 이 특성들은 함수 $P_{\frac{1}{2}}(J_s)$의 모양과 비슷하고 단순히 F배만큼 증가된 형태이다. 변환비 μ는 J_s를 통해 의존성이 매우 높은 전류 I_2의 함수임을 알 수 있다. 특성은 $J_s = 1$에서 끝난다. 식 (11.31)에 따라 $J_s > 1$이면 영전류 성질이 상실된다. 특성은 식 (11.31)에 주어진 최대 스위칭 주파수 극한에서도 끝난다. 극한을 μ의 함수로 나타내기 위해 식 (11.43)을 이용하여 식 (11.31)을 다음과 같이 간단하게 나타낼 수 있다.

$$\mu \le 1 - \frac{J_s F}{4\pi} \tag{11.47}$$

따라서 스위치 변환비 μ는 1보다 조금 작은 값으로 제한된다.

반파 ZCS 준공진 스위치를 포함하는 컨버터의 평균 파형을 이제 결정할 수 있다. 연속 전도모드에서 동작하는 PWM 컨버터의 분석 결과를 단순히 시비율 d 대신에 스위치

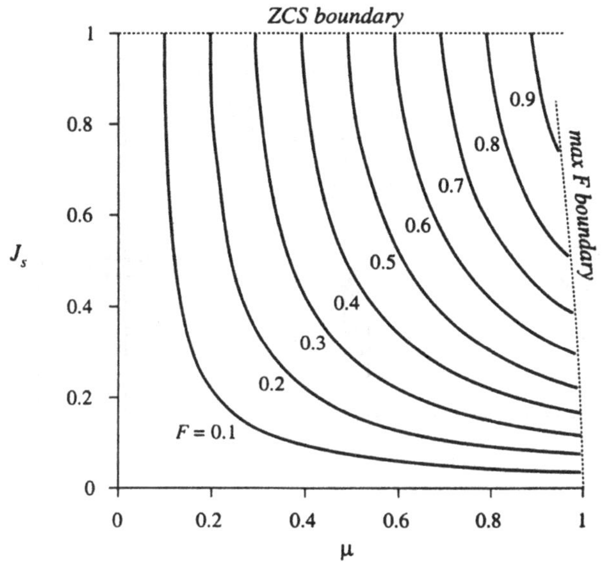

그림 11.16 반파 ZCS 준공진 스위치의 특성

변환비 μ를 대입하여 준공진 컨버터에 적용할 수 있다. 벅 컨버터 예에 대해 변환비는

$$M = \frac{V}{V_g} = \mu \tag{11.48}$$

이고 이 식은 인덕터 전압-시간 곱 평형의 원리를 이용하여 유도할 수도 있다. 필터 인덕터 양단의 평균 전압은 $(\mu V_g - V)$이다. 이 전압은 영이어야 하므로 식 (11.48)을 얻을 수 있다.

벅 컨버터에서 I_2는 부하 전류 I와 같으며 V_1은 컨버터의 입력 전압 V와 같다. 따라서 J_s는 다음과 같다.

$$J_s = \frac{IR_0}{V_g} \tag{11.49}$$

영전류 스위칭은 다음의 조건에서 발생한다.

$$I \leq \frac{V_g}{R_0} \tag{11.50}$$

출력 전압은 다음의 범위에서 변한다.

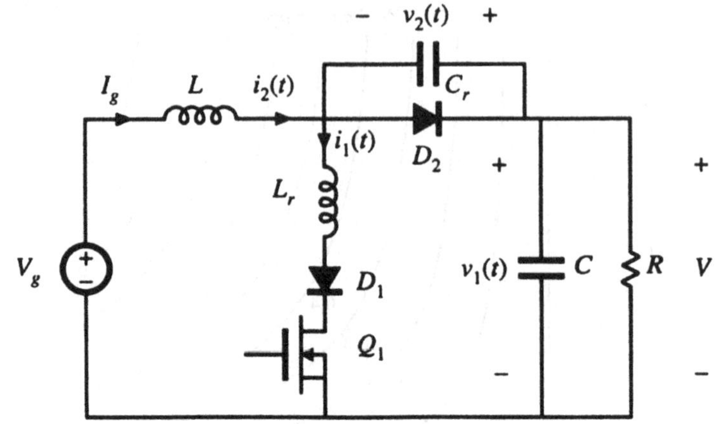

그림 11.17 반파 ZCS 준공진 스위치를 포함하는 부스트 컨버터

$$0 \leq V \leq V_g - \frac{FIR_0}{4\pi} \tag{11.51}$$

이 식은 PWM 출력 전압 범위 $0 \leq V \leq V_g$와 거의 일치한다.

반파 ZCS 준공진 스위치를 포함하는 부스트 컨버터를 그림 11.17에 나타낸다. 부스트 컨버터의 변환비는 다음 식으로 주어진다.

$$M = \frac{V}{V_g} = \frac{1}{1-\mu} \tag{11.52}$$

반파 스위치 변환비 μ는 식 (11.44)에서 (11.46)에 주어진다. 부스트 컨버터에 대해 인가 스위치 전압 V_1은 출력 전압 V와 같고 인가 스위치 전류 I_2는 필터 인덕터 전류 또는 I_g와 같다. 따라서 J_s는 다음과 같다.

$$J_s = \frac{I_2 R_0}{V_1} = \frac{I_g R_0}{V} \tag{11.53}$$

또한 부스트 컨버터의 입력 전류 I_g는 다음과 같이 부하 전류 I에 관계된다.

$$I_g = \frac{I}{1-\mu} \tag{11.54}$$

식 (11.44)에서 (11.46)과 함께 식 (11.52)에서 (11.54)는 반파 ZCS 준공진 스위치 부스트 컨버터의 평균 파형을 표현한다.

11.2.3 전파 ZCS 준공진 스위치 셀

전파 ZCS 준공진 스위치 셀을 그림 11.8(d)에 나타낸다. 양방향-전류 2상한 스위치를 형성하기 위해 소자 D_1과 Q_1을 역병렬로 연결한 것만 반파 스위치 셀과 다르다. 그림 11.18은 전형적인 탱크 인덕터 전류와 탱크 커패시터 전압 파형을 나타낸다. 이 파형은 반파의 경우와 유사하지만 Q_1/D_1 스위치가 탱크 인덕터 전류 $i_1(t)$가 두 번째로 영을 지날 때 이 전류를 끊는다는 점에서 다르다. $i_1(t)$가 음의 값일 동안 다이오드 D_1은 도통하고 트랜지스터 Q_1은 영전류에서 턴오프할 수 있다.

분석은 거의 세부구간 2를 제외하면 반파의 경우와 거의 같다. 세부구간 2의 각도 길이 β와 최종값 V_{c1}이 다음과 같음을 보일 수 있다.

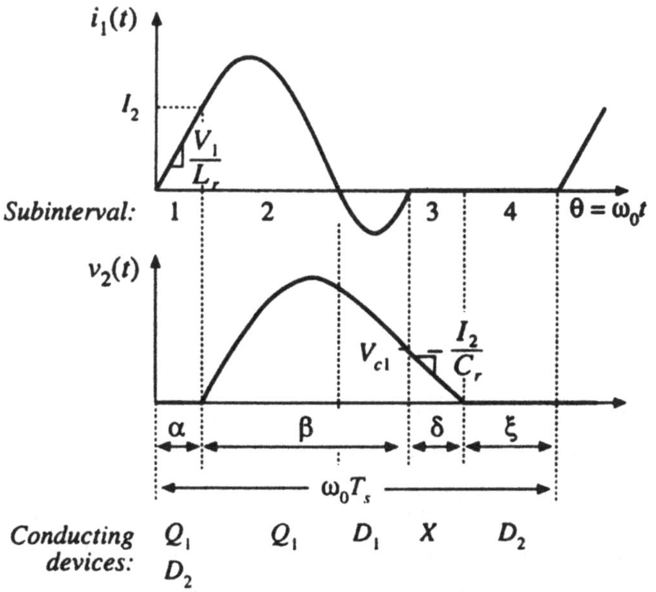

그림 11.18 그림 11.8(d)의 전파 ZCS 준공진 스위치 셀에 대한 탱크 인덕터 전류와 커패시터 전압 파형

$$\beta = \begin{cases} \pi + \sin^{-1}(J_s) & (\text{전파}) \\ 2\pi - \sin^{-1}(J_s) & (\text{반파}) \end{cases} \tag{11.55}$$

$$V_{c1} = \begin{cases} V_1\left(1 + \sqrt{1 - J_s^2}\right) & (\text{전파}) \\ V_1\left(1 - \sqrt{1 - J_s^2}\right) & (\text{반파}) \end{cases} \tag{11.56}$$

이 두 경우 모두에서 스위치 변환비 μ는 식 (11.42)로 주어진다. 전파 스위치에 대해 스위치 변환비를 다음과 같이 표현할 수 있다.

$$\mu = FP_1(J_s) \tag{11.57}$$

여기서

$$P_1(J_s) = \frac{1}{2\pi}\left[\frac{1}{2}J_s + 2\pi - \sin^{-1}(J_s) + \frac{1}{J_s}\left(1 - \sqrt{1 - J_s^2}\right)\right] \tag{11.58}$$

이다. 전파의 경우 $P_1(J_s)$는 J_s에 거의 독립적이다.

$$P_1(J_s) \approx 1 \tag{11.59}$$

최악의 경우 $P_1(J_s)$와 1과의 차이는 J_s가 1로 가까워질 때 발생한다. $P_1(J_s)$는 0.96에 접근한다. 따라서 $0 < J_s < 1$에 대해 $P_1(J_s)$의 차이는 4% 이내이다. 따라서 전파인 경우의 스위치 변환비를 다음과 같이 근사적으로 표현할 수 있다.

$$\mu \approx F = \frac{f_s}{f_0} \tag{11.60}$$

그러므로 전파 준공진 스위치는 F에 의해 제어가 가능한 전압원 특성을 보인다. CCM PWM 컨버터의 평균 파형을 표현하는 방정식들을 단순히 시비율 d 대신에 정규화된 스위칭 주파수 F를 대입하여 전파 ZCS 준공진 컨버터에 적용할 수 있다. 전파 준공진 컨버터의 변환비는 부하 전류에 거의 의존하지 않는다.

여러 값의 F와 J_s에 대해 스위치 변환비 μ를 그림 11.19에 도시한다. 전형적인 전압 조절기 응용에 대해 μ가 부하 전류에 거의 의존하지 않으므로 스위칭 주파수 변동의 범

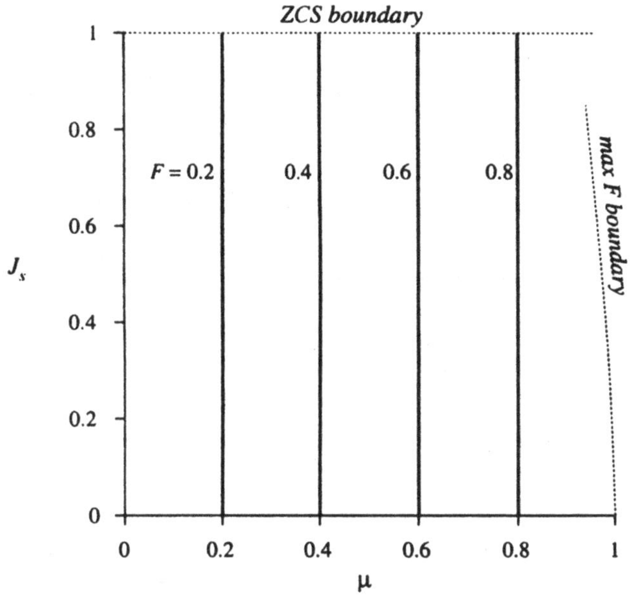

그림 11.19 전파 ZCS 준공진 스위치의 특성

위는 반파의 경우보다 전파의 경우에서 더욱 작다. 부하 전류의 변동에 의해 제어기는 스위칭 주파수를 크게 변화시키지 않는다.

11.3 공진 스위치 토폴로지

지금까지 그림 11.20에 나타낸 영전류 스위칭 준공진 스위치 셀에 대해 생각해왔다. 반파 또는 전파 ZCS 준공진 스위치 네트워크를 얻기 위해 각각 양방향-전압 또는 양방향-전류 2상한 스위치를 이용하여 이상적인 SPST 스위치를 구현하였다.

기본 스위치의 속성을 바꾸지 않고 컨버터에서 공진 소자 L_r과 C_r의 위치를 움직일 수 있다. 예를 들면 그림 11.21은 공진 탱크 커패시터 C_r을 다이오드 D_2의 캐소드와 컨버터의 출력 또는 입력 단자 사이에 위치한 경우를 나타낸다. 이러한 변화에 의해 탱크 커패

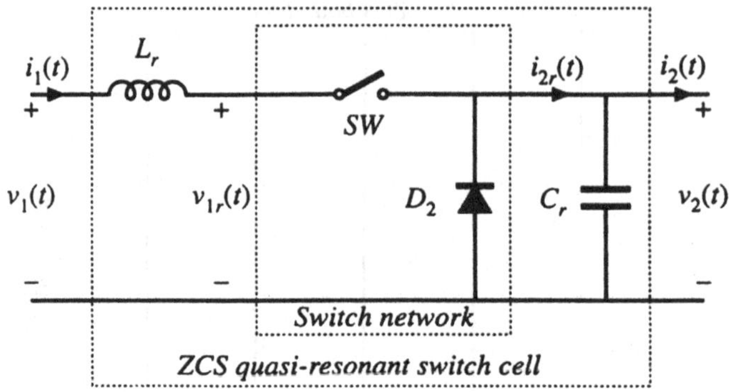

그림 11.20 기본 ZCS 준공진 스위치 셀

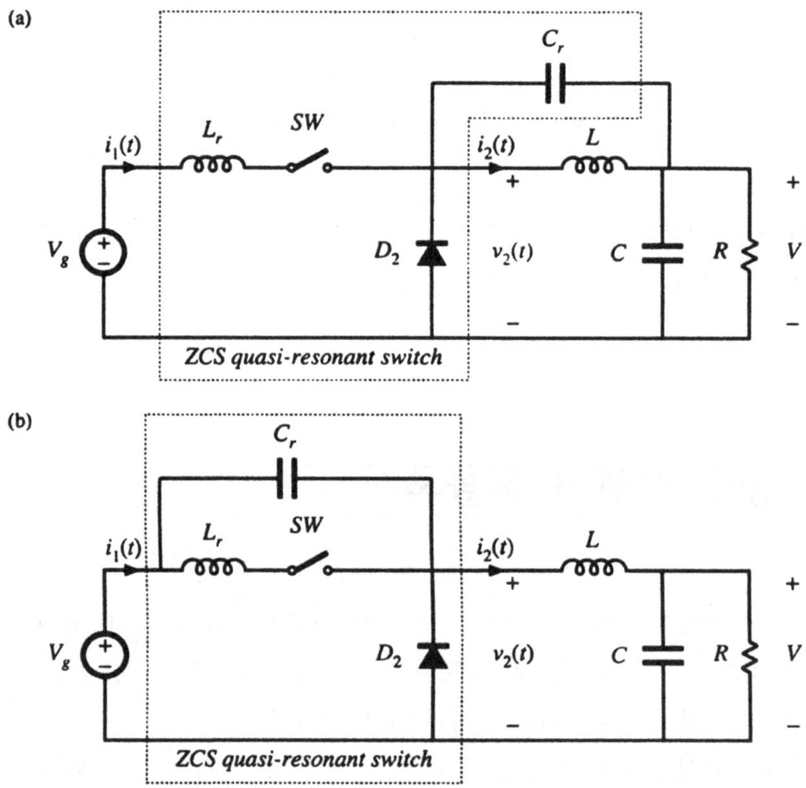

그림 11.21 ZCS 준공진 스위치 셀의 탱크 커패시터를 교류 접지에 있는 다른 점에 연결: (a) 직류 출력에 연결, (b) 직류 입력에 연결. 각 경우에 대해 파형의 교류 성분은 바뀌지 않는다

시터 전압의 직류 성분은 달라지지만 탱크 커패시터 전압의 교류 성분은 달라지지 않는다. 또한 단자 전압 파형 $v_2(t)$도 달라지지 않는다. 전압 $v_g(t)$와 $v(t)$의 고 주파수 교류 성분을 무시할 수 있으므로 컨버터의 입력과 출력 단자의 전위를 고 주파수 교류의 접지로 볼 수 있다.

공진 스위치 네트워크의 토폴로지를 결정하는 시험 방법은 모든 저 주파수 필터 인덕터를 개방회로로 바꾸고 모든 직류 전원과 저 주파수 필터 커패시터를 단락회로로 바꾸는 것이다[13]. 공진 스위치 셀의 소자는 그대로 남겨 둔다. 영전류 스위칭 준공진 스위치인 경우 그림 11.22의 네트워크를 항상 얻을 수 있다.

다이오드 D_2는 탱크 커패시터 전압 $v_2(t)$이 영을 지날 때 턴온과 턴오프되고, 반면 스위치 소자 Q_1과 D_1은 탱크 인덕터 전류 $i_1(t)$가 영을 지날 때 스위칭한다. 다이오드 D_2의 회복 전하와 출력 커패시턴스에 의한 스위칭 손실을 제거하므로 다이오드 D_2의 영전압 스위칭이 가장 유익하다. Q_1을 SCR 또는 IGBT로 구현하는 경우 Q_1과 D_1의 영전류 스위칭이 유익할 수 있다. 그러나 MOSFET를 채택하는 고 주파수 컨버터에서 Q_1과 D_1의 영전류 스위칭은 일반적으로 안 좋은 선택이다. Q_1과 D_1의 출력 커패시턴스에 의한 스위칭 손실이 아직 큰 것을 볼 수 있다. 또한 전파인 경우 다이오드 D_1의 회복 전하때문에 세부구간 2의 끝에서 큰 공진과 스위칭 손실이 발생한다[3].

등가의 PWM 스위치에 비해 ZCS 준공진 스위치는 첨두 트랜지스터 전류가 증가하여 증가된 도통 손실을 보인다. 첨두 트랜지스터 전류는 식 (11.17)에 주어져 있다. $J_s \le 1$이므로 첨두 전류는 $I_{1pk} \ge 2I_2$이다. 또한 전파 ZCS 스위치는 가벼운 부하에서 순환 탱크 전류에 의한 도통 손실때문에 효율이 나쁘다. 반파 ZCS 스위치는 다이오드 D_1의 순방향 전압 강하에 의한 부가적인 도통 손실을 보인다. 첨두 트랜지스터 전압은 V_1으로 PWM 경우와 같다.

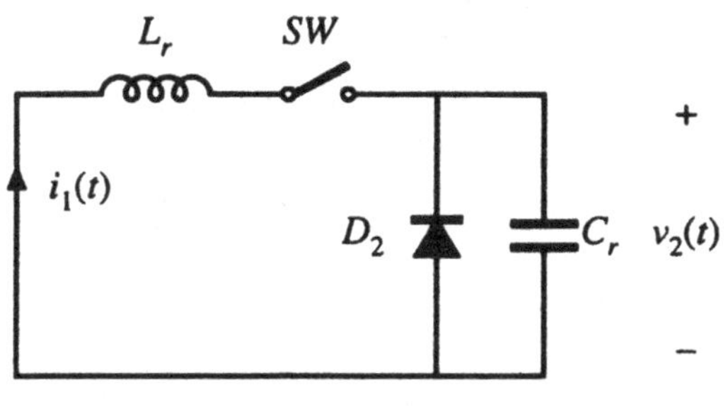

그림 11.22 컨버터의 저 주파수 소자를 제거하면 ZCS 준공진 스위치 셀은 이 네트워크로 줄어든다.

11.3.1 영전압 스위칭 준공진 스위치

그림 11.23에 주어진 공진 스위치 네트워크는 그림 11.22의 네트워크의 쌍대이다. 이 네트워크는 영전압 스위칭 준공진 스위치로 알려져 있다[4]. 탱크 커패시터 C_r이 SPST 스위치와 병렬로 연결되어 있기 때문에 SPST 스위치를 구현하는데 사용한 소자 Q_1과 D_1은 영전압에서 턴온과 턴오프된다. 탱크 인덕터 L_r이 실효적으로 다이오드 D_2에 직렬로 연결되어 있으므로 다이오드 D_2는 영전류에서 스위칭한다. ZVS 준공진 스위치를 포함하는 컨버터를 여러 방법으로 구현할 수 있다. 유일한 필요조건은 저 주파수 필터 인덕터, 필터 커패시터와 전원을 위에서 서술한 대로 개방 또는 단락회로로 바꾸었을 때 그림 11.23의 고 주파수 스위치 네트워크만 남아 있어야 한다는 것이다.

예를 들면 영전압 스위칭 준공진 벅 컨버터를 그림 11.24(a)에 나타낸다. 전형적인 탱크 커패시터 전압과 탱크 인덕터 전류 파형을 그림 11.24(b)에 나타낸다. 양방향-전류 2상한 SPST 스위치를 이용하여 구현하면 ZVS 준공진 스위치가 반파 모드에서 동작한다. 양방향-전압 2상한 SPST 스위치를 이용하면 전파 모도로 동작할 수 있다.

11.2절의 경우와 비슷한 분석 방법으로 반파 ZVS 준공진 스위치의 스위치 변환비 μ는 다음과 같다.

$$\mu = 1 - FP_{\frac{1}{2}}\left(\frac{1}{J_s}\right) \tag{11.61}$$

함수 $P_{\frac{1}{2}}(J_s)$는 식 (11.46)에 주어져 있으며 J_s는 식 (11.44)에서 정의되어 있다. 전파

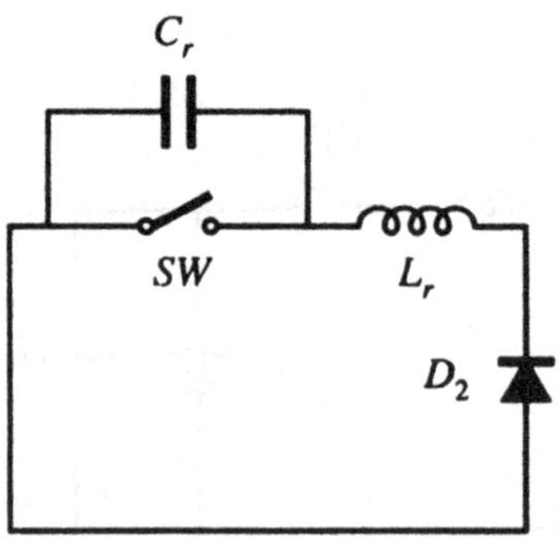

그림 11.23 컨버터의 저 주파수 소자를 제거하면 ZVS 준공진 스위치 셀은 이 네트워크로 줄어든다

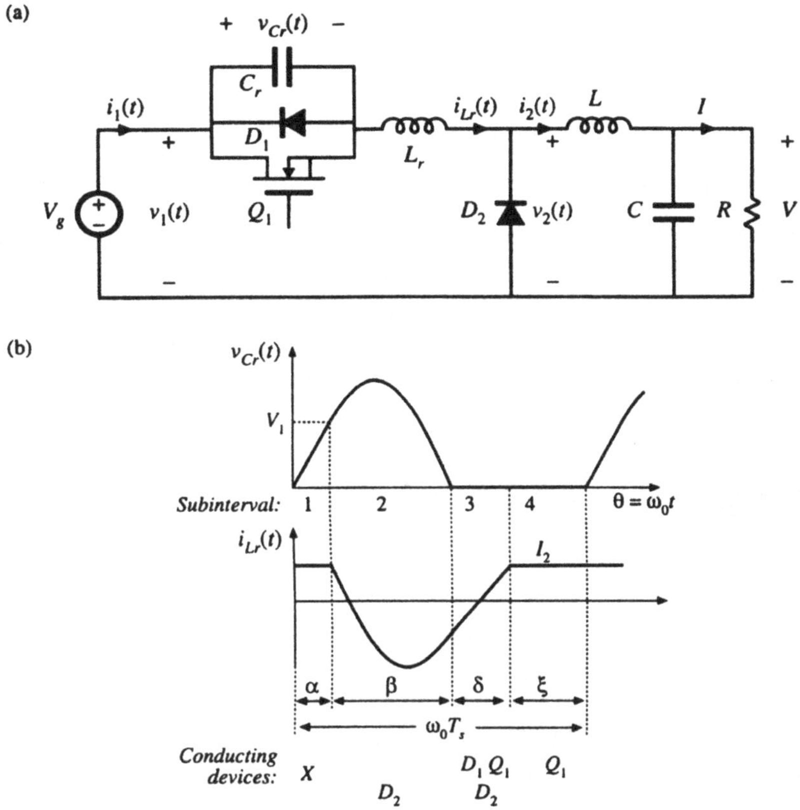

그림 11.24 ZVS 준공진 벅 컨버터: (a) 회로, (b) 탱크 파형

ZVS 준공진 스위치에 대해 스위치 변환비는 다음과 같다.

$$\mu = 1 - FP_1\left(\frac{1}{J_s}\right) \tag{11.62}$$

여기서 $P_1(J_s)$는 식 (11.58)에 주어져 있다. 영전압 스위칭에 대한 조건은 다음과 같다.

$$J_s \geq 1 \tag{11.63}$$

따라서 가벼운 부하에서 영전압 스위칭 속성은 사라진다. 첨두 트랜지스터 전압은 다음 식으로 주어진다.

$$\text{첨두 트랜지스터 전압 } V_{cr,pk} = (1 + J_s) V_1 \tag{11.64}$$

이 식으로부터 부하 전류 변동에 의해 트랜지스터 Q_1에 큰 전압 스트레스가 발생할 수 있다. 예를 들면 부하 전류 변동의 범위가 5:1에 대해 영전압 스위칭을 얻고자 하면 J_s는 1과 5 사이에서 변해야 한다. 식 (11.64)에 따라 첨두 트랜지스터 전압은 인가 전압 V_1의 2배와 6배 사이에서 변한다. 최대 트랜지스터 전류는 인가 전류 I_2와 같다. ZVS 준공진 스위치에서 최대 트랜지스터 전류가 PWM 스위치의 경우와 같을지라도 첨두 트랜지스터 저지 전압은 상당히 증가되었다. 트랜지스터 도통 저항은 정격 저지 전압과 함께 급격히 증가하므로 이것 때문에 도통 손실은 증가한다.

11.3.2 영전압 스위칭 다중공진 스위치

그림 11.25의 공진 스위치 네트워크는 그림 11.22의 ZCS 스위치 네트워크에서처럼 다이오드 D_2와 병렬로 연결한 탱크 커패시터 C_d를 포함한다. 또한 그림 11.23의 ZVS 스위치 네트워크에서처럼 SPST 스위치와 병렬로 연결한 탱크 커패시터 C_s를 포함한다. 따라서 모든 반도체 소자는 영전압에서 스위칭한다. 이렇게 3개의 공진 소자로 구성된 네트워크를 영전압 스위칭 다중공진 스위치(ZVS MRS)라 한다. 반도체의 출력 커패시턴스나 다이오드의 회복 전하에 의해 공진이나 스위칭 손실이 발생하지 않으므로 ZVS MRS는 매우 작은 스위칭 손실을 보인다. 같은 이유 때문에 EMI 발생도 감소한다.

벅 컨버터의 반파 ZVS MRS 구현을 그림 11.26에 나타낸다. 5:1 부하 범위와 $0.4 \le \mu \le 0.6$으로 동작해야하는 전형적인 설계에서 설계자는 F의 최대값을 1로, J의 최대값을 1.4로

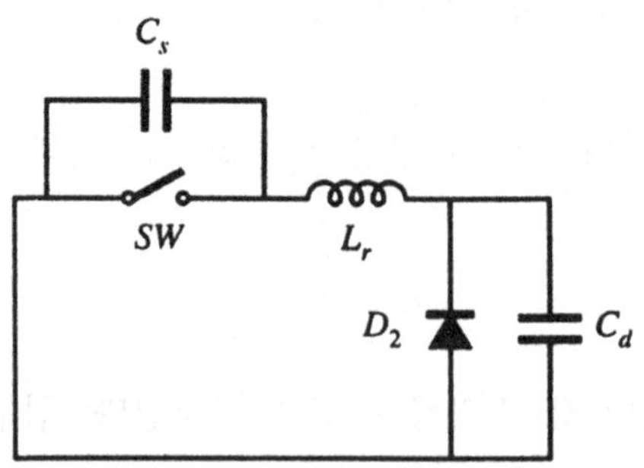

그림 11.25 컨버터의 저 주파수 소자를 제거하면 ZVS 다중-공진 스위치 셀은 이 네트워크로 줄어든다

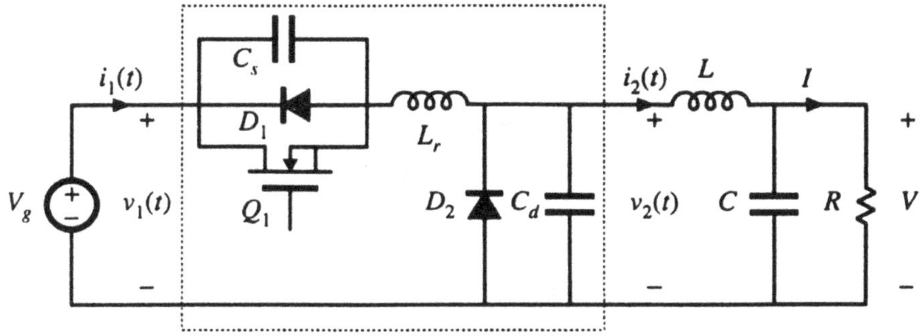

그림 11.26 반파 ZVS 다중공진 벅 컨버터

그리고 $C_d/C_s=3$으로 선택할 수 있고 이 파라미터는 다음과 같이 정의된다.

$$f_0 = \frac{1}{2\pi\sqrt{LC_1}} \qquad R_0 = \sqrt{\frac{L}{C_1}} \tag{11.65}$$
$$F = \frac{f_s}{f_0} \qquad J = \frac{I_2 R_0}{V_1}$$

보통의 경우 변환비는 $\mu = V_2 / V_1$으로 정의된다. 이러한 전형적인 설계에서 첨두 트랜지스터 전압은 근사적으로 $2.8\,V_1$이고 반면 첨두 트랜지스터 전류는 $2I_2$이다. 따라서 등가 PWM 스위치에서보다 도통 손실은 크다. 스위치 변환비 μ의 범위는 커패시터의 비 C_d/C_s의 함수이다. 잘된 설계에서 영전압 스위칭을 유지하면서 넓은 범위의 직류 부하 전류와 함께 거의 1에서 거의 영에 이르는 μ값의 범위를 얻을 수 있다.

ZVS MRS에 대한 분석과 설계 도표를 참고문헌 [5-8]에서 볼 수 있다. 전형적인 선택 $C_d = 3\,C_s$에 대한 결과를 그림 11.27에 도시한다. 이 그림으로부터 스위치 변환비 μ가 부하 전류와 스위칭 주파수의 함수로 어떻게 변하는지 알 수 있다. 그림 11.27(a)에 영전압 스위칭의 경계를 나타내었다. 점선 밖에서 ZVS는 사라진다. 커패시터의 비 C_d/C_s를 줄이면 ZVS 영역의 면적이 줄어든다.

모든 반도체 소자가 영전압 스위칭으로 동작하는 다른 공진 컨버터도 알려져 있다. 참고문헌 [10-12]에서 제시한 E급 컨버터와 함께 10장에서 서술한 병렬과 LCC 공진 컨버터의 일부 동작 모드에서 예를 볼 수 있다.

(a)

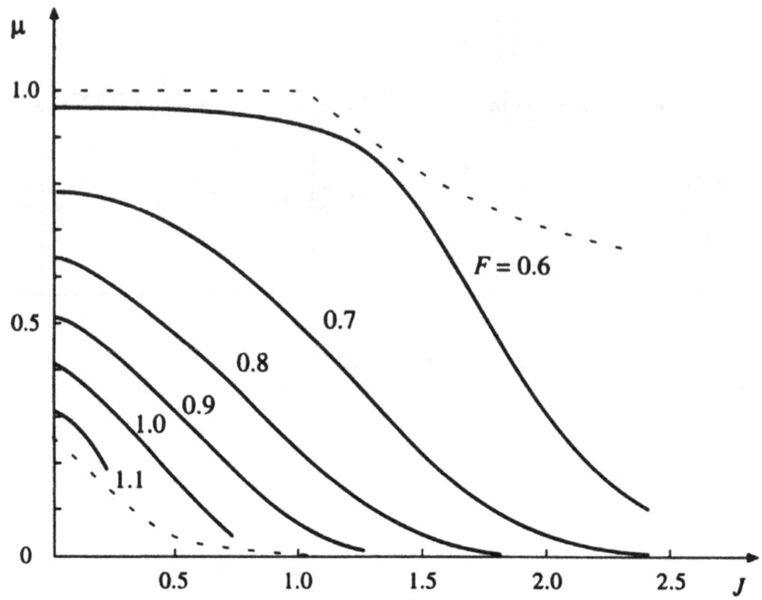

(b)

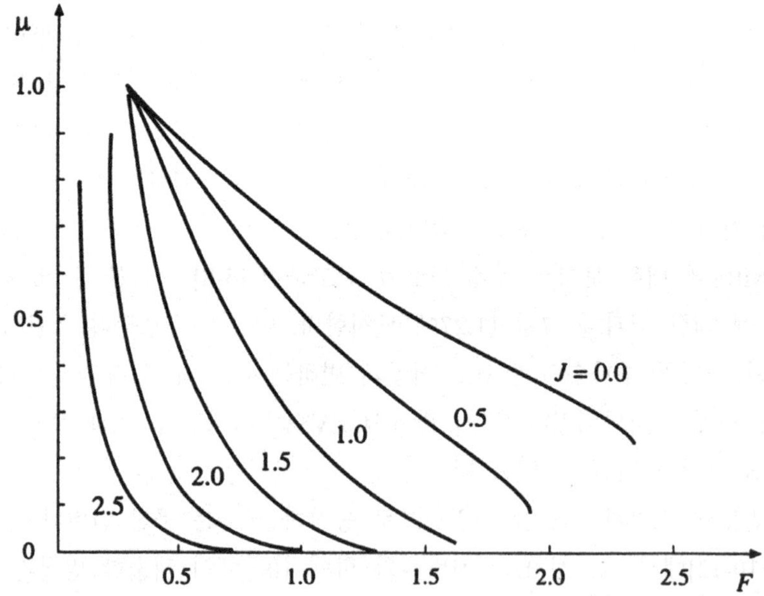

그림 11.27 $C_d = 3C_s$인 다중공진 스위치에 대한 변환비 μ: (a) 변환비 μ 대 정규화된 전류 J(실선: 변환비, 점선: 영전압 스위칭의 경계), (b) 변환비 μ 대 정규화된 스위칭 주파수 F

11.3.3 준사각파형 공진 스위치

공진 스위치 컨버터의 다른 기본 종류는 준사각파형 컨버터이다. 영전압 스위칭과 영전류 스위칭 형이 있다. 공진 탱크 네트워크를 그림 11.28에 나타낸다. 그림 11.28(a)의 네트워크에서 모든 반도체 소자는 실효적으로 탱크 인덕터와 직렬로 연결되어 있어 영전류 스위칭으로 동작한다. 그림 11.28(b)의 네트워크에서 모든 반도체 소자는 실효적으로 탱크 커패시터와 병렬로 연결되어 있어 영전압 스위칭으로 동작한다.

그림 11.29는 입력 필터가 부착된 벅 컨버터에서 영전류 스위칭 준사각파형 공진 스위치를 나타낸다. 소자 L_f와 C_f의 값은 크고 일단의 LC 입력 필터를 형성한다. 소자 L_r과

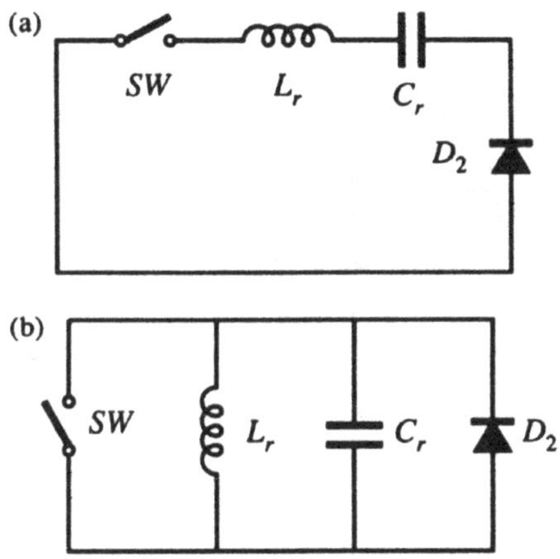

그림 11.28 컨버터의 저 주파수 소자를 제거하면 준사각파형 스위치 셀은 이들 네트워크로 줄어든다. (a) ZCS 준사각파형 네트워크, (b) ZVS 준사각파형 네트워크

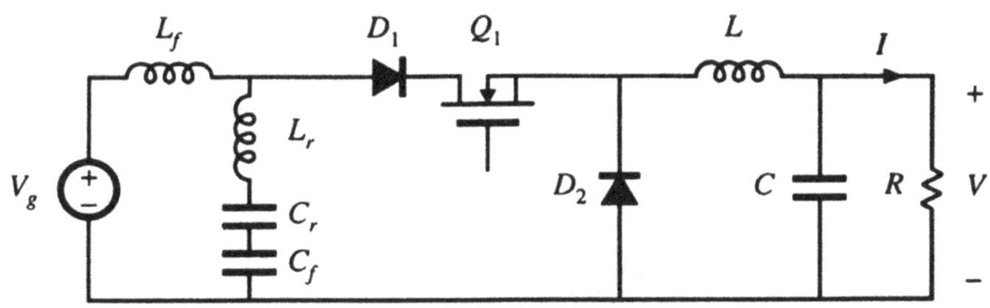

그림 11.29 ZCS 준사각파형 공진 스위치를 LC 입력 필터를 포함하는 벅 컨버터에 추가

C_r은 직렬 공진 탱크를 형성한다. 이 소자를 입력 필터 커패시터 C_f와 직렬로 연결하였다. C_r과 C_f가 직렬로 연결되어 있기때문에 하나의 작은 값의 커패시터로 결합할 수 있다. 이러한 영전류 스위칭 컨버터에서 트랜지스터의 첨두 전류는 등가 PWM 컨버터의 첨두 트랜지스터 전류와 같다. 그러나 첨두 트랜지스터 저지 전압은 증가한다. ZCS QSW 공진 스위치는 $0 \le \mu \le 0.5$의 범위로 제한된 스위치 변환비 μ를 보인다. 참고문헌 [13-14]에서 이 공진 스위치를 분석한다.

영전압 스위칭 준사각파형 (ZVS QSW) 공진 스위치를 포함하는 벅 컨버터를 그림 11.30에 나타낸다. 전형적인 파형을 그림 11.31에 나타낸다. 탱크 인덕터 L_r과 출력 필터 인덕터 L이 병렬로 연결되어 있기 때문에 거의 L_r과 같은 작은 값을 갖는 하나의 인덕

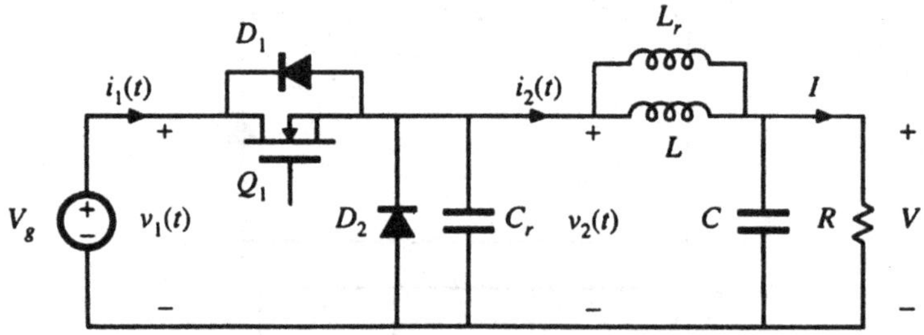

그림 11.30 ZVS 준사각파형 공진 스위치를 벅 컨버터에 추가

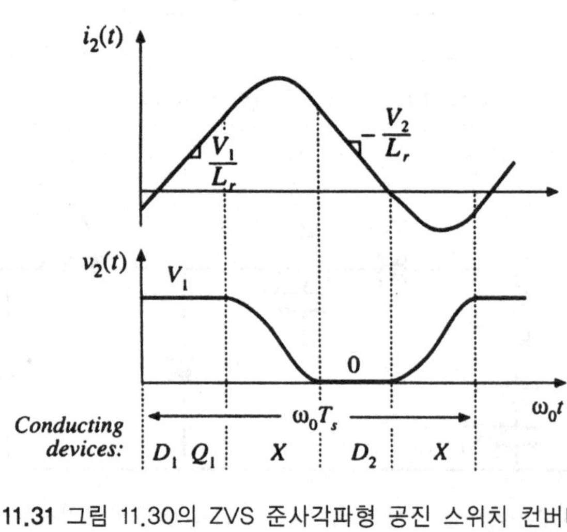

그림 11.31 그림 11.30의 ZVS 준사각파형 공진 스위치 컨버터의 파형

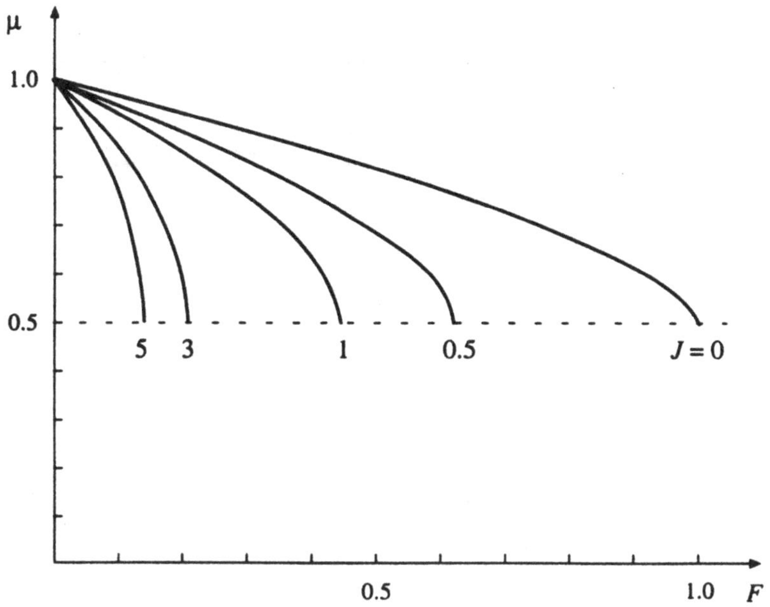

그림 11.32 ZVS 준사각파형 공진 스위치 네트워크의 특성. F와 J의 함수로서 스위치 변환비 μ. 점선은 ZVS 경계를 나타냄

터로 결합할 수 있다. ZVS QSW 공진 스위치에 대한 분석을 [14,15,16]에서 볼 수 있다. 관련된 전-브리지 컨버터가 [16]에 서술되어 있다. ZVS QSW 공진 스위치는 모든 반도체 소자에서 영전압 스위칭을 얻을 수 있으므로 널리 알려져 있다. 그러나 첨두 트랜지스터 전압은 등가 PWM 스위치의 경우와 같고[13], 첨두 트랜지스터 전류가 증가한다.

ZVS QSW 공진 스위치의 특성을 그림 11.32에 도시한다. 스위치 변환비 $\mu = V_2/V_1$을 정규화된 스위칭 주파수 F와 정규화된 출력 전류 J의 함수로 도시하였다. 여기서 파라미터는 다음과 같이 정의된다.

$$f_0 = \frac{1}{2\pi\sqrt{L_r C_r}} \qquad R_0 = \sqrt{\frac{L_r}{C_r}} \qquad (11.66)$$
$$F = \frac{f_s}{f_0} \qquad J = \frac{I_2 R_0}{V_1}$$

또한 영전압 스위칭의 경계를 도시하였다. 영전압 스위칭에 대한 필요조건은 스위치 변환비 μ를 $0.5 \le \mu \le 1$의 범위로 제한함을 알 수 있다. 따라서 그림 11.30의 벅 컨버터는

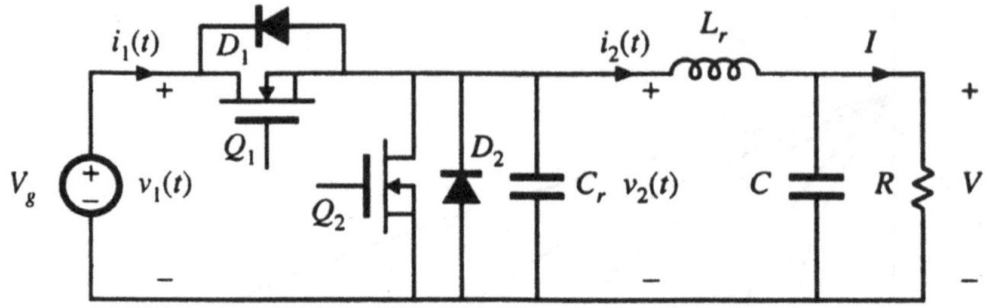

그림 11.33 동기식 정류기를 포함하는 ZVS 준사각파형 벅 컨버터

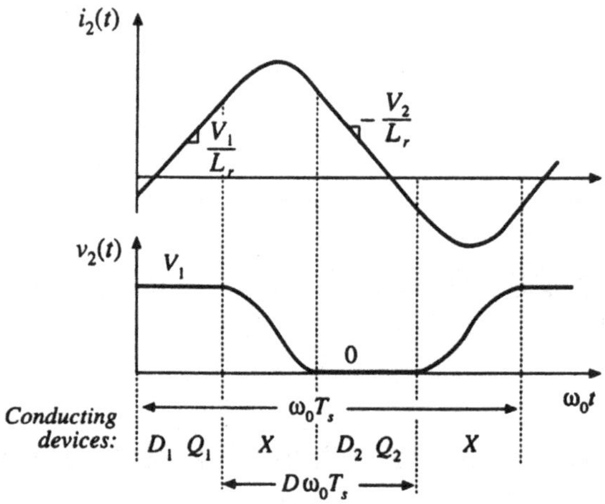

그림 11.34 그림 11.33의 2-스위치 ZVS-QSW 컨버터의 파형

ZVS 속성을 잃지 않고 $0.5\,V_g$보다 작은 출력 전압을 발생할 수 없다. 트랜지스터의 전압 스트레스를 증가시킨 댓가로 $0 \le \mu \le 1$의 범위를 얻을 수 있는 컨버터를 [17]에 제시되었다. 또한 ZVS-QSW 스위치의 2-스위치 형은 $\mu < 0.5$에 대해 ZVS로 동작할 수 있다.

그림 11.30의 컨버터에서 다이오드를 동기식 정류기로 바꾸면 그림 11.33의 회로를 얻을 수 있다[8,9]. 두 번째 트랜지스터는 교체된 다이오드가 도통하는 구간보다 더 길게 도통할 수 있으므로 컨버터 제어에 부가적인 자유도가 생긴다. 이를 이용하면 변환비가 영에 가깝게 영전압 스위칭의 범위를 확장할 수 있고 컨버터를 일정한 스위칭 주파수로 동작할 수 있다.

그림 11.33의 회로에 대한 전형적인 탱크 소자의 파형을 그림 11.34에 도시한다. 이

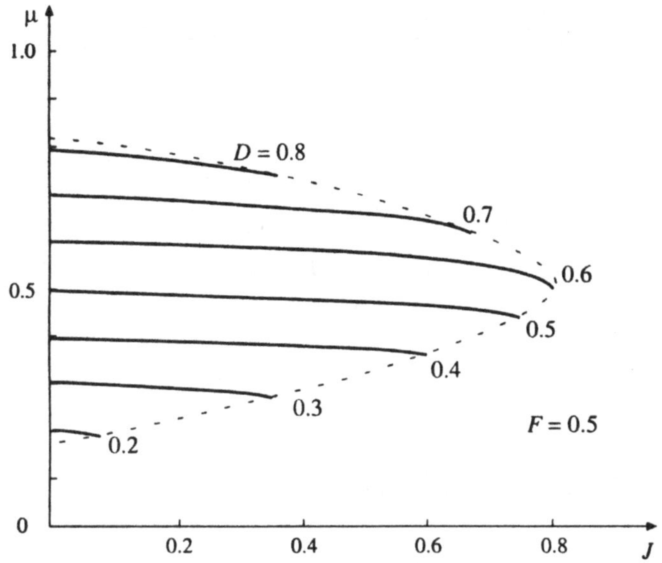

그림 11.35 그림 11.33의 2-스위치 ZVS-QSW 스위치에 대한 시비율 D와 정규화된 전류 J의 함수로서 변환비 μ. $F=0.5$이고 일정 주파수 제어에 대해 도시하였다. 점선은 영전압 스위칭의 경계를 나타낸다

파형들은 한 스위치인 경우의 파형인 그림 11.31과 비슷하며 단지 탱크 전류가 트랜지스터 Q_2가 도통하는 동안 음의 값을 갖는 점이 다르다. 시비율 D는 그림에서처럼 트랜지스터 Q_1과 Q_2의 턴오프 과도기간에 대해 정의된다.

2-스위치 ZVS-QSW 스위치 네트워크의 특성을 $F=0.5$로 일정한 스위칭 주파수의 경우에 대해 그림 11.35에 도시한다. 또한 영전압 스위칭의 경계도 나타내었다. 작은 값의 F에서 동작하면 ZVS의 경계를 더 큰 값의 J로 확장할 수 있고, $\mu=0$과 $\mu=1$의 극한적인 값에 매우 가까운 μ의 값으로 확장할 수 있다.

전류 구간을 무시할 수 있기때문에 스위치 변환비 μ는 시비율 D와 같다. 그림 11.35를 보면 이것이 거의 사실임을 알 수 있다. 특성이 부하 전류 J에 거의 관계없이 근사적으로 수평선이다.

영전압 스위칭 준사각파형 컨버터는 모든 반도체 소자가 영전압 스위칭으로 동작하기 때문에 매우 낮은 스위칭 손실을 보인다. 동기 정류기를 포함하는 일정 주파수인 경우에 컨버터의 동작은 $\mu \approx D$이므로 하드 스위칭 PWM 경우의 동작과 거의 같다. 인덕터 전류의 극성이 바뀌어 도통 손실이 증가하는 것이 주된 단점이다.

11.4 PWM 컨버터에서 소프트 스위칭

이전 절의 준사각파형 방법은 트랜지스터에 인가되는 첨두 전압을 증가시키지 않고 영전압 스위칭을 얻을 수 있기 때문에 잘 알려져 있다. 트랜지스터의 첨두 전압 스트레스를 증가시키지 않고 영전압 스위칭을 얻을 수 있는 몇몇 소프트 스위칭 방법들이 현재 잘 알려져 있다. 이 절에서는 전압원 인버터와 함께 전-브리지, 포워드와 플라이백 컨버터에 대한 잘 알려진 영전압 스위칭 변형을 간단하게 설명한다.

11.4.1 영전압 전이 전-브리지 컨버터

다른 형태의 컨버터에서도 소프트 스위칭을 얻을 수 있다. 예를 들면 그림 11.36에 나타낸 전-브리지 변압기 분리 벅 컨버터에 기반을 둔 영전압 전이(ZVT: zero-voltage transition) 컨버터이다[25-28]. 그림에서 트랜지스터와 다이오드의 출력 커패시턴스를 커패시턴스 C_{leg}로 나타내었다. 전류 인덕터 L_c를 변압기와 직렬로 연결하였다. 인덕턴스 L_c는 변압기의 누설 인덕턴스와 부가된 다른 소자의 표유 인덕턴스를 포함한다. 이 인덕터 때문에 전-브리지 스위치 네트워크는 실효 인덕터 부하를 구동하고 일차 측 반도체 소자의 영전압 스위칭이 발생한다. 파형이 정현파가 아닐지라도 ZVS 스위칭 과도기간이 완전히 끝난 다음에 전류 $i_c(t)$가 영을 교차하므로 스위치 네트워크의 출력 전류 $i_c(t)$는 전압 $v_s(t)$에 뒤진다라고 말할 수 있다.

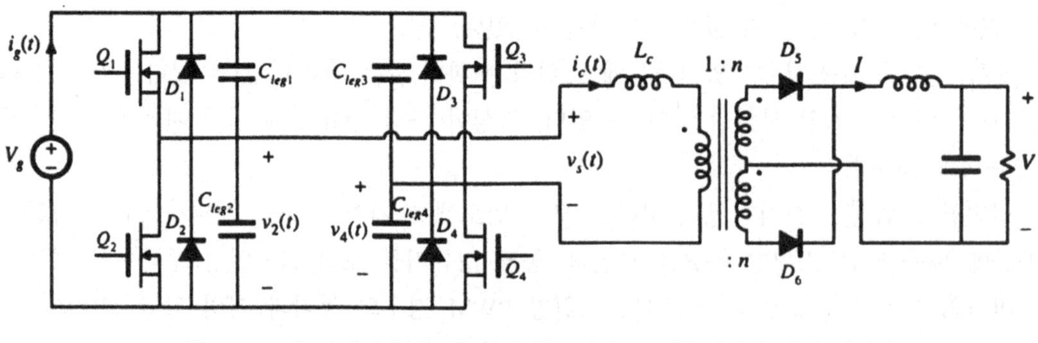

그림 11.36 전-브리지 분리 벅 컨버터를 기반으로 한 영전압 전이 컨버터

위상 제어를 이용하여 출력 전압을 제어한다. 그림 11.37에 보인 바와 같이 브리지 스위치 네트워크의 반은 50%의 시비율로 동작하고, 반-브리지 스위치 네트워크 사이의 위상차를 제어한다. 그림 11.37의 이상적인 파형은 스위칭 과도기간을 무시하였고, 세부구간 번호는 더 자세하게 그린 그림 11.38의 번호에 대응한다. 이 컨버터에서 위상 이동 변수 ϕ는 $0 \le \phi \le 1$ 범위에 있고 시비율 d의 역할을 한다고 가정한다. ϕ는 다음과 같이 정의된다.

$$\phi = \frac{(t_1 - t_0)}{\left(\frac{T_s}{2}\right)} \tag{11.67}$$

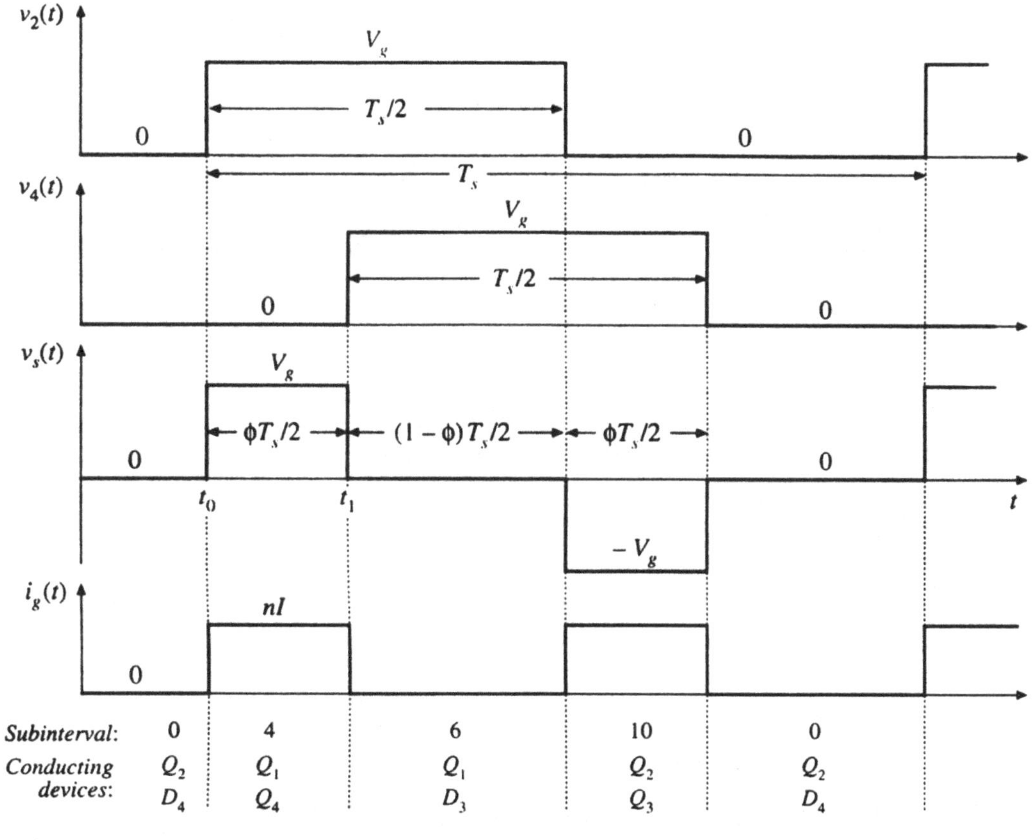

그림 11.37 ZVT 전-브리지 컨버터의 위상 이동 제어. 이 그림에서 스위칭 과도기간을 무시하였고 세부구간의 번호는 그림 11.38을 따른다

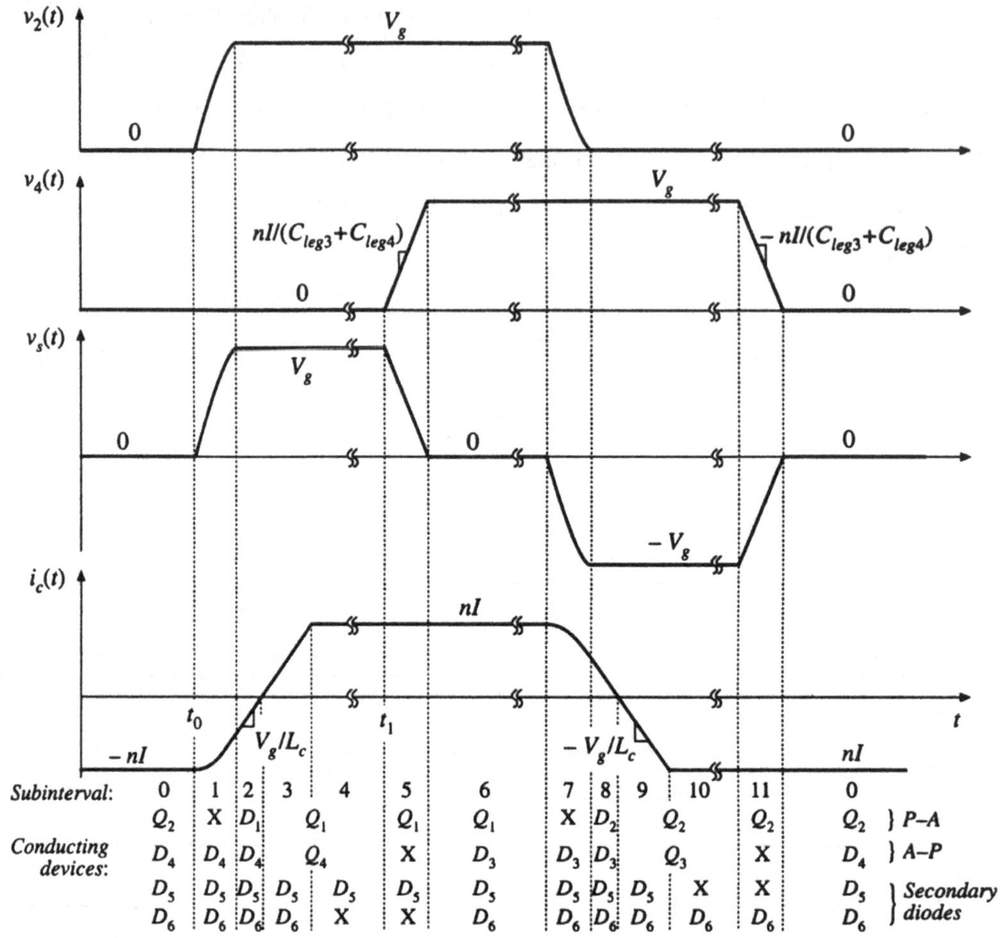

그림 11.38 영전압 스위칭 과정을 나타내는 ZVT 전-브리지 컨버터의 상세한 일차 측 파형. 이상적인 변압기로 가정하였다

이차 측 필터 인덕터의 전압-시간 곱 평형에 의해 변환비 $M(\phi)$는 다음과 같이 표현할 수 있다.

$$M(\phi) = \frac{V}{V_g} = n\phi \tag{11.68}$$

이 식은 스위칭 과도기간의 길이를 무시하였다.

회로가 대칭처럼 보일지라도 위상 이동 제어 방법에 의해 비대칭이 나타나 두 반파 스위치 네트워크가 스위칭 과도기간 동안 아주 다르게 동작하게 한다. 세부구간 4와 10 동안 에너지는 스위치와 변압기를 통해 전원 V_g로부터 능동적으로 전달된다. “수동에서 능동(passive-to-active, P-A)” 과도기간이라 불리는 소자 Q_1, D_1, Q_2와 D_2로 구성된 반-브리지 네트워크의 스위칭에 의해 이 구간들이 초기화된다. 세부구간 4와 10은 “능동에서 수동(active-to-passive, A-P)” 과도기간이라 불리는 소자 Q_3, D_3, Q_4와 D_4로 구성된 반-브리지 네트워크의 스위칭에 의해 종료된다.

이 컨버터의 턴온과 턴오프 스위칭 과정은 이 전의 절에서 설명한 영전압 스위칭 턴오프 과정과 유사하다. 그림 11.38에 일차 측 파형을 자세히 도시하였다. 세부구간 0동안 Q_2와 D_4가 도통한다. 변압기의 자화 전류 i_M을 무시할 수 있으면 전류하는 인덕터 전류는 $i_c(t_0) = -nI$로 주어지고, I는 부하 전류를 나타낸다. 트랜지스터 Q_2가 턴오프될 때 수동에서 능동 과도기간이 시작된다. 이 때 음의 i_c는 커패시터 C_{leg1}과 C_{leg2}를 충전하여 $v_2(t)$를 증가시킨다. 세부구간 1 동안 L_c, C_{leg1}과 C_{leg2}는 공진 네트워크를 형성하여 거의 정현파로 공진한다. 충분한 에너지가 초기에 L_c에 저장되어 있다면 $v_2(t)$는 결국 V_g에 도달하여 세부구간 1이 끝난다. 세부구간 2 동안 다이오드 D_1은 전압 $v_2(t)$를 V_g에 고정시킨다. 세부구간 2 동안 트랜지스터 Q_1은 영전압으로 턴온된다. 실제로는 트랜지스터 Q_2와 Q_1의 스위칭 과도기간 사이에 약간의 시간 지연을 추가한다.

만일 세부구간 1 동안 전체 커패시터($C_{leg1} + C_{leg2}$)를 충전하여 $v_2 = 0$에서 $v_2 = V_g$로 증가시킬 만한 충분한 에너지가 L_c에 저장되어있지 못하면 $v_2(t)$는 V_g에 결코 도달할 수 없다. 그러면 트랜지스터 Q_1이 턴온될 때 스위칭 손실이 발생한다. 이러한 상황은 보통 I의 값이 작은 가벼운 부하에서 나타난다. 때때로 설계 엔지니어는 이러한 전력 손실을 단순하게 허용하도록 설계할 수 있다. 결국 도통 손실과 같은 다른 손실은 가벼운 부하에서 작다. 다른 방안으로 회로를 수정하여 가벼운 부하 조건에서 $t = t_0$에서 L_c에 저장된 에너지를 증가시키는 것이다. 이를 달성하는 하나의 방법은 변압기의 자화 전류 $i_M(t_0)$를 큰 값으로 증가시키는 것이다. 세부구간 1의 시작에서 i_c는 $i_c(t_0) = -nI + i_M(t_0)$와 같고 여기서 $i_M(t_0) < 0$이다. I의 값이 작은 가벼운 부하에서 자화 전류는 i_c의 필요한 값 정도를 유지한다.

세부구간 0, 1, 2와 3 동안 이차 측 다이오드 D_5와 D_6 모두가 도통한다. 따라서 영전압이 모든 변압기의 권선 간에 나타난다. 결국 세부구간 2와 3 동안 전압 V_g가 전류 인덕터 L_c에 인가되어 $i_c(t)$가 기울기 V_g/L_c로 증가한다. 세부구간 2의 끝에서 전류 $i_c(t)$는 영에 도달하고, 세부구간 3의 끝에서 양의 값 $+nI$까지 증가한다. $i_c(t)$의 극성이 바뀌어 다음의 스위칭 과도기간인 세부구간 5와 세부구간 7-9 동안 영전압 스위칭이 발생한다.

세부구간 3의 끝에서 다이오드 D_6에 흐르는 전류는 영으로 감소되어 영전류 스위칭으로 역방향으로 치우친다. 이 순간에 D_6는 전압 $2nV_g$를 저지하기 시작해야 한다. D_6의 출력 커패시턴스는 전압이 즉각적으로 $2nV_g$로 변하는 것을 방해한다. 대신 L_c와 D_6의 출력 커패시턴스로 형성된 공진회로는 1권의 그림 4.54와 비슷하게 공진하기 시작한다. $2nV_g$를 상당히 초과하는 첨두 D_6의 전압을 전형적으로 관측할 수 있으므로 이차 측 다이오드 전압을 안전한 값을 초과하지 못하게 하는 전압 제한 스너버를 보통 추가한다. 참고문헌 [26-28]에서 몇몇 소모적인 방법과 비소모적인 방법이 제시되어 있다.

능동에서 수동 스위칭 과도기간은 세부구간 5 동안 발생한다. 트랜지스터 Q_4가 턴오프될 때 이 세부구간은 시작한다. 양의 값의 $i_c(t_1)$은 환산한 부하 전류 nI와 같고 $v_4=0$에서 $v_4=V_g$로 커패시터 C_{leg3}와 C_{leg4}를 충전한다. 세부구간 5는 v_4가 V_g에 도달할 때 끝난다. 이때 다이오드 D_3는 순방향으로 치우친다. 트랜지스터 Q_3는 세부구간 6 동안 영전압 스위칭으로 턴온된다. 실제로는 트랜지스터 Q_4와 Q_3의 스위칭 과도기간 사이에 약간의 시간 지연을 추가한다. 세부구간 5 동안 i_c는 일정한 nI의 값을 가지므로 능동에서 수동 과도기간은 모든 부하 전류에서 영전압 스위칭을 유지한다.

세부구간 6에서 11까지의 다음의 스위칭 반주기 동안의 회로 동작은 대칭이므로 세부구간 0에서 5까지 동안 나타낸 동작과 유사하다. 트랜지스터 Q_1과 Q_2의 스위칭 과도기간은 수동에서 능동 과도기간으로 위에서 서술한 것처럼 충분한 에너지가 L_c에 저장된다면 영전압 스위칭으로 발생한다. 트랜지스터 Q_3과 Q_4의 스위칭 과도기간은 능동에서 수동 과도기간으로 모든 부하에서 영전압 스위칭으로 발생한다.

영전압 전이 컨버터는 낮은 일차 측 스위칭 손실을 보이고 낮은 EMI를 발생한다. 세부구간 0과 6 동안 일차 측 반도체를 통해 전류 i_c가 순환하므로 이상적인 PWM 전-브리지 토폴로지에 비해 도통 손실은 증가한다. 그러나 입력 전압의 변동 범위가 좁으면 이 도통 손실의 증가는 작게 할 수 있다. 이 소프트 스위칭 방법은 현재 상업적으로 성공하고 있다.

11.4.2 보조 스위치 방법

비슷한 방법을 포워드, 플라이백과 다른 변압기 분리 컨버터에 적용할 수 있다. 그림 11.39에 보인 바와 같이 커패시터와 보조 MOSFET Q_2로 구성된 "능동 제한 스너버(active-

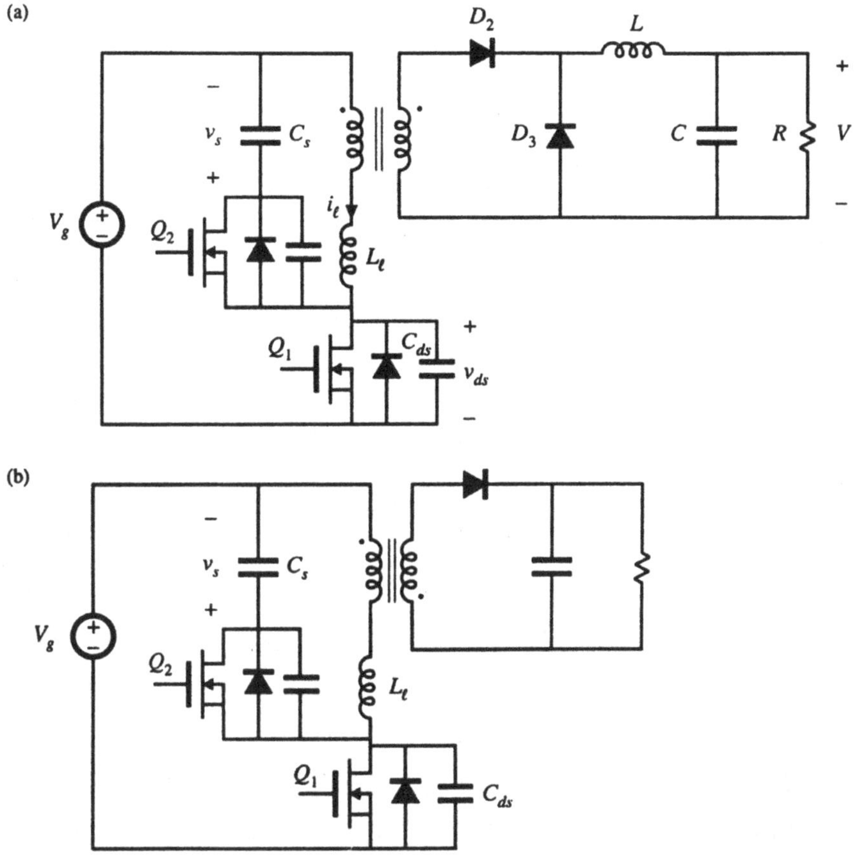

그림 11.39 능동 제한 스너버회로: (a) 포워드 컨버터, (b) 플라이백 컨버터.

clamp snubber)" 네트워크를 추가하여 원래의 전력 트랜지스터 Q_1과 실효적으로 병렬로 연결되어 있다[29]. 변압기의 누설 인덕턴스 L_l과 마찬가지로 MOSFET의 내장 다이오드와 출력 드레인-소스 커패시턴스가 회로의 동작에 참여한다. 이들 소자에 의해 11.4.1절의 ZVT 전-브리지 컨버터 또는 11.3.3절의 2-트랜지스터 ZVS-QSW 스위치의 파형과 유사한 파형으로 영전압 스위칭이 발생한다. 트랜지스터는 보수의 신호로 구동된다. 예를 들면 제어기는 Q_1을 턴오프한 후 짧은 지연 시간을 기다린 다음 Q_2를 턴온한다.

능동 제한 스너버를 그림 11.6에 나타낸 소모적인 스너버와 비슷한 전압 제한 스너버로 볼 수 있다. 그러나 스너버에 저항이 없고 대신 MOSFET Q_2에 의해 양방향의 전력 흐름이 가능하여 커패시터 C_s에 저장된 에너지가 컨버터로 되돌아 올 수 있다.

변압기의 자화 인덕턴스에 대한 전압-시간 곱 평형을 적용하여 전압 V_s를 구할 수 있다. 전류 구간의 시간을 무시할 수 있고 $v_s(t)$의 전압 맥동을 무시할 수 있으면 다음 식이 만족한다.

$$V_s = \frac{D}{D'} V_g \tag{11.69}$$

전압 V_s는 실효적으로 컨버터의 무부하 출력이다. Q_2에 의해 만들어진 2상한 스위치로 이 출력은 무부하로 연속 전도모드에서 동작하므로 Q_1의 첨두 전압은 변압기의 자화 인덕턴스에 인가된 전압-시간 곱 평형에 필요한 최소값으로 고정된다.

능동 제한 스너버를 갖는 포워드 컨버터에 대한 전형적인 파형을 그림 11.40에 나타낸다. Q_2가 도통하는 동안 전류 $i_1(t)$는 방향을 바꾼다. Q_2가 턴오프일 때 커패시터 C_{ds}는 방전한다. v_{ds}가 영에 도달할 때 Q_1의 내장 다이오드는 순방향으로 치우치고, Q_1은 영전압에서 턴온된다.

포워드 컨버터에서 사용될 때 능동 제한 스너버의 부가적인 장점은 이 회로가 변압기를 초기화한다는 점이다. 따라서 컨버터는 50%보다 큰 시비율을 포함한 어떠한 시비율에서도 동작할 수 있다. 컨버터가 넓은 범위의 입력 전압에서 동작해야 한다면 이러한 점은 트랜지스터의 스트레스와 효율에 상당한 개선을 가져올 수 있다. 그림 11.39의 MOSFET는 영전압 스위칭으로 동작하고 반면 이차 측 다이오드는 영전류 스위칭으로 동작한다.

이 방법은 매우 융통성이 있으므로 영전압 스위칭을 얻기 위해 유사한 보조 회로를 다른 컨버터에 추가할 수 있다[30-31].

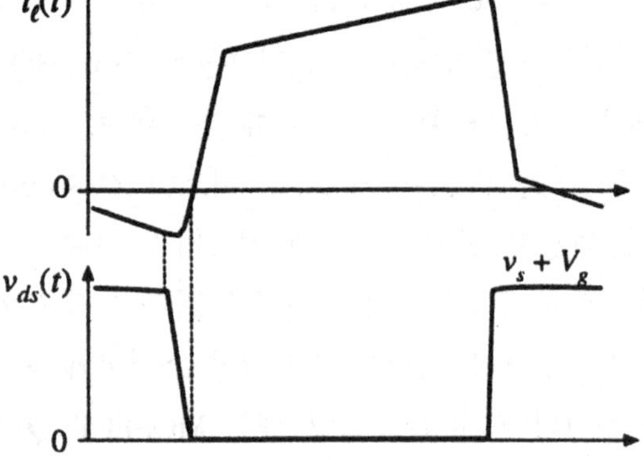

그림 11.40 그림 11.39의 능동 제한 스너버회로의 파형

11.4.3 ARCP

브리지 인버터 회로의 트랜지스터에서 소프트 스위칭을 얻기 위해 보조 4상한 스위치(또는 두 개의 등가 2상한 스위치)를 사용한 회로를 ARCP(auxiliary resonant commutated pole)이라 한다. 이 방법은 직류-교류 인버터 회로에 적용된다. 그림 11.41은 교류 부하를 구동하는 반-브리지 회로 또는 삼상 전압원 인버터의 한 상을 나타낸다. 이 회로를 이용하면 다이오드 D_1과 D_2의 역회복에 의한 스위칭 손실을 완화하는 영전압 스위칭을 얻을 수 있다. 필터 인덕터 L_f는 비교적 크므로 출력 전류 $i_a(t)$는 공진 전류구간 동안 거의 일정하다. 커패시터 C_{ds}는 비교적 작고 반도체 소자의 출력 커패시턴스를 모델링한다. 인덕터 L_r도 비교적 작고, 소자 L_r과 C_{ds}는 일부 전류과정 동안 공진하는 공진회로를 형성한다. 반도체 스위칭 소자 Q_3, Q_4, D_3와 D_4는 공진 전류과정을 시작하기 위해 턴온되는 보조 4상한 스위치를 형성한다.

그림 11.42(a)는 교류 부하 전류 i_a가 양의 값인 경우에 대한 전형적인 전류과정 파형을 나타낸다. 다이오드 D_2는 초기에 부하 전류 i_a를 도통하고 있다. 영전압 스위칭으로 D_2를 턴오프하고 Q_1을 턴온하고자 한다. 이는 다음의 순서로 수행된다.

구간 1: 트랜지스터 Q_3를 턴온한다. 소자 D_2, Q_3와 D_4가 도통한다.

구간 2: D_2의 전류가 영에 도달하면 D_2는 턴오프된다. 공진 구간이 발생한다.

구간 3: 전압 v_{an}이 $V_g/2$에 도달하면 다이오드 D_1이 순방향으로 치우치기 시작한다. 그때 트랜지스터 Q_1은 영전압에서 즉각적으로 턴온한다.

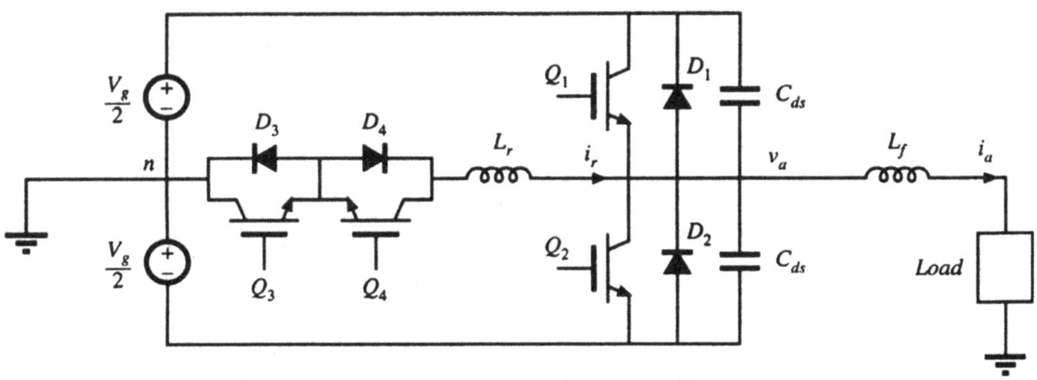

그림 11.41 ARCP 영전압 스위칭을 갖는 반-브리지 회로가 교류 부하를 구동한다

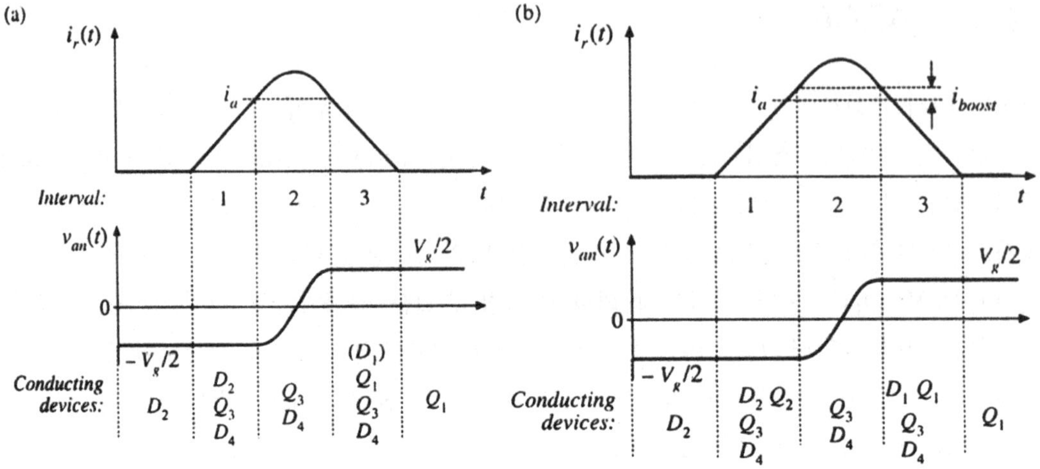

그림 11.42 그림 11.41의 ARCP 회로의 파형: (a) 기본 파형, (b) 전류 부스트 포함

구간 3의 끝에서 $i_r(t)$는 영에 도달하고, 다이오드 D_3은 턴오프된다. 음의 전류에 대해 다이오드 D_1의 전류과정은 비슷하고, 트랜지스터 Q_4와 다이오드 D_3가 공진 전류 $i_r(t)$를 도통하는 것만이 다르다.

그림 11.42(a)의 파형에 관련된 하나의 문제는 회로가 항상 영전압 스위칭의 경계에서 동작한다는 것이다. 구간 2의 끝에서 D_1에 흐르는 전류가 결코 양의 값이 될 수 없기 때문에 다이오드 D_1은 실제로 순방향으로 치우치지 않는다. 대신 트랜지스터 Q_1이 구간 3의 시작에서 턴온되어야 한다. Q_1이 늦게 턴온되면 계속되는 공진에 의해 전압 $v_{an}(t)$는 감소하고 영전압 스위칭은 상실될 것이다.

영전압 스위칭 전류과정을 좀 더 보조하기 위해 그림 11.42(b)에 도시한 것처럼 D_2가 도통하는 동안 트랜지스터 Q_2를 턴온할 수 있다. 구간 1의 기간을 길게 하기 위해 트랜지스터 Q_2를 사용한다. 지금 전류 $i_r(t)$가 i_{boost}만큼 전류 i_a를 초과할 때 제어기는 구간 1을 끝내기 위해 Q_2를 턴오프한다. 이렇게 하면 구간 3의 시작 동안 다이오드 D_1은 순방향으로 치우친다. 그러면 D_1이 도통하는 동안 트랜지스터 Q_1은 영전압 스위칭으로 턴온된다.

회로가 그림 11.42(a) 또는 (b)의 파형으로 동작하는가에 관계없이 ARCP 방법은 다이오드 D_1과 D_2의 역회복에 의한 스위칭 손실을 제거한다. 이 장에서 이전의 회로와 다르게 ARCP는 탱크 인덕터 전류 $i_r(t)$가 전류구간 부근에서만 영이 아니기 때문에 도통 손실을 발생하는 순환 전류가 없다. 그림 11.42(a)의 방법은 소자의 출력 커패시턴스에 의한 손실을 완전하게 제거하지는 못한다. 이 손실을 그림 11.42(b)의 전류 부스트를 이용하여 제거할 수 있으나 $i_r(t)$의 첨두가 증가하여 부가적인 도통 손실이 발생한다. 사실 그림 11.42(b)의 파형은 그림 11.42(a)에 비해 효율이 작다.

11.5 요약

1. 공진 스위치 컨버터에서 PWM 컨버터의 스위치 네트워크를 공진 소자를 포함하는 스위치 네트워크로 바꾼다. 결과적인 하이브리드 컨버터는 공진 스위치 네트워크와 모체 PWM 컨버터의 속성을 결합한다.
2. 공진 또는 소프트-스위칭 스위치 셀을 분석하여 스위치 변환비 μ를 결정한다. 공진 스위치 파형을 구하고 평균한다. 스위치 변환비 μ는 PWM CCM 시비율 d의 일반화이다. CCM에서 동작하는 PWM 컨버터의 평균 분석의 결과를 단지 d대신 μ로 바꾸어 관련 공진 스위치 컨버터에 직접 적용할 수 있다.
3. 영전류 스위칭 준공진 스위치에서 다이오드 D_2는 영전압 스위칭으로 동작하고 반면 트랜지스터 Q_1과 다이오드 D_1은 영전류 스위칭으로 동작한다. 영전압 스위칭 준공진 스위치에서 트랜지스터 Q_1과 다이오드 D_1은 영전압 스위칭으로 동작하고 반면 다이오드 D_2는 영전류 스위칭으로 동작한다.
4. 영전압 스위칭 다중공진 스위치에서 모든 반도체 소자는 영전압 스위칭으로 동작한다. 따라서 매우 낮은 스위칭 손실이 발생한다.
5. 영전압 스위칭 준사각파형 공진 스위치에서 모든 반도체 소자는 영전압 스위칭으로 동작하고 첨두 전압은 모체 PWM 컨버터의 경우와 같다. 스위치 변환비는 $0.5 \leq \mu \leq 1$의 범위로 제한된다. 동기식 정류기를 포함하는 컨버터는 영에 근접한 μ의 값에서 동작할 수 있다.
6. 능동 제한 스너버 방법과 함께 영전압 전이 방법에 의해 트랜지스터의 영전압 스위칭과 다이오드의 영전류 스위칭을 얻을 수 있다. 이들 방법으로 변압기 분리 컨버터의 효율을 성공적으로 상당히 개선해오고 있다. ARCP는 전압원 인버터와 같은 브리지 회로에서 영전압 스위칭을 발생한다.

참고문헌

[1] P. Vinciarelli, "Forward Converter Switching at Zero Current," U.S. Patent 4,415,959, Nov. 1983.

[2] K. Liu, R. Oruganti, and F. C. Lee, "Resonant Switches: Topologies and Characteristics," IEEE Power Electronics Specialists Conference, 1985 Record, pp. 106-116.

[3] M. F. Schlecht and L. F. Casey, "Comparison of the Square-Wave and Quasi-Resonant Topologies," IEEE Applied Power Electronics Conference, 1987 Record, pp. 124-134.

[4] K. Liu and F. C. Lee, "Zero-Voltage Switching Technique in Dc-Dc Converters," IEEE Power Electronics Specialists Conference, 1986 Record, pp. 58-70.

[5] W. A. Tabisz and F. C. Lee, "Zero-Voltage-Switching Multi-Resonant Technique-A Novel Approach to Improve Performance of High-Frequency Quasi-Resonant Converters," IEEE Power Electronics Specialists Conference, 1988 Record, pp. 9-17.

[6] W. A. Tabisz, M. M. Jovanovic, and F. C. Lee, "High Frequency Multi-Resonant Converter Technique and Its Applications," IEE International Conference on Power Electronics and Variable Speed Drives, pp. 1-8, July 1990.

[7] R. Farrington, M. Jovanovic, and F. C. Lee, "Constant-Frequency Zero-Voltage-Switched Multi-Resonant Converters: Analysis, Design, and Experimental Results," IEEE Power Electronics Specialists Conference, 1990 Record, pp. 197-205.

[8] D. Maksimović, "Synthesis of PWM and Quasi-Resonant Dc-to-Dc Power Converters," Ph.D. thesis, California Institute of Technology, Jan. 1989.

[9] X. Zhou, X. Zhang, J. Liu, P. Wong, J. Chen, H. Wu, L. Amoroso, F. Lee, and D. Chen, "Investigation of Candidate VRM Topologies for Future Microprocessors," IEEE Applied Power Electronics Conference, 1998 Record, pp. 145-150.

[10] R. Redl, B. Molnar, and N. Sokal, "Class E Resonant Regulated Dc-Dc Power Converters: Analysis of Operation and Experimental Results at 1.5 MHz," IEEE Transactions on Power Electronics, Vol. 1, No. 2, pp. 111-120, 1986.

[11] N. Sokal and A. Sokal, "Class-E, A New Class of High Efficiency Tuned Single-Ended Switching Power Amplifiers," IEEE Journal of Solid State Circuits, Vol. SC-10, pp. 168-176, June 1975.

[12] F. H. Raab, "Idealized Operation of Class-E Tuned Power Amplifier," IEEE Transactions on Circuits and Systems, Vol. 24, No. 12, pp. 725-735, Dec. 1977.

[13] K. D. T. Ngo, "Generalization of Resonant Switches and Quasi-Resonant Dc-Dc Converters," IEEE Power Electronics Specialists Conference, 1987 Record, pp. 395-403.

[14] V. Vorperian, "Quasi-Square Wave Converter: Topologies and Analysis," IEEE Transactions on Power Electronics, Vol. 3, No. 2, pp. 183-191, 1988.

[15] D. Maksimović, "Design of Zero-Voltage-Switching Quasi-Square Wave Resonant Switch," IEEE Power Electronics Specialists Conference, 1993 Record, pp. 323-329.

[16] O. D. Patterson and D. M. Divan, "Pseudo-Resonant Full-Bridge Dc-Dc Converter," IEEE Power Electronics Specialists Conference, 1987 Record, pp. 424-430.

[17] Y. Jang and R. Erickson, "New Quasi-Square Wave and Multi-Resonant Integrated Magnetic Zero Voltage Switching Converter," IEEE Power Electronics Specialists Conference, 1993 Record, pp. 721-727.

[18] V. Vorperian, R. Tymerski, and F. C. Lee, "Equivalent Circuit Model for Resonant and PWM Switch," IEEE Transactions on Power Electronics, Vol. 4, No. 2, pp. 205-214, April 1989.

[19] S. Freeland and R. D. Middlebrook, "A Unified Analysis of Converters with Resonant Switch," IEEE Power Electronics Specialists Conference, 1987 Record, pp. 20-30.

[20] A. Witulski and R. Erickson, "Extension of State-Space Averaging to Resonant Switches," IEEE Transactions on Power Electronics, Vol. 5, No. 1, pp. 98-109, Jan. 1990.

[21] D. Maksimović and S. Ćuk, "A General Approach to Synthesis and Analysis of Quasi-Resonant Converters," IEEE Transactions on Power Electronics, Vol. 6, No. 1, pp. 127-140, Jan. 1991.

[22] R. Erickson, A. Hernandez, A. Witulski, and R. Xu, "A Nonlinear Resonant Switch," IEEE Transactions on Power Electronics, Vol. 4, No. 2, pp. 242-252, April 1989.

[23] I. Barbi, D. Martins, and R. Do Prado, "Effects of Nonlinear Resonant Inductor on the Behavior of Zero-Voltage Switching Quasi-Resonant Converters," IEEE Power Electronics Specialists Conference, 1990 Record, pp. 522-527.

[24] S. Freeland, "I. Unified Analysis of Converters with Resonant Switches, II. Input-Current Shaping for Single-Phase Ac-Dc Power Converters," Ph.D. thesis, California Institute of Technology, 1988.

[25] R. Fisher, K. Ngo, and M. Kuo, "A 500 kHz, 250 W Dc-dc Converter with Multiple Outputs Controlled by Phase-Shifted PWM and Magnetic Amplifiers," Proceedings of High Frequency Power Conversion Conference, 1988 Proceedings, pp. 100-110.

[26] L. Mweene, C. Wright, and M. Schlecht, "A 1 kW, 500 kHz Front-End Converter for a Distributed Power Supply System," IEEE Applied Power Electronics Conference, 1989 Record, pp. 423-432.

[27] R. Redl, L. Belogh, and D. Edwards, "Optimum ZVS Full-Bridge DC/DC Converter with PWM Phase-Shift Control: Analysis, Design Considerations, and Experimental Results," IEEE Applied Power Electronics Conference, 1994 Record, pp. 159-165.

[28] J. G. Cho, J. A. Sabate, and F. C. Lee, "Novel Full Bridge Zero-Voltage-Transition PWM DC/DC Converter for High Power Applications," IEEE Applied Power Electronics Conference, 1994 Record, pp. 143-149.

[29] P. Vinciarelli, "Optimal Resetting of the Transformer's Core in Single-Ended Forward Converters," Reissued U.S. Patent Re. 36,098, Feb. 16. 1999.

[30] C. Duarte and I. Barbi, "A Family of ZVS-PWM Active-Clamping Dc-Dc Converters: Synthesis, Analysis, Design, and Experimentation," IEEE Transactions on Circuits and Systems-I: Fundamental Theory and Applications, Vol. 44, No. 8, pp. 698-704. Aug. 1997.

[31] P. Heng and R. Oruganti, "Family of Two-Switch Soft-Switched Asymmetrical PWM Dc/Dc Converters," IEEE Power Electronics Specialists Conference, 1994 Record, pp. 85-94.

[32] R. DeDoncker and J. Lyons, "The Auxiliary Resonant Commutated Pole Converter," IEEE Industry Applications Society Annual Meeting, 1990 Record, pp. 1228-1235.

[33] R. Teichmann and S. Bernet, "Investigation and Comparison of Auxiliary Resonant Commutated Pole Converter Topologies," IEEE Power Electronics Specialists Conference, 1998 Record, pp. 15-23.

[34] W. McMurray, "Resonant Snubbers with Auxiliary Devices," IEEE Transactions on Industry Applications, Vol. 29, No. 2, pp. 355-361, 1993.

연 · 습 · 문 · 제

11.1 그림 11.43의 포워드 컨버터에서 L과 C는 큰 값을 갖는 필터 소자이고 L_p, L_s와 C_r의 값은 비교적 작다. 변압기 초기화 회로는 보이지 않는다. 이 문제에 대해 이상적인 변압기로 가정한다.

(a) 공진 스위치를 분류하시오.

(b) 어떤 반도체 소자가 영전압 스위칭으로 동작하는가? 또한 어떤 반도체 소자가 영전압 스위칭으로 동작하는가?

(c) 공진 주파수는?

11.2 그림 11.44의 고전압 컨버터에서 커패시터 C는 비교적 큰 값이다. 변압기 모델은 이상적인 $1{:}n$ 변압기와 일차 측으로 환산한 자화 인덕턴스 L_{mp}와 이차 측으로 환산한 권선 커패시턴스 C_{ws}로 구성된다. 트랜지스터 Q와 다이오드 D_p는 전체 출력 커패시턴스 C_p를 보이고 반면 다이오드 D_s의 출력 커패시턴스는 C_s이다. 변압기의 누설 인덕턴스와 같은 비선형성을 무시할 수 있다. 공진 스위치를 잘 설계하여 위에서 열거한 모든 소자는 컨버터와 공진 스위치가 이상적인 동작에 기여한다.

(a) 어떤 종류의 공진 스위치가 채택되었는가? 모체 PWM 컨버터는 무엇인가?

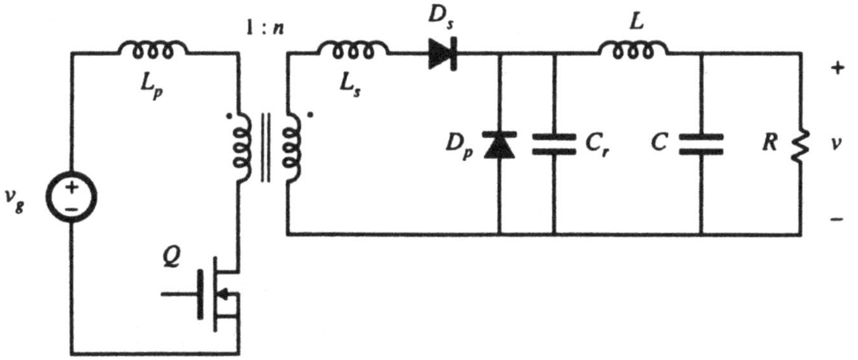

그림 11.43 문제 11.1의 공진 스위치가 있는 포워드 컨버터

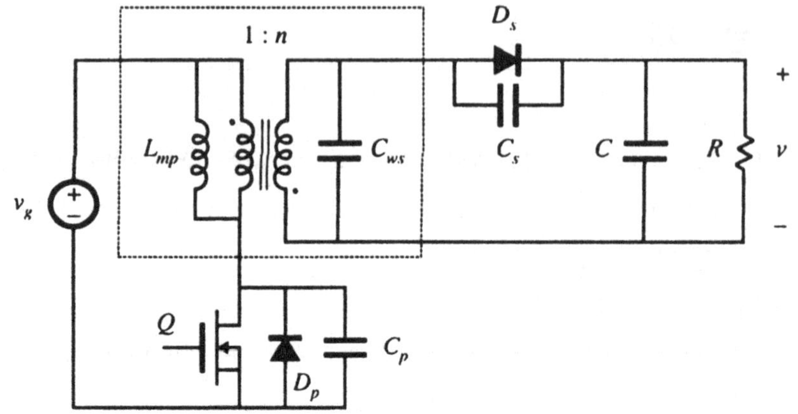

그림 11.44 문제 11.2의 공진 스위치 네트워크를 포함한 고전압 직류-직류 컨버터

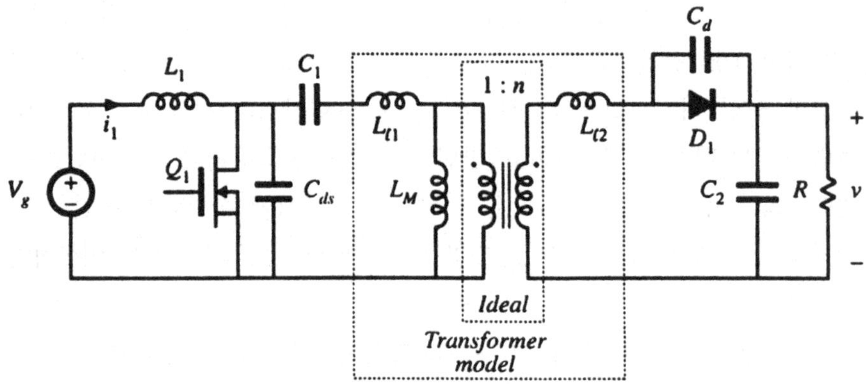

그림 11.45 문제 11.3의 공진 스위치 네트워크를 포함한 변압기 분리 직류-직류 컨버터

(b) 어떤 반도체 소자가 영전압 스위칭으로 동작하는가? 또한 어떤 반도체 소자가 영전압 스위칭으로 동작하는가?

(c) 탱크 공진 주파수는?

(d) 트랜지스터 드레인-소스 전압과 변압기의 자화 전류에 대한 파형을 도시하시오.

11.3 그림 11.45의 변압기 분리 직류-직류 컨버터에서 커패시터 C_1과 C_2와 인덕터 L_1과 L_M의 값은 비교적 크므로 작은 스위칭 맥동을 보인다. 변압기 모델은 이상적인 1:n 변압기와 일차 측으로 환산한 자화 인덕턴스 L_M으로 구성되고, 누설 인덕

턴스 L_{l1}과 L_{l2}가 포함되어 있다. 트랜지스터 Q_1은 출력 커패시턴스 C_{ds}를 보이고, 다이오드 D_1의 출력 커패시턴스는 C_d이다. MOSFET Q_1은 그림에 나타나 있지 않지만 내장 다이오드를 포함한다. 다른 비선형성은 무시한다. 공진 스위치를 잘 설계하여 위에서 열거한 모든 소자는 컨버터와 공진 스위치가 이상적으로 동작하도록 한다.

(a) 어떤 종류의 공진 스위치가 채택되었는가? 모체 PWM 컨버터는 무엇인가?

(b) 어떤 반도체 소자가 영전압 스위칭으로 동작하는가? 또한 어떤 반도체 소자가 영전압 스위칭으로 동작하는가?

11.4 반파 ZCS 준공진 스위치를 이용하여 벅부스트 컨버터를 구현한다. 부하 저항은 R이고, 입력 전압은 V_g이고, 컨버터의 스위칭 주파수는 f_s이다.

(a) 회로도를 그리시오.

(b) 위에서 열거한 파라미터와 소자의 값으로 출력 전압 V를 구하기 위한 완전한 방정식을 쓰시오. 이 방정식들을 풀 필요는 없다. 이 책에서 열거된 결과를 인용할 수 있다.

11.5 다음의 사양을 만족하는 반파 영전류 스위칭 준공진 포워드 컨버터를 설계하고자 한다: $V_g = 320$ V, $V = 42$ V, 5 W $\le P \le$ 100 W. 최대 스위칭 주파수 1 MHz, 스위치 변환비 $\mu = 0.45$에서 컨버터가 동작하도록 설계하시오. 모든 동작점에서 영전류 스위칭을 유지하면서 첨두 트랜지스터 전류를 최소로 하시오. 변압기의 자화 인덕턴스를 무시할 수 있고 변압기 초기화 방법을 무시하시오.

(a) 권선비 n, 변압기 이차 측으로 환산한 탱크 소자 L_r과 C_r을 선택하시오.

(b) 문제 (a)의 설계에 대해 최소 스위칭 주파수는 얼마인가?

(c) 최악의 경우 첨두 트랜지스터 전류는 얼마인가?

11.6 그림 11.24의 ZVS 준공진 스위치의 분석.

(a) 각 세부구간에 대해 공진 스위치 셀 회로를 도시하고, 탱크 인덕터 전류와 커패시터 전압 파형에 대한 식을 유도하시오.

(b) Q_1과 D_1이 오프상태이고 D_2가 도통하는 세부구간 2에 대해 탱크 커패시터 전압, 탱크 인덕터 전압과 다른 네트워크 전압을 적절히 연관을 짓는 루프

방정식을 쓰시오. 세부구간 2동안 탱크 커패시터 전압의 적분을 탱크 인덕터 전류의 전하에 연관시키시오.

(c) 스위치 네트워크 단자 파형 전압의 평균값을 결정하여 스위치 변환비 μ에 대한 식을 유도하시오. 결과가 식 (11.61)과 일치하는지 증명하시오.

11.7 11.4.1절의 전-브리지 영전압 전이 컨버터의 분석. 그림 11.36의 컨버터는 그림 11.38에 도시한 파형으로 동작한다. 식 (11.68)에 따라 이 컨버터의 변환비는 근사적으로 $M(\phi) = n\phi$로 주어진다.

그림 11.38에 주어진 파형을 기반으로 M에 대한 정확한 식을 유도하시오. 결과는 세부구간 4의 길이, 부하 전류, 스위칭 주파수와 인덕턴스와 커패시턴스 값의 함수이어야 한다. 주: 이 질문에 대한 간단한 답이 있다.

APPENDIX

부록

A. 컨버터 파형의 실효값

B. 컨버터 시뮬레이션

C. Middlebrook의 부가소자 이론

부록 A
컨버터 파형의 실효값

스위칭 주파수에서 변조가 되고 교류 선 주파수를 포함하는 매우 복잡한 파형이 전력전자 컨버터에서 나타날 수 있다. 컨버터 설계과정에서 파형의 실효값이 종종 필요하다. 이 부록에서는 이러한 실효(RMS)값을 빠르고 쉽게 구할 수 있도록 몇몇 공식과 표를 제시한다.

PWM 정류회로에서 나타나는 이중 변조 파형의 RMS값은 2권 9.5절을 참조하기 바란다.

A.1 일반적인 파형

직류, 그림 A.1:

$$rms = I \tag{A.1}$$

그림 A.1

직류와 선형 맥동, 그림 A.2:

$$rms = I\sqrt{1+\frac{1}{3}\left(\frac{\Delta i}{I}\right)^2} \tag{A.2}$$

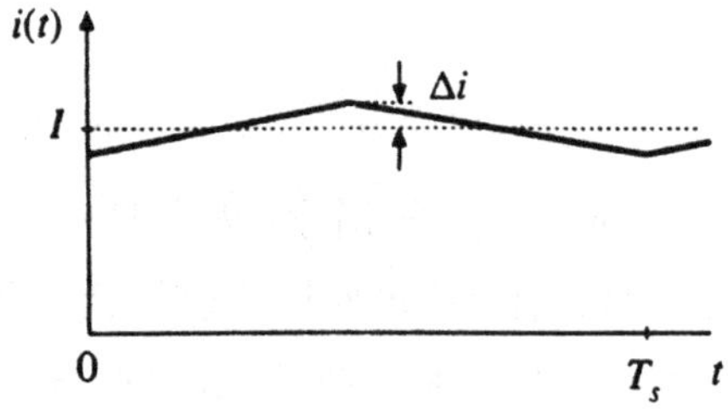

그림 A.2

사각파형, 그림 A.3:

$$rms = I_{pk} \tag{A.3}$$

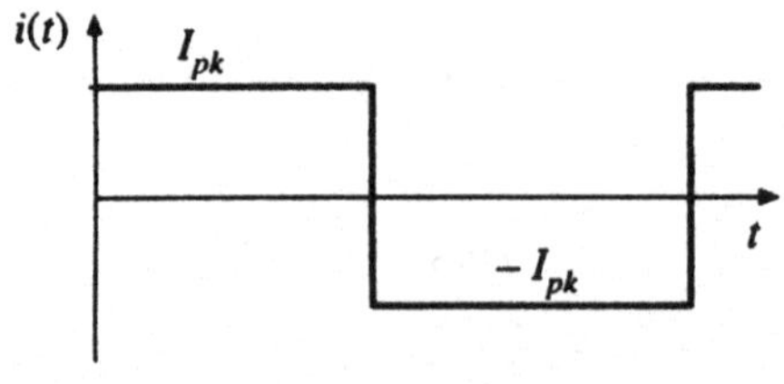

그림 A.3

정현파, 그림 A.4:

$$rms = \frac{I_{pk}}{\sqrt{2}} \tag{A.4}$$

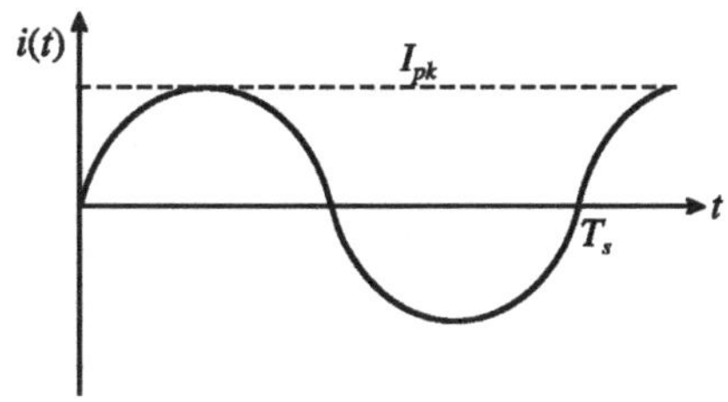

그림 A.4

펄스 파형, 그림 A.5:

$$rms = I_{pk}\sqrt{D} \tag{A.5}$$

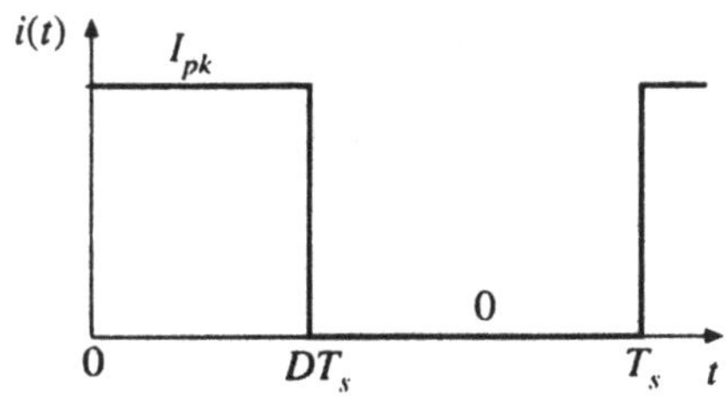

그림 A.5

선형 맥동이 있는 펄스 파형, 그림 A.6:

$$rms = I\sqrt{D}\sqrt{1+\frac{1}{3}\left(\frac{\Delta i}{I}\right)^2} \tag{A.6}$$

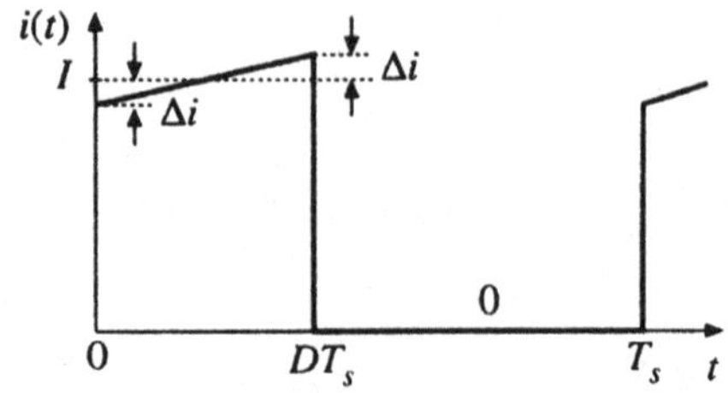

그림 A.6

삼각파, 그림 A.7:

$$rms = I_{pk}\sqrt{\frac{D_1 + D_2}{3}} \tag{A.7}$$

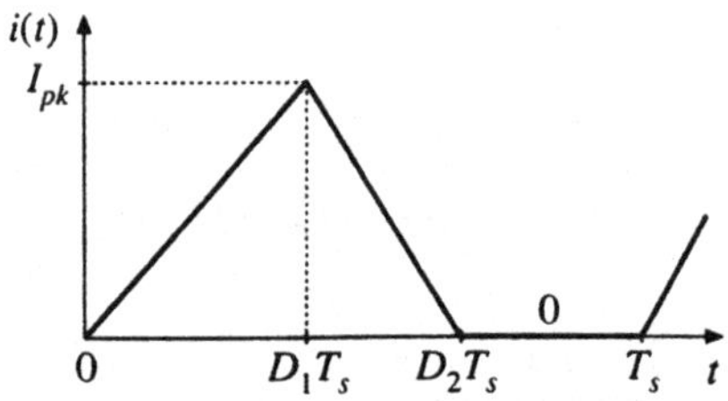

그림 A.7

톱니파, 그림 A.8:

$$rms = I_{pk}\sqrt{\frac{D_1}{3}} \tag{A.8}$$

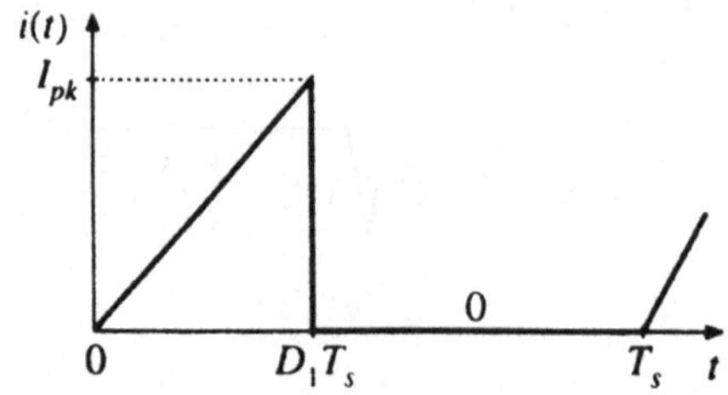

그림 A.8

직류 성분이 없는 삼각파, 그림 A.9:

$$rms = \frac{\Delta i}{\sqrt{3}} \tag{A.9}$$

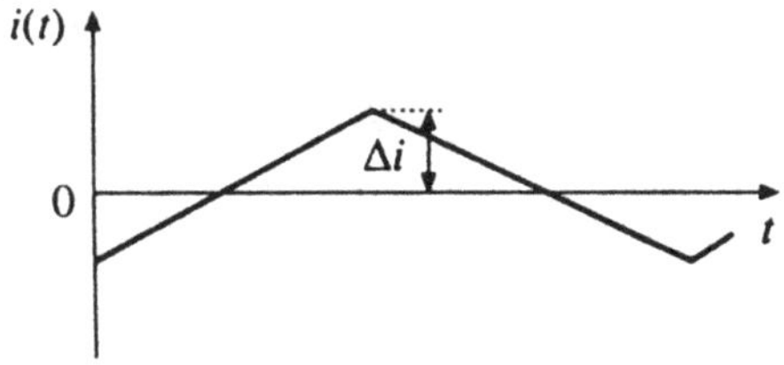

그림 A.9

중간-분기 브리지 권선 파형, 그림 A.10:

$$rms = \frac{1}{2} I_{pk} \sqrt{1 + D} \tag{A.10}$$

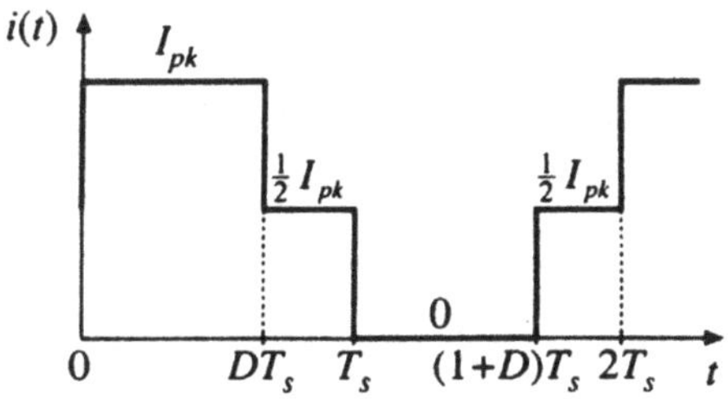

그림 A.10

일반 계단 파형, 그림 A.11:

$$rms = \sqrt{D_1 I_1^2 + D_2 I_2^2 + \cdots} \tag{A.11}$$

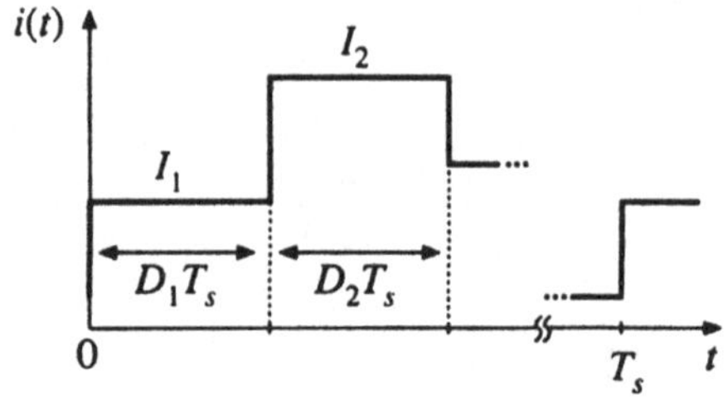

그림 A.11

A.2 일반적인 구분 파형

그림 A.12에서처럼 n개의 구분(piecewise) 조각으로 구성된 주기 파형에 대해 실효값은

$$rms = \sqrt{\sum_{k=1}^{n} D_k u_k} \tag{A.12}$$

이고, D_k는 조각 k의 시비율이고 u_k는 조각 k의 파형 기여를 나타낸다. u_k는 조각의 모양에 의존한다. 몇몇 조각 모양에 대해 다음에서 주어진다.

상수 조각, 그림 A.13 :

$$u_k = I_1^2 \tag{A.13}$$

삼각파 조각, 그림 A.14 :

$$u_k = \frac{1}{3} I_1^2 \tag{A.14}$$

사다리꼴 조각, 그림 A.15 :

$$u_k = \frac{1}{3}\left(I_1^2 + I_1 I_2 + I_2^2\right) \tag{A.15}$$

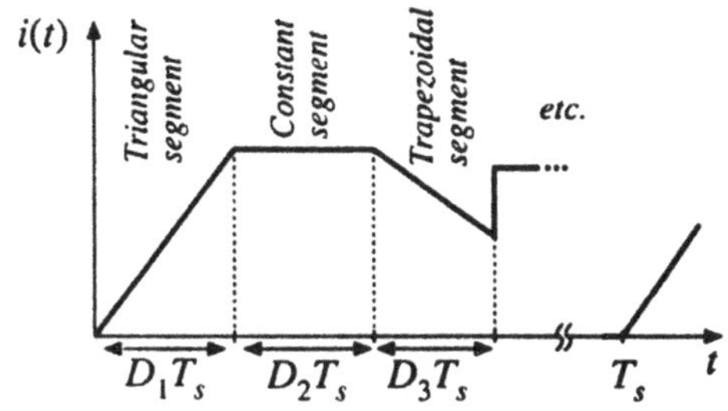

그림 A.12

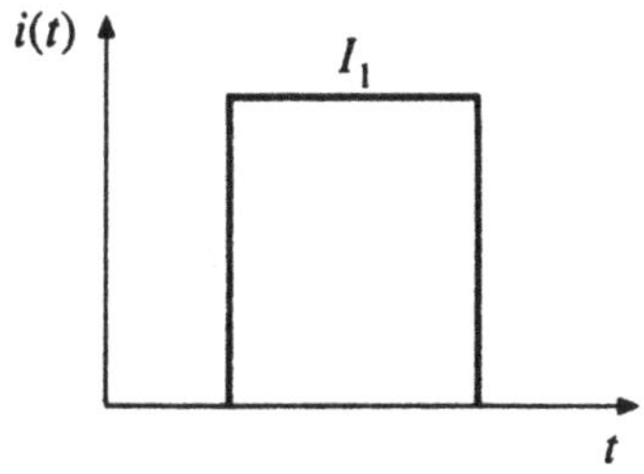

그림 A.13

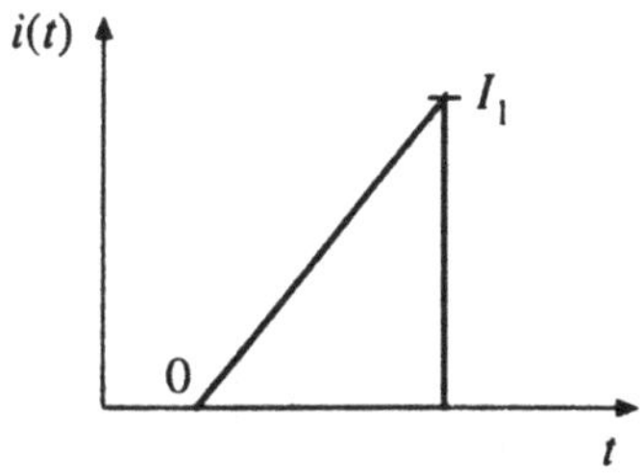

그림 A.14

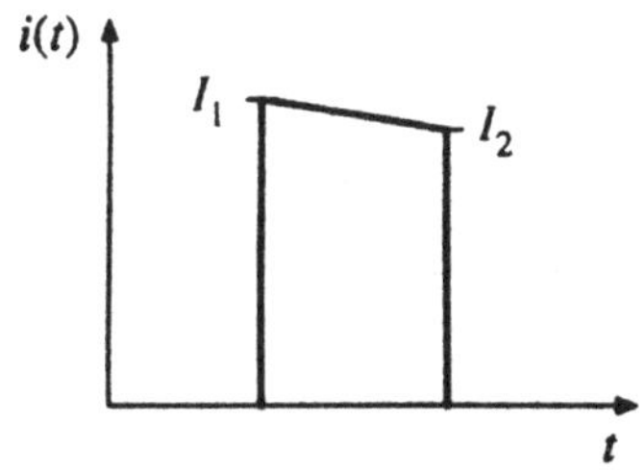

그림 A.15

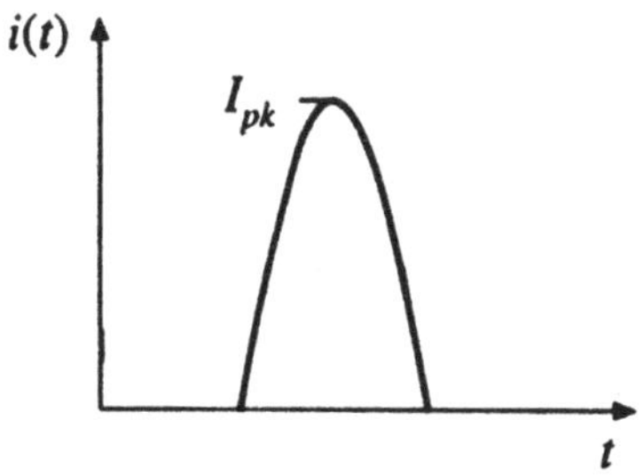

그림 A.16

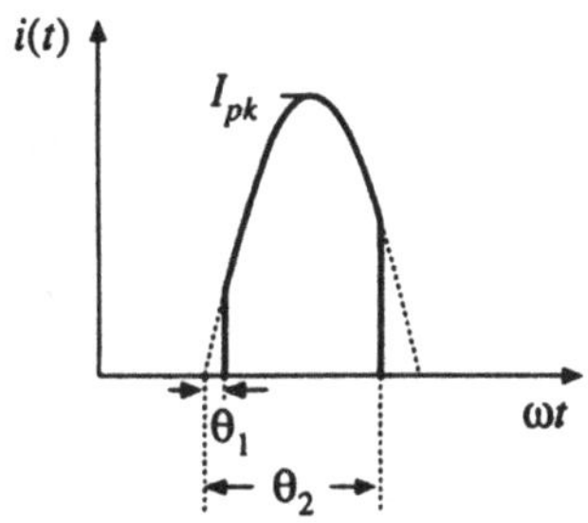

그림 A.17

반 또는 전 주기를 갖는 정현파 조각, 그림 A.16:

$$u_k = \frac{1}{2} I_{pk}^2 \tag{A.16}$$

부분적인 주기를 갖는 정현파 조각, 그림 A.17, 각 θ_1에서 시작하여 각 θ_2에서 끝나는 하나의 반 주기보다 작은 정현파 조각, 각 θ_1과 θ_2의 단위는 rad.이다.

$$u_k = \frac{1}{2} I_{pk}^2 \left(1 - \frac{\sin(\theta_2 - \theta_1)\cos(\theta_2 + \theta_1)}{(\theta_2 - \theta_1)}\right) \tag{A.17}$$

[예제]

환류 다이오드에 저장된 전하에 의해 전류 스파이크가 트랜지스터 전류파형에 나타난다. 측정된 파형은 그림 A.18과 거의 흡사하다. 실효 전류를 구하시오.

그림에서처럼 파형을 6개의 거의 선형인 조각으로 나눌 수 있다. 각 조각에 대한 D_k와 u_k는 다음과 같다.

1. 삼각파 조각

$$D_1 = (0.2\ \mu s)/(10\ \mu s) = 0.02$$

$$u_1 = I_1^2/3 = (20\ A)^2/3 = 133\ A^2$$

2. 상수 조각

$$D_2 = (0.2\ \mu s)/(10\ \mu s) = 0.02$$

$$u_2 = I_1^2 = (20\ A)^2 = 400\ A^2$$

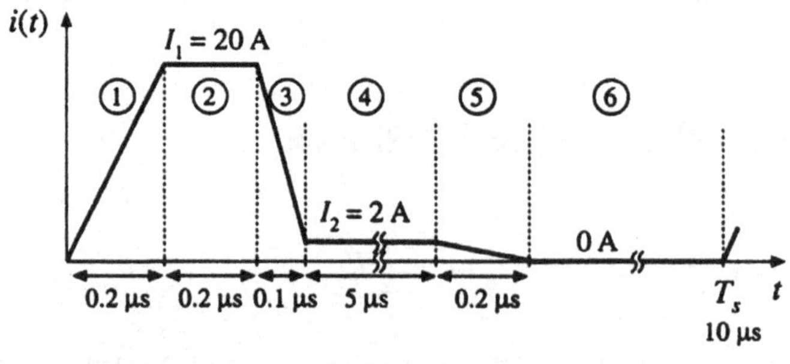

그림 A.18

3. 사다리꼴 조각

$$D_3 = (0.1\ \mu s)/(10\ \mu s) = 0.01$$

$$u_3 = (I_1^2 + I_2^2 + I_3^2)/3 = 148\ A^2$$

4. 상수 조각

$$D_4 = (5\ \mu s)/(10\ \mu s) = 0.5$$

$$u_4 = I_2^2 = (2\ A)^2 = 4\ A^2$$

5. 삼각파 조각

$$D_5 = (0.2\ \mu s)/(10\ \mu s) = 0.02$$

$$u_5 = I_2^2/3 = (2\ A)^2/3 = 1.3\ A^2$$

6. 영 조각

$$u_6 = 0$$

실효값은

$$rms = \sqrt{\sum_{k=1}^{6} D_k u_k} = 3.76\ A \tag{A.18}$$

이다. 전류 스파이크의 기간이 매우 짧을지라도 실효값에 큰 영향을 미친다. 전류 스파이크가 없으면 전류 실효값은 약 2.0 A이다.

부록 B
컨버터 시뮬레이션

컴퓨터 시뮬레이션은 공학설계과정에서 매우 중요한 도구이다. 설계 사양에서 출발하여 시스템 소자의 형태와 값뿐만 아니라 시스템과 회로의 형태를 일반적으로 초기에 설계한다. 이러한 과정에서 업체가 공급하는 데이터와 분석 및 모델링 기법에 의해 소자와 시스템의 모델을 만든다. 가능하면 실험 데이터로 증명이 되는 모델을 기반으로 설계자는 파라미터의 값을 선정하고 주어진 설계 사양과 비교하여 얻을 수 있는 성능을 증명한다. 실제 파라미터의 값은 생산 공정의 허용오차와 온도와 같은 주위 환경의 변화와 노화때문에 공칭 값과 다름을 생각해야 한다. 설계 증명단계에서 사양이 모든 조건에서 만족하는지 즉, 기대되는 소자 파라미터 값의 범위에 대해 최악상황 분석(또는 신뢰성 및 생산율 분석)을 수행한다. 이러한 일에 컴퓨터 시뮬레이션이 적합하다. 신뢰성이 있는 모델과 시뮬레이션을 적당히 실험 장치를 만들어 여러 소자 파라미터 값에 대해 시스템 성능을 시험할 수 있다. 최악상황에서의 동작이 사양을 만족할 때까지 또는 시스템의 신뢰성과 생산율이 허용할 만할 때까지 설계를 반복할 수 있다.

시뮬레이션으로 전력전자시스템의 설계 증명에서 여러 단계의 복잡성을 갖는 소자와 시스템 모델이 필요하다.

1. 상세하고 복잡한 모델: 소자의 물리적인 동작을 정밀하게 표현하기 위함

이러한 모델은 스위칭 시간, 상세한 스위칭 과정과 스위칭의 손실과정 또는 순간적인 전압 및 전류 스트레스를 찾는데 이용된다. 부품 생산자는 이러한 소자 모델을 공급해 주기도 한다. 상세한 회로모델을 완성하기 위해 용기와 보드 내 연결선들의 영향을 조사해야 한다. 고속 스위칭 전력용 반도체인 경우 스위칭 과도기간 동안에 수 ns 또는 그 이하의 시뮬레이션 스텝시간이 필요하다. 상세한 소자 모델이 복잡하고 시뮬레이션 스텝시간이 매우 짧기 때문에 시뮬레이션을 수행하는데 시간이 많이 걸린다. 실제로 시스템의 부분적인 부분에 대해서 그리고 난지 몇 주기를 포함하는 짧은 시간 동안 상세한 소자 모델을 이용하여 시간영역에서 시뮬레이션을 수행한다. 전력 컨버터용 소자와 상세한 물리적인 소자 모델링은 이 책의 범위를 넘는 연구 및 개발 영역이다.

2. 단순화된 소자 모델

온/오프 스위칭 과도기간은 스위칭 주기에 비해 매우 짧으므로 이상적인 소자 모델을 이용하여 스위칭 컨버터의 기본 동작을 설명할 수 있다. 예를 들면 MOSFET는 온인 경우 작은(이상적으로는 영) 도통 저항, 오프인 경우 매우 큰(이상적으로는 개방회로) 저지 저항을 갖는 스위치로 모델링할 수 있다. 이렇게 단순화된 모델을 이용하여 스위칭 컨버터의 기본 동작을 조사할 수 있고, 이를 시작점으로 분석 모델을 개발할 수 있다. 단순화된 모델은 스위칭 맥동, 전류/전압 스트레스, 부하나 입력의 과도상태 응답과 같은 컨버터와 제어기의 동작을 증명하는데 초점을 둔 시간영역 시뮬레이션에 유용하다. 소자 모델이 단순하여 상세한 스위칭 과도기간을 무시했기 때문에 범용 회로시뮬레이터를 이용하여 여러 스위칭 주기 동안 시뮬레이션을 하는 일을 효과적으로 완수할 수 있다. 또한 이상화된 부분-선형(piecewise-linear) 소자모델[1-7] 또는 부분-선형과 비선형 모델을 조합한 모델[8]에 기반을 둔 스위칭 컨버터의 빠른 과도 시뮬레이션을 할 수 있는 특별한 도구도 개발되었다.

3. 평균 컨버터 모델

컨버터의 정상상태와 동적 응답을 예측하는데 알맞은 평균 모델을 이 책을 통틀어 다루고 있다. 평균 모델은 물리적인 사고를 제공하고, 주어진 사양에 대해 소자의 파라미터 값을 선택하는 설계과정에서 사용할 수 있는 분석적인 결과를 얻는데 긴요한 설계 도구이다. 설계증명 단계에서의 손실, 효율, 정상상태의 전압과 전류, 안정도와 대신호 과도응답을 시험하기 위해 평균 컨버터 모델을 시뮬레이션한다. 평균화에 의해 스위칭 과도기간과 맥동이 제거되었기 때문에 오랜 시간에 걸친 여러 파라미터 값들에 대해 효과적으로 시뮬레이션을 할 수 있다. 따라서 평균 모델은 스위칭 컨버터를 포함하는 큰 전자시스템을 시뮬레이션하는데 적당하다. 대신호 평균모델은 비선형, 시불변이므로 여러 주파수 응답을 만들기 위해 소신호 교류 시뮬레이션을 사용한다. 시뮬레이션을 위한 평균 컨버터 모델링에 대한 참고문헌은 [9-18]에 있다.

이 장에서는 컴퓨터 시뮬레이션을 위한 평균 모델을 다룬다. 1.4절에서 다룬 자료를 바탕으로 연속 전도모드에서 동작하는 컨버터의 시뮬레이션을 위한 평균 스위치모델은 B.1절에서 다룬다. 예제에서 SEPIC 컨버터의 변환비 및 효율과 벅-부스트 컨버터의 대신호 과도응답을 구한다. B.2절에서 연속 전도모드 또는 불연속 전도모드에서 동작하는 컨버터의 시뮬레이션에 적합한 평균 스위치 모델을 구한다. 응용 예로서 CCM과 DCM에서 SEPIC 컨버터의 개루프 주파수 응답, 루프 이득, 위상 여유와 벅 전압 안정기의 폐루프 응답과 DCM 부스트 정류기에서의 전류 고조파를 구한다. 6장의 결과를 토대로 전류 프로그램 제어를 갖는 컨버터의 시뮬레이션 모델을 B.3절에서 구하고, 벅 컨버터를 적용 예로 전류 프로그램 제어에 의한 제어-출력 주파수 응답을 시비율 제어에 의한 응답과 비교한다.

Spice 회로시뮬레이션의 기초를 잘 안다고 가정한다. 이 장의 모든 시뮬레이션 모델과 예제는 PSpice 회로시뮬레이터를 이용한다[19]. 모델 구현과 시뮬레이션 분석 옵션을 상세하게 설명하기 위해 netlist를 제공한다. 보통 netlist를 쓰는 대신 schematic capture tool을 이용하여 회로 다이어그램이나 분석 옵션을 입력할 수 있다. 본 장에서 사용하는 subcircuit 모델의 예 및 라이브러리 *switch.lib* 는 온라인에서 얻을 수 있다.

B.1 연속 전도모드에 대한 평균 스위치 모델

1.4절에서 서술한 평균 스위치 모델링의 주 아이디어는 컨버터에 있는 스위치를 찾아 평균회로 모델을 구하는 것이다. 컨버터의 완전한 모델을 얻기 위해 평균스위치 모델을 컨버터 회로에 교체할 수 있다. 평균 스위치 모델링의 중요한 특징은 같은 스위치 모델을 다른 컨버터 구성에 사용할 수 있으므로 특정 컨버터에 대해 평균 등가회로를 다시 작성할 필요가 없다. 이러한 특징은 시뮬레이션을 위한 평균회로 모델을 작성하는데 매우 편리하다. 범용 부회로(subcircuit PSpice용임)는 대신호, 비선형 스위치 모델을 나타낸다. 스위치 네트워크를 이 부회로로 교체하여 시뮬레이션을 위한 컨버터 평균회로를 얻을 수 있다. 1.4절의 내용을 근거로 CCM 평균 스위치 모델을 나타내는 부회로에 대해 예제와 함께 이 절에서 다룬다.

B.1.1 기본 CCM 평균스위치 모델

그림 1.39(c)는 그림 1.39(a)의 일반 2-스위치 네트워크에 대한 대신호 평균 스위치 모델을 나타낸다. 이 모델에 대한 PSpice 부회로 구성을 그림 B.1에 나타낸다. 부회로에 5개의 절점이 있다. 평균 스위치 네트워크의 트랜지스터 포트는 절점 1과 2사이에 연결되고, 다이오드 포트는 절점 3과 4에 연결된다. 시비율 $d = $v(5)는 절점 5에 있는 부회로의 제어 입력이다. v(5)는 시비율과 같은 전압으로 0 V와 1 V사이의 값을 갖는다. 그림 B.1(c)는 부회로의 netlist를 나타낸다. Netlist는 단지 4줄의 코드로 구성되고 *로 시작하는 줄은 설명을 나타낸다. 부회로의 이름(CCM1)과 연결 절점는 .subckt 줄에서 정의된다. 평균 스위치 네트워크의 트랜지스터 포트를 모델링하는 제어 전압원 Et의 값은 식 (1.136)와 같게 쓴다.

$$\langle v_1(t)\rangle_{T_s} = \frac{d'(t)}{d(t)}\langle v_2(t)\rangle_{T_s} \tag{B.1}$$

그림 B.1의 부회로에서 v(3,4)는 스위치 네트워크 독립 입력 $\langle v_2(t)\rangle_{T_s}$와 같다. 또한 $d(t)$ = v(5), $d'(t) = 1-d(t) =$ 1-v(5)이다. 다이오드 포트를 모델링하는 제어 전류원 Gd의 값은 식 (1.137)을 따른다.

$$\langle i_2(t)\rangle_{T_s} = \frac{d'(t)}{d(t)}\langle i_1(t)\rangle_{T_s} \tag{B.2}$$

스위치 네트워크의 독립 입력 $\langle i_1(t)\rangle_{T_s}$는 제어 전압원 Et를 통해 흐르는 전류 i(Et)와 같다. 부회로의 netlist는 .ends로 끝나고, 부회로 CCM1은 모델 라이브러리 *switch.lib*에 포함된다.

그림 B.1의 부회로 CCM1의 장점은 스위치가 이상적이고, 컨버터가 승압 또는 강압 변압기를 포함하지 않는다는 가정에서 CCM에서 동작하는 어떠한 두-스위치 PWM 컨버터를 시뮬레이션하기 위한 평균회로 모델을 구성할 수 있다는 점이다. 부회로는 제약 조건을 제거하여 다시 만들 수 있다. 분리 변압기가 있는 컨버터에서는 식 (B.1)과 (B.2)의 오른쪽 항을 권선비로 나누어야 한다. 다음 절에서는 스위치의 전도 손실을 포함시킨다.

그림 B.1의 모델의 단점은 시비율이 영이면 식 (B.1)과 (B.2)는 불연속이다. 따라서 부회로를 이용하기 위해서는 시비율을 $0 < D_{min} \le d \le 1$의 범위에 제한해야 한다.

본 절의 방법에 따라 벅 스위치 네트워크(그림 1.50과 식 (1.150))와 부스트 스위치 네트워크(그림 1.46(a)와 식 (1.146))의 대신호 평균 모델에 대한 부회로를 구성할 수 있다. 이 모델의 장점은 관련 있는 식이 $d = 0$에서 불연속을 갖지 않는 점이다.

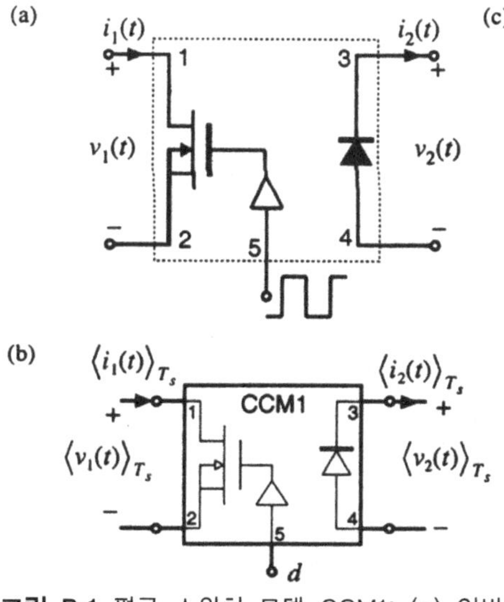

(c)
```
*****************************************************************
* Subcircuit: CCM1
* Application: two-switch PWM converters
* Limitations: ideal switches, CCM only, no transformer
*****************************************************************
* Parameters: none
*****************************************************************
* Nodes:
* 1: transistor positive (drain for an n-channel MOS)
* 2: transistor negative  (source for an n-channel MOS)
* 3: diode cathode
* 4: diode anode
* 5: duty cycle control input
*****************************************************************
.subckt CCM1 1 2 3 4 5
Et 1 2 value={(1-v(5))*v(3,4)/v(5)}
Gd 4 3 value={(1-v(5))*i(Et)/v(5)}
.ends
*****************************************************************
```

그림 B.1 평균 스위치 모델 CCM1: (a) 일반 2-스위치 네트워크 (b) 평균 스위치 부회로 모델의 부호 (c) PSpice 부회로의 netlist

B.1.2 스위칭 손실을 포함한 CCM 평균스위치 모델

스위칭 손실을 포함하도록 그림 B.1의 모델을 수정하자. 그림 B.2는 그림 B.1(a)의 일반 두-스위치 네트워크에 트랜지스터와 다이오드의 도통 손실을 포함하는 간단한 소자 모델을 나타낸다. 트랜지스터는 도통 저항 R_{on}이 직렬로 연결된 이상적인 스위치로 모델링된다. 다이오드는 순방향 전압강하 V_D와 저항 R_D가 직렬로 연결된 이상적인 다이오드로 모델링된다.

컨버터의 직류 변환비와 효율을 찾기 위한 직류 등가회로를 1권 3장에서 서술하였다. R_{on}과 V_D에서 발생하는 도통 손실을 포함하는 평균스위치 모델을 1.4.5절에서 다루었다. 같은 평균스위치 모델링 방법으로 그림 B.2의 스위치 네트워크에 대한 평균 스위치 모델을 나타내는 다음 관계식을 얻을 수 있다.

$$\langle v_1(t)\rangle_{T_s} = \left(\frac{R_{on}}{d(t)} + \frac{d'(t)R_D}{d^2(t)}\right)\langle i_1(t)\rangle_{T_s} + \frac{d'(t)}{d(t)}\left(\langle v_2(t)\rangle_{T_s} + V_D\right) \tag{B.3}$$

$$\langle i_2(t)\rangle_{T_s} = \frac{d'(t)}{d(t)}\langle i_1(t)\rangle_{T_s} \tag{B.4}$$

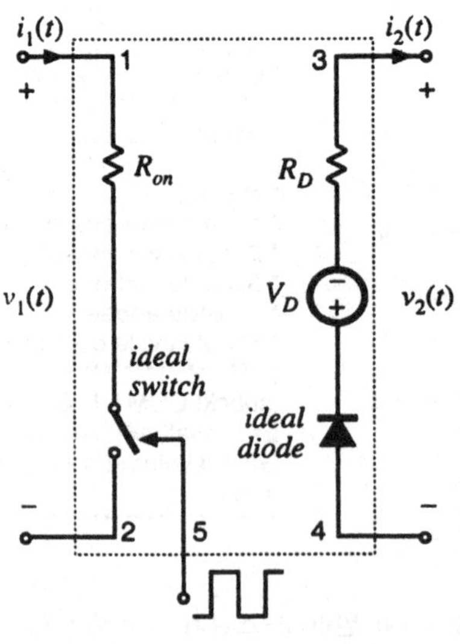

그림 B.2 도통 손실 소자 R_{on}, V_D와 R_D를 포함한 스위치 네트워크 모델

그림 B.3은 식 (B.3)과 (B.4)로 주어진 평균스위치 모델을 부회로로 구현한 것을 나타낸다. 부회로 단자 절점는 CCM1 부회로와 같다. 트랜지스터 포트는 절점 1과 2사이에 있고, 다이오드 포트는 절점 3과 4사이에 있다. 시비율 $d = v(5)$는 절점 5에 있는 부회로의 제어 입력이다. 식 (B.3)에 따라 두 개의 직렬 제어 전압원 *Er*과 *Et*를 포트 1(트랜지스터)의 평균 전압을 만드는데 사용한다. 제어 전압원 *Er*은 식 (B.3)에서 등가저항 $R_{on}/d(t) + d'(t)\ R_D/d^2(t)$ 사이의 전압강하를 모델링한다. 이 등가 저항은 스위치 시비율 $d(t)$의 비선형 함수이다. 제어 전압원 *Et*는 포트 1(트랜지스터)의 평균 전압이 포트 2(다이오드)의 평균 전압에 어떻게 의존하는가를 나타낸다. 제어 전류원 *Gd*는 식 (B.4)에 따라 다이오드의 평균 전류를 모델링한다. 부회로 CCM2는 컨버터회로에서 사용될 때 지정해야 하는 세 개의 파라미터(R_{on}, V_D, R_D)가 있다. 부회로 파라미터의 기본(default)값은 $R_{on} = 0$, $V_D = 0$, $R_D = 0$이고, .subckt 줄에서 정의된다. 이 값들은 도통 손실이 없는 이상적인 경우를 나타낸다. 부회로 CCM2는 모델 라이브러리 *switch.lib*에 포함된다.

그림 B.3의 모델은 그림 B.2의 간단한 소자 모델을 기준으로 한다. 인덕터의 전류 맥동은 작고 컨버터는 CCM에서 동작한다고 가정한다. 그러나 실제 많은 컨버터는 낮은 시비율에서 불연속 전류모드에서 동작하며 다이오드 순방향 전압강하는 출력 전압과 비교할 만큼 크다. 이런 경우 V_D를 일정한 전압 발생기로 포함한 그림 B.2의 모델을 이용

(a)

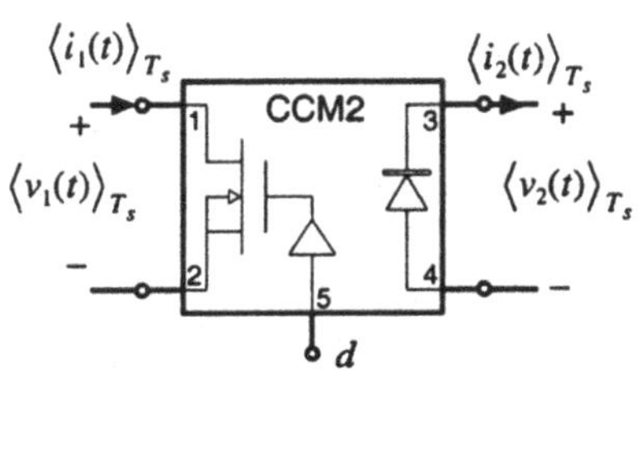

(b)

```
*************************************************************
* MODEL: CCM2
* Application: two-switch PWM converters, includes
*           conduction losses due to Ron, VD, RD
* Limitations: CCM only, no transformer
*************************************************************
* Parameters:
*     Ron = transistor on-resistance
*     VD = diode forward voltage drop
*     RD = diode on-resistance
*************************************************************
* Nodes:
* 1: transistor positive (drain for an n-channel MOS)
* 2: transistor negative (source for an n-channel MOS)
* 3: diode cathode
* 4: diode anode
* 5: duty cycle control input
*************************************************************
.subckt CCM2 1 2 3 4 5
+params: Ron=0 VD=0 RD=0
Er 1 1x value={i(Et)*(Ron+(1-v(5))*RD/v(5))/v(5)}
Et 1x 2 value={(1-v(5))*(v(3,4)+VD)/v(5)}
Gd 4 3 value={(1-v(5))*i(Et)/v(5)}
.ends
*************************************************************
```

그림 B.3 도통 손실을 포함하는 CCM 평균 모델의 부회로 구현: (a) 회로 부호 (b) PSpice 부회로 netlist.

하면 컨버터 전압이나 전류의 극성, 손실 및 효율에 대한 결과가 정확하지 않고 물리적으로 불가능한 값이 나온다.

B.1.3 예제: SEPIC의 직류 변환비와 효율

예제를 통해 CCM 컨버터의 직류 변환비와 효율을 구하기 위해 부회로 CCM2를 어떻게 사용하는가를 살펴보기로 하자. 그림 B.4는 SEPIC의 평균회로 모델을 나타낸다. 1권의 그림 6.37(a)나 2권의 그림 7.37에서 컨버터 회로를 볼 수 있다. 시뮬레이션을 위한 평균회로 모델을 만들기 위해 스위치 네트워크를 부회로 CCM2로 바꾼다. 그림 B.4에 보인 컨버터 netlist에서 $Xswitch$ 줄은 컨버터의 다른 부분에 부회로를 어떻게 연결하는가를 보여준다. 스위치 시비율은 전압원 V_c로 결정된다. 컨버터의 다른 부분을 간단히 평균회로 모델에 복사한다. 인덕터 L_1과 L_2의 동손을 모델링하기 위해 인덕터의 권선 저항 $R_{L1} = 0.5\ \Omega$과 $R_{L2} = 0.1\ \Omega$을 포함한다. 스위치의 도통 손실 파라미터는 netlist에서 .param 줄에서 정의된다: $R_{on} = 0\ \Omega$, $V_D = 0.8\ \text{V}$, $R_D = 0.05\ \Omega$. $Xswitch$ 줄에 있는 부회로 CCM2로 이 값

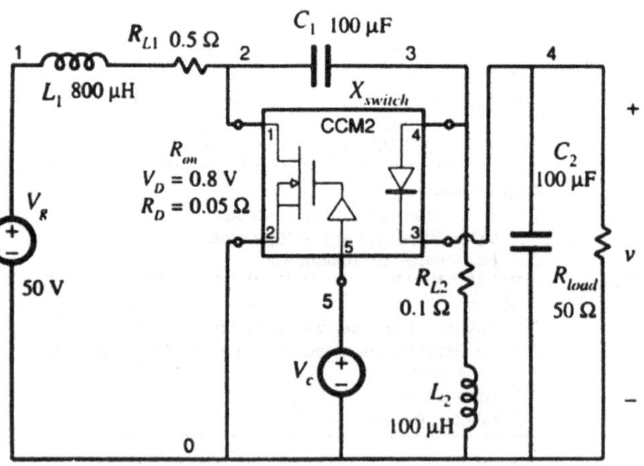


```
SEPIC DC conversion ratio and efficiency

* Define parameters:
.param  Ron=0.0 VD=0.8 RD=0.05
* Analysis setup:
.dc lin Vc 0.1 1 0.01
.step lin PARAM Ron 0 1 0.5

* Converter netlist:
Vg 1 0 50V
L1 1 2x  800u
RL1 2x 2 0.5
L2 0 3x 100uH
RL2 3x 3 0.1
C1 2 3 100uF
C2 4 0 100uF
Xswitch 2 0 4 3 5 CCM2
+params: Ron={Ron} VD={VD} RD={RD}
Rload 4 0 50

* Duty cycle input:
Vc  5 0 0.5

.lib switch.lib
.probe
.end
```

그림 B.4 SEPIC 시뮬레이션

들이 어떻게 전달되는가를 주의하라. 이 예제에서 컨버터의 다른 손실은 무시한다. Dc sweep 분석(netlist의 .dc 줄 참조)은 직류 전압원 V_c를 0.1 V에서 1 V까지 0.01 V씩 증가시키도록 정하여 스위치 시비율을 $D=0.1$에서 $D=1$까지 변화를 준다. $D=0$에서 모델이 불연속이고(B.1.1 참조), B.1.2절에서와 같이 낮은 시비율에서 도통 손실의 모델이 틀리기 때문에 영부터 0.1까지의 시비율은 생략한다. 스위치의 온 저항 $R_{on}=0$ Ω에서 $R_{on}=1$ Ω까지 0.5 Ω씩 증가하여 Dc sweep 분석을 반복한다(netlist의 .step 줄 참조). 줄 .lib는 부회로 CCM2와 이 부록에서 서술되는 다른 모델을 포함하는 *switch.lib* 라이브러리를 참조한다.

그림 B.5는 직류 출력전압 V와 컨버터 효율 η에 대한 시뮬레이션 결과를 나타낸다. 1권 3장에서 다룬 모델링 방법과 검토에 의거하여 다음과 같은 생각을 할 수 있다. 낮은 시비율에서 다이오드 순방향 전압강하가 출력 전압과 비슷한 값이므로 효율은 떨어진다. 높은 시비율에서 컨버터 전류가 증가하여 도통 손실이 증가한다. 결국 1에 가까운 시비율에서 출력 전압과 효율은 거의 영이 된다. 원하는 직류 출력 전압과 효율이 주어지면 그림 B.5를 이용하여 적당한 온-저항을 갖는 트랜지스터를 선택할 수 있다.

B.1.4 예제: 벅-부스트 컨버터의 과도 응답

정상상태의 변환 특성 뿐만 아니라 과도상태를 조사할 필요가 있다. 예를 들면 전압 조절기 설계에서 부하 전류에 계단 변화가 있을 때 출력 전압이 정해진 한계 안에 있는가

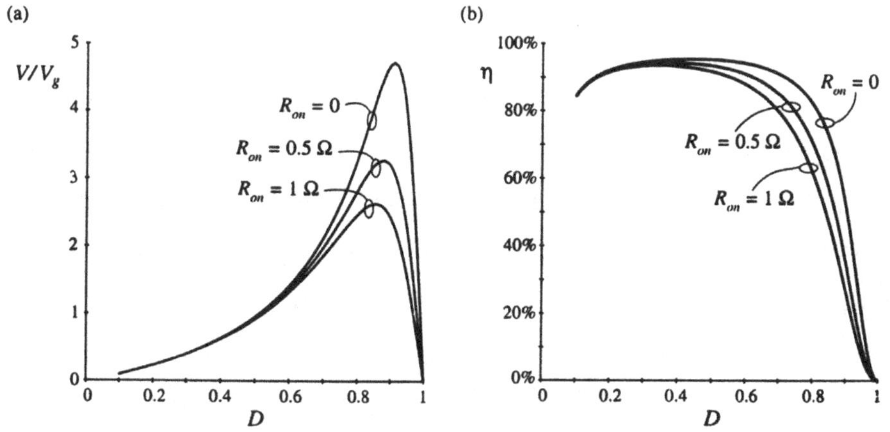

그림 B.5 SEPIC 시뮬레이션 예: (a) 직류 변환비 (b) 효율

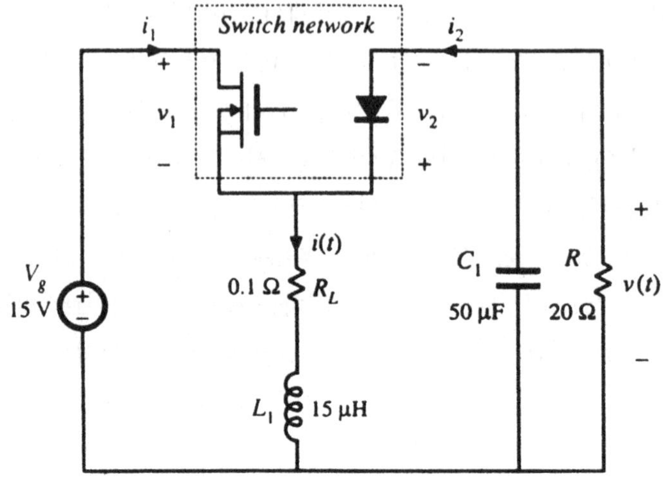

그림 B.6 벅–부스트 예

를 증명할 필요가 있다. 또 다른 예로 컨버터가 켜지는 기동시의 과도 동안 컨버터 소자는 정상상태에서보다 매우 큰 스트레스를 받을 수 있다. 소자의 스트레스가 사양 내에 있는지 증명하거나 또는 스트레스를 줄이기 위해 설계를 다시 할 수 있는가를 알 필요가 있다. 이 예제에서는 컨버터 응답에 대한 실험을 위해 과도응답 시뮬레이션을 사용한다.

과도응답 시뮬레이션은 컨버터 스위칭 회로모델이나 컨버터 평균 회로모델 상에서 할 수 있다. 예로서 그림 B.6의 벅-부스트 컨버터의 기동시의 과도 응답을 조사하기 위해 두 가지 방법을 적용하기로 한다.

벅-부스트 컨버터의 스위칭 회로 모델을 그림 B.7에 나타낸다. 인덕터 동손을 모델링하기 위해 인덕터의 권선 저항 R_L을 포함한다. MOSFET는 펄스파형의 전압원 v_c에 의해 제어되는 전압제어 스위치 S_{q1}으로 모델링된다. 줄 .model switch는 스위치의 온 저항 $R_{on}=50$ mΩ, 스위치의 오프 저항 $R_{off}=10$ MΩ을 나타낸다. 스위치는 제어 전압 v_c가 $V_{on}=6$ V보다 크면 온이고, $V_{off}=4$ V보다 작으면 오프이다. 펄스파형의 전원 v_c의 크기는 10 V이고, 주기 $T_s=1/f_s=10\ \mu s$, 상승 및 하강시간은 $t_s=t_f=100$ ns, 펄스폭은 $t_p=7.9\ \mu s$이다. 스위치의 시비율은 $D=(t_p+0.5(t_r+t_f))/T_s=0.8$이다. 다이오드는 내장된 비선형 Spice 모델을 사용한다. 문장 .model diode에서 다이오드의 순방향 전압 강하를 위해 단지 파라미터 I_S를 지정한다. 이 예에서 사용한 스위치와 다이오드 모델은 매우 단순하다. 도통 손실도 간단하게 모델링되고 스위칭 과도구간 동안의 복잡한 소자 동작은 무시한다. 따라서 그림 B.7의 회로 모델을 스위칭 과도상태나 컨버터의 스위칭 손실을 구하는데 사용할 수 없다. 그러나 기본 스위칭 동작이 모델링되고 컨버터 파형이 여러 스위칭 주기에 걸쳐 어떻게 응답하는가를 볼 수 있다. 과도 응답 시뮬레이션 파라미터는 .tran 줄에서 정의된다. output time step은 1 μs, final simulation time은 1.2 ms, 시간이 영인 시뮬레이션 시작부터 출력 파형이 만들어지고, 최대 time step은 1 μs이다. 옵션 uic(use initial conditions)는 시뮬레이터가 모든 커패시터 전압과 인덕터 전류를 지정된 초기 값을 갖고 시작한다는 것을 알려준다. 예를 들면 L_1 줄의 ic = 0은 초기 인덕터 전류를 영으로 한다. Spice에서 default 초기 값은 영이므로 ic = 0을 생략할 수 있다.

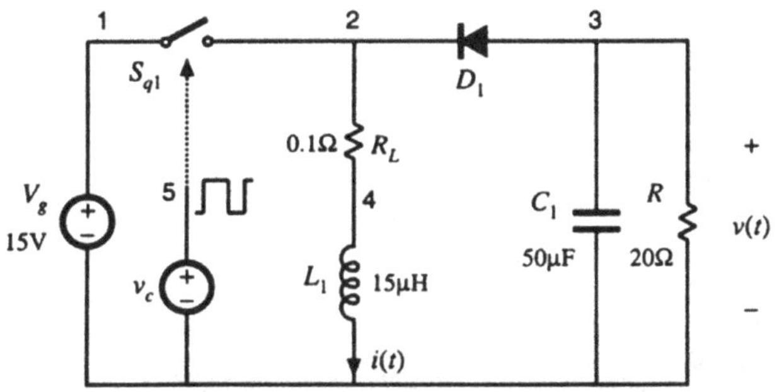


```
Buck-boost converter: switching circuit
Vg 1 0 15V
Sq1 1 2 5 0 switch
D1 3 2 diode
RL 2 4 0.1
L1 4 0 15uH ic=0
C1 3 0 50uF ic=0
R 3 0 20
Vc 5 0 pulse
+(0 10V 0us 100ns 100ns 7.9us 10us)
.model switch vswitch
+(Ron=0.05 Roff=10meg Von=6V Voff=4V)
.model diode d (Is=1e-12)
.tran 1u 1.2m 0m 1u uic
.probe
.end
```

그림 B.7 벅-부스트 예: 스위칭 회로 모델

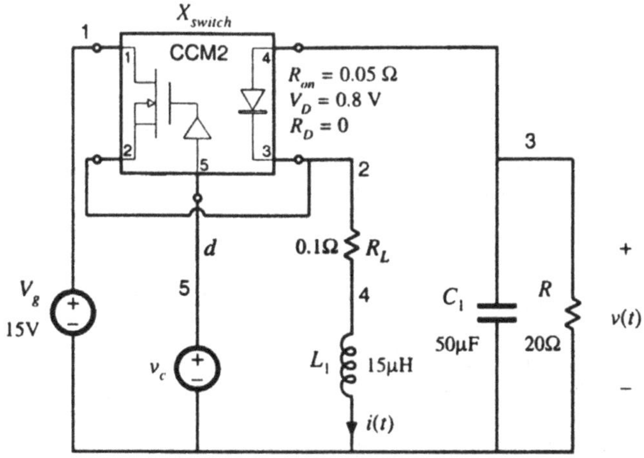


```
Buck-boost converter, averaged circuit

.lib switch.lib

Vg 1 0 15V
Xswitch 1 2 2 3 5 CCM2
+ PARAMS: Ron=0.05 VD=0.8 RD=0
RL 2 4 0.1
L1 4 0 15uH ic=0
C1 3 0 50uF ic=0
R 3 0 20
Vc 5 0 0.8
.tran 10u 1.2m 0m 10u uic

.probe
.end
```

그림 B.8 벅-부스트 예: 평균 회로 모델

그림 B.8은 벅-부스트 컨버터의 평균회로 모델을 나타낸다. 그림 B.6의 스위치 네트워크를 부회로 CCM2로 바꾸어 얻을 수 있다. 그림 B.7과 B.8의 회로와 netlist는 매우 유사하다. 유일한 차이는 그림 B.7의 컨버터 회로에 스위칭 소자를 그림 B.8에서 부회로 CCM2로 대체하고, 또한 스위칭 회로에서 펄스파형의 전원 v_c를 스위치 시비율 $D=0.8$과 같은 일정 전압원 v_c로 바뀌었다.

기동시의 과도상태 동안 인덕터 전류와 커패시터 전압 파형을 그림 B.9에 나타낸다. 비교를 위해 그림 B.7을 이용한 과도상태 시뮬레이션을 통한 파형과 그림 B.8의 평균회로 모델의 시뮬레이션을 통한 파형을 함께 보였다. 스위칭 회로 모델을 시뮬레이션한 파

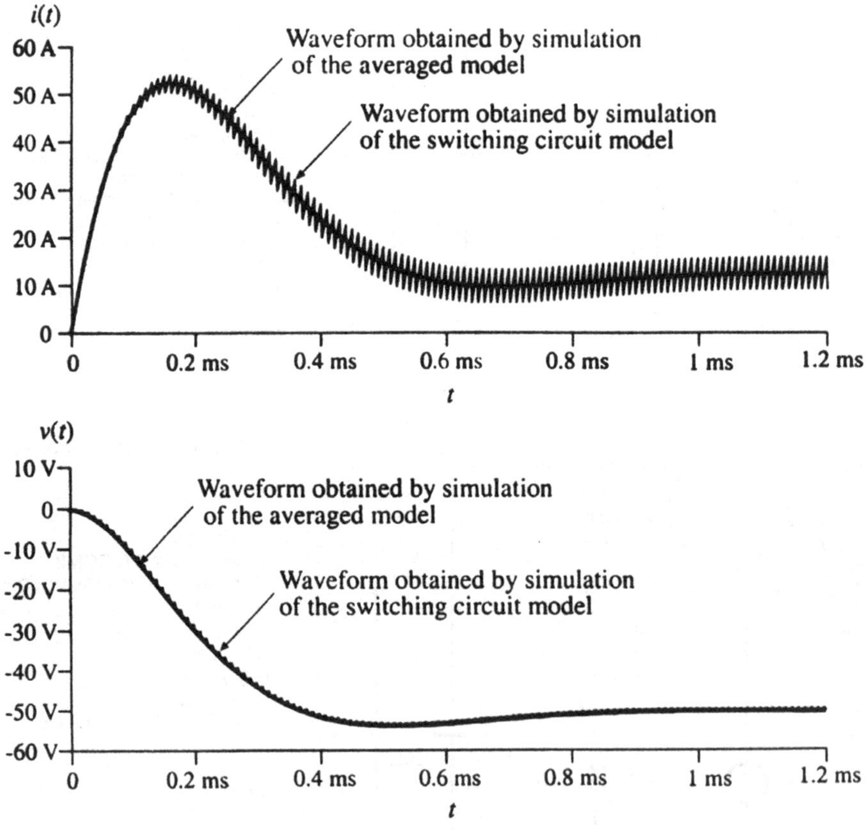

그림 B.9 그림 B.7의 스위칭 컨버터 회로의 과도 시뮬레이션과 그림 B.8의 평균 회로 모델 시뮬레이션에 의한 인덕터 전류 및 출력 전압 파형

형에서 스위칭 맥동을 볼 수 있다. 컨버터의 자연 시상수는 컨버터의 과도 응답을 결정한다. 이 시정수는 스위칭 주기보다 매우 길기때문에 그림 B.9에 보인 기동시의 과도 응답은 정상상태에 도달하는데 많은 스위칭 주기를 필요로 한다. 평균회로 모델을 통한 시뮬레이션 결과에는 스위칭 맥동이 안 나타나지만 컨버터의 자연 시정수에 의해 결정되는 과도 응답의 저 주파수 부분은 스위칭 회로에 의한 시뮬레이션 결과와 잘 일치한다.

그림 B.9의 결과로부터 컨버터의 소자는 정상상태보다 기동시의 과도상태 동안 더 큰 전류 스트레스를 받는다. 대부분의 스위칭 컨버터는 기동시의 과도상태에서 과도한 스트레스를 받는다. 실제 설계에서는 기동 과도상태에서 과도한 스트레스를 피하기 위해 스위치 시비율을 영에서 정상상태의 값으로 서서히 증가시키는 soft-start 회로를 갖는다.

컨버터의 대신호 과도 응답을 조사하기 위해 스위칭 회로 모델 대신 평균 모델을 어떻게 사용하는지 시뮬레이션 예에서 보았다. 평균 회로 모델의 장점은 평균 모델이 시불변 시스템이고 시뮬레이터가 빠른 스위칭 과도기간을 상세히 계산하지 않기 때문에 빠른 시간 안에 과도 시뮬레이션을 할 수 있다. 이러한 장점은 스위칭 컨버터를 포함하는 더욱 큰 전자시스템을 시뮬레이션하는데 더욱 중요하다. 다른 중요한 장점은 평균스위치 모델은 비선형이지만 시불변이라는 점에서 온다. 모델을 선형화하고 소신호 주파수 응답을 얻기 위해 교류 시뮬레이션을 사용한다. 이것은 스위칭 회로 모델로는 불가능하다. 소신호 교류 시뮬레이션의 예는 B.2와 B.3절에서 다룬다.

B.2 CCM/DCM 통합 평균스위치 모델

B.1절의 모델과 예제는 컨버터가 연속 전도모드에서 동작한다는 가정에서 이루어졌다. 1권 5장과 2권 5장에서 다루었듯이 부하 전류가 충분히 작으면 다이오드를 포함하는 모든 컨버터는 불연속 전도모드에서 동작한다. 어떤 경우에는 의도적으로 컨버터를 DCM에서 동작시킨다. 그러므로 CCM이나 DCM에서 동작할 수 있는 컨버터 시뮬레이션을 위한 평균모델이 필요하다.

그림 B.10은 일반적인 2-스위치 네트워크와 이에 대응하는 CCM과 DCM의 대신호 평균모델을 나타낸다. 1.4절에서 유도한 CCM 평균스위치 모델은 $d' : d$의 권선비를 갖는

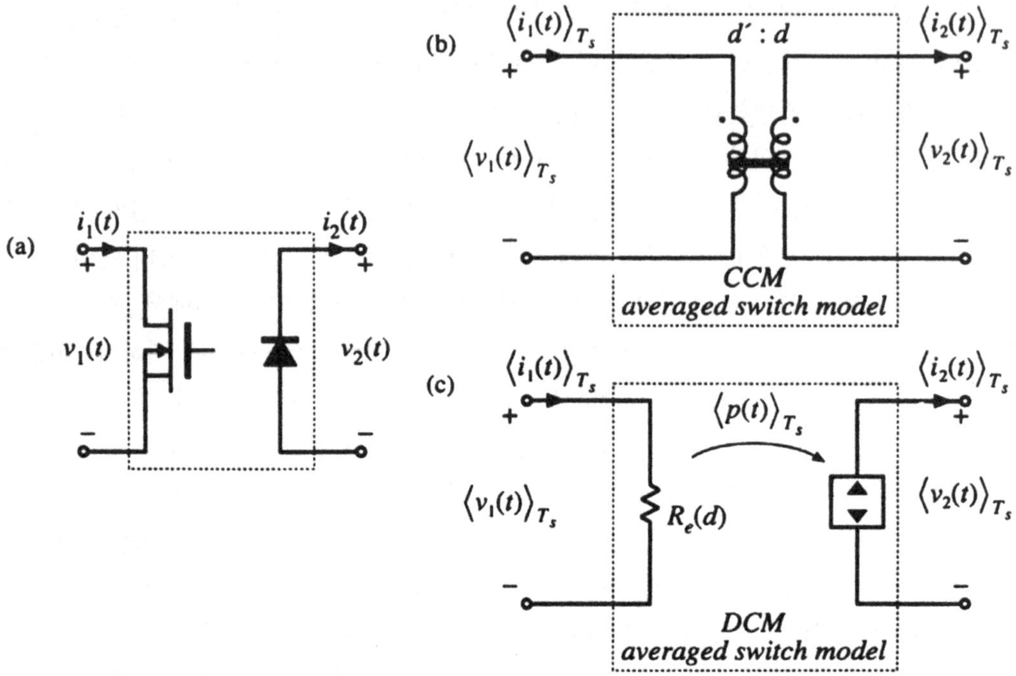

그림 B.10 평균 스위치 모델 요약: (a) 일반 2-스위치 모델 (b) CCM 평균 스위치 모델 (c) DCM 평균 스위치 모델

이상적인 변압기이다. DCM에서 5.1절에서 서술한 바와 같이 대신호 평균스위치 모델은 손실이 없는 저항으로 모델링되었다. 목적은 컨버터의 동작 모드에 따라 그림 B.10(b)의 모델 또는 그림 B.10(c)의 모델로 축소될 수 있는 CCM/DCM 통합 평균스위치 모델을 만드는 일이다. 두 모드의 평균 스위치 모델이 그림 B.11과 같이 CCM과 같은 모양을 갖도록 실효 스위치 변환비 $\mu(t)$를 정의하자. 컨버터가 CCM에서 동작하면 스위치 변환비 $\mu(t)$는 스위치 시비율 $d(t)$와 같다.

$$\mu = d \tag{B.5}$$

컨버터가 DCM에서 동작하면 그림 B.11의 평균스위치 모델의 단자 특성이 그림 B.10(c)의 손실이 없는 저항 모델의 단자 특성과 같도록 실효 스위치 변환비를 계산할 수 있다. 포트 1의 특성을 일치시키면

$$\langle v_1(t)\rangle_{T_s} = \frac{1-\mu}{\mu}\langle v_2(t)\rangle_{T_s} = R_e\langle i_1(t)\rangle_{T_s} \tag{B.6}$$

이다. 이 식을 스위치 변환비 $\mu(t)$에 대해 풀면 다음과 같다.

$$\mu = \frac{1}{1+\dfrac{R_e\langle i_1(t)\rangle_{T_s}}{\langle v_2(t)\rangle_{T_s}}} \tag{B.7}$$

그림 B.10(c)과 B.11의 포트 2의 특성을 일치시키면 DCM에서의 실효 스위치 변환비에 대한 결과와 정확하게 일치함을 알 수 있다.

스위치 변환비 $\mu(t)$를 CCM 스위치 네트워크의 시비율 $d(t)$의 일반화로 생각할 수 있다. 이러한 방법으로 CCM 컨버터에 대해 개발된 모델과 결과를 스위치 시비율 $d(t)$ 대신에 적당한 실효 스위치 변환비 $\mu(t)$를 사용하여 DCM에서 뿐만 아니라 다른 동작 모드 또는 다른 컨버터 구성에 대해서도 사용할 수 있다[21-24]. 예를 들면 $M(d)$가 CCM에서 변환비이면 $M(\mu)$는 DCM에서 변환비이다. 단 μ는 식 (B.7)의 값이다. DCM에서 스위치 변환비는 실효 저항 $R_e = 2L/d^2T_s$를 통해 스위치 시비율 d와 마찬가지로 평균 단자 전압과 전류의 함수이다. 컨버터 부하가 완전히 개방되면 평균 트랜지스터 전류 $<i_1(t)>_{T_s}$는 영이고, DCM 스위치 변환비는 $\mu = 1$이 된다. 따라서 얻을 수 있는 최대 가능한 직류 출력 전압은 $V = V_g M(1)$이다. 이는 1권 5장과 2권 5.1절의 정상상태 DCM 분석 결과와 같다: $\mu = d$. 부하 전류가 더 감소하면 컨버터는 DCM에서 동작하고, 평균 스위치 전류 $<i_1(t)>_{T_s}$는 감소하고, 식 (B.7)의 DCM 스위치 변환비는 스위치 시비율 d보다 더

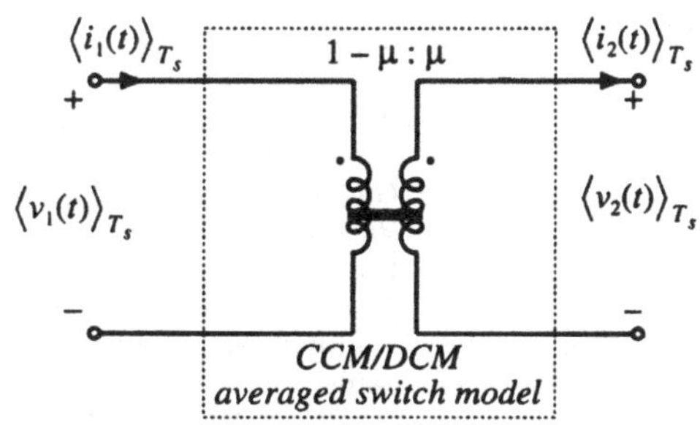

그림 B.11 등가 스위치 변환비 μ를 이용한 일반적인 평균 스위치 모델

커진다. 그러므로 CCM이나 DCM 동작을 고려한 스위치 변환비의 정확한 값은 식 (B.5)와 식 (B.7)로 계산한 값 가운데 큰 값이다.

그림 B.12는 CCM/DCM 통합 모델을 PSpice의 부회로 CCM-DCM1으로 구현한 것을 나타낸다. 이 부회로는 B.1절의 부회로 CCM1과 CCM2와 같은 5개의 연결 절점을 갖는다. 제어 전원 *Et*와 *Gd*는 그림 B.11의 포트 1(트랜지스터)과 포트 2(다이오드)의 평균 특성을 모델링한다. 스위치 변환비 μ는 부회로 절점 μ에 있는 전압 v(u)와 같다. 제어 전압원 *Eu*는 식 (B.5)와 (B.7)로 얻어진 두 값 가운데 큰 값을 스위치 변환비로 계산한다. 제어 전류원 *Ga*, 영의 값 전압원 *Va*와 지항 *Ra*는 시뮬레이터가 구한 해에서 트랜지스터와 다이오드 전류가 올바른 극성을 갖도록 보장하기 위한 보조회로를 구성한다: $\langle i_1(t)\rangle_{T_s} > 0$, $\langle i_2(t)\rangle_{T_s} > 0$. 부회로 파라미터는 CCM/DCM에 관련된 인덕턴스 L과 스위칭 주파수 f_s이다. 부회로에서 기본 값을 임으로 선택하였다: $L = 100$ μH, $f_s = 100$ kHz.

그림 B.12의 PSpice 부회로 CCM-DCM1은 트랜지스터 스위치와 다이오드 스위치를 포함하는 PWM 컨버터의 직류, 교류 및 과도 시뮬레이션에 사용될 수 있다. 이 부회로

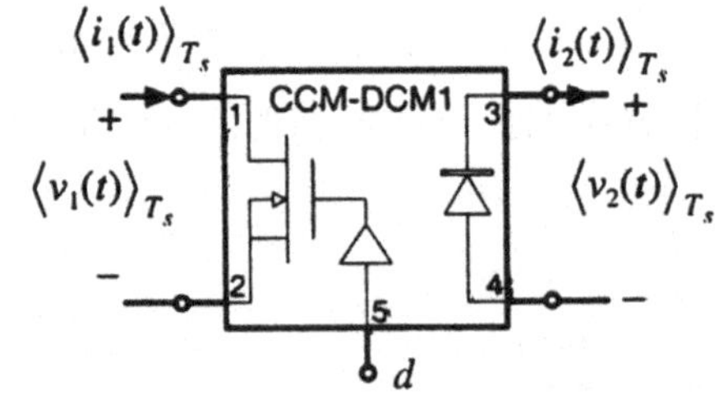


```
***************************************************************
* MODEL: CCM-DCM1
* Application: two-switch PWM converters, CCM or DCM
* Limitations: ideal switches, no transformer
***************************************************************
* Parameters:
*      L = equivalent inductance for DCM
*      fs = switching frequency
***************************************************************
* Nodes:
* 1: transistor positive (drain for an n-channel MOS)
* 2: transistor negative  (source for an n-channel MOS)
* 3: diode cathode
* 4: diode anode
* 5: duty cycle control input
***************************************************************
.subckt CCM-DCM1 1 2 3 4 5
+ params: L=100u fs=1E5
Et 1 2 value={(1-v(u))*v(3,4)/v(u)}
Gd 4 3 value={(1-v(u))*i(Et)/v(u)}
Ga 0 a value={MAX(i(Et),0)}
Va a b
Ra b 0 1k
Eu u 0 table {MAX(v(5),
+ v(5)*v(5)/(v(5)*v(5)+2*L*fs*i(Va)/v(3,4)))} (0 0) (1 1)
.ends
***************************************************************
```

그림 B.12 통합된 CCM/DCM 평균 스위치 모델의 구현

는 *switch.lib*에 포함되어 있다. 이 모델을 분리 변압기가 있는 컨버터에 사용하기 위해 더 수정할 수 있다.

B.2.1 예제: SEPIC 주파수 응답

그림 B.13은 SEPIC 회로와 스위치 네트워크를 그림 B.12의 CCM-DCM1 부회로로 교체한 평균회로 모델을 나타낸다. 그림 B.13에 회로 netlist를 보였다. CCM-DCM1의 연결 및 파라미터를 *Xswitch* 줄에서 정의한다. SEPIC에서 인덕턴스 파라미터 $L = 83.3\ \mu$H는

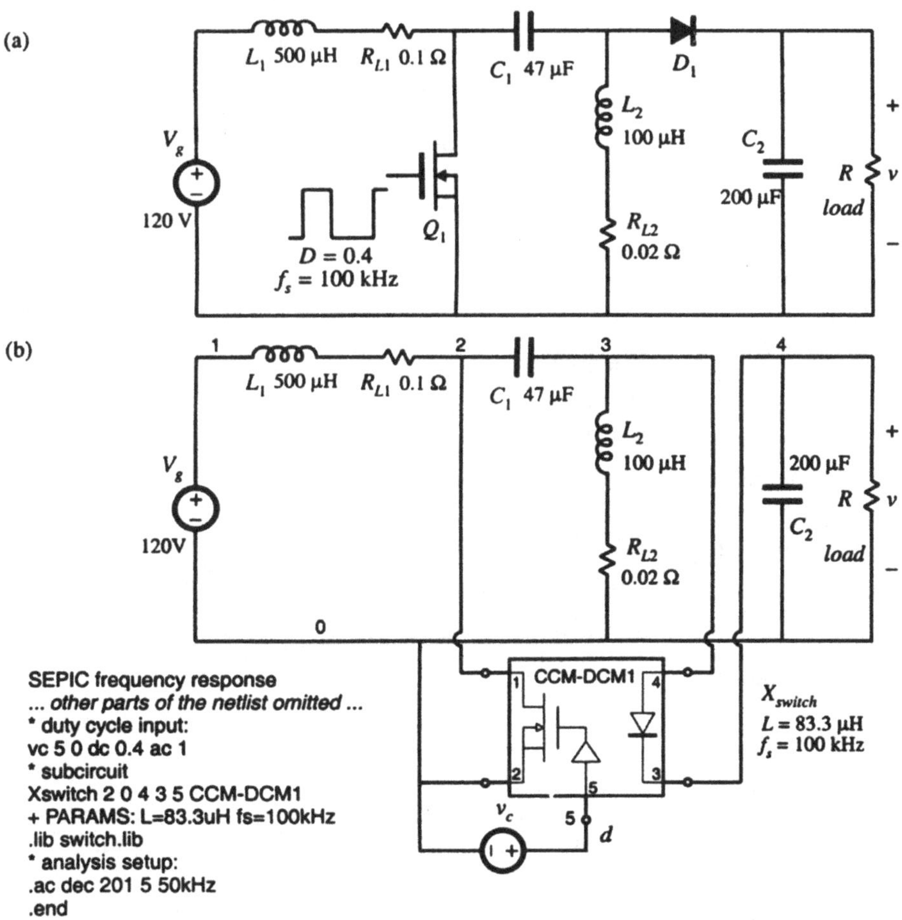

그림 B.13 SEPIC 시뮬레이션 예: (a) 컨버터 회로, (b) 시뮬레이션을 위한 평균 회로 모델

L_1과 L_2의 병렬연결과 같다. 전압원 v_c를 시비율의 동작점 $D=0.4$에서 소신호 교류 값을 $\hat{d}=1$로 정한다. 교류 시뮬레이션은 선형화된 회로 모델을 이용하여 이루어지고, 소신호 교류신호 파형의 크기는 교류 입력 크기 값에 무관하게 교류 입력의 크기에 직접 비례한다. 예를 들면 제어-출력 전달함수는 $G_{vd}=\hat{v}/\hat{d}$이고 그림 B.13(b)에서 $\hat{v}=v(4)$이다. 입력 교류 크기를 1로 하여 제어-출력 전달함수 G_{vd}를 v(5)로서 직접 측정할 수 있다. 이러한 셋업은 시뮬레이션으로 소신호 주파수 응답을 구하는데 편리하다. 실험 회로에서 컨버터 전달함수를 측정하기 위해(2.5절 참조) 소신호 교류 변동 $\hat{d}$의 실제 크기를 동작점 시비율 D의 일부분으로 정한나. 교류 시뮬레이션의 파라미터는 netlist의 .ac 줄에서 정의된다. 신호 주파수는 5 Hz의 최소 주파수에서 50 kHz의 최대 주파수까지 201점/decade로 sweep된다.

그림 B.14는 두 개의 다른 부하 저항에 대해 교류 시뮬레이션을 통해 얻어진 제어-출력 전달함수의 크기 및 위상 응답을 나타낸다. CCM에 대해 $R=40\ \Omega$, DCM에 대해 $R=50\ \Omega$이다. 이 두 동작점에 대해 회로의 직류 전압과 전류는 거의 같다. 그럼에도 불구하고 주파수 응답은 두 동작 모드에서 질적으로 상당히 다르다. CCM에서 컨버터는 두

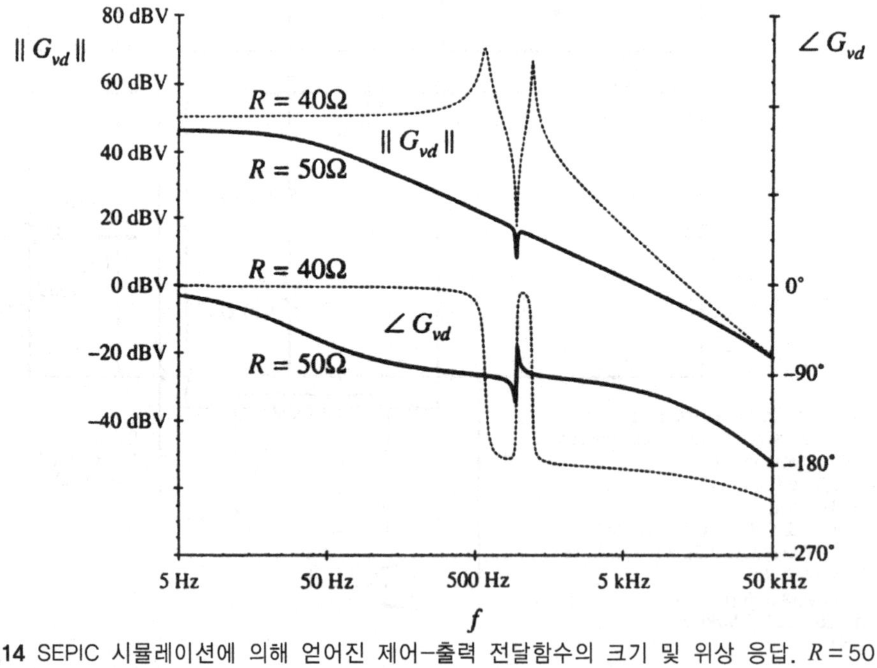

그림 B.14 SEPIC 시뮬레이션에 의해 얻어진 제어-출력 전달함수의 크기 및 위상 응답. $R=50\ \Omega$에 대해 컨버터는 DCM에서 동작하고(실선), $R=40\ \Omega$에 대해 컨버터는 CCM에서 동작한다(점선).

쌍의 높은 -Q의 복소수 공액 극점과 한 쌍의 복소수 공액 영점을 갖는 4차 응답을 보인다. 50 kHz 부근의 주파수에서 또 다른 RHP 영점을 볼 수 있다. DCM에서 한 쌍의 복소수 공액 극점과 한 쌍의 복소수 공액 영점이 뒤따르는 지배적인 저 주파수 극점이 존재한다. 복소수 극점과 영점의 주파수는 매우 가깝다. 고 주파수 극점과 RHP 영점 때문에 더 높은 주파수에서 추가 위상 지연이 발생한다.

CCM이나 DCM에서 동작할 수 있는 컨버터의 되먹임 제어기 설계에서 교차 주파수, 위상여유를 생각해야 한다. 폐루프 응답은 동작 모드에 따라 크게 다를 수 있다. 이 점을 다음 절의 예제에서 설명한다.

B.2.2 예제: 벅 전압 조절기의 루프 이득 및 폐루프 응답

벅 컨버터의 제어기 설계를 3.5.4절에서 다루었다. 그림 3.22는 컨버터와 제어기의 블록선도를 나타낸다. 5 A까지의 부하 전류에서 직류 출력전압 $V=15$ V로 조절하는 컨버터 시스템을 설계한다. 이 설계를 시뮬레이션으로 실험하자. 3.5.4절에서 서술한 벅 전압 조절기의 실제 구현에 대한 평균회로 모델을 그림 B.15에 나타낸다. CCM-DCM1 부회로로 구현된 평균 스위치 모델로 MOSFET과 다이오드 스위치를 바꾸었다. 1.6절의 내용에 따라 $V_M=4$ V의 PWM 변조기를 PWM 입력 전압 v_x에 의해 제어되는 종속 전압원 E_{PWM}으로 모델링한다. E_{PWM}의 값은 PWM 입력 전압 v_x의 $1/V_M=0.25$배와 같고 최소 크기는 0.1 V로 제한하고 최대값은 0.9 V로 제한한다. PWM의 출력은 CCM-DCM1 평균스위치 부회로의 제어 시비율 입력이다. 주어진 E_{PWM}의 제한에 대해 스위치 시비율은 다음 범위의 값을 갖는다.

$$D_{\min} \le d(t) \le D_{\max} \tag{B.8}$$

여기서 $D_{min}=0.1$, $D_{max}=0.9$이다. 실제 PWM회로에는 시비율 $D_{max}<1$의 제한이 있다. 전압 센서와 보상기는 연산 증폭기 LM324로 구성한다. 매우 큰 시스템 루프 이득으로 정상상태 오차 전압은 거의 영이다. 즉, 연산 증폭기의 양과 음의 입력의 직류 전압은 거의 같다.

$$v(5) = v_{ref} \tag{B.9}$$

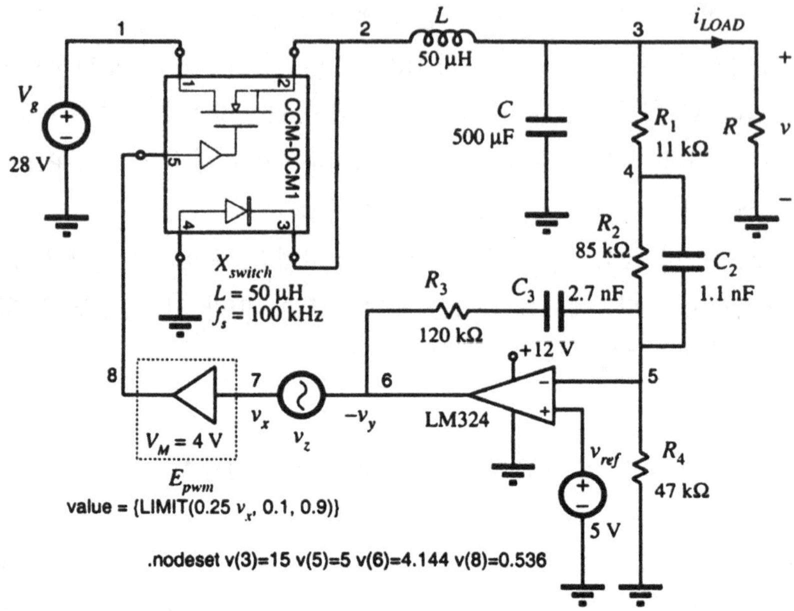

그림 B.15 벅 전압조절기 예

따라서 기준 전압 v_{ref}와 R_1, R_2, R_4로 구성된 전압 분배기는 동작점(직류) 출력 전압 V를 결정한다.

$$V\frac{R_4}{R_1+R_2+R_4}=v_{ref}=5\ \text{V} \tag{B.10}$$

교류 기준전압 $\hat{v}_{ref}$를 영으로 하여 전압 센서와 보상기의 전달함수는 다음과 같다.

$$H(s)G_c(s)=\frac{\hat{v}_y}{\hat{v}}=\frac{R_3+\dfrac{1}{sC_3}}{R_1+R_2\parallel\dfrac{1}{sC_2}} \tag{B.11}$$

이 전달함수를 인수 분해를 하면 다음과 같이 쓸 수 있다.

$$G_{cm}H\frac{\left(1+\dfrac{s}{\omega_z}\right)\left(1+\dfrac{\omega_L}{s}\right)}{\left(1+\dfrac{s}{\omega_p}\right)} \tag{B.12}$$

여기서

$$G_{cm}H = \frac{R_3}{R_1 + R_2} \quad \text{(B.13)}$$

$$f_z = \frac{\omega_z}{2\pi} = \frac{1}{2\pi R_2 C_2} \quad \text{(B.14)}$$

$$f_L = \frac{\omega_L}{2\pi} = \frac{1}{2\pi R_3 C_3} \quad \text{(B.15)}$$

$$f_p = \frac{\omega_p}{2\pi} = \frac{1}{2\pi (R_1 \parallel R_2) C_2} \quad \text{(B.16)}$$

이다. 3.5.4절에서 설계한 것에 따르면 이득과 교차 주파수 등은 다음 값을 갖는다.

$$G_{cm}H = 3.7(1/3) = 1.23, \quad f_z = 1.7 \text{ kHz}, \quad f_L = 500 \text{ Hz}, \quad f_p = 14.5 \text{ kHz} \quad \text{(B.17)}$$

회로 파라미터의 값을 구하기 위해 식 (B.10)과 식 (B.13)에서 (B.17)을 사용할 수 있다. 임의로 $C_2 = 1.1$ nF로 정하자. 그러면 식 (B.14)로부터 $R_2 = 85$ kΩ, 식 (B.16)으로부터 $R_1 = 11$ kΩ이다. 식 (B.13)으로부터 $R_3 = 120$ kΩ, 식 (B.15)로부터 $C_3 = 2.7$ kΩ, 마지막으로 식 (B.10)으로부터 $R_4 = 47$ kΩ이다. 그림 B.15의 회로를 시뮬레이션하여 전압 조절기 설계를 검증한다.

루프 이득을 실험으로 측정하기 위해 3.6절에서 서술한 정확히 같은 기법을 이용한 시뮬레이션을 통해 루프 이득을 얻을 수 있다[20]. 3.6.1절의 전압주입법을 적용하기로 하자. 보상기 출력과 PWM 입력 사이에 교류 전압원 v_z를 주입한다. 연산 증폭기 주위에 꾸며진 보상기의 출력 임피던스가 작고, PWM 입력 임피던스가 매우 크기 때문에(그림 B.15의 회로 모델에서 무한대) 이 지점이 주입하기에 좋다. 교류 전원의 크기를 임의로 1로 하고, 회로의 다른 교류 입력을 없애 다음과 같은 루프 이득을 찾기 위해 교류 시뮬레이션을 한다.

$$T(s) = \frac{\hat{v}_y}{\hat{v}_x} = -\frac{v(6)}{v(7)} \quad \text{(B.18)}$$

교류 해석을 위해 시뮬레이터는 처음에 직류 동작점을 찾는다. 그 후 이 동작점에서 회로를 선형화하여 정해진 신호 주파수 범위에 대해 소신호 주파수 응답을 계산한다. 동작점을 푸는 일은 비선형 방정식의 수치해석을 포함한다. 어떤 경우에는 수치해석이 수렴하지 않아 에러 메시지로 시뮬레이션이 중지한다. 특히 되먹임을 갖는 회로를 대상으로 직류에서 루프 이득이 매우 클 때 수렴 문제가 자주 발생한다. 그림 B.15의 회로가 이 경우이다. 시뮬레이터가 동작점을 찾을 때 수렴을 돕기 위해 그림 B.15에 보인 .nodeset 줄을 이용하여 절점 전압의 근사 또는 기대 값을 기입할 수 있다. 이 경우 출력 전압의 동작점은 15 V에 가깝고($v(3) = 15$), 시비율 동작점은 거의 $D = V/V_g = 0.536(v(8) = 0.536\ \text{V})$임을 설계 단계에서 알고 있다. 이런 근사 절점 전압을 주어 수치해석이 수렴하여 시뮬레이터를 통해 두 값의 부하 저항 R에 대한 다음의 동작점을 찾는다.

$$R = 3\Omega,\ v(3) = 15.2\,\text{V},\ \text{v}(5) = 5.0\,\text{V},\ \text{v}(7) = 2.173\,\text{V},\ \text{v}(8) = 0.543\,\text{V},\ D = 0.543 \quad \text{(B.19)}$$

$$R = 25\Omega,\ v(3) = 15.2\,\text{V},\ \text{v}(5) = 5.0\,\text{V},\ \text{v}(7) = 2.033\,\text{V},\ \text{v}(8) = 0.508\,\text{V},\ D = 0.508 \quad \text{(B.20)}$$

정규 부하 저항 $R = 3\ \Omega$에 대해 컨버터는 CCM에서 동작하여 $D = V/V_g$이다. 부하 저항 $R = 25\ \Omega$에 대해 더 낮은 시비율 동작점으로 같은 직류 출력 전압을 얻을 수 있고 이는 컨버터가 DCM에서 동작함을 의미한다.

식 (B.19)와 (B.20)의 동작점에 대해 루프 이득의 크기와 위상을 그림 B.16에 나타낸

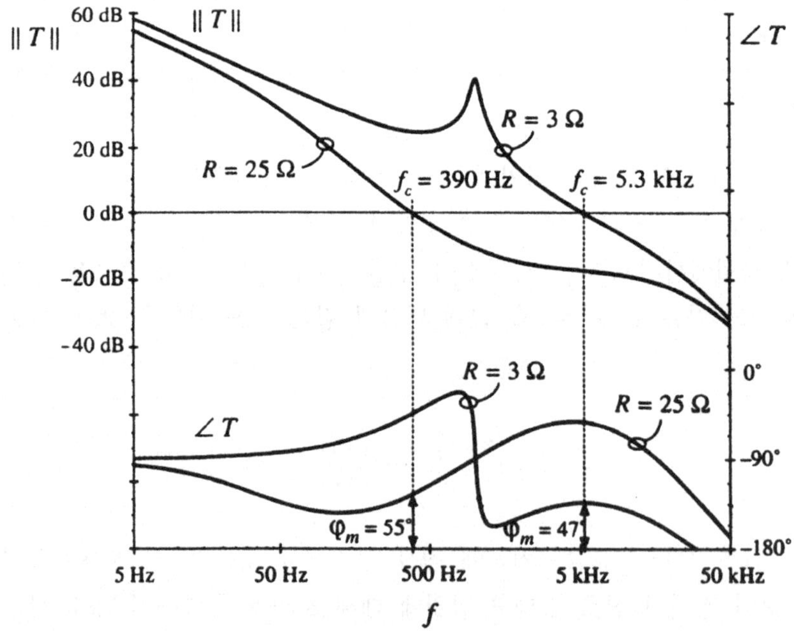

그림 B.16 벅 전압조절기의 루프 이득

다. $R = 3\ \Omega$에 대해 교차 주파수 $f_c = 5.3$ kHz, 위상 여유 $\phi_m = 47°$이다. 이는 3.5.4절에서 설계한 값들($f_c = 5$ kHz, $\phi_m = 52°$)과 매우 가깝다. $R = 25\ \Omega$의 가벼운 부하에서 컨버터는 DCM에서 동작하기 때문에 루프 이득의 응답은 매우 다르다. 교차 주파수는 $f_c = 390$ Hz로 떨어지고 위상 여유는 $\phi_m = 55°$이다.

두 값 $R = 3\ \Omega$과 $R = 25\ \Omega$의 부하 저항에 대한 라인-출력 전달함수의 크기 응답을 그림 B.17에 나타낸다. 절점 8에서 되먹임 루프를 끊고 이 절점의 직류 값을 시비율의 동작점의 값으로 놓으면 개루프 응답을 얻는다. $R = 3\ \Omega$에 대해 그림 3.32에 주어진 이론적인 보드선도를 이용하여 개루프와 폐루프 응답을 비교할 수 있다. 100 Hz에서 폐루프 크기 응답은 $0.012 \Rightarrow -38$ dB이다. 입력 전압 $v_g(t)$에 포함된 1 V, 100 Hz 변동은 출력 전압 $v(t)$에 12 mV 변동을 발생한다. R = 25 Ω에 대해 폐루프 크기 응답은 100 Hz에서 $0.02 \Rightarrow -34$ dB이다. 입력 전압 $v_g(t)$에 포함된 1 V, 100 Hz 변동은 출력 전압 $v(t)$에 20 mV 변동을 발생한다. 따라서 입력 전압의 외란을 거부하는 면에서 조절기 성능은 정규 부하에서보다 가벼운 부하에서 상당히 악화됨을 알 수 있다.

부하에 계단 변화가 있을 때 과도 응답의 결과를 그림 B.18에 나타낸다. 초기에 부하 전류는 1.5 A이고 $t = 0.1$ ms에서 $i_{LOAD} = 5$ A로 증가한다. 컨버터가 일정한 시비율로 개루프로 동작하면 응답은 컨버터 네트워크의 자연 시정수에 의해 결정된다. 출력 전압에서 큰 오버슈트와 길고 가볍게 제동된 울렁거림을 볼 수 있다. 되먹임 루프를 닫으면 제

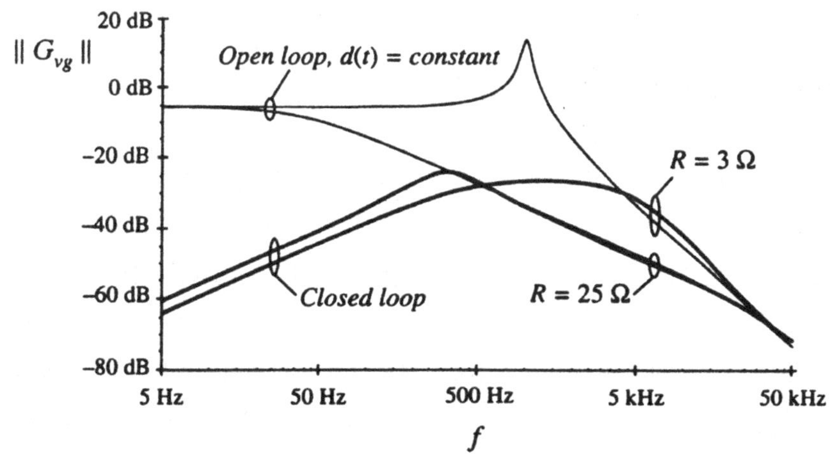

그림 B.17 벅 전압조절기의 라인–출력 응답

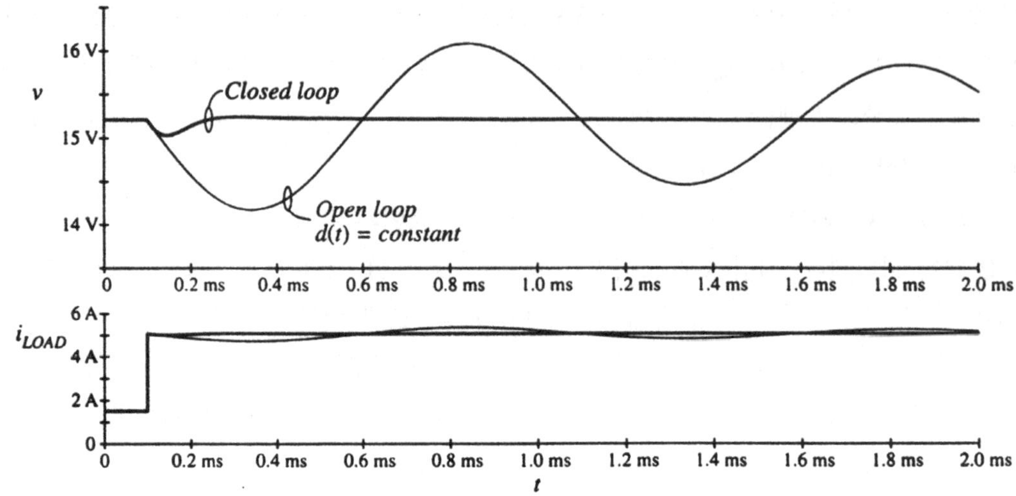

그림 B.18 벅 전압조절기의 부하 과도 응답

어기는 출력 전압을 일정하게 유지하기 위해 시비율 $d(t)$를 동적으로 조절한다. 출력 전압은 약 0.2 V 떨어져 짧고 잘 제동된 과도 상태를 거쳐 조절된 값으로 돌아온다.

그림 B.15의 전압 조절기 예로부터 넓은 범위의 부하를 공급하는 조절기를 원하면 성능은 많이 변할 수 있음을 알 수 있다. 실제로 지정된 입력 전압의 범위에 대해 또한 소자 파라미터 값의 변동에 대해 성능을 검증할 수 있다. 최악의 조건에서 사양을 만족시키기 위해 설계를 반복해야 한다.

B.2.3 예제: DCM 부스트 정류기

라인 전류 고조파를 만들지 않고 전력을 교류 라인으로부터 얻는 거의 이상적인 정류기를 만들기 위해 교류 라인 주파수보다 매우 큰 주파수 영역에서 컨버터를 스위칭할 수 있다. 9장에서 저 고조파 정류기를 만드는 방법에 대해 다루었다. 하나의 간단한 방법은 9.2.1절에서와 같이 부스트 컨버터를 DCM에서 동작시키는 것이다. 부스트 DCM 컨버터가 일정한 시비율로 동작하면 입력 전류는 거의 입력 전압을 따라 간다. DCM 실효 저항 $2L/d^2(t)\,T_s$는 DCM 부스트 정류기의 근사적인 모의 저항이다. 교류 라인 전류 고조파는 영이 아니고 고조파 제한을 만족하는 정류기를 설계할 수 있다. 이 절에서는 DCM

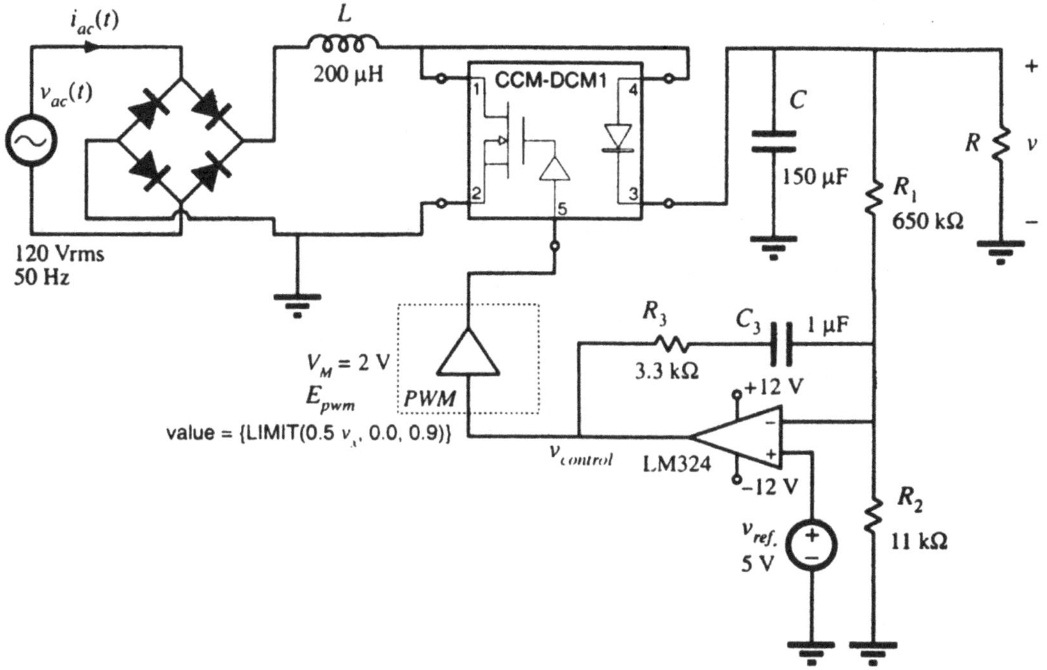

그림 B.19 DCM 부스트 정류기 예

부스트 정류기 예를 생각하고 시뮬레이션으로 성능을 조사한다.

부스트 DCM 정류기의 평균회로 모델을 그림 B.19에 나타낸다. 전파 정류된 120 Vrms, 50 Hz 교류 라인 전압을 부스트 컨버터의 입력으로 연결한다. 컨버터 스위치를 CCM-DCM1 평균 스위치 부회로로 교체하였다. 부하 R에 출력 전력 $P_{out} = 120$ W까지 출력 전압을 $V = 300$ V로 조절하고자 한다. 스위칭 주파수는 $f_s = 100$ kHz이다. 컨버터가 항상 DCM에서 동작하도록 인덕턴스 L을 산정하자. 식 (9.24)로부터 DCM의 조건은 다음과 같다.

$$L < \frac{\left(1 - \frac{V_M}{V}\right) R_e}{2 f_s} \tag{B.21}$$

여기서 R_e는 정류기의 모의 저항이고 V_M은 교류 라인 전압의 첨두 값이다. 라인 전류 고조파와 손실을 무시하면 주어진 부하 전력 P에서 정류기 모의 저항 R_e는 다음과 같다.

$$R_e = \frac{V_M^2}{2P} \tag{B.22}$$

$V_M = 170$ V와 식 (B.22)로부터 얻은 R_e를 구하고, 식 (B.21)을 이용하면 $L < 260$ μH 이므로 $L = 200$ μH로 정한다. 직류 출력 전압을 조절하기 위해 컨버터 주위에 저-대역폭 전압 되먹임 루프를 추가한다. 출력 전압을 측정하여 기준 v_{ref}와 비교한다. 연산 증폭기 LM324를 이용하여 PI 보상기를 만든다. 보상기의 출력 $v_{control}$은 PWM의 입력이다. $v_{control}$은 스위치 시비율 d를 조절하여 정류기의 모의 저항 $R_e = 2L/d^2(t)\,T_s$을 조절하고 교류 라인으로부터의 전력을 제어한다. 정상상태에서 입력 전력은 출력 전력과 같다. 직류 출력전압 V를 기준 전압 v_{ref}와 R_1, R_2로 구성된 전압 분배기에 의해 정해진 값에 조절한다.

$$V = v_{ref}\frac{R_1 + R_2}{R_1} = 300 \text{ V} \tag{B.23}$$

저-대역폭 전압 조절 루프를 9.4.2절에서 모델링한다.

교류 라인 전류 고조파를 살펴보자. 먼저 정상상태 동작에 이르는 긴 과도상태를 시뮬레이션한다. 정상상태의 한 주기 동안 교류 라인의 전류 파형 $i_{ac}(t)$를 푸리에 해석을 통해 전류 고조파를 계산한다. 그림 B.20은 $R = 900$ Ω 즉, 100 W의 출력 전력에 대해 얻

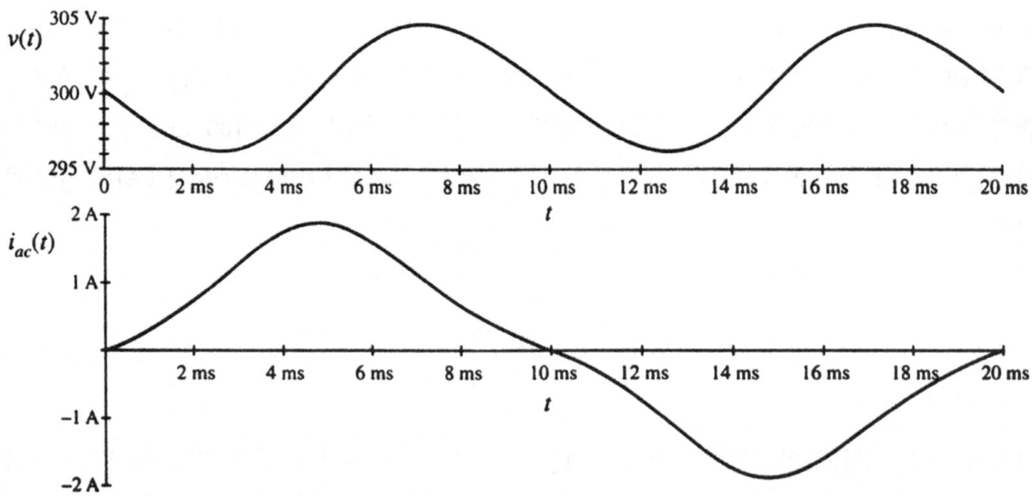

그림 B.20 DCM 부스트 정류기에서 출력 전압과 교류 라인 전류

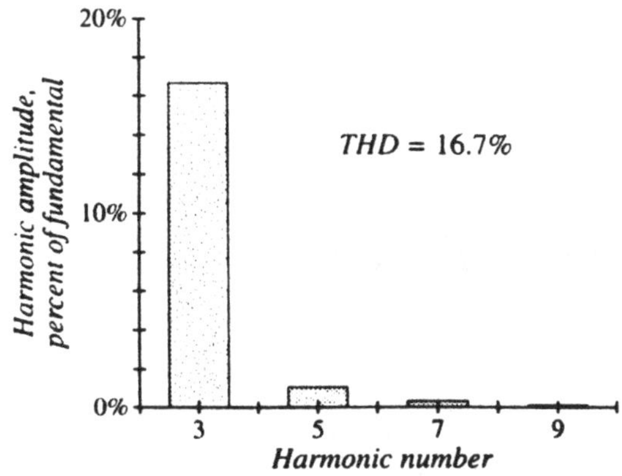

그림 B.21 DCM 부스트 정류기에서 교류 라인 전류의 스펙트럼

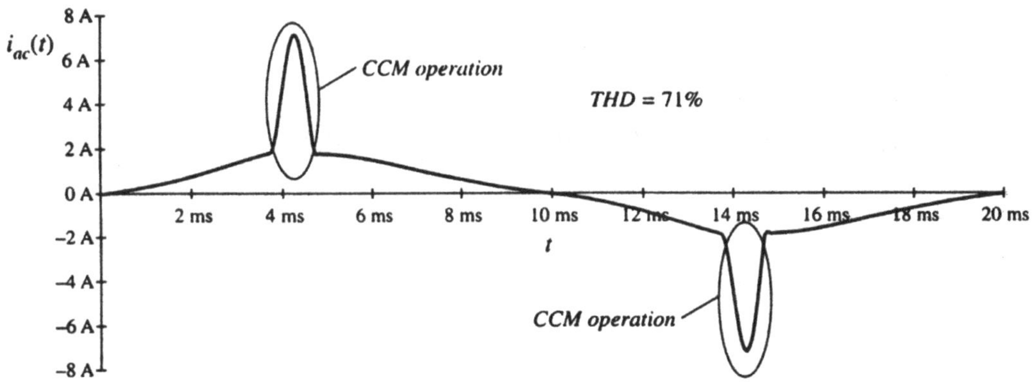

그림 B.22 출력이 과부하일 때 DCM 부스트 정류기의 교류 라인 전류

은 정상상태 교류 라인의 전류와 출력 전압을 나타낸다. 출력 전압은 300 V의 직류 성분과 라인 주파수의 2배에 해당하는 맥동 성분을 포함한다. 맥동 성분의 첨두-첨두 전압 맥동은 거의 8 V이고, 이 값은 식 (9.91)로 얻은 값 7 V와 잘 비교된다. 교류 라인의 전류에 큰 왜곡이 있다. 교류 라인 전류의 스펙트럼을 그림 B.21에 나타낸다. 가장 큰 3차 고조파는 기본파의 16.6%이고 전체 고조파 왜곡은 16.7%이다.

정류기에 과부하가 걸릴 때 어떻게 되는가를 조사할 수 있다. $R = 500\ \Omega$ 즉, 180 W의 출력 전력에 대해 얻은 정상상태 교류 라인의 전류를 그림 B.22에 나타낸다. 교류 전압의 첨두 부근에서 부스트 컨버터는 CCM에서 동작하여 전류 스파이크와 상당한 고조파 왜곡을 일으킨다.

B.3 전류 프로그램 제어

6장에서 공부한 전류 프로그램 모드에서 첨두 트랜지스터 전류가 제어 신호를 따라 가도록 트랜지스터의 스위칭을 제어한다. 트랜지스터 시비율 $d(t)$는 직접 제어되지 않고 다른 컨버터 전압이나 전류와 마찬가지로 CPM 제어 입력에 의해 결정된다. 이 절에서는 시뮬레이션을 위한 부회로로 구현하기 적당한 형태로 CPM에서 대신호 평균 관계를 표현한다.

B.3.1 시뮬레이션을 위한 전류 프로그램 모드 모델

그림 B.23은 연속 또는 불연속 전도모드에서 동작하는 CPM 컨버터의 전형적인 인덕터 전류와 전압 파형을 나타낸다. 신호 $i_c(t)$는 CPM 제어 입력이다. 기울기 $-m_a$를 갖는 가공 톱니파 신호를 제어 입력에 더하였다. 트랜지스터가 도통인 첫 번째 세부구간에서 인덕터 전류는 다음의 기울기 m_1을 갖고 증가한다.

$$m_1 = \frac{\langle v_1(t) \rangle_{T_s}}{L} \tag{B.24}$$

전압 맥동이 매우 작아 인덕터 양단의 전압 $v_1(t)$가 거의 평균 전압 $\langle v_1(t) \rangle_{T_s}$와 같다고 가정한다. 첫 번째 세부구간의 길이는 $d(t)\,T_s$이다. 인덕터 전류가 다음에 주어진 첨두 값에 도달하면 트랜지스터는 오프된다.

$$i_{pk} = i_c - m_a d T_s \tag{B.25}$$

트랜지스터가 오프이고 다이오드가 온인 두 번째 세부구간에서 인덕터 전류는 기울기

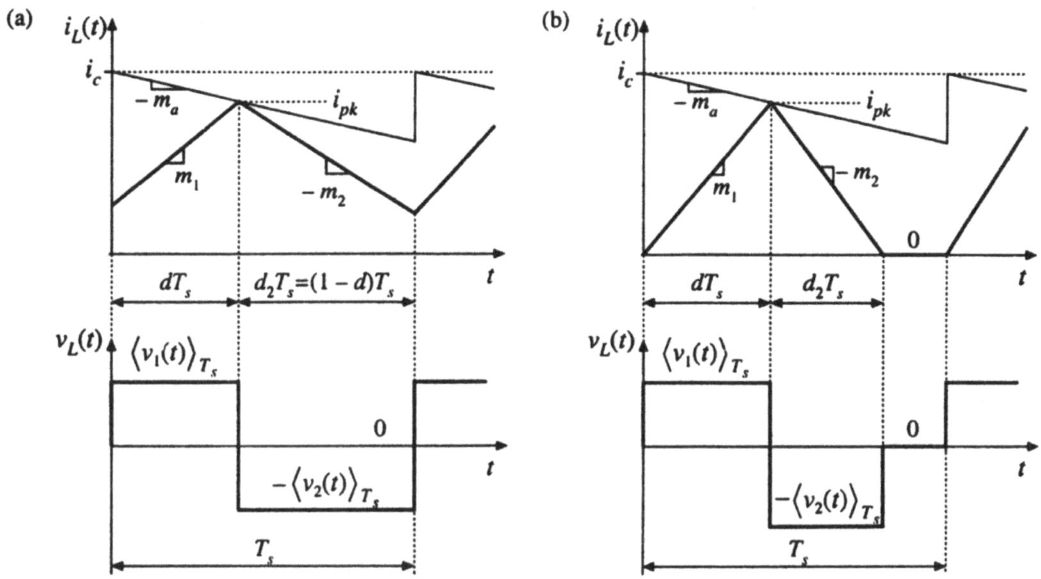

그림 B.23 전류 프로그램 모드의 파형: (a) 연속 전도모드, (b) 불연속 전도모드

$-m_2$를 갖고 감소한다. 전압 맥동이 작다는 가정에서 기울기 m_2는 다음과 같다.

$$m_2 = \frac{\langle v_2(t) \rangle_{T_s}}{L} \tag{B.26}$$

두 번째 세부구간의 길이는 $d_2(t)\,T_s$이다. CCM인 경우 두 번째 세부구간은 스위칭 주기의 끝까지 지속된다. 따라서

$$d_2 = 1 - d \tag{B.27}$$

DCM인 경우 스위칭 주기가 끝나기 전에 전류는 영이 된다. 이 때 두 번째 세부구간의 길이는 다음과 같이 계산할 수 있다.

$$d_2 = \frac{i_{pk}}{m_2 T_s} \tag{B.28}$$

컨버터가 DCM에서 동작하면 식 (B.28)로 계산된 d_2는 1-d보다 작다. 컨버터가 CCM에서 동작하면 1-d는 식 (B.28)로 계산된 d_2보다 작다. 일반적으로 식 (B.27)과 (B.28)을

이용하여 얻은 두 값 가운데 작은 값을 두 번째 세부구간의 길이로 선택할 수 있다.

그림 B.23에서 인덕터 전류 파형의 밑의 면적을 계산하여 평균 인덕터 전류를 얻을 수 있다.

$$\langle i_L(t) \rangle_{T_s} = d\left(i_{pk} - \frac{m_1 d T_s}{2}\right) + d_2\left(i_{pk} - \frac{m_2 d_2 T_s}{2}\right) \tag{B.29}$$

두 번째 세부구간의 길이를 식 (B.27)과 (B.28)을 이용하여 얻은 두 값 가운데 작은 값으로 선택한다면 식 (B.29)의 관계는 CCM 및 DCM에 대해 타당하다.

식 (B.24)부터 (B.29)까지를 기본으로 하여 그림 B.24에 보여진 형태로 평균 CPM 부회로 모델을 만들 수 있다. CPM 부회로의 입력은 제어 입력$\langle v_c(t) \rangle_{T_s} = R_f \langle i_c(t) \rangle_{T_s}$, 측정된 인덕터 전류 $R_f \langle i_L(t) \rangle_{T_s}$ 그리고 두 세부구간의 인덕터 전압 $\langle v_1(t) \rangle_{T_s}$과 $\langle v_2(t) \rangle_{T_s}$이다. 부회로의 출력은 스위치의 시비율 d이다. CPM 부회로의 파라미터는 등가 전류 검출 저항 R_f, 인덕턴스 L, 스위칭 주파수 $f_s = 1/T_s$ 그리고 가공 톱니파의 크기 V_a이다.

$$V_a = m_a T_s \tag{B.30}$$

부회로를 구현할 때 두 번째 세부구간의 길이를 식 (B.27)과 (B.28)을 이용하여 얻은 두 값 가운데 작은 값으로 선택한다.

$$d_2 = \mathrm{MIN}\left(1 - d,\ \frac{i_{pk}}{m_2 T_s}\right) \tag{B.31}$$

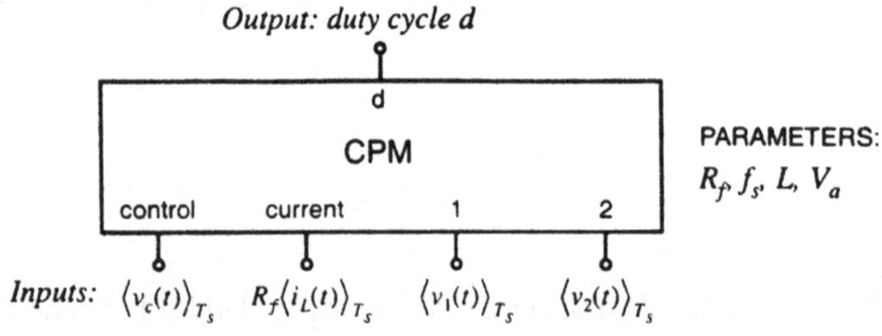

그림 B.24 전류 프로그램 모드의 부회로

다음으로 식 (B.29)를 풀어 스위치 시비율을 구한다. 스위치 시비율을 다른 변수의 함수로 표현할 있는 여러 방법이 있다. 식 (B.29)에 수학적으로 등가일지라도 시비율을 구하는 형태가 다르면 시뮬레이터에서 수치해석의 수렴 성능도 달라진다. *switch.lib* 에 CPM 부회로에서 시비율은 식 (B.25)를 (B.29)에 대입하여 얻은 다음의 형태를 갖는다.

$$d = \frac{2i_c(d+d_2) - 2\langle i_L(t)\rangle_{T_s} - m_2 d_2^2 T_s}{2m_a(d+d_2)T_s + m_1 d T_s} \tag{B.32}$$

시비율 d를 계산하기 위해 시뮬레이터에서 수치해석은 변수 d가 양 변에 있는 불분명한 식을 사용한다.

B.3.2 예제: 전류 프로그램 제어가 있는 벅 컨버터의 주파수 응답

CPM 부회로의 응용을 설명하기 위해 그림 B.25의 벅 컨버터 회로를 생각하자. 평균회로 모델을 구성하기 위해 스위치를 CCM-DCM1 평균 스위치 부회로로 대체하였다. CPM 부회로의 제어 입력은 독립 전압원 v_c이다. CPM 부회로의 다른 입력을 만들기 위해 세 개의 종속 전압원을 사용하였다. 제어 전압원 E_i는 인덕터 전류 i_L에 비례한다. 제어 전압원 E_1은 $v(1) - v(3)$과 같고, 이 값은 트랜지스터가 온이고 다이오드가 오프인 첫 번째 세부구간 동안 인덕터에 인가된 전압 $\langle v_1(t)\rangle_{T_s}$와 같다. 제어 전압원 E_2는 $v(3)$과 같고, 이 값은 트랜지스터가 오프이고 다이오드가 온인 두 번째 세부구간 동안 인덕터에 인가된 전압 $\langle v_2(t)\rangle_{T_s}$와 같다.

제어 입력이 $V_c = 1.4$ V인 직류 값에 대해 얻어진 동작점에서 교류 시뮬레이션을 수행한다. 이 동작점에서 스위치 시비율은 $D = 0.676$, 직류 출력 전압 $V = 8.1$ V, 인덕터 전류의 직류 성분은 $I_L = 0.81$ A이다. 컨버터는 CCM에서 동작한다.

그림 B.26은 제어-출력 전달함수 $G_{vc}(s) = \hat{v}/\hat{v}_c$와 $G_{vd}(s) = \hat{v}/\hat{d}$에 대한 크기와 위상 응답을 나타낸다. 시비율-출력 전압의 전달함수 $G_{vc}(s)$는 잘 아는 2차 높은 Q 응답을 나타낸다. 복소수 공액 극점 쌍의 중심 주파수 근처에서 뾰족한 크기 응답과 위상이 0°에서 180°로 급하게 변한다. 반면 CPM 제어-출력 전달함수는 하나의 지배적인 저 주파수 극점을 갖는다. 위상 지연은 넓은 주파수 범위에서 -90° 주위에 있다. 고 주파수 극점은 고

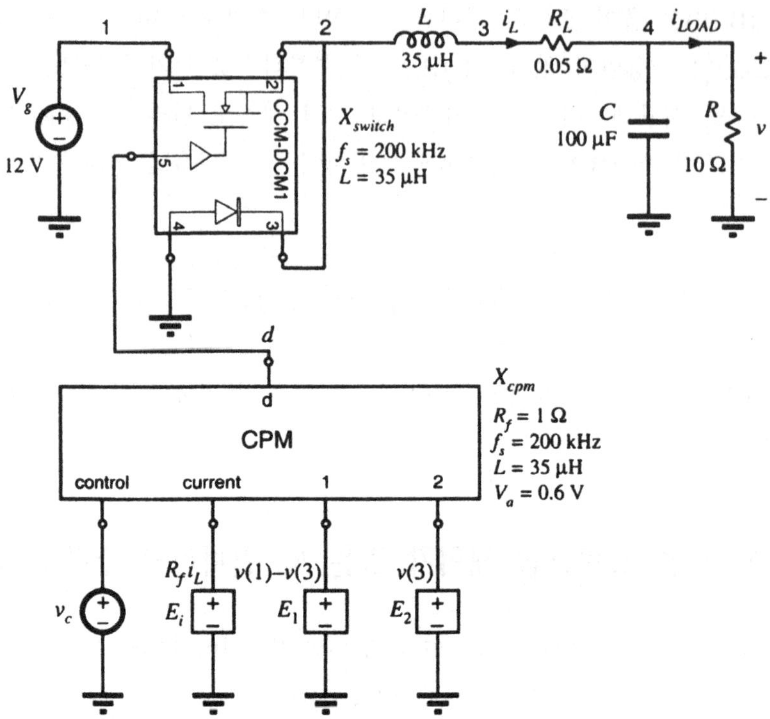

그림 B.25 CPM 벅 컨버터 예

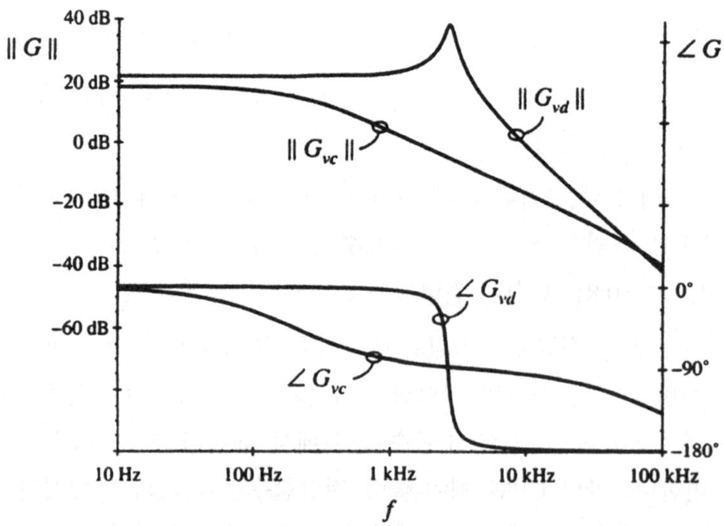

그림 B.26 벅 컨버터에 대한 CPM 제어와 시비율 제어의 제어-출력 전달함수 응답 비교

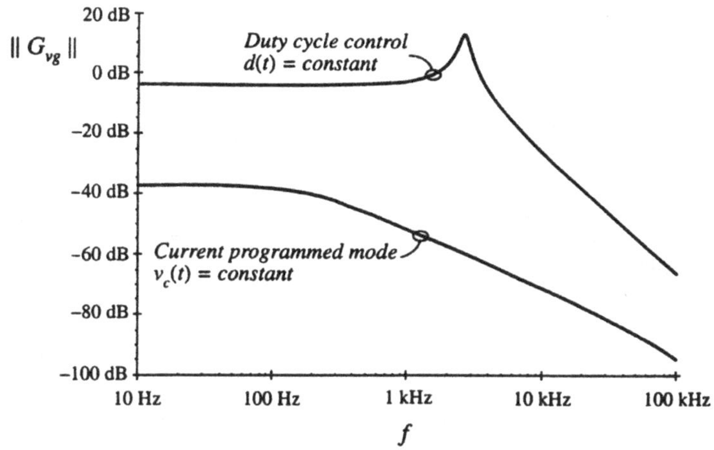

그림 B.27 벅 컨버터에 대한 CPM 제어와 시비율 제어의 라인–출력 전달함수 응답 비교

주파수에서 부가적인 위상 지연에 기여한다. 그림 B.26의 주파수 응답은 시비율 제어에 대한 CPM 제어의 장점을 나타낸다. 제어-출력 주파수 응답이 하나의 저 주파수 극점에 의해 지배되기 때문에 시비율이 제어 입력인 컨버터보다 CPM 제어 컨버터에 넓은 대역폭을 갖는 전압 되먹임 루프를 바깥쪽에 추가하기 쉽다.

CPM 제어의 다른 장점은 입력 전압의 외란 거부이다. 그림 B.27은 벅 컨버터에 대한 시비율 제어와 CPM 제어의 라인-출력 전달함수를 나타낸다. 실질적으로 유용한 주파수 대역에서 CPM 제어는 입력 전압의 외란을 30 dB이상 감소시킨다.

시비율 제어와 CPM 제어의 출력 임피던스를 비교하는 것도 흥미롭다. 결과를 그림 B.28에 나타낸다. 저 주파수에서 시비율 제어가 매우 낮은 출력 임피던스를 보이며, 이 값은 스위치와 인덕터 저항에 의해 결정된다. 주파수가 증가함에 따라 출력 임피던스는 인덕터 임피던스가 증가함에 따라 증가한다. 출력 LC 필터의 공진 주파수에서 시비율 제어 컨버터의 출력 임피던스에 상당히 큰 첨두가 발생한다. 고 주파수에서 출력 임피던스는 주파수 증가에 따라 임피던스가 작아지는 필터 커패시터의 임피던스가 지배적이다. CPM 제어 컨버터에서는 저 주파수 임피던스가 크다. 이 값은 부하 저항과 CPM 출력 저항의 병렬 조합과 같다. CPM 제어에 의한 무손실 제동 때문에 직렬 인덕터는 출력 임피던스에 영향을 미치지 못한다. 주파수가 증가함에 따라 출력 임피던스는 주파수 증가에 따라 임피던스가 작아지는 필터 커패시터의 임피던스가 지배적이다. 고 주파수에서 시비율 제어와 CPM 제어 컨버터의 출력 임피던스는 같은 점근선을 갖는다.

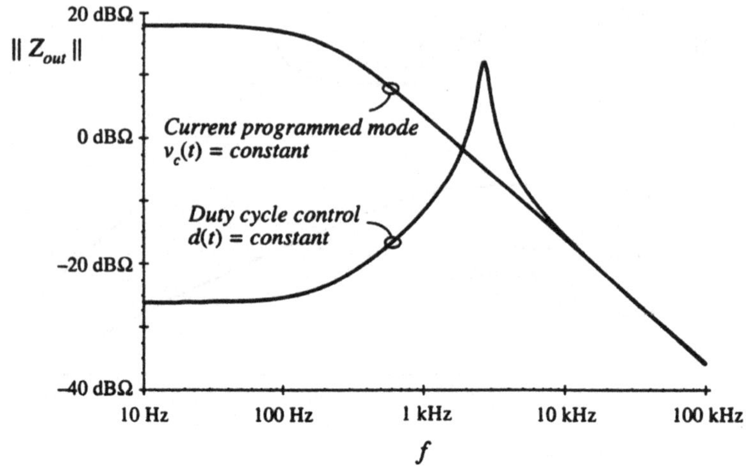

그림 B.28 벅 컨버터에 대한 CPM 제어와 시비율 제어의 출력 임피던스 응답 비교

참고문헌

[1] R. J. Dirkman, "The Simulation of General Circuits Containing Ideal Switches," IEEE Power Electronics Specialists Conference, 1987 Record, pp. 185-194.

[2] C. J. Hsiao, R. B. Ridley, H. Naitoh, and F. C. Lee, "Circuit-Oriented Discrete-Time Modeling and Simulation of Switching Converters," IEEE Power Electronics Specialists Conference, 1987 Record, pp. 167-176.

[3] R. C. Wong, H. A. Owen, and T. G. Wilson, "An Efficient Algorithm for the Time-Domain Simulation of Regulated Energy-Storage DC-to-DC Converters," IEEE Transactions on Power Electronics, Vol. 2, No. 2, pp. 154-168, April 1987.

[4] A. M. Luciano and A. G. M. Strollo, "A Fast Time-Domain Algorithm for Simulation of Switching Power Converters," IEEE Transactions on Power Electronics, Vol. 2, No. 3, pp. 363-370, July 1990.

[5] D. Bedrosian and V. Vlach, "Time-Domain Analysis of Networks with Internally Controlled Switches," IEEE Transactions on Circuits and Systems-I: Fundamental Theory and Applications, Vol. 39, No. 3, pp. 199-212, March 1992.

[6] P. Pejović and D. Maksimović, "A New Algorithm for Simulation of Power Electronic Systems Using Piecewise-Linear Device Models," IEEE Transactions on Power Electronics, Vol. 10, No. 3, pp. 340-348, May 1995.

[7] P. Pejović, "A Method for Simulation of Power Electronic Systems Using Piecewise-Linear Device Models," Ph. D. thesis, Univ. of Colorado, Boulder, April 1995.

[8] D. Li, R. Tymerski, and T. Ninomiya, "PECS-An Efficacious Solution for Simulating Switched Networks with Nonlinear Elements," IEEE Power Electronics Specialists Conference, 2000 Record, pp. 274-279, June 2000.

[9] V. Bello, "Computer Aided Analysis of Switching Regulators Using SPICE2," IEEE Power Electronics Specialists Conference, 1980 Record, pp. 3-11.

[10] V. Bello, "Using the SPICE2 CAD Package for Easy Simulation of Switching Regulators in Both Continuous and Discontinuous Conduction Modes," Proceedings of the Eighth National Solid-State Power Conversion Conference(Powercon 8), April 1981.

[11] V. Bello, "Using the SPICE2 CAD Package to Simulate and Design the Current Mode Converter," Proceedings of the Eighth National Solid-State Power Conversion Conference(Powercon 11), April 1984.

[12] D. Kimhi and S. Ben-Yaakov, "A SPICE Model for Current Mode PWM Converters Under Continuous Inductor Current Conditions," IEEE Transactions on Power Electronics, Vol. 6, No. 2, pp. 281-286, April 1991.

[13] Y. Amran, F. Huliehel, and S. Ben-Yaakov, "A Unified SPICE Compatible Average Model of PWM Converters," IEEE Transactions on Power Electronics, Vol. 6, No. 4, pp. 585-594, October 1991.

[14] S. Ben-Yaakov and Z. Gaaton, "Generic SPICE Compatible Model of Current Feedback in Switch Mode Converters," Electronics Letters, Vol. 28, No. 14, 2nd July 1992.

[15] S. Ben-Yaakov, "Average Simulation of PWM Converters by Direct Implementation of Behavioral Relationships," IEEE Applied Power Electronics Conference, 1993 Record, pp. 510-516, Feb. 1993.

[16] S. Ben-Yaakov and D. Adar, "Average Models as Tools for Studying Dynamics of Switch Mode DC-DC Converters," IEEE Power Electronics Specialists Conference, 1994 Record, pp. 1369-1376.

[17] V. M. Canalli, J. A. Cobos, J. A. Oliver, and J. Uceda, "Behavioral Large Signal Averaged Model for DC/DC Switching Power Converters," IEEE Power Electronics Specialists Conference, 1996 Record, pp. 1675-1681.

[18] N. Jayaram and D. Maksimović, "Power Factor Correctors Based on Coupled-Inductor SEPIC and Ćuk Converters with Nonlinear Carrier Control," IEEE Applied Power Electronics Conference, 1998 Record, pp. 468-474, Feb. 1998.

[19] J. Keown, OrCAD PSpice and Circuit Analysis, Fourth Edition, Englewood Cliffs: Prentice Hall, 2000.

[20] P. W. Tuinenga, SPICE: A Guide to Circuit Simulation and Analysis USing PSpice, Third Edition, Englewood Cliffs: Prentice Hall, 1995.

[21] V. Vorperian, "Simplified Analysis of PWM Converters Using the Model of the PWM Switch: Part I and II," IEEE Transactions on Aerospace and Electronic Systems, Vol. AES-26, pp. 490-505, May 1990.

[22] S. Freeland and R. D. Middlebrook, "A Unified Analysis of Converters with Resonant Switches," IEEE Power Electronics Specialists Conference, 1987 Record, pp. 20-30.

[23] A. Witulski and R. Erickson, "Extension of State-Space Averaging ti Resonant Switches-and Beyond," IEEE Transactions on Power Electronics, Vol. 5, No. 1, pp. 98-109, January 1990.

[24] D. Maksimović and S. Ćuk, "A Unified Analysis of PWM Converters in Discontinuous Modes," IEEE Transactions on Power Electronics, Vol. 6, No. 3, pp. 476-490, July 1991.

부록 C

Middlebrook의 부가소자 이론

R. D. Middlebrook의 부가소자 이론(extra element theorem)[1-3]은 네트워크에 임피던스를 부가하면 전달함수가 어떻게 변하는가를 보여준다. 이 이론을 통해 부가된 소자가 관심이 있는 어떤 전달함수에 미치는 영향을 시스템 전체를 다시 풀지 않고 알 수 있다. 부가소자 이론은 설계지향 분석의 강력한 기법이다. 이 이론으로부터 부가한 소자가 전달함수를 크게 바꾸지 않게 하는 임피던스 부등식을 만든다. 스위칭 조절기의 루프 이득을 저하시키지 않는 입력 필터를 간단하게 설계하는 방법을 서술한 4장에서 부가소자 이론을 사용했다. 또한 부하 저항이 공진 인버터의 속성에 어떻게 영향을 주는가를 조사하기 위해 10.4절에서도 이 이론을 사용하였다. 이 부록에서는 중첩 원리를 기반으로 Middlebrook의 부가소자 이론을 유도하고 예제를 통해 응용을 설명한다.

C.1 기본 결과

그림 C.1의 선형회로를 보자. 이 네트워크에 입력 $v_{in}(s)$와 출력 $v_{out}(s)$가 있다. 또한 단자가 개방된 포트도 있다. 입력 $v_{in}(s)$로부터 출력 $v_{out}(s)$로의 전달함수를 알고 다음과 같이 주어진다고 가정한다.

$$\frac{v_{out}(s)}{v_{in}(s)} = G(s)|_{Z(s)\to\infty} \tag{C.1}$$

부가소자 이론은 그림 C.1(b)에서와 같이 임피던스 $Z(s)$가 포트의 단자 간에 연결되면 전달함수 $G(s)$가 변한다는 것을 알려준다. 결과는 다음과 같다.

$$\frac{v_{out}(s)}{v_{in}(s)} = \left(G(s)|_{Z(s)\to\infty}\right)\left(\frac{1+\dfrac{Z_N(s)}{Z(s)}}{1+\dfrac{Z_D(s)}{Z(s)}}\right) \tag{C.2}$$

$Z(s)$를 포함하는 오른쪽 항을 $Z(s)$가 $G(S)$에 미치는 영향을 나타내는 보정 계수라 부른다.

부가소자 이론을 그림 C.2와 같은 쌍대 형식으로 적용할 수 있다. 이 형식에서 포트가

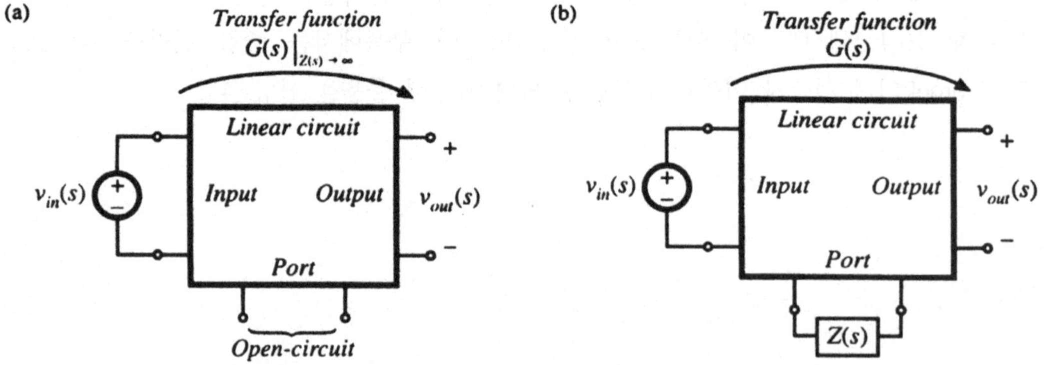

그림 C.1 부가된 소자는 전달함수 $G(s)$를 바꾼다: (a) 원 조건, (b) 임피던스 $Z(s)$ 부가 후

단락된 조건에서 전달함수를 안다. 그림 C.2(b)에서 임피던스 $Z(s)$로 단락회로를 대체한다. 이 경우 전달함수는 다음과 같이 쓸 수 있다.

$$\frac{v_{out}(s)}{v_{in}(s)} = \left(G(s)|_{Z(s)\to 0}\right)\left(\frac{1+\dfrac{Z(s)}{Z_N(s)}}{1+\dfrac{Z(s)}{Z_D(s)}}\right) \tag{C.3}$$

식 (C.2)와 (C.3)의 $Z_N(s)$와 $Z_D(s)$는 같다. 식 (C.2)와 (C.3)의 표현을 $G(s)$에 대해 풀면 다음과 같이 나타낼 수 있다.

$$\frac{G(s)|_{Z(s)\to 0}}{G(s)|_{Z(s)\to \infty}} = \frac{Z_D(s)}{Z_N(s)} \tag{C.4}$$

이 식을 상호 관계라 한다.

포트에서 임피던스를 측정하여 $Z_N(s)$와 $Z_D(s)$를 구할 수 있다. $Z_D(s)$는 포트를 들여다 본 테브난의 등가 임피던스 또는 구동점 임피던스이다. 그림 C.3(a)에서 보는 바와 같아 독립 전원 $v_{in}(s)$를 영으로 하고 포트 단자 사이에 임피던스를 측정하여 $Z_D(s)$를 구할 수 있다.

$$Z_D(s) = \left.\frac{v(s)}{i(s)}\right|_{v_{in}(s)=0} \tag{C.5}$$

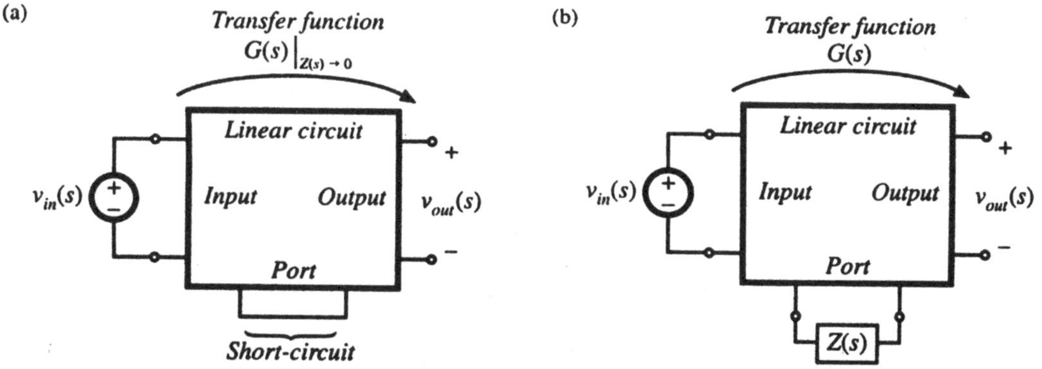

그림 C.2 부가 소자를 단락한 부가 소자 이론의 쌍대 형식: (a) 원 조건, (b) 임피던스 $Z(s)$ 부가 후

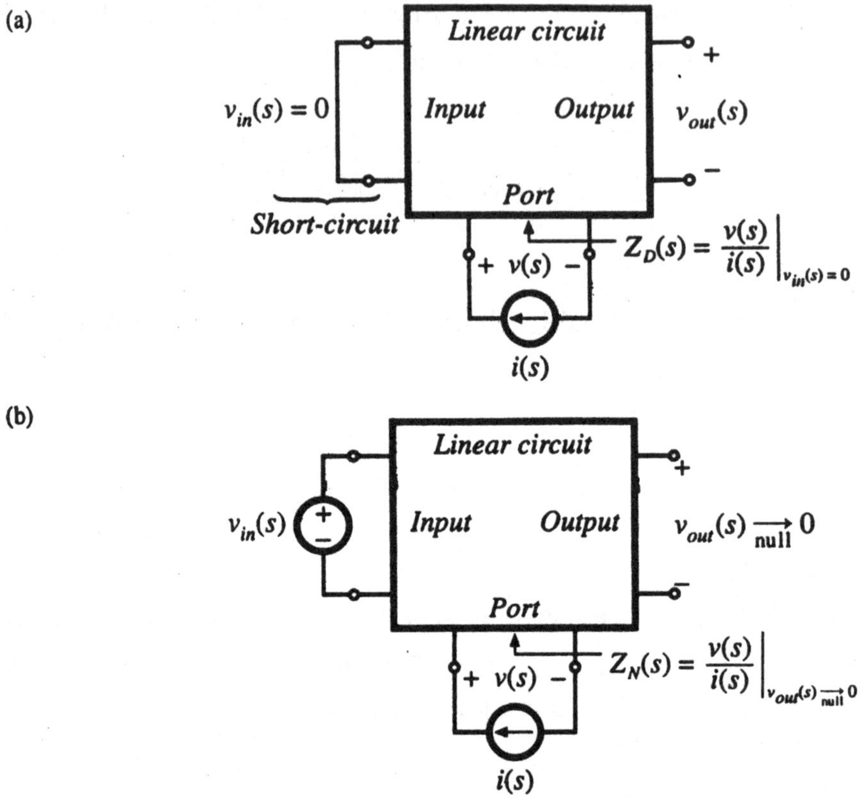

그림 C.3 임피던스 $Z_D(s)$와 $Z_N(s)$ 결정: (a) $Z_D(s)$, (b) $Z_N(s)$

따라서 $Z_D(s)$는 입력 $v_{in}(s)$를 영으로 했을 때 포트 단자 사이의 임피던스이다.

그림 C.3(b)는 임피던스 $Z_N(s)$를 결정하는 방법을 알려준다. 출력 $v_{out}(s)$를 영(*null*)으로 하고 $Z_N(s)$를 구한다. 포트 단자에 전류원 $i(s)$를 연결한다. 입력 신호 $v_{in}(s)$가 있는 상태에서 전류 $i(s)$를 조절하여 출력 $v_{out}(s)$를 영으로 만든다. 이 조건에서 $Z_N(s)$는 다음과 같이 쓸 수 있다.

$$Z_N(s) = \frac{v(s)}{i(s)}\Big|_{v_{out}(s)\xrightarrow[null]{}0} \tag{C.6}$$

출력을 영으로 한다는 것은 출력을 단락시키는 것과는 다르다. 만일 출력을 단락시키면 전류가 단락회로로 흘러 네트워크의 다른 소자에 전압 강하와 전류를 일으킨다. 출력을 영으로 하면 이러한 전압 강하와 전류는 존재하지 않는다. 그림 C.3(b)의 영인 조건에서 출력에 어떠한 회로도 연결하지 않고, 출력 전압 $v_{out}(s)$이 영이 되도록 독립 전원 $v_{in}(s)$와 $i(s)$를 조절한다. 중첩의 원리에 의해 출력 전압 $v_{out}(s)$를 독립 전원 $v_{in}(s)$와 $i(s)$의 선형 조합으로 표현할 수 있다. 그러므로 주어진 $v_{in}(s)$에 대해 $v_{out}(s)$이 영이 되게 하는 $i(s)$를 구할 수 있다. 이렇게 영으로 만드는 조건에서 $v(s)$와 $i(s)$의 비율로서 $Z_N(s)$을 측정한다. 영의 조건은 회로의 많은 신호를 영으로 하므로 실제로 $Z_N(s)$을 구하기 위한 회로 해석은 $Z_D(s)$의 해석보다 간단하다. C.4절에서 예제를 통해 알아본다.

영으로 할 수 있는 입력과 출력 양이 반드시 전압일 필요는 없고 전류 또는 다른 신호일 수도 있다. 다음 절에서 일반적인 입력 $u(s)$와 출력 $y(s)$를 갖는 부가소자 이론을 유도한다.

C.2 부가소자 이론의 유도

입력 $u(s)$와 출력 $y(s)$를 갖는 일반적인 선형 시스템을 그림 C.4(a)에 나타낸다. 그림에 보인 극성대로 전압 $v(s)$와 전류 $i(s)$를 갖는 전기적인 포트가 시스템에 있다. 초기에 포트는 개방 회로이다. 즉, $i(s) = 0$이다. 포트가 개방인 상태에서 시스템의 전달함수는 다음과 같다.

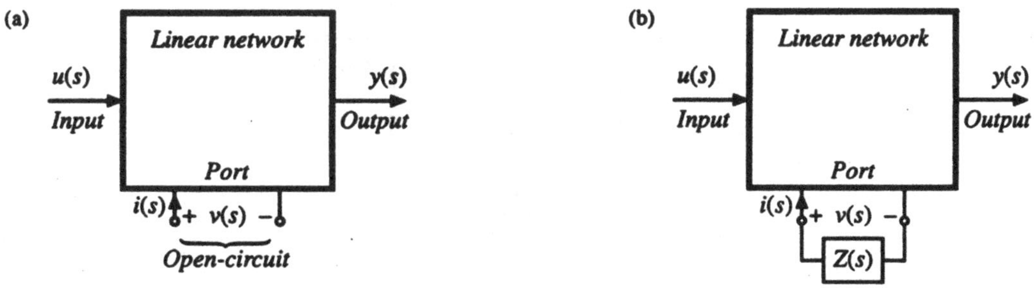

그림 C.4 부가 소자에 의한 선형 네트워크의 수정: (a) 원 시스템, (b) $Z(s)$가 포트에 연결된 수정 시스템

$$G_{old}(s) = \left.\frac{y(s)}{u(s)}\right|_{i(s)=0} \tag{C.7}$$

부가소자 이론의 목적은 임피던스 $Z(s)$를 포트에 연결하였을 때 얻어지는 새로운 전달함수 $G(s)$를 구하는 일이다.

$$G(s) = \frac{y(s)}{u(s)} \tag{C.8}$$

그림 C.4(b)는 이 경우를 나타낸다. 포트에서의 조건을 다음과 같이 쓸 수 있다.

$$v(s) = -i(s)Z(s) \tag{C.9}$$

식 (C.8)의 전달함수 $G(s)$를 식 (C.7)의 원래 전달함수 $G_{old}(s)$로 표현하기 위해 그림 C.5에서처럼 포트에서 전류 주입을 사용한다. 두 개의 독립 입력 즉, 입력 $u(s)$와 전류원 $i(s)$가 있다. 종속 변수 $y(s)$와 $v(s)$를 중첩의 원리를 이용하여 다음과 같이 독립 변수의 함수로 표현할 수 있다.

$$y(s) = G_{old}(s)u(s) + G_i(s)i(s) \tag{C.10}$$

$$v(s) = G_v(s)u(s) + Z_D(s)i(s) \tag{C.11}$$

여기서

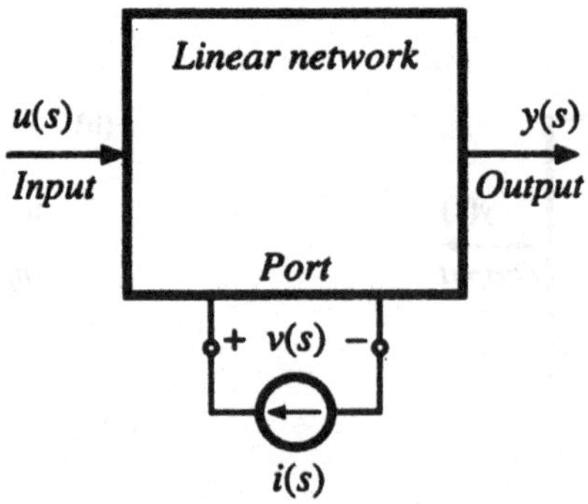

그림 C.5 독립 전류원 $i(s)$를 부가하여 포트에 전류 주입

$$G_{old}(s) = \left.\frac{y(s)}{u(s)}\right|_{i(s)=0} \tag{C.12}$$

$$G_i(s) = \left.\frac{y(s)}{i(s)}\right|_{u(s)=0} \tag{C.13}$$

$$Z_D(s) = \left.\frac{v(s)}{i(s)}\right|_{u(s)=0} \tag{C.14}$$

$$G_v(s) = \left.\frac{v(s)}{u(s)}\right|_{i(s)=0} \tag{C.15}$$

이다. 이 전달함수들은 독립 입력으로부터 각 종속 변수 $y(s)$와 $v(s)$로의 전달함수를 나타낸다.

식 (C.9)~식 (C.11)에서 $v(s)$와 $i(s)$를 소거하고 $y(s)$와 $v(s)$의 함수로서 풀면 다음과 같이 나타낼 수 있다.

$$G(s) = \frac{y(s)}{u(s)} = G_{old}(s) - \frac{G_v(s)G_i(s)}{Z(s)+Z_D(s)} \tag{C.16}$$

새로운 전달함수 $G(s)$를 원래 전달함수 $G_{old}(s)$와 부가된 소자 $Z(s)$ 및 $G_v(s)$, $G_i(s)$, $Z_D(s)$로 표현하였다. 식 (C.14)는 $Z_D(s)$를 구하는 직접적인 방법을 보인다. $Z_D(s)$는 입력 $u(s)$가 영인 상태에서 포트에서의 구동점 임피던스를 나타내며 일반적인 회로 해석이나 시뮬레이션 또는 실험실 측정으로 구할 수 있다.

식 (C.13)과 (C.15)로 주어진 정의로부터 $G_v(s)$와 $G_i(s)$을 얻을 수 있으나 이 변수를 없애고 대신 $G(s)$를 주어진 포트의 임피던스의 함수로 나타내면 편리하다. 이는 실험을 통해 다음과 같이 얻을 수 있다. 입력 $u(s)$가 있는 상태에서 출력 $y(s)$가 영이 되도록 하는 독립 전류원 $i(s)$를 조절한다. 영이 되는 조건에서 임피던스 $Z_N(s)$를 $v(s)$와 $i(s)$의 비율로 표현한다.

$$Z_N(s) = \left.\frac{v(s)}{i(s)}\right|_{y(s)\xrightarrow[null]{}0} \tag{C.17}$$

영이 되는 조건 $y(s)\xrightarrow[null]{}0$ 을 만족하는 $i(s)$의 값을 식 (C.10)에서 $y(s)=0$으로 놓고 다음과 같이 찾을 수 있다.

$$[G_{old}(s)u(s)+G_i(s)i(s)]\xrightarrow[null]{}0 \tag{C.18}$$

그러므로 입력 $u(s)$와 $i(s)$가 다음 관계를 가질 때 출력 $y(s)$는 영으로 된다.

$$u(s)|_{y(s)\xrightarrow[null]{}0} = -\frac{G_i(s)}{G_{old}(s)}i(s)\Big|_{y(s)\xrightarrow[null]{}0} \tag{C.19}$$

이렇게 영이 되는 조건에서 전압 $v(s)$는 식 (C.11)과 (C.19)로부터 다음과 같이 계산할 수 있다.

$$\begin{aligned} v(s)|_{y(s)\xrightarrow[null]{}0} &= G_v(s)u(s)|_{y(s)\xrightarrow[null]{}0} + Z_D(s)i(s)|_{y(s)\xrightarrow[null]{}0} \\ &= \left(-\frac{G_v(s)G_i(s)}{G_{old}(s)} + Z_D(s)\right)i(s)|_{y(s)\xrightarrow[null]{}0} \end{aligned} \tag{C.20}$$

식 (C.17)을 (C.20)에 대입하면 다음과 같다.

$$v(s)|_{y(s)\xrightarrow[null]{}0} = Z_N(s)i(s)|_{y(s)\xrightarrow[null]{}0} = \left(-\frac{G_v(s)G_i(s)}{G_{old}(s)} + Z_D(s)\right)i(s)|_{y(s)\xrightarrow[null]{}0} \tag{C.21}$$

그러므로

$$Z_N(s) = Z_D(s) - \frac{G_v(s)G_i(s)}{G_{old}(s)} \tag{C.22}$$

이고, $G_v(s)$와 $G_i(s)$에 대해 풀면 다음과 같이 쓸 수 있다.

$$G_v(s)G_i(s) = (Z_D(s) - Z_N(s))G_{old}(s) \tag{C.23}$$

따라서 미지수 $G_v(s)$와 $G_i(s)$를 임피던스 $Z(s)$가 연결된 포트의 성질인 $Z_N(s)$와 $Z_D(s)$에 관련하여 원래 전달함수 $G_{old}(s)$로 표현 할 수 있다.

마지막으로 식 (C.23)을 식 (C.16)에 대입하면

$$G(s) = G_{old}(s) - \frac{Z_D(s) - Z_N(s)}{Z(s) + Z_D(s)}G_{old}(s) \tag{C.24}$$

이고, 이 식을 정리하면 다음과 같다.

$$G(s) = G_{old}(s)\frac{1+\dfrac{Z_N(s)}{Z(s)}}{1+\dfrac{Z_D(s)}{Z(s)}} \tag{C.25}$$

또는

$$G(s) = (G(s)_{Z(s)\to\infty})\left(\frac{1+\dfrac{Z_N(s)}{Z(s)}}{1+\dfrac{Z_D(s)}{Z(s)}}\right) \tag{C.26}$$

이다. 이 식은 소자 $Z(s)$을 부가하면 전달함수가 어떻게 변하는가를 보여준다. 식(C.26)의 오른쪽 항을 보정 계수라 하며 부가소자 $Z(s)$에 의해 전달함수 $G(s)$가 변화하는 정도를 나타낸다. 쌍대 결과인 식 (C.3)도 유사한 단계로 유도할 수 있다.

C.3 검토

원하지 않는 회로 소자에 의해 이미 얻어진 바람직한 시스템 성능을 저하시키지 않는 시스템을 설계하는데 부가소자 이론의 일반 꼴이 유용하다. 예를 들면 간단화한 또는 이상적인 조건에서 전달함수 또는 유사한 양 $G(s)$를 이미 알고 있고, 이 양이 사양을 만족하는 시스템을 설계한다고 가정하자. 부가소자 이론을 다음과 같은 의문을 해결하는데 사용할 수 있다.

원래 분석에서 포함시키지 않았던 기생 소자 $Z(s)$의 영향은 무엇인가?

시스템에 임피던스 $Z(s)$를 갖는 소자를 부가하기로 하면 어떻게 될까?

$G(s)$가 많이 변하지 않도록 보장하기 위한 $Z(s)$의 조건을 만들 수 있는가?

부가소자 이론의 공통된 응용은 전달함수 $G(s)$가 크게 변하지 않도록 보장하는 부가소자에 대한 조건을 결정하는 것이다. 식 (C.2)와 (C.26)에 따르면 보정 계수가 거의 1에 가까울 때 원래 전달함수가 거의 변하지 않는다. 즉,

$$\begin{aligned} \| Z(j\omega) \| &\gg \| Z_N(j\omega) \| \\ \| Z(j\omega) \| &\gg \| Z_D(j\omega) \| \end{aligned} \tag{C.27}$$

이다. 이 식은 언제 임피던스를 무시할 수 있는가를 보여준다. 임피던스 $\|Z_D(j\omega)\|$와 $\|Z_N(j\omega)\|$를 도시하고 이를 $\|Z_N(j\omega)\|$의 곡선과 비교한다. 부등식 (C.27)을 만족하는 주파수 영역에서 임피던스 $Z(s)$을 무시할 수 있다.

원래 단락회로인 지점에 새로운 임피던스를 연결하는 쌍대의 경우인 식 (C.3)에 대해 부등식은 뒤 바뀐다.

$$\begin{aligned} \| Z(j\omega) \| &\ll \| Z_N(j\omega) \| \\ \| Z(j\omega) \| &\ll \| Z_D(j\omega) \| \end{aligned} \tag{C.28}$$

이 식은 전달함수 $G(s)$를 크게 변하게 하지 않는 임피던스 크기 $\|Z(j\omega)\|$의 제한을 나타낸다.

정량적인 설계를 위해 식 (C.27)과 (C.28)에 대해 다음과 같은 의문이 생긴다. 부등식 (C.27) 또는 (C.28)을 잘 만족하기 위해 $\|Z(j\omega)\|$가 $\|Z_D(j\omega)\|$와 $\|Z_N(j\omega)\|$에 비해 몇 배 이상 커야 또는 작아야 하는가? 이 의문은 (Z/Z_N)과 (Z/Z_D)의 크기 및 위상의 함수로서 보정 계수의 크기와 위상을 그려보면 해결할 수 있다.

그림 C.6은 (Z/Z_N)의 크기와 위상의 함수로서 일정 $\|1 + Z/Z_N\|$의 윤곽선(contour)을

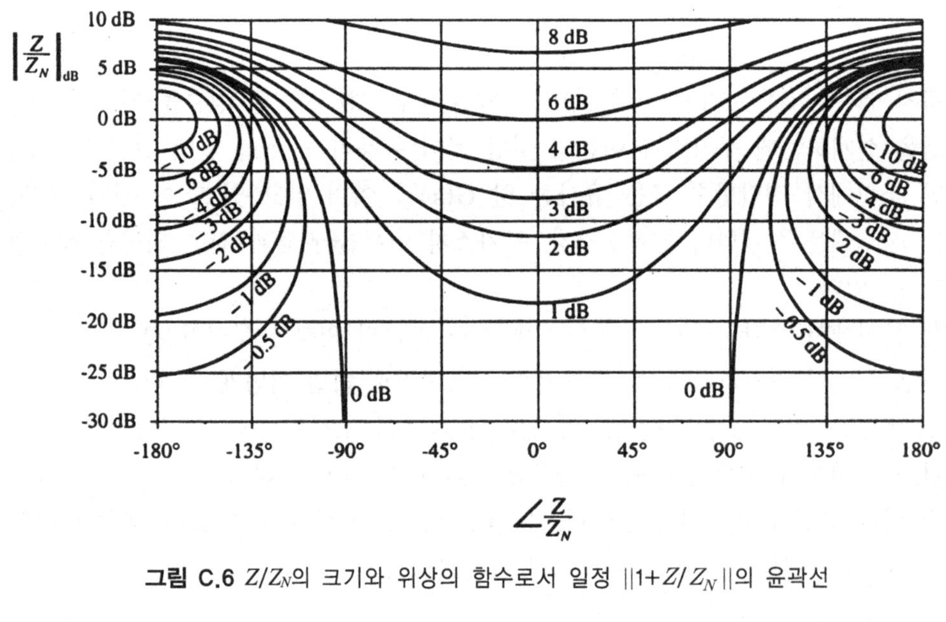

그림 C.6 Z/Z_N의 크기와 위상의 함수로서 일정 $\|1+Z/Z_N\|$의 윤곽선

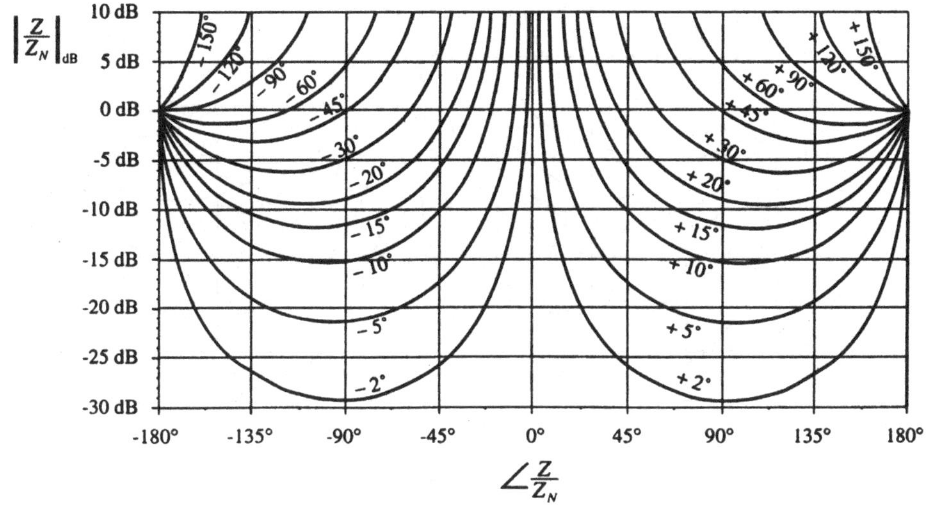

그림 C.7 Z/Z_N의 크기와 위상의 함수로서 일정 $\angle(1+Z/Z_N)$의 윤곽선

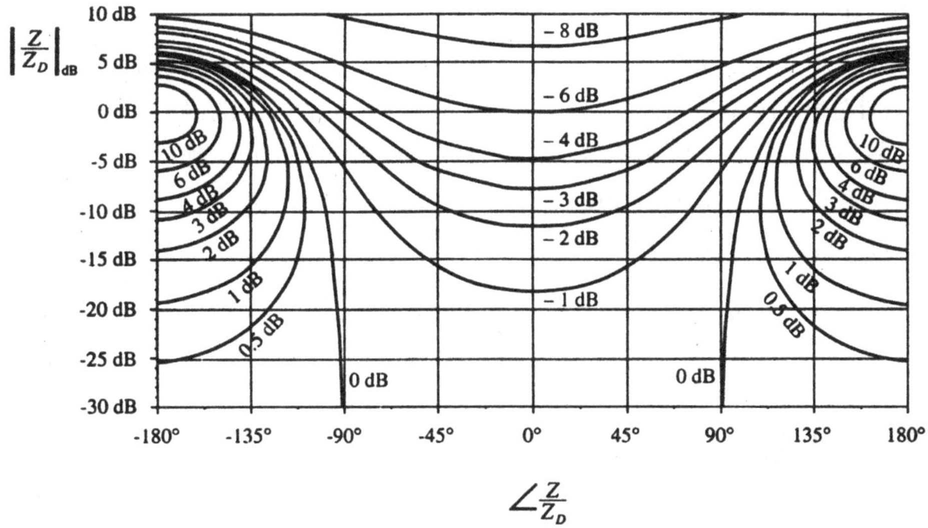

그림 C.8 Z/Z_D의 크기와 위상의 함수로서 일정 $\|1/(1+Z/Z_N)\|$의 윤곽선

나타낸다. 그림 C.7은 일정 $\angle(1+Z/Z_N)$의 윤곽선을 나타낸다. $\|Z/Z_N\|$이 -20 dB보다 작을 때 분자 $(1+Z/Z_N)$에 의한 최대 편차는 크기에서 ±1 dB, 위상에서 ±7°보다 작다. $\|Z/Z_N\|$이 -10 dB보다 작을 때 분자 $(1+Z/Z_N)$에 의한 최대 편차는 크기에서 ±3.5 dB,

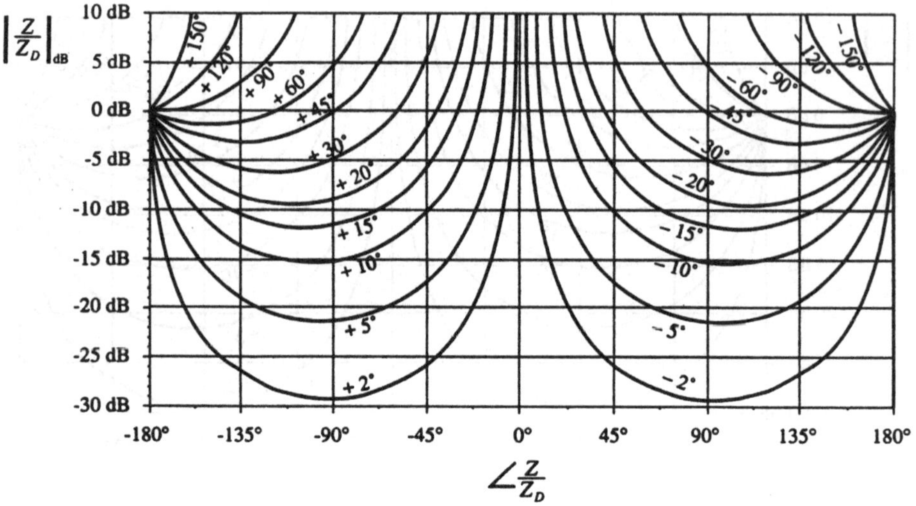

그림 C.9 Z/Z_D의 크기와 위상의 함수로서 일정 $\angle 1/(1+Z/Z_D)$의 윤곽선

위상에서 ±20°보다 작다.

그림 C.8과 C.9는 (Z/Z_D)의 크기와 위상의 함수로서 일정 $\|1/(1+Z/Z_D)\|$와 $1/(1+Z/Z_D)$의 윤곽선을 나타낸다. (Z/Z_D)이 분모에 포함되므로 이 그림들은 그림 C.6과 C.7과 부호가 바뀌고 나머지는 모두 같다. $\|Z/Z_D\|$이 -20 dB보다 작을 때 분모 $(1+Z/Z_D)$에 의한 최대 편차는 크기에서 ±1 dB, 위상에서 ±7°보다 작다. $\|Z/Z_D\|$이 -10 dB보다 작을 때 분모 $(1+Z/Z_D)$에 의한 최대 편차는 크기에서 ±3.5 dB, 위상에서 ±20°보다 작다.

C.4 예제

C.4.1 간단한 전달함수

첫 번째 예로 기본적으로 관찰에 의해서 전달함수를 찾는 데 부가소자 이론을 어떻게 이용하는가를 보자. 그림 C.10의 회로가 주어져 있다. 다음과 같은 전달함수를 구하고, 인수분해가 된 극점-영점 형식으로 전달함수를 표현하고자 한다.

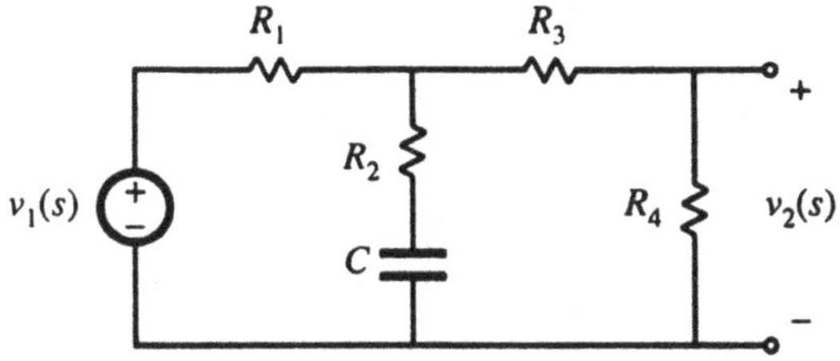

그림 C.10 RC 회로 예

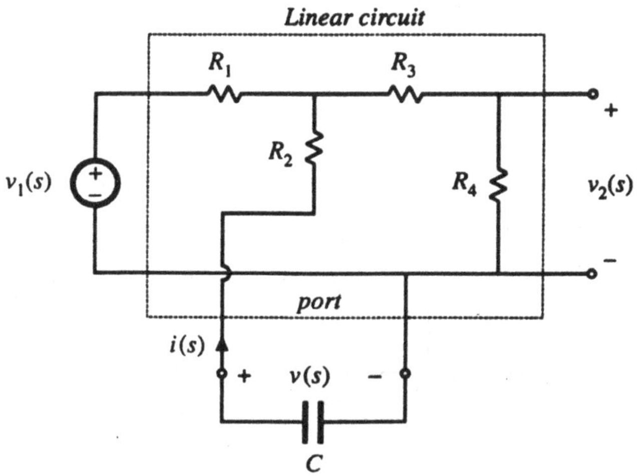

그림 C.11 그림 C.10을 그림 C.1로 변형

$$G(s) = \frac{v_2(s)}{v_1(s)} \tag{C.29}$$

이를 위해 부가소자 이론을 적용하고, 커패시터 C를 "부가" 소자로 본다. 그림 C.11에서처럼 커패시터 위치에 전기적인 포트를 놓고 "원래" 조건을 커패시터 임피던스가 무한대 즉 개방회로로 생각한다. 이런 원래 조건 하에서 저항 R_1, R_3, R_4로 이루어진 전압 분배회로로 전달함수를 얻는다. 그러므로 $G(s)$는 다음과 같이 표현할 수 있다.

$$G(s) = \frac{v_2(s)}{v_1(s)} = \left(\frac{R_4}{R_1 + R_2 + R_4}\right)\frac{\left(1 + \dfrac{Z_N}{Z}\right)}{\left(1 + \dfrac{Z_D}{Z}\right)} \tag{C.30}$$

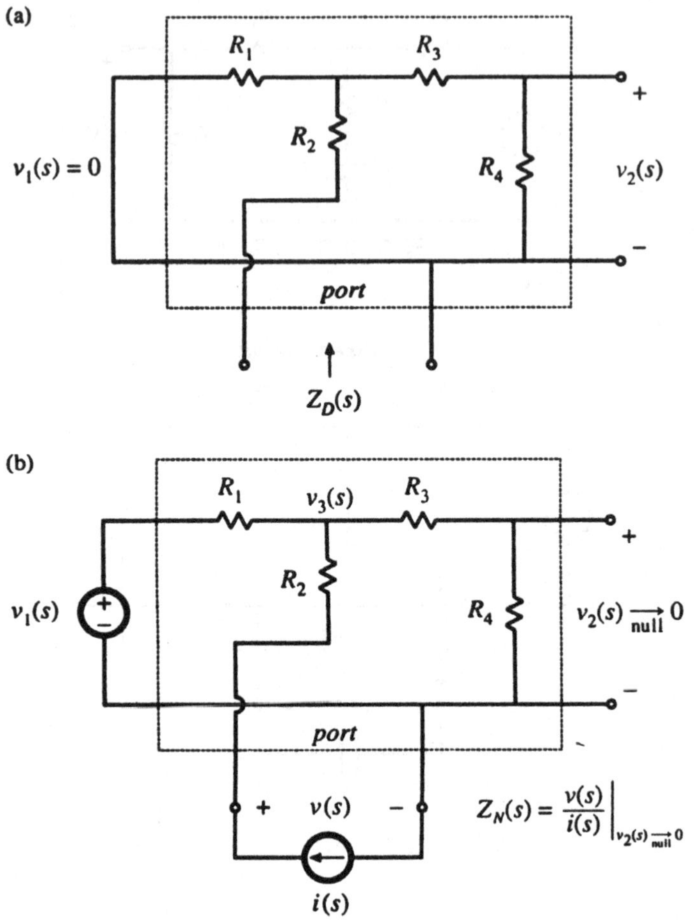

그림 C.12 임피던스 $Z_D(s)$와 $Z_N(s)$ 결정: (a) $Z_D(s)$, (b) $Z_N(s)$

여기서 $Z(s)$는 커패시터 임피던스 $1/sC$이다.

임피던스 $Z_D(s)$는 커패시터가 연결된 포트에서 본 테브난 등가 임피던스이다. 그림 C.12(a)에서처럼 독립 전원 $v_1(s)$를 영으로 하고 포트 단자 사이의 임피던스를 구한다. 결과는 다음과 같이 나타낼 수 있다.

$$Z_D = R_2 + R_1 \parallel (R_3 + R_4) \tag{C.31}$$

그림 C.12(b)는 임피던스 $Z_N(s)$을 구하는 방법을 나타낸다. 전류원 $i(s)$를 커패시터 대신에 포트에 연결한다. 입력 $v_1(s)$가 있는 상태에서 출력 $v_2(s)$가 영이 되도록 전류원 $i(s)$를 조정한다. 영이 되는 조건에서 $v(s)$와 $i(s)$의 비로 임피던스 $Z_N(s)$을 구한다. 회로에서 신호를 영으로 하는 조건의 영향을 결정하면 $Z_N(s)$을 쉽게 구한다. $v_2(s)$가 영으로 되므로 저항 R_4에는 전류가 흐르지 않는다. 저항 R_3가 저항 R_4에 직렬로 연결되어 있으므로 R_3에도 전류가 흐르지 않으므로 R_3양단에 전압 강하는 없다. 그러므로 그림 C.12(b)에서 v_3는 v_2와 같다. 즉,

$$v_3 = v_2 \xrightarrow[null]{} 0 \tag{C.32}$$

이므로 전압 v는 iR_2이다. 임피던스 Z_N은 다음과 같이 계산할 수 있다.

$$Z_N(s) = \left.\frac{v(s)}{i(s)}\right|_{v_2(s)\xrightarrow[null]{}0} = R_2 \tag{C.33}$$

일반적으로 Z_N을 측정하는 동안에 독립 전원 v_1과 i는 영이 아니다. 이 예에서 영이 되는 조건으로부터 전류 $i(s)$가 R_2로 구성된 경로를 통해서만 흐른다는 것을 알 수 있다.

식 (C.31)과 (C.33)을 식 (C.30)에 대입하면 전달함수 $G(s)$를 다음과 같이 구할 수 있다.

$$G(s) = \left(\frac{R_4}{R_1 + R_2 + R_4}\right)\frac{(1 + sCR_2)}{(1 + sC[R_1 + R_3 \parallel R_4])} \tag{C.34}$$

이 예의 경우 커패시터가 유일한 동적 소자이고 커패시터 임피던스가 개방회로가 되는 원래 회로 조건이 회로의 직류 조건과 일치하기 때문에 표준 정규의 극점-영점 형식으로 얻을 수 있었다. 유사한 절차로 임의의 수만큼의 무효 소자를 포함하는 회로의 전달함수를 부가소자 이론을 확장하여 정규 형식으로 구할 수 있다[3].

C.4.2 모델링이 안 된 소자

그림 C.13의 변압기 분리 병렬 공진 인버터는 이상적인 변압기 조건에서 설계되었다. 인버터를 모델링하기 위해서 10장의 근사 정현파 분석법을 채택하였다. 이제 변압기에 실제성을 더하고자 한다. 이는 최소 허용 가능한 자화 인덕턴스를 지정해야 한다. 이 문제

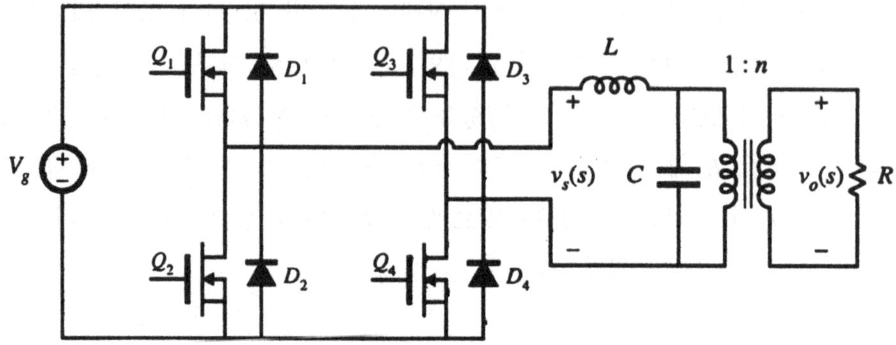

그림 C.13 병렬 공진 인버터

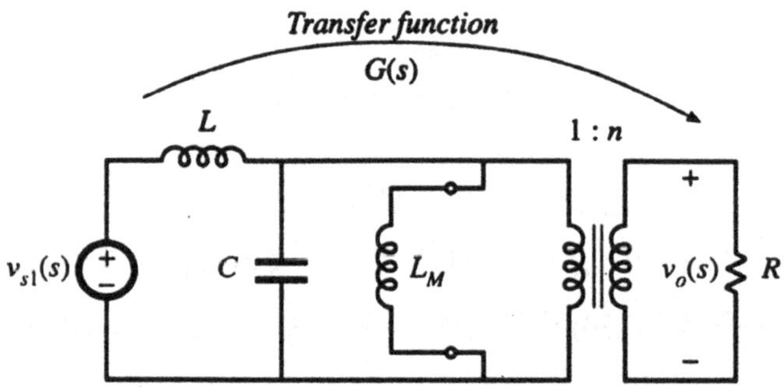

그림 C.14 근사 정현파 분석에 근거한 탱크 네트워크의 등가회로 모델

를 다루는 하나의 방법은 변압기 자화 인덕턴스를 부가소자로 보고, 변압기의 자화 인덕턴스가 탱크 네트워크 전달함수 $G(s)$를 크게 변하지 않게 하는 조건을 유도하는 것이다.

그림 C.14는 10.1절의 근사 정현파 분석법을 이용하여 얻어진 인버터의 등가 회로 모델을 나타낸다. 스위치 네트워크의 출력전압 $v_s(t)$를 기본파 $v_{s1}(t)$로 모델링한다. 탱크 네트워크 전달함수 $G(s)$는 다음과 같다.

$$G(s) = \frac{v_0(s)}{v_{s1}(s)} \tag{C.35}$$

이상적인 변압기(즉, 자화 인덕턴스 L_M은 개방회로가 됨) 조건에서 전달함수는 다음과 같다.

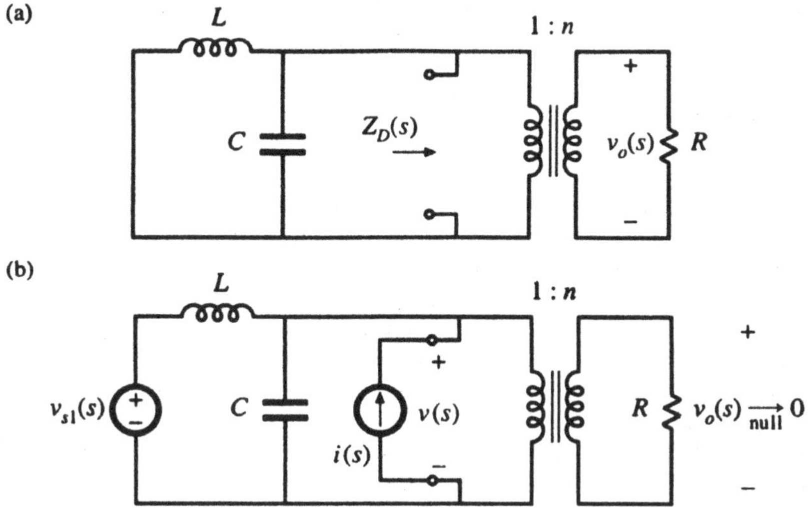

그림 C.15 임피던스 $Z_D(s)$와 $Z_N(s)$ 결정: (a) $Z_D(s)$, (b) $Z_N(s)$

$$G(s)|_{L_M \to \infty} = \frac{n}{1 + s\dfrac{n^2 L}{R} + s^2 LC} \tag{C.36}$$

부가소자 이론을 이용하여 자화 인덕턴스가 $G(s)$를 얼마나 변하게 하는가를 알 수 있다. 그림 C.1을 기준으로 시스템 입력은 $v_{s1}(t)$, 출력은 $v_o(t)$, 포트는 자화 인덕턴스가 연결된 변압기의 일차 권선이다. 자화 인덕턴스가 있는 경우 전달함수는 다음과 같이 쓸 수 있다.

$$G(s) = \left(G(s)|_{L_M \to \infty}\right) \frac{\left(1 + \dfrac{Z_N(s)}{Z(s)}\right)}{\left(1 + \dfrac{Z_D(s)}{Z(s)}\right)} \tag{C.37}$$

여기서 $Z(t)$는 일차 권선 측으로 환산한 자화 인덕턴스 sL_M이다.

그림 C.15(a)는 $Z_D(t)$를 구하는 방법을 보인다. 입력 $v_{s1}(t)$을 영으로 하고 포트 단자 사이의 임피던스를 구한다. $Z_D(t)$는 탱크 인덕터, 탱크 커패시터와 부하 저항으로 구성된 병렬 회로임을 알 수 있다.

$$Z_D(s) = \frac{R}{n^2} \parallel sL \parallel \frac{1}{sC} \tag{C.38}$$

그림 C.15(b)는 $Z_N(s)$를 구하는 방법을 보인다. 입력 $v_{s1}(t)$이 있는 상태에서 보는 바와 같이 포트에 전류 $i(s)$를 주입한다. 출력 전압 $v_o(t)$가 영으로 되도록 $i(s)$를 조절한다. 이런 영이 되는 조건에서 $v(s)$와 $i(s)$의 비로 임피던스 $Z_N(s)$을 구한다. $v_o(t)$를 영으로 하면 $v(s)$도 영으로 된다. 그러므로

$$Z_N(s) = \left.\frac{v(s)}{i(s)}\right|_{v_o(s)\xrightarrow[null]{} 0} = 0 \tag{C.39}$$

이다. 일반적으로 $Z_N(s)$를 측정하는 동안에 $i(s)$는 영이 아니다. $i(s)$를 $-v_{s1}(t)/sL$의 값을 갖게 조절하면 영이 되는 조건을 만족한다. 따라서 자화 인덕턴스가 있는 경우 전달함수 $G(s)$는 다음과 같이 표현된다.

$$G(s) = \left(G(s)|_{L_M\to\infty}\right)\frac{\left(1+\dfrac{0}{Z(s)}\right)}{\left(1+\dfrac{Z_D(s)}{Z(s)}\right)} = \frac{\left(G(s)|_{L_M\to\infty}\right)}{\left(1+\dfrac{Z_D(s)}{Z(s)}\right)} \tag{C.40}$$

자화 인덕턴스가 전달함수 $G(s)$를 크게 변하지 않게 하는 임피던스 부등식 (C.27)을 그려보자. 식 (C.38)에 주어진 $Z_D(s)$는 병렬 공진회로의 임피던스이다. 이 임피던스의 크기를 보드선도로 그리는 방법을 2.3.4절에서 다루었으며 그 결과는 그림 C.16과 같다. 전달함수 $G(s)$에 영향을 주는 것을 피하기 위해 자화 인덕턴스는 주어진 주파수 영역에서 $\|Z_D(j\omega)\|$보다 매우 커야 한다. 자화 인덕턴스의 임피던스가 탱크 인덕턴스와 일차 측으

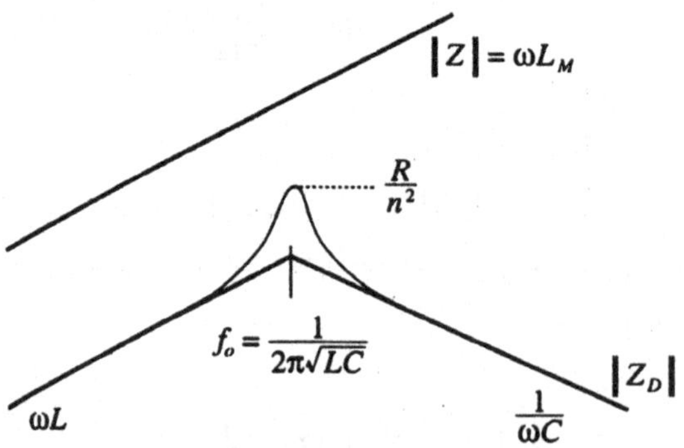

그림 C.16 전달함수 $G(s)$에 큰 변화를 안주기 위해 $\|Z\| \gg \|Z_D\|$

로 환산된 부하 임피던스보다 매우 크면 이 조건이 만족한다.

$$L_M \gg L,\ \omega_0 L_M \gg \frac{R}{n^2} \tag{C.41}$$

여기서 $\omega_0 = 1/\sqrt{LC}$이다. 이 조건을 다음과 같이 다시 쓸 수 있다.

$$L_M \gg L,\ L_M \gg \frac{R}{n^2}\sqrt{LC} \tag{C.42}$$

C.4.3 컨버터에 입력 필터 부가

4장에서 서술한 바와 같이 스위칭 조절기에 입력 필터를 부가하면 루프 이득 $T(s)$가 많이 변할 수 있다. 따라서 컨버터 제어-출력 전달함수 $G_{vd}(s)$를 크게 변하지 않게 하는 입력 필터를 설계하고자 한다. 부가소자 이론은 이러한 필터 설계 방법을 제공한다.

그림 C.17은 입력 필터를 스위칭 전압조절기 시스템에 부가한 것을 나타낸다. 컨버터 전력단의 제어-출력 전달함수는 다음과 같다.

$$G_{vd}(s) = \left.\frac{\hat{v}(s)}{\hat{d}(s)}\right|_{\hat{v}_g(s)=0} \tag{C.43}$$

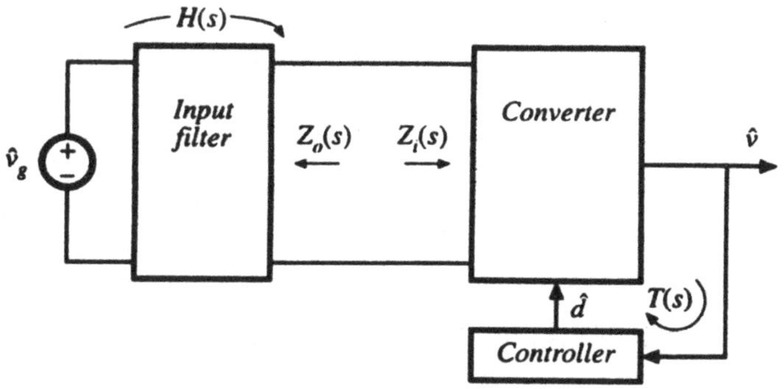

그림 C.17 스위칭 전압 조절기 시스템에 입력 필터 부가

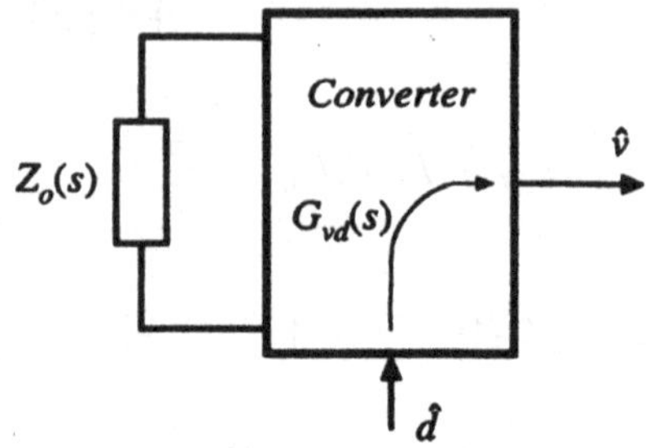

그림 C.18 제어-출력 전달함수 결정

그림에서 $Z_o(s)$는 입력 필터의 테브난 등가 출력 임피던스를 나타낸다. 그림 C.17에서 $\hat{v_g}(s)$를 영으로 하면 그림 C.18을 얻는다. 이 시스템은 그림 C.2와 같은 형태이며 부가 소자가 부가된 입력 필터의 출력 임피던스는 $Z_o(s)$이다. 입력 필터를 제거하면($Z_o(s)=0$) 원래 전달함수 $G_{vd}(s)|_{Z_o(s)\to 0}$를 얻는다. 입력 필터가 있는 경우 $G_{vd}(s)$는 식 (C.3)에 따라 다음과 같이 표현할 수 있다.

$$G_{vd}(s) = \left(G_{vd}(s)|_{Z_o(s)\to 0}\right)\frac{\left(1+\dfrac{Z(s)}{Z_N(s)}\right)}{\left(1+\dfrac{Z(s)}{Z_D(s)}\right)} \tag{C.44}$$

여기서 $Z_D(s)$는 $\hat{d}$을 영으로 놓고 컨버터의 전력 입력 포트에서 본 임피던스로 다음과 같다.

$$Z_D(s) = Z_i(s)|_{\hat{d}(s)=0} \tag{C.45}$$

$Z_N(s)$는 컨버터 출력 $\hat{v}$을 영으로 할 때 컨버터의 전력 입력 포트에서 본 임피던스로 다음과 같다.

$$Z_N(s) = Z_i(s)|_{\hat{v}(s)\xrightarrow[null]{} 0} \tag{C.46}$$

$\hat{d}$에 변동이 있는 상태에서 컨버터의 전력 입력 포트에 전류원 $\hat{i}_{test}$를 주입하고 출력 $\hat{v}$이 영이 되도록 $\hat{i}_{test}$를 조절하여 영이 되는 조건을 얻는다. 벅 컨버터 예에 대한 $Z_D(s)$

과 $Z_N(s)$에 대한 표현을 4.3.1절에서 유도하였다.

식 (C.28)에 따라 다음 조건을 만족하면 입력 필터는 $G_{vd}(s)$를 크게 바꾸지 않는다.

$$\begin{aligned} \| Z_o(j\omega) \| &\ll \| Z_N(j\omega) \| \\ \| Z_o(j\omega) \| &\ll \| Z_D(j\omega) \| \end{aligned} \tag{C.47}$$

이 부등식은 입력 필터를 설계하는 효과적인 판단 기준을 제공한다. $\|Z_N(j\omega)\|$와 $\|Z_D(j\omega)\|$에 대한 보드선도를 그리고 식 (C.47)을 만족하는 필터의 소자 값을 선택한다. 4장에서 이러한 과정의 예를 보여준다.

C.4.4 공진 인버터에서 부하에 대한 트랜지스터 전류의 의존

순환 전류에 의한 도통 손실이 공진 컨버터 설계에서 주된 문제이다. 이 전류는 부하 전류에 관계가 없거나 약하여 가벼운 부하에서 효율을 나쁘게 한다. 이러한 문제의 원인은 네트워크의 입력 임피던스가 부하 저항에의 의존성이 약하기 때문이다. 예를 들면 그림 C.19는 10.1절의 정현파 근사화를 이용하여 유도된 공진 인버터 교류 부분의 모델을 나타낸다. 공진 네트워크는 컨버터의 탱크 인덕터와 커패시터를 포함하고 부하는 저항 R이다. 유효 정현파 전원에 흘러 들어가는 전류 $i_s(t)$는 스위치 전류와 같다. 이 모델로부터 스위치 전류 $i_s(s)$는 $v_{s1}(s)/Z_i(s)$와 같고 $Z_i(s)$는 공진 탱크 네트워크의 입력 임피던스를 나타낸다. 스위치 전류가 부하 전류를 따라 가게 하려면 부하 저항 R이 스위칭 주

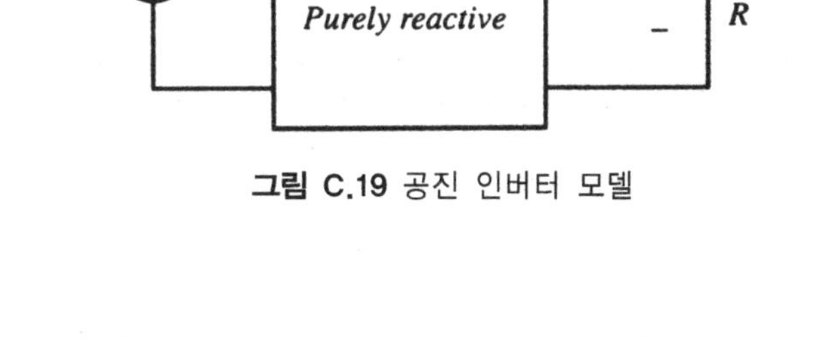

그림 C.19 공진 인버터 모델

파수에서 $\|Z_i\|$에서 지배적이어야 한다. 불행하게도 이 조건은 탱크 소자의 임피던스가 Z_i의 대부분인 다른 요구 조건과 상반된다. 좋은 특성을 나타내는 공진 컨버터를 설계하기 위해 엔지니어는 부하 저항 R이 탱크 입력 임피던스와 출력 전압에 얼마나 영향을 주는가를 물리적으로 관찰해야 한다.

$Z_i(s)$가 부하 저항 R에 의존하는 것을 나타내기 위해 그림 C.20에서처럼 부하 저항 R을 부가소자로 취급할 수 있다. 입력 임피던스 $Z_i(s)$를 전류 i_s로부터 전압 v_{s1}으로의 전달함수로 볼 수 있다. 이러한 의미에서 i_s는 "입력"이고 v_{s1}은 "출력"이다. 식 (C.2)와 (C.3)으로 부터 $Z_i(s)$를 다음과 같이 나타낼 수 있다.

$$Z_i(s) = \frac{v_{s1}(s)}{i_s(s)} = Z_{i0}(s)\frac{\left(1+\dfrac{R}{Z_N(s)}\right)}{\left(1+\dfrac{R}{Z_D(s)}\right)} = Z_{i\infty}(s)\frac{\left(1+\dfrac{Z_N(s)}{R}\right)}{\left(1+\dfrac{Z_D(s)}{R}\right)} \tag{C.48}$$

여기서 임피던스 $Z_{i0}(s)$가 다음과 같다.

$$Z_{i0}(s) = Z_i(s)\big|_{R\to 0} \tag{C.49}$$

즉, 부하 단자가 단락일 때의 입력 임피던스 $Z_i(s)$이다. 임피던스 $Z_{i\infty}(s)$가 다음과 같으며

$$Z_{i\infty}(s) = Z_i(s)\big|_{R\to\infty} \tag{C.50}$$

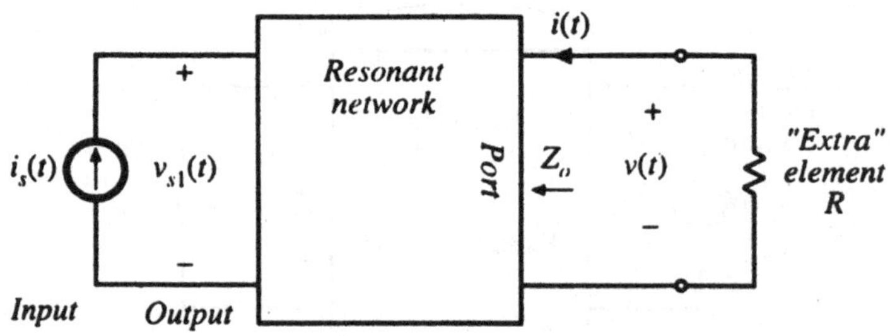

그림 C.20 $Z_i(s)$가 R에 의존함을 보이기 위해 부가소자 이론을 그림 C.19의 시스템에 적용

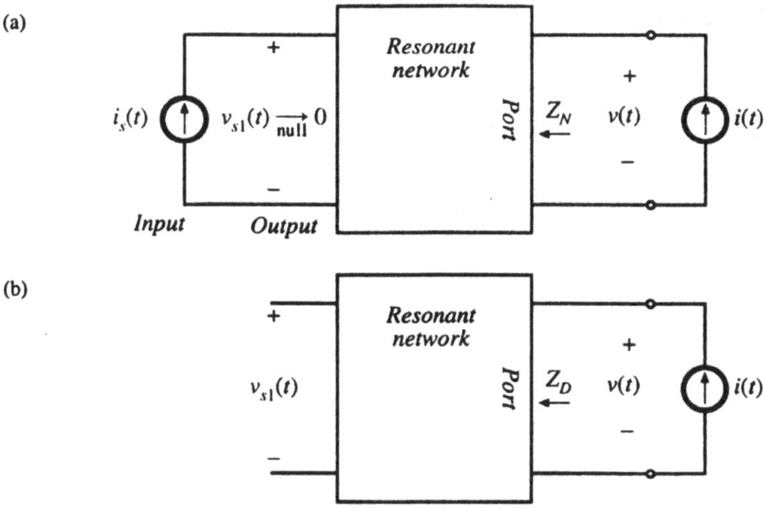

그림 C.21 그림 C.20의 네트워크에 대한 $Z_D(s)$와 $Z_N(s)$의 결정

부하 단자가 개방일 때의 입력 임피던스 $Z_i(s)$이다.

그림 C.21은 $Z_N(s)$와 $Z_D(s)$를 구하는 방법을 나타낸다. "출력" v_{s1}을 영으로 만든 후 $v(s)/i(s)$를 계산하여 $Z_N(s)$를 구한다. $Z_N(s)$는 그림 C.19에서처럼 기존의 출력 임피던스 $Z_o(s)$와 일치한다. 그림 C.21(a)에서 v_{s1}을 영으로 만드는 일은 그림 C.19에서 전압원 v_{s1}을 단락시키는 것과 같다. $Z_N(s)$는 스위치 네트워크를 단락시킨 컨버터의 출력 임피던스와 같기 때문에 10.4절에서 $Z_N(s)$를 $Z_{o0}(s)$로 나타내었다.

"입력" i_s를 영으로 놓고 $v(s)/i(s)$를 계산하여 $Z_D(s)$를 구한다. $Z_D(s)$는 그림 C.19에서처럼 전압원 v_{s1}을 개방시킨 상태에서의 출력 임피던스 $Z_o(s)$와 일치한다. $Z_D(s)$는 스위치 네트워크를 개방시킨 컨버터의 출력 임피던스와 같기 때문에 10.4절에서 $Z_N(s)$를 $Z_{o\infty}(s)$로 나타내었다.

상호 관계 식 (C.4)는 다음과 같이 된다.

$$\frac{Z_{i\infty}(s)}{Z_{i0}(s)} = \frac{Z_{o\infty}(s)}{Z_{o0}(s)} \tag{C.51}$$

도통 손실과 영전압 스위칭 경계가 공진 컨버터의 부하 상태에 어떻게 의존하는가를 조사하기 위해 이 결과를 10.4절에서 사용한다.

참고문헌

[1] R. D. Middlebrook, "Null Double Injection and the Extra Element Theorem," IEEE Transactions on Education, Vol. 32, No. 3, pp. 167-180, Aug. 1989.

[2] R. D. Middlebrook, "The Two Extra Element Theorem," IEEE Frontiers in Education Conference Proceedings, pp. 702-708, Sept. 1991.

[3] R. D. Middlebrook, V. Vorperian, and J. Lindal, "The N Extra Element Theorem," IEEE Transactions on Circuits and Systems I: Fundamental Theory and Applications, Vol. 45, No. 9, pp. 919-935, Sept. 1998.

찾아보기

공진 인버터

극점

다이오드

라인-출력 전달함수

보드선도

보상기(제어 시스템 설계)

응용

예

평균 스위치 모델

실험 기법

루프 이득 측정

실효값

실효 저항

LCC 공진 컨버터

오른쪽 반평면 영점

위상 여유

위상 점근선

위상 제어

인버터

인수분해, 근사화

평균 스위치 모델에서

전류(commutation)

전류 프로그램 제어

교류 모델링

선-전류

[저자 약력]

신휘범 경상대학교 전기전자공학부 전기공학전공 교수
정세교 경상대학교 전기전자공학부 제어계측전공 교수

전력전자공학의 기초 II

정상상태의 컨버터 설계 및 해석

2023년 1월 30일 발행

역 자	신휘범, 정세교
발 행 인	송기수
발 행 처	**도서출판 GS인터비전**
편 집 처	**도서출판 GS인터비전**
인 쇄	트윈벨
등록번호	제 25100-2016-000050 호
I S B N	978-89-93668-14-8(94560) 978-89-93668-15-5(세트)

주 소	서울 은평구 증산로15길 69, 2층
전 화	02-976-7898
팩 스	02-6468-7898
홈페이지	gsintervision.co.kr
E-Mail	gsinter7@gmail.com

정가 **50,000원**